최신동물영양학

최신동물영양학

초판 1쇄 발행 2012년 2월 25일
초판 7쇄 발행 2025년 7월 25일

지은이 한인규 · 백인기 · 하종규 · 채병조 외

펴낸곳 서울대학교출판문화원
주소 08826 서울 관악구 관악로 1
도서주문 02-889-4424, 02-880-7995
홈페이지 www.snupress.com
페이스북 @snupress1947
인스타그램 @snupress
이메일 snubook@snu.ac.kr
출판등록 제15-3호

ISBN 978-89-521-1289-7 93520

최신

동물영양학

대표저자

한인규 백인기 하종규 채병조

서울대학교출판문화원

Animal Nutrition

In Kyu Han, InKee Paik, Jong Kyu Ha, Byung Jo Chae et al.

Seoul National University Press

머리말

동물영양학은 동물생산학의 기초학문이자 필수과목으로 닭, 돼지, 고기소, 젖소와 같은 경제동물의 사육을 과학화함과 동시에 소비자가 선호하는 질 좋은 젖, 고기, 계란과 같은 동물성 단백질 식품을 보다 저렴한 가격으로 더 많이 생산하는 데 필요한 이론과 기술을 제공하는 학문이다. 따라서 동물영양학은 동물번식학, 동물육종학과 함께 동물자원과학의 근간을 이루는 중요한 과목으로서, 오래전부터 세계 여러 나라에서 동물생산 관련 학과의 필수과목으로 지정되어 있다.

여기서 동물영양학 교재의 개정사를 간단하게 살펴보면 다음과 같다. 1967년에 우리나라에서 최초로 『가축영양학』(초판)이 발간된 이래 체계적으로 개정판의 번호를 부여하지는 못하였으나 1982년 『최신 가축영양학』(제2판), 1991년 『가축영양학 개정판』(제3판), 1996년에는 『동물영양학』(제4판)으로 책명을 변경하여 발간되었고, 그 후 2009년에는 목운문화재단이 제5판 『동물영양학』을 비매품으로 발간하여 전국 각 대학에 무상으로 공급한 바 있다. 그러나 이 한정 부수의 제5판 『동물영양학』 교재가 품절되자 모든 저자들이 이 책을 출판사를 통해 출판할 것을 주장하여 제6판 『최신동물영양학』 교재는 서울대학교출판문화원에서 출판하기로 결정하였다.

2009년에 개정된 제5판 『동물영양학』은 실험동물, 특수동물, 희귀야생동물 및 반려동물 영양까지 포함하고 있어 분량이 지나치게 방대할 뿐만 아니라 생화학적 설명이 필요 이상으로 많다는 지적이 있었다. 따라서 이번에 발간하는 제6판 『최신동물영양학』에서는 이런 지적을 수용하여 학생들이 좀 더 쉽게 이해하고 접근할 수 있도록 개정하였다. 각 장별로 최근 이론과 정보를 보충하였을 뿐 아니라 그동안 발견된 오탈자를 수정하고 좀 더 이해하기 쉽도록 편집하여 발행하게 되었다. 지금까지 여러 종의 동물영양학 관련 교재가 출간된 바 있으나, 이 교재는 전국 주요 대학의 권위 있는 동물영양학 교수들이 모두 참여하여 집필한 만큼 내용 면에서 알차고 최신 정보를 담고 있는 교재가 될 것으로 확신한다.

제6판 『최신동물영양학』은 총 15장으로 구성되어 있다. 그 내용을 살펴보면 동물영양학 입문(제1장)을 비롯하여 영양소의 소화와 흡수(제2장), 물과 그 대사작용(제3장), 탄수화물과 그 대사작용(제4장), 지방과 그 대사작용(제5장), 단백질과 그 대사작용(제6장), 비타민과 그 대사작용(제7장), 광물질과 그 대사작용(제8장), 면역 및 유전과 영양(제9장), 에너지 측정법과 사료가치 평가법(제10장), 비영양소적 첨가제와 기능성 물질(제11장), 번식·유생산 영양(제12장), 성장·고기생산 영양(제13장), 난생산 영양(제14장) 및 주요 동물의 영양소요구량(제15장) 등이 포함되어 있다. 따라서 이 교재는 각 대학의 동물 관련 학과 학부생과 대학원 학생들의 교재로 이용될 수 있을 뿐 아니라, 사료제조업체, 사료첨가제 및 동물약품 산업계 종사자를 위한 참고서로도 널리 활용될 수 있을 것으로 믿는다.

제6판 『최신동물영양학』을 발간함에 있어서 대표저자 외에 공동저자로 참여하여 책자의 개정작업을 위해 심혈을 기울여 준 김법균, 김성우, 김인호, 문양수, 서성원, 양철주, 윤철희, 최낙진, 최양호(가나다순) 교수님들께 머리 숙여 감사를 드린다. 끝으로 이 책이 바야흐로 해외로 뻗어가는 우리나라 사료산업의 발전에 이바지하고, 아울러 FTA 시대를 맞이하여 고통을 겪고 있는 양축가와 사료 생산 전문가들에게 큰 도움이 되기를 바라는 마음 간절하다.

2012년 2월 10일

대표저자 한인규, 백인기, 하종규, 채병조

차례

머리말 / v

제1장 동물영양학 입문

1.1 영양과 영양소 / 2
1.1.1 영양학의 정의 / 2
1.1.2 영양학의 발달 / 3
1.1.3 영양소의 분류 / 4
1.1.4 동물영양학의 중요성 / 6

1.2 동식물체의 화학적 조성 / 7
1.2.1 동물체의 화학적 조성 / 7
1.2.2 식물체의 화학적 조성 / 13

제2장 영양소의 소화와 흡수

2.1 소화기관 / 18
2.1.1 단위동물의 소화기관 / 18
2.1.2 비반추 초식동물의 소화기관 / 19
2.1.3 반추동물의 소화기관 / 19
2.1.4 물고기의 소화기관 / 20
2.1.5 소화기관의 용적 / 20

2.2 단위동물의 소화와 흡수 / 21
2.2.1 소화과정의 개요 / 21
2.2.2 입에서의 소화작용 / 23
2.2.3 위에서의 소화작용 / 24
2.2.4 소장에서의 소화작용 / 27
2.2.5 대장에서의 소화작용 / 33
2.2.6 영양소의 흡수 / 34

2.3 반추동물의 소화와 흡수 / 38
2.3.1 입에서의 소화작용 / 38
2.3.2 반추위의 발달 / 38
2.3.3 반추위에서의 소화작용 / 39
2.3.4 소장과 대장에서의 소화작용 / 43
2.3.5 영양소의 흡수 / 44

2.4 물고기의 소화와 흡수 / 46
2.4.1 입에서의 소화작용 / 46
2.4.2 위와 소장에서의 소화작용 / 46

제3장 물과 그 대사작용

3.1 물의 생리적 기능 / 52
3.2 물의 영양소 농도 희석 / 53
3.3 물의 체내 교류와 흡수 / 54
3.4 대사수 / 55
3.5 물 요구량 / 57

제4장 탄수화물과 그 대사작용

4.1 에너지 대사 / 62
4.1.1 체내 에너지 대사의 개요 / 62
4.1.2 에너지의 단위 / 63
4.1.3 동물 단위에서의 에너지 대사 / 63
4.2 탄수화물의 중요성 / 66
4.3 탄수화물의 분류 / 67
4.3.1 단당류 / 68
4.3.2 이당류 / 71
4.3.3 삼당류와 올리고당류 / 72
4.3.4 다당류 / 72
4.4 탄수화물의 영양적 분류 / 75
4.4.1 Weende 방법 / 75
4.4.2 van Soest 방법 / 76
4.4.3 식이섬유소와 비전분성 다당류 / 78
4.5 탄수화물의 운송기전과 대사작용 조절물질 / 78
4.5.1 탄수화물의 운송기전 / 78
4.5.2 탄수화물 대사작용 조절물질 / 80
4.6 탄수화물의 대사작용 / 83
4.6.1 글리코겐의 합성 / 85
4.6.2 글리코겐의 분해 / 86
4.6.3 혈당 / 86
4.6.4 포도당의 분해 / 87
4.6.5 6탄당 1인산 회로(HMPS) / 93
4.6.6 포도당의 합성 / 94
4.7 미생물에 의한 탄수화물 대사 / 96
4.8 섬유소의 영양적 가치 / 98
4.8.1 섬유소의 물리적 성질 / 98
4.8.2 섬유소의 생리적 효과 / 99
4.8.3 섬유소의 대사 / 99
4.8.4 경제동물에 대한 섬유소 공급의 중요성 / 99

제5장 지방과 그 대사작용

5.1 지방의 중요성 / 104
5.2 지방의 분류 / 106
5.3 지방산 / 107
5.4 중성지방 / 114
5.5 지방의 분석 / 117
5.5.1 조지방의 분석 / 117
5.5.2 지방산의 분석 / 117
5.6 복합지방 / 118
5.6.1 인지방 / 118
5.6.2 당지방 / 121
5.6.3 지단백질 / 121
5.7 유도지방 / 123
5.7.1 콜레스테롤 / 123
5.7.2 식물성 스테롤 / 125
5.8 기타 지방 / 126
5.9 지방의 대사작용 / 126
5.9.1 지방의 산화작용 / 126
5.9.2 휘발성 지방산의 대사 / 129
5.9.3 지방산의 합성 / 130
5.9.4 중성지방의 합성 / 131
5.9.5 지단백질의 대사 / 132
5.10 지방의 영양적 기능 / 133
5.10.1 지방 대사에 영향을 미치는 인자 / 133
5.10.2 지방간 / 135
5.10.3 케톤증 / 136
5.10.4 필수지방산 / 137
5.10.5 지방의 축적 / 138
5.11 반추미생물에 의한 지방 대사 / 139

제6장 단백질과 그 대사작용

6.1 단백질의 중요성 / 144
6.2 단백질의 분류 / 145
6.3 단백질의 분석 / 145
6.4 아미노산 / 147
6.4.1 지방족 아미노산(aliphatic amino acids) / 148
6.4.2 방향족 아미노산(aromatic amino acids) / 150
6.4.3 이형환상 아미노산(heterocyclic amino acids) / 151
6.5 단백질의 특성 / 152
6.6 비단백태질소화합물 / 153
6.7 단백질 소화기전 / 155
6.7.1 입과 위에서의 단백질 소화기전 / 155

6.7.2 소장에서의 단백질 소화기전 / 156
6.8 단백질의 흡수와 운송기전 / 157
6.8.1 아미노산 흡수 / 157
6.8.2 펩티드 운송 / 157
6.8.3 아미노산 운송 / 158
6.9 단백질의 품질 문제 / 159
6.10 필수아미노산 / 162
6.11 아미노산 요구량과 균형 / 163
6.12 이상단백질 / 167
6.13 아미노산 이용률 / 168
6.13.1 아미노산 이용률의 개념 / 168
6.13.2 아미노산 소화율의 측정방법 / 168
6.13.3 아미노산 이용성 평가의 필요성 / 170
6.14 회장소화율 / 171
6.15 합성아미노산의 이용 / 172
6.15.1 합성아미노산의 이용 / 172
6.15.2 사료용 합성아미노산의 수요와 공급 / 173
6.16 보호단백질과 아미노산 / 175
6.17 단백질의 대사작용 / 176
6.18 아미노산의 합성과 분해 / 177
6.18.1 아미노산의 합성 / 177
6.18.2 아미노산의 분해 / 179
6.19 체단백질의 합성 / 185
6.20 반추위 단백질 대사 / 186
6.20.1 단백질 합성 / 186
6.20.2 요소의 이용 / 188
6.21 요소 중독 / 189
6.22 대사분질소와 내생질소 / 190

제7장 비타민과 그 대사작용

7.1 비타민의 중요성 / 196
7.2 비타민의 분류 / 198
7.3 지용성 비타민 / 201
7.3.1 비타민 A / 201
7.3.2 비타민 D / 208
7.3.3 비타민 E / 212
7.3.4 비타민 K / 216
7.4 수용성 비타민 / 220
7.4.1 티아민(thiamin) / 220
7.4.2 리보플라빈(riboflavin) / 223
7.4.3 니아신(niacin) / 226
7.4.4 비타민 B_6 / 229
7.4.5 판토텐산(pantothenic acid, pantothenate) / 231
7.4.6 바이오틴(biotin) / 233
7.4.7 콜린(choline) / 235
7.4.8 엽산(folic acid, folacin) / 237
7.4.9 비타민 B_{12} / 240

7.4.10 비타민 C / 243
7.5 비타민 요구량 / 245
7.6 미생물에 의한 비타민 합성과 이용 / 247

제8장 광물질과 그 대사작용

8.1 광물질의 중요성과 분포 / 252
8.1.1 광물질의 중요성 / 252
8.1.2 광물질의 분포 / 254
8.2 광물질의 분류 / 255
8.2.1 필수광물질 / 255
8.2.2 준필수광물질 / 256
8.2.3 비필수광물질 / 256
8.2.4 중독광물질 / 257
8.3 광물질의 분석 / 257
8.4 광물질의 상호작용 / 257
8.5 칼슘(Ca)과 인(P) / 259
8.5.1 뼈의 일반 성분 / 260
8.5.2 골격의 형성 / 260
8.5.3 골격의 대사작용 / 261
8.5.4 칼슘과 인의 결핍증 / 261
8.5.5 연조직에 들어 있는 칼슘과 인 / 262
8.5.6 칼슘과 인의 흡수와 칼슘·인의 비율 / 264
8.5.7 칼슘과 인의 공급제 / 267
8.6 나트륨(Na)·칼륨(K)·염소(Cl) / 268
8.6.1 나트륨(Na) / 268
8.6.2 칼륨(K) / 269
8.6.3 염소(Cl) / 269
8.6.4 전해질(Na, K, Cl) 균형 / 270
8.7 마그네슘(Mg) / 274
8.8 황(S) / 275
8.9 망간(Mn) / 277
8.10 철(Fe) ·구리(Cu)·코발트(Co) / 278
8.10.1 철(Fe) / 278
8.10.2 구리(Cu) / 280
8.10.3 코발트(Co) / 283
8.11 요오드(I) / 284
8.12 아연(Zn) / 285
8.13 불소(F) / 287
8.14 셀레늄(Se) / 289
8.15 몰리브덴(Mo) / 290
8.16 기타 광물질 / 291
8.16.1 브롬(Br) / 291
8.16.2 바륨(Ba)과 스트론튬(Sr) / 292
8.16.3 알루미늄(Al) / 293
8.16.4 규소(Si) / 293
8.16.5 질산염(NO_3)과 아질산염(NO_2) / 294
8.16.6 루비듐(Rb) / 295

8.16.7 납(Pb) / 295
8.16.8 비소(As) / 296
8.16.9 보론(B)과 니켈(Ni) / 297
8.17 반추위 내에서의 광물질 대사작용 / 302
8.17.1 다량광물질의 반추위 내 대사작용 / 303
8.17.2 다량광물질의 상호작용 / 304
8.17.3 미량광물질의 반추위 내 대사작용 / 305
8.18 광물질 킬레이트(mineral chelate) / 306
8.18.1 광물질 킬레이트의 중요성 / 306
8.18.2 킬레이션의 기본원리 / 307
8.18.3 킬레이트된 광물질의 흡수 / 308
8.18.4 광물질 킬레이트의 급여효과 / 309

제9장 면역 및 유전과 영양

9.1 면역과 영양 / 316
9.1.1 면역 / 316
9.1.2 단백질 / 327
9.1.3 탄수화물 / 330
9.1.4 지방 / 334
9.1.5 비타민 / 338
9.1.6 광물질 / 342
9.1.7 결론 / 343
9.2 유전자와 영양 / 344
9.2.1 단세포생물과 다세포생물에서의 유전자 발현 / 345
9.2.2 영양소와 유전자 발현 / 346
9.2.3 영양소 형태에 따른 유전자 발현 조절 / 346

제10장 에너지 측정법과 사료가치 평가법

10.1 에너지 측정법 / 370
10.1.1 에너지 표시방법 / 370
10.1.2 영양균형 / 395
10.1.3 열발생량 측정법 / 397
10.2 사료가치 측정법 / 408
10.2.1 사료의 소화율 / 408
10.2.2 사료가치 평가법의 개요 / 422
10.2.3 일반성분에 의한 평가법 / 422
10.2.4 미량성분에 의한 평가법 / 424
10.2.5 생물학적 방법에 의한 평가법 / 425
10.2.6 기타 방법 / 430

제11장 비영양소적 첨가제와 기능성 물질

11.1 항생·항균물질 / 436
11.1.1 정의와 분류 / 436
11.1.2 작용기전 / 437
11.1.3 사용효과 / 439
11.1.4 사용상의 문제점 / 443
11.2 생균제 / 444
11.2.1 정의와 분류 / 444
11.2.2 작용기전 / 445
11.2.3 사용효과 / 446
11.3 효소제 / 447
11.3.1 정의와 분류 / 447
11.3.2 사용효과 / 448
11.4 영양소 재분배 물질 / 450
11.4.1 정의와 작용기전 / 450
11.4.2 사용효과 / 452
11.5 유기산 / 456
11.5.1 정의와 작용기전 / 456
11.5.2 사용효과 / 457
11.6 프리바이오틱스 / 458
11.6.1 정의와 작용기전 / 458
11.6.2 사용효과 / 460
11.7 베타 글루칸 / 461
11.7.1 정의와 작용기전 / 461
11.7.2 사용효과 / 462
11.8 키토산 / 463
11.8.1 정의와 특성 / 463
11.8.2 사용효과 / 463
11.9 비테인 / 465
11.9.1 정의와 기능 / 465
11.9.2 사용효과 / 466
11.10 카니틴 / 467
11.10.1 정의와 기능 / 467
11.10.2 사용효과 / 468
11.11 유기태크롬 / 470
11.11.1 정의와 기능 / 470
11.11.2 사용효과 / 471
11.12 식물추출물 / 472
11.12.1 정의와 기능 / 472
11.12.2 사용효과 / 473

제12장 번식 · 유생산 영양

12.1 번식 영양 / 480
12.1.1 호르몬의 작용 / 480
12.1.2 수정과 태아의 성장 / 482
12.1.3 번식을 위한 영양소 요구량 / 484
12.2 유생산 영양 / 493
12.2.1 유선과 비유에 관계되는 호르몬 / 493
12.2.2 유생산 과정과 각종 유성분 / 495
12.2.3 유성분의 분비 / 499
12.2.4 유생산을 위한 영양소 요구량 / 506

제13장 성장 · 고기생산 영양

13.1 성장 영양 / 520
13.1.1 성장 / 520
13.1.2 성장을 위한 영양소 요구량 / 528
13.2 고기생산 영양 / 542
13.2.1 성장과 비육 / 542
13.2.2 쇠고기의 생산 / 545
13.2.3 돼지고기의 생산 / 550
13.2.4 닭고기의 생산 / 557

제14장 난생산 영양

14.1 닭의 산란생리와 영양 / 568
14.2 닭의 산란기별 사양 / 569
14.2.1 산란 초기 / 570
14.2.2 산란 중기 / 571
14.2.3 산란 후기 / 571
14.3 난생산을 위한 에너지 요구량 / 571
14.4 난생산을 위한 단백질 및 아미노산 요구량 / 573
14.4.1 단백질 요구량 / 573
14.4.2 아미노산 요구량 / 575
14.5 난생산을 위한 비타민 요구량 / 576
14.6 난생산을 위한 광물질 요구량 / 578
14.6.1 칼슘(Ca)과 인(P) / 578

14.6.2 망간(Mn) / 581
14.6.3 철(F)과 구리(Cu) / 581
14.6.4 소금(NaCl) / 581
14.6.5 요오드(I) / 581
14.6.6 셀레늄(Se) / 582

제15장 주요 동물의 영양소 요구량

15.1 가금의 영양소 요구량 / 586
15.2 돼지의 영양소 요구량 / 594
15.3 고기소의 영양소 요구량 / 607
15.4 젖소의 영양소 요구량 / 612

찾아보기 / 623

제1장

동물영양학 입문

1.1 영양과 영양소

영양학의 정의

영양학의 발달

영양소의 분류

동물영양학의 중요성

1.2 동식물체의 화학적 조성

동물체의 화학적 조성

식물체의 화학적 조성

1.1 영양과 영양소

1.1.1 영양학의 정의

생명을 유지하고 새로운 조직을 형성하거나 젖, 고기, 알 등을 생산하는 활동을 이어가기 위해 동물체는 적절한 물질을 체외로부터 계속적으로 공급받아야 한다. 이러한 목적으로 체외로부터 섭취하는 물질을 영양소(nutrients)라고 한다. 한 동물체가 생명현상과 생산활동을 이어가기 위해 외계로부터 물질을 섭취·이용하고 생성되는 노폐물을 체외로 배설하기까지의 일련의 작용, 즉 영양소의 섭취, 소화, 흡수, 대사 및 배설을 통틀어 영양(nutrition)이라 한다. 그리고 동물의 영양 및 영양소에 관한 여러 가지 현상을 과학적으로 연구하는 학문분야를 동물영양학(animal nutrition)이라고 정의한다.

영양소는 크게 유기영양소(organic nutrients)와 무기영양소(inorganic nutrients)로 나눌 수 있다. 전자는 다시 탄수화물(carbohydrates), 지방(lipids), 단백질(proteins) 및 비타민(vitamins)으로 나눌 수 있고, 후자에는 광물질(minerals)이 속한다. 근래에 와서 대상으로 하는 동물의 종류에 따라 영양학을 단위동물영양학(monogastric animal nutrition)과 반추동물영양학(ruminant nutrition)으로 나누는데, 전자는 닭, 칠면조, 오리, 돼지, 개, 물고기, 쥐 및 사람 등을 대상으로 하는 영양학이고, 후자는 젖소, 고기소, 면양, 산양, 사슴 등 초식동물을 대상으로 하는 영양학이다. 때로 단위동물영양학을 다시 가금영양학(poultry nutrition), 양돈영양학(swine nutrition), 실험동물영양학(laboratory animal nutrition) 및 물고기영양학(fish nutrition)으로 나누기도 한다.

동물은 섭취한 영양소를 소화하여 흡수하는데, 영양소와 에너지의 섭취량과 배설량의 차이를 계산해 보면 물질과 에너지의 보존법칙이 동물체에도 적용됨을 알 수 있다. 흡수된 영양소가 생체 내를 통과하면서 커다란 변화를 일으키는데, 이와 같이 영양소가 세포 내에서 다양한 과정을 거치면서 물리적, 화학적 및 물리화학적으로 변화되는 것을 대사작용(metabolism)이라고 한다. 이러한 대사작용에 의해 동물의 생명유지에 필수적인 세포의 조성과 구조가 일정하게 유지된다.

유기영양소는 각각 고유한 대사작용을 하며, 관례상 그것을 동화작용(anabolism)과 이화작용(catabolism)으로 구분하여 연구한다. 이 두 과정은 그 목적이 서로 달라서 전자는 세포와 조직에 필요한 물질을 합성하는 것인데 반하여, 후자는 세포가 필요로 하는 에너지를 얻기 위해 고분자 유기물을 저분자 형태로 변화시키는 과정으로서, 본질적으로는 이 두 현상이 서로 떨어져서 일어나는 것은 아니다.

1.1.2 영양학의 발달

19세기 초에 이르러 비로소 사람들은 단일 영양소의 결핍에 대해 알게 되었고, 최소한 단백질, 지방 및 탄수화물의 동시 공급이 필요함을 알게 되었다. 19세기 말까지의 영양학은 주로 이 세 가지 영양소와 그 밖의 몇몇 광물질에 대해서만 관심을 기울였고 실질적인 영양학의 발전은 그 후에 있었다. 특히 최근 70년 동안에는 각종 비타민을 발견하고, 아미노산의 기능과 여러 필수광물질의 존재를 밝히게 되었다. 그리하여 현재 110여 개의 필요한 영양소가 있음을 알게 되었고, 이들에 대해서는 상당히 깊은 연구가 진행되어 있다.

그동안 영양학자들은 영양소의 공급을 통해 동물의 능력을 극대화하려는 연구를 주로 수행해 왔으며, 다른 한편으로는 동물 체조직 내에서 각종 영양소의 생리학적 · 생화학적인 작용에 대한 연구를 중점적으로 수행하였다. 그러나 최근에 동물의 배설물이 환경오염과 관련이 있다는 것이 사회문제로 부각되면서 생산능력을 유지하는 동시에 영양소(특히 단백질과 인)의 공급을 줄이는 방안에 대해서도 연구가 이루어지고 있다. 최근에는 영양소 간의 상호작용, 영양소의 소화 · 흡수 및 운송 기작, 영양소의 생체 내 이용과 대사에 영향을 미치는 인자들에 대한 연구가 많이 이루어졌다. 지난 30년 동안 각종 동물에 대한 생리 및 성장단계별, 생산능력별 영양소 요구량을 설정하기 위한 연구가 많이 이루어진 결과 현재 거의 모든 동물의 영양소 요구량이 결정된 것은 크나큰 발전이라 할 수 있다. 이와 같은 본격적인 영양학의 발전은 무엇보다도 영양학자들의 꾸준한 노력 덕분이며, 아래에서 설명할 각종 실험동물의 희생과 관련 학문의 발전에도 힘입은 바가 크다.

첫째, 각종 실험동물이 동물영양학의 새로운 이론과 기술의 발전에 이바지한 면이 큰데, 그 몇 가지 예를 들면 다음과 같다.

- **쥐**: 비타민, 아미노산, 광물질에 대한 이론과 지식의 개발
- **개**: 인슐린(insulin)의 발견, 니아신(niacin)의 기능 연구
- **몰모트**: 괴혈병(scurvy)의 원인과 치료에 관한 연구
- **병아리**: 티아민(thiamin)의 발견과 기타 비타민의 영양적 기능에 관한 연구

이 밖에도 소, 양, 원숭이, 생쥐, 토끼, 미생물 등이 동물영양학의 발전에 크게 이바지했는데, 특히 박테리아는 성장인자의 연구, 여러 가지 영양소 함량의 분석과 사료의 품질평가방법 개발에 사용되었다.

둘째, 본격적인 영양학의 발달은 다른 관련 학문의 도움과 새로운 과학기술 및 연구기기의 개발에 힘입은 바가 크다. 물리학은 X-ray, 분광광도계(spectrophotometer), 아미노산 분석기(amino acid analyzer), 기체 크로마토그래피(gas chromatography), 봄베열량계(bomb calorimeter), NIRS, NMR 등 많은 분석기기의 개발에 직접적으로 영향을 주었고, 생리학은 동물의 사료에 대한 기호성과 영양소의 소화·흡수·이용 기전 규명에 도움을 주었다. 생화학은 각종 영양소가 체내에서 어떻게 분해되고 합성·대사되는지 등에 대한 생화학적 설명을 가능하게 했고, 유기화학은 여러 가지 영양소의 분리, 결정, 합성 등에 대한 지식을 제공해 주었으며 여러 가지 영양 현상을 설명하는 과학적인 토대를 제시하였다. 유전학은 새로운 계통의 미생물 또는 하등동물의 작출, 영양소 이용성과 영양소 요구량의 품종별 차이 등의 연구에 도움을 준 바 있다. 반추동물의 위에서 일어나는 영양소의 대사작용과 미량원소의 분석에는 미생물학이 크게 공헌했으며, 세포 내에서 일어나는 각종 현상과 에너지 발생기작을 연구하기 위해서는 세포학의 도움을 받아야 했다. 최근 내분비학과 면역학의 발달로 여러 가지 호르몬이 각종 영양소의 대사작용과 생활현상에 미치는 영향과 면역력의 증강이 동물의 질병저항능력에 어떻게 작용하는지 등에 대해서 알게 되었다.

셋째, 영양학의 발달에는 무엇보다도 영양학자들의 공헌이 가장 컸다고 할 수 있다. 현대 영양학의 발달은 물리학, 화학, 생리학, 생화학, 미생물학, 내분비학, 면역학 등 관련 학문 분야의 지식을 동원하고 실험동물을 최대한 활용하여 영양학자들이 실시한 사양시험과 분석시험을 통해 이루어졌다.

1.1.3 영양소의 분류

동물의 생산능력을 극대화하고 생산효율을 최대화하기 위해 요구되는 영양소의 수(정성적인 요구)나 양(정량적인 요구)에 대한 과학적인 연구는 지난 한 세기 동안 집중적으로 이루어졌다. 지금까지 알려진 영양소를 Weende Food Analysis Scheme에 따라 분류하면 표 1.1에서 보는 바와 같다.

표 1.1 영양소의 분류

유기영양소			무기영양소
탄수화물	지방	단백질	광물질
수용성 비타민:	단순지방:	비필수아미노산:	다량광물질:
1. Thiamin	1. Fatty acid ester	1. Glutamic acid	1. Calcium, Ca
2. Riboflavin	2. Wax	2. Aspartic acid	2. Phophorus, P
3. Niacin	복합지방:	3. Alanine	3. Sodium, Na
4. Vitamin B_6	3. Neutral fat	4. Serine	4. Chlorine, Cl
5. Vitamin B_{12}	4. Sterol	5. Proline	5. Potassium, K
6. Pantothenate	5. Phospholipid	6. Hydroxyproline	6. Sulfur, S
7. Biotin	6. Lipoprotein	7. Diiodotyrosine	7. Magnesium, Mg
8. Folacin	지방산:	8. Dibromotyrosine	미량필수광물질:
9. Ascorbate	7. Formic acid	9. Thyroxine	8. Iron, Fe
(Vitamin C)	8. Acetic acid	준필수아미노산:	9. Copper, Cu
단당류:	9. Propionic acid	10. Glycine	10. Cobalt, Co
10. Glucose	10. Butyric acid	11. Cystine	11. Iodine, I
11. Galactose	11. Caproic acid	12. Cysteine	12. Zinc, Zn
12. Fructose	12. Caprylic acid	13. Tyrosine	13. Manganese, Mn
13. Mannose	13. Capric acid	필수아미노산:	준필수광물질:
14. Ribose	14. Lauric acid	14. Lysine	14. Barium, Ba
15. Arabinose	15. Myristic acid	15. Tryptophan	15. Brome, Br
16. Xylose	16. Palmitic acid	16. Leucine	16. Fluorine, F
이당류:	17. Stearic acid	17. Phenylalanine	17. Molibdenum, Mo
17. Sucrose	18. Arachidic acid	18. Methionine	18. Selenium, Se
18. Maltose	19. Palmitoleic acid	19. Threonine	19. Strontium, Sr
19. Lactose	20. Oleic acid	20. Isoleucine	비필수광물질:
20. Cellobiose	21. Elaidic acid	21. Valine	20. Aluminum, Al
다당류:	22. Vaccenic acid	22. Arginine	21. Boron, B
21. Starch	23. Linoleic acid	23. Histidine	22. Lead, Pb
22. Glycogen	24. Linolenic acid	비단백태질소화합물:	23. Nickel, Ni
조섬유:	25. Arachidonic acid	24. Amine	24. Rubidium, Rb
23. Cellulose	지용성 비타민:	25. Amide	25. Silicon, Si
24. Hemicellulose	26. Vitamin A	26. Urea	중독광물질:
	27. Carotene	27. Free amino acid	26. Arsenic, As
	28. Vitamin D		27. Copper, Cu
	29. Vitamin E		28. Fluorine, F
	30. Vitamin K		29. Selenium, Se
			30. Molibdienum, Mo
총: 111종			

1.1.4 동물영양학의 중요성

동물영양학을 공부하는 목적은 동물의 능력을 최대한으로 발휘시키는 데 필요한 모든 종류의 영양소를 과부족 없이 공급해 주는 데 있다. 같은 양의 사료로 더 많은 축산물을 얻을 수 있도록 하고, 주어진 양의 축산물 생산에서 보다 적은 양의 사료가 소비되는 효율적이고도 과학적인 방안을 강구하고자 하는 것이 이 학문을 배우는 목적이다. 이러한 목적을 달성하기 위해 우리는 첫째, 각 영양소의 화학적·영양학적 특성과 이들이 체내에서 일으키는 대사현상을 정확히 알아야 하며(영양소와 그 대사작용), 둘째로 각종 영양소의 공급제인 사료의 영양소 함량(사료성분)은 물론, 각종 동물의 생리상태와 생산기능별 영양소 요구량(사양표준)을 정확히 파악하여 실제 동물에게 영양소를 공급할 때는 영양소의 과부족 없는 사료계산, 사료배합 그리고 사료공급을 할 줄 알아야 한다. 따라서 동물영양학은 동물농업(animal agriculture)의 기초적이고 필수적인 과목이라 할 수 있으며, 자연보존 차원의 희귀 야생동물을 포함하여 각종 동물 사육의 과학화를 기하기 위해서는 먼저 이 학문에 대한 이해가 앞서야 한다.

세계 인구는 계속 증가하여 2025년에는 80억에 이를 것이라고 예측되며, 개인 소득이 증가하면서 동물성 식품의 소비량도 계속 늘어날 것으로 전망된다. 세계 인구의 육류 소비량은 25년 내에 지금의 배로 늘어날 것이고(IFPRI, 2001), 앞으로 15년 사이에만도 35%가량 늘어날 것으로 추정한다(FAO, 2002). 이렇듯 늘어나는 육류 소비량을 충당하기 위해서는 육생산동물의 획기적인 사육 두수 증가가 필수적이고, 그에 따라서 사료의 수

표 1.2 한국, 중국, 아시아의 국민소득, 주요 동물사육 두수 및 동물성 식품의 소비량 증가 추세(1956~2006)

구분	한국	중국	아시아[1]
국민소득(US$)[2]	17,500(268배)	1,010(34.1배)	7,883(15.3배)
축우(백만 두)*	2.48(2.8배)	117.66(2.3배)	460.75(1.5배)
돼지(백만 두)*	9.38(7.4배)	510.62(6.0배)	618.88(5.2배)
닭(백만 수)*	119.181(13.3배)	4,356.97(8.1배)	8,980.42(8.3배)
배합사료 생산량(백만 톤)	15.47[3](96.7배)	103.00[4](4.7배)	480.23[5](7.0배)
동물성 식품 소비량 (1인당 1년간 kg)**	105.3[3](17.2배)	92.9[4](11.1배)	77.20[5](2.7배)

[1]Data including Oceania and Pacific. [2]World Bank, 2006. [3]Korea Agricultural & Forestry Statistical Yearbook, 2006. [4]China Statistical Yearbook, 2005. [5]Data in 2002(Source: FAO, Food balance sheet, 2002). *FAO statistics, 2006. **Data including beef, pork, chicken meat, eggs and milk.
(% increase): compared to data in 1956.

급량도 늘어나야 할 것이다. 불과 2~3년 사이에 사료 곡물과 대두의 국제 가격이 3배가량 인상되었고, 이런 현상은 한동안 계속될 것으로 보인다. 따라서 이러한 악조건 속에서 최소한의 영양소 공급으로 생산능력을 극대화할 수 있도록 동물에게 사료를 공급하는 영양학적 노력이 어느 때보다 절실하며, 이는 동물영양학이 인류의 식량공급에서 차지하는 중요성을 시사하는 대목이다.

표 1.2를 보면 한국, 중국과 아시아 지역에서의 지난 50년(1956~2006) 동안 국민소득은 각각 268배, 34배, 15배가 올랐고 돼지 사육 두수는 7배, 6배, 5배가 늘어났다. 그리고 국민 1인당 연간 동물성 식품의 소비량은 17배, 11배, 3배가 각각 증가했음을 알 수 있다. 배합사료 생산량도 97배, 5배, 7배로 늘어났다는 사실은 동물사육 현장에 최첨단 동물영양학과 사료가공학 지식을 가지고 접근하는 일이 얼마나 중요한가를 대변해 준다.

1.2 동식물체의 화학적 조성

영양 현상이란 사료성분(feed elements)을 체성분(body elements)으로 변화시키는 생리적·화학적 작용이므로 먼저 동물체의 화학적 조성을 이해하고, 아울러 사료의 주종을 이루고 있는 식물체의 화학적 조성도 알아 두어야 한다.

1.2.1 동물체의 화학적 조성

동물체의 조성은 화학적으로 유기물과 무기물로 나눌 수 있다. 유기물 중 양적으로 가장 중요한 것은 단백질과 지방이고, 그 외에 미량의 탄수화물, 비단백태질소화합물(NPN) 등을 포함한다. 무기물 중 동물체에 가장 많이 들어 있는 것은 수분이고, 이 밖에도 칼슘(Ca), 인(P), 나트륨(Na), 칼륨(K), 염소(Cl), 황(S), 마그네슘(Mg) 등이 비교적 많이 들어 있다.[1)]

약 1백 년 전에 영국의 위대한 영양학자 Lawes와 Gilbert가 최초로 동물의 전신을 분석하여 그 화학적인 조성을 밝혀낸 뒤 여러 나라의 연구소에서 비슷한 연구를 해왔는데,

---

1) 동물체의 원소 조성의 평균적인 함량을 보면 O 63.0%, C 20.2%, H 9.9%, Ca 2.5%, N 2.5%, P 1.1%, Cl 0.2%, F 0.1%, S 0.1%, K 0.1%, Na 0.1%, Mg 0.07%, Fe 0.01%이며, 이 밖에도 미량의 Cu, B, Si, Mn, I, Zn, Co 등이 들어 있다.

표 1.3 각종 동물의 체조성

동물명	성장단계(kg)	체조성			
		수분(%)	단백질(%)	지방(%)	광물질(%)
유우	40	74.2	18.9	2.8	4.1
	130	69.1	19.4	7.2	4.3
	250	63.7	19.2	12.7	4.4
	500	59.0	18.3	17.7	5.0
육우	50	71.8	19.9	4.0	4.3
	350	60.3	18.6	16.6	4.5
	500(조금 기름진)	52.0	17.1	26.9	4.0
	600(기름진)	48.0	16.0	32.3	3.7
	750(많이 기름진)	43.5	15.7	37.6	3.2
말	성마	61.9	18.2	14.1	4.7
면양	자양	50.9	17.4	24.9	4.2
	성양	61.0	15.7	19.9	3.4
	성양(기름진)	46.2	13.0	37.9	3.0
돼지	50	66.8	14.9	16.2	3.1
	100	54.6	14.5	28.5	2.7
	150	42.5	11.6	42.6	2.1
암탉	0.2	71.2	20.8	3.5	3.6
	1.0	65.7	22.8	6.6	3.6
	2.0	55.8	19.2	20.0	3.1

각종 동물의 평균 체조성에 대한 지금까지의 연구결과를 종합하면 표 1.3과 같다.

동물의 체조성은 다음과 같은 여러 가지 요인에 따라 달라질 수 있다.

① 체조성은 동물의 종류에 따라 달라질 수 있다.

② 연령이 체조성에 미치는 영향도 지대하여 연령(체중)이 증가할수록 수분의 함량은 감소하는 반면 지방의 함량은 증가한다. 예를 들면 젖소의 경우 생시(체중 40kg)에는 수분 함량이 74.2%이나, 성숙 시(체중 500kg)에는 이보다 훨씬 적은 59.0%이다. 반면에 지방의 함량은 2.8%에서 17.7%로 증가한다.

③ 채식 횟수, 개체 및 성별에 따라서 체조성은 큰 변이를 나타낸다. 하루 2회 채식한 쥐들은 자유 채식한 쥐보다 수분과 단백질의 함량이 낮은 반면에, 지방과 에너지의 함량은 월등히 높다. 암쥐의 경우 숫쥐보다 수분 함량은 낮고 지방 함량은 높으며, 개체에 따른 변이도 커서 수분의 경우 5%, 단백질 3%, 지방 6% 정도의 차이를 보인다.

표 1.4 영양수준이 도체성상에 미치는 영향

사양형태[2]	도체성상				
	체중(kg)	도체율(%)	도체중(kg)	상강도[1]	체지방(%)
L-L-L	470	59.9	281	6.1	23.1
L-L-H	504	61.4	309	7.1	24.9
L-M-H	554	64.1	355	6.3	27.0
H-M-L	525	62.9	330	7.3	26.2
H-H-L	515	62.7	323	7.3	27.0
H-H-H	569	65.3	372	7.2	29.4

[1]근육 내의 지방 침적도: 우수-8, 보통-7, 불량-6. [2]사양형태는 전 비육기간을 91일씩 3단계로 나누고 저에너지사료(농후사료 20%, L), 중에너지사료(농후사료 55%, M), 고에너지사료(농후사료 90%, H)의 세 가지 사료를 각각 급여함.

④ 영양수준에 따라서도 체조성은 변화한다. 영양수준이 도체성상에 미치는 영향을 파악하기 위하여 1년생 거세우에 대하여 고, 중, 저 등 세 수준의 에너지사료를 급여하고 생산된 도체를 분석하였다. 그 결과 표 1.4에서 보는 바와 같이 사료의 에너지 수준이 높을수록 체중, 도체율, 상강도 그리고 지방 함량이 모두 증가하는 경향을 나타냈다.

⑤ 동물체의 각 부위는 성장속도나 성장률이 다르기 때문에 성장이 진행됨에 따라 체조성이 달라지게 된다. 동물의 성장은 부분적으로 중복되는 세 가지 단계를 거치면서 이루어지며, 성장의 첫 단계는 '골격 최대성장기'이고 계속해서 '근육 최대성장기'로 이어지며, 그 다음에 '지방 최대비축기'로 연결된다. 근육 최대성장기에 고영양사료를 급여하고 지방 최대비축기에는 저영양사료를 급여하면 결국 근육은 많고 지방은 적은 정육(lean meat)을 생산할 수 있다. 급여사료의 순서를 반대로 바꾸면 근육이 적은 고지방의 고기를 생산할 수 있다.

여기에서 한 가지 덧붙여 둘 것은 동물체에 들어 있는 탄수화물의 함량이다. 동물(사람 포함)이 소비하는 사료의 70~80%가 탄수화물임에도 불구하고, 체내에는 글리코겐(glycogen)과 포도당(glucose)의 형태로 겨우 0.5% 이하만 함유되어 있을 뿐이다. 이는 탄수화물이 체내에서 계속적인 산화과정을 통해 다른 물질과 에너지로 전변되기 때문이다.

여러 가지 체성분은 다음과 같이 체내의 특정 부분에 특히 많이 분포되어 있다.

① **수분**: 혈액(혈장의 90~92%), 근육(72~78%)

② **단백질**: 각 세포 내, 관절부, 근육, 결체조직, 건(tendon)

③ **지방**: 피하지방, 소화기 주위, 지방조직

④ **광물질**: 골격

한편 동물체의 주요 광물질 조성을 보면 일반적으로 칼슘(Ca)을 제외하면 그 외 광물질의 함량은 1%도 안 된다는 것을 알 수 있다.

동물체 조성에 대한 지식은 동물의 성장 정도와 영양상태에 대한 판정을 보다 과학적으로 할 수 있게 할 뿐만 아니라, 체중 변화로는 알 수 없는 영양소의 함량 변화에 대한 정확한 평가를 가능하게 한다. 동물체 조성에 대한 지식은 도체분석법(slaughter-analysis method)에 의해서만 얻을 수 있기 때문에 동물을 희생시켜야 하고, 조직의 분석에 막대한 노동과 경비가 소요된다는 결점이 있다. 그러나 이것은 에너지대사학을 공부하는 데 필요한 간접 칼로리메트리의 한 방법이라는 것을 알아야 한다.

도체분석법을 구체적으로 설명하면 다음과 같다. 어떤 영양시험(균형시험 등)을 행하려 할 때 그 시험사료에 들어 있는 각종 영양소의 정확한 행방, 즉 분, 요, 가스, 열 등으로 유실되는 양과 체내에 축적되는 부분 등을 알아내기 위해서는 ① 사료 영양소의 총공급량, ② 총손실량(분, 요, 가스, 열 등으로), ③ 체내에 남게 된 양을 알아야 한다. 체내에 남아 있는 양을 알기 위해서는 시험을 시작할 때 동물이 가지고 있는 영양소의 양과 시험이 끝났을 때의 양을 알아내어 시험 종료 시의 영양소 함량에서 시험 개시 시의 영양소 함량을 빼야 한다. 그러기 위해서는 같은 시험동물을 두 번(시험을 시작할 때와 끝냈을 때) 희생시켜야 하나, 실제로는 이것이 불가능하므로 시험 종료 시의 체조성은 직접 측정하는 반면에, 시험 개시 시의 체조성은 간접적으로 산출할 수밖에 없다. 즉 비슷한 체중을 가진 일군의 시험동물을 대상으로 체조직의 수분, 단백질, 지방, 회분 등을 분석하여 시험 시작 시의 체조성을 간접적으로 얻은 다음, 이 결과를 공시동물에 적용하는 것이다.

동물을 희생시키지 않고 간접적으로 체조성을 산출하는 방법도 있다. 예를 들면 동물체(돼지)의 수분 함량은 안티피린(antipyrine)을 써서 측정한 다음, 그것을 기초로 지방 함량을 추정하고, 다시 그것을 이용하여 무지고형물(fat free dry matter)의 함량을 산출한다. 이 연구 보고에 의하면 무지고형물의 83.1%는 단백질이고, 16.9%는 광물질이므로 단백질과 광물질의 산출도 어렵지 않다. 이들을 산출하는 공식은 다음과 같다.

① $Y = 178.83 - 0.63X - 66.62 \log X$　　② $Z = 100 - (Y + X)$

③ $P = 0.831 Z$　　④ $H = 0.169 Z$

Y = 지방 함량(%), X = 수분 함량(%), Z = 무지고형물 함량(%),
P = 단백질 함량(%), H = 회분 함량(%)

최근에는 동물을 도살하지 않고 체조성을 분석할 수 있는 핵자기공명법(nuclear magnetic resonance, NMR)이 개발되어 세계 여러 나라 학자들의 관심을 모으고 있다. 이 방법은 물고기, 생쥐, 닭, 칠면조 및 돼지와 같이 비교적 체중이 적게 나가는 동물의 체성분을 측정하는 데 이용되며, 측정방법의 정확성과 실용성이 아직은 확립되지 않은 실정이다. 큰 동물을 분석하는 데에는 어려움이 있으나 지난날 불가능하게 여겼던 동물의 생체에서 체조성 분석이 가능하게 된 것은 하나의 학문적 발전이라고 할 수 있다. 그림 1.1은 NMR 영상으로 추적한 돼지의 근육 면적을 재구성한 것이다(Mitchell, 1991).

돼지, 면양, 소, 메추리, 꿩, 오리, 칠면조, 닭 등을 대상으로 한 많은 도체시험을 실시한 결과 여러 가지 요인 중에서도 체조성과 가장 밀접한 관계가 있는 요인은 동물의 체중 또는 장 내용물 제거 체중(공체중, empty body weight, EBW)이라고 발표된 바 있다. 체중을 기준으로 이들 동물의 체성분을 추정하는 공식이 제시되었는데, 이는 표 1.5와 같다. 물론 이들 공식은 일반적인 관계를 표시한 것에 불과하며, 실제 체조성은 동물의 품종, 성별, 사료조건 등에 따라 달라진다.

체조성에 주로 관계하는 요인은 동물의 성시 체중으로, 성시 체중에 대한 도체중의 비율에 따라 체조성이 결정된다. 따라서 그림 1.2와 같은 관계식에서 보면 특정 품종의 성시 체중을 알면 임의의 도체중까지 사양함으로써 희망하는 체조성(특히 체지방)을 가진 소로 비육할 수 있다. 예를 들어 그림에서 성시 체중이 450kg인 소를 300kg에 도살했다면 도체의 지방 함량은 22% 정도가 될 것이며, 이 소가 350kg일 때에는 26%, 그리고

그림 1.1 NMR 영상에 의해 재구성한 돼지의 주요 근육 면적

표 1.5 체중과 체조성의 관계

체조성	추정 공식			
	돼지[1)]	면양[1)]	거세우[1)]	닭[2)]
수 분	Y=0.86699X−0.05111	Y=0.73976X+0.15466	–	Y=0.5769X+43.8
지 방	Y=1.45761X−1.35758	Y=1.98776X−2.18382	Y=1.81626X−3.18816	Y=0.2089X+50.3
단백질	Y=0.90769X−0.80271	Y=0.80148X−0.50283	Y=0.83748X−1.00694	Y=0.1738X−122.7
광물질	Y=0.90823X−1.41247	Y=0.59921X−0.83870	–	Y=0.0322X+7.9

1)X=log10 도체중(kg). 단, 소의 경우는 log10 생체중(kg). Y=EBW 영양소의 log10 중량(kg).
2)X=EBW(g), Y= EBW의 영양소 중량(g).

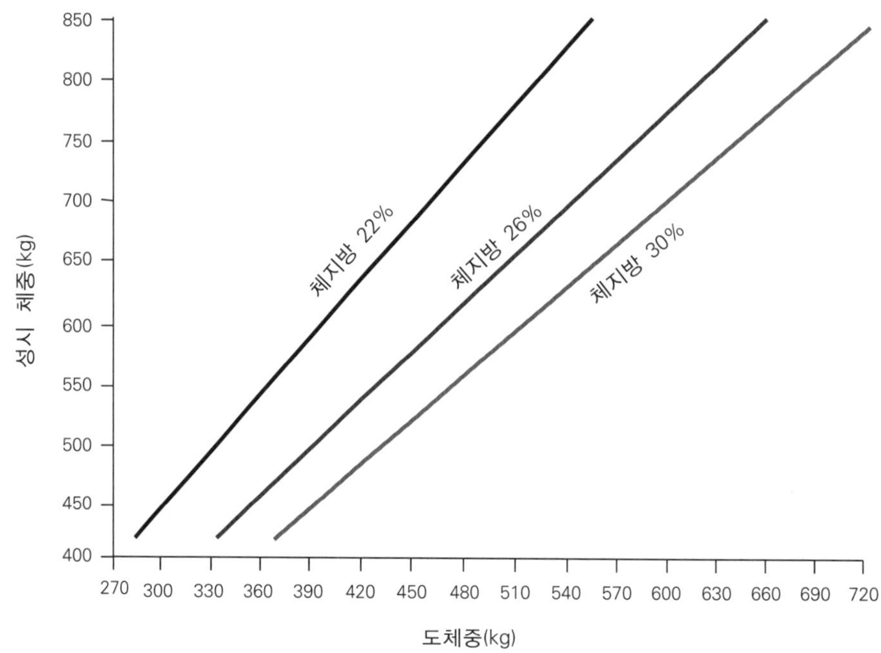

그림 1.2 소의 성시 체중 및 도체중의 체지방 함량과의 관계

385kg까지 비육할 때 지방 함량은 30%에 달하는 것을 예측할 수 있다. 한편 필요에 따라 성시 체중 680kg인 품종을 이용하여 지방 함량 22%인 비육우로 육성하려고 할 때에는 이 소를 체중 450kg까지 비육해야 함을 알 수 있다.

1.2.2 식물체의 화학적 조성

동물은 영양소의 공급원으로 식물체를 주로 이용한다. 즉, 동물은 식물성 사료를 섭취함으로써 체조직을 형성하고 젖, 고기, 알, 털 등의 축산물을 생산하며, 또 생명유지에 필요한 에너지를 공급받는다. 물론 어떤 동물은 잡식성 또는 육식성이지만 동물의 많은 수를 차지하고 있는 초식동물에게는 식물성인 풀이 절대적으로 필요한 영양소 공급원이다. 닭, 돼지 등의 단위동물도 식물성인 곡류와 박류가 전체 사료의 80~90%를 차지한다. 따라서 식물은 동물의 생존을 위해 없어서는 안 되는 물질이라 하겠다. 식물은 태양광선을 이용하여 물(H_2O), 이산화탄소(CO_2), 질산염(NO_3), 산소(O_2) 및 광물질 등으로부터 탄수화물, 지방, 단백질 같은 유기물을 합성할 수 있는 능력을 가지고 있다. 그러나 동물은 이러한 유기물을 합성할 능력이 없고 오직 식물이 이미 합성해 놓은 유기물을 분해, 이용하여 살게 된다. 예외가 있다면 요소(urea)와 같은 비단백태질소화합물이 반추동물에게 이용되어 체단백질 합성에 쓰인다는 사실이다. 어떻든 동물은 식물의 존재 없이는 생존이 불가능하거니와 일반적으로 알려진 동물과 식물의 체조성상의 차이점을 비교하면 표 1.6과 같다(Ensminger and Olentine, 1978).

표 1.6 동식물의 체조성 비교

구분	동물	식물
세포막	단백질	셀룰로오스, 기타 탄수화물
저장영양소	지 방	전분, 기타 탄수화물
에너지원	유기물	태양 에너지

식물도 동물체에서 발견되는 것과 같은 성분을 함유하고 있으나, 그 함유량에서는 큰 변이를 나타낸다. 몇 가지 중요한 식물의 성분을 보면 표 1.7과 같다. 식물체의 성분도 다음과 같은 요인에 따라 달라질 수 있다.

① 살아 있는 식물의 주성분은 동물의 경우와 같이 수분이며, 수분의 함량은 성숙함에 따라 감소한다.

② 말린 식물의 주성분은 탄수화물이다. 탄수화물은 식물의 지주적인 역할과 영양소의 저장을 겸하고 있는데, 동물의 경우 단백질이 지주적인 역할을 하고 지방이 영양소의 저장기능을 맡고 있다는 점이 다르다. 탄수화물은 동물이 공급받는 사료의 대부분을 차지하고 있으나, 동물의 체내에는 겨우 0.5% 이하만 함유되어 있을 뿐

표 1.7 건조된 식물의 화학적 조성(%)

구분	단백질	지방	탄수화물	광물질	Ca	P
청초						
옥수수	9.0	2.9	82.6	5.5	0.28	0.21
Timothy	11.1	3.6	78.4	7.0	0.55	0.26
Orchardgrass	14.0	4.9	72.6	8.4	0.60	0.41
Alfalfa(전체)	18.5	2.2	70.3	9.1	1.89	0.25
Alfalfa(잎)	22.6	3.4	61.9	12.2	2.38	0.29
Alfalfa(줄기)	13.7	1.8	76.2	8.2	1.10	0.02
곡류						
옥수수	10.9	4.5	83.2	1.4	0.04	0.30
대두	43.2	19.2	32.2	5.4	0.28	0.66
보리	12.2	2.2	81.3	2.6	0.05	0.37
밀	16.9	2.0	79.2	1.8	0.04	0.43

이다. 이것은 결국 탄수화물이 에너지의 계속적인 공급을 위해 쓰이며 남는 것은 지방으로 전변된다는 것을 의미한다.

③ 식물은 부위에 따라 주성분 함량이 다르다. 즉 줄기보다 잎에 단백질과 지방, 광물질이 더 많이 함유되어 있다. 광물질 함량의 분포도 식물의 종류에 따라 변이성이 높음을 알 수 있다.

④ 같은 초종에 속하더라도 목초나 야초 등 생육하는 토양조건이 다르면 영양소 함량에 큰 차이가 있다.

⑤ 풀은 일반적으로 생육이 진행되면서 조단백질 함량은 감소하고 조섬유 함량은 증가한다.

⑥ 일반적으로 두과 야초나 목초는 화본과에 비해 조단백질과 칼슘의 함량이 높다.

식물로부터 얻어지는 동물의 사료에는 청초, 종자, 뿌리뿐만 아니라 산업적 목적이나 식품으로 가공하고 남은 부산물도 포함된다. 이러한 가공 부산물의 종류로는 밀기울, 말분, 글루텐(gluten), 유실박 등을 들 수 있는데, 이들의 조성은 앞서 말한 원료 사료의 조성과는 매우 다르다. 그 예로 밀 알갱이의 각 부위에 따른 영양소 함량을 보면 내배유는 전분을 가장 많이 함유하고 있는 반면, 밀기울은 다량의 셀룰로오스를 함유하고 있으며, 대체로 단백질, 지방, 광물질, 비타민 B군의 함량이 종자나 내배유보다 풍부하다. 배아는 내배유나 밀기울보다도 단백질과 지방의 함량이 풍부하며, 셀룰오로스의 함량은 적다. 또한 밀 알갱이가 지니고 있는 대부분의 비타민은 종피와 배에 함유되어 있다.

참고문헌

노선호. 2002. 양어영양학. 신광.

지규만 등. 2008. 동물사양학. 유한문화사.

한인규. 2000a. 고품질 청정돼지고기 생산 산업화 기술개발에 관한 연구. 서울대학교.

한인규. 2000b. 저공해 양돈사료의 개발과 자돈의 생존율 향상을 위한 연구. 서울대학교.

한인규 등. 1985. 비타민 광물질영양. 향문사.

한인규 등. 1996. 동물영양학. 신광.

한인규 등. 2000. 양돈영양과 사료. 서울대학교.

Bender, A. E. 1975. Nutritional value of meat. In: Meat (eds. D. J. A. Cole and R. A. Lawrie). Butterworth.

Cheeke, P. R. 2005. Applied Animal Nutrition. 3rd ed. Pearson Prentice Hall.

Cotterill, O. J. and J. L. Glauert. 1979. Nutrient values of shell, liquid/frozen and dehydrated eggs derived by linear regression analysis and conversion factors. Poultry Sci. 58: 131-134.

Cotterill, O. J., W. W. Marion, and E. C. Naber. 1979. A nutrient re-evaluation of shell eggs. Poultry Sci. 56: 1927-1934.

Cunha, T. J. 1977. Swine Feeding and Nutrition. Academic Press.

Ensminger, M. E. and C. G. Olentine. 1978. Feeds and Nutrition. 1st ed. Ensminger Publishing Co.

Friedrich, W. 1988. Vitamins. Walter de Gruyter and Co.

Jurgens, M. H. and K. Bregendahl. 2007. Animal Feeding and Nutrition. Kendall/Hunt Publishing Company.

Kellems, R. D. and D. C. Church. 2002. Livestock Feeds and Feeding. Prentice Hall.

Lewis, A. J. and L. L. Southern. 2002. Swine Nutrition. 2nd ed. CRC.

Lofgreen, G. P. 1968. The effect of nutrition on carcass characteristics. 4th Annu. Ariz. Feeds-Elanco Semin. 7.

Maynard, L. A., J. K. Loosli, H. F. Hintz, and R. G. Warner. 1979. Animal Nutrition. 7th ed. McGraw-Hill Book Company.

McDonald, P., R. A. Edwards, and J. F. D. Greenhalgh. 1988. Animal Nutrition. 4th ed. Longman Scientific and Technical.

McNamara, J. P. 2006. Principles of Companion Animal Nutrition. Pearson Prentice Hall.

Mitchell, A. D., P. C. Wang, and T. H. Elsasser. 1991. Determination of fat and water content *in vivo* and *in vitro* by proton nuclear magnetic resonance. J. Sci. Food Agric. 56: 265-276.

NAS-NRC. 1968. Body Composition in Animals and Man. NAS-NRC.

Naynard, L. A., J. K. Loosli, H. F. Hintz, and R. G. Warner. 1979. Animal Nutrition. 7th ed. McGraw-Hill Book Company.

NRC. 1998. Nutrient Requirements of Swine. National Academy of Sciences.

NRC. 2007. Nutrient Requirements of Small Ruminent. National Academy of Sciences.

Ockerman, H. W. 1978. Source Book for Food Scientists. The AVI Publishing Company, Inc.

Perry, T. W., A. E. Cullison, and R. S. Lowrey. 2003. Feeds and Feeding. Prentice Hall.

Pond, W. G., D. C. Church, K. R. Pond, and P. A. Schoknecht. 2005. Basic Animal Nutrition and Feeding. John Wiley & Sons, Inc.

Preston, R. L. 1971. Effects of nutrition on the body composition of cattle and sheep. Ga. Nutr. Conf. Feed Ind. 26.

Scott, M. L., M. C. Nesheim, and R. J. Young. 1982. Nutrition of the Chicken. M. L. Scott & Associates.

Voet, D. and J. G. Voet. 1990. Biochemistry. John Wiley & Sons, Co.

영양소의 소화와 흡수

제2장

2.1 소화기관

단위동물의 소화기관
비반추 초식동물의 소화기관
반추동물의 소화기관
물고기의 소화기관
소화기관의 용적

2.2 단위동물의 소화와 흡수

소화과정의 개요
입에서의 소화작용
위에서의 소화작용
소장에서의 소화작용
대장에서의 소화작용
영양소의 흡수

2.3 반추동물의 소화와 흡수

입에서의 소화작용
반추위의 발달
반추위에서의 소화작용
소장과 대장에서의 소화작용
영양소의 흡수

2.4 물고기의 소화와 흡수

입에서의 소화작용
위와 소장에서의 소화작용

2.1 소화기관

영양소의 소화와 흡수는 소화기관(digestive organ)에서 일어나는데, 동물의 종류에 따라 소화기관의 중요한 부분을 그림으로 표시하면 그림 2.1과 같다.

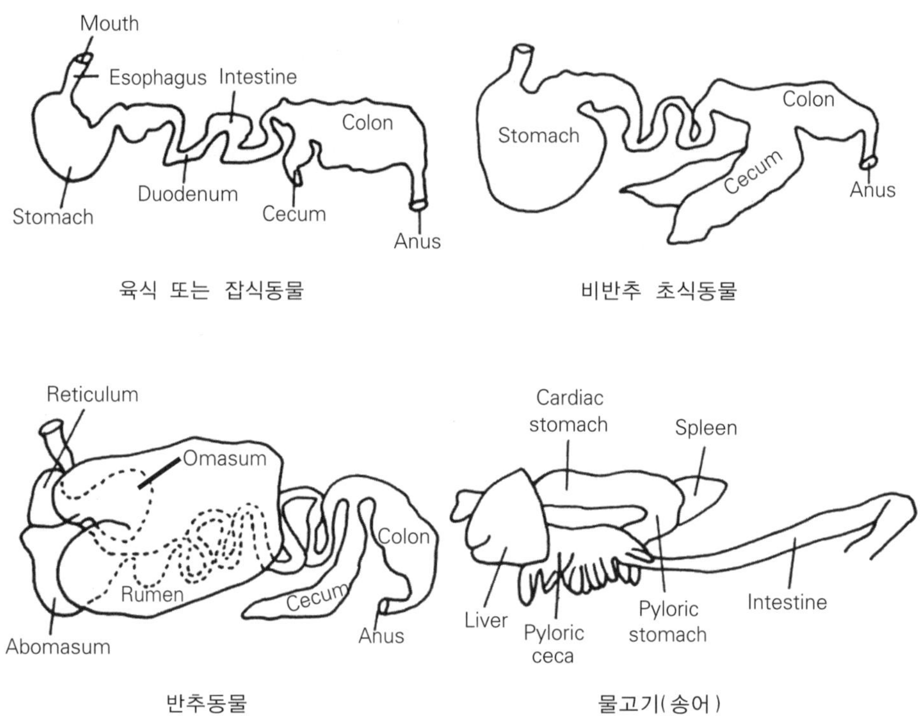

그림 2.1 각 동물의 소화기관 비교

2.1.1 단위동물의 소화기관

맹장(cecum)의 기능이 거의 없고, 대장에 약간의 미생물이 서식하고 있으나 특별한 기능이 없는 동물을 단위동물(monogastric animals)이라고 한다. 단위동물의 소화기관은 주로 섭취하는 사료의 종류에 따라 분류될 수 있는데, 사람이나 원숭이, 돼지 같은 잡식동물(omnivores)과 개, 고양이 같은 육식동물(carnivores)은 위장의 구조가 가장 단순하다. 단위동물에는 칠면조나 닭과 같은 조류도 포함되는데, 조류는 식도의 변형인 소낭(crop),

선낭(glandular stomach), 근위(muscular stomach 또는 gizzard), 배설강(cloaca) 등이 있는 것이 특징이다(Sturkie, 1976).

2.1.2 비반추 초식동물의 소화기관

단위동물 중에는 말, 토끼, 몰모트, 햄스터와 같이 위의 구조는 간단하나 반추동물의 제1위와 비슷한 기능을 하는 맹장과 대장을 가진 동물이 있는데, 이들을 비반추 초식동물(herbivorous nonruminant animals)이라고 한다.

2.1.3 반추동물의 소화기관

소, 면양, 산양 그리고 염소와 같은 동물은 구조가 복잡하고 네 부분으로 나누어진 위를 갖고 있으며, 맹장과 대장도 발달되어 있는데, 이들을 반추동물(ruminant animals)이라고 한다. 반추동물의 위는 다른 동물의 소화기관에 비하여 매우 커서, 보통 복강의 75%를 차지하고, 위 내용물은 전 소화관 내용물의 65~85%를 차지한다. 소의 경우에 좌측부 복강은 췌장과 소장의 일부를 제외하고는 모두 위가 차지하고 있다.

반추동물의 위는 제1위(rumen), 제2위(reticulum), 제3위(omasum)와 제4위(abomasum) 등 네 부위로 나뉜다. 4개가 따로 떨어져 있는 것이 아니고 두터운 근육주름(제1위와 제2위 사이의 reticulo-rumen fold)이나 도관(제2위와 제3위 사이의 reticulo-omasal canal) 그리고 관문(omasal-abomasal orifice)으로 연결되어 있다. 위의 각 부위마다 기능이 다른데, 반추위라고 불리는 제1위와 제2위의 내용물은 자유로이 이동되며, 여러 가지 종류의 미생물이 서식하고 있어서 섬유소의 소화나 단백질 합성 같은 다양한 작용이 일어난다. 제3위의 기능은 아직 확실하게 규명되어 있지 않으나, 대체로 잘 분해된 내용물만 제4위로 넘어가도록 하는 체(sieve)의 기능을 하며, 수분을 흡수하여 희석된 상태의 내용물을 농축시켜 제4위와 나머지 소화기관에서 소화작용이 잘 이루어질 수 있도록 돕는 것으로 알려져 있다. 이런 역할을 위해 제3위에는 수많은 근육조직이 마치 책장처럼 위에서 밑으로 늘어져 있고 내용물이 그 사이를 통과하게 되어 있다. 한편 제4위는 진위(true stomach)라고도 하여 단위동물의 위와 비슷한 기능을 한다.

2.1.4 물고기의 소화기관

물고기는 변온동물이므로 사육 수온에 따라 채식량의 변이폭이 크며, 육지동물에 비해 소화기관이 덜 발달되어 있다. 물고기의 위는 원칙적으로 식도와의 사이에 있는 분문부(cardiac portion, cardiac stomach), 먹이의 저장 부위인 맹낭(blind sac, pyloric ceca) 그리고 장과 경계가 되는 유문부(pyloric portion, pyloric stomach)로 되어 있다. 장의 길이와 구부러진 상태는 물고기의 종류에 따라 심한 차이를 보이나, 일반적으로 초식성 어류가 육식성 어류에 비해 장의 길이가 길고 아밀라아제(amylase)와 말타아제(maltase) 같은 소화효소가 많다.

2.1.5 소화기관의 용적

각 동물의 소화기관의 부분별 용적을 알아보면 표 2.1과 같다. 이 표를 보면 반추동물은 우선 소화기관 전체의 용적이 크고, 위는 전체 소화기관의 65% 이상을 차지하는 반면, 같은 초식동물이라도 말과 같은 비반추 초식동물은 위의 용적이 상당히 작은 대신에 맹장과 대장이 잘 발달되어 있음을 알 수 있다. 한편 단위동물은 전체적으로 맹장이 퇴화되어 있으며, 잡식동물인 돼지는 육식동물인 개에 비하여 위의 크기가 작은 대신 소장과 대장이 잘 발달되어 있다. 이상과 같은 각 동물의 소화기관은 사료의 종류에

표 2.1 소화기관의 용적

구분	소		면양		말		돼지		개	
	용적(L)	구성비(%)	용적(L)	구성비(%)	용적(L)	구성비(%)	용적(L)	구성비(%)	용적(L)	구성비(%)
위										
제1위	202	56.8	23.4	51.8	–	–	–	–		–
제2위	8	2.2	2.0	4.4	–	–	–	–		–
제3위	19	5.3	1.9	4.2	–	–	–	–		–
제4위	23	6.5	3.3	7.3	–	–	–	–		–
계	252	70.8	30.6	67.7	17.9	8.5	8.0	29.2	4.3	62.3
소장	66	18.5	9.0	19.9	63.8	30.2	9.2	33.5	1.6	23.3
맹장	10	2.8	1.0	2.2	33.5	15.9	1.6	5.6	0.1	1.3
대장	28	7.9	4.6	10.2	96.0	45.4	8.7	31.7	0.9	13.1
계	356	100.0	45.2	100.0	211.2	100.0	27.5	100.0	6.9	100.0

따라 영양소의 소화와 흡수가 중점적으로 진행되는 소화기관 부위가 발달되어 있음을 보여 준다.

2.2 단위동물의 소화와 흡수

2.2.1 소화과정의 개요

사람은 예비소화(predigestion) 과정을 겪게 되는데, 요리(가열)가 곧 그것이다. 전분을 요리하면 전분 입자들을 파괴하여 탄수화물의 소화를 돕고, 고기나 계란을 요리하면 단백질의 응고나 변성(denaturation)[1]을 초래하여 소화를 돕게 된다.

일반적으로 소화에는 다음의 세 가지가 포함된다.

① 기계적 소화(mechanical digestion): 저작
② 화학적 소화(chemical digestion): 효소
③ 분비적 소화(secretory digestion): 호르몬, 내분비

소화작용을 돕기 위해 여러 가지 효소가 소화기 내로 분비, 전입되어 복잡한 유기화합물을 작은 분자로 분해한다. 주요 영양소의 소화효소를 분류해 보면 다음과 같다.

1) 탄수화물 분해효소(carbohydrase)

탄수화물을 분해하는 효소들로, 최종 분해산물은 단당류이다. 타액 아밀라아제(salivary amylase), 췌장 아밀라아제(pancreatic amylase), 말타아제(maltase), 수크라아제(sucrase, invertase), 락타아제(lactase), 이소락타아제(isolactase) 등이 여기에 속한다.

2) 지방 분해효소(lipase)

위, 췌장, 소장 등에서 생성되는 지방 분해효소로, 최종 분해산물은 모노글리세리드(monoglyceride), 디글리세리드(diglyceride), 지방산, 글리세롤(glycerol), 유화된 트리글리세리드(triglyceride) 등이다.

---

1) **변성**: 대부분의 단백질 분자가 온도, pH의 변화에 따라 용해도가 변하거나 펩티드 결합이 끊어지는 등 분자구조상의 변화를 가져와서 화학적 성질이 달라지는 현상을 말한다.

표 2.2 소화효소의 종류, 그 생성기관 및 영양소의 소화 최종 분해물

생성기관	효소	영양소	소화 최종 분해물 및 비고
타액선	Salivary amylase	Starch	Maltose + 1,6 glucosides Oligosaccharides + maltotriose
설하선	Lingual lipase	Short chain fatty acids	Fatty acids + 1,2 diacylglycerols
위	Pepsin A(fundus)	Protein	Peptides
	Pepsin B(pylorus)	Protein	Peptides
	Rennin	우유의 casein	우유의 응고
	Chymosin	돈유의 단백질	돈유의 응고
췌장	Trypsin	Protein Peptides	Polypeptides Dipeptides
	Chymotrypsin	Protein Peptides	Polypeptides Dipeptides 우유보다 더 큰 응고력
	Elastase	Protein Peptides	Polypeptides Dipeptides
	Carboxypeptidase	Polypeptides	Lower peptides, free amino acids
	Pancreatic amylase	Starch Glycogen	Maltose + 1,6 glucosides (oligosaccharides) + maltotriose
	Lipase	Triacylglycerol	Fatty acids, monoacylglycerols, diacylglycerols, glycerol
	Ribonuclease	Ribonucleic acid	Nucleotides
	Deoxyribonuclease	Deoxyribonucleic acid	Nucleotides
	Cholesteryl ester hydrolase	Cholesteryl esters	Free cholesterol + fatty acids
	Phospholipase A2	Phospholipids	Fatty acids, lysophospholipids
간	Bile acid	Lipid	Lipid + bile acid compound
소장	Aminopeptidase	Polypeptides	Lower peptides Free amino acids
	Dipeptidase	Dipeptides	Amino acids
	Sucrase	Sucrose	Fructose, glucose
	Maltase	Maltose	Glucose
	Lactase	Lactose	Glucose, galactose
	Trehalase	Trehalose	Glucose
	Phosphatase	Organic phosphates	Free phosphate
	Isomaltase 또는 1,6 glucosidase	Dextrin 또는 1,6 glucosides	Maltose 또는 glucose
	Polynucleotidase	Nucleic acid	Nucleotides
	Nucleosidases (nucleoside phosphorylases)	Purine 또는 pyrimidine nucleosides	Purine 또는 pyrimidine bases, pentose phosphate

3) 단백질 분해효소(protease)

다음과 같은 단백질 소화효소가 있으며, 최종 분해산물은 아미노산이다. 펩신(pepsin), 레닌(rennin), 트립신(trypsin), 키모트립신(chymotrypsin), 카르복시펩티다아제(carboxypeptidase), 아미노펩티다아제(aminopeptidase), 디펩티다아제(dipeptidase) 또는 트리펩티다아제(tripeptidase) 등이 여기에 속한다.

4) 핵산 분해효소(nuclease)

핵산을 분해하는 효소에는 리보뉴클레아제(ribonuclease), 디옥시리보뉴클레아제(deoxyribonuclease) 등이 있으며 이들을 합해서 phosphodiesterase라고 한다. 최종 분해산물은 폴리뉴클레오티드(polynucleotides)와 모노뉴클레오티드(mononucleotides)이다. 뉴클레오티드 가수분해효소(nucleotidase)는 뉴클레오티드를 뉴클레오시드(nucleosides)와 인산염(phosphate)으로 분해하고 뉴클레오시드는 뉴클레오시드 분해효소(nucleosidase)에 의해서 피리미딘(pyrimidine), 퓨린(purine), 리보스(ribose), 디옥시리보스(deoxyribose) 등으로 분해된다.

여기서 동물의 소화관 내에서 작용하는 소화효소와 그 생성기관, 그리고 각종 영양소의 소화 최종 분해산물을 열거하면 표 2.2와 같다(Murray, 1990).

2.2.2 입에서의 소화작용

구강이란 입술에서 시작하여 후두까지 이르는 공동을 말하며, 소화기관의 입구에 해당한다. 사료의 섭취방법은 동물에 따라 각각 다르다. 양과 말은 윗입술로 목초를 고정하고 인치(incisors)로 절단하여 혀로 구치(molar) 사이에 넣으며, 곡물인 경우에는 입술과 혀로 섭취한다. 소는 혀로 목초를 걷어 올려 채취한다. 따라서 양은 소보다 목초를 더 짧게 절취한다. 액체의 경우에는 소와 말은 입술, 혀, 아래턱을 이용하여 구강 내에 음압을 형성하여 흡입하지만, 돼지는 강력한 흡기에 의한 음압을 이용하여 액체를 섭취한다. 어린 동물의 포유는 주로 아래턱의 운동에 의한다. 위 · 아래턱에는 동물의 종류에 따라 특유한 종류의 이가 있어서 사료를 저작한다. 초식동물은 사료를 잘 분쇄하기 위하여 특히 구치가 잘 발달되어 있고, 육식동물은 견치(canines)가 잘 발달되어 있다. 조류는 이가 없으므로 포유동물과는 사료 섭취 양식이 다르다. 반추동물은 사료를 채식할 때 간단히 저작(mastication)한 후 삼키고, 채식이 끝난 뒤 반추(rumination)에 의해 역출된 사료를 다시 잘게 분쇄한다. 입에서 일어나는 소화를 요약하면 다음과 같다.

① 사료의 입자를 잘게 만드는 기계적 소화가 일어나게 되는데, 이는 그 후 효소의 작용면적을 증가시키는 데 그 의미가 있다.

② 침에 의한 화학적 소화도 일어난다. 침은 3개의 타액선(이하선, 설하선, 악하선)과 뷰칼(bucal)선에서 분비되는 무색의 끈끈한 액체로, 1일 평균 분비량은 소 150L, 말 40L, 사람 1L 정도다. 침의 분비를 촉진하는 것으로는 저작운동, 음식의 맛, 심리적 영향 등을 들 수 있다. 침은 수분(99.4%), 건물(0.6%), 무기물(Cl^-, HCO_3^-, Na^+, K^+, Ca^{2+}), 유기물(mucoprotein), 효소(amylase)로 이루어져 있으며, 비중 1.003, pH는 6.35~6.95 정도이다.

침의 기능을 보면 다음과 같다.

① 딱딱한 음식물을 넘기기 좋게 죽과 같이 만든다.

② 여러 가지 영양소를 희석한다.

③ 이의 소독과 청결을 돕는다.

④ 다당류(전분, 글리코겐 등)를 이당류인 말토오스(maltose) 또는 단당류인 포도당(glucose)으로 분해한다.

타액 아밀라아제(salivary amylase)는 Cl^-, Br^-, 또는 NO_3^-에 의해 활력이 증가되고 펩신(pepsin)에 의해 저하된다. 이 효소는 처음 15~20분간의 소화에 작용하며, 최종 분해물은 덱스트린(dextrin), 말토오스와 소량의 포도당이다. 설하선에서 분비되는 구강 리파아제(lingual lipase)는 산성 pH에서도 활성이 있으므로 담즙의 도움 없이 지방을 가수분해한다. 여기서 방출된 유리지방산은 CCK(cholecystokinin)를 방출시키고 담즙과 췌장액을 분비케 한다.

식도는 후두로부터 위에까지 도달하는 관상의 기관으로, 사료가 이동하는 통로 역할을 하지만 소화·흡수가 일어나지는 않는다. 식도 내에서는 유동(peristalsis)에 의해서 사료가 이동한다. 조류에서는 식도의 일부가 팽대해져 생긴 소낭(crop)이 있는데, 소낭은 사료를 일시적으로 저장하고 수분을 첨가하여 소화를 돕는 기능을 한다.

2.2.3 위에서의 소화작용

위는 식도에 달려 있는 기관으로서 그 말단은 소장에 연결된다. 식괴(bolus)가 식도로부터 위로 주입되면 위는 팽대해지며, 위벽에서 일어나는 여러 물리적 운동에 의해 내용물이 혼합된다. 위점막에 있는 위선에서는 위액이 분비되는데, 위액은 수분(99.4%), 건물(0.6%), 무기성분(염산, 식염), 유기성분(mucoprotein과 pepsin, lipase, rennin 등의 효소)으로 구성되어 있으며, 비중은 1.001~1.011 정도이다. 위액의 분비는 가스트린(gastrin)[2] 이란 호르몬에 의해서 또는 히스티딘(histidine)의 탈탄산반응(decarboxylation)에 의해서 생겨나는 히스티아민(histamine)의 자극에 의해서 연속적으로 이루어진다.

1) 염산(HCl)의 생성과 기능

위액의 주성분으로 pH는 0.87(0.17N)이고 사람의 경우 하루 2~3L 정도 분비되며, 그 생성기전은 그림 2.2와 같다. 즉 HCl은 위점막세포(parietal cell)에서 분비되는데, H^+는 CO_2와 H_2O에서 탄산탈수효소(carbonic anhydrase)에 의해서 형성된 H_2CO_3가 HCO_3^-로 바뀔 때 위 내부로 분비되고, 혈액 내 Cl^-이 동시에 분비되면서 H^+와 Cl^-이 결합하여 생성된다. 이때 남은 HCO_3^-은 혈액으로 흡수되며, 사료를 섭취한 후 다량의 HCl이 분비되면 혈액 내 HCO_3^-의 농도가 높아져 pH가 상승한다. 따라서 요의 pH도 높아져 알칼

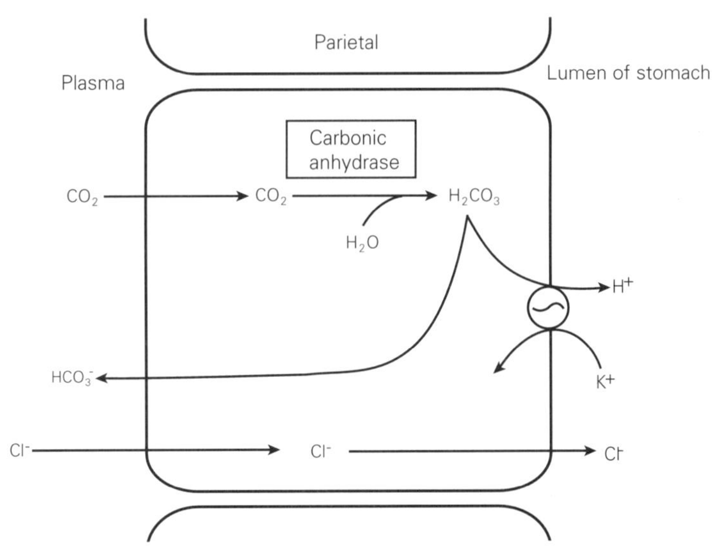

그림 2.2 위점막세포에서 HCl의 생성기전

---

2) 가스트린: 위벽의 분문부에서 분비되는 호르몬의 일종으로 염산(HCl)과 펩시노겐(pepsinogen)의 분비를 자극하며, 위점막과 장점막의 수축과 관계가 있다.

리뇨를 배설하기도 한다. HCl 형성에 필요한 H^+은 포도당과 같은 유기물에서 공급되기도 한다. 여기서 염산의 기능을 요약하면 다음과 같다.

① 단백질을 변성시킨다.
② 펩시노겐(pepsinogen)을 활력이 있는 펩신(pepsin)으로 만든다.

$$\text{Pepsinogen} \xrightarrow[\text{(pH1.0\sim2.0)}]{\text{HCl}} \text{Pepsin + Peptide}$$

③ Fe^{2+}의 흡수를 돕는다.
④ 이당류의 가수분해를 일으킨다.
⑤ 십이지장에서 나오는 세크레틴(secretin)[3]의 분비를 촉진한다.
⑥ 위에서 미생물에 의해 일어나는 발효와 부패를 억제한다.

2) 펩신(pepsin)

위에서 일어나는 소화작용의 주요한 것은 펩신에 의한 단백질의 부분적 분해이다. 펩신은 엔도펩티다아제(endopeptidase)의 하나로서 단백질 분자의 펩티드 결합을 분해하는 효소이며, 활성이 없는 펩시노겐으로 분비되어 HCl에 의해 활성이 있는 펩신으로 변한다.

단백질, 변성된 단백질 $\xrightarrow{\text{Pepsin}}$ Proteose + Peptone + Amino acids
(예 : phenylalanine, tyrosine, leucine)

우유의 응고도 염산의 pH 저하(pH 4.8일 때)로 인한 등전점침전(isoelectric precipitation)[4]에 의해 일어나기도 한다.

---

3) **세크레틴**: 췌장액의 분비를 촉진하는 호르몬으로, 십이지장 점막의 산화작용에 의하여 분비된다.

4) **등전점침전**: 각각의 단백질마다 서로 다른 등전 pH를 가지고 있으므로 등전점(pI)과 같은 pH에서는 단백질이 침전하게 되는 것을 말한다.

3) 위장 리파아제(lipase)

pH 5.5 또는 pH 7.5에서 가장 활성이 높은데, pH가 3~4인 위에서는 작용하지 못하며 지방 소화에 큰 역할을 하지는 못한다.

4) 레닌(rennin)

우유를 응고시키는 효소로, 어린 동물의 위에서 분비된다. 프로레닌(prorennin)이 pH 5~6일 때 레닌으로 변성되며, 다음과 같이 우유단백질인 카제인(casein)의 소화를 돕는다.

$$\text{Casein} \xrightarrow[\text{Ca}^{2+}]{\text{Rennin}} \text{불용성 Para-casein}$$

5) 뮤신(mucin)

위 점막에서 분비되는 일종의 당단백질로, 펩신에 의해 분해되지 않고 위 장벽을 보호하며 점막세포에서 분비되는 HCl을 완충시킨다.

같은 단위동물이라 하더라도 동물의 종류에 따라 위에서 일어나는 소화작용이 다른데, 조류에 있어서는 식도의 일부인 소낭(crop)에서 섭취한 사료는 수분과 섞이게 되고 위선에서 위액이 분비되어 사료와 섞인다. 작은 돌이나 모래가 들어 있는 근위에서 곡류 알갱이가 부수어진 다음 소화가 진행된다.

2.2.4 소장에서의 소화작용

소장은 위에 연결되는 십이지장(duodenum), 공장(jejunum), 그리고 회장(ileum)으로 구분한다. 십이지장의 상부에는 그림 2.3에서 보는 바와 같이 췌장과 간장으로부터 각각 췌장(pancreatic duct)과 담관(bile duct)이 열려 췌장액과 담즙이 장 내로 주입된다. 또한 장 점막에는 장선과 십이지장선이 들어 있어 소장액(intestinal juices)을 분비한다.

1) 췌장액의 소화작용

췌장액은 췌장의 소핵세포(acinar cell)에서 분비되는 맑은 액체이며, 수분 98.7%와 고형물 1.3%로 되어 있다. pH는 7.5~8.2로서 약알칼리성이며 트립시노겐(trypsinogen), 키모트립시노겐(chymotrypsinogen), 프로엘라스타아제(proelastase), 프로카르복시펩티다아

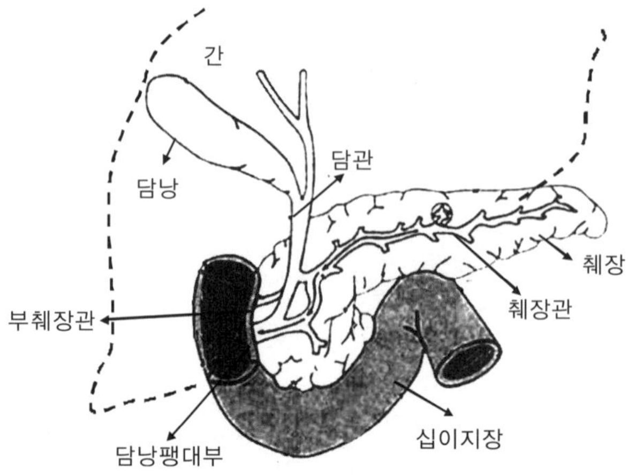

그림 2.3 십이지장에 연결된 담관과 췌장관

제(pro-carboxypeptidase) A와 B, 아밀라아제, 리파아제 같은 효소가 들어 있어 여러 가지 영양소의 소화를 돕는다. 성인의 경우 매일 약 2L 정도 분비되며, 세크레틴은 췌장액의 분비를 촉진하나 그 농도는 약간 낮다. 십이지장 점막에서 분비되는 호르몬인 판크레오지민(pancreozymine)도 췌장액의 분비를 촉진한다. 췌장액에 들어 있는 소화효소와 그 소화작용을 보면 다음과 같다.

(1) **췌장 아밀라아제**(pancreatic amylase, amylopsin): 타액에 들어 있는 아밀라아제와 비슷하나 좀 더 강력하다. 이 효소는 정상적인 활성을 위해 Cl^-을 요구하며 최적 pH는 6.9이다. 이 작용은 최종 분해물이 빨리 흡수되면 더욱 촉진된다.

Glycogen, Starch —Amylase→ Dextrin + Maltose +Glucose

(2) **리파아제**(lipase, steapsin): 글리세리드(glycerides) 분해효소로, 십이지장에서 Ca^{2+}, 담즙산 및 아미노산 등에 의해 활성이 더욱 증가한다. pH 7.0~8.8이 최적이다. 이 효소는 지방산의 분자량이 높고 불포화상태가 클수록 증가하여 주로 트리글리세리드(triglyceride)의 양끝에 위치하는 지방산, 즉 글리세롤의 1과 3의 위치에 있는 지방산을 분리하는 효소로서 지방 소화에 아주 중요한 역할을 한다. 최종 분해물은 유화된 트리글리세리드(triglyceride, triacylglycerol), 디글리세리드(diglyceride. diacylglycerol), 모노글리

세리드(monoglyceride, monoacylglycerol), 지방산, 글리세롤 등이다.

(3) **트립신(trypsin)**: 췌장의 선포세포(acinar cell)에서 불활성 전구효소인 트립시노겐(trypsinogen)의 형태로 분비되어 소장에서 엔테로키나아제(enterokinase)의 작용으로 다음과 같이 트립신으로 활성화된다.

$$\text{Trypsinogen} \xrightarrow[\text{pH 5.2\textasciitilde 6.0}]{\text{Enterokinase}} \text{Trypsin}$$

이 효소의 최적 pH는 8~9이며, 엔도펩티다아제(endopeptidase)의 하나로서 펩신에 의해분해되지 않은 단백질을 분해한다.

단백질
변성된 단백질
Proteoses, Peptones
→ (Trypsin) → Peptide + Lysine, Arginine

생콩과 난백에 들어 있는 트립신 방해인자(trypsin inhibitor)는 열에 의해 파괴된다.

(4) **키모트립신(chymotrypsin)**: 트립신과 함께 췌장에서 분비되는 엔도펩티다아제(endopeptidase)의 일종이다. 원래 키모트립시노겐(chymotrypsinogen)으로 분비되나, 소장에서 트립신의 작용에 의해 다음과 같이 활성화한다.

$$\text{Chymotrypsinogen} \xrightarrow{\text{Trypsin}} \text{Chymotrypsin}$$

이 효소의 최적 pH는 8~9이고, 대체로 트립신의 작용과 비슷하다. 레닌과 펩신처럼 우유를 엉기게 하는 능력을 가지고 있다. 폴리펩티드(polypeptide)가 이 효소의 공격을 받아 분자량이 적은 폴리펩티드로 분해되거나, 펩티드 결합을 공격하여 타이로신(tyrosine)과 페닐알라닌(phenylalanine)을 유리시키기도 한다.

(5) **카르복시펩티다아제(carboxypeptidase)**: 일종의 펩티드 말단 분해효소(exopeptidase)로서 최적 pH는 7.4이며, 유리 카르복실(carboxyl)기를 가지고 있는 종단부 아미노산의 펩티드 결합을 공격하여 분해한다.

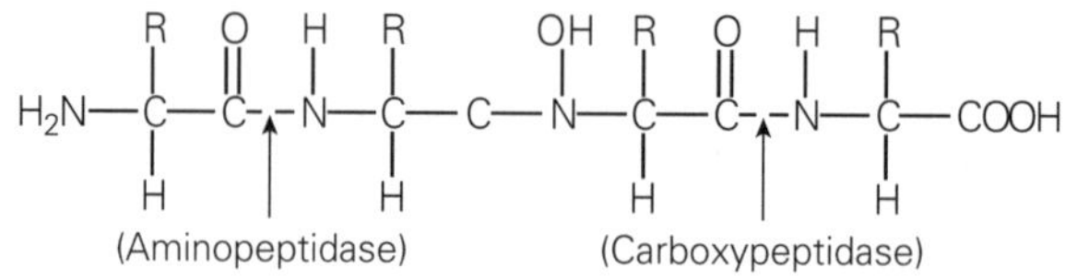

카르복시펩티다아제도 트립신의 작용에 의해 다음과 같이 활성화한다.

$$\text{Carboxypeptidase의 Precursor} \xrightarrow{\text{Trypsin}} \text{Carboxypeptidase}$$

이 효소에 의한 단백질 최종 분해물은 다음과 같다.

$$\text{분자량이 작은 Polypeptide} \longrightarrow \text{Tripeptide} + \text{Free amino acid}$$

(6) 뉴클레아제(nuclease): 리보뉴클레아제(ribonuclease)와 디옥시리보뉴클레아제(deoxyribonuclease)가 여기에 속하며, 폴리뉴클레오티드(polynucleotide)를 모노뉴클레오티드(mononucleotide)로 분해한다. 이 효소로는 유리인산이 분해되어 나오지 않는다.

2) 장액에 의한 소화작용

소장의 여러 부위에 있는 점막세포에서 그 조성이 균일하지 않은 장액이라고 불리는 진하고 끈끈한 액즙이 분비된다. 이들 분비물은 신경과 엔테로크리닌(enterocrinin)[5]과 세크레틴(secretin) 같은 호르몬에 의해 조절된다. 고형물의 함량은 1.5% 정도이며 절반은 무기물(Cl^-, HCO_3^-, PO_4^{3-}, Na^+, K^+, Ca^{2+} 등)로 이루어져 있다. 유기물로는 뮤신(mucin), 효소, 콜레스테롤, 인지방 등이 들어 있고 요소 같은 중간대사물도 함유되어 있다.

소장의 부위에 따라 십이지장으로 들어오는 위 내용물의 농도와 췌장액, 담즙의 양에 따라 다르기 때문에 pH는 일정하지 않으나, 십이지장에서 약 5.5~6.0이고 그 이후에는 6.0~7.0이다. 몇 개의 대표적인 효소와 그들의 기능을 설명하면 다음과 같다.

(1) **탄수화물 분해효소**(carbohydrase): 여기에 속하는 효소는 말타아제(maltase), 수크라아제(sucrase, invertase), 락타아제(lactase), oligo-1,6-glucosidase(isomaltase) 등이며, 이

---

5) 엔테로크리닌: 죽 같은 액이 장 내부로 들어가면 장점막에서 분비되어 장액 분비를 촉진하는 호르몬이다.

들이 촉진하는 분해작용은 다음과 같다.

$$\text{Maltose} \xrightarrow{\text{Maltase}} \text{Glucose + Glucose}$$

$$\text{Sucrose} \xrightarrow{\text{Sucrase}} \text{Glucose + Fructose}$$

$$\text{Lactose} \xrightarrow{\text{Lactase}} \text{Glucose + Galactose}$$

$$\text{Oligo-1,6-glucoside} \xrightarrow{\text{Oligo-1,6-glucosidase}} \text{Glucose}$$

최근 발표된 바에 의하면 어린 시기에 젖을 먹을 때에는 왕성하게 생산되어 작용하던 락타아제(lactase)의 기능이 그 후 오랫동안 젖을 먹지 않으면 영구히 퇴화해 버린다는 것이다. 이후 다시 젖을 먹게 되더라도 이 효소는 재생되지 않기 때문에 락토오스(lactose)의 이용 능력은 그만큼 떨어진다.

(2) **지방 분해효소(lipase)**: 인지질을 분해하는 포스포리파아제(phospholipase)와 monoesterase를 들 수 있는데, 포스포리파아제에는 a, b, c의 세 가지가 있어 포스포글리세리드(phosphoglyceride)를 글리세롤, 지방산, 인산, 콜린(choline) 등으로 분해한다.

(3) 펩티다아제(peptidase)

① **아미노펩티다아제(aminopeptidase)**: 펩티드 말단 분해효소(exopepetidase)의 하나로서 유리아미노기를 가지고 있는 종단부 아미노산의 펩티드 결합에 작용한다. 이 효소에 의해 펩티드는 tri- 또는 di-peptide 및 유리아미노산으로 분해된다.

② **트리펩티다아제(tri-peptidase)와 디펩티다아제(dipeptidase)**: 펩티드 말단 분해효소로서 트리펩티다아제는 아미노산과 디펩티드(dipeptide)를, 디펩티다아제는 2분자의 아미노산을 분리해 낸다.

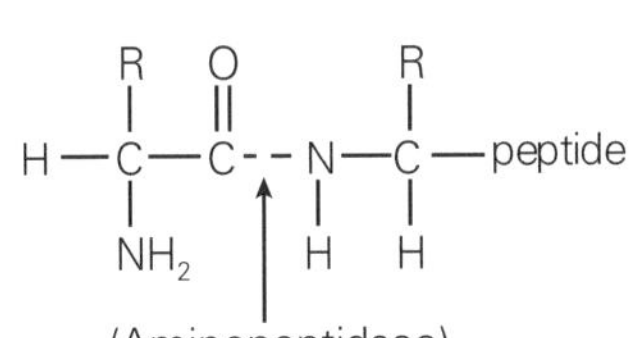

(4) 기타 효소들

① Phosphodiesterase, phosphomonoesterase, nucleosidase: 앞의 두 효소는 분리

하기 힘들 정도로 같이 행동하는데 그 작용은 다음과 같다.

di-, tri- 또는 Polynucleotide —Phosphodiesterase→ Mononucleotide —Phosphomonoesterase→

Nucleoside + Pi —nucleosidase→ Purine + Pyrimidine + Sugar

② Enterokinase : 십이지장의 점막세포에서 분비되고, 소화에 직접 참여하지는 않지만, 간접적으로 트립시노겐(trypsinogen)을 트립신(trypsin)으로 활성화시킨다.

3) 담즙에 의한 소화작용

간에서 지속적으로 생성되어 담낭(gall bladder)에 저장되며, 소화효소를 갖고 있지 않아 직접 소화작용에 관여하지는 못하고 간접적으로 소화작용에 관여한다. 담즙(bile)의 특징은 ① 맑고, ② 황금색이며, ③ 끈끈하고, ④ 쓴맛을 가지고 있으며, ⑤ pH는 7.0~8.5이다. 사람의 경우 담즙은 매일 500~700mL 정도 분비된다. 건물의 함량은 1~4%이고, 이 가운데 약 25%는 무기물(HCO_3^-, Cl^-, Na^+, K^+ 등)이고 나머지는 유기물이다. 유기물 중 중요한 성분은 ① 담즙산(bile acid), ② 담즙색소(bile pigment), ③ 콜레스테롤(cholesterol), ④ 미량의 렉틴(lecithin), 뮤신(mucin) 등이다. 여기서는 이 중에서 가장 중요하다고 생각되는 담즙산과 담즙색소에 대해서만 설명하기로 한다.

(1) **담즙산**: 사람의 담즙산은 주로 cholic acid(25~60%), oxycholic acid(5~25%), chemodeoxycholic acid(30~50%)로 구성되어 있다. 이들은 항상 글리신(glycine) 또는 타우린(taurine)과 결합하여 glycocholic acid, tautocholic acid로 존재한다. 알려진 바에 의하면 cholic acid는 간에서 콜레스테롤로부터 합성되며, 글리신과 타우린의 결합도 간에서 일어난다. 담즙산의 중요한 기능은 다음과 같다.

① 유화작용(표면장력의 약화)으로 지방의 소화를 촉진한다.
② 췌장에서 분비되는 리파아제를 활성화시킨다.
③ 더욱 녹기 쉬운 형태로 만들어 지방산, 콜레스테롤, 비타민 A, D와 카로틴(carotene)의 흡수를 돕는다.
④ 담즙의 분비와 교류를 자극한다.
⑤ 콜레스테롤이 혈관 내에서 침전 없이 녹아 있도록 한다.

(2) **담즙색소**: 황갈색의 담즙색은 주로 빌리루빈(billirubin) 때문이다. 빌리루빈은 주로 간에서 생성되며, 적혈구의 헤모글로빈의 헴(heme) 단백질이 산화하면 녹색의 빌리베르딘(biliverdin)이 되고 이들이 모두 헴(heme)의 분해배설물이다. 동물의 분이 황갈색을 띠는 것은 담즙의 색소인 스테로빌린(sterobilin)과 우로빌린(urobilin) 때문이고, 오줌의 색이 엷은 황색인 것은 주로 우로빌린과 우로빌리노겐(urobilinogen) 때문이다.

2.2.5 대장에서의 소화작용

대장은 소장에 이어 결장(colon), 직장(rectum)과 맹장(cecum)으로 나누어진다. 육식동물과 달리 초식동물의 맹장은 팽대한 맹낭으로서, 그 속에는 많은 미생물이 서식하고 있다. 이 미생물은 대부분의 비타민, 아미노산 등을 합성하여 동물의 영양에서 중요한 역할을 담당하고 있다. 또한 결장과 직장에서는 주로 수분이 흡수되며, 분을 형성하여 최종적으로 항문으로 배출되도록 한다. 분은 동물에 따라 그 모양이 다르고 여러 가지

표 2.3 동물의 1일 평균 분뇨 배설량

동물	구분	연령 또는 체중	분뇨 배설량(kg/일/두)	
			분	요
한우	송아지	0~6개월	6.0	4.5
	육성우	6~12개월	15.5	11.5
	성우	12개월 이상	27.5	22.0
육우	송아지	0~6개월	6.0	4.5
	육성우	6~12개월	14.0	10.5
	성우	12개월 이상	29.0	22.5
유우	송아지	0~6개월	6.0	4.5
	육성우	6~12개월	15.0	12.0
		12~24개월	19.5	14.4
	성우	24개월 이상	38.5	25.4
돼지	자돈	10~21kg	2.0	1.0
	육성돈	22~50kg	3.7	1.8
	비육돈	50~90kg	5.4	2.5
	성돈	90kg 이상	8.0	3.2
말		500kg	10~20	
면양		50kg	1~1.5	
산양		40kg	0.8~2.2	
닭		2.5kg	0.15~0.30[1]	

[1]총배설량.

요인 때문에 수분 함량에도 많은 변이가 있다. 표 2.3은 동물별로 1일 평균 분뇨 배설량을 표시한 것이다.

2.2.6 영양소의 흡수

각 영양소가 흡수되는 부위를 간단히 살펴보면 다음과 같다.

- 입: 영양소의 흡수가 거의 일어나지 않는다.
- 위: 제한된 양의 알코올, 물, 철분, 아미노산, 포도당, 기타 단순한 유기물, 무기물 등
- 소장: 앞에서 열거한 영양소 및 탄수화물, 지방, 단백질의 최종 분해물과 비타민 등

1) 탄수화물의 흡수작용

모든 단당류는 소장에서 거의 완전히 흡수된다. 흡수율은 십이지장으로부터 내려갈수록 감소된다. 포도당을 기준으로 각 단당류의 비교흡수율을 보면 갈락토오스(galactose, 110) 〉 포도당(glucose, 100) 〉 프룩토오스(fructose, 43) 〉 만노오스(mannose, 19) 〉 펜토스(pentose, 9~15)의 순이다. 탄수화물은 대체로 두 가지 기전에 의해 장점막을 통과하여 흡수된다. 단순히 농도 차이에 의해 혈액으로 흡수되는 것을 단순확산(simple diffusion)이라 하고, 농도가 낮은 곳에서 높은 곳으로 거슬러서 흡수되는 것을 능동수송(active transport)이라고 한다. 능동수송은 그림 2.4에서 보는 바와 같이 에너지와 중간 매개물(carrier)이 필요한데, 갈락토오스와 포도당은 능동수송에 의해, 프룩토오스나 만노오스 또는 5탄당은 단순확산에 의해 흡수되는 것으로 알려져 있다(Murray, 1990).

2) 지방의 흡수작용

다른 영양소와는 달리 소장에서 일어나는 지방의 흡수는 간단하지 않다. 췌장에서 분비되는 리파아제에 의해 지방산의 일부는 글리세롤과 지방산으로 분해되지만, 일부는 글리세롤의 가운데 위치에 지방산이 결합된 모노글리세리드(monoglyceride)로 분해된다. 이런 지방분해물들은 담즙의 도움으로 소장점막에서 다시 트리글리세리드(triglyceride)로 합성되며, 기타 지방 분해 유도체들과 리포단백질(lipoprotein) 등이 혼합되어 입자의 직경이 0.5μm 정도인 킬로미크론(chylomicron)을 형성하고, 이 킬로미크론은 림프선을 통해 흡수된다. 이것이 흡수될 때 유리되는 담즙산염은 회장에서 재흡수되어 간으로 옮겨져 다시 담즙 생산에 쓰인다. 소장점막에서의 지방 흡수 현상은 그림 2.5와 같이 요약

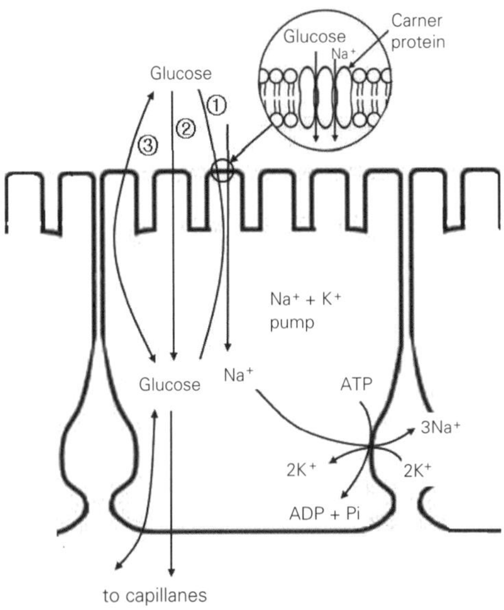

그림 2.4 탄수화물의 능동수송 기전

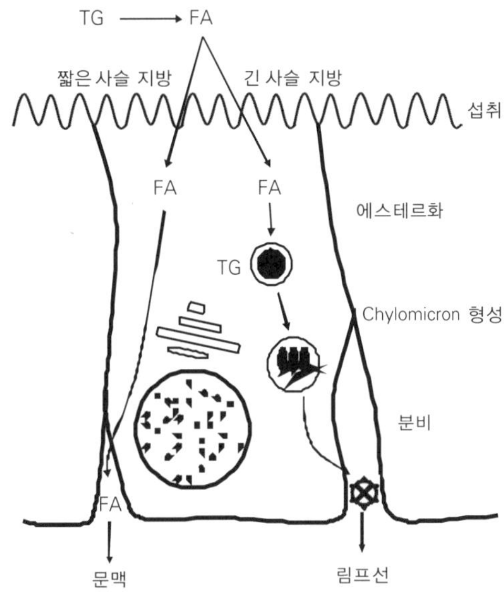

그림 2.5 소장점막에서의 지방 흡수
(TG: triglyceride, FA: fatty acid)

할 수 있는데, 모든 지방분해물이 이렇게 림프선을 통해 흡수되는 것은 아니고, 대체로 탄소 수가 10개 이하로 분자량이 작은 지방산이나 글리세롤이 문맥 혈액으로 직접 흡수된다. 전체 지방의 약 78%는 림프선을 통해 흡수되고, 나머지 22% 정도는 혈액을 통해 소장 상단부에서 흡수된다.

3) 단백질의 흡수작용

단백질은 아미노산과 펩티드(peptide)로 분해된 다음, 아미노산은 직접 소장에서 혈액을 통해 흡수되고, 아미노산 2~3분자로 구성된 작은 펩티드는 직접 장상피세포 내로 들어가지만, 아미노산 3~6분자 이상으로 구성된 펩티드는 솔변연(brush border membrane)에 부착되어 있는 펩티다아제(peptidase)에 의해 아미노산 2분자의 펩티드로 분해된 후 장상피세포 내로 들어간다. 이들은 상피세포의 세포질 내에 있는 펩티드 분해효소에 의해 아미노산으로 분해된 다음 혈액으로 흡수된다. 이때 포도당을 흡수할 때와 마찬가지로 Na^+이 필요하다. 그림 2.6에서 보는 바와 같이 소장에서 아미노산이 흡수되는 속도는 아미노산의 형태에 따라 차이가 있다. L-아미노산은 능동수송에 의해 흡수되며, 여기에는 비타민 B_6(pyridoxal phosphate)가 요구된다. 따라서 비타민 B_6가 부족하면 아미노산의 흡수가 지연되거나 불량해진다. 한편 *d*-아미노산은 단순확산(simple diffusion)에 의해

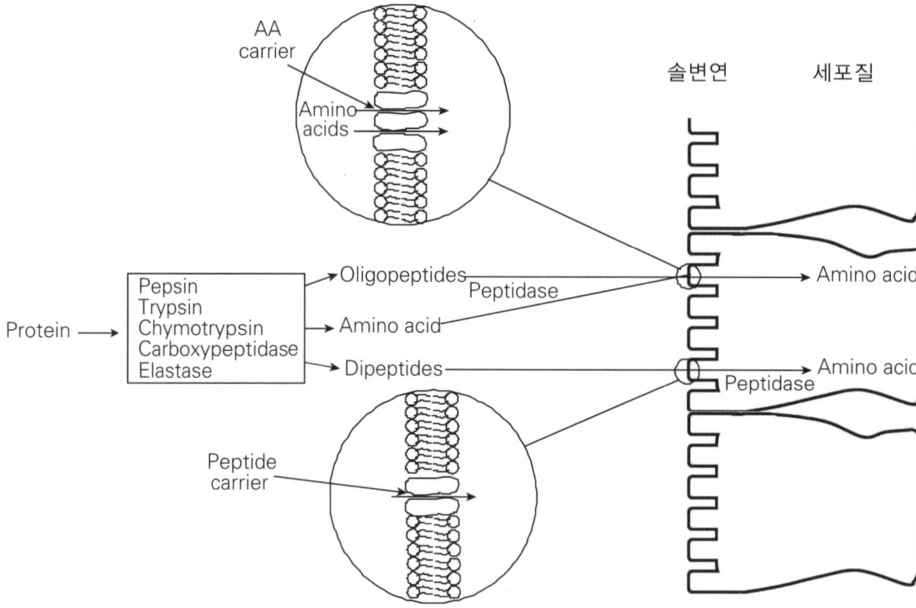

그림 2.6 단백질 소화·흡수 모형도

흡수되는데, *L*-아미노산에 비하여 흡수속도가 느리다. 어느 한 가지 아미노산이 과도하게 많아지면 다른 아미노산의 흡수에 지장을 주게 된다.

아미노산 외에도 펩티드나 단백질 자체가 흡수되기도 하는데 이런 경우에 알레르기(allergy) 현상으로 나타난다. 한편 젖을 먹는 갓난 동물의 소장에서는 단백질이 그대로 흡수되기도 하는데, 이는 어린 동물에게 질병에 대한 저항성을 높여 주는 항체인 면역글로불린(immuno globulin)을 초유(colostrum)[6]를 통해 어린 동물에게 전달하기 위해서이다. 만약 면역글로불린 단백질이 소화과정에서 파괴되면 항체로서의 기능을 하지 못한다.

4) 비타민의 흡수작용

수용성 비타민은 물이 흡수되는 것과 같은 과정으로 흡수되며, 비타민 A, D, E 및 K

---

6) 초유: 분만 후 48시간 이내에 분비되는 젖을 말한다. 상유에 비해 단백질, 지방, 광물질의 함량이 2배나 되며, 알부민과 면역글로불린이 들어 있어 어린 동물에서 질병에 대한 저항력을 길러 준다.

와 같은 지용성 비타민은 췌장 리파아제의 기능이 불량하거나 담즙의 분비가 적으면 흡수율이 저하된다. 대부분의 비타민은 소장 상단부에서 흡수되지만 비타민 B_{12}는 회장 말단에서 흡수된다. 비타민 중에는 장 내 미생물에 의해 파괴되는 것이 있어 전부 흡수된다고는 볼 수 없다.

5) 광물질의 흡수작용

광물질은 주로 위에서 염산(HCl)의 작용으로 해리되어 위에서도 약간 흡수되지만 대부분 소장에서 흡수된다. 소장 상단부가 산성일 때에는 칼슘(Ca), 인(P), 철(Fe)의 흡수가 더욱 촉진된다. Fe은 Fe^{2+}(ferrous state)로서는 잘 흡수되나, Fe^{3+}(ferric state)로서는 위 내의 염산의 작용에 의해 가용성이 되고 단백질, 비타민 C 등에 의해 Fe^{2+}로 환원된 후 흡수된다. 곡류와 그 부산물에 들어 있는 인은 주로 유기태(phytin)인으로서 반추동물은 장 내 미생물의 작용으로 분해·이용할 수 있다. 그러나 단위동물의 경우에는 일반적으로 유기태인에 비해 무기태인의 흡수율이 높고 이용성도 높다. 여러 영양소들의 소장과 대장에서의 능동수송(active transport) 위치를 종합적으로 살펴보면 표 2.4와 같다.

표 2.4 장 내에서 각 영양소의 능동수송 위치와 흡수량

영양소	소장			대장
	상단부	중간부	하단부	
단당류	++	+++	++	0
중성 아미노산	++	+++	++	0
알칼리성 아미노산	++	++	++	?
γ-globulin	+	++	+++	?
Pyrimidine	+	+	?	?
Triglyceride	++	++	+	?
지방산	+++	++	+	0
담즙염	0	+	+++	+
비타민 B_{12}	0	+	+++	++
Na^+	+++	++	+++	+++
H^+	0	+	++	++
Ca^{2+}	+++	++	+	?
Cl^-	+++	++	+	0
Fe^{2+}	+++	++	+	?
SO_4^{2-}	++	+	0	?

+: 흡수량의 정도.

2.3 반추동물의 소화와 흡수

2.3.1 입에서의 소화작용

반추동물의 입에서 일어나는 소화작용은 단위동물과는 크게 다르다. 반추동물은 앞니가 없기 때문에 입술과 혀를 이용해 사료를 자르거나 당기며, 저작은 사료를 삼키기 위한 적당한 크기의 식괴(bolus)를 만드는 과정이라고 볼 수 있다. 액체를 섭취하는 경우에는 입술, 혀, 아래턱을 이용하여 구강 내에 음압을 형성하여 흡입한다.

반추동물은 모두 8개의 침샘이 있으며, 그 가운데 이하선(parotid gland)에서 총분비량의 40~50%를 분비한다. 침의 분비량은 사료의 종류, 섭취량, 수분 함량, 반추위의 상태 등에 좌우된다. 일반적으로 사료의 수분 함량이 적고 건물 섭취량이 많을수록 침의 분비량이 증가하며, 다음 사료의 섭취시간이 가까워짐에 따라 휘발성 지방산(volatile fatty acid, VFA)[7)]의 농도가 높아지므로 침의 분비량은 증가한다. 반추동물에서 침의 기능을 열거하면 다음과 같다.

① 건조한 사료에 수분 함량을 높이고 저작과 삼키는 일을 돕는다.
② 반추위의 수분 농도를 조절하며 건물의 농도를 미생물의 작용에 알맞도록 유지한다.
③ 미생물의 성장에 필요한 영양소를 공급한다(mucin, urea, Na, K, Cl, P, Mg 등).
④ 반추위 내의 pH를 5~7 정도로 유지한다(HCO_3^-와 HPO_4^{2-}의 작용).
⑤ 거품 생성을 방지하여 고창증을 예방한다(mucin의 작용).
⑥ 소량의 리파아제를 분비하여 지방의 가수분해를 돕는다.

2.3.2 반추위의 발달

반추동물의 위는 태어나면서부터 각각의 기능을 수행하는 것이 아니라 성장함에 따라 각 부위는 서로 다른 속도로 발달한다. 반추동물의 각 위의 발달은 표 2.5에서 보는 바와 같이, 태어난 직후에는 제4위의 비율이 제1·2·3위에 비해 훨씬 크지만, 생후 8~12주가 되면 제1위와 제2위는 거의 발달이 완성될 정도로 매우 빠르게 커진다. 반추동물

---

7) **휘발성 지방산**: 탄소고리 수가 대개 5~6개 이하인 초산, 프로피온산, 뷰티르산 같은 휘발성 저급 지방산을 말한다.

표 2.5 반추동물의 연령에 따른 각 위의 발달 정도(위의 총무게에 대한 각 위의 비율)

동물	연령 (주령)	제1위 및 제2위		제3위		제4위	
		무게(g)	비율(%)	무게(g)	비율(%)	무게(g)	비율(%)
소	출생 시	95	35	40	14	140	51
	2	180	40	65	15	200	45
	4	335	55	70	11	210	34
	8	770	65	160	14	250	21
	12	1,150	66	265	15	330	19
	17	2,040	68	550	18	425	14
	성숙 시	4,540	62	1,800	24	1,030	14
사슴	출생 시	9	25	2	6	25	69
	2	33	39	5	6	45	47
	4	54	63	3	3	32	36
	8	210	71	17	6	70	24
	12	211	79	11	4	45	17
	16	350	84	19	5	48	11
	성숙 시	1,010	80	102	8	145	12
면양	출생 시	19	32	5	8	36	60
	2	39	36	5	5	63	59
	4	131	62	11	5	68	33
	8	343	77	21	5	82	18
	12	466	71	45	7	145	22
	16	695	72	59	6	206	22
	성숙 시	919	73	119	9	226	18

의 위의 크기와 조직의 발달에 크게 영향을 미치는 요인으로는 ① 고형 사료의 초기 급여, ② 건초와 같은 조사료 급여에 의한 위벽의 물리적 자극, ③ 휘발성 지방산과 같은 유기산 공급에 의한 화학적 자극 등이 있다.

2.3.3 반추위에서의 소화작용

1) 반추

반추동물의 소화작용 중 가장 특징적인 것 중의 하나가 반추(rumination)라고 할 수 있다. 반추란 반추동물이 주어진 시간에 많은 양의 사료를 섭취하고 한가한 시간에 섭취한 사료를 되씹는 행위를 말한다. 반추는 영양학적으로 큰 의미가 있어서 사료, 특히 조악한 사료 입자의 크기를 감소시키고 미생물과의 접촉을 증가시켜 사료의 소화에 큰 역할을 한다. 반추작용을 단계적으로 세분하면 제1·2위로부터 입으로의 식괴의 역출과정(regurgitation), 역출된 액체를 도로 삼키는 과정, 침의 재분비와 재저작 과정, 식괴를 다시 삼키는 과정 등으로 나눌 수 있다.

반추가 일어나는 기전은 동물이 한꺼번에 많은 양의 공기를 흡입하면 횡경막이 수축하면서 반추위의 압력이 높아진다. 동시에 흉부의 압력이 떨어져 식도의 압력이 음압상태가 되어 음식물의 역류현상이 일어나게 된다.

반추는 대부분 밤에 이루어진다. 축종과 사료의 종류에 따라 다르지만 평균 1일 6~10시간 정도가 반추작용으로 소비되며, 조사료의 섭취량이 많으면 반추시간도 길어지는 것이 보통이다.

2) 가스 생성과 트림

트림(eructation)이란 반추위 내에 서식하는 미생물에 의한 발효작용(fermentation)으로 생성된 가스를 밖으로 내보내는 작용을 말한다. 트림이 일어나는 기전은 반추위의 수축에 의해 분문부(cardial sac) 쪽의 식괴가 이동하면 이곳으로 가스가 모이고 수축이 이완되면서 가스가 식도로 방출되며, 식도 내의 가스는 횡경막괄약근(diaphragmatic sphincter), 인두괄약근(pharyngo-esophageal sphincter), 비인두괄약근(nasopharyngeal sphincter)의 교대적인 수축과 이완에 의해 밖으로 방출된다. 트림은 반추위 내의 가스 압력이 높아질수록 증가하며, 분문부에 액체나 사료가 가득 차 있으면 줄어든다.

반추위 내에서 생성되는 가스는 메탄가스(CH_4)와 탄산가스(CO_2)가 주성분이며(표 2.6), 가스의 조성은 사료의 종류, 섭취량, 동물의 종류에 따라 차이가 있다.

각 가스의 발생 경위를 살펴보면, 탄산가스는 미생물의 호흡과 발효에 의해서, 산소는 섭취한 물로부터, 유화수소(H_2S)는 무기태 혹은 유기태의 황(S)과 H_2의 결합으로, 암모니아 가스(NH_3)는 사료 단백질과 공기 등에서 비롯된다. 메탄가스는 탄산가스로부터 형성되며 사료를 자유 채식하도록 했을 때 많이 발생하고, 탄수화물의 발효와 아미노산의 탈아미노 과정에서 생성된 탄소골격의 발효 시에도 생성된다. 반추위 내에서 발생되는

표 2.6 반추위 내에서 생성되는 가스의 종류와 생성 비율(%)

구분	탄산가스	메탄가스	산소	질소	수소	유화수소
산양	40.0	40.5	1.4	13.9	4.3	–
면양	56.0	18.8	3.1	18.8	4.1	–
소	65.0	26.8	1.0	6.4	–	2.1

메탄가스는 면양의 경우 1일 약 30L, 소는 약 150L 정도로, 섭취한 에너지의 12~15%가 가스 발생으로 손실된다. 일반적으로 메탄가스와 유사물질인 클로로폼(chloroform), 메틸렌 클로라이드(methylene chloride) 등은 메탄가스의 발생을 억제하는 것으로 알려져 있으며, 지구온난화 문제와 관련하여 반추동물을 포함한 동물의 소화기에서 발생하는 온실가스 저감에 관한 연구가 활발히 이루어지고 있다.

반추동물의 소화작용 중 중요한 것은 동물과 반추위 내 미생물(microorganism)과의 상호공존(symbiotic relationship)을 이루는 것이다. 반추위 내 미생물들은 영양소의 공급이나 생활 여건을 조성하는 데 있어 반추동물에게 전적으로 의존하는 대신, 반추동물의 소화작용을 돕고 여러 가지 영양소를 합성하여 반추동물이 이용할 수 있게 한다. 한편 반추동물은 반추위 내의 온도 및 수분의 유지, 발효생산물 제거, 미생물과 사료의 혼합 등 미생물의 성장에 필요한 여건을 제공해 준다.

반추위 내 미생물의 기능은 ① 셀룰로오스의 분해, ② 아미노산의 합성, ③ 비타민 B군과 비타민 K의 합성, ④ 미생물체 영양소의 공급 등으로 요약할 수 있다. 반추위 내 미생물은 크게 박테리아(bacteria)류와 원생동물(protozoa), 최근에 관심의 대상이 되고 있는 곰팡이(fungi)로 나눌 수 있으며, 반추위 내에서의 소화작용은 대부분 섬유소 분해 박테리아, 전분 이용 박테리아 등 10여 가지 부류의 박테리아류에 의해 이루어진다. 원생동물의 기능은 아직까지 확실하지 않으나, 박테리아에 비해 크고 전분 분자를 그대로 삼킨 다음 직접 소장으로 통과시켜 반추동물에게 포도당을 공급한다. 반추위 내 곰팡이는 조섬유 중심의 급여 상태에서 다수가 발견되듯이 다른 미생물에 비해서 섬유소 분해력이 뛰어날 뿐만 아니라, 물리화학적인 공동작용으로 다른 미생물이 이용할 수 없는 고도로 각질화된 조사료까지도 이용한다.

미생물의 발효과정에 의해 휘발성 지방산과 여러 가지 가스가 생성되는데, 생성된 가스는 트림을 통해 방출되며, 휘발성 지방산은 흡수되어 에너지 발생 등 다양한 용도로 쓰인다. 휘발성 지방산의 생성은 사료의 종류와 가공, 농후사료(concentrates)의 함량 및 사료섭취량에 따라 차이가 큰데, 생성 비율을 보면 초산(acetic acid, C_2)이 65%, 프로피온산(propionic acid, C_3)이 20%, 그리고 뷰티르산(buryric acid, C_4)이 9% 정도이다. 사료의 종류에 따른 휘발성 지방산의 생성 비율은 표 2.7과 같으며, 일반적으로 프로피온산의 생성 비율이 높으면 체내 에너지 이용효율이 높아지고, 젖소에서는 초산 생성이 감소하면 유지율이 떨어진다. 또한 반추위 내의 휘발성 지방산 농도는 사료 급여 후 시간이 경과함에 따라서 변하는데, 사료 급여 후 2~3시간이 되면 지방산의 총함량은 사료 급여

표 2.7 반추위 내 각 사료의 발효에 의한 휘발성 지방산의 생성 비율

사료의 종류	휘발성 지방산의 생성 비율(molar %)			
	acetic acid	propionic acid	butyric acid	기타
알팔파 건초	69~70	17~18	7~8	6~7
알팔파+농후사료	64~68	18~21	10~11	4~6
알팔파 사일리지	71~72	14~15	7~8	5~6
저단백질사료	62~63	18~19	14	4~5
중단백질사료	61~62	19~20	14~15	4~5
고단백질사료	58~59	20~21	15~16	4~6
분쇄알팔파건초+곡류	53~54	31~32	10~11	4
절단알팔파건초+곡류	68~69	17~18	12~13	2~3

표 2.8 알팔파 건초 급여 후 시간 경과에 따른 휘발성 지방산의 농도 변화

사료 급여 후 시간	휘발성 지방산 총량 (μmol/mL)	휘발성 지방산 농도(molar %)		
		acetic acid	propionic acid	butyric acid
0	93	70	15	15
0.5	125	71	17	12
1	158	71	18	12
2	210	70	19	11
4	255	69	19	12
6	216	70	19	11
8	223	71	19	11
12	228	73	17	10
16	183	73	16	11
20	135	71	16	13
24	100	69	17	14

전의 2배가 되며, 특히 초산보다는 프로피온산의 농도 변화가 심하고 뷰티르산의 변화는 비교적 적다(표 2.8).

3) 반추위 내 사료의 이동

일단 섭취된 사료는 식도를 통해 주로 제1위와 제2위로 들어가는데, 반추동물의 위에는 식도강(esophageal groove)이란 특수한 구조가 있어 어린 반추동물의 경우 생유와 같은 액상사료는 식도구를 통해 바로 제3위로 들어간다.

반추위에 들어온 식괴는 반추위 내의 근육운동에 의해 섞이고 침이나 물에 의해 죽과 같은 상태로 된다. 여기에서 반추작용과 미생물에 의한 발효작용을 거쳐 생성된 발효산물은 대부분 제1위에서 소화·흡수되고 나머지 발효산물은 제3위로 이동한다. 제3위에서 식괴의 이동은 제2위의 수축으로 인해 액상의 식괴들이 밀려나는 유출과정이라 할 수 있다. 이곳에서는 소량의 수분이 흡수되며 식괴가 농축되어 제4위와 나머지 소화기관에서 소화가 잘 되도록 한다.

제4위는 단위동물의 위와 비슷한 기능을 가지고 있어 진위(true stomach)라고도 하며, 이곳에서 위산, 펩신, 레닌 등이 분비되어 소화작용이 일어나는데 위산의 기능은 단위동물과 유사하다. 염산의 분비가 계속되어 산도가 높아지면 유문괄약근이 이완되어 식괴는 소장으로 이동하게 되는데, 제4위 내에서 사료의 이동 속도는 건물의 입자도, 비중, 사료의 섭취량과 섭취 빈도에 따라 달라진다.

2.3.4 소장과 대장에서의 소화작용

장에서의 소화작용은 단위동물의 그것과 매우 비슷하다. 소장으로 이동된 사료는 거의 미즙(chyme) 상태로 췌장에서 분비되는 트립신(trypsin), 키모트립신(chymotrypsin), 리파아제(lipase), 아밀라아제(amylase) 등 여러 효소의 공격과 더불어 간에서 분비되는 담즙에 의해 지방의 소화가 이루어진다.

소장과 대장에서 식괴는 창자의 유동운동에 의해 이동하며, 대장으로 내려갈수록 이동속도는 느려진다. 장 내 사료의 이동속도는 음식물의 불소화섬유소 함량과 사료의 비중에 따라 좌우된다. 각 영양소의 소화기관별 소화 비율을 살펴보면 표 2.9와 같다.

표 2.9 영양소의 소화기관별 소화 비율(%)

영양소	제1·2위	소장	맹장	대장
질소화합물	40~65	++	+	−
지방	0~40	+++	++	+
가용성 탄수화물	95	+	+	?
전분	50~65	+	++	++
섬유소	30~50	−	5~15	10~15
건물	50~65	15~30	+	5~30

+: 소화율의 정도.

2.3.5 영양소의 흡수

1) 물

반추동물의 경우 물의 흡수는 거의 전 소화기관에서 이루어진다. 제1위에서 물의 흡수는 반추위 내의 삼투압 조절을 위한 과정이므로 실제 혈액으로부터 반추위 내로 물이 이동하기도 하며 물의 흡수량은 거의 없는 편이다. 물이 흡수되는 주요 부위는 결장(colon)의 중심부이며, 물의 흡수량은 사료섭취량에 크게 영향을 받는다. 장 내의 음식물 체류기간이 길어질수록 물의 흡수량은 증가한다.

2) 탄수화물

반추동물에서 탄수화물의 흡수는 단위동물과는 크게 다르다. 성축인 경우에는 대부분 가용성 탄수화물이 반추위 내 미생물에 의해 발효되기 때문에 소장으로 전달되는 가용성 탄수화물의 양은 상당히 적다. 그러나 포유 중인 어린 동물이나 사료의 주성분이 곡류인 경우에는 상당량의 가용성 탄수화물이 소장으로 이동한다.

어린 반추동물은 락토오스(lactose)를 분해할 수 있는 락타아제(lactase)를 가지고 있으며 포도당도 쉽게 흡수할 수 있으나, 성장할수록 말토오스(maltose)나 락토오스의 장 내 이용성은 떨어진다. 이 밖에도 반추동물은 수크라아제(sucrase)가 없기 때문에 수크로스(sucrose)의 이용은 소장 내 산에 의한 가수분해나 미생물에 의한 이용에 의존한다. 뿐만 아니라 반추동물에는 전분 이용효소도 존재하기는 하나 그 이용률은 매우 낮고, 주로 미생물에 의해 휘발성 지방산을 생성하는 과정을 통해 전분이 이용되고 있다. 반추

표 2.10 각 영양소의 흡수 부위

영양소	제1·2위	제4위	소장	맹장	대장
NH_3	+++	+	+	+	+
아미노산	+		+++		
단백질			+[1)]		
휘발성 지방산	+++	+++	+	++	++
지방산			+++		
Glucose	+		+++		
Fructose			++		
Lactose	+		++		

[1)]생후 24시간 내에만 가능.

+: 흡수의 정도.

동물에 있어서도 단당류는 단위동물과 같이 대부분 소장에서 흡수된다.

여기에서 각 영양소의 부위별 흡수를 알아보면 표 2.10과 같은데, 대부분의 영양소는 소장에서 흡수되며 휘발성 지방산의 경우 전 소화기관에서 흡수되는 것을 알 수 있다.

3) 휘발성 지방산과 지방

미생물 발효산물의 하나인 휘발성 지방산의 흡수는 전 소화기관에서 이루어지며, 흡수 속도는 뷰티르산 〉 프로피온산 〉 초산의 순이다. 휘발성 지방산의 흡수 속도는 장 내의 pH와 밀접한 관계를 가지는데 pH가 낮을수록 흡수율은 증가한다. 휘발성 지방산의 흡수는 단순확산에 의해 이루어지며 장 내 휘발성 지방산의 함량과 비례한다.

반추동물의 지방 흡수는 단위동물과 마찬가지로 췌장액과 담즙의 작용에 의해 공장 중간부위에서 주로 이루어진다. 지방산의 탄소 수가 12개까지인 지방산의 상당량이 반추위에서 직접 흡수되며 단위동물과는 달리 반추동물의 경우 지방산의 탄소 수는 물론이고 포화도와 불포화도는 지방의 소화·흡수에 영향을 미치지 않는다(Storry, 1988). 주요 지방산의 흡수율을 살펴보면 올레산(oleic acid) 〉 팔미트산(palmitic acid) 〉 스테아르산(stearic acid)의 순이다.

4) 단백질

반추동물에서 단백질은 단위동물과 같이 아미노산으로 분해되어 흡수되는 것이 보통이다. 그러나 생후 2~3일 이내의 어린 동물은 초유에 들어 있는 감마 글로불린과 같이 큰 단백질 분자도 소장 벽을 통해 흡수되는 것으로 밝혀졌다. 각종 질소화합물의 흡수는 일반적으로 소장 전체에서 일어나며, 특히 회장에서의 흡수율이 가장 높다. 각 아미노산의 흡수율을 살펴보면 이소류신(isoleucine), 아르기닌(arginine), 메티오닌(methionine), 발린(valine) 등의 흡수율은 높고, 라이신(lysine)과 글리신(glycine)의 흡수율은 다소 낮다. RNA(Ribonucleic acid)나 DNA(deoxy-ribonucleic acid) 같은 핵산 단백질도 85%가량이 십이지장과 회장 사이에서 흡수되며 암모니아(NH_3)는 제1위에서 휘발성 지방산의 흡수 비율에 따라 흡수되며, 십이지장을 통과한 암모니아의 90%는 소장에서 흡수된다.

5) 비타민과 광물질

반추동물은 미생물에 의해 비타민 A, D, E를 제외한 대부분의 지용성 비타민과 수용성 비타민을 합성하므로 장 내 미생물의 성장과 발육에 필요한 최소량만 급여하면 별 문제가 없다. 비타민의 흡수는 단위동물과 마찬가지로 대부분 소장에서 이루어진다.

광물질의 흡수도 주로 소장에서 이루어지며, 유기태인도 미생물에게는 무기태인과 거의 같은 효능을 가지는 것으로 알려져 있다.

2.4 물고기의 소화와 흡수

2.4.1 입에서의 소화작용

물고기의 입과 인두(pharynx)에서 분비되는 점액은 소화효소가 함유되어 있지 않다는 점에서 고등 척추동물과 다르다. 일부 물고기는 식도에서 소화효소를 분비한다는 사실이 밝혀졌지만 진정한 의미의 소화는 위에서 일어나며, 위가 없는 물고기에서는 소화관 상부에서 일어난다.

구강 벽에는 여러 점막세포가 존재하는데, 이들은 일반적인 상피세포로부터 변화된 것으로 추정된다. 점막세포에서 분비되는 점액은 먹이 입자를 응축, 결합시키거나 큰 먹이를 삼키기 용이하게 해준다. 점막세포의 수는 어류의 먹이 및 섭취 습성과 관련이 있는데, 육식성 어류는 초식성 어류에 비해 그 수가 적다. 먹이는 입으로부터 인두를 통해 식도(esophagus)로 이송된다.

식도는 입과 소화관(digestive tract) 사이의 짧고 곧은 근육관(muscular tube)으로, 점막분비세포가 풍부한 섬모상의 상피내막(epithelial lining)을 가진다. 곤들매기(pike)와 같은 포식성 어류의 식도는 상당한 폭으로 확장될 수 있어 큰 먹이를 삼키기 쉽게 한다. 강력한 식도 괄약근(sphincter)은 먹이를 삼킬 때 호흡계로부터 물이 유입되는 것을 방지하는 역할을 한다.

2.4.2 위와 소장에서의 소화작용

어류를 포함하여 대부분 동물의 소장상피에는 세포질의 돌기인 미융모(microvilli)와 주름(folds)이 있는데, 소화는 대개 미융모 사이나 세포막에서 이루어진다. 이러한 형태의 소화는 위장강(gastrointestinal cavity)에 분비된 효소에 의해 일어나는 강내 소화(cavital digestion)와 소장세포의 막에 구조적으로 연결된 효소와 미즙(chyme)으로부터 흡착된 효소에 기인한 장관막소화(membrane digestion)로 나눌 수 있다. 장관막소화에서 효소는 세포 내로 신속하게 흡수된 산물, 즉 영양소의 최종 가수분해를 담당한다.

물고기에서 단백질의 소화 및 흡수 기작은 많은 연구가 이루어져 있지 않아 상세하게 밝혀지지는 않았다. 단백질의 소화는 위에서 분비되는 엔도펩티다아제(endopeptidase)의 일종인 펩신에 의해 시작되고 췌장 및 장의 단백질 분해효소(protease)에 의해 더 빨리 진행된다. 이러한 효소는 방향족 *L*-아미노산을 포함하는 펩티드 결합에 특이적으로 작용한다. 펩신은 위 분비세포에서 펩시노겐(pepsinogen)의 형태로 분비되며 HCl과 펩시노겐 자체에 의해 활성화된다. 소장에서는 췌장에서 생성된 트립시노겐(trypsinogen), 키모트립시노겐(chymotrypsinogen), 프로카르복시펩티다아제(procarboxypeptidase)에 의해 단백질이 펩티드나 아미노산으로 분해된다.

어류의 췌장에서 분비되는 지방 분해효소는 포유동물과는 달리 작용 부위에 대한 특이성이 없고 1차 및 2차 alcoholic ester를 가수분해할 수 있기 때문에 glycerol backbone의 3번째 지방산을 끊을 수 있다. 그 결과를 요약하면 다음과 같다. 또한 물고기의 리파아제는 고도불포화지방산을 포함한 트리글리세리드(triglyceride)도 가수분해할 수 있다.

$$\text{Triglyceride} \xrightarrow[\text{Fish pancreatic lipase}]{\text{담즙}} \text{Glycerol + 3개의 지방산}$$

물고기의 탄수화물 분해효소는 췌장 또는 장 점막에서 생성된다. 연어의 경우 말타아제(maltase), 수크라아제(sucrase), 락타아제(lactase), 아밀라아제(amylase) 등의 탄수화물 분해효소가 분비된다. 물고기 종(species)과 탄수화물 종류에 따라 물고기의 탄수화물 소화와 이용성이 달라진다. 예를 들어 메기는 성장 시에 이당류(disaccharide)나 단당류(simple sugar)보다 전분(starch)이나 덱스트린을 잘 이용하고, 홍해도미는 덱스트린이나 열처리한 전분보다 포도당을 더 잘 이용한다.

물고기는 위가 있는 종류와 없는 종류가 있는데 잉어과(cryprinids) 어류, 폐어(lung fish, *protoprerus dolloi*) 및 송사리과(cyprinodonts) 어류 등은 위를 갖고 있지 않거나 위와 관련된 산(acid) 분비가 일어나지 않는다.

1) 위가 없는 물고기

소장은 단순한 형태의 관으로서 전장(fore-gut)과 후장(hind-gut)으로 나누어지며, 초식성 어류에서는 길고 나선형으로 감겨 있다. 위가 없는 경우 전장은 복장(posterior)의 후미까지 확장되어 그곳에서 최초로 감긴다. 전장은 소장의 나머지 부분보다 더 넓으며, 가위(pseudo-stomach)의 역할을 한다.

일반적으로 식도와 전장 또는 전장과 후장 사이에는 뚜렷한 경계가 없다. 소장을 따라 지그재그형으로 구부러진 단순한 점액상의 원주상피(columnar epithelium)와 함께 소장은 복강 내 전역에 퍼져 있다. 여러 척추동물에 있어 소화관의 점액상피는 화학적으로 다양한 점액물질을 함유하는데, 이것은 소화과정에 있어 생리학적으로 중요할 뿐만 아니라 물리화학적 손상에 대한 보호 역할을 하는 것으로 알려져 있다. 뱀장어(Japanese eel)의 소장점막은 정교한 점액당류(mucosaccharides)로 구성되어 있다.

2) 위가 있는 물고기

위가 있는 물고기의 경우 위는 식도의 바로 뒤에 위치하며, 대부분 척추동물에 있어 위벽은 특징적인 수많은 층(layer)으로 이루어져 있다. 위의 내막은 산과 효소를 분비하는 위선이 풍부한 전형적인 원주상피로 복막되어 있다. 위 내의 먹이는 점액에 의해 완전히 피복되어 먹이와 위점막의 물리적 접촉이 방지된다.

가장 단순한 형태의 위는 틸라피아(Tilapia)에서 볼 수 있는 것처럼 곤봉 모양으로 이루어져 있다. 그러나 대부분의 위는 하강하는 분문부와 소장에 가장 가까운 상승하는 유문부로 이루어진 S자형(sigmoid)으로 되어 있다. 위의 분문부는 낭 형태로 되어 있으며, 먹이가 가득 차면 쉽게 늘어난다. 먹이를 분쇄하기 위해 근위를 가지고 있는 어종에는 milkfish, grey mullet(*Mugil* spp.) 등이 있다.

고등척추동물과 달리 많은 어류는 위와 소장이 분리되는 지점 가까이에 있는 유문(pylorus) 주위에 유문수(pyloric caeca)라 불리는 수많은 관상의 맹낭이 존재하는데, 이는 인체의 충수돌기(appendix)와 유사하다. 그러나 어류의 유문수는 소화관 내에서 길게 삐져나와 있다. 한편 위가 없는 어류에는 유문수가 없다. 유문수는 조직학적인 측면에서 볼 때 소장과 거의 동등하며, 소장처럼 내부에 분비세포가 풍부한 단일 원주상피들이 늘어서 있다. 유문수는 여분의 먹이 저장소, 위나 소장의 소화기능 보조체, 탄수화물과 지방의 흡수, 물이나 광물질의 흡수, 소장의 표면적을 증가시키는 역할 등을 하는 것으로 추정된다. 한편 유문수에서 분비되는 콜라게나제(collagenase)는 단백질 분해효소로는 파괴되지 않는 먹이의 결체조직(connective tissue)을 분해할 수 있다. 오랜 기간 절식할 경우 유문수가 퇴화되어 소화율이 떨어진다.

참고문헌

권종국, 양일석, 임경순, 한방근. 1992. 가축생리학. 한국방송통신대학교.

노선호. 2001. 양계영양학. 신광.

노선호. 2002. 양어영양학. 신광.

지규만 등. 2008. 동물사양학. 유한문화사.

한인규 등. 1996. 동물영양학. 신광.

한인규 등. 2000. 양돈영양과 사료. 서울대학교.

한인규, 최윤재. 1989. 실험동물사육학. 서울대학교.

한인규, 하종규. 1989. 사양관리 핸드북. 한국사료협회, 한국영양사료학회.

Bath, D. L., F. N. Dickinson, H. A. Tucker, and R. D. Appleman. 1978. Dairy Cattle. 2nd ed. LEA and FEBIGER.

Church, D. C. 1988. The Ruminant Animal: Digestive Physiology and Nutrition. Prentice Englewood Cliffs.

Halver, J. E. 1982. The vitamins required for cultivated salmonids. Comp. Biochem. Physiol. 73B: 43-50.

Lovell, T. 1988. Nutrition and Feeding of Fish. Van Nostrand Reinhold.

Murray, R. K., P. A. Mayes, D. K. Granner, and V. W. Rodwell. 1990. Harper's Biochemistry. 22nd ed. Appleton & Lange.

NRC. 2007a. Nutrient Requirement of Dogs and Cats. National Academy of Sciences.

NRC. 2007b. Nutrient Requirement of Horses. National Academy of Sciences.

NRC. 2007c. Nutrient Requirement of Small Ruminant. National Academic of Sciences.

Pillay, T. V. R. 1980. Fish Feed Technology. FAO/UNDP.

Storry, J. E. 1988. The effect of dietary fat on milk composition. In: Recent Developments in Ruminant Nutrition 2, W. Haresign and D. J. A. Cole (eds.). Butterworths.

물과 그 대사작용

제3장

3.1 물의 생리적 기능
3.2 물의 영양소 농도 희석
3.3 물의 체내 교류와 흡수
3.4 대사수
3.5 물 요구량

3.1 물의 생리적 기능

물은 흔히 영양소로서 취급되지 않는 경우가 있으며, 심지어는 체내에서의 물의 중요성마저 잊어버리는 수도 있다. 물은 지구상에서 대량으로 가장 흔히 존재하는 것이기 때문에 우리가 공기의 귀중함을 잊고 살듯이 그 귀중함을 인식하기 어렵다. 그러나 물 없이는 일체의 생명현상을 유지하는 것이 불가능하다. 동물은 체중의 40% 또는 체내에 있는 모든 지방과 절반 이상의 단백질을 잃고도 살 수 있으나, 10% 정도의 물을 잃으면 생명이 위태로워진다.

제2장에서 설명한 바와 같이 성숙한 동물의 50~75%, 그리고 신생동물의 85~90%가 물로 구성되어 있는 등 일반적으로 동물체는 50~90%가 물로 되어 있다고 할 수 있다. 즉 동물체의 주성분은 물인데, 물의 물리적 특성을 알게 되면 물이 동물은 물론 모든 생물의 구성성분 중 가장 큰 비중을 차지하는 이유를 이해할 수 있을 것이다. 동물체 내에서 물의 기능을 열거하면 다음과 같다.

① 용매제로서의 우수성과 이온화하는 힘이 큰 가장 이상적인 분산배지이다.

② 비열(specific heat)[1]이 가장 큰 천연물질로서, 체내에서 영양소의 산화로 생성되는 열을 효과적으로 흡수하여 급격한 체온 상승을 막아 준다. 만일 이 열을 흡수하지 않는다면 20분간의 근육운동으로 생기는 열에 의해서 체단백질의 응고가 일어날 수 있다.

③ 증발열(heat of evaporation)[2]이 커서(0.586kcal/g) 체온을 효과적으로 조절할 수 있다.

④ 섭취된 영양소를 적당히 희석시켜 주어 소화를 돕고, 영양소와 대사생성물의 수송을 돕는다.

⑤ 영양소의 가수분해와 흡수를 돕는다.

⑥ 체액의 중요한 구성 물질이며, 모든 조직과 기관의 연결 부위에서 윤활유 역할을 한다.

⑦ 불필요한 물질의 배설을 촉진, 수행한다.

---

1) **비열**: 어떤 물질의 단위량(1g)을 1°C 올리는 데 필요한 열량으로서 물은 1cal이다.

2) **증발열**: 어떤 물질의 단위량(1g)을 증발시키는 데 필요한 열량이다.

그러나 요즈음 지표수는 물론이고 지하수마저 여러 가지 유해물질로 오염되고 있기 때문에 깨끗하고 신선한 음료수의 확보가 문제시되고 있다. 음료수 내의 가용성 염과 광물질의 농도는 동물체 내에서 물의 생리적 기능을 좌우할 수 있다. 음료수에 함우되어 있는 중독성 광물질의 안전한계수준은 표 3.1에서 보는 바와 같다.

표 3.1 음료수 내 광물질의 안전한계수준(mg/L)

광물질	안전한계수준	광물질	안전한계수준
As	0.2	Hg	0.01
Cd	0.05	Ni	1.0
Cr	1.0	NO_3	100.0
Co	1.0	NO_2	10.0
Cu	0.5	Vd	0.1
F	2.0	Zn	25.0
Pb	0.1		

3.2 물의 영양소 농도 희석

물은 동식물 어디에나 함유되어 있지만 함량에는 큰 차이가 있어서 각종 사료의 영양소를 비교할 때에는 수분을 제거한 건물을 기준으로 하는 것이 더 합리적이다. 표 3.2는 물이 영양소의 농도를 희석시키는 역할을 설명하기 위한 것이다. 이 표를 보면 말리지 않은 식품 100g당 대사에너지(ME) 함량은 큰 차이가 나지만(상추의 17kcal에서 치즈의 398kcal 또는 1,671kJ/100g), 말린 식품 100g당 대사에너지(ME) 함량의 차이는 그렇게 크지 않음을 알 수 있다(상추 340kcal에서 치즈의 635kcal). 우유, 계란, 쇠고기, 치즈 등과 같이 지방이나 단백질 함량이 높은 동물성 식품을 제외한 식물성 식품의 대사에너지(ME)

표 3.2 물의 영양소 희석효과

식품	단백질 함량(%)		100g당 대사에너지 함량[kcal(kJ)]	
	말리지 않은 식품	건물 기준	말리지 않은 식품	건물 기준
빵	8	13	275(1,155.0)	425(1,785.0)
사과	미량	2	58(243.6)	360(1,512.0)
감자	2	9	83(348.6)	380(3,804.2)
순무	1	10	40(168.0)	362(1,520.4)
계란	13	49	162(680.4)	622(2,612.4)
쇠고기	20	63	182(764.4)	585(2,457.0)
상추	1	23	17(71.4)	340(1,428.0)
우유	3	27	65(273.0)	500(2,100.0)
치즈	25	40	398(1,671.6)	635(2,667.0)

표 3.3 젖소의 조사료 채식 가능량

사료	수분 함량(%)	유지+유생산 요구량(kg)	정상적인 채식 가능량(kg)
건초	10	16	15
풀 사일리지	70	47	39
생풀	75	57	52

값은 거의 비슷하고, 동식물성 식품을 모두 말린 후 영양소 함량의 차이는 말리기 전에 비하여 훨씬 적다. 이는 수분 함량의 변이에 따른 것이다. 이렇게 식품 내의 수분 함량은 우리가 먹어야 할 채식량까지 결정하게 된다. 100g의 감자에서 얻을 수 있는 에너지를 얻기 위해 상추로는 500g을, 치즈로는 20g을 섭취해야 한다.

사료의 수분 함량은 영양소 요구량을 충족시키기 위한 동물의 채식량에도 영향을 주는데, 표 3.3에서 보는 바와 같이 하루 15kg 이상의 우유를 생산하는 젖소(체중 500kg)를 풀이나 건초만으로 기르기는 어렵다.

3.3 물의 체내 교류와 흡수

여기서는 편의상 물의 체내 교류와 흡수 현상을 사람(성인, 체중 60kg)을 예로 설명하기로 한다. 성인은 하루에 약 1.6L의 물을 마시게 되는데, 이것이 체내에서 쓰이는 물의 정미사용량이 아님을 알아야 한다. 여러 체조직에서 분비되는 물의 일부분은 배설되지 않고 다시 흡수되어 이용된다. 그러나 체외로 손실되는 물(땀, 오줌, 호기 내의 수분)은 식수나 식품 속에 들어 있는 물 또는 대사수(metabolic water)로써 공급되어야 한다. 표 3.4는 체중 60kg인 성인이 하루에 사용하는 물의 양을 나타낸다. 그러나 체내에서 쓰이는 물의 양은 개인에 따라 큰 차이가 있으며, 이는 먹는 식품의 종류, 활동의 정도, 외기의 온도 및 습도에 의해서도 크게 달라진다. 식품의 물리적 성상, 화학적 조성 및 채식량은 물의 체내 대사평형에 큰 영향을 미치는 요인들이다. 표 3.4에 의하면 성인은 하루에 적어도 5L의 물을 사용하고 많은 경우에는 19L나 되는데, 그중에서 최소한 1.6L의 물이 체외로부터 공급되어야 함을 알 수 있다.

수분은 소장벽에서 삼투압에 의해 흡수된다. 만약 소장 내용물의 수분 농도가 장벽에 오는 혈액의 수분 농도보다 낮은 경우에는 혈액에 있는 수분이 소장으로 분비된다. 소장에서 수분의 흡수는 장 내용물의 성상에 따라 달라지는데, 알려진 바로는 음료수로

표 3.4 사람의 1일 체내 물 사용량(mL)

구분	생성, 분비 또는 배출	최소	최대	구분	생성, 분비 또는 배출	최소	최대
회수되는 수분	대사수	325	600	잃게 되는 수분	신장(요)	600	2,000
	타액선	500	1,500		대장(분)	50	200
	위	1,000	2,400		피부	350	700
	소장	700	3,000		땀	50	4,000
	췌장	700	1,000		젖선	0	900
	담낭	100	400		호흡	600	1,200
	림프선	700	1,500				
계		4,025	10,400	계		1,650	9,000

공급된 물이 가장 잘 흡수된다. 수분의 흡수는 대장에서도 일어나는데, 소장이나 대장 어느 경우에도 섭취된 탄수화물의 종류에 따라 수분의 흡수가 영향을 받는다. 헤미셀룰로오스(hemicellulose)와 펙틴(pectin)처럼 장 내에서 겔(gel)을 형성하는 것은 수분의 흡수를 방해한다. 이는 결과적으로 분의 수분 함량을 증가시켜 변통을 좋게 하는 역할을 한다.

단위동물과 반추동물에 있어서 분뇨로 배설되는 물의 양을 비교하면, 단위동물의 경우에는 주로 오줌으로 배설되며 분으로 배설되는 물의 양은 오줌의 10% 정도에 불과하나, 반추동물인 소의 경우에는 거의 같은 양의 물이 분뇨를 통해 배설된다. 양은 반추동물의 일종이지만 단위동물과 비슷한 배출 비율을 보인다.

3.4 대사수

대사수(metabolic water)는 수소(H)와 탄소(C)를 함유하는 영양소의 산화작용, 즉 체내 대사과정에서 생기는 물을 말한다. 영양소마다 산소의 함량이 다르기 때문에 산화작용을 받는 과정에서 산소의 소요량이 달라지는데, 이것이 탄수화물, 단백질 및 지방의 대사수 생성량이 서로 다른 원인이 된다. 소화·흡수된 영양소가 산화되어 100kcal(420kJ)의 대사에너지를 생산할 때마다 10~15g 정도의 대사수가 생긴다. 탄수화물, 단백질 및 지방 각 1g에서 생성되는 대사수는 각각 0.6g, 0.4g 및 1.0g 정도이다. 대사수 생성량에 영향을 미치는 요인은 사료의 섭취량과 섭취된 사료 내 영양소의 화학적 조성 등이

표 3.5 영양소별 대사수 생성량

영양소	100g당 ME 〔kcal(MJ)〕	100kcal(420kJ) ME당 대사수 생성량(g)	대사수 생성량(g)
탄수화물	400(1.68)	15.0	60
단백질	400(1.68)	10.5	42
지방	900(3.78)	11.1	108

다. 대사수 생성량과 영양소(탄수화물, 단백질 및 지방)의 관계는 표 3.5와 같이 요약할 수 있다.

즉 100g의 포도당이 완전 산화되어 에너지를 발생하는 과정에서 생성되는 대사수는 다음에서 보는 바와 같이 약 60g이다.

$$\underset{180g}{C_6H_{12}O_6} + \underset{192g}{O_2} \longrightarrow \underset{264g}{CO_2} + \underset{108g}{H_2O} + 680kcal(2,856kJ)$$

$$\frac{108}{180} \times 100 \fallingdotseq 60\%$$

다른 예를 들면 100g의 사료가 체조직 내에서 완전 산화되어(단백질 제외) 생성되는 대사수의 총량을 계산하면 다음과 같이 57g이고, 대사에너지 100kcal당 대사수 생성량은 12.9g(57g×100kcal/440kcal)이 된다(단, 이 사료는 단백질 10%, 탄수화물 55%와 지방 20%로 구성되었다).

단 백 질	10% X 4 = 40kcal X 0.105 =	대사수	4g
지 방	20% X 9 = 180kcal X 0.111 =	대사수	20g
탄수화물	55% X 4 = 220kcal X 0.150 =	대사수	33g
총 계	440kcal (1.84MJ)		57g

이러한 과정을 거쳐 생성된 대사수는 동물의 물 요구량을 일부 충족시키는 데 사용된다. 동면하는 동물은 동면 기간 중에 물을 따로 섭취하지 않고 체내에 지방 형태로 축적된 영양소를 산화시켜 에너지를 이용하는 과정에서 생성되는 대사수를 가지고 물의 체내 균형을 유지한다. 즉 체표와 호흡에 의한 수분의 손실(insensible loss)을 최소로 줄여서 물의 체내 균형을 유지하는 것이다.

3.5 물 요구량

일반적으로 동물의 물 요구량은 대사에너지 1kcal(4.2kJ)당 1mL라고 한다. 즉 사료 1g이 4kcal(16.8kJ)의 대사에너지를 만들 수 있다면 이 사료를 채식하는 경우 사료 1g당 4mL가 필요하게 된다. 체중 70kg인 성인의 물 요구량은 1,905mL 정도이다. 이 가운데 325mL(13mL×2,500kcal 또는 10.5MJ/100)는 대사수로 공급되고 식품을 통해 500mL 정도를 공급할 수 있으므로, 1일 최소 물 요구량을 충족시키기 위해서는 음료수로 1L 정도를 섭취해야 한다. 그러나 여러 가지 환경적 요인 등에 의해서 물의 체외 손실량이 변하기 때문에 물 요구량을 이렇게 간단하게 결정할 수는 없다. 표 3.6에는 각 동물의 물 요구량을 제시하였다.

물 요구량은 동물의 종, 비유 여부, 환경 온도, 비육, 체중 등에 따라 달라진다. 특히 환경 온도는 동물의 물 요구량에 큰 영향을 주는데, 외기의 온도가 상승하면 체온 조절을 위해 더 많은 양의 물을 체표나 호기를 통해 배출하기 때문이다. 체중이 450kg인 유럽종의 소(*Bos taurus*)가 사료(건물) 10kg을 섭취할 경우 외기의 온도가 4°C, 21°C 및 32°C로 올라가면 식수량도 각각 28L, 41L 및 66L로 증가하게 된다고 한다. 또한 추운 곳에서 방목되는 면양은 약간의 눈을 먹으면 물을 따로 섭취하지 않아도 되는데, 추운 계절에는 체온 유지를 위한 물의 체외 손실이 억제되기 때문이다. 젖을 생산하는 산양은 젖을 생산하지 않은 산양보다 50% 정도의 물을 더 섭취해야 한다. 산양의 경우에도 물의 요구량은 계절적인 영향을 크게 받는데, 여름에는 겨울보다 12배나 많은 양의 물을 필요로 하며, 심한 갈증을 느끼게 되면 65°C의 물도 마신다고 한다. 산양의 건물섭취량(dry matter intake, DMI)과 총수분섭취량(total water intake, TWI)의 관계를 식으로 나

표 3.6 동물의 1일 평균 물 요구량

구분	요구량(L)	축종 및 구분	요구량(L)
육우, 270kg	30	닭, 육계(6주)	0.2
450kg	50	산란계(20주)	0.3
비유기	64	돼지, 30kg	4
젖소, 비유기	90	60~100kg	8
건유기	60	비유기(2.5kg/일)	18
말, 건유기	40	면양, 비유	6
비유기	50	비육	4

타내면 다음과 같다.

$$TWI = 3.86\ DMI - 0.99$$

그림 3.1은 환경 온도가 소의 품종 간 음수량에 미치는 영향을 나타낸 것이다. 상대습도, 풍속 등도 온도와 함께 복합적으로 동물의 물 요구량(음수량)에 작용하게 된다. 이 밖에 물 요구량에 영향을 미치는 요인으로는 임신, 사료의 생리적 성상, 사료섭취량, 섭취하는 사료의 화학적 조성, 사료 내 염분 함량 등이 있다.

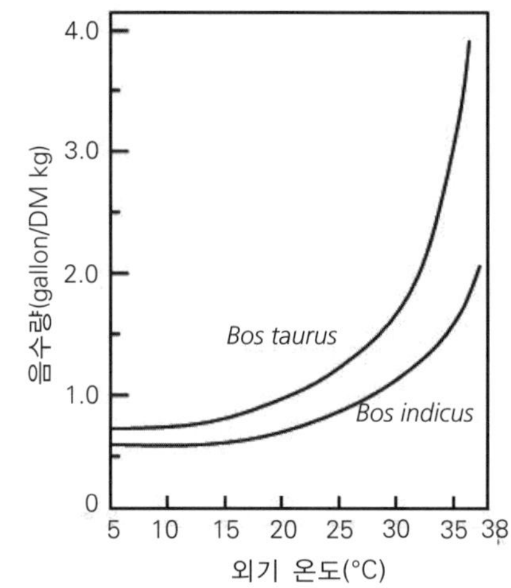

그림 3.1 외기 온도의 변화가 소의 품종 간 음수량에 미치는 영향

동물들은 요 내의 쓸모없는 염과 요소(urea)를 거르기 위해 충분한 양의 물을 마셔야 한다. 그래서 염분이나 단백질을 다량 섭취하면 요의 양이 많아지고 따라서 물 요구량이 현저하게 증가한다. 우유는 수분 함량이 약 88%이지만 고단백 · 고광물질 식품이므로 체내에서 수분 결핍을 일으킬 수 있기 때문에 어린 동물의 사료 급여에 있어 유의할 필요가 있다.

일반적으로 닭은 생체 시 기준으로, 사료섭취량의 2배 가까이 물을 마신다. 음수량을 증가시키는 요인으로는 우선 외부 온도를 들 수 있는데, 육계는 21°C를 기준으로 1°C 증가할 때마다 음수량이 약 7%씩 증가한다. 또한 조단백질 함량이 높고 가공사료(펠렛, 크럼블)의 섭취량이 많을수록 음수량도 증가한다(NRC, 1994).

물을 요구하는 것은 각 동물체 내의 생리적 현상이므로 물 섭취량을 제한하면 식욕이 감퇴하여 채식량이 줄어들고, 활기를 잃게 되며, 체중 증가율이 저하되거나 체중이 감소하고, 심하면 생명까지 잃게 된다.

표 3.7 음수량 제한이 소의 사료섭취량, 분뇨 배설 및 에너지 이용률에 미치는 영향

구분	자유음수	80%로 음수 제한	60%로 음수 제한
음수량(L/일)	15.5	12.4	9.3
사료섭취량(L/일)	6.2	4.9	3.7
요(L/일)	5.1	4.1	3.1
분 중의 수분(L/일)	4.0	3.3	2.4
에너지 이용률(%GE)	72.2	75.1	76.4

표 3.7은 수소(steer)의 경우, 음수량 제한으로 생기는 여러 가지 생리적 현상을 나타낸 것이다. 이 표를 보면 음수량을 제한하면 사료섭취량과 분뇨를 통한 물의 배설량이 현저하게 감소됨을 알 수 있다. 다만 에너지의 이용률이 약간 증가한 것은 채식량의 감소에 기인한 것이지, 물의 제한에 의한 바람직한 결과는 아니다.

표 3.8 음수량 제한이 쥐의 증체에 미치는 영향

구분	자유음수	제한음수
음수량(mL)	296	141
사료섭취량(g)	204	151
증체량(g)	62	30

표 3.8에서 보는 바와 같이 음수량을 50% 정도로 제한하면 쥐의 경우에 채식량 27%, 성장률 50% 정도가 줄었다고 한다. 이 밖에도 음수량을 제한하면 혈액의 양이 감소하고, 체온조절이 곤란해지며, 호흡에 장애가 발생하고 원만한 소화작용이 저해되어 N_2의 손실량이 증가하게 된다.

참고문헌

노선호. 2001. 양계영양학. 신광.

지규만 등. 2008. 동물사양학. 유한문화사.

한인규 등. 1996. 동물영양학. 신광.

한인규 등. 2000. 양돈영양과 사료. 서울대학교.

Arias, R. A. and T. L. Mader. 2011. Environmental factors affecting daily water intake on cattle finished in feedlots. J. Anim. Sci. 89: 245-251.

Cheeke, P. R. 2005. Applied Animal Nutrition. 3rd ed. Pearson Prentice Hall.

Church, D. C. 1988. The Ruminant Animal: Digestive Physiology and Nutrition. Prentice Englewood Cliffs.

Jurgens, M. H. and K. Bregendahl. 2007. Animal Feeding and Nutrition. 10th ed. Kendall/Hunt Publishing Company.

Kellems, R. O. and D. C. Church. 2002. Livestock Feeds and Feeding. 5th ed. Prentice Hall.

Lewis, A. J. and L. L. Southern. 2001. Swine Nutrition. 2nd ed. CRC.

NRC. 1994. Nutrient Requirment of Poultry. National Academy of Sciences.

NRC. 1998. Nutrient Requirment of Swine. National Academy of Sciences.

NRC. 2000. Nutrient Requirment of Beef Cattle. National Academy of Sciences.

NRC. 2001. Nutrient Requirment of Dairey Cattle. National Academy of Sciences.

NRC. 2007. Nutrient Requirment of Animal Ruminant. National Academy of Sciences.

Pezzy, T. W, A. E. Culliaon, and R. S. Lowzey. 2003. Food and Feeding. 6th ed. Prentice Hall.

Pond, W. G., D. C. Church, K. R. Pond, and P. A. Schoknecht. 2005. Basic Animal Nutrition and Feeding. John Wiley & Sons, Inc.

Shaw, M. I., A. D. Beaulieu, and J. F. Patience. 2006. Effect of diet composition on water consumption in growing pigs. J. Anim. Sci. 84: 3123-3132.

Vander, A., J. Sherman, and D. Luciano. 1998. Human Physiology. McGraw-Hill Book Company.

탄수화물과 그 대사작용

제4장

4.1 에너지 대사
- 체내 에너지 대사의 개요
- 에너지의 단위
- 동물 단위에서의 에너지 대사

4.2 탄수화물의 중요성

4.3 탄수화물의 분류
- 단당류
- 이당류
- 삼당류와 올리고당류
- 다당류

4.4 탄수화물의 영양적 분류
- Weende 방법
- van Soest 방법
- 식이섬유소와 비전분성 다당류

4.5 탄수화물의 운송기전과 대사작용 조절물질
- 탄수화물의 운송기전
- 탄수화물 대사작용 조절물질

4.6 탄수화물의 대사작용
- 글리코겐의 합성
- 글리코겐의 분해
- 혈당
- 포도당의 분해
- 6탄당 1인산 회로
- 포도당의 합성

4.7 미생물에 의한 탄수화물 대사

4.8 섬유소의 영양적 가치
- 섬유소의 물리적 성질
- 섬유소의 생리적 효과
- 섬유소의 대사
- 경제동물에 대한 섬유소 공급의 중요성

4.1 에너지 대사

4.1.1 체내 에너지 대사의 개요

열량소(energy yielding nutrient)[1]의 에너지 발생작용을 이해하기 위해 먼저 에너지와 에너지 대사의 개념을 소개하기로 한다. 동물이 생명을 유지하고 각종 생산활동을 영위하기 위해서는 외부에서 에너지를 지속적으로 공급받아야 한다. 우리가 흔히 쓰는 energy라는 말은 그리스어의 'en + ergon'(in + work)에서 비롯된 것으로, 일을 할 수 있는 능력을 의미한다. 동물이 사료를 섭취하면 먼저 소화·흡수 과정을 거치고 체내의 각 조직과 세포에 전달되어 여러 가지 대사작용을 거치게 되는데, 이러한 복잡한 에너지의 변화 내지 전환은 동물의 체내에서 끊임없이 일어나야 한다.

동물이 이용할 수 있는 에너지는 사료라는 유기질 연료의 형태로 체내로 들어오는데, 사료에 들어 있는 에너지 발생물질은 탄수화물, 지방 및 단백질 등 이른바 열량소이며, 반추동물의 위에서 생산되는 휘발성 지방산(volatile fatty acid, VFA) 등도 에너지 발생물질로 쓰일 수 있다. 이들 물질은 모두 C, H, N, O 등으로 구성되어 있다. 이들은 호흡을 통해 산소를 공급받아서 산화되거나 체내의 여러 가지 효소 등에 의해서 분해, 전환 또는 산화되어서 동물이 이용할 수 있는 에너지로 전환된다. 동물의 세포 내에서 진행되는 이러한 일련의 반응을 생체에너지대사(bioenergetics)라고 하며, 이러한 관계 등을 다루고 연구하는 학문을 생체열역학(biothermodynamics)이라고 한다.

영양적인 차원에서는 동물 전체를 하나의 단위로 하여 사료에너지가 어떻게 체내에서 유통되고 이용되는가에 관심이 모아진다. 생화학적인 면에서 볼 때는 좀 더 세분화하여 동물의 체조직이나 세포 내의 유기물 분자 수준에서 일어나는 여러 가지 대사작용과 에너지의 전환이 어떻게 서로 연관되어 생화학적인 반응을 일으키는지, 사료에너지가 어떤 형태로 저장, 이용되고 그 이용효율은 어떠한가에 관심이 모아진다고 할 수 있다.

---

1) **열량소**: 탄수화물, 지방, 단백질, 휘발성 지방산 등과 같이 동물의 체내에서 산화되어 에너지를 발생할 수 있는 영양소를 말한다.

4.1.2 에너지의 단위

현재까지 흔히 쓰이고 있는 에너지의 기본 단위는 칼로리(calorie, cal)인데, 1칼로리는 물 1g을 14.5°C에서 15.5°C로 올리는 데 소요되는 열량으로 정의된다. 이때의 기압은 760mmHg(1atm)이다. 생체 내에서 일어나는 반응 중에 생성되는 에너지는 칼로리로 표시하기에는 너무 큰 값들이 대부분이어서 1칼로리의 1,000배에 해당하는 킬로칼로리(kilocalorie, kcal)로 표시한다. 또한 1킬로칼로리의 1,000배에 해당하는 단위는 메가칼로리(megacalorie, Mcal)라고 하며, 1메가칼로리는 1더엄(therm, T)이라고 표현하기도 한다. 그러나 칼로리(cal)는 에너지가 아닌 열(heat)의 단위로, 일(work)과는 차원이 다른 단위이다. 일의 차원인 에너지의 단위로 얼마 전부터 줄(joule, J)이 쓰이기 시작했으며, 시일이 지나면 에너지의 단위가 칼로리(cal)에서 줄(J)로 바뀌게 될 전망이다. 이것은 줄(J)이 에너지의 단위로 더 타당하기 때문이다. 1줄(J)은 1뉴턴(newton, N)의 힘으로 1kg의 물체(mass)를 1m 옮기는 데 소요되는 에너지이다. 칼로리(cal)와 줄(J)의 상호전환 계수는 다음과 같다.

1kcal = 4.184kJ 또는 1kJ = 0.239kcal

4.1.3 동물 단위에서의 에너지 대사

동물 전체를 하나의 단위로 생각하여 섭취한 에너지의 이용에 대한 연구는 아주 오래 전부터 영양학자들의 관심의 대상이 되어 왔다. 18세기에 프랑스의 화학자인 Lavoisier와 수학자인 Laplace는 호흡대사에 관한 연구를 비롯하여 체내의 유기물 산화에 의해서 동물이 열을 발생한다는 사실을 밝혀 냈다. 영국의 화학자인 Crawford도 동물의 호흡대사를 연구하기 위해 칼로리미터를 이용하기도 했다. 이렇게 영양학적인 차원에서 에너지 대사는 동물이 섭취한 사료의 총에너지가 어떻게 이용되는지 동물의 전체적인 관점에서 연구되어 왔다. 이로 인해 동물의 생리적 현상에 따라 가소화에너지(DE), 대사에너지(ME), 그리고 정미에너지(NE) 등의 개념이 나타나게 된 것이다. 동물의 종류와 소화생리에 따른 에너지 구분은 표 4.1에서 보는 바와 같다. 여기에서 단위동물은 사람·쥐·돼지·개·닭 등을 일컬으며, 비반추 초식동물은 토끼·기니피그·말 등이고, 반추동물은 면양·산양·소·물소 등을 말한다.

표 4.1 동물의 종류에 따른 총에너지의 이용, 이용효율 및 대사율(%)

구분: 에너지 이용	구분: 손실	단위동물	비반추 초식동물	반추동물
총에너지 → 가소화에너지	가스	0~0.5	2~7	5~12
	분	2~40	10~70	10~60
가소화에너지 → 대사에너지	요	1~3	3~5	3~5
대사에너지 → 정미에너지	열	5~30	10~35	10~40
정미에너지: 유지, 젖, 알, 조직 생성, (깃)털, 임신, 일	정미이용률	25~90	15~50	10~35
(가소화에너지/총에너지) × 100		75~98	40~95	50~87
(대사에너지/가소화에너지) × 100		92~98	85~94	78~87

에너지 이용과정에서 일어나는 에너지의 양적 손실은 표 4.1과 같은데, 가장 큰 손실은 분으로의 손실이고, 그 다음은 열로 인해 일어나는 손실이다. 가스로 없어지는 에너지 양은 단위동물인 경우에는 거의 없고 그 밖의 동물에서는 2~12% 내외이다. 결국 유지나 생산을 위해 쓰일 수 있는 사료에너지는 반추동물의 경우 10~35%이고, 비반추 초식동물은 15~50%이며, 단위동물의 이용률이 가장 높아 25~90%에 이른다. 이것은 동물별로 주로 소화기관의 구조와 형태, 소화·흡수되는 최종 분해물의 화학적 형태 등에 따라 다르고, 또 사료에너지의 용도가 크게 차이가 나기 때문이다. 단위동물의 소화는 거의 대부분 동물 자체가 분비하는 소화효소에 의해서 이루어지고 발효에 의한 소화는 제한되어 있다. 비반추 초식동물의 경우에는 단위동물과 큰 차이는 없으나, 약간의 비단백태질소화합물과 휘발성 지방산의 이용이 가능하다. 반추동물의 경우에는 주로 발효에 의한 소화가 반추위 내에서 일어나 위장 내 미생물에 의해서 합성되는 단백질과 휘발성 지방산을 이용할 수 있다. 이와 같은 소화생리적 특징에 따라서 사료에너지가 가소화에너지나 대사에너지로 전환되는 정도에서 차이가 크게 나타난다.

한편, 동물 체내의 에너지 이용 반응을 생화학적 관점에서 요약해 보면 제1단계 소화·흡수(digestion/absorption), 제2단계 대사물질의 중간분해 또는 산화(intermediate breakdown of metabolites), 제3단계 TCA 회로(tricarboxylic acid cycle), 그리고 마지막 제4단계 산화적 인산화(oxidative phosphorylation)로 구분할 수 있다. 예를 들어서 사료 탄수화물인 전분은 제1단계를 거치면서 포도당으로 소화·흡수되며, 혈액을 통해 근육 또는 지방세포에 전달되어 포도당의 1차 분해과정인 해당과정(glycolysis)을 통해 acetyl-CoA로 분해되는 제2단계를 거쳐, 제3단계인 TCA 회로를 통해 이산화탄소(CO_2)와 물로 완전

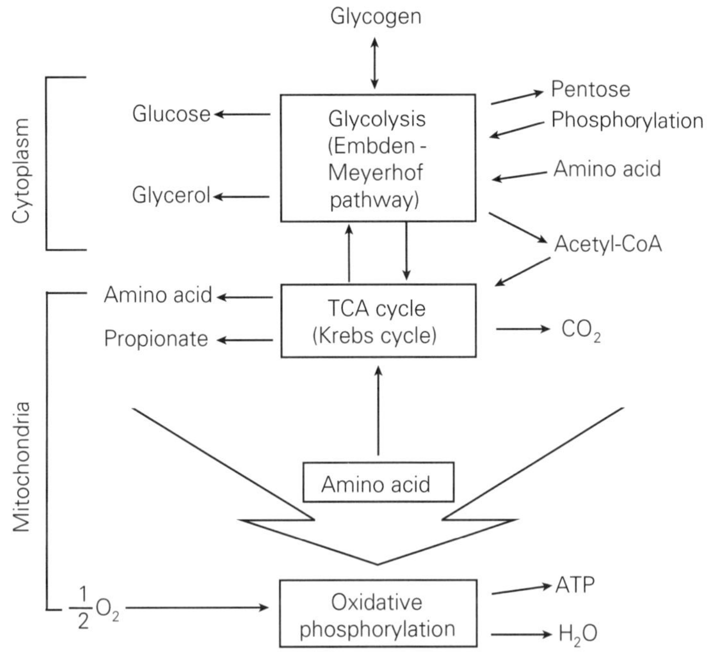

그림 4.1 탄수화물의 체내 대사 경로

표 4.2 동물의 종류에 따른 대사에너지 이용률(%)

동물의 종류	대사에너지의 정미에너지로의 전환 효율		
	유지	증체	비유 또는 산란
사람	85~95	75~90	85~95
돼지	80~85	75~85	75~85
송아지(포유기간)	90	85	–
닭	85~90	75~85	80~85
기니피그	75~85	60~70	70~75
말	75~85	60~70	70~75
토끼	75~85	60~70	70~75
반추동물	70~85	30~62(70)[1]	40~70

[1]증체와 비유가 동시에 진행되는 반추동물의 대사에너지 이용률.

분해가 이루어지고, 제4단계에서 산화적 인산화 반응을 통해 비로소 세포가 일을 할 때 사용할 수 있는 형태의 고에너지 화합물인 ATP(adenosine triphosphate)가 생성된다. 이상을 종합하면 그림 4.1과 같다. 덧붙여 알아 두어야 할 것은 각 사료 영양소의 분해에서 생기는 생산물들이 이 에너지 대사작용의 어느 단계까지 개입되느냐 하는 점이다. 대사 중간물질들이 어디에서부터 에너지 발생작용에 참여하는가에 의해 에너지의 이용효율이 영향을 받게 되며, 또한 동물의 종류와 생리상태에 따라서도 크게 달라진다(표 4.2). 그래서 앞에서 말한 가소화에너지(DE), 대사에너지(ME) 또는 정미에너지(NE)와 같은 종합적인 형태로 나타나게 되는 것이다.

4.2 탄수화물의 중요성

탄수화물(carbohydrate)이란 polyhydroxy-aldehydes와 polyhydroxy-ketones, 또는 가수분해에 의해 이들을 생산하는 물질을 말한다. 탄수화물은 탄소(C), 수소(H) 및 산소(O)로 이루어진 화합물로서, 이들 원소의 비율이 C：H：O=1：2：1로 마치 탄소 한 원자에 한 분자의 H_2O가 결합한 것처럼 보여서 처음에 탄수화물이라고 명명되었다. 그 후 이에 속하는 화합물들의 구조가 밝혀짐에 따라 실제로는 탄소와 물의 화합물이 아니라는 것을 알게 되었으나 현재까지 그대로 탄수화물이라 부르고 있다.

탄수화물은 자연계에 널리 분포되어 있으며, 특히 식물계에 많다. 식물 고형물의 약 75%를 차지하는 탄수화물은 동물의 영양소로서 매우 중요한 물질이다. 식물체 내에서 탄수화물은 엽록소의 작용에 의해 태양열을 이용하여 이산화탄소(CO_2)와 물(H_2O)로부터 합성된다. 식물이 합성한 탄수화물이 동물의 주된 에너지원이 된다는 점에서 이 합성은 매우 중요하다. 동물의 영양소로서 식물성 탄수화물은 세포질성의 것(cell contents)과 세포벽성의 것(cell wall constituents)으로 나뉘는데, 에너지 저장용 전분은 전자에 속하고 후자는 식물의 골격을 이루는 물질로서 섬유소가 대부분을 이룬다. 당류, 전분, 셀룰로오스(cellulose), 고무(gum) 등은 모두 탄수화물에 속한다.

탄수화물의 중요성을 열거하면 다음과 같다.

① 에너지의 공급원이다. 탄수화물은 동물체 내에서 분해되면서 1g당 약 4kcal(16.7kJ)의 에너지를 공급한다. 지방과 단백질도 에너지를 공급할 수 있지만, 탄수화물이 가장 경제적이고 풍부한 에너지 공급원이다.

② 탄수화물은 분해되어 에너지를 발생하는 과정에서 동물의 생리적 요구에 따라 지방산이나 비필수아미노산의 합성 원료로 쓰일 수 있다.

③ 뇌와 신경조직의 구성 성분이다. 단당류의 하나인 갈락토오스(galactose)는 뇌와 신

경조직의 구성 성분이다. 따라서 갈락토오스가 들어 있는 락토오스(lactose)의 공급은 신경조직의 발달에 매우 중요하다.

④ 칼슘(Ca)의 흡수를 돕는다. 락토오스는 장 내에서 칼슘의 흡수를 돕는다.

⑤ 단백질이나 지방과 결합하여 당단백질 또는 당지방의 성분이 되며, 이는 동물의 세포막에 존재하면서 세포에 생물학적 특성을 주기도 한다.

4.3 탄수화물의 분류

식품 또는 사료로 흔히 쓰이는 탄수화물을 분류해 보면 표 4.3과 같다.

표 4.3 탄수화물의 분류

1. Monosaccharides (1 sugar unit)
   - A. Triose ($C_3H_6O_3$)
     - ① Glyceraldehyde
     - ② Dihydroxyacetone
   - B. Tetrose ($C_4H_8O_4$)
     - ① Erythrose
   - C. Pentose ($C_5H_{10}O_5$)
     - ① Ribose
     - ② Arabinose
     - ③ Xylose
     - ④ Xylulose
   - D. Hexose ($C_6H_{12}O_6$)
     - ① Glucose
     - ② Galactose
     - ③ Mannose
     - ④ Fructose
2. Oligosaccharides (2-10 glucose unit)
   - A. Disaccharide ($C_{12}H_{22}O_{11}$)
     - ① Sucrose
     - ② Maltose
     - ③ Cellobiose
     - ④ Lactose
   - B. Trisaccharide ($C_{18}H_{32}O_{16}$)
     - ① Raffinose
   - C. Tetrasaccharide ($C_{24}H_{42}O_{21}$)
     - ① Stachyose
   - D. Pentosaccharide ($C_{30}H_{52}O_{26}$)
     - ① Verbascose
3. Polysaccharides (>10 glucose unit)
   - A. Simple polysaccharides (single sugar unit)
     - ① Pentosan ($C_5H_8O_4$)n
       - i) Araban
       - ii) Xylan
     - ② Hexosan ($C_6H_{10}O_5$)n
       - i) Glucan
         - Starch, α-linked
         - Dextrin, α-linked
         - Glycogen, α-linked
         - Cellulose, β-linked
       - ii) Fructan
         - Inulin
         - Levan
       - iii) Galactan
       - iv) Mannan
   - B. Complex polysaccharides (2-6 kinds of sugar units)
     - ① Pectin, α-linked
     - ② Hemicellulose, β-linked
     - ③ Gum, mucilage
     - ④ Mucopolysaccharide
4. Specialized compounds
   - A. Chitin
   - B. Lignin

4.3.1 단당류

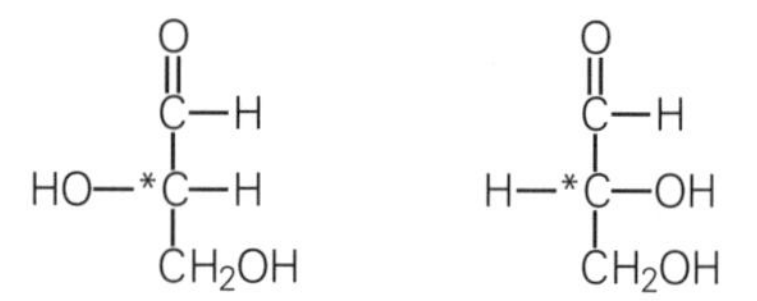

(I) *l*-glyceraldehyde (II) *d*-glyceraldehyde

단당류는 직접 결합한 탄소의 수에 따라 3탄당(triose), 4탄당(tetrose), 5탄당(pentose), 6탄당(hexose) 등으로 나눈다. 영양상 중요한 것은 6탄당이지만, 식물계에서는 5탄당도 상당히 많이 존재하며 그 중요성 또한 크다. 동물체 내의 탄수화물 대사과정에서는 3탄당의 역할도 크다. 글리세르알데히드(glyceraldehyde)는 알도트리오스(aldotriose)로서 그 탄소들 중에서 하나는 부제탄소(asymmetric carbon atom)이므로 한 쌍의 입체이성체(stereoisomer)[2]의 결합수를 가진다. 하나의 탄소에 결합된 4개의 원자단이 모두 다른 경우에 그 중심의 탄소를 부제탄소 원자라고 하며, 이 부제탄소에 결합된 4개의 원자단 중 2개의 위치를 서로 바꾸면, 이 화합물은 처음의 것과 거울면에 대하여 대칭이나 완전히 겹쳐지지 않는 새로운 화합물이 된다. 이들은 서로 분자구조가 일치하고 단지 입체상의 배열만 다르므로 서로 입체이성체이다. 입체이성체 중에서 이와 같이 서로 거울면에 대칭인 이성체를 특히 광학적 이성체(optical isomers)라고 하는데, 이들은 화학적·물리적 성질은 완전히 동일하지만 광학적으로 편광면을 회전시키는 방향이 정반대이다.

위의 그림에서 보는 바와 같이 글리세르알데히드는 하나의 부제탄소를 가지므로 한 쌍의 광학적 이성체가 존재한다. 이 그림은 C의 골격을 수직으로 배열했을 때 수직으로 배열된 C-C의 결합은 지면을 중심으로 뒤쪽으로 가고 수평의 선으로 표시된 결합은 지면의 앞쪽으로 가도록 배열했을 때의 각 원자단 위치를 나타낸 것이다. 그림 (Ⅰ)과 (Ⅱ)에서는 부제탄소인 *C를 중심으로 -H와 -OH기의 위치만 서로 바뀌었는데, 이 두 화합물은 거울면에 대칭이나 공간상의 구조가 동일하지 않으므로 서로 광학적 이성체이다. 이들 중 그림 (Ⅰ)은 편광면을 왼쪽으로 선회시키므로 좌선성(levorotatory)이라 하고 간단히 *l* 또는 (−)로 표시한다. 그림 (Ⅱ)는 편광면을 오른쪽으로 선회시키므로 우선성(dextrorotatory)이라 하고 *d* 또는 (+)로 표시한다.

탄소의 수가 3개 이상인 당류에서는 부제탄소의 수도 더 많아지는데, 4탄당은 2개,

2) 입체이성체: 분자식 또는 구조식 등은 동일하지만, 공간에서의 각 원자배열이 서로 다른 물질을 말한다.

5탄당은 3개, 그리고 6탄당은 4개의 부제탄소 원자를 포함하므로 각각 4개, 8개, 16개의 광학적 이성체가 존재할 수 있다. 부제탄소의 수가 2개 이상인 화합물에서는 광학적 성질이 반드시 구조와 일관성이 있는 관계를 가지는 것은 아니다. 따라서 이러한 화합물에서는 광학적 성질과 구조를 별도로 명명하게 되는데, (+) 또는 (–)는 그 화합물의 구조와는 관계없이 옥소기로부터 가장 먼 1급 알코올(-CH_2OH)에 잇달은 2급 알코올(-CHOH)의 -H와 -OH의 위치가 *d*-glyceraldehyde와 같을 때는 *d*-, 그리고 *l*-glyceraldehyde와 같을 때는 모두 *l*-로 명명하므로 실제 광학적 좌선, 우선은 명명상의 *d*-, *l*-과 일치할 수도 있고 일치하지 않을 수도 있다. 즉, *d*-이면서 좌선하는 것도 있고 *l*-이면서 우선하는 것도 있는데, 이 경우에는 각각 *d*-(–)- 및 *l*-(+)-로 표시한다.

5탄당에서 중요한 것은 *d*-(–)-ribose, *d*-(+)-arabinose, *d*-(+)-xylose 등이며 이들은 각각 핵산, 아라반(araban), 자일란(xylan)의 성분이다. 6탄당에서 중요한 것은 *d*-(+)-glucose, *d*-(–)-fructose, *d*-(+)-galactose, *d*-(+)-mannose가 있다.

비교적 널리 많이 분포되어 있고 영양학적으로 중요성이 큰 5탄당과 6탄당에 대해서는 좀 더 상세히 설명하기로 한다.

1) 5탄당

5탄당은 주로 펜토산(pentosan)과 같은 결합상태로 존재하며, 유리상태로는 극히 미량이 발견될 뿐이다. 여기에 속하는 당류는 일반적으로 $C_5H_{10}O_5$의 분자식을 가지고 있으나 리보스(ribose), 아라비노스(arabinose), 자일로스(xylose)는 각각 다음과 같이 다른 구조식을 가지고 있다.

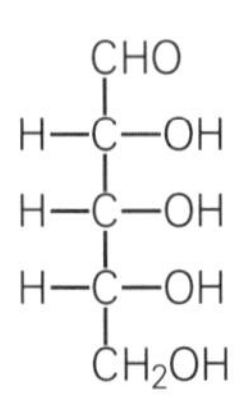

d-(–)-ribose

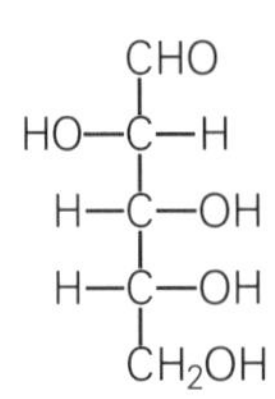

d-(+)-arabinose

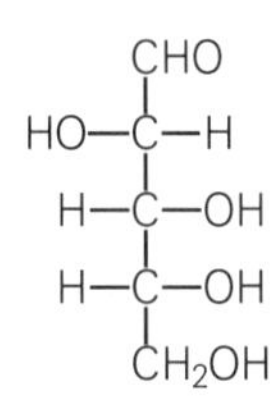

d-(+)-xylose

리보스는 여러 사료에 함유되어 있으며, 에너지 발생이나 대사작용에 없어서는 안 되는 당류이다. 고에너지 화합물인 ADP(adenosine diphosphate), ATP, 그리고 리보플라빈(riboflavin), RNA, DNA, NAD, NADP, CoA, FAD 등의 구성단위로서 생명현상에 꼭 필요한 물질이다.

아라비노스는 아라반의 구성 성분으로 존재하며, 자일로스와 같이 헤미셀룰로오스(hemicellulose)의 구성 성분이며, 자일로스는 자일란(xylan)의 구성 성분으로 볏짚, 건초, 옥수수대에 들어 있다.

2) 6탄당

동물 영양에서 6탄당은 대단히 중요하다. 가장 많이 공급될 수 있는 흔한 물질이지만 체내에서 중간대사물로서도 중요하다. 대표적인 6탄당으로 포도당(glucose), 프룩토오스(fructose), 갈락토오스(galactose), 만노오스(mannose)의 네 가지를 들 수 있는데, 그중 포도당과 프룩토오스만이 자연계에 유리상태로 분포되어 있고 갈락토오스와 만노오스는 복합물 형태로 존재한다. 이 네 가지 6탄당의 구조를 보면 아래와 같다.

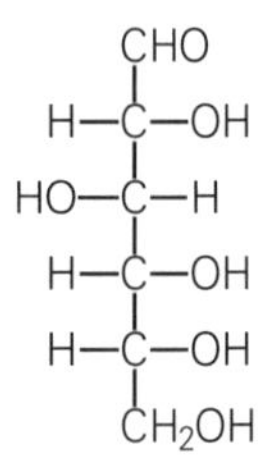

d-(+)-glucose

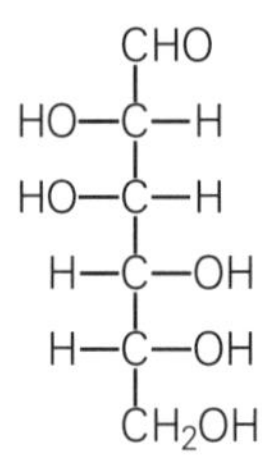

d-(+)-mannose

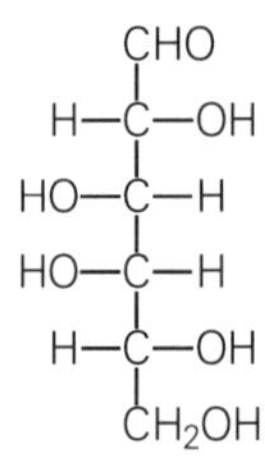

d-(+)-galactose

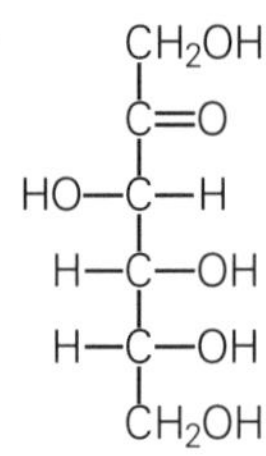

d-(−)-fructose

단당류 중 동물의 에너지 대사에 가장 중요한 포도당은 자연계에 널리 분포되어 있고 주로 *d*-form이며 과실, 식물즙, 꿀 등에도 들어 있다. 포도당은 탄수화물의 최종 분해산물로서 혈액 내를 순환하며 산화되어 에너지를 공급한다. 특히 태아와 뇌조직에 에너지원으로 가장 중요한 영양소이다. 갈락토오스는 포도당과 함께 락토오스(lactose)의 구성 성분이며, 이것의 화합물인 갈락토시드(galactoside)는 뇌와 신경조직에 들어 있고 유리상태로 발견되지는 않는다.

만노오스(mannose)는 만난(mannan)에 들어 있는 알도헥소오스(aldohexose)의 하나로 식물계에 널리 분포되어 있는 당이다. 중요한 케토헥소오스(ketohexose)의 하나인 프룩토오스는 꿀, 과실 등에 널리 분포되어 있고 다른 복합탄수화물에도 들어 있다. 또한 이눌린(inulin)의 경우 프룩토오스로 되어 있다. 6탄당 중에서는 프룩토오스가 가장 감미도가 높은 것으로 알려져 있다(표 4.4). 또한 프룩토오스는 갓 태어난 신생 동물의 영양에서 매우 중요한 역할을 하며, 당뇨병 환자나 비만한 사람의 식이에 포도당의 대용으로

표 4.4 당류의 감미도 비교(sucrose를 1로 보았을 때)

당류	감미도	당류	감미도	당류	감미도
Sucrose	1.00	Xylose	0.67	Galactose	0.32
Fructose	1.70	Sorbitol	0.60	Lactose	0.20
Glucose	0.74	Maltose	0.30	Saccharin	200~700

이용되기도 한다(Hallfrisch, 1990).

4.3.2 이당류

이당류는 2분자의 단당류가 결합되어 있는 당류로서 수크로스(sucrose), 말토오스(maltose), 락토오스(lactose) 등이 여기에 속한다. 그 구조식은 다음과 같다.

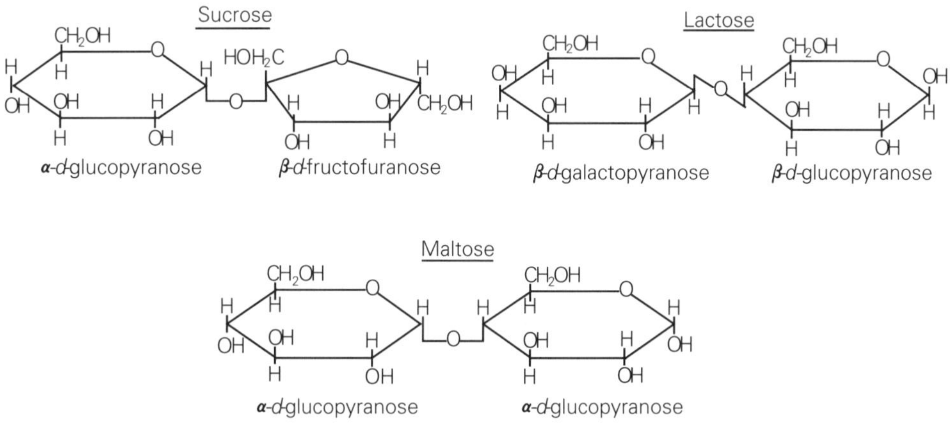

수크로스는 한 분자의 *d*-glucose와 *d*-fructose로 만들어진 당이다. 사탕수수나 사탕무에 들어 있고, 잘 익은 과실과 단풍나무에도 들어 있다. 수크라아제(sucrase)에 의해 포도당과 프룩토오스로 분해된다.

락토오스는 유당 또는 젖당이라도 한다. 한 분자의 *β*-*d*-glucose와 *β*-*d*-galactose로 구성되어 있고, 락타아제(lactase)에 의해 단당류로 분해된다. 이것은 포유동물의 젖 속에만 있는 일종의 동물성 당류로서 다음과 같은 특성을 지니고 있다.

① 장 내에서 산성을 증가시켜 이로운 박테리아의 증식을 돕는다.

② 장에서 칼슘(Ca)의 이용성을 증진시킨다.

③ 인(P)과 마그네슘(Mg)의 흡수도 촉진한다.

④ 뇌조직과 신경조직의 구성 성분이다.

⑤ 대뇌에서는 일차적인 에너지원으로 쓰인다.

말토오스는 2분자의 *d*-glucose로 이루어진 당류이고, 말타아제(maltase)나 산에 의해 포도당으로 분해된다. 전분의 분해로부터도 생성된다.

이 밖의 이당류에는 2분자의 β-*d*-glucose로 결합된 셀로비오스(cellobiose)가 있다. 셀로비오스는 셀룰라아제에 의해 셀룰로오스가 분해될 때 생기는 당이다. 셀룰로오스는 말타아제에 의해 분해되지 않으나 β-glucosidase에 의해서는 분해된다.

4.3.3 삼당류와 올리고당류

3분자의 단당류로 구성된 당이다. 라피노오스(raffinose)는 사탕무, 면화씨 등에 분포되어 있으며 포도당, 프룩토오스 및 갈락토오스로 구성되어 있다. 라피노오스에 갈락토오스가 하나씩 더해지면 스타키오스(stachyose, 사당류)와 베르바스코오스(verbascose, 오당류)로 된다. 이때 라피노오스, 스타키오스, 베르바스코오스를 라피노오스계(raffinose family) 당류라 하는데, 이들은 단위동물의 소화효소로는 소화·분해되지 않지만 대장 내 미생물에 의해 에너지원으로 빠르게 이용되어 이와 함께 다량의 발효를 만들어 내어 flatulence producing compounds라 불린다. 많은 양의 라피노오스계 당류를 섭취하면 소화가 저해된다.

4.3.4 다당류

여러 개 또는 수천 개의 단당류가 결합되어 이루어진 다당류는 분자량이 크고 물에 녹지 않는다. 산 또는 효소에 의해 여러 가지 중간 분해물을 거쳐 단당류로 분해된다. 전분, 글리코겐(glycogen), 덱스트린(dextrin), 셀룰로오스(cellulose), 펜토산(pentosan), 헤미셀룰로오스(hemicellulose) 등이 여기에 속하며 동물의 먹이로 가장 중요하게 취급된다.

1) 전분(starch)

식물의 축적 영양소의 대부분을 이루고 있다. 전분은 가용성인 아밀로오스(amylose)와 불용성인 아밀로펙틴(amylopectin)의 두 가지로 구성된다. 아밀로오스는 많은 *d*-

glucose의 α-1,4-직선결합으로 구성된 다당류인데, 동물체에서 분비되는 α-amylase의 작용에 의해 말토오스(maltose), 말토트리오스(maltotriose), 덱스트린(dextrin)으로 분해된다. 아밀로펙틴은 포도당 분자의 α-1,4-직선결합과 α-1,6-지선결합(branched chain)으로 된 다당류이다. 이의 경우 α-amylase에 의해 말토오스, isomaltose와 덱스트린으로 분해된다.

2) 글리코겐(glycogen)

동물의 근육과 간에 있는 저장 탄수화물로, 동물성 전분(animal starch)이라고 불리기도 하며, 그 함량은 적다. 많은 분자의 포도당이 직선적 · 지선적으로 연결되어 있으며, 전분보다는 더욱 많은 가지들을 가지고 있다. α-amylase에 의해 아밀로펙틴과 같이 분해된다.

3) 덱스트린(dextrin)

녹말의 소화 또는 가수분해로 생성되는 중간화합물인데, 때로는 열에 의해서도 생성된다. 발아하는 종자에 풍부하게 들어 있고, 일반적으로 동식물의 대사과정 중에 생긴다. 전분보다는 더 가용성이고 분자량도 훨씬 작다. 락토오스(lactose)와 같이 소화기 내에서 이로운 박테리아의 증식을 돕는다.

4) 셀룰로오스(cellulose)

가장 풍부히 존재하는 탄수화물의 하나이며, 포도당의 직선연결로 된 다당류이다. 화학처리에는 전분보다 강하여 약한 산이나 알칼리에는 잘 분해되지 않으며, 강산에 의해 가수분해된다. 동물은 셀룰로오스를 소화할 효소를 가지고 있지 않으며, 박테리아만이 분해할 수 있고, 초식동물에게는 셀룰로오스가 중요한 영양소가 된다. 전분과 셀룰로오스는 같은 포도당 단위로 된 다당류이지만, α-1,4 및 α-1,6 결합으로 되어 있는 전분과는 다르다. 셀룰로오스는 β-1,4 결합으로 이루어져 있기 때문에, 동물의 소화기관에서 분비되는 α-amylase는 셀룰로오스의 β-1,4 결합을 분해할 수 없는데 반하여 셀룰라아제(cellulase)를 분비하는 일부 미생물은 이를 분해 · 이용할 수 있다.

5) 이눌린(inulin)

돼지감자(*Jersalem artichoke*)에 저장영양소로 들어 있는데, 프룩토오스로 구성된 다당류이다. 프락토산(fractosan)이라고 불리기도 하며, 산에 의해 쉽게 분해된다.

6) 펜토산(pentosan)

산에 의해 5탄당(pentose)으로 완전 분해되는 것이 셀룰로오스와 다른 점이며, 산과 알칼리에는 더욱 약하다. 건초에 있는 다당류의 약 20%가 펜토산으로 이루어져 있고 유박(oilseed meal)에도 들어 있다. 아라반(araban), 자일란(xylan) 등이 여기에 속한다.

7) 헤미셀룰로오스(hemicellulose)

셀룰로오스보다 산과 알칼리에 저항력이 한층 약한 펜토산(pentosan)과 헥산(hexan)을 통틀어 지칭한다. 헤미셀룰로오스는 보통 끓는 물에는 녹지 않지만 약알칼리에 녹으며, 약산에 의해서는 우론산, 즉 글루쿠론산(glucuronic acid), 갈락투론산(galacturonic acid) 등으로 분해된다. 이들은 페놀(phenol) 같은 물질을 해독하기 위한 복합물 생성에 사용된다. 헤미셀룰로오스는 사료작물 및 기타 여러 가지 사료에 널리 분포되어 있다.

8) 리그닌(lignin)

식물의 대부분, 곡류 껍질, 줄기, 잎의 섬유질부에 들어 있는 불소화물질을 말한다. 리그닌은 쿠마르산(coumaric acid), 페룰산(ferulic acid) 및 시나핀산(sinapic acid)의 알코올 유도체로 구성된 phenylpropanoid matrix가 농축되어 형성된다. 이것은 식물체 내에서 shikimic acid pathway를 통해 합성된다. 리그닌은 동물의 소화기관을 통과할 때 $-OCH_3$ 기의 전이가 일어난다고 한다. 리그닌은 C, H, O 이외에 N(1~5%) 및 메톡시(methoxy)기(5~15%)가 들어 있고 C의 함량도 훨씬 높다. 이런 상이점 때문에 탄수화물로 분류할 수 없으나 셀룰로오스와 같이 존재하며 섬유소에 포함된다.

9) 키틴(chitin)

무척추동물의 구조물을 이루는 다당류로서, N-acetyl-D-glucosamine이 β-1,4 glycosidic linkage로 이루어져 있다.

10) Glycosaminoglycans(mucopolysaccharides)

아미노당(amino sugars)과 우론산(uronic acids)으로 구성되어 있으며 단백질과 결합한다 하여 프로테오글리칸(proteoglycan)이라 불린다. 골격과 엘라스틴(elastine) 및 콜라겐

(collagen)의 구성물질로 중요한 역할을 한다.

4.4 탄수화물의 영양적 분류

4.4.1 Weende 방법

사료 탄수화물을 앞에서와 같이 분류하는 것은 너무나 번거롭고 복잡하여 실제 영양적 응용 면에서는 큰 의의가 없다. 그래서 사료의 영양소를 분류하는 방법이 19세기에 독일의 Weende 시험장에서 개발되어 현재까지 광범위하게 이용되고 있다. 즉 사료 영양소를 조단백질(crude protein), 조지방(crude fat), 조섬유(crude fiber), 조회분(crude ash), 그리고 가용무질소물(nitrogen free extract, NFE)의 다섯 가지로 분류하는 방법으로, 일반성분 분석 또는 조성분 분석(proximate analysis)이라고 한다. 이 가운데 탄수화물이라고 일컫는 부분은 조섬유와 가용무질소물인데, 전자는 체내에서 소화되기 어려운 셀룰로오스를 포함하도록 정의된 부분이고, 후자는 소화가 잘 되는 전분이나 기타 당류가 포함되도록 한 부분이다. 따라서 사료 내의 조섬유를 분석하는 방법도 체내에서 탄수화물이 소화되는 현상을 모방하여 사료에서 수분과 지방을 제거하고 약산(황산 1.2%)과 약알칼리(가성소다 1.25%)에서 각각 30분씩 끓인 다음 여과해서 회분을 제외한 나머지 부분을 조섬유라 한다. 조섬유에는 주로 셀룰로오스가 포함되어 있으며, 약간의 헤미셀룰로오스와 리그닌 등이 들어 있다. 한편 가용무질소물은 실제 분석에 의해 측정하는 것이 아니라, 전체 건물(dry matter)에서 조단백질, 조지방, 조섬유와 조회분을 뺀 나머지로 계산된다.

Weende 방법에 의한 탄수화물의 분류는 특히 간접적으로 구하는 가용무질소물의 오차가 큰데, 곡류와 같이 조섬유 함량이 적고 대부분 가용무질소물 형태의 탄수화물이 많아서 조섬유에 의한 사료 탄수화물 이용에 지장이 없는 한 실제로 큰 문제는 없다. 그러나 건초나 사일리지와 같은 조사료처럼 셀룰로오스의 함량이 많고 셀룰로오스의 형태에 따라 섬유소의 이용률이 크게 영향을 받는 경우는 조섬유에 비해서 가용무질소물의 소화율이 상대적으로 낮게 나타나는 경우도 있다. 따라서 사료 탄수화물 중 반드시 조섬유가 소화하기 어려운 부분의 탄수화물을 의미하고, 가용무질소물이 소화되기 쉬운 탄수화물로 구성되어 있다고 단정하기는 어렵다.

4.4.2 van Soest 방법

조사료의 탄수화물을 분석함에 있어 Weende 방법의 결점을 보완하기 위해서 미국 코넬대학교의 van Soest는 1960년대에 탄수화물의 이용성에 근거를 두고 주로 섬유질이 많은 목초를 분류하는 방법을 제시하였다(van Soest, 1967). 이 방법에 따르면 건초를 크게 두 부분, 즉 소화가 아주 잘되는 세포내용물(cell contents)과 목질화(lignification)의 정도에 따라 소화율이 좌우되는 세포벽 구성물질(cell wall constituents 또는 components)로 나누고, 다시 세포벽 구성물질을 이용 가능한 물질과 이용 불가능한 물질로 분류한다. 최근 식이섬유소의 중요성이 인식됨에 따라 이 방법은 사료뿐만 아니라 식품 분석에도 이용되고 있다. 이 방법을 좀 더 자세히 설명하면 다음과 같다.

1) NDS(neutral detergent soluble)

중성세제(3% sodium lauryl sulfate)에 용해되는 세포 내용물을 말하며 지방, 당류, 전분, 펙틴(pectin)과 단백질을 함유하며 소화가 매우 잘되는 부분이다. 소화율은 대개 98% 정도에 이르며, 중성세제에 용해되지 않는 부분의 함량에 영향을 받지 않는다.

2) NDF(neutral detergent fiber)

중성세제에 용해되지 않는 부분으로서 세포벽 성분을 가리키며 셀룰로오스, 헤미셀룰로오스, 리그닌과 실리카(silica)를 함유한다. 그러나 전분의 영향으로 NDF 수치가 높게 측정되는 경우가 있어 최근에는 중성세제 처리 시 트리에틸렌 글리콜(triethylene glycol)과 내열성이 있는 α-amylase를 같이 처리하는 방법이 표준화되어 있다. NDF의 이용은 반추미생물에 의한 소화작용에 의존하며, 셀룰로오스와 헤미셀룰로오스는 목초의 목질화(lignification)의 정도에 따라 소화율이 좌우되고, 리그닌과 실리카는 전혀 소화가 되지 않는 부분이다. NDF는 각기 다른 형태의 섬유질들이 복합적으로 이루어진 것으로서, 조섬유에 비해서 목초의 섬유질 전체를 더 잘 반영한다. NDF는 그 이용률이 리그닌 함량에 의해 크게 좌우되기 때문에 NDF의 이용률을 측정하려면 리그닌 함량을 먼저 알아볼 필요가 있다.

3) ADF(acid detergent fiber)

NDF 부분 중에서 산성세제(1L당 49.04g sulfuric acid와 20g acetyl trimethyl ammonium bromide)에 용해되지 않는 섬유질을 말하는 것으로, ADF에는 셀룰로오스, 리그닌, ADIN(acid detergent insoluble nitorgen), AIA(acid insoluble ash)와 실리카가 일부 포함된다. NDF와 ADF의 차이점은 NDF에는 대부분의 헤미셀룰로오스와 ADF에 들어 있는 소량의 단백질(ADIN)을 제외한 중성세제에 불용인 모든 단백질(netral detergrent insoluble nitrogen, NDIN)이 포함되어 있다는 점이다. 따라서 NDF에서 ADF를 빼면 헤미셀룰로오스가 된다.

4) ADL(acid detergent lignin)

ADF 중에서 소화가 전혀 안 되는 리그닌 함량을 분석하기 위해서는 ADF 부분을 다시 72%의 황산(H_2SO_4) 용액에 넣고 열처리하거나 과산화망간으로 처리하기도 하는데, 이 과정을 통해 대부분의 셀룰로오스가 용해된다. 그리고 이를 여과하여 건조시킨 다음 회화하여 회분 함량을 빼면 리그닌 함량을 알 수 있다. 이를 ADL이라고 하고 이때 회분은 주로 목초의 실리카 함량이 된다.

이상과 같은 van Soest 방법과 Weende 방법을 비교해 보면 그림 4.2와 같다.

Proximate components	Chemical faction		van Soest fraction		
Ash1	Detergent soluble ash		Cell contents		
Ether extract	Triglycerides Pigments				
Crude protein	Protein Non-protein nitrogen				
Nitrogen-free extract	Sugar Starch				
	Pectin				Non-starch polysaccharides (dietary fiber)
	Hemicellulose			Neutral detergent fiber	
	OH soluble	Lignin	Acid detergent fiber		
Crude fiber	OH Insoluble				
	Cellulose				
Ash2	Detergent insoluble ash				

그림 4.2 목초의 일반성분과 세제성분의 비교

4.4.3 식이섬유소와 비전분성 다당류

탄수화물, 특히 섬유소의 영양학적 기능 및 중요성과 관련하여 새롭게 대두된 개념을 간략히 정리한다. 식이섬유소(dietary fiber)는 비전분성 다당류(non starch polysaccharide, NSP)와 비슷한 개념으로, 단위동물의 소화효소로 분해되지 않는 탄수화물과 리그닌 성분을 포함한다. 특히 단위동물의 소화효소에 의해 분해되지 않는 성분을 가리키는 NSP는 맹장이나 대장에서 이루어지는 발효 물질의 주성분이라는 점이 단위동물에서 관심의 대상이 되고 있다. 반추동물에서는 이 성분의 반추위 내 발표가 특징적이어서, NSP는 반추미생물에 의해 매우 잘 이용되지만 전분과 달리 최종 발효산물로 lactate를 생성하지 않는 특성이 있다. 따라서 산중독증(acidosis) 등의 반추위 내 대사장애 없이 미생물에 의한 대사효율을 증진시킬 수 있다는 점에서 중요하다. 특히 조사료:농후사료 비율이 50%가 안 되는 고농후사료를 급여받는 고능력우의 경우 NSP의 효과가 크며 조사료의 주요 공급원이 옥수수 사일리지(silage)인 경우 두과 사일리지에 비해 NSP의 균형이 더욱 고려되어야 한다. NSP의 측정방법으로 요소 분해효소 처리에 의한 투석(dialysis) 방법이 있다. NSP와 유사하나 NSC(nonstructural carbohydrate)는 NSP를 포함하며 전분이나 당을 모두 합한 것이다.

4.5 탄수화물의 운송기전과 대사작용 조절물질

4.5.1 탄수화물의 운송기전

탄수화물의 소화로 생기는 주요 최종 산물은 포도당(glucose)이며, 락토오스(lactose)나 수크로스(sucrose)로부터 각각 소량의 갈락토오스(galactose)와 프룩토오스(fructose)가 최종 산물로 남게 된다. 이러한 단당류들은 특이한 수송과정 없이는 소수성인 융모막을 통과하기 어렵다. 단당류의 수송은 세포막에 있는 운반체 또는 수송체(carrier)에 의해 이루어지는데, 크게 수동적으로 농도의 차에 의해 이루어지는 촉진확산에 의한 수송(facilitative diffusion transport)과 농도의 차와 상관없이 이루어지는 능동수송(active transport)으로 나눌 수 있다. 포도당, 갈락토오스, 프룩토오스, 만노오스(mannose) 등 대부분의 단당류는 에너지를 필요로 하지 않는 촉진확산에 의해 수송되지만, 특히 포도당과 갈락토오스의 경우 에너지를 사용하는 능동수송에 의해서도 수송이 이루어져 체내 흡수 정도가 다른 단당류에 비해 높다. 포도당의 수송 속도를 1.0으로 볼 때, 수송 속도는 (동물에 따라 다르지만) 평균적으로 갈락토오스는 1.1, 프룩토오스는 0.4, 만노오스는 0.2, 자일로스(xylose)는 0.15, 아라비노스(arabinose)는 0.1로 알려져 있다.

단당류의 수동수송은 세포막에 있는 수송체인 GLUT를 통하게 되는데, GLUT에는 발견된 세포의 종류에 따라 GLUT 1, 2, 3, 4, 5 등 다섯 가지가 있다. GLUT는 glucose transporter를 줄여 만든 명칭이다.

능동수송으로 운송되는 당류는 화학적 구조에 있어 6각의 고리형(pyranose형)이며, C_5에 하나 이상의 탄소원자와 C_2에 OH기를 가진다는 공통점이 있다. 이러한 구조를 만족시키는 포도당과 갈락토오스는 brush border에 있는 수송체에 의해 능동수송으로 흡수된다. 이 수송체는 막단백질로서 포도당과 Na^+ 양쪽에 높은 친화력을 갖는다. 이러한 수송체는 sodium dependent glucose transporter를 줄여 만든 명칭인 SGLT로 불리고, 발견된 세포의 종류에 따라 SGLT 1과 2가 있다.

장세포를 이용한 연구에 의하면 포도당은 세포로부터 세 가지 경로로 배출된다(그림 4.3). 대부분의 포도당은 장상피세포막에 존재하는 Na^+에 의존적인 수송체계에 의해서 배출되며(60%), 소량(25%)만이 basolateral 영역으로부터 수동적 확산에 의해서 배출된

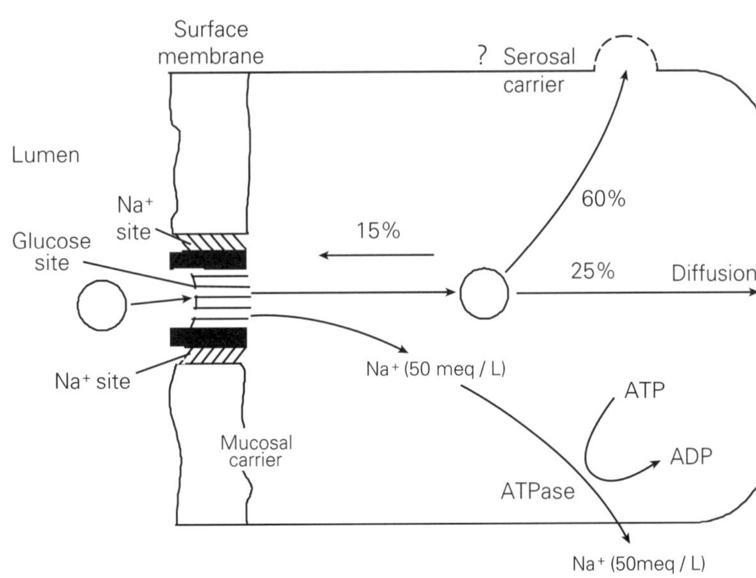

그림 4.3 포도당과 갈락토오스의 능동수송 모델

다. 나머지 15% 정도는 brush border carrier를 통해 장관 내로 역수송된다. 단당류의 장 내 흡수는 주로 십이지장과 공장에서 이루어지고 일부는 회장에서도 이루어진다.

4.5.2 탄수화물 대사작용 조절물질

탄수화물의 대사에 작용하는 호르몬에는 여러 종류가 있으나 그중 대표적인 것이 인슐린(insulin)과 글루카곤(glucagon)이다. 일반적으로 인슐린은 혈중 포도당 농도가 증가하면 간에서 포도당으로부터 글리코겐(glycogen)을 합성하여 저장케 하고, 글루카곤은 혈중 포도당 농도가 저하될 때 저장 탄수화물인 글리코겐에서 포도당으로의 전환을 유도한다. 표 4.5에는 혈당 조절에 관여하는 몇 가지 호르몬의 생리적 기능이 제시되어 있다.

표 4.5 혈당 조절에 관련된 호르몬

호르몬	분비기관	생리적 기능
Insulin	췌장의 β세포	혈당 저하 Glycogenesis 촉진(간) Lipogenesis 촉진(지방조직) 포도당의 세포막 투과성 증진 단백질 분해 억제
Glucagon	췌장의 α세포	지방 분해 촉진 혈당 상승 Glycogenolysis 촉진(심장) Glycogen synthase 억제
Somatostatin	Hypothalamus	Insulin과 glucagon 동시 억제 당뇨성 ketoacidosis 예방
Glucocorticoid	Adrenal cortex	Gluconeogenesis 촉진(간)
Epinephrine	Adrenal medulla	Glycogenolysis 촉진(간, 근육)
Thyroxine	Thyroid gland	Glycogenolysis 촉진(간) 장에서 포도당 흡수 촉진 Insulin 파괴에 영향

1) 인슐린(insulin)

(1) 인슐린의 분비

A와 B chain의 폴리펩티드(polypeptide)인 인슐린은 췌장의 β세포에서 에너지를 필요로 하는 미세소관(microtubule)-미세필라멘트(microfilament) 시스템을 통해 분비된다. 인

표 4.6 인슐린 분비 조절인자

1. Insulin 분비 촉진 물질	C. Amino acids
A. Glucose, mannose, fructose	Arginine
B. Leucine	Lysine
C. Vagal stimulation	D. β-keto acids and fatty acids
D. Sulfonylureas	E. cAMP
2. Glucose 유도분비 촉진 물질	3. Insulin 분비 억제 물질
A. Enteric hormones	A. Neural inhibitors
Gastin inhibitory polypeptide	α-adrenergic agonist of catecholamines
Cholecystokinin, glucagon	β-adrenergic antagonists
Secretin, gastrin	B. Humoral inhibitors
B. Neural amplifiers	Somatostatin
β-adrenergic agonists	C. Drugs
Acetylcholine	D. Sugar analogs

슐린 분비에 관여하는 여러 인자들은 표 4.6에서 보는 바와 같다.

(2) 인슐린 대사와 생리적 기능

인슐린은 혈장 운반 단백질이 없기 때문에 반감기가 짧다(3~4분). 인슐린 대사는 주로 간, 신장 및 태반에서 일어나며 간을 1회 통과할 때마다 약 50%의 인슐린이 비활성화된다. 인슐린은 두 가지 효소, 즉 insulin specific protease와 glutathione-insulin transhydrogenase에 의해 주로 대사되어 분해된다. 분비된 인슐린은 간, 근육, 심장 및 지방세포에 있는 인슐린 수용체(insulin receptor)에 의해서 그 기능을 발휘하게 된다. 인슐린의 주요 생리적 기능은 탄수화물, 지방, 단백질 대사와 관련이 있는데, 특히 탄수화물 대사와 밀접한 관련이 있다. 인슐린은 세포 내 포도당의 대사(glycolysis)를 증가시켜 혈중 포도당 농도를 높이는데, 그 양적 관계는 다음과 같다.

사료로 섭취한 포도당
- ~50%: 해당작용에 의해 에너지로 전환
- 30~50%: 지방산으로 전환
- ~10%: 글리코겐으로 전환

인슐린은 해당과정(glycolysis)에 관여하는 주 효소인 글루코키나아제(glucokinase, 포도당 인산화 효소), 포스포프룩토키나아제(phosphofructokinase)와 피루브산 키나아제(pyruvate kinase)의 양과 활성을 증가시켜 해당작용을 촉진한다. 해당작용이 증가하면 포도당 이용이 증가하여 간접적으로 세포 내의 포도당이 혈액으로 이동되는 것이 줄어들고 상대적으로 지방산 합성이 증대된다. 인슐린은 간장 내에서 glucose-6-phosphatase의 활성을 저하시켜 간세포 내에 포도당을 잔류시킨다.

이러한 인슐린의 인산화 혹은 탈인산화 반응을 통한 효소의 활성 조절은 수 초 혹은 수 분 내에 일어난다. 혈당 조절에 대한 인슐린의 작용 중 보다 오래 지속되는 효과는 포도당신생(gluconeogenesis)의 억제를 통한 것이다. 탄수화물이 아닌 다른 전구체나 이들 중간대사물로부터 포도당이 합성되는 과정은 여러 효소의 반응을 억제함으로써 이루어진다. 즉, 간에서 포도당신생을 일으키는 주 효소는 phosphoenolpyruvate carboxykinase인데, 인슐린은 이 효소를 합성하는 mRNA의 전사를 선택적으로 억제하여 합성량을 감소시킨다.

이와 같이 인슐린의 작용은 결과적으로 혈중 포도당 수준을 저하시키는 것이나, 음식물이나 사료 섭취 시에 영양소를 저장한다는 관점에서 이해되어야 한다. 혈당을 상승시키는 호르몬은 여러 가지가 있으나 혈당 감소 호르몬은 인슐린뿐이다.

2) 글루카곤(glucagon)

췌장 α세포에서 분비되는 글루카곤은 혈액 중에 유리상태로 존재하며 운반 단백질이 없어 반감기는 약 5분이다. 글루카곤의 분비는 포도당에 의해 억제되는데, 포도당이 직접 글루카곤 분비를 억제하는지 또는 인슐린이나 IGF-I(insulin like growth factor-I)의 작용을 통해 억제하는지는 확실치 않다. 그러나 이 외에 다른 여러 요인에 의해 글루카곤 분비는 영향을 받는다(표 4.7).

표 4.7 글루카곤 분비에 영향을 미치는 요인

촉진 요인	억제 물질
Amino acids	Glucose
Gastrin, cholecystokinin	Somatostatin
Cortisol	Secretin
Exercise	Free fatty acids
β-adrenergic agonists	Ketones
Threophylline	Insulin
Acetylcholine	α-adrenergic agonist

글루카곤은 일반적으로 인슐린과 반대작용을 나타낸다. 즉, 인슐린은 글리코겐 합성(glycogenesis), 지방 합성(lipogenesis)과 단백질 합성을 촉진하여 에너지 저장을 증가시키지만 글루카곤은 글리코겐 분해(glycogenolysis)를 증가시켜 혈당을 상승시키고, 지방 분해(lipolysis)를 증가시켜 지방의 지방산으로의 전환을 촉진하여 에너지원으로 이용함으로써 포도당을 절약하는 작용을 한다.

글루카곤은 주로 간에 작용하는데, 간세포 원형질 막의 특이수용체와 결합하여 아데

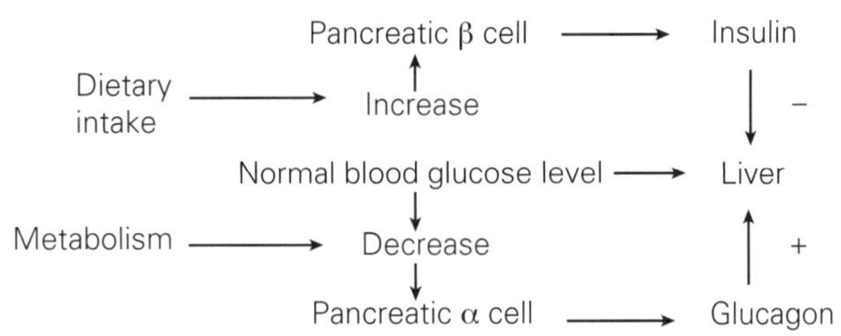

그림 4.4 인슐린과 글루카곤의 작용

닐산 고리화 효소(adenylate cyclase)를 활성화시켜 cAMP를 증가시킨다. cAMP는 포스포릴라아제(phosphorylase)를 활성화하여 글리코겐 분해를 증가시키고, 글리코겐 합성효소(glycogen synthetase)를 억제하여 글리코겐 합성을 억제한다. 글루카곤의 최종 효과는 혈당 수준을 높이는 것이다. 인슐린과 글루카곤의 작용을 요약하면 그림 4.4와 같다.

4.6 탄수화물의 대사작용

당류가 흡수되는 부위는 주로 소장의 상부, 즉 십이지장과 공장 상부이다. 흡수된 단당류는 모세관에서 문맥으로 들어가 간으로 운반되는데, 갈락토오스나 만노오스 등도 결국 간에서 포도당으로 전변되어 다음과 같이 쓰인다.

① 이산화탄소(CO_2)와 물(H_2O)로 산화되면서 에너지를 발생한다.
② 여분은 글리코겐으로 저장된다.
③ 지방산 합성에 쓰인다.
④ 비필수아미노산의 탄소골격으로 쓰인다.

글리코겐의 합성은 포도당이 부족할 때 쉽게 동원되어 에너지를 발생할 수 있도록 하기 위한 것이며, 실제 혈당을 조절하는 역할을 하게 된다. 체내에서 여분의 에너지는 주로 지방으로 축적되나 소량은 먼저 글리코겐으로 축적되는데, 이는 지방이 에너지를 발생할 목적으로 동원되는 데는 복잡한 과정을 거쳐야 하지만 글리코겐은 훨씬 쉽게 동원될 수 있으므로 갑작스럽게 에너지의 수요가 증가할 때 이를 이용할 수 있는 것이다.

소화·흡수된 단당류는 그 종류가 어떤 것이든 간에서 상호 전변하여 포도당으로 이용될 수 있다. 체내에서 일어나는 탄수화물 대사는 다음과 같이 분류할 수 있다.

1) Glycolysis

엠덴-마이어호프 경로(Embden-Meyerhof pathway)라고도 하며, 포도당이 산화되어 피루브산(pyruvate)과 젖산(lactate)으로 분해되는 과정을 말하는 것으로, 세포의 원형질에서 산소가 없는 상태에서 이루어진다.

2) Glycogenesis

포도당으로부터 글리코겐이 합성되는 과정으로 간과 근육에서 이루어진다.

3) Glycogenolysis

저장된 글리코겐이 분해되는 과정을 말하며, 간에서는 포도당으로, 그리고 근육에서는 해당작용까지 겸하여 피루브산과 젖산으로 분해된다.

4) Hexose monophosphate shunt(HMPS)

6탄당 1인산 회로라고도 하며, 해당작용(glycolysis) 회로를 거치지 않고 포도당이 직접 산화되는 과정을 말한다.

5) Oxidation of pyruvate

해당작용(glycolysis)에 의해 생겨난 피루브산의 완전 분해가 이루어지기 위해 Krebs cycle로 들어가기 직전에 acetyl-CoA로 산화되는 중간 과정이다.

6) Tricarboxylic acid cycle(TCA cycle)

Krebs cycle 또는 구연산 회로(citric acid cycle)라고도 하며, 포도당, 지방, 그리고 단백질로부터 유리되어 나오는 acetyl-CoA가 미토콘드리아로 운반된 뒤의 일련의 생화학 반응을 말한다.

7) Gluconeogenesis

탄수화물이 아닌 자원으로부터 포도당이 합성되는 것을 포도당신생(gluconeogenesis)이라고 하며, TCA 회로나 해당작용의 대사과정을 경유하여 당합성 아미노산(glucogenic amino acid), 젖산(lactic acid), 글리세롤 등으로부터 포도당이 합성되는 과정을 말한다.

4.6.1 글리코겐의 합성

포도당에서 시작하여 글리코겐이 생성되는 과정에서 인산이 차지하는 역할은 매우 중요하다. 이 인산염(phosphate)이 작용하는 과정을 인산화반응(phosphorylation)이라고 한다. 체내의 포도당이 글리코겐 합성을 거치려면 (저장을 위해서든, 해당 반응계에 들어가기 위해서든) 먼저 인산화되어 있어야 한다. 포도당에 인산이 가해지는 것은 불활성 포도당을 활성 포도당으로 변성시켜 주는 것과 같은데, 이렇게 포도당과 글리코겐은 일단 활성형태로 바뀌어야만 대사작용이 가능해진다.

전자의 경우 포도당은 먼저 글루코키나아제(glucokinase)의 작용하에 ATP로부터 인산기를 받아 glucose-6-phosphate로 되고, 이어 포스포글루코무타아제(phosphoglucomutase)

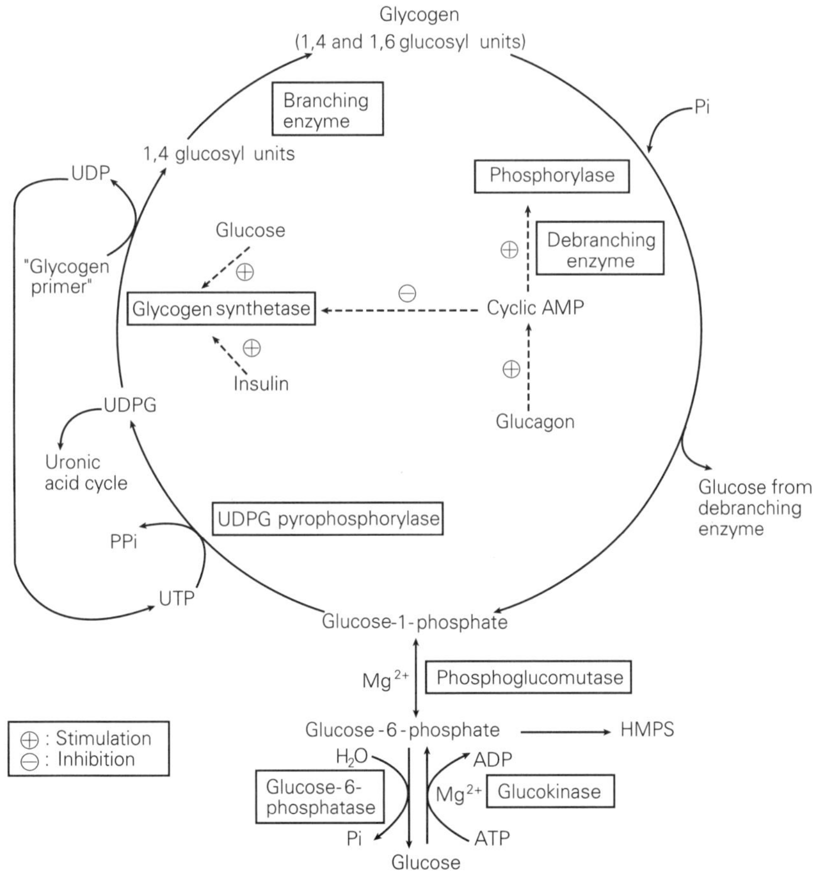

그림 4.5 글리코겐의 합성 및 분해 경로

의 작용을 받아 glucose-1-phosphate가 된다. Glucose-1-phosphate는 다시 UTP (uridine triphosphate)와 포스포무타아제(phosphomutase)의 작용으로 UDPG(uridine diphosphoglucose)로 되고, 이것이 글리코겐 합성 효소의 작용으로 기존의 글리코겐 분자와 결합하여 포도당 단위가 하나 더 붙어난 글리코겐으로 된다. 글리코겐 분자가 가지(branch)칠 때가 되면 α-1,6-linkage를 결합시키는 branching enzyme에 의해서 branched glycogen이 된다. 이상을 요약하면 그림 4.5와 같다. 이 반응은 주로 간과 근육에서 이루어진다. 글리코겐은 포도당뿐만 아니라 프룩토오스, 갈락토오스, 만노오스로부터도 형성된다. 글리코겐은 탄수화물 이외에 지방의 글리세롤이나 포도당 생성 아미노산으로부터도 생성될 수 있다.

4.6.2 글리코겐의 분해

글리코겐은 저장물질이므로 혈액 중의 포도당이 소진되어 그 함량이 일정한 수준까지 감소하면 분해되어 포도당을 생성한다. 이 작용을 일컬어 글리코겐 분해(glycogenolysis)라고 하며, 이는 포스포릴라아제(phosphorylase)와 기타 효소들의 연결된 작용으로 이루어진다. 먼저 포스포릴라아제에 의해 글리코겐의 외곽 사슬로부터 가지가 제거되고, 이어 트랜스페라아제(transferase)에 의해 제거된 가지가 다른 가지로 이동하게 되면 α-1,6-분지점이 남게 된다. 이 α-1,6-linkage는 탈지효소(debranching enzyme)에 의해 제거되어 glucose-1-phosphate를 생성한다. 이어 glucose-1-phosphate는 포스포글루코무타아제에 의해 glucose-6-phosphate로 된 후 글리코겐 분해(glucogenolysis)의 최종 산물인 포도당으로 전환된다. 이는 혈당의 상승으로 반영되나 glucose-6-phosphate의 포도당으로의 전환은 간장 포스파타아제(phosphatase)에 의한 것이므로 근육에서의 글리코겐 분해만으로는 혈당 조절이 되지 않는다.

4.6.3 혈당

혈액 중에는 항상 일정량의 포도당이 함유되어 있는데 이를 혈당(blood sugar)이라고 한다. 혈당 유지에는 글리코겐의 생성과 분해, 당의 소비, 당의 지방 전환, 당의 배설 등이 관련된다. 사람의 경우 혈당이 120mg/100mL 이상으로 정상수준(80~120mg/100mL)보다 높아 고혈당증(hyperglycemia)이 되는 경우에는 췌장에서 분비되는 인슐린과 같은 호르

표 4.8 동물의 혈당치(mg/100mL)

동물	혈당치	동물	혈당치	동물	혈당치
말	55~95	닭(비산란)	130~260	소	40~70
돼지	80~120	고양이	80~120	면양	30~50
개	80~120	칠면조	175~210	산양	45~60
토끼	110~150	쥐	90~125		
닭(산란)	130~290	사람	70~120		

몬에 의해 포도당이 글리코겐으로 전환되고, 반대로 80mg/100mL 이하의 저혈당증(hypoglycemia)인 경우에는 글루카곤 등의 호르몬 작용으로 글리코겐이 포도당으로 분해되어 혈당을 조절하게 된다. 만약 인슐린 분비에 이상이 생겨 포도당의 혈중농도가 170mg/100mL 이상일 때에는 당이 요에 과다하게 섞여 배설되는데, 이와 같은 상태를 diabetic glycosuria라고 하며, 1회의 섭취로서 당뇨병을 일으키는 최소 당량을 그 동물의 내당능(glucose tolerance)이라 한다.

표 4.9 반추위의 발달과 혈당치의 관계

일령(일)	제1위/3·4위의 용적비	혈당치 (mg/100mL)
6	0.32	113
26	0.88	103
31	2.17	106
46	1.67	90
52	2.22	73
66	2.09	88

일반적으로 혈당치는 동물에 따라 변이가 있는데, 여러 학자들이 발표한 실험결과를 종합해 보면 표 4.8과 같다. 표 4.8에서 보는 바와 같이 반추동물의 혈당치는 비교적 낮다. 사실상 반추동물의 성체는 그 평균값이 혈액 100mL에 대하여 40~65mg이지만, 어린 동물에 있어서는 다른 단위동물과 거의 같다. 혈당치의 저하는 이유와 더불어 시작되며, 표 4.9와 같이 반추위의 발달 정도에 반비례한다. 이는 반추동물이 성장하여 반추위 미생물의 활동이 활발함과 동시에 주 에너지 자원이 포도당에서 휘발성 지방산으로 바뀌는 것을 의미한다.

4.6.4 포도당의 분해

포도당이 에너지를 발생하기 위해서는 일련의 연쇄반응이 일어나야 하며, 여기에는 많은 효소와 조효소(coenzyme)가 관여한다. 포도당의 분해과정은 다음과 같다. 1분자의 포도당을 봄베열량계(bomb calorimeter)에서 연소시키는 경우 약 686kcal(2,870kJ)의 자유

에너지가 발생한다. 생체에서 생물학적 효율은 이 686kcal(2,870kJ) 중 얼마나 보존할 수 있는가, 즉 에너지 보존효율에 달려 있는데, 생체의 에너지 보존효율, 즉 대사기질의 자유에너지가 ATP의 형태로 전환되는 효율은 뒤에서 보는 바와 같이 약 40%에 달한다. 이와 같은 목적을 위해 포도당의 생체 내 분해과정은 2단계로 나누어 고찰할 수 있다.

그 첫단계는 혐기적 상태(anaerobic)의 분해로서 해당작용(glycolysis)이라 하여 당으로부터 피루브산(pyruvate)을 거쳐 거쳐 젖산(lactic acid)에 이르기까지 분해되는 과정으로 세포질 내에서 일어난다. 둘째 단계는 호기적 상태(aerobic)에 있어서 피루브산이 젖산으로 전변되는 대신 미토콘드리아 내로 들어가서 ATP를 생성하면서 CO_2와 H_2O로 분해되는 과정, 즉 TCA 회로(또는 citric acid cycle)이다.

1) 해당작용(glycolysis)

해당작용에서는 인산기의 부가 또는 이탈이 매우 중요하다. 뿐만 아니라 이 과정에는 각종 효소와 조효소가 관여한다. 글리코겐으로부터 시작될 때에는 글리코겐 분해에서 생겨나는 glucose-1-phosphate를 거쳐서, 그리고 포도당에서부터 시작할 때에도 포도당의 활성화 작용인 가인산반응으로부터 시작된다. 즉 포도당은 조효소–Mg^{2+}의 존재하에 glucokinase에 의해 glucose-6-phosphate로 되고, 이는 phosphohexose isomerase에 의해 fructose-6-phosphate가 된다. Fructose-2,6-bisphosphate는 간에서 가장 활성이 있는 phosphofructokinase-1의 allosteric effector이며 fructose-1,6-bisphosphate의 생산을 억제하는 것으로 알려졌다. 이것은 phosphofructokinase-2에 의해서 fructose-6-phosphate가 인산화하여 생성된다. 효소단백질인 phosphofructokinase-2는 또한 fructose-2,6-bisphosphatase의 기능도 갖고 있어서 이중기능효소(bifunctional enzyme)라고 한다.

포도당이 풍부할 때는 이중기능효소의 키나아제(kinase)가 작용하여 fructose-2,6-bisphosphate의 농도가 증가하고, 이것이 phosphofructokinase-1을 활성화시키고 fructose-1,6-bisphosphatase를 억제하여 fructose-1,6-bisphosphate의 생산을 증가시켜 해당작용을 가속화시킨다. 반면에 포도당이 부족할 때는 포도당신생과정(gluconeogenesis)이 가속화되는데 이는 fructose-2,6-bisphosphate의 생산이 줄면서 phosphofructokinase-1을 비활성화하여 fructose-1,6-bisphosphatase를 활성화하기 때문이다(Pilkis, 1992).

이렇게 생산된 fructose-1,6-bisphosphate는 알돌라아제(aldolase)에 의해 3탄당으로 분해되어 dihydroxyacetone phosphate와 3-phosphoglyceraldehyde가 되는데, 이들은 phosphotriose isomerase의 작용으로 상호 전환이 가능하다. 3-phosphoglyceraldehyde는 먼저 가수화되고, 이어 phosphoglyceraldehyde-dehydrogenase의 작용으로 NAD^+와 무기인산염의 존재하에 탈수소되어 1,3-diphosphoglycerate가 되고 NAD^+를 NADH + H^+로 환원시킨다. 다음 단계에서 1번 탄소의 위치에 있는 인산기가 ADP로 옮겨지고 3-phosphoglycerate와 ATP가 만들어지는데, 그 과정은 phosphoglyceric acid kinase에 의해 이루어진다. 이 3-phosphoglycerate는 다시 phosphoglycermutase에 의해 Pi의 위치가 바뀐 2-phosphoglycerate로 전환된다.

다음에 이것은 에놀라아제(enolase)의 작용으로 마그네슘(Mg), 아연(Zn), 망간(Mn) 등과 같은 이온의 존재하에 탈수되어 phosphoenol pyruvate로 되었다가 pyruvate kinase에 의해 인산기를 ADP에 주어 ATP가 되게 하고 자신은 enolpyruvate가 되나, 에놀(enol)형은 불안정하므로 안정형인 케토(keto)형 pyruvate가 된다. 이 경로의 최종 단계로 pyruvate는 lactate dehydrogenase의 작용으로 NADH를 산화시키면서 젖산이 된다.

이 밖에도 프룩토오스(fructose) 또는 갈락토오스(galactose)로부터 해당과정에 들어가는 경우도 있다. 이상의 해당과정을 요약하여 다음과 같은 반응식으로 표현할 수 있다.

$$C_6H_{12}O_6 + 2ADP + 2Pi \longrightarrow 2CH_3CHOHCOOH + 2ATP + 2H_2O$$

$$(Glucose)_n + 2ADP + 2Pi \longrightarrow (Glucose)_{n-1} + 2CH_3CHOHCOOH + 2ATP + 2H_2O$$

피루브산과 젖산은 상호 전환이 가능한데, 피루브산이 젖산으로 될 때에는 NADH를 소모하지만, 젖산이 피루브산으로 전변될 때에는 다시 NADH를 생산한다. 해당과정에서는 포도당이 피루브산으로 전변되는 과정 중에 2개의 NADH와 2개의 ATP를 생산한다. 2개의 NADH가 결국에 6개의 ATP를 생산하기에 결국 1개의 포도당이 해당과정을 통해 피루브산으로 전변되는 중에 8개의 ATP가 생겨난다.

2) TCA 회로

이제까지의 포도당 분해과정은 미토콘드리아 밖에서 산소가 없는 혐기적 상태에서 이루어진 반응이나, 이제부터는 피루브산이 미토콘드리아로 옮겨져서 산소를 소모하게 되는 TCA 회로로 들어가 CO_2로 분해되면서 ATP, GTP, $FADH_2$, NADH를 생산하게 된

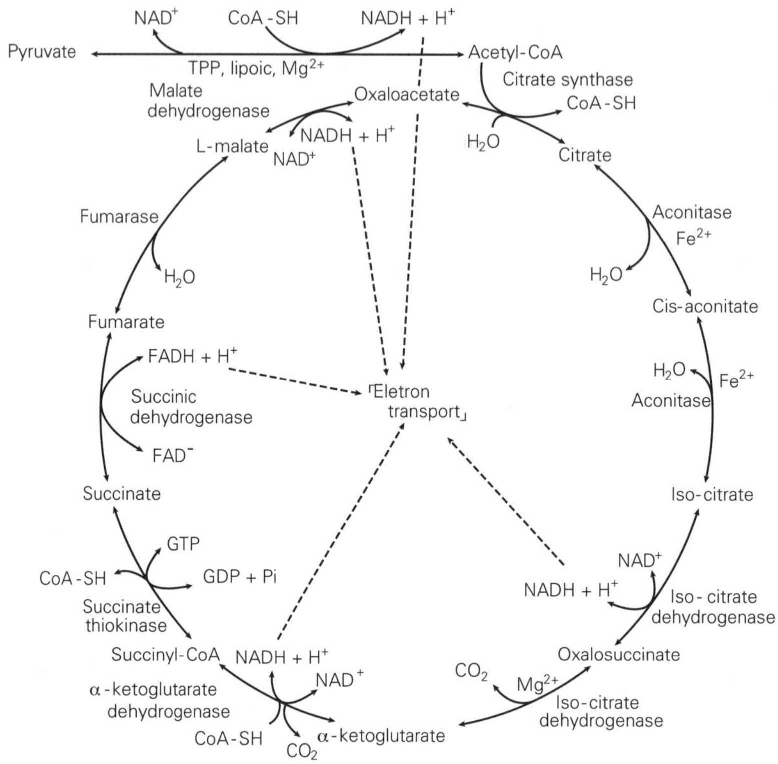

그림 4.6 TCA 회로(Krebs cycle)

다. 이를 위해 피루브산은 우선 TCA 회로에 들어가기 전에 pyruvate dehydrogenase에 의해 CO_2 1분자를 방출하면서 acetyl-CoA로 산화되어야 한다. 이렇게 하여 포도당으로부터 생성되는 acetyl-CoA와 마찬가지로 그림 4.6에서 보는 바와 같은 TCA 회로가 시작된다. 첫 단계로 acetyl-CoA는 oxaloacetate와 결합하여, 동시에 H_2O 1분자를 취하고 환원형 CoA(CoA-SH)를 방출하면서 citrate로 되었다가 이어 다시 1분자의 H_2O를 방출하면서 cis-aconitate가 된다. 이것은 1분자의 H_2O를 받아들여 iso-citrate의 단계를 거쳐 oxalosuccinate가 되는데, 여기에서 NAD^+가 NADH로 환원된다. 다음 α-ketoglutarate가 될 때, 1분자의 CO_2를, 그리고 succinate로 될 때 다시 1분자의 CO_2, 총 3분자를 유리시킨다. Succinate는 이 단계에서 2회에 걸쳐 H_2 분자의 유리가 일어난다. 이상을 요약하면 그림 4.6과 같다.

이 그림에서 보는 바와 같이 TCA 회로 1회전에는 3분자의 NADH, 1분자의 $FADH_2$, 그리고 1분자의 GTP가 생성된다. 생성된 NADH와 $FADH_2$는 산화적 인산화 단계를 통하여 한 쌍의 전자와 한 쌍의 H^+를 이동하면서 최후에 O_2가 개입하여 완전 산화되고 H_2O를 생성하게 된다. 이렇게 해서 산화되는 동안에 1분자의 NADH는 3분자의 ATP를, 그리고 FADH는 2분자의 ATP를 생성한다. 한편 GTP는 ATP와 동등한 에너지를 함유하므로 TCA 회로 1회전을 통해 총 12분자의 ATP를 생성한다. 이 밖에도 pyruvate로부터 acetyl-CoA로 전환되는 과정에서 또 1분자의 NADH를 생성하므로 pyruvate로부터 TCA 회로 1회전에는 총 15개의 ATP가 발생한다.

포도당 1분자는 해당작용에 의해 8개의 ATP를 발생하면서 2분자의 피루브산(pyruvate)으로 분해되고, 1분자의 피루브산으로부터 TCA 회로에 의해 15개의 ATP를 생성하므로 포도당 1분자로부터의 에너지 발생효율을 따져 보면 다음과 같다.

Glycolysis 에서	8 ATP
TCA 회로에서	30 ATP
계	38 ATP

한 분자(mole)의 ATP는 약 7.3kcal(30.5kJ)의 자유에너지를 함유하고 포도당 1g의 분자량은 686kcal(2,780kJ)를 가지므로 체내에서 포도당이 완전산화할 때 에너지(ATP)를 발생하는 효율은 약 40%로 상당히 높음을 알 수 있다.

$$\frac{38 \times 7.3}{686} \times 100 = 40.4\%$$

한편 산소의 공급이 없는 혐기성 상태에서는 TCA 회로의 회전이 불가능하므로 해당반응만 일어나게 되는데, 이때에는 최종 산물로 젖산(lactate)이 생성되고 포도당으로부터 젖산까지의 과정에서 총 2개의 ATP가 형성되는 것은 앞에서 본 바와 같다. 이때의 에너지 효율은 호기성 상태의 그것과 비교할 때 훨씬 떨어진다는 것을 알 수 있다. 그러나 중요한 사실은 산소의 공급이 없는 경우에는 비록 낮은 효율이나마 포도당으로부터 에너지를 얻을 수 있다는 사실이며, 지구상에 산소가 축적되기 이전의 혐기성 상태에서 원시적 생물이 존재했다면 이 방법으로 에너지를 획득했을 것이다. 그 증거로 오늘날에도 혐기성 미생물들은 이 방법으로 에너지를 이용하고 있음을 볼 수 있다.

한편 산소의 공급하에 고등생물에 있어서 TCA 회로는 에너지의 효율적 이용이라는 점에서 매우 큰 의미를 갖는다. 뿐만 아니라 TCA 회로는 생물에서 물질대사와 에너지 대사의 교량적 역할을 한다는 점에서 매우 중요하다.

3) 산화적 인산화(전자전달계)

자연계에 존재하는 모든 물질의 변형은 산화와 환원의 연속에 의해서 이루어진다. 어떤 유기물 분자가 산화된다고 하는 것은 그 유기물 분자가 산소와 결합하거나 자신으로부터 수소를 분리시키는 것을 말한다. 좀 더 정확히 말하면 어떤 화합물로부터 전자(electron)가 유리되어 나오는 것을 산화(oxidation)라고 하며, 반대로 전자를 흡수하는 것을 환원(reduction)이라고 한다. 그래서 어떤 물질이 완전히 산화되면 결국에는 유리에너지를 발생시키는 동시에 자신들은 이산화탄소(CO_2)와 물로 변하게 된다. 비생물학적 산화는 유기물의 전자(또는 H^+)가 O_2에 직접 전달되면서 완전산화가 이루어진다는 점이 생물학적 산화와 다른 점이다. 만약에 생물체 내에서도 이러한 직접 산화가 이루어진다면 갑작스럽게 많은 에너지가 발생하여 세포는 생명유지에 어려움을 겪을 것이다.

생물체 내에서 일어나는 산화와 환원작용은 산화되는 유기물로부터 유리되어 나오는 전자를 받아들이는 물질, 즉 환원되는 물질이나 그 전자의 전달을 매개하는 물질이 있어야만 이루어질 수 있다. 대사중간물질로부터 유리되어 나오는 전자는 최종적으로 산소에게 전달되어 물(H_2O)을 형성하나, 특정한 비타민을 함유하는 전자의 중간매체를 통해 전달된다는 점이 직접 산화와 다른 점이다.

몇 가지 중요한 전자중간매체에는 탈수소효소의 일종인 NAD(nicotinamide adenine dinucleotide), NADP(nicotinamide adenine dinucleotide phosphate), FAD(flavin adenine dinucleotide) 등이 있다. 이러한 중간매체들이 산화와 환원작용을 연속적으로 받으며 전자를 산소에까지 이르게 하는 기전을 전자전달계(electron transport system) 또는 호흡계(respiratory system)라고 한다. 전자전달계의 처음 단계는 세포 내 대사작용 중 대사물질들의 산화에 의해서 유리되어 나오는 2개의 전자(실제로는 수소이온 H^+로 표시함)를 NAD가 받아들여 NADH로 환원되는 것으로 시작된다. 전자전달계를 통해 유리된 전자가 각각의 중간전달물질들을 통과하는 단계마다 자유에너지가 방출되는데, 이 에너지는 바로 고에너지화합물인 ATP 생산의 원동력이 되고 세포의 일을 위한 에너지 형태로 저장되는 것이다. 이렇게 산화작용과 연결되어 ADP+Pi가 ATP로 전환되는 것을 산화적 인산화(oxidative phosphorylation)라 한다. 산화적 인산화가 이루어지기 위해서는 상당량의 에너지가 필요한데, 두 쌍의 전자가 NADH에서부터 산소에 도달할 때까지 각각의 중간

전달물질을 통과할 때 ATP를 생산할 수 있는 충분한 에너지를 방출하는 곳은 그림 4.6에 표시된 세 군데밖에 없다. NADH와 coenzyme Q(CoQ) 사이, cytochrome b와 cytochrome c 사이, 그리고 cytochrome a와 산소 사이의 단계에서만 ADP와 Pi로부터 ATP를 생성할 수 있는 충분한 에너지를 방출한다. 따라서 한 분자의 NADH로부터 3개의 ATP가 생성되는 셈이다. 그래서 NADH가 지닌 자유에너지 52.7kcal(220.5kJ)로부터 21.9kcal(91.6kJ, 7.3kcal × 3ATP)의 유용한 에너지가 생산되어 에너지 발생효율은 약 42%에 달한다.

한편 $FADH_2$로부터는 2개의 ATP만 생성되는데, 이는 $FADH_2$가 산화하면서 유리되어 나오는 전자는 coenzyme Q를 통해 전자전달계에 들어가므로 결국 cytochrome b와 c 사이, 그리고 cytochrome a와 산소 사이의 두 곳에서만 ATP가 생성되기 때문이다.

4.6.5 6탄당 1인산 회로(HMPS)

조직에 들어온 대부분의 탄수화물은 앞에서 말한 해당작용(glycolysis)과 TCA 회로를 통해 산화된다. 지금까지 연구된 바에 의하면 근육 내에서는 이러한 과정을 통해 산화되지만 간, 지방조직, 유선과 같은 곳에서는 해당작용과 TCA 회로 이외의 다른 호기적 해당작용에 의해 탄수화물이 산화된다. 이러한 부차적인 과정은 포도당으로부터 시작되는데, 이를 6탄당 1인산 회로(hexose monophosphate shunt, HMPS)라 하며, 'Warburg-Dickens-Lipman 회로' 라고도 한다. 이상의 HMPS를 요약하면 다음 식으로 표현할 수 있다.

$$\text{3 glucose-6-P} + 6\ NADP^{+} \longrightarrow \text{2 glucose-6-P} + \text{glyceraldehyde-3-P} + 6\ NADPH + 6H^{+} + 3\ CO_2$$

이 반응은 glucose-6-P로부터 시작되어 해당작용에 붙은 호기적 과정인데, Glucose-6-P 탈수소효소의 작용으로 glucose-6-P는 6-phosphogluconate로 산화된다. 이 반응은 $NADP^+$로부터 $NADPH+H^+$를 생성하는 반응이다. 이 6-phosphogluconate는 NADP와 6-phosphogluconate dehydrogenase의 작용에 의해 ribulose-5-P로 산화되면서 1분자의 CO_2가 생성된다. 이 두 탈수소효소가 참여하는 반응은 NADPH를 생산하는 원천이다. NADPH는 뒤에 설명할 지방산 합성과정에 없어서는 안 될 보조인자(co-factor)이다.

이렇게 생성된 ribulose-5-P는 이소메라아제(isomerase)의 작용으로 ribose-5-P로 전변되며, 한편 에피메라아제(epimerase)의 작용에 의해 xylulose-5-P로 전변된다. 트랜스케톨라아제(transketolase)의 작용으로 xylulose-5-P로부터 'activated glyceraldehyde'를 제거하여 glyceraldehyde-3-P를 생성하고 남은 케토(keto)기와 ribose-5-P가 농축되어 헵툴로오스(heptulose)인 sedoheptulose-7-P를 생성하게 된다. 이 트랜스케톨라아제의 반응을 위해 TPP와 Mg^{2+}가 보조인자로 쓰인다.

한편, transaldolase는 sedoheptulase-7-P로부터 dihydroxyacetone 부분을 떼서 glyceraldehyde-3-P에 이전시켜 fructose-6-P와 erythrose-4-P를 생성한다. 이렇게 해서 생성된 fructose-6-P는 이소메라아제의 작용에 의해 glucose-6-P로 될 수도 있고 그대로 해당작용(glycolysis)으로 들어갈 수도 있다. 이렇게 생성된 erythrose-4-P는 xylulose-5-P와 함께 다시 트랜스케톨라아제의 작용으로 fructose-6-P와 glyceraldehyde-3-P로 전변된다.

HMPS의 반응계에는 처음부터 직접 산화가 이루어지면서 CO_2가 생성된다는 점에서 해당작용과는 큰 차이가 있다. 또한 HMPS에 의한 포도당의 분해는 간, 지방조직, 부신피질, 갑상선, 적혈구, 고환 및 비유 중인 유선 등에서 활발히 일어나는데, 비유하지 않는 유선에서는 일어나지 않고 근육에서는 약간 일어날 뿐이다. HMPS가 활발한 대부분의 조직에서는 지방산이나 스테로이드(steroid) 또는 아미노산의 합성에 NADPH가 이용된다는 사실로 미루어 HMPS는 NADH 대신 NADPH를 생산하는 기구로 중요한 의미를 가지는 것 같다. HMPS의 또 다른 기능은 핵산의 합성에 필요한 5탄당의 공급원이 된다는 점도 매우 중요하다.

4.6.6 포도당의 합성

섭취하는 사료에 들어 있는 탄수화물이 체내 요구량에 비하여 충분하지 않을 때 탄수화물이 아닌 자원으로부터 탄수화물이 합성되는 과정을 포도당신생(gluconeogenesis)이라고 한다. 체내 기관 중에는 특히 신경계통과 적혈구는 반드시 포도당 형태의 에너지 공급이 필요하다. 포도당은 또한 지방조직에서도 지방의 합성에 필요한 글리세리드(glyceride)와 글리세롤의 공급을 위해서도 필요하며, TCA 회로를 정상적으로 유지하기 위해서도 필요하다. Acetyl-CoA만 공급된다고 해서 TCA 회로가 유지되는 것은 아니고, oxaloacetate와 같은 물질이 포도당 또는 다른 자원으로부터 공급되어야만 한다. 따라서 체내에는 언제나 적당량의 포도당이 공급되어야 한다. 더구나 혐기적 상태에서 근육에 에너지를 공급하는 것은 포도당이며, 유방에서 락토오스(lactose)를 합성하기 위해서도 포도당은 필요하다. 임신 중 태아도 포도당을 주 에너지원으로 이용한다. 한편 근육이나 적혈구에서 끊임없이 생성되는 젖산(lactate)이나 지방조직에서 생성되는 글리세롤과 같은 (각 기관의 입장에서는 일종의 노폐물인) 유기물질을 제거할 필요가 있다. 포도당신생은 주로 신장과 간에서 이루어지는데, 대부분 해당작용(glycolysis)과 TCA 회로의 대사과정의 가역반응으로 포도당의 합성이 이루어지게 되나, 그중 다음과 같은 반응에는 다른 효소가 관여한다.

① Pyruvate ⟶ Phosphoenol pyruvate
② Fructose-1,6-diphosphate ⟶ Fructose-6-phosphate
③ Glucose-6-phosphate ⟶ Glucose
④ Glucose-1-phosphate ⟶ Glycogen

이들 반응은 포도당 또는 글리코겐의 합성을 위해 해당과정의 역으로 진행되어야 하는데 그렇지 않은 부분들이다. 이 과정들의 경우 각기 다른 효소에 의해서만 역방향으로 진행이 가능한데, 다만 pyruvate가 다시 phosphoenolpyruvate로 전환되는 것은 단순한 역방향이 아니라 특이한 과정을 거쳐야 한다.

Pyruvate carboxylase는 미토콘드리아에만 존재하기 때문에 pyruvate는 미토콘드리아로 이전된 후에 oxaloacetate를 거쳐 malate로 서로 전환되고, 이 malate가 미토콘드리아 밖으로 나와 다시 oxaloacetate를 거쳐 비로소 phosphoenol pyruvate로 전환될 수가 있다. Oxaloacetate와 malate로 전환되는 일이 반복되는 것은 oxaloacetate가 미토콘드리아 막을 통과할 수 없기 때문이다.

반추동물의 경우에는 특이하게 프로피온산(propionate)이 포도당 합성에 사용되는데, 이는 반추동물의 포도당 공급을 위해서 다행스럽고 매우 중요한 기전이라고 할 수 있다. 왜냐하면 반추동물은 대부분의 에너지가 반추위 미생물에 의해서 휘발성 지방산으로부터 공급되기 때문에 대부분의 포도당 요구량이 프로피온산을 통해 합성된 포도당에 의존하기 때문이다.

4.7 미생물에 의한 탄수화물 대사

반추동물은 전분, 셀룰로오스, 헤미셀룰로오스, 펙틴, 프룩탄(fructan) 등 주로 목초에 들어 있는 탄수화물을 섭취한다. 그리고 섭취하는 사료 건물의 약 75%가 탄수화물인데 반하여 반추동물이 흡수 · 이용하는 것은 거의 모두 휘발성 지방산이며 극소량의 단당류가 소장으로 들어가 이용될 뿐이다.

미생물에 의해 모든 탄수화물은 일단 포도당으로 전환된 다음 pyruvate를 거쳐 TCA 회로나 기타 미생물 대사를 통해 휘발성 지방산이나 가스를 생산하게 된다. 그러나 실제로 반추위 내에는 포도당이 거의 존재하지 않는데, 이는 생기자마자 다음 단계의 대사작용이 이루어져 이용되기 때문이다. 생산되는 휘발성 지방산의 비율은 앞에서도 언급한 바와 같이 초산(acetate), 프로피온산(propionate), 그리고 뷰티르산(butyrate)이 주를 이루고 그 밖에 valeric acid(C_5), isovaleric acid(Ci_5), isobutyric acid(Ci_4) 등이 형성되는데, 생성 비율은 사료의 종류와 급여형태 등 여러 가지 요인에 의해 영향을 받는다.

이렇게 생산된 휘발성 지방산 중에서 초산(acetic acid)은 50% 정도가 흡수되어 에너지로 이용되고 나머지 50% 정도는 지방조직이나 유선조직에서 긴 사슬 지방산(long chain fatty acid)으로 합성된다. 프로피온산은 유일한 gluconeogenic acid로서 일부 젖산(lactic acid)으로 전환되며 50% 정도가 간에서 산화되어 에너지로 이용되고 나머지 50% 정도는 포도당으로 전변된다. 뷰티르산은 반추위 상피세포에서 β-OH butyrate로 대사된 뒤 간, 심장, 근육 등에서 산화되어 에너지로 쓰이고 일부 지방조직과 유선조직에서 지방산 합성에 쓰인다.

이러한 발효 생산 물질들의 변화는 미생물들이 사용할 수 있는 탄수화물의 종류에 따라 미생물들의 분포가 바뀌기 때문이다. 예를 들어 사료의 곡류 함량을 늘리면 전분 분해 박테리아류가 번성하고 셀룰로오스 발효 박테리아류는 그 숫자나 종류가 줄어들며, 프로피온산이 초산에 비해 상대적으로 많이 생산된다. 미생물의 탄수화물 대사작용을 편중된 방향으로 진행되게 함으로써 발효 최종 생산물의 분포에 영향을 줄 수도 있다.

미생물들이 분해하여 이용할 수 있는 탄수화물의 종류는 아주 광범위한데, 크게 구조탄수화물과 비구조탄수화물로 구분하여 생각할 수 있다. 당류나 전분, 그리고 기타 섬유질이 아닌 형태의 다당류와 같은 쉽게 이용이 가능한 비구조탄수화물(non-structural carbohydrate, NSC)들은 보다 빨리 미생물에 의해 발효된다. 수분과 열을 가하는 압편(flaking)과 같은 가공을 하게 되면 전분 입자의 파괴와 일부 탄수화물의 가수분해가 일어나 미생물들이 보다 빨리, 그리고 완전하게 이용할 수 있게 되고, 결과적으로 휘발성 지방산의 비율에도 변화가 일어난다.

한편, 섬유질 형태의 구조탄수화물(structural carbohydrate, SC)은 일반적으로 발효되는 속도가 늦으며, 소화의 정도나 그 속도에 있어서 영양소가 아닌 여러 가지에 의해 영향을 받는다. 목초의 분쇄는 미생물들이 작용할 사료 입자의 표면적이 넓어지게 하며, 소화 속도와 소화율을 향상시킨다. 목초는 성숙할수록 리그닌 함량이 증가하고 목질화(lignification)가 진행되어 소화율이 떨어진다. 그러나 목초의 소화율이 반드시 리그닌 함량의 영향만을 받는 것은 아니며, 섬유소의 결정도(crystallinity)나 소화가 안 되는 리그닌, 큐틴(cutin) 또는 실리카(silica)와 같은 물질과의 결합상태, 그리고 셀룰로오스와 헤미셀룰로오스의 비율 등에 의해서도 섬유질의 소화 속도나 소화율은 영향을 받게 된다. 이러한 요인들 때문에 목초의 종류나 부위에 따라 소화율이 달라지는데, 일반적으로 줄기보다 잎의 소화율이 높으며, 어떤 목초에는 섬유소 소화 저해 인자가 있다고도 한다.

앞에서 언급하였듯이 일반적으로 소량의 사료 유래 가소화 탄수화물만이 소장으로 넘어가 반추동물이 이용할 수 있다. 반면에 반추미생물에 의해 반추동물의 소장으로 탄수화물이 공급된다. 그중에서도 원생동물(protozoa)에 의한 탄수화물 공급이 매우 중요한데, 원생동물은 박테리아에 비하여 약 20배에 가까운 탄수화물을 저장할 수 있다. 미생물들이 지니고 있는 탄수화물의 종류는 주로 다당류의 종류인 전분이나 글리코겐 형태이며, 단당류로는 포도당 외에 아라비노스(arabinose), 자일로스(xylose), 리보스(ribose) 등을 약간 함유하고 있다. 미생물들은 다당류 탄수화물 합성에 주로 포도당이나 수크로스(sucrose)를 이용하는데, 포도당을 100으로 할 때 기타 탄수화물의 이용효율을 보면 수크로스 85, 프룩토오스(fructose) 75, 가용성 전분 19, 말토오스(maltose) 7, 셀로비오스(sellobiose) 4, 자일로스(xylose)가 2 정도이다. 미생물 탄수화물 합성을 위해서 휘발성 지방산이나 젖산(lactate) 또는 succinate 등은 전혀 이용되지 않는다. 한편 미생물들에 의해 반추동물에 공급되는 탄수화물의 양은 여러 가지 요인에 의해 변화가 많은데, 면양의 경우 건초만 급여했을 때 반추위 내용물 1kg당 1g 정도의 protozoa 탄수화물이 함유되어 있다는 보고가 있다. 충분한 포도당 자원을 공급했을 때 하루에 최고 25g 정도의 protozoa 전분이 반추위에서 생성되었다는 보고도 있다.

4.8 섬유소의 영양적 가치

반추동물에서 섬유소의 영양적 가치는 미생물에 의한 대사와 관련해서 중요하게 다루어져 왔으나 단위동물의 영양에서 섬유소는 과거에는 단지 식이 또는 사료 내의 roughage, non nutritive fiber, 미소화물질이라는 부정적 측면에서 주로 다루어졌다. 그러나 1960년대 이후 산업화에 따른 많은 질병이 저섬유소 사료와 밀접한 관련이 있음이 보고됨에 따라 관심이 고조되고 있다. 여기서는 주로 단위동물의 영양에 미치는 섬유소의 영양적 기능에 대하여 검토하고자 한다.

일반적으로 섬유소는 단위동물이 분비하는 효소에 의해서는 가수분해되지 않는 물질이라고 정의되며 가용성 다당류, pectic substances, mucilages, gum, 수용성 아라비노자일란(arabinoxylans) 등이 여기에 속한다. 섬유소는 소장 내 운동기능, 대변의 양, 장간순환과 소장에서의 영양소 흡수 등에 영향을 미친다.

4.8.1 섬유소의 물리적 성질

1) 수분결합능력

건조한 섬유소가 수분을 보유할 수 있는 능력은 섬유소의 형태와 구성 성분에 따라 다르다. 모든 섬유소는 평균 80~90%의 물과 결합할 수 있어 이러한 성질은 대변의 양에 큰 영향을 미친다.

2) 음이온 교환능력

금속이온과 결합하여 금속-다당류 복합체를 형성하여 금속이온의 장 내 흡수를 감소시키고 분으로의 배설을 촉진한다.

3) 흡착능력

섬유소는 담즙산, 스테롤 및 독성 물질 같은 유기물을 흡착할 수 있다. 특히 담즙산과의 흡착은 섬유소의 화학적 · 물리적 형태, 담즙의 형태, 장 내 pH와 삼투압 등에 의해서 달라지는데, pH가 낮으면 섬유소와 담즙산 간의 결합이 증가한다. 결국 섬유소는 담즙산이 분으로 배설되는 양을 증가시킨다.

4.8.2 섬유소의 생리적 효과

1) 장 통과시간의 감소

섬유소가 많이 함유된 식이를 섭취하면 36시간 내에 배설이 가능한데, 섬유소가 적을 경우 2배의 시간이 필요하다. 일반적으로 섬유소는 대장 내에서 대변의 양을 증가시켜 배변을 용이하게 한다.

2) 박테리아와의 관계

대장의 박테리아는 셀룰로오스나 헤미셀룰로오스 등을 휘발성 지방산, CO_2 등으로 분해하고 박테리아의 효소들은 겔(gel) 형태의 섬유소에 들어가 세포의 구조와 수화작용을 하여 수분결합능력에 영향을 미치고 장간순환과 대변량에 영향을 미친다.

4.8.3 섬유소의 대사

일반적으로 섬유소는 단위동물의 대장 내 박테리아에 의해 분해될 수 있으나 그 양은 극히 제한되어 있다. 펙틴의 경우는 소장에서 소량이 분해되고 다른 섬유소들은 주로 대장에서 분해된다. 일반적으로 리그닌화된 섬유소보다는 비섬유성이고 수용성인 섬유소들(pectin, gum 등)이 분해가 더 잘 된다.

대장에서 식물성 다당류들은 박테리아의 효소에 의해 휘발성 지방산으로 대사된다. 그 외에도 CO_2, H, CH_4와 수분 등이 생성된다.

$$34.3\ C_6H_{12}O_6 \longrightarrow 64\ \text{SCFA} + 23.75\ CH_4 + 34.23\ CO_2 + 10.5\ H_2O$$

4.8.4 경제동물에 대한 섬유소 공급의 중요성

1) 가금

가금의 섬유소 이용률은 다른 단위동물보다 훨씬 더 낮으며 가금에게 통호밀(whole oat)을 주었을 경우 깃털을 쪼는 습성과 카니발리즘(cannibalism)을 현저히 감소시켰다고 하였다. 2주령에서 40주령의 백색 레그혼에게 oat hull fiber를 11% 정도 첨가하여 급여했을 때 카니발리즘을 줄어들고 깃털의 성상도 좋아졌다고 한다.

2) 돼지

육성돈의 섬유소 이용률은 섬유소의 종류, 성장단계와 사료 내 함량 등에 의해서 결정된다. 섬유소의 소화는 주로 맹장과 대장에서 미생물의 발효에 의해서 이루어지는데, 이때 생산된 휘발성 지방산은 에너지 공급원으로 이용되며 이는 육성돈의 에너지 요구량의 5% 내지 28% 정도가 된다. 그러나 섬유소를 과다하게 공급할 경우 섬유소와 광물질과의 상호작용, 질소의 이용률 저하, 장 내 통과 속도의 증가 및 에너지 희석 효과에 의해서 성장이 둔화될 수 있다.

돼지에 있어서 섬유소의 역할은 주로 임신기간 동안에 나타나는데, 이는 섬유소의 영양소 희석 효과 덕분이다. 즉 임신기간 중 모돈의 에너지 섭취량을 적절히 제한하지 않을 경우 분만 시 과비가 되어 분만 시 어려움을 겪게 되며, 비유기간 중 자유채식량이 줄어들어 전반적인 양돈 생산성이 떨어지게 된다. 이를 막기 위해 급여하는 사료의 양을 제한하는 제한 사양을 하는 것이 보편적인 임신 모돈의 사양방법이다. 다만 줄어든 사료섭취량으로 포만감을 갖지 못해 스트레스가 증가하고 변비가 늘게 된다. 이를 방지하기 위해 임신 모돈의 사료에 섬유소의 함량을 늘리게 되면 영양소 희석 효과를 가져와 사료 급여량을 높일 수 있게 되어 포만감을 높일 수 있고, 또한 섬유소의 laxative 효과로 변비를 줄이게 되어 임신 모돈의 전반적인 생산성을 높일 수 있다는 장점이 있다. 그러나 비유기간 동안에 섬유소의 함량을 늘리게 되면 에너지의 희석 효과가 있어서 에너지 요구량을 맞추기가 어려운데, 이런 경우에 차전자(psyllilum) 같은 고농축 섬유소를 소량 이용하면 에너지의 희석 효과를 막으면서 변비를 줄일 수 있다(Calvert et al., 1985).

3) 반추동물

반추동물은 생리적으로 섬유소를 필수적으로 요구하는데, 이는 저작 및 반추행위, 타액 분비량, 반추위 내 pH, 사료의 위 내 통과 속도 등에 영향을 주기 때문이다. 또한 영양생리적 측면에서 반추동물에게는 조사료를 먼저 공급하고 농후사료는 나중에 급여해야 한다. 근래에 비육우와 유우에 대한 사료 급여 형태가 새롭게 개발되었는데, 조사료와 농후사료를 혼합하여 급여하는 TMR(total mixed ration) 방법이다.

사료를 많이 섭취한다는 것은 반추위의 용량이 크고, 섭취한 사료 영양소의 소화능력과 대사속도가 빠르다는 것을 의미한다. 비유 초기에는 소의 건물 섭취량이 제한적이므로 농후사료 공급 비율이 증가하여 결과적으로 사료 섭취 2~3시간 후에 반추위 내의 pH가 급격히 저하된다. 이와 같은 사료 섭취 후 pH의 변화는 각종 소화장애를 일으키

표 4.10 조사료와 농후사료 혼합급여(TMR)와 분리급여가 사료섭취량과 생산성에 미치는 영향

구분	농후사료 급여 비율(%)			
	50%		65%	
	분리급여	TMR	분리급여	TMR
건물섭취량(kg/일)	16.10	16.40	14.30	16.50
산유량(kg/일)	24.20	23.60	22.10	22.20
유지율(%)	4.01	4.07	3.16	3.92
체중 변화(kg/일)	0.22	0.34	0.42	0.31
건물소화율(%)	74.00	73.00	71.00	69.00
조섬유소화율(%)	61.00	59.00	48.00	52.00
(초산 + 뷰티르산)/프로피온산	4.60	4.30	3.00	3.50

고 체액의 산-알칼리 균형을 깨뜨려 생산성도 저하된다. 따라서 반추위 내 pH 변화폭을 줄이고, 단백질과 에너지 균형을 이루게 하여 전체적인 영양적 효율을 향상시키기 위해 조사료와 농후사료를 동시에 혼합급여하는 것이 필요하다.

표 4.10에서 보는 바와 같이 TMR 형태로 조사료와 농후사료를 혼합 급여하면 분리급여 시보다 섭취량과 유지율을 증가시킬 수 있다. 이때 TMR 사료는 농후사료의 급여 비율이 높을수록 효과가 높다.

참고문헌

노선호. 2001. 양계영양학. 신광.

지규만 등. 2008. 동물사양학. 유한문화사.

한인규 등. 1996. 동물영양학. 신광.

한인규 등. 2000. 양돈영양과 사료. 서울대학교.

Bell, G. H., D. E. Smith, and C. R. Paterson. 1980. Textbook of Physiology. 10th ed. Churchill Livingstone.

Birch, G. G. and K. J. Parker. 1982. Dietary fibre. Applied Science Publishers.

Calvert, C. C. et al. 1985. Digestibility of fiber components and reproductive performance of sows fed high levels of alfalfa meal. J. Anim. Sci. 61: 595.

Cheeke, P. R. 2005. Applied Animal Nutrition. 3rd ed. Pearson Prentice Hall.

Goering, H. K. and P. J. van Soest. 1970. Forage fiber analysis. USDA-ARS Handbook No. 379. ARS. USDA.

Guyton, A. C. 1986. Textbook of Medical Physiology. 7th ed. W.B. Sanders Company.

Hallfrisch, J. 1990. Metabolic effects of dietary fructose. FASEB J. 4: 2652-2660.

Han, I. K. 1987. Comparative Nutrition of Monogastric Animal. Seoul National University.

Jeng, H. and R. Davis. 1981. Handbook of Geriatric Nutrition. Noyes Publications.

Johnson, L. R. 1985. Gastrointestinal Physiology. 3rd ed. C. V. Mosby Company.

Kass, M. L., P. J. van Soest, and W. G. Pond. 1980. Utilization of dietary fiber from alfalfa by growing swine. II. Volatile fatty acid concentrations in and disappearance from the gastrointestinal tract. J. Anim. Sci. 50: 192.

Maurice, E. S. and V. R. Young. 1988. Modern Nutrition in Health and Disease. Vol. 1. 7th ed. Lea & Febiger.

Maynard, L. A., J. K. Loosli, H. F. Hinta, and R. G. Warner. 1979. Animal Nutrition. 7th ed. McGraw-Hill Book Company.

Morrison, R. T. and R. N. Boyd. 1974. Organic Chemistry. 3rd ed. Allyn & Bacon, Inc.

Murray, R. K., P. A. Mayes, D. K. Granner, and V. W. Rodwell. 1993. Harper's Biochemistry. 23th ed. Appleton & Lange.

Murray, R. K., P. A. Mayes, D. K. Granner, and V. W. Rodwell. 2006. Harper's Biochemistry. 27th ed. Appleton & Lange.

Nelson, D. L. and M. M. Cox. 2004. Lehninger Principles of Biochemistry. 4th ed. Freeman.

Pilkis, S. J. 1992. Molecular physiology of the regulation of hepatic gluconeogenesis and glycolysis. Annu. Rev. 54: 885-909.

van Soest, P. J. 1967. Use of detergents in the analysis of fibrous feeds. IV. Determination of plant cell wall constituents. J. Assoc. Off. Agric. Chem. 46: 825.

Winick, M. 1980. Nutrition and Gastroenterology. John Wiley & Sons, Inc.

제5장

지방과 그 대사작용

5.1 지방의 중요성

5.2 지방의 분류

5.3 지방산

5.4 중성지방

5.5 지방의 분석
- 조지방의 분석
- 지방산의 분석

5.6 복합지방
- 인지방
- 당지방
- 지단백질

5.7 유도지방
- 콜레스테롤
- 식물성 스테롤

5.8 기타 지방

5.9 지방의 대사작용
- 지방의 산화작용
- 휘발성 지방산의 대사
- 지방산의 합성
- 중성지방의 합성
- 지단백질의 대사

5.10 지방의 영양적 기능
- 지방 대사에 영향을 미치는 인자
- 지방간
- 케톤증
- 필수지방산
- 지방의 축적

5.11 반추미생물에 의한 지방 대사

5.1 지방의 중요성

지방(lipids)이라 함은 물에는 녹지 않고 유기용매(ether, chloroform, benzene 등)에 가용성이며, 지방산(fatty acid)의 에스테르(ester)로서 생체에 이용될 수 있는 중성지방(triglycerides), 유지(oil), 왁스(waxes), 인지방(phospholipids), 당지질(glycolipids) 등을 말한다. 지방은 대개의 경우 탄소, 수소 및 산소로 되어 있으며 때로는 인 또는 질소를 함유하는 경우도 있다.

이들 지방 중 영양상 가장 중요하게 취급되는 것은 흔히 말하는 지방, 즉 중성지방(neutral fat, triglyceride)이다. 지방은 에너지원으로 중요하며 여분은 체지방으로 축적된다. 대부분의 동물은 거의 무제한으로 지방을 축적하는 능력을 가지고 있다. 저장에너지의 형태로서 지방은 탄수화물이나 단백질보다 많은 이점을 가지고 있다. 즉 지방에는 탄수화물이나 단백질에 비하여 산소가 적고 탄소와 수소가 많아 1g당 가연성 물질의 함량이 높기 때문에 1g당 최대량의 에너지를 발생할 수 있다. 더욱이 지방은 같은 에너지가의 탄수화물이나 단백질에 비하여 열량증가(heat increment, HI)로 인한 열손실량이 적기 때문에 보다 효율적인 에너지원이라고 할 수 있다.

3대 영양소를 열량계로 1g씩 연소시킬 때 발생하는 에너지는 대략 표 5.1과 같다. 일반적으로 불완전 소화 및 흡수를 감안하여 탄수화물은 4kcal/g(16.74kJ/g), 지방은 9kcal/g(37.66kJ/g), 단백질은 4kcal/g(16.74kJ/g)으로 계산되므로 지방은 탄수화물이나 단백질보다 2.25배 높은 열량가를 나타낸다. 또한 지방이 다른 영양소보다 수소가 많다는 것은 대사수 생산이 많음을 뜻한다.

지방은 또한 세포막(cell membrane), 세포원형질(cellular plasma), 미토콘드리아(mitochondria), 세포질(cytoplasm)의 망상조직(endoplasmic reticulum) 등의 구조에 관여하며, 특히 인지방(phospholipid)은 세포의 골격과 신경조직에서 중요한 역할을 한다.

일반적으로 동물 사료의 지방 함량은 그리 높지 않다. 곡류의 지방 함량이 겨우 5% 이내이고, 조사료는 1~2% 정도를 함유하고 있을 뿐이다. 동물의 경우 비육시키는 조건이 아닌 한 많은 지방을 공급할 필요는 없다. 지방의 소화와 흡수에 대해서는 이미 설명하였으므로 여기서는 대사분지방(metabolic fecal fat)에 대해서만 살펴보기로

표 5.1 열량소의 에너지 발생량(kcal/g)

영양소명	총에너지	대사에너지
탄수화물	4.2(17.57)[1)]	4.1(17.15)
지방	9.5(39.75)	9.3(38.91)
단백질	5.6(23.43)	4.1(17.15)

[1)] 괄호 안은 kJ/g.

하겠다. 주로 미생물에 의해 합성되는 대사분지방은 총분지방의 26%에 해당한다. 정상적인 쥐가 하루에 0.57g의 지방을 분으로 배설하고 무지방사료(fat-free diet)를 먹였을 때에도 0.15g을 배설하는데 이를 대사분지방이라고 한다. 대사분지방을 파악하는 것은 지방이 낼 수 있는 대사에너지를 알아내는 데 도움이 된다. 사람의 경우 대사분지방 때문에 지방의 실제 소화율을 낮게 평가하기가 쉽다. 이 대사분지방량이 진정소화율(true digestibility)과 외관상소화율(apparent digestibility)의 차이가 된다.

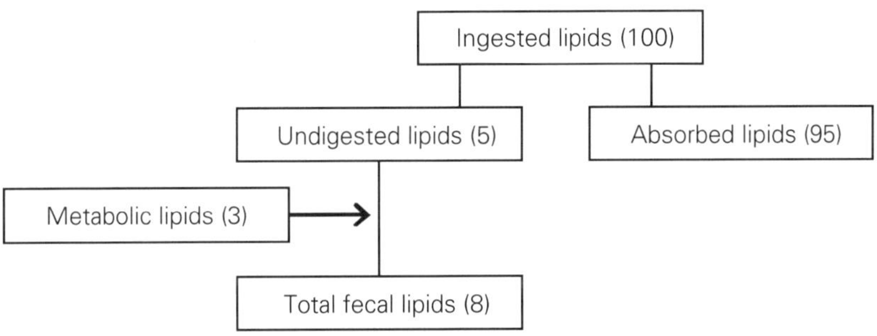

$$\text{진정소화율(true digestibility)} = \frac{100-5}{100} \times 100 = 95\%;$$

$$\text{ME(kcal)} = 0.95 \times 9.45 = 9\ \text{kcal/g(37.66kJ/g)}$$

$$\text{외관상소화율(apparent digestibility)} = \frac{100-8}{100} \times 100 = 92\%;$$

$$\text{ME(kcal)} = 0.92 \times 9.45 = 8.7\text{kcal/g(36.40kJ/g)}$$

소화율과 지방 대사에너지의 관계를 보면 같은 소화율을 가진 지방이라도 중성지방의 함량이 높을수록 대사에너지가 높음을 알 수 있다. 만일 사료 내 칼슘(Ca) 함량이 지나치게 높은 경우 지방의 소화율과 대사에너지 값이 실제보다 높게 평가될 수 있다. 이는 유리지방산(free fatty acid)과 Ca^{2+}이 칼슘염(calcium soap)을 형성하여 장 내에서 흡수되지 않은 채 분으로 배설되는데, 이 칼슘염은 분지방으로 분석되지 않기 때문이다.

지방의 중요성을 요약하면 다음과 같다.

① 지방은 많은 에너지를 공급할 수 있는 에너지원이다. 지방은 대체로 탄수화물보다 2.25배 많은 에너지를 공급할 수 있는 고열량 영양소이다.

② 지방은 동물의 체내에서 에너지를 저장하는 형태이다. 체내에서 여분의 에너지는 지방으로 전환되어 피하나 지방조직에 저장되었다가 생리적인 요구(절식 시)에 따라

산화되어 에너지를 발생하게 된다.

③ 지방은 필수지방산(essential fatty acid)의 공급원이다. 유지 중에서도 특히 식물유는 올레산(oleic acid), 리놀레산(linoleic acid), 리놀렌산(linolenic acid), 아라키돈산(arachidonic acid)과 같은 불포화지방산(unsaturated fatty acid)을 많이 가지고 있는데, 특히 뒤에 열거된 3개의 지방산은 필수지방산으로서 동물의 체내에서 합성되기도 어렵고 다른 영양소로부터 전변될 수도 없다. 식물유는 이것들을 다량으로 공급할 수 있으므로 매우 중요하다.

④ 지방은 지용성 비타민 A, D, E, K 등의 공급원이기도 하다. 이러한 비타민은 주로 유지에 들어 있으므로 유지 섭취량의 많고 적음은 지용성 비타민의 섭취량에 직접 영향을 준다.

⑤ 유지, 특히 식물유는 미지성장인자(unknown growth factor, UGF)의 공급원이다. 식물유의 공급은 병아리의 경우 성장을 촉진시킨다.

⑥ 지방은 동물 체내의 중요한 기관을 충격으로부터 보호하기도 하고, 체온의 상실을 방지하는 절연체로도 쓰인다.

⑦ 지방은 사료의 기호성을 증진시킨다.

⑧ 티아민(thiamin)의 절약 작용을 한다. 지방이 체내에서 연소하는 경우에는 탄수화물과 달리 티아민의 도움 없이도 에너지를 발생할 수 있다.

⑨ 뼈의 석회화를 촉진한다. 지방의 한 종류에 속하는 7-dehydrocholesterol이나 에르고스테롤(ergosterol)은 자외선에 의해 비타민 D로 전환되며, 이 비타민 D는 칼슘의 체내 흡수를 도와줄 뿐만 아니라 칼슘의 침체를 촉진하여 골격의 밀도를 높여 튼튼한 골격조직을 만든다.

⑩ 신체의 구성 성분으로서의 역할을 한다. 지방은 저장지방으로만 존재하는 것이 아니라 세포의 원형질에도 존재한다. 특히 뇌조직, 신경조직, 간 등에 존재하면서 중요한 생리작용을 담당한다.

5.2 지방의 분류

지방을 Bloor의 분류법에 따라 분류하면 표 5.2와 같다.

표 5.2 지방의 분류

지방의 종류	특성
1. 단순지방	• Fatty acid와 alcohol의 esteric compounds
① Neutral fats	Fatty acid와 glycerol의 결합물: glycerides, glycerols, glycerol esters
② Waxes	Fatty acid와 cholesterol이나 lanosterol의 결합물
2. 복합지방	• Non-fatty acid를 함유하는 lipids
① Phospholipids	Phosphate와 N 함유 – lecithin, cephalin, sphingomyelin
② Glycolipids	Carbohydrate와 N 함유 – cerebroside
③ Lipoproteins	Lipids와 apolipoproteins의 결합물
3. 유도지방	• Lipids의 가수분해나 lipids로부터 합성된 물질
① Fatty acids	
② Steroids	
4. 기타 지방	• Pigments와 vitamins
① Terpenoids	Pigments
② Fat-soluble vitamins	Vitamin A, D, E, K

5.3 지방산

지방산은 모든 유지의 구성 성분이므로, 명칭과 분자식 등을 알아두면 영양적 문제를 이해하는 데 도움이 된다. 표 5.3과 5.4에서 보는 바와 같이 자연계에 존재하는 대부분의 지방산은 탄소 수가 짝수이고, 유리상태로 존재하지 않고 에스테르(ester) 형태로 존재하며, 직선적인 탄소수소 골격(hydrocarbon chain)에 카르복실(carboxyl)기(-COOH)가 결합되어 있다. 또한 반추동물의 제1위에서는 반추위 내 미생물에 의해서 C(15:0), C(17:0) 등 탄소 수가 홀수이고 가지 달린 사슬(branched-chain) 모양의 지방산이 합성되기도 하는데, 여기에 대해서는 뒷면에서 좀 더 자세히 살펴보기로 하겠다. 일반적으로 동물계에 널리 분포되어 있는 지방산은 팔미트산(palmitic acid), 올레산(oleic acid), 스테아르산(stearic acid)이며 식물계에는 리놀레산(linoleic acid)의 함량이 높다.

1) 명명법

지방산 명명에는 두 가지 방법이 있는데, 보통 명칭과 Genevan system에 의한 명명법이 있다. 후자의 경우 같은 수의 탄소를 가지고 있는 탄화수소(hydrocarbon)에 따라 지방산을 명명하는 것으로서 탄수화물 이름의 마지막 e를 -oic로 대체하는 것이다. 따라서 탄소 수가 8개인 포화지방산은 octanoic acid와 같이 -anoic으로 끝나며, 이중결합

(double bond)을 가지고 있는 불포화지방산 이름은 octadecenoic acid(oleic acid)와 같이 -enoic로 끝난다. 탄소원자는 카르복실(carboxyl) 탄소(1번 탄소)부터 번호를 붙이며, 다음 그림과 같이 카르복실 탄소 옆의 2번 탄소는 α−탄소라고도 부른다. 3번 탄소는 β−탄소이며, 마지막의 메틸(methyl) 탄소는 ω−탄소 혹은 n−탄소라고도 부른다. 이중결합의 수나 위치를 표시하는 데에는 여러 가지 방법이 있는데, 예를 들어서 Δ^9는 메틸 탄소로부터 시작하여 지방산의 9번과 10번 탄소 사이에 하나의 이중결합이 있음을 나타낸다. 가장 널리 이용되는 방법은 표 5.3과 표 5.4에 표시한 바와 같이 탄소원자의 수, 이중결합의 수와 위치를 표시하는 것이다.

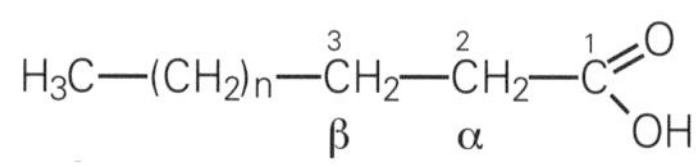

자연계에 존재하는 지방산에 있는 이중결합의 위치를 보다 자세히 살펴보면, 옆의 그림과 같이 카르복실기보다는 지방산의 CH_3^- 혹은 ω 끝과 관련이 있음을 알 수 있다. 따라서 끝에 있는 메틸기로부터 이중결합이 있는 탄소까지 번호를 붙여 명명할 수 있다. 올레산(oleic acid)의 경우 메틸기로부터 9번째의 탄소에 이중결합이 있는데 이 경우 ω_9산이라고 한다. 올레산에서 비롯되어 탄소골격의 길이가 증가하거나 불포화 정도가 증가하는 일련의 지방산은 ω_9(n−9) 계열 지방산들이다. 리놀레산(linoleic acid)에서 비롯된 것은 ω_6(n−6) 계열 지방산이며, 리놀렌산(linolenic acid)에서 비롯된 것은 ω_3(n−3) 계열 지방산이다. 동물의 경우 새로이 첨가되는 이중결합과 탄소골격은 기존의 이중결합(즉 ω_9, ω_6 혹은 ω_3)과 카르복실 탄소 사이에서만 증가되어 나타난다.

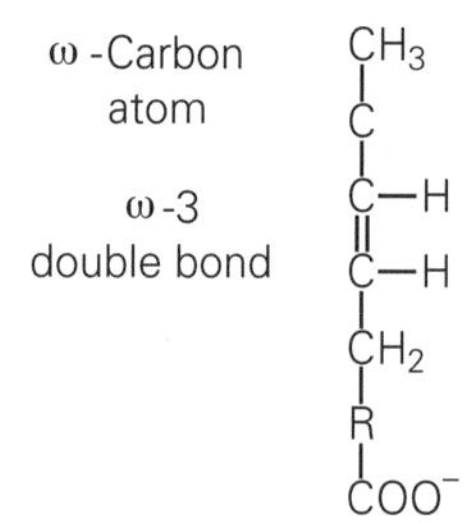

ω-3 지방산

2) 포화지방산

일반식 $C_nH_{2n+1}COOH$로 표시되는 모든 지방산으로, 이중결합이 없는 완전포화된 alkyl기에 카르복실기(-COOH)가 결합된 지방산이다. 포화지방산은 초산(acetic acid)에서 비롯된 것으로 볼 수 있으며 이 계열에 속하는 지방산들을 표 5.3에 열거하였다.

지방산의 탄소 수가 증가함에 따라 지방산의 비등점과 융해점도 증가한다. 탄소 수가 10개 이하인 짝수로 된 포화지방산은 실온에서 액체이고, 이보다 큰 포화지방산은 고체

표 5.3 포화지방산

Molecular formula	Common name	Systematic name	Structural formula	MP(°C)	BP(°C)
CH_2O_2	Formic	Methanoic	HCOOH	8.4	101
$C_2H_4O_2$	Acetic	Ethanoic	CH_3COOH	16.6	118
$C_3H_6O_2$	Propionic	*n*-Propanoic	CH_3CH_2COOH	-20.8	141
$C_4H_8O_2$	n-Butyric	*n*-Butanoic	$CH_3[CH_2]_2$ COOH	-5.3	164
$C_6H_{12}O_2$	Caproic	*n*-Hexanoic	$CH_3[CH_2]_4$ COOH	-3.2	206
$C_8H_{16}O_2$	Caprylic	*n*-Octanoic	$CH_3[CH_2]_6$ COOH	16.5	240
$C_9H_{18}O_2$	Pelargonic	*n*-Nonanoic	$CH_3[CH_2]_7$ COOH	12.5	256
$C_{10}H_{20}O_2$	Capric	*n*-Decanoic	$CH_3[CH_2]_8$ COOH	31.6	271
$C_{12}H_{24}O_2$	Lauric	*n*-Dodecanoic	$CH_3[CH_2]_{10}$ COOH	44.8	130
$C_{14}H_{28}O_2$	Myristic	*n*-Tetradecanoic	$CH_3[CH_2]_{12}$ COOH	54.4	149
$C_{16}H_{32}O_2$	Palmitic	*n*-Hexadecanoic	$CH_3[CH_2]_{14}$ COOH	62.9	167
$C_{18}H_{36}O_2$	Stearic	*n*-Octadecanoic	$CH_3[CH_2]_{16}$ COOH	70.1	184
$C_{20}H_{40}O_2$	Arachidic	*n*-Eicosanoic	$CH_3[CH_2]_{18}$ COOH	76.1	204
$C_{22}H_{44}O_2$	Behenic	*n*-Docosanoic	$CH_3[CH_2]_{20}$ COOH	80.0	-
$C_{24}H_{48}O_2$	Lignoceric	*n*-Tetracosanoic	$CH_3[CH_2]_{22}$ COOH	84.2	-
$C_{26}H_{52}O_2$	Cerotic	*n*-Hexacosanoic	$CH_3[CH_2]_{24}$ COOH	87.8	-
$C_{28}H_{56}O_2$	Montanic	*n*-Octacosanoic	$CH_3[CH_2]_{26}$ COOH	90.9	-

로 존재한다. 동물성 지방에는 포화지방산으로 팔미트산(palmitic acid, C_{16})이 가장 많이 포함되어 있으며, 다음으로 스테아르산(stearic acid, C_{18})이 많이 함유되어 있다. 이보다 탄소 수가 큰 지방산(C_{28}까지)이나 탄소 수가 적은 C_{14} 및 C_{12} 지방산은 소량이 함유되어 있다. 중요한 것으로는 초산(acetic acid), 카프로산(caproic acid), 카프릴산(caprylic acid), 카프릭산(capric acid), 라우르산(lauric acid), 미리스트산(myristic acid), 팔미트산(palmitic acid), 스테아르산(stearic acid) 등이 있다.

3) 불포화지방산

분자 내의 탄화수소 골격에 1개 이상의 이중결합을 가진 지방산은 모두 이에 속하며, 모든 불포화지방산은 실온에서 액체상태로 존재한다. 이들은 다시 불포화도에 따라서 다음과 같이 분류된다.

(1) Monounsaturated(monoenoic) acid(단일불포화지방산)

일반식 $C_nH_{2n-1}COOH$로 표시되는 모든 지방산으로, 이중결합을 1개 가지고 있다. 동물 지방에서 이중결합은 보통 탄소의 9와 10 사이의 위치에 존재한다. 동물 지방에

표 5.4 불포화지방산

Number of C atoms and position of double bonds	Series	Common name	MP (°C)	Systemic name
Monoenoic acids(one double bond)				
16:1;9	ω_7	Palmitoleic	-0.5	*cis*-9-Hexadecenoic
18:1;9	ω_9	Oleic	13.4	*cis*-9-Octadecenoic
18:1;9	ω_9	Elaidic		*trans*-9-Octadecenoic
18:1;11	ω_7	Vaccenic		*cis*-11-Octadecenoic
22:1;13	ω_9	Erucic		*cis*-13-Docosenoic
Dienoic acid(2 double bonds)				
18:2;9,12	ω_6	Linoleic	-9	all-*cis*-9,12-Octadecadienoic
Trienoic acids(3 double bonds)				
18:3;6,9,12	ω_6	γ-Linolenic		all-*cis*-6,9,12-Octadecatrienoic
18:3;9,12,15	ω_3	α-Linolenic	-17	all-*cis*-9,12,15-Octadecatrienoic
Tetraenoic acids(4 double bonds)				
20:4;5,8,11,14	ω_6	Arachidonic	-49.5	all-*cis*-5,8,11,14-Eicosatetraenoic
Pentaenoic acids(5 double bonds)				
20:5;5,8,11,14,17	ω_3	Timnodonic	-54	all-*cis*-5,8,11,14,17-Eicosapentaenoic
22:5;7,10,13,16,19	ω_3	Clupanodonic		all-*cis*-7,10,13,16,19-Docosapentaenoic
Hexaenoic acids(6 double bonds)				
22:6;4,7,10,13,16,19	ω_3	Cervonic		all-*cis*-4,7,10,13,16,19-Docosahexaenoic

가장 많이 존재하며, 영양학적으로 중요한 단일불포화지방산은 올레산(oleic acid)과 팔미트올레인산(palmitoleic acid)이다. 이 1개의 이중결합으로 인하여 *cis*와 *trans*형의 이성체가 존재하는데, 한 예로 올레산의 경우 이중결합이 되어 있는 탄소에 $CH_3(CH_2)_7$기의 결합위치에 따라서 다음과 같은 두 이성질체가 존재한다.

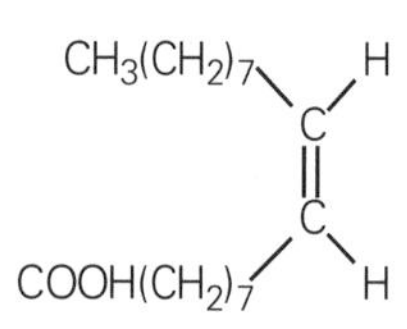

*cis*형 (Oleic acid)

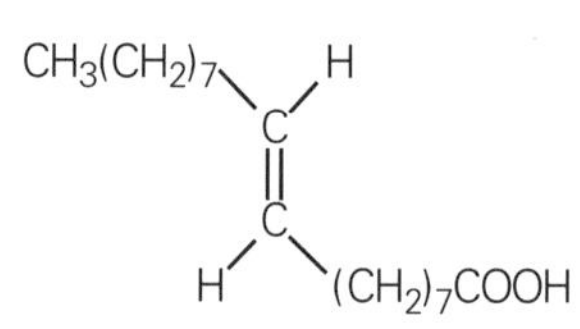

*trans*형 (Elaidic acid)

(2) Polyunsaturated(polyethenoid, polyenoic) acid(다가불포화지방산)

이중결합을 2개 이상 가진 모든 지방산을 말하며 이중결합이 2개인 경우는 일반식 $C_nH_{2n-3}COOH$로, 3개인 경우는 $C_nH_{2n-5}COOH$로 표시된다. 식물에서는 엘리오스테아린산(eleostearic acid)처럼 conjugated 이중결합(–CH=CH–CH=CH–)형으로 존재하나, 동물지방의 불포화지방산은 이러한 형태보다는 일반적으로 리놀레산(linoleic acid)처럼 divinylmethane(–CH=CH–CH_2–CH=CH–)형으로 존재한다. 포유동물에는 2개의 이중결합을 가진 리놀레산, 3개의 이중결합을 가진 리놀렌산(linolenic acid), 4개의 이중결합을 가진 아라키돈산(arachidonic acid)이 존재하는데, 리놀레산은 체내에서 합성되지 못하므로 진정한 필수지방산이고, 리놀렌산과 아라키돈산은 리놀레산으로부터 합성될 수 있다.

$$CH_3(CH_2)_4—CH=CH—CH_2—CH=CH—(CH_2)_7—COOH$$

Linoleic acid

$$CH_3—CH_2—CH=CH—CH_2—CH=CH—CH_2—CH=CH—(CH_2)_7—COOH$$

Linolenic acid

$$CH_3(CH_2)_4(CH=CHCH_2)_4(CH_2)_2COOH$$

Arachidonic acid

1930년대에 필수지방산의 존재가 알려지면서 ω_6계인 리놀레산을 중심으로 지방산의 필수성이 강조되었다. ω_3계 지방산인 리놀렌산이 분리 확인된 지는 약 100여 년 전의 일이나 에스키모인을 대상으로 한 역학조사를 통해 관상동맥성 심장질환(coronary heart disease, CHD)에 미치는 ω_3계 지방산을 보호하는 역할이 제안된 이후로 주목을 받아 최근 활발하게 연구가 진행되고 있다. 리놀렌산은 식물의 엽록소와 식물성 기름(들깨기름, 콩기름, 호두기름, 아마기름, 채종기름 등)에도 존재한다.

포유동물의 경우에는 외부에서 섭취하여 얻은 리놀레산(ω_6), 리놀렌산(ω_3)과 같은 지방산이 간에서 대사과정을 거치면 탄소사슬의 길이가 길어지고, 이로 인해 이미 존재하고 있는 이중결합과 카르복실기 사이에 이중결합이 더 생겨나 탄소 20개 이상의 불포화지방산이 만들어진다. 다른 동물의 경우 리놀렌산에서 EPA(eicosapentaenoic acid)와 DHA(docosahexaenoic acid) 합성이 가능하지만 사람의 경우 전환될 수 있는 능력이 제한되어 있다.

그린란드의 에스키모인들은 바다동물을 많이 섭취하여 주로 ω_3계인 EPA와 DHA를 섭취하는데 반해 한국인의 경우에는 식물성 종자나 기름(콩기름과 들기름)의 섭취를 통해 ω_3계 지방산인 리놀렌산을 쉽게 얻을 수 있다. 생선(등푸른 생선)의 섭취를 통해 ω_3계 다가불포화지방산인 EPA와 DHA를 쉽게 얻을 수 있어 이들의 섭취가 상당히 늘고 있다.

어유 내의 EPA나 DHA와 같은 지방산은 혈청 지방산 구성에 변화를 초래하여 동맥경화나 혈전 방지에 관여하며, 이들은 혈청 콜레스테롤보다는 VLDL-TG(very low density lipoprotein-triglyceride)의 생성을 낮추는 데 더욱 효과적이라고 한다.

ω_3계 고도불포화지방산의 생리적 효과로는 현재까지 혈소판 응집 억제, 혈관 확장, 혈중 중성지방 저하, 면역능력 증가, 적혈구 형태 변화, 혈압 강하, 혈중 콜레스테롤 저하, 혈액의 점도 저하 등의 작용이 밝혀져 각종 순환기 계통 질병의 예방과 치료에서 그 효과가 입증되고 있다. ω_3계 지방산이 풍부하게 들어 있는 식물성 유지와 어유는 lipogenic enzyme의 활성을 감소시켜 지방의 de novo lipogenesis 총량이 저하된다고 보고하였다.

(3) Eicosanoids

Eicosapolyenoic acid에서 유도된 화합물로서 prostanoid와 leukotriene(LT)이 있다. Prostanoid에는 prostaglandin(PG), prostacyclin(PGI), thromboxane(TX) 등이 있으며, 흔히 모든 prostanoid를 가리켜 prostaglandin이라 부르기도 한다.

4) 불포화지방산의 특성

불포화지방산은 이중결합의 특성 때문에 반응성이 높고 융점이 매우 낮아 상온에서는 모두 액체상태로 존재한다. 불포화지방산의 이중결합은 여러 가지 화학적 특성을 가지고 있으므로 더 고찰해 볼 필요가 있다.

(1) 산화

이중결합을 가진 지방산은 두 가지 방법으로 쉽게 산화된다. 첫째는 오존에 의한 분해로, 아래와 같은 반응에 의해 이중결합 부위에서 분리되어 2개의 알데히드(aldehyde)를 형성하거나 새로운 카르복실기(-COOH)를 형성한다.

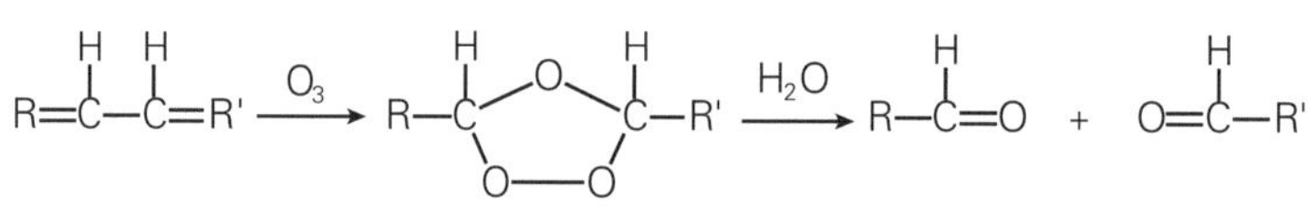

둘째, 산소와의 이중결합반응으로 여러 단계의 반응을 거쳐서 각종 peroxide를 형성한다.

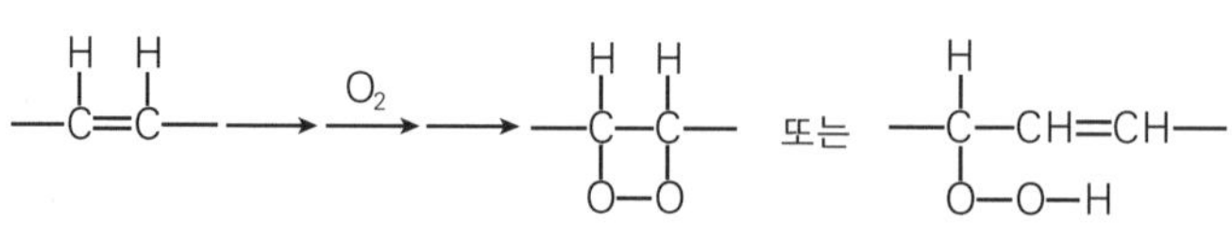

이상의 반응은 지방의 산패작용에서 일어나는 작용이며, 지방산이 어느 정도 산화되면 알데히드에 의해 산패된 냄새를 풍기게 된다.

(2) 이중결합 첨가

요오드(iodine, I) 또는 할로겐(halogen) 원소들은 쉽게 이중결합에 붙을 수 있다.

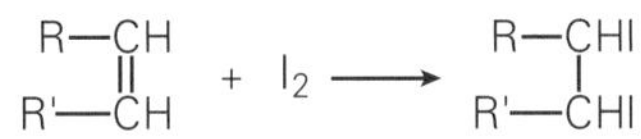

이중결합에 수소가 가해지는 과정을 환원작용(reduction) 또는 수소첨가작용(hydrogenation)이라고 하며, 지방의 이중결합이 환원될 때 물리적 특성의 변화를 초래한다. 즉, 지방이 액체에서 고체상태로 변하는 것을 볼 수 있다. 이 과정은 액체상태의 식물유에서 마가린을 제조할 때 사용된다.

(3) 시스(*cis*) 또는 트랜스(*trans*) 이성체

대부분의 불포화지방산은 안정된 트랜스(*trans*) 이성체가 아닌 불안정한 시스(*cis*) 이성체로 되어 있다. 실제로 지방산의 포화탄화수소 고리는 그림 5.1에서 보는 바와 같이 직선상에서 꺾여진 원자 배열을 하고 있으며, 고체상태에서는 이들이 최소의 공간을 차지하도록 서로 포개진 모양의 격자를 이루고 있다. 불포화지방산은 포화지방산과 비슷한 원자배열을 가지고 있지만 시스(*cis*)형 불포화지방산의 탄소는 그림 5.1에서 보는 바와 같이 이중결합의 부위에서 굽은 모양을 형성하고 있다. 더욱이 2개의 시스(*cis*)형 이중결합을 가진 리놀레산은 그 분자가 더욱 굽은 상태로 존재한다. 따라서 이중결합을 가진 지방산은 직선상의 포화지방산에 비하여 격자를 형성하기가 어렵기 때문에 보다 큰 공간을 차지하게 된다. 이리하여 일반적으로 불포화지방산은 분자 간의 상호인력이

그림 5.1 지방산의 탄화수소 고리. (a) 포화지방산, (b) *trans*-불포화지방산, (c) *cis*-불포화지방산

포화지방산에 비해 약하므로 지방산의 불포화도가 높을수록 융점이 낮아지는 경향을 가지며, 불포화지방산의 비율이 높은 지방일수록 지방의 융점도 같은 원리로 낮아진다. 동물이나 식물의 세포막이 이중결합 2개 이상의 불포화지방산을 함유하고 있다는 것은 매우 흥미로운 점이다.

식물성 유지는 바람직한 물리적 성질을 얻고 향미의 안정성을 증가시키기 위해 경화시켜 사용하는 경우가 많다. 그 과정에서 불포화지방산의 이중결합 위치가 바뀌고 시스(*cis*)형에서 트랜스(*trans*)형으로 입체 이성화가 일어나 트랜스 지방산이 약 5~45% 정도 생성된다. 트랜스 지방산은 수소 첨가 시와 고온처리 시뿐만 아니라 반추동물의 경우 일부 장 내 세균의 작용을 받아 생성된다.

트랜스 지방산은 제한된 양이 인지방과 콜레스테롤에 에스테르화되며 주로 트리글리세리드(triglyceride)에 존재한다. 트랜스 지방산의 대사는 포화지방산과 시스형 단일불포화지방산의 대사와 비슷하다고 한다. 트랜스 지방산은 필수지방산의 활성을 가지고 있지 않으며, 시스형 단일불포화지방산처럼 필수지방산의 결핍을 야기할 수도 있다. 트랜스 지방산이 생체막 조직의 인지질에 들어가면 막조직의 구조와 효소에 영향을 주어 생체막의 기능에 변화를 초래할 수 있고, 아라키돈산 합성에 필요한 효소의 활성을 저해하여 필수지방산의 요구량을 증가시킬 수 있다.

5.4 중성지방

중성지방이란 지방산의 글리세롤 에스테르(glycerol ester)를 말하며, 이들 에스테르는 포화지방산과 불포화지방산을 모두 함유하고 있다.

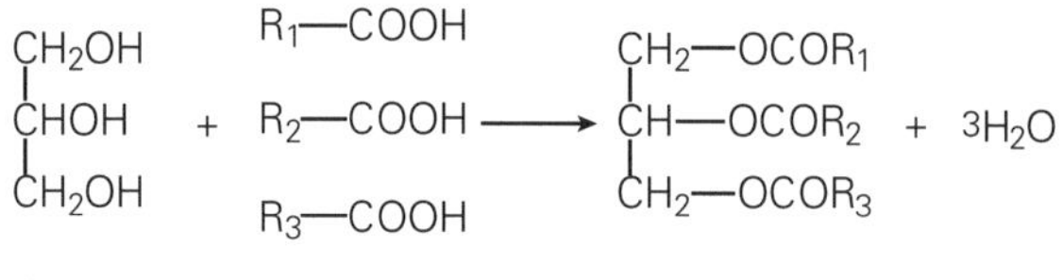

Glycerol Fatty acid Triglyceride

식물유는 불포화지방산인 올레산, 리놀레산 또는 리놀렌산의 비율이 높아 대부분 상온에서 액체상태로 존재한다. 반면 동물성 지방은 포화지방산인 팔미트산(palmitic acid)과 스테아르산(stearic acid)을 높은 비율로 함유하고 있기 때문에 보통 고체상태로 존재한다. 그러나 일반적으로 동물성 지방에도 지방산 중 최소한 하나는 불포화지방산으로 구성되어 있는데 그중 올레산이 가장 많다. 액체상태의 지방산과 글리세롤 에스테르를 기름(oil)이라고 하며, 고체상태의 에스테르는 지방(fat) 또는 왁스(wax)이다. 왁스는 글리세롤 대신에 고분자 알코올의 에스테르로 되어 있기 때문에 지방보다 더 높은 융점을 갖고 있다. 중성지방이 산이나 알칼리에 의해서 가수분해되면 그 구성체인 글리세롤과 지방산으로 분리된다. 산성 가수분해(acid hydrolysis)와 알칼리성 가수분해(base hydrolysis)의 차이점은 전자는 가역반응(reversible)이고, 후자는 불가역반응(irreversible)으로 비누(soap)를 형성한다는 점이다.

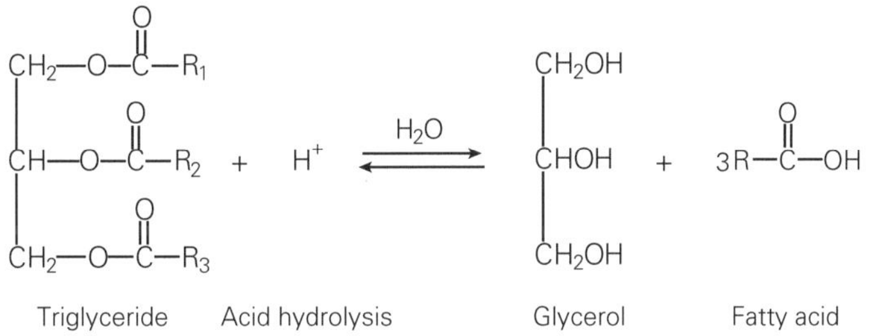

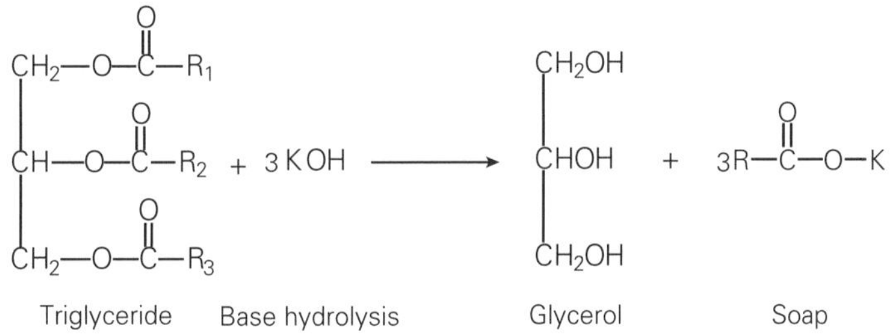

알칼리성 가수분해를 비누화(saponification)라 하여 강한 알칼리를 사용함으로써 가수분해반응은 산성 가수분해 때처럼 평형상태를 이루는 것이 아니라 반응이 완결된다. 알칼리성 금속의 Na^+ 또는 K^+와 결합된 지방산은 물에 잘 용해되지만, Ca^{2+} 또는 Mg^{2+} 염의 지방산은 용해도가 매우 낮아 곧 침전된다. 하천에서 비누를 사용할 때 거품이 잘 일지 않는 것은 이러한 이유 때문이다.

중성지방을 구성하고 있는 3분자의 지방산은 같을 수도 있고 다를 수도 있다. 예를 들면 글리세롤이 3분자의 팔미트산과 결합한 단순중성지방은 tripalmitic이라 하고, 글리세롤이 올레산, 팔미트산, 스테아르산과 결합한 혼합중성지방은 palmitooleo-stearin이라고 부른다. 자연에 있는 지방은 지방산의 함량에 차이가 있다. 그중에 몇 가지 중요

표 5.5 유지의 지방산 조성과 특성

유지	옥수수기름	콩기름	연지유	야자유	목초유	유지방	우지	돈지	계란
포화지방산:									
Butyric acid(4:0)						3.2			
Caproic acid(6:0)				0.2		1.8			
Caprylric acid(8:0)				8.2		0.8			
Capric acid(10:0)				7.4		1.4			
Lauric acid(12:0)				47.5		3.8			
Myristic acid(14:0)			0.2	18.0	1.0	8.3	3.0		0.3
Almitic acid(16:0)	7.0	8.5	12.3	8.7	16.0	27.0	27.0	32.2	22.1
Stearic acid(18:0)	2.4	3.5	1.8	2.8	2.0	12.5	21.0	7.8	7.7
Total	9.4	12.0	14.3	92.8	19.0	58.8	51.0	40.0	30.1
불포화지방산:									
Plamitoleic acid(16:1)				2.0					3.3
Oleic acid(18:1)	45.6	17.0	11.2	5.6	3.0	35.0	40.0	48.0	36.6
Linoleic acid(18:2)	45.0	54.4	74.3	1.6	13.0	3.0	2.0	11.0	11.1
Linolenic acid(18:3)		7.1			61.0	0.8	0.5	0.6	0.3
Arachidonic acid(20:4)									0.8
Total	90.6	78.5	85.5	9.2	77.0	38.8	42.5	59.6	52.1
Melting point(°C)	< 20	< 20	< 20	20~35		28~36	36~45	35~45	
Iodine number	105~125	130~137		8~10		26~38	46~66	40~70	
Saponification number	87~93	190~194		250~260		220~241	193~200	193~220	
Reichert-Meissl number[1)]				6~8		23~33			

[1)]유지 5g을 분해하여 생성되는 수용성 · 휘발성 지방산을 중화하는 데 쓰이는 0.1N-KOH의 mL. 즉, 수용성 · 휘발성 지방산의 양을 측정하는 데 그 목적이 있다.

한 식물성 및 동물성 지방의 지방산 조성을 보면 표 5.5와 같다. 동물 지방의 조성이 현저하게 다른 것은 그들이 먹는 사료의 대부분인 식물유의 조성이 크게 다르기 때문이다. 일반적으로 식물유는 불포화지방산, 특히 올레산과 리놀레산의 함량이 많지만, 특이하게 야자유(palm oil)는 동물성 지방보다 포화지방산의 비율이 높아서 다양한 용도로 사용되고 있다.

5.5 지방의 분석

5.5.1 조지방의 분석

널리 쓰이고 있는 조지방 분석법은 보통 soxhlet 추출기를 사용하는 에테르 추출법이다. 시료를 완전히 건조시킨 다음 ethylether에서 약 12~18시간 동안 추출한다. 이렇게 에테르를 증발시켜 추출한 지방에는 중성지방 외에도 유리지방산, 왁스(wax), 지용성 비타민, 카로틴(carotene)과 같은 색소나 기타 지방과 유사한 물질도 함께 추출되므로 조지방(crude fat)이라고 부른다. 따라서 이렇게 분석된 조지방을 ether extract(EE)라고 부르는 사람도 있다. 조지방 가운데에는 에너지를 발생하지 못하는 기름도 추출된다고 보고된 바 있다.

5.5.2 지방산의 분석

지방의 물리적 · 생물학적 특성을 결정짓는 데 지방산의 조성이 많은 비중을 차지하기 때문에 지방산의 분석은 지방의 특성을 알기 위해 매우 중요하다. 지방산을 분석하기 위해서는 우선 메틸에스테르(methyl esters)와 같은 휘발성 유도체로 전환시켜야 하는데, 보통 methyl-HCl로 추출해 내어 메틸에스테르화시킨다. 최근에 지방산 분석용으로 널리 쓰이고 있는 기기는 기체 크로마토그래피(gas chromatography)로, 지방산을 분석하는 경우에는 시료를 column에 주입하게 되는데, 지방의 융점을 고려해 column 내의 온도를 25°C 정도나 그 이상으로 유지한다. Column은 보통 오븐(oven) 안에 들어 있는데, 그 안의 온도를 고정시키거나 시간에 따라 온도가 조절되도록 하여 분석에 알맞은 온도를 유지해 주어야 한다. 보통 이 column의 끝에는 불꽃을 통해 분리되어 나오는 시료를 이온화시켜 검출해 내는 flame ionization detector나 이와 유사한 detector들이 있어 시료를 정량분석하게 된다. 또 다른 방법으로 TLC(thin layer chromatography)를 이용할 수 있는데, 유리판에 실리카 겔(silica gel) 같은 물질로 만든 0.25mm 정도의 얇은 막을 붙여 용매가 모세관 작용에 의해 빨려 올라오면서 시료와의 친화도나 용해도 차이에 의해 시료를 분리하게 된다. TLC는 기체 크로마토그래피를 이용한 방법에 비해 빠르게 분리되고 해상도가 더 높다. 또한 실험실에서 특수한 기계 없이 수행할 수 있고 비용도 비교적 저렴하다. 그 외에도 전자기선의 흡수 정도를 측정하는 nuclear magnetic resonance(NMR) spectroscopy나 high performance liquid chromatography(HPLC) 등을 이용하여 분석할 수도 있다.

5.6 복합지방

5.6.1 인지방

인지방(phospholipid)은 글리세롤과 지방산 에스테르(fatty acid ester) 외에 phosphate를 함유하고 있다. 인지방은 생물학적으로 가장 중요한 지방체의 일종이라고 할 수 있다. 인지방은 동식물 세포의 활동이나 세포막 구조 형성에 관여하고 있기 때문에 활발한 조직에는 인지방이 많이 들어 있고, 그 함량은 동식물의 영양상태에 따라 다르다. 또한 인지방은 중성지방보다 더 많은 불포화지방산을 함유하고 있다. 인지방은 물에서도 용해되지 않지만 다른 지방과 달리 아세톤(acetone)에도 용해되지 않으므로 다른 지방과 분리하기 쉽다. 인지방에는 다음에서 보는 바와 같이 여러 종류가 있다.

1) Phosphoglycerides

Phosphatidyl choline(lecithin), phosphatidyl ethanolamine(cephaline), plasmalogen (cardiolipid) 등을 말하고, 이들 세 가지 물질의 특색은 포스파티딘산(phosphatidic acid)을 기본구조로 하고 있다는 것이다.

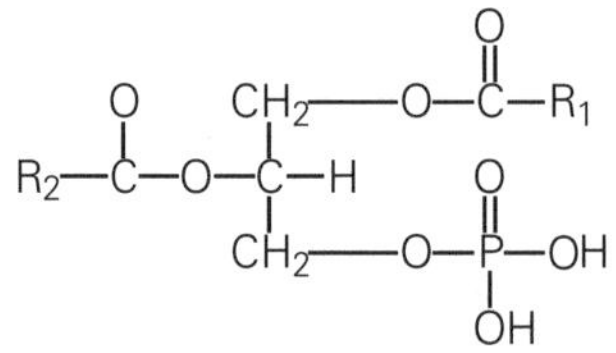

Phosphatidic acid

(1) 레시틴(lecithin): 이는 포스파티딘산과 콜린(choline)이 결합된 에스테르로서, 동식물체에 널리 분포되어 있으며 특히 난황에 많은 양이 함유되어 있다.

레시틴 분자는 인(P)과 콜린이라는 구성요소 때문에 액체에서 이온화된다. 그러므로 각 개체 분자는 아미노산에서와 마찬가지로 분자 내의 음이온과 양이온을 함께 가진 양성이온(zwitter ion)[2]으로 간주할 수 있다. 레시틴은 분자 내의 인산과 콜린이 연결된 부분 이외에는 중성지방과 같은 구조를 하고 있어 이 부분은 물에 녹지 않는다. 레시틴 비극성인 지방과 친화력을 가지는 한편 인(P)과 콜린이 결합되어 있는 부분은 이온화되는 경향이 높아서 역시 극성(polarity)이 높은 물과 친화력을 가진다. 이러한 특수성 때문에 레시틴은 생물계에서 매우 중요한 자연적 유화제(natural emulsifier)이다. 레시틴은 또한 쉽게 가수분해되므로 견고한 물질은 아니다. 독충의 독액과 일부 세균의 효소에는 레시티나아제(lecithinase)라는 효소가 있다. 이 효소에는 특정하게 β 위치에 있는 지방산(fatty acid)을 가수분해하여 리솔레시틴(lysolecithin)이라는 매우 강력한 혈구파괴물질을 생성한다.

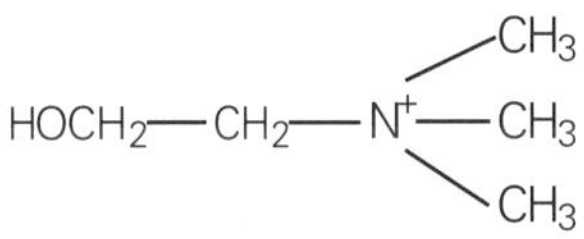

Choline

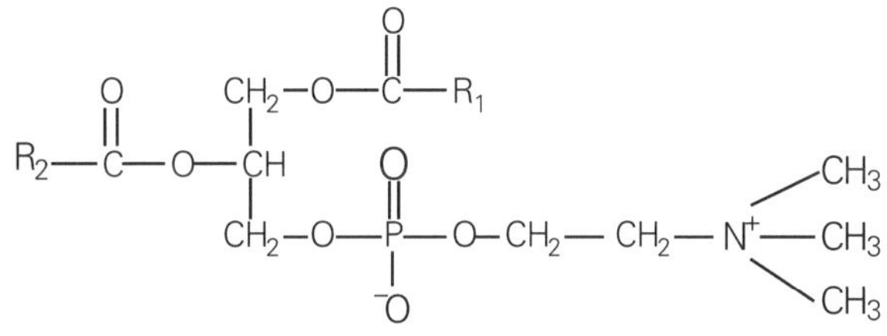

Phosphatidyl choline; lecithin

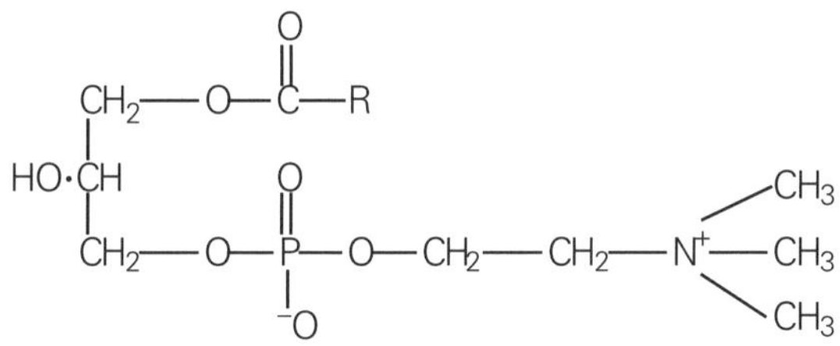

l-α-lysolecithin

(2) 세팔린(cephalin): 여러모로 레시틴과 매우 비슷한 인지방의 하나이다. 레시틴과 다른 점은 콜린 대신에 에탄올아민(ethanolamine) 또는 세린(serine)을 갖고 있다는 점이다. 세팔린도 레시틴처럼 레시티나아제에 의해 가수분해되어 혈구파괴물질인 리소세팔린(lysocephalin)을 생성한다.

---

2) **양성이온**: 알칼리에서는 산과 같이 작용하고, 산에서는 알칼리와 같이 작용하는 물질을 말한다.

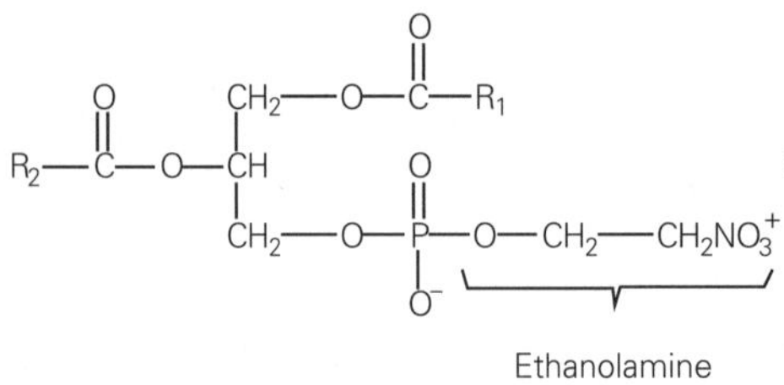

Phosphatidyl ethanolamine; cephalin

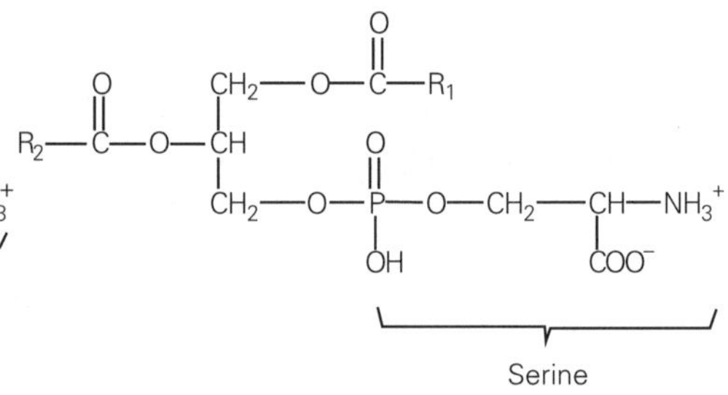

Phosphatidyl serine; cephalin

2) Plasmalogen(cardiolipid)

포스파티딜 콜린(phosphatidyl choline)의 기본구조를 하고 있으나, α 위치에 지방산 대신에 불포화 에스테르가 결합되어 있다. 이 물질은 미토콘드리아 막의 구조에서 자주 발견되며, 특히 뇌와 근육에서는 인지방의 약 10%를 차지한다.

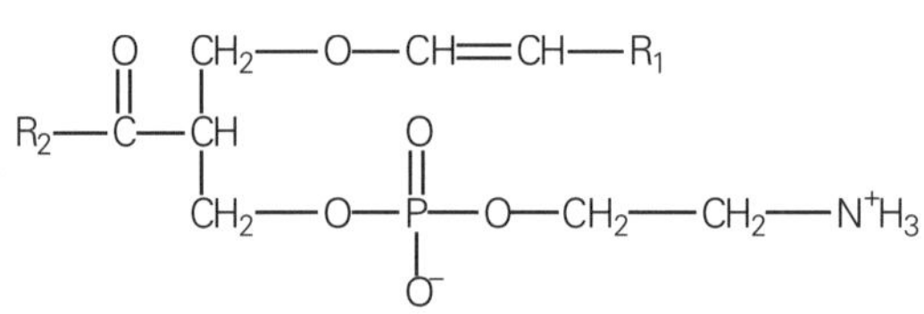

Plasmalogen

3) Phosphoinositide 또는 phosphatidyl inositol

이 물질은 이노시톨(inositol)이 레시틴의 콜린과 치환된 상태의 인지방이다. 식물계에 널리 분포되어 있는데 mono-, di-, triphosphoinositide 등이 있다.

4) Phosphosphingoside 또는 sphingomyelin

일반 인지방과 달리 스핑고마이엘린(sphingomyelin)은 글리세롤이 없는 반면에 콜린과 일반 인지방의 글리세롤을 대체하는 알코올기인 basic sphingosine을 함유하고 있다. 또 다른 중요한 차이점은 sphingosine amide linkage에 의해 지방산과 결합되어 있다는 점이다. Sphingosine은 식물계에서는 발견할 수 없고 주로 동물체의 신경조직에 존재한다.

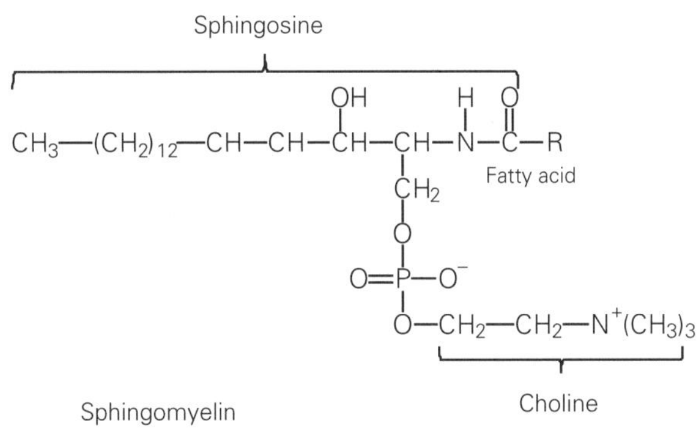

5.6.2 당지방

대표적인 당지방(glycolipids)인 세리브로시드(cerebroside)는 신경조직에서 발견되는 것으로 동식물계에 널리 분포되어 있다. 스핑고마이엘린과 다른 점은 인(P)을 함유하지 않고 콜린 대신 갈락토스(galactose)를 함유한다는 것인데 이 때문에 갈락토리피드(galactolipid)라고도 한다.

5.6.3 지단백질

지단백질(lipoprotein)은 지방 운반물질로, 지방과 단백질의 결합으로 이루어져 있다. 포유동물의 혈청 중에 있는 대부분의 지방은 지단백질의 형태로 존재하는데, 이는 혈장 내에서 중성지방과 콜레스테롤의 운송수단으로 작용한다. 지단백질의 지방 조성은 중성지방, 인지방, 콜레스테롤 또는 그 에스테르이며, 혈장 외에 미토콘드리아, 소포체(endoplasmic reticulum), 세포핵 등에도 들어 있다. 미토콘드리아의 전자전달계에는 매우 많은 양의 지단백질이 들어 있다. 지단백질은 기능과 생리적 특성에 따라 다음과 같이 크게 네 가지로 나뉜다(표 5.6).

1) Chylomicrons

장점막에서 합성되어 림프와 흉관을 거쳐 간으로 이동한다. 이는 외부에서 공급되는 중성지방을 근육과 지방조직으로 운반하고 섭취된 콜레스테롤을 간으로 운반하는 역할을 한다.

표 5.6 혈장 지단백질의 분류, 구성 및 특징

분류	주요 지방	아포단백질	밀도(g/mL)	입자 직경(Å)	분자량	구성 단백질:지방
Chylomicrons	사료중성지방	A-I, A-II, B-48, C-I, C-II, C-III, E	< 0.95	800~5000	> 0.4×10^9	2:98
VLDL	내인성 중성지방 Cholesterol Cholesteryl esters	B-100, C-I C-II, C-III, E	0.95~1.006	300~800	5×10^6~ 10×10^6	10:90
LDL	Cholesteryl esters Cholesterol, 중성지방	B-100	1.006~1.063	200~300	2.7×10^6~ 4.8×10^6	20:80
HDL	Cholesterol esters	A-I, A-II, C-I C-II, C-III, D, E	1.063~1.210	50~120	1.8×10^5~ 3.6×10^5	50:50

2) VLDL(very low density lipoprotein)

간에서 합성되며 단백질 8~10%와 지방 90~92%로 구성되어 있다. 이는 내인성 중성지방과 콜레스테롤을 간에서 조직으로 운송하는 역할을 한다. 한편 chylomicron과 VLDL의 여러 지방 구성 성분은 섭취된 지방산의 종류에 따라 달라진다. 팔미트산이 공급되면 chylomicron과 VLDL 내의 중성지방과 콜레스테롤의 농도가 증가하고, 불포화지방산인 올레산(oleic acid)과 레놀레산(linoleic acid)이 공급되면 chylomicron 내 중성지방과 콜레스테롤의 양은 증가하고 VLDL 내의 콜레스테롤 양은 감소하지만 중성지방의 양에는 변화가 없다.

3) LDL(low density lipoprotein)

대부분의 LDL은 VLDL이나 chylomicron으로부터 형성되지만 과량의 콜레스테롤을 섭취하면 간에서도 직접 생성된다. 단백질 20%, 지방 80%로 구성되어 있으며, 이는 내인성 중성지방과 콜레스테롤을 간에서 조직으로 운송하는 역할을 한다.

4) HDL(high density lipoprotein)

간과 소장에서 합성되며 거의 절반 정도가 지방으로 구성되어 있다. 이는 내인성 콜레스테롤을 조직에서 간으로 운송하는 역할을 한다.

지단백질의 밀도는 입자의 지름이 감소할수록 증가하는데, 이는 외부의 밀도가 내부보

다 높기 때문이다. 지단백질을 구성하고 있는 단백질을 아포지단백질(apolipoprotein) 혹은 아포단백질(apoprotein)이라 한다. 아포단백질은 수용성이지만 수용액에서 응집하는 경향이 있다.

5.7 유도지방

유도지방이란 지방이 분해되어 생성되는 물질을 말하며, 지방산과 스테롤(sterol)이 이에 속한다. 스테롤은 고리 모양의 구조를 가진 고분자의 알코올이다. 이 밖에 담즙산과 성호르몬 등도 이러한 구조를 가지고 있으며, 스테롤과 그 유사물질을 통틀어 스테로이드(steroid)라고 한다. 스테롤 중에서 특히 중요한 것은 콜레스테롤과 에르고스테롤(ergosterol)인데, 이들로부터 에르고칼시페롤(ergocalciferol, 비타민 D_2)과 콜레칼시페롤(cholecalciferol, 비타민 D_3)의 전변과정을 소개하고 아울러 몇 가지 주요한 스테로이드의 구조식을 소개하면 그림 5.2와 같다.

5.7.1 콜레스테롤

콜레스테롤(cholesterol)은 동물체에 들어 있는 가장 중요한 스테롤의 일종이다. 모든 세포와 혈액에 존재하며, 때로는 다른 불포화지방산과 결합되어 있기도 하다. 혈액 내에서 지방의 운반에 관계하며 담즙산(bile acid)과 각종 스테로이드호르몬(steroid hormone)의 전구물질이기도 하다. 특히 7-dehydrocholesterol은 콜레칼시페롤(비타민 D_3)을 합성하는 프로비타민(provitamin)이다. 콜레스테롤은 모든 식품이나 사료에 함유되어 있고 체내에서도 상당량 합성되는데, 보통의 중성지방이나 인지방과는 달리 동물 체내에서 이산화탄소(CO_2)와 물(H_2O)로 분해되지 않고 대부분 분으로 배설된다. 담즙산은 콜레스테롤의 유도체이며 간에서 합성되고 담즙을 통해 소장으로 분비된다. 이는 소화기관 내에서 지방을 유화시키므로 지방과 콜레스테롤 자체의 흡수를 돕는다. 담즙산은 회장 말단부에서 다량이 재흡수되고 간으로 돌아가서 재이용되기도 한다.

콜레스테롤은 모든 조직에서 합성되는데, 외부로부터 충분한 양이 공급되지 못하면 특히 간에서 다량으로 만들어진다. 콜레스테롤은 acetyl-CoA와 아세토아세테이트(acetoacetate)의 중합반응으로부터 시작하여 mevalonate, isopentenyl pyrophosphate,

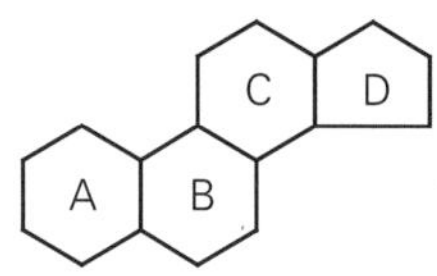

Cyclopentanoper-
hydrophenanthrene 핵

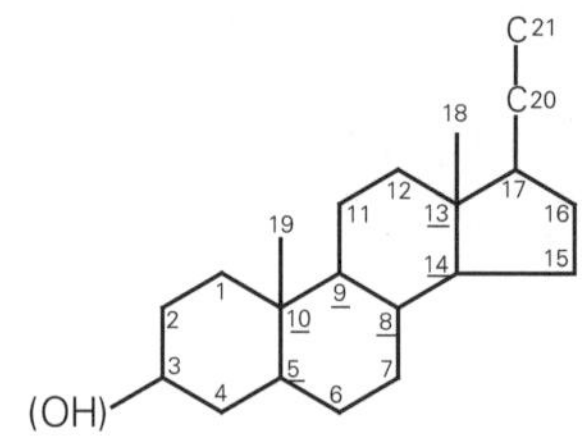

탄소원자들의 번호
빗금 친 곳의 탄소는
asymmetric carbons 이다.

Structural features of steroid molecules

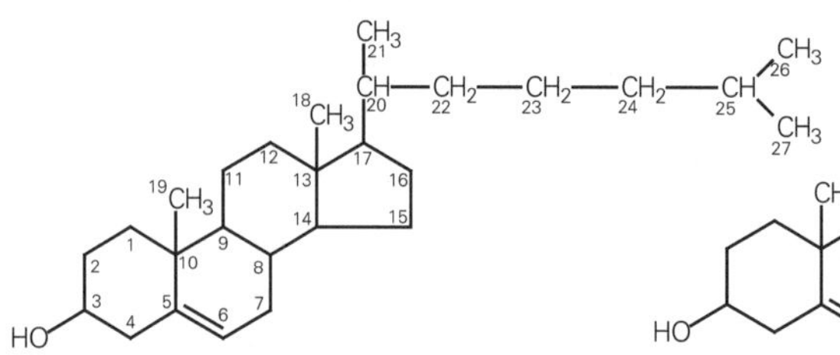

Cholesterol

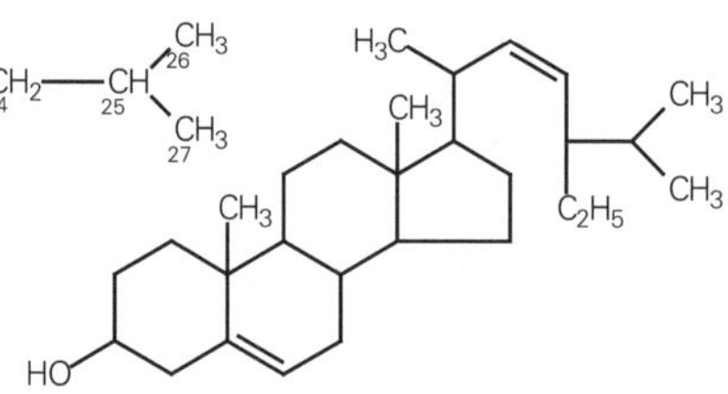

Stigmasterol

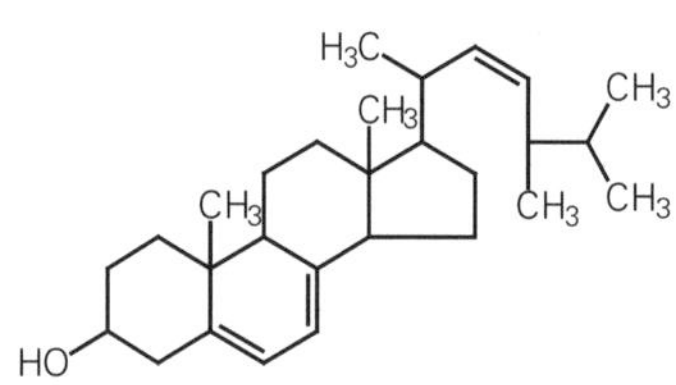

Ergosterol

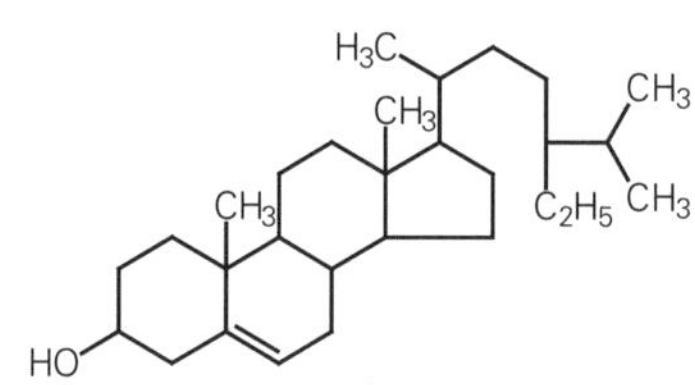

β-sitosterol

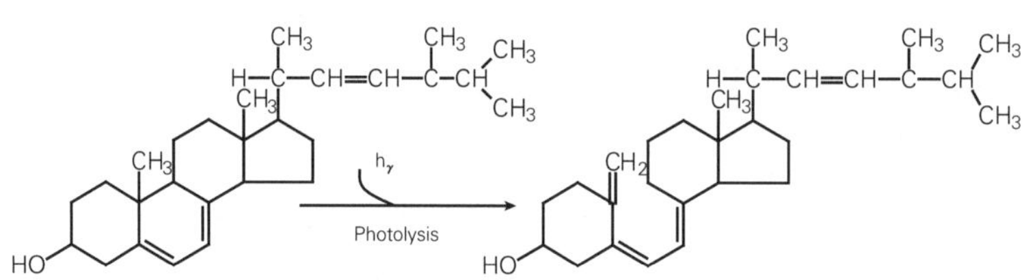

Ergosterol(plants) Ergocalciferol(vitamin D_2)

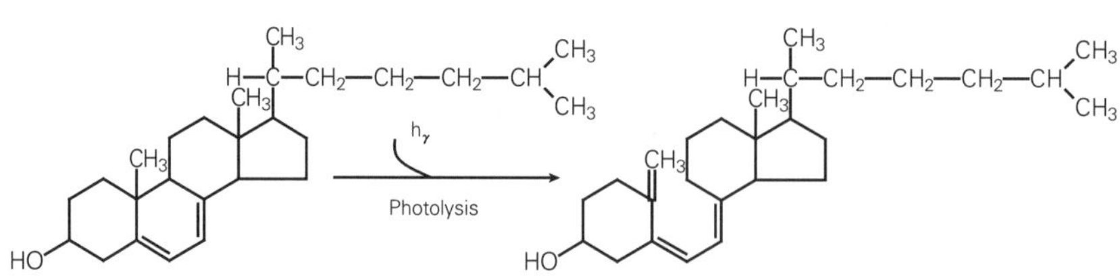

7-dehydrocholesterol(animals) Cholecalciferol(vitamin D_3)

그림 5.2 주요 스테로이드 물질의 구조식과 비타민 D의 합성

표 5.7 주요 식품의 콜레스테롤 함량(mg/100g)

식품명	콜레스테롤 함량	식품명	콜레스테롤 함량
쇠고기	70	우유(전유)	11
닭고기(가슴살)	70	버터	210
(날개)	110	양고기	75
(다리)	95	돈지	100
치즈	80	돈육(등심)	55
계란(전란)	470	(삼겹살)	60
(난백)	1	(어깨살)	65
(난황)	1,300	생선	70

farnesyl pyrophosphate, squalene 등을 거치는 여러 단계의 효소반응에 의해서 합성된다. 콜레스테롤의 합성은 지방의 섭취량에 의해서 조절되는데, 지방을 많이 섭취할수록 지방의 소화를 돕기 위해서 다량의 담즙산이 요구되기 때문에 콜레스테롤의 합성이 증가한다. 또한 콜레스테롤의 체내 합성은 섭취한 식품이나 사료의 콜레스테롤 함량에 의해서도 조절된다. 콜레스테롤 섭취량이 많으면 체내 합성이 감소하고, 섭취량이 적으면 체내 합성이 증가한다. 또한 불포화지방산이 콜레스테롤의 합성을 조절하거나 영향을 미친다고 주장하는 사람도 많다. 이에 대한 생화학적 근거는 아직 확실하지 않지만 식품 중에 포화지방산의 섭취량이 높으면 혈액 내의 콜레스테롤 함량은 증가하고 간에서의 새로운 합성은 감소하는 반면, 불포화지방산의 섭취량이 높으면 혈액 중의 콜레스테롤 함량은 감소하고 간에서의 합성은 증가한다고 한다. 주요 식품의 콜레스테롤 함량을 살펴보면 표 5.7과 같다.

5.7.2 식물성 스테롤

식물에 들어 있는 스테롤을 피토스테롤(phytosterol)이라고 하고, 옥수수에 들어 있는 것을 시토스테롤(sitosterol)이라고 하며, 다른 식물성 스테롤을 에르고스테롤(ergosterol)이라고 한다. 이것은 태양광선의 자외선에 의해 에르고칼시페롤(ergocalciferol, 비타민 D_2)로 전변된다.

5.8 기타 지방

테르페노이드(terpenoid)와 지용성 비타민이 이에 속하는데, 지용성 비타민에 대해서는 뒤에 설명하기로 하고 여기서는 테르페노이드에 대하여 알아보고자 한다. 테르페노이드는 분자가 유난히 크다. 또한 생물에 중요한 물질로 분자의 구조적 특색은 모두 단순한 이소프레노이드(isoprenoid) 단위가 반복 결합되어 이루어진 것으로서 고무, 카로테노이드(carotenoid), 스테로이드 등 많은 테르펜(terpene)이 여기에 속한다. 실제로는 이소프렌(isoprene)으로 자연에 존재하는 것이 아니라 활성초산(active acetate), 즉 acetyl-CoA로부터 시작되어 여러 단계의 효소작용에 의해 이소프렌의 상대물질이라고 할 수 있는 활성적인 isopenyl pyrophosphate로서 존재하고, 이로부터 콜레스테롤 등 다양한 테르페노이드를 생성한다. 또 한 가지 테르페노이드의 중요한 물질로는 β-carotene이 있는데, 이것은 간장에서 분해되어 비타민 A로 전변된다.

5.9 지방의 대사작용

흡수된 지방은 체내에서 에너지를 발생하는 일에 쓰이거나(분해), 지방조직에 축적되는 등(합성) 활발한 대사과정을 겪게 된다. 많은 양의 지방은 매우 난용성인 중성지방의 형태로 체내에 저장되어 있다. 저장된 지방은 체세포의 에너지 공급을 위하여 용이하게 이동, 분해된다. 지방은 모든 영양소 중 가장 높은 열량가를 내는 것이라는 점에서, 동물세포 내에 가용열량의 주된 저장체가 지방분자라는 것은 매우 합리적인 일이라 할 수 있다. 물론 탄수화물도 간이나 근육 등에 글리코겐의 형태로 저장될 수 있지만 그 양은 매우 제한되어 있다. 예를 들면 간에는 5~6%밖에 함유되어 있지 않고 근육조직에는 0.4~0.6%만 함유되어 있을 뿐이다.

5.9.1 지방의 산화작용

먼저 지방의 분해효소인 리파아제(lipase)의 작용에 의해서 중성지방은 글리세롤과 지방산으로 분해되고, 글리세롤은 α-glycerophosphate로 되어 해당과정(glycolysis)을 거치게 된다.

지방은 단계적으로 탄소 2개씩 카르복실기로부터 산화, 분해된다. 산화는 대부분이 카르복실기(-COOH)로부터 β 위치에 있는 탄소에서 이루어지는데, 이것을 β-oxidation이라고 한다. 지방산이 β-oxidation에 의해 산화, 분해되는 것을 알게 된 것은 20세기 초의 일이다. 그 후 많은 연구가들에 의해 지방산의 산화기구가 완성되었는데, 이 문제 해결에 획기적인 계기가 된 것은 Lipmann의 Coenzyme A 발견과 Lynen의 acetyl-CoA 발견이다.

지방산의 β-oxidation은 세포의 미토콘드리아에서 일어나는데, 이에 관여하는 효소는 동물에 있어 모두 미토콘드리아 막과 내부의 기질(matrix)에 국한되어 있다. 그러나 지방산은 그 자신이 미토콘드리아 안으로 들어갈 수 없는데, 미토콘드리아 막을 통과하기 위해서는 카니틴(carnitine)[3)]의 도움을 받는 다음과 같은 특별한 수송수단이 필요하다.

지방산은 우선 ATP를 소모하면서 티오키나아제(thiokinase)의 작용으로 CoA와 결합하여 acyl-CoA로 활성화된다.

$$\text{RCOO}^- + \text{CoA} + \text{ATP} \xrightarrow{\text{Thiokinase}} \text{acyl-CoA} + \text{AMP} + \text{PPi}$$

이때 ATP는 ADP와 인산으로 가수분해되는 대신 AMP와 pyrophosphate(PPi)로 가수분해되므로 2개의 고에너지 인산결합(high-energy phosphate bond)을 소모하여 ATP 1분자가 소모된다. 그러나 실제로는 ATP → ADP + Pi 반응에서 ATP 2분자를 소모한 것과 같은 결과이다. 이렇게 하여 생성된 acyl-CoA는 미토콘드리아 막에 존재하는 효소인 카니틴의 작용으로 아실카니틴(acylcarnitine)을 형성하고 CoA를 분리한다.

아실카니틴과 CoA는 미토콘드리아 안으로 들어가서 다시 acyl-CoA를 형성하고, 분리된 카니틴은 미토콘드리아 밖으로 다시 나가게 된다. 이렇게 활성화된 acyl-CoA는 그림 5.3의 산화과정을 밟아 acetyl-CoA와 처음보다 탄소 2원자가 적은 acyl-CoA로 분리되고 이 새로운 acyl-CoA는 이 과정을 반복하여 탄소 2원자씩 분리되면서 acetyl-CoA를 생성한다. 이때 탄소의 수가 짝수인 지방산은 항상 acetyl-CoA를 생성하고, 홀수인 지방산은 acetyl-CoA와 마지막으로 propionyl-CoA를 생성한다. β-oxidation의 매 회전마다 1분자의 $FADH_2$와 1분자의 NADH를 생성하는데, 이를 합해서 5개의 ATP를 생성하는 것과 같다.

---

3) 카니틴: β-hydroxy-r-trimethylammonium butyrate.

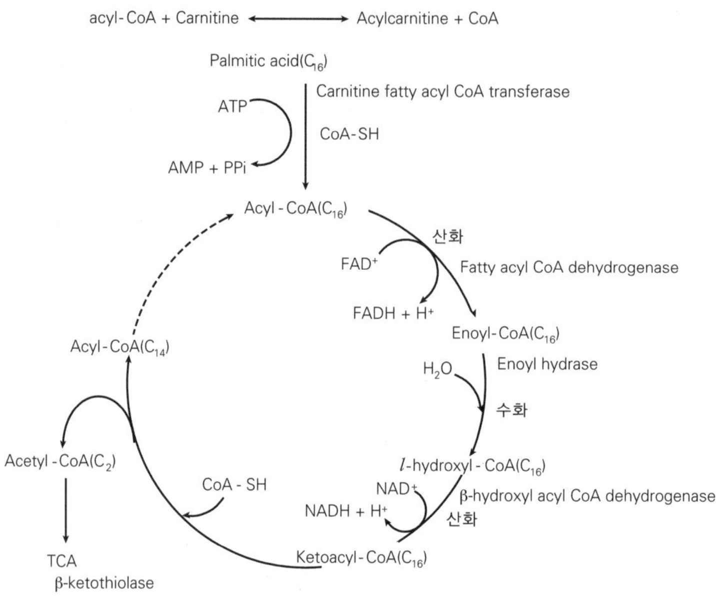

그림 5.3 지방산(팔미트산)의 산화작용

여기에서 팔미트산(palmitic acid)을 예로 들어 에너지 발생 효율을 계산하면 다음과 같다. 팔미트산은 β-oxidation을 7회전하면서 8개의 acetyl-CoA를 생성한다.

제1단계: β-oxidation에서

palmitate ⟶ 8 acetyl-CoA + 7 FADH + 7 NADH

$7\ FADH_2 \times 2\ ATP/FADH_2 = 14\ ATP$

$7\ NADH \times 3\ ATP/NADH = 21\ ATP$

계 35 ATP

지방산의 활성화에 2개의 ATP를 소모한 것과 같으므로 35 ATP − 2 ATP = 33 ATP이다. 따라서 β-oxidation에서 생성된 ATP의 총수는 33이다.

제2단계: TCA 회로에서 acetyl-CoA는 12개의 ATP를 생성하므로,

8 acetyl-CoA X 12 ATP / acetyl-CoA = 96 ATP

제1단계 + 제2단계 = 33 + 96 = 129 ATP

위와 같이 팔미트산 1mole이 완전산화될 때 총 129mole의 ATP를 생성한다. 팔미트산 1mole의 연소열은 2,338kcal(9.782MJ)이므로 에너지 효율은 약 40%임을 알 수 있다.

$$\frac{129 \times 7.3}{2{,}338} \times 100 = 40.3\%$$

지방산은 주로 β-oxidation에 의해 분해되지만 이 외에도 α-oxidation, ω−oxidation에 의해서도 분해되고 있음이 밝혀졌다. α-oxidation은 싹이 트기 시작하는 식물의 종자에서 처음 발견되었으나, 그 후 식물의 잎, 포유동물의 간장이나 뇌 등에서도 발견되었다. 동물체에서 피톨(phytol)로부터 생성되는 phytanic acid는 CO_2와 H_2O로 분해될 때 α-oxidation을 거친다. 사료 중에 함유된 클로로필(chlorophyll)은 섭취된 후 피톨이 되며, 이것은 다시 phytanic acid로 전환된 후 먼저 α-oxidation에 의해 분해되고 마지막으로 β-oxidation에 의해 분해된다. 즉 phytanic acid는 β-oxidation만으로는 분해되지 못하고 먼저 α-oxidation이 일어난 후 β-oxidation에 의해 분해된다.

레프섬병(Refsum's disease)이라는 유전성 환자에게는 α-oxidation이 일어나지 않는다. 또한 ω−oxidation은 주로 탄소 수가 6~18개인 지방산에서 볼 수 있는데, 지방산의 카르복실기로부터 가장 멀리 떨어진 탄소원자(ω탄소원자)가 산화되어 2알칼리성 산을 생성하고, 이것이 β-oxidation계에 전달되어 분해되는 것으로 알려지고 있으나 ω−oxidation의 생리적 의미는 아직 불명확하다.

5.9.2 휘발성 지방산의 대사

반추동물의 경우 반추위에서 흡수되는 활성 지방산, 즉 휘발성 지방산(VFA)이 반추동물의 주요 에너지원으로 쓰인다. 흡수된 초산(acetic acid)은 acetyl-CoA로 전환된 다음 TCA 회로를 통하여 산화되거나 지방산의 합성에 사용된다. 초산이 활성화 과정을 거쳐 acetyl-CoA로 전환되는 동안 2개의 ATP가 소모되고(실제로는 ATP → AMP), acetyl-CoA가 TCA 회로를 통해 산화되는 동안 12개의 ATP를 생산하므로 초산 1분자당 10개의 ATP가 생기는 셈이다. 초산은 젖소의 유지방 생산에 필수적인 물질인데, 분자량이 작은 지방산은 거의 모두가 초산으로부터 합성된다고 볼 수 있다.

프로피온산(propionic acid)은 주로 간에서 포도당신생(gluconeogenesis)에 쓰이는데, 이것이 반추동물에서는 포도당 합성에 필요한 주요 기질이다. 하루에 40kg의 우유를 생산하는 젖소의 경우 필요한 포도당의 약 60%가 프로피온산으로부터 공급된다. 프로피온산은 TCA 회로의 succinyl-CoA를 통해 포도당신생 경로를 통하게 된다. 여기에는 3개의 ATP가 소모되는 셈이며 바이오틴(biotin)과 비타민 B_{12}가 함께 조효소로 필요하다. 프로피온산이 포도당으로 전환되었다가 다시 산화되어 에너지 대사에 사용되면 프로피온산 1분자당 17개의 ATP가 생겨난다. 한편 뷰티르산(butyric acid)은 acetyl-CoA를 통해 지방산 합성에 쓰이거나 산화되어 에너지를 발생하는 데 1분자당 25개의 ATP가 생성된다.

5.9.3 지방산의 합성

Knoop가 β-oxidation 경로를 규명한 이래 지방산 합성은 β-oxidation의 역반응으로 탄소원자가 2개 단위로 다수의 β-multiple condensation을 통해 짝수 탄소원자를 가진 지방산이 합성되는 것으로 추측하였다. 그러나 그 후 많은 연구결과를 통해 그렇지 않다는 것이 판명되었다. 지방산 합성에서 중요한 점은 합성에 이바지하는 기본단위는 malonyl-CoA이며, 이 과정에서 바이오틴(biotin)과 CO_2가 관여한다는 것이 판명되었다. 따라서 malonyl-CoA가 관여한다는 점에서 지방산 합성은 β-oxidation의 역반응이 아님을 알 수 있다. 지방산의 분해와 합성 과정에서 다음 다섯 가지 차이를 볼 수 있다.

① Cellular location
② Acyl group carrier
③ Electron acceptor/donor
④ Hydration/dehydration reaction의 sterochemistry
⑤ C_2 units product 또는 donor의 중간대사물질

지방산 합성의 제일 첫 작용은 바이오틴과 ATP로 CO_2를 활성화하여 CO_2-biotin-enzyme complex를 형성하는 것이고, 이 복합체가 acetyl-CoA와 결합하여 malonyl-CoA를 생성하고, 바이오틴은 유리되어 CO_2 활성화 작용에 다시 관여하게 된다. 여기에서 β-oxidation과 또 다른 중요한 차이점은 환원작용에서 조효소로 쓰이는 것은 NADH가 아니라 6탄당 1인산 회로에서 주로 생성되는 NADPH라는 점이다. Malonyl-CoA가 일단 합성되면 지방산 합성효소라고 하는 6개의 효소로 구성된 반응계에 의해 지방산이

합성된다. 이 반응계에는 6개 효소 이외에 그 자신은 효소의 기능을 가지지 않고 다만 아실(acyl)기의 운반체로 작용하는 또 하나의 단백질이 존재하는데 이것을 ACP(acyl carrier protein)라고 한다.

$$CO_2 + ATP + Biotin\text{-}enz. \longleftrightarrow CO_2\text{-}biotin\text{-}enz. + ADP + H_3PO_4$$

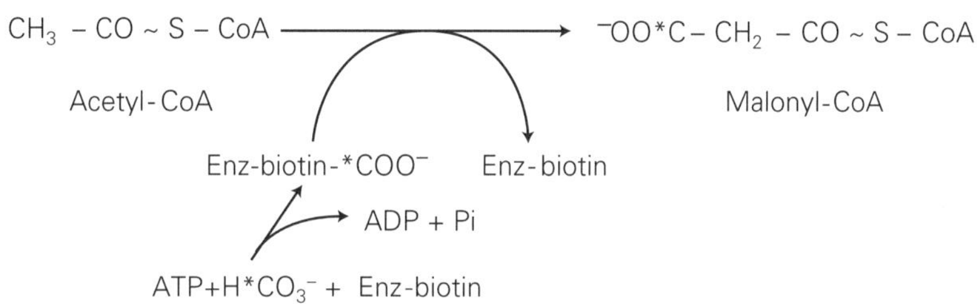

Malonyl-CoA는 말로닐(malonyl)기를 ACP에 전달하여 malonyl-S-ACP를 형성하는데, 말로닐기는 공유결합에 의해 ACP에 연결된다. ACP의 주위를 둘러싸고 있는 6개의 효소는 또 다른 acetyl-CoA 또는 짧은 탄소고리의 acyl-CoA로부터 아세틸(acetyl)기 또는 아실(acyl)기를 인수받아 단계적인 반응으로 이를 말로닐기에 축합시켜서 보다 긴 탄소고리의 아실기를 만들면서 1회전하게 된다. 이와 같은 회전을 반복하게 됨에 따라 아실기는 점차 길어지고, 결과적으로 탄소 수가 많은 지방산을 합성하게 된다. 불포화지방산은 포화지방산으로부터 수소를 제거함으로써 다음과 같이 만들어진다.

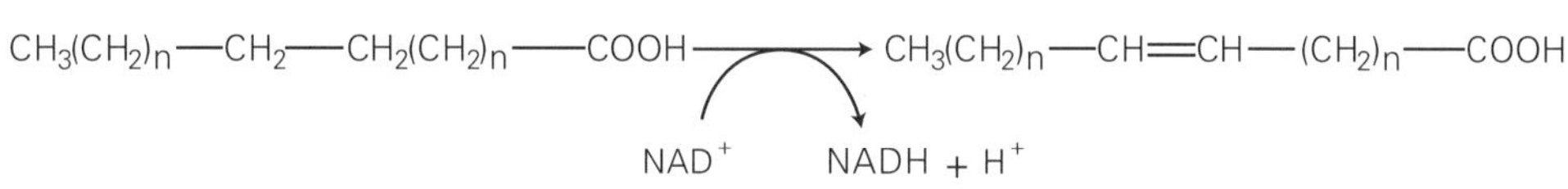

이와 같은 불포화지방산의 합성은 속도가 매우 느리며, 또한 몇 가지 불포화지방산에 국한된다.

5.9.4 중성지방의 합성

동물의 체내에 축적되어 있는 대부분의 지방은 중성지방이다. 이들 중성지방은 간이나 지방세포에 활성적으로 합성되는데, 이들이 합성되는 경로는 다음의 세 가지다.

첫째, 섭취된 중성지방은 바로 체지방으로 이송되지 못하고, 장 내에서 리파아제의 작용에 의해 지방산과 2-monoacylglycerol로 가수분해된다. Monoacylglycerol은 흡수된 후 acyl-CoA에 의해 아실화(acylation)되어서 중성지방으로 합성된다.

둘째, 해당과정에서 생성된 글리세롤은 먼저 phosphatidyl ester가 되고, 다음에 acyl-CoA에 의해 아실화되어서 phosphatidic acid가 된다. 여기에서 phosphatidase에 의해서 phosphatidic acid가 가수분해되면 디아실글리세롤(diacylglycerol)과 무기인산이 된다. 이것이 한번 더 아실화되어서 triacylglycerol, 즉 중성지방이 된다. 3-S-phosphatidic acid는 인지방과 중성지방 그 어느 쪽으로도 될 수 있는 중간물질이라고 볼 수 있다.

셋째, 해당작용에서 아돌라아제(aldolase)에 의해 생성된 dihydroxy-acetone phosphate에서 phosphatidic acid가 생성되어 두 번째 방법과 같이 중성지방으로 합성된다.

이상을 요약해 보면 중성지방을 합성하기 위한 전구물질인 glycerol-3-phosphate가 중간산물인 phosphatidic acid의 형태를 거치느냐, 거치지 않느냐에 따라서 합성 경로가 달라지는데, 대개의 경우 phosphatidic acid의 생성 전후에 중성지방이 합성된다고 한다.

5.9.5 지단백질의 대사

중성지방이 풍부한 지단백질로부터 지방의 제거는 단계적으로 신속하게 이루어진다. 모든 지단백질은 복합체이므로 지방과 단백질 구성 성분의 교환이나 혈청으로부터 분해되는 속도는 서로 다르다. 또한 지단백질의 종류에 따라서 그 구성 성분이 제거되는 시간과 방식도 각기 다르다.

사료로 섭취된 지방은 대부분 중성지방이며 킬로미크론의 형태로 체내에 흡수된다. 킬로미크론의 중성지방은 lipoprotein lipase에 의해 약 90% 정도가 분해되고, VLDL 또한 lipoprotein lipase에 의해 분해되어 LDL로 전환된다. 이 과정에서 apoprotein인 apo B-100을 제외한 거의 모든 단백질이 제거되고 콜레스테롤은 에스테르화된다.

LDL은 LDL 수용체(receptor)와 결합하여 receptor-mediated endocytosis에 의해 세포 내로 들어가게 된다. 이때 남아 있던 apo B-100은 아미노산으로 분해되고, cholesteryl ester는 lysosomal lipase에 의해 콜레스테롤로 가수분해된다. 이러한 결과 세포 내의 콜레스테롤 수준이 높아지면 LDL 수용체의 합성이 억제된다. 또한 과다한 세포 내 콜레스테롤은 콜레스테롤 합성을 억제한다.

HDL은 LDL과 반대로 조직으로부터 콜레스테롤을 제거하는 역할을 한다. HDL은 여러 말단조직의 세포막 표면에서 콜레스테롤을 취하여 간으로 이동시킨 후 담즙산으로 전환하여 체외로 배설시킨다. 이렇게 콜레스테롤을 제거하는 역할 때문에 항동맥경화성 효과를 갖는다.

에스테르화되지 않은 콜레스테롤은 모두 쉽게 혈장 내 각종 지단백질 사이에서 교환되며 지단백질과 세포막 사이에서도 교환된다. 이와 대조적으로 cholesteryl ester는 교환이 매우 천천히 일어난다. 지단백질 내의 인지질의 이동은 LDL에서 HDL로, 또는 그 반대로도 일어나며 이동속도는 매우 빠르다. 그러나 이러한 교환은 단백질과는 무관하게 이루어진다. 한편, 중성지방이 VLDL로부터 LDL과 HDL로 이동되는 것은 온도에 의존하는 것으로 37°C에서는 쉽게 잘 일어나지만 40°C에서는 이동이 일어나지 않는다.

5.10 지방의 영양적 기능

5.10.1 지방 대사에 영향을 미치는 인자

지방의 대사작용은 탄수화물의 대사작용과 밀접한 관계를 가지고 있다. 굶거나 당뇨병에 걸린 동물은 초산(acetic acid)으부터 지방산을 생산하는 능력이 매우 저하된다. 지방만 공급받는 쥐도 같은 결과를 초래한다. 이 원인은 간에서 malonyl-CoA를 합성하는 acetyl-CoA carboxylase의 농도가 낮기 때문이다. 그 외에도 많은 요인들이 지방 합성을 조정하는 것으로 알려져 있다.

Lynen은 10^{-7}M의 acyl-CoA가 acetyl-CoA carboxylase의 작용을 완전히 억제한다는 것을 발견하였다. 또 다른 중요한 인자는 시트르산(citric acid)이 지방산 합성을 자극하는 요소가 된다는 것이다. 초산이 탄소 수가 많은 지방산으로 합성될 때 최적활동을 위해서는 citrate가 있어야 한다. 그러므로 지방 합성의 주 효소인 acetyl-CoA carboxylase의 활동을 조정하는 데 있어서 citrate는 (+)효과를 나타내고, acyl-CoA는 (−)효과를 나타내게 된다. Citrate는 물론 농축효소(condensing enzyme)에 의해서 acetyl-CoA와 oxaloacetate로부터 생성되는데, 이 농축 효소는 긴 사슬의 acyl-CoA thioester에 의해서 장해를 받는다. 더욱이 지방산 합성과정에서 환원작용은 주로 NADPH에 의해서 이루어진다. NADPH는 6탄당 1인산 회로에서 glucose-6-phosphate의 작용에 의해 주로 공급되는데, 이 조효소는 또한 매우 미량의 긴 사슬의 acyl-CoA에 의해서도 억제된다. 그러므로 지방산 합성에 있어서 중요한 점은 긴 사슬의 acyl-CoA thioester를 제거하는 중성지방 합성계가 중요한 조절작용을 한다는 것이다. 동물의 비육과정에서 사료의 에너지만 높였다고 해서 언제나 지방 축적이 잘 이루어지는 것이 아니라, 위에서 말한 지방 합성의 복잡한 요인들에 의해서 조절되는 만큼 다음 세 가지 점을 유의할 필요가 있다.

① 지방산 합성이 원활하게 이루어지려면 탄수화물 대사가 원활히 일어나야 한다. 특히 TCA 회로가 원만히 가동되어 citrate가 충분히 공급되어야 한다.
② 이것도 탄수화물 대사작용의 일부지만 6탄당 1인산 회로가 또한 원활히 가동되어 NADPH가 충분히 공급되어야 한다.
③ 중성지방 합성체계가 활발히 가동되어 긴 사슬의 acyl-CoA가 중성지방으로 빠르게 전환될수록 지방산 합성이 가속화된다.

지방 대사의 조절에서 조직의 활동과 그에 필요한 에너지 문제도 생각해 볼 수 있다. 모든 활동에 필요한 에너지는 주로 ATP 형태로 공급되는데, ATP는 에너지를 유리하면서 ADP로 된다(ATP → ADP + Pi). 그러므로 ADP가 없으면 acetyl-CoA는 산화될 수 없기 때문에 조직에 축적되며, 따라서 지방 분해가 억제된다. 한편 ADP의 결핍으로 지방 분해과정의 최종 산물인 NADH의 산화가 억제되어 조직에 축적되면 지방산의 분해도 억제된다.

조직의 활동이 활발하여 ADP의 생성이 증가되면 acetyl-CoA와 NADH의 산화과정이 촉진되어 에너지를 유리하기 위한 지방산 및 다른 영양소의 분해과정과 이용이 촉진된다. 적당한 양의 탄수화물이 있을 때 다량의 ADP가 형성되더라도 중성지방의 에너지원으로의 이용은 억제된다. 이를 지방절약효과(fat sparing effect)라고 하는데, 지방보다는 탄수화물이 에너지원으로 먼저 사용되는 것을 의미한다. 이는 또한 탄수화물이 과다하게 섭취되면 지방이 분해되지 않고 합성됨을 의미하기도 한다.

한편 지방대사작용은 호르몬에 의해서도 영향을 받는다. 인슐린이 부족하면 포도당의 이용률이 억제되므로 지방산 합성작용이 억제되는 것은 물론이고 저장된 지방의 동원과 이용이 촉진된다. 포도당도 과량일 때에는 저장된 지방의 동원은 억제되고 지방 합성이 촉진된다. 글루코코르티코이드(glucocorticoid)는 지방세포에 직접 작용하여 지방의 동원을 촉진한다. 갑상선호르몬도 저장된 지방을 신속히 동원하는 역할을 하는데, 이 호르몬의 분비가 항진되면 생체의 모든 세포에서 에너지 대사가 증가하므로 지방 대사에 간접적 효과가 있다. 에피네프린(epinephrine)도 지방세포에 직접 작용하여 저장지방을 동원한다. 스트레스를 받으면 지방산의 대사가 증가하고, 때로는 유리지방산의 혈중농도가 증가하기도 하는데, 이는 에피네프린의 분비가 항진되기 때문이다.

이 밖에도 단위동물의 체지방 합성을 저해하는 물질로는 β-agonist와 chromium picolinate 등이 있다.

5.10.2 지방간

간은 지방의 산화나 합성에서 중요한 기관인데, 특히 인지방의 합성을 돕는다. 인지방은 세포의 구성 외에도 지방의 동원과 수송에 여러 가지 방법으로 관여하고 있다. 또한 정상적인 간은 약 24%의 지방을 함유하고 있는데, 지방의 축적과 방출이 여러 가지 원인에 의해 일정하게 유지되지만, 간이 어떤 원인에 의해 손상을 입게 되면 지방을 다른 조직으로 이동시키지 못하여 간에 지방이 과잉으로 축적되는 결과를 가져온다. 이와 같이 간에 지방이 과잉으로 축적되는 병적 증상을 지방간증후군(fatty liver syndrome)이라고 한다.

지방간은 다음에 열거하는 여러 가지 원인에 의해 발생될 수 있다.

첫째, 어느 특정한 독성물, 특히 지용성 물질인 사염화탄소(carbon tetrachloride) 등은 간 손상을 일으켜 결국은 중성지방의 간세포 침윤을 유발한다.

둘째, 지방침윤(fatty infiltration)이 매우 중요한 원인인데, 콜린(choline) 또는 사료 중에 들어 있는 항지방간 인자(anti-lipotropic agent)의 결핍 때문에 유발되는 수가 있다. 간에서 합성된 지방이 혈액을 통해서 다른 조직으로 이동되기 위해서는 인지방으로 전환되어야 하는데 이때 콜린이 필요하다. 따라서 콜린이 결핍되면 인지방의 합성이 불량해지며, 콜린 외에도 항지방간 인자의 하나인 메티오닌(methionine)은 methyl donor로서 콜린이 결핍될 경우에도 메틸(methyl)기가 공급되면 콜린을 합성할 수 있으므로 지방간을 방지하는 효과를 갖는다. 이 외에 비타민 B군의 하나인 엽산(folacin)도 메틸기의 대사에 관여한다.

셋째, 지방간은 시스테인(cysteine)이나 시스틴(cystine) 등의 아미노산이 결핍된 단백질 사료를 섭취했을 때 발생할 수 있다. 이와 관련하여 지방간은 탄수화물의 과다 섭취에 의해서도 유발될 수 있다. 또한 동물은 지방 함량이 많은 사료와 비타민 중 특히 B군의 과다 섭취에 의해서도 지방간이 유발될 수 있다고 한다. 알코올의 과다 섭취에 의한 간 손상은 간중독에 의해서 일어나는 증상과 비슷하여 지방침윤이 일어나기 전에 흔히 간경변(cirrhosis)이 수반된다.

5.10.3 케톤증

탄수화물 대사장애(당뇨병, 기아 등)의 경우는 간 글리코겐의 감소로 지방 분해가 촉진되어 간의 처리능력 이상으로 과량의 acetyl-CoA를 생성한다. 따라서 과잉의 acetyl-CoA는 케톤체(ketone body)가 되어 혈류로 들어가 간에서 이용된다. 그러나 케톤체가 이용될 수 있는 한도 이상으로 생성되면 혈중농도는 증가한다. 이러한 상태를 케톤증(ketosis)이라 하며 케톤체가 요 속에 나타날 경우에는 케톤뇨증(ketonuria)이라 한다.

탄수화물 대사장애나 중독증 또는 탄수화물의 섭취량이 매우 낮은 경우에 체내에 필요한 에너지의 대부분이 지방의 산화로부터 공급될 때 심한 케톤증이 발생한다. 이러한 상황하에서 혈당은 거의 대부분 아미노산으로부터 포도당의 신합성에 의해 공급되고, 지방산은 acetyl-CoA로 분해되어 주 에너지원으로 이용된다. 이때 acetyl-CoA가 생성될 때마다 동시에 NADH가 생성되므로 지방산의 분해 자체만으로 상당량의 ATP가 공급되는 셈이다. 만일 acetyl-CoA가 TCA 회로를 통해서 산화되는 속도보다 생성되는 속도가 더 빠른 경우에 acetyl-CoA는 케톤체라고 하는 2차 산물로 전환된다. 이러한 현상은 oxaloacetate의 양이 충분하지 못하여 TCA 회로의 첫 반응인 citrate를 합성하지 못하거나, 지방산으로부터 acetyl-CoA까지 분해를 통해서 이미 에너지가 충분히 공급될 경우에 발생한다. 생성되는 케톤체에는 여러 가지 화합물이 있으나 이 가운데서 acetoacetate, β-hydroxybutyrate, acetone이 중요한 화합물이다. 케톤체는 산성이고, 이것이 신장으로부터 배설될 때에는 음이온으로서 양이온인 Na^+과 동반되기 때문에 배설이 심하면 혈장과 다른 체액은 양이온 부족현상으로 산중독증(acidosis)이 초래된다. 또한 이때 체액이 많이 배설됨으로써 탈수현상이 일어나게 된다. 케톤증은 동물의 분만 후 비유량이 급격히 증가될 때 흔히 발생하는데, 근본적으로 비정상적인 탄수화물의 대사작용에 기인하는 것이므로 포도당 주사와 코티손(cortisone) 급여가 치료에 효력이 있다. 또한 임신 말기에 영양섭취를 잘하여 어느 정도 체중이 증가하면 분만 후 케톤증 발생률을 현저히 감소시킬 수 있다.

5.10.4 필수지방산

어떤 동물은 지방산을 불포화시키는 능력이 제한되어 있어 몇 가지 불포화지방산은 외부로부터 공급받아야 한다. 이러한 불포화지방산에는 이중결합을 2개 이상 함유한 리놀레산(linoleic acid), 리놀렌산(linolenic acid), 아라키돈산(arachidonic acid) 등이 있으며 이들을 필수지방산(essential fatty acids)이라고 한다. 그러나 리놀렌산과 아라키돈산은 리놀레산으로부터 합성된다는 것이 밝혀져 리놀레산을 충분히 공급하면 부족되는 일이 없기 때문에 근래에는 리놀레산만을 필수지방산으로 취급하기도 한다. 그러나 최근에 와서는 리놀렌산의 중요성에 관하여 더욱 주목하고 있다. 이는 여러 가지 신체 기능 조절, 그리고 혈압을 조절하는 호르몬 유사물질을 체내에서 합성하는 전구체로 알려져 있기 때문이다. 특히 리놀레산과 리놀렌산이 최근에 더욱 중요하게 알려진 것은 리놀레산은 ω-6 지방산으로, 리놀렌산은 ω-3지방산으로 알려지기 시작하면서부터이다.

필수지방산은 세포 구성물질이며, 나아가 프로스타글란딘(prostaglandin)의 전구물질로서 매우 중요한 기능을 갖는데, 만일 이들의 공급이 부족하면 다음과 같은 결핍증이 발생하기 쉽다.

① 성장이 저해되며 간에 지방이 과다하게 비축된다.
② 피모의 불량과 상피조직의 각질현상을 일으키는 피부병이 유발된다.
③ 부종(edema)이 발생한다.
④ 성 성숙의 지연과 번식활동에 이상이 초래된다.

필수지방산의 결핍은 때로 피부병을 동반하는데 이를 영양성 피부병이라고도 한다. 이 외에도 사료 이용성이 떨어지거나 설사를 유발하는 경우도 있어 필수지방산의 영양학적 의의는 실로 크다고 할 수 있다.

반추동물에서는 제1위 내에 서식하는 미생물에 의해서 필수지방산이 충분히 합성되므로 필수지방산이라는 개념을 별로 중요시할 필요가 없다. 그러나 반추위가 완전히 발달하지 못한 어린 반추동물은 단위동물과 마찬가지로 필수지방산을 외부로부터 공급받아야 한다. 필수지방산은 식물성 유지에 널리 분포되어 있으며, 특히 옥수수기름, 콩기름, 면실류, 땅콩기름 등은 이들의 훌륭한 공급원이다. 불포화지방산의 공급이 증가될 때에는 비타민 E의 요구량이 증가되므로 이때에는 비타민 E를 충분히 공급해 주어야 한다.

불포화지방산의 요구량은 다음 여러 가지 조건에 따라 달라진다. 일반적으로 필수지방산은 총에너지 공급량의 1~2% 정도면 요구량을 충족시킬 수 있다.

① 어린 동물은 불포화지방산의 결핍에 더 예민하다.
② 포화지방산을 많이 섭취하는 경우에는 더 많이 공급해야 한다.
③ 수컷이 불포화지방산의 결핍에 더 민감하다.
④ 콜레스테롤의 공급이 증가하면 불포화지방산도 많이 공급해야 한다.

5.10.5 지방의 축적

체지방은 조직지방과 축적지방으로 나눌 수 있다. 조직지방은 세포의 구성과 활동에 꼭 필요한 것으로, 인지방과 콜레스테롤이 여기에 속한다. 그리고 축적지방은 피하, 복강, 근육 내의 결합조직, 골수, 비장 등에 지방조직을 형성하여 저장되어 있으며 이들 지방의 약 90%는 중성지방이다.

체지방은 섭취한 사료의 지방으로부터 형성될 뿐만 아니라 탄수화물로부터 생성될 수도 있고, 때로는 단백질로부터 생성될 수도 있다. 동물체에서는 에너지 섭취량이 소비량보다 많을 때 에너지를 대부분 지방으로 저장한다. 탄수화물도 글리코겐의 형태로 간이나 근육 등에 저장되기도 하지만 그 양이 제한되어 있어 에너지 저장물질로서 탄수화물의 역할은 별로 중요하지 않다. 또한 단백질은 생물학적 의의가 탄수화물이나 지방에 비하여 다르다고 볼 수 있는데, 이는 생체의 단백질 합성에 필요한 아미노산을 공급하고 푸린(purine), 피리미딘(pyrimidine) 등 질소화합물의 합성에 필요한 골격으로 이용되기 때문이다.

지방조직(adipose tissue)에는 혈관과 신경이 있어 지방의 불포화지방 또는 탄수화물의 지방으로 전환작용 등 여러 가지 대사작용이 일어난다. 포유동물에 들어 있는 지방조직은 이를 구성하고 있는 지방세포의 크기, 수, 분포, 그리고 대사량에 따라 두 가지로 나눌 수 있다. 이 가운데 양적으로 많은 흰색 지방세포(white adipose tissue)는 주로 지방조직을 구성하고 있으며 피하지방 중에서도 mesenteries, omentum, retroperitoneal, epididymal 부위에 들어 있고 느슨한 결체조직에서도 발견된다. 또 다른 종류인 갈색 지방세포(brown adipose tissue)는 흰색 지방세포만큼은 많지 않지만 동면하는 동물의 체내에는 상당히 많이 들어 있다.

최근 동위원소의 이용으로 에너지 균형과 체중의 유지상태에서의 체지방도 정적 유지상태(static steady state)가 아닌 동적 유지상태(dynamic steady state)에 있다고 규명되었다. 즉, 축적된 체지방은 다른 체구성 물질과 마찬가지로 항상 일정한 비율로 새것과 대체된다는 것이다. 그리고 유지에 필요한 이상으로 에너지를 섭취하면 체지방의 분해보다는 우월한 비율로 축적되는 것이다. 이러한 점을 고려하면 체지방은 사료지방에 의해 크게 영향을 받게 된다는 것을 쉽게 이해할 수 있다. 체지방의 정도나 함량이 비육사업에 큰 영향을 미치므로 이것은 대단히 중요한 의미를 가지며 비육돈의 경우에는 더욱 그렇다.

지방 축적 문제와 관련하여 가축의 생산성을 고려할 때, 에너지의 과다섭취나 운동부족, 호르몬의 이상분비 등 에너지의 분해기능이 감퇴하면 체내에 지방이 과잉 축적되어 비만증을 유발하는 수가 있으므로 비육의 목적이 아닌 한 이 점을 유의해야 한다. 산란계나 종축에 있어서 과비현상이 일어나면 정상적인 생산활동을 할 수 없다.

5.11 반추미생물에 의한 지방 대사

반추동물이 섭취하는 목초에는 불포화지방산의 함량이 높은 갈락토리피드(galactolipid)가 함유되어 있으며, 곡류에는 주로 중성지방이 함유되어 있다. 그러나 반추위 내용물에 존재하는 지방이나 체내에 저장되는 지방의 형태는 섭취한 사료지방의 형태와는 전혀 다른 분포를 보이고 있다. 이처럼 단위동물과는 달리 반추동물에 있어서 사료지방의 형태는 체지방의 형태와는 별로 연관이 없다.

반추미생물은 중성지방과 갈락토리피드를 가수분해하여 지방산을 유리시키고, 글리세롤과 갈락토오스를 발효시켜 휘발성 지방산을 생성한다. 반추위는 매우 환원된 상태이기 때문에 풍부한 수소이온이 불포화지방산을 신속히 포화시킨다. 이는 혐기성 상태에서 발효가 진행되는 동안 과잉으로 발생되는 수소를 처리하기 위한 수단이라고 볼 수 있다. 반추위 내에 존재하는 포화지방산은 주로 스테아르산(stearic acid)이다.

박테리아나 원생동물(protozoa) 등 발린(valine), 류신(leucine) 또는 이소류신(isoleucine)과 같은 아미노산에서 유래하는 가지 달린 지방산(branched fatty acid)에서 자연계에 흔하지 않은 탄소 수가 홀수인 지방산을 합성한다.

이와 같이 ① 중성지방산의 가수분해, ② 불포화지방산의 수소 첨가 또는 포화, ③ 지

표 5.8 섭취한 사료, 반추위액, 그리고 생산된 우유에 들어 있는 지방산의 분포(%)

지방산의 분포	건초(2.8% 지방)			건초+대두유(4.2% 지방)		
	사료	위액	우유	사료	위액	우유
$C_{14:0}$	0.2	5.9	15.6	0.3	9.0	14.0
$C_{16:0}$	15.8	21.9	35.4	14.0	25.1	31.7
$C_{18:0}$	1.0	29.9	12.4	5.9	19.2	14.1
$C_{18:1}$	21.3	29.1	34.8	22.5	34.7	37.6
$C_{18:2}$	56.2	12.6	1.8	50.5	11.1	2.6
$C_{18:3}$	5.5	0.6	–	7.0	0.9	–

표 5.9 반추위 내 미생물에 의한 지방산 합성

기질	미생물	생성물
Propionic acid	*Basillus subtillis*	$C_{15:0}$
Butyric acid	*B. subtillis*	$C_{14:0}$ iso, $C_{16:0}$ iso
Isobutyric acid	*Ruminococcus albus*	C_{14} br, C_{15} br aldehydes
	Borellia	C_{14} iso, C_{15} iso aldehydes
	Bacteroides succinogenes	C_{14} iso, C_{15} iso aldehydes
	Mixed rumen bacteria	$C_{13:0}$, $C_{13:0}$ br, $C_{14:0}$ br, $C_{15:0}$ br
	B. subtillis	C_{14} iso, C_{16} iso
2-methyl butylric acid	*B. subtillis*	12-methyl $C_{14:0}$ 14-methyl $C_{16:0}$
n-valeric acid	*B. succinogenes*	C_{13}, C_{15}, aldehydes
	Borellia	C_{15}, C_{17}
	Selenomonas ruminantium	C_{13}, C_{15}, C_{17}
	Mixed organisms	$C_{18:1}$
Isovaleric acid	*R. flavefaciens*	C_{15} br, C_{17}, aldehydes
	B. subtillis	$C_{15:0}$ iso, $C_{17:0}$ iso
n-caproic acid	*B. succinogenes*	C_{14}, C_{16}
	S. ruminantium	C_{12}, C_{14}, C_{16}

방산의 합성 등은 반추동물이 섭취한 사료지방과는 조성이 매우 다른 체지방을 형성하게 한다. 소의 경우, 저장지방은 주로 포화지방산으로 구성된 단단한 중성지방(우지)으로 되어 있고, 우유의 지방산 조성도 섭취한 사료와는 표 5.8에서 보는 바와 같이 전혀 다른 분포를 보인다.

반추위 내에서 합성되는 지방산은 기질과 미생물의 종류에 따라서 달라진다(표 5.9). 식물유에 포함되어 있는 지방산은 대개 시스(*cis*)형의 불포화지방산이지만 반추위 내에

들어오면 미생물에 의해서 트랜스(*trans*)형의 이성체로 전환되며, 탄소 수가 홀수이며 가지가 달린 지방산을 합성하기도 한다. 또한 반추위 내 미생물의 지방산 함량을 살펴보면 박테리아는 원생동물에 비해 탄소 수가 홀수이며 가지가 달린 지방산의 농도가 높다. 특히 $C_{15:0}$나 $C_{15:0}$의 이성체들($C_{15:0}$ isoacids)이 그러한데, 이는 원생동물이 $C_{15:0}$의 지방산을 합성하지 못하기 때문인 것으로 알려졌다.

반추동물의 사료에 지방을 첨가하면 반추위의 발효작용에 영향을 미치게 된다. 건물과 그들의 소화율이 감소된다는 보고가 있으며, 메탄가스(CH_4)와 초산의 생성이 감소하는 대신에 프로피온산이 증가하는 효과가 있다고 한다. 메탄가스 생성의 감소는 앞에서 말하였듯이 에너지 손실을 적게 하여 대사에너지 이용률을 높여 주는 효과가 있다. 이는 메탄가스 합성에 필요한 수소이온이 첨가한 지방의 불포화지방산의 포화작용에 우선적으로 이용되기 때문에 수소이온 공급 부족으로 결국 메탄가스 생산이 억제되는 것이다. 한편 프로피온산의 생성이 증가하는 것은 첨가하는 지방에서 유리되는 글리세롤이 프로피온산으로 전환되기 때문이다.

참고문헌

김윤수. 1988. 생화학. 제2판. 의학문화사.
노선호. 2001. 양계영양학. 신광.
농촌진흥청 농촌영양개선연수원. 1991. 식품성분표. 제4개정판.
지규만 등. 2008. 동물사양학. 유한문화사.
한인규 등. 1996. 동물영양학. 신광.
한인규 등. 2000. 양돈영양과 사료. 서울대학교.
Cheeke, P. R. 2005. Applied Animal Nutrition. 3rd ed. Pearson Prentice Hall.
Christle, W. W. 1989. Gas Chromatography and Lipids. The Oily Press.
Conn, E. E., P. K. Stumpf, G. Bruening, and R. H. Doi. 1987. Outlines of Biochemistry. 5th ed. John Wiley and Sons, Inc.
Dyerberg, J. 1986. Linolenate-derived polyunsaturated fatty acids and prevention of atherosclerosis. Nutr. Rev. 44: 125-134.
Gunstone, F. D., J. L. Harwood, and F. B. Padley. 1986. The Lipid Handbook. Chapman &

Hall.

Gurr, M. I. and J. L. Harwood. 1991. Lipid Biochemistry. 4th ed. Chapman & Hall.

Harris, W. S. 1990. Fish oils in hyperglyceridemia: a dose-response study. Am. J. Clin. Nutr. 51: 399-406.

Jurgens, M. H. and K. Bregendahl. 2007. Animal Feeding and Nutrition. 10th ed. Kendall/ Hunt Publishing Company.

Kellems, R. O. and D. C. Church. 2002. Livestock Feeds and Feeding. 5th ed. Prentice Hall.

Lewis, A. J. and L. L. Southern. 2001. Swine Nutrition. 2nd ed. CRC.

McNamara, J. P. 2006. Principles of Companion Animal Nutrition. Pearson Prentice Hall.

Miller, W. J. 1979. Dairy Cattle Feeding and Nutrition. Academic Press.

Murray, R. K., D. K. Granner, P. A. Mayes, and V. W. Rodwell. 1990. Harper's Biochemistry. 22th ed. Appleton & Lange.

Nelson, D. L. and M. M. Cox. 2004. Lehninger Principles of Biochemistry. 4th ed. Freeman.

Perry, T. W., A. E. Cullison, and R. S. Lowrey. 2003. Feeds and Feeding. 6th ed. Prentice Hall.

Pond, W. G., D. C. Church, K. R. Pond, and P. A. Schoknecht. 2005. Basic Animal Nutrition and Feeding. John Wiley & Sons, Inc.

Sevensson, L. 1983. The effect of dietary partially hydrogenated marine oils on desaturation of fatty acids in rat liver microsome. Lipids. 18: 171-178.

Voet, D. and J. G. Voet. 1990. Biochemistry. John Wiley & Sons, Inc.

제6장

단백질과 그 대사작용

6.1 단백질의 중요성

6.2 단백질의 분류

6.3 단백질의 분석

6.4 아미노산
- 지방족 아미노산
- 방향족 아미노산
- 이형환상 아미노산

6.5 단백질의 특성

6.6 비단백태질소화합물

6.7 단백질 소화기전
- 입과 위에서의 단백질 소화기전
- 소장에서의 단백질 소화기전

6.8 단백질의 흡수와 운송기전
- 아미노산 흡수
- 펩티드 운송
- 아미노산 운송

6.9 단백질의 품질 문제

6.10 필수아미노산

6.11 아미노산 요구량과 균형

6.12 이상단백질

6.13 아미노산 이용률
- 아미노산 이용률의 개념
- 아미노산 소화율의 측정방법
- 아미노산 이용성 평가의 필요성

6.14 회장소화율

6.15 합성아미노산의 이용
- 합성아미노산의 이용
- 사료용 합성아미노산의 수요와 공급

6.16 보호단백질과 아미노산

6.17 단백질의 대사작용

6.18 아미노산의 합성과 분해
- 아미노산의 합성
- 아미노산의 분해

6.19 체단백질의 합성

6.20 반추위 단백질 대사
- 단백질 합성
- 요소의 이용

6.21 요소 중독

6.22 대사분질소와 내생질소

6.1 단백질의 중요성

단백질(protein)이라는 말은 1839년 네덜란드의 화학자인 Mulder에 의해 명명되었는데, 이는 동물체와 식물체를 구성하는 중요한 유기물인 primarius라는 희랍어에서 유래한다. 단백질은 생물의 생명유지에 매우 중요한 물질이다. 단백질은 유기질 영양소이고 에너지를 발생하는 물질이라는 점에서 탄수화물이나 지방과 비슷하지만, 단백질은 분자 내에 질소를 가지고 있다. 따라서 단백질은 지방이나 탄수화물로 대체할 수 없는 영양소라고 할 수 있다. 단백질은 고분자의 화합물로서 그 구조에 있어서 아직도 밝혀지지 않은 점이 많고 정확하게 정의하기는 힘드나, 생물을 구성하는 함질소유기물로서 완전 가수분해에 의해서 아미노산(amino acid)으로 구성되어 있는 화합물이다. 따라서 단백질은 그 종류에 따라 화학적 조성 역시 일정하지 않으나, 일반적으로는 탄소(C) 51.0~55.0%, 수소(H) 6.5~7.3%, 질소(N) 15.5~18.0%(평균 함량은 16%), 산소(O) 21.5~23.5%, 황(S) 0.5~ 2.0%, 그리고 인(P) 0~1.5%로 되어 있다.

단백질은 동물의 생명유지나 젖, 고기 및 계란의 생산을 위해 없어서는 안 되는 영양소이며, 생명체의 기본물질로서 다음과 같은 중요성을 가지고 있다.

① 단백질은 동물세포의 구성 성분일 뿐만 아니라 생명체의 기본 물질로, 노쇠한 조직의 대체나 새로운 근육조직(고기)의 형성을 위해 없어서는 안 되는 중요한 물질이다. 성장이란 어떤 의미에서 단백질과 지방의 양적 증가를 뜻하는 것이므로 단백질 공급 없이는 성장이란 불가능하다.
② 단백질은 효소와 호르몬의 주 성분으로 생명유지에 관여하는 기본 물질이다.
③ 단백질은 산소를 세포로 운반하는 헤모글로빈(hemoglobin)의 주 성분이고, 또한 핵단백질, 클로로필(chlorophyll) 등의 주 성분이기도 하다.
④ 단백질은 우유, 계란, 고기와 같은 귀중한 동물성 식품 생산에 필수적으로 요구되며, 이들 속에 들어 있는 단백질은 생명체를 성장, 발육시키는 데 필요하다.
⑤ 질병예방에 관여하는 항체도 단백질로 구성되어 있다.

이렇게 단백질은 동물의 성장에 필수적인데, 모유의 단백질 함량과 어린 동물의 성장속도와의 관계를 보면 표 6.1과 같다. 표 6.1을 보면 단백질, 칼슘(Ca)과 인(P)이 높은 모유를 섭취하는 동물일수록 대개 빨리 자란다는 것을 알 수 있다. 따라서 단백질과 칼슘이 어린 동물의 성장에 필요한 매우 중요한 영양소임을 알 수 있다.

표 6.1 모유의 단백질, 칼슘 및 인의 함량과 어린 동물의 성장속도와의 관계

동물의 종류	성장속도[1] (일)	모유 중 영양소 함량(%)		모유 조회분 중 함량(%)	
		단백질	조회분	Ca	P
사람	180	1.6	0.21	16.7	6.2
말	60	2.7	0.51	19.6	11.7
소	47	3.5	0.71	17.0	13.4
산양	19	3.6	0.80	16.4	13.0
돼지	7	5.4	0.85	29.7	17.8
면양	10	5.8	0.92	27.2	18.0
개	8	11.2	0.73	44.5	30.4
토끼	6	15.8	2.07	30.7	21.1
쥐	6	8.7	1.40	24.9	19.4

[1]생시 체중의 2배에 달하는 데 소요되는 일수.

6.2 단백질의 분류

단백질은 약 20개 이상의 아미노산으로 구성되어 있는 고분자화합물이므로 그것을 분류하기란 쉬운 일이 아니다. 여기에서는 미국 생리학회와 생화학회에서 제시하는 분류법을 이용하기로 한다. 단백질의 분류는 구성에 따라 단순단백질(simple proteins), 복합단백질(conjugated proteins)과 유도단백질(derived proteins)로 대별하며, 단백질의 종류별 특성 및 분포 등은 표 6.2에 정리하였다.

6.3 단백질의 분석

단백질의 함량을 직접 분석하는 일은 상당히 어려운데, 실제 우리가 쓰고 있는 방법은 질소의 함량을 측정해서, 여기에 평균 단백질 계수 6.25를 곱하여 산출한다. 단백질 중 질소의 평균 함량이 약 16%이므로 6.25라는 계수가 나오게 된다. 이 단백질 계수는 사료나 식품에 포함된 단백질 함량을 추정하는 데는 비교적 정확하지만, 경우에 따라 조정이 필요하다. 예를 들면 우유단백질의 질소 함량은 15.7%이므로 그 계수는 6.38이어야 하고, 밀가루의 경우 질소 함량이 17.5%이므로 단백질 계수는 5.71이다. 여러 가

표 6.2 단백질의 분류

종류	특성	분포
1. 단순단백질	*l*-amino acids와 그것의 유도체만을 함유	자연계에 널리 분포되어 있음.
① Albumin	물에 용해, 열에 응고, 포화 용액에 침전	알, 젖, serum albumin, 근육의 myoalbumin myogen, legumelin
② Globulin	강산 · 강알칼리의 묽은 용액에 용해, 열에 응고, $(NH_4)_2SO_4$의 반포화 용액에 침전	알, 젖의 globulin, serum의 globulin과 fibriogen, 근육의 myosin, 콩의 glycinin, 마의 edestine
③ Glutelin	산 · 알칼리의 묽은 용액에 용해, 열에 비응고, $(NH_4)_2SO_4$의 반포화 용액에 침전	쌀의 oryzamin, 밀의 gluten, 동물에는 존재하지 않음.
④ Prolamin	70~80%의 알코올에 용해, 낮은 영양가	옥수수(zein), 밀(gliadin), 보리(hordein)
⑤ Albuminoid 또는 seleroprotein	모든 중성 용액, 산 · 알칼리의 묽은 용액에 녹지 않음.	털, 뿔, 발톱의 콜라겐, 엘라스틴, 젤라틴은 변질된 albuminoid임.
⑥ Histone	묽은 산 용액에 용해, 묽은 NH_4OH에는 녹지 않음.	
⑦ Protamin	물과 NH_4OH 용액에 용해, 열에 의해 응고, basic polypeptide로서 basic amino acids를 많이 가지고 있으며, 다른 단백질을 침전시킴.	정액(semen)에 많이 들어 있음.
2. 복합단백질	단순단백질과 비단백성 물질(pro-synthetic group)이 결합된 것.	
① Nucleoprotein	한 분자 또는 그 이상의 단백질과 핵산의 결합물	세포액에 많이 들어 있음.
② Glycoprotein, mucoprotein	Pro-synthetic group이 탄수화물이며, 가수분해하면 glycoamino acid(hexsosamin)와 uronic acid가 된다. (glycoprotein : 탄수화물 4% 이하) (mucoprotein : 탄수화물 4% 이상)	
③ Phosphoprotein	핵산이나 phospholipid 이외의 함인기와 결합된 화합물	젖의 casein, 알의 vitellin
④ Chromoprotein	Pigments를 가지는 단백질로서 동물은 호흡, 식물은 동화작용에 관여함.	Hemoglobin, cytochrome, flavoproteins
3. 유도단백질 ① Primary derivatives	인공적으로 합성된 단백질 유사물과 단백질 분해산물을 포함. 응고단백질과 metaprotein이라 불리며 대부분 열, 알코올, 산 또는 알칼리의 작용에 의한 단백질의 변질된 물질들인데, 이들의 화학적 특성은 잘 알려져 있지 않으며 단백질로 구분해야 하는지도 결정하기 어려운 것들임.	
② Secondary derivatives	단백질의 부분적 또는 완전 가수분해 산물임. ㉮ Proteose : 수용성 포화염기성 용액에 침전, 열에는 안정 ㉯ Peptone : 보다 진행된 가수분해 산물로서 물과 포화염기성 용액에 가용성이며, 열에 안정 ㉰ Peptide : 단백질의 가수분해에 의하거나 합성된 것으로서 2개 또는 그 이상의 아미노산 화합물인데, 물과 알칼리성 용액에 녹으나 열에는 안정. Biuret reaction이 생기지 않는 경우도 있음.	

지 동식물성 사료의 단백질 계수를 보면 표 6.3과 같다.

질소 함량을 분석하기 위하여 과거에는 Kjeldahl apparatus를 주로 이용하였으나 지금은 Kjeltec 등 자동분석기의 사용이 보편적이다. 그러나 이러한 방법에 의해 분석된 모든 질소는 단백질로부터 온 것이라고 전제한 것인데, 반드시 단백질에만 질소가 들어 있는 것은 아니다. 요소와 같은 비단백태 질소화합물에도 질소가 포함되어 있으므로 다소의 오차가 있는 것을 인정해야 한다. 따라서 이러한 방법으로 정량된 단백질 함량을 조단백질(crude protein)이라고 한다.

표 6.3 동식물성 식품의 단백질 계수

식품명	단백질 계수
보리	5.83
귀리	5.83
밀	5.70
쌀	5.95
옥수수	6.25
호박	5.62
피	5.80
고기	6.25
우유 및 유제품	6.38
콩 및 콩제품	5.71

6.4 아미노산

단백질은 여러 개 아미노산의 결합체로서, 한 아미노산의 아미노기(NH_2)와 다른 아미노산의 카르복실기(COOH)가 연결되어 있다. 이와 같은 연결을 펩티드 결합(peptide bond)이라고 한다. 예를 들면 2분자의 글리신(glycine)이 결합하여 디펩티드(dipeptide)인 glycyl-glycine을 합성하는 경우는 다음과 같다.

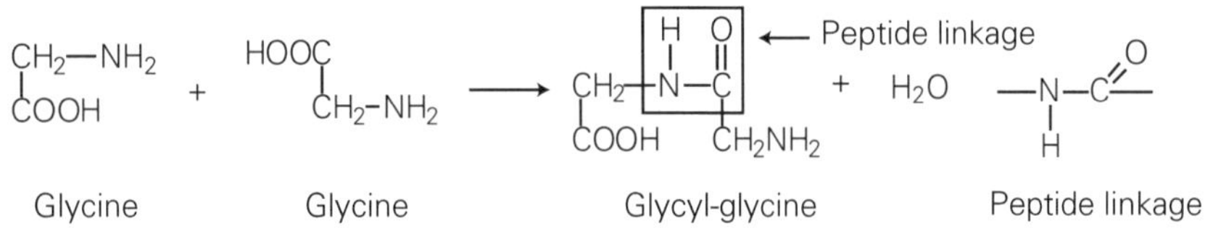

일반적으로 단백질은 분자량이 높은데, 하나의 예로 담배 모자이크 바이러스(tobacco mosaic virus)는 그 분자량이 60,000에 달한다. 또 다른 예로 ova-albumin은 400개 이상의 아미노산이 결합하여 하나의 단백질을 이루고 있다. 여기에서 단백질의 기본 구성 단위인 아미노산의 구조식과 특성을 살펴보기로 한다. 아미노산은 효소나 강한 산에 의해 단백질로부터 분해된다. 체내에서 아미노산은 주로 단백질 합성에 쓰이고, 때로 탄

소골격과 암모니아(NH_3)로 분해되어 다른 목적으로 쓰이거나 배설된다. 먼저 아미노산을 아미노기(NH_2)나 카르복실기(COOH)의 수에 따라 분류해 보면 다음과 같다.

6.4.1 지방족 아미노산(aliphatic amino acids)

1) Monoamino-monocarboxylic acids

(1) NH_2-CH_2-COOH Glycine, $C_2H_5NO_2$, Aminoacetic acid

(2) 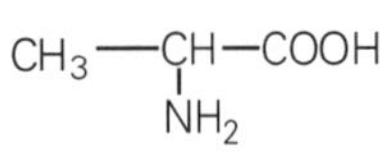 Alanine, $C_3H_7NO_2$, α-amino-propionic acid

(3) 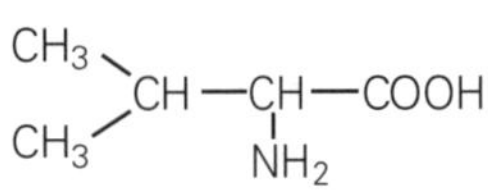 Valine, $C_5H_{11}NO_2$, α-amino-β-methyl-butyric acid

(4) 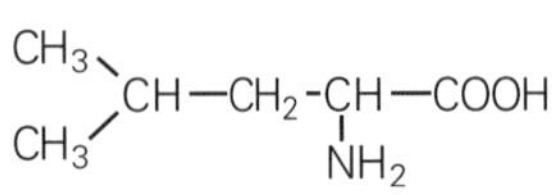 Isoleucine, $C_6H_{13}NO_2$, α-amino-β-methyl-butyric acid

(5) 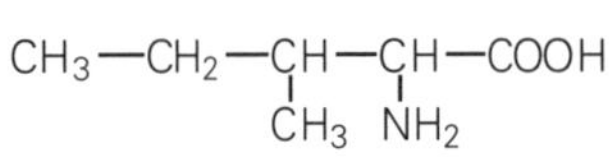 Leucine, $C_6H_{13}NO_2$, α-amino-γ-methyl-valeric acid

(6) 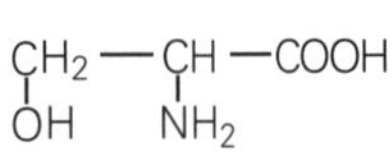 Serine, $C_3H_7NO_3$, α-amino-β-hydroxypropionic acid

(7) 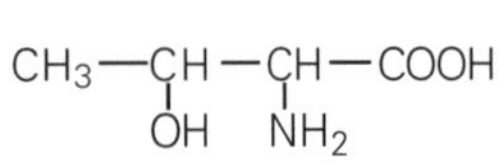 Threonine, $C_4H_9NO_3$, α-amino-β-hydroxybutyric acid

2) Monoamino-dicarboxylic acids

(8) 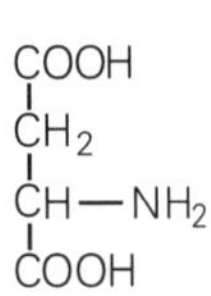 Aspartic acid, $C_4H_7NO_4$, amino succinic acid

(9) 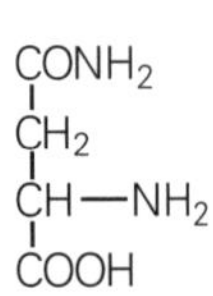 Asparagine, $C_4H_8N_2O_3$, α-amino succinic acid

(10) 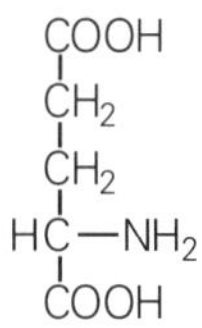 Glutamic acid, $C_5H_9NO_4$, α-amino-glutaric acid

(11) 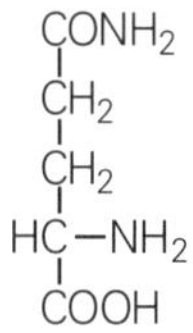 Glutamine, $C_5H_{10}N_2O_3$, α-amino-glutamic acid

3) Diamino-monocarboxylic acids(basic amino acids)

(12) 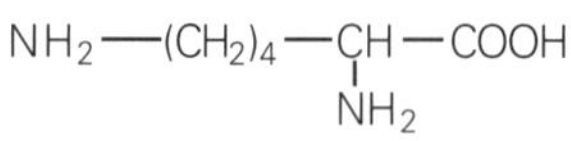

Lysine, $C_6H_{14}N_2O_2$, α-ε-diamino-caproic acid

(13) 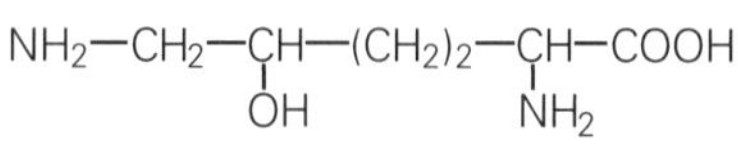

Hydroxylysine, $C_6H_{14}N_2O_3$, α-ε-diamino-2-hydroxy caproic acid

(14) 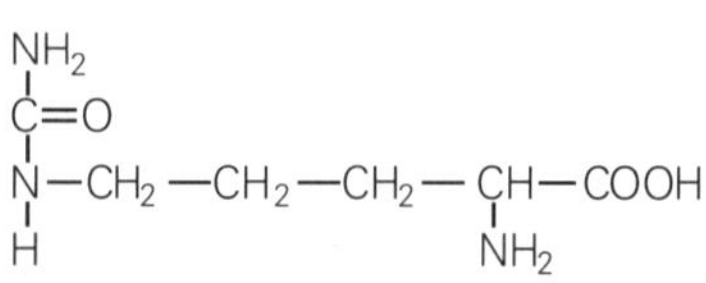

Citrulline, $C_6H_{13}N_3O_3$, α-amino-δ-carbamido caleric acid

(15) 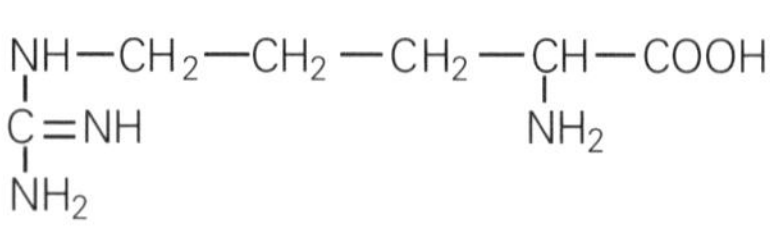

Arginine, $C_6H_{14}N_4O_2$, α-amino-δ-guanidine-valeric acid

4) Sulfur-containing amino acids(SAA)

(16) 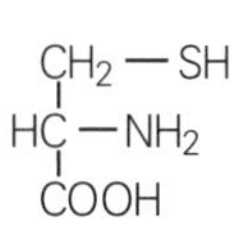

Cysteine, $C_3H_7NO_2S$, α-amino-β-thio-propionic acid

(17) 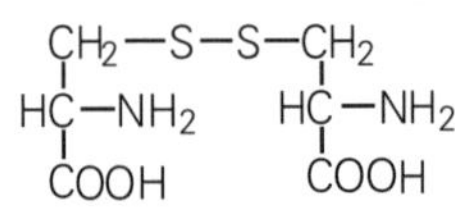

Cystine, $C_6H_{12}N_2O_4S_2$, 2(α-amino-β-thio-propionic acid)

(18) 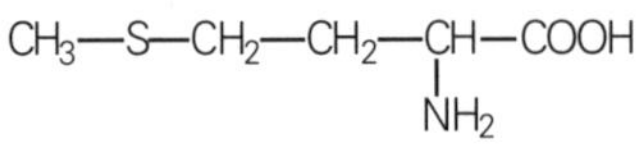

Methionine, $C_5H_{11}NO_2S$, α-amino-γ-methylthio-butyric acid

6.4.2 방향족 아미노산(aromatic amino acids)

(19) 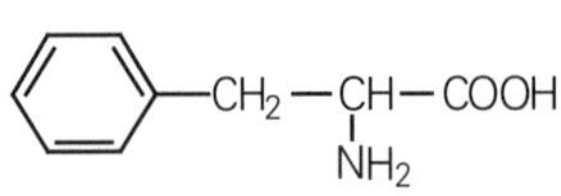

Phenylalanine, $C_9H_{11}NO_2$, α-amino-β-phenyl-propionic acid

(20) 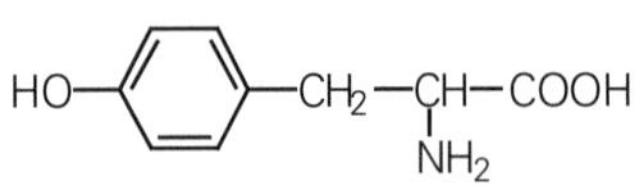

Tyrosine, $C_9H_{11}NO_3$, α-amino-β-parahydroxyphenyl-propionic acid

(21) 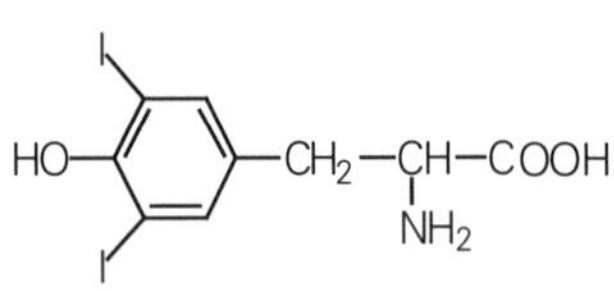

3,5-diiodotyrosine, $C_5H_{13}I_2NO_3$, β-[3,5-diiodo-4-hydroxy] alanine

(22) 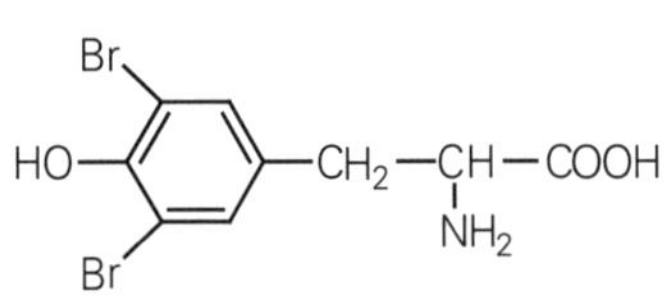

3,5-dibromotyrosine, $C_5H_{13}Br_2NO_3$, β-[3,5-dibromo-4-hydroxy]phenylalanine

(23) 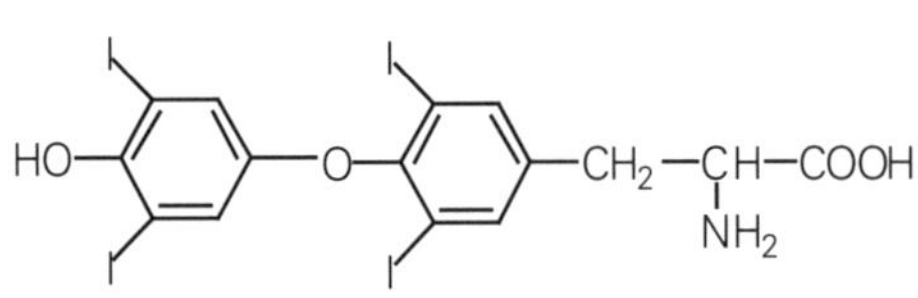

Thyroxine, β-<3[3,5-diiodo-4-hydroxyphennoxy]3,5-diiodophenyl>alanine

6.4.3 이형환상 아미노산(heterocyclic amino acids)

(24)

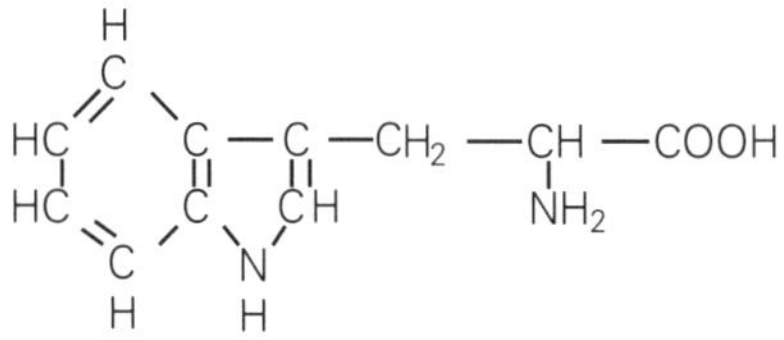

Tryptophan, $C_{11}H_{12}N_2O_2$, 1-α-aminoindol-3propionic acid

(25)

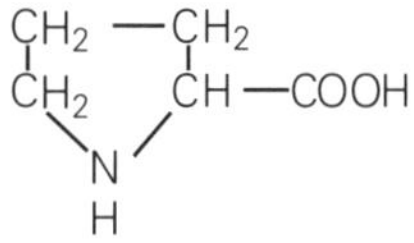

Proline, $C_5H_9NO_2$, 2-pyrolidine-carboxylic acid

(26)

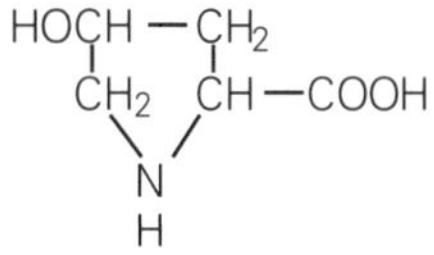

Hydroxyproline, $C_5H_9NO_3$, 4-hydroxy-2pyrolidine-carboxylic acid

(27)

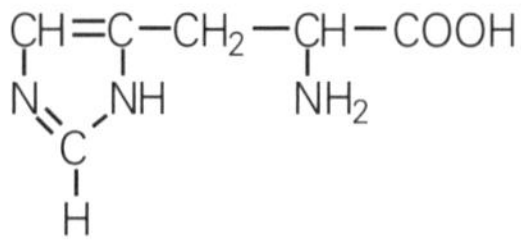

Histidine, $C_6H_9H_3O_2$, α-amino-4-imidazole-propionic acid

아미노산의 특성 몇 가지를 열거해 보면 다음과 같다.

① 물에 녹는다.

② 대부분의 아미노산은 탄소 수가 적은 지방산의 유도체이다.

③ 자연계에는 *l*-form으로 존재하는데, 이것이 *d*-form보다 더 잘 흡수·이용된다.

④ 대부분의 아미노산은 NH_3^+기와 COO^-기를 가지고 있어 양성물질(zwitterion)이다.

⑤ 모든 아미노산은 자기 고유의 등전점(isoelectric point, IP)[1]을 가지고 있다.

---

1) **등전점**: 두 분자의 전자가가 0일 때의 pH를 말한다.

표 6.4 쥐, 닭, 돼지, 쇠고기, 물고기의 체조직에 들어 있는 아미노산 함량(아미노산 g/100g의 단백질)

아미노산	쥐	닭고기	돼지고기	쇠고기		물고기	
				등심	안심	향어	고등어
Arginine	5.89	6.71	7.12	3.19	6.51	3.27	5.28
Histidine	2.16	1.96	2.65	1.43	2.31	1.41	4.50
Isoleucine	3.49	1.96	2.65	0.97	1.94	1.07	2.16
Leucine	6.46	6.63	7.14	3.57	9.06	4.14	10.00
Lysine	7.61	7.46	8.55	3.84	8.93	3.84	1.13
Methionine	1.71	1.76	1.77	0.71	1.06	0.81	1.25
Phenylalanine	3.69	3.95	3.77	1.93	4.82	2.81	4.80
Threonine	3.87	4.02	3.79	0.88	1.91	1.14	3.23
Valine	5.51	6.72	6.00	2.20	2.62	2.62	5.37
Tyrosine	2.88	2.49	2.59	1.62	3.14	1.75	2.51

모든 동물체에는 여러 아미노산이 다르게 분포되어 있는데, 쥐, 닭고기, 돼지고기의 조직, 쇠고기 및 물고기 조직의 단백질을 구성하고 있는 아미노산의 함량은 표 6.4에서 보는 바와 같다.

6.5 단백질의 특성

단백질은 화학적으로 산과 알칼리가 함께 결합되어 있다. 그래서 단백질도 아미노산처럼 양성 물질로 분류되고 있다. 등전점에 있는 단백질에 산을 가하면 양이온화하고 피크르산(picric acid), 탄닌산(tannic acid) 등의 첨가로 침전되는 한편, 알칼리를 가하면 음이온화하고, 납(Pb) 등의 금속이온에 의해 침전된다.

단백질은 물에서 교질상태로 존재한다. 알부민(albumin)과 같은 단순단백질은 물에 녹지만 다른 단백질은 물에 잘 녹지 않으며 에테르에도 녹지 않는다. 단백질은 ammonium sulfate와 같은 중성염에 의해 침전된다. 또한 열이나 알코올에 의해 응고가 되는데, 소화 도중에는 효소에 의해서도 응고된다.

단백질은 여러 가지 작용에 의해 변성(denaturation)[2]이 일어난다. ① 열, ② 산이나 알

2) **변성**: 물질의 일반적 성질의 파괴, 또는 열이나 일부 화학약품에 의한 단백질의 물리적 성질이 변화되는 현상을 말한다.

칼리, ③ X선, ④ 자외선, ⑤ 아세톤(acetone) 등에 의해 변성이 일어나면 그 단백질의 물리적·생물학적 성질에도 변화가 오게 된다. 만일 변성이 일어나면 더욱 소화효소의 공격을 받기가 쉽게 된다.

6.6 비단백태질소화합물

비단백태질소화합물(non-protein nitrogen compound, NPN)이란 가수분해에 의해 아미노산으로 전변되지는 않으나, 단백질과 비슷한 목적으로 쓰일 수 있는 질소화합물을 말한다. 여기에는 ① 아미드(amide), ② 아미노산(amino acid), ③ nitrogenous glucoside, ④ 암모니아(ammonia), ⑤ 알칼로이드(alkaloid), ⑥ 나이트레이트(nitrate), ⑦ 아민(amine) 등이 속한다. 이 가운데 요소(urea)가 소속된 아미드와 암모니아가 가장 널리 쓰이고 있는 NPN이다. 성장하는 목초에는 NPN이 총질소화합물의 약 30%나 포함되어 있다고 하며, 익어가는 종자에도 상당한 NPN이 들어 있다고 한다. 또한 근채류에도 단백질 외에 NPN을 함유하고 있으나 완숙한 조사료, 농후사료에는 극히 미량이 들어 있을 뿐이다. 이러한 NPN은 반추동물의 경우 단백질원으로 이용될 수 있다. 분해되어 아미노산을 생성하는 단백질을 순단백질(true protein)이라고 하고, NPN과 순단백질을 총칭하여 조단백질(crude protein)이라고 하는데, 일반적으로 단백질이라 하면 후자를 말한다.

(1) 아스파라긴(asparagine)

식물에 유리상태로 존재하는데, aspartate와 비슷한 구조식을 가지고 있으며 상당히 많은 양이 거의 모든 단백질에 함유되어 있다.

(2) 글루타민(glutamine)

자연계에 유리상태로 널리 존재하며 체내에서 아미노(amino)기의 저장과 수송에 특히 중요한 역할을 한다.

(3) 요소(urea)와 암모니아

디아미드(diamide)로, 포유동물에 있어서 질소대사의 최종 분해물이다. 오래전부터 반추동물의 경우 단백질 요구량의 일부를 요소(urea)로 대치할 수 있음이 밝혀졌다. 요소는 우레아제(urease)의 작용에 의해서 다음과 같이 암모니아와 탄산가스(CO_2)로 분해된다. 생성된 암모니아는 반추위 내의 미생물에 의해 이용되어 먼저 미생물 단백질(microbial protein) 합성에 쓰이고, 합성된 미생물 단백질은 반추동물에 의해 소화되어 이용된다. 이 반응에 관여하는 우레아제는 반추위에 있는 미생물이 가지고 있는 것이며 동물의 몸 자체에는 없는 효소이다. 따라서 닭, 돼지와 같은 단위동물은 요소를 단백질 대신에 거의 이용할 수 없다.

Urea Ammonia

(4) 뷰렛(biuret)

최근에 요소(urea) 대신에 쓰일 수 있는 것으로 밝혀진 NPN의 하나로, 알려진 바에 의하면 반추동물에 의한 뷰렛의 이용률도 요소와 거의 비슷하다고 한다. 분자식은 다음과 같다.

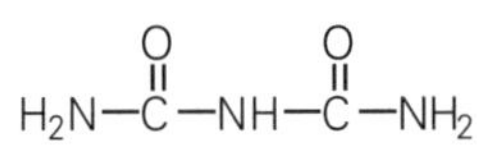

Biuret

(5) 요산(uric acid)

사람의 경우 퓨린(purine)의 최종 분해물이며, 새의 경우 단백질의 최종 분해물이다. 다른 짐승의 경우 퓨린의 최종 분해물은 알란토인(allantoin)이다.

(6) 알란토인(allantoin)

퓨린(purine)체 최종 부산물이며, 반추동물의 경우 반추위 미생물태 퓨린의 흡수에 따른 요로의 배출을 이용, 반추위 미생물 합성량을 측정하는 방법으로 이용되기도 한다. 알란토인의 요 내 배설량은 면양의 소장에 도달하는 미생물의 양과 고도의 상관관계가 있다.

(7) 히푸르산(hippuric acid)

사람보다 초식동물의 요에 더 많이 함유되어 있다. 이것은 벤조산(benzoic acid)과 글리신(glycine)의 결합체로서 유해물질인 벤조산의 해독을 위해 생성되는 물질이다. 이것의 열량가가 높기 때문에 일반적으로 단위동물보다 초식동물의 요 에너지가 더 높다.

(8) 크레아틴(creatine)과 크레아티닌(creatinine)

크레아틴은 동물체(특히 근육)에 널리 분포되어 phosphate와 결합하여 creatine phosphate로 존재한다. 이것이 배설될 때에는 크레아티닌으로 변화된다. 면양의 경우 이 크레아틴의 1일 배설량은 거의 일정하며 개체에 따라 500~1,000mg이다. 크레아틴과 크레아티닌의 관계는 아래와 같다.

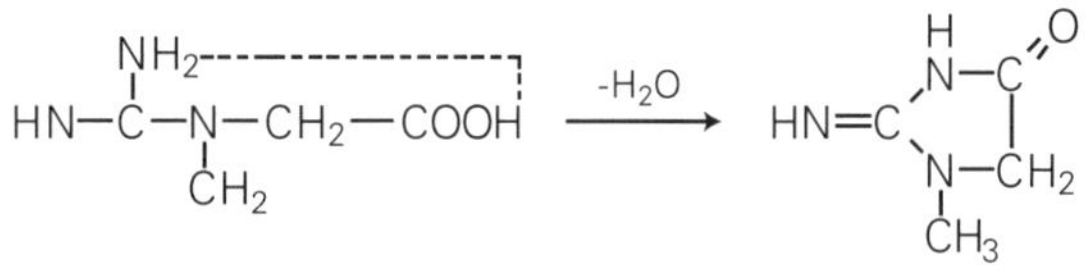

6.7 단백질 소화기전

사료에 들어 있는 단백질을 통해 체내에 필요한 아미노산을 공급하기 때문에 단백질 소화는 생명유지에 중요한 기전이다. 소화기관 내의 여러 곳에서 여러 호르몬과 효소의 작용에 의해 단백질의 소화가 이루어진다. 단백질 소화기전의 목표는 사료 단백질을 체내 흡수할 수 있는 형태인 유리 아미노산이나 저분자 펩티드 형태로 분해하는 것이다.

6.7.1 입과 위에서의 단백질 소화기전

사료를 섭취하면 우선 입에서 치아와 혀에 의한 물리적 소화가 일어나 큰 덩어리의 단백질이 작은 덩어리의 단백질로 절단된다. 그러나 입에서는 단백질을 소화할 수 있는 효소가 분비되지 않기 때문에 효소에 의한 소화는 일어나지 않는다. 작아진 단백질 덩어리는 식도를 통해 위로 전달된다. 위에 음식물이 차게 되면 위의 말단 부분인 pyrolic region에 위치한 pyrolic cell에서 호르몬인 가스트린(gastrin)이 체내로 분비된다. 가스트린은 위 중반 부분인 fundic region에 위치한 parietal cell을 자극하여 HCl을 위에 분비하도록 한다. 이렇게 분비된 HCl은 위소화물을 산성화한다. 함께 fundic region에 위치한 chief cell에서는 불활성 형태의 효소인 펩시노겐(pepsinogen)을 분비하고 이 펩시노겐이 HCl에 의해 펩신(pepsin)으로 활성화된다. 이렇게 위에서는 사료에서 기인한 단백질은 HCl과 펩신의 소화작용에 의해 그 입체구조를 잃고 일차적 구조인 단순한 폴리펩티드(polypeptide) 형태로 전환된다. 이렇게 폴리펩티드로 소화된 후 공장(duodenum)으로 소량씩 이동된다. 한편 어린 포유동물의 경우 펩신이 분비되지 않고 대신 레닌(rennin)이라는 효소가 분비되어 유단백질을 효과적으로 소화한다. 레닌은 활성 pH가 3.5~5.0로 펩신의 활성 pH인 1.5~2.5에 비해 아주 낮지 않은 pH에서도 활성화되기에 아직 위발달이 완성되지 못해 HCl 분비가 원활치 못한 신생 동물에게 중요한 단백질 소화 효소이다.

6.7.2 소장에서의 단백질 소화기전

사료에서 기인한 폴리펩티드가 위에서 공장으로 이동되면, 호르몬인 세크레틴(secretin)과 콜레시스토키닌(cholecystokinin)이 체내로 분비된다. 이 두 호르몬은 우선 위에서 HCl 분비가 지속되지 않도록 억제하는 동시에 췌장에서 bicarbonate($HCO3^-$)와 소화효소를 분비하고 담낭에서 담즙을 분비하도록 촉진한다. 이렇게 췌장에서 분비된 bicarbonate는 위에서 넘어온 산성의 소화물을 중성화하는 중요한 역할을 한다. 그 이유는 췌장에서 분비된 소화효소들은 중성에서 활력을 갖기 때문이다. 이와 동시에 췌장에서 분비된 단백질 소화효소들이 활성화되는 단계를 거쳐야 한다. 우선 트립신(trypsin)은 불활성효소인 트립시노겐(trypsinogen)의 형태로 분비되는데, 장세포에서 분비되는 엔테로키나아제(enterokinase)라는 효소에 의해 우선 소량이 트립신으로 활성화되고, 이렇게 활성화된 트립신이 나머지 트립시노겐을 활성화시켜 소화작용을 시작하게 된다. 특히 트립신은 폴리펩티드의 펩티드 결합(peptide bond) 중에 알칼리성 아미노산인 아르기닌(arginine), 라이신(lysine) 및 히스티딘(histidine)의 카르복실기(carboxyl group) 쪽에 있는 펩티드 결합을 절단하여, 알칼리성 아미노산이 끝에 위치한 작은 폴리펩티드를 생성한다. 트립신 외에도 키모트립신(chymotrypsin)과 엘라스타아제(elastase)라는 단백질 효소가 췌장에서 함께 분비되는데, 이 두 효소는 트립신에 의해 불활성 형태인 키모트립시노겐(chymotrypsinogen)과 프로엘라스타아제(proelastase)에서 각각 키모트립신과 엘라스타아제로 활성화된다. 키모트립신은 폴리펩티드 내 방향성 아미노산인 페닐알라닌(phenylalanine), 트립토판(tryptophan), 그리고 티로신(tyrosine)의 카르복실기 쪽에 위치한 펩티드 결합을 절단하여 방향성 아미노산이 끝에 위치한 작은 폴리펩티드를 생성하고,

엘라스타아제의 경우 폴리펩티드 내의 aliphatic 아미노산인 글리신(glycine), 알라닌(alanine), 발린(valine), 류신(leucine) 및 이소류신(isoleucine)의 카르복실기 쪽에 있는 펩티드 결합을 절단하여, 지방족 아미노산(aliphatic amino acids)이 끝에 위치한 작은 폴리펩티드를 생성한다. 이렇게 트립신, 키모트립신 및 엘라스타아제에 의해 소화된 작은 폴리펩티드는 또다시 2개의 효소인 carboxylpeptidase A와 B에 의해 각각의 폴리펩티드 끝에 위치한 알칼리성, 방향성 및 aliphatic 아미노산을 유리화하여 체내로 흡수될 수 있게 한다. 이렇게 췌장에서 분비된 5개의 단백질 소화효소로 섭취된 단백질은 흡수 가능한 유리 아미노산이나 작은 분자량의 펩티드 형태로 소화된다. 장 세포에 흡수된 작은 분자량의 펩티드는 계속해서 장세포 내에 분비된 아미노펩티다아제(aminopeptidase)와 디펩티다아제(dipeptidase)라는 효소에 의해 유리 아미노산으로 분해되어 혈액을 통해 체내 세포로 이동되어 이용된다.

6.8 단백질의 흡수와 운송기전

6.8.1 아미노산 흡수

단백질은 아미노산과 작은 분자량의 펩티드(2~4개의 아미노산)로 소화된 후 소장에서 흡수된다. 상당량이 입체특이성 체계(stereospecific transport system)에 의해 장세포로 흡수된 후 펩티드의 경우 세포 안에 존재하는 펩티다아제(peptidase)에 의해 빠르게 가수분해되므로 문맥에서는 아미노산만이 발견된다. 사람의 경우 단백질 자체가 흡수되면 민감한 개체에서는 알레르기 현상을 일으킨다. 태아에서 볼 수 있는 수동면역은 초유에 들어 있는 항체가 소화되지 않은 형태로 흡수되는 데 기인한다.

6.8.2 펩티드 운송

펩티드와 아미노산의 흡수는 분리되어 일어나는데 펩티드는 공장에서, 아미노산은 회장에서 더 잘 흡수된다. 펩티드의 분자구조와 관련된 요인들이 어떤 운반체를 이용할 것인지를 결정하는 데 중요한 역할을 한다. 이 요인들은 ① 입체특이성, ② 곁사슬의 길이, ③ N-과 C- 말단의 치환, ④ 아미노산 잔기의 수이며, 펩티드와 운반체 간의 상호작용에도 영향을 끼친다.

디펩티드에 대한 단일운송기체계(single carrier system)는 Na^+-dependent system이지만, 어느 정도의 운송은 Na^+와 무관한 다른 운송경로에 의한다. 펩티드 운송의 두 가지 유전적인 병으로 Hartnup disease와 시스틴뇨증(Cystinuria)이 있다.

6.8.3 아미노산 운송

미세융모막(microvillus membrane)에 존재하는 특이 운반체가 네 가지 특정한 아미노산을 점막세포(mucosa cell)로 능동운송한다.

① **중성 아미노산(neutral amino acids)의 운송기전**: 전하를 띤 아미노산은 이동을 통해 운송이 불가능하며, 또한 중성 아미노산 중 일부는 알칼리성 아미노산의 운반체로 운송될 수 있다. 메티오닌(methionine)은 라이신(lysine)의 흡수를 억제하고, 라이신은 알라닌(alanine)의 흡수를 억제하는 아미노산 사이의 상호억제작용(antagonism)이 있다.

② **이미노산(imino acids)의 운송기전**: β-alanine과 β-, γ-aminobutyric acid가 이미노산의 억제물질로 작용한다. 프롤린(proline)은 메티오닌과 사르코신(sarcosine)에 의해 억제된다.

③ **알칼리성 아미노산(basic amino acids)의 운송기전**: 상당량의 중성 또는 알칼리성 아미노산을 운반할 수 있고, 어떤 중성 아미노산은 라이신의 운반을 자극한다.

④ **디카르복실산(dicarboxylic acids)의 운송기전**: 아스파르트산(aspartic acid)과 글루탐산(glutamic acid)이 brush border 막으로 운송되는지는 확실히 알려져 있지 않다. 장내 아미노산의 운송기작은 표 6.5에 정리되어 있다.

신장과 소장의 brush border를 포함하여 뇌, 적혈구 같은 조직에서는 아미노산이 운송될 때 γ-glutamyl cycle이 있어 일련의 화학반응을 거쳐 아미노산이 세포막을 통과할 수 있다. 프롤린을 제외한 모든 아미노산이 티펩티드의 형성을 촉매하는 membrane-bound glutamyl transferase의 기질로 작용할 수 있다. 거의 모든 아미노산은 글루탐산의 디펩티드 형태로 운송된다. γ-glutamyl group은 운송하고자 하는 아미노산의 아미노기(amino group)로 전변된다. 5개의 세포질 효소에 의해 아미노산과 기질이 재생되는 cycle을 가지므로 γ-glutamyl cycle이라 한다.

표 6.5 장 내 아미노산 운송기전

형태	운송된 아미노산	운송 형태	상대적 비율
Neutral (monoamino monocarboxylic)	Aromatic(tyrosine, tryptophan, phenylalanine) Aliphatic(glycine, alanine, serine, threonine, valine, leucine, isoleucine), Methionine, histidine, glutamine, asparagine, cysteine	Active, Na^+-dependent	Very rapid
Diamino(basic)	Lysine, arginine, ornithinine, cystine	Active, partially Na^+-dependent	Rapid(10% of neutral)
Dicarboxyl(acidic)	Glutamic acid, asparatic acid	Carrier-mediated, active, partially Na^+-dependent	Rapid
Imino acids glycine	Proline, hydroxylproline, glycine	active, Na^+-dependent	Slow

결국 아미노산의 운송에서는 여러 가지 기작이 복합적으로 이루어지는데, 요약하면 다음과 같다.

① γ-glutamyl cycle(proline을 제외한 모든 아미노산)

② 프롤린을 위한 다른 운송기작

③ Na^+-dependent carrier, Na^+/K^+-ATPase에 의해 Na은 세포 밖으로 배출

6.9 단백질의 품질 문제

동물체에 분포되어 있는 질소는 주로 사료에 들어 있는 질소화합물에서 유래한다는 것이 알려진 뒤 단백질이 곧 질소화합물이라는 것과 모든 단백질은 그 영양가가 반드시 같은 것이 아니라는 것이 발표되었다. 젤라틴(gelatin)과 동물성 단백질이 같지 않은 것을 알았고, 젤라틴에 티로신(tyrosine)을 첨가했을 때 개의 영양상태가 크게 향상되는 것을 알았다. 그 뒤 시스틴(cystine)과 트립토판(tryptophan)을 추가하면 효과가 더욱 크다.

20세기 초에 Osborne과 Mendel이 사료에 결핍 또는 부족한 아미노산의 추가 공급이 동물의 영양을 개선한다고 결론을 지은 이래 모든 단백질의 영양적 가치는 그 양이 아니라 오히려 품질, 즉 아미노산의 조성에 달려 있다는 것이 명백해졌다. 더욱이 동물은 몇 가지 아미노산을 체내에서 합성할 능력이 없으므로 이러한 아미노산은 반드시 외

부로부터 공급되어야 한다.

일반적으로 비반추동물의 경우 식물성 단백질보다 동물성 단백질을 섭취하는 것이 영양학적으로 유리하다. 이것은 주로 동물성 단백질이 식물성 단백질에 비해 동물의 체단백질 합성에 필요한 아미노산의 조성과 비율에 더 가깝기 때문인데, 일반적으로 동물성 단백질은 식물성 단백질보다 필수아미노산의 함량과 이용률이 높기 때문이다. 그러나 식물성 단백질에 모자라기 쉬운 아미노산(methionine, lysine, valine, tryptophan 등)을 추가로 보충해 주면 동물성 단백질과 비교할 만한 사료로 만들 수 있을 것이다.

표 6.6 동물성 단백질 사료와 식물성 단백질 사료의 영양가 비교

항목	단백질	
	식물성	동물성
단백질 함량	약간 적다	많다
아미노산		
Methionine	적다	많다
Lysine	적다	많다
Valine	적다	많다
비타민		
Choline	약간 적다	많다
Pantothenate	적다	적다
Riboflavin	적다	많다
B_{12}	적다	많다
미지성장인자	적다	많다

동물성 단백질과 식물성 단백질의 영양가를 비교해 보면 표 6.6과 같다. 표 6.6에서 보는 바와 같이 동물성 단백질에는 메티오닌, 라이신, 발린, 트립토판 등의 필수아미노산이 많이 들어 있고, 미지성장인자는 물론 비타민에 있어서도 콜린, 리보플라빈(riboflavin), 비타민 B_{12} 등이 식물성 단백질보다는 많이 들어 있다. 앞에서 설명한 바와 같이 일반적으로 동물성 단백질은 식물성 단백질보다 우수하여 계란과 우유의 단백질이 우수한 편이고, 고기·물고기의 단백질은 계란과 우유보다는 약간 못하나 식물성 단백질보다는 훨씬 더 좋다.

유실과 깻묵의 단백질은 종실의 그것보다 좋지만 종실 간에는 그렇게 큰 차이가 없다. 밀 단백질은 밀가루의 그것보다 좋고, 밀기울의 단백질은 두 가지의 어느 것보다도 좋다. 종실 단백질이 우유나 계란의 그것보다 못하다고 하는 것은 결국 특정 필수아미노산이 부족하기 때문이다. 대부분의 종실, 면실박, 아마박에는 라이신이 부족하고, 대두박과 낙화생박에는 함유황아미노산(sulfur-containing amino acids, SAA)이 부족하다.

각종 사료에 부족하기 쉬운 아미노산을 들어 보면 표 6.7에서 보는 바와 같다. 식물성 단백질과 동물성 단백질을 섞어서 주면 이것을 따로따로 주었을 때보다 단백질 효율 또는 생물가(biological value, BV)가 많이 좋아지는데, 이것은 한 단백질 사료에 모자라는 아미노산을 다른 단백질 사료가 보충해 줌으로써 단백질을 보다 효율적으로 이용할 수

있게 하기 때문이다. 이것을 단백질의 상보작용(protein supplementary action)이라고 한다. 그렇기 때문에 닭, 돼지의 사료에는 적어도 2종 이상의 단백질 사료를, 특히 식물성 사료와 동물성 사료를 섞어 주는 것이 바람직하다. 그렇게 함으로써 단백질의 보다 효율적인 이용을 기하고 사료의 기호성과 섭취량을 높일 수 있을 뿐 아니라 성장률과 산란율을 개선할 수 있다.

표 6.7 각종 사료에 부족하기 쉬운 아미노산

사료명	부족 또는 결핍되기 쉬운 아미노산
옥수수 + 면실박	Lysine, tryptophan
옥수수 + 아마인박	Lysine, tryptophan
옥수수 + 어분	Tryptophan
옥수수 + 육분	Tryptophan
옥수수 + 대두박	Lysine, tryptophan
옥수수 + 낙화생박	Methionine, lysine, tryptophan

두 가지 단백질을 함께 동물에게 급여하여 얻어진 생물가는 반드시 두 가지 단백질 생물가의 평균과 같지는 않다. 그 이유는 앞에서 설명한 바와 같이 하나의 단백질에 모자라는 어떤 아미노산을 다른 단백질이 보충할 수 있어 따로 급여할 때보다 더 좋은 아미노산 조성을 만들게 되므로 생물가도 훨씬 좋아진다. 옥수수와 탱키지(tankage)로 돼지에게 단백질의 상보작용을 조사한 바에 따르면, 옥수수의 생물가는 54이고 탱키지의 생물가는 42였는데, 그것을 2:1로 혼용하였더니 생물가는 61이 되었다고 한다. 이러한 결과로 옥수수를 다른 단백질과 섞어서 먹였을 때 나타나는 단백질의 효율이 다르다는 것을 알 수 있다.

축적된 단백질의 양을 백분율로 표시할 때에는 흡수된 질소를 가지고 계산하는 경우가 총섭취질소량으로 계산하는 경우보다 언제나 크다. 그 이유는 소화할 때 일어나는 손실을 제외하였기 때문이다.

식물성 단백질의 30%를 동물성 단백질로 대치하면 사람, 개, 쥐에 대하여 생물가를 10~15% 정도 향상시킬 수 있다. 닭의 경우, 이소류신(isoleucine)이 부족하지만 라이신이 풍부하게 들어 있는 혈분과 이소류신은 많으나 라이신이 부족한 글루텐 밀(gluten meal)을 섞어서 주면 성장개선효과가 있다. 일반적으로 10~15%의 동물성 단백질을 섞은 종실 단백질 사료는 동물성 단백질 단용 사료와 비슷한 영양효과를 가지고 있다. 그러나 위에서 말한 단백질의 상보관계는 반추동물에게는 해당되지 않는다. 그것은 반추위 내에서 미생물에 의해 미생물 단백질 합성에 필요한 아미노산이 모두 합성되며, 단백질의 생물가는 주로 미생물의 수와 종류에 달려 있기 때문이다. 미생물 단백질의 생물가는 약 80으로 알려져 있고 그 이용성도 대두박과 비슷하다고 한다.

양돈용 사료의 단백질 품질과 관련하여 이상단백질(ideal protein)에 대해서 간략하게 설명하면 다음과 같다. 이상단백질은 영국의 양돈학자들이 ARC 사양표준을 통해서 상당히 오래전에 주장한 것인데 라이신을 기준으로 해서 사료 중 각 아미노산의 적정 함유 비율을 표시한 것이다. 돼지의 체내 단백질 축적을 최대로 하기 위해서 소요되는 필수 아미노산들이 정확하게 돼지가 요구하는 수준에 맞게 함유되어 있는 단백질이라고 정의할 수 있다. 예를 들면 ARC에서는 라이신을 100으로 했을 때 메티오닌과 시스틴은 50이 적당하다고 주장하였다. 그 뒤의 연구자들은 메티오닌과 시스틴의 비율이 60은 되어야 한다고 제안하였다.

6.10 필수아미노산

어떤 아미노산은 꼭 필요하고 어떤 것은 불필요한가를 알아내기 위해 미국 일리노이 대학교의 Rose(1948)는 쥐를 이용한 일련의 영양시험을 실시하였다. 단백질을 공급하는 대신에 아미노산(혼합제)을 급여하여 특정 아미노산의 필요성 여부를 알아냈는데, 그들이 발표한 바에 의하면 10개의 아미노산은 동물의 체내에서 합성될 수 없거나, 합성된다고 해도 충분하지 못하여 필수적으로 공급되어야 한다는 것이다. 이러한 아미노산을 필수아미노산(essential amino acid)이라고 하며 표 6.8과 같이 분류하고 있다.

시스틴은 메티오닌 요구량의 약 16%를 대치할 수 있으나 성장개선효과가 없었고, 티로신(tyrosine)도 페닐알라닌(phenylalanine) 요구량의 약 50%를 대치할 수 있으나 성장개선효과가 없었다고 한다. 따라서 이 두 가지를 준필수아미노산으로 분류하는 학자도 있다. 그러나 이 두 가지 아미노산 외에 라이신으로부터 하이드록시라이신(hydroxylysine)의 합성이 가능하여 이것을 준필수아미노산으로 취급하는 경향도 있다.

글루탐산(glutamic acid)이나 프롤린은 아르기닌(arginine)으로 대치가 불가능하고, 아르기닌은 쥐의 체내에서 합성될 수 있으나 그 양이 성장에 요구되는 만큼 충분하지 못하다는 것이다. 이처럼 필수아미노산 또는 대치 불가 아미노산이란 체내에 있는 재료를 가지고 합성할 수 없거나, 합성할 수 있다고 하더라도 생리적인 요구에 충분할 만큼 합성할 수 없는 아미노산을 말한다.

닭은 위의 10개 외에 글리신도 추가로 요구된다는 것이 밝혀졌다. 이는 조류의 특수한 생리작용 때문인데, 포유동물과는 달리 조류는 체내에서 생기는 질소 노폐물을 요소

표 6.8 필수아미노산과 비필수아미노산

필수아미노산		비필수아미노산
대치 불가 아미노산	대치 가능 아미노산	
Arginine	Cystine	Glycine
Lysine	Tyrosine	Alanine
Tryptophan		Serine
Histidine		Aspartate
Phenylalanine		Glutamate
Leucine		Proline
Isoleucine		Hydroxyproline
Threonine		Cysteine
Methionine		Tyrosine
Valine		Hydroxytyrosine

(urea)가 아닌 요산(uric acid)의 형태로 배설한다. 지금은 모든 동물에 대하여 개별 아미노산의 정량적인 요구량이 결정되어 있다. 반추동물의 경우에는 이미 설명한 바와 같이 미생물에 의해 필요한 모든 아미노산의 합성이 가능하기 때문에 아미노산의 공급이나 필수아미노산의 개념은 그리 중요하지 않다.

사람의 경우에 성장할 때는 10개의 필수아미노산이 모두 필요하지만 성장한 뒤에는 히스티딘과 아르기닌은 필요하지 않다. 왜냐하면 사람의 세포 내에서 합성되는 히스티딘과 아르기닌의 양으로도 요구량을 충족시킬 수 있기 때문이다. 이처럼 동물의 종류에 따라서 요구되는 필수아미노산의 수에도 다소 차이가 있거니와 그 요구량에도 차이가 있다. 또 같은 동물일지라도 그 생리적 조건(성장, 임신, 비유 등)에 따라서 요구되는 양의 차이가 있으므로 반드시 일률적으로 말하기는 힘들다. 자연계에 분포되어 있는 아미노산은 주로 *l*-form이나, 동물은 *d,l*-methionine 같은 혼합물을 이용할 수도 있다.

6.11 아미노산 요구량과 균형

아미노산의 균형 문제는 절대요구량과 더불어 동물의 유지와 생산에 중요한 작용을 한다. 성장, 산란, 임신 등의 생산활동을 원활하게 뒷받침하기 위해서는 많은 종류의 아미노산이 필요한데, 이들 필수아미노산의 요구량은 비교적 정확하게 밝혀진 바 있다(NRC, 1993, 1994, 1998). 여기서 쥐, 닭(육계), 돼지, 개, 고양이에 대한 필수아미노산의 요

표 6.9 동물별 단백질과 아미노산 요구량

구분	브로일러[1] (0~3주) (%)	산란계[1] (사료 100g) (%)	돼지[2] (5~10kg) (일당 g/mg)	개[3] (4~14주령) (g/kg 사료)	고양이[3] (이유 후) (g/kg 사료)
〈아미노산 요구량〉					
Arginine	1.25	0.70	2.7	6.3	7.7
Glycine + serine	1.25	–	–	–	–
Histidine	0.35	0.17	2.1	3.1	2.6
Isoleucine	0.80	0.65	3.7	5.2	4.3
Leucine	1.20	0.82	6.6	10.3	10.2
Lysine	1.10	0.69	6.7	7.0	6.8
Methionine	0.50	0.30	1.8	2.8	3.5
Methionine + cystine	0.90	0.58	3.8	5.6	7.0
Phenylalanine	0.72	0.47	4.0	5.2	4.0
Phenylalanine + tyrosine	1.34	0.83	6.2	10.4	15.3
Proline	0.60	–	–	–	–
Threonine	0.80	0.47	4.3	6.5	5.2
Tryptophan	0.20	0.16	1.2	1.8	1.3
Valine	0.90	0.70	4.6	5.4	5.1
〈단백질 요구량〉	23.0	15.0	23.7	180	180

[1]NRC(1994), [2]NRC(1998), [3]NRC(2006).

구량을 비교해 보면 표 6.9와 같다.

단백질과 아미노산의 요구량은 동물의 종류에 따라서 다른데, 특히 아미노산의 경우에는 요구되는 종류도 다르다. 즉 물고기의 경우, 단백질 요구량이 다른 동물에 비하여 높은데 이는 물고기가 탄수화물을 이용할 수 있는 능력이 적기 때문이다. 닭의 경우 아르기닌의 요구량이 다른 동물보다 높은 것은 닭의 체내에 요소회로(urea cycle)가 없기 때문에 아르기닌의 자체 공급능력이 거의 없고, 반면에 깃털의 생성을 위하여 많은 양의 아르기닌이 요구되기 때문이다. 성인보다 유아의 아미노산 요구량이 훨씬 높은데, 이것은 다른 동물의 경우에도 마찬가지이다.

사료에 각각의 필수아미노산이 너무 많거나 부족하지 않고 요구량에 알맞게 함유될 때 전체 단백질의 이용효율이 가장 높다. 이와 같은 상태를 아미노산 균형(balanced amino acid)이라고 한다. 일반적으로 단위동물은 특정 아미노산의 보충 능력에 한계가 있어서 사료에 들어 있는 아미노산 사이에 균형이 잡혀 있어야 정상적인 체단백질 합성이 일어나고, 계란, 고기, 새끼 등의 생산이 순조로워지는 것이다. 만일 필수아미노산 중의 어느 하나라도 요구량에 충족되지 않으면 체단백질 합성이 제한되기 때문에 다른 아미노산의 이용을 저해하게 된다. 이러한 까닭에 요구되는 아미노산 모두는 각각의 요구량에 맞게 공급해 주어야 단백질의 효율적인 이용이 가능하다.

사료에 함유되어 있는 여러 아미노산 중에서 요구량에 미치지 못하거나, 반대로 요구량보다 많을 경우 각각 아미노산 간의 균형이 깨어지는데, 이러한 경우를 아미노산의 불균형(unbalance)이라고 한다. 한편 필수아미노산 중에서 요구량에 미달하는 아미노산을 제한아미노산(limiting amino acid)이라 하는데, 양적으로 가장 많이 모자라는 것은 제1제한아미노산(1st limiting amino acid)이라 하고, 두 번째로 모자라는 것은 제2제한아미노산(2nd limiting amino acid)이라고 한다. 요구량에 맞게 이러한 제한아미노산들을 보충 공급하면 아미노산 불균형에 의한 단백질 이용률 저하는 시정될 수 있다. 그러나 제한아미노산을 보충해 줄 때에는 제1제한아미노산부터 우선적으로 충족시켜 주어야 한다. 그렇지 않고 제2제한아미노산만을 우선 충족시켜 주면 오히려 더욱 심한 아미노산의 불균형을 초래하게 된다. 이러한 경우를 아미노산의 미균형(imbalance)이라고 한다.

쌀 단백질을 예로 하여 아미노산 균형을 설명하면 표 6.10과 같다. 즉, 쌀 단백질에서 가장 결핍되기 쉬운 아미노산은 트레오닌(threonine)이고, 그 다음이 라이신(lysine)이다. 따라서 트레오닌은 제1제한아미노산이고, 라이신은 제2제한아미노산이다. 쌀 단백질에 트레오닌을 첨가하지 않고 라이신만 첨가했을 때, 첨가하지 않은 경우보다 흰쥐의 증체량은 오히려 떨어졌으나, 제1제한아미노산인 트레오닌을 함께 첨가했을 때에는 증체량이 현저하게 증가하였음을 알 수 있다.

주요 사료의 단백질 및 아미노산 함량은 표 6.11에서 보는 바와 같다. 일반적으로 곡류 및 대두박 등 식물성 단백질에는 라이신과 메티오닌의 함량이 낮고, 어분과 같은 동물성 단백질에는 이 두 가지 아미노산이 비교적 풍부하다. 그 밖에도 옥수수에는 트립토판(tryptophan)이 결핍되기 쉽다. 일반적으로 옥수수와 대두박을 주로 배합한 사료에 가장 결핍되기 쉬운 제1제한아미노산은 메티오닌이며 제2제한아미노산은 라이신이다. 따라서 옥수수·대두박 중심의 사료에 합성 메티오닌이나 동물성 단백질 사료를 첨가하

표 6.10 아미노산 첨가가 흰쥐의 성장에 미치는 영향

사료의 종류	증체량(g)	증체량/N 섭취량
쌀	9.2	6.2
쌀 + lysine 2.0%	6.6	4.2
쌀 + lysine + threonine 1.2%	28.0	14.4

표 6.11 주요 사료의 단백질 함량과 아미노산의 조성(%)

영양소명	옥수수	대두박	어분
조단백질	8.8	44.0	64.2
아미노산			
Arginine	0.50	3.28	3.66
Histidine	0.20	1.15	1.53
Leucine	1.10	3.52	4.83
Isoleucine	0.37	2.39	3.01
Lysine	0.24	2.93	4.90
Tryptophan	0.09	0.62	0.74
Threonine	0.39	1.81	2.68
Methionine	0.20	0.68	1.93
Cystine	0.15	0.69	0.59
Valine	0.52	2.34	3.38
Phenylalanine	0.47	2.27	2.70
Glycine	0.37	2.29	3.59

표 6.12 라이신과 메티오닌 첨가에 의한 브로일러 사료의 단백질 절약 효과

항목	대조구[1)]	기초구[2)]	lysine(%)		methionine(%)		lysine+methionine(%)	
			0.1	0.2	0.1	0.2	0.1+0.1	0.2+0.2
개시 체중(g)	63.8	65.0	65.2	65.1	64.1	64.9	65.1	64.8
종료 체중(g)	2,020.1	1,960.8	1,986.8	2,068.1	1,998.0	2,056.7	2,067.3	2,071.4
증체량(g)	1,938.3	1,895.9	1,921.6	2,003.0	1,933.4	1,991.8	2,002.0	2,006.6
사료섭취량(g)	4,714.3	4,880.5	4,781.1	4,875.8	4,836.8	4,904.9	4,903.0	4,876.1
사료효율	2.43	2.57	2.49	2.43	2.50	2.46	2.45	2.43

[1)] 대조구의 단백질 수준, 전기(22%), 후기(19%).
[2)] 기초구의 단백질 수준, 전기(20%), 후기(17%).

면 사료의 아미노산 균형을 훨씬 향상시킬 수 있을 뿐만 아니라 상당량의 단백질도 절약할 수 있다.

여기서 합성아미노산의 첨가에 의한 단백질의 절약 효과에 관한 대표적인 시험결과를 요약하면 표 6.12와 같다. 사료의 단백질 함량이 대조구보다 2% 낮은 기초사료에 라이신과 메티오닌을 첨가해 준 시험구가 대조구나 기초구보다 증체량이나 사료효율이 오히려 개선되었음을 알 수 있다. 즉 라이신과 메티오닌을 함께 첨가한 구에서 가장 우수한

성적을 얻었는데, 이는 부족하기 쉬운 아미노산을 각각 첨가해 줌으로써 아미노산의 균형이 잡힘에 따라 단백질의 이용효율이 개선되었기 때문이다. 육계 사료에서 제한아미노산으로 알려진 메티오닌과 라이신을 0.1~0.2% 수준으로 첨가하면 옥수수·대두박 위주의 사료 단백질 2% 정도를 절약할 수 있다.

6.12 이상단백질

단위동물의 사료에 포함된 단백질은 함량뿐만 아니라 품질도 중요하다. 이는 사료를 섭취하는 동물이 필요로 하는 아미노산 요구량은 각각의 필수아미노산에 따라 다르기 때문이다. 동물이 필요로 하는 아미노산의 요구량을 모두 고려한 단백질을 공급하는 경우 그 사료 내 단백질의 이용효율이 극대화할 수 있는데, 이를 통해 체내 단백질 축적 향상, 아미노산 손실 감소, 단백질 절감, 분내 질소배출량 감소 등의 효과를 기대할 수 있다. 이때 이러한 아미노산 조성으로 이루어진 단백질을 이상단백질(ideal protein)이라 하는데, 보통 그 단백질에 포함된 각 아미노산의 양을 라이신에 대한 상대 비율로 나타낸다.

이상단백질은 축종에 따라 다르고, 같은 축종이라도 성장 단계와 생리적 상태에 따라 다르게 나타난다. 예를 들어 돼지와 육계의 이상단백질이 다르고, 자돈과 비육돈의 이상단백질이 다르다. 육계와 산란계의 이상단백질이 다르고, 심지어 최근에는 임신 전기와 임신 후기의 이상단백질이 다르다는 연구결과가 나왔다. 이는 성장, 유지, 생산에 필요한 아미노산의 요구량이 각각 다르기 때문이다. 이상단백질의 예를 표 6.13에 정리해 보았다. 근래에 들어 대부분의 단위동물 사료에는 이상단백질 개념이 적용된다.

표 6.13 돼지의 이상단백질

아미노산	Lys	Ile	Leu	Met	Thr	Trp	Val
생명유지	100	75	70	28	151	26	67
단백질 합성	100	54	102	27	60	18	68
젖 생산	100	55	115	26	58	18	85
임신 초기	100	59	88	25	79	15	65
임신 말기	100	56	95	27	71	16	66

NRC(1998) 및 Kim et al.(2009).

6.13 아미노산 이용률

6.13.1 아미노산 이용률의 개념

아미노산 이용률의 개념은 한 단백질에 포함되어 있는 아미노산 중 체내로 흡수되어 성장, 유지 및 생산을 위해 이용되는 부분을 말하며, 이것은 단백질의 소화율이나 효소 활력 저해 인자의 존재 유무, 가공처리 등에 의한 펩티드 결합(peptide bond)의 변성과 장 내에서 아미노산의 분해, 방출 속도 등에 따라 영향을 받는다.

6.13.2 아미노산 소화율의 측정방법

일반적으로 아미노산의 소화율을 측정하기 위해서 널리 사용되어 온 방법은 전분채취법(fecal analysis method 또는 total collection method)이다. 이 방법은 섭취한 아미노산 양과 분으로 배설한 아미노산 양의 차이를 측정하여 소화율을 계산하는 것으로 측정이 비교적 쉽기 때문에 그동안 널리 사용되어 왔다. 대장 내에는 미생물에 의해서 단백질이 많은 변형을 받는데, 이것은 분 중 아미노산을 기준으로 하여 아미노산 이용률을 측정하였을 때 대장 내에서 소화되지 못한 단백질이 미생물에 의해 분해되거나 합성될 수 있기 때문에 정확하지 못하다는 것을 의미한다. 분에서의 아미노산은 미소화 부분과 내생아미노산, 박테리아로 이루어져 있다. Mason(1984)은 돼지의 대장에서 일어나는 발효로 인하여 분 내 질소의 62~76%가 박테리아에서 기인한다고 보고하였다.

이러한 대장 내 미생물의 영향을 배제하기 위한 방법으로 전분채취법을 개선한 회장내용물 채취법(ileal analysis method)이 개발되었다(Zebrowska, 1973). 돼지에게 무단백질 사료를 급여하면서 회장 부위에 카제인(casein)을 투입하여 소화와 흡수, 배설을 측정하여 대장에서의 작용을 연구하였다. 이후 많은 연구자들이 돼지의 대장에서 소화된 영양소는 생체 내에서 이용할 수 없다고 결론지었다. 근래에 들어 사료 내 아미노산 이용률 평가는 회장소화율을 기준으로 하는 것이 보편화되었다.

외관상소화율은 급여된 사료와 분이나 회장 내용물에서 측정된 아미노산의 차이에 의해 계산되나, 진정소화율은 외관상 소화율 계산 시에 내생아미노산을 제외하고 계산된다. 진정소화율을 계산하기 위해서는 내생아미노산 배설량을 측정해야 하는데, 많이 사용되는 방법이 무단백질 사료를 급여하여 측정하는 것이다. 분의 상당 부분을 내생단백질이나 내생아미노산이 차지하고 있다. 그러한 내생아미노산의 배설은 건물과 단백질 섭취량, 단백질의 품질과 구조, antinutritional factor의 함유 여부 등 여러 요인들의 영향을 받는다. 또한 무단백질 사료 내의 여러 가지 요인들과 섬유소의 양에 따라 내생질소 배설량과 미생물의 성장이 영향을 받는다. 이러한 이유 때문에 소화율이 낮은 사료에 대해 진정소화율을 측정하면 전분채취법에 의한 소화율보다 회장소화율이 높아지는 문제점이 있다고 하였다.

진정소화율을 구하기 위한 내생질소 배설 측정방법에는 무단백질 사료를 급여하는 방법과 함께 회귀계수법(regression method)도 사용되어 왔다. 이러한 회귀계수법은 아미노산 수준별로 급여하였을 때 아미노산 수준이 0일 때의 측정치로 계산된다. 최근에는 보다 정확한 방법으로 ^{15}N-isotope dilution technique가 개발되었다. 이 방법은 체단백질 내에 일정량의 ^{15}N로 표지한 후 배설된 미소화 단백질과 내생단백질을 구분하여 배설량을 측정하는 것이다. 체단백질에 표지하는 가장 효율적인 방법은 표지된 아미노산을 혈관으로 계속 주입하여 혈장 내 아미노산의 양을 증가시키는 방법이다. 이렇게 하면 혈장 내에 풍부하게 존재하는 표지된 아미노산이 체단백질 합성에 우선적으로 사용되게 되며 이러한 경로로 체단백질에 표지할 수 있다고 한다. 외관상 아미노산 소화율과 진정아미노산 소화율을 계산하는 방식은 다음과 같다.

$$\text{외관상 아미노산 소화율(\%)} = \frac{\text{섭취한 총아미노산} - \text{배설된 총아미노산}}{\text{섭취한 총아미노산}} \times 100$$

$$\text{진정아미노산 소화율(\%)} = \frac{\text{섭취한 총아미노산} - (\text{배설된 총 아미노산} - \text{내생아미노산})}{\text{섭취한 총아미노산}} \times 100$$

한 동물의 성장단계에 따라 아미노산 이용률이 달라지는데, 표 6.14는 자돈의 이유 후 어분의 아미노산 소화율을 본 것이다. 이 등(1988)의 연구에서 볼 때, 사료의 종류에 따

표 6.14 이유자돈의 어분 내 아미노산의 진정회장소화율(%)

아미노산	Lys	Ile	Leu	Met	Thr	Trp	Val
이유 후 1주(3주령)	66	53	54	70	50	60	60
이유 후 2주(4주령)	67	56	56	75	54	63	60
이유 후 3주(5주령)	78	69	71	83	60	74	73

표 6.15 백색 레그혼 수탉을 이용한 주요 사료의 아미노산 이용률(%)

아미노산	옥수수	밀기울[1)]	대두박[1)]	채종박	어분(60%)	우모분
Asparate	92.5	76.8	91.5	84.8	73.5	53.5
Threonine	86.3	74.3	86.8	82.5	80.8	66.8
Serine	90.0	73.5	85.8	83.5	77.8	82.5
Glutamate	92.3	87.3	92.5	92.8	91.3	71.3
Proline	80.8	77.3	83.3	83.5	80.0	64.8
Glycine	81.8	82.0	93.0	87.3	89.0	82.0
Alanine	92.3	79.0	82.0	88.3	89.8	79.8
Cysteine	96.0	62.3	61.0	76.8	64.5	50.0
Valine	82.5	80.0	90.0	88.3	92.8	70.3
Methionine	95.8	74.5	70.3	64.8	77.5	67.8
Isoleucine	93.0	66.5	86.8	84.8	88.3	82.0
Leucine	96.3	64.0	90.0	90.8	90.3	79.8
Tyrosine	92.8	90.5	73.0	79.5	80.3	60.3
Phenlyalanine	94.0	92.8	91.0	90.3	85.5	82.5
Histidine	86.3	81.0	74.5	73.0	70.5	76.5
Lysine	92.0	78.3	86.5	85.0	83.5	56.0
Arginine	94.5	75.8	85.3	82.0	74.8	71.8
평균	90.54	77.41	83.72	83.41	81.78	70.45

[1)]수입원료.

라 아미노산의 이용률에는 상당히 큰 차이가 있었다. 표 6.15는 백색 레그혼 수탉을 이용한 몇 가지 사료의 아미노산 이용률을 본 것이다.

6.13.3 아미노산 이용성 평가의 필요성

아미노산의 이용성은 각 사료별로 다르며 같은 원료사료 내에서도 일정하지 않다. 이렇게 사료 내 단백질의 소화·흡수가 불완전할 수밖에 없는 원인은 다음과 같다.

① 세포벽의 불소화 또는 분자 사이에 cross-linkage가 너무 많아서 소화효소가 단백질에 침투하지 못하는 경우

② 단백질 효소의 binding-site가 억제되는 경우

③ Protease inhibitor의 존재

따라서 사료 성분 중에서 실제로 동물에게 이용될 수 있는 영양소의 양을 정확히 아

는 것은 적정 영양소의 공급 면에서 매우 중요하다.

6.14 회장소화율

이전에는 돼지의 회장 내용물에서 외관상소화율이나 진정소화율을 측정하기 위해서는 도체분석법을 사용하였다. 이러한 도체분석법으로 측정할 때는 한 개체에 대해 한 번밖에 이용할 수 없기 때문에 실험을 반복하기 위해서는 같은 연령의 돼지 여러 마리를 사용하였다. 그러나 최근에 cannula를 설치하는 방법이 개발되어 한 마리에 대해 여러 번의 실험이 가능하게 되었다. Cannula를 설치하는 대표적인 방법에는 re-entrant cannula와 T-cannula의 두 가지 방법이 있다. Re-entrant cannula는 회장 내용물을 완전히 채취할 수 있는 장점이 있는 반면에 수술상의 어려움이 따르고 미생물의 오염이 쉽다는 단점이 있다. 그러나 T-cannula는 수술이 용이하고 설치 후에 장의 폐쇄나 막힘이 일어나는 일이 적기 때문에 생존기간이 길어서 여러 가지 실험 수행에 유리한 면이 있다. 이렇게 회장에서 소화율을 측정하기 위해서 외과수술적인 방법이 개발되어 왔다. 외과수술 시 적절한 상태는 다음과 같다. ① 회장 말단의 절단 방지, ② 적절한 회복기간과 적응시간, ③ 회장과 맹장의 장 내 활성 보존, ④ cannula 설치 부위의 길이는 20mm 정도, ⑤ 장 내용물이 cannula를 통과하는 시간과 내용물량의 최소화였다. 그리고 더욱 중요한 것은 설치 시기에 동물이 식욕을 잃지 않고 잘 적응하는 것이다.

외과수술방법과 같은 소화율 측정방법은 여러 가지 요인에 의해 영향을 받아서, 쉽게 요인들을 제거하기가 어렵다. 이러한 요인들에는 사양관리, 외과수술 경험, 돼지의 크기와 품종 등이 있다. 또 다른 중요한 문제로서, cannula 설치가 아미노산의 소화나 흡수에 영향을 주는가에 대한 것이다. 그리고 돼지에 있어서 소화율 측정방법의 차이는 시료를 채취하는 기간과 빈도에 달려 있다고 한다.

T-cannula를 설치하여 소화율을 측정할 때는 대부분 시료의 전부를 채취하기보다는 지시제(marker)를 사용한 간접 소화율 측정법이 더 정확할 수 있다. 이것은 re-entrant cannula에 비해 시료의 전량 채취에 어려움이 따르기 때문이며, 이때 사용하는 지시제는 여러 소화작용에 영향을 미치지 않는 것을 선택해야 한다.

대장 내 미생물에 의한 여러 가지 작용 때문에 분 시료에서 측정한 아미노산 이용성은 회장 시료에서 측정한 아미노산 이용성보다 높거나 낮게 평가될 수 있다. 이는 대장

내에서 아미노산의 분해가 합성보다 많을 경우 분에서 이용성은 높게 평가될 수 있고, 적을 경우 낮게 평가될 수 있기 때문이다.

Jorgensen(1984)은 돼지에서 대두박, 우모분, 해바라기박, 육골분 등에 함유된 글루탐산(glutamic acid), 프롤린(proline), 류신(leucine), 글리신(glycine), 티로신(tyrosine) 및 라이신(lysine)은 분에서의 외관상이용률이 회장에서의 이용률보다도 높게 평가되는 경향이 있고, 반면에 Nongyao(1990)는 섬유소의 수준별 아미노산 이용률을 측정한 결과 전체적으로 회장의 이용률(96.12~82.90%)이 분의 이용률(91.59~77.24%)보다 높았다고 한다. 보리+대두박, 보리+canola meal에서 메티오닌은 분에서의 외관상이용률이 회장에서의 이용률보다 낮게 평가되는 경향을 보인다.

양 등(1991)은 회장 cannula를 설치한 성장 중인 돼지의 진정아미노산소화율을 측정하기 위해 체중 70kg 전후의 돼지를 이용하여 원료사료에 함유되어 있는 아미노산 소화율을 측정하였다. 그 결과 곡류와 강피류 사료 중 옥수수, 수수 및 탈지강은 평균 외관상 및 진정아미노산 소화율이 분보다 회장 내용물에서 더 높게 나타났으나, 단백질 사료 중 어분과 우모분은 외관상 및 진정아미노산 소화율이 분에서 더 높게 나타났다. 그러나 대두박에서는 외관상 및 진정아미노산 소화율이 분과 회장 간에 차이가 거의 없었다.

6.15 합성아미노산의 이용

6.15.1 합성아미노산의 이용

동물 체내에서 합성되는 단백질의 양은 체내에 존재하는 모든 아미노산의 평균적인 양에 의해 결정되지 않고 가장 부족한 한 개의 아미노산의 양에 의해서 결정된다. 그래서 이런 아미노산은 화학적으로 합성된 것을 공급해 주어서 전체 단백질의 체내 이용률을 높일 수 있다. 동물 체내에 존재하는 아미노산은 *l*-form인데 화학적으로 합성하다 보면 *d*-form의 아미노산도 생기며, 아미노산의 종류에 따라 *d*-form의 이용 정도가 다르다. *d*-form의 메티오닌은 *l*-form의 메티오닌과 같은 정도로 이용이 되나, *d*-form의 라이신이나 트레오닌은 이용이 불가능하기 때문에 합성 아미노산을 이용할 때는 이러한 점에 유의해야 한다. 지금까지 합성 라이신과 메티오닌이 배합사료 제조에 많이 사용되

표 6.16 액상 lysine의 영양소 함량

영양소	함량(%)	영양소	함량(%)
Moisture	53.82	Mg	0.01
Crude protein	43.06	Fe(mg/kg)	64.33
Lysine	31.64	Mn(mg/kg)	0.13
Crude ash	0.69	Cu(mg/kg)	0.0
Minerals:		Zn(mg/kg)	1.50
Ca	0.04	Cr(mg/kg)	0.0
P	0.01	Pb(mg/kg)	0.0
K	0.12	F(mg/kg)	0.0
Na	0.01	Cd(mg/kg)	0.0

어 오고 있다. 한편 라이신의 원가를 줄이기 위해 생산되고 있는 액상 라이신은 표 6.16에 보는 바와 같이 수분은 약 54%, 조단백질은 약 43% 정도이며 라이신은 약 30% 함유되어 있다. 미량광물질에서는 철(Fe)의 함량이 가장 높으며 중독광물질은 거의 존재하지 않는 것으로 분석되었다.

6.15.2 사료용 합성아미노산의 수요와 공급

사료 내 부족한 제한아미노산을 공급하기 위해서 생물학적 발효(fermentation)나 화학적 반응과정(chemical synthesis)을 통해 순도가 높은 아미노산을 생산할 수 있다. 이렇게 생산된 아미노산제제를 합성아미노산이라 한다. 현재 주요 제한아미노산은 사료용으로 대량생산되는데, 이러한 합성아미노산은 라이신, 메티오닌, 트레오닌, 트립토판 및 발린을 포함한다. 또한 제한아미노산은 아니지만 기능성을 위해 쓰이는 글루타민의 경우도 사료용으로 대량생산되고 있다.

동물 사료에 합성아미노산의 사용량은 계속해서 증가하고 있다. 표 6.17에는 주요 지역별(유럽, 북미, 남미, 아시아 및 중국)에서의 지난 10년간 연도별(2000, 2005 및 2010) 사용량을 정리하였다. 사료용 합성아미노산 사용량은 지난 10년간 매년 평균 13%로 빠르게 증가하고 있고 그 종류도 라이신과 메티오닌 위주에서 트레오닌과 트립토판도 널리 사용되기 시작하였다. 특히 최근에는 발린도 사료용으로 생산이 되어 유럽에서 사용이 시작되었고, 남미와 북미에서도 사용될 예정이다.

사료용 합성아미노산은 2010년 현재 12여 개국의 15~20여 개 회사에서 생산되고 있

표 6.17 사료용 합성아미노산의 연도별 사용량(천 톤)

연도	라이신	메티오닌	트레오닌	트립토판	연도	라이신	메티오닌	트레오닌	트립토판
1980	30	108	0	0	2004	845	557	68	1.49
1985	59	130	0	0	2005	910	584	81	1.64
1990	135	197	1	0	2006	975	620	98	1.92
1995	299	301	8	0.35	2007	1,080	663	119	2.34
2000	539	420	32	1.10	2008	1,150	705	139	2.83
2001	580	455	39	1.19	2009	1,250	749	166	3.47
2002	660	485	47	1.23	2010	1,400	783	200	4.25
2003	780	522	57	1.35					

표 6.18 라이신의 주요 회사별 생산능력(천 톤)

회사명	2001	2004	2007	2010	생산지
ADM	140	180	180	190	미국
Ajinomoto	203	263	290	308	프랑스, 미국, 브라질, 태국, 중국
BBCA	0	40	50	50	중국
CJ	93	125	202	302	인도네시아, 중국, 브라질
Evonik	30	45	65	80	미국
GBT	10	150	300	400	중국
Juneng	0	0	37	48	중국
Kyowa	78	22	15	20	멕시코, 미국, 헝가리, 베트남
Paik Kwang	90	90	90	100	한국
Yipin	0	0	20	100	중국
전체	666	948	1,288	1,653	

표 6.19 메티오닌의 주요 회사별 생산능력(천 톤)

회사명	2004	2007	2010	생산지
Adisseo	207	231	235	프랑스(DL-Met), 스페인, 미국, 중국(MHA)
Evonik	236	272	356	미국, 독일, 벨기에(DL-Met)
Nippon Soda	30	0	0	일본(DL-Met)
Novus	255	255	255	미국(MHA)
Orgsynthese	30	30	30	러시아(DL-Met)
Sumitomo	56	97	97	일본(DL-Met, MHA)
전체	814	885	995	

다. 사료용 라이신과 메티오닌의 회사별 생산능력은 표 6.18과 표 6.19에 정리하였다.

6.16 보호단백질과 아미노산

반추동물의 단백질 공급에 있어서 반추미생물이 질소원으로 암모니아를 이용할 수 있기 때문에 요소와 같은 NPN을 단백질원으로 이용할 수 있다는 점에서는 매우 유리하나, 아미노산의 조성이 우수한 단백질 사료의 경우는 영양소의 이용성 측면에서 반추위 분해에 의해 오히려 불리한 점도 있다. 특히 비유 초기의 젖소나 성장 중인 송아지 및 고능력우와 같이 빠른 시간에 많은 에너지를 필요로 하는 경우에는 산유량과 사료섭취량이 불균형을 이루어 체조직으로부터 다량의 에너지를 동원하게 되어 체중감소가 일어나기도 한다. 반추위 내에서 합성된 미생물체 단백질만으로는 요구량을 충족할 수 없게 되어 다량의 보호(bypass)단백질 공급이 요구되는 것이다. 따라서 반추동물의 사료 내 단백질원의 바이패스(bypass)에 대한 중요성이 강조되고, NRC(2001)에서도 이미 RAP(Ruminally available protein)와 DUP(Digestible undegraded protein)로 나누어 각각의 요구량을 표시하고 있다.

고능력우의 산유 초기에는 소장에서 흡수되는 필수아미노산이 우유로 분비되는 양보다 적으며 제1제한아미노산이 메티오닌이고, 고기와 양모 생산을 위해서는 각각 라이신과 시스테인이 제1제한아미노산으로 평가되었다. 알려진 바에 따르면 젖소에 메티오닌의 제4위 내 투여는 산유량, 유단백질, 유지방 생산량에는 영향을 미치지 않으나 라이신을 투여하면 유단백질 함량이 16%나 증가되어 10종의 아미노산 혼합물을 급여한 것과 동일한 효과를 가져온다고 하였다. 그리고 라이신과 메티오닌을 같이 투여하였을 때는 유단백질 함량이 43%나 증가된다고 하였다. 보호 라이신과 메티오닌을 첨가하면 착유우의 유단백질과 유생산량이 증가한다는 연구결과가 발표되었다.

아미노산의 반추위 내 분해를 방지하기 위해서 아미노산을 지방산, 수소 첨가 지방 및 탄산염, 포도당과 카올린(kaolin) 등의 혼합물로 코팅하는 등의 물리적 처리와 포름알데히드(formaldehyde) 처리, 에스테르 결합(ester linkage), 중합(polymerization) 등의 화학적 처리로 산유량과 유단백질의 증가를 도모하고자 하는 실험들이 수행되기도 하였다. Rogers 등(1987)은 encapsulated rumen-protected methionine과 라이신을 급여함으로써 유생산량과 유단백질의 생산량을 크게 증가시켰으며 라이신은 메티오닌의 이용효율을 크게 증가시켰다고 보고하였다.

동물성 단백질 사료는 보호단백질의 중요한 공급원이 될 수 있다. NRC(2000)는 표 6.20과 같이 저분해 단백질(low bypass, 40% 이하), 중분해 단백질(medium bypass,

표 6.20 보호단백질의 분류

구분	사료명
고분해 단백질(60% 이상)	대두박, 낙화생박, 채종박, 해라바기박, 보리
중분해 단백질(40~60%)	면실박, 옥수수, 건조 알팔파밀, 건조 맥주박, 대두박(가열), 아마박
저분해 단백질(40% 이하)	육분, 혈분, 어분, 우모분, 옥수수 글루텐, 밀

40~60%), 고분해 단백질(high bypass, 60% 이상) 사료로 구분하는데, 옥수수 글루텐을 제외한 식물성 단백질 사료보다 동물성 단백질 사료가 소장으로 바이패스(bypass)되는 단백질 부분이 많다. 즉 반추위 내 분해율이 낮아 고능력우의 경우 필요한 보호단백질의 중요한 공급원이 될 수 있다. 그러나 단백질의 분해도는 실험동물, 기초사료, 측정방법, 사료의 가공 정도에 따라 달라질 수 있다.

6.17 단백질의 대사작용

아미노산으로 분해된 단백질은 소장에서 흡수되어 다음과 같은 여러 목적 중 어느 하나에 쓰인다.

(1) 체단백질 합성이나 기타 질소화합물 합성에 쓰인다. 즉 체조직, 우유, 계란, 효소, 호르몬 등의 합성 또는 노쇠한 조직(손톱, 발톱, 머리털)의 대체 등에 쓰인다.

(2) 탈아미노반응(deamination)이나 아미노기 전이반응(transamination)을 통해 탄소골격과 암모니아로 분해된 뒤 탄소골격은 아래와 같은 목적으로 사용된다.

① CO_2나 H_2O로 분해되면서 에너지를 발생한다.

② 글리코겐이나 포도당을 합성한다.

③ 체지방을 합성한다.

한편, 암모니아(NH_3)는 아래와 같이 쓰인다.

① 요소(urea)로 배설(urea cycle을 통해)

② 비필수아미노산 합성

체내에서 질소화합물은 지방과 같이 동적 상태(dynamic state)를 이루고 있어 아미노산의 합성과 분해, 또 단백질의 합성과 분해 사이에는 일정한 한계가 있다.

6.18 아미노산의 합성과 분해

6.18.1 아미노산의 합성

동물체의 체단백질은 약 40%의 비필수아미노산과 60%의 필수아미노산으로 구성되어 있다. 비필수아미노산이라고 해서 그것이 체내에서 불필요하다는 말은 결코 아니며, 다만 이들은 체내에서 다른 원료로부터 합성이 가능하여 외부에서 공급할 필요가 없는 것이다. 어떤 종류의 아미노산은 다음과 같이 여러 가지 기전에 의해 체내에서 합성된다.

① 피루브산(pyruvic acid)이 암모니아(NH_3)와 결합·환원되어 알라닌(alanine)을 합성한다. 포도당 분해과정에서 생기는 중간 생성물인 여러 가지 α-keto acid에 암모니아가 결합되는 amination에 의해 아미노산이 합성되는 기전은 다음과 같이 표시할 수 있다.

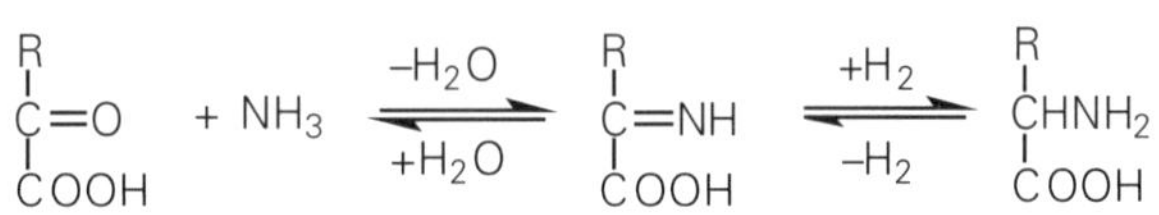

α-keto acid　　Imino acid　　Amino acid

② 아세틸(acetyl) 유도체의 분열

$$\alpha\text{-keto acid} + NH_3 + \text{Pyruvate acetyl} \rightarrow \text{Amino acid} + \text{Acetate}$$

③ Transamination

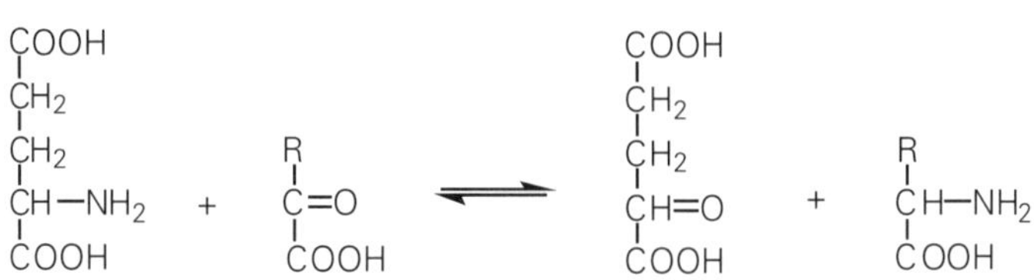

Glutamic acid　　α-keto acid　　α-ketoglutaric acid　　Amino acid

이 반응에는

$$\text{Glutamate} \rightarrow \alpha\text{-keto glutamate 또는 Asparate} \rightarrow \text{Oxaloacetate}$$

의 개입이 필요하다.

④Transmethylation: 이 반응은 특히 호모시스테인(homocysteine)에서 메티오닌을 합성하기 때문에 중요하다.

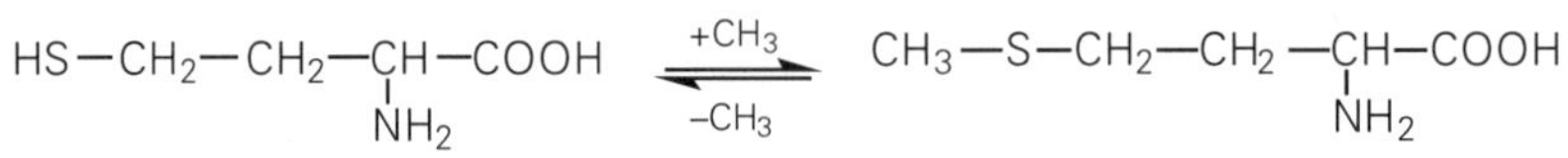

Homocysteine　　　　　　Methionnine

이상의 기전을 통해 일어나는 아미노산 합성을 분류하면 다음과 같다.

glutamic acid → proline, hydroxyproline, histidine, ornithine 및 arginine과 citrulline에 의한 urea cycle
pyruvic acid → α-alanine, serine, homocysteine, methionine, isoleucine

방향족 아미노산은 그 합성 경로가 상당히 복잡하다. 이것은 세린(serine) 또는 안트라닐산(anthranilic acid)을 경유하여 7탄산과 아세틸(acetyl)기로부터 합성된다. 오직 라이신만은 그 합성이 특수하며, 전구물질로 α-aminoadipic acid 또는 α-diaminopimelic acid 등이 알려져 있다. 라이신의 생합성에는 두 가지 경로가 있다. 박테리아, 식물, 청녹조류와 곰팡이 등에서는 diaminopimelic 경로를 통해 합성되고, 효모, 고등 곰팡이와 조류에서는 α-aminoadipic 경로를 거쳐 물 분자를 잃으면서 환형 중간물인 2,3-dihydrodipicolinic acid를 형성한다. 마지막 단계에서 2,6-diaminopimelic acid가 형성되고 mesoform으로 변한 후 탈탄산반응을 거쳐 라이신이 만들어진다. Aminoadipic 경로는 acetyl-CoA와 α-ketoglutarate에서 시작하여 homoisocitric acid와 ketoadipic acid를 거쳐서 ketoadipic acid가 아민화되어 aminoadipic acid가 되며 결국 라이신이 형성된다.

다음은 비필수아미노산의 중요성과 그 합성에 대하여 생각해 보기로 한다. 비필수아미노산도 체단백질의 구성을 위해 필요한데, 그중 2개는 필수아미노산으로부터 합성할 수 있다.

시스틴을 합성할 때 S기를 공급받기 위해 메티오닌이 필요하고 티로신(tyrosine)의 hydroxy compound의 합성을 위해 페닐알라닌(phenylalanine)이 필요하다. 그리하여 티로신과 시스틴은 비필수아미노산이지만 공급이 부족할 때에는 이것을 합성·공급하기 위하여 더 많은 양의 메티오닌과 페닐알라닌이 소모 또는 공급된다.

다른 비필수아미노산도 필수아미노산으로부터 전환될 수 있으나 이것은 비경제적인 공급 방법이다. 여러 물질로부터 얻을 수 있는 아미노기는 케토산(ketoic acid)과 결합하여 아미노산을 합성할 수 있다. 글루탐산(glutamic acid)의 NH_3^+는 피루브산(pyruvic acid)으로 아미노 전환되어 알라닌을 다음과 같이 합성할 수 있다.

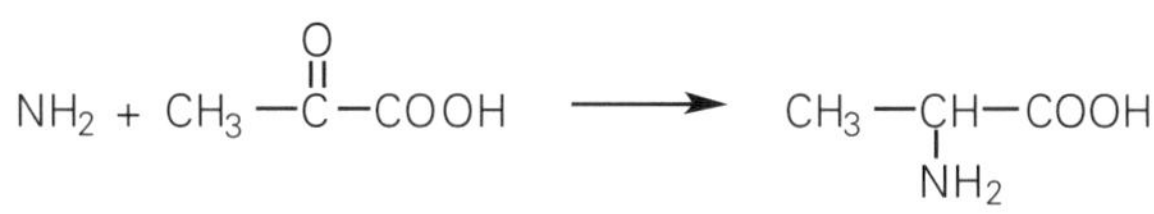

Pyruvic acid　　　　Alanine

이때에 쓰이는 아미노(amino)기는 반드시 아미노산에서 공급되는 것이 아니라 암모늄(ammonium)염과 같은 데에서도 얻을 수 있다. 비필수아미노산의 공급이 부족해도 지방이나 탄수화물의 중간대사물 중 적당한 탄소골격을 이용하여 이것을 합성하게 된다. 요컨데 동물이 정상적으로 성장하기 위해서는 10개의 필수아미노산 외에 비필수아미노산 합성에 필요한 아미노기를 공급할 질소화합물을 공급해 주어야 한다. 이 목적을 달성하기 위해 요소(urea) 등도 쓰일 수 있다. 실제로 한 가지 아미노산만 가지고 있거나, 필수아미노산 전부를 가지고 있는 사료는 거의 없다. 그러나 사료에 따라 아미노산의 함량과 종류가 무척 다르다. 그래서 만일 어떠한 사료가 모든 필수아미노산과 적당량의 비필수아미노산을 공급한다면 우수한 단백질 사료라고 할 수 있다. 만일 필요 이상의 아미노산을 공급하게 되면 아미노산은 분해되어 암모니아는 배설되고, 그 탄소골격은 에너지 발생에 쓰이거나 체지방으로 전환되어 축적되기도 한다.

6.18.2 아미노산의 분해

흡수된 아미노산은 ① 탈아미노반응을 거치는 것이 있고, ② 체단백질 합성에 쓰이는 부분이 있으며, ③ 대개는 개체아미노산별로 완전분해된다. 아미노산이 각각 완전분해되는 셋째의 경우 복잡한 반응을 거쳐서 다음과 같은 각각의 최종 분해물이 생긴다.

Glycine	→	Serine	→	Pyruvate
Tryptophan	→	Alanine	→	Pyruvate
Methionine	→	Cystine	→	Pyruvate
Threonine	→	Propionyl-CoA		
Valine	→	Propionyl-CoA	+	Succinyl-CoA
Asparate	→	Oxaloacetate		

Arginine	→	α-keto-glutarate			
Hstidine	→	Glutamic acid			
Proline	→	Glutamic acid		→	α-keto-glutarate
Ornithine, Citrulline	→	Glutamic acid			
Lysine	→	Glutarate			
Isoleucine	→	Propionyl-CoA		→	Acetyl-CoA
Leucine	→	Acetyl-CoA		→	Acetoacetate
Phenylalanine	→	Tyrosine	→ Fumarate	→	Acetoacetate

이와 같은 아미노산들은 탄수화물 분해과정 중 TCA 회로의 여러 중간대사물질로 전환된다. 그리하여 각 중간대사물은 포도당신생(gluconeogenesis)의 경로를 거쳐 탄수화물을 합성하기도 하고, 지방의 합성 원료로 쓰이거나, TCA 회로에 의해서 완전 산화되기도 한다. 한편 위에서 말한 바와 같이 NH_3^+를 공급받아 TCA 회로의 여러 중간대사물로부터 아미노산이 합성되기도 하고, 아미노산이 분해되어 여러 중간대사물을 만들기도 하므로 단백질·탄수화물·지방의 대사는 각각 별개의 대사가 아니라 궁극적으로 상호 연관성을 가지게 된다. 각 영양소 간의 이러한 연관성을 맺는 데 있어서 교량적인 역할을 하는 것이 바로 TCA 회로이다.

이 밖에 위에서 언급한 바와 같이 몇 가지 필수아미노산은 체내에서 합성될 수 없다고 하였는데, 그 이유는 체내에서 일어나는 여러 대사과정에서 이들 아미노산의 합성에 필요한 탄소골격이 만들어지지 않기 때문이다.

아미노산이 탈아미노작용을 하게 되는 경우에 암모니아(NH_3)는 대부분 다음에 설명하는 요소회로(urea cycle)에 의해 요소로 배설되거나 비필수아미노산을 합성하는 데 쓰이지만, 남은 탄소골격이 어떻게 이산화탄소와 물로 산화하는가를 알아 볼 필요가 있다. 그림 6.1에서는 어떤 아미노산이 어떤 중간대사물을 경유하여 산화되는가를 요약하였다.

아미노산의 분해에 개입하는 첫 반응은 탈아미노작용인데, 이는 산화물, 탈아미노화 또는 아미노 전이에 의해 이루어진다. 간, 신장 및 기타 조직의 효소들은 산화과정으로 탈아미노화하는 성질을 가지고 있다.

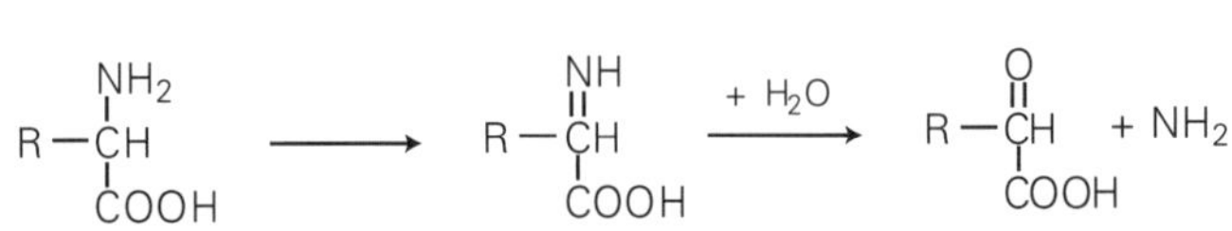

α-amino acid　　α-imino acid　　α-keto acid

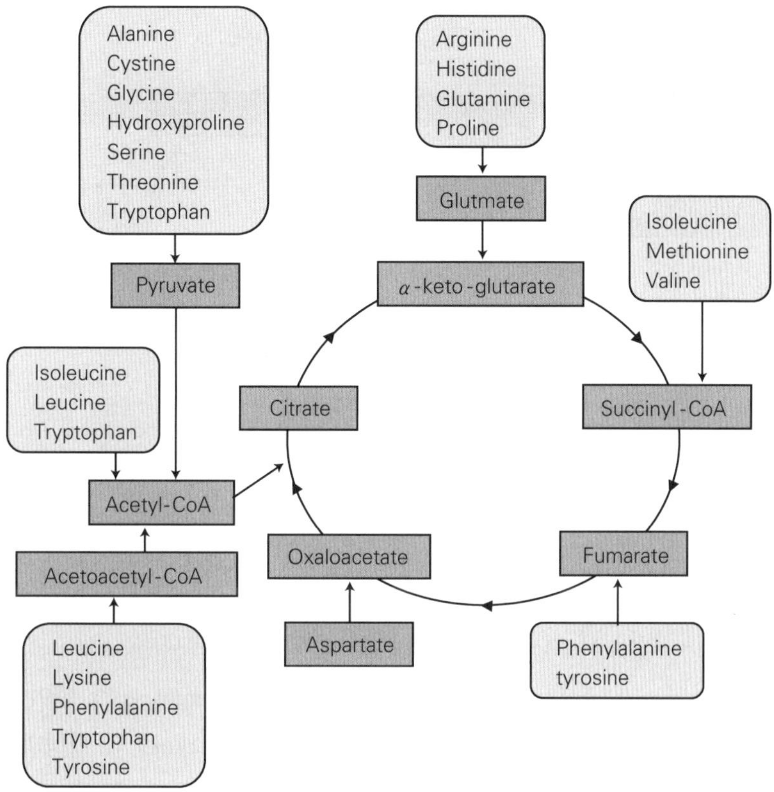

그림 6.1 아미노산의 탄소골격으로부터 형성된 중간대사물의 산화 경로

이 반응에서 생긴 비질소물은 앞에서 설명한 바와 같이 탄수화물의 대사과정에 따라 이산화탄소나 물로 분해되거나 TCA 회로에 들어가 동화작용에 쓰인다. 앞에서 말한 바와 같이 어떤 아미노산은 당 생성 아미노산(glucogenic amino acid)이고, 또 다른 어떤 것들은 케톤 생성 아미노산(ketogenic amino acid)이므로 지금까지의 모든 실험결과를 종합하면 대개의 비필수아미노산은 케톤 생성 아미노산으로서 지방 대사과정에 사용된다고 할 수 있다.

아미노산에서 제거된 암모니아(NH_3)는 ① 아미노화 반응에 쓰이거나, ② 아미노 전이 반응에 쓰이고, ③ 어떤 것은 요로 배설된다. 주로 글루타민과 아스파라긴(asparagine)은 암모니아의 중독작용을 방지하기 위해 암모니아 운반체로 쓰인다.

대부분의 암모니아는 조류의 경우 요산(uric acid)으로 배설되지만 포유동물에서는 요소(urea)의 형태로 요로 배설되며, 단백질 대사의 최종 분해물이기도 하다. 지금까지 연

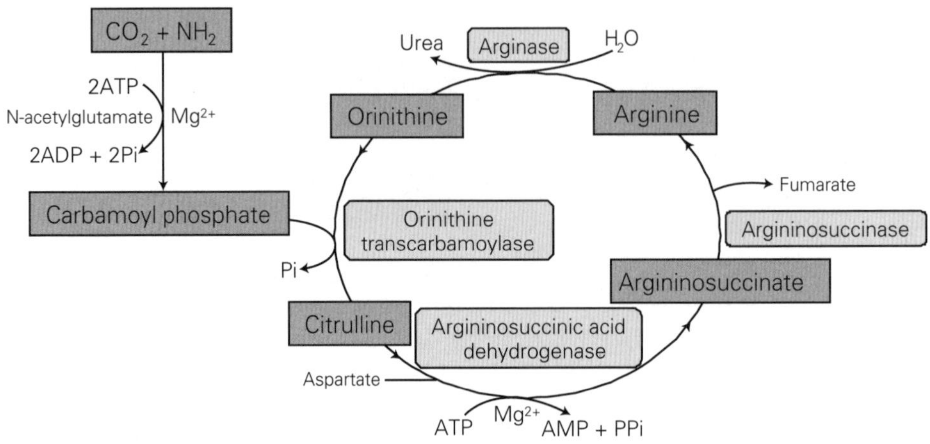

그림 6.2 요소회로

구된 바에 의하면 요소의 체내 합성은 동물의 간에서 일어난다고 한다. Krebs와 Henseleit는 간에서 일어나는 요소의 합성반응을 발표하고 오르니틴(ornithine), 시트룰린(citrulline), 아르기닌(arginine)의 세 아미노산과 아르기나아제(arginase)가 관여한다는 것을 명백히 하였다. 그 후 계속적인 연구의 결과로 이제는 요소(urea)의 합성과정, 즉 요소회로(urea cycle)에 대하여 모든 것을 알게 되었다.

먼저 오르니틴이 시트룰린으로 변성되고, 다음 시트룰린이 아르기닌으로 전변되는데, 여기에서 요소(urea)가 떨어져 나온다. 이러한 일련의 반응을 요소회로(urea cycle)라고 하는데, 이를 일괄하면 그림 6.2와 같다. 먼저 이산화탄소와 암모니아는 ATP가 있을 때 carbamoyl phosphate가 되고, 이는 오르니틴과 함께 시트룰린을 생성한다. 시트룰린은 다시 ATP를 소모하면서 아스파르트산(aspartic acid)과 통합하여 argininosuccinic acid를 만들고, 푸마르산(fumaric acid)을 분리하면서 아르기닌을 형성한다. 이것이 아르기닌의 체내 합성과정이기도 하다. 아르기닌은 아르기나아제에 의해서 요소를 분리시키고 다시 오르니틴을 형성하면 요소회로의 1회전이 완료된다.

그림 6.2의 반응에 의해 요소의 합성에 사용된 2원자의 N 중 하나는 아미노산의 탈아미노화반응(deamination)에 의해서 분리된 암모니아로부터 오고, 또 다른 하나는 아미노산인 아스파르트산(aspartic acid)으로부터 오게 된다는 것을 알 수 있다. 1분자의 요소를 합성하는 데 다음과 같이 3분자의 ATP를 소모한다.

$$2\ ATP \longrightarrow 2\ ADP + 2\ Pi$$
$$ATP \longrightarrow AMP + PPi$$

따라서 암모니아의 배설형태인 요소를 합성하는 데에도 에너지를 소모하게 된다는 것을 기억할 필요가 있다. 요소의 생성을 위한 이 cyclic reaction을 위해 많은 부대반응이 따라야 한다. 그 예를 들면 oxaloacetate를 공급하기 위해 TCA 회로가 같이 운영되어야 한다. 즉 oxaloacetate는 아미노기 전이(transamination)된 후 아스파르트산으로 되는데, 이것이 요소회로의 활동을 촉진한다. 그래서 위에서 말한 아르기닌, 오르니틴, 시트룰린 외에 아스파르트산이 요소 합성에 쓰인다.

동물 체내에서 암모니아가 어떻게 생성되는가를 보면 일반적으로 암모니아는 단백질과 아미노산 대사과정에서 유래되지만, 이것은 곧 요소의 형태로 배설되기 때문에 동물에게 독성을 주지는 않는다. 따라서 혈중 암모니아 농도는 아주 낮다. 그러나 장 내 미생물에 의해 때로는 상당히 많은 암모니아가 흡수되는 수가 있어 만일 간의 기능이 약하다면 여러 가지 이상을 초래할 수 있다. 한편 글루타민과 같은 아미노산은 요의 암모니아를 생성하는 물질임을 알게 되었다. 이 반응을 위해 글루타미나아제(glutaminase)가 쓰인다.

조류에서는 질소는 주로 요산(uric acid)의 형태로 배설된다. 요산은 핵산의 합성에 중요한 퓨린(purine)의 유도체인데, 이를 합성하기 위해서는 글리신이 전구물질로 사용되므로 조류에서는 글리신의 요구량이 매우 높다. 글리신은 모든 동물에서 합성이 가능하지만 조류에서는 높은 요구량을 충족시킬 만큼 합성되지 못하므로 사료의 형태로 공급해주어야 한다. 따라서 글리신은 포유동물에서는 비필수아미노산으로 분류되지만 닭 등 조류에서는 필수아미노산으로 분류된다.

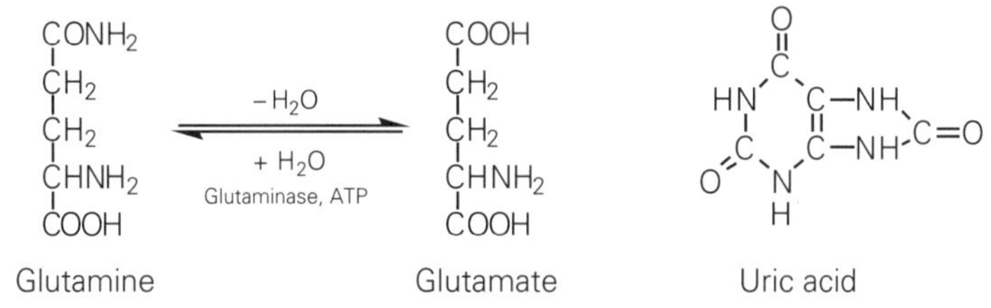

초식동물에서는 요소(urea) 이외에 앞에서 말한 바와 같이 상당량의 히푸르산(hippuric acid)이 배설되는데, 이것은 생초에 많이 들어 있는 벤조산(benzoic acid)과 글리신의 결합체이다. 히푸르산의 구조는 benzoyl glycine이며, 그 형성은 일부 아미노산을 acetyl methyl benzoyl화하는 일반적인 반응 방식에 의한다.

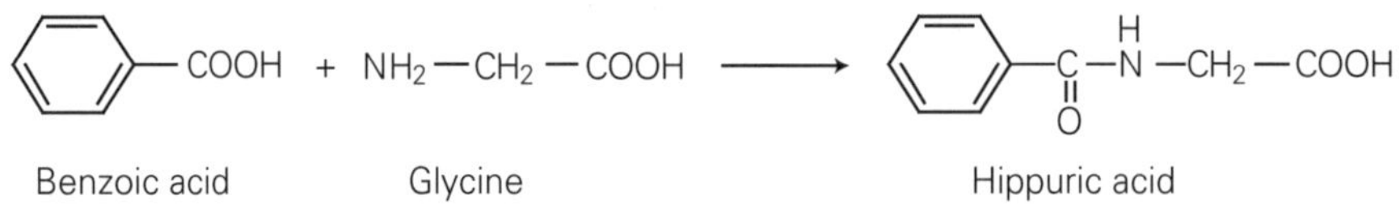

잡식성 단위동물에서는 암모니아가 총 요질소의 2~3%를 차지한다. 이 비율은 혈액의 암모니아 농도보다 훨씬 높다. 요에 의한 배설은 혈중 암모니아의 제거가 아니라 신장에서 직접 형성되는 것을 뜻한다. 육식성 동물의 경우, 요의 암모니아는 증가하지만 암모니아의 배설은 근본적으로 산-알칼리 평형에 의존한다. Na나 K 등의 염류는 신장에서 암모늄염(ammoium salt)으로 변화하여 요로 배설되고, Na^+와 K^+을 체내에 남김으로써 신장은 Na^+와 K^+의 손실을 방지한다. 혈액 중의 요소는 암모니아로 전환되지 않고 그냥 제거되는 것으로 보인다. 요에 배설되는 함질소물에는 크레아틴(creatine)과 그 무수물인 크레아티닌(creatinine)이 있다. 크레아틴의 합성은 다음 반응에 의한다.

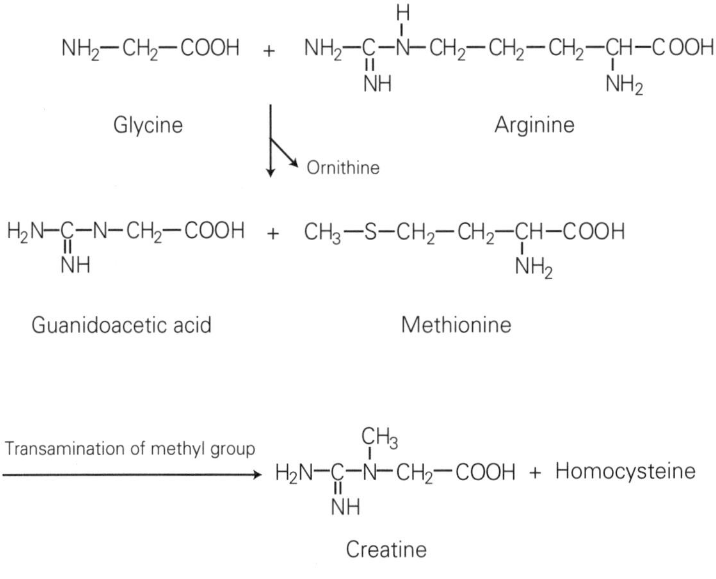

포유동물의 요에 크레아틴은 요소 다음으로 많은 화합물이다. 근래 근육의 creatine phosphate는 phosphate를 유리시키면서 크레아틴으로 전환한다는 것이 밝혀졌다. 크레아틴은 조직 내에 존재하지만 성체의 정상 요에서는 발견되지 않는다.

6.19 체단백질의 합성

성장 중인 동물에게서는 체단백질의 합성이 활발히 일어나야 하므로 이에 필요한 아미노산을 충분히 공급해야 한다. 그리고 성장이 완료된 동물에 있어서도 단백질의 계속적인 공급이 필요하다. 왜냐하면 체내에 있는 단백질의 총량은 변화하지 않더라도 계속적인 체단백질의 분해가 일어나고 있으며, 한편으로는 이를 보완하기 위한 계속적인 합성이 일어나기 때문이다. 따라서 동물체는 체내에서 끊임없이 단백질의 분해와 합성이 일어나고 있는 가운데 동적 균형을 이루고 있다. 체단백질의 분해에서 생성되는 아미노산의 일부는 다시 단백질의 재합성을 위해 이용되기도 하지만, 나머지는 탈아미노반응(deamination)을 통해 없어지고 만다. 따라서 이렇게 손실되는 아미노산만큼의 단백질은 항상 사료로 공급해 주어야 한다. 체단백질 합성에 필요한 이상의 단백질은 체내에 축적되지 않으므로 만일 조직이나 세포가 합성할 수 있는 능력 이상의 아미노산이 공급되면 암모니아와 탄소골격으로 분해되어 체내에서 산화되고 말 것이다.

단백질의 합성기전에 대해서는 근래에 활발한 연구가 이루어져 많은 것이 알려지고 있다. 각 생물의 세포 내에서 합성되는 단백질의 종류와 양은 유전정보에 의해 지배된다. DNA야말로 생물체의 근본물질이라 할 수 있으며, 이 DNA가 가지고 있는 유전정보에 의해 생물계의 질서가 유지된다. DNA는 각종 RNA, 즉 ribosomal RNA(rRNA), messenger RNA(mRNA) 및 transfer RNA(tRNA)의 합성에 관한 정보를 제공한다. DNA는 생물체에 있어서 유전정보를 가지고 있는 중요한 물질이므로 안전한 핵 안에 존재하며 핵 밖으로 나올 수 없다. 따라서 DNA의 정보에 의해서 단백질을 합성할 필요가 있을 때에는 DNA의 정보를 복제하는 mRNA가 합성되고, mRNA는 쉽게 핵막을 통과해서 세포질 내의 리보솜(ribosome)에서 복제된 정보에 의해 단백질을 합성한다. mRNA의 정보에 의해 각 tRNA는 해당되는 아미노산을 순서대로 peptide linkage의 긴 폴리펩티드로 만들고, 이것들로부터 단백질이 만들어진다. 이때 쓰이는 아미노산은 단백질 분자 내에서의 고유한 위치와 서열이 있으므로 모든 필요한 아미노산은 일제히 동시에 존재해야 하며, 그중 하나라도 부족하면 단백질 합성은 제대로 이루어질 수 없다.

세포 내에서 단백질 생합성에 대한 개념은 Zamecnik에 의해 cell-free protein synthesizing system에서 ribonucleotide protein이 발견되었고, 이것이 그 후 리보솜(ribosome)으로 알려졌으며, 이곳에서 단백질이 합성된다는 사실을 발견한 데서부터 비롯된다. 단백질 합성은 20여 종 이상의 효소, 300여 종의 거대 분자, 70여 개의 ribosomal protein 등을 필요로 하는 가장 복잡한 생합성 기작이다. 이 기작은 세포질(cytosol)에서 일어난다.

체단백질 생합성은 ① activation, ② initiation, ③ elongation, ④ termination, ⑤folding 및 processing 등의 다섯 과정을 거쳐 이루어진다. 여기서는 이들 과정에 대한 더 자세한 생화학적 설명은 생략하기로 한다. 단백질의 생합성은 앞에서 살펴본 바와 같이 여러 가지 복잡한 기전에 의하는데, 이를 간단히 요약하면 다음과 같다.

① 아미노산 + ATP → AMP−아미노산 + PPi
② AMP−아미노산 + tRNA → 아미노산−tRNA + AMP
③ (아미노산−tRNA)$_n$ + GTP → 아미노산$_1$−아미노산$_2$−아미노산$_3$ − ··· + (tRNA)$_n$

6.20 반추위 단백질 대사

6.20.1 단백질 합성

반추동물의 경우 섭취된 단백질의 상당한 부분이 반추위에서 미생물의 작용을 받는다. 섭취된 단백질의 성질, 특히 용해도에 따라 분해되는 비율은 달라진다. 반추위 내에 서식하는 원생동물과 박테리아는 모두 단백질 분해효소를 가지고 있으며, 사료의 단백질을 아미노산의 단계 또는 그 이상까지 분해하여 자신들의 체세포 구성에 사용하거나 암모니아(NH_3)를 생성한다. 생성된 암모니아는 위벽을 통해서 직접 흡수되어 정맥을 통해서 간으로 이송되며, 여기에서 대개의 경우 요소(urea)로 전환되어 배설되거나 반추위로 되돌아와 미생물의 체세포 구성에 사용된다. 따라서 어떤 사료 단백질의 영양가는 위 내 암모니아(NH_3)의 생성과 반비례한다고 할 수 있다.

반추위 내 미생물은 요소(urea), 아미드(amide), 암모늄염(ammonium salt), 아질산염(nitrite) 등 매우 광범위한 비단백태질소화합물도 사용하여 세포단백질을 합성한다. 이와 같은 합성은 주로 미생물이 가지고 있는 효소에 의해 이루어지는데, 요소를 급여할 경우 전분 등 탄수화물을 충분히 공급해 주면 단백질의 합성을 크게 촉진시키나, 섬유소는 그러한 영향을 주지 못한다.

반추동물의 소화기관 내에서 일어나는 질소화합물의 소화, 흡수 및 대사과정을 요약하면 다음 그림 6.3에서 보는 바와 같다. 반추위 내에 서식하는 미생물이 암모니아(NH_3)

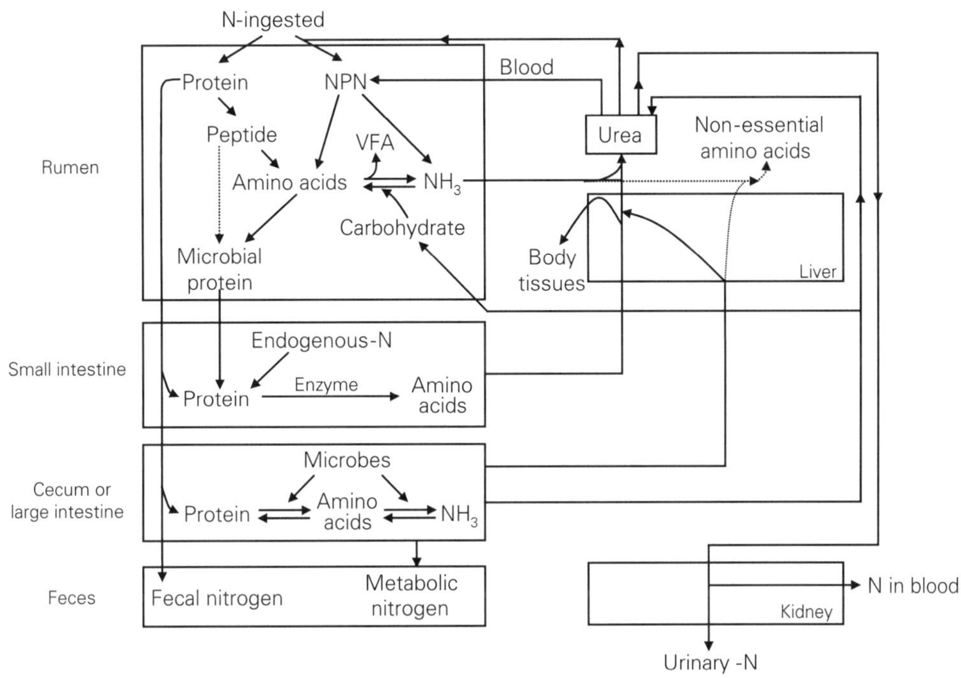

그림 6.3 반추동물에서의 질소화합물의 소화 · 흡수 대사과정

를 이용할 수 있다는 것이 가장 특이할 만한 사실이다. 반추위 내 박테리아의 80% 이상이 암모니아를 이용할 수 있고, 이 가운데 26%는 암모니아만을 이용하고, 55%는 암모니아나 아미노산 중 어느 것이든지 이용할 수 있다. 원생동물은 암모니아를 이용할 수 없으나, 박테리아 단백질은 이용할 수 있다. 그림 6.3을 보면 섭취된 질소는 단백질이든 NPN이든 간에 아미노산 또는 암모니아로 분해되었다가 미생물 단백질의 합성에 사용된다. 반추위, 소장, 대장 또는 맹장에 있는 아미노산이나 암모니아는 간을 경유할 때 요소로 전환되었다가 침을 통해 반추위로 재투입될 수 있음을 알 수 있다.

반추위 내에서 생성되는 미생물성 단백질의 양은 각종 요인에 의해 크게 좌우되나, 이 미생물 단백질은 이미 설명한 바와 같이 비교적 아미노산의 조성이 우수하며 소화율이 75~90%이고, 생물가는 80 정도이다.

표 6.21을 보면 미생물 단백질의 아미노산 조성은 일반적으로 필수아미노산의 공급능력이 우수하다고 알려진 카제인과 비슷하다는 것을 알 수 있다. 트레오닌(threonine), 아르기닌, 글리신, 라이신 등은 미생물 단백질에 더 많이 들어 있고, 발린, 메티오닌, 류신 등은 카제인에 더 많이 들어 있다.

표 6.21 미생물 단백질의 아미노산 조성(%)

아미노산	케이신	대두박	알팔파	반추위 내 미생물 단백질	
				박테리아	원생동물
Asparatic acid	6.64	5.22	9.70	11.1	12.4
Threonine	4.20	1.84	4.99	5.5	5.1
Serine	5.75	2.21	4.22	3.8	3.6
Glutamic acid	21.46	9.13	11.55	11.9	12.5
Proline	10.29	1.05	4.55	4.1	3.7
Glycine	1.66	1.71	5.40	6.1	5.0
Alanine	2.54	1.99	6.27	6.5	5.2
Cystine	0.33	0.53	1.54	1.0	1.0
Valine	7.52	2.12	6.45	6.6	5.2
Methionine	2.99	0.48	2.05	2.6	2.2
Isoleucine	6.31	2.20	5.21	6.4	6.9
Leucine	9.51	3.45	9.43	7.3	8.1
Tyrosine	5.20	1.61	4.73	4.2	5.4
Phenylalanine	5.09	2.08	6.11	5.1	6.2
Histidine	2.77	1.06	2.45	2.3	2.1
Lysine	7.74	2.51	6.83	9.3	10.1
Arginine	3.76	2.90	6.77	5.4	4.9

그러나 아미노산의 조성에서 박테리아와 원생동물(protozoa) 간에는 별로 차이가 없는 것으로 판명되었으며, 일반적으로 대두박 정도의 영양가를 가진 것으로 알려져 있다.

6.20.2 요소의 이용

요소(urea)는 반추동물의 단백질원으로 쓰일 수 있음이 오래전부터 밝혀진 바 있다. 사료 단백질은 제4위와 소장에서 분해 · 흡수될 수도 있고, 반추위에서 미생물에 의해 아미노산(또는 NH_3) 및 휘발성 지방산(VFA)으로 분해될 수 있다.

일부의 아미노산과 대부분의 암모니아가 미생물성 단백질의 합성에 쓰이고 이것은 나중에 동물에 의해 분해 · 이용된다. 면양의 경우에는 반추위 내의 미생물은 요소로부터 10개의 필수아미노산을 모두 합성할 수 있다.

함유황아미노산도 반추위 내에서 합성될 수 있는데, 여기에 쓰인 황은 inorganic sulfur임이 분명하다. 그리하여 앞에서 말한 바와 같이 사료에 결핍되었던 필수아미노산이라도 반추위 내에서는 합성과 보충이 가능하다. 이 경우에 미생물이 필요로 하는 에너지는 전분 등의 형태로 반드시 공급되어야 한다.

만일 과다한 양의 요소를 공급하면 요소 중독에 걸리므로 주의해야 한다.

6.21 요소 중독

반추위 내 미생물이 요소(urea) 등의 NPN 화합물로부터 N 자원을 이용할 수 있다는 것이 밝혀진 것은 오래전이다. 그러나 요소를 동물에게 과다 급여했을 경우에는 심한 중독증을 일으키기도 하는데, 이러한 것을 일컬어 요소 중독(urea toxicity)이라 한다.

일반적으로 요소 중독의 증세는 단위동물보다는 반추동물에 발생하는 경우가 많은데, 그것은 초식을 주로 하는 반추동물의 N 자원으로서 요소(urea) 등을 단백질 요구량의 일부로 충족시켜주기 때문이다. 요소중독은 주로 요소를 사료에 골고루 섞지 못하거나, 너무 많은 양을 일시에 급여했거나, 배고픈 상태나 절식(fasting)시킨 동물에게 적응기간을 두지 않고 갑자기 다량으로 공급하였을 경우 발생하게 된다. 요소를 다량으로 급여하였을 때 이것은 쉽게 용해되어 반추위 내에서 암모니아로 전환되어 방출되는데, 이때 암모니아(NH_3)는 다시 소장에서 급격하게 흡수된다. 대체로 반추위 내의 암모니아 농도는 혈액의 그것과 비례하게 되는데, 혈액 내의 농도가 1mg% 이상일 경우 중독증에 걸리기 쉽다고 한다. 이와 같이 요소중독을 일으키는 주요 원인은 NH_4^+의 농도가 지나치게 높기 때문이라는 것이 일반적인 견해이다.

요소 중독의 증상으로는 신경장애, 호흡곤란, 근육경련과 강직 현상, 그리고 구토가 수반되며 심하면 죽기까지 한다. 이러한 요소 중독을 예방하거나 완화 또는 치료하는 방법은 여러 가지가 소개되어 있는데, 그중 몇 가지를 들면 다음과 같다. 먼저 앞에서 지적한 바와 같이 절식시키거나, 배고픈 상태에서 다량의 요소를 급격히 급여하는 것을 피해야 한다. 요소를 급여할 때 농후사료와 잘 혼합해야 한다는 것은 말할 필요도 없다. 또한 급여를 시작할 때 일정한 기간을 두고 서서히 적응시켜야 한다. 그 밖에 쉽게 용해할 수 있는 가용성 탄수화물을 동시에 급여하면 그것이 반추위 내의 암모니아 농도와 pH, 그리고 혈액 내 암모니아나 요소의 농도를 현저히 감소시키게 되는 경향이 있으며, 고단백질 사료를 동시에 급여할 경우에는 암모니아를 요소로 전환시키는 효소의 적응을 더욱 원활하게 하므로 중독 위험을 감소시킬 수 있는 것이다. 그러나 일단 중독증이 발생된 경우 완화시키는 방법으로는 빙초산(glacial acetic acid)을 먹여 중화작용을 일으키게 하는 방법이 있으며, 물로 반추위를 차갑게 해주는 응급처치가 필요하다.

요소의 적정 공급량은 섭취된 총질소의 평균 30% 범위인데, 다른 사료와 잘 섞어서 주어야 한다. 요소의 적정 첨가 수준은 배합사료의 경우 1~3%, 사일리지의 경우 0.5% 정도이다.

6.22 대사분질소와 내생질소

분으로 나가는 질소에는 ① 소화가 안 된 것, ② 소화가 되었으나 흡수가 안 된 것, ③ 대사분질소의 세 가지 다 포함되어 있다.

대사분질소(metabolic fecal nitrogen)란 분 속에 들어 있는 담즙, 소화액, 장상피세포, 효소, 미생물 등으로부터 유래되는 질소화합물을 말하는데, 이것은 무단백질 사료를 먹일 때에도 계속 배설되는 것이다. 그러나 이것의 배설량은 사료 단백질의 섭취량 증가에 따라 증가하게 된다. 단백질의 소화율이 높을수록 대사분질소가 차지하는 부분이 크다. 사람이 쉽게 소화될 수 있는 단백질을 섭취하는 경우 분질소의 대부분은 대사성 질소이다. 반대로 초식동물의 경우에는 대사분질소의 비중이 적다.

대사분질소와 불소화질소(undigested N)를 분리하기는 참으로 어렵다. 대사분질소의 배설량은 무단백질 사료를 급여해야 결정할 수 있다. 이것의 배설량은 건물 100g당 0.1g이라고 한다(쥐, 돼지, 사람).

내생뇨질소(endogenous urinary nitrogen)란 요로 배설되는 질소 중 사료에서 유래하지 않은 것을 말한다. 대사분질소가 소화과정에서 생긴 손실인데 비하여 내생뇨질소는 세포 내에서 일어난 대사작용에서 유래한 손실인 점이 다르다.

참고문헌

노선호. 2001. 양계영양학. 신광.

노선호. 2002. 양어영양학. 신광.

노선호, 지규만 등. 2008. 동물사양학. 유한문화사.

양철주, 이돈우, 한인규, 최윤재, 김인배. 1991. 회장 cannula가 돼지에서 사료의 유효 아미노산 함량 측정에 관한 연구. 한영사보. 15(5): 218.

이보균, 한인규, 하종규, 이영선. 1988. Rooster를 이용한 원료사료의 아미노산 이용률 측정에 관한 연구. 한국영양사료학회지. 12(1): 18.

한인규. 1987. Comparative Nutrition of Monogastric Animal. 서울대학교.

한인규 등. 1996. 동물영양학. 신광.

한인규 등. 2000a. 양돈 영양과 사료. 서울대학교.

한인규 등. 2000b. 저공해 사료 개발과 자돈의 생존율 향상을 위한 연구. 서울대학교.

한인규, 허기남, 최윤재. 1992. 액상 lysine 개발에 관한 연구. 서울대학교.

한인규, 오상집, 조홍래, 윤재인. 1978. Methionine 및 lysine의 첨가로 인한 브로일러 사료의 단백질절약효과. 한국축산학회지. 20: 613-621.

Barrett, G. C. 1985. Chemistry and Biochemistry of the Amino Acids. Chapman and Hall, Inc.

Canale, C. J., L. D. Muller, H. A. McCahon, T. J. Whitsel, G. A. Varga, and M. J. Lormore. 1990. Dietary fat and ruminally protected amino acids for high producing dairy cows. J. Dairy Sci. 73: 135.

Cheeke, P. R. 2005. Applied Animal Nutrition. 3rd ed. Pearson Prentice Hall.

Clifford, A. J. 1980. Nutrients with special functions: Protein and amino acids in tissue maintenance. Nutrition and the Adult (pp. 183-185). Pelnum Press.

Conn, E. E. and P. K. Stumpf. 1987. Outlines of Biochemistry. John Wiley & Sonc, Inc.

de Lange, C. F. M., W. B. Soyffrant, and W. C. Sauer. 1990. Real ileal protein and amino acid digestibilities in feedstuffs from growing pigs as determined with the ^{15}N-isotope dilution technique. J. Anim. Sci. 68: 409.

D'mello, J. P. F. 2003. Amino Acids in Animal Nutrition. 2nd ed. CABI Publishing.

Gebhardt, G., W. B. Souffrant, F. Liebert, R. Kohler, R. Matkowitz, and H. Schmandke. 1981. Apparent and true digestibility of nitrogen and amino acids up to the end of the small intestine in pigs compared with result of nitrogen utilization. VIth Symp. on Amino acids. Warsaw.

John, D. C., C. K. Low, and K. A. C. James. 1986. Comparison of amino acid digestibility using the ileal digesta from growing chickens and cannulated adult cockerels. Br. J. Poult. Sci.

27: 679-685.

Jorgensen, H., W. C. Sauer, and P. A. Thacker. 1984. Amino acids availabilities in soybean meal, sunflower meal, fish meal and meat and bone meal fed to growing pigs. J. Anim. Sci. 58(4): 926-934.

Jurgens, M. H. and K. Bregendahl. 2007. Animal Feeding and Nutrition. 10th ed. Kendall/Hunt Publishing Company.

Just, A., J. A. Fernaadez, and H. Jorgensen. 1983. The net energy value of diets for growth in pigs in relation to the fermentative processes in the digestive tract and the site of absorption of the nutrients. Livest. Prod. Sci. 10: 171.

Kellems, R. O. and D. C. Church. 2002. Livestock Feeds and Feeding. 5th ed. Prentice Hall.

Kim, S. W. and R. A. Easter. 2001. Nutritional value of fish meals in the diet for young pigs. J. Anim. Sci. 79: 1829-1839.

Kim, S. W., W. L. Hurley, G. Wu, and F. Ji. 2009. Ideal amino acid balance for sows during gestation and lactation. J. Anim. Sci. 87: E123-132.

Lewin, B. 1990. Genes IV. Oxford Cell Press. Cambridge.

Lewis, A. J. 1986. Lysine in Swine Nutrition. Ajinomoto Co. Inc.

Lewis, A. J. and L. L. Southern. 2001. Swine Nutrition. 2nd ed. CRC.

Mason, V. C. 1984. Metabolism of nitrogenous compounds in the large gut. Proc. Nutr. Soc. 43: 45.

McNamara, J. P. 2006. Principles of Companion Animal Nutrition. Pearson Prentice Hall.

Moughan, P. J. and W. C. Smith. 1985. Determination and assessment of apparent ileal amino acid digestibility coefficients for the growing pig. NZJ. Agr. Res. 28: 365-370.

NRC. 1993. Nutrient Requirements of Fish. National Academy of Sciences.

NRC. 1994. Nutrient Requirements of Poultry. National Academy of Sciences.

NRC. 1998. Nutrient Requirements of Swine. National Academy of Sciences.

NRC. 2000. Nutrient Requirements of Beef Cattle. National Academy of Sciences.

NRC. 2001. Nutrient Requirements of Dairy Cattle. National Academy of Sciences.

NRC. 2006. Nutrient Requirements of Dog and Cat. National Academy of Sciences.

NRC. 2007a. Nutrient Requirements of Horse. National Academy of Sciences.

NRC. 2007b. Nutrient Requirements of Small Ruminant. National Academy of Sciences.

Nongyao, A. 1990. Influence of fiber sources and levels on amino acid digestility in cannulated pigs. Ph.D. Thesis, Faculty of Graduate Studies, Seoul National University.

Oldham, J. D. 1981. Amino acid requirements for lactation in high-yielding cows. In: Recent Developments in Ruminant Nutrition (p. 49), W. Haresign and D. J. A. Cole (eds.). Butterworths.

Perry, R. O. and D. D. Church. 2002. Livestock Feeds and Feeding. 6th ed. Prentice Hall.

Pond, W. G., D. C. Church, K. R. Pond, and P. A. Schoknecht. 2005. Basic Animal Nutrition and Feeding. 5th ed. John Wiley & Sons, Inc.

Rogers, J. A., U. Krishnamoorthy, and C. J. Sniffen. 1987. Plasma amino acids and milk protein production by cows fed rumen protected methionine and lysine. J. Dairy Sci. 70: 789.

Rogers, J. A., S. B. Peirce-Sander, A. M. Papas, C. E. Polan, C. J. Sniffen, T. V. Muscato, C. R. Staples, and J. H. Clark. 1989. Production responses of dairy cows fed various amounts of rumen-protected methionine and lysine. J. Dairy Sci. 72: 1800.

Rose, W. C. 1948. Comparative growth on diets containing 10 and 19 amino acids, with further observations upon the role of glutamic and aspartic acid. J. Biol. Chem. 176: 755-762.

Sauer, W. C. and L. Ozimeks. 1986. Digestibility of amino acids in swine: results and their practical applications. A review. Livest. Prod. Sci. 15: 367.

Souffrant, W. B., B. Darcy-Vrillon, T. Corring, J. P. Laplace, and R. Kohler. 1986. Recycling of endogenous nitrogen in the pig. Arch. Anim. Nutr. 36: 269.

Taverner, M. R., I. D. Hume, and D. J. Farrell. 1981. Availability to pigs of amino acids in cereal grains. 1. Endogenous levels of amino acids in ileal digesta and feces of pigs given cereal diets. Br. J. Nutr. 46: 149.

Van Weerden, E. J., P. S. Slump, and J. Huisman. 1981. Amino acid digestion in different parts of the intestinal tract of pigs. 3rd EAAP Symp. on Protein Metabolism and Nutrition. Braunschweig.

Zebrowska, T. 1973. Influence of dietary protein source on the rate of digestion in the small intestine of pigs. 1. Amount and composition of digesta. Rocz. Nauk Rol. B-95: 115.

제7장 비타민과 그 대사작용

7.1 비타민의 중요성

7.2 비타민의 분류

7.3 지용성 비타민

- 비타민 A
- 비타민 D
- 비타민 E
- 비타민 K

7.4 수용성 비타민

- 티아민
- 리보플라빈
- 니아신
- 비타민 B_6
- 판토텐산
- 바이오틴
- 콜린
- 엽산
- 비타민 B_{12}
- 비타민 C

7.5 비타민 요구량

7.6 미생물에 의한 비타민 합성과 이용

7.1 비타민의 중요성

약 1세기 반 전에 영국의 화학자인 Prout 등은 체구성 물질에는 탄수화물(saccharine principle), 지방(oily principle), 단백질(albuminous principle) 등 세 가지가 있다고 믿었다. 20세기 초에 이르러서도 이 세 가지 기본물질 이외에 몇 가지 광물질만 추가로 공급해 주면 생물체가 요구하는 모든 영양소는 충족될 수 있다고 믿었다. 그러나 후에 영국의 생화학자인 Hopkins는 이들 네 가지 물질 이외에도 동물에게는 보조식품인자(accessory food factor)가 필요하다고 주장하여 비타민 발견의 기틀을 마련하였다. 즉 비타민의 화학적 성질이나 구조가 밝혀지기 전이었지만 비타민의 존재와 영양학적 중요성을 강조하였다.

오늘날 사용되고 있는 비타민(vitamin)이라는 용어는 미국의 생화학자인 Funk에 의해서 사용되기 시작했는데, 이는 쌀겨에서 추출해 낸 보조식품인자가 아민(amine)기를 포함하고 있는 유기물이었기에 붙여진 이름이다. 그 후 밝혀진 바에 의하면 모든 비타민이 아민(amine)을 함유하고 있지는 않다. 비타민을 처음 연구하던 시기에 미국의 생화학자인 McCollum과 Davis(1913)는 유지에 들어 있는 필수인자를 지용성 인자 A(fat-soluble A)라 하였고, 2년 후에 밀 배아에 함유되어 있으며 beri-beri의 치료에 유효하고, 또한 쥐의 성장에 필수적인 인자를 수용성 인자 B(water-soluble B)라고 불렀다. 같은 방법으로 발견된 수용성인 항괴혈병 인자(antiscorbutic factor)와 지용성인 항구루병 인자(antirachitic factor)를 각각 비타민 C와 비타민 D라 하였다. 그 후 지용성 비타민인 E와 K가 추가로 발견되었고, 비타민 B는 하나의 비타민이 아니라 여러 개의 비타민이 복합적으로 존재하고 있기 때문에 오늘날에는 이것을 비타민 B군(vitamin B complex)이라고 부르게 되었다. 비타민 B군을 분류할 때 처음에는 B_1, B_2, B_3와 같이 명명했지만, 많은 혼동을 일으키게 되어 지금은 각각 고유한 화학명으로 부른다.

현재까지 그 존재가 인정된 비타민은 15개인데, 이들에 대해서는 그 생리적 기능이나 화학적 특성이 비교적 상세히 연구되어 왔으나 그 기능을 완전히 규명하기 위해서는 더 많은 연구가 필요하다. 지금도 비타민의 일종이라고 보고된 여러 가지 유사 비타민이 있으나 그 전부가 비타민인 것 같지는 않다. 그럼에도 아직 발견되지 않은 비타민이 있을 가능성을 인정해야 할 것이다. 그러므로 현재로서는 비타민의 정의를 간단하게 내리기는 어려운데, 지금까지 규명한 바로는 비타민이라 함은 동물에게 소량으로 필요한 여러 형태의 유기물질로서, 모든 동물세포의 정상적인 대사작용에 필수적인 물질을 말한다. 대부분의 비타민은 조절소의 역할로서 극히 소량이 필요하지만, 비타민 자체가 에너지를 발생하거나 세포의 지주물이 되는 것은 아니다. 모든 비타민은 체내 대사작용에 꼭 필요하지만 모든 비타민을 반드시 사료로 공급할 필요는 없다. 왜냐하면, 어떤 동물은 특정한 비타민을 체내에서 합성, 공급할 수 있기 때문이다. 예를 들면, 반추동물은 반추위 내에 서식하는 미생물이 비타민 B군을 합성하기 때문에 체내 대사작용에 요구되는 양을 자가 공급할 수 있다. 또한 비타민 C도 사람, 기니피그, 원숭이의 경우에만 공급해 줄 필요가 있는 것으로 알려지고 있다. 동물마다 비타민에 대한 합성능력과 내성이 다르기 때문에 그 요구량을 일반화하기는 어렵다.

비타민의 중요성을 요약하면 다음과 같다.

① 시각, 골격 형성, 번식 등의 고유한 생리현상을 좌우한다.
② 조효소의 구성 성분으로 탄수화물의 대사작용과 에너지 발생에 관계한다.
③ 여러 가지 영양소의 효율적인 이용을 돕는다.
④ 피부병, 빈혈증, 신경증세, 근육위축병 등을 막아 준다.
⑤ 어떤 비타민은 항산화제로서 여러 가지 영양소의 산화를 방지해 준다.
⑥ 성장률, 사료효율, 번식활동 등 생산성을 향상시킨다.

표 7.1 주요 사료의 비타민 함량 비교(건물)

구분	지용성			수용성(mg/kg)								
	A (IU/kg)	D (IU/kg)	E (mg/kg)	B_{12}	Biotin	Choline	Folacin	Niacin	Panto-thenate	B_6	Ribo-flavin	Thia-min
옥수수	4.2	–	25.7	–	0.07	609	0.34	34	7.5	5.89	1.5	2.3
보리	5.4	–	18.0	–	0.16	1,026	0.62	96	9.3	7.46	1.8	5.0
귀리	0.2	–	14.5	–	0.27	1,138	0.39	15	8.0	2.81	1.5	7.2
쌀	–	–	11.2	–	0.09	1,039	0.41	40	7.8	4.97	1.2	3.2
밀	19.3	–	15.6	1.0	0.11	1,142	0.45	65	11.6	5.68	1.6	2.5
대두박	–	–	–	–	0.25	567	0.25	27	14.8	2.51	3.9	1.1
밀기울	4.9	–	23.4	–	0.64	2,113	1.39	3.8	25.7	11.44	5.4	7.3
어분	–	–	20.9	282	–	3,979	–	82	16.3	16.00	6.1	0.9
알팔파 건조(잎)	219	373	–	–	0.31	1,189	6.48	53	32.4	–	18.1	5.2
간	5,340	1.9	–	541.6	0.02	11,281	6.01	221	31.5	–	39.1	0.2
대구간유	850	85	39.7	–	–	–	–	–	–	–	–	–
시금치	600	–	410	–	–	–	6.5	–	–	–	21.1	10.8
효모	–	–	2.4	–	1.04	4,381	10.13	492	17.2	46.5	39.2	10.0

이러한 중요한 생리적 작용 때문에 합성 비타민제가 실용되기 전에는 녹사료(아카시아 잎, 채소, 당근 등)와 간유 등을 비타민 공급제로 사용하였다. 외국에서는 알팔파 분말도 많이 사용하였다. 예를 들면, 비타민 A와 비타민 D의 공급제로서 간유를 썼으며, 비타민 B군을 공급하기 위해 효모, 쌀겨, 배아 등을 사용했다. 그러나 가축의 생산능력이 크게 개량된 요즘에 와서는 이러한 자연 사료만 사용하는 것은 제한적일 수밖에 없다. 따라서 동물의 생산능력을 더욱 향상시키기 위해서 합성 비타민제의 사용이 불가피하게 되었다.

여기에서 주요 사료 원료의 비타민 함량을 살펴보면 표 7.1과 같은데, 동물성 사료가 대개의 경우 비타민의 좋은 공급원임을 알 수 있다.

7.2 비타민의 분류

비타민은 편의상 수용성 비타민과 지용성 비타민으로 구분할 수 있으며, 비타민의 종류별로 유사체, 항대사물질, 결핍증, 과비타민증과 공급원을 요약해 보면 표 7.2와 같다.

표 7.2 비타민의 종류별 유사체, 항대사물질, 과비타민증과 공급원

일반명	화학명	유사체	항대사물질	결핍증	과비타민증	공급원
Vitamin A	Retinoid	Retinol, retinal retinoic acid *trans*-retinal 13 *cis*-retinol 9 *cis*-retinol 9,13 *cis*-retinol 11 *cis*-retinol 3,4-dehydro-retinol α-carotene β-carotene γ-carotene Zeaxanthin Cryptoxanthin Xanthophyll β-apo-8′-carotene	Chlorinated napthalene Citral Sodium benzoate Monobromobenzine	야맹증 각막건조증 각막연화증 결막건조증 점막경화 내안구염 번식장애 체중감소	빈혈 모발손상 피부병변 무뇌증 골격의 성장 장애 선천성 기형 소안구증 기관의 퇴행성 위축	시금치 고구마 야자유 알팔파 간유 우유 난류 육류 목초 당근
Vitamin D	Ergocalciferol (D_2), Cholecalciferol (D_3)	Ergosterol 7-dehydro cholesterol 22,23-dihydro ergosterol 7-dehydrosito sterol 7-dehydro stigmasterol 7-dehydro campesterol	Phytate Actinomycin D Vitamin A Antibiotics	구루병 골연화증 골다공증 Tetany	식욕감퇴 구토, 당뇨 피부소양증 신부전증	어간 간유 효모 버섯 목초

표 7.2 (계속)

일반명						
Vitamin E	Tocopherol	d-α-tocopherol d-α-tocopheryl acetate 1-α-tocopherol 2-1-α-tocopherol dl-α-tocopheryl acetate d-β-tocopherol d-γ-tocopherol d-δ-tocopherol d-β-tocotrienol d-γ-tocotrienol d-δ-tocotrienol	Ferric chloride Potassium tetra-cyanide Nitrogen trichlo-ride Chlorine dioxide Acetate succinate	태아변성 불임증 근육위축병 적혈구용혈 삼출성소질 빈혈 뇌연화증	피로증상 알레르기성 접촉성 피부병 성장감소 갑상성 기능저하	배아 및 부산물 밀배아유 땅콩기름 알팔파 콩기름 면실유 곡류 난황 채소
Vitamin K	Mendione	Phylloquinone(K_1) Menaquinone(K_2) Menaquinone-n(K_{2n})	Warfarin Marcoumarin Tromexan Dicumarol 1,3-inandione	혈액의 응고지연 내출혈 담관폐쇄 혈전증 지방침윤	출혈성 빈혈 고혈압 황달 혈색소뇨증 호흡마비 안구돌출증	알팔파 양배추 시금치 케일 난황 치즈 고기
Vitamin B_1	Thiamin	Oxythiamin 2-methylthiamin 2′-ethylthiamin 2′-propylthiamin 6′-methylthiamin 2′-trifluoro methylthiamin 2′-methyl thiothiamin 2′-methoxy thiamin	Oxythiamin Pyrithiamin Amprolium Thiaminase Antithiamin factor	소화불량 식욕부진 위산 감소 무력감 각기병 다발성 신경염 청색증 성장지연 호흡곤란증	Anaphylatic shock 호흡기관의 기능저하	돼지고기 맥주효모 강화곡류 녹색채소 콩류 과일 생선 채소
Vitamin B_2	Riboflavin	없음	Isoriboflavin D-galactoflavin D-araboflavin 7,8-dimethyl 10-isoalloxazine	다리 마비 피부 각질화 성장감소 탈모증 식욕부진	무뇨증	우유, 간 효모, 청초 계란, 신장 심장 육류 채소
Niacin	Nicotinic acid Nicotinamide	Nicotinic acid ribonucleotide Nicotinic acid adenine dinucleotide Nicotinamide ribonucleotide Nicotinamide adenine dinucleotide	3-acetyl pyridine 6-aminonicotin amide Pyridine-3-sulf-onamide 7-aminonicotin amide	홍반증 설사, 설염 성장부진 흑설증 피부염 구내염 구강증 신경과민	피부발진 소양증 십이지장 궤양 구기증 설사, 구토	효모 발효물 낙화생박 주정박 완두콩 청초 대두 버섯

표 7.2 (계속)

일반명	화학명	유사체	항대사물질	결핍증	과비타민증	공급원
Vitamin B_6	Pyridoxine	Pyridoxol Pyridoxal Pyridoxamine Pyridoxal phosphate Deoxypyridoxine Pyridoxic acid	Neomycine Biguamide p-aminosalicylic acid Cholestyramine Potassium chloride	악성 빈혈 각약증 성장부진 식욕감퇴	없음	간, 신장 고기 유유 계란 발효 부산물
Pantothenic acid	Pantothenic acid	없음	ω-methyl pantithenate Homopantotheate N′-substituted pantothenamide	우모착색 불량 비절증 피부병 성장부진 돼지의 거위 걸음	일시적 설사 증상	효모 곡류 및 부산물 땅콩 밀기울
Biotin	Biotin	Homobiotin Biotin sulfoxide Biocytin, oxybiotin Biotin sulfone Norbiotin, biotinol Dethiobiotin Dehydrobiotin	Oxybiotin sulfonic acid Acetithizic acid	피부병 탈모 성장부진 신경염 원형탈모증 경련	번식장애 성장장애 동맥경화증	효모, 간 로열젤리 과실 채소 우유 쌀겨 난황 육류
Folacin	Folic acid	Folinic acid Dihydrofolic acid Tetrahydrofolic acid	Aminopterin 2,4-diaminopteridine Diamino-dichlorophenyl pyrimidine Dihydrotriazin	적혈구성 빈혈 우모착색 불량 성장부진	신경과민증 식욕부진 고창증 심경색증 경련 신장의 이상 비대	곡류, 콩 청초 동물의 기관
Choline	Choline	Acetyl choline Arsenocholine Sulfocholine chloride Dimethylthetin chloride Choline chloride Phosphylcholine betaine		지방간 각약증 성장부진	과도한 흥분 경련 현기증 성장부진 구토증 설사	난황, 간 대두 효모 밀배아유
Vitamin B_{12}	Cyanocobalamine	Hydroxycobalamine Aquocobalamine Nitrilcobalamine Methylcobalamine	Neomycin Biguamide Cholestyramine	악성 빈혈 식욕감퇴 성장부진		간, 신장 고기, 우유 계란, 생선 미역
Vitamin C	Ascorbic acid	*l*-dehydroascorbic acid Diketogulonic acid	Aspirin Pyrazinamide	피로, 쇠약 괴혈병 우울증 뼈형성 저해 모낭각화증	설사, 발진 복부장애 결석증 혈전증	과실, 채소 딸기, 감자 파세리 케일 양배추

7.3 지용성 비타민

지용성 비타민(fat-soluble vitamin)에는 비타민 A, D, E, K가 있다. 지용성 비타민은 다양한 기능을 갖는데, ① 비타민 A는 시각, ② 비타민 D는 칼슘(Ca)과 인(P)의 대사, ③ 비타민 E는 황산화제, ④ 비타민 K는 혈액 응고에 각각 관여한다. 지용성 비타민은 사료의 지방과 함께 섭취되므로 지방 결핍증에 있는 동물은 지용성 비타민 결핍증을 초래할 수도 있다. 또한 지용성이기 때문에 상당량을 간에 축적할 수 있어 수주일의 요구량을 한 번에 투입할 수 있다.

지금까지 밝혀진 바에 의하면, 지용성 비타민은 담즙을 통해 분으로 배설되는 것이 일반적이며, 수용성 비타민은 오줌으로 배설된다. 또한 지용성 비타민, 특히 비타민 A와 D의 과다 급여는 대개의 수용성 비타민과는 대조적으로 심한 비타민 중독증(hypervitaminosis)을 일으키기도 한다.

7.3.1 비타민 A

모든 동물은 외부로부터의 비타민 A의 공급이 필요하다. 식물에는 비타민 A로서 존재하지 않고 이의 전구물질인 카로틴(carotene)으로 존재하므로 이것을 프로비타민 A라고 한다. 체내에서는 카로틴을 활성 비타민으로 전환시킬 능력을 가지고 있으므로 비타민 A나 카로틴을 종합적으로 비타민 A 값으로서 그 역가를 표시한다.

비타민 A는 20세기 초반에 McCollum과 Davis, 그리고 Osborne과 Mendel의 연구결과로 발견되었다. 이들은 지방원으로서 돈지(lard)나 올리브유를 첨가한 비교적 순수한 사료를 쥐에게 주었을 때 성장이 불량했으나, 이러한 유지를 유지방, 간유 또는 난황으로 대치했을 때 성장과 건강상태가 크게 향상된다는 것을 밝혀냈다. 후에 McCollum은 이러한 물질에 있는 활성인자를 지용성 인자 A라 명명하였다. 1919년 미국의 생화학자인 Steenbock는 식물지방에 카로테노이드(carotenoid)가 있다는 것과 순수한 β-carotene이 비타민 A의 역가를 가지고 있다는 것을 알았다. 또한 1929년 영국의 영양학자인 Moore는 황색인 β-carotene을 쥐에게 주었을 때 비타민 역가를 가진 황색 물질로 간에 축적된다는 것을 증명하였다.

1) 비타민 A의 화학적 특성

비타민 A와 카로틴의 화학구조식은 스위스의 생화학자인 Karrer와 오스트리아의 화학자인 Kuhn에 의해 밝혀졌는데, 이를 살펴보면 다음과 같다.

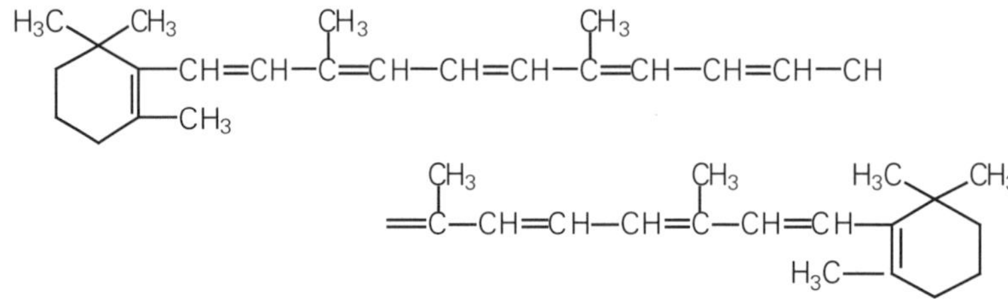

β-carotene($C_{40}H_{56}$)

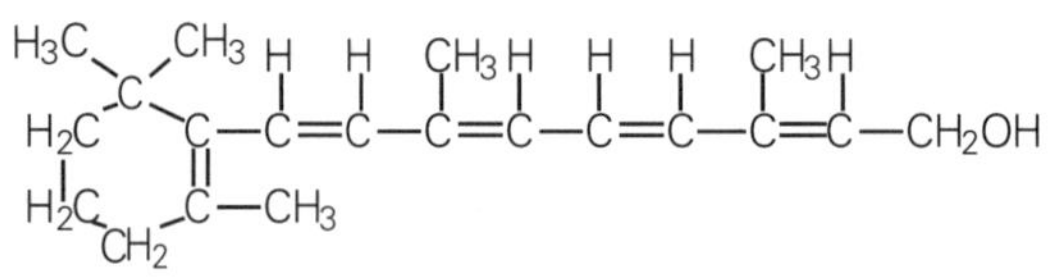

Vitamin A($C_{20}H_{30}O$)

카로틴의 구조식을 보면 중간 지점에서 산화작용에 의해 분리되면 비타민 A로 전환되리라는 것을 쉽게 알 수 있다. 식물계에는 비타민 A 역가를 가진 카로틴은 네 가지가 있는데 α-, β-, γ-carotene, cryptoxanthine 등이 이에 속하며, 이 중에서 β-carotene의 활성이 가장 높다. Cryptoxanthine은 hydroxy-β-carotene이라고도 부르는데 주로 황색 옥수수에 많이 들어 있다. 그 외에 카르테노이드(carotenoid)로서 리코펜(lycopene)과 크산토필(xanthophyll)이 있지만, 비타민 A의 역가는 거의 없고 다만 황색의 착색 효과를 내기 위해 사용하는 경우가 있다. 비타민 A는 동물계에서만 발견될 수 있는데, 후에 또 다른 종류의 비타민 A가 담수어의 간유에서 발견되어 이것을 비타민 A_2라 하였다. 그러나 그 역가는 일반 비타민 A보다 상당히 떨어진다. 비타민 A의 단위는 β-carotene의 함량을 기준으로 하며 1IU는 0.6μg의 β-carotene인데, 이것은 0.3μg의 비타민 A와 같다.

2) 비타민 A의 생리적 기능과 결핍증

중요한 생리적 기능과 결핍증을 들면 다음과 같다.

(1) 비타민 A는 시각작용에 중요한 역할을 한다. 시각작용에 있어서 비타민 A의 역할을 규명하는 데에는 미국 하버드대학의 George Wald의 공헌이 컸으며, 여러 비타민의

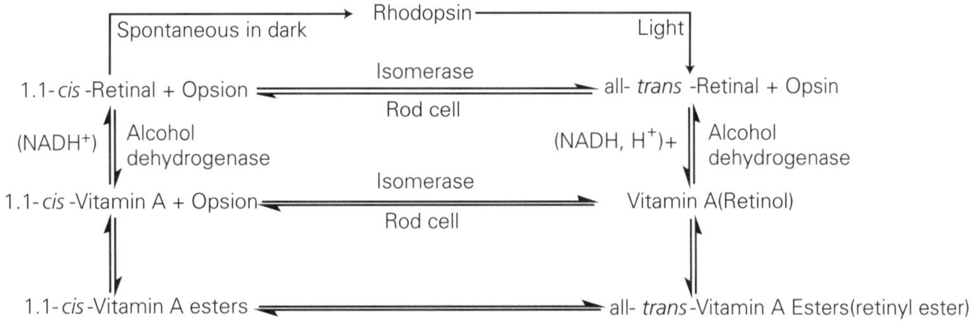

그림 7.1 로돕신과 비타민 A의 시각작용

기능 중 이것만이 현재 명백히 규명되어 있을 뿐이다. *cis*-형의 비타민 A는 알데히드 형태의 비타민 A 알데히드로 시각작용에 관여하는데, 이것은 어둠 속에서는 특정 단백질 옵신(opsin)과 결합하여 시각 색소인 로돕신(rhodopsin)을 형성한다. 로돕신은 빛을 받으면 더 안정한 형태인 all-*trans*-retinal과 옵신으로 분리된다. 이때의 운동은 시신경을 자극하여 뇌로 전달한다. All-*trans*-retinal은 1,1-*cis*-retinal로 다시 전환되어 이 시각작용 회로는 재반복된다(그림 7.1).

비타민 A 수준은 로돕신을 공급하기 위해 필요한데, 이것이 부족할 경우 야맹증(night blindness)에 걸리게 되며, 때로는 야맹증과 관련은 없지만 비타민 A가 부족할 때 안질장애도 생긴다.

(2) 비타민 A는 동물이 성장하고 건강과 생명을 유지하는 데도 필요한데, 비타민 A가 여기에 어떠한 역할을 하는가는 아직 세부적으로 규명되어 있지 않다. 다만 비타민 A가 부족하면 다음과 같은 여러 가지 비정상적 현상과 결핍증이 발생한다.

① 상피세포 및 점막의 성장장애, 더 나아가서는 경화현상(keratinization)
② 모든 질병에 대한 저항력의 감퇴(특히 호흡기)
③ 신경조직의 이상현상
④ 번식장애
⑤ 정상적 뼈 형성의 장애
⑥ 신장수질(kidney medulla)의 각질화(cornification)와 신장결석(retinal calculi)의 형성
⑦ 암의 유발
⑧ 심하면 폐사

그러나 이러한 증상은 비타민 A만 부족할 때 발생하는 특유한 증상은 아니므로 문제가 복잡하다는 것을 알 수 있다. 여기에서 몇 가지 지적해야 할 것은 질병에 대한 저항력 감퇴, 소화기와 호흡기의 장애 등은 모두 이러한 조직 내의 상피세포 경화가 간접적인 원인이라는 것이다. 근래에는 비타민 A가 번식작용에도 직접 관여한다는 것이 밝혀졌다. 한 가지 더 역사적으로 주목할 만한 것은 미국과 유럽에서 1942년과 1952년 사이에 많이 발생했던 각질증(hyperkeratosis)이다. 이 병의 증세는 피부가 두꺼워지고 눈물과 침을 많이 흘리며, 식욕감퇴와 성장부진 등이다. 수컷은 정충 생산이 중단되고, 암컷은 흔히 유산을 하는 등 비타민 A 결핍증이 나타났는데, 이는 농기구의 윤활유에 있는 나프탈렌(naphthalene)의 Cl-compound가 그 원인이었다. 후에 이러한 물질이 비타민 A의 항대사물질(antimetabolite)이라는 것이 밝혀졌다. 동물은 식물과는 달리 카로틴 자체는 이용하지 못하고 카로틴이 비타민 A로 전환되어야만 이용 가능하다는 것도 아울러 알아 두어야 한다.

최근에는 비교적 약한 항산화제인 비타민 A를 음식에 첨가하여 어린이의 홍역에 대한 감염률이나 사망률을 감소시킨다. 또한 비타민 A 혹은 β-carotene, 비타민 C, E 등(항산화제)을 충분히 공급하면 성인의 종양면역에 관여하는 세포들의 활성도를 증가시키기도 한다는 것이다. 따라서 비타민 A는 항감염비타민(anti-infective vitamin)으로 불린다. β-carotene은 비타민 A와는 독자적으로 면역기능을 향상시킬 수 있는 것으로 알려지고 있으며, 혈중 림프구의 증식이 촉진됨으로써 β-carotene에 의한 면역기능 증진이 이루어진다고 한다(Hoskinson et al., 1992).

3) 비타민 A와 카로틴의 흡수와 전환

비타민 A와 카로틴은 소장 벽에서 주로 흡수되며 그 흡수율은 사료의 종류와 동물에 따라 다른데, 특히 카로틴은 더욱 그렇다. 지방은 비타민 A와 카로틴의 흡수를 돕고, 담즙과 같은 유화제는 비타민 A의 흡수를 더욱 촉진시킨다. 섭취한 카로틴의 일부는 소장에서 산화작용으로 파괴되는데, 비타민 E(항산화제)는 이 산화작용을 막는 데 큰 역할을 한다. 이러한 여러 요소들을 고려할 때 사료에 들어 있는 비타민 A가 얼마나 이용되는가 여부를 일반화할 수는 없고, 다만 제한된 흡수작용 때문에 그 이용도는 매우 낮다고 할 수 있다. 체내에서 사용되기 위해서 카로틴은 먼저 비타민 A로 전환되어야 하는데, 이 작용은 주로 간과 소장벽에서도 일어나는 것으로 알려져 있다. 쥐, 면양, 산양, 돼지, 토끼, 버펄로와 개에서는 카로틴의 형태로 혈관 내에 이송되지 않는다. 그러나 사람, 잉어, 말과 소의 경우에는 사료에 많은 양의 프로비타민이 있을 때 혈청 내에도 상당량의 카로틴이 함유되어 있고, 상당량을 우유로 분비시키기도 한다. 말과 소에서는 일부분만 소장 벽에서 카로틴이 비타민 A로 전환될 뿐, 대부분 카로틴 그대로 흡수되어 간이나 체지방에 축적된다. 고양이와 밍크의 경우에는 카로틴을 비타민 A로 전환해 주는 효소가 없기 때문에 카로틴을 비타민 A로 이용할 수 없다. 1954년 Bieri 등에 의하면 신체 각 조직도 카로틴을 비타민 A로 변화시킬 수 있다고 한다. 이들의 연구 결과에 따르면 소장과 간장의 60~70%를 제거했을 때에도 카로틴은 계속 비타민 A로 전환되었다고 한다. 이는 체내에 저장된 카로틴도 충분히 비타민 A로 전환되어 대사과정에 관여할 수 있음을 의미한다.

혈청의 비타민 A 수준은 이 비타민에 대한 영양 상태를 잘 반영해 주는데, 이 수준은 간에 저장된 양과 그 당시의 섭취량에 의해서 좌우된다. 대부분의 동물은 여름 동안에 청초로부터 겨울 동안을 지탱할 수 있는 충분한 양을 축적할 수 있다. 실험에 의하면 비타민 A와 카로틴을 어린 송아지는 약 0.6~0.7g, 큰 소는 3.6g까지 간과 체지방에 축적할 수 있다고 한다. 그런데 전체 축적량의 67~93%는 간에서 발견되었고, 간에서 대부분이 비타민 A의 상태로 저장되었으며, 체지방에는 압도적으로 카로틴의 형태로 저장되어 있었다고 한다. 또한 비타민 A가 결핍된 사료를 송아지에 급여한 결과 혈청의 비타민 A 함량은 일정한 비례로 4.0μg/100mL의 수준까지 감소했으며, 이때 간에 저장된 비타민 A나 카로틴은 거의 없어진 상태였다고 한다.

4) 비타민 A와 카로틴의 안전도

비타민 A는 일반적으로 사료의 제조 및 저장과정 중에 상당량이 물리적·화학적 요소에 의해 파괴된다. 비타민 A와 카로틴은 특히 산화작용에 의해 파괴되는데, 이것이 비타민 A의 역가를 떨어뜨리는 주 원인이 된다. 산화작용은 고온에서 촉진되며 산소가 없는 고온에서는 별로 영향을 받지 않는다. 예를 들면, 얇게 펴 놓은 버터를 50°C에서 공기에 접촉시키면 6시간 내에 모든 비타민 A의 역가는 사라지지만, 공기에 접촉하지 않으면 120°C에서 6시간 동안 놓아두더라도 별로 파괴가 일어나지 않는다. 간유를 병 속에 넣고 꼭 막아 두면 31년 후에도 비타민 A의 역가는 나타나지만, 보통 사료 배합 때와 같은 조건에서 다른 사료와 배합해 두면 몇 주 안에 비타민 A의 역가는 거의 없어지고 만다. 간유가 다른 사료 입자와 골고루 혼합하게 되면 그만큼 산화작용을 위한 표면적이 증가하기 때문에 산패된 지방이 함유되어 있을 때에는 산화작용이 더욱 촉진된다.

배합사료에 첨가되는 미량광물질은 산화작용의 촉매 역할을 한다. 그러므로 효율적인 산패 방지와 비타민 A의 보존은 사료 배합 공정에서 매우 중요한 문제이다. 사료 배합 과정에서는 비타민 A의 안전도 문제, 특히 산소 노출, 미량광물질, 펠릿팅, 사료 저장 등 여러 요인을 고려해 건조하여 안정된 형태의 비타민 A를 도입하는 것이 좋다. 안정되고 피막으로 보호된 형태의 비타민 A는 파괴 과정이 느리게 일어난다. 사료 배합 공정에서 알팔파 분말에 있는 카로틴이 기름에 있는 카로틴보다 안정성이 더 높은 것은 이러한 이유 때문이다. 녹사료의 건조 및 저장 과정에서 카로틴의 손실이 많이 일어나는데, Bernstein과 Thompson은 이것이 주로 효소작용과 광산화적 작용에 기인한다고 주장하였다.

효소작용에 의한 파괴는 산소(O_2)를 요구하며, 고온에서 최고조에 이르지만 완전 탈수 상태에 도달하면 정지한다. 광화학적 작용에 의한 파괴는 건조과정 중 수분 함량이 감소함에 따라 증가하지만, 수분 함량이 20~30%에 달하면 줄어든다. Walsh와 Hauge도 똑같은 요인을 제시했는데, 카로틴 함량을 높게 보존하려면 녹사료를 건조하여 저장할 때 효소작용과 광화학적 작용에 의한 파괴를 최대한 방지하지 않으면 안 된다고 했다. 옥수수는 7개월의 저장기간 동안 약 60%의 카로틴이 손실된다. 식품의 일반적인 조리과정은 비타민 A를 많이 파괴시키지는 않는다. 유지의 가수소작용(hydrogenation)은 비타민 A의 함량을 떨어뜨리므로 상업적으로 제조된 마가린에는 비타민 A가 거의 없으며, 비누화 작용에서 산화작용이 없었다면 비타민 A를 파괴하지는 않는다.

5) 비타민 A의 공급원

가장 풍부한 비타민 A의 공급원은 어간유이다. 예로 대구의 간유는 1g당 250,000 IU 상당의 비타민 A를 함유하고 있으며, 넙치의 간유는 이 이상을 함유하고 있다. 기타 좋은 동물성 공급원으로는 유지, 버터, 난황 및 간 등이 있다.

동물영양학적 측면으로 볼 때 우리가 중요시하는 비타민 A의 공급원은 식물성인데, 성장하는 식물의 녹색 부분은 모두 카로틴을 풍부히 함유하고 있다. 목초에는 두과나 화본과에 상관없이 모두 풍부히 카로틴을 공급할 수 있다. 성숙기에는 줄기보다는 잎이 더 많은 카로틴을 함유하고 있으므로 건초의 경우에는 잎이 많은 두과가 화본과보다 더 많은 카로틴을 함유하고 있다. 그리고 모든 생초는 개화기가 지나면 비타민 함량이 감소하며, 건초는 자연건조 시 산화작용에 의해 카로틴이 많이 파괴된다. 알팔파에 들어 있는 카로틴의 80%가 처음 24시간의 건조과정 중에 햇빛의 광화학적 작용에 의해 파괴되기 때문이다. 그러나 인공건조법에서는 이러한 손실이 거의 없었으며 자연건조 때보다

표 7.3 조제방법과 외형에 따른 사료의 카로틴 함량(mg/kg)

사료명	Carotene
싱싱하고 푸른 두과 및 화본과: 미성숙한 것	33~88
인공건조한 알팔파 분말: 조제 직후 매우 푸른 것	247~297
인공건조한 알팔파 분말: 상당 기간 저장 후 보통 푸른 것	110~154
알팔파 잎 분말: 보통 푸른 것	132~176
두과 건초: 푸른빛이 있는 잎	77~88
두과 건초: 다소 퇴색한 것	40~59
두과 건초: 퇴색이 많이 된 것	20~31
비두과 건초: 다소 퇴색한 중등질의 것	9~17
두과 사일리지	11~44
옥수수와 수수의 사일리지: 중등질	4~22
옥수수 외의 다른 곡류, 곡류 부산물 및 단백질 사료	0.02~0.4

약 2~10배 이상의 카로틴이 보존되었다고 한다.

식물의 녹색도는 카로틴 함량의 좋은 지침이 된다. 표 7.3은 조사료의 색, 종류 및 기타 요소에 따라 카로틴 함량이 다르다는 것을 보여 준다. 황색 옥수수와 이의 부산물 이외의 모든 농후사료는 비타민 A가 결핍되어 있다. 황색 옥수수의 비타민 A 역가는 좋은 녹사료의 1/8밖에 되지 않으며 무우나 뿌리 종류는 비타민 A가 거의 없다. 그러나 당근과 고구마는 노란 빛깔이 말해 주듯 좋은 비타민 A원이 된다. 그리고 동물성 사료 중 어분은 보통 정도의 비타민 A원이라고 할 수 있으며, 육골분 및 내장사료 등 동물성 부산물은 비타민 A가 거의 없다. 앞에서도 지적했지만 배합사료에는 지방의 산패 방지와 비타민 A의 보존 문제가 중요시되고 있어, 지방 또는 지용성 비타민의 산화 방지를 위해서 인공항산화제인 에톡시퀸(ethoxyquin)이나 BHT를 첨가하여 사용하고 있다.

비타민 A를 과다 섭취하면 비타민 A 과다증(hypervitaminosis A)이 유발되는데, 이러한 증세는 어린이의 피부병 치료 시에도 생길 수 있다. 비타민 A 만성 중독증의 가장 일반적인 증상은 골조직의 이상대사이다. 이로 인해 뼈가 가늘어지고 짧아지며, 조직이 치밀하지 못해 부스러지기 쉽게 되거나 뼈의 재흡수가 일어난다. 그리고 두개골의 신경총구와 척추내공이 좁아져서 신경증세가 발생하기도 한다. 이 외에도 비타민 A의 만성 중독 증세로는 성장부진, 체중감소, 피부병 등이 있으며 연골조직 파괴 등이 생기기도 한다. 토끼의 경우에는 과량의 비타민 A를 정맥주사하면 연골조직이 파괴되어 귀가 둥글게 말리는 현상이 생긴다. 여러 가지 비타민 A의 공급원 가운데 과다 공급 시에 레티노산(retinoic acid)이 레티놀(retinol)보다 독성이 강하다.

7.3.2 비타민 D

비타민 A가 발견된 지 수년 후 영국의 의학자인 Mellanby에 의해서 구루병은 영양장애에 의해서 생기며, 간유가 구루병을 치료하는 데 효과가 있음이 밝혀졌다. 1922년에 McCollum에 의해서 구루병은 비타민 A가 아닌 또 다른 특수한 비타민의 결핍에 의해서 생긴다는 것이 입증되었다. 즉, 간유를 산화시켜 비타민 A를 파괴한 후에도 이 간유는 구루병 치료 효과를 그대로 보존하고 있었던 것이다. 그 후 1925년 간유에 있는 항구루성 인자(antirachitic factor)를 비타민 D라고 명명하게 되었다.

1) 비타민 D의 화학적 특성

비타민 D가 발견되기 훨씬 이전에 영양학자들은 벌써 태양광선이 구루병 치료에 효과가 있음을 알고 있었다. 즉 햇빛, 특히 자외선과 간유에 있는 인자가 구루병에 대해 유사한 치료 효과가 있다는 것이다.

동식물체에는 항구루성 활성인자의 전구물질이 들어 있다. 식물계에는 에르고스테롤(ergosterol), 동물계에는 7-dehydrocholesterol이 있는데 이것은 자외선에 의해 비타민 D로 전변된다. 7-dehydrocholesterol은 체내에서 합성되는 콜레스테롤이나 스쿠알렌(squalene)이 전변되어 생성되며, 피부 또는 장 벽과 기타 다른 조직에 많이 존재한다.

1932년에 에르고스테롤을 에르고칼시페롤(ergocalciferol), 즉 비타민 D_2라 부르게 되었다. 동물체에서는 간유에서 분리한 항구루병 활성인자를 7-dehydrocholesterol로부터도 빛을 쬐어 얻게 됨으로써 일찍이 콜레스테롤이 비타민 D의 전구물질이란 추측이 옳았다는 것이 판명되었으며, 이를 콜레칼시페롤(cholecalciferol), 즉 비타민 D_3라 부르게 되었다. 비타민 D_2와 D_3의 구조식은 아래와 같다.

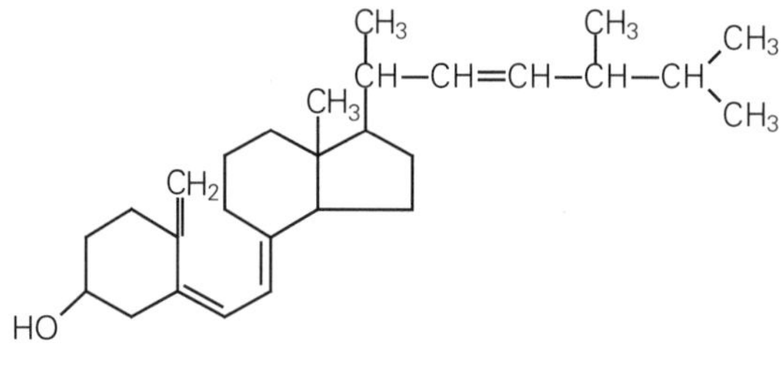

Ergocalciferol(Vitamin D_2)

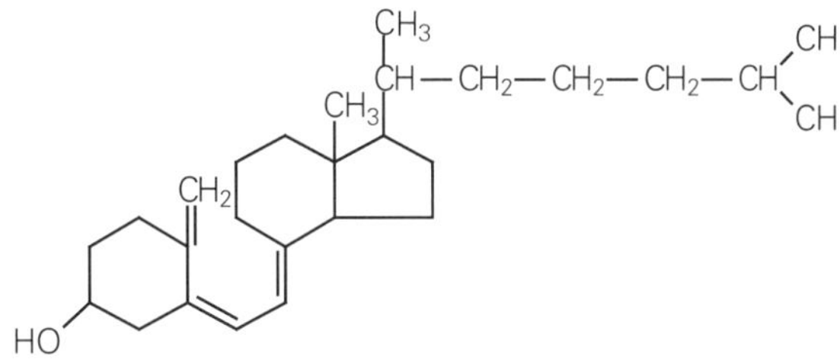

Cholecalciferol(Vitamin D_3)

이 밖에 여러 개의 비타민 D 유사물이 발견되었으나, D_2와 D_3만이 중요한 것으로 판명되었다. D_2와 D_3는 쥐, 개, 돼지, 송아지 및 사람에게는 동등한 효력이 있지만 병아리와 칠면조에는 D_3가 훨씬 더 효과가 크다.

비타민 D의 단위는 IU, USP 또는 ICU(international chick unit)인데, ICU는 똑같이 0.025μg 결정 비타민 D_3의 병아리에 대한 항구루성 활성도를 기준으로 한다.

2) 비타민 D의 생리적 기능과 결핍증

비타민 D는 골격 및 연골조직의 정상적인 석회화로 테타니(tetany)를 예방하며 소장으로부터 Ca의 흡수를 증가시킨다. 또한 비타민 D는 골다공증[1]을 예방하고, 근육의 긴장을 유지하며, 근육을 증대시키는 등의 기능을 지니고 있다. 최근에는 비타민 D가 면역 관련 세포들에 대한 조절기능이 있는 것으로 알려졌으며(Reinhardt and Hustinger, 1987), 골수성 백혈병과 건선(psoriasis)의 치료에 이용될 수 있는 것으로 보고되었다(DeLuca, 1988).

비타민 D의 중요한 생리적 기능은 소장에서 Ca의 흡수를 촉진하는 것으로, 이것은 1973년 Nicolyasen과 여러 학자들에 의해 밝혀졌다. 인산염(phosphate)은 Ca이 운반될 때 전위차에 의해 수동적으로 이동되는 음이온이지만, 비타민 D는 Ca과는 독립적으로 소장에서 인산염의 운반을 촉진하는 기능도 가지고 있다. 1940년대까지만 하더라도 비타민 D는 오직 소장에서만 그 기능을 갖는다고 생각하였지만 골격에서의 Ca 이용에도 필수적인 역할을 수행한다는 것이 Carlsson(1952)에 의해 발표되었다. 1968년에는 Harrison 등과 Rasmussen 등에 의해 혈청 Ca 농도를 상승시키는 parathyroid hormone (PTH)이 비타민 D를 요구한다는 사실이 밝혀졌다.

---

1) **골다공증**: 뼈의 생성과 용해의 균형이 깨지면서 골질조직의 밀도가 떨어져 뼈 속에 크고 작은 구멍이 생기고 푸석푸석해지는 증세를 말하며 이로 인해 골절이 쉽게 발생하는 병이다.

따라서 비타민 D의 통괄적 기능은 소장에서 Ca과 P의 능동적 수송을 촉진하고 골격의 fluid compartment로부터 Ca과 P을 동원하는 것이다. 비타민 D는 신장에서 Ca 또는 P의 재흡수를 증대시키는 등 Ca과 P의 대사와 밀접한 관계를 가지고 있다. 비타민 D는 대사적 활성 형태로 체내에 전환된 후 그 기능을 나타내므로 앞에서 설명한 여러 가지 비타민 D의 기능은 바로 $1,25-(OH)_2D_3$의 작용이라고 할 수 있다. 비타민 D의 중요한 생리적 기능을 열거하면 다음과 같다.

① 장에서 Ca의 흡수를 돕는다.
② 골조직에 Ca의 축적을 돕는다.
③ Ca이 오줌으로 배설되는 것을 억제함으로써 혈액의 Ca 농도를 유지한다.

Ca^{2+}과 균형을 이루는 PO_4^{2-}도 자연히 영향을 받는다. 그러므로 비타민 D가 부족하면 Ca과 P의 대사작용이 장애를 받게 됨으로써 성장하는 동물의 골격 형성이 비정상적으로 되어(Ca과 P의 부족 때도 마찬가지) 구루병이 생기게 된다. 비타민 D는 특히 성장하는 골격의 정상적인 형성을 위해 필요하며 그 요구량은 동물에 따라, 그리고 사료에 함유되어 있는 Ca과 P의 양과 비율에 따라 각기 다르다. 즉 Ca과 P의 양이 부족하거나 그 비율이 부적당하면 더 많은 비타민 D가 요구된다. 또한 쥐와 돼지에게 충분한 양의 비타민 D, Ca, P이 닭과 사람에게는 충분하지 못할 수도 있고, 꿩과 칠면조의 경우에는 더 많은 양이 요구된다. 그러나 성숙한 동물에 있어서는 번식과 유생산의 경우만 제외하고는 그리 중요한 비중을 차지하지는 않는다.

비타민 D가 부족하면 산란율과 부화율이 저하되고, 때로는 난각이 약한 알이 생기므로 깨지기 쉽다. 젖에 있는 높은 비중의 Ca과 P의 대사작용을 고려할 때 비타민 D의 역할도 상대적으로 크다고 생각되지만 실제로 소의 경우에는 그렇지 않다는 것이 판명되었다. 또한 비타민 D는 우유에 잘 분비되지 않는다. 즉, 상당한 양을 사료에 투입해도 우유의 비타민 D 농도는 약간 높아질 뿐이다. 반면 계란의 비타민 D 함량은 사료에 들어 있는 비타민 D의 양에 의해서 직접 영향을 받게 된다.

비타민 D도 체내에 축적되어 있지만 비타민 A에 비해 상당히 낮은 수준이다. 비타민 D도 주로 간에 저장되지만 일부는 폐, 신장 등 기타 조직에도 저장된다.

3) 비타민 D의 흡수와 전환

비타민 D는 사료 내 지방 성분과 함께 흡수되며, 따라서 미셀(micelle) 형성에 담즙이 요구된다. 그러나 비타민 D의 흡수기작에 대해서는 잘 알려진 바가 없다.

소장 말단부가 비타민 D의 주요 흡수 부위라고 알려져 왔지만, 소장 기부도 주요 흡수 부위라는 것이 밝혀졌다. 이 문제는 아직도 완전히 규명되지 않은 상태이지만, 지방에 용해된 비타민 D는 주로 소장 말단부에서 흡수될 가능성이 큰 반면, 다른 형태의 용액으로 분산상을 이룬 일부의 비타민 D는 소장 기부에서 흡수될 가능성이 있는 것으로 생각된다. 따라서 회장과 공장이 비타민 D의 주요 흡수 부위라고 할 수 있다.

체내에 흡수된 비타민 D는 소장의 점막세포에 지방과 지용성의 여러 가지 물질들과 함께 킬로미크론(chylomicron)을 형성하여 림프관을 통해 혈류로 들어가며 신속하게 신체 전 부위로 분배된다. 병아리의 경우 방사능으로 표시된 비타민 D_2를 경구 투여한 결과 24시간 이내에 신체의 모든 조직에 분포되었고 간장, 소화관 벽, 신장, 부신, 비장, 담낭, 혈청에서도 추적되었다. 근육이나 지방조직, 췌장, 골격, 피부 등에서의 함량은 상대적으로 낮지만 조직의 무게로 보면 간보다 더 많은 양을 함유하고 있다. 비타민 D는 세포막을 쉽게 통과하며, 비타민 D와 그 대사물질의 운반체로는 분자량이 52,000인 α_1-globulin이 작용하는 것으로 생각된다.

4) 비타민 D의 공급원

모든 비타민 중 비타민 D가 자연식품에 가장 적게 함유되어 있는 것으로 알려졌다. 동물성 식품 중에서는 난황이 좋은 공급원이 된다. 우유에는 실제 비타민 D는 적게 함유되어 있지만 콜레스테롤의 양이 많으므로 자외선에 조사하면 비타민 D의 함량을 상당히 높일 수 있다. 영양 상태에 따라 다르지만 포유동물의 간에도 상당량의 비타민 D가 함유되어 있으며, 특히 어간유는 인간이나 동물에게 좋은 공급원이 되고 있다.

곡류는 물론 종실이나 이들의 부산물인 단백질 사료에는 비타민 D가 거의 없으며 싱싱한 목초나 기타 조사료에도 매우 적게 들어 있다. 만일 이런 조사료를 태양건조하였다면 에르고스테롤이나 기타 프로비타민 D가 비타민 D로 전환되기 때문에 충분한 양의 비타민 D를 동물에게 공급할 수 있다. 목초 중에도 잎이 많고 푸른 상태로 태양건조한 두과 건초가 가장 많은 비타민 D를 공급할 수 있는 반면에 기계건조나 사내건조한 건초에는 얼마 들어 있지 않다. 몇 가지 조사료의 비타민 D 함량을 보면 표 7.4와 같다.

표 7.4 조사료의 비타민 D의 함량(IU/kg)

조사료	비타민 D
양건시킨 건초	154~3,786
덩어리로 건조한 건초	352~1,738
겨울철 야초	194~594
사일리지(젖은 상태)	154~242
인공건조한 건초	176~616

프로비타민 D_3가 있는 경우 태양광선, 즉 자외선을 쬠으로써 비타민 D가 부족하지 않게 공급될 수 있다는 것은 이미 잘 알려진 사실이다. 이 경우 비타민 D의 합성과 자외선의 관계를 요약하면 다음과 같다.

① 피부의 빛깔이 진한 경우 합성이 불량하다.
② 피모가 짧을수록 합성이 왕성하다.
③ 유리창을 통해 들어오는 광선은 그 효력이 약하다.
④ 가장 유효한 단파(290μm)는 주로 여름에 지구 표면에 도달한다.
⑤ 열대지방에서 이러한 합성이 왕성하다.
⑥ 눈에 반사되는 광선도 효과적이다.

비타민 D를 과다하게 공급할 경우에는 골격 형성을 위한 정상적 대사기능이 마비되어 혈액 내의 Ca 함량이 높아지고(혈청 Ca 과다증, hypercalcemia), 동맥과 여러 조직 내의 세포에는 다량의 칼슘염이 축적된다(calcinosis). 이러한 현상을 비타민 D 중독증(hypervitaminosis D)이라 한다.

알려진 바에 의하면 자돈에게 비타민 D 요구량의 625배를 공급했더니 체조직에 다량의 칼슘염이 축적되었다고 한다. 요구량의 25~125배를 공급했을 경우에는 이러한 현상이 나타나지 않았으나 조골세포의 대사기능이 마비되어 정상적인 뼈의 형성이 이루어지지 않는다. 병아리에게 과다량의 콜레칼시페롤(cholecalciferol)을 공급하면 비뇨기에 손상을 주는데, 이는 신장결석(담석증)에 의한 것이다.

7.3.3 비타민 E

첫 비타민이 발견된 후 자극을 받아 순수사료(purified diet)를 가지고 동물실험을 실시한 결과, 쥐의 성장과 건강은 정상적이었음에도 흔히 번식장애가 생기는 것을 목격하게 되었다. 이러한 동기로 미국의 생리학자인 Evans, Mattil과 Sure 등에 의해서 쥐의 번식에는 특수한 필수영양인자가 요구되는 것을 알게 되었고 Sure는 이 인자를 비타민 E라 칭하게 되었다. 그 후 많은 연구가 거듭되어 비타민 E의 화학적 특성과 자연계의 분포 등은 잘 알려졌지만 아직도 순수한 비타민으로서의 생리적 기능에 대해서는 더 연구되어야 할 것이다.

1) 비타민 E의 화학적 특성

1936년 Evans 등은 밀 배아유의 비비누화성 부분(unsaponifiable fraction)에서 비타민 E를 분리해 내는 데 성공하였다. 화학명은 α-tocopherol이며 화학구조식은 Fernholz 등 많은 사람에 의해 밝혀졌고, Karrer와 Smith는 각각 이의 합성에 성공하였다.

α-tocopherol 외에도 β, γ, δ, ρ, zeta, eta 등의 토코페롤(tocopherol) 이성체가 있는데, 그중에서 α-tocopherol이 가장 활성이 높고 또한 가장 널리 자연계에 보급되어 있는 형태이다. 토코페롤은 열에 강하지만 공기 중에서 쉽게 산화된다. 또한 토코페롤은 일반 사료 내에 잘 보존되는 편이지만 산패된 지방이 있으면 쉽게 파괴된다.

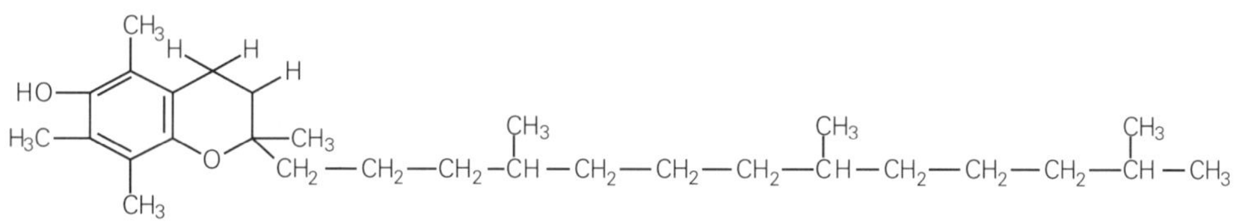

α-tocopherol($C_{29}H_{60}O_2$)

2) 비타민 E의 생리적 기능과 결핍증

비타민 E의 생리적 기능을 규명하기 위한 많은 연구가 상당한 진전을 이루었지만, 비타민 E는 서로 연관성이 없는 여러 생리적 기능에 관여하는 듯한 결과도 얻어졌다. 아직도 그 기능을 확실히 안다고 하기에는 시기상조가 아닌가 싶다. 그간의 연구 결과를 토대로 비타민 E의 생리적 기능을 요약하면 다음과 같다.

① 생리학적 항산화제
② 생체막 형성에 관여
③ 프로스타글란딘(prostaglandin) 합성에 관여
④ 혈소판 응고 억제
⑤ 생체의 산화 · 환원(electron transport)에 관여하고 세포 내 DNA 생합성 조절
⑥ 질병 억제와 면역기능 강화
⑦ Se과 함께 중금속 중독에 대한 예방 및 치료
⑧ Se과 함께 세포조직 보호
⑨ 정상적인 인산화 반응(고에너지 인산화합물), 비타민 C의 합성, 유비퀴논(ubiquinone) 합성, 함유황아미노산 대사 등에 관여
⑩ 비타민 B_{12} 대사에 관여

한편 비타민 E의 결핍증세를 요약하면 다음과 같다.

① 일찍이 비타민 E는 쥐의 경우 암수 모두 정상적인 번식활동에 필요하다는 것이 입증되었다. 암컷의 사료에 이것이 부족하면 태아는 죽거나 유산되고, 수컷의 경우에는 정상적인 정충 생산이 불가능해지며, 더 나아가서는 고환의 퇴화를 초래한다. 닭의 경우에는 부화율이 떨어지게 된다. 그러나 그 원인이 체내의 항산화제 역할의 결핍 때문인지, 특수한 비타민 역할의 결핍에서 생기는 것인지 아직 분명하지 않다. 소나 돼지 등의 동물에서는 이러한 증세가 일어나지 않는 것 같다.

② 병아리의 경우에 사료에 비타민 E가 부족하면 뇌연화증(encephalomalacia)이 발병할 수 있다. 그러나 이 병은 인공항산화제인 diphenylparaenediamine(DPPD)이나 ethoxyquin(6-ethoxy-2, 2, 4-trimethyl-1, 2-dihydroquiniline)을 사료에 낮은 수준으로 첨가함으로써 비타민 E를 사용할 때와 마찬가지의 효과를 거둘 수 있다. 쉽게 산화되는 불포화지방산이 많은 경우에 비타민 E의 요구량이 증가한다는 점을 보아도 이 경우 비타민 E는 레놀레산(linoleic acid)의 보존과 체세포의 안팎에서 지방의 산화를 방지하는 자연적 항산화제라고 할 수 있다.

③ 병아리에게 비타민 E가 결핍될 경우에는 삼출성 소질(exudative diathesis)이 생기는데, 이것은 비타민 E가 아닌 셀레늄(Se)으로도 예방 또는 치료할 수 있다. 적당량의 비타민 E에 0.04mg/kg의 Se(selenite)을 첨가하면 더 효과적이며 최대 성장률을 가져올 수 있다고 한다. 이 경우 인공항산화제로 비타민 E가 이용된다고 볼 수 없으며, 비타민 E는 이 병을 예방하는 데 있어서 셀레늄과 같은 대사경로를 밟는다고 볼 수 있다.

④ 비타민 E가 부족할 경우 병아리, 송아지 및 어린양은 흔히 근육위축병(nutritional musclar dystrophy, NMD) 또는 근육백화증(white muscle disease)에 걸릴 수 있다. 이러한 경우 Se의 단독 급여는 효과가 없고, 적당량의 비타민 E(100mg/kg) 또는 비타민 E와 Se을 동시 급여하거나, 0.2% 수준의 시스틴(cystine)을 첨가하는 경우 근육위축병의 예방과 치료에 효과가 있었다고 한다.

비타민 결핍증에 대한 셀레늄과 비타민 E의 효과는 표 7.5와 같다. 이상에서 보는 바와 같이 비타민 E는 체내에서 가장 안전한 항산화제와 비타민으로서 여러 가지 기능에 참여한다. 그러나 비타민 E는 상당량이 체내의 여러 기관이나 조직에 저장될 수 있기 때문에 비타민 E의 기능을 연구하는 데 어려움이 있다.

표 7.5 비타민 E 결핍증에 대한 비타민 E, Se, 항산화제(DPPD)의 효과

구분	결핍증	효과		
		비타민 E	Se	DPPD
병아리	근육위축병[1]	+	+(약간)	+
	삼출성 질병	+	+	(낮은 셀레늄 수준)[3]
	뇌연화증	+	−	+
쥐	태아 재흡수	+	−	+
	간괴사[2]	+	+	+
자양	근육위축병	+	+	±[3]
송아지	근육위축병	+	+	+
토끼	근육위축병	+	−	+
돼지	간괴사	+	+	?
생쥐	괴사성 퇴화(심장, 간, 근육)	+	+	?
밍크	골격근과 심장근의 이상	+	+	?
원숭이	빈혈	+	−	약간

[1]비타민 E와 함유황아미노산이 없는 사료(cystein이나 methionine)는 이 증상에 대한 치료 효과가 있다.
[2]함유황아미노산은 토코페롤의 요구량을 줄여 준다.
[3]사료 내 지방의 유무에 따라 결과가 달라진다.

3) 비타민 E의 흡수와 전환

비타민 E의 흡수는 지방 소화와 밀접한 연관이 있으며 담즙(bile)과 췌장 리파아제(pancreatic lipase)에 의해 촉진된다. 유리 알코올 혹은 에스테르(ester) 형태로 존재하지만 대부분의 비타민 E는 알코올 형태로 흡수된다. 에스테르는 장 벽에서 대부분이 가수분해되며 유리 알코올은 intestinal lacteal로 들어간 다음 림프관을 통해 일반 순환계로 운반된다. 간과 혈액에서 비타민 E의 흡수율은 다른 기관에서보다 높지만 빨리 고갈되고, 심장, 폐, 부신 등에서의 전환율이 낮지만 고갈된 후 몇 주일 후까지는 토코페롤을 함유하고 있다. 포유동물에서 비타민 E는 막을 통과하여 림프의 모세혈관으로 들어가서 킬로미크론으로 이동된다. 조류의 경우에는 토코페롤 모두가 문맥을 거쳐 직접 간으로 흡수되는 반면, 포유동물의 경우에는 소량만이 문맥을 거쳐 이동된다. 조류에서 소장막을 거쳐 흡수되는 기작은 포유동물과 같지만, 조류의 경우 비타민 E는 문맥을 통하여 직접 간으로 이동된다.

정상적인 쥐에서 모노올레인(monoolein)과 트리올레인(triolein)이 비타민 E의 흡수를 증가시킨다는 보고가 있고 불포화지방산에 의해 비타민 E의 흡수가 방해된다는 보고도 있다. 이것은 불포화지방산과 같은 어떤 형태의 지방이 흡수와 이동, lipid-bile micelle

및 소장 세포로부터 출입 위치에서 비타민 E와 경쟁적이 될 수 있다는 가능성을 제시해 주는 것이다.

4) 비타민 E의 공급원

비타민 E는 모든 사료에 널리 분포되어 있다. 곡류, 배아 그리고 배아를 포함한 부산물에 충분한 양이 함유되어 있다. 목초나 푸른색을 유지한 건초도 좋은 공급원이 되며 알팔파에는 특히 비타민 E가 풍부하다. 가장 농축된 공급원은 밀 배아유이며 콩기름, 땅콩기름, 그리고 특히 종실유에도 풍부하게 들어 있다. 그러나 기름을 짠 추출박에는 거의 없다. 동물성 식품에서는 계란, 특히 난황에 많이 들어 있지만 우유나 유제품에는 별로 없다. 초유에는 상유보다 약 10배나 더 많은 비타민 E가 들어 있다. 비타민 E는 이렇게 널리 보급되어 있으므로 동물의 경우 정상적인 사료를 급여하면 비타민 E가 부족할 염려는 없다.

비타민 E가 매우 광범위하게 사용되어 왔음에도 불구하고 1973년에 이르러서야 비로소 Cohen에 의해 건강한 성인의 경우 과다량(매일 800IU)의 α-tocopherole을 급여하면 전신이 허약해지고 피로감을 느끼게 되며, 이러한 증상은 빈혈증에 의해 나타나는 증상보다 더 심각하다는 것이 밝혀졌다. 또한 골격근 내에는 α-tocopherole이 많이 함유되어 있어서 만약 합성 비타민 E를 과다 급여하면 전신에 알레르기 반응을 일으키기도 하고, 비타민 E나 토코페롤이 결합되어 있지 않은 비타민 E를 과다 급여하면 전신 알레르기 반응, 두통, 현기증, 복통과 같은 증상을 나타내기도 한다. 비타민 E를 쥐에게 과다 급여했을 때 종양이 생기고 간에 지방 침윤이 일어나 사망률을 높이며, 닭의 경우 성장이 부진하고 혈액응고 시간이 길어지며 갑상선의 기능이 억제된다.

7.3.4 비타민 K

1929년에 덴마크의 화학자인 Dam은 병아리에게 저지방 순수사료를 먹인 결과 근육 내 출혈 증세가 나타난다고 보고했다. 이 현상은 분명히 혈액의 응고와 관련이 있는데, 그때까지 발견된 어느 비타민으로도 이 증세를 고칠 수는 없었다고 한다. 혈액응고와 관련된 새로운 인자는 푸른 잎 부분에 있는 지용성 비타민이라는 것을 알았고, 1935년 Dam은 이것을 비타민 K라고 명명하였다.

1) 비타민 K의 화학적 특성

비타민 K의 활성을 가진 물질에는 몇 가지가 있다. 1939년에 지용성 물질로서 두 가지의 비타민 K가 분리되었는데, 알팔파(alfalfa)로부터 분리한 K_1은 더 활성이 높은 것으로 다음과 같은 구조식을 가지고 있다.

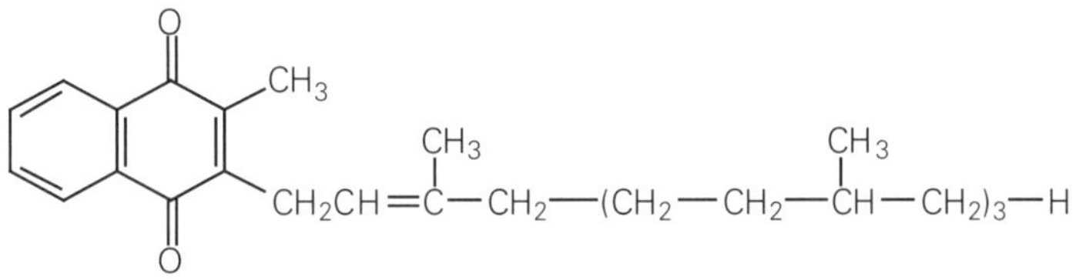

Phylloquinone
(Vtamin K_1, Phytonadione, Mephyton)

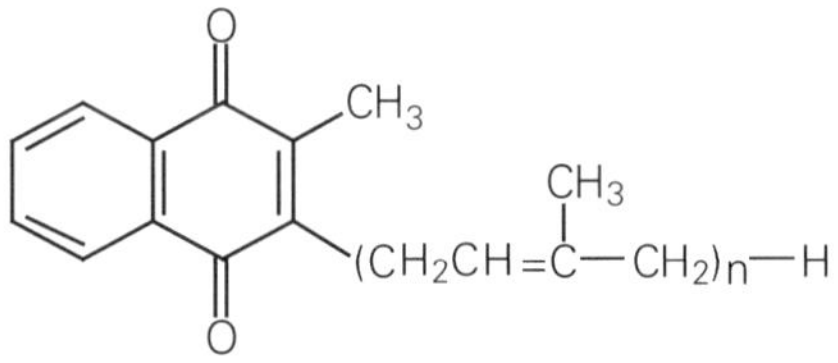

Menaquinone
(Vitamin K_2; n=6, 7 or 9)

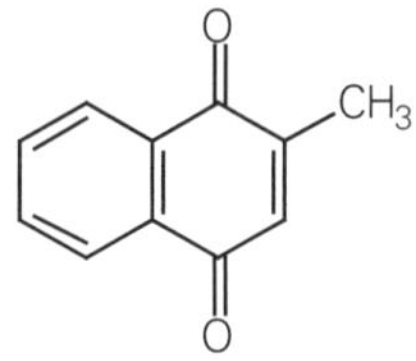

Menadione
(Vitamin K_3)

다른 하나는 어분에서 분리한 K_2인데 그 구조식은 비슷하다. 측쇄가 약간 다르고 같은 퀴논(quinone) 핵을 가지고 있다. 그 밖에 비타민 K는 옥수수 암술머리에서도 분리되었다. 이 외에 몇 개의 합성 비타민 K도 있는데, 그중에서 대표적인 것으로 메나디온(menadione), 즉 K_3는 K_1보다 활성이 훨씬 높다.

2) 비타민 K의 생리적 기능과 결핍증

비타민 K가 결핍되면 혈액응고에 소요되는 시간이 증가하고, 프로트롬빈(prothrombin) 함량이 줄게 된다. 비타민 K는 간에서의 프로트롬빈 합성을 조절함으로써 혈액 내에서 일정한 수준을 유지하는 기능을 한다. 그러나 비타민 K가 직접 프로트롬빈의 합성을 촉진하는지 또는 전구물질로 이용되는지는 아직 규명되지 못하였다.

원래 비타민 K의 결핍증은 병아리에서 발견된 것이지만 그 외에 다른 조류나 쥐, 토끼, 사람 등에서도 비타민 K의 결핍증이 일어날 수 있다. 모든 동물에서 비타민 K는 필요한 것이지만 대부분 미생물에 의해 장 내 합성이 가능하기 때문에 따로 공급해 줄 필요는 없다. 동식물이나 미생물 등에 널리 분포되어 있는 것으로 보아 혈액응고 외에도 근본적인 대사기능에 관여한다고 보아야 할 것이나 아직 분명하지는 않다.

비타민 K는 다음과 같은 의학적 가치를 인정받고 있다. ① 과출혈을 막기 위해서 수술 전후에 예방조치로서 사용할 때, ② 황달병에 걸린 경우와 같이 비타민 K의 흡수가 불량할 때 등이다. 어린 동물의 출혈성 스위트 클로버(sweet clover) 중독증과 비타민 K 사이에는 밀접한 관계가 있다. 이 병은 소가 썩은 스위트 클로버를 먹었을 때 발병하는데, 그 이유는 썩은 스위트 클로버에 디쿠마롤(dicumarol)이라는 항대사물질이 함유되어 있어 혈중 프로비타민 K의 함량을 감소시키기 때문이다.

3) 미생물에 의한 비타민 K의 합성

대부분의 비타민 B군과 같이 반추동물의 경우 비타민 K도 반추위의 미생물에 의해 합성된다. 비반추동물에 있어 비타민 K는 대장에서 합성되는데, 이것은 설폰아마이드(sulfonamide)를 먹여서 장내 미생물을 억제하기 때문에 혈액응고 시간이 지연되고 내출혈이 발생하는 것으로 입증되었다.

자기분식성(coprophagy)[2] 동물인 설치류는 비타민 K 결핍증에 걸리지 않는다(쥐는 자기 분의 50~65%를 먹는다). 그러나 이 자기분식성을 완전히 막으면 비타민 K의 결핍증이 발생한다. 이 실험결과는 중요한 것으로, 즉 대장에서 합성된 비타민 K가 흡수되어 자체 공급되므로 따로 공급해 줄 필요가 없다는 기존의 논리를 부정한 것이다. 사실 대장에서 미생물이 비타민 K를 합성한다고 하더라도 이 비타민이 대장에서 흡수되기는 어렵고, 또 대부분의 영양소는 대장에서 흡수되지도 않기 때문이다. 그리고 닭의 경우에

---

2) **자기분식성**: 설치류, 돼지 등이 자기 분을 먹는 습성을 말하며, 대장에서 합성된 비타민 B군과 K을 흡수하게 된다.

는 장에서 비타민 K의 합성이 거의 일어나지 않는다.

4) 비타민 K의 흡수와 전환

비타민 K는 흡수될 때 다른 지용성 비타민과 마찬가지로 담즙과 췌장액의 존재하에서 더 잘 흡수된다. 소화관 내에서 각기 다른 비타민 K는 각각 다른 위치에서 다른 기작에 의해서 흡수된다. 필로퀴논(phylloquinone)의 흡수에 대해 조사했는데 소장 상부에서보다 말단 부위에서 비교적 흡수가 좋지 않았다. 그 이유는 N_2나 2,4-dinitrophenol의 존재하에 실시한 배양 때문에 흡수가 포화되고 저해받기 때문이었고, 필로퀴논은 소장 상부에서 에너지가 필요한 과정에 의해 흡수되기 때문이라고 결론지었다.

한편, 메나디온의 흡수는 소장 말단 부위에서 효과적으로 이루어지고 이때의 흡수는 포화되거나 에너지가 필요하지 않으며, 소장 말단에서 급격히 발생하는 양쪽 방향으로의 수동적 확산에 의해 이루어진다고 하였다. 이후 메나디온이 수동적 과정을 거쳐 결장에서 흡수된다는 결과를 발표하였다. Menaquinone-9도 수동적이며 운반체가 중간에 작용하지 않는 방법에 의해 흡수된다는 것이 밝혀졌다.

5) 비타민 K의 공급원

비타민 K는 동물성 식품과 식물성 식품에 널리 분포되어 있으며 그 함량은 우유의 1μg/100mL에서 시금치, 케일, 순무 녹색 잎의 500μg/100g까지 다양하다. 가장 풍부한 비타민 K_1의 공급원으로는 녹색 식물인 시금치와 알팔파 등이며, 양배추 안쪽 잎사귀는 바깥 것의 약 1/4의 비타민 K 공급 능력을 가진다. 김, 토마토, 콩기름도 또한 좋은 공급원이며 고기, 과실, 곡류 등은 모두 불량한 편이다. 비타민 K_2는 주로 박테리아에 의해 생성되기 때문에 자기 분을 먹는 짐승에게만 유효하다.

비타민 K의 자연적 형태인 필로퀴논이나 메나퀴논(menaquinone) 등은 독성이 거의 없지만, 합성 비타민 K인 메나디온의 과다 급여는 용혈현상, methemoglobinemia 등을 유발할 수 있다. 신생아의 경우에는 hyperthrombosis가 발생하며 성인에게는 순환기장애가 나타난다. 쥐의 경우에는 간과 신장의 기능장애가 일어나며, 이로 인해 혈구감소, 지방침윤, 혈전증 등이 발생한다.

7.4 수용성 비타민

수용성 비타민(water soluble vitamins)에는 비타민 B군과 비타민 C가 속한다. 수용성 비타민은 지용성 비타민과는 달리 체내에 잘 축적되지 못하므로 더 자주 공급해 주어야 한다. 비타민 B군이라는 용어는 아직도 널리 사용되고 있는데, 그것은 비타민 B군이 자연에 함께 존재하고 있기 때문이다. 즉, 어느 한 가지 비타민 B가 풍부한 곳에는 다른 비타민 B들도 모두 풍부히 존재하고 있다. 그러므로 동물은 순수한 어느 한 가지 비타민 B의 결핍증에 걸린다는 것은 거의 있을 수 없는 일이다. 수용성 비타민은 주로 탄수화물, 지방, 단백질의 대사작용에서 조효소로 쓰인다. 저장성이 낮고 요구량이 많으며, 부족하면 피부병, 각약증, 빈혈증 등에 걸리기 쉽다. 효모, 로열젤리, 곡류 부산물에 공통적으로 많이 존재한다.

7.4.1 티아민(thiamin)

티아민(비타민 B_1)은 처음으로 발견된 수용성 비타민의 일종이다. 티아민 결핍증은 인간을 포함한 단위동물에서는 곡류나 전분이 많은 뿌리(근류)를 먹는 한 좀처럼 일어나지 않지만, 정미를 많이 한 쌀을 주식으로 하는 아시아 국가에서는 각기병이 빈번하게 발생할 수 있다.

각기병은 7세기경에 이미 중국인에 의해서 알려진 병이지만 처음으로 학술적인 고찰이 이루어진 것은 1882년 일본의 의학자인 Takaki에 의해서였다. 그는 일본 해군 병사의 식사에 백미를 줄이고 대신 고기, 야채, 우유 등을 증가시킴으로써 각기병을 예방할 수 있었다고 한다. 10년 후 네델란드의 의학자인 Eijkman은 백미를 비둘기에 줌으로써 각기병과 비슷한 병인 다발성 신경염(polyneutritis)[3]이 일어나는 것을 목격하였으나, 현미 그대로 급식한 결과 이 병은 일어나지 않았다. 더욱이 쌀겨는 조류의 다발성 신경염을 치료한다는 것을 알게 되었다. 이를 관찰한 Grijns는 각기병은 필수영양소의 결핍에서 일어난다고 발표하였고, 드디어 Funk에 의해서 쌀겨로부터 농축된 항각기병 물질을 얻어내는 데 성공하였다. 또한 이것은 아민(amine)을 함유한다고 해서 이것을 처음으로

---

3) **다발성 신경염**: 이 결핍증의 최초 증상은 식욕감퇴이며, 체중이 감소하고 보행이 불안해지며 근육의 마비가 일어나는데, 다리를 구부리고 앉아 머리를 뒤로 젖혀서 별을 보는 자세를 취한다. 부신이 비대해지고 심장, 장벽과 생식선이 위축된다.

비타민이라 하였던 것이다. 이것이 오늘날 알려진 티아민이며 쌀겨뿐만 아니라 동식물에 널리 분포되어 있다.

1) 티아민의 화학적 특징

1926년 Jansen과 Donath는 쌀겨 추출물에서 티아민을 결정체로서 분리하는 데 성공하였다. 1934년 Williams와 Cline에 의해서 구조식이 처음으로 발표되었고, 1936년에는 이를 합성하는 데 성공하였다. 구조식에서 보는 바와 같이 티아민은 한 분자의 피리미딘(pyrimidine)과 한 분자의 티아졸(th-iazole)로 구성되어 있다. 코카르복실라아제(cocarboxylase)라고 불리는 TPP(thiamin pyrophosphate)는 체내에서 티아민과 ATP의 작용에 의해 생성된다. 티아민은 물이나 70% 알코올 용액에 용해되며, 열에 의해서 쉽게 파괴된다(알칼리에서는 파괴가 더욱 촉진된다). 건조상태에서는 100°C에서도 몇 시간 견고하지만 수분이 있는 경우에는 즉시 파괴되므로 신선한 사료보다 건조상태에서 더욱 열에 강하다.

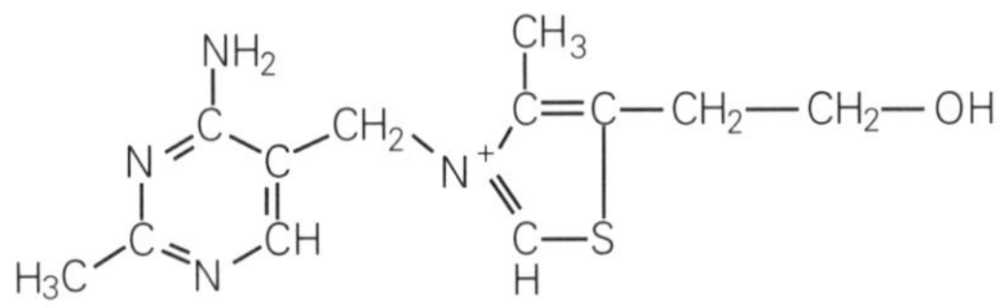

Thiamin($C_{12}H_{17}N_4OS$)

2) 티아민의 생리적 기능과 결핍증

티아민은 TPP의 구성 성분으로 산화적 탈탄산화작용에 조효소의 역할을 한다. 그중 중요한 작용은 pyruvate로부터 CoA로 전변화 반응에 관여하는 것이다. 이 반응은 생리적 현상에 소요되는 에너지를 제공하기 위해 탄수화물이 이용되는 데 있어서 반드시 필요한 과정이다. 만일 이 반응이 잘 진행되지 않으면 pyruvate, lactate와 같은 중간 대사물질이 체내에 축적되어 끝내는 특유의 결핍증인 각기병(사람의 경우)이나 다발성 신경염(조류의 경우)이 생긴다. 다른 결핍 증세로 맥박수 감소(bradycaidia), 심장 확대, 수종(edema), 위장장애 및 식욕감퇴, 성장부진이 나타나게 된다. 돼지, 닭, 말 등의 결핍 증세는 다소 다른 점도 있으나 위의 일반 증세는 공통적이다. 한편 이러한 증세는 반드시 티아민만의 고유한 결핍증이 아니라, 여타의 비타민 B군 결핍증과 공통되는 증세이기도 하므로 증세에 의한 결핍증 판단에는 세심한 주의가 필요하다.

세포의 증식이나 생명유지를 위한 화학반응에 꼭 필요한 물질을 대사물(metabolite)이라고 하며, 대사물의 정상적인 기능을 방해 또는 억제하는 물질을 항대사물(anti-metabolite)이라고 한다. 여기에서 어느 비타민이 바로 그 대사물이라 할 때 항대사물은 항비타민이라고 할 수 있다. 자연계에는 여러 가지 항대사물질이 존재하기 때문에 비타민 공급이 정상이라 하더라도 이러한 항대사물이 체내에 함께 흡수된다면 그 특수한 비타민 결핍 증세가 일어날 수 있다. 예로서 피리티아민(pyrithiamin)은 그 구조가 티아민과 비슷하여 효소반응에서 티아민과 경합하여 티아민의 작용을 억제한다. 대부분의 여러 비타민 B의 항대사물은 이러한 종류로서, 비타민의 유사물이라고도 한다. 그러나 이 밖에도 티아민의 기능을 방해하는 또 다른 종류의 물질이 있는데, 이것은 날생선에 있는 티아미나아제(thiaminase)라는 효소로 티아민을 반쪽으로 분해하여 불활성화시킨다.

3) 티아민의 흡수와 미생물에 의한 합성

티아민은 주로 소장에서 흡수되어 혈액에 의해 간으로 이송된다. 거기에서 ATP에 의해 인산화되어 TPP로 형성된다. 그러나 티아민은 간이나 기타 체조직 내의 저장성이 얼마 되지 않고 곧 오줌으로 배설되므로 계속적인 공급이 필요하다. 예외가 있다면 돼지의 체조직은 때로 다른 동물보다 더 많은 양의 티아민을 저장하여 2개월가량이나 티아민 결핍 사료를 섭취해도 지탱할 수 있다. 티아민은 모든 동물에서 필수성분이지만 반추동물은 장 내 미생물이 이것을 합성하기 때문에 사료의 형태로 공급할 필요는 없다. 티아민뿐만 아니라 기타 비타민 B도 미생물에 의해 합성될 수 있다.

그러나 반추위의 기능을 가지지 못한 어린 양이나 송아지, 기타 어린 반추동물에서는 티아민 결핍증이 유발될 수 있다. 송아지의 경우 생후 6주 이후부터 티아민 자체 합성이 가능하지만, 이유 시기가 늦어지면 그만큼 합성능력도 떨어지게 된다. 말의 맹장과 대장에서도 티아민의 합성이 충분히 일어난다. 또한 쥐나 사람 등의 장에서도 이러한 합성이 이루어지지만 그것이 필요한 요구량을 충당할 수 있는지, 또는 충분히 흡수가 이루어지는지에 대해서는 아직 밝혀지지 않았다. 더욱이 티아민 요구량은 탄수화물 공급량의 증가에 따라 증가하므로 주로 곡류를 먹는 동양인에게는 장 내 합성으로 이 비타민이 충분하게 공급되는 것인지는 단언할 수 없다.

4) 티아민의 공급원

티아민은 흔히 사료를 통해 거의 모든 식물과 동물 조직 내에 존재하지만 그 함량은 낮은 편이다. 맥주효모는 가장 좋은 티아민의 공급원이다. 도정하지 않은 곡류에도 티아민이 풍부히 들어 있다. 이 티아민은 주로 곡류의 배아나 외각 부분에 함유되어 있으므로 곡류보다는 실제로 그 부산물이 더 좋은 공급원이 된다. 지나치게 도정한 밀가루나 쌀에는 거의 결핍되어 있다. 돼지고기, 간, 신장, 난황도 좋은 공급원이 된다. 생풀의 경우에 잎 부분에 많이 들어 있는데, 일반적으로 사료 내 티아민의 함량은 잎 부분, 푸른색 및 단백질 함량과 비례한다. 일반적으로 좋은 질의 건초는 좋은 공급원으로서, 건조한 상태에서는 거의 손실이 없다. 티아민은 수용성이고 열에 약하므로 열처리한 물질은 이 비타민의 손실이 매우 크다.

과량으로 섭취된 티아민은 신장에서 빠르게 제거되기 때문에 구강 섭취에 의한 티아민 중독증은 거의 존재하지 않는다. 그러나 치료에 쓰이는 양의 약 1,000여 배 수준의 티아민을 급여하면, 토끼의 경우에는 불안, 호흡장애, 혈관확장, 적혈구의 산소 결핍에 의한 청색혈증, 호흡마비 증세가 발생한다. 일반적으로 산소결핍증이 나타나서 혈관이 노출된 색깔이 푸른빛에서 검은빛으로 변하게 된다.

7.4.2 리보플라빈(riboflavin)

역사적으로 리보플라빈의 발견은 다음 세 방향의 연구 시도에서 이루어졌다.

① 유장에 들어 있는 형광성 물질(fluorescent material)의 본질을 파악하기 위한 연구
② 쥐의 정상 성장에 필수인자인 유장 내 물질(비타민 B_2 또는 G라고 하였음)을 분리하기 위한 연구
③ 황색 효소의 조효소를 효모로부터 분리하는 실험연구

획기적인 것은 세 번째 것으로 1932년 Warburg와 Christian에 의해 이루어졌다. 그리고 결국은 리보플라빈이 바로 FMN의 구성 성분이란 것이 판명되었다. 그 후 리보플라빈을 가진 조효소들을 많이 발견하게 되었는데 이들의 대부분은 FAD였었다. 이 비타민은 모든 동물의 대사작용에 필수적이지만 반추동물에게는 이 비타민을 공급할 필요가 없다. 그 이유는 반추위에 있는 미생물에 의해 합성되기 때문이다. 그러나 반추위가 발달하기 전의 어린 반추동물에서는 비타민 생합성이 제한적이므로 사료 형태로 공급해주어야 한다.

1) 리보플라빈의 화학적 특징

우유가 리보플라빈의 가장 좋은 공급원 중의 하나라는 것이 옛날 비타민 B_2 또는 G라고 부를 때부터 인정되었던 것이다. 유장에 들어 있는 청황색소를 락토플라빈(lactoflavin)이라고 하였는데, 이것은 생리적으로 활성이 있는 물질이었다. 간으로부터 분리한 것은 헤파토플라빈(hepatoflavin), 그리고 알로부터 분리한 것은 ovaflavin이라고 하였으며, 최근에 이르러 이것을 합성할 수 있게 되었다. 리보플라빈의 구조식은 다음과 같다.

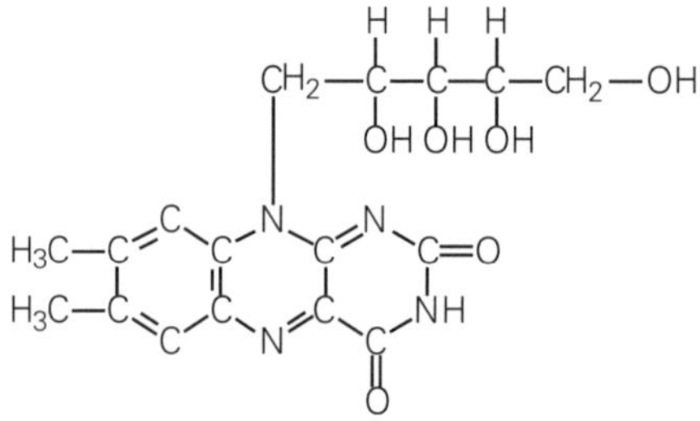

Riboflavin($C_{17}H_{30}N_4O_6$)

리보플라빈은 dimethyl isoalloxazine 핵과 알코올기를 가진 리보오스(ribose)로 구성되어 있다. 이것은 황색의 결정체로 얻어질 수 있으며, 용액 상태에서는 청황색의 형광성을 나타낸다. 또한 물에는 조금 녹으며 열에는 저항성이 강하나 산과 알칼리, 빛에는 약해 쉽게 파괴된다.

2) 리보플라빈의 생리적 기능과 결핍증

리보플라빈은 생화학적으로 중요한 산화환원작용에 없어서는 안 되는 물질이다. 이것은 양자 수송체인 조효소 NAD^+, $NADP^+$과 전자를 이송하는 시토크롬(cytochrome) 사이에 조효소 FMN 또는 FAD로서 2개의 양자와 2개의 전자를 이송하는 중간 역할을 한다.

다른 리보플라빈의 중요한 작용은 조효소인 플라빈단백질(flavoprotein)로서 히포크산틴(hypoxanthine)이나 크산틴(xanthine)의 산화효소(oxidase)에 의한 산화작용에 직접 수소원자를 산소에 이송함으로써 요산(uric acid)을 생성한다. 리보플라빈이 관련된 여러 생화학적 작용은 표 7.6과 같다.

이러한 여러 가지 중요한 생화학적 기능 때문에 이 비타민이 결핍될 경우 여러 가지 결핍증상이 야기될 수 있다. 그러나 아직도 어느 결핍증세와 생화학적 역할의 관계를

표 7.6 리보플라빈이 관여하는 반응

Coenzyme	Enzymes	Electron donors	Products	Electron accepter
FAD	*d*-amino-oxidase, NAD, cytochrome C reductase	*d*-amino acids, NADH	α-keto acid, NAD^+	O_2, oxidized cytochrome
FAD	Aldehyde oxidase	Aldehyde	Carboxylic acid	O_2
FAD	Xanthine oxidase	Xanthine	Uric acid	O_2
FMN	Glycolic acid oxidase	Glycolate	Glycoxylate	O_2
FAD	Succinic dehydrogenase	Succinate	Fumarate	Oxidized pigment

확실히 연결짓지 못하고 있다. 동물의 종류별로 야기되는 리보플라빈의 결핍 증세는 다음과 같다.

① 이전에 병아리의 특이한 다리 마비 증세가 발견되었는데, 이는 그때까지 발견되지 않은 비타민의 부족으로 일어나는 것인지도 모른다고 생각하였다. 후일에 이 증세가 바로 병아리에게서 가장 특징적인 리보플라빈 결핍증세임이 밝혀졌다. 초기에는 병아리가 발가락을 안쪽으로 구부리면서 정강이로 걷다가 나중에는 마비까지 일어난다. 또 닭의 설사병도 이것의 결핍으로 발생하는 수가 있다.
② 산란계에서는 리보플라빈이 부족하게 되면 산란율과 부화율이 떨어진다.
③ 돼지의 경우 결핍증세는 다리가 뒤틀리고 뻣뻣해지며, 피부의 각질화 현상과 눈의 백내장 현상이 일어나기도 한다. 또한 번식과 비유장애가 일어날 수도 있다.
④ 사람에서는 피부병과 눈의 충혈 증세가 일어난다.
⑤ 모든 동물에 공통적으로 일어나는 결핍증세는 성장률 감퇴와 사료효율 감퇴이다.

이상 열거한 여러 증세는 리보플라빈 특유의 결핍증세라고만 단언할 수는 없고, 다른 비타민 B의 결핍으로도 발생한다. 그러므로 리보플라빈의 요중 배설량 측정이 정확한 진단방법이 될 것이다.

3) 리보플라빈의 흡수와 전환

리보플라빈이 풍부한 식품, 즉 우유와 계란 등을 섭취하면 위에서 산성화되고 장에서 단백질이 분해되어 리보플라빈이 유리된다. 이렇게 유리된 리보플라빈은 인과 담즙에 의해 흡수가 촉진된다. 조효소의 형태로 된 것은 prophosphatase나 phosphatase에 의해 가수분해된다. 체내의 흡수는 단순확산에 의하기보다는 소장 기저부에서 능동수송에 의해 흡수된다. 유리된 리보플라빈은 흡수된 후 소장 벽에서 인산 1분자와 결합하여

FMN을 형성한다.

주로 전분이나 유당 등의 탄수화물로 구성되어 있는 사료를 섭취할 경우에는 리보플라빈이 서서히 흡수되며 이때 소장 내의 미생물에 의한 합성이 증가된다. 이것은 체내 요구량을 충족시키기 위한 것이라고 생각된다. 이 탄수화물을 셀룰로오스, 덱스트로오스(dextrose) 등으로 바꾸거나 지방, 단백질 등으로 대체하면 장 내 합성이 저하되어 사료의 요구량은 증가하게 된다.

4) 리보플라빈의 공급원

효모는 가장 풍부한 리보플라빈의 공급원이다. 또한 우유, 특히 탈지분유와 유장에도 리보플라빈이 풍부하게 들어 있다. 계란, 간장, 심장, 신장 등도 좋은 공급원이다. 알팔파 등 푸른 잎이 많은 조사료는 동물에 중요한 공급원이 된다. 곡류나 곡류 부산물에는 얼마 들어 있지 않지만 박류에는 비교적 풍부히 들어 있다.

리보플라빈을 과다하게 급여하면(600mg/kg 체중) 쥐의 경우 무뇨증의 원인이 되어 신장(수뇨관과 신우)에 결석이 생긴다. 또한 피부나 모발이 황변하고 분의 색도 노랗게 변한다. 그러나 지나치게 과다한 양을 급여하지 않는 한 섭취된 부분의 일부만이 흡수되고 나머지는 분뇨와 담즙으로 배설된다. 체내의 리보플라빈 함량은 거의 평형상태를 이루게 되므로 중독 문제는 염려하지 않아도 된다.

7.4.3 니아신(niacin)

사람의 홍반증(pellagra)은 1735년 스페인의 의사인 Casals에 의해서 알려졌으나, 이것이 어느 영양소의 결핍에서 오는 병인지는 1920년대에 미국의 의사인 Goldberger가 밝혀냈다. 그 후 그는 또한 홍반증이 개의 흑설증(black tongue)과 매우 흡사하다는 점을 알게 되었다. 이것이 결국은 1937년에 미국의 생화학자인 Elvehjem 등이 니아신이 흑설증을 치유한다는 사실을 발견하는 계기를 마련하였다. 니아신은 오래전부터 니코틴의 산화작용에 의해서 합성되었는데, 이것이 NADP와 NAD 분자의 구성 성분으로서 전자전달계에 관여한다는 것은 1935년과 1936년에 각각 Warberg와 Von Euler에 의해서 발견되었다.

1) 니아신의 화학적 특성

니아신과 생리적 활성분자인 니코틴아마이드(nicotinamide)의 구조식은 다음과 같다. 이 두 물질은 모두 백색 결정체로서 물이나 알코올에 잘 녹는다. 열, 광선, 알칼리, 공기 등에 매우 강하므로 안정된 비타민이라고 할 수 있다.

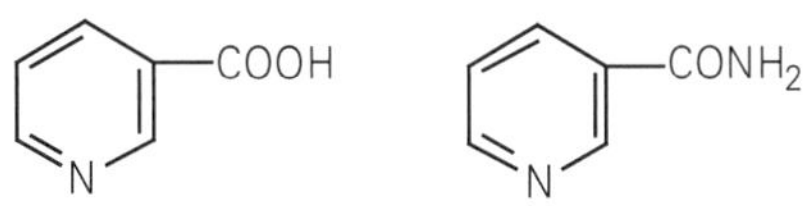

Niacin($C_6H_6O_2N$) Nicotinamide($C_6H_6ON_2$)

2) 니아신의 생리적 기능과 결핍증

활성 니아신인 니코틴아마이드(nicotinamide)는 체내 대사과정 중 대부분의 산화–환원 작용에 관여하는 두 가지의 조효소인 NAD^+, $NADP^+$의 중요 성분으로서 산화시킬 분자로부터 2개의 양자와 2개의 전자를 제거 · 이송하는데, 조효소의 피리돈(pyridone) 고리는 하나의 양자와 2개의 전자가 결합되어 이송되고, 다른 하나의 양자는 이온화된 인산기와 결합되어 이송된다. 다음 단계로 이 2개의 조효소는 플라보단백질(flavoprotein) 효소(FMN 또는 FAD enzyme)와 그 작용에 연결된다. 이 작용이 이 비타민의 대부분의 생리적 역할에 기초가 된다고 할 수 있다. 이 비타민이 부족하면 다음과 같은 결핍증세가 나타난다.

① 사람의 경우 혀가 붉어지고 입안이 헐고, 피부병, 식욕감퇴 등의 증세를 가진 홍반증이 일어난다.

② 돼지와 병아리의 경우에도 매우 비슷한 증세가 일어나는데, 돼지는 체중감소, 설사, 구토, 피부병과 빈혈증이 일반적으로 일어나고, 병아리는 성장부진, 그리고 때로는 비늘 모양의 피부병 등 개의 흑설증과 매우 비슷한 증세가 나타난다.

3) 니아신과 트립토판(tryptophan)의 관계

오래전부터 옥수수를 섭취하면 홍반증이 발생한다는 것이 밝혀졌으며, 1945년에 옥수수 위주로 된 사료를 먹이면 개, 병아리, 쥐 등의 니아신 요구량이 증가한다는 사실도 발견하게 되었다. 쥐의 니아신 결핍증세는 니코틴산(nicotinic acid)이나 카제인 또는 트립토판(tryptophan)을 급여함으로써 치유되었다고 한다. 비록 우유의 니아신 함량은 낮지만 우유도 홍반증을 치유하는 효과가 있다는 것이 판명되었고, 다른 단백질도 같은 효과가 있다는 점에서 단백질과 니아신이 연관성이 있다는 것이 확실해졌다. 이러한 방향에서의 연구 결과 1947년에, 효과가 있는 단백질은 바로 트립토판 함량이 많다는 것과 또한 이 아미노산은 바로 체내에서 니아신 합성을 위한 전구물질이 된다는 것이 판명되었다. 최근에 밝혀진 바에 의하면 홍반증은 단순히 니아신 결핍으로 인한 질병이기보다는 오히려 트립토판 대사장애로 인한 영향이 더 큰 것으로 알려졌다.

이러한 니아신의 합성(달리 말하면 트립토판의 분해과정)은 장 내에서뿐만 아니라 기타 체내 세포에서도 일어난다. 그래서 만일 충분한 양의 트립토판을 공급하면 쥐, 돼지, 병아리는 니아신을 따로 공급할 필요가 없다. 알려진 바에 의하면 48mg의 트립토판이 체내에서 약 1mg의 니아신을 합성할 수 있다고 한다.

니아신은 분명히 모든 동물의 대사작용에 꼭 필요한 영양소이지만, 반추동물의 경우 반추위에서 미생물에 의한 합성이 가능하므로 이것을 따로 공급해 줄 필요는 없다. 비반추동물인 경우 옥수수만을 주로 먹였을 때 니아신 결핍증이 오는 이유는 ① 옥수수에는 트립토판이 결핍되어 있고, ② 옥수수에 있는 니아신은 다른 유기물과 결합되어 이용하기 어려운 형태로 되어 있기 때문에 쥐, 돼지, 닭들은 이것을 쉽게 이용하지 못하기 때문이다.

4) 니아신의 흡수와 전환

니아신은 위와 소장 상부에서 흡수되고 문맥을 거쳐 간으로 운반된다. 니코틴산을 경구투여하면 혈액과 오줌 중 이 대사물 수준이 즉각 상승함으로써 니아신이 쉽게 흡수된다는 것을 알 수 있다. 혈액에서 니코틴산은 주로 적혈구와 결합된 상태로 이동한다. 니코틴산은 혈액을 통해 간, 신장, 지방조직으로 신속하게 운반되는데, 니코틴산 250mg/kg을 쥐에게 급여한 결과 혈장과 간에서 15분 만에 유리 니코틴산의 수준이 최대치에 달했고, 6시간 후에 정상 수준으로 낮아졌다고 한다.

5) 니아신의 공급원

니아신도 거의 모든 사료에 많이 함유되어 있다. 동물 및 어류 부산물, 주정박, 효모, 낙화생박 등은 니아신의 좋은 공급원이다. 푸른잎이 많은 조사료도 좋은 공급원이다. 몇 가지 곡물도 좋은 편이지만 이 비타민의 가용성에는 문제점이 있다.

다량(사료의 2%)을 장기간 급여하면 지방간이 생기고 성장률이 떨어진다. 사람의 경우, 1일 3~6g을 섭취하면 식욕부진, 헛구역질, 구토, 피부충혈, 피부소양증 등이 발생하며, 간 기능이 저하되기도 한다. 그러나 이보다 많은 양을 급여하면 단기간에 치사하는 경우도 있다.

7.4.4 비타민 B_6

1934년 헝가리의 생화학자인 Gyorgy는 티아민(thiamin)을 제외한 B군을 리보플라빈과 보조인자 두 부분으로 분리하는 데 성공하였으며, 이 보조인자를 그는 비타민 B_6라 불렀다. 이것은 티아민과 리보플라빈을 공급했을 때에도 발생하는 피부병을 치료하는 필수인자로 밝혀졌다. 이 물질의 화학구조식을 참조하여 그는 이 비타민의 화학명을 pyridoxine이라고 불렀고 그 후 다른 두 가지의 유사물질인 pyridoxine과 pyridoxamine이 발견됨에 따라 비타민 B_6로 통합하여 칭하게 되었다. 비타민 B_6는 쥐, 돼지, 병아리, 개, 사람 등 단위동물과 미생물에도 필수영양소이지만, 반추동물은 반추위의 미생물에 의해 합성 · 공급되므로 따로 공급해 줄 필요는 없다.

1) 비타민 B_6의 화학적 특성

세 가지 비타민 B_6군의 구조식을 보면 다음과 같다.

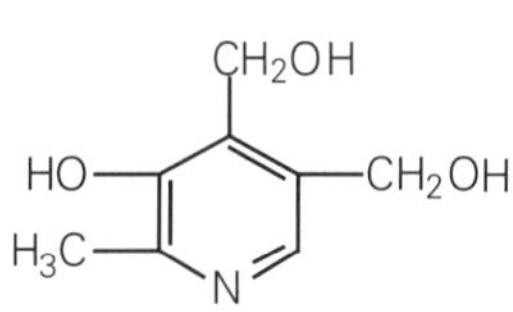

Pyridoxine($C_8H_{11}O_3N$)

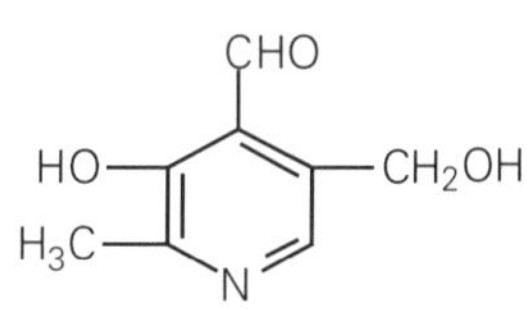

Pyridoxal($C_8H_9O_3N$)

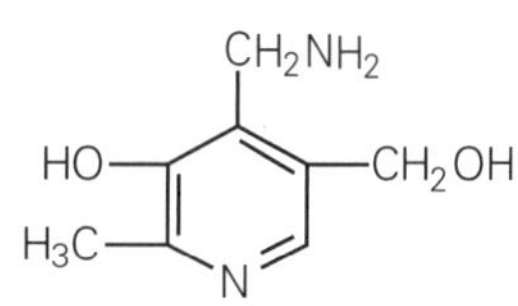

Pyridoxamine($C_8H_{12}O_2N_2$)

이 세 가지는 조효소 형태인 pyridoxal phosphate로 되기 위해 상호 전환할 수 있으며, 모두 수용성이고 열에 비교적 강하다.

2) 비타민 B_6의 생리적 기능과 결핍증

비타민 B_6는 아미노산, 탄수화물, 지방산 대사, 그리고 에너지를 생성하는 citric acid cycle 등에 중요한 역할을 한다. 지금까지 알려진 바에 의하면 50종 이상의 효소들이 비타민 B_6 의존형이다. Pyridoxal phosphate는 transamination, decarboxylation, deamination, desulfhydration 등을 포함하는 아미노산 대사와 아미노산의 분해와 합성에 작용한다. 또한 트립토판의 완전대사 또는 니아신 합성과정을 위해서도 없어서는 안 된다. 리놀레산(linoleic acid)으로부터 아라키돈산(arachidonic acid)을 합성할 때에도 비타민 B_6는 필요하다.

동물에서 나타나는 비타민 B_6의 결핍증은 다음과 같다.

① 쥐의 경우에는 특유한 피부병(다른 동물에서 볼 수 없는 acrodynia와 경련이 일어남)이 발생하며, 정상적인 번식을 위해서는 수태 전과 임신기간 중 적당한 양의 비타민 B_6의 공급이 요구된다.

② 돼지의 경우에는 빈혈증, 경련, 성장부진 등의 증세가 일어난다.

③ 병아리의 경우에는 비정상적인 흥분증, 경련, 불균형한 움직임과 무력감이 나타나며, 식욕감퇴와 성장부진도 함께 일어난다. 이상 지적된 경련증은 모든 동물에 공통된 증상이다.

이러한 결핍증은 실험적으로 비타민 B_6 결핍 사료를 주거나 항대사물인 deoxypyridoxine을 투여함으로써 발생시킬 수 있다. 그러나 일반사료에는 비타민 B_6가 충분히 함유되어 있기 때문에 일반적으로 동물에는 비타민 B_6 결핍증이 흔하게 일어나지는 않는다. 또 한 가지 주의해야 할 점은 이러한 증세도 비타민 B_6 특유의 결핍증만은 아니라는 점이다. 예를 들어 판토텐산(pantothenic acid)의 부족으로도 피부병과 신경증세가 일어날 수 있다. 비타민 B_6의 결핍증은 글로불린(globulin) 합성을 저해함으로써 항체 형성에 지장을 초래한다.

3) 비타민 B_6의 흡수와 전환

사료 중에 인산염(phosphate)의 단백질 복합체로 존재하는 비타민 B_6는 대부분이 소장관에서 가수분해되고 탈인산된 후 유리 형태로 소장 상부의 상피세포막에서 수동적 확산에 의해 흡수된다. 흡수된 비타민 B_6의 대부분은 체조직 내에 존재하는데, 특히 간에 많이 들어 있다. 비타민 B_6는 젖으로 분비되기도 하고 대사 후에는 크산투렌산(xanthurenic acid)의 형태로 보통 오줌으로 배설된다.

4) 비타민 B_6의 공급원

비타민 B_6는 모든 사료에 널리 분포되어 있다. 효모, 고기, 간, 우유, 채소, 곡류 및 그 부산물 등에 많이 들어 있다. 기타 다른 사료에도 상당량 함유되어 있으므로 비타민 B_6

의 경우 특별히 부족에 대해 염려하지 않아도 좋다.

Hydrochloric pyridoxine은 중독증을 나타내지 않으나, 다른 비타민 B_6 공급원을 과다 공급하면 태아의 척추 발육이 저해되고 모체에는 심한 경련이 발생한다.

7.4.5 판토텐산(pantothenic acid, pantothenate)

1933년 미국의 생화학자인 William 등은 효모의 성장에 꼭 필요한 성분을 분리해 냈는데, 그는 이것을 pantothenate라고 명명하였다. Pantothenate라는 이름은 이것이 자연계에 널리 분포되어 있기 때문에 '어디서나'라는 뜻의 그리스어인 pantos에서 유래되었다. 이 물질의 화학적 성질을 알아낸 후 이것이 여러 학자들에 의해 지적된 병아리 특유의 항피부병 인자라는 것이 판명되었다. 그 후 이것이 쥐, 돼지, 개, 칠면조 등 다른 동물에게도 필수영양소라는 것이 알려졌다. 반추동물은 반추위의 미생물에 의해 생성되므로 따로 공급해 줄 필요는 없고, 다른 동물의 경우도 장 내 미생물에 의한 합성이 가능하다.

1) 판토텐산의 화학적 특성

이 비타민은 판토산(pantoic acid)과 알라닌이 펩티드 결합을 이루고 있는 것으로, 그 구조식은 다음과 같다.

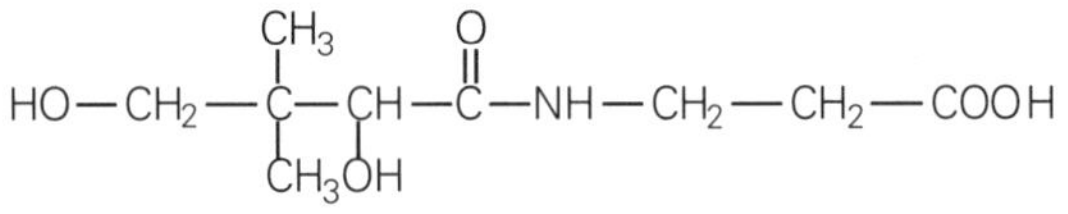

Pantothenic acid($C_9H_{17}NO_5$)

동물은 판토산이나 알라닌을 각각 따로 합성할 수 있지만 두 가지가 결합된 상태의 판토텐산을 합성할 능력이 없다. 그러므로 판토텐산이 결핍된 동물에게는 판톤산이나 알라닌을 공급해 주어도 결핍증을 치유하는 효과가 없다.

동물 체내에 여러 가지 반응에 관여하는 Coenzyme A는 바로 이 비타민과 3-phosphoadenine diphosphate, 그리고 β-mercaptoethylamine과 결합된 상태로 구조식은 다음과 같다.

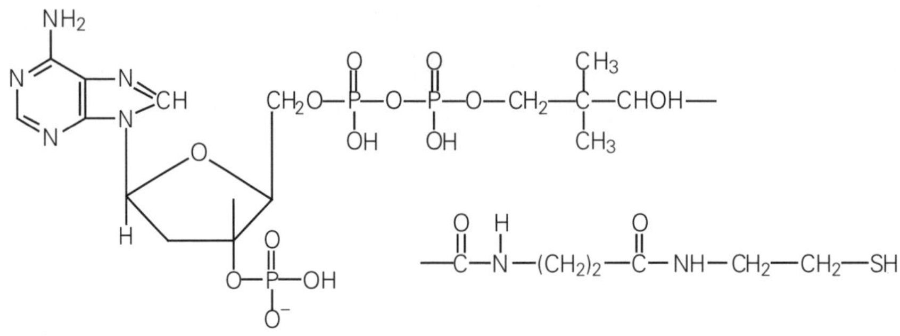

Coenzyme A

2) 판토텐산의 생리적 기능과 결핍증

이 비타민은 CoA의 구성 성분으로 중요한 화학적 작용에 필수적인 역할을 한다. 이 효소는 acetyl-CoA를 만드는 데 쓰이며, choline sulfanilamide 등 많은 물질의 아세틸화(acetylation)를 위해 쓰인다. 탄수화물, 지방, 단백질로부터 오는 2개의 탄소분자와 결합하여 acety-CoA를 형성하는 것은 모든 대사작용의 기본이 되는 것도 잘 아는 사실이다. 그러므로 이 비타민은 영양소의 체내 산화작용을 위한 기본 산화작용에 필수적이므로 비타민 중 가장 중요한 것이라고 할 수 있다. CoA의 여러 중요한 기능은 이 분야의 개척자인 Lipman에 의해서 자세히 설명된 바 있다. 이 비타민이 이러한 여러 기능에 관여하기 때문에 결핍증세도 다양하게 나타난다. 이것이 결핍되면 성장장애와 번식장애가 발생하고 피모, 소화기 및 뇌신경에 장애가 생기기도 한다.

① 병아리의 경우에는 우선 성장부진이 나타나며 우모의 착색이 불량해진다. 다음으로 나타나는 것이 피부병인데 눈과 입의 가장자리, 어깨 및 발가락에 알 모양의 딱지가 생긴다. 산란계에서는 산란율과 부화율이 감퇴된다.
② 돼지의 경우는 피부에 비듬이 생기고 모발 착색이 불량해지며, 눈에서 갈색 분비물이 나오고 소화기장애, 성장부진, 특징적인 거위걸음을 하게 된다.
③ 때로 이것이 부족한 쥐, 여우 등은 모발색의 노화를 일으키는데, 사람에게는 이러한 증상이 나타나지 않는다.

이와 같은 결핍증세는 이 비타민 하나만의 특유한 증세는 아니기 때문에 주의할 필요가 있다.

3) 판토텐산의 흡수와 전환

판토텐산은 소장에서 쉽게 흡수되고 후속적으로 ATP에 의해 가인산화됨으로써 4′-phosphopantothenate가 생성되고, 조효소 A로의 전변 경로에서 시스테인(cysteine)이 가해지면서 시스테인의 카르복실(carboxyl)기가 제거되어 4′-phosphopantotheine이 형성된다. 이것은 다른 비타민 B군과 같이 소장점막을 통해 흡수되어 문맥으로 들어간다. 조직 내에서 대개의 판토텐산은 조효소 A의 합성에 이용된다. 그러나 세포에 존재하는 대부분의 판토텐산은 acyl carrier protein(ACP)으로 알려져 있는 단백질에 결합되어 있다.

4) 판토텐산의 공급원

판토텐산은 동물성과 식물성 사료에 널리 분포되어 있다. 알팔파(alfalfa), 땅콩, 당밀(molasses), 효모, 쌀겨, 밀기울 등에 특히 많이 들어 있으며 곡류, 곡류 부산물 및 기타 다른 사료에도 풍부히 들어 있으므로 일반 사료에서 오는 결핍증은 매우 드물다.

판토텐산을 과다하게 공급하는 경우 어떠한 중독증이 발생하는지에 대해서도 연구 결과가 분명하지 않은 실정이다.

7.4.6 바이오틴(biotin)

바이오틴(biotin)이 비타민 B로서 인정된 것은 세 가지 각기 다른 방향에서 실시한 실험 연구 결과에 의한 것이다. 1936년 독일의 유기화학자인 Kögl과 Tönnis는 난황에서 효모의 성장을 위한 필수인자를 결정화하는 데 성공하였고, 이를 바이오틴(biotin)이라고 불렀다. 이보다 수년 전(1933년) rhizobium의 성장을 위한 필수인자를 'Coenzyme R'이라고 한 적이 있는데 이것이 바이오틴과 같은 물질이라는 것이 판명되었다. 또한 1927년 Boas는 생계란 난백을 쥐에게 주었을 때 특수한 피부병을 유발하였으며 효모, 간, 신장 등에 이러한 증상을 막는 물질이 함유되어 있다고 하였다. 1937년 Gyorgy는 이 보조인자를 '인자 H'(즉, 비타민 H)라고 하였고, 1940년에 Gyorgy와 Vigneaud 등은 난백에 있는 단백질인 아비딘(avidin)이 바로 이러한 장애를 일으키는 물질로서, 이것이 바이오틴과 결합하여 바이오틴을 비가용성 물질로 만들기 때문이라는 것을 밝혀냈다.

1) 바이오틴의 화학적 특성

1942년 Vigneaud는 바이오틴의 구조식을 밝혀냈으며, 1943년 Harris는 이를 합성하는 데 성공하였다. 바이오틴의 구조식은 다음과 같다.

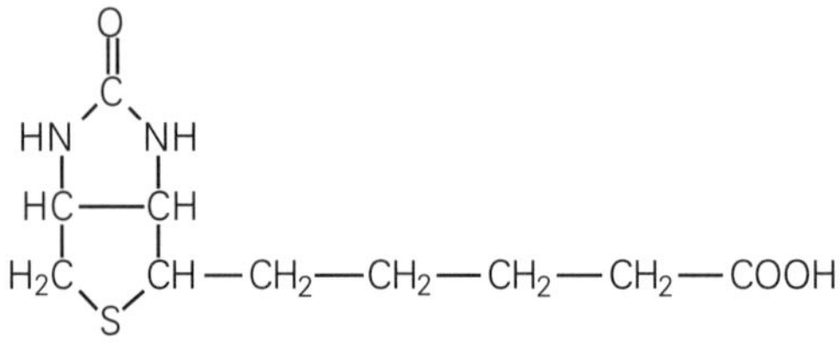

Biotin($C_{10}H_{16}O_3N_2S$)

바이오틴은 열, 광선, 산에 대해서는 안정적이지만 알칼리와 산화에 의해 활성을 상실한다. 사료에 함유되어 있는 바이오틴은 주로 단백질과 결합되어 있는데, 동물 조직 내의 단백질과 결합되어 있는 바이오틴은 지용성이지만, 유리 상태로 식물조직 내에 함유되어 있는 바이오틴은 수용성이다.

2) 바이오틴의 생리적 기능과 결핍증

바이오틴은 여러 가지 효소의 구성 성분으로 체세포 대부분의 탄산화작용, 즉 탄산가스(CO_2) 고정작용에 관여한다. 예로서 그 중요한 작용을 들면 pyruvate에 탄산가스를 고정시켜 oxaloacetate를 형성하고, 또한 지방산 합성에 중요한 과정으로 malonyl-CoA를 형성한다. 특히 긴 사슬 불포화지방산 합성과 필수지방산 대사에 바이오틴의 항비타민인 아비딘(avidin)을 함유하고 있는 생난백을 급여하거나 바이오틴을 제외한 사료와 설파제를 많이 첨가하면(장 내 미생물 합성을 막기 위해서) 실험적으로 이 비타민의 결핍증을 유발할 수 있다. 피부병, 탈모, 성장부진 등이 모든 동물에 공통된 결핍증이다. 또한 바이오틴을 망간, 콜린, 엽산(folacin)과 함께 사용하면 각약증을 치료하는 데 효과가 있다고 한다. 산란계에서는 산란율을 떨어뜨리고, 닭과 돼지에서는 경련과 피부병을 유발한다. 그러나 이러한 증상은 바이오틴 특유의 결핍증만은 아니라는 점에 유의해야 한다.

3) 바이오틴의 흡수와 전환

바이오틴은 엽산(folacin), 판토텐산(pantothenate), 비타민 B_{12} 등과 대사작용 면에서 유사성을 띠고 있으며, 주로 소장의 윗부분에서 흡수되어 문맥으로 들어가 간과 신장에 저장된다. 사람이나 동물에서 바이오틴은 장 내 미생물에 의해 합성되는데, 사람의 경우 분뇨로 배출되는 양보다 많은 약 3~6배의 바이오틴이 장 내 미생물에 의해 합성된다고 한다. 그러나 장을 통과하여 흡수된 바이오틴이 직접적인 역할을 하기에는 장 내 합성이 너무 느리게 일어난다.

4) 바이오틴의 공급원

모든 식품과 사료에 널리 분포되어 있으므로 공급을 염려해야 할 비타민은 아니다. 특히 효모, 간, 신장, 로열젤리 등은 이 비타민의 풍부한 공급원이며, 과실과 청초에도 많이 들어 있다. 바이오틴 중독에 대한 연구는 아직 잘 이루어져 있지 않아서 중독성의 유무를 확인하기 어려우나 과다 섭취에 의해서 성장, 발육의 정상 대사기능이 저해되고, 동맥경화증이 발생하며 번식기능이 저하되기도 한다.

7.4.7 콜린(choline)

콜린에 대해서는 인지방에서 설명한 바가 있다. 체세포나 조직의 구성체로서 인지방의 중요성은 오래전부터 알려진 바이지만, 모든 동물에 대하여 사료의 형태로 공급해야 할 필수인자라는 것은 근래에 이르러 알려진 일이다.

1) 콜린의 화학적 특성

콜린(choline)은 1849년 Streker에 의해 돼지의 담즙에서 분리되었으며 구조식은 1867년 Bayer에 의해 밝혀졌다. 콜린은 자연계에 유리 콜린, 아세틸콜린(acetylcholine) 혹은 보다 복잡한 인지방(phospholipids)의 중간대사물질로서 존재한다. 콜린은 레시틴(lecithin)의 일부분으로 순수 콜린은 무색, 점질성이며 알칼리 용액에 강하고 물, 알코올, 포름알데히드에 녹는다.

2) 콜린의 생리적 기능과 결핍증

콜린은 세포조직의 형성과 유지를 위한 필수물질이며, 레시틴의 구성 성분으로서 지방 수송을 촉진한다. 간 자체의 지방산 이용을 증진하여 지방의 비정상적 축적을 방지하므로 콜린은 간에서의 지방 대사작용에 필수적인 역할을 한다. 이러한 기능 때문에 이것을 항지방간 인자(antilipotropic factor)라고도 한다. 콜린은 또한 신경충격파의 전도를 가능하게 하는 물질인 아세틸콜린(acetylcholine)의 합성에도 꼭 필요한 물질이다. 콜린의 비특수적인 역할은 생리적으로 용이한 메틸(methyl)기의 공급원이 되는 것이고, 특수한 기능은 각약증을 방지하는 것이다. 콜린 결핍증은 실험적으로 쥐, 개, 병아리, 돼지 및 기타 동물에서 발생시킨 바 있다. 이 결과 성장불량은 일반적인 증상이고, 또한 위에서 지적된 원인 때문에 지방간이 발생하였다.

① 어린 쥐에서는 신장 출혈이 발생하는데, 이것은 중요한 성장시기에 체세포를 구성하기 위한 인지방이 부족하여 나타나는 것이라고 한다.
② 병아리에 대한 콜린의 필요성은 각약증 때문에 알려진 것이지만, 정상적인 성장을 위해서도 필수적이라는 것을 알게 되었다.
③ 돼지는 성장부진, 사료효율의 저하, 균형이 잡히지 않은 움직임, 지방간 등의 증상이 나타난다.

3) 메틸기 전이반응

1935년에 카제인(casein)이 쥐의 지방간을 예방 또는 치유하는 효과가 있음이 발견되었으며, 2년 후 이것이 메티오닌(methionine) 때문이었다는 것이 밝혀졌다. 이러한 발견은 Vigneaud로 하여금 메티오닌으로부터 유리된 메틸기가 에탄올아민(ethanolamine)과 결합하여 콜린을 형성하고, 또한 이의 역반응에서는 콜린으로부터 메틸기가 유리되어 호모시스테인(homocysteine)과 결합하여 메티오닌을 형성하는 것을 발견하게 한 동기가 되었다.

콜린과 메티오닌은 생리적으로 중요한 메틸기의 체내 운송반응에 참여하는데, 이러한 것을 메틸기의 전이반응이라고 한다. 이러한 방법으로 메티오닌은 필수영양소인 콜린의 일부를 대치할 수 있고, 콜린과 더불어 호모시스테인은 필수아미노산인 메티오닌을 일부 대치할 수 있다. 후에 비타민 B_{12}가 메틸전이반응(transmethylation)에 관여한다는 것이 증명되었다. 메틸기는 실제로 체내 합성이 가능하지만 성장이 빠른 어린 쥐의 요구량을 충분히 충당할 수 없으므로, 아르기닌(arginine)을 어린 쥐의 성장에 필수아미노산으로 간주하는 것과 같은 견지에서 메틸전이반응(transmethylation)에 이용되는 메틸기는 사료로 급여해야 한다. 한편 콜린과 다른 영양소의 상호관계는 바이오틴과 엽산(folacin)의 결핍도 각약증(perosis) 발생에 관계한다는 사실과 비타민 B_{12}가 메틸기 합성에 관여한다는 사실이다.

4) 콜린의 흡수와 전환

콜린의 소화, 흡수 및 운반에 관한 정보는 그렇게 많지 않다. 일반적으로 다른 비타민 B군과 마찬가지로 위에서 산성화되고 소장에서 유리되어 흡수되는데, 이때 간에서 분비되는 담즙에 의해 이들의 작용이 촉진된다. 체내에서 콜린은 단순확산보다는 소장의 기저부에서 능동수송에 의해 흡수된다. 일반적으로 콜린은 포화지방산, 고농도의 콜레스테롤 섭취, 성장호르몬, 알코올, 비타민 A, 설탕 등에 의해 그 흡수율이 떨어지고 단백질, 항생제, 에스트로겐(estrogen), 오로트산(orotic acid), 마그네슘(Mg), 아연(Zn) 등에 의해 그 흡수율이 증진된다. 콜린이 혈액에서 조직으로 흡수되는 기전에 관한 연구는 거의 없는 실정이다.

5) 콜린의 공급원

자연계의 모든 지방에는 콜린이 함유되어 있으므로 지방이 있는 사료에서 콜린은 자연적으로 공급받게 된다. 또한 전구물질로부터 체내에서 콜린의 합성이 가능하므로 결핍증은 일반적으로 일어나지 않는다. 예를 들어, 사료에 메티오닌이 충분히 들어 있을 때 쥐와 돼지는 콜린을 추가로 공급할 필요는 없다. 그러나 병아리의 경우 메틸화(methylation)만으로는 충분하지 않기 때문에 추가로 공급해 주어야 한다. 사료의 메티오닌 수준이 0.8%일 때 콜린 요구량이 0.1%라고 발표하였다. 또한 사료에 메티오닌이 충분히 들어 있을 때 쥐와 돼지는 콜린을 추가로 공급할 필요는 없지만, 어린 병아리의 경우에는 메틸화만으로도 충분하지 않기 때문에 추가로 공급해 주어야 한다.

브로일러 병아리에 지나치게 많은 양의 콜린을 공급하면 피리독신(pyridoxine) 결핍증과 비슷한 증상이 보이며, 과도한 흥분, 다리와 날개의 경련 등이 발생하고 성장률이 감소한다. 그러나 콜린의 중독성은 실제로 잘 발생되지 않는다.

7.4.8 엽산(folic acid, folacin)

엽산은 항빈혈 인자(antianemia factor)로서 생리적 활성이 있는 유사물질이 여러 개 있다. 이러한 여러 물질들은 여러 동물의 결핍 증세 방지와 미생물의 성장에 필수적인 물질로서 문헌에는 한때 성장미지인자로 발표되기도 하였다. 이들의 명칭이 인자 U, 비타민 M, 비타민 Bc, Bc 결합체, *L. bacillus casei* 인자, SLR 인자, folacin 등 여러 가지로 불렸다는 것만 보아도 당시에 많은 혼동이 있었음을 알 수 있다. Folacin이란 이름은 이것이 푸른잎 채소에서 분리되었기 때문에, 라틴어의 '잎사귀'라는 뜻의 'folium'에서 유래한 것이다. 엽산의 구조와 합성은 1945년 Dr. Angier와 그의 공동 연구자들에 의해 이루어졌으며, 상기의 여러 이름으로 불리던 물질들의 단일 물질이라고 발표하였다.

1) 엽산의 화학적 특성

엽산(folacin, folic acid)의 구조식은 다음과 같다.

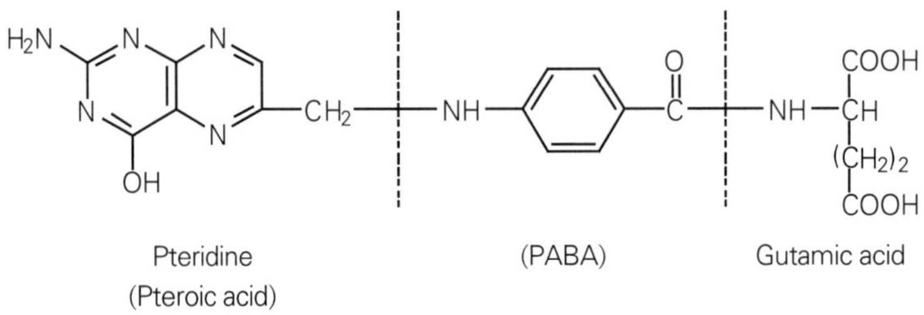

Folacin($C_{19}H_{19}O_6N_7$)

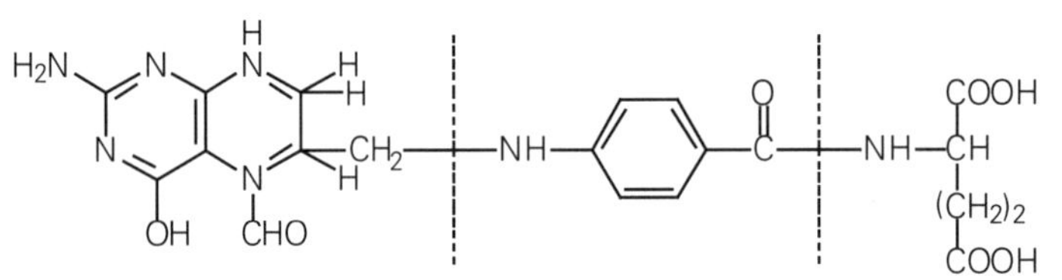

Folinic acid($C_{20}H_{23}O_7N_7$)
(Tetrahydrofolic acid)

구조식에서 보는 바와 같이 엽산은 프테로산(pteroic acid)과 para-aminobenzoic acid(PABA) 그리고 글루타메이트(glutamate)로 구성되어 있다. 이 외의 활성물질로는 포르밀프테르산(formylpteroic acid), 크산틸프로테인(xanthoprotein) 등 여러 가지가 있다. 엽산은 황색 결정체이며 물에 약간 용해되고 산에는 매우 약하다. 엽산에 대한 항대사물질은 여러 가지가 있는데, 그중에서 대표적인 것이 아미노프테린(aminopterin)이다.

2) 엽산의 생리적 특성과 결핍증

엽산(folacin)은 여러 가지 기본적인 생화학적 작용에 관여한다. 그것은 탄소고리 1개를 여러 가지 반응에 전달하는 일로, 마치 판토텐산(pantothenate)이 2탄소고리 단위를 전달하는 기능과 비슷한 것이다. 그러므로 엽산은 ① 세린(serine)과 글리신(glycine)의 상호전환, ② 히스티딘(histidine)의 분해, ③ 퓨린(purine) 합성, ④ 메틸기의 합성 등에 개입한다. 만일 퓨린 합성이 부족하게 되면 혈구의 정상적인 성숙과정에 요구되는 핵단백질 합성이 결핍되어 이로 인한 특유의 빈혈증이 나타난다. 때로는 성장이 억제되고 우모 착색이 불량해진다.

엽산은 사람, 원숭이, 병아리, 칠면조, 밍크, 생쥐, 기니피그 등에게는 공급해 주어야 할 필수영양소이지만, 쥐와 돼지에게는 결핍 증세가 거의 없는 것으로 보아 장 내 합성이 충분한 것으로 보고 있다. 또한 반추위에서의 미생물에 의한 합성도 충분하므로 반추동물에게는 별도로 공급해 줄 필요가 없다.

엽산은 그 대사기능에서 다른 비타민과도 연관이 있는 것으로 알려져 있다. 예를 들면 엽산과 비타민 B_{12}는 핵산을 구성하는 여러 화합물의 대사 또는 합성과정에 같이 작용한다. 또한 Schaefer 등에 의하면 쥐나 병아리의 경우, 엽산은 콜린의 요구량을 감소시키는 효과가 있다고 하였다. 이것은 주로 엽산에 의해 메틸기의 합성이 증가된 것으로 보아야 될 것이다. 그리고 설파제 약품을 사용한 사료 때문에 일어난 쥐의 엽산 결핍증은 비타민 C의 투여로 효과가 있었다는 것으로 보아 비타민 C와도 관련이 있으며, 리보플라빈과도 관련이 있는 것이 확실하다.

3) 엽산의 흡수와 전환

엽산의 흡수는 대부분 소장의 상부에서 이루어지며 여러 형의 엽산이 체내에서 이용된다. 사료에 함유된 대부분의 엽산은 폴리글루타메이트(polyglutamate)의 형태로 되어 있고 혈청에서만 모노글루타메이트(monoglutamate)가 발견되는 것으로 보아, 폴리글루타메이트는 흡수가 이루어지기 전에 분해되어야 한다. 폴리글루타메이트의 효소에 의한 분해가 lumen에서 일어나는지, 아니면 점막에서 일어나는지는 아직 밝혀지지 않고 있지만 소장의 기저부가 주요 흡수 부위인 듯하다. 여러 가지 길이의 측쇄를 지닌 folic acid conjugate로 개에 대한 일련의 연구 결과, 소장의 점막이 모노글루타메이트나 diglutamate를 흡수할 수 있고 흡수 속도는 γ-glutamyl 측쇄의 길이와 반비례한다는 것이 밝혀졌다.

4) 엽산의 공급원

엽산은 동식물계에 널리 분포되어 있으며, 푸른잎을 가진 식물과 동물의 부산물들은 가장 좋은 공급원이다. 곡류, 콩, 기타 두과 종실 및 육류 부산물도 좋은 공급원이다.

우유는 매우 제한된 양만 함유하고 있으며, 양계에서만 엽산의 추가 공급이 요구된다. 엽산은 중독이 없는 것으로 알려졌으나 과량을 장기간 섭취하면 신경과민증, 불안, 식욕부진, 헛구역질, 복부팽만감(고창증) 등이 생기게 되며, 심근경색증이나 경련이 발생하기도 한다.

7.4.9 비타민 B_{12}

미국의 의학자인 Minot와 Murphy(1926)는 엽산(folacin) 결핍으로 인한 것과는 다른 종류의 빈혈증이 있다는 사실과 간에는 엽산과는 다른 종류의 악성 빈혈증을 치료할 수 있는 물질이 있다는 것을 발견하였다. 그 후 간에 있는 이 항악성빈혈인자가 *Lactobacillus*에 속하는 박테리아의 성장에 필요한 인자(LBD factor)와 같다는 사실을 발견했는데, 이것의 농도가 APA 활성도와 정비례한다는 것도 알게 되었다. 이 미생물을 이용한 연구를 통해 1948년 Ricket 등은 간에서 악성 빈혈을 억제하는 활성이 높은 붉은 결정체를 분리하는 데 성공하였다. 그들은 이 물질을 cobalamine, cyano-cobalamine 또는 비타민 B_{12}라 부를 것을 제의하였다. 이 물질은 LBD 인자의 활성도 가지고 있으므로 Shorb가 발견한 LBD 인자와 분명히 동일함이 확실하였다. 거의 동시에 영국에서도 간에서 악성 빈혈을 치료할 수 있는 이 붉은 결정체를 분리해 내는 데 성공하였다.

비타민 B_{12}가 발견된 후 이것이 APA라는 것과 함께 오랫동안 다른 방향에서 찾았던 동물의 성장 요소인 동물성 단백질 인자(animal protein factor, APF)라는 것도 알게 되었다. 1945년에 동물성 사료를 쓰지 않고 주로 식물성 사료를 쓴 결과 병아리의 성장이 부진하였으나 어분, 어즙, 간, 육골분 등 동물성 단백질을 주었을 때 이것이 시정되었다. 그리하여 동물성 단백질에 있는 미지인자를 학자들은 동물성 단백질인자 또는 '병아리 성장인자'라고도 불렀는데, 같은 요소가 부화에도 필수적이라는 것이 알려졌다. Stokstad(1948)는 닭의 분에서 추출한 미생물이 병아리의 성장과 부화에 필수적인 영양소이며 APF와 동일 물질이라는 것이 판명되었다.

1) 비타민 B_{12}의 화학적 특성

탄소(C), 수소(H), 산소(O), 질소(N), 코발트(Co), 인(P)으로 구성되어 매우 복잡한 구조를 가지고 있는 물질이다. 이 구조를 밝혀내기 위해 케임브리지, 옥스퍼드, 프린스턴 대학의 여러 과학자들은 화학적 분석, crystallographic analysis, 전자밀도 측정, 전자계수기의 이용 등을 통하여 1955년에 그 구조식을 완성하였는데, 구조식은 다음과 같다.

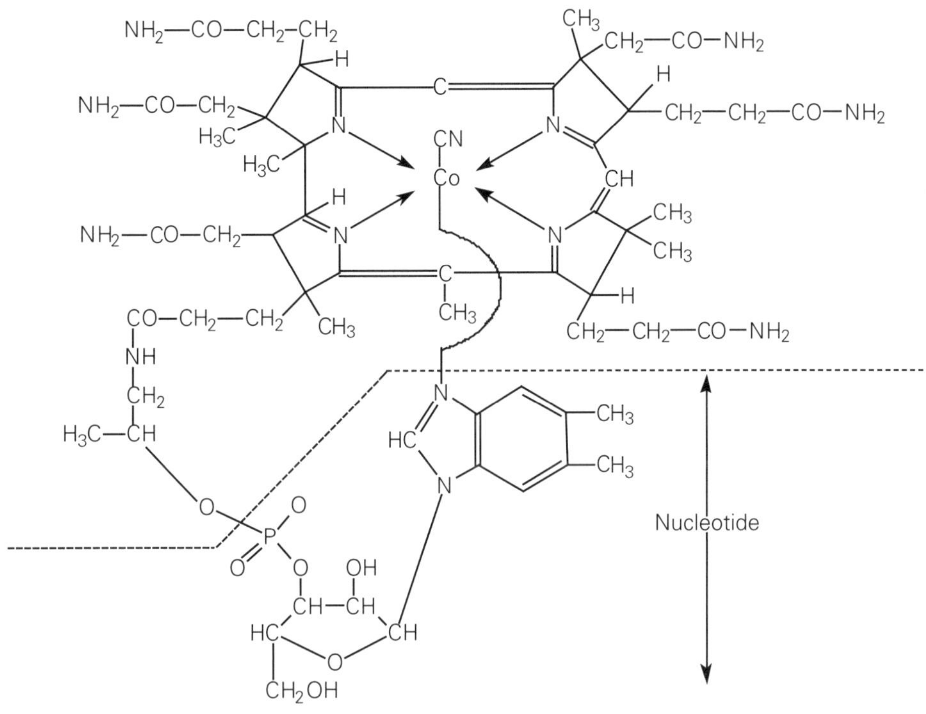

Vitamin B_{12}(Cyanocobalamine, $C_{63}H_{88}O_{14}N_{14}PCo$)

이 구조식을 보면 코발트(Co) 원자가 4개의 포르피린 고리(porphyrin ring)의 중앙에 있고 1개의 cyanide기가 Co에 붙어 있으며, 또 하나의 뉴클레오티드(nucleotide)가 Co에 결합되어 있다. Cyanide기는 때로 -OH, H_2O기 등으로 대치되어 각각 hydroxocobalamin(B_{12a}), aquacobalamin(B_{12b})을 형성하기도 한다. B_{12a}, B_{12b}의 두 가지 물질을 cobalamine이라고도 하는데 보다 활성이 있는 물질이다.

2) 비타민 B_{12}의 생리적 기능과 결핍증

비타민 B_{12}는 정상적인 성장과 혈액 조성, 신경 조직을 위해 필요한 물질로, DNA 합성과 항지방간성 인자인 메티오닌과 콜린의 합성을 위해 메틸기를 제공해 준다. 중추신경에 작용하는 과정에 관해서는 아직 명확히 알려져 있지는 않지만, 글루타티온(glutathione)

형성에 비타민 B_{12}가 필요하고, 중추신경 조직에 에너지를 제공해 주는 당질 대사에 관여하는 효소와도 밀접한 관계가 있는 것으로 판명되었다.

Smith와 Monty에 의하면 반추동물에서 비타민 B_{12}가 결핍될 경우, 반추위에서 생성되는 프로피온산(propionic acid)의 대사가 불가능하다고 한다. 즉 propionyl-CoA의 succinate로의 전환작용이 정지된다. 동물에 따른 비타민 B_{12}의 결핍증세는 다음과 같다.

① 사람의 악성 빈혈증은 위장장애 때문에 비타민 B_{12}의 흡수가 저해되었을 때 발생되는 것으로 알려졌다. 이런 경우 비타민 B_{12}를 주입하면 치료할 수 있다. 이런 특수한 빈혈증은 다른 동물에게는 잘 일어나지 않는다고 한다.
② 모든 동물에서 이 비타민이 결핍되면 성장이 제대로 되지 않는다.
③ 돼지는 성장부진 외에 제대로 서지 못하는 증세가 나타난다. 또한 이 비타민은 정상적인 번식활동을 위해서도 필요하다.
④ 어린 병아리는 porosis와 같은 뼈의 이상 현상이 나타나고, 성계에 있어서는 체중과 산란율은 지속되지만 부화율이 불량해진다.
⑤ 어린 송아지의 경우 발육이 중지되고 식욕감퇴가 야기되며, 때로는 비틀거리는 증상이 나타난다.

반추위에서는 미생물에 의해 이 비타민의 합성이 가능하며, 다른 동물의 경우에는 장내 미생물에 의한 합성이 가능하다. 그러나 자기분식성(coprophagy)을 완전히 막으면 비타민 B_{12}의 결핍증을 유발할 수 있다. 반추동물의 경우에도 코발트(Co)가 부족할 때 비타민 B_{12} 결핍증이 발생하는 수가 있다.

3) 비타민 B_{12}의 흡수와 전환(enterohepatic pothway)

비타민 B_{12}의 흡수는 두 가지 독특한 기작에 의해 이루어지는데, 그중 한 가지는 생리적 기작으로서 한 번에 최대 1.5~3μg의 유리 비타민 B_{12}를 흡수할 수 있다. 그 기작을 보면 ① 섭취한 비타민 B_{12}는 위 및 소장의 효소에 의해 폴리펩티드 결합 시 유리되고, ② 유리된 비타민 B_{12}는 내인성 분자와 결합하여 복합체를 형성하며, ③ 이 복합체는 회장으로 운반되어 그곳에서 Ca^{2+}와 pH 6 이상의 상태에서 회장의 점막세포에 붙고, ④ 현재 잘 알려져 있지 않은 기작을 거쳐 비타민 B_{12}는 복합체로 다시 방출되며, 내인성 인자는 회장의 상피세포에 남게 된다. ⑤ 그곳에서 비타민 B_{12}는 장 세포를 거쳐 문정맥으로 들어가서 혈청 중 비타민 B_{12} 결합 단백질에 붙게 된다. 췌장의 중탄산염과 트립신은 선택적으로 비내인성 비타민 B_{12} 결합 인자를 파괴함으로써 이 기작을 용이하게 한다. 다른 하나의 기작은 약리학적 기작으로 유리 비타민 B_{12}의 1% 정도가 소장 전체에 흡수된다고 한다.

4) 비타민 B_{12}의 공급원

다른 비타민과 비교하면 동물이 요구하는 이 비타민의 양은 극히 적다. NRC 요구량을 보면 0~3주령의 병아리는 0.01mg/kg, 5kg의 돼지는 0.02mg/kg, 그리고 20~50kg의 돼지는 0.01mg/kg으로 되어 있다. 비타민 B_{12}의 기원은 아마도 미생물 합성에 있는 듯하고, 고등 동식물 조직이 이 비타민을 생산하는 것 같지는 않다. 이 비타민은 간, 신장, 고기, 우유, 계란, 물고기 등의 동물성 식품에 주로 들어 있는데 이것은 외부에서 섭취된 것이라고 생각된다. 발효 부산물에도 많이 들어 있으며 식물에는 거의 없으나 미역에는 많이 들어 있다. 비타민 B_{12}의 중독증에 대한 연구보고가 아직 충분하지 못하여 과다 급여의 증세를 설명하기는 어려운 실정이다.

7.4.10 비타민 C

아스코르브산(ascorbic acid), 즉 비타민 C는 약 50여 년 전에 수용성 인자 또는 항괴혈병 인자라고 불리던 비타민이다. 이것은 모든 동물에 필수적인 영양소이지만 체내에서 합성하지 못하는 사람, 기니피그, 그리고 원숭이에게만 공급해 주어야 할 비타민이다.

1) 비타민 C의 화학적 특성

1932년 미국의 생화학자인 King과 Azen-Gyorgi에 의해 레몬에서 분리된 물질로서 두 가지 형태로 존재한다. 환원상태인 *l*-ascorbate는 쉽게 산화되어 dehydroascobate로 된다. 그 구조식은 다음과 같다.

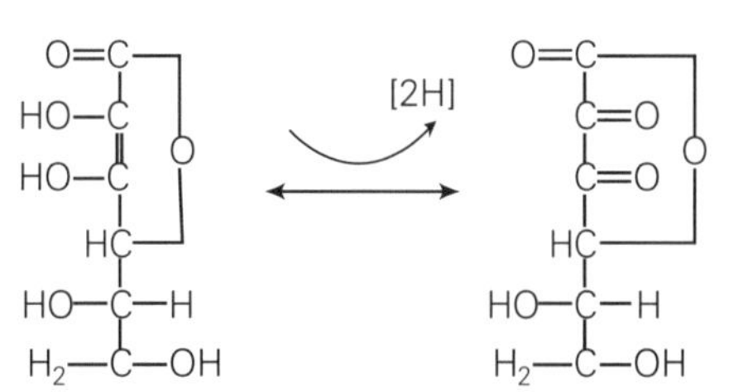

l-ascorbic acid($C_6H_8O_6$) *l*-dehydroascorbic acid($C_6H_6O_6$)

이 2개가 모두 활성이 있는 비타민으로 주로 사료 내 *l*-ascorbate의 형태로 존재한다. 만일 *l*-dehydroascorbate가 더 산화되어 diketogluconic acid로 변하면 활성을 상실한다. 그러므로 이 비타민은 산화에 의해 쉽게 파괴되는데 열은 이 파괴를 더욱 촉진시킨다. 알칼리보다 산성에서 더 안전하다.

비타민 C는 항산화제이므로 식품, 특히 과일을 통조림으로 만들 때 산화 방지를 위해 첨가하기도 한다. Glycoascorbate는 비타민 C의 항대사물이다.

2) 비타민 C의 생리적 기능과 결핍증

가장 확실히 규명된 비타민 C의 기능은 뼈나 연조직의 세포 사이의 물질을 합성 또는 유지하는 데 관여하는 것이다. 생화학적으로는 체내에서 가수소작용에 쓰이는데, 중요한 것은 하이드록시프롤린(hydroxyproline)의 합성에 관여한다는 것이다. 이 아미노산은 콜라겐의 성분이며 세포 간 물질을 형성하는 데 필요한 물질이다. 이 비타민은 방향성 아미노산(tyrosine 등)의 대사작용과 엽산(folic acid)이 시트로보룸 인자(citrovorum factor)로 활성화되는 과정에도 관여한다.

비타민 C의 결핍증은 괴혈증이다. 그 증세는 출혈괴양성 잇몸, 탈치, 약골 및 체내 출혈 등이다. 이 비타민의 체내 축적은 매우 제한되어 있으므로 정기적인 공급이 필요하다.

3) 비타민 C의 흡수와 전환

비타민 C는 주로 소장의 상부에서 모세혈관을 통해 흡수되며, 그 흡수율은 섭취량에 따라 차이가 있다. 섭취량이 적을수록 흡수율이 높아서 하루에 180mg을 섭취하는 경우에는 흡수율이 70% 정도이고, 섭취량이 증가함에 따라 점점 흡수율이 감소한다. 섭취량이 지나치게 많을 경우 흡수되지 않은 비타민 C는 장 내에서 삼투압을 높여 설사를 유발한다. 흡수된 비타민 C는 간을 거쳐 혈액과 각 조직으로 운반된다.

4) 비타민 C의 공급원

비타민 C가 풍부하게 함유되어 있는 식품은 신선한 과일과 채소인데, 그중에서도 특히 좋은 공급원은 감귤류, 토마토, 딸기, 감자 등이다. 동물성 식품에는 거의 들어 있지 않으나 간과 우유는 비교적 좋은 공급원이며, 곡류에는 전무한 상태이다. 비타민 C는 산화로 파괴되기 쉽고 열에 약하므로 요리한 식품이나 건조한 식품에는 거의 들어 있지 않다.

비타민 C를 지나치게 많이 섭취하면 갑상선의 퇴화 등 여러 가지 중독증이 나타나는데, ascorbate보다 dehydroascorbate가 중독성이 더 강하다. 닭이나 돼지의 경우에는 뼈의 분해현상이 촉진되어서 칼슘(Ca)과 인(P)의 손실이 증가하며, 하이드록시프롤린(hydroxyproline)의 요 내 배설이 증가하게 되며 방광 내 결석이 생기기도 한다. 비타민 C의 중독 증상은 주로 간, 갑상선, 뼈 등에서 나타나며, 임신한 동물은 조산, 유산 또는 사산을 초래하기도 한다. 사람의 경우에는 설사, 알레르기성 발진이 생기기도 한다.

7.5 비타민 요구량

앞에서 살펴본 바와 같이 비타민은 동물의 정상적인 생명현상의 유지와 생산능력 증대를 위해 필수적이다. 이러한 동물의 비타민에 대한 생리적 요구는 사료의 형태로써 충족되어야 한다. 몇 가지 동물에 대한 비타민 요구량은 표 7.7에 나타난 바와 같다. 이 표를 보면 비타민의 요구량은 동물의 종류와 생산능력, 연령, 체중, 성 등에 의해서 달라짐을 알 수 있다. 이 외에도 비타민 요구량에 영향을 미치는 요인은 여러 가지가 있다. 같은 종류의 동물이라도 품종이나 계통에 따른 차이가 있는가 하면, 동일 품종이나 계통일지라도 개체 간의 차이도 있다. 이와 같은 동물 자체의 요인 이외에도 사료의 형태나 종류 또는 물리적 · 화학적 성상에 의해서도 비타민 요구량이 달라진다. 이는 사료의 소화에 참여하는 소화효소의 양이라든지 장 내 미생물의 양과 활력에 비타민이 관여하기 때문이다. 그리고 동물이 사육되는 환경도 비타민 요구량에 영향을 미치는 주요한 요인의 하나이다.

동물에 급여되는 사료는 동물이 요구하는 비타민의 공급 수단이 된다. 그러나 사료 내 비타민 함량이 항상 충분하지는 않으므로 비타민 A와 D는 비타민 공급제에 의한 보충이 필요한 때도 있다. 일반적으로 배합 사료의 제조 시에는 적당량의 비타민제제를 함께 넣어 주는 것이 안전하다.

위에서 간단히 설명한 바와 같이 비타민의 요구량은 항상 일정하지는 않으며, 증가하거나 감소하는데, 먼저 비타민의 요구량을 증가시키는 요인을 요약하면 다음과 같다.

① 사료의 에너지와 단백질 함량이 높을 때

② 사료 내 지방 함량이 높거나 산패하기 쉬운 불포화지방산을 많이 함유하는 지방이 에너지원으로 첨가될 때

표 7.7 동물별 비타민 요구량(일당 요구량)

비타민 종류	브로일러[1] (0~3주)	산란계[1] (0~6주)	돼지[2] (5~10kg)	개[3] (사료 1kg당)	고양이[3] (이유 후 권장량, 사료 1kg당)
Vitamin A(IU)	1,500.0	1,500.0	2,200.0	1,212.0	1,000.0
Vitamin D(IU)	200.0	200.0	220.0	11.0	5.6
Vitamin E(IU)	10.0	10.0	16.0	24.0	38.0
Vitamin K(mg)	0.5	0.5	0.5	1.3	1.0
Vitamin C(IU)	-	-	-	-	-
Thiamin(mg)	1.8	1.0	1.0	1.08	5.5
Riboflavin(mg)	3.6	3.6	3.5	4.2	4.0
Pantothenic acid(mg)	10.0	10.0	10.0	13.6	40.0
Niacin(mg)	35.0	27.0	15.0	13.6	40.0
Vitamin B_6(mg)	3.5	3.0	1.5	1.2	2.5
Biotin(mg)	0.15	0.15	0.05	-	2.5
Cholin(mg)	1,300.0	1,300.0	500.0	1,360.0	2,550.0
Folacin(mg)	0.55	0.55	0.3	0.216	0.75
Vitamin B_{12}(mg)	0.01	0.009	0.0175	0.028	0.022

[1]NRC(1994), [2]NRC(1998), [3]NRC(2006)

③ 사료의 물리적 · 화학적 성상이 장 내에서 소화되기 어려운 것일 때, 즉 너무 단단하거나 섬유소의 함량이 높을 때

④ 심한 더위나 추위, 불량한 환기, 다습 또는 밀집 사양에 의한 스트레스가 증가할 때

⑤ 질병이나 기생충에 감염되었을 때와 예방접종 등에 의한 스트레스가 증가할 때

⑥ 배터리나 케이지 사육에 의해서 자기분식성이 억제될 때

⑦ 사료가 곰팡이나 항대사물질에 의해 오염될 때

⑧ 동물의 생산능력이 현저히 높을 때

임신이나 비유 또는 산란 등에 의해서 스트레스 요인이 줄거나, 생리적으로 왕성한 대사가 요구되지 않을 때에는 비타민의 공급량이 대부분 줄어들게 된다. 또한 반추동물의 경우에는 대부분의 수용성 비타민, 특히 비타민 B군은 거의 체내에서 합성에 의해 공급이 가능하므로 사료의 형태로 공급하는 것은 거의 필요하지 않다.

이 밖에 비타민의 공급량을 줄여도 되는 요인에는 다음과 같은 것이 있다.

① 신선하고 부드러운 녹사료나 이들의 분말을 공급할 때

② 효모나 비타민 제조 부산물과 같은 비타민 함량이 높은 것들이 사료에 첨가될 때

③ 저에너지 · 저단백질 사료가 급여될 때
④ 동물의 생산 능력이 낮을 때

자리깃이나 사육사의 바닥에서 자기분식이 가능한 때에는 비타민의 공급량을 어느 정도 줄여도 된다.

7.6 미생물에 의한 비타민 합성과 이용

소화기 내에 서식하는 미생물은 여러 가지 수용성 비타민을 합성할 수 있다. 이렇게 합성된 비타민은 동물에 의해 이용될 수 있다. 특히 반추동물은 반추위 내 미생물이 합성한 여러 가지 비타민을 이용할 수 있어 반추동물의 사료 내 수용성 비타민의 요구량은 단위동물의 그것보다는 훨씬 적다고 할 수 있다. 이로 인해 대개의 반추동물은 비타민 B군을 사료로 공급해 줄 필요가 없다. 그러나 단위동물의 경우에는 대장이나 맹장에서 일부 비타민이 합성된다고 하더라도 이는 바로 흡수되기가 어려우므로 자기분식성 동물이 아닌 한 이들의 전량을 사료의 형태로 공급해 주어야 한다. 그러나 반추동물이라 하더라도 사료 내에나 반추위 내용물에 비타민의 항대사물질이 함유되어 있으면 수용성 비타민의 합성이 불량해져 결핍증이 걸리기 쉬운데, 이때에는 수용성 비타민을 따로 공급해 주어야 한다.

비타민의 합성에 영향을 미치는 인자는 다음과 같다.

1) 사료 내 질소 함량

반추위 내의 니아신과 리보플라빈의 합성은 사료로서 섭취하는 질소(단백질 + NPN)의 양에 의해 크게 영향을 받는다. 질소 수준이 낮은 사료를 급여하면 분으로 배설되는 니아신과 리보플라빈의 양이 감소된다. 이러한 사실로 보아 반추위 내 미생물에 의한 비타민의 합성은 미생물의 체구성 성분인 질소(단백질 + NPN)의 공급이 충분할 때 더욱 활발해진다는 것을 알 수 있다.

2) 탄수화물과 산도

미생물의 에너지 공급원인 탄수화물의 공급량은 반추위 내 비타민의 합성에 영향을 미치며, 전분의 첨가는 리보플라빈, 니아신, 판토텐산 등의 합성을 촉진한다. 탄수화물의 공급원이 셀룰로오스일 때보다는 전분인 경우가 이들의 합성을 더욱 촉진시킨다고 하는 보고도 있다. 또한 산도가 낮을 때(pH 6.8)보다 높을 때(pH 5.5) 이들의 합성이 촉진된다.

3) 그 밖의 인자

Sodium sulfate salt와 함유황아미노산을 적당량 공급하면 비타민 B_{12}의 합성을 촉진시키며, 원소 상태의 황은 오히려 비타민 B_{12}의 합성을 저해한다. 또한 반추위 내 미생물에 의한 비타민의 합성은 아연(Zn), 구리(Cu), 비타민 B_6, B_{12} 등의 공급에 의해서도 활발해진다. 비타민 A, D_2, E를 많이 공급해 주면 반추위 내 미생물(원생동물)에 독성이 있고 dicumarol은 비타민 K의 합성을 저해한다. 사료의 물리적·화학적 성상에 의해서도 위 내 미생물에 의한 비타민 합성은 영향을 받는데, 사일리지를 급여한 육성우의 반추위 내 비타민 B_{12}의 함량은 잘게 썰거나 펠렛(pellet)으로 제조한 건초를 급여한 경우보다 1.4~2.7배나 높다고 한다.

참고문헌

노선호. 2001. 양계영양학. 신광.

노선호. 2002. 양어영양학. 신광.

지규만 등. 2008. 동물사양학. 유한문화사.

한인규, 하종규. 1979. 사료가공핸드북. 서울대학교.

한인규 등. 1985. 비타민·광물질 영양학. 향문사.

한인규 등. 1996. 동물영양학. 신광.

한인규 등. 2000. 양돈 영양과 사료. 서울대학교.

Bendich, A. 1991. Carotenoid and immunity. Clin. Appl. Nutr. 1: 45.

Bendich, A. 1993. Physiological role of anitioxidants in the immune system. J. Dairy Sci. 76: 2789.

Cheeke, P. R. 2005. Applied Animal Nutrition. Pearson Prentice Hall.

D'mello, J. P. F. 2003. Amino Acids in Animal Nutrition. 2nd ed. CABI Publishing.

Ensminger, A. H., M. E. Ensminger, J. E. Konlande, and J. R. K. Robson. 1980. Food and Nutrition Encyclopedia. Vol II. 1st ed. Pegus Press.

Harper, H. A., V. W. Rodwell, and P. A. Mayes. 1975. Review of Physiological Chemistry. Lange Medical Publication.

Haskinson, D. D., B. P. Chew, and T. S. Wong. 1992. Effects of injectable β-carotene and vitamin A lymphcyte proliferation and polymorphonuclear neutrophil function in piglets. Biol. Neonate 62: 325.

Hogan, J. S., W. P. Weiss, and K. L. Smith. 1993. Role of vitamin E and selenium in host defence against mastitis. J. Dairy Sce. 76: 2795.

Holick, M. F. 1987. Fed. Proc. Fed. Am. Soc. Exp. Biol. 46: 1876.

Kellems, R. O. and D. C. Church. 2002. Livestock Feeds and Feeding. 5th ed. Prentice Hall.

Lewis, A. J. and L. L. Southern. 2001. Swine Nutrition. 2nd ed. CRC.

McNamara, J. P. 2006. Principles of Companion Animal Nutrition. Pearson Prentice Hall.

NRC. 1987. Vitamin Tolerance of Animals. National Academy of Sciences.

NRC. 1993. Nutrient Requirements of Fish. National Academy of Sciences.

NRC. 1994. Nutrient Requirements of Poultry. National Academy of Sciences.

NRC. 1998. Nutrient Requirements of Swine. National Academy of Sciences.

NRC. 2000. Nutrient Requirements of Beef Cattle. National Academy of Sciences.

NRC. 2001. Nutrient Requirements of Dairy Cattle. National Academy of Science.

NRC. 2006. Nutrient Requirements of Dog and Cat. National Academy of Sciences.

Perry, T. W., A. E. Cullison, and R. S. Lowrey. 2003. Feeds and Feeding. 6th ed. Prentice Hall.

Pond, W. G., D. C. Church, K. R. Pond, and P. A. Schoknecht. 2005. Basic Animal Nutrition and Feeding. 5th ed. John Wiley & Sons, Inc.

Reinhardt, T. A. and F. G. Hustinger. 1987. Role of vitamin D in the immune system. J. Dairy Sci. 70: 952.

Rose, R. C., D. B. McCormick, T. K. Li, L. V. Lumeon, J. G. Haddad, and R. Spector. 1986. Transport and metabolism of vitamins. Fed. Proc. 45: 30-39.

Sitrin, M. D., F. Lieberman, W. E. Jensen, A. Noronga, C. Milburn, and W. Addington. 1987. Vitamin E deficiency and neurologic disease in adults with cystic fibrosis. Ann. Interm. Med. 107: 51-54.

Ullrey, D. E. 1981. Vitamin E for swine. J. Ani. Sci. 53: 1039.

Ullrey, D. E. 1982. Proc. Distill Feed Conf., Distill. Feed Res. Counc. Cincinnati. 37: 81.

Weiss, W. P., J. S. Hogan, K. L. Smith, and K. H. Hoblet. 1990. Relationships among Se, vitamin E, and mammary gland health in commercial dairy herds. J. Dairy Sci. 73: 381.

Zinn, R. A., F. N. Owens, R. L. Stuart, J. R. Dunbar, and B. B. Norman. 1987. B-vitamin supplementation of diets for feedlot calves.

제8장 광물질과 그 대사작용

8.1 광물질의 중요성과 분포
광물질의 중요성
광물질의 분포
8.2 광물질의 분류
필수광물질
준필수광물질
비필수광물질
중독광물질
8.3 광물질의 분석
8.4 광물질의 상호작용
8.5 칼슘과 인
뼈의 일반 성분
골격의 형성
골격의 대사작용
칼슘과 인의 결핍증
연조직에 들어 있는 칼슘과 인
칼슘과 인의 흡수와 칼슘 · 인의 비율
칼슘과 인의 공급제
8.6 나트륨 · 칼륨 · 염소
나트륨
칼륨
염소
전해질 균형
8.7 마그네슘
8.8 황
8.9 망간
8.10 철 · 구리 · 코발트
철
구리
코발트
8.11 요오드
8.12 아연
8.13 불소
8.14 셀레늄
8.15 몰리브덴
8.16 기타 광물질
브롬
바륨과 스트론튬
알루미늄
규소
질산염과 아질산염
루비듐
납
비소
보론과 니켈
8.17 반추위 내에서의 광물질 대사작용
다량광물질의 반추위 내 대사작용
다량광물질의 상호작용
미량광물질의 반추위 내 대사작용
8.18 광물질 킬레이트
광물질 킬레이트의 중요성
킬레이션의 기본원리
킬레이트된 광물질의 흡수
광물질 킬레이트의 급여효과

8.1 광물질의 중요성과 분포

광물질(mineral)은 동물의 체내에 3~5% 정도밖에 들어 있지 않은 무기질 영양소이지만 골격을 형성하고 산-알칼리 균형의 유지, 삼투압의 유지, 빈혈증의 방지, 식욕증진 등의 중요한 기능을 가지고 있다. 광물질의 흡수이용률과 요구량은 ① 무기영양소와 유기영양소 간의 상호작용, ② 동물의 종류, 품종, 연령, 개체 등, ③ 특정 광물질의 공급량, ④ 사료의 물리학화적 특성과 사양관리방법, ⑤ 동물의 유전능력과 영양상태 등에 따라 달라질 수 있다. 이 장에서는 30여 종에 달하는 광물질의 중요성을 설명한 다음 이것을 필수광물질, 준필수광물질, 비필수광물질, 중독광물질 등의 4종으로 분류하고, 광물질의 생리적 기능, 다른 광물질 또는 영양소와의 교호작용, 전해질 균형, 체내에 과다하게 축적되었을 때 일어나는 중독증세 등에 대하여 중점적으로 서술하겠다. 또한 각종 광물질의 영양적 특성, 결핍증, 공급제 또는 요구량에 대해서 설명을 부가하고, 일부 광물질의 생체 내 대사작용 촉진기능을 지적하겠다. 아울러 반추위 내에서 일어나는 광물질의 대사작용을 설명하고, 광물질 공급제를 열거하며 끝으로 최근에 관심을 끌고 있는 광물질 킬레이트(chelate)에 대해서도 간략히 언급하겠다.

8.1.1 광물질의 중요성

동물의 체내에는 약 3~5%의 광물질이 함유되어 있다. 체내에 들어 있는 양은 적지만 광물질은 모든 유기영양소가 체내에서 제대로 이용될 수 있도록 도와줄 뿐만 아니라 그 자신들의 고유한 역할 또한 매우 중요하다. 광물질의 일반적인 중요성을 요약하면 다음과 같다.

① **골격 구성 물질**: 동물 체내에서 광물질의 기능 중 가장 널리 알려진 것은 동물체의 지주 역할을 하는 뼈의 구성 성분이라는 것이다. 동물의 뼈에는 주로 Ca과 P이 많이 들어 있으며 Mn, Mg, F, Na, K, Cl 등도 비교적 많이 들어 있다.

② **체액의 삼투압 조절**: Na은 체액의 삼투압을 조절하는 주 양이온이다.

③ **세포의 활성흡수에 필수적**(Na^+와 K^+): Na^+ 펌프에 의해 Na^+은 세포 밖으로, K^+은 세포 안으로 이동한다.

④ **세포액의 투과성 조절**: Ca과 Mg은 세포막의 선택적 투과성(selective pemeability)을

조절하는 양이온이다.

⑤ **신경과 근육 간의 자극전달 매개**: Na, K, Ca, Mg 등은 신경과 근육 사이의 자극 전달을 도와주는 양이온이다.

⑥ **체액의 산–알칼리 평형상태 조절**: 체조직의 정상적인 활동과 건강을 위해 혈액과 체액의 산도(pH)는 일정한 범위를 벗어나지 않아야 한다. 건강한 사람의 체액의 산도는 7.40 ± 0.1이다. 체액이나 혈액의 산도는 우리가 섭취하는 음식물의 화학적 조성에 의해서 큰 영향을 받는다. 대개의 채소나 과일 등은 체액 내에서 알칼리성 물질을 형성하는 데 필요한 K, Na, Ca, Mg 등을 함유하고 있어 알칼리성 식품(base-forming food)이라고 하며, 대부분의 곡류나 육류에는 산성 물질을 형성하는 데 필요한 Cl, phosphate(PO_4^{3-}), sulfate(SO_4^{2-}) 등의 음이온이 많이 들어 있어 산성 식품(acid-forming food)이라고 한다. 혈액이나 체액의 pH를 적정선으로 유지하기 위해서는 이 두 가지 식품을 적절한 비율로 섭취해야 한다.

⑦ **효소의 활성제(activator)**: Mg과 Mn 등은 에너지 대사에 관여하는 효소들의 활성(activity)을 증가시켜 주는 필수적인 광물질이다. 또한 Fe과 Cu는 각각 시토크롬 산화효소(cytochrome oxidase) 및 티로시나아제(tyrosinase) 등의 구성 성분이 되어 영양소의 대사에 간접적으로 도움을 주는 광물질이다.

⑧ **에너지 발생 작용 조절**: P은 PO_4^{3-}의 형태로 아데노신(adenosine), 구아노신(guanosine) 또는 우리딘(uridine) 등과 결합하여 ATP, GTP 또는 UTP 등의 고에너지 화합물을 구성한다.

⑨ Ca은 혈액응고에 필수적인데, 칼슘이온이 혈액 응고에 관여하는 간단한 기전은 아래와 같다.

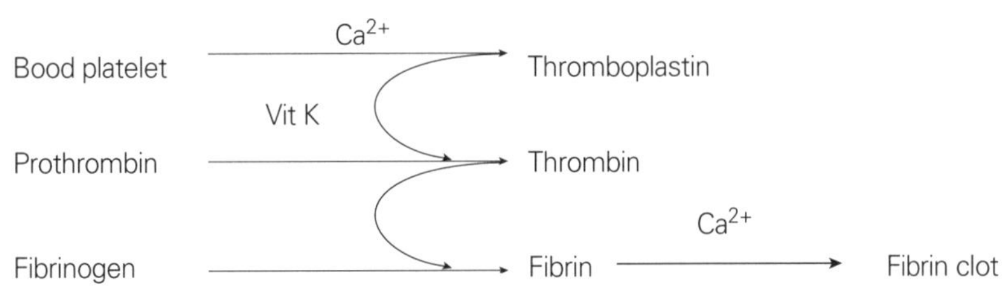

⑩ **기타**: 이 밖에도 가스트린(gastrin) 분비에 관여하는 Cl, 티록신(thyroxin)의 분비에 관여하는 I와 Zn, 영양소의 대사에서 생성되는 에너지나 대사물질의 운송에 관여하는 Fe, P, Fe, Cu, Se, Mo 등도 동물체의 세포 내에 없어서는 안 될 원소들이다.

8.1.2 광물질의 분포

앞에서 밝힌 바와 같이 동물의 몸에는 약 3~5%의 무기물질이 함유되어 있다. 이 무기물의 함유량은 동물의 종류, 연령, 성별 등에 따라 차이가 있으며, 광물질의 종류에 따라서 각 기관별의 차이는 물론이고 각 개체 간에도 약간의 차이를 보인다.

각 원소들의 체내 분포상황을 보면, 유기영양소의 주 구성 성분인 C, H, O 등이 93.7%를 차지하며, N, Ca, P, K, Cl, Na, Mg 등이 약 6.15%를 차지하고, 기타 미량광물질(trace-elements)은 0.15% 정도 된다. 다량광물질(macro-elements)의 중요성에 대해서는 말할 나위도 없지만 미량광물질의 필수성도 새로운 것이 점차 밝혀져 가고 있다. 그러나 동물 체내의 미량광물질 분포는 각 동물이 서식하는 지역의 토양 중에 있는 미량광물질 등의 함량에 좌우되는 경우도 상당히 있다.

표 8.1과 표 8.2를 비교해 보면 동물체의 광물질 함량은 동물의 종류와 연령에 의해 달라진다는 것을 알 수 있다. 대부분의 광물질은 단독으로 결정 상태로 체내에 존재하는 것이 아니라 서로 결합하여 염기를 구성하거나 단백질 결합물의 형태로 존재하며, 겨우 몇 가지의 광물질만이 음이온이나 양이온의 상태로 존재한다.

표 8.1 성숙한 동물체의 광물질 조성(단위/kg)

구성물질	닭	사람	돼지	고양이	토끼	쥐	수소
체중(kg)	2.0	65	125	4.0	2.6	0.35	500
H_2O(g)	760	720	750	740	730	720	550
N(g)	31.0	34.0	31.5	33.6	37.0	35.0	27.2
Na(g)	1.2	1.8	1.5	1.5	1.35	1.4	2.1
K(g)	1.1	2.7	2.8	-	3.00	3.15	2.5
Cl(g)	0.6	1.78	-	-	1.14	1.42	1.42
Ca(g)	15.0	22.4	12.0	13.0	13.0	12.4	17.3
P(g)	7.7	12.0	7.0	8.9	7.0	7.5	9.5
Mg(g)	0.4	0.47	0.45	0.45	0.5	0.4	0.54
Fe(mg)	40	74	90	60	60	60	168
Cu(mg)	1.3	1.7	2.5	1.5	1.5	2.0	-
Zn(mg)	35	28	25	23	50	30	-
I(mg)	0.4	0.7	-	-	-	-	0.1
Se(mg)	0.2	-	-	-	-	-	–

표 8.2 어린 동물체의 광물질 조성(단위/kg)

구성물질	닭	사람	돼지	고양이	토끼	쥐
체중(g)	40	3,560	1,260	118	54	35
H_2O(g)	830	823	820	822	865	862
N(g)	20.8	22.6	18.0	24.4	18.1	15.6
Na(g)	1.15	1.88	2.14	2.12	1.8	1.93
K(g)	1.06	2.07	1.96	2.34	2.06	2.54
Cl(g)	0.73	1.96	1.85	2.34	1.98	2.38
Ca(g)	9.6	9.6	10.0	6.6	4.8	3.1
P(g)	3.4	5.6	5.8	4.4	3.6	3.6
M(g)	0.22	0.26	0.32	0.26	0.23	0.25
Fe(mg)	40	90	29	55	135	29
Cu(mg)	1.3	4.7	3.2	2.9	4.0	4.3
Zn(mg)	-	19.2	10.1	28.7	22.5	24.4
I(mg)	-	-	-	-	-	-
Se(mg)	0.15	-	-	-	-	–

8.2 광물질의 분류

광물질은 체내에서의 기능에 따라 필수광물질, 준필수광물질, 비필수광물질, 중독광물질 등으로 분류될 수 있다(표 8.3). 그러나 이러한 분류는 절대적인 것이 아니고 연구가 계속됨에 따라 달라질 수 있다.

8.2.1 필수광물질

필수광물질(essential elements)은 다음의 요건을 갖추어야 한다.

① 건강한 생물(동식물)의 체조직들에 꼭 존재할 것
② 동종 생물의 특정 부위에서 함량이 거의 비슷할 것
③ 결핍될 때 고유한 생리화학적 이상이 동물의 종류에 관계없이 발생할 것
④ 이러한 생리화학적 이상은 반복해서 똑같은 증상으로 나타날 것
⑤ 결핍되지 않도록 해주면 정상으로 회복되며, 어린 동물의 성장촉진효과가 있을 것

이러한 조건을 만족시키는 필수광물질 중에서 체내 분포나 요구량이 많은 Ca, Mg,

표 8.3 광물질의 분류

필수광물질		준필수광물질	비필수광물질	중독광물질
다량광물질	미량광물질			
Calcium(Ca) Magnesium(Mg) Sodium(Na) Potassium(K) Phosphorus(P) Choline(Cl) Sulfur(S)	Manganese(Mn) Iron(Fe) Copper(Cu) Iodine(I) Zinc(Zn) Cobalt(Co) Selenium(Se) Fluorine(F) Molybdenum(Mo) Arsenic(As) Silicon(Si) Chrome(Cr)	Barium(Ba) Brome(Br) Strontium(Sr) Nickel(Ni) Vanadium(Vd) Rubidium(Rb) Aluminum(Al)	Boron(B) Lead(Pb) Tin(Sn) Mercury(Hg) Gold(Au) Silver(Ag)	Copper(Cu) Selenium(Se) Fluorine(F) Molybdenum(Mo) Arsenic(As) Chrome(Cr) Mercury(Hg) Cadimium(Cd) Lead(Pb)

Na, K, P, CI, S 등 일곱 가지를 다량광물질(macro elements)이라고 하며 NRC에서는 %로 표시하고, 체내 분포나 요구량이 극히 적은 Mn, Fe, Cu, I, Zn, Co, Se, F, Mo, As, Si, Cr 등 열두 가지를 미량광물질(micro elements 또는 trace elements)이라 하고 mg/kg으로 표시한다.

8.2.2 준필수광물질

같은 동물, 같은 부위에서도 특정 광물질의 농도가 다르고, 필수광물질이 되는 요건 전부를 만족시키지는 못하지만, 모자라거나 결핍되면 생명유지가 곤란한 것을 준필수광물질(semi-essential elements)이라고 한다. Ba, Br, Sr, Ni, Vd, Rb, Al 등 일곱 가지가 여기에 속한다.

8.2.3 비필수광물질

체내에 들어 있으나 특별한 생체 내의 기능이 없거나, 아직 그것의 생체 내 기능이 밝혀지지 않은 광물질들로서, 식품이나 사료를 통해 동물 체내로 이전된 것들을 비필수광물질(non-essential elements)이라고 한다. 여기에 속하는 것은 B, Pb, Sn, Cr, Hg, Au, Ag 등 일곱 가지인데 이들 중 계속되는 연구 결과에 따라 필수성이 밝혀져 가는 것들도 있다.

8.2.4 중독광물질

함유량이 대단히 적은 상태에서는 체내에서 중요한 생리적 기능을 수행하지만, 필요량 이상으로 존재할 때는 대사작용과 생명유지에 심히 나쁜 결과를 초래하는 것들을 중독광물질(toxic elements)이라고 한다. Cu, Se, F, Mo, As, Cr, Hg, Cd, Pb 등 아홉 가지가 여기에 속한다. 표 8.3을 보면 Cu, Se, F, Mo, As, Cr 등 여섯 가지는 필수광물질로 분류됨과 동시에 중독광물질로도 분류되는 것은 매우 흥미로운 사실이다.

8.3 광물질의 분석

사료나 식품에 들어 있는 광물질의 함량을 정확히 분석하기는 상당히 어렵다. 대개 시료를 550°C에서 태워 유기물을 날려 보내고 남은 무기물을 분석용 시료로 조제하여 분광광도계(spectrophotometer), 원자흡광분광기(atomic absorption analyzer), 칼로리메트리(calorimetery) 또는 다른 화학적방법 등에 의해서 특정 광물질의 함량을 분석한다.

유기시료를 완전히 태운 후에 남은 물질을 조회분(crude ash)이라고 하는데, 이는 회화 도중에 유기태탄소가 무기태탄소인 탄산염(carbonate)의 형태로 변화되어 그대로 남아 있기 때문이기도 하며, 또한 높은 온도에서 쉽게 기화하여 날아가기 쉬운 Na, CI, F 또는 S 등의 일부가 회화 도중에 손실되어 진정한 회분의 함량을 구하기 어렵기 때문이다. 이러한 오차가 있음에도 사료 내의 조회분 함량을 분석하는 까닭은 사료 내 가용무질소물(NFE)의 함량을 구하기 위함이다.

8.4 광물질의 상호작용

광물질이 생체 내에서 대사작용에 참여하는 경우에는 2종 이상의 광물질이 상호 간에 특별한 관계를 가지고 흡수 · 이용을 돕거나 저해하는 수가 있다. 이러한 현상을 광물질의 교호작용(interaction)이라고 한다. 광물질 상호 간의 교호작용은 뒤에서 다루게 될 Ca과 P의 관계가 밝혀지면서부터 여러 가지 예가 알려져 있는데, 예를 들면 Ca-P-Mg, Ca-Cu-Zn, Fe-Cu, Fe-Co 또는 Cu-Mo 등은 서로 일정한 관계를 가지고 있다.

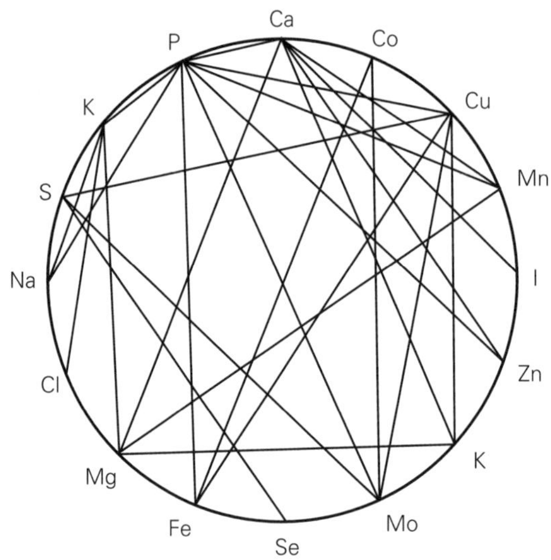

그림 8.1 광물질 상호 간의 교호작용

Ca의 이용성은 비타민 D와 P의 공급이 적당하게 이루어질 때 향상되고, Mg이나 옥살산(oxalic acid)에 의해 저해된다. 한편 단백질의 공급이 충분하면 Ca과 Mg의 흡수가 촉진되며 락토오스(lactose)는 장점막에서의 Ca 흡수를 돕기도 한다. 그러나 Ca이 과다하게 공급되면 항생물질의 체내 흡수를 방해하며 Zn, Mn의 흡수도 방해한다. 그리고 지나치게 많은 Fe과 Mn의 공급은 P의 이용률을 저하시켜 구루병(rickets)을 유발할 수도 있다.

이 밖의 미량광물질 간의 교호작용을 요약하면 다음과 같다(Underwood, 1976).

① Mo와 Cu는 서로 길항작용의 관계를 가진다.
② 미량의 As는 Se의 중독을 완화시키는 능력이 있다.
③ Cu는 Fe의 흡수 및 이용을 도와서 헤모글로빈(hemoglobin, 혈색소단백질)의 합성을 촉진한다.
④ S과 함께 Mo은 Cu의 체내 축적을 방해한다.
⑤ Ag, Hg, Cu, Cd 등도 Se의 독성을 완화시키는 기능이 있다.

또한 Ca의 적정 공급은 Zn과 Cu 사이의 길항작용을 완화시켜서 Cu의 부진한 흡수이용에 의한 빈혈을 예방할 수 있다.

광물질 상호 간의 교호작용은 물론, 때로 광물질은 단백질, 지방, 비타민 등과도 교호작용을 한다. 지금까지 밝혀진 광물질들 간의 교호작용을 그림으로 나타내면 그림 8.1에서 보는 바와 같다.

8.5 칼슘(Ca)과 인(P)

Ca은 P과 함께 골격의 주 성분이라는 것은 오래전부터 잘 알려진 사실이다. Ca과 P은 골격의 건강성을 유지하기 위해 충분히 공급되어야 하며, 이들 두 원소들 사이에는 적당한 비율이 유지되어야 한다. 한편 Ca과 P의 효과적인 이용을 위해서는 적절한 비타민 D의 공급이 반드시 이루어져야 한다. 골격 형성을 돕는 물질에는 Ca, P, 비타민 D 이외에도 Na, Mg, Mn, Si 등 여러 가지가 있으며, 단백질도 중요한 역할을 하지만 주로 골격형성소(bone forming nutrients)라 함은 Ca, P, 비타민 D를 말한다.

Ca은 생체 내에 가장 많이 존재하는 무기원소로 체중의 1.6~2.0%나 된다. 동물의 체내에 함유되어 있는 Ca은 불용성 또는 난용성 염(insoluble salt)의 형태로 존재하며, 생체의 지주 역할을 하고 있다. 동시에 가용성 또는 이온의 형태로서 동적 작용을 가진다. 체내에 존재하는 불용성 칼슘염(insoluble salt)에는 $CaCO_3$, CaF_2 등이 있고, 가용성 칼슘염에는 $Ca_3(PO_4)_2$, 구연산칼슘(calcium citrate), $CaCl_2$ 등이 있다.

Ca의 체내 분포를 보면 거의 전부(인대와 건을 포함하면 99.5%)가 뼈에 들어 있다. 뼈는 동물의 체내에서 가장 많은 무기질과 가장 적은 수분을 가진 조직이라고 할 수 있다. 골격의 화학적 조성은 골격의 형태에 따라 차이가 있으나, 장골의 화학적 조성은 비교적 일정하여 표 8.4에 나타난 바와 같다.

표 8.4 지방을 제거한 뼈의 무기물 구성

성분	함량(%)	성분	함량(%)
Tricalcium phosphate	80.0~85.0	Magnesium phosphate	1.4
Calcium carbonate	6.6~10.3	Magnesium carbonate	1.0~10.2
Calcium citrate	2.0	Disodium phosphate	2.5~9.8
Calcium lactate	0.2	Calcium phosphate-protein	9.0 이하

8.5.1 뼈의 일반 성분

뼈의 수분 및 지방 함량은 동물의 나이에 따라 상당히 달라진다. 뼈는 건물 기준으로 1kg당 약 460g의 광물질, 360g의 단백질 그리고 180g의 지방으로 되어 있다. 뼈의 지방 축적은 주로 골수에서 이루어지는데, 이에 따라 골수 내의 수분 함량의 변화가 뼈의 수분 함량에 큰 영향을 미치게 한다. 이러한 까닭으로 뼈의 무기물 함량은 수분과 지방을 뺀 상태에서 비교하기도 한다. 골격의 무기물은 주로 Ca, P, carbonate salt 등으로 되어 있고, 소량의 Mg, Na, Sr, Pb, citrate, F, OH, SO 등도 들어 있다. 골격의 기본 성분인 Ca과 P의 비율은 상당히 일정하여 Ca의 함량은 22.5%, P의 함량은 10.5%로 대략 2:1의 비율을 보인다. 뼈의 종류는 연골과 경골(장골)의 두 가지로 구분될 수 있는데, 연골조직은 경골보다 수분과 단백질 함량이 높아서 유연하다. 또한 연골의 Ca은 쉽게 용해되어 다른 목적으로 이용될 수 있다. 그러나 경골은 연골보다 골수의 비율이 낮고, 주로 단단한 외골로 구성되어 있으며, 골 성분의 이동이 어려운 편이다.

8.5.2 골격의 형성

골격의 형성과정은 부위에 따라 다소 다르나, 일반적으로 유기모체상의 광물질의 축적현상이다. 정확한 뼈조직의 형성과정(calcification)은 아직까지 잘 밝혀지지는 않았으나 $CaHPO_4$가 주로 관여하는 것으로 알려져 있다. 일반적인 뼈조직의 형성과정은 아래와 같이 요약할 수 있다.

① $CaHPO_4$가 엉겨서 아주 미세한 calcium-phosphate salt의 입자가 된다.

② 3개의 $CaHPO_4$가 농축되어 $Ca_3(PO_4)_2$가 되고, 하나의 H_3PO_4를 유리시킨다.

③ $Ca_3(PO_4)_2$(tricalcium phosphate)는 매우 불안정한 물질이어서 CO_3^{2-}(carbonate), F^-(fluoride) 등의 이온과 결합하여 안정된 골조직 입자가 형성된다.

④ 계속적인 $CaHPO_4$의 농축과 대치에 의해 광물질의 안정성이 증가하고 용해도가 감소하면서 유기물(단백질 등)과 결합한다.

8.5.3 골격의 대사작용

뼈 속에서도 대사작용은 활발히 일어나는데, 뼈의 구성 성분 중에서 불안정한 형태의 물질은 혈중 농도와의 사이에 평형상태가 유지되는 방향으로 대사되며, 불안정한 물질과 안정한 물질의 사이에도 평형상태가 유지된다. 뼈와 조직 사이에서 일어나는 Ca과 P의 교환은 계속 이루어져 골격 내의 Ca과 P의 1% 정도는 매일 새롭게 교환된다. 또한 1년 동안 뼈와 그 이외의 연조직 사이에 일어나는 뼈 성분의 교환은 뼈 전체의 20%에 해당된다. 만일 식품으로 공급되는 Ca과 P의 양이 동물의 요구량보다 적으면 연조직은 뼈의 해면조직이나 골수로부터 Ca과 P을 공급받게 된다.

우유 생산과 태아 발육 시 모체로부터 태아 또는 젖으로의 Ca 이동은 모체의 특정 골격의 분해에 기인한다기보다는, 정도의 차이는 있으나 모체 전 골격의 decalcification[1]에 기인한다고 생각된다(뼈의 유기질과 무기질이 함께 동원된다). Ca의 체내 축적은 파라토르몬(parathormone)에 의해 조절되는데, Ca의 공급량이 요구량에 미치지 못하면 이 호르몬의 분비가 왕성해져 골격으로부터 Ca의 동원을 촉진한다. 또한 이러한 생체 내의 작용은 비타민 D에 의해서도 영향을 받는다. 여기에서 한 가지 유의해야 할 것은 이때 Ca과 함께 유출되는 P은 동물의 P 요구량을 만족시키기 위해서 쓰이는 것이 아니라 오줌을 통해서 배설된다는 것이다.

8.5.4 칼슘과 인의 결핍증

Ca과 P는 골격의 형성과 유지를 위해서 필수적인데, 공급량이 요구량에 미치지 못하거나 체내에서의 대사에 이상이 생기면, 어린 동물이나 성숙한 동물에서 골연증이 나타난다.

1) 어린 동물의 골연증

Ca, P 또는 비타민 D의 공급량이 요구량에 미치지 못하거나 Ca과 P의 흡수가 원활하지 못할 때 뼈의 성장은 정상적으로 이루어지지 않는다. 이러한 현상을 구루병(rickets)이라고 한다. 이에 대한 증상은 다음과 같고, Ca의 결핍 시 증세가 두드러지게 나타난다.

---

1) Decalcification: Ca 결핍 시 이것의 요구량을 충족시키기 위해서 뼈가 분해되는 현상을 말한다.

① 뼈의 연결부위(관절)가 비정상적으로 비대해진다.
② 갈비뼈가 비정상적으로 발육한다.
③ 다리가 굽는다.
④ 보행이 부자연스럽다(관절부의 경직).
⑤ 혈중 Ca과 P의 농도가 낮아진다.

2) 성숙한 동물의 골연증

성숙한 동물의 골연증은 다음 두 가지의 원인으로부터 나온다. 첫째, 오줌으로 배설되는 Ca의 조절이 불량하거나, 조골작용보다 칼슘 분해작용이 더 왕성하기 때문이다. 또한 Ca의 흡수가 원활하지 못할 때에도 골연증은 발생한다. 이러한 현상을 골다공증(osteoporosis)이라 한다. 둘째, 임신이나 비유로 인해 Ca과 P의 요구량이 급증하고 사료로서 이들의 공급이 충분하지 못해 골수에 축적된 부분이 완전히 이용되고 장골까지 분해되었기 때문이다. 이런 경우를 골연화증(osteomalacia)이라고 한다. 골다공증이든 골연화증이든 간에 성숙한 동물의 연골증은 모두 뼈가 약해지고, 뼈조직 내의 유기물이 부족해서 쉽게 부스러지거나 부러진다. Ca이 결핍된 돼지와 정상적인 돼지의 장골을 절단하여 그 단면을 비교하면, 정상인 경우의 장골이 훨씬 굵고 단단하다는 것을 알 수 있다. 이상과 같은 골연증들은 대개의 경우 Ca, P와 비타민 D 같은 주 골격형성소의 섭취부족에서 연유하지만, 이들 상호 간의 공급비율이 적당하지 않거나 파라토르몬의 과잉분비에 의해서 나타나기도 한다.

8.5.5 연조직에 들어 있는 칼슘과 인

Ca은 살아 있는 모든 세포의 필수 구성 성분으로, 체내 Ca의 약 1%는 뼈 이외의 모든 조직에 널리 분포되어 있다. 가장 많이 들어 있는 곳은 혈액인데, 100mL의 혈액에 약 10mg 정도가 들어 있다. 혈청의 Ca은 단백질과 결합하여 교질 상태로 존재하며 이런 형태의 Ca을 비분산성 칼슘(non-diffusible calcium)이라고 한다. 그런데 이 교질입자는 너무 커서 세포막을 통과할 수 없다. 혈청 내의 Ca 중 약 60%는 인산염(phosphate)이나 중탄산염(bicarbonate)과 같은 무기결합태로 존재하면서 쉽게 이온화하여 이용할 수 있기 때문에 분산성 칼슘(diffusible calcium)이라고 한다.

혈청 Ca의 농도가 파라토르몬에 의해 조절된다는 사실은 앞에서 언급한 바와 같고,

혈청의 Ca 농도가 일정한 수준 이하로 떨어지게 되면 불안과도증에 걸리게 되며, 이러한 증세가 오랫동안 지속되면 테타니(tetany)[2]에 걸리게 된다.

파라토르몬의 혈청 Ca의 농도 조절에 덧붙여 알아두어야 할 사실은, 혈청 Ca의 농도가 항상 일정한 것은 Ca의 섭취량 때문이라기보다는 주로 파라토르몬의 조절작용에 의한다는 것이다. 이러한 현상을 생체의 혈청 Ca 농도에 대한 항상성(homeostasis)[3]이라고 한다. 혈청의 Ca 농도 조절에는 파라토르몬과 칼시토닌(calcitonin)의 길항작용이 관여하게 된다. Ca의 기능 중에서 잘 알려진 것의 하나는 Ca이 혈액의 응고에 관여한다는 것인데, 이때의 Ca은 혈청에 있는 이온성 Ca이다.

다음은 P의 기능에 대하여 설명하고자 한다. 체내 P의 약 20%는 뼈나 이빨 이외의 각 체조직에 널리 분포되어 있다. 이것들의 대부분은 혈청과 적혈구(red corpuscles)에 존재하는데, 혈액에는 100mL당 35~45mg의 P이 들어 있고, 대부분이 혈구에 들어 있다. 이것은 Ca이 혈구 내에는 거의 들어 있지 않고 혈청에 9~12mg/100mL로 많이 들어 있는 것과는 대조적이다. P은 체내에서 무기태와 유기태가 공존하며 서로 전환되는데, 혈액 내의 무기태인은 동적 평형에 의해 거의 일정한 수준을 유지하며, P의 섭취량에 의해서는 거의 영향을 받지 않는다. 그러나 P의 결핍증이 발생하면 혈장인의 함량이 감소하는데 이것은 P의 결핍증 측정 방법이 될 수 있다.

여기에서 Ca과 P의 생체 내에서의 생리적 기능을 요약하면 다음과 같다.

1) 칼슘의 기능

① 세포막의 투과성(permeability)을 조절하여 세포 내로의 영양소의 이입을 조절한다.
② 근육의 수축을 조절한다.
③ 아세틸콜린(acetylcholine)의 조절을 통해 자극의 전도를 돕는다.
④ 비타민 B_{12}의 장 내 흡수와 세포 내 이입을 돕는다.

2) 인의 기능

① 지방의 대사과정에서 hexosephosphate, adenosine phosphate, creatine phosphates의 형성에 중추적 역할을 한다.

---

2) 테타니: 혈액 내의 칼슘이나 마그네슘의 함량이 낮아서 생기는 근육경련병을 말한다.
3) 항상성: 특정 물질의 혈액 내 농도를 일정하게 유지하기 위하여 흡수와 배설의 정도를 동물체 스스로 조절하는 기능을 말한다.

② 지방의 대사에서 렉틴(lecithin)의 중간 대사물 형성에 관여한다.

③ 신경조직 등에 풍부하게 들어 있는 인지질(phospholipids)의 구성 성분이다.

④ 카제인(casein)에 들어 있는 인단백질이나 크로마틴(chromatin)의 핵단백질의 구성 성분이다.

⑤ 체액의 산-알칼리 평형을 유지한다($H_2PO_4^- \leftrightarrow HPO_4^{2-} + H^+$).

⑥ 소장에서 당류의 흡수를 돕고, 신장에서 포도당(glucose)의 재흡수를 돕는다.

⑦ 식욕증진

8.5.6 칼슘과 인의 흡수와 칼슘 · 인의 비율

흡수된 Ca과 P은 체조직에서 이용된 후 대장을 통해 일부가 배설되므로 이들의 소화율을 결정하기는 매우 어렵고, 이들의 외관상소화율(apparent digestibility)은 별로 의미가 없다. 영양학에서의 관심은 이들의 흡수량에 있으며, 배설량은 균형시험(balance trial)[4]에 의해서 측정될 수 있다. 분과 오줌으로 배설되는 Ca과 P의 양과 이들 두 가지 광물질 간의 배설 비율은 사료의 형태로 섭취되는 양에 의해서 달라진다. 오줌으로 배설되는 Ca의 양은 거의 일정하기 때문에 Ca의 섭취가 많으면 분으로 배설되는 Ca의 비율은 증가하고, 오줌으로 배설되는 비율은 감소한다.

Ca의 흡수는 주로 소장의 중간 부분에서 일어나고 P의 흡수는 소장의 끝 부분에서 일어난다. Ca과 P의 흡수를 정량적으로 결정하기에는 곤란한 점이 많은데, 그 까닭은 ① 섭취될 때의 상태, ② 소장 내의 산도(pH), ③ Ca과 P의 비율, ④ 비타민 D의 양 등에 의해서 영향을 받기 때문이다.

1) 섭취될 때의 상태

① 일반적으로 Ca과 P은 무기태가 유기태보다 더 잘 흡수 · 이용된다. 곡류에 들어 있는 P의 50~80%는 피틴태(phytic acid form)로 존재하는데, 이들은 대개 phytate의 Ca-salt 또는 Mg-salt의 형태이다. 이러한 유기태인은 체내에서 이용되기 이전에 이노시톨(inositol)과 H_4PO_4로 가수분해되어야 한다. 반추동물의 반추위 내에서

4) **균형시험**: 섭취 = 흡수 + 배설의 방정식에 의한 특정 물질 대사율을 결정하는 시험을 말한다.

표 8.5 주요 사료 내 피틴태인의 함량과 내재 phytase의 활력

사료명	인의 총함량 (%)	피틴태인 함량(%)	Phytase 활력 (Unit/kg)	사료명	인의 총함량 (%)	피틴태인 함량(%)	Phytase 활력 (Unit/kg)
옥수수	0.31	63	0.2	대두박	0.58	50	7.5
보리	0.42	65	–	채종박	1.02	53	103
밀	0.36	55	1,120	알팔파 분말	0.20	2.5	–
밀기울	0.48	70	2,935	어분	2.81	0	0

는 이러한 가수분해가 용이하게 일어나며, 유기태인이라도 무기태인과 비슷하게 이용된다. 그러나 가금이나 단위동물에서는 이러한 가수분해과정이 어렵기 때문에 닭의 경우에 피틴태인(phytic phosphporus)의 이용률은 약 30% 정도이다. 이는 소장 내의 phytate 분해효소가 없거나, 있더라도 활성이 낮기 때문이다. 피틴태인은 자신의 이용률도 낮을 뿐만 아니라, Ca, Mg 등과 결합하여 불용성 염을 형성하므로 Ca과 Mg의 흡수 · 이용률도 저하시킨다. 그러나 이러한 현상은 미생물 유래 파이테이즈(microbial phytase)를 첨가하거나 식물 유래 파이테이즈를 활용함으로써 극복할 수 있다. 몇 가지 주요 사료 내의 피틴태인의 함량과 내재 phytase의 활력을 보면 표 8.5와 같다. 가금을 위한 사료분석표나 사양표준에는 무기태인(유효인)의 함량 또는 요구량이 명시되어 있는 경우도 있다. 표 8.5에서 보는 바와 같이 곡류 및 부산물에는 유기태인, 즉 피틴태인의 함량이 56~70%로 상당히 높고, 동물성 사료에는 인의 총함량도 높고 유효인의 함량도 높음을 알 수 있다.

② 셀룰로오스도 Ca의 흡수를 방해한다.

③ 옥살산염(oxalate)이 많이 들어 있는 사료나 식품은 불용성의 옥살산칼슘(calcium oxalate)을 형성하기 때문에 장에서의 Ca 흡수를 저해한다.

④ 다량의 지방을 섭취하면 불용성 Ca-soap를 만들기 때문에 Ca의 흡수율을 떨어뜨린다.

⑤ Fe, Al, Mg, Sr 등도 불용성 염을 형성하기 때문에 P의 흡수를 방해하며, 이에 의해 Ca의 흡수 · 이용률도 영향을 받는다.

2) 소장의 산도

이미 앞에서 설명한 바와 같이 Ca은 소장의 중간 부분에서 많이 흡수된다. 소장액의 산도는 정상적인 동물에서는 6.5 내지 8.0까지 소장의 부위에 따라 달라진다.

소장에서의 Ca의 흡수는 위액의 산도가 높을 때 촉진되며 또한 산성 식품의 섭취에 의해서도 Ca의 흡수는 촉진된다. 오래전부터 알려진 사실은 락토오스(lactose)가 소장에서 Ca의 흡수를 촉진한다는 것이다. 종래에는 락토오스가 발효되어 락테이트(lactate)로 전변되는 과정을 통해 장 내의 산도가 변화되기 때문이라고 믿어 왔으나, 근래에는 락토오스가 Ca과 결합되고 이 결합물은 장상피세포 벽을 쉽게 통과하기 때문이라고 하는 사람도 있다. 그러나 최근의 연구 결과에 의하면 이 결합물은 장상피세포를 통과하기 어려운 크기의 물질일 뿐만 아니라, Ca은 lactose-Ca의 결합물이 생성되기 이전에 흡수되어 버린다고 주장하는 학자도 있어 이 이론도 재고하지 않을 수 없게 되었다.

3) 칼슘과 인의 비율

Ca과 P은 장 내에서 흡수되는 부위가 서로 다르며 각각 분리되어 흡수되는 편이 이용 면에서 유리하다. 만일 Ca이 P보다 상대적으로 많이 공급되면 소장의 중간 부위에서는 Ca의 전량이 흡수되지 않고 P의 흡수 부위인 소장 하부에까지 닿게 되며, Ca과 P은 쉽게 결합하여 불용성인 인산 제3칼슘염이 형성되므로 P의 흡수율이 떨어지게 된다. 또한 P의 공급량이 Ca보다 상대적으로 많아도 이들의 흡수·이용을 저해한다. 그러므로 Ca과 P의 공급 비율은 일정한 수준을 유지해야 한다. Ca:P의 비율로 가장 적당한 것은 1:1~2:1 정도이다. 그러나 임신·산란·포유 기간에는 이 비율이 상당히 달라질 수 있는데, 예를 들어 산란계의 경우에는 5:1~7:1 정도가 더 적합하다.

4) 비타민 D의 공급량

비타민 D의 공급량에 의해서 Ca과 P의 흡수·이용률이 영향을 받을 뿐만 아니라, 역으로 Ca과 P의 공급량과 공급 비율에 의해서 비타민 D의 요구량이 영향을 받는다. 비타민 D 및 Ca과 P의 관계는 아래와 같이 요약될 수 있다.

① 비타민 D가 결핍되면 Ca과 P의 비율이 별로 의미를 갖지 못하며, 적당한 Ca:P의 공급 비율하에서도 구루병이 생기게 된다.

② 비타민 D가 과잉으로 공급되어도 비타민 D의 중독현상에 의해 Ca과 P의 흡수·이용이 저해될 수 있다.

비타민 D의 공급량을 논할 때 주의해야 할 것은 동물의 종류에 따라서 에르고칼시페롤(ergocalciferol, 비타민 D_2)과 콜레칼시페롤(cholecalciferol, 비타민 D_3)의 이용성이 다르다는 것이다. 닭의 경우에는 비타민 D_2의 이용성이 상당히 나쁘기 때문에 비타민 D의 요구량은 비타민 D_3의 형태로 충족시켜 주어야 한다. 그러나 반추동물은 장 내 미생물에 의해서 비타민 D_2도 잘 이용할 수 있다.

8.5.7 칼슘과 인의 공급제

사료나 식품의 종류에 따라 표 8.6에서 보는 바와 같이, Ca과 P의 함량이나 Ca과 P의 비율에는 큰 차이가 있음을 알 수 있다. 표 8.6을 보면 ① 곡류는 모두 Ca의 함량이 P보다 낮으며, ② 곡류의 껍질 부분이 배아 부분보다 Ca과 P의 함량이 높다. ③ 알팔파와 같은 조사료는 줄기보다는 잎에 Ca과 P의 함량이 높으며, ④ 우유, 육골분, 어분 등의 동물성 식품과 사료는 양질의 Ca과 P의 공급제임을 알 수 있다. 만일 사료에 Ca이나 P의 함량이 부족할 경우에는 무기태의 Ca 또는 P의 공급제를 쓰게 되는데, 이런 목적으로 쓰일 수 있는 사료의 Ca과 P의 함량은 표 8.7과 같다.

표 8.6 몇 가지 사료와 식품의 Ca과 P의 함량과 Ca/P 비율(건물, %)

사료 및 식품	Ca	P	Ca/P 비율	사료 및 식품	Ca	P	Ca/P 비율
보리(알곡)	0.09	0.47	0.19	클로버(건초)	1.15	0.22	5.22
옥수수(알곡)	0.04	0.31	0.13	티모시(건초)	0.36	0.16	2.28
귀리(알곡)	0.10	0.39	0.26	옥수수 사일리지	0.35	0.21	1.67
벼(알곡)	0.03	0.22	0.14	옥수수 글루텐	0.46	0.77	0.60
밀(알곡)	0.05	0.41	0.12	밀기울	0.16	1.32	0.12
밀가루	0.02	0.19	0.10	대두박	0.36	0.75	0.48
대두	0.25	0.59	0.44	맥주박	0.27	0.50	0.14
시금치	1.00	0.55	1.82	아마박	0.40	0.83	0.48
계란	0.19	0.83	0.23	면실박	0.15	1.10	0.14
우유	0.91	0.71	1.28	어분	5.49	2.81	1.92
탈지유	1.38	1.02	1.28	육분	5.94	3.17	1.56
알팔파(건초)	1.20	0.20	6.00	육골분	7.34	3.73	1.96

표 8.7 Ca과 P 공급제의 Ca, P, F 함량(건물, %)

종류	Ca	P	F	종류	Ca	P	F
찐골분	24.0	12.0	0.05	탈불 인광석	29~36	12~18	0.05~0.30
생골분	22.0	10.5	–	패분	38.0	–	–
인산 2칼슘	24.0	18.5	0.01~0.05	석회석	38.0	–	–
인산 3칼슘	38.0	18.0	–	탄산칼슘	40.0	–	–

표 8.7을 보면, 몇 가지의 Ca · P 공급제에는 F(불소)가 함유되어 있는데, 불소 중독의 염려 없이 쓸 수 있는 F의 수준은 0.2~0.4% 이하다. 천연인광석(rock phosphate)은 F의 함량이 상당히 높아 3.0~4.0% 정도인데, 이러한 것은 탈불과정(defluorination)을 거쳐야 사료로 쓰일 수 있다.

8.6 나트륨(Na) · 칼륨(K) · 염소(Cl)

Na, K, Cl 등은 체액과 연조직에 널리 퍼져 있는데, 이 가운데 Na과 Cl는 주로 체액에 들어 있고, K은 주로 세포질 내에 함유되어 있다. 이들 세 무기물은 산-알칼리 평형과 삼투압을 조절하여 물의 체내 대사에 중요한 영향을 미치게 된다. Na과 K은 언제나 Cl와 밀접한 관계를 가지고 대사작용에 관여하므로 Cl의 결핍이 없이는 Na이나 K의 단순 결핍 증세는 나타나기 힘들다.

8.6.1 나트륨(Na)

체중 70kg의 성인체에는 약 105g의 Na이 들어 있는데, 70%는 체액에 들어 있고, 나머지 30%는 골격에 들어 있다. Na은 혈액 내에서 산-알칼리 평형과 삼투압을 조절하는 무기물로 혈청 내 알칼리의 93%를 차지한다.

Na의 농도가 가장 높은 곳은 혈장과 신경조직이다. Na은 소장에서 주로 흡수되나, 위 내에서도 일부가 흡수된다. 사료로 섭취된 Na의 85~90%는 오줌을 통해서 배설된다. 주로 phosphatic salt나 chloric salt의 형태로 배설되며 오줌 내의 Na:K의 비율은 약 5:3이다.

Na의 공급이 부족하면 성장이 느려지거나 중지되는데, 이때에도 혈액 내의 Na 함량에는 거의 변화가 없다. 즉 체액 내의 Na 함량은 항상성에 의해서 유지된다. Na의 결핍증으로는 ① 식욕감퇴, ② 성장부진, ③ 에너지 축적 불량, ④ 체지방과 체구성 단백질의 합성 부진 등이다.

일반적으로 동물조직은 다량의 Na을 함유하고 있으나 식물성 식품이나 사료에는 Na보다는 K이 훨씬 많이 함유되어 있다. K^+은 체내에서 Na^+과 대치하려는 경향이 커서 필요 이상의 K를 섭취하면 오줌 중 Na의 배설을 급격히 증가시킨다. 따라서 K이 많이 들어 있는 조사료를 다량으로 섭취하는 초식동물(특히 반추동물)에게는 K 과다 섭취에 의한 Na 결핍이 생기지 않도록 소금(NaCl)의 공급에 주의해야 한다. 세포의 활성흡수를 위해 세포벽에서 Na^+ 펌프가 작동하는데, Na^+은 세포 밖으로 방출되고 K^+는 세포 안으로 들어온다. 따라서 세포 밖은 Na^+ 농도가 높고 세포 안은 K^+ 농도가 높다. 이러한 균형이 와해되면 쇼크로 생명을 잃을 수 있다.

8.6.2 칼륨(K)

K도 Na과 같이 체조직 내에서는 이온 형태로 존재한다. 체중 70kg인 성인의 경우 약 245g이 함유되어 있는데, 신경조직과 세포 내에 가장 많이 들어 있다. K은 주로 소장에서 흡수되고 오줌으로 배설된다. 만일 K의 섭취가 모자라면, ① 혈장 내의 K 농도가 떨어지고, ② 성장이 불량해지며, ③ 근육의 약화 또는 경련이 발생한다. K은 동식물계에 널리 분포되어 있기 때문에 이것의 결핍을 걱정할 필요는 없다. K은 Mg과 함께 pyruvic acid kinase와 ATPase의 보조인자로서 이들의 활성을 높여 준다.

8.6.3 염소(Cl)

Cl도 Na이나 K과 같이 생물 체내에 이온 형태로 존재한다. 체중 70kg의 성인체에는 약 105g의 Cl가 함유되어 있으며, 혈청 등과 같은 세포 외 체액에 대부분이 분포되어 있다. Cl는 소장에서 주로 흡수되며 오줌을 통해 배설되는데, 이때 보통 Na이나 K과 함께 염의 형태로 배설된다.

Cl는 주로 삼투압을 조절하는데 혈청에 있는 총음이온의 약 70%는 이 원소이다. Na^+과 Cl^- 사이에는 밀접한 관계가 있으나, Cl 특유의 기능을 가지고 있다. 예를 들면 Cl^-은 위액의 주된 음이온으로서 H^+과 결합하여 염산(HCl, 위액)을 합성하는 데 쓰인다. 각 동물에 대한 Cl 요구량은 0.05~0.1% 정도이다.

NaCl은 일반적으로 동물의 Na과 Cl의 공급제로 널리 쓰이는 물질이다. 동물은 NaCl의 섭취량에 대하여 상당한 적응력을 보여 하루 1g에서 40g까지 섭취할 수 있다. 그러나 NaCl 공급 부족이 오랫동안 계속되면 ① 식욕감퇴, ② 체중감소, ③ 혈액 내 질소화합물의 배설 촉진 등이 일어난다. 섬유질성 사료와 곡류는 모두 NaCl의 함량이 낮으므로 초식 가축에게 이것의 결핍증이 일어나기 쉽다. 땀을 많이 흘릴 때 NaCl의 손실이 크게 일어나므로 NaCl의 공급을 늘려 주어야 한다. 일반적으로 양계사료에는 0.3%, 소 사료에는 약 1%의 소금을 배합해 주면 부족하지 않다.

8.6.4 전해질(Na, K, Cl) 균형

전해질(electrolyte)이란 어떤 물질과 융합하거나 용액에 녹을 때 이온으로 해리되는 물질 또는 이온상태의 용해물로서, 전기를 전달할 수 있는 능력이 있다. 혈액과 세포액의 주된 양이온 전해질은 Na^+, K^+, Mg^{2+}, Ca^{2+}이고 음이온 전해질은 Cl^-, bicarbonate, phosphate, sulfate, proteinate 그리고 organic acid이다. 전해질의 기능은 삼투압을 조절하고 수분의 균형, 신경자극 전달, 근육 수축, 산소 및 탄소 수송, 산-알칼리 균형과 효소반응에 관여한다. 따라서 전해질의 수준이 낮거나 균형이 깨질 때에는 여러 가지 대사상의 문제가 발생하게 된다.

1) 균형의 중요성

동물들은 생리적으로 양이온과 음이온의 이온 균형 또는 산-알칼리 균형을 유지하기 위한 항상성 유지에 관련된 대사경로를 우선적으로 거치기 때문에 부분적으로 성장과 같은 대사과정은 우회하게 된다. 예를 들면 대사성 알칼로시스(alkalosis)인 경우 신장에서 H^+를 흡수하는 대신 K^+의 배설이 증가되어 K^+ 부족 현상이 유발된다. 또한 산-알칼리 균형을 유지하기 위해 암모니아나 요소를 생성해야 하는데, 이때 필요한 글루타민이나 아미노산 중간대사물질을 공급하기 위해서는 단백질 낭비가 초래된다. 따라서 사료의 균형에서 항상성을 고려하지 않으면 동물의 생산성을 저하시키게 된다. 물론 필수 전해질의 영양적인 과부족이나 항상성 기능의 중요한 역할을 담당하는 신장의 기능상의 문제점과 혈액 내 산도에 영향을 주는 대기의 온도 등도 전해질 균형에 영향을 미친다.

2) 사료배합에서의 전해질 균형

여러 가지 전해질 중에서 1가 이온 전해질(Na, K, Cl)은 주로 신장에서 직접 처리되는 반면 2가 이온 전해질(Ca, Mg, SO_4, HPO_4 등)은 소화 · 흡수과정에서 조절된다. 신장에서 직접 배설되는 전해질들이 혈액의 산-알칼리 균형에 보다 직접적인 영향을 미칠 가능성이 크다. 따라서 실질적으로 전해질 균형 조정에 중요한 것은 Na, K 그리고 Cl이다.

표 8.8 원료 사료의 Na, K, Cl의 함량(g/kg)과 전해질 균형(meq/kg)

원료 사료	Na	K	Cl	전해질 균형
옥수수	0.01	3.66	0.3	86
보리	0.07	4.73	1.1	93
귀리	0.08	6.30	0.3	157
밀기울	0.07	15.75	0.3	398
대두박	0.02	22.99	0.0	589
케놀라밀	0.06	13.35	0.2	339
어분	7.31	11.37	10.4	316

참고로 주원료 사료들의 전해질 균형(Na + K − Cl)을 보면 표 8.8과 같다.

3) 전해질 함량의 계산

전해질 함량은 보통 1kg당 miliequivalents(meq)로 표시하는데, 이를 계산하기 위해서는 우선 각 이온의 전자가를 알아야 한다. Na, K, Cl는 1가이고 Ca, Mg, S은 2가이다. 한편, P은 1.75, 1.8 또는 3가를 쓰는 사람도 있으며 총인인가, 유효인인가에 따라 다르게 쓰기도 한다. 전해질의 무게(mg)를 meq로 환산하려면 먼저 무게를 원자량으로 나눈 다음 전자가를 곱하면 된다. 예를 들면 계산식은 다음과 같다.

$$1{,}000\text{mg } Na^{+} = \frac{1{,}000}{23} \times 1 = 43.5\text{meq}$$

$$1{,}000\text{mg } S^{2-} = \frac{1{,}000}{32} \times 2 = 62.5\text{meq}$$

meq를 mg으로 환산하려면 위의 순서를 역으로 하면 된다.

4) 전해질 균형이 육계에 미치는 영향

(1) 성장률에 미치는 영향

표 8.9는 여러 연구자들이 닭의 성장률에 미치는 전해질 균형의 영향을 시험하기 위해 사용한 Na, K, Cl의 사용수준이다. Na과 Cl이 제한된 상황하에서는 meq(Na+K−Cl)/kg diet가 250에서 최대의 성장을 보였으며 Na와 Cl의 함량이 충분할 때는 100meq 이상에서 최대의 성장을 보였다. 일반적으로 옥수수·대두박 사료의 경우 (Na+K−Cl)는 사료 1kg당 100~180meq이므로 별 문제가 없으나 정상 범위를 벗어나는 특수한 경

표 8.9 전해질 균형이 육계의 성장에 미치는 연구에 사용된 전해질의 최소 수준(%)

연구자	Na	K	Cl
Meliere & Forbes	0.62	0.40	1.05
Austic	0.30	0.40	0.50
Sauveur & Mogin	0.23	0.39	0.35
Sauveur & Mogin	0.10	0.27	0.04

우에는 전해질 균형을 충분히 고려해야 한다.

(2) 라이신(lysine)과 아르기닌(arginine)의 길항작용에 미치는 영향

아미노산과 전해질의 관계가 많이 연구되어 있는데, 특히 라이신(lysine)과 아르기닌(arginine)의 길항작용은 전해질 균형에 큰 영향을 미치게 된다. 아미노산 균형이 이루어진 사료에서는 (Na + K − Cl)이 28meq/kg diet 이상에서는 성장률에 영향을 미치지 않지만, 라이신이 과다하고 아르기닌이 부족한 라이신-아르기닌 길항작용 시에는 100meq 이하에서 성장률이 크게 저하되었다. 길항작용의 기전은 복잡하지만 요약해 보면 라이신-아르기닌은 renal tubules에서 흡수될 때 서로 경쟁적이어서 라이신은 아르기닌의 흡수를 방해한다. 또한 라이신은 신장에서 아르기나아제(arginase)의 활성을 증가시켜 요소(urea)나 오르니틴(ornithine)의 형태로 배설하게 한다. 음-양이온 균형은 고라이신 첨가사료에서 길항작용을 경감시키는 것으로 알려져 있다.

이상과 같은 결과에 대한 가능한 설명으로 첫째, 필수아미노산 부족이나 길항작용 시는 단백질 이용이 떨어지게 되며, 결국 함유황아미노산의 분해가 일어나 탄산가스와 황산이 형성되고 혈장 내의 요산 함량이 증가하여 산성 부하가 많게 된다. 둘째, 산성증하에서는 일반적으로 세포 수준에서 아미노산의 이용률이 저하된다. 일부 시험에 의하면 쥐의 간세포나 돼지의 신장조직을 낮은 농도의 HCO_3^- buffer에서 배양했을 때 라이신이나 류신(leucine)이 단백질로 합성되는 양이 감소하였다. 셋째, 특히 Na나 K의 알칼리염($NaHCO_3$, $KHCO_3$)은 라이신-아르기닌 길항작용에 효과적인데, 이들을 첨가했을 경우 혈액 내 라이신 함량이 감소하고, 신장에서는 lysine-α-ketoglutarate reductase의 활력은 증가시키고 아르기나아제의 활동을 감소시키며 요소의 배설을 감소시킨다. 따라서 결과적으로 라이신-아르기닌 길항작용으로부터 오는 피해를 최소화한다.

(3) 음수량에 미치는 영향

닭의 음수량은 염분섭취량에 따라서 달라진다. 일반적으로 염분섭취량이 증가하면 어

느 한도까지는 음수량이 비례적으로 증가하지만, 염분섭취량이 체중 100g당 0.7g 이상으로 올라가면 수분섭취량은 체중 100g당 80mL에서 더 이상 증가할 수 없다.

지금까지 알려진 바로는 Na와 K가 Cl보다 음수량에 큰 영향을 미치는데 Na 또는 K가 100meq 증가하면 음수량이 평균 14% 증가하고 Cl이 100meq 증가하면 5% 정도가 증가한다.

당밀을 많이 사용하면 음수량이 증가하는데 이는 당밀에 K의 함량이 높기 때문이다(사탕무 당밀: 4.8%, 사탕수수 당밀: 2.4%). 또 일반적으로 고단백질 사료를 급여하면 음수량이 증가하는데 이는 대두박의 K 함량이(1.9%) 옥수수의 K 함량(0.33%)보다 월등히 높고, 증가되는 요산의 배설을 촉진하는 작용을 하기 때문이라고 생각된다.

(4) 뼈에 미치는 영향

육계의 각약증에는 twisted leg, crooked 또는 bowed leg, tibial dyschondro-plasia (TD), slipped tendon 등이 있는데, 이 가운데 bowed leg나 TD는 사료의 전해질 균형에 의해 큰 영향을 받는 것으로 알려져 있다. 물론 가장 큰 영향을 미치는 것은 Ca과 P의 비율인데 일반적으로 Ca:P의 비율이 넓어지면 증체량은 감소하나 각약증의 발생이 감소하고 반면에 Ca과 P의 비율이 좁아지면 증체량은 증가하나 각약증의 발생이 증가하는 것으로 알려져 있다. (Na + K − Cl)이 TD의 발생에 미치는 영향을 보면 (Na + K − Cl)값이 0에 가까울 때는 TD의 발생률이 20%였으나 250meq에 가까우면 TD의 발생률은 최저가 되었다.

(5) 적정 전해질 균형

가금에 미치는 적정 전해질 균형을 보면 표 8.10과 같다.

표 8.10 여러 요인에 따른 적정 전해질 균형

생산성	Na + K − Cl(meq/kg diet)
증체량(Na, Cl이 적당히 들어 있을 때)	100
증체량(Na, Cl이 제한되었을 때)	250
증체량(lysine이 과다할 때)	180~200
각약증(tibial dyschondroplasis)	250
난각(eggshell quality)	200

8.7 마그네슘(Mg)

성인 체내에는 약 21g의 Mg이 함유되어 있는데 그중 60~70%는 Ca 또는 P과 결합되어 뼈 속에 들어 있고, 나머지 30~40%는 체액에 널리 분포되어 있다. Mg^{2+}은 K^{+} 다음으로 세포 내에 많이 들어 있는 양이온성 물질로서 PO_4^{3-} 전달효소의 활성제 역할을 담당하며, 그 밖에 kinases, mutases, choline esterases, alkaline phosphatases, enolases, isocitric dehydrogenases, arginases, deoxyribonucleases, leucine aminopeptidases 또는 glutaminases 등의 활성에도 관여한다. 그리하여 Mg^{2+}은 탄수화물, 지방, 단백질 등의 에너지 발생작용과 밀접한 관계를 가지고 있다.

혈액 내의 Mg 함량은 거의 일정하여 0.05% 정도인데, 이것은 연령의 증가에 따라 함량이 증가하는 Ca과는 대조적이라 할 수 있다. Mg은 주로 소장에서 흡수되며, 대장에서 흡수가 일어난다는 뚜렷한 증거는 아직 없다. Mg의 흡수율은 Mg 섭취량에 의해 변하지만, 체내의 Mg 함량과는 무관한 듯하다. 흡수된 Mg의 10%는 약 48시간 이내에 배설된다. 배설되는 Mg은 대개가 흡수되지 않은 것이나, 일부는 대장에서 분비되어 배설되기도 하며, 총배설량의 65%는 분으로 배설되고 나머지는 오줌으로 배설된다. 오줌으로 배설되는 Mg의 양은 체내 Ca의 함량에 의해 영향을 받는데, Ca의 과다 축적은 오줌으로 배설되는 Mg의 양을 증가시키며, 역으로 Mg의 과다 축적은 Ca의 오줌 내 배설을 증가시킨다. 이러한 현상은 골격 형성 과정에서 대치되기 때문인 듯하지만, Mg의 과다 섭취가 Ca의 이용성을 방해하는지는 불분명하다. Mg을 직접 혈류 내로 주입하지 않고 섭취시키면 장 벽의 선택적 흡수성(selective absorption)에 의해 지나치게 많은 양이 혈액 내로 유입되지는 않는다. 만일 Ca과 P의 공급이 충분하면 다소 많은 양의 Mg을 섭취해도 Ca과 Mg의 길항작용을 염려할 필요가 없다.

그러나 동물성 식품은 Mg 공급제로 좋은 것은 아니다. 만일 Mg의 공급이 충분하지 못하면, Ca의 경우와 같이 뇌신경의 과도한 경련(hyperirritability)이 유발되며, 이때 혈청 내의 Mg 함량은 0.05mg/100mL 이하로 줄어들게 되고, ① 혈압의 강하, ② 신경과민증, 테타니(tetany)와 같은 결핍증이 나타나게 된다. 그러나 Mg 결핍에 의해 마그네슘의 혈청 농도가 떨어진다고 해도 혈청 Ca의 농도는 변하지 않는다. 마그네슘 테타니(Mg-tetany)는 혈중 Mg 함량이 낮아서 신경의 흥분이 극심하고 근육의 경련이 심해지며, 혈압이 떨어져 끝내는 죽게 되는 현상이다. 송아지가 초지에서 방목될 때 흔히 그래스 테타니(grass tetany)가 발생하는데 대개 Mg과 Ca의 부족에 의한 것이다. 그래스 테타니는 봄철에 흔히 발생하는데 이를 방지하기 위해 사료에 MgO를 첨가하여 체내에 충분한 양이 축적되게 해야 한다. 특히 MgO는 고토(苦土)라 하여 쓴맛이 강하기 때문에 봄철에 다량 급여하는 것은 바람직하지 않다. 닭의 경우 Mg 결핍은 cage fatigue로 나타나기도 한다.

8.8 황(S)

S은 주로 단백질에 많이 함유되어 있는데, 시스틴(cystine), 메티오닌(methionine)과 같은 함유황아미노산(sulfur containing amino acids, SAA)의 구성 성분이다. 혈액에 들어 있는 S은 무기태 황산이온(SO_4^{2-})으로, 일부는 비단백태 유기화합물로서 혈구에 들어 있으며 나머지는 함유황아미노산에 들어 있다. 오줌으로 배설되는 SO_4는 단백질에 들어 있는 S에서 유래하는 것이며, 이는 체액의 완충작용의 산물인 것이다. 동물이 섭취하는 S은 대부분 organic sulphates이고, 극미량의 inorganic sulphates도 섭취된다. 반추위 내의 미생물을 포함하여 많은 박테리아는 무기태황을 메티오닌, 시스테인(cysteine), 시스틴 등의 유기태황으로 변화시켜 체내에서 S이 정상적인 기능을 할 수 있도록 하지만, 단위동물의 경우에는 이와 같은 장 내 미생물이 거의 없기 때문에 무기태황으로부터 유기태황을 합성할 수 없으며, 따라서 외부로부터 유기태황의 공급원으로 함유황아미노산을 반드시 급여해야 한다. 그러나 최근에 연구 발표된 바에 의하면 inorganic sulphates도 가축의 S 요구량을 충족시켜 줄 수 있으며, 병아리에 대해서는 미지성장인자(unknown growth factor, UGF)[5]의 일종이라고 알려졌다. S은 그 원자가의 변이, 산화·환원의 용이성 같은 물리화학적 특성 때문에 Fe 또는 Cu 등을 함유하는 유기물, 즉 호흡효소 또는 색소 등과 쉽게 결합하며, 중금속 등과도 쉽게 결합하여 동물 체내의 생리현상에서 중요한 역할을 한다. 즉, 함유황아미노산는 중금속의 독성을 완화시켜 주는 능력이 있다. 십자화과 식물에 널리 분포되어 있는 글루코시놀레이트(glucosinolates)의 분해산물로 생성되는 nitrile(-CN)은 독성이 강한데 sodium thiosulfate와 같은 S 공급원을 투여하면 무독성의 SCN 형태로 배설된다.

---

5) **미지성장인자**: 어떠한 물질이 어떻게 작용하여 성장을 촉진하는지는 모르나, 순수사료와 함께 급여할 때 동물의 성장을 촉진하는 인자를 말한다.

동물체에는 약 0.2%의 황이 함유되어 있는데 주로 이황염(bisulfate)의 유기물로서 존재하며, 일부는 inorganic sulphates와 thiosulfates의 형태로 존재한다. 함황유기물에는 시스틴이나 메티오닌과 같은 아미노산과 그 유도체, 즉 glutathione thiamin과 바이오틴(biotin) 등의 비타민 B군, 인슐린(insulin)이나 프로락틴(prolactin)과 같은 호르몬 등이 있다. 또한 S은 헤파린(heparin), 뮤신(mucin), 연골(cartilages) 등에도 들어 있다. 조직별로 보면 S은 근육, 혈액, 신경, 피부와 털, 뿔(1~5%의 S을 함유하는 cystine과 keratin), 담즙, 오줌, 침, 젖, 독충 등의 분비물에 들어 있다. 함유황아미노산의 대사에서 중요한 역할을 하는 타우린(taurine)은 각종 조직에 분포되어 있으며, 특히 심장과 간에 많이 들어 있다.

S의 공급은 내인성 황 이외에는 주로 사료 단백질 중의 함유황아미노산인 시스틴이나 메티오닌에 의한다. 섭취된 시스틴은 가수분해되어 시스테인으로 이용되기 때문에 가축이 주로 이용하는 함유황아미노산은 결국 시스테인과 메티오닌의 형태이다.

혈중 S의 총함유량은 약 0.4%이며 단백질성 S과 비단백질성 S(혈중 100mL당 7~10mg)으로 나누어져 있다. S의 제거는 오줌(inorganic sulphates, esterosulphates, neutral sulphates), 담즙(taurocholic acid), 타액(arsenic sulphates) 등에 의해 이루어지며 젖과 알에 의해서도 제거된다.

S은 전술한 바와 같이 일부 아미노산의 구성 성분인데, 이들 아미노산은 조직 단백질의 구성과 호르몬, 비타민의 구성에 관여한다. 이들 중 메티오닌은 필수적이며, 콜린(choline)과 크레아틴(creatine)의 합성에 필요한 메틸(methyl)기의 공급원이 된다. 시스틴은 시스테인, 글루타메이트(glutamate), 글리신(glycine)으로 된 폴리펩티드인 글루타티온(glutathione)의 구성에 관여한다. 이 물질은 그 자신이 산화되는 산화환원물질의 하나로 되어 있다. 보다 일반적으로 글루타티온은 독소에 대한 중화력을 가짐으로써 유독성 미생물 감염에 대한 생체의 저항력을 높여 주는 것으로 알려져 있다.

생체 내의 sulfuric ester는 대부분이 구조 또는 보호의 역할을 한다. 가령 sulphate 분자의 sulfuric ester는 이 물질로 하여금 약간의 산성을 띠게 함으로써 금속 또는 단백질의 이온성 배염을 형성하게 한다. 연골 중의 이 물질이 양이온을 고정시킬 수 있다는 것은 골격 형성에 있어 매우 중요하다. Mucotine의 sulfate는 단백질 분해효소의 억제제로서 소화기관 내의 자기소화를 방지해 준다.

H_2S의 sulfhydryl radical(-SH)은 매우 중요하며, 그 가역적인 탈수소작용은 thiol radical(-S-S)을 형성하는데, 이것은 수소 운반에 있어서 기본적인 반응을 이루는 것이다. 또한 sulfhydro compounds는 효소, 특히 세포 내 단백질 분해효소의 활성제인데, 효소

중에는 그 자신이 -SH기를 가진 것들도 있다. 지방산의 대사회로 전입에 관여하는 CoA의 작용도 그가 가진 S에 의한 것이다.

S의 체내 이동에는 갑상선과 부신피질의 작용이 중요하다. Oxidized glutathione 함량은 갑상선 위축증의 경우 저하되고 점액종의 경우 증가한다. 부신절제수술을 가하면 혈액의 S 함량이 크게 증가하였다가(5일간에 4배) 점차 저하되지만 완전하게 회복되지는 않는다. 그러나 혈액의 글루타티온과 시스테인의 함량은 저하된다. 성장호르몬(GH)을 투여하면 간의 글루타티온 함량이 저하되고 근육의 함량은 증가된다.

8.9 망간(Mn)

Mn은 동식물체에 널리 분포되어 있다. 체중 70kg인 성인에게는 약 12~20mg이 함유되어 있는데, 주로 뼈 속에 들어 있고 간, 근육, 피부 등에도 상당량이 분포되어 있다. Mn의 함량은 미토콘드리아가 많이 들어 있는 조직에서 높으며, 세포질보다는 미토콘드리아 내에 Mn이 많이 들어 있다. 이것은 Mn^{2+}이 Mg^{2+}과 더불어 O_2의 존재하에 에너지 대사작용과 밀접한 관계를 가지고 있음을 의미한다. Mn은 소장에서 흡수되며 정상적인 조건하에서 흡수율은 3~4% 정도이다. 사료로 섭취된 대부분의 Mn은 다시 대변으로 배설된다. Mn은 쉽게 흡수되지 않으며 혈액에서는 transmanganin이란 특수 Mn 이동 단백질과 결합된다. 결합 상태에서는 흡수가 잘 된다. 과량의 Cu와 P는 Mn의 흡수를 감소시킨다. Mn은 주로 간과 담낭을 통해 장으로 가서 대변으로 배설되는데 이때 담낭이 주요 배설 경로가 된다.

Mn은 뼈의 형성, 번식, 신경계의 정상적 기능을 위해서 매우 중요하다. Mn이 생체 내에서 기능상 중요한 것은 아르기나아제(arginase)에서 찾아볼 수 있으며, 또한 Mn은 여러 가지 효소들의 활성제로 이용되는데, Mn에 의해서 활성이 조절되는 효소를 열거하면 췌장에서 분비되는 pancreatic lipase, choline esterase, galactokinase, phosphoglucokinase, carnosinase, prolinase, prolidase, isocitric dehydrogenase, malic enzyme, oxalosuccinic carboxylase, enolase 등이다. 또한 Mn은 mucopolysaccharides의 합성 전이 효소나 프로트롬빈(prothrombin)과 같은 당단백질 합성 전이 효소의 활성을 높여 주는 역할도 한다.

Mn은 곡류의 껍질이나 양질의 조사료에 풍부하게 들어 있고(5mg/kg), 곡류에는 얼마 들어 있지 않아 고에너지 사료에는 Mn이 부족되기 쉽다. 그러나 약간량의 광물질 첨가제에 의해서 Mn의 결핍증은 예방될 수 있다. Mn의 공급이 부족하면, ① 성성숙의 지연, ② 불규칙적인 배란, ③ 약한 새끼의 분만, ④ 정충 생산 부진, ⑤ 성장장애, ⑥ 골격 형성 불량 및 각기병(perosis) 등의 증세가 나타난다.

8.10 철(Fe) · 구리(Cu) · 코발트(Co)

8.10.1 철(Fe)

동물체의 Fe 함량은 성, 나이, 영양상태, 건강상태(빈혈증) 또는 종에 따라 다르며, 정상적인 성인의 체내에는 4~5g 정도의 Fe이 함유되어 있다. 이것의 70% 정도는 헤모글로빈에 들어 있고 나머지 30%는 주로 간에 들어 있으며 약간은 골수와 비장에 들어 있다. 대부분의 Fe은 단백질과 결합되어 porphyrin 또는 heme compounds의 형태로서 헤모글로빈이나 미오글로빈(myoglobin)으로 존재하고, 일부는 비헴(heme)성 단백질 물질인 페리틴(ferritin)과 트랜스페린(transferrin) 등으로 존재한다.

Fe은 생명현상, 즉 에너지 발생에 중요한 산화 · 환원효소의 구성 성분이므로 이것의 존재는 매우 중요하다. 간에 있는 Fe은 주로 ferritin태로 존재하는데, ferritin은 20%가 Fe로 되어 있는 단백태철화합물이다. 대개 생체 내의 Fe 함량은 Mg의 10%, Cu의 10배 정도가 된다. 체내에 존재하는 헴(heme)성 Fe에는 헤모글로빈, 미오글로빈, 시토크롬(cytochrome) a, b, c, 시토크롬 산화효소(cytochrome oxidase), 카탈라아제(catalase), 페록시다아제(peroxidase) 등이 있다. 비헴(heme)성 Fe 함유물에는 시데로필린(siderophiline), ferritin, 헤모시데린(hemosiderine) 등이 속하는데, 이들 모두가 Fe의 운반체 또는 저장체로 쓰이는 것으로 보인다. 헤모글로빈은 혈액, 특히 혈구에서 그 전부를 찾아볼 수 있으며, 그 함량은 연령, 성별, 영양 및 건강상태, 생리상태, 환경, 그리고 품종에 따라 변화하나 포유동물인 경우 대략 표 8.11과 같다. 일반적으로 이 함량은 출생 시에 약간 높고, 차차 감소하다가 발정기에 이르러 다시 높아지며, 성별 차는 사

표 8.11 헤모글로빈 함량(mg/100mL 혈액)

동물	함량	동물	함량
남자	15~16	소, 돼지, 말	11~12
여자	13~14	양	10~11
쥐	14~15	닭	9~12
개	13~14	산란계	8~9

람과 닭에 있어서는 현저하나 소의 경우에는 그렇지 않다.

Fe의 흡수는 십이지장과 소장에서 이루어지고 때로는 위에서도 이루진다. Fe의 흡수는 생체 요구량과 순환혈청의 Fe 함량이 반영하는 저장량의 상태, 그리고 섭취량의 삼자 간에 완충작용을 하는 소장 점막의 성질에 의해 조절된다.

흡수될 수 있는 Fe은 대부분 inorganic iron이며, 2가철(ferrous, Fe^{2+})이 3가철(ferric, Fe^{3+})보다 더 잘 흡수된다. Fe은 빨리 흡수되는 성분으로 섭취 후 4시간이면 혈구에 나타난다. 그러나 완전한 헤모글로빈을 만들기까지는 약 1주일이 걸린다.

반대로 Fe의 배설량은 매우 적어 사람의 경우 하루 1~3mg밖에 배설하지 않고, 혈구의 파괴로 유출된 Fe은 다시 흡수되어 혈구 생산에 쓰인다. 이는 Fe 고유의 대사작용이라 하겠다. 정상적인 생체는 Fe을 극히 적게 축적하는 것으로 보인다. 분 속의 Fe은 담즙과 섭취된 Fe 중 미흡수 부분으로 되어 있다.

혈구 형성의 필수요소인 것 외에도 Fe은 생체 산화 과정에서 불가결한 요소여서 산소운반(hemoglobin), 근육의 산소이용(myoglobin), 세포호흡(cytochrome, catalase, peroxidase)에 개입한다.

시데로필린(siderophiline) 또는 트랜스페린(transferrin)은 Fe의 운반을 수행하며 ferritin과 헤모시데린(hemosiderin)은 Fe의 저장형태이다. Fe의 이동, 조절에는 뇌하수체전엽, 갑상선, 생식선, 그리고 부신의 내분비물이 개입한다.

Fe의 가장 현저한 결핍증은 빈혈증이다. 빈혈증에 걸리면 적혈구 수가 줄고, 세포의 크기도 줄어드는 수가 있다. 빈혈증은 사실 Fe의 부족만으로 생기는 증세는 아니며, 여러 가지 원인으로 발생할 수 있는데, 이것은 ① 유전적 빈혈증, ② 병원성 빈혈증, ③ 영양성 빈혈증의 세 종류로 나눌 수 있다. 이 중에서 우리는 특히 영양성 빈혈증(nutritional anemia)만 취급하려 한다. 영양성 빈혈증은 동물이 어릴 때 걸리기가 쉬우나, 실질적으로는 어느 때나 발생할 수 있다. 젖에는 Fe의 함량이 낮아 어린 동물이 빈혈이 걸리기 쉬울 것 같지만, 우유나 인유 내의 Fe은 흡수율이 좋기 때문에 모체의 Fe 섭취가 충분하면 새끼는 거의 빈혈증에 걸리지 않는다.

자돈의 빈혈증은 산업적으로 큰 문제인데, 다음과 같을 때 Fe이 부족하면 이 병에 걸리게 된다.

① 어미 돼지가 임신기간 중 충분한 Fe을 공급받지 못하였을 때

② 조기분만하였을 때

③ 산자수가 너무 많을 때

표 8.12 식품의 Fe 함량(mg/100g)과 그 이용률(%)

식품	총함량	이용률	식품	총함량	이용률
쇠고기	2.5	50	혈액	1.0	10
간	8.0	60	시금치	3.6	20
우유	0.25	100	건조 효모	35.0	50
밀가루	1.05	50	계란	3.0	100

영양성 빈혈증은 Fe의 결핍만으로 생기는 병이 아니고 아래와 같은 여러 가지 중 어느 하나 또는 몇 가지가 결핍될 때에도 발생한다.

① Co나 Cu가 부족할 때

② 콜린(choline)이 부족할 때

③ 리보플라빈(riboflavin), 니아신(niacin), 비타민 B_6, 엽산(folacin), 비타민 B_{12}, 비타민 C 등의 비타민이 부족할 때

④ 트립토판(tryptophan), 라이신(lysine), 메티오닌(methionine)과 같은 아미노산이 결핍될 때

⑤ 단백질이 부족할 때

⑥ 에너지가 부족할 때

채소에 들어 있는 Fe은 잘 이용되지 않으며 inorganic iron은 잘 이용된다. 몇 가지 식품의 Fe 함량과 이용성을 보면 표 8.12와 같다. 일반적으로 모든 사료에는 젖소를 제외한 대부분의 동물이 요구하는 Fe가 충분히 함유되어 있으며, 특히 잎이 많은 조사료는 Fe의 훌륭한 공급제이다.

8.10.2 구리(Cu)

Cu는 Fe과 비슷한 물리적 · 화학적 특성을 가지고 있는 광물질로서, Cu의 체내 각 부위별 함량은 동물의 종류와 연령에 따라 다르다. Cu의 저장 장소는 간이며 심장, 신장, 뇌 등에도 상당량이 분포되어 있음을 알 수 있다.

Cu의 체조직 내 함량에 영향을 미치는 인자는 동물의 종류와 연령 이외에도 사료의 형태와 섭취량, 다른 금속들과의 길항작용(Cu-Zn, Cu-Fe, Cu-Zn-Co), 질병, 임신 여부, 운동량, 호르몬(adrenocorticoids)의 분비량 등이 있다. Cu의 섭취가 간, 신장, 폐의 Cu 농

도는 변화시킬 수 있으나 내분비선, 근육, 뇌, 심장, 피부 등의 Cu 함량은 거의 변화시키지 못한다.

동물의 체내에 분포되어 있는 Cu는 erythrocuprein 또는 hemocuprein, hepatocuprein, cytocuprein, cerulocuprein(blue-Cu-protein) 등의 단백질 결합물 형태로서 존재한다. Cu의 동물 체내 함량은 대단히 적어서 Fe의 10% 정도에 불과하고, 산화환원효소의 조효소 역할을 하며, 적혈구 형성에 간접적으로 관여한다. Cu가 결핍되면 체내에서 Fe의 이용이 곤란하게 되며, 이에 따라서 헤모글로빈의 생성이 불량해져 심한 영양성 빈혈증에 걸리게 된다.

Cu의 흡수는 주로 위 벽과 소장 상부(jejunum)에서 확산(diffusion)에 의해 이루어진다. Cu의 흡수와 축적에 영향을 미치는 요인은 ① 동물 자체의 요구량, ② 사료 내 Cu의 함량, ③ 섭취 형태($CuSO_4$ 〉 $CuCO_3$ 〉 $Cu(NO_3)_2$ 〉 $CuCl_2$ 〉 Cu_2O 〉 CuO), ④ 연령(성양 10%, 자양 70%), ⑤ 장 내 산도 등이며, ⑥ ascorbate, phytate 등은 Cu의 흡수를 저해하고, SAA 및 건초 인자 등은 Cu의 흡수를 촉진시킨다. 또한 ⑦ Cu의 결핍은 Fe의 체내 축적을 증가시키며, Mo과 sulphatic salt 등은 Cu의 체내 축적을 감소시킨다. ⑧ Ca, Zn, Cd, CO_3^{2-}, Ag, Pb 등도 Cu의 축적에 영향을 미친다. ⑨ 여러 가지 질병들에 의해서도 Cu의 체내 함량이 변화하게 된다(leukemia, Hodkin's disease, collagen disorder, hemochromatosis, myocardial infraction → hyper-Cu; nephrosis, kwashiorkor → hypo-Cu).

빈혈증에 걸린 쥐는 CuO, $Cu(OH)_2$, Cu-citrate, Cu-pyrophosphate, CuI_2, Cu-glutamate, Cu-glycerophosphate 등은 잘 이용할 수 있으나 CuS나 Cu-porphyrin 등은 잘 이용하지 못한다. 그리고 돼지는 CuS보다는 $CuSO_4$를 더 잘 이용한다.

동물의 종류에 따라 Cu의 축적 부위가 다소 다를 수 있는데, 그 예로서 단위동물은 간과 뇌에, 그리고 반추동물은 반추위와 간에 주로 축적된다.

Cu의 배설은 주로 분을 통해 이루어지나 일부는 오줌이나 담즙으로 분비 또는 배설되고, 극미량이 땀이나 피부를 통해 배설된다. Cu 섭취량의 변화는 분 속의 Cu 함량에 크게 영향을 미치지만 오줌 속의 Cu 함량에는 거의 영향을 끼치지 못한다. 이러한 사실은 분으로 배설되는 Cu의 대부분은 소화 · 흡수되지 않은 부분이며, 오줌으로 배설되는 부분은 내인성 Cu임을 말해 준다.

Cu의 화학적 성질 중에 특기할 것은 그 염이 쉽게 산화 · 환원한다는 것이다. Fe와 마찬가지로 Cu는 두 가지 상태, 즉 Cu^+과 Cu^{2+}로 존재한다. 에너지 생산 중 Cu의 역할은 산화반응을 촉매하는 것으로 보이는데, Cu는 산화효소의 구성 성분으로 그 원자가 변이에 의한 전자교환, 특히 ascorbate 산화효소에 관여한다. Cu는 티로시나아제(tyrosinase)의 구성 성분이며, 또한 Cu의 결핍은 조직의 카탈라아제(catalase), 시토크롬 산화효소(cytochrome oxidase)의 함량 저하를 초래한다. Cu는 Fe의 장 흡수와 조직에서 혈장으로의 이동을 도와줌으로써 헤모글로빈의 형성을 향상시킨다.

모발의 Cu 함량은 그 색도와 관계가 있는데, 멜라닌(melanin) 형성에 개입하는 효소인 티로시나아제 속에 Cu가 들어 있기 때문이다. Cu는 눈의 색소 조직 내에도 많이 함유되어 있다.

Cu의 체내 이동조절에 관해서는 잘 알려진 바가 없으나, 인체에 있어서 혈장 Cu는 갑상선 비대 상태의 경우 증가되고 위축 상태에서는 저하된다. 부신의 작용은 뚜렷하지 않으나, 아드레날린(adrenalin)과 성호르몬은 혈장의 Cu 함량을 증가시킨다.

Cu의 결핍증을 들면 다음과 같다.

① Cu의 공급이 부족하면 빈혈증이 발생한다.

② 양아지의 경우에는 후구마비증(sway-back disease)에 걸린다. 이것은 어떤 특수지방에서 일어나는 병인데, 사료 내 Cu의 함량이 부족해서가 아니라 이것의 흡수·이용이 제한되기 때문인 듯하다(Cu의 함량이 낮고 Mo의 함량이 높은 곳).

③ 소의 경우에는 다리를 잘 쓰지 못하고 비틀거리며, 자주 넘어지는 병(falling disease)에 걸린다.

동물의 빈혈증을 방지하는 데 필요한 Cu의 요구량은 Fe의 약 10%에 해당한다. 만일 미량광물질 공급제에 0.25~0.50%의 $CuSO_4$와 $5H_2O$가 함유되어 있다면 이 성분은 부족하지 않다.

이상에서 보는 바와 같이 Cu는 꼭 필요한 광물질이긴 하나 과다량을 섭취하게 되면 심각한 중독현상을 나타낸다. 이것은 사료 내의 Ca, Cd, H_2CO_3, Ag, Au, Pb 등의 함량에 의해서도 좌우되는데, 특히 Fe, Zn, Mo-Cu-sulfate의 상호작용에 의한 영향이 크다. 일반적으로 나타나는 Cu의 중독 증세는 ① 사료섭취량의 감소, ② 성장률의 저하, ③ 헤모글로빈 합성 불량과 용혈현상에 의한 빈혈, ④ 간과 혈증의 Cu 함량 증가 및 글루타티온(glutathione) 함량의 감소 등이 있으며, 중독 증세가 만성적으로 계속되거나 급성 중독에 의해 동물이 치사하게 된다. 일반적으로 Cu 중독에 견디는 힘은 반추동물보다는 단위동물(돼지, 쥐)이 강하며, 소가 양보다 강하다.

Cu의 중독에는 말과 반추가축이 예민하나 돼지나 닭, 토끼에게는 약리적 사용수준

(super nutritional level)인 250ppm을 황산동($CuSO_4 \cdot 5H_2O$) 형태로 사료에 첨가하면 생산성이 크게 개선된다. 이는 Cu가 장내 유해세균을 억제하고 성장호르몬의 분비를 촉진하기 때문인 것으로 밝혀졌다. 그러나 약리적 사용 수준의 첨가는 Cu의 배설량을 증가시켜 분뇨처리 시 발효를 억제하고 토양오염을 유발할 우려가 있기 때문에 최근에 와서는 사용량을 반으로 줄이도록 규제하고 있다.

8.10.3 코발트(Co)

성인의 체내에는 약 1.1mg의 Co가 함유되어 있는데, 이것의 43%는 근육 속에, 14%는 골격에, 그리고 나머지는 신체 각 부위에 골고루 분포되어 있다. 체조직 중에서 Co의 함유 농도가 가장 높은 곳은 간과 신장이며, 어떠한 조직이나 기관에 특별히 많은 양이 분포되어 있지는 않다. 동물의 종류에 따라서도 체내 함량에는 큰 차이가 없다. 또한 구성 성분의 4.34%를 Co가 차지하는 비타민 B_{12} 이외에는 이의 존재 형태는 아직까지 잘 알려져 있지 않다.

코발트 결핍증에 걸려 있는 면양 체조직 내의 Co 함량은 상당히 낮은데, 이것은 Co의 체내 축적량이 Co의 섭취량에 의해 영향을 받기 때문이다. 알려진 바에 의하면 Co는 반추위 내 미생물의 활력을 높여 주며, 장 내 미생물에 의한 비타민 B_{12}의 합성을 촉진시켜 준다. Co는 주로 공장에서 흡수되는데, 사료를 통해 섭취된 Co의 20~95%가 흡수된다. 그러나 반추위에서는 흡수되지 않는다. Co의 장 내 흡수율은 Co의 섭취량과 Fe의 섭취량 등에 의해 영향을 받는다. 사료를 통한 Co의 섭취량이 증가하면 장 내 Co의 흡수율은 감소하며, Co의 섭취량이 극히 적으면 거의 전량이 흡수된다. 그러나 Co와 Fe의 흡수기전이 비슷하며 서로 경쟁적이어서, Co의 흡수는 단지 Co 섭취량에 의해 조절된다기보다는 섭취된 Fe과의 길항작용에 의해 영향을 받는다.

Fe의 섭취량이 과다하면 장점막에서의 Co 흡수가 저해되며, 역으로 Co의 섭취가 과다하면 Fe의 섭취가 저해된다. 따라서 앞에서 밝힌 바 있는 Cu와 Fe의 상호작용을 고려할 때 Co, Fe, Cu의 공급량을 적절히 조절해야 각각의 이용성을 증진시킬 수 있고, 이들의 비정상적인 대사에 의한 영양성 빈혈증을 막을 수 있다. Co의 체외 배설은 분과 오줌을 통해 이루어지는데, 분으로 배설되는 Co는 장 내에서 흡수되지 않은 부분과 담즙, 타액, 점막으로부터 장 내로 유입된 부분이 함께 배설되고, 오줌을 통한 Co의 배설은 흡수 이용된 Co가 신장을 거쳐 배설되는 것이다. 분뇨를 통해 배설되는 Co의 양은 사료 내의 Co 함량이 증가할수록 많아진다.

Co의 공급량이 요구량에 못 미치면 쥐의 경우에는 성장이 지연되거나 정지하고 수태율이 저하된다. 그리고 반추동물의 경우에는 심한 빈혈 현상이 동시에 일어난다. 이것을 보면 반추미생물들은 Co 함유 물질의 합성에 필수적으로 Co를 이용함을 알 수 있다. 비타민 B_{12}(Cyanocobalamine인 경우)의 결핍에 의해서 빈혈증이 발생한 동물에게 $CoCl_2$를 급여하면 빈혈증이 치료된다는데, 이는 곧 어느 정도까지는 Co가 비타민 B_{12}를 대치할 수 있음을 말해 주는 것이다. 이러한 사실은 Co의 경구투여에 의해서 비타민 B_{12} 유사물질이 부신과 비장에서 발견됨으로써 증명되었다.

돼지의 경우 Co-salt를 투여하면 성장이 촉진되고 사료의 이용성이 증진된다. 이 밖에도 Co의 중요한 기능으로는 여러 가지 효소, 특히 phosphatase의 활성을 높여 준다. 사료 내 Co의 함량 부족에 의한 Co 결핍은 거의 일어나지 않지만 반추동물에서 Co가 결핍되면 혈장 내의 포도당, alkaline-phosphates 등의 함량이 떨어지고, GOT(glutamic-oxaloacetic-transaminase)와 pyruvate 농도가 비정상적으로 높아지면서 혈장 내의 ascorbate와 티아민(thiamin)의 함량이 떨어진다. 그리고 Co의 결핍은 동물의 식욕을 저하시키며, 활기를 잃게 하고, 적혈구와 헤모글로빈의 생성이 불량해져 악성 빈혈증을 야기한다. Co의 결핍을 치료하기 위해서 단위동물에게는 필히 Co의 활성물인 비타민 B_{12}를 공급해야 하지만, 반추동물의 경우에는 $CoCl_2$ 등과 같이 무기태 Co로 공급해도 무방하다.

Co는 다른 중독성 광물질에 비해 독성은 낮으나 Co의 과다 섭취는 증체율과 식욕을 저하시키고, Fe의 흡수가 불량해져서 빈혈증이 생기게 된다.

8.11 요오드(I)

동물체에는 약 10~20mg의 I가 함유되어 있는데, 이것의 70~80%는 갑상선에 들어있으며 나머지는 여러 가지 형태로 근육, 난소, 눈과 그 밖의 여러 체조직에 널리 분포되어 있다.

I의 중요한 기능은 티록신(thyroxine)과 triiodothyronine의 합성 원료로 쓰이며, 티록신은 동물의 정상적인 발육에 중요한 역할을 한다. 갑상선은 뇌하수체전엽에서 분비되는 갑상선자극호르몬(thyrotropin; thyroid stimulating hormone, TSH)에 의해 지배되는데,

혈중의 티록신 함량이 낮으면 뇌하수체전엽이 자극되어 갑상선자극호르몬의 분비가 촉진되고 이에 의해 티록신 함량이 증가하게 된다.

I는 iodide compound의 형태로 소장에서 흡수되는데, 총섭취량의 30% 정도는 갑상선 세포들에 의해 수용되고 나머지는 신장에 의해 수용되어 오줌을 통해서 배설된다. 흡수된 요오드 화합물은 단백질과 느슨하게 결합되어 혈류 속으로 옮겨지고, 다시 신체 각 부위로 전달되는 것이다.

내생 I는 타액, 위 벽, 소장 벽 등을 통해 분비되며 일부는 유선을 통해 젖으로 분비된다. 그런데 타액으로 분비되는 I는 재흡수되므로 타액에 의한 손실은 거의 없는 셈이다.

갑상선에 의해서 수용되는 iodide compound는 즉시 산화되어 I로 되고, tyrosine과 결합하여 mono-iodo-tyrosine으로 되어, 2개의 di-iodo-tyrosine이 티록신과 알라닌으로 되거나, iodinated tyrosine이 thyroxine(T4)이나 triiodothyronine(T3)으로 된다. 이때 생성되는 두 가지 iodide compound 중에서 triiodothyronine(T3)이 티록신보다 활성이 더 우수하다.

티록신은 동물의 성장이나 번식에 관여할 뿐만 아니라 단백질과 지방의 대사를 촉진한다. 이 호르몬이 과다하게 분비되면 단백질과 지방의 체내 축적이 억제되어 동물체가 여위게 된다. I의 섭취량이 모자라게 되면 이 호르몬의 혈중농도가 감소하게 되고 이는 갑상선을 자극하여 갑상선비대증(goiter)을 유발한다.

I의 보조 공급제로서는 potassium iodide(KI) 또는 sodium iodide(NaI) 등이 효과적일 수 있다. I의 체내 흡수를 방해하는 cyanide나 di-nitro-phenol 등이 사료 내에 많이 들어 있으면 I의 공급량을 더 늘려 주어야 요오드 결핍증을 막을 수 있다.

채종(rapeseed)에 들어 있는 글루코시놀레이트(glucosinolates) 중 프로고이트린(progoitrin)은 가수분해에 의해 고이트린(goitrin)이라는 물질을 생성하게 되는데, 이 물질은 I가 티록신으로 합성되는 것을 방해하여 갑상선비대증을 유발한다.

8.12 아연(Zn)

Zn의 동물 체내 함량은 동물의 종류에 따라 약간의 차이는 있으나, 대개 체중의 0.0025~0.03%가량이다. Zn은 동물의 정상적인 성장, 번식활동, 시각작용(retinal의 이용성 증대) 등에 필수적이며 체조직 및 상처의 치료에 도움이 된다.

Zn는 전립선(prostate), 신장, 간, 심장 등에 많이 분포되어 있다. 혈액 내에는 75%가 적혈구 내에 들어 있으며 혈청과 백혈구에는 각각 22%와 3%가 함유되어 있다.

Zn의 체내 존재 형태는 정확하게 알려져 있지는 않으나, 피콜린산(picolinic acid)과 결합하여 착염(chelate) 형태인 Zn-picolinate로 체내에서 이동하는 것으로 알려져 있으며, 단백질 결합물인 멜라닌(눈의 색소), 리포비텔린(lipovitellin), 인슐린, β-globulin(혈장), 백혈구의 함금속 단백질(metalloprotein, leukocytes) 등에 들어 있다.

사료 중의 Zn은 십이지장에서 흡수되는데 비타민 D, Ca, Mg, 인산염(phosphatic salts)은 이 흡수율을 높여 준다. Zn은 주로 분으로 배설되며 분 속의 Zn에는 미흡수분과 췌액, 담즙, 소장 등에 의해 제거된 부분이 있다. 대장은 극미량을 제거하며 피부와 털, 뿔에 의한 배설도 약간 있다. 오줌에 의한 배설은 Fe처럼 극소량이다. 정상 오줌에 함유되는 미량의 Zn은 오줌 자체의 대사 산물이며, 요단백증(proteinuria)의 경우 오줌 내의 Zn 배설량이 증가한다.

사료 중에 Zn이 과다하게 함유되어 있을 경우 뼈, 간, 신장에 Zn의 과잉축적을 일으키며 생체조직 1kg당 330mg을 넘을 수도 있다. 피모에 의한 Zn의 제거는 무시할 수 없으며, 면양의 경우 연평균 500mg에 달할 수 있다.

Zn은 생체기능에서 중요한 역할을 하는데, 그것은 탄산탈수소효소(carbonic anhydrase)의 구성 성분이기 때문이다. 적혈구에 들어 있는 이 효소는 다음과 같은 반응을 촉진시킨다.

Carbonic anhydrase

$$CO_2 + H_2O \rightleftharpoons HCO_3^- + H^+$$

또한 이 효소는 골격과 난각의 형성에도 중요한 역할을 한다. Zn은 요산 분해효소(uricase)의 구성 성분일 뿐만 아니라 많은 효소들(aldolase, enolase, phosphatase, 신장의 catalase, 일부 peptidase 등)의 작용에 관여한다. 췌장이 분비하는 인슐린에도 포함되어 있다고 한다.

일반적으로 사료 중에는 충분한 양의 Zn이 함유되어 있으나 결핍 시에는 ① 성장 억제, ② 소장에서의 Zn의 흡수 불량, ③ 모발의 퇴색, ④ 사료 이용성 감퇴 등의 증세가 일어난다. 돼지의 경우는 피부병(parakeratosis)에 걸리는 수도 있다. Zn은 난포자극호르몬(follicle stimulating hormone, FSH)과 난황호르몬(luteinizing hormone, LH)의 기능을 증가시킨다. 근래에 와서 Zn이 feedlot에서 사육되는 소의 발굽 썩는 병(foot rot)의 예방에 효과가 있다는 것이 밝혀짐으로써 가축 및 인체의 면역력 향상 효과에 대한 관심이 높아지고 있다. 또한 자돈 사료에 ZnO를 약리적 사용수준(pharmacological level)인 3,000~4,000ppm 급여 시 설사 방지에 탁월한 효과가 있는 것으로 밝혀졌다.

8.13 불소(F)

F는 1970년대 중반까지만 하더라도 동물 체내에서의 생리적·영양적 필수성이 인정되지 않았으나 최근에 와서 다음과 같은 사실 때문에 필수광물질로 분류되고 있다.

① 쥐의 경우(암컷의 경우에만 해당) F를 공급하면 F를 먹지 않을 때보다 체성장률이 30% 향상되었다.
② F의 결핍에 의한 번식장애가 NaF를 공급하면 사라진다.
③ 임신기의 빈혈 또는 유아의 빈혈이 소량의 F 공급에 의해 치료될 수 있다.
④ 골격 형성에 도움이 된다.

F는 체내 각 부위에 널리 분포되어 있으나, 특히 뼈와 이에 많이 들어 있어 이들 조직의 0.02~0.05%에 이른다. F의 체내 존재 형태는 뼈조직에서는 대부분이 무기염 형태로 함유되어 있으나, 혈액이나 연조직 내에서는 이온 또는 화합물 형태로서 존재한다.

단위동물은 반추동물에 비하여 체내 F의 함량이 상당히 낮다. 섭취된 F는 소장에서 매우 빠르게 80~90% 이상이 흡수된다. F의 흡수율은 섭취되는 F의 형태와 다른 물질들에 의해 영향을 받게 되는데 다음과 같은 작용을 한다.

① 섭취량이 적을수록 흡수율은 증가한다.
② Solid-F-compounds보다는 liquid-F-compounds가 더 잘 흡수된다.
③ Inorganic-F가 organic-F보다 흡수율이 높다.
④ 다량의 Ca, Al 및 지방의 섭취는 F의 흡수율을 저하시키며 배설을 촉진한다.

흡수된 F는 대부분이 경골조직이나 치아 등에 축적이 되며(MgF_2), 나머지는 오줌을 통해 체외로 배설된다. F의 섭취량이 증가할수록 골조직 내의 F 함량은 누적적으로 증가하나 혈장 내의 F 함량은 거의 변화하지 않는다. 이러한 현상은 신장을 통한 배설과 골격 내 축적량의 조절(90~7,000mg/kg)에 의한 동적 평형의 결과이다.

F의 주요 배설 경로는 분과 오줌인데, F의 섭취량이 증가할수록 이들을 통한 배설량도 증가한다. 그리고 F의 배설은 땀이나 피부를 통해서도 이루어진다. 적당하게 F를 공급하면(1mg/kg) 충치를 예방하는데, 그 기작은 다음과 같이 요약될 수 있다.

① 구강 내의 탄수화물 이용 미생물(박테리아)의 활력을 떨어뜨려 enamel의 용해를 막는다.

② F는 치골조직의 OH^-기와 대치하여 치골조직을 견고하게 하고 그것의 용해도를 감소시킨다.

$$Ca_{10}(PO_4)_6(OH)_2 + 2F^- \rightarrow Ca_{10}(PO_4)_6F_2 + 2OH^-$$

또한 1mg/kg 정도의 F는 장골을 보다 견고하게 하고 골연증을 예방한다. 이러한 현상도 F^-의 치환능력(halogen 원소는 치환력이 강하다)에 의한 것이라고 생각된다. 이때에는 $MgCO_3$의 CO_3^{2-}가 F^-에 의해 치환되기 때문인 듯하다.

$$MgCO_3 + 2F^- \rightarrow MgF_2 + CO_3^{2-}$$

다량의 F^-은 glucose-6-phosphate dehydrogenase의 활성을 잃게 하여 생체 내에서 에너지의 발생을 위해 진행되는 탄수화물의 해당작용을 방해한다. 이 밖에도 탄수화물과 지방의 대사에 관여하는 효소들(ATPase, lipase, alkaline phosphatase)의 활성에도 영향을 미치나, 지금껏 불소 중독의 정확한 생리적 원인은 알려져 있지 않다.

F의 중독성은 이것의 함량이 높은 물, 인광석, 사료 등을 장기간에 걸쳐 섭취할 때 나타난다. F의 중독 증상은 뼈의 정상적인 색깔을 잃게 하고, 굵어지고 조직이 엉성하게 되어 부스러지거나 부러지기 쉽게 한다. 또한 이도 에나멜(enamel)층이 변색, 변질되어 부실해지는 mottled teeth가 발생한다. 이것은 뼈 내에 F의 함량이 증가함에 따라 Mg의 함량이 증가하고, 또한 탄산기의 함량이 줄어들기 때문이다. F의 함량이 30~40mg/kg 이상인 사료를 장기간에 걸쳐 섭취하거나, 2mg/kg 이상의 물을 장기간에 걸쳐 섭취하게 되면 사료섭취량이 줄어들게 되고(Greenwood et al., 1964), 그에 따라서 성장률도 저하된다.

여러 종류의 동물에 대한 F의 안전수준[6]을 보면 닭이나 칠면조 등의 조류가 포유동물이나 반추동물보다 불소 중독의 피해가 적음을 알 수 있다. 그러나 0.1% 이상의 F를 포함하고 있는 인광석(rock phosphate)을 사료로 이용하는 것은 위험하며, F의 함량이 높은 초지에서의 방목 또한 위험하다. 그러나 대개의 사료에는 1~2mg/kg 이하의 F가 포함되어 있으므로 F의 함량이 높은 인광석 이외의 사료를 주는 경우 불소 중독의 염려는 거의 없다.

8.14 셀레늄(Se)

Se은 1970년대 중반 이후에야 필수광물질로 분류되었으며, 비타민 E와 특별한 관계를 가지고 있음이 밝혀졌다. Se이 결핍되면 성장률이 저하되는데 그 밖에 다른 결핍증세를 요약하면 다음과 같다.

① 쥐, 돼지: 간괴사(liver necrosis)
② 닭, 칠면조: 근위근육병(gizzard myopathy), 삼출성 소질(exudative diathesis)
③ 반추가축: 근육백화병

Se의 동물체 내 분포를 보면 간과 신장에 가장 많이 함유되어 있다. Se 흡수는 십이지장에서 일어나는데, 흡수되는 정도는 체내의 Se 함량, 흡수되는 Se의 양과 물리·화학적 상태 등에 따라 달라진다. 대개 곡물 내에 포함되어 있는 유기태의 Se이 가장 잘 흡수되고, selenites와 selenates, selenides와 원소상태의 금속셀레늄 등의 순으로 잘 흡수된다. 이 외에도 Se의 흡수에 영향을 미치는 요인은 여러 가지가 있다.

단위동물은 반추동물보다 Se을 잘 흡수하며, selenodiacetic acid와 selenopropionic acid는 십이지장 내에서 Se의 흡수를 억제한다. 또한 Hg, Ag, Cu, Zn, As 등도 Se의 흡수에 영향을 미친다. 이러한 까닭에 미량광물질의 요구량은 특정 광물질 중 어느 한 가지만 가지고 결정하기 어렵다. 십이지장에서 흡수된 Se은 혈류를 통해 뼈, 모발, 백혈구 등의 신체 각 조직으로 전달되어 축적된다.

---

6) **안전수준**: 체성장이나 축산물 생산에 지장이 없는 한계를 말하는 것이지 조직의 임상변화의 시발수준은 아니다. 후자는 안전수준과 꼭 일치하지는 않는다.

Se은 체내에서 단백질 결합물로서 glutathione peroxidase(GHS-Px), Se-containing cytohrome, α- 또는 β-lipoprotein 등으로 존재한다. 돼지의 간에서는 selenomethionine 또는 selenocystine의 형태로 존재한다. Se의 배설은 주로 신장을 거쳐 오줌으로 이루어지는데 일반적으로 섭취량의 80%가 오줌으로 배설된다. 그리고 일부는 분과 땀, 모발 등을 통해 체외로 배설된다. 다량의 Se을 섭취하면 호기를 통해 배설되기도 한다.

지금까지 연구된 바에 의하면 Se은 비타민 E의 결핍을 예방하고 치료할 수 있다고 한다. Se은 비타민 E의 부차적인 영양소가 아니고 영양학적으로 독자적인 중요성이 있다는 것이다. 비타민 E는 지용성으로 세포막에서 생리적 항산화제의 역할을 하고 Se은 glutathione peroxidase의 구성 성분으로 세포질에서 항산화 역할을 함으로써 세포의 산화(노화)를 방지하는 데 서로 협력하는 관계라고 볼 수 있다.

종전까지만 하더라도 Se을 다량으로 섭취할 때 발생하는 중독증에 대해 주로 영양학적인 관심이 집중되어 왔었다. Se의 함량이 5~15mg/kg 이상인 초지에서 방목되는 반추가축은 이 중독증에 걸리게 되는데, Se의 중독 증상은 다음과 같다.

① 호흡이 거칠어지고 동작이 우둔하다.
② 이를 갈며, 과다한 타액을 분비하고 식욕이 감퇴한다.
③ 장골의 연결 부위에 이상이 오고, 꼬리 등이 끊어진다. 피모와 발굽이 빠진다.
④ 심장이 위축되고 간경련과 빈혈이 생긴다.
⑤ 중독 증상이 심하면 과다한 타액 분비, 시야장애, 복통, 전신마비 등을 수반하고 나중에는 폐사하게 된다.

셀레늄 중독을 치료하거나 완화시키기 위해서는 사료 내의 비소(As), 아마인유, 메티오닌(methionine) 또는 시스틴(cystine) 등의 함량을 높여 주는 것이 좋다. Selenodiacetate와 selenopropionate는 Se의 흡수를 억제하기 때문에 이들의 첨가 역시 Se의 중독을 줄여줄 수 있다. 최근에 보고된 바에 의하면 Se은 체내에서 anticarcinogen으로 작용하여 암의 치료에도 효과가 있다고 한다.

8.15 몰리브덴(Mo)

Mo의 영양학적 중요성은 1938년 영국에서 teartness라는 몰리브덴 중독증에 의해 인식되기 시작하였고 캐나다, 미국, 아일랜드, 뉴질랜드 등지에서는 peat scour라 불리는 몰리브덴 중독증에 의해 인식되었다. Mo 역시 최근에 필수성이 인정된 광물질로서 xanthine oxidase의 구성 성분이며, Mo의 섭취량에 따라 이 효소의 수준이 결정된다. 이 효소는 cytochromem c와 함께 작용하여 xanthine을 uric acid로 산화시키는 능력이 있다. 뿐만 아니라 이 효소는 hypoxanthine과 같은 퓨린(purine) 또는 방향성 알데히드(aldehyde)의 산화를 촉진한다. Mo의 체내 함량은 대단히 적으나 체조직 내의 이것의 함량은 간과 신장에 가장 많이 들어 있다.

Mo은 유기태이든, 무기태이든 모두 잘 흡수된다. 특히 수용성 Mo염은 잘 흡수된다. 난용성 염인 MoO_3, $CaMoO_4$ 등도 쉽게 흡수된다. Mo의 체내 대사는 Cu와 황산염(SO_4^{2-})과 밀접한 관계를 가지는데, 황산염기(sulfate radical)의 공급물질인 단백질, 특히 함유황아미노산(SAA)은 메티오딘과 시스틴의 섭취량에 의해 상당한 영향을 받는다. 특히 Mo 중독 시에 무기태 황산염은 Mo의 요 내 분비를 촉진시킨다. Mo의 생체 내 주요 기능은 xanthine oxidase의 구성 성분이라는 것 이외에도 aldehyde oxidase, sulfate oxidase의 합성을 들 수 있다.

반추동물의 경우, Mo은 반추위 내 미생물의 활력을 높여 섬유질 사료의 소화율을 향상시킨다. 목초의 Mo 함량은 상당히 낮기 때문에 중독의 염려는 없으나, Mo의 함량이 0.002% 이상인 초지에서 방목하는 동물은 중독에 걸릴 우려가 있다. 중독 증상으로는 ① 심한 설사, ② 성장률 저하, ③ 체중 감소, ④ 피모 탈색, ⑤ 탈모증, ⑥ 부종, ⑦ 빈혈, ⑧ 정충 생산 부진, ⑨ 유생산 감소 등이 있다. 몰리브덴 중독이 빈혈을 야기시키는 까닭은 Cu의 이용률 저하에 의한 현상으로 생각된다. 몰리브덴 중독의 치료나 예방을 위해서는 충분한 양의 동물성 단백질과 함께 $CuSO_4$를 공급해야 한다.

8.16 기타 광물질

8.16.1 브롬(Br)

Br은 미량광물질 중에서는 생물계에 상당히 많은 양이 분포되어 있다. Br이 동물 체내에서 어떻게 대사되는지는 아직 규명되지 않았으나, Cl와는 상호 대체가 잘 되는 광물질이다. 이는 이 두 원소가 할로겐(halogen) 원소라는 특성 때문인 듯하다. Br의 체내 함량은 같은 할로겐 원소인 I보다 50~100배 정도 되고, 갑상선을 제외한 모든 조직에서 I보다 다량으로 분포되어 있다.

Br이 동물 체내에서 필수적인 원소인지는 규명되지 않았으나, 병아리에 있어서는 약간의 성장촉진효과가 있다고 한다. Br은 흡수된 거의 전량이 오줌을 통해서 배설되기 때문에 과잉 축적은 생기지 않았으나, 섭취량에 의해 체내 함량은 달라지기도 한다.

8.16.2 바륨(Ba)과 스트론튬(Sr)

Ba과 Sr은 뼈 속에 각각 93%와 99%가 존재한다. 이들의 자세한 생리적 또는 영양학적 기능은 아직까지 밝혀지지 않았으나 체내 대사작용에 참여하는 것 같다.

1) 바륨(Ba)

정상적인 성인의 체내에는 22mg의 Ba이 함유되어 있다고 한다. Ba의 흡수율은 상당히 낮아 체내 축적 및 오줌 중 배설량이 상당히 낮다. 또한 다량의 Ba을 섭취해도 거의 중독증세가 나타나지 않아, 쥐의 경우 황산바륨(barium sulfate, $BaSO_4$)을 8mg/kg의 수준으로 3세대에 걸쳐서 공급해도 성장률, 폐사율, 이병률(morbidity), 번식활동 등에 어떠한 악영향도 나타나지 않았다고 한다.

2) 스트론튬(Sr)

Sr의 체조직 내의 함량은 0.01~0.10mg/kg이나, 동물의 연조직 또는 각 신체조직에 얼마나 축적이 되는지에 대해서 알려진 바가 거의 없다. 그러나 정상적인 성인의 체내에는 323mg이 축적되어 있다고 하며, 연령의 증가에 의해 뼈, 폐 또는 대동맥의 Sr 함량은 증가한다고 한다. Sr의 생체 내에서의 흡수율은 매우 낮아서 거의 모든 양이 대변으로 배설되지만, 일단 흡수되면 골격계와 매우 강한 친화력을 갖는다. 지금까지 알려진 바에 의하면, 흡수된 Sr은 혈류를 통해서 신체 각 조직에 전달되는데, Ca과의 이온교환에 의해서 체조직에 축적이 된다는 것이다. Sr은 골격 형성 과정에서 Ca과의 상호작용이 있는데, 병아리의 Ca 요구량의 25% 정도를 대체할 수 있다고 한다.

8.16.3 알루미늄(Al)

Al의 영양학적 필수성은 동식물계나 미생물계에서 아직 규명되어 있지 않다. 그러나 Al이 전혀 함유되어 있지 않은 사료를 급여하면 쥐의 성장률이 저하되었다고 한다. 정상적인 쥐의 성장을 위해서는 일당 요구량은 1.0μg 정도면 충분하다.

Al의 장내 흡수율은 상당히 낮으나, 이것은 succinic dehydrogenase와 시토크롬(cytochrome)에 함유되어 있거나 또는 이들 두 가지 물질 간의 상호작용에 어떠한 영향을 미치는 듯하다. Al의 흡수와 체내 축적은 F의 섭취량에 의해서 영향을 받는데, F는 분뇨를 통한 Al의 배설을 촉진하고 체내 축적을 제한한다고 한다.

지금까지 연구된 바에 의하면 다량의 Al을 섭취하면 약간의 중독 증세를 보이는데, 이것은 소화기를 자극하여 P의 흡수를 저해하기 때문이라고 한다. 따라서 벤토나이트(bentonite)나 제올라이트(zeolite)와 같은 규산염(aluminum silicate)을 사료에 첨가할 경우에는 P의 수준이 낮지 않도록 유의해야 한다. 또한 Al은 체내에서의 인산화반응을 억제하기 때문에 ADP나 AMP로부터의 ATP 생성을 저해한다고 한다.

8.16.4 규소(Si)

최근에 Si도 필수성이 인정되고 있는데, Si가 결핍될 경우 나타나는 증세는 다음과 같다.

① 정상적인 성장이나 발육이 곤란하다.
② 피부, 점막 등에 빈혈증이 나타난다.
③ 닭의 경우에는 고기수염(wattles)이 생기지 않으며, 벼슬이 심하게 찌그러진다.
④ 뼈의 발육이 부진해진다. 즉, 골수 부분이 적어지고, 다리뼈의 경우 탄력성이 줄어들어 부러지기 쉽다.
⑤ 이빨의 착색이 불량해진다.
⑥ 골격 형성의 초기반응이 정상적으로 진행되지 않는다.

Si는 monosilicic acid의 형태로 흡수되는데, 섭취량이 증가하면 흡수량도 증가하며, 이에 따라 오줌을 통한 이것의 배설량도 증가한다. 사람의 림프절(lymph nodes)에는 상당히 많은 양의 Si가 들어 있다. 피부, 대동맥, 기관지, 건(tendon) 내의 Si 함량은 연령이 증가함에 따라 감소하는데, 이러한 사실의 정확한 까닭은 아직 규명되지 않고 있다.

Si를 과다 섭취하면 요결석(urinary calculi)에 걸린다는 보고가 있으나, 그 기전은 아직 정확하지 않은 듯하며, 흙먼지가 기관 내에 다량 침적되면 폐진증(pneumoconiosis)을 유발한다고 한다.

동물이 Si의 함량이 높은 볏짚, 보릿짚이나 밀짚 등을 다량으로 섭취하면 섬유질 사료의 소화율이 떨어진다. 이것은 Si가 셀룰로오스 분해효소의 활력을 감퇴시키기 때문이다. 그러나 사료에 포도당(glucose), 요소(urea) 또는 광물질 혼합물(Mg, Mn, Zn, Co) 등을 첨가해 주면 Si에 의한 섬유질 사료의 소화율 저해현상이 어느 정도 완화된다.

8.16.5 질산염(NO_3)과 아질산염(NO_2)

식물 체내에는 상당량의 질산염(nitrate, NO_3)이 함유되어 있으며, 높은 수준의 질소비료를 뿌리게 되면 질산염의 함량은 증가하게 된다. 질산염의 축적에 관계하는 인자로는 온도, 빛, Mo, Mn, 요소(urea) 등이 있는데 온도가 낮고 어두워 광합성이 활발하게 일어나지 못하면 질산염이 더 많이 축적되며, Mo, Mn, 요소를 첨가하면 질산염의 축적이 감소된다. Nitrate-toxicity는 질산염이 위장관의 미생물에 의해 아질산염(nitrite, NO_2)으로 전변(환원)되어 피 속에 있는 헤모글로빈의 2가철이 메트헤모글로빈(methemoglobin)의 3가철로 산화되면서 일어나는 증상으로 심한 경우 피가 진한 갈색을 띠게 되고, 피부와 점막이 갈색으로 변하면 맥박이 빨라지고 호흡이 거칠어져 결국은 폐사하게 된다. 그러나 만성 중독증상은 그리 잘 알려져 있지 않으며, 이 증상은 소에 있어서 유산을 초래하는 경향은 있으나 유생산과 성장에 영향을 미친다는 증거는 없다. 또한 계속적으로 다량의 질산염을 섭취시키면 적혈구 수와 혈류량을 증가시키며, 질산염을 섭취한 어린 암소의 뇌하수체는 약간 커지고 성장호르몬(GH)의 양이 많아지나, 뇌하수체 호르몬이나 갑상선의 무게와 기능에는 별다른 영향을 미치지 못한다.

질산염이나 아질산염의 과다 섭취는 송아지의 설사, 비타민 A 결핍증, 생식불능과 같은 만성적인 문제를 초래할 수도 있다. 질산염이나 아질산염의 치사량은 시간적 요인에 좌우되는데, 장기간 동안 소량을 섭취하는 경우에는 문제될 것이 없으나, 만약 짧은 시간에 많은 양을 섭취하게 되면 중독증상에 걸리기 쉽다. 예를 들면 2.1%의 질산염을 함유한 건초를 무제한으로 급여하면 중독증상이 나타나지 않으나, 4시간 동안 fistula를 통해 다량의 건초를 강제 급여하면 중독증상이 쉽게 일어나게 된다. 질산염의 적당한 공급량은 청초 내 0.5%, 물에 200mg/kg 수준이다. 비반추동물은 질산염 중독에 약간의 내성을 가지고 있으나, 반추동물은 반추위 내의 박테리아가 질산염을 아질산염으로 전변시키기 때문에 내성을 가지지 못한다.

8.16.6 루비듐(Rb)

Rb은 K와 상호 밀접한 물리화학적 관계를 가지고 이용되며, 자연계와 생체(동물) 내의 K과 Rb의 분포는 Rb의 함량이 K의 함량보다 상대적으로 더 많이 들어 있다. Rb은 K과 함께 어류에 있어서 Li의 중독성을 완화시켜 주는 효과가 있다고도 한다. 또한 Rb은 정충의 활력, 효모의 발효 능력, 미토콘드리아의 기능 증진에 의한 TCA 회로 등에 양(+)의 영향을 끼친다고 한다.

그리고 Rb은 상당량의 K를 대치할 수도 있어서 K의 결핍에 의한 신장과 근육의 손상을 완화시켜 주는 능력도 있다. 체내 함량은 성인 남자의 경우 360mg으로 다른 미량광물질에 비해서 상당히 높다. 그러나 체내의 어느 특정 부위에 많은 양으로 축적되지 않아서 뼈 속의 함량도 상당히 낮다고 한다. 혈중농도는 혈장보다는 혈구 쪽이 높다. Rb을 과다하게 섭취하면 체내 농도가 증가되기는 하나 오줌을 통해서 서서히 배설되어 곧 정상수준으로 회복된다.

8.16.7 납(Pb)

종래까지만 하더라도 Pb은 체내에 축적되는 중독성이 상당히 강한 물질로서 관심을 받아 왔다. 최근 연구에 의하면 Pb은 쥐의 정상적인 성장을 위해 필요한 물질임이 밝혀졌다. Pb의 체내 분포상황을 살펴보면 성인 남자의 경우 90~400mg이 함유되어 있으며, 이것의 90% 정도는 뼈 속에 존재한다. 다량의 Pb을 섭취하게 되면 근육을 제외한 뼈, 간, 신장, 모발 등의 함량은 증가한다.

Pb의 흡수는 십이지장, 공장, 회장 등에서도 잘 이루어진다. 그리고 Pb의 주 배설경로는 담즙으로 이를 통해서 소장으로 분비되고, 다시 분의 형태로 체외로 배설된다. Pb의 흡수율은 동물의 연령, Ca, P, Fe, Cu 또는 Zn의 섭취량에 의해서 달라진다. 나이가 어릴수록 Pb의 흡수율이 높아서 어린 동물이 성축보다 납 중독증에 걸리기 쉽다.

Ca과 P의 섭취가 부족한 경우 Pb의 체내 축적은 증가하며 이들의 다량 섭취는 역으로 Pb의 축적을 제한한다. 또한 Fe의 결핍은 납 중독을 심화시키는데, 이러한 현상은

Co나 Mn 결핍 시보다 더 현저하게 나타난다.

Pb의 과다 섭취는 혈장 내의 Ca 함량과 셀룰로플라스민(ceruloplasmin) 수준을 떨어뜨리며, Cu의 결핍은 적혈구 내의 Pb 함량을 증가시키기도 한다. 납 중독증은 다량의 Zn과 함께 섭취될 때 더 심하게 나타나며, 이때의 증상은 체중 감소, 혈액과 연조직 및 뼈 내의 Pb 함량 증가이다. 이 외에도 Pb 중독증은 여러 가지로 나타나는데, 그것들을 정리하면 다음과 같다.

① 중추신경계의 마비에 의한 자극 전달의 장애
② 세뇨관의 기능 저해에 의한 aminourea와 glucourea
③ 뇌조직의 발육 불량
④ Heme 생성 부진에 의한 빈혈증
⑤ 적혈구의 수명 단축
⑥ 호흡작용 불량에 의한 cytochrome 함량의 감소
⑦ 세균 감염에 대한 저항력 약화
⑧ Interferon의 합성 부진에 의한 바이러스성 질병에 대한 저항력 약화
⑨ -SH기와 결합하여 각종 효소의 활력 저하

8.16.8 비소(As)

As는 체내 각 조직과 체액에 널리 분포되어 있으며, 성인 체내에는 0.04~0.09mg/kg 정도가 함유되어 있고 이 가운데 약 80% 정도는 적혈구에 들어 있다. As의 흡수, 체내 축적 또는 배설은 섭취량과 섭취되는 As의 화학적 형태에 의해서 달라진다. 흡수된 As는 곧 오줌으로 배설되며 가용성 As는 섭취량의 10% 정도가 분으로 배설된다. 비소화합물 중에서 아르사닐산(arsanilic acid)은 돼지나 가금에 있어서 성장촉진제로 쓰이기도 하는데, 이 화합물은 쉽게 흡수 · 이용되며 곧 분으로 배설된다.

보고된 바에 의하면 쥐에 있어서 As 결핍 증세로는 거친 피모와 성장률 저하 등이 있는데, 암쥐보다는 숫쥐가 더 심한 타격을 받는 듯하다. As 역시 과다 섭취하면 ① 어지러움증, ② 구토, ③ 설사, ④ 심한 복통, ⑤ 신체 허약, ⑥ 피로, ⑦ 근육통, ⑧ 말초신경 장애, ⑨ 두통, ⑩ 발작, ⑪ 체중 감소 등 여러 가지 중독증세가 나타난다. 이러한 현상들은 active thiol group(-SH)을 가지는 효소들의 작용이 억제되기 때문이다. 또한 As의 과다 섭취는 갑상선 호르몬과의 길항작용을 유발하여 갑상선의 비대를 가져온다.

8.16.9 보론(B)과 니켈(Ni)

1) 보론(B)

B은 식물체에서는 플라보노이드(flavonoid)의 합성에 필수적으로 요구되는 광물질이지만, 동물에서는 아직까지 어떠한 필수성도 밝혀지지 않고 있다. B은 각 체조직에 널리 퍼져 있으나 뼈 안에 가장 많이 들어 있다. 사료나 식품 내의 B은 결합물이나 산의 형태로 존재하는데, 잘 흡수되고 주로 오줌으로 배설된다. 식물은 동물보다 많은 B을 함유하고 있으며, 두과 목초가 화본과 목초보다 더 많은 양을 함유한다. 또한 식물체의 B 함량은 토양의 B 함량에 따라 상당히 달라진다. B 역시 약간의 중독성이 있는 광물질이지만 체내 축적 현상은 심하지 않다.

2) 니켈(Ni)

생물체의 Ni 함량은 상당히 낮아 밀에는 0.3~0.6mg/kg, 목초에는 0.5~3.5mg/kg 정도이며, 동물에서는 허파에만 약간 많이 들어 있을 뿐 매우 적은 양이 분포되어 있다. 이는 생물체에 의한 Ni의 흡수율이 상당히 낮기 때문이다. 동물의 경우 Ni은 섭취된 것의 1~10% 정도만이 흡수되고 나머지는 분으로 배설된다. 또한 흡수된 Ni도 체내에 거의 축적되지 않고 오줌으로 배설된다. 송아지의 경우 분으로 배설되는 Ni의 양은 오줌으로 배설되는 것보다 20여 배나 많다고 한다.

니켈 결핍증은 닭의 경우에는 황색 지방색소(lipochrome)의 합성이 불량해지 때문에 피부의 착색도가 나빠지며, 다리 뼈가 굽고 굵어진다. 쥐의 경우에는 ① 성장이 불량해지고, ② 번식력이 약화되며, ③ 폐사율이 높아진다. 또한 대개의 경우, Ni의 결핍은 Fe의 흡수를 곤란하게 하여 Fe의 섭취량을 2배로 늘려도 Fe의 정상적인 체내 축적은 불가능하다. Ni은 흡수율이 대단히 낮아서 중독성은 크게 문제가 되지 않는 금속이다.

이상에서 설명한 여러 가지 미량광물질의 공급제와 이들의 원소 함량을 보면 표 8.13과 같다. 사료 내 이들 미량광물질의 공급 부족이 염려되면 사료첨가제로 이들을 사용해야 할 것이다. 대개의 경우, 광물질 공급제를 제조할 때에 필히 넣어야 할 것은 Ca, P, NaCl 등 3개 정도이나 때로는 Zn, Mg, Mn, Fe, Co, Cu 및 I을 첨가하기도 한다.

표 8.14는 NRC 사양표준에 나타난 각 동물별 주요 광물질의 요구량을 정리해 놓은 것인데 동물의 정상적인 성장이나 최대생산능력을 유도하기 위해서는 여기에 표시된 요

표 8.13 미량광물질의 공급제와 원소 함량

미량광물질	화학식	원소 함량(%)	미량광물질	화학식	원소 함량(%)
Mg	MgO	60.3	Co	CoO_4	73.4
	$MgCO_3$	28.8		$CoSO_4$	38.0
	$MgCl_2$	40.6		$CoSO_4 \cdot H_2O$	47.4
	$MgSO_4 \cdot 2H_2O$	9.9		$CoCl_4 \cdot 6H_2O$	28.2
Fe	FeP	77.7	Cu	CuO	79.4
	Fe_2O_3	69.9		$CuSO_4 \cdot 5H_2O$	25.5
	$FeSO_4 \cdot 7H_2O$	18.5	Mn	Mn_3O_4	72.0
	$Fe_2(SO_4)_3$	27.9		$MnSO_4$	36.4
Zn	ZnO	80.3		$MnSO_4 \cdot H_2O$	32.4
	$ZnSO_4$	40.5		$MnSO_4 \cdot 5H_2O$	22.8
	$ZnCl_2$	47.9	I	KI	76.4
			As	AsO_3	75.9

표 8.14 동물의 종류와 생리 상태에 따른 사료 내 광물질 요구량

필수광물질	브로일러[1] (0~3주령)	백색산란계[1] (사료 100g 섭취 시)	돼지[2] (5~10kg)	개[3] (육성, 번식)	고양이[3] (육성, 번식)
다량광물질(%)					
Ca	1.00	3.25	0.80	1.0~2.5	1.0
Cl	0.20	0.13	0.20	0.45	0.3
K	0.30	0.15	0.28	0.6	0.6
Mg	0.06	0.05	0.04	0.04~0.30	0.08
Na	0.20	0.20	0.20	0.3	0.2
P	0.45	0.25	0.65	0.8~1.6	0.8
미량광물질(mg/kg)					
Mn	60	20	4	5.0	7.5
Fe	80	45	100	80~3,000	80
Cu	8	-	6	7.3~250	15
I	0.35	0.035	0.14	1.5~50	0.35
Zn	40	35	100	120~1,000	75~2,000
Se	0.15	0.06	0.3	0.11~2	0.1

[1]NRC(1994), [2]NRC(1998), [3] 최소~최대, AAFCO(2008).

구량보다 더 많이 공급해 주어야 한다. 표 8.14에 나타난 바를 보면 동물의 종류, 체중 또는 연령, 생산 여부 등에 의해서 광물질의 요구량이 달라짐을 알 수 있다. 이 외에도 광물질 요구량에 영향을 미치는 요인들은 ① Ca-P-비타민 D와 같은 무기물과 유기물

표 8.15 동물의 종류와 광물질의 중독 수준[1)]

필수광물질	육계(0~3주)	돼지(1~5kg)	젖소(700kg)	육우(성장기)
다량광물질(%)				
Ca	-	0.9~1.2	0.58~2	1.04~2
Cl	0.20~1.5	0.08~2	-	-
K	0.30~2	0.3~2	0.9~3	0.65~3
Mg	0.06~0.3	0.04~0.3	0.2~0.5	0.1~0.4
Na	0.20~0.7	0.1~2.0	0.18~4	0.08~10
P	-	-	0.37~1	0.70~1
S	0.81	-	0.2~0.4	0.1~0.4
미량광물질(mg/kg)				
Mn	60~4,800	4~500	40~1,000	40~1,000
Fe	80~4,500	100~5,000	50~1,000	1,000
Cu	8~250	6~250	10~100	8~115
I	0.35~300	0.14~800	0.6~50	0.5~50
Zn	40~800	100~2,000	40~500	30~500
Co	200	400	0.10~10	0.10~10
Se	0.15~5	0.3~5	0.3~2	0.2~2
F	400	250	1~100	1~40
Mo	350	-	10	6
As	100	138	50	50
준필수광물질(mg/kg)				
Ba	200	733	-	-
Br	5,000	-	200	200
Sr	6,000	6,700	-	2,000
Ni	500	-	50	-
Vd	25~40	-	10	10
Al	30	-	1,000	1,000
비필수광물질(mg/kg)				
B	-	-	150	150
Pb	20	11	30	30
Sn	25	-	-	-
Cr	300	-	-	3,000
Hg	5	2	0.2	0.2
Au	-	-	-	-
Ag	900	-	-	-
Cd	3	0.5	0.5	0.05

1) '~' 로 표시된 수치는 최소요구량~최대허용량임.

간의 상호작용, ② 생산능력, ③ 사양관리방법, ④ 동물의 영양상태, ⑤ 사료의 물리 · 화학적 특성 등이다.

표 8.16 광물질의 주요 공급원, 결핍증과 중독증

광물질	결핍증	중독증	공급원
필수광물질			
Ca	근육경련증, 대사율 증가, 구루병, 골다공증, 활동량 감소, 조류의 산란율 저하	구토, 체중 감소 신장의 Ca 침착	육제품, 인산칼슘 육골분, 어분 석회석, 폐분
Mg	혈압 강하, 신경과민증, 발한 그래스테타니(근육경련)	설사, 식욕부진 빈혈, 신경 이상	대두박, 청초 옥수수, MgO
Na	에너지 축적 불량, 부신비대 체지방, 체단백질합성 불량 뼈의 연화, 번식능력 감퇴	가려움증, 변비 보행 이상, 신경마비	NaCl, Na_2SO_4
K	근육약화 또는 경련 구토, 설사	테타니(근육경련) 증체량 감소, 피모 불량	KCl, K_2CO_3
P	근육경련증, 구루병 골다공증, 대사율감소	근육마비증, 식욕부진	유제품, 인산칼슘 육골분, 어분
Cl	체중감소, 근육경련 혈중 질소화합물 배설 촉진 구토, 설사	가려움증, 변비, 보행 이상, 신경마비	NaCl, KCl
S	소화율, 유생산량 감소 (주로 반추동물에서)	식욕부진, 허약, 후각기능 상실	곡류 부산물, 어분 화본과 목초
Mn	골격 형성이상, 성성숙지연 각약증, 배란 이상, 약자생산 실조증, 번식장애, 성장장애 정충생산 부진 지방, 탄수화물 대사 이상	혈청 내 Fe와 Hb 농도 감소 일시적 마비현상	견과류, 곡류 곡류부산물, $MnCl_2$
Fe	적혈구 수 감소, 점막위축증 소화기 질병, 위의 무염산증 빈혈증	구루병, 식욕부진 혈청 내 P 수준 감소	난황, 청초, 우유 간, 콩과식물
Cu	빈혈증, 보행실조증, 골격 이상 모발 및 양모의 색소 침착	근위침식, 장염 폐사율 증가, 황달 용혈에 의한 빈혈	소간, 굴, CuO $Cu(OH)_2$, $CuSo_4$
I	곱추증, 갑상선 비대 난생산 저하	난 생산 저하, 사산 기침	어분, 육골분, KI 알팔파
Zn	소장에서 Zn 흡수불량 사료이용성 감소 모발 퇴색	빈혈, 모발 탈색 관절염, 폐사율 증가 위염, 과다출혈	굴, 해산물, 견과류
Co	활력 상실, 쇠약증, 피모불량 적혈구 생성불량(악성빈혈증) 체중 감소, 비유량 감소	빈혈(Fe 흡수 불량) 증체율, 식욕 저하 구토, 척추신경 마비 갑상선 점액부종	$CoCO_3$, $CoSO_4$
Se	근육위축증, 삼출성소질 근육백화증, 간괴사증 췌장섬유증, 태반정체	과다한 타액분비 식욕감퇴, 시야장애 장골이상, 피모부실 전신마비 발굽의 이상 성장	청어, 연어, 버터
F	번식장애, 빈혈, 충치 골다공증, 골격 이상	연골증, 뼈의 색소 침착 후구마비	인광석, 생선, 물

표 8.16 (계속)

광물질	결핍증	중독증	공급원
Mo	요나 allantoin 배설 정지	심한 설사, 탈모증, 부종 유생산 감소 정충생산 부진	콩, 밀배아, 간
As	피모 불량, 성장률 저하	어지러움증, 구토, 설사 심한 복통, 말초신경장애	생선, 굴, 새우
Si	성장지연, 피부 점막에 빈혈증, 치아 착색 불량 뼈의 탄력성 불량		볏짚, 건초
준필수광물질			
Ba	성장지연	심한 진통, 설사 출혈, 중추신경 마비	토양과 모든 식물
Br	–	후구마비, 성장지연 신장 및 췌장 증대	물, 공기, 토양
Sr	성장지연, 뼈와 치아의 석회화	성장지연, 운동실조 Ca 축적률 감소	물, 공기, 토양
Ni	번식장애, 성성숙 지연 지방색소 탈색	구토, 타액의 과다분비 식욕부진, 장기무게 감소 질소축적률 감소	물, 공기, 토양
Vd	깃털 성장불량, 번식력 저하	설사, 폐사, 장염 간과 내장출혈	인광석, 인산칼슘
Al	성장지연	인의 흡수저해, 구루병 인산화반응 억제 골회분량 감소	토양, 인산염
Pb	–	중추신경 마비, 빈혈 신장세뇨관의 역기능	토양, 공기, 물, 깡통
비필수광물질			
B	–	식욕부진, 설사 다리염증 및 종양	토양, 두과 목초
Sn	–	식욕부진, 근육약화 지방분해, 간괴사	깡통, 지의류
Cr	–	단백질 응고와 산화작용 피부염, 호흡작용 이상 비경의 궤양	간, 당밀
Hg	–	전율, 현기증, 뇌마비	물, 토양
Ag	–	은침작용(피부), 간괴사 심장 확장, 소낭위축	$AgNO_3$
중독광물질			
Cd	–	기종, 사산, 고질적 폐병	산업쓰레기, 건전지 인산질 사료

표 8.15는 지금까지 연구된 동물의 종류에 따른 광물질 중독 수준을 총괄해 놓은 것으로, 동물의 종류에 따라서 중독 수준이 다르다는 것을 알 수 있다. 주요 광물질의 요구량과 중독 수준의 차이를 비교하기 위해서 중독 수준 앞에 요구량을 표시해 두었다. 이 표에 의하면 요구량과 중독 수준 사이에 다량광물질은 10배 이상, 미량광물질은 100배 이상 차이를 두지만 Ca, Mg, P, S, Cu, Zn 등은 축종에 따라 2~3배 차이밖에 나지 않는 경우도 있다. 그러나 아직까지 많은 광물질의 중독 수준이 보고되지 않고 있어서, 좀더 정확한 수준을 결정하려면 앞으로 더 많은 연구와 노력이 요구된다.

표 8.16은 광물질의 주요 결핍증과 중독증을 요약해 놓은 것으로, 대부분의 광물질이 중독증상과 결핍증상이 유사하다는 것을 알 수 있다. 사료섭취량과 증체량 감소가 결핍증과 중독증의 공통적인 증세로 나타나고 있으며 중독 수준을 결정하는 데 중요한 척도로 사용된다.

8.17 반추위 내에서의 광물질 대사작용

반추위액 내에서 다량광물질의 중요한 기능은 ① 완충작용에 의한 적정 산도의 유지, ② 산화 · 환원력의 유지, ③ 적당한 삼투압의 유지 등으로써 반추위 미생물의 성장과 이들의 영양소 대사작용을 조절한다.

반추위 내 광물질 함량은 타액의 분비량이나, 반추위를 통과하거나 흡수되는 사료의 종류에 의해 달라진다. 위액 내의 Na, K, Ca, Mg의 함량은 사료 건물 섭취량이나 건초의 섭취 비율에 의해서는 영향을 받지 않고, 시간의 경과에 따라서 Na의 함량은 증가하고 K의 함량은 감소한다. 이와는 달리 P의 함량은 NaCl의 섭취량이 감소함에 따라 증가하였다고 한다.

사료, 반추위액 및 반추위 미생물 내 광물질의 함량은 표 8.17에 나타난 바와 같이 이들 세 가지의 광물질의 함량은 각각 다르다. 반추위 박테리아의 체구성성분인 여러 가지 광물질은 모두가 사료에서 오는 것인데, 사료와 박테리아의 다량광물질 함량을 비교하면 박테리아 내의 K, Na, P, S 등은 사료 내의 함량보다 상당히 높고 Ca과 Mg의 함량은 거의 비슷하다. 또한 미량광물질 함량은 박테리아가 훨씬 높은데, 그 함량 증가도는 Co, Se, Fe, Mo, Zn, Ni, Cu, Mn 등의 순이다. 또한 동물의 체내에서 명확한 필수성이 밝혀지지 않은 Al, Bo, Ba, Cd, F, Sr 등도 박테리아의 함량이 훨씬 높다.

표 8.17 사료(건초), 반추위액 및 반추위 박테리아의 광물질 함량

광물질	광물질 함량			
	화분과 건초 (건물)	반추위액 (자연상태)	반추위 박테리아	
			광물질 함량	함량 증가분(%)
다량광물질(%)				
Ca	0.66	0.036	0.88	33
K	0.90	0.120	2.10	133
Mg	0.29	0.014	0.29	0
Na	0.54	0.360	3.60	567
P	0.29	0.0360	3.60	567
S	0.19	0.0042	0.78	311
미량광물질(mg/kg)				
Al	46.0	1.30	265.0	476
B	4.3	0.42	16.0	272
Ba	26.0	0.70	37.0	42
Cd	0.10	0.03	0.50	400
Co	0.08	< 0.01	3.75	4,587
Cr	< 3.00	< 0.15	< 1.50	-
Cu	12.00	0.83	22.0	83
F	22.00	1.52	82.0	273
Fe	66.00	2.00	525.0	695
Mn	70.0	2.90	230.0	35
Mo	1.20	<0.10	6.20	417
Ni	2.0	0.02	7.0	250
Se	0.03	0.0008	0.50	1,567
Sr	22.0	2.30	46.0	109
Zn	22.0	0.16	92.0	318

8.17.1 다량광물질의 반추위 내 대사작용

대부분의 다량광물질은 반추위 미생물의 성장을 자극하고 도우며, 이들 미생물의 셀룰로오스 소화능력을 향상시키거나 휘발성 지방산 생성을 촉진한다.

① Ca은 원생동물에 의한 휘발성 지방산의 생산을 촉진한다(셀룰로오스의 소화촉진).

② Mg도 휘발성 지방산의 생성을 촉진하나, 이것이 결핍되면 사료의 섭취량이 떨어지고 셀룰로오스의 소화율도 떨어진다. S과 P을 함께 공급하면 소화율을 증진시킬 수 있다.

③ K은 반추위 박테리아의 성장에는 필요하지만 휘발성 지방산의 생성을 촉진하지는 않는다. K과 Na의 공급 비율이 중요시되는데, 고수준의 K(100~400mg/L)에서 Na은 셀룰로오스의 소화를 촉진한다.

④ Na과 Cl는 대개 NaCl의 형태로 공급되는데, 이 두 원소는 반추위 내에서 박테리아를 자극하여 각각 휘발성 지방산의 생성을 촉진하거나 셀룰로오스의 소화를 촉진한다.

⑤ P은 반추위 내 미생물의 성장이나 셀룰로오스의 소화를 위해서 필요한 광물질인데, 단위동물에서와는 달리 반추위 미생물은 피틴(phytin)태인도 잘 이용한다.

⑥ S은 셀룰로오스의 소화를 촉진하며, 다량의 함유황아미노산이 미생물 단백질에 함유되어 있다. 반추위 미생물은 아황산염을 황산염보다 잘 분해 · 이용하지만 무기황산염도 이용할 수 있다.

8.17.2 다량광물질의 상호작용

1) S-P-Cu의 상호작용

S과 P은 서로 셀룰로오스의 소화율을 향상시키는 효과를 나타내는데, 여기에 Cu를 첨가하면 셀룰로오스의 소화율은 저하된다.

2) P-Mo의 상호작용

P은 sulfides의 생성을 저해하는데, Mo의 첨가는 이러한 현상을 심화시킨다.

3) Ca-P-Mg의 상호작용

Ca이 없는 상태에서 P은 셀룰로오스의 소화를 저해하는데, 여기에 Ca를 첨가하면 셀룰로오스 소화율 저해 현상은 사라지게 된다. Mg 결핍 시에 P은 셀룰로오스의 소화율을 떨어뜨리지만 Mg을 추가로 공급하면 이러한 현상은 사라지고, Ca과 Mg 사이에서도 이와 같은 현상이 나타난다. 이들 세 가지 광물질 중에서 어느 한 가지가 모자라거나 과다하면 이들 세 물질 간의 활성상의 균형이 파괴되지만, 다시 균형을 유지해 주면 이러한 대사저해 현상이 사라지게 된다.

8.17.3 미량광물질의 반추위 내 대사작용

미량(1~2mg/kg)의 광물질은 반추위 미생물의 성장을 촉진하며, Fe의 급여량을 좀 더 늘리면 미생물 단백질의 합성량도 증가한다. 그러나 1,000mg/kg 이상의 Fe을 공급하면 미생물의 성장과 대사작용이 억제된다.

① Cu는 셀룰로오스의 소화를 촉진하며 단백질, 아미노산, 탄수화물의 대사를 활성화시켜서 미생물 단백질의 합성을 증가시킨다.
② Co가 셀룰로오스 소화율에 어떤 작용을 하는지 아직 불확실하지만 반추위 미생물은 Co를 이용하여 수용성 비타민 B_{12}(cobalamin)를 합성한다. 그러나 다량의 Mo를 공급하면 이 합성작용이 저해된다.
③ Mn은 반추위 내에서 착염(chelate)을 형성하는 기능을 가졌으며, 박테리아나 원생동물의 셀룰로오스 분해 능력을 돕는다. 또한 Mn은 여러 가지 중요한 효소의 보조인자, 즉 조효소로서 작용한다.
④ Mo은 Cu와 함께 셀룰로오스의 소화율과 휘발성 지방산 생성을 증진한다.
⑤ Zn은 셀룰로오스의 소화를 억제하는 효과를 가졌으나, 여러 가지 효소의 조효소로서 작용한다.

이 외에도 아직까지 정확한 영양·생리적 기능이 알려지지 않은 미량광물질들로는 Vd, Cd, Cr, Sr 등이 있으며, Se은 glutathione peroxidase, I는 갑상선호르몬의 합성에 관여한다고 알려져 있다. 미량광물질이 셀룰로오스의 소화를 촉진하거나 중독증을 나타내는 수준들을 요약하면 표 8.18과 같다.

표 8.18 박테리아에 대한 광물질의 셀룰로오스 소화율 촉진 수준과 중독 수준(mg/kg)

원소	촉진 수준	중독 수준	원소	촉진 수준	중독 수준
B	–	300	I	20	1,000 이상
Ba	–	30	Mn	5~30	100
Br	–	1,000 이상	Mo	10~200	500 이상
Cd	1~7	10	Ni	–	0.5
Co	1~3	7	Rb	20~50	1,000 이상
Cr	1~3	10	Se	–	7
Cu	0~0.1	1	Sr	10~15	200
F	–	0.5	Vd	–	5
Fe	2~5	100	Zn	2~10	20

8.18 광물질 킬레이트(mineral chelate)

8.18.1 광물질 킬레이트의 중요성

킬레이션(chelation)의 어원은 그리스어의 "chel"로부터 왔는데 이는 영어의 claw, 즉 발톱이란 뜻이다. 즉, 광물질이 ligand에 의해 발톱으로 잡히듯이 결합한다는 뜻이다. 킬레이션은 새로운 개념이 아니라 식물이나 동물에 있어서 광물질의 흡수나 대사를 원활히 수행하기 위하여 자연스럽게 이루어지는 생명의 기본 활동이다. 예를 들어 혈색소에 들어 있는 철분은 킬레이트(chelate)되어 있다. 만약 철분이 혈색소 분자 내의 아미노산과 킬레이트되어 있지 않다면 산소와 결합할 때 산화철로 변하여 생명이 중지될 것이다. 엽록소에 들어 있는 마그네슘도 역시 킬레이트되어 있으며 만약 Mg이 킬레이트되어 있지 않다면 광합성이 일어날 수 없을 것이다.

이와 같이 광물질의 킬레이션(chelation)은 생물에 있어서 절대적으로 필수적인 화학작용이다. 킬레이션의 의미를 동물영양학의 테두리 안에서 말한다면 2가 광물질이 한 개 또는 그 이상의 아미노산과 공유결합과 이온결합을 통해 heterocyclic ring을 형성하는 것을 말한다. 이러한 킬레이트 상태의 광물질은 다른 형태의 광물질, 예를 들어 산화태나 인산태보다 생물 체내에서 존재하는 자연 상태의 광물질과 더 유사하며 결과적으로 흡수 이용률이 높다. 따라서 동물영양학에서는 Zn, Fe, Mn, Cu, Ca, Co, Se과 같은 광물질을 킬레이트하여 공급함으로써 필수광물질의 이용률을 높이고 가축의 생산성을 향상시키는 것이 중요한 관심사로 대두되어 왔다. 특히 영양소 요구량 이상으로 사용되어 super normal level, super nutritional level 또는 pharmacological level로 불리는 고수준으로 사용하는 광물질들(Cu, Zn 등)은 배설량 과다로 가축분의 발효 처리에 영향을 줄 수 있으며 가축분을 유기질 비료로 사용 시 광물질이 토양에 과다하게 축적되므로 킬레이션의 필요성이 강조되고 있다.

킬레이트된 광물질이 무기태 광물질보다 흡수 이용율이 높을 것이라는 기대 때문에 1960~70년대에는 EDTA, NTA, gluconate 등을 이용한 킬레이트된 광물질 제조와 이용이 활발하게 전개되었다. 그러나 그 결과는 기대치 이하였다. 그 이후 아미노산과 가수분해 단백질을 이용한 킬레이트가 개발되었는데, 과거에 실패한 "chelate"의 이미지를 피하기 위해 이를 metal proteinates라고 불렀다. 그리고 킬레이션 여부에 관계없이 가용성 광물질염을 아미노산과 결합시킨 물질은 metal amino acid complex라고 부른다.

AAFCO의 metal amino acid chelate에 대한 정의는 가용성 광물질염으로부터 용해된 1개의 광물질 이온과 아미노산 1~3(2가 가장 적합)분자가 배위공유결합한 화합물질을 말한다. 아미노산의 평균 무게는 150dalton 그리고 킬레이트의 무게는 800dalton을 초과하지 않아야 하고 최소 광물질 함량과 아미노산의 종류를 명시해야 한다. 킬레이트의 종류는 다양하나 흡수 이용이 잘 되기 위해서는 몇 가지 조건에 부합되어야 한다.

① 광물질은 아미노산과 킬레이트를 만들 것
② 체내에서 잘 이용될 수 있는 제품을 만들기 위해서는 체내에서 일어나는 것과 비슷한 산, 알칼리, 효소를 이용하여 킬레이션할 것
③ 장 점막 세포를 통과하기 위해서는 킬레이트의 분자량이 1000 이하일 것
④ 생체 내에서 만들어지는 킬레이트와 같게 만들 것
⑤ 제조된 킬레이트는 pH 변화에 대한 완충능력을 부여하여 안정성이 유지될 것

8.18.2 킬레이션의 기본원리

앞에서 잠깐 언급한 바와 같이 킬레이션은 ligand라고 불리는 킬레이팅 물질 속의 원소가 금속과 2개 이상의 bond를 형성함으로써 하나 또는 그 이상의 고리를 가진 환상물질을 만드는 것을 말한다. 그림 8.2에서 보는 것은 1개의 환상고리를 가진 Zn + cystein chelate이다. 그림 8.3은 두 분자의 글리신(glycine)이 Cu^{2+}과 결합하여 2개의 환상고리를 가진 dipeptide-like 킬레이트를 만드는 것을 보여 주고 있다. 이들은 그림에서 보는 바와 같이 두 가지 형태의 이온결합, 즉 ionic bond와 공유결합으로 되어 있는데 공유결합은 2개의 전자가 모두 ligand에 의해 공급되는 coordinate covalent bond가 킬레이션에 필요하다. Ligand가 금속과 결합하여 킬레이트를 만들기 위해서는 전자 한

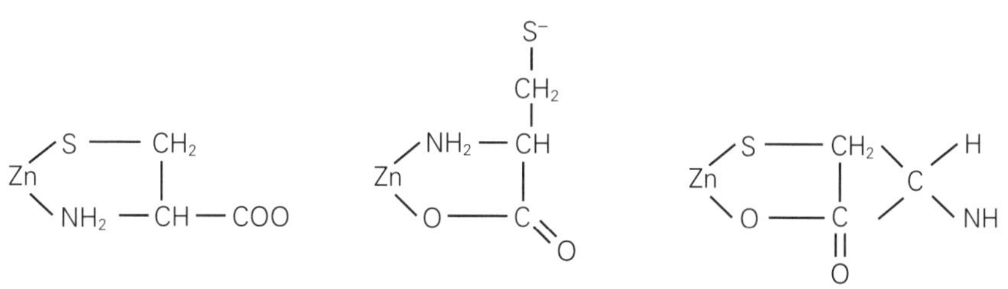

그림 8.2 아연(Zn)의 cystein amino acid chelates

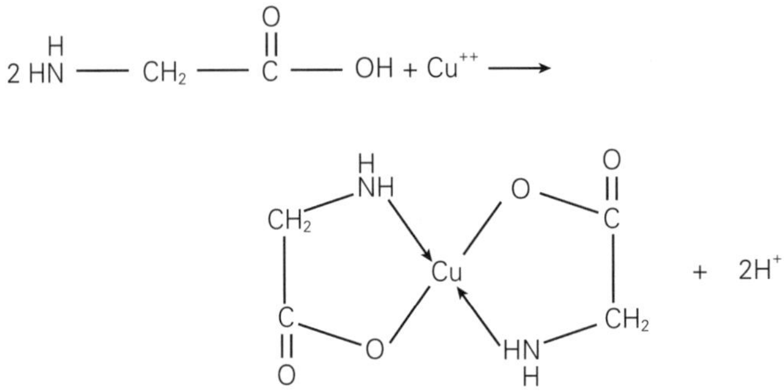

그림 8.3 구리(Cu)의 dipetide-like chelate 형성

쌍을 공여할 수 있는 2개 이상의 전자공여 원소를 가지고 있어야 하는데, 일반적으로 분자량이 작고 음전하가 강한 산소, 질소, 유황(그림 8.2 참조) 등이 이에 속한다.

킬레이트는 5각형과 6각형이 가장 흔한데 일반적으로 5각형 킬레이트가 가장 안정적이다. 가장 흔한 ligand로는 공여체로 1개의 염기 그룹을 가진 아미노산들이 대체로 이 그룹에 속한다. 이들 중에서 가장 간단한 ligand는 glycine(NH_2CH_2COOH)이다. 금속이온에 특히 친화력이 있는 아미노산으로는 히스티딘(histidine)과 시스테인(cystein)을 들 수 있는데, 히스티딘은 imidazole ring을 갖고 있고 cystein group은 thiol group을 가지고 있어 이들이 금속과 결합하는 데 참여할 수 있기 때문이다. 하나의 금속이온을 가지고 형성된 킬레이트의 안정성은 킬레이트 고리(chelate ring)의 숫자에 의해서 영향을 받는다. 자연 상태에서는 킬레이트 고리의 숫자가 많을수록 안정적인데, 예를 들어 heme은 1개의 철분을 4개의 고리로 둘러싼 킬레이트로 매우 안정적이다. 또한 ligand에 2개 이상의 전자공여 원소가 있는 multidentate chelate는 금속이온의 외곽과의 연결수가 많으므로 bidentate chelate보다 더욱 안정적이다. 하지만 자연 상태에서는 모든 킬레이트가 가장 안정한 쪽으로만 만들어지는 것은 아니다.

8.18.3 킬레이트된 광물질의 흡수

광물질이 섭취되면 광물질의 화학적 형태에 따라 장점막을 통해 흡수되는 기작이 달라진다. 만약에 광물질이 수용성 염의 형태로 점막에 이르면 양이온으로 활성흡수에 의해 이동되며 약간은 확산작용에 의해 이동된다. 만약에 광물질이 dipeptide-like 아미노산 킬레이트 형태로 공급되면 활성흡수와 확산작용에 의해 흡수가 되지만 이온흡수와는 다른 기작에 의해 흡수가 된다. 양이온의 흡수는 소장 어느 부위에서나 일어날 수 있겠지만 비교적 pH가 낮아서 용해성을 유지할 수 있는 십이지장 부위에서 많이 일어난다. 한편 dipeptide-like chelate의 금속은 위와 같은 이온화 과정을 거치지 않고 dipeptide가 흡수되는 것과 비슷한 방법으로 2개의 아미노산 고리 사이에 위치하여 '밀수' 되듯이 점막세포로 흡수된다. 아미노산 고리가 하나일 때는 2개일 때보다 금속이온의 노출이 심하기 때문에 안정성이 떨어진다. 추가적인 가수분해 없이 세포막을 통과하기 위해서는 분자량이 1,500 이하의 dipeptide-like 아미노산 킬레이트여야 한다. Dipeptide-like 아미노산 킬레이트는 장 내의 단백질 분해 효소에 대해서는 저항이 강한데 이는 분자 내의 양이온이 존재하기 때문인 것으로 보이며 위 내의 산성 pH에서도 잘 견딘다. Dipeptide-like 아미노산 킬레이트의 흡수가 최대로 일어나는 곳은 십이지장의 이온 흡수 장소를 지나서이다. Dipeptide-like 아미노산 킬레이트가 점막세포에 도달하면 세포막에 존재하는 트리펩티드(tripeptide)인 글루타티온(glutathione)의 γ-glutamyl linkage에 붙어서 세포막을 통과하게 된다.

킬레이트를 세포 내에서 운반하는 수송체(carrier)는 아직 발견되지 않고 있기 때문에 점막세포 기저부까지의 이동은 삼투압이나 확산에 의한 것이 아닌가 한다. 아미노산 ligand로부터 금속이온이 떨어지는 것은 pH가 변화되는 기저부에서이다. 이때 일어나는 가수분해는 효소의 작용과 킬레이트의 안정계수를 낮추는 산에 의한 것으로 보인다. 어떠한 이온결합도 pH의 변화에 의해 끊어진다. Dipeptide-like 아미노산 킬레이트가 가수분해되면 하나의 ligand만 제거되고 금속이온은 단일 아미노산 킬레이트로 남아 혈청으로 흡수될 확률이 높다.

8.18.4 광물질 킬레이트의 급여효과

1) 구리(Cu) 킬레이트

Cu는 체내 필수광물질로서 cytochrome oxidase, lysyl oxidase, ceruloplasmin, superoxide dismultase 등과 같은 여러 가지 중요 효소들의 보조인자로 작용한다. 특히 Cu를 영양소 요구량보다 훨씬 높은 수준인 125~250ppm을 급여 시 육계와 돼지의 사료 효율과 성장률이 개선되었다는 많은 보고가 있다. 근래에 와서는 Cu를 다량 급여 시 육계의 가슴살과 혈장 콜레스테롤과 중성 지방을 감소시켰다는 보고가 있었고 난황의 콜레스테롤도 감소시킬 수 있다는 보고도 있었다. 또한 최근에는 Cu가 성장호르몬의

표 8.19 구리(Cu) 킬레이트의 급여 효과

축종	Cu 공급원(ppm)	무첨가 대조구와의 차이(%)		
		증체량	사료 섭취량	사료 전환율
쥐	$CuSO_4$, 200	−7.0	−5.3	1.9
	Met-Cu, 200	−7.5	−3.7	3.8
	FM-Cu, 200	−6.3	−3.0	3.4
육계	Met-Cu, 50	2.55	12.14	1.91
	Met-Cu, 100	0.64	5.39	−0.38
	Met-Cu, 150	1.78	8.12	−0.19
	Met-Cu, 200	2.82	3.10	−3.88
돼지	$CuSO_4$, 200	7.5	−5.9	−3.8
	Met-Cu, 100	10.1	0.4	−1.9
	Met-Cu, 200	8.2	9.6	0.0

$CuSO_4$; $CuSO_4 \cdot 5H_2O$, Met-Cu; methionine copper chelate, FM-Cu; fish meal digest Cu complex.

분비를 촉진시키는 것으로 알려져 있다. 그동안 실시한 사양시험의 결과는 표 8.19에 요약한 바와 같은데, Cu의 첨가 효과는 축종 간에 차이가 있어 돼지에서 가장 뚜렷한 효과가 있었고 육계에서도 생산성 개선 효과가 있었으나 쥐에서는 오히려 성장률을 감소시켰다. 또한 methionine-Cu의 생산성 개선 효과는 돼지나 육계에서 항상 나타났는데 100~125ppm(Cu)에서 200ppm보다 더 좋은 결과를 보여 주었다(Paik, 2001).

2) 아연(Zn) 킬레이트

Zn는 carbonic anhydrase의 구성 성분으로 동물에 있어서 필수영양소라는 것이 밝혀진 후 여러 가지 metalloenzymes(alcohol dehydrogenases, carboxy peptidase, alkaline phosphatase, thimidine kinase, RNA와 DNA polymerase 등)에도 들어 있으며 단백질과 탄수화물 대사에 관여한다는 것이 밝혀졌다. 또한 Vohra와 Kratzer(1964)에 의하면 닭의 성장률은 Zn-킬레이트의 안정계수(stability constant)에 의해 영향을 받는데 계수가 15 정도에서 성장률이 가장 좋았다(그림 8.4).

근래에 와서 이유자돈 사료에 2,000~3,000ppm 또는 그 이상의 Zn을 oxide 형태로 급여하면 이유자돈의 성장률이 향상된다는 결과가 여러 차례 보고되었다. Zn-methionine 킬레이트와 ZnO를 비교 실험한 결과를 요약하면 표 8.20과 같다(Paik, 2001).

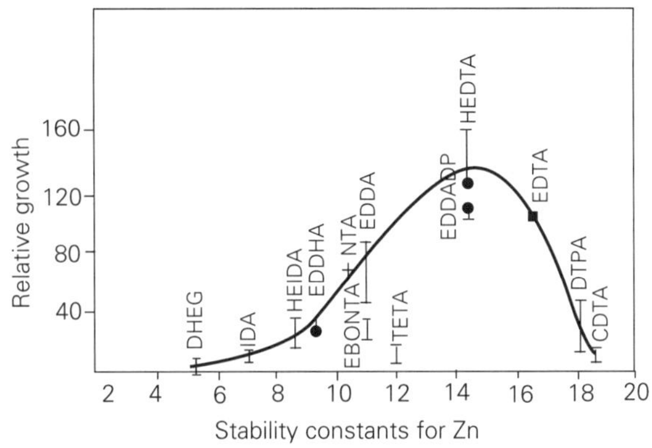

그림 8.4 닭의 성장률에 미치는 아연(Zn)의 안정계수

표 8.20 산화아연(Zinc oxide)과 킬레이트(Met-Zn)의 급여효과

실험	아연 공급원, ppm	대조구(ZnO, 100ppm)와의 차이(%)		
		증체량	사료 섭취량	사료 전환율
1	ZnO, 200	8.3	9.6	0.5
	Met-Zn, 100	3.0	3.0	0.5
	Met-Zn, 200	18.8	15.1	−3.8
2	ZnO, 1000	10.0	9.2	−1.4
	ZnO, 2000	11.0	12.8	1.4
	Met-Zn, 100	15.6	15.9	0.0
	Met-Zn, 1000	6.5	12.2	7.6
	Met-Zn, 2000	−2.0	9.4	11.7

Met-Zn; methionine-Zn chelate.

3) 철분(Fe) 킬레이트

오랫동안 동물들은 자연에서 철분의 결핍 없이 살아왔다. 토양에 들어 있는 대부분의 철분은 일부 미생물에 의해 만들어진 킬레이트로 존재한다. 그러나 최근에 와서 사양관리체계의 변화로 인하여 가축(특히 돼지)은 흙과 접할 기회가 없어지고 콘크리트 바닥에서 사육됨으로써 철분의 결핍 가능성이 높아지게 되었다. 철분은 흡수된 후에 주로 헤모글로빈이나 시토크롬(cytochrome)의 합성에 사용되는데, 이들의 구성 성분인 헴(heme)은 4개의 고리를 가진 철분 킬레이트이다.

어린 돼지의 경우는 철분 결핍에 의한 빈혈증이 발생하기 쉽다. 이는 어린 돼지의 성장속도가 빨라 생후 3주령이면 생시 체중의 4~5배에 달하는데 비해 출생 시 간의 철분

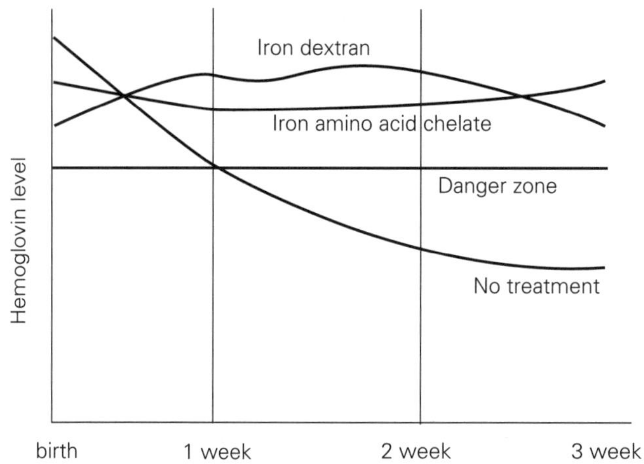

그림 8.5 모돈에서 철분 급여가 자돈(태아)의 헤모글로빈 수준에 미치는 효과

함량이나 모유 내의 Fe 함량이 충분하지 못하기 때문이다. 따라서 어린 돼지의 빈혈을 방지하기 위해서는 어미에게 충분한 Fe을 급여하여 태아에게 충분한 양의 Fe이 축적되게 하든지 아니면 출생 후 즉시 Fe을 공급(주사나 구강 투여)해야 한다. 과거에는 모돈에게 투여한 Fe은 자돈에게로 이행되지 않는 것으로 알려져 왔다. 그러나 모돈에게 Fe-킬레이트를 급여한 경우 철분이 태아에게 이행되는 것을 보여 주었다(그림 8.5).

4) 광물질 형태별 흡수율

지금까지 고찰한 Zn, Fe, Ca 킬레이트 이외에도 여러 가지 광물질의 아미노산 킬레이션(amino acid chelation)이 연구되고 있으며 이들의 실용화에 대한 관심이 높아지고 있다. 표 8.21에서는 자돈에서 Cu와 Mg 그리고 Fe, Zn의 무기태 및 킬레이트의 흡수율을

표 8.21 킬레이트 광물질의 흡수율[1)]

	대조구	Animal protein chelate	Plant protein chelate	Whey chelate	Carbonate	Sulfate	Oxide
Copper	미량	33	35	17	12	8	11
Magnesium	7	94	57	52	77	36	23
Iron	23	298	130	80	82	78	61
Zinc	14	191	191	126	87	84	66

[1)]건조 장점막 조직 내 광물질 함량을 ppm으로 표시.

비교한 결과를 보여 주는데 금속의 종류와 킬레이트 및 무기태의 종류에 따라 흡수율에 큰 차이가 있음을 보여 주고 있다.

참고문헌

노선호. 2001. 양계영양학. 신광.

노선호. 2002. 양어영양학. 신광.

지규만 등. 2008. 동물사양학. 유한문화사.

한인규 등. 1996. 동물영양학. 신광.

한인규 등. 2000. 양돈 영양과 사료. 서울대학교.

AAFCO. 2008. Official Publication of Association of American Feed Control Officials Inc.

ARC. 1980. The Nutrition Requirements of Ruminants Livestock.

ARC. 1981. The Nutrition Requirements of Pigs.

Cheeke, P. R. 2005. Applied Animal Nutrition. 3rd ed. Pearson Prentice Hall.

Church, D. C. 1988. Digestive Physiology and Ruminant Nutrition. 2nd ed. O&B Books.

Eckert, H. and D. Randell. 1978. Animal Physiology. W. H. Freeman and Company.

Guthrie, H. and J. E. Andrews. 1971. Introductory Nutrition. 2nd ed. The C. V. Mosby Company.

Harper, H. A., V. W. Rodwell, and P. A. Mayes. 1977. Review of Physiological Chemistry. 17th ed. Lange Medical Publications.

Hegsted, D M., C. D. Chichester, W. H. Darby, K. W. McNutt, and R. M. Stavely. 1976. Present Knowledge in Nutrition. 4th ed. The Nutrition Foundation, Inc.

Jurgens, M. H. and K. Bregendahl. 2007. Animal Feeding and Nutrition. 10th ed. Kendall/Hunt Publishing Company.

Kellems, R. O. and D. C. Church. 2002. Livestock Feeds and Feeding. 5th ed. Prentice Hall.

Lewis, A. J. and L. L. Southern. 2001. Swine Nutrition. 2nd ed. CRC.

NRC. 1994. Nutrient Requirements of Poultry. National Academy of Sciences.

NRC. 1998. Nutrient Requirements of Swine. National Academy of Sciences.

NRC. 2000. Nutrient Requirements of Beef Cattle. National Academy of Sciences.

NRC. 2001. Nutrient Requirements of Dairy Cattle. National Academy of Sciences.

NRC. 2006. Nutrient Requirements of Dog and Cat. National Academy of Sciences.

Nutrients and Toxic Substances in Water for Livestock and Poultry. 1974. National Academy of Sciences.

Paik, I. K. 2001. Applicationof chelated minerals in animal production.Asian-Aust. J. Anim. Sci. 14. Special Issue: 191-198.

Perry, T. W., A. E. Cullison, and R. S. Lowrey. 2003. Feeds and Feeding. 6th ed. Prentice Hall.

Pond, W. G., D. C. Church, K. R. Pond, and P. A. Schoknecht. 2005. Basic Animal Nutrition and Feeding. 5th ed. John Wiley & Sons, Inc.

제9장

면역 및 유전과 영양

9.1 면역과 영양

면역

단백질

탄수화물

지방

비타민

광물질

9.2 유전자와 영양

단세포생물과 다세포생물에서의 유전자 발현

영양소와 유전자 발현

영양소 형태에 따른 유전자 발현 조절

9.1 면역과 영양

9.1.1 면역

면역(immune)은 로마시대 귀족이 세금을 면제받는다는 의미의 법률 용어인 immunitas라는 라틴어에서 유래되었으며, 역사적 측면에서의 면역은 질병, 특히 감염성 질병으로부터 보호를 받는다는 뜻으로 쓰였다. 면역체계는 면역에 관여하는 세포와 다양한 분자들로 구성되어 있는데, 이들의 외부 물질에 대한 반응을 면역반응이라 한다. 면역체계의 가장 중요한 기능 중 하나가 감염성 미생물로부터 개체를 방어하는 것이지만, 반드시 감염성 미생물만 면역반응을 유도하는 것은 아니며 다양한 비감염성 외부 물질들도 면역반응을 유도할 수 있다. 또한 감염으로부터 보호하고 외부 물질을 제거하는 정상적인 면역작용기전이 어떤 경우에는 조직 손상과 질병을 초래할 수도 있다. 면역학은 생물체가 미생물을 포함한 외부 항원과 만난 후 개체 내 세포와 분자의 상호작용에 의한 다양한 면역반응을 연구하는 학문이다.

1) 면역세포의 구성과 분류

산소를 운반하는 적혈구, 손상된 조직에서 혈액응고를 촉진하는 혈소판, 그리고 면역계의 백혈구를 포함한 혈액 속의 모든 세포 성분은 골수 속 전구세포인 조혈모세포(hematopoietic stem cell)에서 유래한다. 이 모세포에서 혈액 속의 여러 가지 다른 세포들이 생기기 때문에 모세포를 다기능 조혈모세포(pluripotent hematopoietic stem cells)라고도 한다(그림 9.1).

다기능 조혈모세포는 크게 두 가지의 전구세포로 분화되는데 그중 하나가 골수계 전구세포(common myeloid progenitor)이다. 골수계 전구세포는 선천성 면역계 세포인 대식세포(macrophages), 과립구(granulocytes), 수지상세포(dendritic cells), 그리고 비만세포(mast cells)로 분화한다. 대식세포는 혈액을 순환하는 단핵세포가 조직에서 분화하여 성숙한 형태를 말하며 거의 모든 조직에 분포되어 있다. 대식세포는 과립구 및 수지상세포와 함께 면역체계의 식세포 세 종류 중 하나이며, 주로 식균작용을 통해 침범한 미생물을 인식하고 죽이는 기능을 수행한다. 과립구는 세포질 내에 있는 과립이 짙게 염색되는 것이 특징이며, 핵 모양이 다양하여 다형핵 백혈구(polymorphonuclear leukocyte)라고도 불린다. 과립구는 호중구(neutrophils), 호산구(eosinophils), 호염구(basophils)의 세 가지

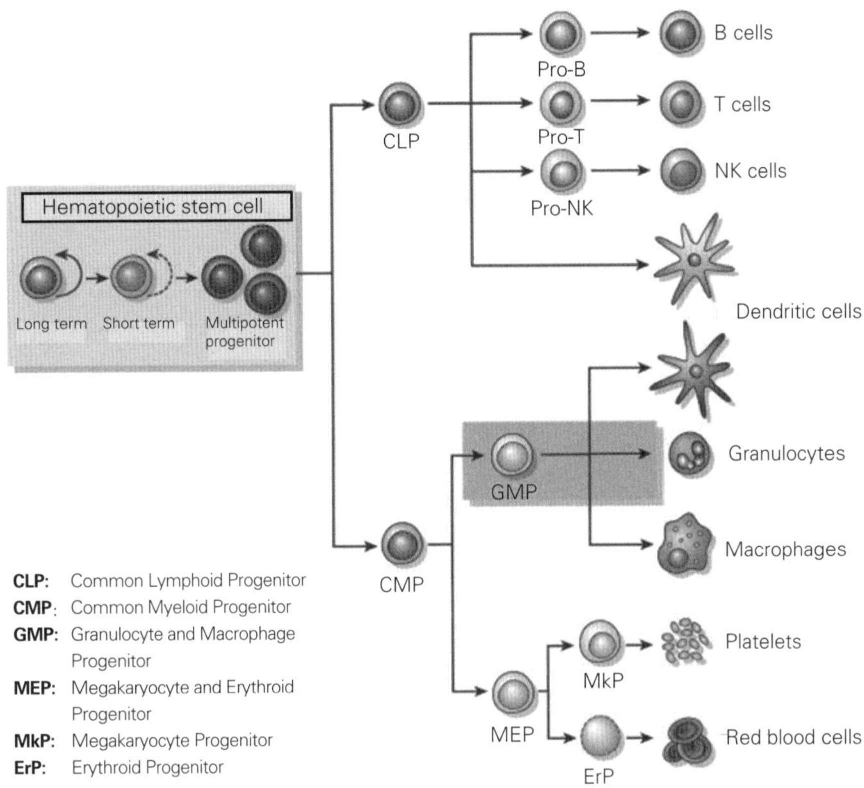

그림 9.1 면역세포의 분류와 기원

종류로 나누어진다. 모두 반감기가 짧고, 면역반응이 활성화되면 대량 생산되어 감염이나 염증 부위로 이동한다. 호중구는 면역세포 중 숫자가 가장 많고 선천성 면역반응에서 매우 중요한 세포이다. 호중구 기능의 유전적 결함이 있으면 세균감염 빈도수가 높고 감염의 진행이 빠르며, 조기에 치료하지 않으면 사망에 이르게 된다. 호산구와 호염구의 기능은 세포 내 다양한 단백질을 생산하여 기생충 방어와 알레르기성 염증 반응에 관여한다. 비만세포 역시 주로 알레르기 반응에 관여하며 병원체로부터 점막 표면을 보호하는 역할도 한다.

수지상세포는 신경세포의 수지상돌기(dendrite)처럼 뻗어 있다고 하여 그 이름이 붙여졌으며, 미성숙 수지상세포는 조직 내에서 식세포의 역할을 한다. 대식세포와 호중구처럼 이들도 병원체를 잡아서 파괴하지만, 면역체계에서 이들의 가장 중요하면서도 주된 기능은 항원을 수집하고 제시함으로써 T 세포가 이를 인식하여 활성화되도록 하는 역할이다.

다기능 조혈모세포에서 분화되는 다른 하나는 림프계 전구세포(common lymphoid progenitor)이다. 림프계 전구세포에서는 림프구(lymphocytes, T 세포와 B 세포를 포함)와 선천성 면역에 관여하는 자연살해세포[natural killer(NK) cells] 및 NKT(림프구와 자연살해세포의 성격을 동시에 가짐) 세포가 생성된다. 자연살해세포는 암세포와 같은 비정상적인 세포를 인식하고 직접적으로 죽이는 기능을 한다. 림프구에는 B 세포와 T 세포가 속하는데 B 세포는 활성화되면 항체를 분비하는 형질세포(plasma cell)로 분화하며, T 세포는 바이러스 또는 병원체에 감염된 세포를 죽이는 세포독성 T 세포(CD8$^+$ T세포, cytotoxic T 세포)와 B 세포나 대식세포와 같은 다른 면역세포의 활성을 돕는 CD4$^+$ T 세포인 보조 T 세포[helper T 세포, Th 세포(Th1 세포와 Th2 세포가 있음)] 및 Th17 세포와 조절 T 세포(regulatory T cell, Treg)로 구분된다.

2) 항원 제시(antigen presentation)

박테리아나 바이러스와 같은 외부 항원이 숙주 내로 침입하면 숙주는 체내에 있는 항원제시세포(특히 수지상세포)의 식균작용(phagocytosis)을 통해 세포 내에서 외부 항원을 분해한다. 그리고 이들 항원은 MHC(major histocompatibility complex, 주조직 적합 복합체) class I 또는 MHC class II와 복합체를 이루어 세포 표면으로 보낸 후 미경험(naïve) CD4$^+$와 CD8$^+$ T 세포에 각각 제시(presentation)하게 되고, 이를 통해 외부 항원에 대한 T 세포의 면역반응이 시작된다. 활성화된 T 세포는 증식을 통해 효과기(effector) T 세포로 분화한다. 항원을 제시받은 활성 CD4$^+$ T 세포는 인터페론-감마(interferon-gamma, IFN-γ)를 분비하고, 이를 통해 대식세포가 활성화되어 세포매개성 면역반응이 일어나게 된다. CD4$^+$ T 세포는 수지상세포 표면에 MHC class II와 함께 복합체를 이루고 있는 항원을 인식하는 반면, CD8$^+$ T 세포의 경우 MHC class I과 복합체를 이루는 항원을 인식한다. B 세포의 경우 체액성 면역반응에 중요한 CD4$^+$ T 세포에 주로 항원을 제시하며, 이때 CD4$^+$ T 세포는 B 세포를 활성화시키고 항체 형성을 유도한다.

3) 림프구에 의한 항원 인식

체내에는 항원에 특이적인 림프구가 수백만 가지 이상 존재하는데, 이러한 림프구 특이성은 골수나 흉선에서 일어나는 유전자 재배열(gene rearrangement)에 의해 나타난다. 다시 말해, 림프구는 발달과정 중 세포 내에서 체성유전자 재조합(somatic DNA recombination)이 일어나고 이는 수용체 분자를 구성하는 유전자 조각들을 무작위로 조합하여 수백만 가지 종류의 수용체를 만들 수 있게 된다. 결과적으로 각각의 림프구들은 병원체 표면분자에 대해 오직 한 가지 특이성만 가진 수용체를 발현하며 숙주는 수백만 가지 다른 항원 수용체 특이성을 가진 수많은 림프구를 확보할 수 있게 되는데, 이를 림프구 수용체 레퍼토리(lymphocyte receptor repertoire)라 한다.

T세포는 외래항원이 주조직적합 복합체에 결합한 펩티드 조각일 때만 그 항원을 인식하도록 전문화되어 있는 면역세포이다. 미경험 T세포가 활성화되려면 수지상세포가 세포막에 발현하는 펩티드-주조직적합 복합체(peptide: MHC)를 인지해야 한다. 즉, T세포는 항원을 직접 인식하는 것이 아니라 다른 세포와의 물리적 상호작용에 의해 그 기능이 유도된다. 또한 우수한 면역반응을 위해서 T세포는 항원뿐만 아니라 공동 자극 분자(co-stimulatory molecule)라 불리는 또 다른 분자들의 인지 및 결합이 필요하다. 공동 자극 분자는 주로 병원성 미생물에 의해서 발현이 유도되므로 무해한 물질에는 반응하지 않도록 조절작용을 한다. B세포는 수많은 다른 종류의 항원을 인지하기 위해 항원수용체(항체와 동일하면서 transmembrane region을 가지고 있음)를 사용하며, 이때 특정 타입의 활성화된 T세포와의 상호작용이 필요하다. T세포와 B세포가 항원 인식 시 항원 특이적 수용체를 이용하는 것으로 미루어 면역반응이 특이성(specificity)을 갖는다는 것을 알 수 있다.

4) 선천성 면역(innate immunity)과 획득성 면역(adaptive immunity)

감염성 질병으로부터 보호되는 면역작용 기전은 선천적 면역과 획득성 면역 두 가지로 구성된다. 선천성 면역은 감염에 대한 1차 방어선으로 획득성 면역반응에서와 같은 항원 특이적 반응을 나타내지는 않지만 질병억제 기전을 담당하는 세포들로 구성되어 있다. 예를 들어, 피부, 체내의 항생물질, 그리고 대식세포 및 중성구와 같은 식세포 등이 선천성 면역의 구성 요소이다. 선천성 면역계는 유해 미생물들을 방어하는 일반 방어선으로서 일반 세균감염을 통제하는 중요한 역할을 하지만, 때로는 이들이 인지하지 못하는 병원체 또는 병원성 물질도 존재한다. 선천성 면역계의 폭넓은 반응성과는 달리 항원이 개체 속으로 침입한 약 4~7일 후에 항원 특이적으로 작동하는 것이 획득성 면역(그림 9.2)이다. 항원의 재침입에 대한 면역반응은 처음보다 훨씬 효과적이고 신속하게 작동한다. 획득성 면역의 가장 중요한 요소는 B, T세포와 항체 및 사이토카인(cytokines)과 같이 획득성 면역세포가 분비하는 산물들이다. 선천성 면역계의 세포들은 획득성 면역반응과는 다른 특성을 가지고 있으며(표 9.1) 획득성 면역반응의 시작과 방향

표 9.1 선천성 면역과 획득성 면역의 특징 및 구성

구분	선천성 면역	획득성 면역
특성		
특이성	항원 특이적이지 않음	항원 특이적
다양성	제한적; germline-encoded	매우 다양; 수용체들은 유전자들의 재조합에 의해서 형성됨
메모리	메모리 없음	메모리 의존적
반응시간	빠른 반응	늦은 반응
항원의 필요성	비의존적	의존적
구성 성분		
세포적 또는 화학적 장벽	피부, 점막; 항균 화학제	상피의 림프구; 상피세포 표면에서 분비되는 항체
혈액 단백질	보체, 기타	항체
관여하는 세포	식세포(대식세포, 중성백혈구), 자연살해세포	림프구

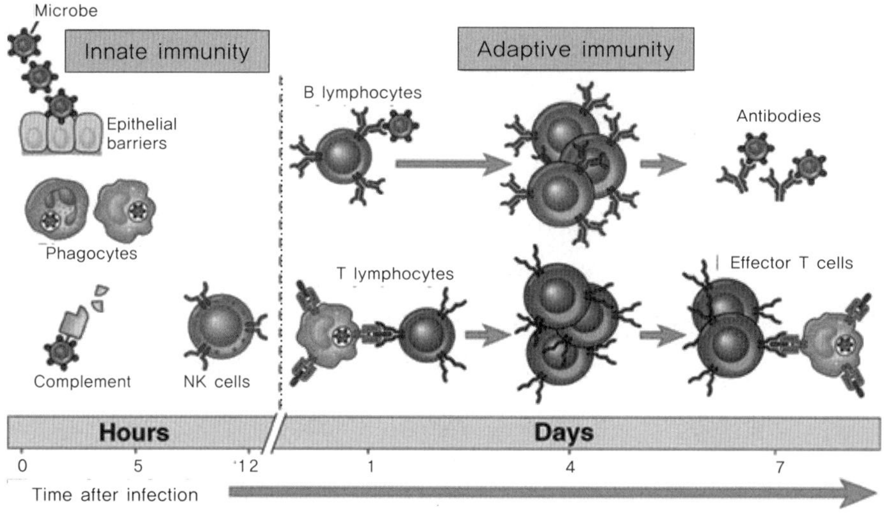

그림 9.2 선천성 면역과 획득성 면역의 구성 및 반응(Cellular and Molecular Immunology, 6th Ed)

결정에 중요한 역할을 하게 된다.

5) 획득성 면역반응

획득성 면역은 '체액성 면역(humoral immunity)'과 '세포매개성 면역(cell-mediated

immunity)'으로 구성되며, 이들은 서로 다른 면역세포들을 이용한다. 혈액이나 점막의 분비액에 존재하는 B세포가 분비하는 항체에 의해 매개되는 면역반응을 체액성 면역반응이라 하는데 항체는 미생물 항원을 인식하고, 미생물 감염성을 중화하며, 미생물 제거를 위해 보체반응(complement pathway)과 같은 다양한 효과 기작에 이용된다.

체액성 면역은 분비된 항체가 미생물과 독소에 결합하여 이들의 제거를 도와주기 때문에 숙주세포 내로 들어가지 않는 미생물과 미생물 독소에 대한 주요 방어작용이다. 이에 반하여 바이러스나 세포 내에 존재하는 일부 박테리아 같은 미생물은 식세포(phagocyte)나 다른 숙주세포 내에서 증식하며 생존하기 때문에 항체가 접근할 수 없다. 이러한 감염에 대한 방어는, 감염 숙주세포를 제거하기 위해 세포 내에 존재하는 미생물의 파괴를 촉진시키거나 감염된 세포를 죽이는 T 세포에 의한 세포매개성 면역반응으로 이루어지며, 다음과 같은 특성이 있다.

(1) 특이성(specificity)과 다양성(diversity)

면역반응은 각기 다른 항원인 단일복합단백질, 다당류 또는 거대 분자의 서로 다른 부위에 특이적으로 작용한다. 림프구에 의해 특이적으로 인지되는 항원의 일부를 항원 결정소(antigenic determinant) 또는 에피토프(epitope)라 하고, 개개의 림프구들은 서로 미세하게 차이를 나타내는 항원의 구조를 분별하는 막 수용체(membrane receptor: 예를 들어 B 세포 수용체 또는 T세포 수용체)를 발현하는데, 이를 통해 각기 다른 항원을 구분하여 인지할 수 있는 특이성을 갖는다. 한 개체의 면역 시스템은 10^7~10^9 정도의 각기 다른 항원 결정소를 구별할 수 있다고 추정되며, 이런 림프구 레퍼토리(lymphocyte repertoire)의 특성을 다양성(diversity)이라 한다. 이는 각기 다른 항원에 대해 개개의 림프구 수용체에 존재하는 항원결합부위(antigen-binding site)의 구조적 변이의 결과이다. 다시 말해서, 림프구 클론이 지닌 항원수용체 구조는 각기 다르며, 이는 림프구 레퍼토리가 굉장히 다양하다는 것을 의미한다.

(2) 메모리(memory)

면역체계가 외부 항원에 노출된 후에는 동일 항원에 대한 면역반응능력이 강화된다. 2차 면역반응(secondary immune response)은 같은 항원에 반복된 노출에 대한 반응(예를 들어, 2차 백신(booster immunization)에 의해 유도되는 반응)을 말하며, 이는 종종 1차 면역반응에 비해 신속하고 크며 질적으로도 우수하다. 활성화된 림프구는 효과기 세포(effector cell)로 분화된 후 항원이 제거되면 이들도 계획된 세포사멸(apoptosis)의 길을 가게 되는데, 이로부터 살아남은 세포들의 대부분은 면역기억(immunological memory)을 갖는 메모리 세포(memory cells)가 된다. 이러한 메모리 세포들은 항원에 노출된 적이 없는 순수 림프구들보다 항원에 대해 훨씬 효과적으로 반응하고, 항원을 효율적으로 제거하는 특별한 특성을 가지고 있다. 예를 들면, 메모리 B 세포들은 1차 면역반응(primary immune response)에서 생산된 항원에 대한 항체보다 높은 친화력(affinity)을 지닌 항체를 생산한다.

(3) 클론 확장(clonal expansion)

림프구가 항원에 노출되면 활성화된 결과의 하나로 증식(proliferation)이 일어난다. 클론 확장(clonal expansion)이란 항원에 대한 동일한 수용체를 발현하는 동일 세포 수의 증가를 의미한다. 항원에 특이적인 세포가 증가하면 획득성 면역반응이 신속하게 감염성 병원균을 구분하면서 제거할 수 있다.

(4) 세포매개성 면역

세포매개성 면역은 획득성 면역으로서 T 세포가 세포 내에 존재하는 외부 항원(주로 병원성 미생물)을 효과적으로 제거하는 기능을 한다. $CD4^+$ T 세포와 $CD8^+$ T 세포는 각각 MHC class II와 MHC class I에 의해 제시된 항원펩타이드를 인식하고, 표적세포를 제거하며 염증반응을 자극하는 사이토카인을 분비한다. 활성화된 미경험 $CD4^+$ T 세포는 IL-2를 생성하며, 이들은 효과기(effector) T 세포로 분화하고 증식한다. 이렇게 분화된 T 세포들은 혈관을 통해서 감염 부위로 이동하고, 감염 부위에서 항원을 제시하는 대식세포를 인식한다. $CD8^+$ T 세포는 병원체에 감염된 표적세포를 죽이고 병원체가 증식하지 못하도록 한다. Th1 세포는 IFN-γ를 분비하여 대식세포를 활성화시키고 세포 내에 기생하는 병원체를 죽인다. Th2 세포는 세포 외 병원체에 대해 직접 작용하는 체액성 면역반응의 중간 매개자인 항체를 분비할 수 있게 B 세포를 활성화시킨다.

$CD8^+$ T 세포는 perforin과 단백질 분해효소인 granzyme을 바이러스에 감염된 세포에 투여하여 세포자살을 유도한다. 또한 세포독성 세포는 Fas ligand를 세포 표면에 발현하고 있어서 표적세포의 Fas를 인식하여 세포사멸을 유도하는 기능도 가지고 있다. 최근에 발견된 Th17 세포는 $CD4^+$ T 세포의 한 종류로서 감염 초기에 감염 부위로 호중구를 유도한다. 세포매개성 면역에서 유래하는 메모리 T 세포는 림프조직에 존재하며, 다시 항원에 노출되었을 때 사이토카인 IL-7과 IL-15에 의해 효과세포로 분열, 증식한다. 한편, 흉선과 림프절에서 자기 항원을 인식함으로써 생산된 조절 T 세포(regulatory T cell)

는 T 세포의 활동을 억제하는 기능을 한다.

(5) 체액성 면역

체액성 면역반응 역시 획득성 면역반응으로 B 세포에서 생산된 항체들은 세포 외부 세균의 항원에 결합하여 목표 세균들을 중화시키고 제거하는 기능을 한다. 체액성 면역반응은 B 세포의 발달 및 항체 생산과 밀접한 관련이 있다. 골수에서 발생한 미경험 B 세포는 말초 림프기관으로 이동하여 항원을 인식한 후 활성화되며, 이는 항원 특이성 세포의 복제를 증가시키는 증식(proliferation)과 항원특이 항체를 분비하는 형질세포(plasma cell) 또는 메모리 B 세포로 분화(differentiation)를 유도한다. 이 과정에서 항체의 개별형 전환, 즉 isotype switching이나 친화력이 증가하는 affinity maturation이 일어난다. 일부 형질세포는 골수기관으로 다시 돌아가 적은 양의 항체를 생산하며 수 년 동안 계속 살아가는 메모리 세포가 된다. 이 메모리 세포는 동일 항원을 다시 접하였을 때 빠르면서도 양적 · 질적으로 우수한 반응을 한다.

형질세포에서 발현된 항원 특이 항체들은 다음과 같은 여러 작용을 통해 항원을 제거한다.

① 중화작용(neutralization): 분비된 항체들은 박테리아 독소나 바이러스에 결합하여 세포에 결합하는 것을 억제한다.
② opsonization: 항원을 둘러싼 항체들은 식세포의 Fc 수용체를 활성화시키고, 결국 식세포가 항원을 분해하고 파괴하도록 유도한다.
③ 보체 시스템의 고전적 경로(classical pathway) 활성화: 항원-항체 복합체는 C1q에 결합하여 보체 시스템 중 고전적 경로를 활성화시킨다.

6) 면역반응의 종료와 항상성(contraction and homeostasis)

정상적인 모든 면역반응은 항원 자극 후 최대 반응 시점을 지나면서 점점 약해지되는데, 이처럼 면역체계가 초기 휴지기 상태로 돌아가는 것을 항상성(homeostasis)이라 한다. 외부 항원에 의해 시작된 면역반응은 활성화가 되면서 외부 항원을 제거하고, 림프구 생존과 활성에 필수적인 외부 항원이 완전히 제거되면 면역반응이 감소한다. 면역 시스템의 항상성 유지는 사라진 항원에 대한 지나친 소모를 방지하면서 새로운 항원에 대한 대비라는 측면에서 중요한 의미를 갖는다.

7) 자기 자신에 대한 비반응성(non-reactivity of self)

정상적인 개인의 면역체계는 수많은 외부 항원(foreign antigen; non-self)을 인식하고 반응하여 제거하는 반면, 자기항원(self antigen; self)에는 유해하게 반응하지 않는 특성을 갖고 있다. 내성 또는 관용(tolerance)이란 특정 항원에 대해 면역반응을 유도하지 못하도록 적응된 능력을 말하는데, 자기항원에 대한 내성 또는 자기내성(self tolerance)은 특정 기전에 의해 유지된다. 이들 기전은 흉선에서 ① 자기항원에 대해 특이적인 수용체를 발현하는 림프구를 제거하고, ② 림프구들의 서로 다른 자기항원과 조기반응을 유도하여 self에 반응하는 림프구의 사멸 및 기능적인 비활성화를 일으킨다. 자기내성의 유도 또는 유지에 이상이 생기면 종종 자가면역질환(autoimmune diseases)을 초래하여 자기항원에 대한 면역반응을 일으킨다. 면역반응을 이해하기 위해서는 면역체계의 이러한 자가/비자가의 구별 기전을 이해하는 것이 중요하다.

8) 백신

백신의 종류는 크게 두 가지로 나뉜다. 첫째는 방어면역을 자극하지만 병원성이 약화된 약독화 미생물들을 이용한 생독백신이고, 둘째는 사멸시킨 미생물들로 만들어지거나 미생물들로부터 분리된 성분들을 이용하는 사독백신이다. 성공적인 백신 개발을 위해서는 다음과 같은 요소들이 고려되어야 한다.

① 백신은 반드시 안전해야 한다. 이는 아무리 낮은 수준의 독성이라고 할지라도 용납될 수 없음을 의미한다.
② 백신은 접종된 개체 대다수가 방어 면역을 획득할 수 있어야 한다.
③ 오래 지속되는 면역학적 기억(immunological memory)을 일으킬 수 있어야 한다.
④ 가격이 저렴해야 한다.
⑤ 안정성(stability)이 뛰어나고 사용이 간편해야 한다.

9) 영양면역

"질병 원인 중 99% 이상이 면역체계의 기능저하에 기인한다"라는 보고가 있다. 이는 면역체계가 정상적으로 운영될 때 건강한 신체는 질병에 대해 매우 빠르고 효과적인 반응을 보이지만, 영양이 부족하거나 만성 질병의 경우 면역체계는 힘을 잃고 쉽게 질병에 걸리게 됨을 의미한다. 영양면역이란 넓은 의미로 영양과 면역체계의 상관관계를 연

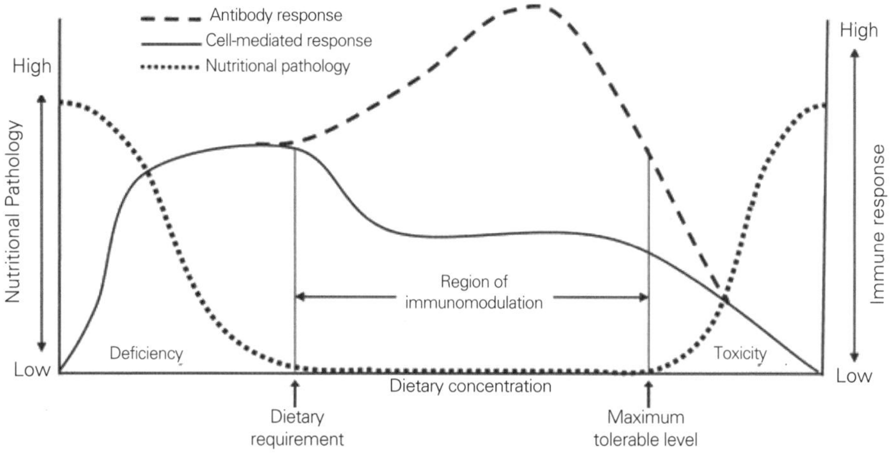

그림 9.3 영양소 수준에 따른 면역반응의 변화(Klasing, 2007)

구하여 면역체계에 유용한 영양이 무엇인지를 설명하는 것이다. 따라서 체내 모든 세포들처럼 면역세포가 그 기능을 수행하고 증식하기 위해서는 우선순위를 갖는 면역세포에게 적절한 시기에 양질의 영양소 공급은 필수적이라 할 수 있다. 다른 접근 방법으로는 체내에서 병원균이 증식하지 못하도록 병원균 성장에 필요한 영양소를 차단하는 과정을 영양면역에 포함시키기도 한다. 예를 들어 면역체계는 병원균에 대한 초기 면역반응 중 체액으로부터 병원균 성장에 관여하는 철분을 격리하여 병원균의 성장 및 독성을 억제하는 기능을 갖고 있다. 따라서 자돈에게 빈혈로 인한 면역체계의 기능저하를 예방하기 위해 철분을 과다 투여했을 경우, 오히려 병원균의 성장과 독성을 증가시켜 자돈의 지속적인 설사를 유발하고, 심지어는 폐사에까지 이르게 할 수 있다. 이와 같은 예에서 보듯이 높은 수준의 제한 영양소를 함유한 사료가 면역기능을 떨어뜨리는 경향을 나타낼 수도 있기 때문에, 영양면역학적 측면에서 "많을수록 좋다"라는 개념은 신중하게 다루어야 한다(그림 9.3).

면역체계는 체내에서 가장 복잡하고, 기능적이며 파괴적인 체계 중 하나이기 때문에, 사료 내 영양성분들이 직접적으로는 백혈구의 형태, 반감기 및 면역반응의 유효성, 그리고 간접적으로는 면역세포의 상호관계에 미치는 영향은 매우 중요하다고 할 수 있다. 사료는 장 내 공생미생물총에 상당한 영향을 미치는데, 특히 식물성 사료의 세포벽이나 섬유소는 숙주가 잘 소화하지 못하기 때문에, 미생물이 1차 기질로 작용하여 숙주에 유용한 영양성분을 제공(공생관계)한다. 또한 사료의 접촉은 어린 시절 숙주의 장 내 공생

표 9.2 면역 기전에 영향을 미치는 영양소

면역 기작	영양소
면역세포 발달	대부분의 영양소
백혈구 반응 조절	에너지, 다중불포화지방산, 비타민 A, D, E
면역 병리에 대한 방어	다중불포화지방산, 비타민 E
면역 시스템의 자극	렉틴, 베타-글루칸, 단백질 항원
병원균 증식 억제	철분, 바이오틴
장 내 미생물총에 대한 영향	파이버

표 9.3 개체의 영양 상태를 변화시키는 감염에 의한 대사 변화

단백질 대사	질소의 손실 증가
	근육 단백질의 분해 증가
	알부민과 트랜스페린 등의 합성 감소
	간에서의 acute-phase protein의 합성 증가
	식세포 및 림프구의 증식 증가
탄수화물 대사	당뇨 유사증상 발생
	글루코스의 산화 증가
	근육 및 말단 부분에서 인슐린 저항성 증가
	Gluconeogenesis의 증가
광물질 대사	혈액 내 철분 간으로의 제거
	아연의 세망내피계(reticuloendothelial system)로의 흡수 증가
	구리와 ceruloplasmin[1)]과의 결합 증가
	소변, 땀 등을 통한 각종 광물질의 손실

1)공식적으로는 ferroxidase로 알려져 있으며, 혈액에서 구리와 결합하는 주요한 단백질로서 철(iron) 대사에 주요한 역할을 한다.

미생물총과 면역 시스템 발달에 영향을 미치게 된다. 일단 장 내 공생미생물이 형성되면, 유해 미생물이 침입을 하더라도 장 내 미생물총을 변화시키는 것은 쉬운 일이 아니다. 따라서 출생 초기 가축에게 사료 급여를 통해 유용한 장 내 미생물총을 형성하는 것은 적절한 소장 면역 시스템 및 건강상태를 유지하고 가축의 성장을 촉진하는 데 중요하다.

표 9.2는 가축 사료 내 영양소가 면역체계에 미치는 영향을 여섯 가지 대표적 기전으로 나누어 설명하고 있다. 대부분의 영양소들은 각각의 면역 기작에 직접적으로 작용을 하여 면역체계에 영향을 미치지만, 철분이나 바이오틴에 의한 병원균의 증식 억제 효과는 간접적이다. 이들은 미생물 증식에 필수적으로 필요하기 때문에 숙주 면역체계의 하

나로 간에서 ferritin과의 킬레이션(chelation) 증가를 유도하여 순환하는 철분이나 바이오틴을 격리하여 미생물이 사용하지 못하게 하는 것이다. 단순히 어떤 감염성 물질 Y를 예방하기 위해 영양소 X를 추가로 섭취하는 것은 비용이 발생할 뿐만 아니라 타 영양소와의 균형 문제가 생길 수 있다. 또한 새로운 물질이 추가적으로 개체 내에 들어가는 과정에서 병원균의 감염에 대한 가능성도 배제할 수 없기 때문에 바람직한 예방법은 아니다. 면역 시스템에 적합한 영양소 대사와 생리 기전을 이해한다면 최저 비용의 사료와 영양소로 병원균에 대한 질병 저항성을 최적화할 수 있다.

현재 영양과 면역의 상관관계를 규명하는 연구는 특정 영양소의 결핍에서 나타나는 질병 중심으로 진행되고 있다. 이러한 질병은 외부 병원체의 침입을 통해 동물의 대사과정의 변화를 유도하는 경우가 존재하며(표 9.3), 이러한 질병의 치료를 위해서는 결핍된 영양소가 보충되어 대사과정이 다시금 균형을 이루어야 한다. 본 장에서는 주요 영양소가 면역체계에 미치는 영향을 설명하고자 한다.

9.1.2 단백질

단백질은 모든 세포의 주요 구성 성분 중 하나로서 동물의 성장은 단백질의 양적 증가를 통해 이루어진다. 이처럼 동물의 생명유지에 기본이 되는 단백질은 동물의 면역에서도 중요한 역할을 수행하고 있으며, 이는 면역세포의 단순한 성장과 증식뿐만 아니라 전체적 면역체계에도 많은 영향을 미친다. 표 9.4에서는 아미노산이 면역체계에 미치는 영향을 개략적으로 정리하였다.

가축에 필요한 단백질(또는 필수아미노산)의 결핍은 면역기능 저하의 주된 요인으로 알려져 있다. 면역세포가 활성화되면 단백질을 비롯한 여러 영양소의 사용이 증가하며 면역세포는 단백질의 변화에 민감하게 반응하게 된다. 따라서 림프구의 단백질 대사는 가축의 면역력에 있어서 단백질 공급의 적절성을 측정하는 생물표시제(biomarker)로 이용되기도 한다.

단백질 결핍에 의한 면역체계의 변화는 면역세포와 조직에 다양한 영향을 미친다. 특히 선천성 면역반응에 관여하는 사이토카인과 기타 단백질의 생성 변화에 대해서는 많은 부분이 연구되었다. 단백질 결핍에 의해 나타나는 면역현상 중 대표적인 것은 acute phase protein의 양이 감소하는 것이다. 이러한 acute phase protein은 IL-1(interleukin-1), IL-6, TNF-α에 의해 조절이 되는데, 단백질 결핍은 혈청 내에서 IL-1, IL-6, TNF-α 양

표 9.4 아미노산이 면역반응에 미치는 영향

아미노산	중간 매개체	주요 영향
Alanine	직접 작용	세포사멸 억제, 림프구의 분열 자극, 대개 세포 내의 신호전달체계를 통해 항체 생산 기능 증대
Arginine	NO	신호전달물질, 병원균 사멸, 사이토카인 생산 조절, 자가면역질환의 매개물질
BCAA	직접 작용	세포 내의 mTOR 신호 전달을 통해 조절 사이토카인과 항체 생성을 활성화시킴
	Glutamine	면역체계 관련 세포의 주요한 동력원 T 세포의 분열, 단백질 합성, 사이토카인, 항체 생성 조절 대식세포 기능의 활성화, 세포사멸 억제
Cysteine	Taurine	항산화제 역할, 세포 내의 산화 · 환원 반응 조절
Glutamate	GABA	신호전달물질, T 세포 반응과 염증 조절
Glutamine	Glu, Asp	신호전달물질, 세포 대사작용 말레이트 셔틀[1]의 구성 성분
Glycine	직접 작용	세포 표면에 있는 글리신 통로를 통해 칼슘 유입
	Serine	세라마이드와 포스파티딜세핀 형성
	Haem	일산화탄소(CO, 신호전달물질) 생성
Histidine	Histamine	알레르기 반응, 혈관확장제 중추신경에서 아세틸콜린 분비
	Urocanic acid	피부에서 면역반응 조절
Leucine	HMB	면역반응 조절
Lysine	직접 작용	일산화질소(NO) 합성 조절 항바이러스 활성
Methionine	Homocysteine	산화제, 일산화질소 합성 억제
	Choline	베타닌, 아세틸콜린 합성
	Cysteine	글루타티온 합성과 황화수소(H_2S) 생성(신호전달물질)
Phenylalanine	직접 작용	테트라하이드로바이옵테린(tetrahydrobiopterin; NO 합성의 조효소) 생성 조절
	Tyrosine	신경 기능과 세포 대사작용을 조절하는 신경전달물질 생성
Proline	H_2O_2	병원균 사멸, 신호전달물질, 면역
Serine	Glycine	항산화제, 신경전달물질
	직접 작용	사포사멸 억제, 림프구 증식 자극 세포 신호전달체계를 통한 항체 생산력 증대
Threonine	직접 작용	장 내 면역기능을 유지하기 위해 필요로 하는 점액 단백질 합성 세포사멸 억제, 림프구 증식 자극, 항체 생성 증대
Tryptophan	Serotonin	신경전달물질, 염증성 사이토카인과 활성산소 중 O_2^- 생성 억제
	Melatonin	항산화제, 염증성 사이토카인과 활성산소 중 O_2^- 생성 억제
Tyrosine	Dopamine	신경전달물질, 면역반응 조절
	Melanin	항산화제, 염증성 사이토카인과 활성산소 중 O_2^- 생성 억제
Arg, Met	Polyamines	유전자 발현, DNA, 단백질 합성, 이온 통로 기능, 세포사멸 신호 전달, 항산화제, 세포 기능, 림프구의 증식과 분화
Arg, Met, Gly	Creatine	항산화제, 항바이러스 효과, 항암 효과
Arg, Pro, Gln	Ornithine	글루타메이트, 글루타민, 폴리아민 합성, 미토콘드리아 보존
Cys, Glu, Gly	Glutathione	자유전자 제거 역할, 항산화제, 세포 대사작용 신호전달, 유전자 발현, 세포사멸, 세포 내 산화 · 환원 상태
Gln, Asp, Gly	Nucleic acids	유전정보 코딩, 유전자 발현, 세포 주기와 기능 단백질과 요산 합성, 림프구 증식
	Uric acid	항산화
Gln, Glu, Pro	Citrulline	항산화제, 아르기닌 합성
Lys, Met, Ser	Carnitine	산화를 위한 미토콘드리아로 긴 사슬 지방산 이동 아세틸카니틴을 에너지로 저장

[1]말레이트 셔틀(malate shuttle): glycolysis 과정에서 만들어지는 전자를 미토콘드리아로 이동시키는 방법.

의 감소를 초래하고, 이는 acute phase protein 발현의 감소로 이어진다. 단백질 결핍은 acute phase protein뿐만 아니라 다른 사이토카인의 발현 또한 억제한다. 단백질 결핍에 의해 IL-2와 IFN-γ 생성을 억제하는 것은 밝혀졌지만, 이러한 현상이 단백질 결핍에 의해 사이토카인의 mRNA 생성과 안정성(stability)에 영향을 미치는지에 대해서는 알려져 있지 않다. 뉴클레오티드(nucleotide)나 아르기닌(arginine) 등과 같은 영양소들에 의한 면역 촉진 효과는 이들이 면역 활성화에 관련되고, 세포의 DNA와 RNA의 합성에 필요한 기질로서 사용되기 때문에 많은 연구가 진행 중이다.

질병에 대응하는 개체의 방어 기작에 대해서는 많은 연구가 이루어졌지만, 단백질이 결핍되었을 때 어떠한 변화가 나타나는지에 대해서는 아직 많은 부분이 밝혀져 있지 않다. 단백질 부족 현상은 세포막에 존재하는 당단백수용체(glycoprotein receptor)의 발현 정도를 감소시키며, 상피세포 표면에 존재하는 점액의 양과 점액 내에 존재하는 렉틴(lectins)의 화학적 특성을 변화시켜 면역체계를 약화시킨다고 알려져 있다. 이것은 단백질 결핍 상태에서 점막 표면에 군집을 형성하는 박테리아에 대한 면역반응이 약해질 수 있음을 시사한다.

질병을 유발하는 대부분의 감염은 개체의 점막 지역에서 외부 병원체와의 직접적인 접촉을 통해 일어난다. 그리고 점막 면역반응에 있어 단백질의 결핍 현상은 주로 상피세포의 점막 지역에 존재하는 IgA 수송과 연관되어 나타난다. 그리고 이는 외부 병원체를 방어하는 첫 번째 방어막인 점막의 면역기능을 방해한다. 또한 단백질 결핍 현상은 림프구와 2차 림프기관의 불완전한 발달을 유도하고 면역세포의 특성에 영향을 미쳐 면역반응의 저하를 초래한다. 이러한 사실은 영양 공급이 제대로 이루어지지 않은 개체로부터 채취한 혈액의 $CD4^+$ T세포나 $CD8^+$ T세포에서 co-stimulatory molecule의 발현이 낮다는 발견으로부터 비롯되었으며, 이는 단백질 결핍이 T세포를 통한 면역반응의 저하에 중요한 요소라는 것을 알게 해 준다.

단백질의 경우, 동물의 성장과 연관되어 진행된 연구는 많으나, 단백질과 면역체계와의 관계에 대한 연구는 충분히 이루어져 있지 않다. 특히 사료 내 단백질(또는 필수아미노산)의 함량과 어린 가축에서 질병 발병률의 연관성에 대한 연구는 많은 잠재적 가치를 가지고 있으며, 앞으로 이와 관련된 많은 연구가 이루어져야 할 것으로 사료된다.

9.1.3 탄수화물

탄수화물은 동물에 있어서 가장 경제적이고 풍부한 에너지 공급원으로서 대부분의 경제동물 사육에 있어 풍부하게 공급되고 있다. 하지만 이처럼 매우 쉽게 얻을 수 있고 기본적인 영양소이기에 결핍되었을 경우 나타나는 문제점은 더욱 심각하다. 에너지의 부족에 의한 면역학적 문제는 총체적인 면역 결핍 현상으로 나타나고, 이는 감염의 빈도나 증상을 더욱 높이는 결과를 초래한다. 또한 면역세포의 발달에 있어 중추적 역할을 하는 흉선(thymus)의 발달이 제대로 일어나지 않으며, 말초에 존재하는 각종 면역 조직들의 발달 또한 저해된다. 이것은 면역세포를 통해 이루어지는 세포매개면역, 항체를 중심으로 이루어지는 체액성 면역, 그리고 외부 미생물의 침입에 직접적으로 대항하는 선천적 면역 등 총체적인 면역체계에 문제를 야기한다는 것을 나타낸다. 따라서 여기에서는 에너지원으로 사용되는 포도당과 글루타민이 동물의 면역체계에 미치는 영향에 대하여 서술하고자 한다.

1) 포도당(glucose)

영양소로서의 중요성과 특성에서 살펴보았듯이, 포도당은 흔하게 공급되면서도 최종 산물로서의 기능뿐만 아니라 중간체로서의 기능도 지니고 있어 동물의 영양에 매우 중요한 요소라고 할 수 있다. 포도당은 탄수화물의 최종 산물로서 해당작용(glycolysis)과 TCA 회로 등 다양한 기작을 통해 우리 몸에 이용된다. 여기에서는 면역학적 관점에서 포도당의 역할과 기능을 다루고자 한다. 동물실험에서 포도당을 직접 급여하여 면역학적 효과를 살펴본 실험은 많지 않다. 따라서 포도당의 공급원인 전분의 급여(고에너지원인 옥수수를 이용)를 통해 포도당의 공급을 증가시킨 이후에 나타나는 면역체계의 변화를 확인하는 실험이 주를 이루고 있다.

단핵 면역세포의 증식에서 에너지 공급 효과는 lipopolysaccharide(LPS) 접종(challenge) 실험에서 찾아볼 수 있다. 전분을 급여하고 LPS를 접종한 돼지에서 림프구를 분리하여 Phytohemagglutinin(PHA, 콩에서 유래한 독소의 일종으로 면역작용을 유도할 때 사용)을 유사분열 유도물질(mitogen)으로 주었을 경우에는 증식이 더욱 활발히 일어났다. 이에 반해 지방을 공급한 돼지에서는 림프구의 blastogenesis(소림프구가 림프아세포와 닮은 더 큰 세포로의 형태적 전환)가 감소하였다. 이는 전분이 지방과는 다르게 그람 음성 박테리아(Gram negative bacteria)의 외벽 성분인 LPS 접종에 대항하여 세포면역반응이 증가되는 것을 의미하며, 전분을 통해 에너지를 공급받은 돼지에서 감염 시 면역반응이 더욱 활발히 일어날 수 있음을 말해 준다.

가금 연구에 의하면 전분을 이용해 에너지 공급을 늘려 주면 LPS로 유도한 염증성 스트레스의 영향을 줄여 주는 반면 지방을 이용한 에너지 공급 증가는 스트레스를 증가시키는 것으로 나타났다. 이는 에너지 자체의 면역작용에 미치는 영향뿐만 아니라 에너지 공급원에 따른 면역작용의 활성 정도가 다르다는 것을 반영한다.

고에너지의 공급이 동물의 면역에 항상 긍정적인 반응을 유도하는 것은 아니다. 자돈과 고에너지의 상관관계를 연구한 보고에 따르면 식물 유래 고에너지 첨가물은 자돈에서 면역작용이나 소화율에 크게 영향을 미치지 않는 것으로 밝혀졌으나, 또 다른 연구그룹은 오히려 저에너지 사료 공급을 통해 소에서 면역작용을 유도하는 사이토카인이 증가함을 확인하였다. 이는 에너지의 균형과 적절한 공급만이 동물에 유리한 면역작용을 일으킨다는 것을 확인시켜 주고 있다.

면역세포는 외부 병원균의 침입에 대해서 면역체계의 방어막으로서 중추적 역할을 한다. 따라서 에너지가 면역세포에 미치는 영향은 면역과 영양을 이야기하는 데 중요한 의미를 지닌다. 특히 T 세포의 경우 외부 물질에 대한 면역반응을 시작하는 단계에서 클론 확장(clonal expansion)이라는 급격한 증식 단계를 거치게 된다. 이 과정은 매우 빠르게 일어나기 때문에 특히 T 세포의 에너지 요구에 대한 연구가 활발히 진행되고 있다. T 세포는 포도당과 글루타민을 가장 중요한 에너지원으로 활용하며, 소량의 케톤체와 지방산 또한 에너지원으로 사용한다. 이들 에너지원 중에 포도당이 세포의 생존이나 크기, 활성, 그리고 사이토카인 생산에 가장 필수적으로 작용한다. 포도당은 ATP 생성에 기질 역할을 하며, 핵산이나 인지질과 같은 비교적 큰 영양분의 합성에 중요한 탄소의 원료로 작용을 한다. 또한 NADPH 생성을 위한 5탄당 1인산 회로(pentose phosphate pathway)에 의한 대사에도 이용된다.

그림 9.4를 보면 휴식기의 T 세포와 활성기의 T 세포에서 주 ATP 생성 기작이 다르다는 것을 확인할 수 있다. 휴식기의 T 세포가 IL-7이나 IL-4와 같은 성장촉진 사이토카인을 인지하면 세포 표면에 GLUT1(glucose transporter 1)과 같은 영양소 전달 물질(nutrient transporter)의 발현을 증가시킨다. 이러한 성장촉진물질에 의한 세포 내 신호 전달은 해당작용(glycolysis)을 촉진하여 직접적으로 포도당의 이화작용을 증가시킨다(glucose 6 phosphate pyruvate를 통한 NADH나 ATP의 생성).

또한 휴식기의 세포에서 대부분의 ATP는 미토콘드리아에서 TCA 회로를 통해 생성되

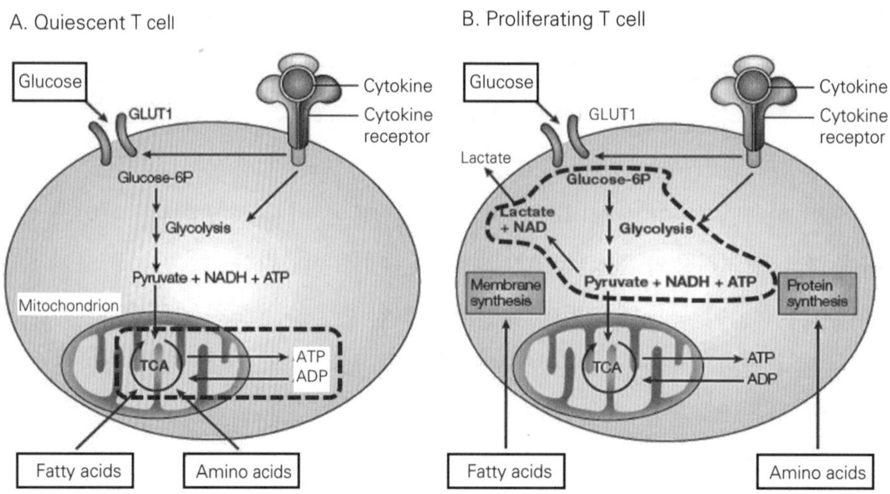

그림 9.4 T 세포에서의 포도당을 이용한 ATP 생성기전(Fox et al., 2005)

는데 이때 지방산이나 아미노산과 같은 영양소는 ATP 생산을 조절하기 위해 TCA 회로의 중간체들을 통해 이용된다. 활성기의 T 세포에서는 이와는 다른 기작이 더 큰 비중을 차지하게 된다. 즉, 외부 물질에 의해 T 세포가 활성화되는 과정에서 성장 촉진 물질(IL-2나 CD28)의 인지는 포도당을 분해하는 과정(glycolytic rate)을 증가시킨다. 이러한 이화작용에서 NAD는 전자를 받는 수용체를 필요로 하게 되고, pyruvate의 lactate로의 전환이나 acetyl-CoA의 ATP로의 환원작용을 통해 다시 생성된다. 활성화되어 증식이 활발하게 일어나는 T 세포에서 대부분의 ATP는 포도당의 이화작용을 통해 생성이 되고, 이는 여유분의 지방산과 아미노산이 TCA 회로에서 이용되지 못하고, 세포막이나 단백질 합성에 이용된다(그림 9.4에서 주 ATP 생성 기작이 굵은 점선으로 표시됨: 휴지기 → TCA 회로, 활성기 → glycolysis).

T 세포는 생존과 적절한 기능을 수행하기 위해 포도당을 반드시 흡수해야 한다. 활성화된 T 세포는 급격한 성장, 증식과 동시에 면역기능을 수행하기 위해 평상시보다 더욱 많은 양의 에너지를 요구하게 된다. 동물의 T 세포에 포도당을 처리했을 때 세포의 생존능력이나 증식능력이 포도당의 농도에 따라 증가하는데, 만약 이때 충분한 에너지가 공급되지 못한다면 세포자살(apoptosis)을 유도하게 될 것이다.

앞에서도 언급했듯이 에너지 공급에 있어서 항상 많은 양의 공급이 모든 문제의 해결책은 아니다. 에너지 공급이 너무 많아도 면역반응이 너무 급격하고 활발하게 일어나

암이나 자가면역질환과 같은 원하지 않는 반응을 유발하는 등 문제를 일으킬 수 있다. 따라서 면역세포의 대사과정에 대한 정확한 이해를 통한 에너지 공급 및 대사의 적절한 조절만이 동물에서 나타나는 면역 관련 질병에 대하여 현명하게 대처할 수 있는 방법이라 하겠다.

2) 글루타민(glutamine)

글루타민은 대사작용에서 중요하게 작용할 뿐만 아니라 종종 중요한 면역조절자의 역할을 한다. 글루타민을 급여한 동물에서 면역기능이 향상되었다는 많은 연구 결과가 이를 논증하고 있다. 또한 글루타민은 면역세포 배양 시 세포의 성장과 기능에도 중요하게 작용한다. 글루타민의 기능은 20여 년 전에 아스파라기나아제(asparaginase), 글루타미나아제(glutaminase) 또는 글루타민 길항제(antagonist)가 림프구의 증식을 억제한다는 것이 실험적으로 관찰되면서 밝혀졌다. 이러한 면역 억제는 아스파라기나아제가 글루타민을 가수분해하는 능력으로 인한 효과로 여겨지며, 글루타민 공급이 정상적인 면역기능에 필요하다는 것을 말해 준다. 실제로 많은 면역세포의 기능이 생리학적 농도 범위를 넘어선 글루타민의 공급에 의존적이라는 것이 밝혀졌다.

글루타민은 외부 물질로부터 자극받은 림프구의 증식이나 대식세포의 IL-1 생산, 림프구의 IL-2 생산, 대식세포와 림프구의 RNA 합성, 대식세포의 식균작용능력 등에 영향을 준다. 따라서 혈장의 글루타민 농도가 낮을 경우 종종 면역 억제와 연결될 수 있다. 또한 글루타민은 면역 시스템의 연료로 알려져 있으나 각 축종에서 에너지원으로 사용될 때의 효율은 다르다. 실험상으로 소와 돼지의 상피세포 림프구에서 글루타민은 포도당보다 30% 높은 ATP 생산성을 유도하는 반면, 설치류에서 글루타민에 의한 ATP의 효율은 포도당과 동일하다.

최근 gene array 실험에 의하면 글루타민이 면역 시스템의 활성화에 미치는 긍정적 효과를 뚜렷하게 관찰할 수 있다. 돼지의 경우 경제성을 높이기 위해 조기 이유를 실시한 결과 산화적 스트레스와 면역 활성에 관여하는 유전자의 발현은 증가하는 반면, 세포 증식이나 영양소 활용에 관련된 유전자의 발현은 감소한다. 하지만 사료에 글루타민을 추가해 주면 이러한 부작용이 감소하는 효과를 관찰하였다. 다시 말해서 글루타민의 추가 급여에 의해 산화적 스트레스에 관련된 유전자의 발현은 감소하고, 외부 박테리아에 대항하는 능력과 영양분을 흡수하는 능력이 향상되었음을 나타낸다. 이는 조기 이유 자돈에서 글루타민이 소화기의 기능을 보정하고 성장을 촉진하는 기능이 있음을 보여 준다. 이런 접근법은 단순히 특정 영양소의 공급 이후 나타나는 결과에 초점을 맞춘 실험에 비하여 진일보한 것이라고 할 수 있다. 가금에서 글루타민의 급여는 혈청 내의 IgA와 IgG의 분비를 촉진하여 체액성 면역반응을 향상시키는 효과도 나타냈다.

글루타민의 공급이 항상 긍정적인 치료 효과를 보이는 것은 아니다. 돼지와 반추동물의 다양한 소화기 질환에서 글루타민 공급에 의한 치료 결과 긍정적인 효과와 부정적인 결과가 모두 보고되었다. 소의 경우 반추위의 특성상 사료와 함께 급여하기보다는 반추위를 통해 직접 급여한 후 글루타민의 효과를 확인하는 실험이 진행되었다. 하지만 결과적으로 뚜렷한 면역증강효과나 산유량 변화는 확인할 수 없었다. 건강한 자돈에서 에너지를 줄이고 글루타민 섭취를 증가시킨 경우에는 특별한 효과는 없었으나 외부 미생물의 감염에 대한 면역반응은 증강되었다.

결론적으로 글루타민은 면역시스템의 유지와 활성에 중요하게 작용하며, 특히 소화기 질환의 치료에 효과가 있다고 여겨진다. 또한 글루타민의 단독처리보다 다른 아미노산을 함께 공급해 주는 것이 더 효과적이다. 하지만 글루타민 처리 효과에 있어 축종마다 특이적 차이가 있다는 사실은 명확하기 때문에 글루타민 처리 효과를 종 간으로 넓혀 해석하는 것은 배제해야 한다.

9.1.4 지방

지방산과 글리세롤의 삼중 에스테르 결합으로 이루어져 있는 지방은 생체의 주요 성분으로서 동물 피하지방 세포의 저장 물질이며, 세포막의 구성 성분이고 원형질이나 혈액 중에도 존재한다. 또한 3대 영양소의 하나로 중요한 에너지원이기도 하다. 이러한 지방의 기능 중 지용성 물질의 수용체로서의 기능과 지방산의 합성 등은 체내 면역반응에서 중요하게 작용한다. 특히 경제동물의 사료 급여에서 특정 지방산의 첨가는 체내 면역반응을 증가시키기도 하고 감소시키기도 한다. 특히 ω-3/ω-6 다가불포화지방산(polyunsaturated fatty acid, PUFA)은 이러한 면역반응 조절에 핵심적인 역할을 한다.

지방산은 탄소의 길이에 따라 짧은 사슬 지방산, 중간 사슬 지방산, 긴 사슬 지방산으로 나뉜다. 또 지방산은 이중결합의 유무에 따라 이중결합이 있는 지방산을 불포화지방산, 이중결합이 없는 지방산을 포화지방산이라고 한다. 불포화지방산은 탄소사슬이 꺾여서 지방 분자가 계속 쌓이지 못하여 실온에서 응고되지 못하고 액체 상태로 존재하지만 포화지방산은 실온에서 고체이다. 포화지방산이 안정된 구조임에도 불구하고 포화지

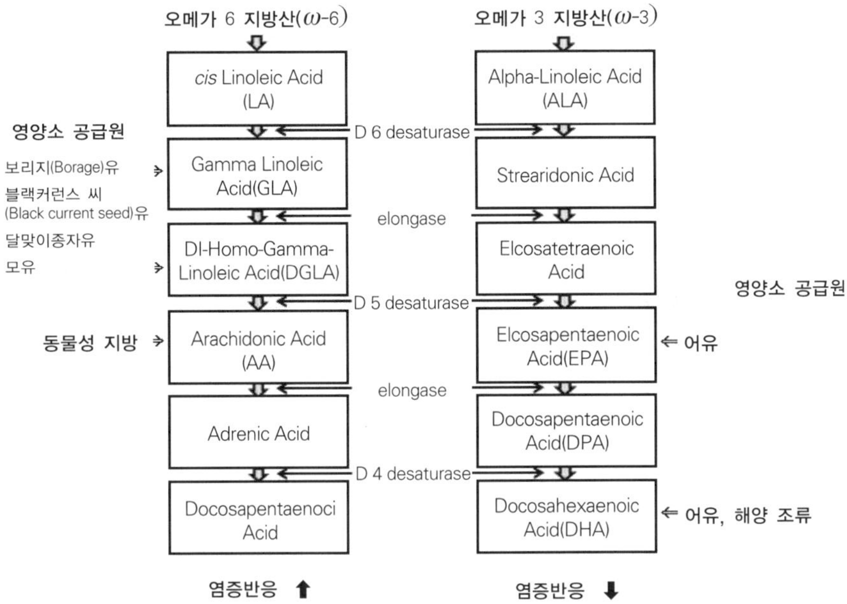

그림 9.5 ω-3와 ω-6 다가불포화지방산의 염증 관련 작용기전

방산보다 불포화지방산의 섭취가 더 권장되고 있는 이유는 구조적인 차이로 인해 불포화지방산은 다른 형태로 전환이 잘 되는 반면에 포화지방산은 안정화되어 있어 다른 형태로 전환이 용이하지 않기 때문에 유해하다는 것이다.

불포화지방산은 이중결합 수가 1개인 단일불포화지방산과 2개 이상인 다가불포화지방산으로 나뉜다. 또 지방산은 메틸기에서부터 헤아릴 때 최초의 이중결합의 위치에 따라 분류하는데 최초의 이중결합이 메틸기에서 헤아려 3번과 4번 사이에 있으면 ω-3 계열 또는 ω3 계열이라 하고, 최초의 이중결합이 6번과 7번 사이에 있으면 ω-6 계열 또는 ω6 계열, 최초의 이중결합이 9번과 10번 사이에 있을 때는 ω-9 계열 또는 ω9 계열의 지방산이라고 한다. 대부분의 지방산이 우리 몸에서 생성되지만 그렇지 않은 두 가지의 지방산, 리놀레산(linoleic acid, LA)과 알파 리놀렌산(alpha-linolenic acid, ALA)은 반드시 외부로부터 섭취해야 한다. 이들은 식물성 지방에 많이 포함되어 있으며, 어유(fish oil)에는 긴 사슬의 ω3 지방산인 EPA(eicosapentaenoic acid)와 DHA(docosahexaenoic acid)가 함유되어 있다.

ω-3와 ω-6 다가불포화지방산은 면역반응 조절에 중요한 작용(그림 9.5)을 한다고 알려져 왔다. 예를 들어 이러한 지방산들이 풍부한 식이요법이 염증반응을 조절한다는 결과

가 동물 모델과 임상실험에서 발표되었다. ω-6 다가불포화지방산을 먹인 쥐와 비교했을 때, ω-3 다가불포화지방산을 먹인 쥐에서 염증반응이 감소하였고 항원 자극에 의한 항체의 반응이 향상되었다. 면역반응의 조절과 관련이 있는 기작은 아직 확실하게 밝혀지진 않았지만, 다가불포화지방산이 프로스타글란딘(prostaglandin), TNF-α, IFN-γ, 그리고 산화질소(nitric oxide, NO)와 같은 다른 요소들의 합성을 통해 세포반응에 영향을 끼친다는 것은 이미 잘 알려져 있다. 또한 ω-3 지방산은 심혈관 질병의 위험성과 여러 가지 만성 질병의 발병률을 감소시킨다고 알려졌다. 예를 들어, ω-3 다가불포화지방산이 많이 함유된 생선 기름은 심근경색, 부정맥, 동맥경화와 고혈압 등과 같은 여러 종류의 심혈관 질병으로부터 보호할 수 있다고 알려져 있으며 IL-1β, IL-6, TNF-α 등과 같은 사이토카인을 감소시킨다.

등 푸른 생선이나 어유(fish oil)에 함유되어 있는 EPA와 DHA는 혈소판의 응집능력을 저하시키는 기능이 있다. 또한 혈관 내에서 혈액의 덩어리인 혈전이 생기는 것을 방지하기 때문에 뇌졸중 등의 뇌혈관질환이나 심장질환을 예방하고 동맥경화나 고혈압을 예방하는 효과가 있다. 일반적으로 다가 불포화지방산은 혈중 콜레스테롤 양을 줄이는 기능이 있다. 그리고 불포화지방산에는 올레산(oleic acid)과 엘라이딘산(elaidic acid)과 같이 시스(*cis*)형과 트랜스(*trans*)형의 기하이성체가 존재한다. 천연 지방산은 대부분이 불안정한 시스형이고 쇼트닝, 마가린 등 수소를 첨가한 경화유는 트랜스형 지방산으로 전환된 것이다. 트랜스 지방산은 불포화지방산이지만 체내에서 대사될 때 포화지방산처럼 작용하므로 혈중 콜레스테롤을 높인다.

특히 경제동물의 사료 급여 시 ω-3/ω-6 PUFA의 함량 조절에 관한 연구들이 각 축종별로 많이 보고되고 있으며, 실제 이러한 비율에 따른 사료 급여가 실시되고 있는 실정이다. 각 축종에서 나타나는 면역체계와 지방의 관계는 다양한 관점으로 진행되었다. 여러 종류의 지방산이 풍부하게 함유되어 있는 어유는 돼지의 사료 섭취 증가와 성장 실적의 증진을 가져온다고 알려져 있다. 정상 돼지와 병원체에 감염된 돼지에게 어유를 급여할 경우, 이 두 그룹에서 모두 성장이 증가되는 효과를 보였으며, 특히 후자의 경우 어유 급여에 따른 생리적인 효과가 더욱 크게 나타났다. 이는 어유가 불필요한 면역반응을 위한 에너지를 개체의 성장을 위한 에너지로 돌려 사용될 수 있게 해주기 때문이다. 돼지에게 공급된 어유는 옥수수유와 비교했을 때, 부분적으로 면역반응을 억제하고 전염증성 사이토카인의 생산을 조절함으로써 성장 실적에 영향을 미친다고 알려져 있다. 예를 들어, 어유는 혈장 IL-1β 농도를 줄인다고 알려져 있는데 이는 에이코사노이드

생산 감소에 의한 것으로 보고되었다. ω-3 긴 사슬 불포화지방산인 어유는 아라키돈산의 생물학적 활성 대사물의 생산을 억제하는데, 억제되는 대사물 중 프로스타글란딘 E2와 류코트린 B4는 면역반응을 조절하는 중요 물질이다.

LPS에 노출된 가금에서 어유 급여를 증가시키면 옥수수유를 급여했을 때에 비해 성장 억제가 감소되는 효과가 있다. 최근 연구 결과는 모계 사료 내 지방과 병아리 면역조직의 지방 함량 사이에 명백한 상관관계가 존재한다고 밝히고 있다. 이러한 발견은 모계 사료의 PUFA 조성의 변화로 난황의 지방산 조성을 조절하여 적어도 초기 몇 주 동안에 생산되는 류코트린의 종류를 바꿀 수 있음을 시사한다. 또한 급사나 복수와 같은 대사성 질병과 관절 이상과 같은 염증장애는 육계 폐사의 주된 원인이다. 대사와 염증 기작에서 류코트린의 역할을 고려해 볼 때, 육계는 5, 6주령에 성계가 되기 때문에 모계 사료 조절을 통해 전염증성 류코트린 합성을 줄이는 것은 육계의 염증장애를 줄일 수 있는 방법을 제공해 줄 것이다.

젖소 사료 내 지방산 조성에 따라 염증 유도 인자의 생산이 변화한다는 것에 착안하여 면역반응을 조절할 수 있는 새로운 사양 전략을 개발하는 것은 분만에 의한 면역 억제 효과를 줄이고 병원체에 대한 방어 등 면역기능 회복을 증진시킬 수 있도록 한다. 공태기 동안 젖소의 세포매개성 면역기능은 약화되는데, 이와 같은 현상은 림프구 발달의 현저한 감소, 분만 후 IFN-γ, TNF-α 및 일산화질소의 생산 증가 등에서 알 수 있다. 분만 전 · 후기 동안 사료 내 ω-3 또는 ω-6 PUFA의 증가는 세포매개성 면역반응에 제한적인 효과를 나타낸다. 그러나 림프구 발달은 전환기 동안 ω-3 PUFA 사료를 섭취한 소와 비교했을 때, ω-6 PUFA 사료를 섭취한 소에서 더 줄어들었다. 전환기 동안 초산우와 경산우에서 활성화된 면역세포는 서로 다른 특성을 보인다. 경산우의 경우에는 TNF-α, PGE2 그리고 일산화질소의 생산으로 측정되는 단핵구의 기능은 초산우보다 더 감소하였다. 그러나 IFN-γ의 생산으로 측정되는 림프구 기능은 ω-3 PUFA가 풍부한 사료를 섭취한 경산우에서는 증가했고 동일한 사료 조성을 섭취한 초산우에서는 감소하였다. 결론적으로, 전환기 동안 젖소의 림프구와 단핵구/대식세포 특성은 사료 내 PUFA의 구성과 후산에 의해 영향을 받게 된다.

체내의 주된 에너지원으로서 대사과정에서 주요한 기능을 하는 지방은 동물의 염증 조절에서도 중요한 역할을 한다. 특히, 돼지, 닭, 소를 비롯한 경제동물에서 ω-3 또는 ω-6 PUFA 비율을 조절한 사료를 급여할 때, 경제동물의 질병 발병률을 낮출 수 있을 뿐만 아니라 그 생산성 향상에 기여할 것으로 사료된다.

9.1.5 비타민

비타민 또는 미량원소들의 섭취는 동물의 성장 및 발달뿐만 아니라 면역반응에도 영향을 미친다(표 9.5). 비타민의 결핍은 가축들이 감염에 걸리기 쉽게 하고 영양결핍 상태를 악화시킨다. 비타민 A, C 그리고 E는 피부의 외래 항원 침입을 막는 기능을 향상시켜 주는 역할을 하고, 비타민 A, B_6, B_{12}, C, D 그리고 E는 면역세포들의 방어작용에 도움을 준다. 비타민 E는 비타민 C보다 높은 항산화작용을 하는 것으로 알려져 있지만, 지용성인 관계로 사용이 용이하지 못하다는 단점이 존재한다.

비타민 D와 A의 경우 일반적으로 각 기관을 거쳐 체내에서 사용되는 대사과정이 존재(제7장 참조)하는데 면역세포에서도 이와 유사한 과정을 거쳐 이용된다. 그림 9.6에서 보듯이, 비타민 D_3(VD_3)은 직접 섭취하거나 피부에서 합성 혹은 간에서 25(OH) 비타민 D_3(체내에서 주로 순환되는 형태)으로 수산화되어 체내에서 사용된다. 이후에 신장에서 CYP27B1이라는 효소에 의해 1,25$(OH)_2$ 비타민 D_3로 수산화기가 붙고, 이 형태는 가장 활성이 강한 형태로서 이후에 혈관을 통해 이동하면서 개체의 각 기관에서 작용하게 된다. 대식세포, 수지상세포, T 세포, B 세포도 역시 CYP27A1이나 CYP27B1과 같은 효소를 생성해 1,25$(OH)_2$ 비타민 D_3 형태로의 수산화를 유도할 수 있고 이 형태의 비타민

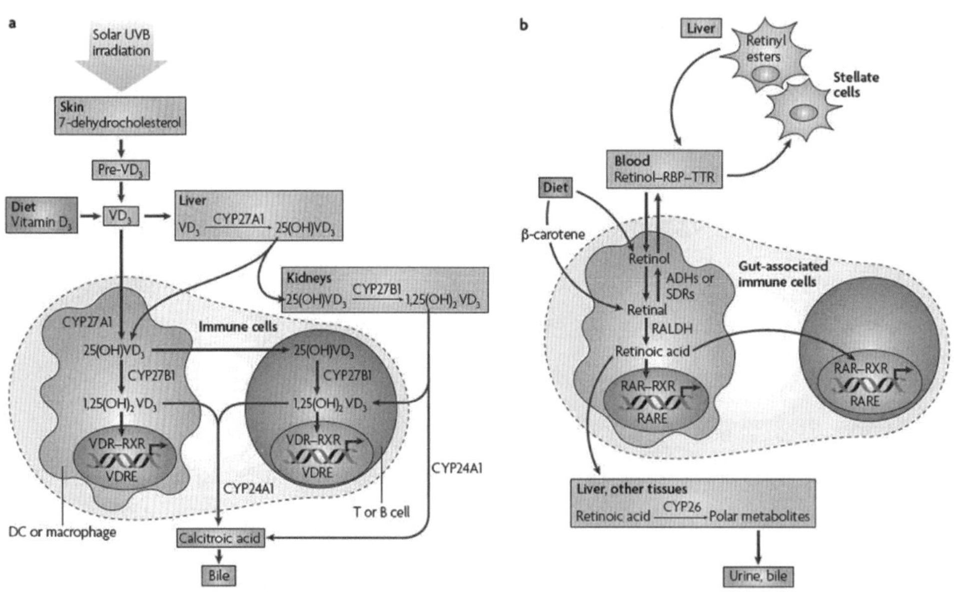

그림 9.6 비타민 D와 A의 체내 각 기관 및 면역세포에서의 대사과정(Mora et al., 2008)

표 9.5 비타민과 광물질이 면역반응에 미치는 영향

미량원소	면역반응에서의 주된 역할
Vitamin A	유전자 발현과 상피세포의 정상적인 분화 유도 특히 어린 동물에서 감염성 질환의 발병률과 사망률 감소 결핍 시 선천성 면역의 불균형 유도(예: 과다한 염증 유발, 외부물질에 대한 방어 기작 능력 감소)
Vitamin D	면역작용 조절자, 세포 분화 기작에 작용, 대식세포로의 분화 유도를 통한 선천성 면역 반응의 증가 유도 결핍 시 외부 미생물에 대한 감염률 증가, 선천성 면역과 세포매개성 면역의 결함 초래
Vitamin E	$CD4^+$ T세포의 반응의 증진 및 최적화 T 세포의 분화를 증가시켜 T세포를 통한 면역반응 증강, 산화적 스트레스의 감소
Vitamin B_6, Vitamin B_{12}, 엽산	비타민 B_6 → $CD4^+$ T세포의 반응 유지 엽산 → 선천성 면역반응, 특히 자연살해세포의 증강 유도 비타민 B_{12} → 특히 세포독성을 이용하는 면역세포(자연살해세포, $CD8^+$ T세포)의 활성 증가 결핍 시 DNA와 단백질 합성의 억제를 통한 면역반응 저해
Vitamin C	염증 반응과 호흡 급증(respiratory burst; 감염에 의한 개체 내 산소 요구량의 급격한 증가) 동안에 세포의 산화환원 전위를 유지시키고, 생성된 ROS(reactive oxygen species)로부터 개체의 보호 백혈구(호상구 및 단핵백혈구의 이동)의 활성 증가 항균작용과 자연살해세포의 능력 및 림프구의 분화 증진 초기 발열 반응의 지속성과 심각성 감소
Se	최적의 면역반응을 위한 필수적인 항산화 물질 결핍 시 항체 생산 저해, 바이러스의 치명적 형태로의 변이를 유발
Zn	$CD4^+$ T세포의 반응 유지, 피부와 점막의 보호 역할 결핍 시 흉부 위축(쇠약) 유발, 세포독성을 이용하는 세포와 $CD4^+$ T세포, 자연살해세포의 능력 감소
Cu	과다 발현된 ROS로부터 개체 보호 항산화 균형 유지, 염증 반응의 조절자
Fe	세포 분화와 성장과 같은 기능적 면역세포의 작용을 위한 필수 요소 사이토카인의 생산 및 작용 조절

D_3은 autocrine이나 paracrine으로 작용해 면역세포에 영향을 준다. 비타민 A는 섭취를 통해 체내로 들어오고 간에서 retinyl ester로 저장된다. 장에 위치하는 면역기관에서는 retinal로 산화되고, 다시 all-*trans*-retinoic acid로 산화되어 면역세포에 존재하는 레티노산(retinoic acid) 수용체를 통해 면역세포에 작용을 한다.

1) 지용성 비타민

(1) 비타민 A

선천성 면역에서 비타민 A의 기능은 점막 상피세포의 변화에서 가장 두드러지게 나타난다. 눈의 점막, 호흡기관, 소화기관 및 생식기관 등에 많이 존재하는 점막 상피세포의 경우, 비타민 A의 결핍으로 점액을 생성하는 배상세포(goblet cells)의 손실이 나타나고 이는 점막의 손실을 유도한다. 이처럼 비타민 A는 점막 면역의 선천성 면역반응에 중요한 역할을 한다. 비타민 A의 결핍은 또한 정상적인 호중구의 성장을 막아 호중구의 식균작용과 박테리아의 사멸작용을 저해한다. 비타민 A 결핍은 2차 림프기관에서 대식세포의 수적인 증가를 유도하여 IL-12, IFN-γ 등을 통한 대식세포와 연관된 염증 반응을 증가시키지만, 박테리아를 분해하고 사멸시키는 대식세포의 능력은 손상되어 면역작용이 적절히 일어나지 않게 된다. 또한 비타민 A 결핍은 자연살해세포의 수와 용해 능력을 감소시키는 것으로 보고되었다. 항체 등을 통한 후천성 면역에 미치는 비타민 A의 기능은 비타민 A가 결핍된 상태에서 정제된 항원 단백질에 대한 항체 반응과 장내 기생충에 대한 혈청 내 항체반응의 저하를 통해 확인할 수 있다.

(2) 비타민 D

비타민 D는 약 20년 전 secosteroid 비타민 D의 생물학적으로 활성화된 호르몬 형태로 인식되었으며, 전통적으로 칼슘 · 인 대사와 뼈의 미네랄화에 영향을 준다고 알려져 있다. 면역학적 관점에서 살펴보면, 다양한 면역세포에 비타민 D 수용체(vitamin D receptor, VDR)가 발현되는데, 비타민 D가 결핍된 실험동물에서는 면역세포에서 낮은 수준의 VDR이 보고되었다. 또한 비타민 D 결핍 시 지연성 과민반응(delayed type hypersensitivity, DTH)과 같은 항원 특이적인 세포매개성 면역반응이 나타나고, 대식세포의 염증유도반응에서 이상을 나타내는 것이 보고되었다.

(3) 비타민 E

지용성 항산화제 중 하나인 비타민 E는 특히 지방의 산화를 막아 주는 역할을 한다. 신선한 건초는 비타민 E의 훌륭한 공급처이지만 건초를 농축시키거나 장기간 저장하면 일반적으로 비타민 E의 농도가 낮아진다. 임신 중 젖소에게 저장된 건초를 공급할 경우 알파-토코페롤이나 혈청 내의 비타민 E 농도가 상당히 낮은 수준으로 존재한다는 것이 이를 뒷받침한다. 면역반응에서 비타민 E의 작용은 호중구의 수적 증가와 함께 기능의 향상을 유도한다. 임신 중인 젖소에 비타민 E를 투여할 경우 일반적으로 호중구의 식균작용 자체가 증가하지는 않지만 대식작용 이후에 박테리아를 파괴하거나 제거하는 능력을 향상시킨다. 나아가 이러한 기전은 유방염에 감염되는 정도가 줄어드는 결과를 나타냈다.

2) 수용성 비타민

(1) 비타민 C

활성화된 면역세포에서 식균작용 시 발생하는 ROS(reactive oxygen species)는 비타민 C와 같은 항산화제를 통한 비효소적 방법이나 효소적 방법을 통해 제거될 수 있다. ROS는 세포 내에 존재하는 박테리아를 제거하는 데 중요한 역할을 하는 반면, 산화력을 통해 체내의 다른 물질들이나 면역체계에 부정적 영향을 미칠 수도 있다. 만약 ROS가 과다 생산되면 산화적 스트레스로 인하여 면역작용를 방해하고, 세포막을 파괴하거나 세포 사이의 상호관계를 교란할 수 있다. 비타민 C는 면역세포에 높게 존재하며, 감염 시 매우 활발하게 이용되어 면역작용을 강화시키는 것으로 알려져 있다. 특히 호중구나 단핵 면역세포의 이동성을 증가시키는 것으로 알려져 있어 일정량의 비타민 C 급여 시 호중구의 chemotaxis(화학 물질의 농도가 높은 곳으로 이동하는 현상)를 증가시킨다고 보고되었다. 또한 비타민 C 급여는 사이토카인과 항체의 합성을 증가시키고 림프구 증식을 유도하여 면역체계를 강화하는 것으로 밝혀졌다. 비타민 C는 염증 반응에도 관여하는 것으로 알려져 있는데, 항균반응이나 자연살해세포의 활성 증가, 림프구의 증식 등을 유도하여 외부 미생물의 제거 기능을 향상시키는 것으로 알려져 있다.

(2) 비타민 B_6

비타민 B_6는 핵산과 단백질의 생합성에 영향을 미치며 면역반응에서 항체나 사이토카인의 합성 시에 조효소로서 중요한 역할을 한다. 비타민 B_6는 림프구들의 성숙과 성장, 그리고 항체의 생산을 증가시킨다. 비타민 B_6의 결핍은 T 세포의 활성을 약화시키고, IL-2 생산을 감소시키며, T 세포의 숫자와 증식 능력을 떨어뜨린다. 이와 같은 결과는 비타민 B_6가 T 세포를 통한 면역반응에 중요한 역할을 하며, 비타민 B_6의 결핍은 세포매개성 면역에 부정적인 영향을 준다는 것을 의미한다.

(3) 비타민 B_{12}

비타민 B_{12}는 탄소 및 엽산(folic acid) 대사에 관여한다. 비타민 B_{12}가 결핍된 상태에서는 비활성화된 엽산이 더 많이 존재하고, 티미딘(thymidine)과 퓨린(purine)의 합성을 약화시키며 DNA와 RNA의 합성을 감소시켜 항체의 분비량을 억제한다. 비타민 B_{12}가 결핍된 동물에서는 $CD4^{+}$ T세포의 숫자가 $CD8^{+}$ T세포에 비하여 높게 나타나며 자연살해세포의 능력 또한 감소되어 나타난다. 추가적으로 비타민 B_{12}를 공급할 경우 세포매개성 면역을 조절하는 기작, 특히 $CD8^{+}$ T세포와 자연살해세포에 영향을 많이 주는 것으로 알려져 있다.

9.1.6 광물질

체내 분포나 요구량이 많은 칼슘(Ca), 마그네슘(Mg), 나트륨(Na), 칼륨(K), 인(P), 염소(Cl), 황(S)의 7종을 다량광물질이라고 하며, 체내 분포나 요구량이 극히 적은 망간(Mn), 철(Fe), 구리(Cu), 아연(Zn), 코발트(Co), 요오드(I), 불소(F), 몰리브덴(Mo), 비소(As), 크롬(Cr), 셀레늄(Se), 규소(Si)의 열두 가지 광물질을 미량광물질이라고 한다. 이중에서 미량광물질로 분류되는 것들은 최근에 생리학적으로 체내 대사에서의 중요성이 많이 부각되고 있으며 면역과의 관계도 활발히 연구되고 있다. 최근 활발히 연구되고 있는 광물질로는 셀레늄, 구리, 아연, 코발트, 몰리브덴, 철이 있으며 이와 같은 광물질의 결핍은 병원체나 항원에 대한 반응을 감소시키거나 면역 시스템을 교란하여 질병에 대한 저항력을 감소시킨다고 알려져 있다. 그러나 단일 광물질이 어떠한 기작을 통해 면역체계에 영향을 미치는지에 대한 연구는 앞으로 해결해야 할 부분이다.

셀레늄은 다양한 작용을 통해 면역체계에 영향을 미치는데, 특히 어린 송아지나 양에서 셀레늄이 부족할 경우 초기 항체반응을 감소시킨다. 면역력이 약화된 개체에서는 셀레늄 공급을 통해 면역반응의 증가를 유도할 수 있다. 셀레늄 결핍 시 호중구의 활성이 약화되는 현상이 나타나며, 가금류의 경우 셀레늄에 의해 항체의 증가가 관찰되었고, 단핵세포의 경우 식균작용이 증가되는 양상이 보고되었다. 그러나 최근 연구에 따르면 셀레늄이 면역 억제 효과 또한 나타내는 것으로 보인다. 셀레늄은 면역세포에서 NO의 생성을 억제하여 미생물을 제거하는 기능을 억제한다고 보고되었다. 이러한 차이는 셀레늄의 함량 및 실험조건의 차이에서 기인할 수도 있지만, 특정 영양소의 면역체계에 대한 총체적인 기능 연구가 부족하고 축종 간의 차이 또한 반드시 고려해야 할 조건이다.

가축에서 구리의 결핍은 세포매개성 면역반응과 체액성 면역반응 모두를 감소시킨다. 양에서 구리가 결핍될 경우 외부 병원체에 대한 감염에 저항성이 감소된다는 보고가 있다. 또한 구리의 농도가 낮은 개체에서 외부 항원에 대하여 혈액이 응집되는 현상이 약화되는 것으로 나타났다. 이는 혈액세포 중 하나인 혈소판의 능력과 관련이 있음을 의미한다.

아연이 결핍될 경우 $CD4^+$ T세포의 감소가 나타나고, T세포의 성숙 및 발달이 일어나는 흉선의 기능저하가 나타났다. 아연이 결핍된(섭취는 정상이더라도 체내의 양이 부족한) 동물에서 흉선과 비장의 발달이 크게 감소하는 것이 보고되면서, 아연의 면역체계에 미치는 영향이 활발히 연구되고 있다. 가금류에서는 아연을 공급함으로써 대식세포의 식균작용이 향상되는 반면, 결핍되었을 경우 획득성 면역과 선천성 면역에 모두 부정적 영향을 미친다고 보고되었다. 아연은 양의 사육 시 습진 예방책으로 널리 사용되고 있는데 정확한 기작은 아직 밝혀지지 않았으며, 면역과 관련하여 활발하게 연구되고 있는 분야 중 하나이다.

철분과 면역의 관계에서 철분의 결핍은 자돈이나 송아지 시기에 외부 미생물에 감염될 확률을 높이고 유아기 동물에 추가적인 철분의 공급은 호흡기나 소화기를 통한 미생물의 감염을 50% 이상 감소시킨다고 보고되었다.

9.1.7 결론

모든 동물의 면역기능은 개체 및 집단의 건강과 복지를 위해 최대한 능률적으로 활용되어야 한다. 그리고 이러한 최적의 면역반응은 오직 적절한 조건하에서 확립될 수 있다. 면역체계의 불균형적 발달로 인한 면역반응의 결핍뿐만 아니라 비정상적인 면역세포의 증식에 의해서도 동물에게 다양한 문제를 일으킬 수 있기 때문에 면역 시스템을 최적화하는 것은 중요하다. 이러한 관점과 더불어 면역체계의 최적화를 이룰 수 있는 사료 생산 원가 또한 심각하게 고려되어야 할 사항이다. 가축을 생산하는 데 사료는 가장 많이 차지하는 소비재이므로, 시판되는 사료 영양소는 가축 생산 효율성을 극대화하도록 조성되어야 한다.

가축 생산성 최적화에 초점을 둔 영양소 조성이 면역성의 최적화를 충족하는지에 대해서 아직까지 알려진 바는 없다. 그러나 가축에게 현재의 사료 형태를 공급할 때 종종 식욕감퇴, 성장지연 및 전신 스트레스 반응을 일으키는 것으로 보아 영양소가 많을수록 항상 좋은 것은 아니며, 이는 현재의 가축 생산성 최적화에 초점을 둔 영양소 조성이 면역성을 최대화하는 데 있어서 가장 효과적인 것이 아님을 알 수 있다.

물론 특정 영양소 하나가 면역 시스템을 '조절' 또는 '변경'하지 않기 때문에 사료 내 일부 영양소 조성을 변경하는 것만으로는 전반적인 면역 시스템을 증폭시킬 수는 없다. 즉, 특정 병원균에 내성을 갖는 숙주는 그 병원균에 대해서 더욱 내성을 갖게 되지만 다른 병원균에는 감염되기 쉽기 때문이다. 따라서 전반적인 사료 내 영양소의 균형을 통한 총체적인 면역체계의 증강을 유도하는 것이 현실적이다. 하지만 각각 영양소들의 특정 기능을 증명하고 이해함으로써 영양소를 이용한 면역체계의 조절에 더욱 다가갈 수 있을 것이다.

이러한 동물의 건강상태를 증진시키는 방법에 관한 연구뿐만 아니라 동시에 이를 효과적으로 평가하는 방법은 필수적이다. 사실 면역 시스템은 수많은 세포와 서로 다른 단백질 간의 복잡한 네트워크로 이루어져 있기 때문에 면역성을 평가하는 데 어려움이 있다. 예를 들어 일부 아미노산과 특정 영양소의 미세한 차이가 가축의 면역 시스템을 약화시키기도 하고, 때로는 일부 영양학적 의미가 적은 광물질들이 극소량으로도 면역을 증진시키기도 하며, 비필수영양소가 풍부한 사료의 추가가 필수영양소가 풍부한 사료보다 면역학적 측면에서 더 큰 변화를 초래한기도 한다.

영양면역 분야는 그동안 진행된 연구에 의해 밝혀진 것들도 많지만 앞으로 풀어야 할 숙제가 더 많다고 할 수 있다. 따라서 면역학적 결과 도출을 위한 실험 설계나 결과의 해석 등 근본적인 연구가 충분히 뒷받침되어야 할 것이다. 나아가 영양학과 면역학의 체계적이고 적극적인 연계를 통해 영양소가 면역에 미치는 특정 기전을 세부화하고, 이러한 기전이 어떠한 방법을 통해 다양한 영양소와 병원균에 관련성을 갖는지에 대한 연구가 향후 더욱 활발히 진행될 것으로 사료된다.

9.2 유전자와 영양

지난 20~30년간 분자생물학의 눈부신 발전은 인류에게 새로운 연구와 학문을 위한 강력한 도구와 기술을 제공해 주었다. 그 결과로 전통적 영양학은 새로운 학문 영역인 분자영양학(molecular nutrition)과 영양유전체학(nutritional genomics) 같은 새로운 학문을 태동하게 하였다. 분자영양학은 분자 수준에서 영양소의 기능을 연구하는 것으로 신호전달체계(signal transduction), 유전자 발현 및 단백질의 구조변형 연구 등과 같이 기초학문 연구에 중점을 둔다. 영양유전체학은 유전체가 영양소의 상호관계에 어떻게 반응하는가에 대해 연구하는 것으로, 영양적 연구에 대량 유전체 분석기술 등을 적용하는 기술적 측면이 강한 학문 분야이다. 영양과 유전자 발현에 관한 연구는 생물체의 유전체 염기서열 분석이 진행되면서 더욱 중요한 분야로 여겨지기 시작하였다. 유전체 염기서열 분석에 의해 새로운 유전자들이 알려지기 시작하였고 이들 유전자의 기능을 이해하기 위한 많은 연구가 진행되고 있다. 이와 같이 영양학 분야는 연구 환경이 변함에 따라 등장한 새로운 학문인 영양면역학, 분자영양학, 영양유전체학 등이 연구 중심이 되어 발전할 것으로 예상된다.

9.2.1 단세포생물과 다세포생물에서의 유전자 발현

영양적 환경 변화에 따른 유전자 발현의 조절은 원핵세포(prokaryotes)와 하등 진핵세포(eukaryotes)에서 가장 잘 연구되어 왔다. 단세포생물은 영양소 그 자체가 유전자 발현의 주 조절자이다. 이들 단세포생물들은 세포 배양액에 공급되는 영양소의 변화에 대한 반응으로 세포 내 대사적 반응을 조절한다. 그 대표적인 예로, 박테리아에서 영양소 의존형 조절을 받는 lactose operon, histidine operon, tryptophan operon 등이 있다. 이들 operon들은 대사 기질 공급이 제한될 경우 관련 물질의 생합성에 참여하는 효소의 유전자들을 활성화시킨다. 그러나 다세포생물에서는 유전자의 발현 조절 기작이 단세포생물과는 여러 측면에서 차이가 있다.

다세포 생물, 즉 포유동물의 경우 영양소들의 공급이 일정하지 않고 다양한 변화가 주어지기 때문에 세포들은 그들의 대사를 적절히 조절하기 위해 관련 효소체계를 이용하여 영양소의 이용성을 양적 · 질적으로 고려하면서 적응해야 한다. 이와 같은 복잡한 과정을 수행하기 위해서는 많은 유전자들의 발현이 조절되어야 하며, 이러한 조절에는 호르몬계와 신경계가 참여하는 조절뿐만 아니라 영양소에 의한 복잡한 상호관계도 포함된다. 이와 같은 영양소 조절자에는 탄수화물, 지방산, 스테롤, 아미노산 등과 같은 다량 영양소와 비타민 및 광물질과 같은 소량 영양소가 유전자 발현 조절에 관여하고 있다. 비록 많은 연구가 이루어진 편은 아니지만 포유동물의 유전자 발현 조절에 영양적 요소가 중요한 위치를 차지하고 있음이 계속해서 밝혀지고 있다.

9.2.2 영양소와 유전자 발현

영양소들은 에너지 생성과 저장, 체구성 유지 등의 고유의 역할을 넘어 유전자의 발현을 조절하는 주요한 기능이 있다. 세포 수준에서는 영양소가 유전자 전사조절인자(transcription factor)의 수용체(receptor) ligand로서 작용하며, 영양소가 1차 또는 2차 대사과정으로 이용되어 기질 혹은 중간 대사 산물의 변화를 유도하고, 신호전달체계에서 '촉진' 혹은 '억제' 작용을 할 수 있다. 영양과 유전자 연구에 있어서 연구자들은 최상의 대사작용을 위해 요구되는 영양소의 양, 유전적 배경이 다른 경우 각 동물에 대한 영양소 섭취량, 영양소와 체내 대사 조절과의 연관관계, 출생부터 성장 단계별 영양소 이용과 변화에 대한 평가방법, 영양소와 유전자 간 상호관계의 연구에서 얻은 정보를 동물의 사육, 생산, 이용 등에 어떻게 활용할 것인지 등을 고려하여 심도 있는 연구를 할 것으로 기대된다.

9.2.3 영양소 형태에 따른 유전자 발현 조절

충분한 양의 영양소와 균형 잡힌 영양소의 공급은 정상적인 동물의 성장을 유도하지만, 동물의 요구량에 미치지 못하거나 과량으로 공급될 경우에는 동물의 성장, 번식 및 생산 활동 등을 저해할 뿐만 아니라 질병의 유발 혹은 질병의 악화를 초래할 수 있다. 아미노산, 지방산, 탄수화물 등은 서로 다른 생물학적 시스템에 관여하면서 여러 작용을 통해 유전자 발현을 조절하고 있다. 같은 사료라도 사료의 가공 처리방법과 정도에 따라서 특정 영양소의 양적 혹은 질적 변화를 일으키고, 자연적인 물질뿐만 아니라 가공처리에 의해서 생성되는 화학물질들도 세포 내 유전자들의 발현에 영향을 미칠 수 있다. 사료 중 양적으로 영양소의 가장 많은 부분을 차지하는 탄수화물(포도당), 지방(지방산), 단백질(아미노산)과 주요 비타민들이 분자 수준에서 어떻게 유전자 발현에 관여하는지 살펴보기로 한다.

1) 포도당과 유전자 발현 조절

박테리아에서부터 인간에 이르기까지 모든 살아 있는 생명체는 영양적 환경에 대한 반응을 위해 유전자 발현 조절을 이용한다. 단세포 생물에서는 영양소 자체가 이러한 반응을 유도하는 하나의 신호(signal)가 된다. 영양소에 의한 유전자 조절 현상으로 가장 처음 알려진 예가 lactose operon이다. 포유동물에서는 영양소에 대한 잠재적 효과는 영양적 환경에 대한 호르몬 반응이 중요하게 작용하기 때문에 뚜렷하게 나타나지 않을 수 있다. 그러나 최근에는 영양소의 유전자 조절에 대한 직접적인 효과들에 대한 예들을 볼 수 있다. *In vivo* 실험을 통한 사료 내 포도당의 이용과 유전자 조절시험을 비롯하여 *in vitro* 시험은 호르몬과 포도당 중 어느 요소가 유전자 발현에 영향을 미쳤는지 그 차이를 밝힐 수 있다.

(1) 간에서 포도당에 의한 유전자 발현 조절

포유동물에서 포도당은 뇌(포도당 120g/1일-사람), 적혈구, 신장의 사구체와 같은 기관에서 많은 양이 요구된다. 탄수화물이 함유된 사료를 동물이 섭취하게 되면, 간은 내재성 포도당의 생산(glycogenolysis/gluconeogenesis)을 감소시키기 위한 방향으로 여러 단계의 대사적 현상을 유도하며 간과 근육에 포도당의 흡수를 증가시킴과 동시에 글리코겐 형태의 포도당 저장을 증가시킨다. 간의 글리코겐 저장이 충분하게 이루어지면 간은 포도당을 지방으로 전환시키며(lipogenesis), 이들은 저밀도지방산(very low-density lipoproteins, VLDLs)의 형태로 지방세포에서 중성 지방으로 저장된다. 반대로 사료 중 포도당의 이용성이 낮으면 체내 포도당 이용 기작은 저해되고 포도당 생성 기작은 활성화된다. 이러한 대사적 기작의 조절은 특정 단백질(효소, 수송체) 활성도의 빠른 조절 작용이나 이들 단백질의 느린 양적 조절 등에 의해 이루어지고 있다.

이들 단백질들의 조절은 결국 관련 유전자들의 전사율(transcription rate)에 의해 조절된다. 간에서 주요 당 분해 및 지방 합성 관련 효소의 발현은 고탄수화물 사료에 의해 유도된다. 그 대표적인 효소에는 해당작용에 관여하는 glucokinase, 6-phosphofructo-1-kinase, L-pyruvate kinase(L-PK) 등과 지방 합성에 관여하는 ATP-citrate lyase, acetyl-CoA carboxylase(ACC), fatty acid synthase(FAS), stearoyl-CoA desaturase 등을 들 수 있다. 대부분의 이들 유전자들은 포도당의 탄소 이용에 관여하게 된다. 이들 유전자의 mRNA의 발현 유도는 고탄수화물 사료에 의해 이루어지며 유전자의 전사(transcription) 기작에 영향을 준다. 반대로 고탄수화물 사료는 포도당 신합성 관련 효소들, 즉 phosphoenolpyruvate carboxykinase(PEPCK), glucose-6-phosphatase 등의 발현을 억제한다. 이러한 억제현상은 신속하게 일어나지만 체내 탄수화물의 가용성이 낮아지면 다시 쉽게 해제된다. 탄수화물의 흡수는 체내 기질, 즉 포도당과 lactate의 농도를 증가시키며 이는 췌장 호르몬인 인슐린과 글루카곤의 농도에 영향을 미친다.

유전자의 발현 조절에서 기질과 호르몬 중 어느 것이 작용하는지를 구별하기란 *in vivo* 시험에서는 쉽지 않다. 호르몬과 기질 중 어느 것이 유전자 발현에 영향을 주었는지에 대한 기전의 이해는 간을 이용한 *in virto* 시험(primary cell culture/ cell line)을 통해 많이 밝혀졌다. Glucokinase와 같은 유전자는 포도당과 관계없이 인슐린에 의해 발현이 유도된다. L-PK, ACC, FAS, stearoyl-CoA desaturase 등의 유전자들은 인슐린과 포도당 모두 증가되어야 이들 유전자의 발현을 유도하는 것으로 알려져 있다. PEPCK 유전자 발현은 인슐린과 포도당에 의해 억제될 수 있다. 그러나 glucose-6-phosphatase 발현은 인슐린에 의해 감소되지만, 역설적으로 높은 농도의 포도당은 오히려 이 유전자의 발현을 증가시킨다.

(2) 당 분해 및 지방 합성 관련 효소 유전자의 발현에 포도당이 미치는 영향

앞에서도 언급하였듯이 간에서 일부 당 분해 및 지방 합성 유전자의 경우 이들 유전자의 최대 발현을 위해서는 인슐린과 포도당 농도가 모두 증가해야 한다. 이러한 조절은 전사율(transcription rate)의 촉진에 의해 이루어진다. 포도당이 없을 경우 인슐린은 단독으로 이들 유전자들의 발현을 유도할 수 없다. 또한 지방조직에서 인슐린이 없는 경우 포도당의 유전자 발현에 대한 기여는 크게 감소하게 되며, 간세포 배양 조건에서는 유전자 발현에 대한 포도당의 효과가 거의 없다. 이와 같이 유전자의 발현에 포도당과 인슐린 모두 높은 농도를 요구하는 것은 사료 섭취 후 대사적 우선순위가 포도당을 우선적으로 글리코겐으로 저장한 후 잉여로 남는 포도당을 지방 합성에 이용될 수 있도록 하는 데서 기인하는 것으로 추론된다.

(3) 세포 내에서 포도당이 유전자의 전사(transcription)에 미치는 기작

포도당의 조직에 대한 영향을 이해하기 위해서는 다음과 같은 것이 고려되어야 한다. 첫째, 포도당의 존재가 핵 내 전사인자(transcription factor)들의 양과 이들의 변형을 유도하는가? 둘째, 포도당의 존재하에서 전사인자들의 번역 후 변형(post-translational modification)이 기본전사기구(basic trancription machinery) 또는 보조활성 단백질(co-activator proteins)들과 같이 상호작용을 유도하는 것이 있는가?

전사인자들의 번역 후 변형은 포도당 관련 신호대사물질과의 결합과 변형에 의해 단백질의 알로스테릭 변형(allosteric modification)과 핵단백질의 kinase/phosphatase의 활성도 조절 등을 통한 인산화 · 탈인산화 기작에 의한 변형 등이 관여하게 된다. 그 예로 protein phosphatase 억제제(inhibitor)는 포도당의 FAS, ACC, S14 유전자의 발현에 대한

영향을 저해하게 된다. 이는 포도당이 이들 유전자들에 대한 촉진 효과가 탈인산화(dephosphorylation) 기작에 의해 이루어지고 있음을 보여 준다.

AMP-activated protein kinase(AMPK)는 포도당에 의해 활성화되는 유전자의 조절에 관여한다. AMPK는 콜레스테롤과 지방산 대사에 관여하는 인산화의 주요 효소인 'master switch'로 작용하는 serin/threonine kinase이다. AMPK는 인산화에 의해 ACC와 3-hydroxy-3-methylglutaryl-CoA reductase를 비활성화시키며 이로 인해 지방과 콜레스테롤의 합성을 억제한다. 증가된 AMPK의 활성은 포도당 관련 활성 유전자의 전사를 억제하기 때문에 AMPK의 활성을 감소시키면 포도당에 의한 유전자의 전사를 촉진할 수 있다. 그러나 AMPK의 dominant-negative 형태의 키나아제(kinase)를 이용한 AMPK의 활성 저해는 포도당 유도 유전자의 발현에 영향을 미치지 않는 것으로 밝혀졌다. 또한 간세포의 배양시험에서 배지 내 포도당의 농도를 저농도에서 고농도로 조절하면서 시험한 결과에서도 AMPK의 활성 저해 효과는 나타나지 않았다. 이러한 결과들은 포도당이 직접적으로 AMPK의 억제를 통한 유전자 발현 조절에 작용하지 않는 것임을 보여 준다.

결론적으로 AMPK는 간에서 지방 합성 및 당 분해 효소 유전자들의 발현을 억제하지만, AMPK에 대한 억제가 포도당에 의한 유전자 발현의 유도에는 영향을 미치지 않는 것으로 보인다. 포도당에 의해 조절되지 않는 유전자들 또한 AMPK에 의해 저해되기 때문에 AMPK는 ATP 소비 경로를 이용하는 효소 유전자들에 대하여 일반적 저해 효과를 가진 것으로 이해되고 있다.

(4) 포도당 조절 유전자의 *cis*-acting DNA 염기서열과 *trans*-acting factors

포도당이 직접적으로 특정 유전자를 조절하기 위해서는 해당 유전자의 전사조절 영역에 포도당과 상호작용(결합)할 수 있는 부위(motif)가 있어야 포도당에 의한 유전자의 발현조절이 이루어진다. 가장 먼저 알려진 cis-acting DNA 서열은 L-PK 유전자에서 glucose response element(GlRE)이다. 이 요소는 L-PK 유전자의 전사조절 부위(일명 promoter), 즉 전사 시작점에서 183bp 상위에 위치하고 있다. 이들 영역은 조직의 유전자 발현 특이성뿐만 아니라 영양소나 호르몬의 반응에 관여하게 된다. 또 다른 포도당 관련 전사조절 영역으로 알려진 것은 ChoRE(carbohydrate response element)로서 S14 유전자에서 발견되었다. 이 요소는 쥐의 S14 유전자의 전사 시점으로부터 상류 −1,439bp와 −1,423bp 지점에 각각 자리잡고 있으며, 간세포 배양시험에서 포도당에 의한 S14 유전자 발현에 필수적인 기능을 하는 것으로 알려져 있다. L-PK와 S14 유전자에서 GlRE와 ChoRE 영역의 전자인자 결합은 이들 주변의 다른 보조 결합영역(motif)에서의 복합체 형성 등과 같이 상호 협력하여 포도당에 의한 유전자 발현 조절에 기여하게 된다. GlRE와 ChoRE 외에 포도당에 의한 전사조절에 관여하는 대표적인 E-box motif는 DNA 염기서열이 CANNTG로 구성되어 있으며 한 유전자의 전사조절 부위에 1개 또는 2개 이상이 존재하는 경우도 있다. 쥐의 FAS promoter상에서 ChoRE와 GlRE가 −7,214bp와 −7,190bp에서 확인되었는데, 이들 영역 주변에 위치한 5개의 E-box는 포도당에 의한 전사조절에 관여하며 이와 유사한 유전자로 L-PK와 S14가 있다.

L-PK와 S14 유전자에서 언급한 E-box는 basic helix-loop-helix(bHLH)계의 전사인자(transcription factor)가 결합하는 자리이다. 이런 전사인자 단백질들을 trans-acting factor라고 부른다. 이들 전사인자들은 DNA와 결합하는 부위와 단백질과 결합하는 단백질-단백질 상호작용 부위를 가지고 있다. bHLH계의 대표적 전사인자에는 USF(upstream stimulatory factor)가 있으며 USF의 결합 영역인 E-box는 실질적으로 GlRE와 ChoRE의 motif와 거의 같기 때문에 USF가 이들 GlRE와 ChoRE 영역에 결합하여 포도당 전사조절에 관여하는 것으로 알려져 있다.

(5) 포도당신합성(gluconeogenic) 효소 유전자 발현에 대한 포도당의 영향

지금까지 연구에 의하면 포도당은 인슐린과 무관하게 간에서 PEPCK 유전자의 전사를 억제하는 것으로 잘 알려져 있다. 이러한 효과를 위해서는 포도당의 인산화, 즉 포도당에서 glucose-6-phosphate로의 전환이 필요하다. 포도당의 PEPCK에 대한 억제 효과는 성장한 쥐의 간세포에서는 관찰되지만 포유 중인 어린 쥐에서는 관찰되지 않는다. 이는 포유 중인 쥐에서는 글루코키나아제(glucokinase)가 발현되지 않기 때문이다. Glucose-6-phosphatase는 포도당신합성의 주요 효소이다. 저탄수화물 사료는 이 유전자의 발현을 증가시키지만 고탄수화물 사료나 인슐린은 이 유전자의 발현을 감소시킨다. 인슐린에 의한 유전자 발현 억제 효과는 forkhead계의 전사인자가 관여하고 있는 것으로 알려져 있다.

포도당에 의한 유전자의 발현 조절 기작은 간에서 잘 밝혀져 있다(그림 9.7). 이러한 조절 기작이 간 외에 근육, 지방조직, β-세포 등에도 똑같이 적용되는지는 앞으로 밝혀져야 할 사항이다.

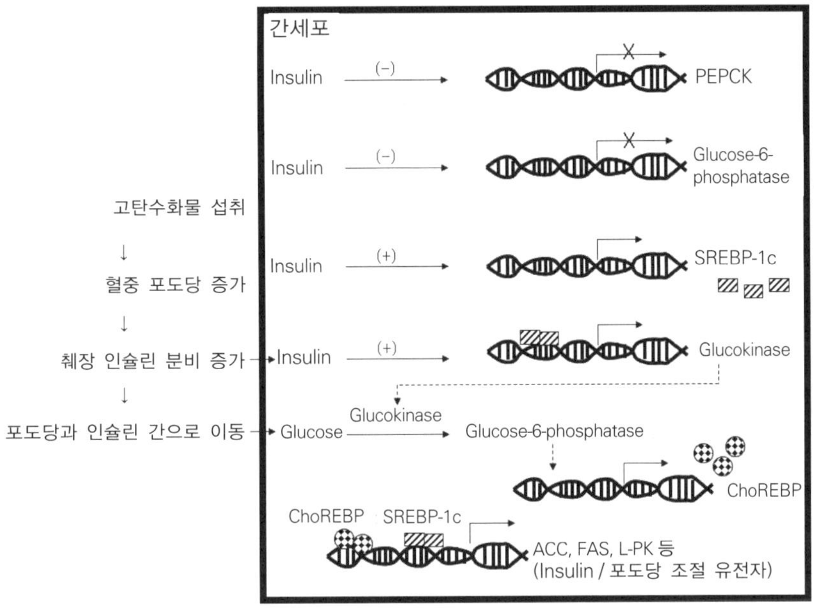

그림 9.7 간세포에서 포도당과 유전자 발현 조절

(PEPCK, phosphoenol pyruvate carboxykinase; SREBP-1c, sterol regulatory element binding protein-1c; ChoREBP, carbohydrate response element binding protein; ACC, acyl-CoA carboxylase; FAS, fatty acid synthase; L-PK, L-pyruvate kinase)

2) 지방산과 유전자 발현 조절

지방산(fatty acids)은 에너지 공급적인 측면에서 모든 동물에게 가장 중요한 물질이다. 최근에는 지방산들이 유전자 발현 및 조절에 관여하고 있다는 사실들이 밝혀져 그 중요성이 더욱 높아지고 있다(표 9.6). 생명체의 세포에서는 에너지 대사가 주어진 환경에 따라, 즉 성장 단계, 영양적 조건, 미세 환경 조건(pH, 이온 조성 및 농도 등), 그리고 성장인자(growth factors) 또는 사이토카인 등의 존재 여부에 따라 정교하게 조절되고 있다. 어떠한 조건에서도 세포가 필요로 한 모든 효소와 단백질을 제공하기 위해 세포들은 유전자 발현 조절을 위한 매우 복잡하고 다양한 전사인자(transcription factors) 체계를 보유하고 있다.

2006년 현재 사람의 유전체에서 밝혀진 전사인자의 수는 약 2,000개가 넘는 것으로 알려져 있다. 연구자들은 이렇게 많은 전사인자를 몇 가지 부류로 정리를 하였다. 진핵세포의 전사인자를, 항상 발현되어 모든 세포의 핵 내에서 작용하는 전사인자/보편전사인자(nuclear transcription factors)와 전사조절인자(regulatory transcription factors)로 구분한

표 9.6 지방산에 의해 조절되는 유전자와 관련 단백질의 기능

지방산에 발현이 촉진되는 유전자들	지방산에 발현이 억제되는 유전자들
지방산 수송	지방 합성
Fatty acid binding protein(간, 지방조직, 소장)	Fatty acid synthase
Adipocyte lipid-binding protein(aP2)	Acetyl-CoA carboxylase
Keratinocyte-lipid binding protein	ATP citrate lyase
	Spot14
지방산 활성화	
Acyl-CoA synthase	Fatty acids의 불포화 유도
	Stearoyl-CoA desaturase 1
지방산의 미토콘드리아 β-oxidation과 케톤체 생성	
Carnitine palmitoyltransferase I(간, 근육)	해당작용
Medium chain acyl-CoA dehydrogenase	Pyruvate kinase(간)
Enoyl-CoA hydratase	
Ketoacyl-CoA thiolase	포도당신합성
Mitochondrial hydroxymethyl-glutaryl-CoA synthase	Glucose-6-phosphatase(간)
지방산의 퍼옥시좀 β-oxidation	
Acyl-CoA oxydase	기타
	Transferrin
기타	Leptin
Glucose transporter	
Phosphoenolpyruvate carboxykinase(지방세포)	
7α-hydroxylase	

다. 후자는 세포의 발달단계, 세포의 종류 등에 따라 더 세분화되어 신호전달체계에 따라서 핵 내 수용체 계열(nuclear receptor superfamily), 내재 신호(internal signals) 반응 계열, 세포막 수용체-리간드 상호작용에 의한 신호 전달로 활성화되는 계열 등으로 분류한다. 지방산에 의해 활성화되는 전사인자들의 경우 핵 내 수용체 계열에 속하며, 그 대표적인 것으로 내분비 수용체인 estrogen receptor, gluco-corticoid receptor(GR)가 있다. 그 외 vitamin D receptor(VDR), orphan receptor(ligand가 밝혀지지 않은 receptor), adopt orphan receptors(최근에 ligand가 밝혀진 receptor) 등이 있다. 지방산의 경우 adopt orphan receptors 계열인 retinoid X receptor(RXR)와 peroxisome proliferator-activated receptors(PPARs)와 결합하여 유전자들을 활성화시킨다.

(1) 지방산과 PPAR에 의한 유전자 발현 조절

1990년 퍼옥시좀의 세포 분열을 일으키는 ligand 유도 전사조절인자의 발견은 유전자 발현 조절 연구의 새로운 이정표가 되었다. 이후 계속적인 연구의 결과는 PPARs가

표 9.7 각 조직별 PPARs 유전자 발현

PPAR 형태	작용조직	주요 기능
PPARα	근육	FATP↑, β-oxidation↑
	간	LPL↑, apoC-III↓, FATP↑, β-oxidation↑, ApoA-I↑
PPARγ	지방조직	지방세포 분화↑, LPL/FATP↑, TNFα↓, Leptin↓
	종양	carcinogenesis↓
PPARβ/δ	혈관상피조직	염증↓, 콜레스테롤 배출↑

FATP, fatty acid transport protein; FAT, fatty acid transporter; LPL, lipoprotein lipase; TNF, tumor necrosis factor

지방의 항상성(homeostasis) 조절에 중요한 역할을 하는 것으로 나타났다. PPARs 연구 초기에는 PPAR agonist로서 합성 ligand인 hypolipidaemic fibrates를 이용하였는데 이는 강력한 PPARγ 활성인자이다. 이 물질은 당뇨 치료 물질로 개발되었으며 PPARγ에 대한 강한 결합성을 가진 합성 ligand이다. 1992년 PPARs에 대한 합성 ligand 기능을 하는 생체 내 생리적 물질은 지방산(fatty acids)임이 밝혀졌고 PPARs과 지방산의 작용에 의해 많은 유전자들이 조절되고 있음을 알게 되었다(표 9.7). 이러한 기작에 의해 조절되는 유전자들은 유전자의 프로모터(promoter) 영역에 PPAR-response element(PPRE)를 가지고 있다. PPARs에는 PPARα, PPARγ, PPARδ와 같이 세 가지 종류의 수용체가 알려져 있다.

PPARα는 지방의 감지기(sensor)로서 중요한 역할을 할 뿐만 아니라 세포의 에너지 대사의 조절자이기도 하다. PPARα는 지방산 운송 단백질(fatty acid transport protein, FATP)과 지방산 위치 이동 효소(fatty acid translocase, FAT) 단백질의 발현을 자극하므로 세포에서의 지방산 흡수와 지방의 항상성(lipid homeostasis)에 중요한 역할을 한다. PPARα의 활성은 또한 긴 사슬 지방산 acyl-CoA synthase와 퍼옥시좀 β-oxidation 과정의 여러 효소들(acyl-CoA oxidase, acyl-CoA hydratase, acyl-CoA dehydrogenase, keto-acyl CoA thiolase)의 유전자 전사를 증가시키기도 한다. PPARγ는 PPAR계 중에서 유일하게 지방세포 분화의 조절자로서 역할을 한다.

PPARγ는 지방 대사에 관여하는 수많은 유전자들(fatty acid-binding protein, phosphoenolpyruvate carboxykinase, acyl-CoA synthase, lipoprotein lipase)의 발현을 조절한다. 또한 세포의 에너지 항상성을 제어하는 유전자들을 조절한다. PPARγ는 갈색 지방조직(brown adipose tissue)에 있는 mitochondrial uncoupling proteins(UCP-1, UCP-2,

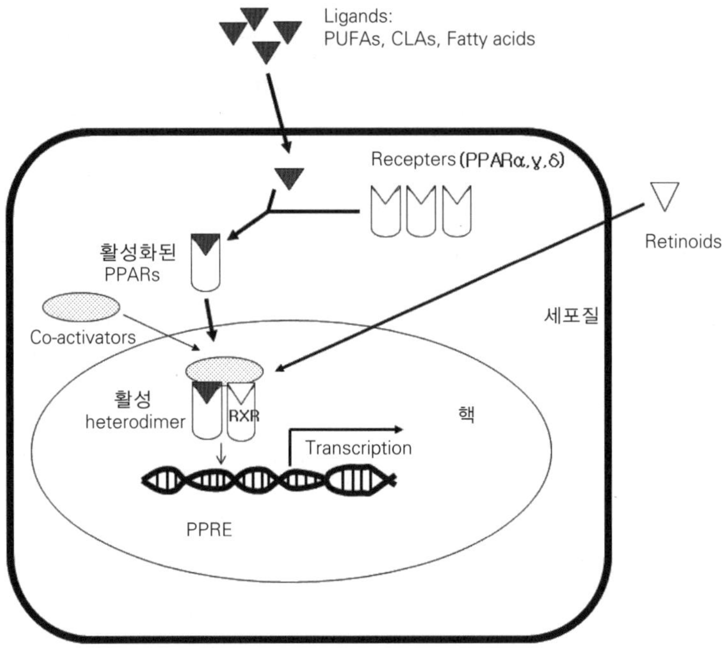

그림 9.8 지방산에 의한 PPAR의 활성화 및 유전자 발현 조절
(PUFA, polyunsaturated fatty acid; CLAs, conjugated linoleic acids; PPAR, peroxisome proliferator-activated receptor; RXR, retinoid X receptor; PPRE, PPAR-response element)

UCP-3)의 발현을 증가시키기도 한다. PPARγ은 TNFα나 leptin처럼 인슐린의 작용에 영향하는 유전자들과도 관계가 있다. 오늘날까지 PPARδ의 특이적 유전자 발현에 대한 연구는 적은 편이나 섭취량 조절, 콜레스테롤 및 지방산 운송, 프로스타글란딘(prostaglandin) 합성 등에 관여하는 것으로 알려져 있다.

PPARs에 의해 조절되는 가장 큰 유전자 그룹은 지방과 포도당 대사에 관련된 유전자들이다. 따라서 이들은 에너지 대사의 주요 기능을 조절하고 다양한 대사적 요구에 따른 정교한 조절 시스템을 이루고 있다(그림 9.8). PPARs의 세 가지 수용체(receptors) 형태(α, β, γ)는 생체 내 많은 생리적 ligands와 결합에 대한 뚜렷한 특이성을 가지며 RXR과 헤테로다이머(heterodimer)를 형성하여 활성화된 전사인자가 된다. 이들 헤테로다이머는 최적의 활성을 위해 보조인자(cofactor)가 동원되며, 이 보조인자들은 먼저 PPARs이 ligand 결합에 의해 활성화된 후에 모이게 된다. 조절하고자 하는 목적 유전자의 발현은 receptor-ligand complex의 형태와 보조인자의 동원 여부에 따라 조절된다. 지난 수

년간 지방산은 핵 내 수용체, 특히 PPARs의 생리적 ligands로서 많은 주목을 받아 왔다.

사료 내 지방과 PPARs의 유전자 발현 조절에 대한 연구 결과들을 종합해 보면 생리적 ligands 중에서 리놀레산(linoleic acid)이 가장 강한 ligand로서 작용하고 그 다음이 아라키돈산(arachidonic acid), 올레산(oleic acid) 순이다. 포화지방산은 불포화지방산에 비하여 PPARs과 낮은 친화력을 가지고 있다. ω-3 PUFA(polyunsaturated fatty acids)와 ω-6 PUFA의 유전자 발현 조절을 비교해 보면 ω-3 PUFA가 PPARα lignads로서 더 잘 작용하여 지방의 산화(oxidation)와 열 발생(thermogenesis)을 증가시킨다. 따라서 ω-3 PUFA는 저장된 지방산을 직접적으로 동원하여 지방산 산화에 이용함으로써 에너지 균형과 인슐린 민감성에 중요한 역할을 한다.

CLA(conjugated linoleic acids)은 생체 내에 자연적으로 생성된 강력한 ligand로 PPARα의 활성에 영향을 미친다. 최근에는 기능성 식품의 형태로 사람의 건강을 증진시키는 물질로도 많이 알려져 있다. 그러나 CLA에 대한 대부분의 연구는 설치류를 이용한 결과들이다. 실험동물에 대한 결과들을 기초로 사람에게 직접 적용하기에는 적절치 않은 것으로 보인다. 설치류에서는 CLA의 형태에 따라 PPARα에 대한 영향도 다르게 나타나며, 작용기전도 전자인자를 통한 발현 조절뿐만 아니라 다른 조절기전도 이용하는 것으로 알려져 있다. Phytanic acid와 pristanic acid은 구조적으로 식물 피톨(phytol)과 매우 유사한데 PPARs의 ligand로 알려져 있다. 이들은 RXR, PPARα, PPARδ 등과 작용하여 갈색 지방의 세포 분화에 관여하는 분화 유도 인자로 알려져 있다.

(2) 지방 대사에서의 유전자 발현 조절

PPARα에 의한 주요 조절 유전자들은 사료의 절식과 급이 동안 에너지 보존을 위한 기능에 관여한다. 반면 PPARγ에 의해 조절되는 유전자들은 지방 합성(lipogenesis)과 세포의 분화, 인슐린 민감성, 동맥경화, 암 등에 주요한 기능을 한다. PPARα agonist들은 간에서 LPL 유전자의 발현을 촉진하여 chylomicrons의 중성 지방의 가수분해를 유도하고 분해 산물인 지방산을 지방조직, 근육 및 기타 조직으로 수송한다. PPARα은 또한 FABP와 지방산의 수송체(transporter) 단백질들의 전사를 활성화하여 peroxisome으로의 PUFA의 수송을 촉진한다. 지방산의 산화에 관여하는 효소들 또한 PPARα agonist에 의해 촉진된다. 지방 대사에서 PPARγ의 기능은 주로 지방세포의 유전자 기능(세포 분화)에 관여하는 것이다. PPARs은 혈관 상피세포와 염증 등에도 관여하여 식이성 지방에 의한 동맥경화 예방 등에 중요한 역할을 하는 것으로 알려져 있다.

(3) 지방조직에서의 유전자 발현 조절

PPARγ는 지방세포 분화(adipogenesis)에 영향을 미치는 전사인자로 지방세포 유래 신호전달물질(signalling molecules)의 분비에 영향을 주는 단백질이다. 백색 지방조직(white adipose tissue)에서 PPARγ에 의해 조절되는 주요 유전자는 LPL, FAT, uncoupling proteins(UCPs)와 같은 세포의 에너지 균형과 지방 대사를 조절하는 유전자들이 여기에 속한다. 지방세포에서 acetyl-CoA synthase의 발현이 촉진되면 PPARγ는 지방 합성(lipogenesis)이 증가하도록 영향을 미친다. PPARγ는 또한 leptin, TNFα(tumour necrosis factor-α)와 같은 호르몬이나 사이토카인의 유전자 발현에 영향을 준다. 지방조직에서 PPARγ에 영향을 받는 또 다른 유전자들에는 포도당 대사에 관여하는 insulin receptor substrate 2(IRS-2)와 pyruvate dehydrogenase kinase 4(PDK4) 등이 있다.

(4) 간에서의 유전자 발현 조절

간에서 비록 세포 내 PUFA의 농도가 낮다 하더라도 PUFA나 PUFA의 중간 대사물질들은 핵 내 전사인자들의 활성에 영향을 주어 관련 유전자들의 발현에 영향을 미치게 된다. PPARα 외에 지방산에 의해 조절되는 전자인자에는 sterol element-binding protein type 1(SREBP1), liver X receptors(LXRs), 그리고 hepatic nuclear factor 4α (HNF4α) 등이 있다. PPARα는 PUFA 수용체로서 가장 먼저 밝혀진 전사인자이며 간세포에서 높게 발현된다. PPARα의 조절을 받는 대표적 유전자들은 지방 분해에 관여하는 유전자들이다. 예를 들면 PUFA의 세포막 이동(FAT), 세포 내 PUFA 수송(liver FABP), 마이크로솜(microsome)과 미토콘드리아에서의 PUFA의 산화(acyl-CoA synthase, acyl-CoA oxidase), 그리고 lipoprotein의 대사(LPL, apoAI, apoCIII) 등에 관여하는 것들이 있다(그림 9.9).

올레산과 PUFA는 생체 내 지방 합성(de novo lipogenesis)과 탄수화물 대사에 관여된 유전자들의 발현을 억제하며, 여기에는 LXRα와 LXRβ가 유전자 발현 억제에 관여한다. LXRs은 SREBP1c의 전사를 조절한다. PUFA는 oxysterols(LXR의 주요 생리적 ligand)의 결합을 저해하여 SREBP1c mRNA의 수준을 감소시킨다. SREBP1c는 소포체의 막 결합성 전사인자로서 세포 내 콜레스테롤의 농도가 낮을 경우 막에서 분리(활성형)되어 핵 내로 이동하게 되고 지방산이나 중성지방 합성 경로에 관여하는 유전자들(fatty acid synthase, stearyl-CoA desaturase, microsimal transfer protein)의 전사를 강력하게 활성화시킨다. PUFA와 LXR ligand와의 상호 경합은 활성형 SREBP1c의 수준을 감소시킴으로써

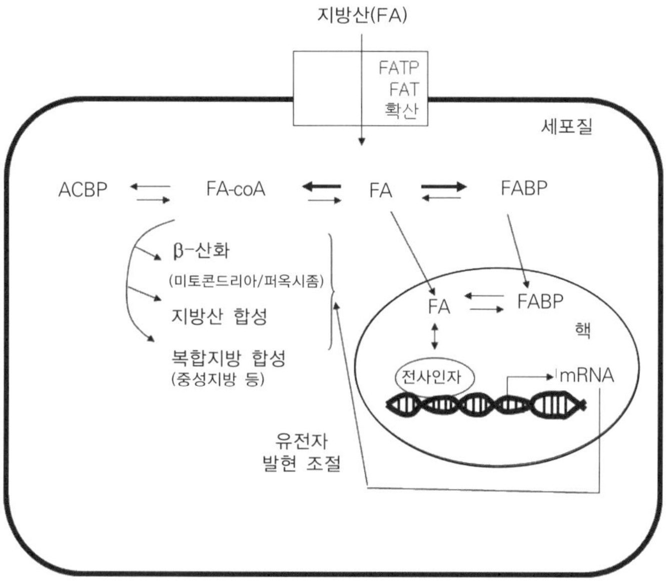

그림 9.9 지방산이 간 대사와 유전자 발현에 미치는 영향
(ACBP, acyl CoA binding protein; FA-CoA, fatty acyl CoA; FABP, fatty acid binding protein; FATP, fatty acid transport protein; FAT, fatty acid transporter)

간에서의 지방 합성을 저해한다. PUFA 외에 CoA-thioester 또한 핵 내 수용체인 HNF4α와 결합할 수 있다. 활성화된 HNF4α는 ligand 결합에 의해 수용체의 구조적 변화 유도가 일어난 homodimer의 형태로 목적 유전자의 전사 조절 부위의 DNA 염기서열에 결합한다. HNF4α 전사인자에 의해 조절되는 유전자에는 지방산 관련 단백질, lipoprotein과 지방대사물질(apoAI, apoCIII, microsomal transfer protein) 등이 있다. 사람의 간에서는 PPARα가 낮은 수준으로 발현되기 때문에 PUFA와 연관된 유전자 조절은 HNF4α에 의해 이루어지는 것으로 보인다.

3) 아미노산과 유전자 발현 조절

자연계에 알려져 있는 20종의 아미노산은 포유동물의 영양에서 생리적으로 중요하다. 동물조직에 아미노산의 공급은 장기와 체단백질의 항상성 유지에 중요한 기능을 한다. 그러나 단백질 합성을 위한 기질 공급원 외에 아미노산은 포도당신합성의 기질, 질소 운반체, 신경전달물질, 단백질 회전 조절자, 효소 활성 등에 참여한다. 아미노산은 또한 신호전달물질, 핵산, 그리고 신경전달물질의 전구체 기능도 한다. 따라서 동물의 혈액이나 체조직에서 아미노산의 변화는 이에 대한 적응이나 방어를 위해 관련된 수많은 유전자들의 발현에 영향을 미친다. 단백질(아미노산)의 체내 이용성은 일반적인 영양적 측면뿐만 아니라 성장 단계, 각종 질환 등에서 매우 중요한 요소임에도 불구하고, 포유동물에서 아미노산에 의한 세포 수준의 근본적 조절 기작에 대해서는 알려진 것이 미미한 수준이다. 아미노산에 의한 동물의 분자생물학적 조절 기작을 밝히는 데 어려움이 있기 때문에 대부분의 연구는 세포 배양을 이용한 특정 아미노산의 결핍에 의한 특정 유전자의 mRNA와 단백질의 발현 및 활성 등을 관찰하는 방법으로 이루어진다. 이러한 연구 결과들에 의하면 아미노산들은 대사(metabolism)나 단백질 합성을 위한 전구물질로서의 역할보다는 오히려 생물체의 영양적 상태를 반영하는 신호물질(signal molecule)로서의 기능이 더 중요함을 알게 되었다. 이러한 아미노산 의존형 신호에 의한 조절에서 대표적인 것 중의 하나가 아미노산에 의한 특정 유전자들의 전사율(transcription rate) 조절이다. 따라서 아미노산이 유전자 전사 조절자로서의 역할에 대하여 살펴보기로 한다.

(1) 효모에서 아미노산에 의한 유전자 발현 조절

효모는 영양적 환경 변화에 대한 유전자의 활성 및 억제에 대한 전사 프로그램을 연구하는 데 좋은 대상이 되고 있다. 진핵세포 중 가장 하등 세포에 해당하는 효모에서 단일 아미노산의 결핍 유도에 의한 유전자 발현의 변화를 고찰하게 되면 고등 생물체에서의 아미노산에 의한 유전자 발현 조절을 이해할 수 있게 된다. 최근 연구에 의하면 히스티딘(histidine) 단일 아미노산의 결핍에 의한 효모의 유전자 발현에 대한 영향을 cDNA microarray로 분석한 결과 1,000개가 넘는 유전자가 조절되고 있음이 밝혀졌다(그림

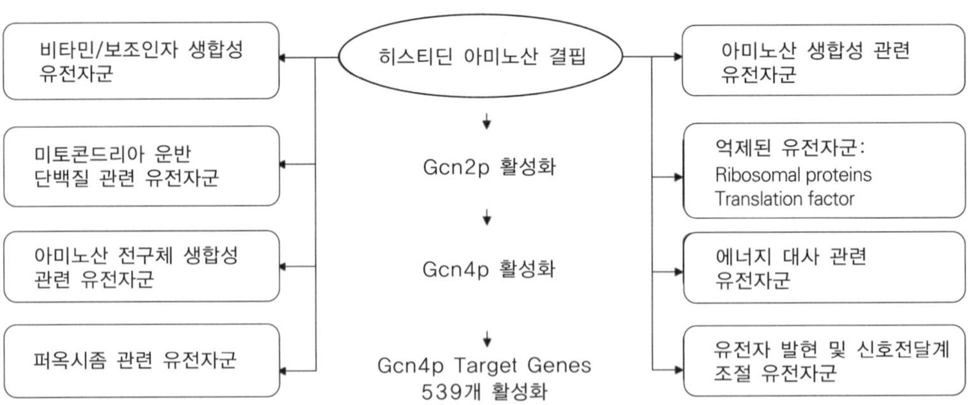

그림 9.10 효모에서 단일 아미노산 결핍이 유전자 발현과 대사에 미치는 영향

9.10). 아미노산의 결핍은 아미노산 생합성을 위한 전사활성 인자(transcriptional activator)인 Gcn4p 유전자의 mRNA 수준을 증가시키고 이에 의해 만들어진 Gcn4는 이 단백질의 조절을 받는 유전자의 프로모터에 결합하여 다른 유전자의 발현에 관여하게 된다. 이렇게 Gcn4p 유전자에 의해 조절되는 유전자는 539개나 된다고 한다. 따라서 비록 단일 아미노산이지만 히스티딘은 유전자 발현의 주요 조절자 역할을 수행하는 Gcn4p를 조절함으로써 유전자 발현에 깊이 관여되어 있음을 알 수 있다.

(2) 포유동물에서 아미노산에 의한 유전자 발현 조절

포유동물에서는 효소반응, 물질수송, 단백질 함량, mRNA 함량, 특정 유전자의 전사 등이 체내 아미노산의 이용 정도에 의해 조절된다(표 9.8). 유전자의 발현이 포유동물 세포에서 아미노산의 결핍에 의해 증가되는 것들이 있다. 대부분의 경우 mRNA 함량의 증가는 전사의 증가와 관련이 있으나 일부는 mRNA의 안정성 증가가 원인인 경우도 있다. 여기에서는 아미노산에 의해 조절되는 C/EBPα, C/EBPβ, ATA2, ribosomal protein

표 9.8 아미노산에 의해 조절되는 유전자

유전자	조절 작용
아미노산 결핍에 의해 억제되는 유전자	
Fatty acid synthase	mRNA 전사
Prepro-glucagon	mRNA 전사
아미노산 공급에 의해 유도되는 유전자	
Argininosuccinate synthase	mRNA 전사, 세포 팽창
ODC	mRNA 안정화, 단백질 회전
Collagenase	AP-1 의존 조절
Metalloproteinases tissue inhibitor	mRNA 전사
아미노산 결핍에 의해 유도되는 유전자	
Amino acid transporters	mRNA 전사
IGFBP-1	mRNA 전사
CHOP	mRNA 전사, mRNA 안정화
C/EBPβ	mRNA 전사
ApoB100	mRNA 전사
AS	mRNA 전사, mRNA 전사 후 조절
Argininosuccinate synthase	mRNA 전사
Ribosomal proteins	mRNA 전사

AP-1, activator protein-1; ApoB100, apolipoprotein B100; AS, Asparagine synthase; C/EBP, CCAAT/enhancer binding protein; CHOP, C/EBP-homologous protein; IGFBP-1, IGF binding protein-1; ODC, ornithine decarboxylase

L35와 S13에 대하여 살펴보기로 한다.

생쥐의 간세포 시험에 의하면 아미노산의 결핍은 C/EBPα와 C/EBPβ의 mRNA 함량을 증가시키며, 증가된 C/EBPs는 C/EBP-homologous protein(CHOP)의 발현을 유도한다. 특히 C/EBPβ는 amino acid response(AAR)와 endoplasmic reticulum response (ERSR) 양쪽 모두에 반응하여 사람의 asparagine synthase 유전자의 발현을 유도하는 전자인자 중 하나로서 중요하다.

동물의 성장은 유전적, 호르몬적, 영양적 요소 등과 같은 복합적 상호관계에 의해 조절된다. 그중에서도 성장호르몬과 IGFs가 큰 부분을 차지한다. IGFs의 생리적 활성은 특히 IGF-I과 IGF-II와 결합하는 IGFBPs(IGF binding proteins)에 의해 조절을 받는다. 6종의 IGFBP 중에서 IGFBP-I이 영양 상태에 따라 아주 민감하게 혈중농도가 변화한다. 혈중 IGFBP-I의 수준은 절식이나 영양 결핍 또는 당뇨 등의 질환에 의해 증가한다. IGFBP-I은 간에서 주로 합성되며 이 유전자의 발현은 인슐린, 성장호르몬, 포도당에 의해 조절된다. IGFBP-I을 과다 발현시킨 형질전환 생쥐에서는 성장저하와 뇌를 포함한 장기 발달이 저해된 보고도 있다. 이와 같은 성장 저해는 혈중 아미노산의 감소가 IGFBP-I의 발현을 유도하고 혈중 낮은 농도의 성장호르몬과 IGFs가 상호작용한 결과로 나타난다. 쥐에서 IGFBP-I의 발현을 유도하는 아미노산에는 필수아미노산을 비롯한 아지닌과 시스테인도 이 유전자의 mRNA 발현에 크게 영향을 미치는 것으로 알려져 있다. 따라서 식이성 단백질 결핍에 의한 아미노산의 제한은 간에서 IGFBP-I의 발현을 유도하고 동물의 성장 저해에 관여하게 된다.

(3) 아미노산 결핍에 의해 발현이나 활성이 증가되는 유전자

아미노산의 결핍에 의해 유전자의 전사(mRNA 수준)가 증가하는 유전자에는 IGFBP-I, argininosuccinate synthase, asparagine synthase(AS), ribosomal proteins L17과 L25, CHOP, C/EBPα, C/EBPβ, β-actin, ubiquitin C, apolipoprotein B100, calreticulin, glutamine synthase, ornithine decarboxylase(ODC), Jun, Myc 그리고 아직 알려지지 않은 많은 단백질을 암호화하고 있는 유전자들이 여기에 포함된다.

(4) 아미노산 공급에 의해 발현이 증가되는 유전자

정상적인 생리적 아미노산 농도보다 높은 수준의 아미노산을 공급하게 될 경우 이에 반응하여 유전자의 발현이 증가하는 유전자들이 있다. 높은 L-tryptophan 농도를 유지할 경우 collagenase와 metallo-proteinase tissue inhibitor의 유전자 발현을 증가시킨

다. 아직까지 이에 대한 정확한 기작은 알려지지 않았지만 트립토판(tryptophan)에 의한 collagenase 유전자의 활성은 전사인자인 AP-1이 collagenase 유전자의 전사조절 부위에 결합해 이루어지는 것으로 보인다. 이러한 반응은 트립토판이 정상적 혈중 농도보다 높은 수준으로 공급되었을 때 collagenase 유전자의 활성을 유도하므로 그 생리적 중요성은 불확실하다. 그러나 interferon-γ의 처리는 collagenase의 발현을 억제하게 되는데, 이 경우 트립토판의 공급은 interferon-γ에 의한 collagenase mRNA의 발현 억제 효과를 완전히 상쇄하게 된다.

Argininosuccinate synthase와 ODC는 아미노산 결핍에 의해 발현이 유도되기도 하지만 고농도의 아미노산이 공급될 경우도 발현이 촉진된다고 한다. 세포팽창(cell swelling)과 같은 현상도 아미노산 공급과 이와 관련된 유전자들의 발현 조절 결과이다. 높은 농도의 글루타민은 간세포에서 argininosuccinate mRNA의 발현을 촉진한다. 같은 맥락으로 L-asparagine의 공급 또한 ODC 발현을 유도하는데, 이 경우 ODC mRNA의 전사 후 안정성을 높이는 효과에 의해서 ODC의 발현량을 증가시킨다. 또한 asparagin은 ODC 단백질의 합성은 촉진하고 분해는 억제하는 역할도 한다. 간세포에서 특히 아르기닌이 결핍되었을 경우 지방산 합성 효소(fatty acid synthase) 유전자의 발현을 억제하

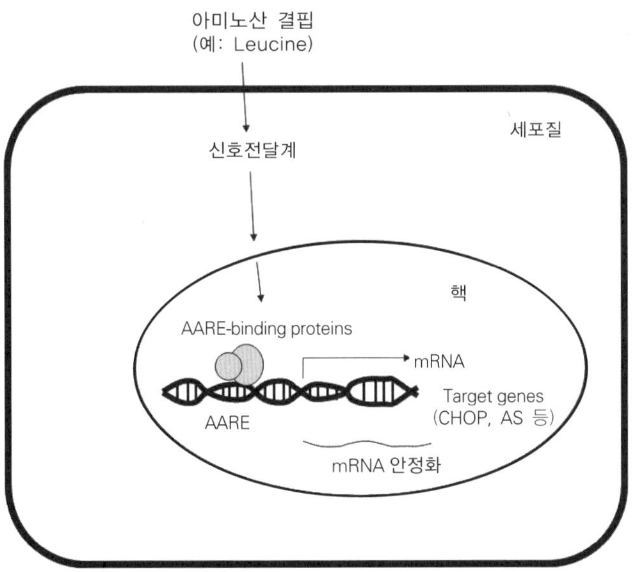

그림 9.11 아미노산(leucine) 결핍에 의한 유전자 발현 조절
(AARE, amino acid response element; CHOP, C/EBP homologous protein; AS, asparagine synthase)

며, 히스티딘을 결핍시킨 경우 prepro-glucagon 유전자의 발현을 억제한다고 한다.

이러한 결과를 볼 때 아미노산의 결핍이나 공급은 특정 유전자의 발현을 조절해 생리적 현상에 관여하고 있음을 알 수 있지만 다른 영양소에 비해 그 작용 기전이 많이 알려져 있지 않다. 예를 들어 아미노산 중 류신(leucine)의 결핍은 세포질의 특정 신호 전달 과정을 지나 아직 알려지지 않은 AARE(amino acid response element) 결합 단백질이 목적으로 하는 유전자(예: CHOP, AS 등)의 전사 조절 부위에 결합함으로써 mRNA의 전사 유도와 mRNA의 반감기를 높여 총 mRNA의 함량을 높이는 데 기여한다(그림 9.11).

4) 비타민에 의한 유전자 발현 조절

비타민들은 DNA를 보호하거나 유전체의 안정성에 관여하기도 한다. 다시 말하면 특정 영양소(비타민)의 결핍은 DNA 손상과 이로 인한 세포의 기능 상실을 초래하고 심한 경우는 노화와 암으로 이어진다. 비타민 A의 전구물질인 카로테노이드(carotenoids)는 항산화제의 성질을 가지고 있어 DNA의 손상을 억제한다. 비타민 B_{12}와 엽산(folate)은 DNA 대사에 필수적인데, 엽산 결핍 시 dUMP(deoxyuridine monophosphate)의 축적이 세포에서 일어나고 uracil은 thymine 대신 DNA에 결합됨으로써 DNA와 염색체의 절단을 초래하게 된다. 비타민 B_{12}와 엽산은 또한 메티오닌(methionine)과 S-adenosyl-methionine의 생체 내 합성에 필수적이다. 이들 성분들은 DNA의 구성, 유지 및 메틸화(methylation)에 필수적이다. 비타민 C 또한 강한 항산화력과 DNA의 산화적 손상의 정도를 완화시키는 성질이 있다. 비타민 D는 항산화제의 역할뿐만 아니라 염색체의 구조를 안정화시키는 기능을 가지고 있다. 비타민 E는 지방에서 유래되는 과산화기를 제거하여 염색체의 손상을 감소시키는 기능과 이미 손상된 DNA의 제거를 도와주는 기능을 가지고 있다. 여기에서는 유전자 발현과 관련하여 비교적 연구가 많이 이루어진 비타민 A, C, E에 대하여 살펴보기로 한다.

(1) 비타민 A

영양소가 어떻게 직접 유전자를 조절하는가에 대한 새로운 인식이 바로 영양소와 분자생물학을 연결하는 생물영양학(Bionutrition)의 새로운 연결고리를 만드는 계기가 되었고 비타민 A, 즉 레티노이드(retinoid)가 생물영양학 연구의 좋은 보기가 되고 있다. 비타민 A와 이의 활성 대사물질은 세포의 발달, 증식, 분화, 대사, 죽음 등을 포함하는 척추동물의 모든 조직에 영향을 미치고 있다. 또한 자연계에 널리 존재하는 활성형인 레티노이드는 목적으로 하는 유전자를 조절하는 기능을 가지고 있다.

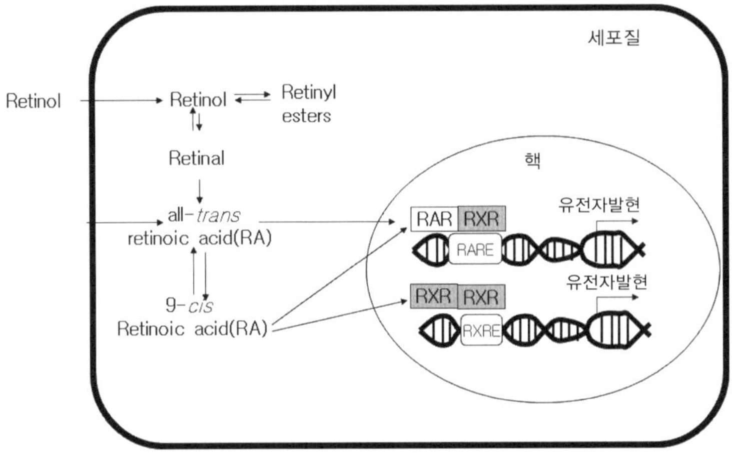

그림 9.12 Retinoid의 세포 내 대사, 수송 및 유전자 발현 조절
(RAR, retinoic acid receptor; RXR, retinoid X receptor; RARE, retinoic acid response element; RXRE, retinoid X receptor response element)

레티노이드의 대사 산물인 레티노산(retinoic acid, RA)은 비타민 A의 활성 형태로서 세포의 핵 내에서 유전자 발현을 조절한다(그림 9.12). 생리적으로 레티노이드의 활성형인 all-*trans* RA와 9-*cis* RA는 ligand로서 레티노이드 수용체(retinoid receptor)를 인식하고 결합하여 전사인자로서 작용해 목적으로 하는 유전자의 발현을 조절하게 된다. 핵 내에서는 retinoic acid receptor(RAR)와 retinoid X receptor(RXR)와 같이 두 종류의 레티노이드 수용체가 존재한다. RAR은 핵 내에서 RXR와 헤테로다이머를 형성(RAR-RXR)하여 유전자 발현에 관여하며 RXR은 RXR-RXR 형태로 homodimer로서 기능도 하지만 RAR뿐만 아니라 thyroid receptor, vitamin D receptor, PPAR 등과 같은 많은 형태의 수용체들과 결합하여 유전자 발현에 참여하고 있다.

RAR과 RXR 모두 비타민 A의 자연 대사물인 all *trans*-RA, retinal, retinyl acetate, retinol 등과 결합한다. 이들의 결합은 조절하고자 하는 유전자의 전사조절 영역의 특정 부위(RARE, retinoic acid response element; RXRE, retinoid X receptor response element)에 강하게 결합하여 유전자 발현을 유도한다. RXR과 헤테로다이머 형태로 결합하는 핵 내 수용체들에는 지방 대사 산물, 즉 지방산(fatty acids), 류코트리엔(leukotrienes), 프로스타글란딘(prostaglandins), 그리고 콜레스테롤 유사체 등이 있다.

(2) 비타민 C

비타민 C는 사람에게 필수 미량 영양소이면서 활성 산소를 제거하는 강력한 항산화

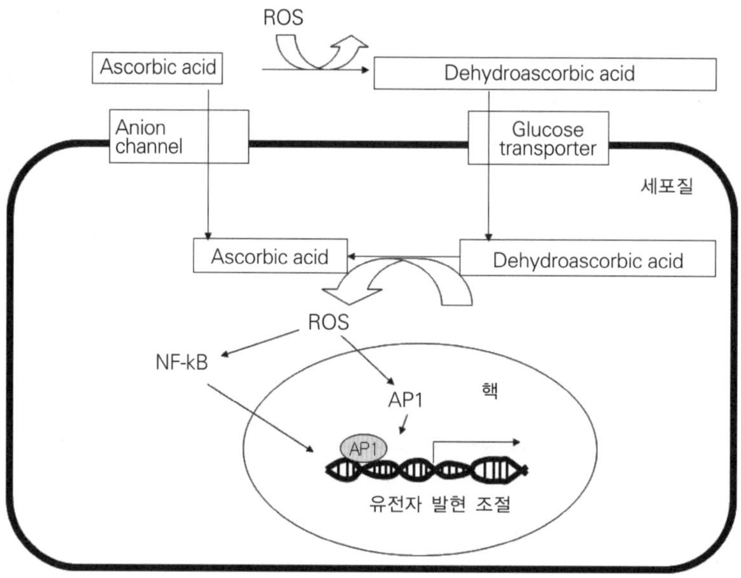

그림 9.13 비타민 C(ascorbic acid)와 dehydroascorbic acid의 세포 내 이동과 유전자 조절 (ROS, reactive oxygen species)

제로 가장 잘 알려져 있다. 비타민 C는 세포막 구조물(extracellular matrix, ECM) 생성에 필수적이며, 특히 콜라겐 합성을 촉진하는 기능을 한다. 비타민 C의 콜라겐 유전자 발현 조절은 프로콜라겐(procollagen) 유전자의 전사(transcription)를 촉진함으로써 procollagen mRNA의 양을 증가시킴과 동시에 생성된 mRNA를 안정화함으로써 이루어진다. Ascorbic acid(AA)는 혈액과 체조직 속에 환원형 형태로 대부분 존재하며 산화형인 dehydroascorbic acid(DHA)는 전체 혈장 비타민 C의 5~7%에 불과하다. 또한 혈장 수준에 비해 조직에는 상당히 높은 농도로 존재한다. DHA의 세포 내 이동은 glucose transporter를 통해 일어나며, 산화형인 AA는 이온 채널을 이용하여 보다 빠르게 세포 내로 유입된다(그림 9.13). DHA에서 AA로의 환원은 효소적 · 비효소적 반응과 관계없이 모든 조직에서 일어난다. 이 반응 과정에서 생성된 활성형 산소화합물(ROS)은 전사인자인 NF-κB 또는 AP-1에 영향을 주고 최종 유전자의 발현에 영향을 주게 된다.

(3) 비타민 E

비타민 E는 1922년에 처음 발견되었으며, 1960년대부터는 항산화물질로 밝혀져 이에 대한 많은 연구가 발표되었다. 1968년에는 비타민 E가 필수영양소로 공식 인정되어 사람의 1일 영양소 요구량에 등장하게 되었다. 1990년대에는 항산화물질로서의 측면보다

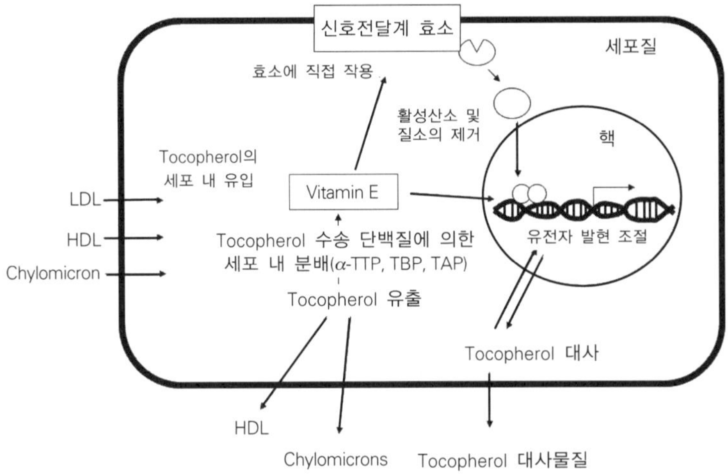

그림 9.14 비타민 E와 유전자 발현 및 세포 내 대사

는 비타민 E에 의한 유전자 발현 조절에 많은 관심을 두고 연구가 진행되었다. 비타민 E가 근육세포의 신호전달체계에서 protein kinase C(PKC)의 활성을 조절한다는 보고 이후에 α-tocopherol transfer protein(TTP), liver collagen α1, collagenase, α-tropomyosin 유전자 등의 발현 조절에 대한 보고 또한 있었다. 비타민 E에 의한 신호 전달 및 유전자 발현 조절은 전사인자나 신호 전달 관여 효소들에 직접적으로 작용함으로써 이루어진다(그림 9.14).

또한 비타민 E는 더 일반적인 방법, 즉 활성산소화합물(ROS: H_2O_2, O_2)나 활성질소화합물(RNS: NO, NO_2, NO_3)에 의해 유도된 효소나 전사인자의 손상을 최소화함으로써 유전자 발현에 관여하기도 한다. 비타민 E의 세포 내 농도나 세포 내로의 이동은 세포나 효소의 반응에 영향을 미친다. 다양한 비타민 E 결합 단백질(α-tocopherol transfe protein(α-TTP), tocopherol binding protein(TBP), tocopherol associated protein)은 비타민 E의 세포 내 흡수 및 세포 내 소기관(미토콘드리아, 핵 등)으로의 재분배에 관여하고 신호 전달 관련 특정 효소(예: PI3K)의 활성에 관여한다. 또한 세포 내 유입과 배출, 그리고 비타민 E의 대사에 관여하고 있는 단백질(phospholipids transfer protein(PL-TP); low density lipoprotein receptor(LDLR); scavenge receptor B1(SE-B1); ABC-transporter A1(ABCA1), α-TTP, TAP)은 비타민 E의 세포 내 농도 조절에 영향을 준다. 그리고 이들 단백질들은 세포 내에 신호 전달과 유전자 발현에 영향을 줄 수 있을 정도의 충분한 비타민 E가 존재하는지 등을 결정하게 된다.

참고문헌

Abbas, A. K., A. H. Lichtman, and S. Pillai. 2007. Cellular and Molecular Immunology. 6th ed. Saunders Elsevier.

Bendich, A. 1992. Vitamins and immunity. J. Nutr. 122: 601-603.

Fafournoux, P., A. Bruhat, and C. Jousse. 2000. Amino acid regulation of gene expression. Biochem. J. 351: 1-12.

Fox, C. J., P. S. Hammerman, and C. B. Thompson. 2005. Fuel feeds function: energy metabolism and the T-cell response. Nat. Rev. Immunol. 5: 844-852.

Griffin, M. D., N. Xing, and R. Kumar. 2003. Vitamin D and its analogs as regulators of immune activation and antigen presentation. Annu. Rev. Immunol. 23: 117-145.

Griffiths, H. and J. Lunec. 2001. Ascorbic acid in the 21st century-more than a simple antioxidant. Environ. Toxicol. Pharmacol. 10: 173-182.

Hall, J. A., S. Jha, M. M. Skinnera, and G. Cherian. 2007. Maternal dietary n-3 fatty acids alter immune cell fatty acid composition and leukotriene production in growing chicks. Prostaglandins, Leuco. and Essent. Fatty Acids 76: 19-28.

Halliwell, B. 2001. Vitamin C and genomic stability. Mutat. Res. 475: 29-35.

Jousse, C., J. Averous, A. Bruhat, V. Carraro, S. Mordier, and P. Fafournoux. 2003. Amino acids as regulators of gene expression: molecular mechanisms. Biochem. Biophys. Res. Commun. 313: 447-452.

Jump, B. D., D. Botolin, Y. Wang, J. Xu, B. Christian, and O. Demeure. 2005. Fatty acid regulation of hepatic gene Transcription. J. Nutr. 135: 2503-2505.

Kilberg, M. S., R. G. Hutson, and R. O. Laine. 1994. Amino acid-regulated gene expression in eukaryotic cells. FASEB J. 8: 13-19.

Klasing, K. C. 2007. Nutrition and the immune system. Br. Poult. Sci. 48: 525-537.

Li, P., Y. L. Yin, D. Li, S. W. Kim, and G. Wu. 2007. Amino acids and immune function. Br. J. Nutr. 98: 237-252.

McGrane, M. M. 2007. Vitamin A regulation of gene expression: molecular mechanism of a prototype gene. J. Nutr. Biochem. 18: 497-508.

Mora, J. R., M. Iwata, and U. H. Von Andrian. 2008. Vitamin effects on the immune system: vitamins A and D take centre stage. Nat. Rev. Immunol. 8: 685-698.

Murray, R., D. Granner, P. Mayes, and V. Rodwell. 2000. Harper's Biochemistry. Appleton & Lange..

Natarajan, K., M. Meyer, B. Jackson, D. Stade, C. Roberts, A. Hinnebusch, and M. Marton.

2001. Transcriptional profiling shows that Gen4p is a master regulation of gene expression during amino acid starvation in yeast. Mol. Cell. Biol. 21: 4347-4368.

Pegorier, J., C. Le May, and J. Girard. 2004. Control of gene expression by fatty acids. J. Nutr. 134: 2444S-2449S.

Reya, T., S. J. Morrison, M. F. Clarke, and I. L. Weissman. 2001. Stem cells, cancer, and cancer stem cells. Nature. 414: 105-111.

Turek, J. J., I. A. Schoenlein, L. K. Clark, and W. G. Van Alstine. 1994. Dietary polyunsaturated fatty acid effects on immune cells of the porcine lung. J. Leukoc. Biol. 56: 599-604.

Weaver, R. 2008. Molecular Biology. 4th ed. McGraw Hill.

Wintergerst, E. S., S. Maggini, and D. H. Hornig. 2007. Contribution of selected vitamins and trace elements to immune function. Ann. Nutr. Metab. 51: 301-323.

Woodward, B. 1998. Protein, calories, and immune defenses. Nutr. Rev. 56: S84-92.

Zempleni, J. and H. Daniel. 2003. Molecular Nutrition. CABI Publishing.

Zingg, J. 2007. Modulation of signal transduction by vitamin E. Mol. Aspects Med. 28: 481-506.

제10장

에너지 측정법과 사료가치 평가법

10.1 에너지 측정법

에너지 표시방법

영양균형

열발생량 측정법

10.2 사료가치 측정법

사료의 소화율

사료가치 평가법의 개요

일반성분에 의한 평가법

미량성분에 의한 평가법

생물학적 방법에 의한 평가법

기타 방법

10.1 에너지 측정법

10.1.1 에너지 표시방법

사료의 에너지 함량은 그 사료의 가치를 평가하는 훌륭한 척도가 된다. 에너지 성분은 사료로 공급되는 영양소 중 가장 많은 양을 차지하고 있으므로 동물의 능력에 미치는 영향이 크다. 또한 사료의 에너지 함량은 사료섭취량과 체내에서의 다른 영양소 이용에도 큰 영향을 미치게 되어, 에너지 급여량에 따라 단백질을 비롯한 다른 영양소의 요구량도 달라질 때가 많다. 따라서 사료의 종합적인 영양적 가치를 판정하기 위해서는 사료의 에너지가를 정확히 측정할 필요가 있다.

사료의 에너지가를 평가할 때는 사료 에너지 중 체내에서 생리적으로 이용되는 부분, 즉 정미에너지(net energy, NE)를 기준으로 하는 것이 가장 과학적이다. 그러나 사료의 NE를 측정하는 데에는 적지 않은 시설과 노력이 필요하며, 또한 변동요인이 많아서 힘들여 측정하더라도 실제에 있어서는 오차가 크게 생겨 정확한 에너지가를 측정하지 못하는 경우가 많다. 따라서 동물에 실제 이용되는 에너지가를 측정할 때는 우선 측정방법이 간편하며 측정 시 오차도 최소한으로 줄일 수 있는 동시에, 이렇게 측정한 에너지 값을 실제로 널리 이용할 수 있도록 하는 것이 가장 중요하다.

현재 사료의 에너지가를 측정하는 방법으로는 ① DE(digestible energy), ② ME (metabolizable energy), ③ NE, ④ 전분가(starch value, SV), ⑤ 사료단위(feed unit, FU), ⑥ TDN(total digestible nutrient) 등 여러 가지가 있으며 이들은 각각 장단점을 갖고 있다. 따라서 이들은 에너지 표시법 중 어느 것을 사용하든 각각의 장단점을 미리 파악한 후에 이를 보강하면서 사료계산에 임하는 것이 중요하다.

유럽 지역에서는 전분가나 사료단위를 널리 사용하는 반면, 미국 등지에서는 TDN을 주로 사용해 오다가 최근에는 DE, ME, NE를 사용하고 있다. 그러나 이들 에너지 표시법은 모든 사료에 대해서 실측하기 어렵고 경비가 많이 들기 때문에 대표적인 사료에 대해서만 실제로 측정한 후 이를 기준으로 다른 사료의 에너지 값을 산출하는 공식에 의해 구하는 것이 보통이다.

1) 에너지의 체내 이용 경로

섭취한 사료의 총에너지(intake energy, IE) 전부가 동물에 이용되는 것은 아니며, 일부

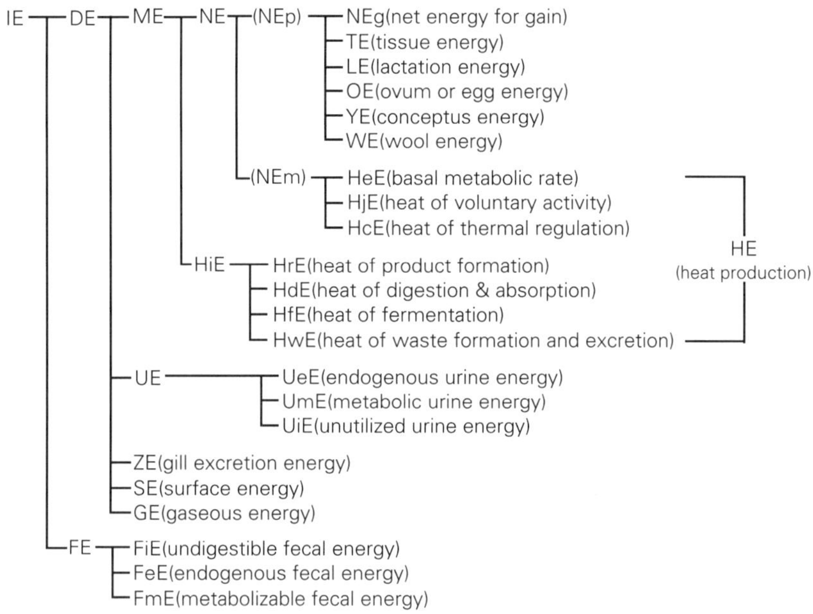

그림 10.1 NRC의 에너지 대사 경로

는 소화 및 대사과정에서 손실되는 것이 보통이다. 에너지 손실 형태도 항상 일정한 것이 아니라 동물의 종류, 연령, 생산능력, 사료 중 영양소 균형, 사료가공방법, 사료섭취량, 환경온도 등 여러 가지 조건에 따라 달라진다.

섭취한 사료 에너지의 동물체 내에서의 이용과정은 그림 10.1에서 보는 바와 같이 일부는 분, 요, 가스, 열량 증가 등으로 없어지게 되는데, 단위동물의 총손실량은 10~75%, 비반추 초식동물은 50~85%, 반추동물은 65~90%에 이른다. 에너지 표현에 자주 쓰이는 용어를 설명하면 다음과 같다. 이들 용어의 정확한 정의와 개념을 파악해 두면 에너지 대사를 공부하는 데 도움이 될 것이다.

① IE(intake energy): 동물이 섭취한 에너지 총량

② FE(fecal energy): 분에 포함된 에너지 총량

③ DE(digestible energy): 외관상 소화기관 내 흡수된 에너지 총량; DE = IE – FE

④ UE(urine energy): 요에 포함된 에너지 총량

⑤ GE(gaseous energy): 동물에 의해 생성된 가연성 가스에 함유된 에너지 총량으로서, 반추동물에 의해 생성된 메탄가스(CH_4)를 대표적 예로 들 수 있다.

⑥ ME(metabolizable energy): 외관상 동물에 의해 대사되는 에너지 총량; ME = DE –

UE – GE

⑦ NE(net energy): 정미에너지로 IE에서 분, 요, 가스로 손실되는 에너지 이외에 다시 열량증가로 손실된 에너지를 공제한 나머지 부분. 순수한 동물의 유지 및 생산을 위해 이용되는 에너지

⑧ NEp(net energy for production): 동물의 생산을 위해 사용되는 정미에너지

⑨ NEg(net energy for gain): 동물의 성장을 위해 사용되는 정미에너지

⑩ NEm(net energy for maintenance): 동물의 유지를 위해 사용되는 정미에너지

⑪ NEl(net energy for lactation): 비유 시 사용되는 정미에너지

⑫ ZE(gill excretion energy): 물고기의 지느러미를 통해서 배출되는 노폐물에 포함되는 에너지 총량

⑬ SE(surface energy): 모발, 비듬, 기름과 같이 표피세포를 통해서 체외로 배출되는 노폐물 속에 함유된 에너지 총량

⑭ RE(recovered energy): 체조직, 계란, 우유, 털과 같은 유용한 생산물을 합성하는 데 소요되는 에너지 총량

⑮ TE(tissue energy): 동물의 체조직에 함유된 에너지 총량

⑯ LE(lactation energy): 비유동물에 의해 생산된 우유 속에 함유된 에너지 총량

⑰ OE(ovum or egg energy): 산란계가 생산한 계란 속에 함유된 총량

⑱ YE(conceptus energy): 태반조직이나 배아에 함유된 에너지 총량

⑲ WE(wool energy): 모, 모발에 함유된 에너지 총량

⑳ FmE(metabolizable fecal energy): 사료에 기인하지 않는 것으로, 대사과정에서 분과 함께 배설된 에너지 총량

㉑ FiE(undigestible fecal energy): 분 중 소화되지 않고 배설된 에너지 총량

㉒ FeE(endogenous fecal energy): 사료에 기인하지 않는 것으로, 소화관 내에서 사료와 함께 배출된 내인성 물질에 포함된 에너지 총량

㉓ UeE(endogenous urine energy): 사료에 기인하지 않는 것으로, 요로 배출된 내인성 물질에 포함된 에너지 총량

㉔ UmE(metabolic urine energy): 요 중 동물의 기초대사에서 오는 요에 함유된 에너지 총량

㉕ UiE(unutilized urine energy): 요 중 사료 성분에서 오는 요에 함유된 에너지 총량

㉖ TDE(true digestible energy): 실제로 소화기관에서 흡수된 에너지 총량; TDE = DE

+ FmE – GE – HfE

㉗ TME(true metabolizable energy): 동물의 대사에 실제로 이용 가능한 에너지 총량; TME = TDE – UE + UeE

㉘ MEn(nitrogen corrected metabolizable energy): 질소균형을 맞춘 대사에너지

㉙ TMEn(nitrogen corrected true metabolizable energy): 질소균형을 맞춘 TME

㉚ HE(heat production): 발효열, 대사열 등 여러 가지 형태의 열에너지 손실 총량

㉛ HeE(basal metabolic rate): 가장 편안한 자세로 완전한 휴식을 취하고 있으며, 쾌적 온도(25°C 내외의 온도)하에서 마지막 섭취한 음식물의 소화·흡수가 완전히 끝난 후에 소요되는 열에너지

㉜ HjE(heat of voluntary activity): 일어서기, 앉기, 먹기와 같은 단순한 행동에 소요되는 열에너지

㉝ HcE(heat of thermal regulation): 주위의 온도에 대해 체온을 유지하기 위해서 소요되는 열에너지

㉞ HrE(heat of product formation): 체조직, 우유, 계란, 털 등을 생산할 때 소요되는 열에너지

㉟ HdE(heat of digestion): 소화관 내에서 소화·흡수 과정에서 소요되는 열에너지로서, 소화관 내의 식괴를 운반하는 데 필요한 근육의 운동으로 인한 열에너지의 소모량

㊱ HfE(heat of fermentation): 반추동물의 전위에서 일어나는 발효로 인해 손실된 열에너지(보통 HdE에 포함)

㊲ HwE(heat of waste formation and excretion): 대사 노폐물의 생성과 배출에 소요되는 열에너지

㊳ HiE(heat increment): 사료의 섭취로 인해 발생되는 에너지; HiE = HdE + HfE + HwE + HrE

2) 총에너지

동물에 대한 유일한 에너지 공급원은 사료에 함유된 화학에너지이다. 사료를 완전히 산화시키면 이 화학에너지는 물과 이산화탄소(CO_2) 및 그 밖의 가스로 분해되며 일정한 양의 열을 발생한다. 이렇게 발생된 열량을 총에너지(gross energy, GE) 또는 연소열가(heat of combustion)라 한다.

표 10.1에서 열거된 바와 같이 영양소의 총에너지 함량은 각 영양소에 따라 차이가

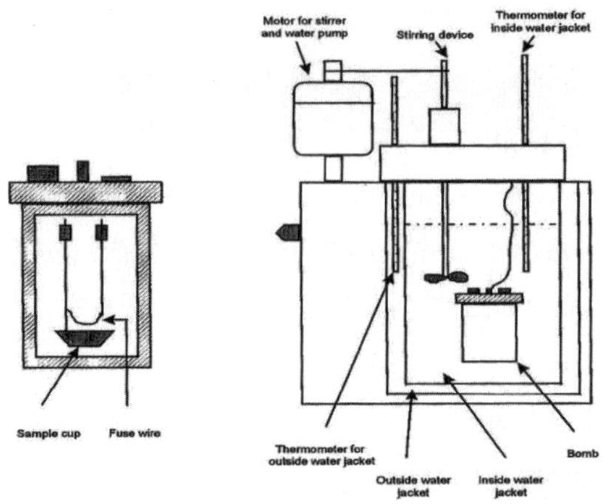

(a) 산소통의 단면도 (b) 칼로리미터의 전체 단면도

그림 10.2 Parr bomb calorimeter

표 10.1 각종 영양소와 사료의 총에너지 함량(건물 기준)

영양소	Mcal/kg	MJ/kg	영양소/사료	Mcal/kg	MJ/kg
탄수화물			단백질		
Glucose	3.74	15.6	쇠고기 근육	5.3	22.2
전분	4.18	17.7	달걀 albumin	5.7	23.8
Cellulose	4.18	17.7	Uric acid	7.24	11.5
지방			사료		
버터	9.10	38.5	옥수수	4.4	18.5
쇠고기 지방	9.40	39.3	건초	4.5	18.8
Acetic acid	3.49	14.6	알팔파	5.5	23.0
Propionic acid	4.96	20.8	밀기울	4.5	18.8

있는데, 그 원인은 각 영양소를 구성하고 있는 원소의 비율, 즉 탄소와 수소에 대한 산소의 비율이 다르기 때문이다. 즉 수소의 연소에서는 탄소가 발생할 때 열량의 약 4배 이상의 열량이 발생하게 되므로 결국 지방의 열량 발생량은 탄수화물에 비하여 현저하게 많으며, 단백질이 연소될 때에는 탄소와 수소의 산화에 의해 열이 발생하고 질소는 산화되지 않아 열이 발생하지 않는다.

3) 가소화 에너지

동물이 섭취한 총에너지(IE)의 첫 손실 부분은 소화과정에서 소화되지 않고 그대로 분으로 배설되는 것이다. 따라서 IE에서 분 에너지(fecal energy, FE)를 공제한 나머지를 가

소화 에너지(digestible energy, DE) 또는 외관 가소화 에너지(apparent digestible energy, ADE)라 한다. 그러나 분 에너지 중에 불소화물인 분 에너지(FiE) 이외에도 효소(FmE), 미생물 또는 장점막(FeE) 등에서 기인한 대사성 에너지도 혼합되어 있다. 따라서 진정가소화 에너지(true digestible energy, TDE)를 얻으려면 이들 대사성 에너지를 분 에너지 중에서 공제한 후 나머지만으로 계산하는 것이 원칙이다. 그러나 대개 이들 성분은 미량에 불과하기 때문에 특별히 계산에 넣지는 않는다. 따라서 보통 가소화 에너지(DE)라고 하면 외관 가소화 에너지(ADE)를 말하는 것이다.

일반적으로 DE의 측정은 IE에서 불소화물, 즉 분에 의한 에너지 손실만을 고려하는데, 그 이유는 일반적으로 동물이 섭취한 IE 중 가장 손실이 많은 부분이 분으로 나가는 에너지 양이기 때문이다. 또한 DE는 소화율에 영향을 미치는 여러 가지 인자에 따라 달라진다. 즉 사료 성분, 이들의 상호작용, 사료 급여량과 사료의 가공방법 등에 따라 사료의 DE 값이 크게 달라진다.

DE는 동물의 소화시험을 거친 후 섭취한 사료와 배설한 분의 열량가를 열량계로 측정하여 다음과 같이 간단히 계산할 수 있다.

$$\text{DE} = (\text{단위 사료건물 중 GE} \times \text{사료건물량}) - (\text{단위 분건물 중 GE} \times \text{분건물량})$$

한편 직접 측정이 곤란한 사료의 경우에는 TDN으로부터 환산할 수도 있다.

$$\text{DE(kcal/kg)(kJ/kg)} = \frac{\text{TDN \%}}{100} \times 4{,}409\text{kcal/kg}(18.447\text{MJ/kg})$$

다만, 젖소 NRC(2001)에서는 더 이상 TDN으로부터 DE를 계산하지 않고 원료사료별 DE를 다른 공식에 의해 추정한다. 이는 탄수화물, 단백질, 지방의 연소열가(GE)가 4,200kcal/kg, 5,600kcal/kg, 9,400kcal/kg로 각각 다르기 때문에 TDN의 구성 성분에 따라 원료 사료별 DE로의 환산이 달라질 수 있기 때문이다. 사료별 DE 추정 공식은 다음과 같다.

〈일반 사료〉

$$\text{DE(Mcal/kg)} = (\text{tdNFC}/100) \times 4.2 + (\text{tdNDF}/100) \times 4.2 + (\text{tdCP}/100) \times 5.6 + (\text{FA}/100) \times 9.4 - 0.3$$

〈동물성 단백질 사료〉

$$\text{DE(Mcal/kg)} = (\text{tdNFC}/100) \times 4.2 + (\text{tdCP}/100) \times 5.6 + (\text{FA}/100) \times 9.4 - 0.3$$

〈글리세롤을 함유하는 지방질 사료〉

DE(Mcal/kg) = 9.4 × (FAdigest × 0.9 × (EE/100)) + (4.3 × 0.1 × (EE/100))

〈글리세롤을 함유하지 않은 지방질 사료〉

DE(Mcal/kg) = 9.4 × (FAdigest × 0.9 × (EE/100))

tdNFC: truly digestible non-fiber carbohydrate
tdND: truly digestible neutral detergent fiber
tdCP: truly digestible crude protein
FA: fatty acids(ether extract - 1)
FAdigest: digestibility coefficients for fatty acids
EE: ether extract

일반적으로 DE 측정치는 소화율과 같은 요인에 의해서 영향을 받으며, 또한 대사과정에서는 TDN과 같은 경로의 에너지 손실이 있게 된다.

4) 대사에너지

동물은 분 에너지 외에도 오줌 또는 가스상태로 에너지를 손실한다. 가소화 에너지에서 이들 오줌 또는 가스상태로 손실된 에너지를 공제하면 일단 동물의 체내에서 이용되는 에너지가 되며 이를 대사에너지(metabolizable energy, ME)라 한다.

ME(대사에너지) = IE(총섭취에너지) – FE(분 에너지) – UE(요 에너지) – GE(가스 에너지)

사료 단백질은 일단 흡수되었다 하더라고 완전히 이용되는 것이 아니라, 대사과정에서 일부는 요소(urea 또는 요산)를 비롯하여 히푸르산(hippuric acid), 크레아틴(creatine), 알란토인(allantoin) 등 비단백태질소화합물의 형태로 오줌을 통해서 배설된다. 따라서 오줌으로 배설된 이들 화합물의 에너지만큼이 손실되는 결과가 나타난다. 또한 장 내 발효과정에서 CH_4을 주로 한 H_2, CO_2, acetone, ethane, H_2S 등 가연성 가스가 생기며 이들 가스 에너지도 동물에 이용되지 않고 손실된다.

가연성 가스의 대부분을 차지하는 CH_4의 생산량은 특히 반추동물에서 문제가 되는데, 일반적으로 이는 사료섭취량과 밀접한 관계를 가지고 있는 것으로, 유지 사료만 줄 때 사료 IE의 약 8%를 차지하고, 사료량을 유지 시의 2~3배로 늘리면 6~7%로 떨어진다고 한다. 가연성 가스의 생산량을 정확히 측정하려면 밀폐된 호흡대사장치(respiratory chamber)를 이용해야 한다.

한편, 요로 배설되는 질소화합물은 대부분 사료 성분에서 오는 것(unutilized urine energy, UiE)이지만, 그중에는 사료에서 기인하지 않는 내생질소(endogenous urine energy, UeE) 부분과 동물의 기초대사에서 오는 부분(metabolic urine energy, UmE)이 있다. 따라서 이들 에너지 부분은 요 에너지에서 공제하면 보다 정밀한 대사에너지를 산출할 수 있다. 그러나 특별한 실험 목적 이외에는 실제로 문제삼지 않는 것이 보통이다.

이 밖에 땀, 탈모, 탈피 등으로 손실되는 에너지(SE)가 있고, 물고기의 경우에는 지느러미를 통해서 배출되는 노폐물에 포함되는 에너지(ZE) 등도 고려해야 되지만 미량이기 때문에 무시하는 경우가 많다.

대사에너지가는 일반적으로 동물의 질소균형(nitrogen balance)에 따라 크게 영향을 받는다. 즉 사료 중의 아미노산이 체단백질을 합성하여 축적되느냐(양균형), 아니면 그대로 분해되어 오줌으로 체외로 배설되느냐(음균형)에 따라 ME 값이 달라지기 때문이다.

보통 오줌으로 배설되는 에너지량은 배설된 요소 중 질소 1g당 5.4kcal(22.59kJ)〔또는 2.53kcal/g(10.58kJ/g) urea〕이다. 그러나 전자인 경우 배설되는 요 질소는 모두 사료에서 기인한 것이 아니며, 후자인 경우에는 요소보다 에너지가 높은 화합물도 함께 배설되기 때문에 이때에는 정상적인 요 에너지보다는 낮거나 높은 에너지가를 손실하게 된다. 따라서 ME 측정 시에는 흔히 질소균형(zero nitrogen balance) 상태로 정정하여 계산하는데, 이를 질소정정대사에너지(nitrogen-corrected metabolizable energy, MEn)라 한다. 이때의 정정 계수로는 반추동물에 대하여 질소 1g당 7.45kcal(31.17kJ), 돼지 6.77kcal(28.32kJ), 닭 8.22kcal(34.39kJ)를 사용하여 반추동물의 경우 MEn을 다음과 같이 계산한다.

$$MEn = IE - FE - GE - UE \pm [NB \times 7.45kcal(31.16kJ)]$$

- ME: 질소정정대사에너지(N corrected metabolizable energy)
- IE: 사료 섭취에의 에너지 총량
- UE: 요 에너지
- FE: 분 에너지
- GE: 가스 에너지
- NB: 질소균형

즉, 소의 경우 질소가 음균형(negative nitrogen balance) 상태일 때 체외로 배설되는 요의 질소 1g당 7.45kcal(31.17kJ)를 공제하며, 반대로 양균형(positive nitrogen balance)일 때에는 축적된 질소 1g마다 7.45kcal(31.17kJ)를 추가해 주는 방법으로 원래의 ME를 정정하는 것이다.

표 10.2 사료의 ME 값(kcal/kg)

사료	공시 동물	GE	에너지 손실			ME
			분	요	CH_4	
옥수수	소	4,516(18,894)[1)]	680	194	304	3,338(13,966)
	돼지	4,512(18,878)	385	90	–	4,037(16,890)
	닭	4,422(18,501)	528		–	3,894(16,292)
대맥	소	4,376(18,309)	988	190	270	2,928(12,250)
	돼지	4,176(17,472)	662	134	–	3,380(14,141)
	닭	4,356(18,225)	1,166		–	3,190(13,346)
소맥피	소	4,532(18,961)	1,437	240	339	2,516(10,526)
라이그래스(어린 풀)	면양	4,646(19,438)	814	363	389	3,080(12,886)
라이그래스(성숙기)	면양	4,632(19,380)	1,694	154	330	2,454(10,267)

1)괄호 안은 kJ/kg

일부 사료의 ME 값은 표 10.2와 같다. 여기에서 GE가 높은 사료는 일반적으로 ME도 높다. 그러나 표에서 보면 같은 사료라 하더라도 그 사료를 급여하는 동물의 종류에 따라 ME 값도 상당히 많이 변하는 것을 알 수 있다. 반추동물과는 달리 단위동물에서 메탄가스(CH_4)로 손실되는 에너지는 극히 소량이다. 이와 같은 사실은 농후사료와 같이 단위동물이나 반추동물이나 소화율이 같은 사료의 경우, 단위동물의 ME가 반추동물에 비해서 높다는 것을 뜻한다. 일반적으로 조사료에 비해 농후사료의 ME가 높다.

(1) 반추동물의 ME 측정

ME 측정은 DE에서 다시 요와 가연성 가스로 손실되는 에너지를 공제하면 된다. 바로 이 점에서 ME는 TDN이나 DE보다 정확한 에너지 산출방법이라고 할 수 있다. 여러 동물학자들이 사용하고 있는 ME의 계산공식은 다음과 같다.

① $ME = IE - FE - GE - UE$

(IE: 섭취한 총에너지, FE: 분 에너지, GE: 가스 에너지, UE: 요 에너지)

② $TME = IE - (FE - FmE) - GE - HfE - (UE - UeE)$

- TME: true metabolizable energy
- FmE: metabolic fecal energy
- HfE: heat of fermentation
- UeE: endogenous urine energy

③ $MEn = IE - FE - GE - UE \pm [NB \times 7.45kcal(31.17kJ)]$

- MEn: nitrogen-corrected metabolizable energy
- NB: nitrogen balance

모든 ME 값은 질소평형 상태에서 측정하는 것이 원칙이다. 돼지나 초식동물에 대해서는 질소균형시험을 통해서 분뇨를 수집하여 에너지를 측정하고 별도로 칼로리미터나 호흡실험실을 이용하여 가연성 가스로 손실되는 에너지를 측정해야 하는데, 여기에는 막대한 시설과 노력이 필요하다. 따라서 여건이 갖추어지지 않을 때는 TDN이나 DE로부터 일정한 계수를 이용하여 값을 추정하거나, 아니면 대사시험만 실시하고 가스 발생량은 뒤에서 설명하는 계산치를 이용하여 산출하기도 한다. 소와 양의 경우에 ME는 DE를 100으로 하였을 때 조사료 82%, 농후사료 85%, 유박류 79%에 해당된다.

한편 NRC의 동물영양위원회는 사양표준을 작성함에 있어 동물에 따라 각각 다음의 환산공식을 이용한 바 있다.

$$\text{젖소 ME(Mcal/kg)} = 1.01 \times \text{DE(Mcal/kg)} - 0.45$$

$$\text{고기소 ME(Mcal/kg)} = \text{DE(Mcal/kg)} \times 0.82$$

$$\text{돼지 ME(Mcal/kg)} = \text{DE(Mcal/kg)} \times \left[\frac{96 - (0.202 \times \text{조단백질 \%})}{100}\right]$$

젖소 NRC(2001)에서는 ME를 추정함에 있어서, 사료섭취량을 고려하고 원료 사료 내 조지방의 함량에 따라 원료 사료별 ME를 결정하는데, 조지방의 함량이 3% 이상인 사료에 대해서는 위의 젖소 ME 변환식의 결과에 0.0046×(조지방 − 3)을 더해 준다.

한편 가연성 가스 측정에 있어서 단위동물은 가스 발생량이 적기 때문에 이를 무시하는 경우가 많으며, 가스 발생량이 많은 반추동물에 대해서는 다음과 같은 계산식들이 이용될 수 있다.

$$\text{양 } E = 3.832\,X_1 - 3.61 \text{(Swift, 1954)}$$

$$\text{양 } E = 2.41\,X + 9.80 \text{(Swift, 1948)}$$

$$\text{소 } E = 4.012\,X + 17.68 \text{(Forbes, 1940)}$$

E : CH_4 가스 발생량
X : 가소화 탄수화물(100g 단위)
X_1 : 가소화 건물량

$$\text{소 } Y_2 = 984X_2 - 64.2X_2^2 - 213 \text{(Axelsson, 1949)}$$

$$\text{소 } Y_2 = 1083X_2^{0.638}$$

Y_2: CH_4 가스 에너지(kcal)
X_2: 가소화 탄수화물(DM, kg)

(2) 가금에 대한 ME 측정

양계 사료의 에너지가는 NRC를 비롯하여 대부분이 MEn으로 표시하고 있다. ME 측정방법의 대표적인 것으로 ① Hill과 Anderson 법(1958), ② Sibbald와 Slinger 법(1963), ③ TME 법을 들 수 있다.

Hill과 Anderson 법은 일종의 생물학적인 측정방법인데, 14일령의 병아리에게 기준사료(reference diet)와 시험사료(test diet)를 2주간 급여한 후 사료나 분에 대하여 ① 수분, ② GE, ③ 질소, ④ 산화크롬(Cr_2O_3)의 함량을 측정하여 MEn을 계산하였다. 즉, 이 방법은 산화크롬을 표시제로 사용하고 있기 때문에 위 성분 분석용 시료만 채취하면 된다. 이들 자료를 이용하여 사료 고형물 1g당 ME을 계산하는데, 이때 ME 값은 질소균형 상태에서의 ME로 정정하는 것이 보통이다. 즉, 축적된 질소량에 대해서는 이것이 완전 분해되지 않고 요산(uric acid)으로 배설되는 것으로 가정하고 계산하는 것이다. Hill은 요산 1g당 8.22kcal(34.39kJ)의 에너지가 발생하는 것으로 간주하고 있다.

ME의 계산에 필요한 공식은 다음과 같다.

$$\text{ME(사료 1g당)} = \text{사료 1g당 GE} - (\text{사료 1g당 분 GE} + \text{사료 1g 중 축적 질소 g} \times 8.22)$$

$$\text{여기에서 사료 1g당 분 GE} = \text{분 1g 중 GE} \times \frac{\text{사료 중 } Cr_2O_3}{\text{분 중 } Cr_2O_3}$$

$$\text{사료 1g당 질소 축적 g} = \text{사료 1g 중 질소} - \text{분 1g 중 질소} \times \frac{\text{사료 중 } Cr_2O_3}{\text{분 중 } Cr_2O_3}$$

따라서 시험사료의 ME는 다음과 같이 계산한다.

$$\text{사료 1g 중 ME} = 3.64 - \frac{\text{기준 사료 1g ME} - \text{시험사료 1g ME}}{\text{사료 함유비}}$$

여기에서 3.64는 기준사료에 포함되었다가 시료와 대체한 포도당(glucose) 1g 중 ME 값이다. 이때 ME는 기준사료와 시험사료의 ME 값의 차이에서 구하는 것이므로 ME 측정을 정확히 하려면 우선 기준 사료의 ME 값을 정확히 측정할 필요가 있으며, 시험사료는 가능한 많은 양을 배합하는 것이 유리하다.

한편, Hill 방법을 약간 개량한 Sibbald 방법은 기본사료로 관행사료를 그대로 쓰되, 고섬유 · 저지방 사료인 경우와 고단백 사료의 경우로 구분하여 전자의 ME 측정 시에는 콩깻묵 50%와 유분 5%가 함유된 기본사료를 쓰고, 후자의 경우에는 이들 단백질 사료를 제외한 기본사료를 쓰도록 하고 있다. 이 밖에 Sibbald 법은 시험사료는 기본사료에서 구하려고 하는 시료를 10~60% 배합하도록 하였고, 또한 질소 정정 시 분질소 1g당 8.22kcal(34.39kJ) 대신 Titus의 계수인 8.73kcal(36.52kJ)를 이용하는 등의 차이가 있다. Sibbald 등은 ME를 계산할 때 다음 공식을 소개하고 있다.

$$\text{사료 1g 중 ME} = \text{사료 1g당 GE} - \left(\frac{\text{사료 1g 중 } Cr_2O_3}{\text{분 1g 중 } Cr_2O_3} \times \text{분 1g 중 GE} \right)$$

$$\text{MEn} = \text{사료 1g 중 ME} - \left(\text{사료 1g 중 GN} - \left(\frac{\text{사료 1g 중 } Cr_2O_3}{\text{분 1g 중 } Cr_2O_3} \right) \times \text{분 1g 중 GN} \right) \times 8.73$$

여기서 GN은 질소 함량(g)이다.

지시제(index)를 사용한 ME 측정방법은 ① 사료 성분, 특히 산화크롬(Cr_2O_3)의 분석방법, ② 사료배합비, ③ 기본사료의 영양소 균형, ④ 닭의 품종, 연령, 성별 및 능력, ⑤ 환경 등에 따라 영향을 받게 된다.

앞에서 설명한 대사에너지는 AME를 설명한 것으로, 배설물(분과 요)을 통해 없어지는 에너지는 모두 섭취한 사료에서 기인된다고 보는 것이다. 그러나 사실 배설물에 들어 있는 에너지는 효소, 호르몬, 미생물, 장점막 등 대사성 물질로부터 유래되는 이른바 대사분 에너지(metabolic fecal energy, FmE)와 내생요 에너지(endogenous urinary energy, UeE) 등이 함유되어 있다. 따라서 엄밀한 의미에서의 대사에너지란 IE로부터 분과 요 에너지를 뺄 때 대사성 물질로부터 유래되는 에너지(FmE, UeE)를 공제해야 한다. 이렇게 산출한 에너지를 진정대사에너지(true metabolizable energy, TME)라고 한다. 진정대사에너지가를 계산하는 방법은 다음과 같다.

$$\text{TME(kcal/kg)} = [GE_f \times X - (GE_{ef} \times Y - GE_{ec} \times Z)] / X$$

- GE_f: 측정 사료의 GE(kcal/g)
- X: 사료섭취량(g)
- GE_{ef}: 사료를 급여할 때, 분뇨의 GE
- Y: 사료를 급여할 때, 분뇨량
- GE_{ec}: 사료를 급여하지 않을 때, 분뇨의 GE
- Z: 사료를 급여하지 않을 때, 분뇨량

TME 측정방법의 이점은 보다 정확하게 에너지가를 구할 수 있다는 점과 외관상 대사에너지 측정의 문제점으로 지적되는 품종, 연령, 성별, 사료 섭취량 등에 영향을 받는 변이를 줄일 수 있다는 점 등이 있다.

(3) 대사에너지 이용효율에 영향을 주는 요인

열량증가량(heat increment, HiE)은 수식으로 표현할 때 HiE = ME – NE이다. 열량증가의 증가 혹은 감소는 곧 ME 섭취량의 이용효율을 의미하기도 한다. ME 이용효율은 대개 ME를 구성하는 영양소의 종류와 함량, 그리고 동물체 내에서 그 영양소들이 이용되는 목적(지방 합성 vs 에너지 생성) 등 두 가지 요인의 상호작용에 의해서 좌우되며, ME의 이용효율에 영향을 미치는 주요 요인을 들면 다음과 같다.

① **동물의 생리적 기능**: 유지, 성장 및 산유 등 동물의 생리적 기능이 달라질 때 이들에 급여하는 사료는 같은 사료라 하더라도 그 열량 증가량이 각각 다르고, 따라서 ME의 이용효율도 달라진다. Forbes의 실험에 따르면 유지 시의 ME 이용효율은 75%로 가장 높은데 비하여, 비육 시에는 58%로 가장 낮고 유 생산 시에는 69%가 이용된다고 한다. 이는 열량 증가의 입장에서 볼 때 비육 시에 열량 증가가 가장 많이 생기며 유지량만을 급여할 때 가장 적게 생기는 것이다. 여기에서 비육우나 돼지의 경우에는 증체 시보다 유지 시에 ME 이용효율이 높은 데 비하여, 젖소의 경우에는 유지 시나 유 생산 시의 ME 이용효율이 거의 같은 것이 특징이다.

유생산 시 ME 이용효율은 비육 시보다는 약 20%가 높은데, 그 이유는 우유 에너지의 약 절반은 단백질이나 탄수화물의 형태로 함유되어 있으며, 유지방을 구성하는 지방산의 분자량이 체지방에 비해서 낮기 때문이다. 반대로 비육 시에 증체되는 주요 성분은 지방과 단백질이며, 이들의 합성과정은 분해 시에 비해서 훨씬 복잡하다. 즉, 합성에 필요한 영양소가 알맞은 비율과 알맞은 시간 내에 존재하고 있지 않으면 안 된다.

일반적으로 포도당으로부터의 지방 합성 효율은 약 70%이며 락토오스(lactose) 합성 효율은 100%에 가깝다. 그러나 실제로 체지방은 포도당보다는 휘발성 지방산으로부터 합성되는 것이 보통이며, 이때의 합성 효율은 약 60%로 약간 떨어지게 된다. 한편, 단백질의 합성 효율은 약 80%인데, 만일 아미노산 중 하나 이상이 결핍하거나 부족할 때에는 그 효율이 떨어지게 된다.

이들 이용효율은 어디까지나 이론치에 불과하며 사료의 성상, 소화율과 흡수율에 따라서 실제 이용효율은 상당히 떨어지는 것이 보통이다. 따라서 지방을 주로 축적하는 비육

시에는 에너지 이용효율이 가장 낮아진다. 이에 비하여 성장 시에는 단백질 축적이 주로 이루어지기 때문에 비육 시에 비하여 에너지 이용효율이 약 30% 정도 높아진다. 한편, 유지 시에는 열량 증가가 체온 유지 등에 쓰이게 되므로 ME 이용효율이 가장 높다.

② **사료의 성상**: 첫째, 섭취한 사료의 화학적 조성에 따라 열량증가량이 다르므로 ME 이용효율이 달라진다. 예를 들어 양이나 흰쥐에게 같은 양의 ME를 공급하더라도 카제인(casein)은 포도당이나 유지(oil)에 비해 생산을 위한 ME 이용효율이 낮다. 또한 비육우는 단백질보다 탄수화물의 형태로 급여할 때 ME 이용효율이 높다. 성장 중인 동물에게 단백질이나 필수아미노산 중 하나 이상을 불충분하게 공급하면 단백질 형태가 아니라 지방 형태로 축적하게 되며, 이때 ME 이용효율이 떨어지는 것으로 알려져 있다. 사료 중 단백질 함량이 4~18% 범위에 있을 때 단백질 함량이 증가함에 따라 열량 증가는 점차 감소한다. 사료 중 조단백질의 함량은 그 자체의 소화율에 영향을 미치고, 이것은 곧 DE와 ME에 영향을 주게 된다. 단백질 10%를 함유하는 사료의 에너지 소화율은 70%인데 비하여, 조단백질 5%인 사료는 40%에 불과하여 일반적으로 저단백질 사료일 때 DE와 ME가 떨어짐을 알 수 있다. 또한 NPN 섭취량을 초과하면 요 중 에너지 손실은 증가한다. 즉, 젖소에서는 질소 1g 초과 섭취 시에 DE 13.3kcal (55.6kJ), ME일 때는 7.2kcal(30.12kJ)가 감소한다.

둘째, 반추동물에 있어서 사료의 성상은 장 내 미생물에 의해서 생성되는 세 가지 주요 지방산의 비율에 변화를 가져오고, 이는 다시 ME 값 또는 그 이용률에 영향을 미친다. 일반적으로 초산(acetic acid)이 많고 프로피온산(propionic acid)과 뷰티르산(butyric acid)의 생산이 많은 사료는 ME 효율이 높아 지방 합성률이 높아진다. 그러나 조섬유 함량이 적은 사료를 급여하면 초산에 비하여 프로피온산의 함량이 높아지는데, 이때 유지방 합성률은 떨어진다고 한다.

③ **사료의 균형도**: 사료 영양소의 공급이 균형을 이룰 때는 그렇지 않을 때에 비해 ME 이용효율이 높다. 사료가 함유하는 영양소 각각에 의해 측정한 열량증가량은 그 사료 전체의 열량증가와 반드시 일치하지는 않는다. 일반적으로 여러 종류의 영양소를 함께 급여할 때의 열량증가는 반드시 이를 구성하는 각 단미사료의 열량증가를 합한 것과 일치하지 않으며, 영양소를 함께 급여할 때의 열량증가는 각 영양소를 따로 급여할 때에 비하여 10~50% 낮아진다고 한다. 이는 영양소의 보충효과 때문인데, 이 점은 실제 사료를 배합할 때 크게 유의해야 할 문제이다. 한편, 사료 중 P, Mg 등의 광물질이나 티

아민(thiamin), 리보플라빈(riboflavin), 비타민 B_6 등의 비타민이 부족할 때에도 열량증가가 높아지는 경향이 있다. 이는 이들이 체내의 에너지 이용과정에 관여하는 각종 효소의 활성과 깊은 관련을 가지고 있는 점으로 보아 납득할 수 있는 사실이다. 따라서 사료의 에너지 이용을 효과적으로 하기 위해서는 우선 사료 중 영양소가 부족함 없이 균형을 이루고 있어야 한다.

④ **사료의 가공 형태:** 소의 사료는 때로 압착, 분쇄, 마쇄, 펠렛(pellet) 등 여러 가지 형태로 가공하여 사용한다. 일반적으로 펠렛 처리를 하면 소화율은 떨어지나 사료섭취량을 증가시킬 수 있다. 사료에 따라서는 ME가를 높인다는 보고도 있다. 옥수수나 연맥을 증기처리, 박편처리, 튀김처리를 하거나 압출할 때에는 전분의 소화율이 향상되고 NEg 이용률도 증가된다고 한다. 그러나 지나치게 처리하는 경우에는 오히려 체내 에너지 이용률을 떨어뜨릴 수 있기 때문에 주의해야 한다. 옥수수의 처리조건에 따른 에너지 이용률을 보면, 과도한 열처리를 하면 섭취에너지 중 DE, ME, NE 이용률이 모두 떨어진다.

⑤ **사료 급여 수준:** 사료섭취량이 많으면 분 에너지량이 증가하며, 따라서 DE나 ME값이 떨어지게 된다. 즉 사료섭취량이 많을수록 소화기관의 통과 속도가 빨라지므로 소화효소의 작용을 받을 기회가 적어지는 것이다. 영국에서는 NE를 측정할 때 사료섭취량에 따르는 ME 감소 정도를 다음과 같이 계산한다.

$$Y = 0.11(86 - X)$$

여기에서 Y는 유지사료의 섭취량 증가에 따른 ME 감소 비율(%)이며, X는 GE에 대한 ME 비율(%)를 나타낸 것이다. 한편, 사료섭취량이 증가함에 따라 NE로의 이용률은 점차 떨어지는 대신 열량증가는 높아진다. 그리고 사료섭취량을 0에서 채식 가능 한계까지 점차 늘려 주면 유지 및 생산을 포함하는 전체 ME 이용률은 점차 떨어지게 된다. 예를 들어 유지요구량만 급여할 때의 ME 이용효율은 80%인데, 이의 2배, 3배를 급여할 때에는 각각 65%와 60%로 떨어진다. 이는 유지를 위한 에너지는 섭취량의 증가와 관계없이 거의 효율적으로 이용되는 반면, 생산을 위한 이용효율은 점차 떨어지는 데 보다 큰 원인이 있다. 닭의 경우 사료섭취량과 AME의 관계를 보면 섭취량 증가에 따라 AME가도 상당히 증가함을 알 수 있다.

⑥ **연령, 품종, 성**: 닭의 경우 사료 에너지가를 평가하는 데 있어서 대사에너지가 널리 이용되는 것은 그 정확성 때문이라 하겠으나, 실제로 연구한 결과에 의하면 닭의 연령, 품종 및 성에 따라서 대사에너지가는 약간씩 달라질 수 있다고 한다. 즉 몇 가지 사료를 연령별로 닭에게 급여한 결과 ME가는 닭의 나이에 비례하여 증가한다고 했는데, 예를 들면 산란계로 측정한 ME가 병아리로 측정한 것보다 더 높았다고 한다. 이것은 성계가 병아리보다 사료 에너지를 더 효율적으로 이용하기 때문이다. 일반적으로 산란계가 육계보다 더 효율적으로 사료 에너지를 이용한다고 했는데(이봉덕 · 한인규, 1974), 이러한 결과는 Sibbald(1975)가 여러 품종을 이용하여 실험한 것과 같은 결과여서 역시 닭의 품종 간에도 에너지 이용효율 면에서 차이가 있는 것으로 생각된다. 칠면조의 경우에는 대체로 암컷보다 수컷의 에너지 이용효율이 높게 나타났다고 한다. 닭의 연령, 품종 및 성이 ME가에 변이를 주는 것은 FmE과 UeE 때문일지도 모르는데, TME를 적용하면 이러한 변이를 줄일 수 있다.

5) 정미에너지

정미에너지(net energy, NE)란 IE에서 분, 요, 가스로 손실되는 에너지 이외에 다시 열량 증가로 소비된 에너지를 공제한 나머지 부분을 가리킨다.

$$NE = IE - FE - UE - GE - HiE$$

따라서 NE는 순수하게 동물의 유지와 생산을 위해 이용되는 에너지라 할 수 있는데, 그중에서 유지를 위해 사용된 NE는 대부분 열의 형태로 체외로 분산되지만 성장, 비육, 임신, 우유, 산란 또는 털 등을 생산하는 데 사용된 NE는 화학에너지의 형태로 생산물에 축적된다. 그리고 이와 같이 생산물에 담겨진 에너지를 가리켜 특히 축적에너지(energy retention)라 하는데, 이때 같은 NE라도 그 사용 목적에 따라 에너지 축적률이 달라진다. 따라서 NRC는 최근 NE가 이용된 기능에 따라 NE 값을 표시하도록 하고 있다. 예를 들면 유지를 위한 것은 NEm, 생산을 위한 것은 NEp로, 유지와 생산을 위한 NE는 NEm+p로, 또한 생산을 위한 NE에서도 성장을 위한 NE일 때는 NEg로, 유생산을 위한 것은 NEl 등으로 구분하여 보다 합리적으로 표시하도록 하고 있다.

NE 값에 중요한 영향을 미치는 열량증가(heat increment, HiE)란 사료를 섭취하여 체내에서 이용되는 과정에서 사료의 소화나 대사 자체를 위해 소비되는 에너지를 말한다. 열량증가 중에서도 비율을 많이 차지하는 부분은 이른바 대사열(heat of product formation, HrE)이고 하는데, 이는 대사과정에서 영양소의 합성 또는 분해과정에서 소비되는 열량이다. 예를 들면, 포도당이 ATP를 생성하며 산화될 때 에너지 이용효율은 68%에 불과하며, 나머지 32%는 열로 손실된다. 또한 합성과정에서도 가령 아미노산들이 하나의 펩티드 결합을 합성하는 데 약 100kcal(418.4kJ)의 에너지를 열로써 손실하게 된다.

열량증가의 원인이 되는 것으로 특히 반추동물에서 볼 수 있는 것은 발효열(heat of fermentation, HfE)로서 이는 장 내 미생물의 작용에 의해서 발생되는 에너지를 말하는데, 대개 GE의 5~10%에 달한다. 이 밖에 사료의 저작, 소화기관의 연하운동 등 소화 · 흡수과정에서도 약간의 에너지(HdE)가 소비되며, 배설물의 생성과 배설을 위해서도 에너지(HwE)가 소모된다. 따라서 열량증가는 대사열과 발효열, 그리고 소화운동에서 발생하는 에너지로 구성되는 것인데, 이때 발생하는 열에너지는 추운 환경 아래서는 체온을 유지하는 데 일부 이용되지만, 그렇지 않을 때에는 체외로 손실된다.

열량증가는 때로는 특이동적작용(specific dynamic action, SDA)이라고도 하며, 다음과 같이 측정한다.

$$HiE = HfE + HdE + HrE + HwE$$

$$HiE = \text{급식 동물의 열발생량} - \text{절식 동물의 열발생량}$$

NE가 이론적으로 가장 합리적인 에너지 측정방법인데도 불구하고 실제는 많은 문제가 있는 것은 주로 이 열량증가로 소비되는 에너지가 일정하지 않고, 특히 여러 가지 요인에 의해서 변동되기 때문이다.

일반적으로 열량증가는 동물의 종류, 생산능력, 연령, 성별, 그리고 사료의 성상, 배합비율, 급여량 및 환경온도 등 여러 가지의 요인에 따라 달라지므로 열량증가에 따라 크게 영향을 받는 NE도 그때마다 달라지게 된다. 즉 같은 사료라 하더라도 측정 조건에 따라 NE 값은 달라질 수 있다.

Armsby는 20세기 초 직접 칼로리미터를 이용한 에너지 균형실험을 통해 사료의 NE를 측정하였다. 즉, 송아지의 유지 수준까지 사료 급여량을 점차 늘릴 때 증가하는 에너지 축적량을 가지고 NE를 측정하였다. 그러나 실제로는 비육사료 20종에 대해서만 직접 NE를 측정하고, 그 밖의 사료에 대해서는 Kellner의 질소-탄소균형시험에 의한 자료와 함께 그들이 측정한 가소화 유기물에 기초하여 NE의 추정값을 산출하도록 하였다. Armsby의 NE 추정값(estimated net energy, ENE)은 그 후에 Morrison 사양표준을 만드는

표 10.3 반추동물에 대한 사료의 NE가(Mcal/100kg)

사료명	GE	배설물 손실	ME	HI	NE
티모시	451.8(1,890)[1)]	266.4(1,114)	185.4(775)	78.2(327)	107.2(448)
레드클로버	446.2(1,866)	246.1(1,029)	200.1(837)	97.3(407)	102.8(430)
옥수수대	433.2(1,812)	238.0(995)	195.2(816)	106.5(445)	88.7(371)
옥수수	444.2(1,858)	111.5(466)	332.7(1,392)	128.6(538)	204.1(853)
호미니피드	470.9(1,970)	118.7(496)	352.2(1,473)	136.5(571)	215.7(902)
밀기울	453.2(1,896)	202.1(845)	251.1(1,050)	117.7(492)	133.4(558)
밀짚	444.4(1,859)	306.2(1,281)	138.2(578)	116.0(485)	22.2(92)

[1)]괄호 안은 MJ/100kg.

데 크게 이용되었다. 사료의 TDN 값으로부터 ENE를 계산하는 공식은 다음과 같다.

$$ENE = 1.393\ TDN - 34.63$$

이 ENE는 사료 DM 45kg당 Mcal로 표시한 것이며, TDN은 사료 DM 45kg당 TDN (kg)이다. 이와 같이 모든 ENE는 TDN으로부터 추정한 것이므로, TDN 측정 시 영향을 주는 모든 요인은 ENE에도 같은 영향을 주게 된다. 따라서 ENE는 제한된 자료, 특히 젖소와 육우의 사료에 의거하여 만들어졌기 때문에 실제 이용하는 데는 한계가 있다. 몇 가지 사료의 반추동물에 대한 NE가를 보면 표 10.3과 같다. 이 표를 보면 시험사료의 GE 값은 크게 다르지 않지만, NE 값은 농후사료에서는 높고 조사료의 경우는 일반적으로 낮은데, 질이 나쁜 것일수록 더욱 낮다는 것을 알 수 있다.

NRC(2000)의 육우에 대한 영양소 요구량표(부록 참조)를 보면 NE 요구량을 제시하면서 이를 유지 시(NEm)와 증체 시(NEg)로 분리하여 표시하였다.

이 방법은 캘리포니아 대학교의 Lofgreen(1968)에 의해 창안되었기 때문에 흔히 캘리포니아 정미에너지(California net energy)라고도 부른다. 이는 종래의 NE에 대한 모순을 시정하기 위한 것이다. 즉 정미에너지 이용효율은 동물의 생리적 기능에 따라 다른 것으로, 일반적으로 같은 NE라도 생산보다는 유지를 위해 쓰일 때의 효율이 더 높다는 것은 앞에서 언급한 바와 같다. 또한 같은 사료의 NE 값이라 하더라도 사료 공급 수준에 따라 효율이 달라져 고수준으로 줄 때 NE 값은 낮고, 급여 수준을 내릴수록 NE 값은 향상된다. 이들은 소에 대하여 유지 요구량으로부터 무제한으로 급여할 때, 성장만을 위해 쓰인 NE는 직선적인 관계가 있음을 발견하였다. 또 유지 수준 이상에서는 증체만을 위해 쓰인 NE는 거의 일정하다는 것이다.

에너지 균형에 필요한 사료량인 유지만을 위한 NE 요구량은 이 동물이 절식할 때의 열 발생량과 동일하다. 동물의 기초대사량(basal metabolic rate)은 비교적 일정하기 때문에 이때의 NE(NE_m)도 총NE(NE_{m+g})로 측정할 때보다는 더 일정하게 된다. 그러므로 결국 NE_m과 NE_g로 분리하는 것이 이 두 NE의 평형을 대표하는 NE_{m+g}보다 정확하다고 할 수 있다.

사료의 부분 NE 값을 비교도체분석법(comparative slaughter trial)에 의해 측정했는데, 두 수준 이상의 사료를 급여할 때 에너지 축적량을 조사하고 이 자료를 토대로 상관계수를 산출하였다. 이때, NE_m 값을 측정할 때에는 유지 수준(에너지평형)을 최고 급여량으로 하고, NE_g 측정 시에는 그것을 최하 급여량으로 하였다. 이와 같은 일련의 사양시험 및 도체 중 에너지 분석시험에서 얻은 Lofgreen의 NE 계산공식은 다음과 같다.

$$\log F = 2.2577 - 0.2313\ ME$$
$$NE_m = 77/F$$
$$NE_g = 2.54 - 0.0314\ F$$

F: 에너지평형을 유지하는 데 필요한 $W_{kg}^{0.75}$당 사료 DM(g)
NE_m: 유지만을 위한 NE(Mcal/kg DM)
NE_g: 증체만을 위한 NE(Mcal/kg DM)

예를 들어 사료 DM 1g당 ME 값이 2kcal(8.36kJ)인 사료가 있다면 다음과 같이 계산한다.

$$\log F = 2.2577 - (0.2313) \cdot 2 = 1.7951$$
$$F = 62.4\text{g}$$
$$NE_m = 77/62.4 = 1.23\text{kcal/g}(5.15\text{kJ/g})\ DM$$
$$NE_g = 2.54 - (0.0314) \cdot 62.4 = 0.58\text{kcal/g}(2.43\text{kJ})\ DM$$

실제 비육사료에 대한 NE_m 및 NE_g 값은 NRC(2000)의 고기소용 영양소 요구량에 소개되어 있다. 이들 NRC 요구량에 제시되고 있는 NE_m 및 NE_g 값은 다음과 같은 공식에 의해 산출된 것이다. 젖소 NRC(2001)에서도 같은 식을 이용한다.

$$NE_m = 1.37\ ME - 0.138\ ME^2 + 0.0105\ ME^3 - 1.12$$
$$NE_g = 1.42\ ME - 0.174\ ME^2 + 0.0122\ ME^3 - 1.12$$

한편 NRC(2001)의 젖소 영양소 요구량 표를 보면 젖소에 대한 NE 요구량을 유지 시

표 10.4 축우용 사료의 에너지가(건물 기준)

사료명	에너지(Mcal/kg)						TDN(%)
	GE	DE	ME	NE_m	NE_g	NE_l	
알팔파	3.89(16.28)[1)]	2.60(10.88)	2.18(9.12)	1.27(5.31)	0.70(2.93)	1.33(5.56)	59
티모시 건물	4.44(18.58)	2.69(11.25)	2.27(9.50)	1.35(5.65)	0.77(3.22)	1.38(5.77)	61
보리	4.14(17.32)	3.70(15.48)	3.29(13.77)	2.60(10.88)	1.40(5.86)	1.94(8.12)	84
옥수수	4.41(18.45)	3.75(15.69)	3.34(13.97)	2.10(8.79)	1.43(5.98)	1.96(8.20)	85
면실박	4.84(20.25)	3.44(14.39)	3.02(12.64)	1.88(7.87)	1.24(5.19)	1.79(7.49)	78
수수	3.73(15.61)	3.57(14.94)	2.16(9.04)	1.97(8.24)	1.32(5.52)	1.87(7.82)	81
대두박	4.69(19.62)	3.70(15.48)	3.29(13.77)	2.06(8.62)	1.40(5.86)	1.94(8.12)	84

[1)]괄호 안은 MJ/kg.

(NE_m), 증체 시(NE_g), 비유 시(NE_l)로 분리하여 표시하고 있다. 그런데 비유우는 육성우와는 달리 대사에너지 중 NE_m과 NE_l 이용효율은 거의 비슷하기 때문에 계산을 간편하게 하기 위해 이들을 하나로 통합하고 NE_l로 표시하고 있다.

몇 가지 축우용 사료의 각종 에너지가를 비교해 보면 표 10.4와 같다. 조사료 중 알팔파나 티모시 건초의 경우에는 소화과정과 열량증가로 일어나는 에너지 손실이 커서 35~41%에 달하나, 농후사료의 경우에는 6~28%에 불과하다. 열량증가로 손실된 ME의 비율은 NE_g의 경우에는 71~76%에 이르나 NE_m이나 NE_l의 경우에는 훨씬 적다.

6) 전분가

독일의 Kellner는 일종의 정미에너지 평가법이라고 할 수 있는 전분가(starch value, SV)를 19세기에 발표한 바 있다. 전분가 측정에 있어서 Kellner는 Armsby와 같이 거세우에 대한 에너지 축적량을 측정한 점에서는 동일하다. 그러나 Armsby가 칼로리미터를 사용한 반면, Kellner는 질소-탄소균형법에 의해 축적된 에너지를 측정했으며, Armsby의 에너지 측정 기준은 송아지에 대한 유지 수준을 최고 기준으로 한 데 비해, Kellner는 이를 최하 기준으로 체지방 생산가를 표시한 것이 특징이라고 하겠다.

Armsby는 그들의 에너지 측정단위로 덤(therm)을 사용했는데 Kellner는 킬로칼로리(kcal)를 이용하고 있으면서도 실제 보고할 때에는 에너지 축적량보다 지방축적량으로 표시하였다. 만일 단백질을 축적했을 때에는 지방과 동일 에너지 수준으로 환산하도록 하였다.

Kellner는 사료의 에너지가를 표시하는 방법으로 각 사료의 지방축적능력의 절대치로 표시하기보다는 전분의 지방 축적치를 기준으로 하여 이와 비교하는 각 사료의 상대적인 가치를 표시하였다. 전분가란 사료 100kg으로 생산할 수 있는 지방량을 생산하는데 요구되는 전분의 양(kg)을 의미한다. 즉, 가소화 전분 1kg이 생성하는 체지방의 양을 한 단위로 한다.

그는 시험에서 순수한 전분을 유지사료에 첨가할 때 전분 1kg에 대하여 체지방 248g이 생산되는 것을 알았다. 그리고 대맥의 경우에는 200g의 지방을 축적하였다. 따라서 대맥의 지방 축적치는 200/248×100=81, 즉 대맥은 전분 810g에 해당하는 에너지 축적량이 있는데, 이를 가리켜 대맥의 전분가라고 하는 것이다. 실제 이 전분가는 우리나라에서는 널리 쓰이고 있는 에너지 표시방법이 아니므로 전분가 계수와 전분가 보정 계수 등에 대한 상세한 설명은 생략하기로 한다.

Kellner가 전분가 추정치의 오차 요인으로 사료 중의 조섬유 함량에 주목한 것은 정확한 판단이다. 그러나 그 주요 원인으로 조섬유가 소화작용에 큰 영향을 주기 때문이라고 본 점은 약간 사실과 다른 것 같다. 최근 시험에 의하면 섬유질이 많은 사료라 하더라도 소화작용에 의한 에너지 손실이 그렇게 큰 것은 아니라는 것이다. 오히려 초산(acetic acid)의 함량이 높아지나, 체지방 합성효율은 떨어지는 것이다.

Kellner는 이 전분가를 중심으로 그의 사양표준을 만들어 권장한 바 있으며, 현재에도 유럽이나 영국에서는 이를 널리 이용하고 있다. 전분가는 거세우에 대한 비육시험을 기초로 만든 것이어서 비육동물에게는 비교적 정확하게 쓸 수 있으나 젖소 등에는 직접 응용하기는 어려운 결점이 있다. 그러나 전분가는 사료의 질에 따라 다르게 나타나는 열량증가를 고려해 주기 위해서, 이른바 당가율 개념을 도입함으로써 조사료의 질이 나쁜 것을 사용하는 경우에는 비교적 정확히 평가할 수 있다는 장점을 지니고 있다.

7) 사료단위

사료단위(feed unit, FU)란 Hansson에 의해 고안된 방법으로, 1kg의 대맥을 표준단위로 하여 에너지가로 표시한 것이다. 사료단위는 일종의 정미에너지 측정법이라는 점에서 먼저의 두 방법과 비슷하다. 그러나 Hansson은 사료가치를 어떤 절대치로 표시하지 않고 대표적인 사료인 대맥에 기준을 두고, 이 대맥와의 상대적인 가치로 표시하였다. Hansson은 사실상 Kellner의 실험 결과를 참고로 하고 비육우 대신 젖소 또는 비육돈을 대상으로 사료단위법을 개발한 것이다. 즉, 대조구 사료의 대맥 대신에 측정하려는 사료를 배합하고, 대조사료와 시험사료의 유생산 능력 또는 비육효과를 비교한 것이다.

이 방법은 별 다른 장비를 필요로 하지 않는 대신 막대한 시간과 많은 두수의 공시동물을 필요로 한다. 따라서 Hansson은 사료의 유기성분으로부터 사료단위를 계산하도록 하였는데, 계산방법이나 여기에 사용되는 계수는 Kellner의 전분가 계수와 근본적으로 같다. 다만 가소화 단백질에 대한 계수로 Kellner의 0.94 대신 Hansson은 1.43을 사용하고 있다. 이는 젖을 생산할 때에는 비육 시보다 단백질은 탄수화물의 1.43배의 가치가 있기 때문이라는 것이다.

결국 Hansson은 Kellner의 공식(DCP 계수 정정 후)에 의해 계산한 값을 유생산가라 부르고, 다음과 같이 사료단위를 계산하였다.

FU 1kg = 유생산가 0.75kg(SV, 0.75kg)

사료의 FU = 유생산가 × (4/3)

1FU의 kg = 100/FU

1FU 중 DCP 양 = 1FU 중 kg/DCP%

8) 가소화 영양소 총량

사료 영양가의 일반적 표시방법으로 가소화 영양소 총량(total digestible nutrients, TDN)이라는 말을 쓰는데, 이것은 각 영양소의 소화율에 기초를 두고 계산해 내는 것이다.

사료의 각 함유 성분에 고유의 소화율을 곱한 것을 가소화 영양소(digestible nutrient)라고 한다. 가소화 단백질, 지방, 탄수화물을 합계한 총량을 가소화 영양소 총량이라고 하며, 이 경우 다른 영양소에 비하여 지방이 약 2.25배의 열량을 가졌기 때문에 지방만은 2.25배를 해 주어야 한다.

가소화 영양소 총량 = 가소화 탄수화물 + 가소화 단백질 + 가소화 지방 × 2.25

그런데 Maynard는 가소화 영양소 총량을 다음과 같이 수정할 것을 주장했는데, 이것을 개정 가소화 영양소 총량(corrected TDN)이라고도 한다.

개정 가소화 영양소 총량 = 가소화 탄수화물 + 가소화 단백질 × 1.36 + 가소화 지방 × 2.25

이는 생산에 있어서 단백질은 탄수화물의 1.36배의 에너지를 가졌다는 것에 그 기초를 두고 있다. 이 점에 대해서는 뒤에서 다시 언급하기로 하겠다.

미국에서는 가소화 영양소 총량이 그동안 사료 급여의 기준으로 널리 쓰였다. 이를

표 10.5 사료의 TDN 계산 예

사료의 조성분	양(kg) × 소화율	TDN(%)
가용 무질소물	40 × 0.80	32
조섬유	10 × 0.50	5
지방	5 × 0.80 × 2.25	9
단백질	45 × 0.75	33.8
계	100	79.8

표 10.6 축우용 사료의 TDN

사료명	TDN(%)
알팔파 건초	57
티모시 건초	60
보리	83
옥수수	91
면실박	79
수수	82
대두박	82

에너지 면으로 생각하면 사료의 유효 에너지에 가까운 표시방법이므로 동물의 유지에는 적합하지만, 생산의 경우에는 완전한 에너지 표시방법이 되지 못한다. 어떠한 사료를 한 예로 계산하여 보면 표 10.5와 같다.

몇 가지 사료의 TDN 함량을 예로 들면 표 10.6에서 보는 바와 같다. 그러나 TDN이 반드시 가장 정확하고 과학적인 사료 영양가 또는 에너지 표시방법은 아니다.

어떤 사료의 열량가를 정확히 계산하려면, 앞에서 설명한 바와 같이 분, 요, 가스, 열 등으로 유실되는 열량을 모두 고려해야 한다. 소화율을 결정한다는 것은 오로지 분으로 배설되는 열량만을 공제한 것이므로 이것을 최종적으로 이용되는 에너지라고 생각해서는 안 된다. 그러므로 소화율만을 기초로 산출한 TDN이 가장 정확한 열량가 표시방법은 아니다. 그러나 아래와 같은 이유 때문에 그동안 TDN이 널리 쓰여 왔다.

① TDN을 구하는 것이 ME, NE 등을 구하는 것보다 쉽다.
② 분으로 유실되는 에너지가 가장 많기 때문에 가장 큰 에너지 손실을 공제했기 때문에 비교적 정확성이 있다.

한편 TDN으로 사료의 에너지가를 표시할 때 다음과 같은 단점도 있다.

① TDN은 오직 분으로 배설되는 에너지만 공제하였을 뿐이고, 기타 중요한 에너지 손실, 즉 요, 가스, 열량증가 등의 손실은 공제하지 않는다. 가스와 열량증가로 인한 열량손실은 때로 15~52%(반추동물의 경우)에 이르기 때문에 이렇게 큰 비중을 차지하는 열량손실을 고려하지 않았다는 것은 이것의 맹점을 말해 준다. 조사료인 경우에 가스와 열량증가로 인한 손실이 크기 때문에 조사료 TDN 1kg은 농후사료 TDN 1kg보다 생산가가 낮다.
Moores(1953) 등은 TDN과 NE의 관계를 다음과 같이 보고하였다.

옥수수 TDN 1kg = 2.2Mcal(9.2MJ)의 NE 생산
개량 건초 TDN 1kg = 1.65Mcal(6.90MJ)의 NE 생산
저질 건초 TDN 1kg = 1.1Mcal(4.60MJ)의 NE 생산

그러므로 TDN 요구량에 맞추어 사료를 급여한다고 해도 조사료인 경우에는 에너지 부족이 일어날 수 있다.

② 가소화 지방에 2.25를 곱한 것은 지방의 열량가가 탄수화물이나 단백질의 2.25배나 되기 때문이다. 그렇다면 단백질에 대해서도 1.36(5.65÷4.15)을 곱해 주어야 한다. 왜냐하면 단백질의 총에너지는 5.65kcal/g(23.6kJ/g)인데, 생리열가를 계산할 때 요로 배설되는 에너지를 뺀, 즉 5.65−1.25=4.40kcal(18.4kJ)로 하였기 때문이다. 다른 영양소의 요 중 손실은 감하지 않고 단백질에 대해서만 감한 것은 잘못임이 분명하다. 그래서 일부에서는 지방에 2.25를 곱하는 것과 같이 단백질에도 1.36을 곱해 주어야 한다고 주장하고 있다. 앞에서 설명한 바와 같이 TDN은 사료의 유기영양소 함량에 소화율과 Atwater의 생리열가를 고려해 넣는 계산방법이다. 여기에서는 따로 설명하는 일을 생략하기로 하고, 다만 TDN과 다른 에너지 표시방법과의 상관관계에 대해서만 언급하기로 한다. TDN 측정법은 1910년 Hill, Humphrey, Woll 등에 의해 처음 창안된 방법으로 아직도 미국을 비롯한 일본, 우리나라에서는 이용되고 있다.

9) 에너지 이용과 체중

체중이 무거운 동물은 가벼운 동물보다 열발생량(heat production, HE)이 많다. 즉, 체중이 0.29kg인 쥐의 1일 발생량은 28kcal(117kJ)이지만, 체중이 500kg인 암소의 열 발생량은 7,470kcal(31,254kJ)이다. 그러나 이 두 동물은 체온이 거의 같으므로 단위체중당 열발생량이 거의 같은 것으로 생각되지만, 동물의 체중에 따라서 차이가 있다. 열 발생량은 일반적으로 단위체표면적(kcal/m^2/day)으로 나타내지 않고 체중에 적당한 지수(fractional power)를 제곱한 대사체중(metabolic body weight, 체중 $kg^{0.75}$)으로 표시한다. 성숙한 여러 동물의 체중(kg)의 지수(0.75)에 대한 열발생량은 정비례 관계가 있으므로 대사체중이란 개념이 도입되었다.

동물의 대사체중은 생쥐와 같은 소동물에서 코끼리와 같은 대동물에 이르기까지 체중 0.73승으로 계산하며, 성숙한 동물의 기초대사율(basal metabolic rate)은 그림 10.3과 같이 70.5$kcal^{0.734}$/day(295$kJ^{0.734}$/day)이다.

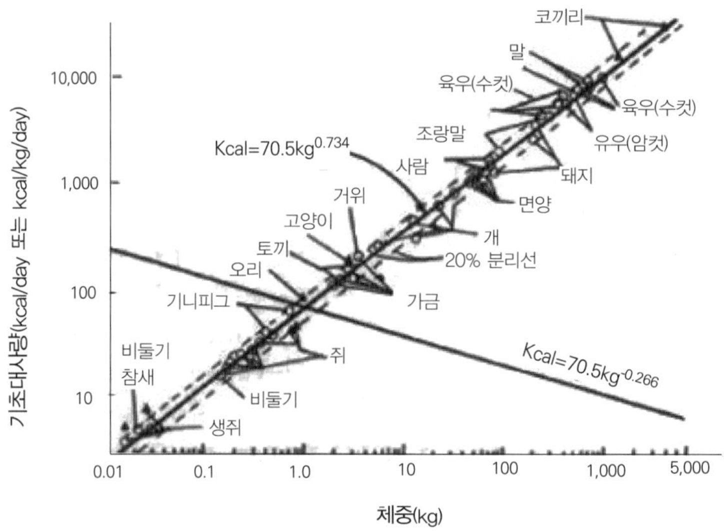

그림 10.3 성숙한 동물의 체중과 기초대사량의 관계

10) 에너지 섭취의 조절

에너지는 동물 체내에서 ① 생명현상의 유지, 또는 생산을 위해 기본적으로 필요한 에너지를 공급하고, ② 체내에서 비단백태 유기화합물을 합성하는 등 중요한 작용을 한다.

전체적인 에너지 섭취량은 중추신경계(central nervous system)에 의해 여러 가지 경로로 통제 · 조절된다. 즉, 냄새와 시각은 사료의 존재와 질을 결정하는 중요한 요소이고, 이러한 자극은 시상하부(hypothalamus)에 전달되어 사료 섭취작용을 유발한다. 또한 VH(ventromedial hypothalamus)의 파괴는 과다한 사료 섭취를 유발하여 비만을 초래하고, LH(lateral hypothalamus)의 파괴는 섭취중지 현상을 나타나게 한다. 에너지의 섭취를 조절하는 주요 기관은 뇌와 시상하부, 소화기관, 내분비선, 자율신경계 및 에너지 발생을 조절하는 계통 등이다.

11) 에너지 이용과 환경온도

온혈동물이 환경온도보다 높은 체온을 유지하기 위해서는 항상 일정한 열을 체내에서 발생해야 하며, 이러한 열 발생량은 환경온도에 따라 달라진다. 즉, 표피로의 혈액 이동, 땀, 호흡량을 변화시키면서 체온을 조절하는데, 고온에서는 모세혈관을 이완시켜 표피로의 혈류를 증가시켜 방산하거나, 표피의 기공을 확대하여 열의 증발을 돕는 등의 방법으로 체열의 발산을 촉진한다. 저온에서는 위와 반대의 메커니즘으로 체열의 손실을 방지한다. 이와 같이 신체조절에 의해 체온을 조절하는 작용을 물리적 조절(physical regulation)이라고 한다.

한편, 기온이 내려가 물리적 조절만으로 체온을 유지하지 못하게 되면 다시 체내에 축적한 에너지를 분해하여 부족한 열을 보충한다. 이와 같이 체성분이 화학적 변화를 일으키며 체온을 조절하는 작용을 화학적 조절(chemical regulation)이라고 하며, 이는 저온하에서 체온을 유지하는 데 필요한 수단이 된다. 그리고 이 화학적 조절을 하게 되는 조건에서는 결국 사료 에너지가 낭비되고 생산적으로 쓰이는 비율이 낮아진다.

열손실량이 가장 적은 환경온도는 동물이 이른바 쾌적온도(zone of thermal neutrality)에 있을 때이다. 이때 동물은 특별히 체온을 조절할 필요가 없기 때문에 이를 위해 소비되는 에너지가 추가로 필요하지 않다. 일반적으로 쾌적온도는 임계온도(critical temperature)와 고온한계점(the point of hyperthermal rise) 사이의 온도를 말한다. 여기에서 임계온도란 물리적 체온조절에서 화학적 조절로 바뀌는 온도를 가리키는 것이며, 고온한계점이란 고온하에서 동물이 물리적 조절에 의해 체온을 유지할 수 있는 한계점을 말한다. 고온한계점 이상의 환경온도에서는 기온이 1°C 상승함에 따라 체내 대사작용이 20~30% 증가하는데, 만약 환경온도가 계속 증가하면 동물의 대사작용이 빨라지기 때문에 정상 체온을 유지하지 못하고 체온이 계속 상승하다가 결국 사망한다. 기초대사만을 유지할 때 각 동물의 쾌적온도는 일반적으로 20~30°C의 범위에 속하나, 실제 조건에서의 쾌적온도는 사료섭취량, 동물의 활동과 비만 정도, 피모량, 그리고 풍속, 환경온도 및 그 밖의 여러 요인에 따라 약간의 차이가 생긴다.

환경온도가 절식동물(fasted animal)의 임계온도 이하로 내려가면 사료 소화 시 생기는 열량증가는 체온 유지에 일부 이용되므로 온도가 내려감에 따라 열량증가의 양이 감소하는 결과가 된다. 그리고 급식동물(fed animal)의 최소한 열발생량(기초대사 + 열량증가)이 체온 조절을 위한 열손실량과 동일할 때 열량증가로 생긴 체열은 체온 유지에 완전히 이용되는 결과가 된다.

10.1.2 영양균형

영양균형(nutritional balance)이란 동물이 섭취하는 영양소의 총섭취량과 배설하는 영양소의 총배설량을 비교하는 방법이다. 영양균형은 ① 동물의 영양 상태를 진단하거나,

② 동물이 필요로 하는 영양소 요구량을 보다 정확히 파악하는 방법으로, ③ 사료의 영양 가치를 평가하는 방법으로 널리 이용되고 있다.

만일 섭취량이 배설량보다 많으면 이는 곧 영양소가 그만큼 체내에 축적하였다는 사실을 말하며, 이것을 양균형(positive balance)이라고 한다. 반대로 손실량이 섭취량보다 많은 경우에는 이미 축적했던 영양소를 소비하고 있는 상태를 나타내는 것이며, 이를 음균형(negative balance)이라고 한다. 그리고 섭취량과 손실량이 완전히 동일하여 동물이 영양적으로 평형을 이루고 있을 때에는 정중균형(zero balance)이라고 하는데, 성장 중인 동물이 실제로 이와 같은 상태로 존재하기는 어렵다. 동물로 하여금 정상적인 생활을 유지하고 생산활동을 더욱 활발하게 하려면 우선 영양소 공급을 충분히 하여 최소한 음균형이 되지 않도록 해야 한다.

일반적으로 영양균형은 크게 물질균형과 에너지균형으로 나눌 수 있다. 전자에 속하는 것으로 ① 질소균형(nitrogen balance)과 ② 광물질 균형(mineral balance)을 들 수 있고, 후자에는 ① 탄소균형(carbon balance), ② 질소-탄소균형(nitrogen-carbon balance), ③ 에너지균형(energy balance) 등이 있다. 그런데 실제 측정방법에 있어서 물질균형은 동물의 대사시험과 같은 방법으로 측정할 수 있다. 그러나 에너지균형을 측정하려면 호흡시험 또는 칼로리메트리를 필요로 하여 그 방법이 훨씬 복잡하다.

1) 질소균형

만일 질소의 공급하는 양과 배설하는 양을 정량적으로 안다면 우리는 체내에서 일어난 단백질 대사를 정량적으로 측정할 수 있고, 구체적으로 동물체가 질소를 축적했는지 또는 손실했는지를 알 수 있다. 이것을 예시하면 표 10.7과 같다. 즉 이 시험은 송아지에 대하여 클로버 건초를 매일 3.6kg씩 공급하는 경우의 질소균형을 조사한 것이다. 이 표에서 보는 바와 같이 매일 손실된 양은 공급된 양보다 15.5g이나 더 많다. 따라서 이 동물은 음질소균형(negative nitrogen balance) 상태에 있는 것이고, 적어도 96.6g의 단백질(15.5g×6.25)이 체내에서 손실되었으며, 따라서 송아지의 유지를 위해 이만큼의 단백질이 부족함을 알 수 있다.

표 10.7 질소균형의 예(g)

매일 평균 질소의 양	들어옴	나감
건초	71.4	–
분	–	28.4
요	–	58.5
동물체의 손실량	15.5	–
총계	86.9	86.9

한편, 86.9g의 질소를 모두 공급하여

섭취량과 배설량이 같았다고 하면 이 동물은 질소평형(nitrogen equilibrium) 상태에 있다고 할 수 있으며, 이 상태는 성축의 경우 단백질 요구량을 충족하는 극히 정상적인 상태라고 할 수 있다. 만일 질소섭취량이 손실량보다 많다면 이는 양질소균형(positive nitrogen balance) 상태로 성장과 같이 단백질이 체내에 축적되고 있음을 알 수 있다. 젖소의 질소균형을 조사하는 경우에는 젖으로 분비되어 나가는 질소의 양도 고려해야 한다.

일반적으로 피부를 통해 일어나는 질소의 손실이나 탈모로 일어나는 손실(소의 경우 1일 1.9g 정도)은 그 양이 크지 않아 고려하지 않는 것이 보통이다. 그러나 더운 여름철에 심한 운동을 하는 경우에는 이러한 손실이 많이 발생하므로 주의해야 한다. 질소균형은 소화시험과 같은 방법으로 실시하는데, 이때 오줌이나 우유와 같은 질소 생산물을 추가로 채집 · 분석해야 한다.

2) 광물질균형

성장기 동물의 골격대사를 비롯하여 유지, 임신, 비유, 산란 등 비교적 광물질 요구량이 많은 시기에 광물질균형 시험을 할 때가 많다. 주로 이들의 이용성과 적합한 급여량을 조사하기 위해 실시하는데, 그 방법은 대체로 질소균형과 유사하다. 광물질 중에서도 특히 칼슘(Ca)과 인(P)에 대한 시험이 많으며 최근에는 중독광물질에 대해서도 다른 각도에서도 시험되고 있다.

10.1.3 열발생량 측정법

1) 에너지균형

에너지균형(energy balance, EB)이란 섭취한 IE와 체외로 배설된 에너지량의 관계를 표시하는 것으로, 다음과 같이 산출할 수 있다.

$$EB = IE - FE - UE - GE - HE$$

즉, 섭취한 IE에서 분 에너지(FE), 요 에너지(UE), 가스 에너지(GE), 열발생량(HE)을 공제하여 만일 EB값이 (+)가 되면 이는 동물이 양에너지균형(positive energy balance)임을 말하는 것이다. 한편, 동물이 엄밀한 의미에서 유지상태에 있다면 EB는 0이 되며, 에너지 섭취량과 손실량이 동일하므로 이 상태를 에너지평형(energy equilibrium)이라고 한다.

에너지균형을 논의할 때에는 분뇨를 통한 에너지 손실 이외에도 체내에서 직접 이용되지 않는 에너지도 고려하게 되므로 가장 정확하게 에너지 요구량을 평가할 수 있다. 이와 같이 동물의 에너지균형이나 사료에 대한 ME 또는 NE를 측정하기 위해서는 그 사료를 섭취한 동물의 열발생량(heat production, HE)이나 에너지축적량(energy retention)을 알 필요가 있다. 저온에서 열발생량은 열량증가와 유지를 위해 소비된 열량으로 구성되어 있어 대체로 다음과 같이 표시할 수 있다.

$$HE = HiE + HeE + HjE$$

여기에서 HeE는 기초대사(basal metabolism)를 가리키는 것으로, 절식동물이 휴식상태에서 순전히 호흡, 혈액순환 등 생명을 유지하기 위해 최소한 소비되는 에너지를 말한다. 반추동물에서는 실제로 이와 같은 상태를 유지하기 힘들기 때문에 절식 시 열발생량(fasting heat production, FHP) 또는 절식 시 열분해량(fasting heat catabolism, FHC)으로 이를 대치하는 경우가 많다. 절식 시 열분해량이란 절식 시 열생산량과 이때의 요 에너지 손실량을 더한 것이다.

한편, HjE는 자율활동에너지(energy of voluntary activity)를 뜻하는 것으로, 동물이 최소한의 활동을 하는 데 소비하는 에너지를 말한다. 즉, 동물이 일어나거나 눕거나, 또는 사료나 물을 먹기 위해 움직일 때 소비하는 에너지이다.

이와 같은 HiE, HeE, HjE를 위해 소비되는 에너지는 단순한 동물대사시험만 가지고는 측정하기 힘들며 특별한 시설과 기술이 필요하다.

체중이 600kg이고 유지방률이 4%인 우유를 1일 40kg 생산할 때 섭취한 총에너지의 35.3%가 분 에너지로 배설되고, 31.1%가 열량증가, 25.5%가 우유 에너지, 5.3%가 가스 에너지, 그리고 2.8%가 요 에너지로 배설된다. 이 중에서 열량증가(HE)는 52.9%가 대사열, 23.5%가 유지를 위한 열, 12.2%가 소화열(HdE), 8.3%가 발효열(HfE), 그리고 3.0%가 배설물의 생성과 배설(HwE)에 의해 발생되는 열이다.

일반적으로 열발생량을 측정하는 방법에는 동물 칼로리미터(animal calorimeter)를 이용하는 직접 칼로리메트리(direct calorimetry)와 호흡시험장치(respiratory apparatus)를 사용하는 간접 칼로리메트리(indirect calorimetry) 등이 있다. 한편, 호흡시험장치는 질소-탄소균형시험을 통해 열발생량뿐만 아니라 직접 에너지 축적량을 추정하는 데도 사용한다.

2) 직접 칼로리메트리

동물은 열을 축적하지 않고 계속 발산한다. 따라서 열발생량을 알려면 같은 기간 동안 그 동물이 손실하는 열량을 측정하면 된다. 보통 동물은 체표면에서의 복사, 전도, 대류 등에 의해 열을 발산하며, 일부는 폐나 피부에서 수분의 형태로 증발된다.

이와 같이 동물의 열손실량을 직접 측정하기 위해서 사용하는 열량계를 직접 칼로리메트리(direct calorimetry)라고 하는데, 이 칼로리미터는 호흡실(respiration chamber)과 칼로리미터(calorimeter)로 구성되어 있다. 이 칼로리미터는 섭취되는 에너지, 물, 산소의 양과 각종 배설물(분, 요, 가스)과 열손실량을 측정하는 기계이다. Atwater가 사람을 위한 호흡 칼로리미터를 만든 후 Armsby는 소를 위한 칼로리미터를 고안하였다. 그림 10.4의 칼로리미터는 삼중 벽으로 제작된 것이며 실내 온도는 언제나 일정하게 유지된다.

동물이 발생한 열은 파이프에 흐르고 있는 찬물에 의해 제거되어 곧 물의 온도 차이로 방출된 에너지를 계산하게 된다. 실내를 출입하는 공기의 온도는 항상 일정하게 유지되며, 들어오는 공기와 나가는 공기를 취하여 물, 이산화탄소(CO_2), 메탄가스(CH_4)를 측정한다. 이 시설은 또한 분과 요의 분리 채취를 가능하게 한다. 실내에는 사료와 물을 줄 수 있는 시설이 되어 있으며, 또한 특별한 장치를 설치하여 동물이 서 있는 시간과 누워 있는 시간을 측정하게 되어 있다.

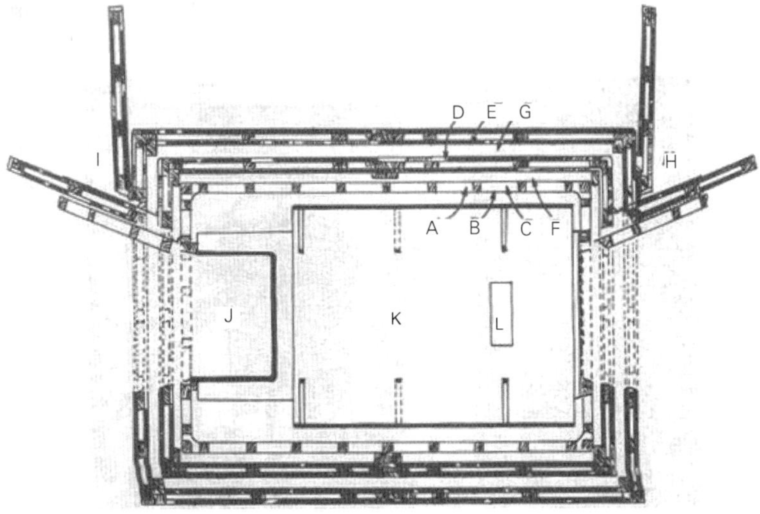

그림 10.4 Armsby의 호흡 칼로리미터 평면도

(A: 이중벽, B: 동내벽, C: 아연외벽, D와 E: 이중나무벽, F와 G: 공간, H: 출입문, I: 사료통문, J: 사료통, K: 요튜브 배출구, L: 배출구)

예비기간을 가져서 동물로 하여금 이 시설에 익숙하게 하며, 동시에 소화시험을 시행한다. 시설 자체가 대단히 예민하여 고도의 기술이 요구된다.

3) 간접 칼로리메트리

직접 칼로리메트리에서는 동물의 열 손실을 직접 측정하는 데 비하여 간접 칼로리메트리(indirect calorimetry)는 호흡시험장치(그림 10.5) 또는 기타의 방법을 이용하여 간접적으로 열생산량을 측정 또는 계산하는 방법을 말한다. 이러한 계산은 완전한 화학반응을 알았을 때에만 가능한 것이다. 중간대사작용은 몰라도 되며 다만 처음 것과 마지막 것만 알면 된다. 왜냐하면, Hess 법칙에 의해 모든 화학반응의 총합은 중간대사반응과는 상관이 없기 때문이다.

예를 들어 포도당 산화 시의 화학반응식은 다음과 같다.

$$C_6H_{12}O_6 + 6O_2 \rightarrow 6CO_2 + 6H_2O + 675kcal$$

포도당 산화에 의해 675kcal(2.824MJ)의 에너지를 얻는 동물은 결국 소비하는 산소 1L당 5,040kcal(21.087MJ)〔675/6 × 22.4〕의 열을 생산한 결과가 된다. 이와 같이 산소 1L당 발생하는 에너지량을 산소의 에너지당량(thermal equivalent)이라고 하는데, 이는 간접 칼

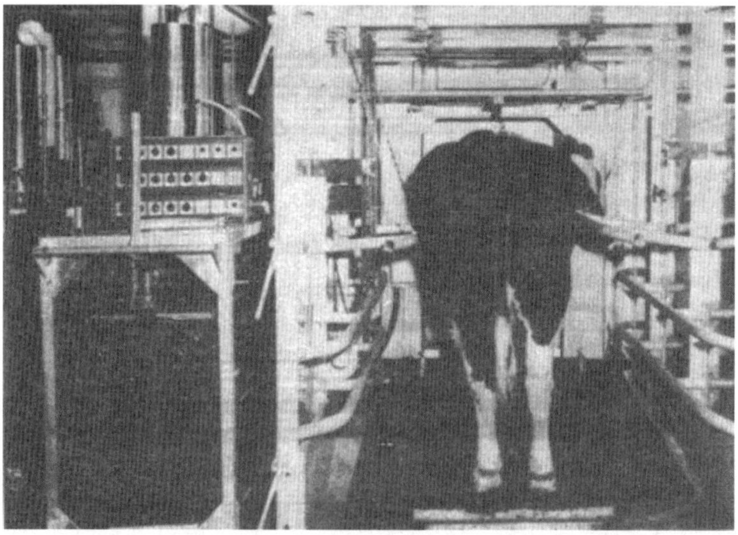

그림 10.5 간접 칼로리메트리의 일부인 호흡실험실 전경

로리메트리에서 산소 소비량에 의해 열발생량을 추정할 때 이용되는 것이다. 탄수화물에 대한 산소의 에너지당량은 평균 5,047kcal/L(21.116MJ/L)이며, 지방은 4,686kcal/L(19.606MJ/L)이다.

체내에서 에너지가 발생할 때 이는 어느 한 영양소의 산화에 의한 경우는 거의 없고, 대개가 탄수화물과 지방(때로 단백질)의 혼합물이 산화된 것이다. 따라서 이들 각 영양소에 대한 에너지당량을 응용하기 위해서는 소비된 총산소량 중에서 각 영양소별로 소비된 산소의 양과 생산된 탄소의 양을 알아야 하며, 이와 같은 비율을 이용하면 발생된 열량을 계산할 수 있다.

간접 칼로리메트리에서는 반추동물, 단위동물, 가금을 포함한 일반동물의 열발생량 계산방법으로 다음의 공식을 사용한다.

$$HE(kcal) = 3.866(O_2 l \text{ 수}) + 1.2(CO_2 l \text{ 수}) - 0.229(\text{요 N g} \times 6.25) - 0.518(CH_4 l \text{ 수})$$

단, 단위동물일 때에는 CH_4 가스 발생량이 적기 때문에 일반적으로 이로 인한 열손실량은 제외한다. 간접 칼로리메트리로서는 질소-탄소균형시험, 도체분석법, 호흡교환법 등 간접적으로 열발생량을 측정하는 여러 가지 방법이 있다.

(1) 호흡시험장치

동물의 에너지 생산량 또는 체지방 축적량 등을 연구하기 위해서는 섭취한 에너지의 행방을 알 필요가 있다. 그런데 체내에서 소비된 에너지의 일부는 이산화탄소와 물로 분해된 후 가스의 형태로 배출되며, 따라서 이들 탄소의 입출을 측정하게 된다. 즉 열손실량은 체내에서 배출되는 이산화탄소의 양과 이때 소비되는 산소량으로부터 측정하는 것이 보통이다. 이와 같은 가스 입출을 측정하기 위해서는 완전히 밀폐된 방과 여기에 출입하는 공기를 정량적·정성적으로 계량할 수 있는 장치가 필요하며, 이것이 바로 호흡시험장치(respiratory apparatus)이다.

보통 동물용으로 사용하는 호흡시험기구로는 폐쇄식 장치(closed circuit type)와 개방식 장치(open circuit type)의 두 가지가 있다. 이때 이산화탄소 흡수제로서 소다석회(soda lime) 대신에 ascarite를, H_2O 흡수제로는 농유산 대신에 anhydrous magnesium perchlorate를 사용하기도 한다.

두 가지 모두 실내·외의 공기가 완전히 차단된 상태에서의 급사와 급수, 그리고 분뇨처리를 할 수 있는 밀폐된 장치를 갖고 있다는 점에서는 동일하다. 그러나 개방식은

그림 10.6 기관 캐뉼라와 가스측정장치

항상 신선한 공기를 통과시키고, 이들 실내에 들어간 공기와 나온 공기 중의 산소화 이산화탄소를 계측하여 배출된 탄소량을 계산하도록 되어 있다. 폐쇄식은 일단 들어간 공기가 실내를 계속 순환하는 과정에서 공기 중의 수분과 이산화탄소가 각각 흡수제에 흡수되도록 한 것이다. 이 경우 동물이 소비한 산소는 소비한 만큼 다시 밖에서 공급한다. 그런데 폐쇄식은 막대한 양의 흡수제를 필요로 하는 한편, 개방식은 정밀한 가스분석기가 아니면 비교적 적은 가스 함량을 측정하기 어렵다는 단점이 있다.

이 밖에 흡수시험장치로는 Brody 등이 발전시킨 마스크식 장치와 Zuntz가 개량한 기관 캐뉼라(cannula)에 의한 호기수집법(그림 10.6)이 있다. 이 방법은 단시간 내에 측정하거나 노역 중에 에너지를 측정할 때는 사용하기 편리하지만 장 내 가스를 측정하지 못하는 단점이 있다.

(2) 호흡상(RQ)

체내에 흡수된 일부의 영양소는 생활에 필요한 에너지를 생성한다. 이때 필요한 산소는 호흡을 통해 들어오고, 반면에 영양소가 산화되면 최종 생산물로 이산화탄소와 물이 생성되어 체외로 배설된다. 이때 소비된 산소와 생산된 이산화탄소 양의 비율을 호흡상(respiratory quotient, RQ)이라 하며, 다음과 같이 계산한다.

$$\text{호흡상(RQ)} = \frac{\text{생산된 } CO_2\text{의 양(mole)}}{\text{소비된 } O_2\text{의 양(mole)}}$$

RQ 값은 체내에서 산화된 물질의 화학적 성질에 따라 다른 것으로, 영양소별 RQ를 보면 다음과 같다.

① 탄수화물

$$C_6H_{12}O_6 + 6O_2 \rightarrow 6CO_2 + 6H_2O - \Delta H(675kcal/mole;\ 2.824MJ/mole)$$

$$RQ = \frac{6CO_2}{6O_2} = 1.0$$

탄수화물은 자체 내에 산소 함유 비율이 높아서 연소하는 데 필요한 산소만을 외부에서 필요로 하게 된다. 그러므로 탄수화물의 RQ는 1 정도이며, 포도당의 경우 분자량당 열발생량은 675kcal(2,824kJ)이다. 따라서 1g당 열발생량은 3.75kcal(15.69kJ)〔675kcal/180.6g〕임을 알 수 있다.

② 지방

$$CH_3(CH_2)_{16}COOH + 26O_2 \rightarrow 18CO_2 + 18H_2O - \Delta H(2,711kcal/mole;\ 11.343MJ/mole)$$

$$RQ = \frac{18CO_2}{26O_2} = 0.692$$

지방은 산화에 필요한 산소의 양이 이산화탄소 생산량보다 많다. 따라서 RQ는 스테아르산(stearic acid)인 경우 0.692이다. 또한 이 경우 1분자량 열발생량은 2,711kcal(11,343kJ), 1g당 열발생량은 9.553kcal(39.88kJ)이다. 지방은 구성하는 지방산의 종류에 따라 RQ가 약간씩 달라진다. 그러나 대체로 동식물성 지방의 RQ는 0.7에 가깝다.

③ 단백질

단백질은 아미노산의 종류에 따라 에너지가 다르며, 또한 이들은 체내에서 완전히 산화되지 않기 때문에 RQ는 비교적 일정하지가 않다. 아미노산의 하나인 알라닌(alanine)이 완전 산화되었을 때의 예를 들면 다음과 같다.

$$4CH_3CH(NH_2)COOH + 15O_2 \rightarrow 12CO_2 + 14H_2O + 2N_2$$

이 경우 $RQ=12CO_2/15O_2=0.8$이며, 알라닌 1분자당 388kcal(1,623MJ)〔1g당 4.35kcal; 18.20kJ〕를 생성한다. 그러나 체내에서 질소는 요소나 그 밖의 질소화합물이 되어 배설되기 때문에 완전 산화되는 것은 아니다. 이때의 알라닌의 분해 과정은 다음과 같다.

$$4CH_3CH(NH_2)COOH + 12O_2 \rightarrow 10CO_2 + 10H_2O + 2CO(NH_2)_2$$

즉, 이 경우에는 $RQ=10CO_2/12O_2=0.83$이며 1분자당 312kcal(1.305MJ), 1g당 3.5kcal(14.6kJ)의 열을 발생하게 된다.

RQ만 가지고 체내 대사과정을 파악하기는 어렵지만 RQ의 값은 대체로 체내에서 산화되고 있는 영양소의 종류를 추정할 수 있게 한다. 예를 들면 RQ가 1 부근일 때 탄수화물의 산화가 중심이 되고, 0.7 부근일 때는 지방의 산화가 중심이 되고 있음을 말해주는 것이다.

RQ의 값을 알면 Zuntz의 표준표(표 10.8)에 의해 탄수화물과 지방의 산화량을 추정할 수 있다. 예를 들면 RQ가 0.9일 때는 탄수화물 67.5%, 지방 32.5%의 혼합물이 산화된 것이다. 그리고 이때의 산소 1L당 발생 열량은 4.924kcal(20.6kJ)이다. 그러나 탄수화물이나 지방의 산화작용이 불완전할 때에는 이와 같은 호흡상과 열발생량의 정상적인 관계는 기대할 수 없다. 예를 들어 동물이 대사장애의 하나인 케톤증(ketosis)에 걸린 경우, 지방산은 이산화탄소와 물로 완전 산화되는 것이 아니라 C와 H는 케톤(ketone)의 형태로 배출되는 것이다.

반추동물은 정상적인 경우에도 불완전 산화를 볼 수 있는데, 즉 탄수화물이 반추위에서 발효를 일으키는 경우 일부는 그 최종 산물이 메탄가스가 되는 것이다. 실제로 반추동물에 대하여 호흡교환법에 의해 열발생량을 측정할 때에는 메탄가스 1L당 0.5kcal(2.09kJ)를 공제하고 있다. 이와 같은 어려움을 해결하는 방법으로 일부에서는 산소 소비량 하나만으로 열생산량을 계산하는데, 이때의 오차는 3.5% 이하다.

표 10.8 RQ와 열발생량(Zuntz의 표준표)

RQ	O_2 1L의 열량(kcal)	CO_2 1L의 열량(kcal)	지방에 의해 소비된 O_2(%)	지방에 의한 생산 열량(%)
0.70	4.686(19.61)[1)]	6.694(28.01)	100.0	100.0
0.75	4.739(19.83)	6.319(26.44)	85.3	84.4
0.80	4.801(20.09)	6.001(25.11)	68.3	66.6
0.85	4.863(20.35)	5.721(23.94)	51.2	49.9
0.90	4.924(20.60)	5.471(22.89)	34.1	32.5
0.95	4.985(20.86)	5.247(21.95)	17.1	16.0
1.00	5.047(21.12)	5.047(21.12)	0.0	0.0

[1)]괄호 안은 kJ/L.

탄수화물에서 지방을 합성하는 경우에는 RQ가 1보다 커서 비육돈의 경우 RQ가 1.4를 보일 때도 있다. 반대로 동면하는 동물이나 절식동물의 RQ는 0.7보다 적다.

(3) 탄소-질소균형법

간접 칼로리메트리의 하나로 20세기 초에 Kellner에 의해 만들어져서 이용되는 방법으로 현재에도 열 생산량을 측정하기 위해 널리 이용되는 방법이다. 탄소-질소균형법(carbon-nitrogen balance method)이란 질소균형시험과 탄소균형시험을 병행하여 실시하는 것인데, 질소 및 탄소의 균형을 측정함으로써 체내 단백질뿐만 아니라 체내 지방 함량의 변화와 열발생량을 측정하는 방법을 말한다. 원래 체내에 탄수화물의 함량이 대단히 적은 것으로 보아 체단백질과 지방의 축적 상태를 알게 되면 대체로 사료에 의한 체내의 유기물의 변화를 파악할 수 있게 된다. 탄소-질소균형을 측정하려면 우선 질소와 탄소의 섭취한 총량과 배출한 총량을 알아야 한다. 질소와 탄소의 섭취 경로는 모두가 사료에 의해서다. 그러나 체외로 배설되는 경로를 보면 질소는 주로 분과 요를 통하지만, 탄소는 메탄, 이산화탄소 등의 가스 형태로 배출된다. 따라서 분뇨로 나오는 것 외에도 호흡 등으로 배설되는 탄소량을 측정할 필요가 있다. 이를 위해서는 보통 호흡시험장치를 이용하게 된다.

영국의 Blaxter가 면양을 가지고 실시한 탄소-질소균형시험 성적에서 단백질, 지방 및 에너지 축적량의 계산 예를 살펴보면 표 10.9와 같다. 우선 질소균형으로부터 단백질 함량을 계산하고, 증가된 단백질 중 탄소 함량을 안 다음 이것을 탄소의 총증가량에서 빼면 나머지는 지방 증가량 중 탄소 함량이 되기 때문에 이를 환산하면 된다.

동물성 단백질에는 보통 질소 16%, 탄소 51.2%, 지방에는 질소 74.6%가 함유되어 있

표 10.9 면양에 대한 탄소-질소 출납 시험 성적

항목	탄소(g)	질소(g)	에너지(kcal)
섭취량	684.5	41.67	6,791(28,413)[1)]
분 배설량	279.3	13.96	2,741(11,468)
요 배설량	33.6	24.41	359(1,502)
CH_4의 배설량	20.3	–	356(1,489)
CO_2의 배설량	278.0	–	–
증감량	+ 73.3	+ 2.30	–
ME 섭취량	–	–	3,335(13,953)

[1)]괄호 안은 kJ/L.

다. 이 면양의 단백질 축적량은 다음과 같이 계산할 수 있다.

단백질 축적량	$2.30 \times 6.25 = 14.4$g
단백질 중 탄소 함량	$14.4 \times 0.51 = 7.4$g
지방으로 축적된 탄소량	$73.3 - 7.4 = 65.9$g
지방 축적량	$65.9 \times \frac{100}{74.6} = 88.3$g

한편, 축적 단백질과 지방의 에너지는 체조직의 평균 에너지 함량을 이용하여 계산하는데, 소나 양의 경우의 평균치는 지방 1g당 9.37kcal(39.20kJ), 단백질 1g당 5.32kcal (22.25kJ)이다. 따라서 이 경우 에너지 축적량과 열생산량은 다음과 같이 계산할 수 있다.

단백질로 축적된 에너지	$14.4 \times 5.32 = 77$kcal(322kJ)
지방으로 축적된 에너지	$88.3 \times 9.37 = 827$kcal(3,460kJ)
전체 에너지 축적량	$77 + 827 = 904$kcal(3,782kJ)
열생산량	$3{,}335 - 904 = 2{,}431$kcal(10,721kJ)

(4) 호흡교환법

호흡교환법(respiratory exchange method)이란 호흡시험에 의해 측정된 동물의 산소 소비량과 이산화탄소 및 요구 질소 생산량을 기초로 열생산량을 계산하는 방법을 말한다. 위의 자료를 가지고 탄수화물과 지방의 RQ를 계산한 다음 Zuntz의 표준표(표 10.8)와 대조하여 이 RQ 값에서의 탄수화물과 지방의 산화 비율 및 산소 1L당 에너지 발생량을 알 수 있으므로 이 동물의 열발생량을 산출할 수 있다. 송아지에 대하여 호흡상법을 이용하여 열발생량을 계산한 예를 보면 표 10.10과 같다.

① 단백질의 분해량은 요질소량에 의해 계산하는데, 이때 소비된 산소의 양과 생산된 이산화탄소의 양을 추정한다(단백질 1g을 산화하는 데 산소 0.96L를 소비하고 이산화탄소 0.77L가 생산됨).

② 다음 산소와 이산화탄소의 측정 총량에서 단백질 산화에 쓰인 양을 공제하면 이들은 당연히 탄수화물과 지방의 산화에 쓰인 양이 되고, 이때 RQ를 계산하여 Zuntz의 표준표에 의해 이들 두 영양소의 열발생량을 계산할 수 있다.

특히 반추동물에서는 장 내의 미생물에 의해 생기는 이산화탄소의 양이 많은데, 이 방법은 이를 경시하고 있다는 결점이 있다. 최근에는 탄수화물, 지방만의 RQ를 이용하

표 10.10 O_2 소비량, CO_2 및 요질소 생산량에 의한 송아지의 열발생량 계산의 예

시험 성적(24시간)	
O_2 소비량	392.0L
CO_2 산출량	310.7L
요질소 배출량	14.8g
단백질 대사과정에서 열발생량	
단백질 산화량(14.6 × 6.25)	92.5g
열생산량(92.5 × 4.3)	398kcal
O_2 소비량(92.5 × 0.96)[1)]	88.8L
CO_2 산출량(92.5 × 0.77)[1)]	71.2L
탄수화물 및 지방에 의한 열생산량	
O_2 소비량	303.2L
CO_2 산출량	239.5L
RQ(239 ÷ 303.2)	0.79
RQ = 0.79일 때 산소 1L당 열발생량	4.79kcal/L(20.04kJ/L)
열발생량(303.2 × 4.79)	1,452kcal(6,075MJ)
전체 열발생량(398 + 1,452)	1,850kcal(7,740MJ)

[1)]단백질 1g이 산화할 때 O_2 0.96L가 소비되고, CO_2 0.77L가 생산된다.

는 대신 단백질을 포함한 전체 RQ를 가지고 계산하는 등 간단한 방법이 나오고 있다.

(5) 도체분석법

동물을 두 군으로 나누어 일부는 시험 개시와 동시에, 그리고 일부는 시험 종료 시에 도살하여 도체 중 단백질과 지방 함량을 분석한 다음 양자의 차이에서 에너지 축적량을 계산하는 방법이다. 도체분석법에 의해 정미에너지를 측정한 예를 보면 대사에너지(ME)에서 NEp를 공제하여 산출한다. NEp란 사양시험을 실시할 때 동물을 3군으로 나누어 첫째 군은 시험 개시 때 도살하고, 둘째 군은 사료섭취량을 저영양 수준으로 급여한 후 도살하며, 셋째 군은 고영양 수준으로 사양 후 도살하여 도체 중의 단백질(5.32kcal/g)과 지방 함량(9.37kcal/g)을 분석한 결과 사양시험 종료 시와 개시 시의 에너지 축적량 차이를 구하여 계산한다.

10.2 사료가치 측정법

10.2.1 사료의 소화율

1) 소화율의 정의와 계산방법

사료의 화학적 성분을 안다는 것은 사료의 영양가를 평가하는 데 있어서 가장 기본적인 사항이다. 그러나 사료의 가치는 화학성분뿐만 아니라 소화율 등 생물학적 요인에 의해서 결정되는 것이기 때문에 화학성분만으로 사료의 영양가를 측정하는 것은 어려운 일이다. 소화율(digestibility 또는 digestion coefficient)이란 동물이 섭취한 사료 영양소 중 동물에 의해서 소화·흡수된 부분의 비율을 말한다.

사료 중에 포함되어 있는 영양소의 전부가 동물에 의해서 흡수되는 것은 아니다. 광물질과 비타민에 대해서는 정확히 밝혀지지는 않았으나, 탄수화물·지방·단백질의 경우에는 그들의 불완전 이용의 가장 큰 요인은 불완전 소화에 있다. 소화가 완전히 되지 않는 이유는 다음과 같다.

① 소화기관 내에서 사료 세포막의 완전한 파괴 또는 분해가 일어나지 않기 때문이다.

② 분해된 영양소가 미처 흡수되지 않고 분으로 배설되는 수가 있기 때문이다.

소화율은 일정한 조건하에서 동물에게 일정한 사료를 먹이고 분으로 배설된 영양소 함량을 측정하여 다음과 같은 공식에 의해서 산출된다.

$$\text{소화율(\%)} = \frac{\text{흡수한 영양소}}{\text{섭취한 영양소}} \times 100 = \frac{\text{섭취한 영양소} - \text{분 중의 영양소}}{\text{섭취한 영양소}} \times 100$$

위의 공식으로 계산한 소화율을 외관소화율(apparent digestibillity)이라고 하는데, 이것은 분으로 배설된 영양소는 모두 사료에서 유래한 것이라는 가설하에서 계산된 것이다. 그러나 분으로 배설된 영양소 중에는 사료에서 유래한 것이 아닌 소화액, 장상피세포, 박테리아 등 동물 체내에서 유래된 것은 제외해야 한다. 이렇게 하여 계산된 소화율을 진정소화율(true digestibility)이라고 한다. 외관소화율은 구하기 쉽기 때문에 널리 이용되나, 진정소화율은 대사분질소(metabolic fecal nitrogen) 등 동물의 체내에서 유래한 부분을 따로 분석하여 정량해야 하는 등의 어려움이 있다.

2) 소화율의 직접 측정법(전분채취법)

소화율을 직접적인 방법으로 측정하고자 할 때에는 ① 급여한 사료의 정확한 양을 기록해 두어야 하고, ② 배설된 분의 총량을 또한 정확히 측정해야 하며, ③ 사료와 분의 화학적 분석이 정확해야 한다. 그래서 이 방법을 때로는 전분채취법(total fecal collection method)이라고 부르기도 한다.

소화시험은 예비기간(preliminary period)과 채취기간(collection period)으로 구성된다. 보통 7~10일간으로 구성되는 예비기간에는 소화율을 결정하려고 하는 사료의 일정량을 먹여야 한다. 예비기간의 목적은 일정량의 시험사료를 주어 그 전에 급여하던 사료의 섭취로 인한 장 내용물을 깨끗이 배설하게 하고, 사료의 섭취량이나 분의 배설량을 미리 알아 두며, 대사틀(metabolic cage 또는 metabolism crate)에 익숙하도록 하는 것이다. 예비기간은 반추동물의 경우 다소 길어야 하지만 앞에서 말한 대로 7~10일이면 충분하고, 단위동물인 경우에는 5~7일이면 충분하다. 또한 예비기간 중에 분 채취를 하지 않는 것 이외에는, 사료나 물의 급여량과 시간 등 기타 제반 사양관리를 본 시험과 똑같이 해 주는 것이 필요하다. 채취기간에는 계속 일정한 양의 사료를 먹여야 하는 것은 물론이고, 분을 정량적으로 채집하되 요에 의해 오염이 되지 않도록 해야 한다.

이런 목적을 달성하기 위해서는 대사틀을 쓰는 것이 좋다. 대사틀은 분과 요의 정량적인 분리 채취를 가능하게 해야 함은 물론이고 동물의 자유로운 움직임(적어도 서거나 앉는 정도)이 허용되어야 한다. 항상 이동하며 방목하는 짐승으로부터 분을 채취하려고 할 때에는 부득이 실험동물에게 요 주머니(urinary bag)와 분 주머니(feces bag)가 필요하다. 이밖에도 암 짐승으로부터 분과 요를 채취하려고 할 때에도 배뇨기관과 배분기관의 밀착성 때문에 카테터(catheter)의 방광 내 삽입 등과 같은 특별한 방법을 강구해야 한다.

급여된 시험사료에서 유래된 분의 전량을 정확하게 채취하기 위해 소화되지 않는 유색물질을 사료에 섞어서 급여한 다음 이것의 분 내 출현에 의해 배설되는 분의 양과 시간을 측정할 수도 있는데, 이때 사용되는 물질을 표시물(marker)이라고 한다. 이 표시물은 본 시험이 시작될 때 급여하고 본 시험이 끝날 때 다시 급여한다. 따라서 분의 채취는 최초로 표시물이 분 속에 나타났을 때 시작해서 다음번 분 속에 다시 표시물이 보일 때 그치게 된다.

이상적인 표시물로 갖추어야 할 조건은 다음과 같다.

① 생리적으로 불활성 물질이어야 한다.

② 소화율을 구하려는 목적 성분을 함유하지 않아야 한다.

③ 독성이 없어야 한다.
④ 색의 구별이 쉬운 것이어야 한다.

표시물로는 카민(carmine)이나 산화철(Fe_2O_3), 산화크롬(Cr_2O_3) 등이 많이 쓰인다. 표시물을 쓰지 않는 경우에는 보통 본 시험을 시작하는 날 새벽의 일정한 시각에 사료를 급여하는 동시에 분의 채취를 시작하고, 본 시험이 끝나는 날(사료의 급여가 중지됨)의 다음 날 새벽 같은 시각에 분 채취를 끝내는 방법을 이용할 수 있다. 이 경우에는 예비시험기간을 충분히 가져야 한다. 반추동물이나 초식동물처럼 소화기관의 형태가 복잡할 경우에는 표시물을 이용한 방법보다 이 방법이 오차가 적다고 한다.

다음은 소화율 산출법에 대한 예시이다. 여기에서 소화율은 진정소화율이 아닌 외관소화율이다. 왜냐하면 앞에서 말한 바와 같이 분으로 배설된 단백질에는 소화가 되지 않은 것과 대사분질소(metabolic fecal nitrogen)가 포함되어 있기 때문이다. 소가 13.25%의 단백질을 가진 클로버 10kg을 먹었다고 하면 이 사료의 급여량 중에 들어 있는 단백질의 양은 $13.5 \times 10/100 = 1.325$kg이다. 이 소는 매일 21.5kg의 분을 배설하였는데, 단백질의 함량이 2.32%라고 하면 단백질 배설량은 $2.32 \times 21.5/100 = 0.499$kg이 된다. 그래서 이 클로버의 단백질 소화율은 다음과 같이 62.3%로 구해진다.

$$\text{소화율(\%)} = \frac{\dfrac{13.25 \times 10}{100} - \dfrac{2.32 \times 21.5}{100}}{\dfrac{13.25 \times 10}{100}} \times 100 = \frac{1.325 - 0.499}{1.325} \times 100 = 62.3$$

3) 소화율의 간접 측정법

위에서 말한 소화율의 직접 측정법(전분채취법)은 노동력과 시간이 많이 소모되는 단점이 있기 때문에 이를 개선하기 위해 많은 연구가 이루어져 왔다. 근래에 와서는 좀 더 간편하고 경제적인 방법이 고안되어 사료와 분의 전량을 채취하지 않고도 사료 중에 일정한 비율의 불소화물질을 혼합해 두고, 그것의 사료 및 분 중에서의 비율로부터 간접적으로 소화율을 구하는 방법이 고안되었다. 이 방법을 소화율의 간접측정법 또는 지시제법이라 한다. 이때 혼합하는 물질로는 철, 황산바륨($BaSO_2$), 산화크롬(Cr_2O_3), 동위원소 등이 쓰인다. 그중에서 가장 많이 쓰이는 것이 산화크롬인데, 이들 지시제(index substance, marker)가 갖추어야 할 요건은 이미 언급한 바와 같다. 이와 같은 물질은 인위적으로 사료에 혼합하는 것이기 때문에 외부지시제(external index)라고 한다. 한편 식물 체내에 함유되어 있는 불소화 물질이라고 간주되는 리그닌(lignin), 산불용성 회분(acid insoluble ash)과 같은 물질을 지시제로 쓰기도 하는데, 이와 같은 물질은 식물체 내에 존재한다고 하여 내부지시제(internal index)라고 한다.

단위동물에서는 보통 외부지시제를 이용하고, 반추동물에서는 내부지시제를 이용하여 소화율을 측정한다. 특히 내부지시제는 방목 중인 동물에 많이 이용된다.

$$\text{소화율(\%)} = 100 - \frac{\text{사료 중의 표시제(\%)}}{\text{분 중의 표시제(\%)}} \times \frac{\text{분 중의 영양소(\%)}}{\text{사료 중의 영양소(\%)}} \times 100$$

또한 이 방법에 의한 방목 중의 채식량 산출은 다음 공식에 의한다.

$$\text{채식량(건물, g/일)} = \frac{\text{분건물 1g 중의 표시제} \times \text{1일 배분 건물량(g)}}{\text{사료 건물 1g 중의 표시제}}$$

단백질 소화율 결정을 위한 한 예를 들어 보면 다음과 같다.

〈기본자료〉

사료섭취량	100g	배분량	20g
단백질의 함량	2.5%	단백질의 함량	2.0%
사료의 Cr_2O_3의 농도 1.0% = 10mg/g		분 속의 Cr_2O_3의 농도 5% = 50mg/g	

직접방법에 의한 계산:

섭취량 × 2.5/100 = 2.5g　　배설량 20 × 2.0/100 = 0.4g

$$\text{소화율(\%)} = \frac{2.5 - 0.4}{2.5} \times 100 = 84$$

간접방법에 의한 계산:

공식: $(a - b)/b \times 100$, 이때 a, b는 사료와 분에 들어 있는 단백질 함량과 Cr_2O_3 농도와의 비율이다.

$$\text{소화율(\%)} = \frac{\frac{1g \times 2.5\%}{10mg} - \frac{1g \times 2\%}{50mg}}{\frac{1g \times 2.5\%}{10mg}} \times 100 = \frac{0.0025 - 0.0004}{0.0025} \times 100 = 84$$

이상에서는 단일사료에 들어 있는 어떤 영양소의 소화율을 측정하는 방법을 설명하였다. 대부분의 경우 한 종류 이상의 사료를 먹이게 되고, 이러한 여건하에서 소화율을 결정해야 하는 때가 많으므로 여기에서는 그러한 경우에 쓰이는 간접방법을 소개하기로 하겠다.

① 우선 기초사료의 소화율을 결정한다.
② 이 기초사료와 시험하려고 하는 사료를 같이 먹여서 다시 소화율을 측정한다.

이러한 경우에는 특정 영양소의 소화율은 기초사료에서나 시험사료에서나 모두 같다고 가정해야 한다. 예를 들면 다음과 같다.

소화시험 Ⅰ: 알팔파 단일 급여 시 분건물이 40%였다. 즉, 건물의 소화율이 60%였다고 한다.

소화시험 Ⅱ: 알팔파 10kg과 농후사료 10kg을 급여하여 5kg의 분건물을 배설하였다면, 알팔파로부터 4kg의 분건물이, 농후사료로부터 1kg의 분고형물이 각각 생산된 셈이다.

그래서 이 농후사료의 소화율은 (10 − 1)/10 × 100 = 90%가 되는 것이다.

조류의 경우에는 총배설강으로부터 분과 요를 동시에 배출하므로 위에서 밝힌 방법으로는 소화율을 산출할 수 없으므로 인공항문을 설치하여 분을 분리 채취하거나 요산측정 등의 간접방법으로 산출할 수밖에 없다. 학자에 따라서는 요산, 암모니아, 요소, 크레아틴(creatine) 등을 측정하고 그 합계가 요 중의 질소와 일치한다는 가정하에 이 방법으로 소화율을 산출할 것을 주장하는 사람도 있다.

질소화합물에 대해서는 동물을 사용하지 않고 인공적으로 소화율을 측정하는 방법이 있다. 이를 인공소화시험(*in vitro* digestibility test)이라고 하는데, 그 방법은 다음과 같다. 즉 일정량의 사료를 적절한 완충액의 존재하에 적당량의 펩신(pepsin)과 혼합하여 일정한 pH(약 2.0)에서 교반하면서 39 ± 0.5°C에 방치한 후 그 용액을 여과하고 다시 트립신(trypsin) 용액을 첨가하여 pH를 중성에 가깝게 조절하여 동일 조건하에 24시간 방치한다. 이리하여 남은 질소화합물을 측정해서 소화율을 산출한다. 이 방법에 의한 소화시험에는 사용하는 소화효소의 순도, 역가, 용액의 pH, 온도 등의 변화에 따라 소화율에 변이가 있으므로 고도의 표준화가 요구되고 있다.

소화율은 10.11에서 보는 바와 같이 ① 일반성분으로부터 가소화 에너지(DE)를 계산

표 10.11 가소화 에너지 계산의 예

성분	양(g) × kcal/g × 소화율	DE(kcal/g)
탄수화물	60 × 4.10(17.75)[1)] × 0.987	238(995.79)
지방	20 × 9.39(39.28) × 0.95	178(744.75)
단백질	20 × 4.40(18.41) × 0.92	81(338.90)
계	100g	497(2,079.44)

[1)]괄호 안은 kJ.

할 때나, ② 뒤에서 설명하는 사료의 TDN을 계산할 때도 쓰인다.

한편, 소화율이 사료의 DE에 미치는 영향을 보면 다음과 같다.

	총에너지(kcal/g)	→	소화율(%)	=	DE(kcal/g)
탄수화물	= 3.75~4.45 (15.69~18.62kJ)	→	56~99	=	2.35~4.16 (9.83~17.41kJ)
지방	= 9.25~9.50 (38.70~39.75kJ)	→	90~95	=	8.33~9.03 (34.85~37.78kJ)
단백질	= 5.00~5.70 (20.92~23.85kJ)	→	40~93	=	2.00~5.30 (8.37~22.18kJ)

위에서 나타난 바와 같이 소화율이 사료의 DE에 미치는 영향은 상당히 크다. 소화가 안 되어 분으로 소실되는 양은 탄수화물 1~44%, 지방 5~10%, 단백질 7~60%에 이른다.

4) 소화율에 영향을 미치는 요인

사료의 소화율은 항상 일정하지 않고, 앞에서 말한 바와 같이 동물 또는 사료의 성질에 따라 달라진다.

(1) 동물의 종류

상대적으로 반추동물과 비반추 초식동물은 조사료에 대한 소화율이 높고, 닭이나 돼지와 같은 단위동물은 농후사료에 대한 소화율이 높다. 반추동물과 비반추동물은 조사료를 소화하기 쉽도록 소화관이 길고 복잡하게 되어 있다. 반추동물의 경우에는 반추위에서, 비반추 초식동물에서는 맹장과 대장에서 미생물의 작용으로 인하여 조섬유를 분해하므로 조사료에 대한 소화율이 높다.

장 내 미생물은 농후사료의 소화율에 별로 영향을 주지 못하고, 오히려 농후사료의 급여가 필요 이상으로 증가하면 미생물의 활동을 저해하는 결과를 초래한다.

동물의 종류에 따라 조사료와 농후사료의 소화율이 어떻게 달라지는가를 보면 닭, 돼지와 같은 단위동물은 조사료 소화율이 떨어지지만 농후사료에 대한 소화율은 반추동물이나 비반추 초식동물보다 높다.

(2) 품종

대체로 재래종은 개량종보다 영양소 소화율이 5% 정도 높은 것으로 알려져 있다.

(3) 연령

일반적으로 소화기관의 발달이 완전히 이루어지지 않은 어린 동물의 소화율은 성체보다 떨어진다고 한다. 그러나 학자에 따라서는 그 차이를 인정할 수 없다고 한 사람도 있다.

(4) 조섬유

조섬유는 모든 영양소의 소화율을 저하시키는 경향이 있다. 따라서 어떤 사료의 소화율은 조섬유 함량의 영향을 받는다. 이것은 사료 중의 조섬유 함량이 늘어나 소화관 내에서 장 내용물의 이용 속도가 빨라지기 때문이다.

(5) 지방 첨가의 영향

지방을 적당히 첨가하면 사료의 소화율을 향상되지만 지방을 지나치게 많이 급여하면 사료의 표면에 피막을 형성하여 소화효소의 작용을 방해하므로 소화율이 저하된다. 예를 들어 지방의 함량이 2.8%인 사료에 옥수수유를 첨가하여 지방 함량이 6.4%가 되도록 하여 면양에게 급여한 결과 모든 영양소의 소화율이 증가하였으나, 사료 내 지방 함량이 9.7%가 되도록 옥수수유의 첨가량을 늘려 급여한 결과 옥수수유를 첨가하지 않은 사료보다 소화율이 떨어졌다.

(6) 전분질 첨가의 영향

반추동물에 있어서 조사료에 전분을 과다하게 첨가할 경우에는 조사료의 소화율을 저하시키는데, 이를 전분감퇴현상(starch depression)이라고 한다. 이는 소화관 내 미생물이 필요로 하는 에너지를 전분에서 쉽게 얻을 수 있으므로 그 분해에 보다 많은 힘을 요하는 사료의 세포벽을 분해할 필요가 없기 때문이다. 반면에 조사료로 단사하는 경우, 소량의 전분을 첨가해 주면 미생물군의 초기발육을 쉽게 해주어 조사료의 소화율은 높아진다. 그러나 첨가량을 적당하게 조절하지 못하면 전분감퇴현상이 일어나기 쉽다.

(7) 사료의 종류

같은 영양소라 할지라도 사료의 종류에 따라 소화율이 달라진다.

(8) 사료의 가공처리

보편적으로 사료를 파쇄 또는 분쇄하면 소화율이 향상되나 반추동물의 경우에는 큰 차이가 없다. 대체로 입자도가 큰 것은 파쇄하는 것이 소화율을 향상시킨다고 알려졌으나, 최근에는 큰 영향이 없는 것으로 보고되었다. 선진국에서는 육우의 경우에 통옥수수를 그대로 급여하는 방법이 널리 통용되고 있다. 그리고 반추동물에 있어서 지나친 분쇄는 앞에서 말한 바와 같이 조사료의 소화율을 저하시킬 뿐만 아니라 미생물에 의한 탄수화물의 이용률은 동물 자체에 의한 이용률보다 낮기 때문에 주의가 필요하다.

사료를 끓여서 급여할 경우 반추동물의 소화율에서는 변동이 없으나, 돼지나 닭 또는 반추위가 덜 발달한 어린 반추동물에서는 그 효과를 인정할 수 있다고 한다. 그러나 끓임에 의한 가용성 영양소의 유실을 고려해야 할 것이다.

조사료를 건조시키면 일반적으로 소화율이 약 5~10% 저하되는데, 인공건조한 것은 천연건조보다 그 저하율이 낮다. 사일리지의 경우 조섬유의 소화율이 높아지고, 또 발효 중에 일어나는 미생물 분해 효소의 작용에 의해 불용성 질소화합물이 가용성화하므로 질소화합물의 소화율은 증가한다. 이 경우 가용무질소물의 소화율이 저하된다고 하는데, 이는 처리과정 중 쉽게 이용될 수 있는 부분은 식물의 호흡, 미생물에 의한 이용 등으로 소비되기 때문이다. 산 또는 알칼리 처리는 성분 중 일부의 분해를 초래하므로 소화율이 높아진다.

(9) 영양률(nutritive ratio, NR)[1)]

일반적으로 사료 중 단백질의 함량이 감소하면 소화율도 떨어진다고 한다. 영양률이 클 때, 즉 단백질의 함량이 적은 경우에는 소화율이 떨어지게 된다고 한다. 이러한 현상은 다른 영양소보다도 단백질의 경우 더욱 심하게 나타나는데, 영양률이 커지면 대사성

1) $\text{영양률} = \dfrac{\text{가소화탄수화물} + \text{가소화지방} \times 2.25}{\text{가소화단백질}}$

분질소의 상대적 비율이 커지게 되어 단백질의 진정 소화율은 변하지 않더라도 외관상 소화율은 크게 떨어진다.

(10) 소화시간

영양소를 잘 소화하려면 영양소가 동물의 장 내에 일정한 시간 머물러 있어야 한다. 그러나 반추동물의 경우에 장 내 체류시간이 너무 길어지면 미생물의 발효작용으로 인하여 에너지 손실이 일어나는 경우도 있다.

(11) 사료섭취량

일반적으로 사료의 소화율은 동물이 유지 상태에 있을 경우 가장 높으며, 사료 섭취량이 증가함에 따라 소화율은 떨어진다. 대부분의 사료의 소화율은 유지상태에서 측정되었기 때문에 사료섭취량이 많은 생산 상태(비유, 비육, 임신)에 적용할 때에 주의가 필요하다. 그러므로 유지사양과 같은 저영양 상태에서 소화율을 측정하는 것은 실제로 활용하기 어렵다고 하겠다.

일반적으로 조사료는 농후사료에 비하여 사료 급여 수준에 따른 소화율의 감소폭이 적다. 또한 같은 조사료라 하더라도 양질 조사료는 그 감소폭이 훨씬 적고, 저질 조사료일수록 소화율의 감소폭이 크다고 한다. 각기 품질이 다른 ryegrass 건초를 면양에 급여하여 조사한 결과에 따르면, ryegrass 건초의 급여 수준에 따른 소화율의 감소폭은 조기 예취한 양질의 건초가 가장 낮았고, 중간 예취한 것은 다소 높았으며, 완숙 후 예취한 건초가 가장 높았다.

유지 요구량 배수(multiples of maintenance intake)란 사료로 섭취하는 에너지량의 증가 정도를 유지에 요구되는 에너지량의 배수로 표시한 것을 말한다. 농후사료와 조사료를 합친 혼합사료를 반추동물에 급여할 때에는 농후사료의 비율이 증가함에 따라 사료 급여 수준에 따른 소화율의 감소현상이 더 크게 나타난다.

젖소의 경우에는 농후사료의 비율을 25%에서 75%로 늘리고, 동시에 사료 급여량을 증가시킬수록(유지 요구량의 배수) 각 영양소의 소화율이 떨어지게 된다. 그러나 유지 요구량(maintenance level) 수준에서는 농후사료의 급여량을 증가시킬수록 소화율이 높아지고, 따라서 DE 값도 높아지게 된다.

(12) 사료작물의 예취시기

사료작물의 예취시기에 따라 조사료의 영양소 함량과 그 이용성이 다르다는 것은 잘 알려진 사실이다. 그리고 청예 조사료는 각종 영양소의 함량(특히 단백질, 광물질, 비타민의 함량)이 높으나, 성장이 완료되어 고화하게 되면 급격히 감소하는데, 세포 벽이 비대해지고 리그닌 등의 불소화물질이 축적되어 소화율이 떨어진다. 특히 리그닌은 자체가 불소화물질일 뿐만 아니라 다른 영양소의 소화도 방해하는 역할을 한다. 그림 10.7에서 보는 바와 같이 예취 일자가 4월 30일을 기준으로 하여 늦어질수록 에너지의 소화율이 떨어진다는 것을 알 수 있다.

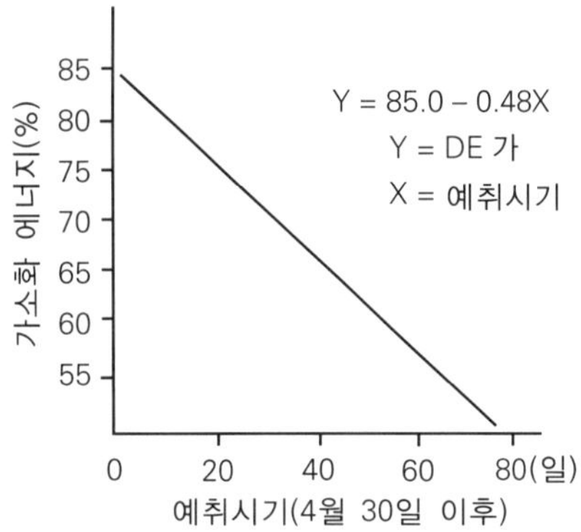

그림 10.7 예취시기가 사료 에너지의 소화율에 미치는 영향(Reid, 1973)

(13) 사료의 물리적 형태

사료의 물리적 형태도 사료 소화율에 영향을 주는데, 조사료는 미세하게 분쇄할 경우 소화율이 크게 떨어진다. 그리고 펠릿팅을 하여도 소화율이 떨어지나, 썰지 않고 그대로 급여하거나 길게 썬 것을 급여하면 소화율이 거의 떨어지지 않는다.

5) 아미노산 생체 내 이용률 측정방법

(1) *in vivo* 방법

① TME 분석방법

진정대사에너지(true metabolizable energy, TME)는 Sibbald(1976a,b)에 의해서 제안된 에너지 평가방법의 하나로서 사료로부터 기인하지 않은 분뇨에 함유된 에너지의 총량을 제외하고 실제로 동물의 대사에 이용된 사료의 에너지 총량만으로 산출한 것이다. 넓은 의미로는 TAAA(true available amino acid), TAL(true available lipid), TAM(true available mineral) 등 여러 방법의 근원이 되는 측정법이라 할 수 있다.

어떤 사료를 동물에게 급여하여 외관상 동물에 의해 대사되는 에너지 총량과 내생성분, 요의 에너지 총량을 알아낼 수 있는 대조구와 비교하여 측정하는 방법이다. TME 측정방법은 그 방법이 간단하여 수행하기가 수월하며 특히 재현성이 높다. 예전과 같이 아미노산 이용률을 측정하기 위해서 growth assay처럼 매우 규모가 크고 복잡한 실험법보다 TME는 간단하면서도 생체 내 실질적 영양소 이용률을 측정할 수 있다는 응용성을 가지고 있다. 진정대사에너지가의 계산방법은 다음과 같다.

$$TME(kcal/g) = GE_f - (Y_{ef} - Y_{ec}) / X$$

GE_f: 측정사료의 GE(kcal/g)
Y_{ef}: 사료를 급여한 닭이 분뇨로 배설한 에너지(kcal)
Y_{ec}: 사료를 급여하지 않은 닭이 분뇨로 배설한 에너지(kcal)
X: 사료 급여량(g)

② TAAA 분석방법

TME 측정방법에 의한 연구 결과가 타당성이 있고 시간과 경비를 절약하는 우수한 방법임이 입증된 후 많은 연구자들의 연구 결과에서도 TME 방법을 응용한 TAAA가는 재현성뿐만 아니라 상가성이 입증되었다. 또한 연령, 축종 및 품종, 강제 급여 전 절식시간, 배설물 수집기간, 급여량, 분건조 방법 그리고 에너지 수준 등의 차이에서 오는 변이와 같은 요인들에 의해 TAAA가는 크게 영향을 받지 않는다고 했다. 따라서 어느 정도 표준화된 방법으로 경제적이라는 장점과 더불어 TME 방법에 의한 TAAA가 널리 사용되고 있는 추세이다. 널리 쓰이고 있는 TAAA 분석방법은 다음과 같다.

㉮ 공시축의 소화관 내용물을 제거하기 위해서 24시간 동안 절식시킨다.
㉯ 시험사료를 정량 강제급이(force-feeding)한다.
㉰ 내생 아미노산을 측정하기 위한 대조구를 시험사료를 강제급이한 시험구와 동일한 조건하에서 사양한다.
㉱ 공시축을 대사 케이지에 넣고 24시간 동안 시간별로 분을 전량 채집하여 무게를 측정하고 건조한 다음 무게를 다시 측정한다.
㉲ 시험사료와 채취한 분의 아미노산 함량을 측정한다.
㉳ 진정아미노산 이용률 계산공식에 의해 아미노산 이용률을 측정한다.

이상과 같은 방법에 의거하여 진정아미노산 이용률을 측정하는데, 이때 모든 분석대상은 시험 기간 중 동일량의 동일한 사료가 정확히 급여될 수 있도록 해야 한다. 분 채취기간이 동일한 시간에 이루어지도록 하고 내생 아미노산 측정구인 대조구도 모든 조건이 시험구와 동일하게 유지되도록 한다. 진정아미노산 이용률을 계산하는 방식은 다음과 같다.

$$TAAA(\%) = \frac{\text{섭취한 총아미노산} - (\text{배설된 총아미노산} - \text{내생 아미노산})}{\text{섭취한 총아미노산}} \times 100$$

③ 성장률 측정방법

성장률 측정방법(growth assay)은 성장률 비교에 의한 아미노산 이용률 측정방법 중 대표적인 방법이다. 이 방법은 공시축을 선정하여 개시 체중을 측정하고, 시험사료에 특정 아미노산의 수준을 두거나 개별 원료사료를 달리한 시험사료를 급여하여 매주 섭취량과 증체량을 파악하며, 전분을 채취하여 분석을 통해 개별 아미노산의 외관상 아미노산 이용률을 구하는 방법이다.

④ 분 내용물 분석방법과 회장 내용물 분석방법

일반적으로 아미노산의 이용률을 측정하기 위해 널리 사용되어 왔던 방법은 분 내용물 분석방법(fecal analysis method)이다. 이 방법은 영양소 이용률을 측정하는 가장 근본적인 방법으로, 손쉽고 간편하기 때문에 아직도 널리 이용되고 있다.

회장 내용물 분석방법(ileal analysis method)은 돼지에서의 영양소 이용률을 조사하기 위한 기술로 응용되기 시작하였는데, 초기에는 회장 내용물로 진정 소화율을 측정하기 위해 도체분석법을 사용하였다. 이러한 도체분석법은 측정할 때마다 한 개체에 한 번밖에 이용할 수 없기 때문에 실험을 반복적으로 실시하기 위해서는 같은 연령의 여러 공시축을 이용해야 하는 단점이 있다. 이러한 문제점을 개선하기 위해 돼지의 소장 말단 부위에 캐뉼라(cannula)를 설치하는 방법(Fuller and Livingstone, 1982)을 개량해 냈으나, 가금류에서는 캐뉼라를 설치하는 것보다는 도체를 해부하여 회장 내용물을 채취하는 방법이 더 효율적으로 이용되고 있다. 회장 내용물 분석방법과 TAAA 방법 간의 비교는 표 10.12에서 보는 바와 같다.

가금류에서 캐뉼라를 설치하는 방법을 대용해서 회장 내용물을 채취하여 분석하는 방법은 Payne 등(1970)에 의해서 개발되어 응용되고 있으며, 분 내용물 분석방법의 문제점을 보완하기 위해 무단백질 사료(protein free diet)의 공급방법을 제안하였다.

⑤ 혈장아미노산 분석방법

사료 내 아미노산의 이용률을 측정하는 하나의 방법으로 혈장 내 아미노산의 함량을 측정하는 방법(plasma amino acid, PAA)도 있다. 이 방법은 원료 사료 내 일정량의 아미노산이 실질적인 생산활동을 할 수 있는 형태인 유리아미노산(free amino acid)으로 얼마나 흡수되어 있는지를 측정하는 방법이다.

혈장아미노산 분석방법은 문맥으로부터 혈액을 채취하는 기술이나 시료의 채취 시간대의 설정에 따른 오차 요인을 다소 가지고 있으나 생산만을 위해 쓰일 수 있는 유리아

표 10.12 질소 소화율, 회장 내용물 분석방법에 의한 소화율 간의 비교

사료	조단백질 함량	질소 소화율	회장 내용물 분석 방법에 의한 소화율	TAAA 방법에 의한 소화율
Lysine				
옥수수	8.5	80	77	100
밀	12.6	90	75	81
보리	11.5	78	72	78
대두	48.0	91	85	89
면실박	41.0	85	62	–
Methionine				
옥수수	8.5	80	88	93
밀	12.6	91	85	87
보리	11.5	78	80	78
대두	48.0	91	87	93
면실박	41.0	85	70	–

미노산을 측정한다는 점에서는 어느 방법보다도 생물학적인 근거를 가지고 있는 특징도 있다.

⑥ Slope-ratio 분석방법

이 방법의 원리는 아미노산이 결핍된 기초사료에 유리아미노산을 등급적으로 수준을 달리 첨가하여 반응곡선을 만들고, 실험할 원료사료도 제한 아미노산의 양을 알기 위해 기초사료에 양을 달리하여 첨가한다. 아미노산 이용률은 단백질과 유리아미노산 실험반응의 기울기 비율로 측정하며, 평균일당 증체량, 사료효율, 도체에 대한 사료효율, 또는 다른 지표 등에 대해 측정한다. 이 방법은 비용이 많이 들고 시간이 걸리는 단점이 있지만 아미노산의 이용률을 정확하게 측정할 수 있는 방법 중 하나이다.

⑦ 내생 분비물을 이용한 방법

소화율이나 분에 있는 내생질소나 아미노산을 측정하는 방법은 무단백질 또는 무질소 사료를 사용하는 것이었지만, 최근에는 단백질 사료나 공시동물에 방사성 동위원소 ^{15}N을 접합하여 사용하는 방법이 개발되어 이용되고 있다. 이 외에도 사료 단백질에 있는 라이신(lysine)의 side chain에 guanidinate을 붙여 호모아르기닌(homoarginine)을 만들어 이를 측정하는 방법이 있다. 이 물질은 소화·흡수는 되나 단백질을 합성하지 못하기 때문에 장으로 재분비되지 않는 원리를 이용한 것이다.

(2) *in vitro* 방법

① 화학적 분석방법

아미노산 이용률을 측정하기 위한 화학적 분석방법(chemical method)은 특정 화학물질을 이용해서 원료사료 내 available lysine의 이용률을 구하고자 하는 것이다. 특정 화학물질을 이용해서 원료사료의 펩타드 결합을 분리해 내고 이용 가능한 형태의 라이신(lysine)은 가수분해 중 특정 화학물질과 화합물 형태를 이루어 일정 파장 내에서 라이신의 형태로 반응되므로 이용되지 않는 라이신과는 따로 분리되게 함으로써 원료 사료 내 이용 가능한 라이신의 함량을 측정하는 것으로, 아미노산 이용률을 간접적으로 측정할 수 있는 방법이다. 화학적 방법은 간단하고 빠르면서도 정확성을 기할 수 있다는 기대로 오랫동안 많은 연구자들에 의해 시도되어 왔다. 그러나 이 방법은 필수아미노산 중 라이신만이 펩티드 결합에서 분리되므로 다른 아미노산에 대한 이용성을 측정하는 데는 부적합하므로 다른 필수아미노산의 이용률을 측정할 수 있는 방법의 개발도 요구된다.

② 미생물학적 분석방법

미생물학적 분석방법(microbiological method)은 원료사료나 시험사료의 단백질 배지를 이용하여 성장할 수 있는 특정 미생물 배양시험 결과와 생체에 대한 성장시험 결과 등의 상관관계를 규명함으로써 좀 더 간단하게 시료의 아미노산 이용률을 측정하는 방법이다. 이 방법은 특정 미생물이 하나 또는 몇 개의 아미노산을 이용해서 성장하는 비율을 측정하여 그 원료사료의 가치를 비교하는 방법으로 여러 가지의 시험사료 배지에 특정 미생물을 배양하여 그 성장 정도를 측정한다.

③ 효소적 분석방법

효소적 분석방법(enzymatic method)은 정제된 단위동물의 소화효소를 이용하여 실험실 내에서 소화기관의 조건과 유사한 형태로 pH나 온도 등을 인위적으로 조절하고 일정량의 소화효소를 원료사료와 반응시켜 분해된 부분, 즉 소화된 부분과 잔여물을 분리하여 분석함으로써 원료사료의 소화율을 측정하기 위해 쓰여 왔다. 이 방법은 주로 단백질 사료의 소화율을 측정하는 데 쓰여졌으며 이 방법을 응용해 아미노산의 소화율을 측정하여 원료사료의 아미노산 가치를 평가하는 연구도 이루어졌다. Graham 등(1989)은 이 방법에 의한 아미노산 소화율은 *in vivo*에 의한 방법과 일치하는 결과를 얻었다고 보고하였다. 효소적 분석방법에 주로 쓰이는 효소로는 정제된 펩신(pepsin), 트립신(trypsin), 판크레아틴(pancreatin), 에렙신(erepsin), 프로테아제(protease), 파파인(papain) 등이 있다.

10.2.2 사료가치 평가법의 개요

사료의 영양적 가치를 평가하는 데에는 화학적 방법이 가장 기본적으로 사용되나, 더욱 과학적으로 평가하기 위해서는 생물학적 방법이 병용되어야 한다. 사료가치 평가법을 분류하면 다음과 같다.

1) 화학적 방법

(1) 일반 성분에 의한 평가법

① 수분, ② 조단백질, ③ 조지방, ④ 조섬유, ⑤ 조회분, ⑥ 가용무질소물

(2) 미량성분에 의한 평가법

① 지방산, ② 아미노산-화학적 등급법(chemical score, CS), 필수아미노산 계수(essential amino acid index, EAAI), ③ 단백질, ④ 미량광물질

2) 생물학적 방법

(1) 에너지

① 가소화 에너지, ② 대사에너지, ③ 정미에너지, ④ 가소화 영양소 총량, ⑤ 전분가, ⑥ 사료단위

(2) 단백질

① 가소화 조단백질, ② 단백질 당량, ③ 단백질 효율, ④ 단백질가, ⑤ 생물가, ⑥ 정미단백질가, ⑦ 단백질대체가, ⑧ 질소 출납지수, ⑨ 질소 축적률, ⑩ 대사단백질

(3) 기타 방법

① 영양률, ② 사료효율, ③ 에너지-단백질 비율

10.2.3 일반성분에 의한 평가법

사료의 가치를 평가함에 있어서 사양시험을 거치지 않고도 평가할 수 있는 방법이 약 140여 년 전에 독일의 Weende 시험장에서 개발되었다. 이 방법은 사료의 구성 성분을

사양 효과에 따라 몇 가지 부분으로 나누어 분석하는 방법으로서 Weende 방법이라고 한다. 이 방법에 의하면 사료는 수분, 조단백질, 조지방, 조섬유, 가용무질소물, 조회분 등의 여섯 가지로 나누어진다. 대부분의 사료는 이 방법에 의해서 성분이 분석된다.

Weende의 분석방법은 오랫동안 사료의 영양적 가치를 평가하는 데 유용하게 이용되어 왔으나, 조섬유와 가용무질소물의 함량을 측정하는 데에는 다음과 같은 문제점이 있다.

첫째, 이 방법에 의해서 측정된 조섬유는 화학적으로 균일한 물질이 아니고, 셀룰로오스, 헤미셀룰로오스, 리그닌 등의 물질로 되어 있다. 셀룰로오스와 헤미셀룰로오스는 서로 비슷한 영양적 가치를 가지나, 이들은 단위동물보다 반추동물에서 영양적 가치가 크고, 반대로 리그닌은 모든 동물에서 소화가 불가능하다. 그러므로 이 방법에 의한 조섬유의 분석치는 사료 내 가치를 제대로 나타내지 못한다.

둘째, 여기에서 분석된 조섬유 성분은 사료 내 전체 섬유소의 일부분에 지나지 않으며 나머지 부분은 모두 가용무질소물로 간주된다. 따라서 조섬유의 양은 실제보다 낮게 평가되고 가용무질소물은 양이 증가하나, 평균 소화율은 떨어지는 결과를 초래한다. 이상에서 언급된 문제점들은 주로 조사료의 성분을 분석할 때 나타나는 문제점들이기 때문에 조섬유의 함량이 많지 않은 사료에서는 크게 문제되지 않는다.

van Soest는 위에서 언급한 문제들을 개선하여 새로운 섬유소 분석법을 개발했는데, 이 방법을 van Soest 방법 또는 세제분석법이라고 한다. 이 방법은 섬유소의 총량(NDF, 중성세제 섬유소)을 정확히 추정하는 한편 섬유소 중의 리그닌 함량을 정확히 정량해 낼 수 있기 때문에 조사료에 대하여 보다 정확하게 사료의 가치를 평가할 수 있다. van Soest 방법에 의한 섬유소 분석치는 Weende 방법의 측정치에 비하여 훨씬 높은데, 그것은 사료 중의 섬유 성분을 모두 추출하는 반면 Weende 방법에서는 섬유소의 일부밖에 추출할 수 없기 때문이다.

반추동물의 사료에 있어서는 사료의 탄수화물과 단백질을 각각 A, B, C 부분(fraction)으로 나누어, 보다 정확한 영양적 가치를 평가한다. A 부분은 반추위액에 용해되어 빠르게 소화되는 부분이며, B 부분은 용해되지는 않지만 이용 가능한 부분이고, C 부분은 동물이 이용할 수 없는 부분으로 정의된다. CNCPS(코넬 정미탄수화물단백질 시스템; Tylutki et al., 2008)는 van Soest법을 응용하여 이를 더 발전시켰다. CNCPS에 따르면 탄수화물은 A1(휘발성 지방산), A2(젖산), A3(기타 유기산), A4(당류), B1(전분), B2(용해 섬유소), B3(이용 가능 중성세제섬유소), C(이용 불가능 중성세제섬유소)의 여덟 부분으로 나뉘고, 단백질은 A(비단백태질소화합물), B1(완충제 용해 진정단백질), B2(완충제 불용해, 중성세제 용해 진정단백질), B3(중성세제 불용해, 산성세제 용해 진정단백질), C(산성세제 불용해 진정단백질)의 다섯 부분으로 나뉜다.

10.2.4 미량성분에 의한 평가법

미량 성분에 의한 사료평가법은 사료 중에 함유된 특정한 미량 성분의 함량을 측정하여 사료의 가치를 결정하는 방법이다. 여기에서 분석 대상이 되는 것들은 지방산, 아미노산, 미량광물질로서 영양적으로 매우 중요한 것들이다.

1) 아미노산 분석

자동 아미노산 분석기가 나오기 이전에는 PC(paper chromatography)나 TLC(thin layer chromatography)을 사용하여 아미노산의 함량을 분석하였다. 이 방법들은 시간을 많이 요하기 때문에 최근에는 자동 아미노산 분석기가 개발되어 이용되고 있다. 자동 아미노산 분석기는 ion-exchange column과 이를 통과한 아미노산이 닌하이드린(ninhydrin) 시약과 반응했을 때 빛깔의 변화가 분광광도계(spectrophotometer)에 의해 정량되며, 이것이 자동적으로 기록용지에 기록된다.

2) 광물질 분석

사료 중에 함유된 광물질 중 비교적 함량이 많은 것이 Ca과 P인데, Ca의 함량을 측정하는 방법에는 EDTA법과 $KMnO_4$ 정량법 등이 있고, P의 정량법에는 ammonium molybdate 황색비색법이 있다. 또 미량광물질에 대해서는 원자흡광광도계(atomic absorption spectrophotometer)가 사용된다.

원자흡수(atomic absorption) 원리를 이용한 분석방법은 최근에 개발된 것으로, 1950년 후반에 와서야 새로운 분석기구로 등장한 것이다. 원자는 원자핵 주위에 있는 전자를 열에너지로 여기시키면 이 여기된 전자들이 다시 원상태의 에너지 수준으로 복귀하면서 그 에너지 수준의 빛을 발한다. 이때 원자마다 고유한 스펙트럼이 있어 같은 파장의 빛이 흡수된다. 흡수 정도는 원자 수에 비례하므로 이 원리를 이용하여 원소의 종류 및 농도를 측정하게 되며, 기록용지에 농도가 mg/kg 단위로 자동적으로 기록되어 나온다.

3) 비타민 분석

비타민의 분석방법으로 널리 쓰여 온 것에는 물리화학적 · 미생물학적 방법과 생물학적 방법이 있으나, 주로 물리화학적 방법이 많이 사용되어 왔다. 그러나 이 방법도 비타민의 종류에 따라서 극미량일 경우에는 재생성이 있는 결과를 얻기 어려우며, 이를 보완하기 위해 후자의 두 방법을 사용하게 된다. 이들의 주요 결점은 경비, 시간, 숙련이 필요한 점이다. 각종 비타민의 분석방법은 종류별로 모두 다른데, 그들의 분석방법에 대해서는 설명을 생략하기로 한다.

4) 지방산 분석

사료의 지방산, 특히 필수지방산의 함량을 측정하는 데에는 기체 크래마토그래피(gas chromatography, GC)를 이용한다.

10.2.5 생물학적 방법에 의한 평가법

에너지의 평가방법은 앞의 10.1 에너지 측정법에서 다루었으므로 여기에서는 단백질의 품질 평가방법과 기타 방법인 영양률, 사료효율 및 에너지 · 단백질 비율만을 다루기로 한다.

아미노산의 함량으로 단백질의 품질을 평가하는 방법에는 아민산의 화학적 등급과 필수아미노산 계수 등이 있다. 한편 생물학적 방법으로 단백질의 품질을 평가하는 방법에도 앞에서 열거한 바와 같이 여러 가지가 있으나, 여기에서는 가소화 조단백질, 단백질 당량, 단백질 효율, 단백질가, 생물가, 정미단백질가, 질소축적률, 대사단백질 등에 대해서만 설명하기로 한다.

1) 아미노산의 화학적 등급

단백질의 품질은 그 단백질의 필수아미노산 조성과 그것의 공급능력에 의해서 결정된다. 따라서 단백질의 아미노산 조성으로부터도 단백질의 가치는 판정될 수 있다. 계란 단백질의 이용률은 거의 100%이므로 다른 사료 단백질의 아미노산 조성과 전란 아미노산 조성을 비교해서 전란 필수아미노산에 비해서 가장 부족되는 아미노산의 함량 비율을 가지고 단백질의 영양가를 표시할 수 있는데, 이것을 아미노산의 화학적 등급법(chemical score)이라고 한다.

몇 가지 단백질 및 사료의 화학적 등급법은 전란의 그것이 100일 때 우유는 68, 쇠고기는 71, 쌀은 44, 밀은 37, 그리고 옥수수는 28이다. 이의 산출방법은 다음과 같다.

$$\text{화학적 등급} = \frac{\text{공시 단백질 중 제1제한아미노산 함량(\%)}}{\text{전란 단백질의 아미노산 함량(\%)}} \times 100$$

일반적으로 화학적 등급법은 다음에서 보는 바와 같이 단백질의 생물가(biological value)와 깊은 상관관계가 있다.

$$\text{화학적 등급} = 100 - 0.634 \times \text{BV}$$

그러나 아미노산의 화학적 등급은 대개의 경우 쥐를 대상으로 측정했기 때문에 이것을 그대로 다른 동물 사료의 단백질 평가법으로 사용하는 데에는 많은 문제점이 있다. 이것은 물론 반추동물에게는 적용되지 않는다.

2) 필수아미노산 계수

화학적 등급법에서는 1개의 제한아미노산만 고려하였지만 공시 단백질의 전 필수아미노산을 모두 전란 단백질의 그것과 비교한 것을 필수아미노산 계수(essential amino acid index, EAAI)라고 한다. 필수아미노산 계수는 전란의 그것을 100으로 하였을 때 우유는 88, 쇠고기는 84, 밀은 64, 쌀은 73, 옥수수는 67 정도이다.

$$\text{EAAIn} = \frac{100a}{a_1} \times \frac{100b}{b_1} \times \frac{100c}{c_1} \times \frac{100d}{d_1} \cdots\cdots \frac{100j}{j_1}$$

$$\log \text{EAAI} = \frac{1}{n} \log\left(\frac{100a}{a_1} \times \frac{100b}{b_1} \times \frac{100c}{c_1} \times \frac{100d}{d_1} \cdots\cdots \log \frac{100j}{j_1}\right)$$

이 경우 n은 필수아미노산의 개수이고, a, b, c …… j는 공시 단백질의 필수아미노산 함량이며, a_1 b_1 c_1 …… j_1은 전란 단백질의 필수아미노산 함량이다.

3) 가소화 조단백질

사료의 조단백질 함량에 그 단백질의 소화율을 곱한 것을 가소화 조단백질(digestible crude protein: DCP)이라고 하는데, 과거에는 단백질의 품질이나 사양표준 등에서 단백질의 요구량을 표시할 때 많이 썼으나, 현재에는 사료 단백질의 소화율은 함께 급여하는 사료의 종류에 따라 달라지기 때문에 많이 쓰이지 않는다. 이런 단점을 보완하여 사료의 성분에 따른 가소화 단백질 산출 방법이 제시되었다.

$$DCP = 0.97 \times CP + 11.9 - 0.23 \times ADF - 0.46 \times Ash$$
$$DCP = 0.97 \times CP + 12.9 - 0.13 \times NDF - 0.40 \times Ash$$

더욱이 가소화 순단백질(digestible true protein, DTP)이라는 말은 거의 쓰이지 않는다.

4) 단백질 당량

반추동물의 경우에는 요소(urea)와 같은 비단백태질소화합물도 유용하게 쓰이게 되므로 DTP는 이론적으로 모순되며, 한편으로 이용하기 어려운 질소화합물도 있으므로 DCP를 사용하면 단백질의 품질을 과대평가할 수 있다. 영국에서는 NPN의 평가를 순단백질 가치의 50%로 계산하고, 이것을 단백질 당량(protein equivalent)이라고 한다.

5) 단백질 효율

단백질 이외의 모든 영양소를 완전하게 함유한 기초사료에 공시 단백질을 첨가해서 일정한 기간 동안 사육한 다음 전 기간 섭취한 단백질에 대한 체중 증가율의 비율을 단백질 효율(protein efficiency ratio, PER)이라고 한다. PER은 다음과 같이 산출한다. 예를 들면 전란의 PER은 3.8이고, 쇠고기는 3.2, 쌀은 1.9, 밀은 1.5, 옥수수는 1.2 정도이다.

$$PER = \frac{\text{증체율(g)}}{\text{단백질 섭취량(g)}}$$

이것을 때로는 성장촉진가(growth promoting value, GPV)라고도 부른다.

6) 단백질가

단백질 함량 8%인 기초사료에 공시 단백질을 첨가한 사료 및 기준 단백질을 첨가한 사료를 병아리에게 주었을 때, 두 사료구의 증체 비율을 단백질가(gross protein value, GPV)라고 한다.

$$GPV = \frac{\text{공시 단백질 첨가구 1g당 병아리의 증체율}}{\text{기준 단백질 첨가구 1g당 병아리의 증체율}} \times 100$$

이 경우에 단백질 첨가량은 보통 3%이고, 기준 단백질로는 카제인이 주로 쓰인다. 첨가한 단백질 1g당 증체량은 다음과 같이 산출한다.

$$\text{첨가단백질 1g당 증체량} = \frac{\text{단백질 첨가 시 평균 증체량} - \text{기초 사료 급여 시 평균 증체량}}{\text{1일 1수당 단백질 섭취량}}$$

7) 생물가

단백질의 질을 측정하는 방법으로서 생물가(biological value, BV)라는 말이 오래전부터 쓰여 왔는데, 생물가란 흡수한 단백질의 체내 축적 비율(%)로 표시한다. 생물가를 산출할 때에는 소화할 때에 일어나는 손실을 고려해야 하므로 이 방법은 체단백질 합성에 소요되는 아미노산을 흡수 단백질의 효율성으로 따지게 되는 것이다. 생물가는 다음과 같은 공식에 의해 산출되는데, 이를 계산하기 위해 앞에서(10.1.2) 이야기한 질소균형시험을 행해야 한다.

$$\text{성장을 위한 생물가} = \frac{\text{섭취한 질소} - (\text{분 질소} + \text{요 질소})}{\text{섭취한 질소} - \text{분 질소}} \times 100$$

이 경우 공급해야 할 단백질의 수준은 다음의 조건을 갖추어야 한다.

① 일반적으로 단백질 공급은 8~10%로 한다.

② 성장이 저하되지 않을 정도의 충분한 양을 공급해야 한다.

③ 그러나 최대 성장이 올 정도로 주어서는 안 되며, 더욱이 단백질을 과다하게 공급하면 단백질이 에너지 발생 작용에 쓰이는 양이 많아져서 생물가는 떨어지게 된다.

위의 공식은 오직 성장을 위해서만 쓰여지는 것이므로 생명유지 현상을 고려한 공식이 필요하게 되는 것이다. 그러기 위해서는 대사 손실(metabolic loss)과 내생 손실(endogenous loss)을 분리해서 생각하지 않으면 안 된다. Thomas가 알맞은 공식을 고안하였으나, 그 뒤 Mitchell(1950)이 다음과 같이 개정하였다.

$$\text{생물가} = \frac{\text{섭취한 질소} - (\text{분 질소} - \text{대사 분 질소}) - (\text{요 질소} - \text{내생 요 질소})}{\text{섭취한 질소} - (\text{분 질소} - \text{대사 분 질소})} \times 100$$

사실 내생 요 질소와 대사 분 질소는 동물체에 의해 이미 쓰인 후 배설된 것이므로 이것을 총배설량에서 빼는 것은 오히려 당연하다. 위의 공식에서 분자는 완전히 이용된 총질소량을 말하는데, 물론 유지와 성장에 쓰인 것을 모두 고려한 것이고, 분모는 소화·흡수된 단백질을 표시한다. 그러나 시험을 수행하는 동안 대사 질소와 내생 질소를 측정한다는 일은 불가능하다. 무질소 사료를 주면서 그 배설되는 양을 조사해야 하기 때문이다.

한편 생물가는 동물의 종류와 생리적 기능에 따라 다를 수 있다. 이제까지 살펴본 대부분의 생물가나 단백질의 효율은 주로 쥐로부터 얻은 것들이다. 모든 경우에 해당되는 것은 아니지만 Schneider에 의하면 어류의 생물가는 비슷하였다고 한다. Hegsted 등도 개, 쥐, 사람에 대한 사료나 음식에 들어 있는 단백질의 생물가를 비교한 결과 상당히 비슷하였다고 한다. 이것은 주로 이들 동물의 조직 아미노산의 조성이 비슷하다는 사실로 능히 짐작되는 일이라고 하겠다.

병아리는 좀 다른데, 글리신(glycine)을 필수적으로 요구하며, 아르기닌(arginine)의 요구량도 상당히 많다. 그래서 글리신과 아르기닌의 함량이 낮은 카제인의 병아리에 대한 생물가는 성장하는 쥐보다 낮다. 성인의 경우에는 히스티딘(histidine)이 필요없으나, 쥐와 닭은 이를 필요로 한다.

생리적인 기능에 따라 필수아미노산의 요구량이 다를 수 있다. 밀 글루텐은 라이신이 부족하기 때문에 유지의 경우보다 성장하는 경우에 생물가가 더욱 낮다. 카제인과 땅콩은 황(S)을 함유하고 있는 아미노산의 함량이 낮은데, 유지에 요구되는 양이 많기 때문에 생물가가 낮은 것으로 보인다.

8) 정미단백질가

단백질의 생물가는 단백질의 생체 내 이용률을 표시하는 것이므로 소화율이 고려되어 있지 않다. 생물가에 소화율을 곱한 것을 정미단백질가(net protein value, NPV)라고 한다.

$$\text{NPV} = \text{BV} \times \text{소화율}(\%) = \frac{\text{체내에 축적된 질소}}{\text{섭취한 질소}} \times 100$$

9) 질소축적률

섭취한 질소의 체내 축적 비율을 질소축적률(nitrogen retention, NR)이라고 하여 이 수치가 클수록 질이 좋은 단백질이며, 다음과 같이 산출한다.

$$\text{질소축적률(\%)} = \frac{\text{섭취한 질소량} - \text{배설된 질소량}}{\text{섭취한 질소량}} \times 100 = \frac{\text{축적된 질소량}}{\text{섭취한 질소량}} \times 100$$

10) 대사단백질

영국의 AFRC(1993)는 대사단백질(metabolizable protein, MP)이란 개념을 도입하여 반추동물이 소장에서 흡수 · 이용할 수 있는 대사단백질을 미생물 유래, 반추위 미분해 단백질 유래로 나누고, 사료의 성상에 따라 그 수치를 예측하도록 하였다. 미국 NRC(2001)에 따르면 미생물체 단백질(microbial crude protein, MCP)의 80%는 진정단백질(true protein)이며 그중 80%가 소장에서 소화 · 흡수될 수 있다고 한다. 반추위 미분해 단백질(rumen undegraded protein, RUP)은 반추위 소화율에 따라 그 양이 달라지고, 사료 성상에 따라 소장에서의 소화 · 흡수율이 달라진다. 대사단백질은 다음과 같이 산출한다.

$$MP = MCP \times 0.64 + RUP \times \text{RUP의 소장 소화율}$$

10.2.6 기타 방법

기타 사료가치를 평가하는 방법에는 영양률, 사료효율, 에너지 단백질 비율 등이 있다. 이 중 영양률은 흔히 쓰이지 않는 것이기는 하나, 문헌상의 중요성 때문에 소개한다.

1) 영양률

영양률(nutritive ratio, NR)이란 가소화 단백질에 대한 비단백질 가소화 영양소 총량(가소화 지방 × 2.25, 가소화 가용무질소물 및 가소화 조섬유)의 비율을 말한다. 단백질이 동물체내에 미치는 영향이 크므로 단백질과 기타 에너지성 영양소와의 비율을 아는 것은 중요하다.

$$\text{영양률} = \frac{\text{가소화 탄수화물} + \text{가소화 지방} \times 2.25}{\text{가소화 단백질}}$$

2) 사료효율

성장 중인 동물에 있어서 증체량의 사료섭취량에 대한 비율을 사료효율(feed efficiency, FE)이라고 하는데, 산란계의 경우에는 산란량을 가지고 계산한다.

$$\mathrm{FE} = \frac{\text{증체량(산란량)}}{\text{사료 섭취량}}$$

사료효율은 높을수록 좋으며, 사료효율을 역으로 계산한 것을 사료요구율(feed conversion rate)이라고 한다.

3) 에너지 · 단백질 비율

Hill과 Dansky가 고에너지·저단백질 사료를 주었을 때에는 병아리의 성장이 불량하였으나, 에너지 수준도 아울러 떨어뜨리면 병아리는 정상적으로 성장한다는 흥미있는 보고를 한 이래 많은 학자들이 단백질 수준과 에너지 수준의 상관관계에 대하여 연구하였다. 결국 사료의 에너지 함량을 증가시킬 경우, 같은 비율로 사료 단백질 함량도 증가시켜야 성장이나 산란을 촉진하게 된다는 사실을 주장하게 되었다. Combs와 Romoster는 육계 사료에 들어 있는 에너지와 단백질 수준이 사료 섭취량, 성장량, 체조성에 큰 영향을 준다는 것을 확신하고, 양계사료 평가법으로 에너지 · 단백질 비율을 제창하게 되었다.

에너지 · 단백질 비율(energy protein ratio, EP/R)이라 함은 사료 1파운드(453g) 중에 들어 있는 생산에너지(kcal)를 그 사료 중의 단백질 함량 비율(%)로 나누어 계산한 값을 말한다. 그러나 최근에 와서는 생산에너지 대신에 대사에너지를 무게 단위로서 lb 대신에 kg을 사용하고 있다. 과거에 이것을 칼로리 · 단백질 비율(calorie protein ratio, CP/R)이라고도 하였다.

표 10.13 닭에 대한 적정 에너지 · 단백질 비율

닭의 종류	ME/P의 비율
육계의 초기(0~5주)	132~143(60~65)[1]
육계의 초기(0~5주)	152~165(69~75)
산란용 초생추(0~8주)	139~145(63~66)
산란용 중추(8~18주)	169~189(77~86)
산란계(산란률 50%)	200~207(91~94)
산란계(산란률 70%)	185~191(84~87)
산란계(산란률 90%)	176~183(80~83)

[1]괄호 안은 사료 1lb에 대한 에너지 · 단백질 비율.

육계나 산란계에 대한 적정 에너지 단백질 비율 기준량의 대표적인 것을 소개하면 표 10.13과 같다.

$$\text{에너지 · 단백질 비율} = \frac{\text{사료 1kg(또는 1lb) 중 대사에너지(kcal)}}{\text{조단백질(\%)}}$$

참고문헌

노선호. 2001. 양계영양학. 신광.

이봉덕, 한인규. 1974. 양계 사료의 대사에너지 측정방법에 관한 연구. 한국축산학회지. 16: 1-18.

지규만 등. 2008. 동물사양학. 유한문화사.

한인규. 1987. Comparative of nutrition of monogastric animals. 서울대학교.

한인규 등. 1996. 동물영양학. 신광.

한인규 등. 2000. 양돈 영양과 사료. 서울대학교.

한인규, 강태홍, 이규호, 최윤재. 1980. 돼지, 닭, 면양에 대한 소화율 및 대사율 측정방법의 비교. 농촌진흥청.

AFRC. 1993. Energy and protein requirements of ruminants. CAB International.

Armsby, H. P. and J. A. Fries. 1916. Net energy values for ruminants. Pennsylvania Agr. Expt. Sta. Bull. 142.

B. A. R. C. 1965. Nutrient Requirements of Farm Lvestock Ruminants. Agricultural Research Council, London.

Batterham, E. S., R. D. Murison, and L. M. Amnderson. 1984. Availability of lysine in vegetable protein concentrates as determined by the slope-ratio assay with growing pigs and rats and by chemical techniques. Br. J. Nutr. 51: 85-99.

Bayley, H. S. 1990. The utility of amino acid digestibilities to evaluate feedstuffs. The Proceeding of Cornell Nutrition Conference for Feed Manufacturers. Ithaca, N. Y.

Blaxter, K. L., N. McCGraham, and J. A. F. Rook. 1954. Apparatus for the determination of the energy exchange of calves and sheep. J. Agric. Sci. 45: 10-18.

Cheeke, P. R. 2005. Applied Animal Nutrition. Pearson Prentice Hall.

Clapperton, J. L. 1977. The effect of methane suppressing compound, trichloroethyl adipate on rumen fermentation and growth of ship. Anim. Prod. 24: 169-181.

Cullison, A. E. 1987. Feed and Feeding. Prentice Hall.

de Lange, C. F. M., W. B. Souffrant, and W. C. Sauer. 1990. Real ileal protein and amino acid digestibilities in feedstuffs for growing pigs as determined with ^{15}N-isotope dilution technique. J. Anim. Sci. 68: 409-418.

Finley, J. W. and D. T. Hopkins. 1985. Digestibility and amino acid availability in cereals and oilseeds. American Association of Cereal Chemists, Inc. ST. PAul, M. N. p. 75.

Flatt, W. P. and B. H. Schneider. 1975. The Evaluation of Feeds through Digestibility Experiments. The University of Georgia Press.

Forbes, E. B. and R. W. Swift. 1944. Associative dynamic effect of protein, carbohydrate and fat. J. Nutr. 27: 453-468.

Friedman, M. 1975. Protein Nutritional Quality of Foods and Feeds. Part 1. Marcel Dekker, Inc.

Fuller, M. F. and R. M. Livingstone. 1982. Annual report of studies in animal nutrition and allied science. Rowett Research Institute, Aberdeen. 39: 45.

Halver, J. E. 1989. Fish Nutrition. Academic Press, Inc.

Harris, L. E. 1966. Biological Energy Interrelationship and Glossary of Energy Terms. NAS-NRC. Pub. 1411.

Hill, F. W. and D. L. Anderson. 1958. Comparison of metabolizable energy and productive energy determination with growing chick. J. Nutr. 64: 587-603.

Jurgens, M. H. and K. Bregendahl. 2007. Animal Feeding and Nutrition. 10th ed. Kendall/Hunt Publishing Company.

Kellems, R. O. and D. C. Church. 2002. Livestock Feeds and Feeding. 5th ed. Prentice Hall.

McDonald, P., R. A. Edwards, and J. F. D. Greenhalgh. 1988. Animal Nutrition. Longman Scientific & Techinal, Inc.

NAS-NRC. 1971. Atlas of nutritional data on US and Canadian feeds. NAS-NRC.

NRC. 2000. Nutrient Requirements of Beef Cattle. National Academy of Sciences.

NRC. 2001. Nutrient Requirements of Dairy Cattle. National Academy of Sciences.

Perry, T. W., A. E. Cullison, and R. S. Lowrey. 2003. Feeds and Feeding. 6th ed. Prentice Hall.

Pond, W. G., D. C. Church, K. R. Pond, and P. A. Schoknecht. 2005. Basic Animal Nutrition and Feeding. 5th ed. John Wiley & Sons, Inc.

Roos, N., H. Hagemeister, and J. Schlotossek. 1990. Protein digestibility measured by ^{15}N and homoarginine. Proc. Nutr. Soc. 49: 85A.

Sibbald, I. R. 1976a. A bioassay for true metabolizable energy in feeding stuffs. Poult. Sci. 55: 303-308.

Sibbald, I. R. 1976b. The true metabolizable energy values of several feeding stuffs measures with rooster, laying hens, turkeys and broiler hens. Poult. Sci. 55: 1459-1463.

Sibbald, I. R. 1977. The effect of level of feed input on true metabolizable energy values. Poult. Sci. 56: 1662-1663.

Swift, R. W. and C. E. French. 1954. Energy Metabolism and Nutrition. The Scarecrow Press.

Tylutki, T. P., D. G. Fox, V. M. Durbal, L. O. Tedeschi, J. B. Russell, M. E. Van Amburgh, T. R. Overton, L. E. Chase, and A. N. Pell. 2008. Cornell net carbohydrate and protein system: A model for precision feeding of dairy cattle. Anim. Feed Sci. Technol. 143: 174-202.

Wiseman, J. and D. J. A. Cole. 1990. Feedstuff Evaluation. Butterworths.

제11장

비영양소적 첨가제와 기능성 물질

11.1 항생 · 항균물질
정의와 분류
작용기전
사용효과
사용상의 문제점

11.2 생균제
정의와 분류
작용기전
사용효과

11.3 효소제
정의와 분류
사용효과

11.4 영양소 재분배 물질
정의와 작용기전
사용효과

11.5 유기산
정의와 작용기전
사용효과

11.6 프리바이오틱스
정의와 작용기전
사용효과

11.7 베타 글루칸
정의와 작용기전
사용효과

11.8 키토산
정의와 특성
사용효과

11.9 비테인
정의와 기능
사용효과

11.10 카니틴
정의와 기능
사용효과

11.11 유기태크롬
정의와 기능
사용효과

11.12 식물추출물
정의와 기능
사용효과

11.1 항생 · 항균물질

11.1.1 정의와 분류

가축을 사육하는 데 있어서 질병을 예방 또는 치료하거나 성장촉진을 유도할 목적으로 사용하는 물질을 항생물질 또는 항균물질이라고 한다. 실제로 항생물질(antibiotics)은 미생물에 의해 생성되는 가용성 유기물질로서 다른 미생물의 성장을 억제하거나 그 생명을 파괴하는 물질을 말하며, 화학적으로 인공합성한 화학요법제로서의 항생물질과 유사한 작용을 하는 항균물질이 있다.

항생·항균물질은 병원성 세균을 제어하기 위해 의학적 목적으로 개발되었다. 그러나 1946년 Moore 등이 정제사료에 스트렙토마이신(streptomycin)을 첨가했을 때 병아리의 증체율이 개선되었다고 보고한 이래, 많은 연구자들에 의해 가축의 성장촉진과 사료효율 개선에 효과가 있는 것으로 밝혀진 후 여러 가지 항생물질이 사료에 사용되어 왔다.

항생·항균물질의 분류방법은 여러 가지가 있으나 대개 화학구조와 항균 유효범위에 따라 분류한다. 먼저 화학구조에 따른 분류로서 가축사육에서 흔히 사용되는 종류를 살펴보면 ① 아미노글리코시드(aminoglycoside)계(네오마이신), ② 테트라사이클린(tetracycline)계(클로르테트라사이클린), ③ 페니실린(penicillin)계(아목사실린), ④ 세파로스포린계(세파렉신), ⑤ 마크로라이드(macrolide)계(타이로신), ⑥ 폴리펩티드(polypeptide)계(바시트라신), ⑦ 린코사마이드(lincosamide)계(린코마이신), ⑧ 설폰아마이드(sulfonamide)계(설파치아졸), ⑨ 퀴놀론(qyinolone)계(노플로삭신) 등이 있다.

다음은 항균범위에 따른 분류이다. 세균은 그람염색법에 의해 그람양성균과 그람음성균으로 구분한다. 그람양성균에는 포도상구균, 폐렴균 등이 있으며, 그람음성균에는 대장균, 살모넬라균 등이 있다. 그리고 항생물질은 항균 유효범위가 다르다. 즉, 어떤 한 가지 항생물질이 모든 세균을 제어하지 못한다는 뜻이다. 그래서 항생·항균물질은 항균유효범위에 따라 ① 광범위성 항생물질로서 그람양성균과 그람음성균에 폭넓게 작용하는 테트라사이클린계(chlortetracycline, oxytetracycline), 설폰아마이드계(설파제) 등이 있으며, ② 협범위성 항생물질로서 그람양성균 또는 음성균에 선택적으로 작용하는 페니실린(penicillin), 바시트라신(bacitracin), 버지니아마이신(virginiamycin) 등이 있다.

FDA에 의해서 사용이 승인된 항생·항균물질의 종류는 많지만 근래에는 세계적으로 사용규제가 되고 있는 품목이 많아졌다. 특히 유럽지역(EU)에서는 수년 전부터 사료 제조에 사용하는 항생물질의 사용규제를 강화하였으며, 우리나라도 2011년 7월을 기점으로 항콕시듐제(살리노마이신, 모넨신나트륨, 라사로시드나트륨, 나라신, 마두라마이신, 샘두라마이신, 크로피돌, 디클라주릴)와 구충제(펜벤다졸)를 제외한 모든 항생물질을 성장촉진 목적으로 사용하지 못하도록 하였다. 그러나 농장에서 질병치료용으로는 대부분 사용이 가능하다.

11.1.2 작용기전

항생·항균물질의 작용기전은 두 가지 측면에서 검토해 볼 수 있다. 첫째는 이들 물질의 세균제어에 관한 것이며, 둘째는 항생물질 급여로 인해 항균효과로 얻어지는 것들을 들 수 있다. 이들 사항에 대해 정리해 보면 다음과 같다.

1) 세균 억제에 대한 작용기전

항생물질은 세균에 접촉 시 표적분자를 통해 내부로 침투하여 세균의 기능을 억제한다. 즉 ① 미생물의 세포벽 형성 저해, ② 세포질막 손상, ③ 단백질 합성 저해, ④ 핵산(DNA, RNA) 대사 저해 같은 작용들로 인해 세균은 결국 사멸하게 된다.

2) 장 내에서의 작용기전

항생·항균물질의 급여는 질병의 예방이나 치료가 주된 목적이지만, 소량을 사용했을 때 성장촉진과 사료효율 개선효과가 나타나기 때문에 성장촉진제라고도 부른다. 성장을 촉진하고 사료효율을 개선하는 기전을 살펴보면 다음과 같다.

(1) 장관 내 미생물의 서식 및 증식 억제를 통한 영양소 이용률 향상

위장관 내에 서식하는 미생물은 가축이 섭취한 사료를 이용해 영양소를 얻는다. 이러한 이유로 가축의 장관 내에 서식하는 미생물은 유익균 또는 유해균의 구분 없이 가축과 영양소 이용에 대해 경쟁 관계에 있다. 사료에 항생물질을 첨가하여 급여하면 위장관 내 미생물의 서식과 증식을 억제함으로써 사료의 영양소 이용률을 향상시킬 수 있다(Dibner and Richards, 2005).

(2) 독소 생성 억제

미생물에 의한 아미노산의 탈아미노반응과 탈탄산반응은 가축에 유해한 독소의 생성을 유발할 수 있다(Radecki and Yokoyama, 1991). 예를 들어 라이신(lysine)의 탈탄산반응은 독소물질인 카다베린(cadaverine)을 생성하며, 티로신(tyrosine)과 트립토판(tryptophan)은 4-methylphenol, 3-methylindole, 스카톨(skatole)과 같은 유독한 휘발성 페놀화합물과 방향족 탄화수소를 생성한다. 항생물질은 사료와 가축의 소화기관에 존재하는 유해균을 억제함으로써 독소 생성을 감소시켜 가축의 생산성을 향상시킬 수 있다.

(3) 장 내 미생물의 비타민 합성 촉진

성장촉진용 항생물질은 장 내 미생물 균총에 영향을 주어 비타민 합성을 촉진할 뿐만 아니라 위장관 점막을 개선하여 비타민 이용률을 증가시킬 수 있다. Coates 등(1952)은 클로르테트라사이클린(chlortetracycline)은 장관 내 비타민 이용률을 향상시켜 분을 통한 비타민 B_{12}의 배설을 감소시키고, 스트렙토마이신(streptomycin)은 장 내에서 비타민 B_{12}를 생산하는 *Bacillus megaterium* 수를 증가시킨다고 하였다.

(4) 미생물 우레아제(urease) 억제

Visek(1970)은 미생물 우레아제(urease)에 의해 생성된 암모니아는 소장 점막 손상, 영양소 흡수 이상, 성장지연 등을 유발하는데, 항생물질은 장 내에서 암모니아의 발생을 조절함으로써 암모니아에 의한 조직 손상, 체내 대사 이상을 예방하여 체내 대사를 원활히 하고 중독증상을 감소시키는 역할을 한다고 보고하였다.

(5) 위장관의 에너지 효율성과 영양소 분배 향상

사료에 항생물질을 첨가하면 가축의 영양소 소화율이 향상되고, 장 내 미생물을 제어하여 에너지 이용률이 향상된다(Sherry et al., 1981). Yen 등(1987)은 양돈 사료 내 항생물질 첨가급여는 위장관 크기를 감소시키고 체중을 증가시키는데, 이는 위장관 조직 유지에서 체성장으로 대사에너지의 재분배를 가능하게 한 결과라고 보고하였다. 장점막은 체조직 중 가장 대사가 활발한 조직으로서, Parker(1990)는 항생물질의 첨가급여는 소장 점막 세포와 융모의 분화를 촉진하여 포도당 흡수를 증가시킨다고 하였다.

(6) 미생물의 콜릴타우린 가수분해효소의 활성 억제

담즙산은 지방의 유화와 흡수를 위해 담낭을 거쳐 소장으로 분비되어 지질, 지방, 지용성 성분의 흡수에 관여하는데, 미생물 특히 그람양성균은 콜릴타우린 가수분해효소(cholyltaurine hydrolase)를 분비하여 담즙산을 가수분해하여 담즙산의 기능을 감소시키고, 담즙산을 리토콜산(lithocholic acid)으로 전환하여 간손상과 소장 염증을 유발할 수 있다. Knarreborg 등(2002)은 항생물질 첨가에 따른 성장 촉진과 콜릴타우린 가수분해 효소의 활성 사이에 음(-)의 상관관계가 존재한다고 보고하였다.

(7) 소장상피세포의 형태학적 변화를 통한 영양소 흡수 증진

항생물질을 첨가하여 급여하면 무균 병아리와 유사하게 장의 무게, 길이 및 장벽의 두께가 감소함으로써 영양소 이용률을 향상시키고, 동시에 소화기관 유지에 필요한 대사에너지를 절약하는 효과를 얻을 수 있다. 이처럼 성장촉진용 항생물질은 장 내에서 세균의 번식에 의한 장벽 비후를 예방함으로써 장 내의 영양대사작용을 정상화하여 생산성에 긍정적인 영향을 미칠 수 있다.

(8) 면역반응 감소

가축의 면역반응은 기초대사율 증가와 영양소 흡수율 변화를 유발하는데, 골격과 근육 축적에 사용되어야 할 영양소를 면역반응에 이용되면 성장에 부정적인 영향을 미칠 수 있다(Klasing et al., 1991). 항생물질은 병원성 미생물 노출에 의한 면역반응 촉진을 감소시켜 생산성에 긍정적인 영향을 준다. Roura 등(1992)은 사료에 항생물질을 첨가 급여하여 생산성이 향상되면 면역계 활성이 둔화된다고 보고하였다.

11.1.3 사용효과

가축에 대한 항생물질의 급여효과는 표 11.1에 나타난 바와 같다. 항생물질은 성장 및 사료효율 개선을 목적으로 사용할 때는 저수준으로 사용하고, 질병의 예방 또는 치료 목적으로 사용할 때는 고수준으로 사용한다. 전체 항생물질 사용 건수의 약 88%가 생산성 개선을 목적으로 한다(IOM, 1988). 항생물질의 사용은 FDA에 의해 승인된 것을 사용해야 하며, 사용지침은 국가별로 다르다.

우리나라의 경우 배합사료에 첨가할 수 있는 항생항균제의 종류와 사용수준은 농림수산식품부에서 사료관리법으로 정하고 있으나 현장(농장)에서 사용하는 경우의 규정은 특별히 명시하지 않고 있다. 항생물질의 사용규제 품목은 사람에게 사용하는 항생물질을 동물에게 사용하지 않는 쪽으로 방향이 정해졌다.

동물의 성장을 촉진하는 항생물질은 한 가지의 공통점을 가지고 있는데, 그것은 어느 특정한 미생물의 성장을 억제하는 것이다. 항생물질의 화학구조와 작용하는 미생물은 다양하며 테트라사이클린계나 설폰아마이드계는 쉽게 흡수되는 성질을 가지고 있으나,

표 11.1 가축에 대한 항생물질의 급여효과

종류	축종	수준(mg/kg)	효과	휴약기간
Lincomycin	돼지	20~200	설사, 사료효율	6일
	육계	2~4	사료효율, 장염	5일
Monensin	소	5~30	사료효율	
	육계	90~110	항콕시듐	
	칠면조	54~90	항콕시듐	
Neomysin	소, 양, 염소	70~140	설사, 세균성 장염	소 30일, 양 20일
	돼지, 말	70~140	세균성 장염, 설사	
	가금	70~140	세균성 장염	14일
Novobiocin	육계, 칠면조	200~350	사료효율	4일
	오리	350	가금콜레라	
Oxytetracycline	송아지(0~12주)		사료효율	
	육우	50~100	설사, 호흡기 질병	
	젖소		설사	
	양	10~20	사료효율	
		20~100	설사	
	돼지	7.5~500	사료효율, 세균성 장염	5일(500mg/kg)
	가금	5~500	사료효율, 항콕시듐	3일(200mg/kg)
	칠면조	5~200	난 생산, 세균성 장염	3일(200mg/kg)
Penicillin, procane	돼지	10~50	사료효율	
	육계, 칠면조	2.4~100	사료효율	
Salinomycin	육계	40~60	항콕시듐	
Streptomycin	돼지	7.5~75	사료효율	2일
	육계, 칠면조	12~180	세균성 장염	
Tiamulin	돼지	10~35	사료효율	2일
Tylosin	육우	8~10	사료효율	
	돼지			
	자돈	10~100	사료효율, 설사	
	육성돈	10~40	사료효율, 설사	
	가금	4~50 또는		
		100~1,000	사료효율, 난생산	
Virginiamycin	돼지	5~100	사료효율, 설사	
	육계	5~20	사료효율, 장염, 항콕시듐	
Sulfamethazine	돼지	100	세균성 장염	15일
Sulfadimethoxine	육계	72.5	세균감염	
Sulfathiazole	돼지	100	세균성 장염	7일
Carbadox	돼지	10~50	사료효율, 설사방지	10주

표 11.2 육계에 대한 항생물질의 성장촉진효과

종류	급여기간(주)	대조구	항생제구	개선 효과(%)
Avilamycin(2.5mg/kg)	6			
증체량(g)		2,215	2,314	4.26
사료요구율		1.81	1.73	4.62
Virginiamycin(20mg/kg)	5			
증체량(g)		870	975	10.77
사료요구율		2.44	2.32	5.17
Bambermycin(9mg/kg)	6			
증체량(g)		2,268	2,405	5.72
사료요구율		1.76	1.74	1.20
Salinomycin(60mg/kg)	6			
증체량(g)		2,268	2,373	4.42
사료요구율		1.76	1.69	4.51

폴리펩티드계인 바시트라신(bacitracin) 같은 경우는 비흡수성이다.

항생물질의 첨가효과는 단위동물인 돼지와 더불어 닭에서 높은 편이다. 몇 가지 항생물질의 육계에 대한 첨가효과를 표 11.2에서 살펴보면 증체는 4~10%, 사료요구율은 1~5% 정도 개선된다. 그러나 이러한 효과는 사육환경에 따라 다르고, 급여하는 사료나 항생물질의 종류 및 첨가량에 따라 현저한 차이를 보인다. 예를 들면, 위생적인 사육환경에서는 성장촉진 효과가 크지 않지만, 오래되고 오염된 축사일수록 성장률과 사료효율의 개선 정도는 크다고 알려졌다.

돼지에 대한 항생물질의 사용효과는 여러 학자들에 의해 확인된 바 있는데(Piao et al., 1998), 표 11.3은 1950년대부터 1985년까지 미국에서 수행된 항생물질 관련 시험결과를 요약한 것이다(Hays, 1977; Zimmerman, 1982). 표 11.3을 보면 어린 돼지에서 성장률 개선효과가 가장 큰 것으로 나타났다(일당증체량 16.4%, 사료요구율 6.9%). 육성돈의 경우에는 일당증체량과 사료요구율이 각각 10.6%, 4.5% 개선되었고, 전체 기간을 보면 일당증체량과 사료효율이 각각 4.2%와 2.2%가 개선된 것으로 보고되었다. 위의 결과에서 보듯이 사양 환경이나 사양 변화에 민감한 어린 돼지에게 항생물질을 급여하면 큰 돼지보다 효과가 우수한 것으로 나타난다. 번식돈의 경우에는 항생물질을 잘 사용하지 않지만 항생물질을 투여하면 모돈과 포유자돈의 생산성을 증대시킬 수 있다.

항생물질은 그 작용범위가 제한되어 있기 때문에 이들을 혼합하여 사용하면 상승효과가 나타날 때가 있다. 연구에 의하면 네오마이신(neomycin)과 테라마이신(terramycin)을

표 11.3 돼지에 대한 항생물질의 성장촉진효과[1)]

사육기	대조구	항생제구	개선 효과(%)
자돈기(7~25kg)			
일당증체량(kg)	0.39	0.45	16.4
사료요구율	2.28	2.13	6.9
육성기(17~49kg)			
일당증체량(kg)	0.59	0.66	10.6
사료요구율	2.91	2.78	4.5
비육기(24~89kg)			
일당증체량(kg)	0.69	0.72	4.2
사료요구율	3.30	3.23	2.2

[1)]자돈기 453, 육성기 298, 비육기 443회의 실험 결과를 요약한 것임.

표 11.4 소와 면양에서 항생물질의 사용 수준과 효능

종류	대상동물	첨가량	효능
Bacitracin	소	1일 1두 35~250mg	• 증체량 및 사료효율 개선 • 간농양 발생 억제
Chlorotetracycline	소, 면양	1일 1두 25~750mg	• 증체량 및 사료효율 개선 • 간농양(소), 설사(소), 부제병(소), 호흡기병(소), anaplasma 감염증(소) 및 장독혈증(면양) 발생 억제
Erythromycin	소	1일 1두 37mg	• 증체량 및 사료효율 개선
Monensin	소	5~30g/ton	• 사료효율 개선
Neomycin	소, 면양	70~140g/ton	• 설사 및 장독혈증(면양) 발생 억제
Oxytetracycline	소, 면양	1일 1두 0.5~100mg	• 증체량 및 사료효율 개선 • 설사, 고창증(소), 간농양(소), 호흡기병(소), 장독혈증(면양)의 예방 및 치료, 우유 생산(소)
Penicillin	소	1일 1두 75mg	• 고창증 발생 억제
Tylosine	소	8~10g/ton	• 고창증 발생 억제

혼합하여 급여하면 단독으로 급여할 때보다 자돈의 성장은 물론이고, 장염의 치료나 예방효과에 있어서도 우수하다고 하였다.

반추동물은 돼지 같은 단위동물과는 소화기 구조가 근본적으로 다르기 때문에 사용가능한 종류도 제한적이다. 반추동물에 대한 항생물질의 사용효과는 성장률이나 사료효율 또는 생산효율의 개선효과보다는 소화기병(설사, 장염 등), 호흡기병(폐렴 등), 간농양, 장독혈증 등과 같은 질병의 발생률 감소에 있는 것 같다. 젖소의 경우 유생산에 대한 항

생물질의 사용효과는 거의 없는 것 같고, 조사료 위주의 사료를 먹고 자라는 자양의 경우에는 성장촉진 효과가 있다고 한다. 소와 면양에 대한 항생물질의 사용수준과 일반적인 효능은 표 11.4와 같다.

11.1.4 사용상의 문제점

항생물질의 효과가 뚜렷함에도 불구하고 최근에는 인체에 미치는 항생물질의 안전성 문제로 인해 논란이 일고 있다. 그 일련의 대책으로 영국의 Swann 보고서(1969)에 이어 FDA의 항생물질 사용제한 조치에 관한 보고서가 발표됨으로써 전 세계 축산업계뿐만 아니라 사회적으로 이슈가 되었다. 항생물질을 가축에게 적절히 사용하면 사실상 문제가 없다고 하지만, 오남용했을 경우에는 다음과 같은 문제가 발생할 수 있다.

① **항생물질 잔류물의 위험성**: 휴약기간 등 급여지침을 어기면 동물에게 사용한 항생물질이 축산물 내에 잔류할 수도 있기 때문에 사람이 간접적인 섭취에 의한 피해를 볼 수도 있다.

② **항생물질에 대한 세균의 내성 증가**: 세균이 지속적으로 특정 항생물질에 접하게 되면 내성이 증가할 수 있다. 그래서 동물 자체에서도 지속적으로 사용할 경우 해당 항생물질에 대한 내성이 증가함으로써 질병치료제로서 효능이 감소할 수 있고, 동물에서 사람으로 특정 세균의 내성이 전이되는 문제를 유발할 수도 있다. 즉, 항생물질을 장기간 사용하면 동물과 사람에 공동으로 관계되는 세균에 내성이 생기고 내성균이 동물로부터 사람에게 전염될 경우 항생물질의 효과는 저하될 수도 있다는 것이다.

이러한 항생물질 사용상의 문제점이 대두되자 사료첨가제로서 사용을 제한하기에 이르렀으며, 관련 학계에서는 이를 대체할 만한 새로운 기능성 물질이나 첨가제를 개발하기 위해 많은 연구를 수행하고 있으나 아직까지 항생물질의 효과를 능가할 만한 첨가제를 찾아내지 못하고 있는 실정이다.

11.2 생균제

11.2.1 정의와 분류

생균제(probiotics)는 미생물로 만들어진 사료 첨가제를 말한다. 1989년 FDA는 생균제라는 용어 대신 DFM(direct-fed microbial)이라는 용어를 쓰도록 권장한 바 있다. 생균제는 오래전부터 장 내의 이상 발효, 설사, 소화불량, 변비 등에 효과가 인정되어 인체용으로 사용되어 왔는데, 요즘에 와서는 동물의 성장촉진, 사료효율 개선 등의 생산성 향상을 목적으로 그 사용량이 늘고 있다. 생균제의 종류로는 효모, 유산균, 국균 등이 일반적으로 널리 알려져 있고, 이 가운데 가장 대표적인 것으로 lactobacilli를 들 수 있으며, 이 유산균은 살모넬라(salmonella)와 *E. coli*에 의한 설사를 방지하고 동물의 생산성을 향상시킬 수 있는 것으로 사용효과가 비교적 우수하다고 보고되었다. 생균제의 사용은 아직도 초보적인 단계에 머물고 있어서 앞으로 더욱 효과적인 생균제가 개발될 가능

표 11.5 FDA와 AAFCO가 인정한 생균제의 종류

Aspergillus	*niger*	*Lactobacillus*	*cellobiosus*
	oryzae[1]		*curbatus*
Bacillus	*coagulans*		*delbruekii*
	lentus		*fermentum*
	lincheniformis		*lactis*
	pumilus		*plantarum*[1]
	subtilis(non-antibiotic		*reuterii*
	producing strains only)	*Leuconostoc*	*mesenteroides*
Bacteroides	*amylophilus*	*Pediococcus*	*acidilacticii*
	capillosus		*cerevisiae damnosus*
	ruminocola		*pentosaceus*
	suis	*Propionibacterium*	*freudenreichii*
Bifidobacterium	*adolescentis*		*shermanii*
	animalis	*Saccharomyces*	*cerevisiae*
	bifidum	*Streptococcus*	*cremoris*
	infantis		*diacetylactis*[1]
	longum		*faecium*[1]
	thermophilum		*intermedius*
Lactobacillus	*acidophilus*[1]		*lactis*[1]
	brevis		*thermophilus*
	bulgaricus[1]		
	casei[1]		

[1]Direct-Fed Microbials로 흔히 사용되는 균주(Fox, 1988).

성이 있다. 생균제는 사료에 첨가했을 때 안정성이 있어야 하며 동물에 급여할 때 해가 없고 독성이 없어야 한다. FDA와 AAFCO(American Association of Feed Control Officials)에 의해 안전한 DFM으로 평가되고 있는 미생물의 종류는 표 11.5와 같다.

11.2.2 작용기전

생균제의 작용기전은 정확히 밝혀지지 않은 부분이 많다. 위장관에는 다양한 종류의 세균이 존재하기 때문에 숙주 내에서 작용기전을 연구하는 것에는 많은 제한이 뒤따른다. 생균제의 기본적인 작용기전은 스트레스 등 여러 가지 원인으로 생기는 장 내 미생물 균총의 불균형을 방지하며, 유익한 미생물들이 우점하게 하여 장내 미생물 균총의 정상적인 역할을 돕는 것이다. 즉, 정상 세균총을 유지하는 것이라 할 수 있다. 현재까지 알려진 생균제의 작용기전을 살펴보면 다음과 같다.

1) 병원성 미생물의 성장 억제

유산균의 젖산 생성에 의한 장 내 pH 저하에 따라 병원성 미생물의 증식을 억제할 수 있다. 또한 장 내에서 상피세포에 부착되어 우점적으로 집락을 형성함으로써 병원성 미생물의 부착을 억제하는 경쟁적 배제(competitive exclusion) 효과를 얻을 수 있다.

2) 장 내 유익한 대사산물 생산

유기산, 과산화수소, 박테리오신(bacteriocin)과 같은 다양한 물질을 생산하여 유해 미생물의 성장을 억제하는 유익한 물질을 생산한다. 또한 lactobacilli는 acidophilin 같은 항생물질도 생산한다.

3) 장 내 유독물질 생성 억제

장 내에서 질소화합물 중의 하나인 아민(amine) 같은 유독물질의 생성을 억제한다. 아민은 실제로 대장균에서 유래하기 때문에 유익균이 우점하면 대장균은 상대적으로 줄어들게 되어 결국 유독물질의 생성이 줄어들게 된다.

4) 영양소 이용률 개선

섭취한 영양소는 장 내에서 유익균과 유해균 간에 이용상에서 경쟁관계에 있기 때문에 유익균이 건강한 군락을 이루면 유해 미생물의 증식에 의한 영양소의 손실을 최소화할 수 있다. 또한 유산균이 장 내에서 락타아제(lactase)와 같은 효소의 활성을 증가시킨다는 보고도 있어(Collington et al., 1998), 이러한 근거로 미루어 사료의 영양소 이용률이 개선된다고 할 수 있다.

11.2.3 사용효과

생균제는 다른 가축에 비해 돼지에서 사용효과가 비교적 우수한 것으로 나타나고 있다. 특히 자돈에게 이유는 매우 큰 스트레스를 유발하는데, 이때 사료에 lactobacillus를 첨가하면 성장촉진효과가 나타나며, 장 내 세균총이 균형을 유지하는 데 도움이 된다. 그러나 육성비육돈에서는 이러한 효과가 자돈에 비해서 적은 것으로 알려지고 있다.

돼지에서 생균제 급여효과에 대해서 많은 연구가 수행되었다. Han 등(1990)은 이유자돈에게 *C. butyricum*을 급여한 결과 일당증체량은 17%, 사료효율은 3.8% 개선되었으며 건물배설량은 15.8%, 질소배설량은 25.4% 감소했다고 보고하였다. 비육돈에 lactic acid bacteria concentrate를 0.5% 첨가해 주면 일당증체량과 사료효율이 각각 2.7%와 8.8%씩 개선되고, 건물과 질소 배설량도 각각 12.6%와 4.2% 감소하였다. 하지만 한 연구결과에 따르면 이유자돈부터 20주간 생균제를 급여한 결과 0~8주에는 사양 성적에서 유의적인 차이가 나타나지 않았으나, 9~20주에서는 생균제 첨가구가 대조구에 비하여 일당증체량이 개선되는 것으로 나타났다.

*Lactobacillus faecium*은 라이신(lysine)을 분비하여 라이신의 공급량이 부족한 육성돈의 성장률을 개선시키고, 건강한 돼지에게 lactobacillus를 급여하면 칼슘의 흡수량이 증가된다. Meng 등(2010)은 육성비육돈에게 에너지 수준을 달리한 후 *B. subtilis*를 급여한 결과 육성돈의 경우 일당증체량에서 생균제 첨가구가 무첨가구에 비해 약 2% 개선되었으며, 비육돈에서는 고에너지의 무첨가구가 생균제 첨가구보다 일당증체량이 높은 것으로 나타났다.

생균제 제조 시에 미생물 발효방법에 따라서도 사용효과는 달라질 수 있다. 즉, 미생물을 액상배양하여 부형제와 혼합하여 급여하는 경우와 미생물을 배지(부형제)에 직접 접종하여 장시간 발효시키는 고상발효방법이 있는데, 후자의 경우 발효 도중 미생물 증식 외에도 그들로부터 유익한 대사산물이 생성되므로 효과가 우수한 것으로 알려지고 있다. Choi 등(2011)은 이유자돈에서 액상발효 미생물 제제보다 고상발효 미생물 제제

표 11.6 돼지에 대한 생균제의 사용효과

급여 수준(%)	체중(kg)	개선효과(%)	
		일당증체량	사료효율
0.03[1)]	14.7	7.0	3.8
0.2[2)]	47.2	20.0	25.0
0.5[3)]	24.2	2.7	8.8
0.1[4)]	5.4	20.6	15.4
0.3[5)]	17.1	12.5	8.1

Choi et al.(2011).
[1)]*L. acidophilus* KC8, [2)]Lactic acid bacteria concentrate, [3)]*C. butyricum*, [4)]*Enterococcus faecium* + *Lactobacillus acidophilus* + *Pediococcus pentosaccus*, [5)]*L. acidophilus* + *B. subtilis* + *S. cerevisiae* + *A. oryzae*

가 일당증체량이 우수하였으며, 분 중 미생물 조성이 개선된다고 하였다.

생균제의 효과는 축종, 연령, 급여량, 사육조건 등에 따라 달라지는데, 돼지에 대한 생균제 첨가 실험들을 종합해 보면 대개 일당증체량은 3~15%, 사료효율은 4~49% 개선되는데 실험에 따라 차이가 큰 것으로 나타난다. 생균제 급여에 따른 몇 가지 실험결과를 정리해 보면 표 11.6과 같다.

11.3 효소제

11.3.1 정의와 분류

동물이 섭취한 사료 내의 모든 영양소는 여러 가지 요인으로 말미암아 완전히 소화·흡수되지 못한다. 그래서 체내 소화율을 높이기 위해 소화효소를 사료에 첨가하기도 한다. 효소(enzyme)란 생체세포나 미생물이 생산하는 단백질성 고분자 유기촉매물질을 말하는데, 그 성상은 특이적 기질에 작용하여 생체반응을 촉진 내지 완성하는 성질을 지니고 있다. 기초구성단위는 아미노산이며, 3차 구조로 형성되어 있다.

효소는 기질에 작용하는 세포에 의해 만들어진 단백질로서 다음과 같은 특성을 지닌다. 즉, ① 독성이 없고, ② 특이성을 지니며, ③ 작용온도와 pH의 범위가 넓고, 고온·고압, 높은 산도에서도 특별한 장치 없이 작용할 수 있으며, ④ 저농도에서도 활력이 높으며 온도, pH, 농도 등을 조절하여 활력을 조작하기에 용이하며, ⑤ 기질이 일정한 농도에

표 11.7 기질에 따른 관련 효소

주요 기질	소화효소	주요 사료 원료
Protein	Protease, peptidase	두과류, 유박류
Starch	Amylase	곡류
Lipid	Lipase, phospholipase	유박류
Phytate	Phytase	
Hemicellulose	Hemicellulase	
Pentosan(xylose, arabinose)	Pentosanase(Xylanase)	호밀, 밀
β-Glucan	β-Glucanase	보리, 귀리
Mannan	Mannanase	대두박, 팜박, 야자박
Pectin	Pectinase	두과류
Galactan	α-Galactosidase	두과류
Cellulose	Cellulase, cellobiase	목초류, 겨

이르면 효소는 쉽게 불활성화될 수도 있다.

동물세포에서 분비되는 효소는 소화작용을 돕기 위해 소화기 내로 분비·유입되어 복잡한 유기화합물을 작은 분자로 분해한다. 이들을 작용기작에 따라 분류하면 산화환원효소(oxidoreductases), 전이효소(transferases), 가수분해효소(hydrolases), 절단효소(lyases), 이성화효소(isomerases), 연결효소(ligases) 등이고, 기질의 종류에 따라 탄수화물 분해효소(amylase), 단백질 분해효소(protease), 지방 분해효소(lipase), 그리고 핵산 분해효소로 분류된다. 그중에서 가축 사료 효소제의 대부분은 가수분해효소이고 특히 섬유소 분해효소, 전분 분해효소, 인 분해효소 및 단백질 분해효소가 현재 가축 사료에 사용되는 효소의 대부분을 차지하고 있다. 참고로 기질에 따른 주요 효소와 기질을 다량 함유한 사료 원료를 살펴보면 표 11.7과 같다.

11.3.2 사용효과

가축 사료에 효소제를 첨가하는 주된 목적은 소화율 개선에 의한 영양소 이용효율의 극대화라고 할 수 있다. 섭취한 사료가 충분히 소화되지 못하는 것은 사료의 구조가 복잡하여 내인성 소화효소로서는 부족하기 때문이다. 즉, 어떤 기질에 대해 작용하는 소화효소 종류와 양에 제한을 받을 경우 소화율은 떨어지게 된다. 예를 들면, 피틴태인을 이용하기 위해서는 phytase가 필요한데, 단위동물의 경우 그 효소의 분비량이 제한되어 있어 추가 공급했을 경우 효과가 뚜렷하게 나타난다(Woyengo et al., 2008). 또한 동물이

표 11.8 육계에 대한 효소제의 사용효과

효소제의 종류	물질	개선효과
Protease, glycosylase	유박류	소화율 개선과 비용절감
Protease, xylanase	소맥	영양소 소화율 개선
α-Amylase, β-glucanase, xylanase	옥수수, 대두박	아미노산 소화율 개선
Phytase	Phytate	피틴태인의 이용률 개선
Phytase, xylanase	소맥	파이테이트 저감
Hemicellulase	곡류	영양소 소화율 개선
β-glucanase	보리	에너지 이용률 개선
Pectinase, cellulase, hemicellulase	옥수수, 대두박	사양 성적과 영양소 소화율 개선
α-Galactosidase	mannans, galactans	영양소 소화율 개선
Cellulase, xylanase, glucanase, pectinase	채종박	에너지 이용률 개선

어릴수록 효소 급여효과가 우수하게 나타나는 경향이 있어 이를 뒷받침하고 있다.

소화효소의 사용효과는 축종, 연령, 사료조성 등에 따라 다르게 나타난다. 또한 단일 제제보다는 복합제제를 급여할 때 효과가 우수하다고 알려져 있어 단일효소제보다는 복합효소제를 선호하고 있다. 육계에서 protease, xylanase 및 아밀라아제를 혼합한 복합효소제를 첨가한 결과 회장소화율과 외관상 대사에너지(AME)가 개선되었다. 그러나 같은 효소제를 이용하여 실험한 결과 에너지 소화율은 개선된 반면 증체율은 개선되지 않았다는 보고도 있다. 근래 수행된 육계사료에 대한 효소제 사용효과를 살펴보면 표 11.8과 같다(Muhammad, 2010).

돼지에서도 효소제의 사용은 보편화되어 있다고 해도 과언이 아니다. 특히 이유 직후의 자돈은 아직 소화계가 고형 사료에 완전히 적응하지 못한 상태이기 때문에 더욱 그러하다. 이러한 시기에 사료에 적절한 효소(protease, lipase, cellulase, amylase 등)를 첨가해 주는 것은 매우 큰 의미가 있다. 돼지는 생후 3~5주령까지는 탄수화물 및 단백질 분해효소가 부족하여, 일반사료의 소화이용률이 낮기 때문에 효소의 첨가효과는 육성비육돈보다는 자돈에서 우수한 것으로 판단된다. Han 등(1990)은 이유자돈에게 복합효소제 Kemzyme 0.075~0.125%를 첨가한 결과 일당증체량과 영양소 소화율이 개선된다고 하였다.

또한 양돈 사료의 주된 단백질 공급원인 대두박은 α-galactosides와 갈락토만난(galactomannan)을 함유하고 있어 체내에서 대두박의 이용성을 감소시키고, 성장능력과 영양소 이용률을 저하시킨다고 알려져 있다. 이유자돈 및 육성비육돈 사료 내 α-

표 11.9 돼지에 대한 효소제의 사용효과

급여 단계	효소제	개선효과
이유자돈	Carbohydrases (0.1, 0.2%)	일당증체량, 사료섭취량, 영양소 소화율 개선
이유자돈	Xylanase (175 mg/kg feed)	조단백질, 조지방 및 가용무질소물의 소화율 개선
육성돈	β-1, 4-mannanase	일당증체량 및 사료효율 개선
육성돈	α-amylase, β-mannanase 와 Protease 복합제	일당증체량 개선
육성비육돈	Carbohydrases	일당증체량, 영양소 소화율 및 육질개선
비육돈	β-1, 4-mannanase	일당증체량 및 사료효율 개선
비육돈	β-glucanase, 4-β-xylanase	영양소 소화율 개선 및 암모니아 발생 감소

galactosides와 갈락토만난 분해효소 첨가 시 회장 아미노산 소화율 및 성장률이 개선되었다는 보고가 있다. 최근에는 증체량과 사료효율 개선을 목적으로 복합효소제가 개발되어 상용화되고 있으며, 육성비육돈의 사료에 mannanase, amylase, protease 복합제를 0.05% 첨가하여 급여한 결과 사양 성적과 영양소 소화율이 개선되었다. 또한 Shim 등(2003)은 phytase와 탄수화물 분해 복합효소제를 첨가하면 육성돈 사료 내 유효인, 에너지 및 라이신 함량을 다소 낮추더라도 성장에는 지장을 주지 않았으며, 영양소 소화율을 높이고 생산비를 절감하는 효과가 있다고 보고하였다. 돼지에 대한 효소제의 일부 연구결과를 소개하면 표 11.9와 같다.

11.4 영양소 재분배 물질

11.4.1 정의와 작용기전

1) 성장호르몬

동물의 성장은 유전적인 요인, 환경적인 요인, 사양관리 등에 의해 결정되지만 유전자 재조합 기술로 생산되는 물질의 투여에 의해서도 조절된다. 이러한 물질은 일종의 호르몬으로서 동물사육에 활용하고 있는 것으로는 성장호르몬(bST, pST)과 베타 아고니스트(β-adrenergic agonist)가 있다. 이들 호르몬은 동물이 섭취한 영양소의 이용효율을 증진시키고, 체내의 영양소를 효율적으로 재분배함으로써 성장 패턴과 산육생리를 변화시킨다고 하여 영양소 재분배 물질(nutrient repartitioning agents)이라고 한다.

성장호르몬(growth hormone)은 뇌하수체 전엽에서 분비되며 동물의 종류에 따라 다르지만 대개 191개의 잔기로 구성되어 있다. 성장호르몬 중 그 아미노산 서열이 가장 먼저 밝혀진 것은 사람의 성장호르몬이었으며, 그 후 양, 소, 말, 돼지 등에 대해서도 그 서열이 밝혀졌다. 근래 관련 분야의 연구가 활발하여 많은 종류의 동물에서 성장호르몬의 서열이 밝혀지기에 이르렀다.

성장호르몬은 크게 두 가지의 대사적 기능을 지니는데, 하나는 IGF-I에 의해 매개되지 않고 목표 조직에 직접 작용하는 것이고, 다른 하나는 간에서 합성 · 분비되는 IGF-I의 활성에 의해 유선, 골격 및 다른 기관의 성장에 작용하는 것이다. 성장호르몬은 포도당으로부터 지방의 합성을 억제하고 지방조직에서 간으로 지방의 이동을 촉진한다. 결국 영양소 대사적으로 볼 때, 체내에서 지방 합성을 억제하고 단백질 합성을 촉진하는 기능을 가지고 있다. 그래서 특히 성장하는 동물에게 성장호르몬을 투여하면 근육단백질의 증가를 유도할 수 있는 장점이 있다.

소의 성장호르몬은 젖소에서 산유촉진제로, 비육우에서는 성장촉진제로 사용되며, 그리고 돼지 성장호르몬은 돼지에서 성장촉진제로 사용하는데, 이것은 국가에 따라 허용 규정이 다르다. 다만 아직까지 성장호르몬은 사료첨가제로 사용되지 못하고 주사제로 사용되고 있다.

2) 베타 아고니스트

베타 아고니스트(β-adrenergic agonist)는 에피네프린(epinephrine)과 화학적 · 약리적으로 비슷한 특성을 가지고 있는데, 성장호르몬과 같이 체단백질 축적을 증가시키고 지방 축적을 감소시키는 효과가 있음이 밝혀졌다. 이러한 베타 아고니스트에는 시마테롤(cimaterol), 클렌부테롤(clenbuterol), 락토파민(ractopamine) 등이 있다.

베타 아고니스트는 체내로 들어가 카테콜아민(catecholamines) 대신에 β_2-adrenergic receptor에 작용하여 cAMP의 생성을 촉진시켜서 체단백질의 증가 및 체지방의 감소를 가져와 결과적으로 영양소를 재분배하게 된다. 베타 아고니스트를 사료에 첨가했을 때 나타나는 체단백질의 증가가 단백질 합성의 증가에 의한 것인지 또는 단백질 분해 감소에 의한 것인지는 확실히 밝혀지지 않았으며, 마찬가지로 지방 대사의 변화 또한 지방 합성(lipogenesis)의 감소에 의한 것인지 지방 분해(lipolysis)의 증가 때문인지 명확하지 않다고 한다. 이렇듯 베타 아고니스트의 작용기전에 대해서는 아직까지 완전히 밝혀지지는 않았지만 지금까지 알려진 대사적 효과를 요약해 보면 표 11.10과 같다.

표 11.10 베타 아고니스트의 대사적 효과

생리적 기능	효과	장기적 효과
글리코겐 분해		
글리코겐 가인산분해효소	자극	글리코겐 저장 감소
글리코겐 합성		
글리코겐 합성 효소	제어	글리코겐 저장 감소
지방산 생합성		
Acetyl coenzyme A, 카르복실화 효소	제어	지방 저장 감소, 지방세포 용적 감소
트리글리세리드 생합성		
Glycerophosphate acyltransferase	제어	지방 저장 감소, 지방세포 용적 감소
Phosphatidate phosphohydrolase	제어	
지방 분해		
호르몬감수성 지방질 가수분해효소	자극	지방 저장 감소, 지방세포 용적 감소
단백질 합성		
전사	자극	단백질 축적 증가
번역	자극	
단백질 분해		
Cathepsin	제어	단백질 축적 증가
Calcium-activated proteases	제어	

베타 아고니스트 중에서 락토파민(ractopamine hydrochloride)은 FDA에 의해 사료첨가제로 승인되었다. 비육 말기의 돼지 사료에서 5~20mg/kg, 비육우 사료에서 10~30mg/kg을 권장하고 있다. 우리나라에서는 비육 말기의 돼지 사료에만 사용이 허용되고 있다.

11.4.2 사용효과

1) 성장호르몬

젖소에서 사용되는 bST는 간에서 IGF-I에 의해 간접적으로 매개되어 유선조직에서 유생산을 증가시킨다(Baumrucker and Stemberger, 1989). 젖소에 성장호르몬을 단기적으로나(Hart et al., 1985), 장기적으로(Bauman et al., 1985) 투여한 실험에서 8~40%의 산유량 증가가 보고되었다. Crooker와 Otterby(1991)는 bST의 투여로 10~15%의 유량이 증가되었으며, Hartnell과 Phipps(1996)는 영양상태가 좋은 젖소에서 1일 5kg 정도의 우유가 더 생산되었다고 보고하였으며, 수많은 연구결과로 미루어 볼 때 bST의 투여로 인한 산유량 증가의 효과는 확실하다고 할 수 있다. 젖소를 제외한 반추동물의 bST의 투여효과

표 11.11 반추동물에 대한 bST의 투여효과

축종	급여기간 (주)	투여량 (mg)	일당증체량 (%)1)	일일사료섭취량 (%)1)	사료효율 (%)1)
거세우	16	0.08	15	2	-12
거세우	4	0.08	0	-14	-8
미경산우	21	0.17	7	6	2
거세양	8	0.25	4	–	-7
거세양	–	0.37	20	-4	-14
암양	12	0.10	22	6	-12

1)모든 수치는 대조구에 대한 처리구의 비율.

표 11.12 육성 · 비육돈에 대한 pST의 투여효과

성	체중 (kg)	조단백질 (%)	pST	일당증체량 (%)1)	사료효율 (%)1)	등지방 (%)1)	배장근 단면적(%)1)	살코기 (%)1)
거세돈	50~75	18.0	70mg/kg/d	14	−17	−13	23	19
거세돈	27~108	18.0	70mg/kg/d	19	−21	−31	18	28
거세돈	25~55	18.0	100mg/kg/d	16	−24	−24	13	–
수퇘지	60~90	18.0	100mg/kg/d	13	−19	−29	14	–
암퇘지	60~90	18.0	100mg/kg/d	16	−33	−47	24	–
거세돈	78~110	18.0	40mg/kg/d	12	−38	−21	19	13
거세돈+암퇘지	55~110	18.0	60mg/kg/d	15	−27	−22	10	11
암퇘지	60~100	19.5	6mg/d	15	−32	−40	–	13
거세돈+암퇘지	102~136	19.8	3mg/d	30	−51	−20	13	–
거세돈	60~95	15.0	100mg/kg/d	5	−20	−20	17	–

1)모든 수치는 대조구에 대한 처리구의 개선 비율.

를 살펴보면 표 11.11에 나타낸 것과 같이 연구에 따라 일당증체량과 사료섭취량에서는 차이가 있었으나 사료효율은 대체로 개선된 것으로 나타났다.

한편, 돼지에 사용되는 pST는 돼지의 성장을 촉진하고, 육생산 효율과 육질을 개선할 목적으로 개발되었다. 돼지의 뇌하수체로부터 추출한 pST나 유전공학적으로 제조한 pST를 투여한 시험결과를 종합해 보면 표 11.12와 같이 일당증체량(10~15%), 사료효율(20%), 도체지방 축적(25%) 및 살코기 생산(15%)에 개선효과가 있는 것으로 나타나고 있다.

pST 투여의 가장 두드러진 효과는 체지방 감소이고 이 효과만큼 크지는 않지만 근육 증가도 pST의 중요한 작용이다. pST의 체지방 감소작용은 지방 분해의 촉진보다는 지방합성의 억제에 의한 것으로 알려져 있다. pST를 투여한 돼지고기에 대해 관능검사를

했을 때 관능도가 저하될 우려가 있는데 그 이유는 근내지방(intramuscular lipid)의 감소로 인한 연도(tenderness)와 다즙성(juiciness)이 저하될 가능성이 있기 때문이다. 그러나 지금까지의 여러 연구결과를 종합해 볼 때, pST 투여로 관능도가 약간 떨어지는 경향은 있으나 소비자가 인식하지 못할 만큼 미미하여 부정적이지는 않다.

2) 베타 아고니스트

연구가 비교적 많이 이루어진 베타 아고니스트에는 시마테롤(cimaterol), 락토파민(ractopamine), 클렌부테롤(clenbuterol) 등이 있다. 사용효과는 축종별로 차이가 있는데, 특히 돼지의 경우에 베타 아고니스트의 사용효과가 양이나 젖소에 비해 떨어진다고 한다. 이러한 원인은 돼지 지방조직의 카테콜아민 수용체(catecholamine receptor)가 높은 특이성을 갖고 있기 때문인 것으로 추측된다.

돼지에서 시마테롤과 락토파민 급여효과에 대한 몇 가지 연구결과를 보면 성장, 사료효율과 정육률을 개선하는 것을 알 수 있다(표 11.13). 발표자에 따라 차이가 있기는 하나, 분명한 것은 성장 및 사료효율 개선효과가 뚜렷하며, 특히 등지방 두께가 얇아지고 배장근 단면적이 크게 증가하는 것은 살코기 생산량이 늘어남을 의미한다.

육질에 미치는 베타 아고니스트의 효과는 동물의 종이나 실험에 따라 달라질 수 있지만 돼지의 경우 등심의 상강도에는 일부 영향을 주는 것 같으며, 육색에는 영향을 미치지 않았다고 한다(Jones et al., 1985). 사후 근육의 pH와 경도 역시 영향을 받지 않았다고 한다.

아직까지 시마테롤과 클렌부테롤의 조직 내 잔류에 관한 연구 결과는 거의 없다. 그러나 체중이 40kg인 면양에게 클렌부테롤을 투여하면 열생산량이 1일 평균 0.57MJ 증가하다가 휴약 7일 후 처리 전과 별 차이 없이 감소되었다는 보고로 미루어 이들 합성 베타 아고니스트 제제들은 체내에서 매우 빠르게 대사되며 따라서 7일 정도의 휴약기간을 확보하면 잔류 문제는 거의 없는 것으로 보인다. 그러나 간, 신장, 지방 등 다른 조직 내에 잔류되고 있는지에 대한 연구가 더 필요하다. 락토파민은 휴약 기간을 별도로 정하지 않고 있다.

아울러 베타 아고니스트는 근육의 글리코겐(glycogen) 수준을 낮추는 역할을 하고 있는 것으로 알려져 있는데, 도축 전 스트레스도 글리코겐 수준을 저하시켜 사후 해당작용을 억제시킨다. 이 경우 근육 pH가 높아져서 육질에 나쁜 영향을 줄 수 있다. 사후 해당작용은 근육 pH를 낮추는 데 매우 중요하다. 락토파민의 경우 돈육의 품질을 크게

표 11.13 자돈과 비육돈에 대한 시마테롤과 락토파민의 급여효과

급여량	개시체중	기간/종료체중	구분	개선효과(%)
Cimaterol				
1 mg/kg 사료	64kg	49일	성장률	+3.9
			사료효율	+11.6
			지방 두께	-17.4
			등심 단면적	+12.0
0.05 mg/kg 체중	31kg	110kg	성장률	+2.0
			사료효율	+1.0
			지방 두께	-10.6
			등심 단면적	-10.6
Ractopamine				
10 mg/kg 사료	68kg	104kg	성장률	+2.65
			사료효율	+14.71
			지육률	+0.94
			등지방 두께	-7.14
			등심 단면적	+6.77
10 mg/kg 사료	68kg	107kg	성장률	3.28
			사료효율	16.13
			지육률	5.8
			등지방 두께	-11.07
			등심 단면적	17.22
10 mg/kg 사료	75kg	109kg	성장률	+4.18
			사료효율	+16.22
			지육률	+1.62
			등지방 두께	-5.41
			등심 단면적	+7.5
7.4 mg/kg 사료	99kg	125kg	성장률	+0.2
			사료효율	+0.9
			지육률	+0.48
			등지방 두께	-3.01
			등심 단면적	+7.02

저하시키지 않는 것으로 알려지고 있다.

11.5 유기산

11.5.1 정의와 작용기전

유기산(organic acid)은 산성을 띠는 유기화합물로서 젖산(lactic acid), 시트르산(citric acid), 프로피온산(propionic acid), 포름산(formic acid), 푸마르산(fumaric acid) 등이 있다. 기본구조는 수소기(H+)와 카르복실기(COO-)가 결합된 형태이다. 유기산은 예전부터 식품의 부패 방지와 저장기간 증진을 목적으로 사용되었으며, 곰팡이 및 미생물의 성장을 억제하여 육가공 시 살균제로 이용되기도 한다. 사료에 첨가하는 유기산을 산제 또는 산성화제(acidifier)라 부르기도 한다.

유기산의 가장 기본적인 작용기전은 급여 시 장내 pH를 낮추어 장내 균총의 변화를 주는 것으로 알려져 있다. 특히 어린 동물의 경우 위 내의 pH는 매우 중요하다. 사료섭취량이 늘어남에 따라 위 내 염산의 분비는 부족할 수 있고 그 결과 펩시노겐(pepsinogen) 같은 효소의 활성화가 잘 이루어지지 않아 단백질의 소화가 저하될 수 있다. 이러한 위장관 내 환경에서는 해로운 박테리아의 번식이 활발하게 일어날 수 있어 소화장애로 연결된다.

대체로 유해한 미생물은 pH가 높은 상태에서 증식이 활발한데, 유기산은 pH를 낮춤으로써 이들 미생물의 서식환경을 나쁘게 만들 뿐만 아니라 직접적인 항균효과도 지니고 있다. 즉, 세균의 기초대사 기능을 억제하거나 세균의 세포막을 파괴하기도 한다. 유기산은 그들의 생화학적 특성에 따라 병원균의 세포막 내로 투과되어 세포 내부의 pH를 낮춰 대사 에너지 고갈, 세포막 대사 저하, 세포액의 유출과 영양소 이용 차단 등의 작용으로 병원균을 사멸시킨다. 또한 단백질 소화율 증가와 칼슘(Ca), 인(P), 마그네슘(Mg)과 아연(Zn)의 대사작용을 증가시킨다고 하였다.

유기산제의 주된 사용 목적은 위에서 언급한 바와 같이 살모넬라, *E. coli* 등 유해균의 성장 및 증식 저해는 물론, 가축과 영양소 이용에 있어 경쟁적 관계에 있는 위장관 내 미생물 증식 억제, 위장관 내 pH 조정을 통한 소화효소 분비 촉진, 효소 활성 증진을 통한 영양소 이용률 향상 등에 있으며, 특히 가금에 있어서 유기산제는 살모넬라에 의한 사료의 오염을 막기 위해 사용되고 있다.

11.5.2 사용효과

근래 세계적으로 사료 내 항생물질의 사용이 제한되면서 유기산제의 사용이 사실상 보편화되었다. 왜냐하면 항생물질을 대체할 만한 사료첨가제로서는 유기산제가 유해 미생물의 성장을 억제할 수 있다는 점에서 항생물질의 작용과 유사한 면이 있으며, 사료 내 유기산제의 사용은 영양소 이용률을 향상시키는 효과도 얻게 되기 때문이다.

유기산제의 사용은 자돈 사료에서 시작되었으며 자돈의 소화장애를 극복하기 위해 처음으로 사용된 유기산은 젖산(lactic acid)이었다. 자돈 음수량의 1% 수준으로 젖산을 급여한 결과, 증체율과 사료효율이 개선되었으며 소장에서의 *E. coli* 숫자도 크게 감소하였다고 한다. Cole 등(1968)에 의하면 음수량의 0.8% 수준으로 젖산을 비롯한 몇 가지 유기산을 급여한 결과 젖산을 급여한 처리구에서만 성장률과 사료효율이 개선되었고 소장에서의 *E. coli* 숫자도 감소하였다.

자돈 사료에 대한 유기산의 첨가 효과에 관한 연구는 1970년대에 들어와 설사의 감소에서 성장률 및 사료효율의 개선 쪽으로 바뀌었다. 이유자돈사료에 푸마르산(fumaric acid)을 1.5~2.0% 수준으로 첨가할 때 성장률이 9.7%, 사료섭취량이 5.4%, 사료효율이 4.4% 향상되었다는 연구결과가 있다. 이러한 개선효과의 부분적 원인은 푸마르산을 첨가할 경우 영양소의 소화율이 개선되기 때문이라는 것인데, 질소균형이 5~7%, 사료의 대사에너지가 1.5~2.1% 개선되기 때문이라고 하였다. 또한 돼지의 일령이 증가할수록 푸마르산의 첨가효과는 감소한다고 하였다.

근래에 들어서는 유기산이 단일제제보다는 복합제로 많이 이용되고 있다. Walsh 등(2007)의 보고에 의하면 이유자돈 사료 내 푸마르산, 젖산, 프로피온산, 시트르산, 벤조산 복합제를 0.4% 첨가했을 경우 대조구에 비하여 사료섭취량이 유의적으로 감소하였지만 증체량에서는 차이가 나타나지 않으며, *E. coli*가 유의적으로 낮게 나타났다. Cromwell 등(1991)은 자돈 사료에 유기산의 첨가로 pH의 저하에 따른 유산균의 성장은 증가되고, 이러한 장내 환경은 coliform 미생물의 성장을 억제하는 환경으로 변한다고 하였다. 유기산에 의한 장내 pH 저하 효과는 사료 내 단백질 공급원이 식물성일 경우 더 크다. 그러나 Risly 등(1992)은 1.5%의 푸마르산을 자돈 사료에 첨가하여 사료의 pH를 낮추었지만, 장 내 pH와 휘발성 지방산의 생성 그리고 장 내 미생물 균총의 변화는 확인하지 못하였다.

유기산제의 하나인 벤조산(benzoic acid)은 항균활성을 가지며(Knarreborg et al., 2002),

표 11.14 돼지에 대한 유기산제의 사용효과

유기산의 종류	개선효과
Citric acid	사양 성적 및 phytase 이용률 증가
Fumaric acid	회장소화율 증가
Malic acid	사양 성적 증가
Formic acid, sorbate	사양 성적 증가
Citric acid	소화율 증가
Formic acid	사양 성적 및 소화율 증가
Propionic acid	소화율 개선
Fumaric, butyric acid	사양 성적 증가

단백질의 소화율을 개선하고, 자돈의 사양 성적을 개선하는 것으로 알려져 있다. Halas 등(2010)은 이유자돈의 사료에 벤조산을 0.5% 첨가할 경우 일당증체량과 사료섭취량이 10% 개선된다고 하였다. 참고로 표 11.14에서 돼지에 대한 유기산 제제별 사용효과를 나타내었다.

가금에서도 유기산제 급여 시 유해미생물 억제와 생산성 향상 효과가 인정되고 있다. 육계에 복합 유기산 급여 시 살모넬라 오염을 감소시키며, 맹장 내 coliform bacteria와 살모넬라가 유의하게 감소되었지만 유산균에는 영향을 미치지 않는다. Skinner 등(1991)은 육계에 푸마르산을 0.125%, 0.25% 및 0.5% 사료에 첨가하여 급여했을 때 종료 체중과 사료이용률이 개선되었다고 하였으며, Versteegh와 Jongbloed(1999)은 육계에서 젖산(actic acid)을 다양한 수준별로 사료에 첨가 급여한 시험에서 다량 첨가 시(2.0%) 증체와 사료요구율이 개선되었다고 보고하였다.

11.6 프리바이오틱스

11.6.1 정의와 작용기전

프로바이오틱스(probiotics)는 생균제, 즉 미생물 자체이며 프리바이오틱스(prebiotics)란 장 내에서 유산균 같은 유익한 미생물의 서식 조건을 개선함으로써 동물의 건강상태를 증진시키는 물질을 말한다. 프리바이오틱스의 대표적인 것은 올리고당이다. 올리고당은 2~10개 정도의 단당류가 결합되어 있는 것으로 여러 가지 생리적 특성을 갖는다.

탄수화물은 당류가 그 기본골격으로 매우 단순하게 형성되어 있으며, 원래 올리고당이라는 말은 이러한 단당류가 복합체를 구성하고 있는 구조적인 특성을 일컫는 말이다. 올리고당은 그 제조 방법과 성분 원료에 따라 만난 올리고당, 갈락토 올리고당, 프락토 올리고당, 이소말토 올리고당, 대두 올리고당, 자일로 올리고당, 키틴 올리고당 등 종류가 다양하다(Gibson and Roberfroid, 1995).

그중 만난 올리고당(mannanoligosaccharide, MOS)은 효모의 세포벽에서 추출한 α-1,6, α-1,2 및 α-1,3 linkage로 연결된 올리고당이다. MOS는 살모넬라, *E. coli* 또는 비브리오와 같은 유해 미생물의 세포벽에 있는 렉틴(lectin)과 결합해 미생물이 동물의 장 내 세포벽과 결합하는 기회를 줄여 장내 유해미생물의 군락을 방지해 주고 병원균을 제거함으로써 미생물 균총에 변화를 준다. 일반적으로 *Escherichia coli*, *Salmonella typhimurium*, *Clostridium botulinum*, *Clostridium sporogenes*와 같은 병원성 미생물은 MOS를 에너지원으로 이용하지 못하는 반면 *Bifidobacterium longum*, *Lactobacillus casei*, *Lactobacillus acidophilus*, *Lactobacillus delbrekii*와 같은 장 내 유익한 미생물들은 이를 이용할 수 있는 효소복합체가 있는 것으로 알려져 있어, MOS는 장 내 정상 세균총 형성과 유지에 도움이 된다고 할 수 있다.

프락토 올리고당(fructooligosaccharide, FOS)은 주로 프룩토오스(fructose)로 구성되어 있고, 효소적 분해에 의해서 이눌린(inulin)으로부터 생산되는 올리고프룩토오스(oligofructose)는 주로 fractan(2-1) β-D linked fructofuranose chain을 지니며 이눌린 분자의 포도당(glucose) 말단으로부터 유래하는 낮은 함량의 glucofractan을 가지고 있다.

포유동물의 소화관으로 분비되는 탄수화물 분해효소의 작용은 전분을 구성하고 있는 포도당 분자 간의 우세한 결합 형태인 α(1-4) glucosidic bond의 분해에 국한된다고 할 수 있다. 전분 유래 말토-덱스트린(malto-dextrin)은 예외이지만 대부분의 올리고당은 이러한 소화효소에 의해 분해될 수 없는 구조를 가지고 있다. 이러한 포유동물 소화효소에 대해 저항력을 지닌 물질을 비소화성 올리고당(non-digestible oligosaccharide)이라고 한다. 그러나 이러한 비소화성 올리고당이 장 내 미생물 균총에 의해 생산된 효소에 의해 회장 말단에서 분해된다는 증거가 있다(Knudsen et al., 1991).

FOS는 단위동물의 소화효소에 의한 산가수분해와 효소적 가수분해에 의해 소화되지는 않지만 FOS를 기질로 사용하는 미생물에 의해서는 분해된다고 한다(Tsuji et al., 1986; Fischbein et al., 1988). Bifidobacteria 같은 경우는 FOS의 이용으로 장 내 서식환경이 개선되어 밀도가 증가될 수 있다고 한다. 이러한 이로운 효과는 이미 비소화성 올리고당의 선택적 이용으로 인한 장 내 미생물 균총의 변화로 촉진된다고 하였는데 이 비소화성 올리고당이 비피도박테리아(bifidobacteria)와 lactobacilli균을 크게 증가시키는 반면 병원성 *E. coli* 및 *Clostridium perfringens*과 같은 부패성 미생물 집단을 감소시킨다.

사료에 첨가한 FOS는 부패성 미생물균과 아미노산의 잠재적 독성 대사산물로의 미생물 분해를 감소시킬 수 있다고 한다. 세계적으로 올리고당은 사료첨가제로 활용되고 있으며, 특히 자돈을 비롯한 어린 동물사료에 사용되고 있다.

11.6.2 사용효과

1) MOS의 사용효과

자돈에 대한 MOS의 가치를 평가하기 위한 실험에서 대조구의 개시체중이 처리구보다 0.5kg 더 무거웠음에도 불구하고 처리구의 종료체중이 대조구보다 13% 증가했다고 한다. 또한 이유자돈 사료에 MOS를 첨가한 경우 대조구에 비해 일당증체량과 사료섭취량이 개선되었다.

MOS는 면역체계에도 영향을 미치는 것으로 알려지고 있다. MOS를 급여하면 IgG와 IgA가 증가한다는 보고는 있으나 MOS와 돼지의 면역체계의 상관관계에 대해서는 아직까지 명확히 규명되어 있지는 않다. Spring과 Privulescu(1998)는 MOS가 자돈의 면역체계에 미치는 영향을 구명하고자 무균돈구과 일반돈구에 MOS를 급여하여 면역반응을 조사하여 표 11.15와 같은 결과를 제시하였다. MOS의 첨가는 무균돈구과 일반돈구 모두에서 항체 농도의 증가를 가져왔다. 일반자돈구에서는 MOS의 첨가로 소장의 항체 수준이 증가하는 결과를 나타냈는데, 이는 B 림프구의 수가 많이 증가했음을 의미한다.

표 11.15 MOS의 첨가가 무균자돈과 일반자돈의 체액성 면역에 미치는 영향

		담즙		장 내용물		혈청	
		대조구	MOS	대조구	MOS	대조구	MOS
CIgA*	무균자돈	119	116	132	187	163[a]	364[b]
IgA*	일반자돈	214	180	723	899	822	899
IgG⁺	무균자돈	984	823	nd⁺⁺	287	200[a]	916[b]
IgG⁺	일반자돈	1,194	1,099	435[a]	930[b]	1,638	1,619
IgM⁺	무균자돈	nd	nd	nd	nd	nd	109
IgM⁺	일반자돈	nd	nd	nd	nd	153	154

* Optical density×1000; + mg/100 mL; ++ not detected.

a,b 통계적 유의차, $P<0.05$.

2) FOS의 사용효과

Spencer 등(1997)은 이유자돈 사료에 0.1% 수준의 FOS를 첨가했을 때 자돈의 성장률에는 아무 영향을 미치지 않았으나, 소장 융모의 길이가 무첨가구에 비해 다소 높은 것으로 조사되었다고 하여 영양소의 소화·흡수에 좋은 영향을 주는 것으로 나타났다. Russell 등(1998)은 실제로 FOS의 첨가로 자돈의 영양소 흡수율, 특히 질소의 흡수율이 증가된다고 보고하였다.

Jin(1999)은 표 11.16에서 보는 바와 같이 돼지(개시체중 21.88kg)에서 FOS의 급여효과를 조사하기 위한 실험에서 육성기 사료에 0.3%의 FOS를 첨가하면 일당증체량과 일당사료섭취량이 개선된다고 하였다. 반면 비육기에서는 성장개선효과가 별로 나타나지 않았으며, FOS 첨가 수준으로는 0.3%가 적당하다고 하였다.

표 11.16 육성·비육돈에 대한 FOS의 사용효과

처리	대조구	0.3% FOS	0.6% FOS
육성기(0~6주)			
일당증체량(kg)	0.79	0.82	0.77
사료섭취량(kg)	1.66	1.74	1.71
사료요구율	2.07	2.12	2.23
비육기(6~15주)			
일당증체량(kg)	0.79	0.74	0.76
사료섭취량(kg)	2.88	2.83	2.85
사료요구율	3.67	3.79	3.74

11.7 베타 글루칸

11.7.1 정의와 작용기전

베타 글루칸(β-glucan)은 효모의 세포벽에서 추출한 복합 탄수화물로서 포도당 분자가 서로 specific linkage로 연결되어 있다. 베타 글루칸의 기본구조는 β-1,3 linkage와 β-1,6 linkage로 되어 있으며 이 둘이 연결된 β-(1,3)(1,6) linkage가 질병을 방어하고 성장을 촉진한다는 연구 결과가 보고되었다(Eicher et al., 2006). 즉, 베타 글루칸이란 β-1,3 linkage를 중심으로 중합된 다당류를 말하는 것으로 버섯, 효모 등 미생물의 세포벽이나

세포 외의 다당류에서 생산되는 물질이다. 베타 글루칸은 미생물에서 유래한 것과 보리, 귀리와 같은 곡류에서 추출한 것이 있다.

베타 글루칸은 특이적·비특이적 면역반응을 자극함과 더불어 cytokine response를 줄일수 있어서 동물이 성장하는 데 영양소가 주로 이용되도록 함으로써 성장능력을 개선시킨다고 하였다(Klasing et al., 1991). 결국 이것은 동물의 능동면역체계를 자극하여 사료와 환경의 변화로 인해서 오는 스트레스와 각종 병원균의 감염으로 인해 지연되는 성장률을 개선시킬 수 있다. 베타 글루칸은 이러한 효과가 인정되었으며, 특별한 독성도 없어서 FDA의 승인을 얻어 기능성 식품 및 첨가제로도 이용되고 있다.

11.7.2 사용효과

베타 글루칸에 대한 사양실험은 다른 사료첨가제들에 비해 상대적으로 많이 수행되지는 못했다. Schoenherr(1994)은 베타 글루칸이 첨가된 구의 성장능력이 대조구보다 훨씬 개선되었다고 보고하였다. 4개 실험의 결과에 의하면 베타 글루칸 첨가구의 일당증체량이 대조구보다 평균 9.97% 증가했고, 최종 체중은 대조구보다 평균 1.4kg 증가하였다. 또한 Dritz 등(1995)에 의하면 시험사료에 베타 글루칸을 0.1% 첨가했을 때 증체량과 사료섭취량을 감소시켰으나 통계적 유의차는 나타나지 않았으며, 대두박 위주의 사료에서는 성장을 억제하지 않는다고 하였다. 18일령에 이유한 돼지에서 이유 후 28일 동안 베타 글루칸을 0.025% 첨가한 처리구의 일당증체량이 대조구보다 20% 더 높았고 최종 체중은 대체로 2kg 더 무거웠다고 한다.

표 11.17 이유자돈에 대한 베타 글루칸의 사용효과

구분	대조구	베타 글루칸 0.02%	항생물질	베타 글루칸 0.02% + 항생물질
이유 전기(0~2주)				
일당증체량(g)	304	318	329	355
사료섭취량(g)	449	459	443	479
사료효율	0.68	0.69	0.75	0.74
이유 후기(3~5주)				
일당증체량(g)	388[b]	415[ab]	423[ab]	435[a]
사료섭취량(g)	607	650	608	637
사료효율	0.64	0.64	0.70	0.69

[a,b]통계적 유의차, $P< 0.10$.

또한 Chae 등(2005)은 육계에서 베타 글루칸 첨가 실험 시 증체에 효과가 있다고 하였으며, Hahn 등(2006)이 베타 글루칸의 첨가(0.02%)가 이유자돈에서 소화율과 성장에 미치는 영향을 조사한 결과(표 11.17), 무첨가구에 비해서는 건물과 에너지 소화율이 개선되었으나 일당 증체량의 개선은 유의적이지 못했으며, 항생물질과 병용할 경우 효과가 우수한 것으로 나타났다.

11.8 키토산

11.8.1 정의와 특성

키틴(chitin)과 키토산(chitosan)은 자연계에 존재하는 다당류로서 최근에 주목을 받고 있는 기능성 물질의 일종이다. 키틴은 N-아세틸-글루코사민이 β-1,4-glycoside 결합으로 연결된 뮤코 다당류의 일종으로서, 셀룰로오스의 포도당 잔기 중 C-2 수산기가 아세틸아미노(acetyl amino)기로 치환된 구조를 가지고 있다. 키토산은 키틴에 존재하는 아세틸기가 제거된 형태의 물질이다.

키틴은 게, 새우 등의 갑각류 및 연체류의 껍질과 근육, 그리고 곤충류, 버섯류, 사상균의 세포벽 등에 함유되어 있다. 키틴의 생산량은 연간 100억 톤 정도로, 지구상에서 셀룰로오스 다음으로 많이 생산되고 있다. 따라서 키틴은 가치가 충분히 검증된다면 활용잠재력이 높은 물질이라고 할 수 있다. 키틴은 보통 용매에 불용성이기 때문에 그 용도가 매우 제한되어 대부분 키토산의 원료로 사용되고 있다. 키토산은 키틴을 강알칼리로 탈아세틸화함으로써 제조되며, 초산, 젖산 및 포름산 등과 같은 유기산 그리고 염산, 질산 등과 같은 무기산에 용해된다.

11.8.2 사용효과

키토산은 다가 양이온(polycation)의 성질을 가지고 있으며 물처리용 금속흡착제로서 예전부터 실용화되어 왔으며, 최근에는 이온 교환체, 효소 고정화 담체, 의약용품 등 많은 분야에서 활용되고 있다. 그러나 10년 전부터 키틴과 키토산 및 그 유도체가 항종양(면역능력 증강 및 부활작용), 항균 및 항곰팡이 활성, 콜레스테롤 감소와 고혈압 억제 등

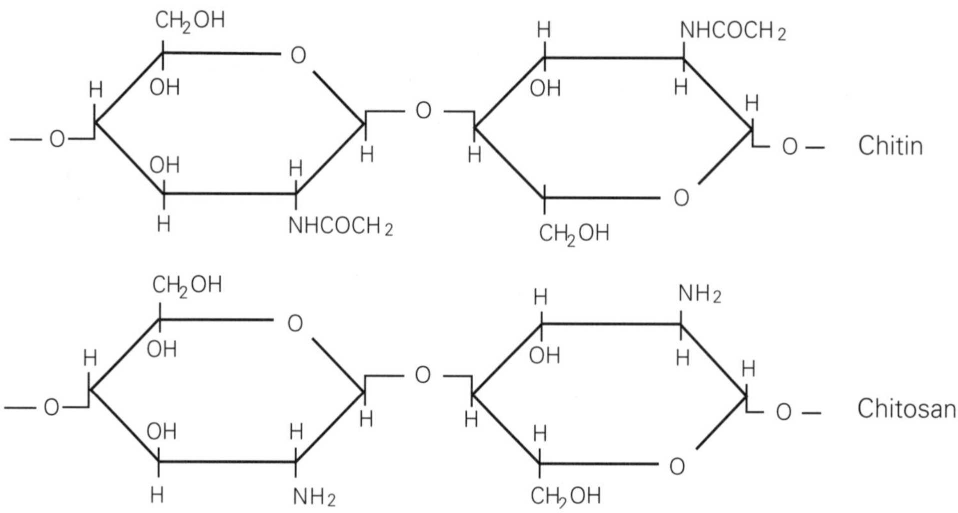

그림 11.1 키틴과 키토산의 구조

여러 가지 좋은 생리적 특성을 가지고 있음이 밝혀짐으로써 현재 생리기능성 신소재로서 연구·개발이 활발히 진행되고 있다. 축산에서는 자돈의 설사방지용으로 사용하기 위한 연구가 일부 수행되었다.

자돈에서 설사를 일으키는 대장균에 대한 항균효과 실험을 수행한 결과 키토산 처리구가 대조구에 비해 매우 우수한 항균효과를 나타낸다는 보고도 있다. 그 전에도 Sudarshan 등(1992)은 대장균 등에 대하여 키토산 유도체인 chitosan lactate와 chitosan hydroglutamate 등이 우수한 항균성 물질이라고 보고하였다. 그러나 이러한 항균작용에 대한 기전은 아직 확실하게 밝혀지지 않았으며 키토산 아미노기의 특이성이 병원균의 세포벽과 결합하여 균증식을 방해하거나, 일반세균에 대한 키토산의 항균작용이 균체 표면의 구조에 미치는 영향 또는 균의 대사과정 중 DNA 형성에 대한 저해작용 가능성도 제시되었다. 또한 장 내의 유익한 유산균과 비피도박테리아의 성장을 증가시켰다는 보고도 있다. Saito 등(1994)은 탈아세틸화도가 높을수록, 즉 아미노기가 많으며 점도가 낮을수록 우수한 항균력을 가진다고 보고하였다. 이러한 키토산의 항균 활성력을 이용하여 식품보존, 유기성 식품 신소재 혹은 가축의 질병 예방물질로 활용하려는 노력이 증대되고 있다.

11.9 비테인

11.9.1 정의와 기능

비테인(betaine)은 자연계에 널리 분포하는 아미노산 유사물질로, 단백질 합성에는 직접 관여하지 않으나 세포 내에서 잘 알려지지 않은 생리적 기능을 가진다. 비테인의 생리활성에 관한 연구는 메틸기 공여체로서 메티오닌의 대체, 체지방감소, 삼투압 조절인자 등이 있다.

비테인은 천연 화합물로 글리신(glycine)의 N 원자에 3개의 메틸기가 부착되어 있는 quaternary ammonium compound이다. 비테인의 화학적 특성은 양극성 구조를 가지고 있다는 것이다. 화학적으로 반응성을 지닌 메틸기는 효소로 촉매된 반응에서 전자공여체의 역할을 한다. 이와 같이 메틸기 공여체로서의 역할 때문에 비테인은 육계 사료에서 부분적으로 메티오닌과 콜린을 대체할 수 있지만 이러한 비테인의 절약효과는 단지 불안정한 메틸기의 필요량만으로 제한된다. 한편, 비테인은 화학적으로 안정적이어서 200°C까지의 온도에서는 구조가 변하지 않고 압출가공(extrusion)을 포함한 사료가공조건에서도 변성되지 않는다.

비테인은 살아 있는 모든 생명체에 존재하지만 그 양에서는 변이가 크다. 대부분의 생물체는 메틸화 반응에 있어서 메틸기의 공여체로서 비테인을 이용하지만 극소수만이 비테인을 고농도로 축적하고 있을 뿐이다. 그런 까닭에 비테인은 대부분의 사료에 많이 존재하지 않는다. 비테인을 많이 함유하고 있는 사료로는 사탕무, 면실박 등의 식물체와 미생물, 수중 무척추동물을 들 수 있다. 이러한 생물체들은 가뭄이나 고염도 상태의 삼투 스트레스로부터 세포를 보호하기 위해서 비테인을 축적한다. 체내 합성을 통해 비테인을 축적하지 못하는 동물에서도 사료를 통해 비테인을 첨가해 주면 비슷한 삼투보존효과가 관측된다. 비테인은 미토콘드리아에서 콜린으로부터 합성될 수 있지만 그 합성비율은 비테인의 요구량에 상응할 만큼 충분하지 못하다. 그러므로 사료 내에 비테인을 첨가해 줌으로써 열악한 사육환경에서 기르는 동물의 성장을 촉진할 수 있다.

비테인의 생리적 기능을 요약해 보면 가장 중요한 것이 메틸기 공여체란 것이다. 메틸기는 메티오닌, 카니틴(carnitine) 등의 대사작용에 필요하지만 체내에서 합성되지는 않는다. 비테인, 메티오닌, 콜린은 이러한 반응에 이용될 수 있는 메틸기를 가지고 있지만 콜린의 경우 메틸화(methylation)의 역할을 수행하기 위해 2개의 대사 단계를 통해 비테인으로 전환되어야만 한다. Choline oxidation은 미토콘드리아에서 일어나므로 콜린은 우선 미토콘드리아로 운송된 후 비테인으로 전환되고 메틸공여체로 작용하기 위해 다시 세포질로 이동되어야 한다.

대부분의 사료는 콜린과 메티오닌의 요구량을 충족시킨다. 옥수수·대두박 위주의 사료에 콜린과 메티오닌 첨가제를 사용하는 주된 이유 중의 하나는 메틸(methyl)기를 공급하기 위함이다. 메틸기 공여체로서 비테인이 가장 효과적이며 콜린을 비테인으로 대체했을 때 동물의 성장이 비슷하거나 개선될 수 있다. 또한 비테인은 호모시스테인(homocysteine)을 메티오닌으로 메틸화시키기 때문에 메티오닌의 사용량을 감소시킨다.

또한 비테인은 메틸화 반응에 직접적으로 작용하기 때문에 지방 대사에 중요한 영향을 미치게 된다. 간의 지방 동원을 자극하며 혈중 지단백질의 성상에 영향을 미친다. 비테인은 카니틴 합성을 촉진하여 미토콘드리아에서 지방산의 산화를 돕기도 한다. 비테인이 지방간을 예방할 뿐만 아니라 도체지방의 함량과 분배 면에서 중요한 역할을 한다. Saunderson과 Mackinlay(1990)의 보고에 의하면 사료에 첨가된 콜린을 비테인으로 대체했을 때 육계의 도체지방이 감소된다고 하였다.

식물체와 미생물에 있어서 비테인의 주된 역할 중의 하나는 염분과 가뭄 같은 스트레스 상황에서 세포의 삼투압을 증가시켜 수분의 손실을 예방해 주는 것이다. 비테인은 효소와 상당한 친화성을 가지고 있기 때문에 세포와 세포기관 속에 고농도로 유지될 수 있다. 비테인은 모든 동물에 있어서 비슷한 역할을 하는데, 그 예로서 삼투압 스트레스에 노출된 연어는 간의 미토콘드리아 부분에서 비테인을 능동적으로 흡수하게 된다. 비테인 첨가제는 물고기를 해수로 이동시켜 사육할 때 삼투압 스트레스를 완화시킬 수 있으며 이런 이유로 물고기 사료에 광범위하게 이용되어 왔다. 포유동물에 있어서 비테인의 삼투적인 역할은 세포가 고농도의 요(urine) 생성과 관련된 삼투압 스트레스하에서 이를 견디기 위해 신장의 medulla 세포에 비테인을 축적하는 것이다.

11.9.2 사용효과

비육돈 사료에 비테인을 첨가함으로써 도체지방과 육질에 어떠한 영향을 미치는지 조사하기 위해 많은 연구가 수행되었다. 그 결과 사료에 비테인을 1~2mg/kg을 첨가했을 때 성장률과 사료효율에는 별다른 영향을 미치지 못했다. 미국에서 수행된 실험 결과 비테인의 첨가는 체중이 무거운 돼지에서 더 긍정적인 효과가 나타났다. 개체 간의 차이가 심해서 평균 등지방 두께의 수치는 모든 실험에서 큰 변화는 보이지 않았지만, 흥미롭게도 비테인 처리구에서 등지방 두께의 변이가 감소하였다. 현재까지 보고된 바로는 도살 전 6주 동안 사료 내에 비테인을 첨가하면 도체 성적을 극대화하는 데 효과가 있다고 하였다(Matthews et al., 2001).

Cadogan 등(1993)의 보고에 의하면 암퇘지 사료에 비테인을 첨가한 결과 성장률과 도체중량에서 별 효과를 나타내지 못했지만 등지방 두께에서는 대조구보다 14.8%의 감소를 보였다고 하였다. 반면에 사료에 1%의 비테인을 첨가하였을 경우 육질에는 영향을 미치지 않는다는 연구 결과도 있으며, Matthews 등(1998)은 사료에 비테인 0.125%를 첨가했을 경우 육색이 개선되는 것으로 보고하였다. 또한 Matthews 등(2001)은 사료에 0.125%의 비테인을 첨가했을 경우 사료효율이 개선되지만 그 이상 첨가하는 것은 효과가 없는 것으로 보고하였다.

11.10 카니틴

11.10.1 정의와 기능

카니틴(carnitine)은 1905년 Krimberg에 의해 근육조직의 한 구성성분으로 발견되었다. 생물학적 중요성은 1952년에 이르러 나방의 일종인 갈색거저리(tenebrio molitor)의 필수영양소임이 밝혀짐으로써 알려지게 되었다. 체내에서 카니틴은 라이신(lysine)의 메틸화에 의해 합성되며 이러한 반응은 모든 조직에서 일어난다. 카니틴은 외부에서 공급받거나, 체내에서 합성되어 요구량을 충족하게 된다.

카니틴의 화학적 구조를 보면 한쪽 끝에는 카르복실기(carboxyl group)가, 다른 쪽 끝에는 양전하를 띤 trimethylated quaternary ammonium group이 있으며 지방산을 에스테르화하는 데 도움을 주는 수산기(hydroxyl group)도 가지고 있다. 카니틴은 화학적으로 *l*- 및 *d*-형이 존재하지만 자연계에서는 *l*-carnitine 만이 존재하며, 점차 인체와 동물의 영양에 있어서 그 중요성이 밝혀지고 있다. *d*-carnitine은 *l*-carnitine의 작용을 억제하며, 다량 공급 시 유해한 효과를 나타낼 뿐만 아니라 미토콘드리아 막을 통해 지방산을 운반하는 데 중요한 역할을 하는 효소인 carnitine acyltranslocase를 불활성화시켜 체내의 에너지 결핍을 초래할 수 있다.

비타민 B군에 속하는 다른 비타민들처럼 *l*-carnitine은 체내의 에너지 대사에서 중요한 역할을 한다. 즉, 긴 사슬 지방산을 미토콘드리아 내로 운송하여 에너지를 발생시킬 수 있도록 돕고, 긴 사슬 지방산이 미토콘드리아의 막을 통과하여 아실 카니틴(acyl carnitine) 유도체로 전변되는 과정에 관여한다. 또한 카니틴은 중간사슬 지방산의 산화에도 관여하여 중요한 역할을 수행한다. 지방산의 β-oxidation에 관여하는 것 외에 카니틴은 ① 비대사성 아실(acyl)기의 detoxification, ② acyl-CoA : CoA-SH의 비율 조절, ③ acyl-CoA의 아실기를 동물 조직 내 세포질이나 미토콘드리아 내로 운송, ④ branch chain 아미노산의 대사, ⑤ 지방조직에서의 열 생산, ⑥ 이스트의 미토콘드리아로부터 아세틸기의 이동, ⑦ 활성화된 아세틸기의 저장 등 역할이 다양하다.

건강한 동물은 충분한 양의 카니틴을 합성할 수 있기 때문에 카니틴은 필수영양소로 여기지 않았다. 그러나 4주 미만의 어린 자돈에서는 충분히 합성되지 않는 것으로 알려지면서, 양돈 사료에 카니틴을 첨가할 필요성이 인정되었다(Owen et al., 1996).

11.10.2 사용효과

카니틴을 자돈에게 급여하면 지방 축적이 감소하고 사료 요구율을 개선시키는 효과가 있다. 또한 조기이유자돈의 사료에 카니틴을 1,000mg/kg 수준으로 급여하면 사료요구율을 개선하고 도체의 지방 함량을 감소시킨다. 이유자돈에게 카니틴을 첨가한 사료를 급여하면 이유에 의한 스트레스를 감소시키는 효과도 있다. 이유자돈의 사료에 카니틴을 25mg/kg 및 50mg/kg 수준으로 첨가했을 때 사료요구율이 개선된다고 한다. Rincker 등(2003)은 사료 내 50ppm을 급여하였을 때 일당증체량이 개선되며 그 이상 첨가 시에는 효과가 없다고 보고하였다.

Cho 등(1999)은 이유자돈 사료에 카니틴과 크롬 피콜리네이트(chromium picolinate, CrP)를 첨가하면, 처음 2주 동안에는 자돈의 성장이 크게 개선되었으나 에너지 공급원(long chain fatty acids; soy oil vs. medium chain fatty acids; coconut oil)의 종류에 따른 영향은 발견되지 않았다고 하였다. 그러나 마지막 3주째에는 에너지 공급원의 종류에 따라서도 상당한 개선효과를 발견할 수 있었는데, 긴 사슬 지방산을 공급원으로 사용할 때보다는 중간 사슬 지방산을 공급할 때 자돈의 성장이 크게 개선된다고 하였다. 반면, 3주차에는 카니틴의 첨가에 의한 개선효과를 발견할 수 없다고 하였다.

Smith 등(1994)도 육성비육돈의 사료에 카니틴을 첨가하면 육성기에는 성장개선효과가 있으나 비육기에는 효과가 없다고 하였다. 그 후 Smith 등(1996)은 카니틴과 chromium nicotinate를 혼합사용한 효과를 알아보기 위해 육성비육돈에서의 효과를 조사하였으나 성장률에는 아무런 효과가 나타나지 않았다. 캔사스 주립대학교의 연구 결과 카니틴은 비육기가 아닌 육성기에서 성장개선효과가 있는 것으로 조사되었으나, 유럽에서 이루어진 연구결과에 의하면 카니틴이 육성비육돈의 성장을 개선할 수 있다고 하였다.

육성비육돈의 사료에 카니틴을 적정 수준으로 급여하면 사료의 이용성을 개선시켜 준다고 알려졌다. Owen 등(2001)은 카니틴의 수준 결정 시험을 통해 육성기에는 성장 개선효과가 나타났으나 비육기에는 성장개선효과가 나타나지 않았으며, 전 기간을 통해서 성장률과 사료의 이용률은 크게 개선되지 않았다.

모돈에 카니틴을 공급하면 재귀발정을 11% 정도 단축할 수 있었고, 자돈의 폐사율을 18% 감소시켰으며, 이유 시 체중이 8.4% 개선되었다. 최근에 이루어진 모돈 시험 결과(307두) 임신기간에 50mg/kg의 카니틴을 급여하면 체중과 등지방 두께가 증가하고, 자돈의 분만 및 이유 체중도 증가하였다는 보고가 있다. 또한 Ramannau 등(2004)의 보고에서도 모돈의 사료에 *l*-carnitine을 첨가하였을 경우 자돈의 생시체중을 증가시킨다고 하였다.

Rabie 등(1997)은 육계 사료에 50mg/kg의 *l*-carnitine을 첨가하여 급여할 경우 가슴살, 도체중 및 가슴살 내 지방 함량이 증가한다고 하였다. Cartwright(1986)는 50mg/kg *l*-carnitine을 첨가 급여할 경우 복강 내 지방에 영향을 미치지 않는다고 하였다. Xu 등(2003)도 카니틴을 사료에 적정 수준(50mg/kg)으로 첨가하면 사료의 이용성을 개선시키고 혈청 내 중성지방의 수치를 유의적으로 개선한다고 하였다.

산란계 사료 내 *l*-carnitine의 급여는 계란의 난황 내 *l*-carnitine의 함량을 증가시킨다고 보고하였으며(Harmeyer, 2002; Peebles et al., 2007), 또한 Neuman 등(2002)은 57주령의 화이트레그혼 수탉 종계에서 사료 내 *l*-carnitine의 첨가효과를 검증하기 위한 실험에서 증체량과 사료섭취량에는 큰 영향을 미치지 않았으나 정액의 농도가 약 15%까지 증가하였다고 보고하였다. 그러나 이와 대조적으로 산란계의 사료에 카니틴을 첨가하면 난 생산성과 증체율에 아무런 영향을 미치지 않는다고 보고되기도 하였다. 가금에서 카니틴의 적정 첨가량은 산란계, 육용종계 및 육계에서 50mg/kg이다.

11.11 유기태크롬

11.11.1 정의와 기능

크롬(chromium)은 중독성을 지닌 광물질이지만 근래에는 필수미량광물질로 분류하고 있다. 이것은 지방, 단백질 및 탄수화물 대사과정에 관여하는데, GTF(glucose tolerance factor)의 구성성분으로 작용하며, 인슐린의 기능을 증가시킨다. 또한 콜레스테롤의 항상성 유지, HDL-cholesterol의 증가, 포도당과 아미노산의 세포 내 흡수촉진과 면역기능에도 관여하는 것으로 알려지고 있다.

그러나 크롬은 일반적으로 자연계에서 무기태의 형태로 존재하며, 무기태는 동물의 체내에서 흡수율이 매우 낮기 때문에 생체 내에서 대사작용을 원활히 수행할 수 없다. 크롬은 -2가로부터 +6가 사이에서 산화가 일어나는데 보통 자연상태에서는 0, +2, +3 그리고 +6가로 존재한다. Cr^{2+} 화합물은 불안정하여 공기 중에서 쉽게 산화되므로 산화로부터 보호해야 할 뿐만 아니라, 환원력이 대단히 강해서 생리적 상태에서는 쉽사리 작용하지 않는다. 반면에 Cr^{3+}와 Cr^{6+}은 크롬의 가장 안정한 형태로 알려져 있는데, 이 가운데 Cr^{6+}은 산소와 결합하여 매우 강력한 산화제로서 작용하며 산성용액에서 쉽게 Cr^{3+}로 환원된다. Cr^{6+}은 적혈구에 대한 친화력을 가지고 있어서 정맥 내에 주사하거나 *in vitro*에서 평형된 상태가 되었을 때 적혈구의 막을 통과하여 헤모글로빈과 결합하게 된다. 반면에 Cr^{3+}는 적혈구의 막을 통과하지 못하기 때문에 혈중의 β-globulin이나 트랜스페린(transferrin)에 결합되어 조직으로 운송된다. 그러나 트랜스페린은 크롬을 수송하는 혈장 단백질인 동시에 철(Fe)의 운반 단백질이므로 혈장 내에 철(Fe)이 포화상태일 때에는 크롬의 보유와 수송이 감소된다.

앞에서 언급했듯이, 크롬의 주된 생리적 기능은 탄수화물 대사에서 인슐린의 기능을 돕는다는 것이다. 즉, 인슐린과 인슐린 수용체(insulin receptor)의 반응을 도와 포도당과 아미노산을 목표 세포로 운반한다. 단백질 합성에도 관여하여 크롬이 부족한 사료를 쥐에게 일정기간 급여 시 단백질합성이 저하되는데, 이때 크롬을 첨가하면 단백질 합성이 증가한다. Okada 등(1983)은 크롬이 간세포에서 DNA와 결합하여 유전자 발현을 강화시킨다고 하였으며 RNA의 구조변화를 방지하는 기능도 있다고 하였다.

무기태크롬(Cr^{3+})의 체내 흡수율은 0.5~1% 정도로 매우 낮다. 그래서 체내 흡수율을 높이기 위해 근래에는 유기물질과 착염화하여 활용하고 있다. 착염물질로는 picolinate,

메티오닌(methionine), 니코틴산(nicotinic acid) 같은 것들이 있다. 이들 중 picolinate가 비교적 우수한 것으로 나타났다. Yeast를 배양하는 과정에서 무기태크롬을 첨가하여 Cr-yeast 제제를 생산하기도 한다. Picolinate는 트립토판(tryptophan)으로부터 니아신(niacin)이 합성되는 과정에서 생성되는 중간 대사물질이며 크롬 피콜리네이트(chromium picolinate, CrPic)는 한 분자의 Cr^{3+}와 3분자의 picolinate가 결합한 물질로, 인체 및 동물 산업에서 상업적으로 활용되고 있다.

11.11.2 사용효과

CrPic로 실험한 결과를 보면, 주로 돼지에서 많이 수행되었으며 가금에서는 부족한 편이다. Ward와 Southern(1995)은 육계 사료에 CrPic를 급여한 결과 별다른 효과가 없다고 하였으며, 또 다른 연구는 CrPic 첨가 수준이 증가할수록 폐사율이 감소한다고 보고하였다.

육성비육돈 사료에 CrPic를 급여하였을 때 등지방 두께가 현저히 감소되었으며, 배장근 단면적의 증가와 혈중 콜레스테롤을 감소시켰다. Boleman 등(1995)도 CrPic가 돼지의 도체조성과 성장률에 어떠한 영향을 미치는지 알아보기 위해 실험을 수행한 결과 육성·비육의 전 기간에 걸쳐 사료 내에 CrPic를 첨가하는 것보다는 비육기에만 CrPic를 첨가하는 것이 정육의 함량을 증가시키고 지방의 함량을 감소시키는 데 효과적이라고 하였다.

Lindemann 등(1995)은 사료 내 라이신(lysine)과 CrPic 첨가제의 수준이 돼지의 성장률과 육질에 어떠한 영향을 미치는지 조사했는데, 그 결과 사료 내 라이신이 120%일 때에는 CrPic을 첨가해도 사료효율이 개선되지 않는 반면, 라이신의 수준이 100%일 때에는 200㎍/kg의 CrPic 첨가로 사료효율이 개선되었다고 하였으며, 육질에서는 라이신의 수준에 상관없이 사료 내에 크롬을 200㎍/kg 수준으로 첨가했을 때 등지방 두께가 감소하고 정육률이 증가되었다고 하였다. 또한 Lindemann 등(1995)이 모돈의 번식력과 자돈의 체중에 대한 CrPic의 효과를 알아보기 위한 실험을 연이어 수행하였는데, 모돈의 사료 내에 CrPic를 첨가함으로써 복당 산자수와 체중이 대조구에 비해 개선되었으나 개체별 자돈의 이유 시 체중에서는 CrPic 첨가구가 대조구에 비해 약간 떨어졌다고 하였다. 육성비육돈 사료에 CrPic를 200ppb 첨가했을 때 질소흡수율과 건물 소화율 개선 효과가 있는 것으로 나타났다. Matthews 등(2003)은 27kg부터 출하 때까지 크롬 프로

표 11.18 양돈 사료에 크롬 첨가 시의 사료효율

형태	Chrominum(ppb)		
	0	200	400
CrPic	3.14	3.15	3.46
CrPic	3.24	3.23	3.16
CrPic	3.82		3.65
CrPic	3.26	3.27	
CrPic	3.51	3.44	3.44
CrPic	3.24	3.09	
CrYst	2.88	2.75	
CrYst	3.26	3.42	
CrYst	2.94	2.89	

피네이트(CrProp)를 200ppb 급여한 결과 증체량, 사료섭취량 및 사료효율에는 영향을 미치지 않는 것으로 나타났다. 그러나 돈육의 품질에서 마블링이 개선되는 것으로 보고하였다.

Lindemann(2007)이 정리한 양돈 사료 내 유기태크롬 제제에 대한 연구자료를 보면 연구자에 따라 효과가 다르게 나타나고 있음을 알 수 있다(표 11.18). 그래서 유기태크롬 제제를 사용할 경우에는 사용 목적을 분명히 해야 한다. 예를 들면 과거 지방층이 두꺼운 돼지에서는 등지방 두께 감소 효과를 기대할 수 있었으나 근래 정육형 개량 품종에서는 그러한 효과가 미약하거나 없을 수도 있다. 유기태크롬의 권장 급여수준은 사료 1kg당 200㎍이다.

11.12 식물추출물

11.12.1 정의와 기능

지구상에는 약리적 기능을 지닌 식물이 많이 서식하고 있다. 인류는 이들 식물을 약용식물이라 부르며 질병 예방과 치료에 많이 활용되고 있다. 이러한 약용식물이 가축의 생산에도 사용되기 시작했는데, 약용식물 그 자체로 이용되기도 하고 약용식물에서 기능성 물질을 추출하여 사용하기도 한다.

이러한 약용식물과 그 추출물은 동서양에서 오래전부터 약재, 향신료 및 기능성 식품

으로 이용되어 왔으며, 그들의 항산화, 항균, 항암, 항독소, 면역 증진 등의 생리활성 효과는 다양한 것으로 알려져 있다. 식물체 내에서 생리활성을 지니는 물질은 2차 대사산물로서 페놀(phenol), 페놀산(phenolic acid), 퀴논(quinone), 플라본(flavone), 탄닌(tannin) 및 쿠마린(coumarin) 등이 속하는 페놀계 화합물과 방향족 성분인 테르페노이드(terpenoid)와 정유(essential oil) 그룹, 그리고 알칼로이드(alkaloid), 렉틴(lectin) 및 폴리펩티드 그룹으로 크게 구분할 수 있다.

식물체에 존재하는 생리활성물질은 다양하고 복잡하여 정확한 작용기전은 밝혀지지 않았으나, 식욕 및 소화 촉진, 장관 내 병원균 증식 억제를 통한 장관 안정화, 장관 자극에 의한 장관 면역 증가, 소화효소 분비 촉진 등 식물체 내 다양한 인자들이 가축의 생리 및 대사작용에 영향을 미칠 수 있다고 알려져 있다.

우리나라를 비롯한 동양권에서는 약용식물 또는 약초, 서양권에서는 허브(herbs)라고 불리며, 가축사육에 적용되고 있는 식물자원은 매우 다양하지만 근래 많은 관심의 대상이 되고 있는 것으로는 유카(yucca), 오레가노(oregano), 마늘(galic), 로즈마리(rosemary), 감귤류(citrus) 등이 있다. 이들의 기능은 다소 다르며 위에서 언급한 대로 항균, 항산화, 면역력 증강 등으로 가축의 질병예방, 성장촉진, 사료효율 개선효과를 기대할 수 있다.

11.12.2 사용효과

가축에서의 약용식물의 효능은 가금에서 면역기능을 강화하여 여러 질병을 제어하고, 돼지의 증체량과 사료효율을 향상시키고, 식물추출물, 스파이스 및 정유(essential oil)의 단일 급여 또는 복합제품의 급여는 생산성과 가금의 건강 상태를 개선시킨다고 알려져 있다. 또한 혈액 및 난황 내의 콜레스테롤 감소, 항산화, 항균 및 면역강화작용, 사료효율과 계육의 품질을 향상시키며, 산란율 증대 등의 효과가 보고된 바 있다.

이러한 약용식물 추출물의 효과는 사료섭취량 증가, 내인성 소화효소 분비의 증가, 항균 및 항바이러스 활성의 부여, 면역체계의 개선 등에 기인한 것으로 생각된다. 또한 약용식물 추출물 내에는 다양한 페놀계 화합물이 함유되어 있어서 사료 내 첨가 급여하거나 가공공정 중에 부가함으로써 양계 산물의 보존성을 향상시킬 수 있다.

최근 실시된 또 다른 연구에 의하면 국내 자생하는 황금 추출물(skullcap extract)을 육계사료에 0.1% 및 0.3% 첨가한 처리구의 종료 시 체중과 증체량이 대조구에 비해 유의하게 높았으며, 장 내 미생물 균총을 분석한 결과 장 내 유해균은 감소하고 유익균이 증

표 11.19 효소·생균제·유카제의 첨가가 자돈의 사양 성적에 미치는 효과

	처리 내용			
	대조구	효소구	생균제구	유카제구
체중(kg)				
개시 시	34.14 ± 0.94	34.26 ± 0.99	34.14 ± 1.16	34.19 ± 1.48
종료 시	58.40 ± 1.37	62.93 ± 2.23	62.86 ± 1.68	62.78 ± 2.17
일당증체량(kg)	0.59 ± 0.02	0.70 ± 0.04	0.70 ± 0.07	0.70 ± 0.03
사료섭취량(kg)	2.02 ± 0.07	1.90 ± 0.03	2.05 ± 0.07	1.97 ± 0.06
사료요구율	3.41 ± 0.11	2.73 ±0.11	2.93 ± 0.08	2.82 ± 0.06

가하는 결과를 나타냈다고 보고하였다. 하절기 고온 스트레스 시 유산균과 식물추출물을 육계사료에 첨가하였을 때 대조구에 비해 증체량과 사료효율이 개선되었다는 보고도 있다. Hernandez 등(2004)은 허브를 육계에 급여한 실험에서 영양소의 회장소화율이 유의하게 개선되고 전분 및 건물 소화율이 향상되는 결과를 관찰하였고, 성장률은 개선되었으나 유의차는 없었다고 보고하였다.

유카 추출물(yucca extract)에 대해서는 비교적 많은 연구가 수행되었으며 그 주성분은 일종의 사포닌(saponin)이다. 사포닌은 화학적으로 당류(saccharide)와 스테로이드 또는 트리테르페노이드에서 생긴 배당체이다. 사포닌, 즉 유카 추출물이 장 내 암모니아 농도를 감소시키는 기전에는 두 가지 설이 있다. 첫째는 체내에서 우레아제(urease)의 활성을 억제하여 암모니아 발생을 줄이는 것이고, 둘째는 유카 추출물이 우레아제의 활성을 억제해서가 아니고 암모니아와 결합해서 유리암모니아의 농도를 감소시킨다든지 혹은 암모니아를 다른 물질로 전환시킴으로써 암모니아 농도를 감소시킨다는 것이다.

효소, 생균제 및 유카제의 첨가가 돼지의 성장과 분 악취 발생에 미치는 영향을 조사한 바에 따르면, 표 11.19에 나타난 바와 같이 유카 처리구의 일당증체량이 대조구에 비해 18.6% 증가했다고 보고했다. 그리고 돈분의 암모니아태 질소의 농도는 대조구에 비해 유카제구에서 24.2% 감소된다고 보고했다.

또 다른 연구결과에 따르면 육성돈에 유카 추출물을 120mg/kg 수준으로 급여하면 일당증체량이 52g 더 높았으며, 사료섭취량은 3.2%, 사료효율도 4.7% 개선된다고 한다. 유카 추출물, MOS 및 베타 글루칸을 비육돈 사료에 첨가하여 비교 시험한 결과 유카 추출물 처리구에서 가장 우수한 사양 성적을 얻었다고 한다.

참고문헌

농림부. 2010. 사료관리법 유해사료의 범위와 기준 개정 고시(농림부 고시 제2010-142호, 2010. 12. 31).

지규만 등. 2008. 동물사양학. 유한문화사.

한인규. 1991. 돼지의 생산성 향상을 위한 첨단사료 및 사양관리 기술개발에 관한 연구. 서울대학교.

한인규 등. 1996. 동물영양학. 신광.

한인규 등. 2000a. 고품질 규격품 청정돼지고기 생산 산업화 기술개발에 관한 연구. 서울대학교.

한인규 등. 2000b. 양돈영양과 사료. 서울대학교.

한인규 등. 2000c. 저공해 양돈 사료의 개발과 자돈의 생존율 향상을 위한 연구. 서울대학교.

Bae, K. H., T. G. Ko, J. H. Kim, W. T. Cho, Y. K. Han, and In K. Han. 1999. Use of metabolically active substances to substitute for antibiotics in finishing pigs. Kor. J. Anim. Sci. 41: 23.

Boleman, S. L., S. J. Boleman, T. D. Bidner, L. L. Southern, T. L. Ward, J. E. Pontif, and M. M. Pike. 1995. Effect of chromium picolinate on growth, body composition, and tissue accretion in pigs. J. Anim. Sci. 73: 2033.

Cho, W. T., J. H. Kim, W. N. Kang, In K. Han, and Y. K. Han. 1999. Effects of L-carnitine, chromium picolinate with diffeent fat sources on growth and nutrient digestibility in pigs weaned at 21 days of age. Kor. J. Anim. Sci. 41: 445.

Choi, J. Y., J. S. Kim, S. L. Ingale, K. H. Kim, P. L. Shinde, I. K. Kwon, and B. J. Chae. 2011. Effect of potential multimicrobe probiotic product processed by high drying temperature and antibiotic on performance of weanling pigs. J. Anim. Sci. 89: 1795-1804.

Coates, M. E., C. D. Dickinson, G. F. Harrison, S. K. Kon, J. W. G. Porter, S. H. Cummins, and W. F. J. Cuthbertson. 1952. A mode of action of antibiotics in chick nutrition. J. Sci. Food Agr. 3: 43-48.

Collington, G. K., I. W. Booth, M. S. Donnenberg, J. B. Kaper, and S. Knutton. 1998. Enteropathogenic Escherichia coli virulence genes encoding secreted signalling proteins are essential for modulation of Caco-2 cell electrolyte transport. Infect. Immun. 66: 6049-6053.

Dibner, J. and J. Richards. 2005. Antibiotic growth promoters in agriculture: History and mode of action. Poult. Sci. 84: 634-643.

Giesting, D. W. and R. A. Easter. 1985. Response of starter pigs to supplementation of corn-soybean meal diets with organic acids. J. Anim. Sci. 60: 1288.

Han, I. K, Y. J. Choi, Y. S. Ryu, and C. H. Yun. 1990. Studies on effect of dietary supplementation with Kemzyme in weanling pigs. Kor. J. Anim. Nutr. Feed. 14: 8.

Hays, V. W. 1977. Effectiveness of feed additive usage of antibacterial agents in swine and poultry production. Office of technology assessment, U. S. Congress.

Hill, I. R., R. Kenworthy, and P. Porter. 1970. Studies of the effect of dietary lactobacilli on intestinal and urinary amines in pigs in relation to weaning and post weaning diarhea. Res. Vet. Sci. 11: 320.

IOM. 1988. Human health risks with the subtherapeutic use of penicillin or tetracyclin in animal feed. Institute of medicine, national academy of sciences. National Academy Press.

Jin, J. 1999. Effects of Effects of Fructooligosaccharide and Yucca Extract on the Growth and Nutrient Digestibility in Growing-finishing Pigs. M.S. Thesis. Seoul National University.

Kim, Y. S., Y. B. Lee, and R. H. Dalrymple. 1987. Effects of the repartitioning agent cimaterol on growth, carcass and skeletal muscle characteristics in lambs. J. Anim. Sci. 65: 1392.

Klasing, K. C., B. J. Johnstone, and B. N. Benson. 1991. Implications of an immune response on growth and nutrient requirements of chicks. In: Recent Advances in Animal Nutrition (W. Garesign and D. J. A. Cole, eds.), pp. 135-146. Butterworth-Heinemann, Oxford, UK.

Knarreborg, A., N. Miquel, T. Granli, and B. B. Jensen. 2002. Establishment and application of an in vitromethodology to study the effects of organic acids on coliform and lactic acid bacteria in the proximal part of the gastrointestinal tract of piglets. Anim. Feed Sci. Technol. 99: 131-140.

Matthews, J. O., L. L. Southern, A. D. Higbie, M. A. Persica, and T. D. Bidner. 2001. Impact of betaine on pig finishing performance and carcass composition. J. Anim. Sci. 79: 722-728.

Meng, Q. W., L. Yan, X. Ao, T. X. Zhou, J. P. Wang, J. H. Lee, and I. H. Kim. 2010. Influence of probiotics in different energy and nutrient density diets on growth performance, nutrient digestibility, meat quality, and blood characteristics in growing-finishing pigs. J. Anim. Sci. 88: 3320-3326.

Moore, P. R., A. Evenson, T. D. Luchey, E. McCoy, C. A. Elvehjem, and E. B. Hart. 1946. Use of sulfasuxidine, stroptothricine and streptomycin in nutritional studies with the chick. J. Biol. Chem. 165: 437.

Owen, K. Q., J. L. Nelssen, R. D. Goodband, T. L. Weeden, and S. A. Blum. 1996. Effect of L-carnitine and soybean oil on growth performance and body composition of early-weaned pigs. J. Anim. Sci. 74: 1612.

Page, T. G., L. L. Southern, T. L. Ward, and D. L. Thompson, Jr. 1993. Effect of chromium picolinate on growth and serum and carcass traits of growing-finishing pigs. J. Anim. Sci. 71: 656.

Parker, D. S. 1990. Manipulation of the functional activity of the gut by dietary means (antibiotics/probiotics) in ruminants. J. Nutr. 120: 639-648.

Radecki, S. V. and M. T. Yokoyama. 1991. Intestinal bacteria and their influence on swine nutrition. In: Swine Nutrition (pp. 439-447), E. R. Miller, D. E. Ullrey and A. J. Lewis (eds.). Butterworth-Heinemann.

Roura, E., J. Homedes, and K. C. Klasing. 1992. Prevention of immunologic stress contributes to the growth permitting ability of dietary antibiotics in chicks. J. Nutr. 122: 2383-2390.

Sherry, P. A., P. C. Harrison, and G. C. Fahey. 1981. Dietary fibre and antibiotic interactions on nutritional and metabolic parameters in growing pig. J. Anim. Sci. 53: 1309-1315.

Shim, Y. H., B. J. Chae, and J. H. Lee. 2003. Effects of phytase and carbohydrases supplementation to diet with a partial replacement of soybean meal with rapeseed meal and cottonseed meal on growth performance and nutrient digestibility of growing pigs. Asian-Aust. J. Anim. Sci. 16: 1339-1347.

Stutz, M. W., S. L. Johnson, and F. R. Judith. 1983. Effects of diet and bacitracin on body weight restriction on the intestine of broiler chicks. Poult. Sci. 62: 1626-1632.

Visek, W. J. 1970. Urease: its significance in birds and mammals. Agr. Sci. Rev. 8: 9-23.

Woyengo, T. A., W. Guenter, J. S. Sands, C. M. Nyachoti, and M. A. Mirza. 2008. Nutrient utilization and performance responses of broilers fed a wheat-based supplemented with phytase and xylanase alone or in combination. Anim. Feed Sci. Technol. 146: 113-123.

Yen, J. T., J. A. Nienaber, and W. G. Pond. 1987. Effect of nepmycin, carbadox and length of adaptation to calorimeter on performance, fasting metabolism and gastrointestinal tract of young pigs. J. Anim. Sci. 65: 1243-1248.

Zimmerman, D. R., D. P. Conway, D. H. Bliss, D. O. Farrington, and H. J. Barnes. 1982. Effects of carbadox and pyrantel tartrate on performance and indices of mycoplasma hyopneumoniae and ascaris suum infections in pigs. J. Anim. Sci. 55: 733.

제12장

번식 · 유생산 영양

12.1 번식 영양

호르몬의 작용
수정과 태아의 성장
번식을 위한 영양소 요구량

12.2 유생산 영양

유선과 비유에 관계되는 호르몬
유생산 과정과 각종 유성분
유성분의 분비
유생산을 위한 영양소 요구량

12.1 번식 영양

12.1.1 호르몬의 작용

동물의 번식활동은 동물체 내에서 분비되는 각종 호르몬의 조절을 받는다. 호르몬은 그 종류가 매우 많고 생리적 기능 또한 다양한데, 이 가운데서 생식기능을 지배하는 호르몬을 성 호르몬이라 한다. 이러한 호르몬은 그 분비 장소에 따라서 시상하부 호르몬, 뇌하수체 전엽 호르몬, 난소 또는 정소로부터 분비되는 성선호르몬(성 스테로이드호르몬) 등으로 분류한다. 시상하부 호르몬은 뇌하수체 전엽 호르몬의 분비를 조절하는 역할을 하며, 뇌하수체 전엽 호르몬은 성 스테로이드호르몬의 분비를 자극하거나 직접 2차 성징과 번식을 조절하는 역할을 한다. 이러한 작용을 통하여 호르몬은 정자의 생산과 난자의 성숙, 배란 및 수정이 이루어지도록 하고 태반 내에서 태아가 성숙하여 출산하는 전 과정을 지배하게 된다.

1) 뇌하수체 전엽 호르몬

포유동물의 뇌하수체 전엽에서는 성장호르몬(growth hormone, GH), 갑상선자극호르몬(thyrotropin hormone, TSH), 부신피질자극호르몬(adrenocorticotrophic hormone, ACTH), 난포자극호르몬(follicle stimulating hormone, FSH), 황체형성호르몬(luteinizing hormone, LH), 및 프로락틴(prolactin) 등이 분비된다.

난소에 있어서 FSH는 난포를 성장하게 하고 난포 내에서 난모세포가 성숙하게 하며, 성숙된 난포의 과립세포에서 에스트로겐(estrogen, 난포호르몬)의 분비가 일어나게 한다. FSH는 또한 황체형성호르몬(LH)과 협력하여 난포를 더욱 성숙시키고 성숙한 난포에서 배란을 유발시킨다. 배란이 끝난 후 FSH는 급격히 줄어들고 LH의 단독 작용에 의해 과립세포를 황체세포로 전환하여 황체세포로 하여금 프로게스테론(progesterone, 황체호르몬)의 분비가 일어나도록 한다. 이때 황체가 형성되기 위해서는 ① 난포기 동안에 FSH와 에스트로겐에 의해 과립막세포가 충분히 분열 증식되어 있어야 하고, ② 과립막세포의 LH 수용체가 발달되어야 하며, ③ LH에 의해 프로게스테론을 분비할 능력을 보유하고 있어야 한다. 따라서 동물의 발정주기는 뇌하수체 전엽에서 분비되는 FSH, LH 및 프로락틴의 조절을 받는다. 한편 LH는 FSH와 더불어 스테로이드호르몬(steroid hormone)의 생산을 자극한다.

정소에 있어서 성선자극호르몬(gonadotropic hormone, GTH)은 성 스테로이드호르몬의 분비를 촉진하고 정자 형성에 영향을 미치며, 웅성호르몬을 결합할 능력이 있는 안드로겐(androgen: 웅성호르몬) 결합 단백질의 합성에 관여한다. LH(정소에 작용할 경우 ICSH라고도 함)는 정소의 간질세포(intestinal cell)에 작용하여 간질세포의 분화 및 증식을 자극함으로써 웅성호르몬인 테스토스테론(testosterone)의 분비를 촉진한다. 한편 FSH는 흰쥐의 성성숙기에 생식세포의 분화를 개시하는 데 중요한 역할을 하는 것으로 알려져 있다. 정소의 곡세정관 내에 있는 sertoli 세포를 자극하여 안드로겐 결합 단백질의 분비를 촉진하는 것으로 알려져 있으나 정자 형성에 미치는 FSH의 기능에 대해서는 불분명한 점이 많다.

2) 성선호르몬

암 동물의 난소와 숫동물의 정소를 성선이라 부르는데 여기에서 나오는 호르몬은 ① 부생식기관을 발달시키고, ② 2차 성징을 발현할 뿐만 아니라, ③ 수컷의 성욕과 암컷의 발정을 유발시키며, ④ 임신의 유지에도 중요한 역할을 한다. 이들은 모두 스테로이드기를 가지고 있기 때문에 총칭하여 성 스테로이드호르몬이라 부르며 정소에서 분비되는안드로겐과 난소에서 분비되는 에스트로겐 및 프로게스테론(progesterone, 황체호르몬)의 세 가지가 있다.

웅성호르몬(androgen)은 FSH나 LH의 자극을 받은 정소의 간질세포에서 분비되는 스테로이드호르몬으로 이 가운데 생리적 활성이 가장 높은 것은 테스토스테론이며 이들은 수컷의 부생식기관을 지배할 뿐만 아니라 2차 성징을 발현시키고 성행동을 유발하는 등 수컷의 번식작용에 광범위하게 작용한다. 즉 태아의 분화 시 자성생식기관을 퇴행시키고, 웅성생식기관의 발생을 조절하며, 성숙한 경우에는 곡세정관의 조정작용(spermatogenesis)에 영향을 미친다. 따라서 거세를 하게 되면 전립선, 정낭선 및 요도선과 같은 부생식선이 위축 · 퇴화될 뿐만 아니라 성행동과 성욕도 감퇴하며 정소상체 내에 있는 정자의 생존기간도 단축된다. 또한 웅성호르몬은 부생식기관의 발달과 기능 유지에도 중요한 역할을 하며 숫짐승의 가슴, 머리, 어깨 등의 근육 발달과 닭의 볏, 성대의 변화, 뿔의 성장, 체모의 성장 등을 조절한다.

자성호르몬인 난소호르몬은 난포호르몬, 황체호르몬, 릴렉신(relaxin) 등이 있는데, 난포호르몬은 발정행동을 유발할 뿐만 아니라 자성생식기 도관에 작용하여 자궁 상피의 두께와 자궁선의 크기를 증대시키고 자궁근의 발육을 촉진시킨다.

황체호르몬은 거의 대부분 난포호르몬 등과 함께 작용하는데 수정란의 착상, 자궁의 착상성 증진, 임신 유지, 탈락막 반응 및 유선의 발달 등에는 협력적으로 작용하고 자궁의 수축, oxytocin에 대한 자궁의 감수성 및 자궁경의 긴장도에 대해서는 길항적으로 작용한다. 릴렉신은 난소에서 분비되지만 스테로이드계의 호르몬이 아니며 임신 시작부터 분비되지만 그 양은 매우 적다. 돼지의 경우 임신 초기부터 증가하지만 소, 토끼, 사람 등의 경우에는 임신 말기에 급격히 증가하여 골반골인대의 수분 흡수를 촉진시켜, 골반골인대의 이완 및 골반골의 확장을 유발하여 분만을 용이하게 한다.

이와 같이 동물의 번식활동은 각종 호르몬의 영향을 받는데, 호르몬의 정상적인 분비와 기능의 유지를 위해서는 정상적인 영양상태가 유지되어야 한다.

12.1.2 수정과 태아의 성장

1) 정충의 생산

수컷의 성성숙은 크게 고환의 발육과 그 부속선의 발달로 나누어진다. 고환은 정충을 생산하는 기능 외에 안드로겐을 분비하여 성욕 및 수컷의 성징을 발현하며, 정낭선, Cowper's glands, 전립선 등 부속선의 발달을 촉진시킨다. 수컷의 성성숙도 영양 수준과 밀접한 관계가 있어 불량한 영양상태에서는 성성숙이 지연된다. 성성숙 후에는 영양상태가 불량하면 정충 생산의 감소, 정충의 활력 및 운동성의 감퇴를 초래한다.

2) 배란과 수정

일반적으로 암컷의 난소는 많은 수의 난자를 포함하고 있다가 하나 또는 그 이상의 난자가 커지고 성숙하게 되어 발정이 일어나고 난관으로 배출되는데 이를 배란(ovulation)이라고 한다. 배란된 난자가 수란관 내에서 사출된 정자와 만나 수정(fertilization)이 이루어지는데, 난자가 배란된 후 곧 수정이 일어난다. 배란과 동시에 난소에는 황체가 형성되어 새로운 난자의 성숙을 막게 되며, 임신기간 중에도 말과 면양을 제외한 대부분의 동물에서 황체가 계속 존재한다. 그러나 수정이 이루어지지 않았을 경우에는 황체는 자동 소멸되어 다음 발정 시 난자의 성숙을 가능하게 한다.

3) 태아의 성장

수정된 알은 얼마 동안 자궁선에서 분비되는 물질로부터 영양소를 공급받지만 곧 태반이 형성되어 착상하게 되면 이때부터 모체로부터 영양소를 공급받게 된다. 모체와 태아 사이를 연결하는 혈류에 의해 태아는 산소와 영양소를 공급받아 성장하게 되고, 여러 가지 배설물은 모체로 흘러나가게 된다. 태아는 임신기간 중 계속 자라지만 임신 전반기는 그렇게 많이 자라지 않고, 임신 말기(임신기간을 3기로 나눌 때 마지막 제3기)에서 대부분이 자라게 된다.

돼지 태아의 영양소 증가 현상을 보면 단백질은 약 50%와 에너지의 50% 이상이 마지막 4주간의 임신기간에 축적된다. Ca과 P도 임신 최종 말기에 더 급격히 저장된다. 반면 수분의 양은 태아의 성장이 진행됨에 따라 감소한다. 건물로 따지면 태아의 67%는 단백질로 구성되어 있으며, 임신기간 중 이 구성 비율에는 큰 변동이 없다. 또한 지방과 철분의 비율도 임신기간을 통하여 별로 변동이 없지만 Ca과 P은 태아가 성장함에 따라 그 비율이 급격히 증가한다. 요컨대 임신 초기에 요구되는 영양소량은 적지만, 임신 말기에는 태아의 발육에 요구되는 영양소량이 급격히 증가한다. 이때에는 성장하는 태아의 새 조직 합성을 위해 쓰이는 영양소가 많을 뿐만 아니라 모체의 대사도 왕성해지기 때문이다.

영양 수준이 젖소의 번식능력에 미치는 영향을 종합적으로 조사한 결과, 표 12.1에서 보는 바와 같이 초발정이 나타나는 시기는 영양 수준이 높은 구가 빠르며, 초발정 시의 체중에는 처리 간에 큰 차이가 없었다. 그러나 첫 교배 후 임신율은 영양 수준이 너무 높은 구에서는 오히려 떨어졌으며, 불임으로 인한 도태율도 영양 수준이 높은 구에서 높았다. 이상과 같이 너무 높은 수준의 영양상태에서는 오히려 번식장애가 왔으며, 영양상태가 불량해도 정상적인 번식활동이 이루어지지 않음을 알 수 있다. 따라서 정상적인 번식활동을 위해서는 적절한 영양소 공급이 매우 중요하다.

정상적인 번식활동을 위해서는 암수 동물이 모두 알맞은 영양소를 섭취해야 하지만 암컷의 요구량이 훨씬 더 많고 중요하므로 여기에서는 주로 어미 동물에 대하여 설명하기로 하겠다. 어미는 정상적인 새끼의 생산을 위해서뿐만 아니라 자기 자신의 체조직을 유지하기 위해서도 충분한 영양소를 공급받아야 한다. 그렇지 않으면 태아의 발육에 소요되는 영양소를 공급하기 위해 자기 체조직을 분해시켜야 한다.

임신 말기에는 건강한 새끼의 생산을 위해서뿐만 아니라, 출산 후 어미의 유생산 능력을 증진시킨다는 점에서 적절한 영양소 공급의 중요성이 더욱 강조된다. 즉 임신 말기에 유분비세포의 형성이 가장 왕성하게 일어나는데, 이 시기에 영양소 공급이 부족하게 되면 유분비세포의 형성이 저해되어 결국 유분비 능력이 저하된다. 이러한 여러 가

표 12.1 영양 수준이 홀스타인 젖소의 번식능력에 미치는 영향

조사 항목	TDN 섭취 비율(%)			조사 항목	TDN 섭취 비율(%)		
	62	100	146		62	100	146
공시축 수	33	34	34	초산 시 산자 체중(kg)	36	39	41
초발정 월령	20.2	11.2	9.2	분만 시 조산율(%)	45	26	24
초발정 시 체중(kg)	303	265	277	생존산자 출산율(%)	87	88	94
첫 교배 후 임신율(%)	79	68	58	2차 임신 시 교배수	1.71	1.76	2.09
초임 시 교배수	1.55	1.41	1.48	3차 임신 시 교배수	1.90	1.64	1.90
초산 월령(월)	32.0	28.5	27.9	불임 도태율(%)	6	12	20
초산 시 체중(kg)	384	483	548				

지 요인 때문에 임신 말기에 충분한 영양소를 공급받도록 사료 급여량을 증가시키는 것이 임신 전 기간 동안 같은 양을 일정한 수준으로 급여하는 것보다 훨씬 더 효과적인 사양방법이라 하겠다.

12.1.3 번식을 위한 영양소 요구량

1) 번식을 위한 에너지 요구량

앞에서 지적하였듯이 영양소 부족과 관련된 번식장애는 여러 영양소가 결핍되어 복합적으로 오는 것이 대부분이지만 제일 중요한 영양소는 에너지이다.

쥐의 경우 에너지 공급만 제한하더라도 질의 개구가 늦어지고 발정 주기가 불규칙해진다. 충분한 에너지 공급으로 성장이 계속되어 일정한 체중에 도달한 후에는 발정 주기의 불규칙성이 없어진다. 이처럼 성장과 번식활동은 독립적인 것이 아니라 서로 연관되어 있다. 번식에 필요한 에너지 요구량은 성장과 번식에 요구되는 에너지의 총합이다. 여기에서 새로 형성되는 조직이란 태아, 태막, 자궁 확대, 유선(유방) 발육 등을 의미한다. 이들 조직의 성장시기별 에너지 함량을 아는 것은 그 요구량을 알아내는 데 대단히 중요하다.

돼지의 임신 주별 각 영양소의 일당 축적량은 표 12.2에 소개한 바와 같이 임신 초기에는 상대적으로 적다. 전 기간 동안의 1일 평균 에너지 축적량은 104kcal(435kJ)이지만, 임신 말기에는 하루에 272kcal(1,173kJ)에 이르는데, 이것은 임신 말기에 많은 에너지를 공급해 주어야 함을 의미한다.

현재 유선의 성장에 어느 정도의 에너지가 필요한가를 측정할 수는 없지만, 초임의

표 12.2 돼지의 임신기간 중 체중 및 영양소의 일당 증가량

임신 주수 (주)	증체량 (g)	GE kcal(kJ)	단백질 (g)	회분 (g)	칼슘 (g)	인 (g)	철분 (mg)
1	27	1.6(6.7)	0.54	0.028	0.001	0.001	0.28
2	49	5.9(24.7)	1.50	0.126	0.002	0.007	0.71
3	71	12.5(52.3)	2.70	0.300	0.008	0.022	1.24
4	91	21.0(87.9)	4.20	0.570	0.024	0.048	1.84
5	111	32.0(133.9)	5.90	0.930	0.055	0.087	2.50
6	131	45.0(188.3)	7.70	1.380	0.109	0.142	3.20
7	150	59.0(246.9)	9.60	1.930	0.194	0.215	4.00
8	169	76.0(318.0)	11.80	2.600	0.320	0.310	4.80
9	187	94.0(393.3)	14.00	3.300	0.500	0.420	5.60
10	205	115.0(481.2)	16.00	4.300	0.740	0.560	6.50
11	224	137.0(573.2)	19.00	5.200	1.050	0.720	7.40
12	242	160.0(669.4)	21.00	6.200	1.460	0.910	8.30
13	259	186.0(778.2)	24.00	7.400	1.970	1.130	9.20
14	277	213.0(891.2)	27.00	8.700	2.600	1.380	10.20
15	294	242.0(1,012.5)	30.00	10.100	3.370	1.670	11.20
16	312	272.0(1,138.0)	33.00	11.700	4.270	1.980	12.30

경우를 제외하고는 축적되는 총에너지의 10% 이상은 넘지 않는다고 한다. 표 12.2에 의하면 8마리의 새끼를 생산하는 돼지의 정상적인 번식을 위한 정미에너지 요구량은 115kcal(481kJ)로 계산된다. 이들이 공시한 돼지의 무게는 약 90kg이었는데, Armsby에 의하면 종에 상관없이 같은 무게의 돼지를 위한 체유지 정미에너지 요구량은 1,990kcal (8,326kJ)라고 한다. 이상의 결과로 번식에 쓰이는 정미에너지는 유지 시의 평균 6% 수준이며, 임신 말기에는 15% 정도에 이른다. 실제 사양에 있어서는 여러 가지 요소들이 고려되어야 하므로 이것보다 더 많이 공급해야 한다. 일반적으로 동물들은 흔히 완전히 발육되기 전에 임신하게 되므로 임신 중 어미 동물의 성장을 위한 에너지 요구량도 계산에 넣어야 한다. 또 재임 동물도 계속된 비유로 인해 여위었을 때 임신하게 되므로 체중 회복을 위해 더 많은 에너지를 필요로 한다. 실제로 임신 동물에 대한 에너지 공급은 과비를 방지하면서 임신 중 약간의 체중 증가를 가져올 수 있게 급여하는 것이 이상적이다.

이를 바탕으로 하여 체중이 181kg인 암돼지의 임신기간 중 에너지 요구량을 산출해 보면 표 12.3과 같다. 정미에너지 요구량은 ① 기초대사율, ② 임신 증가, ③ 활동 증가, ④ 태아 발육, ⑤ 임신 관련 물질에 쓰이는 에너지의 총합으로 표현되었음을 알 수 있다. NRC 사양표준에 제시된 각 동물의 번식 및 비유에 필요한 에너지 요구량은 표 12.4

표 12.3 임신한 돼지의 에너지 요구량

임신주수(주)	체중(kg)	태아(g)	임신 관계물(kg)	에너지 요구량(kcal)					
				기초 대사율	임신 증가	활동 증가	태아 발육	임신 관계물	NE 요구량
0	181	0	0	2,615(10,941)	0(0)	523(2,188)	0(0)	2,132(8,920)	5,270(22,050)
1	184	99	2.4	2,639(11,042)	0(0)	528(2,209)	2(8)	2,104(8,803)	5,273(22,062)
2	186	366	4.8	2,655(11,109)	0(0)	531(2,222)	6(25)	2,074(8,678)	5,261(22,012)
3	189	787	7.1	2,679(11,209)	27(113)	536(2,243)	13(54)	2,046(8,560)	5,301(22,179)
4	192	1,354	9.3	2,704(11,314)	54(226)	541(2,264)	21(88)	2,017(8,439)	5,337(22,330)
5	195	2,062	11.2	2,728(11,414)	82(343)	518(2,167)	32(134)	1,989(8,322)	5,349(22,380)
6	198	2,909	13.6	2,753(11,519)	110(460)	496(2,075)	45(188)	1,959(8,196)	5,363(22,439)
7	201	3,891	15.5	2,778(11,623)	139(582)	472(1,975)	59(247)	1,931(8,079)	5,379(22,509)
8	204	5,005	17.5	2,804(11,732)	196(820)	449(1,879)	76(318)	1,903(7,962)	5,428(22,711)
9	207	6,251	19.3	2,830(11,841)	255(1,067)	424(1,774)	94(393)	1,874(7,845)	5,478(22,920)
10	210	7,625	21.2	2,855(11,945)	314(1,314)	400(1,674)	115(481)	1,847(7,728)	5,531(23,142)
11	214	9,127	23.0	2,860(11,966)	376(1,573)	376(1,573)	137(573)	1,818(7,607)	5,591(23,418)
12	217	10,755	24.8	2,917(12,205)	438(1,833)	350(1,464)	160(669)	1,789(7,485)	5,656(23,665)
13	220	12,507	26.4	2,943(12,314)	500(2,092)	394(1,648)	186(778)	1,761(7,368)	5,684(23,782)
14	224	14,385	28.0	2,979(12,464)	596(2,494)	298(1,247)	213(891)	1,731(7,243)	5,817(24,338)
15	227	16,384	29.5	3,006(12,577)	691(2,891)	301(1,259)	242(1,013)	1,703(7,125)	5,934(24,828)
16	231	18,505	31.1	3,043(12,732)	822(3,439)	304(1,272)	272(1,138)	1,675(7,008)	6,116(25,589)

[1]괄호 안은 kJ.

표 12.4 임신 및 비유에 필요한 동물의 에너지 및 단백질 요구량[1]

항목	육우[2]	젖소[3]	말[4]	돼지[5]	양[6]	닭
단백질	MP(g/d)[7]	MP(g/d)	CP(g/d)	CP(g/d)	MP(g/d)	CP(g/d)
임신	613	901	893	233.1	86	10.9
비유	799	2,954	1,468	1,177	125	–
에너지	NE_m(Mcal/d)	ME(Mcal/d)	DE(Mcal/d)	ME(Mcal/d)	ME(Mcal/d)	ME(Mcal/d)
임신	13.2	14.4	21.4	6.15	3.05	0.18
비유	15.4	41.8	30.6	20.90	2.86	0.00

[1]NRC 사양표준: 고기소(2000), 젖소(2001), 돼지(1998), 말(2006), 양(2006), 닭(1994)에서 발췌한 것임.

[2]육우는 성시체중 533kg 경산우, 일당증체량 0.00kg, 임신 후기 및 비유 중기의 요구량임.

[3]젖소는 성시체중 650kg 경산우, 일당증체량 0.00kg, 임신 후기 및 비유 중기의 요구량임. 비유기의 단백질 요구량 단위는 CP(%/DM)이며, 에너지는 NE(Mcal/d)임.

[4]말 성시체중 500kg 임신 후기 및 비유 중기의 요구량임.

[5]번식 요구량은 체중 175kg 기준이며, 비유 요구량은 체중이 175kg이고 비유기 체중 변화 없이 자돈의 일당증체량이 250g인 경우의 요구량임.

[6]면양 체중 40kg, 2마리 임신, 임신 후기 및 비유 중기의 요구량임.

[7]NE_m = 대사 정미에너지.

에서 보는 바와 같다.

2) 번식을 위한 단백질 요구량

저단백질 사료를 먹였을 때 쥐의 경우는 수정이 된다고 하더라도 태아의 발육 불량, 허약 산자의 생산 또는 사산 등이 나타난다. 이러한 원인은 단백질이 부족하여 난소 호르몬들이 결핍되기 때문이다. 숫쥐의 경우에는 고환의 발육이 부진하고 테스토스테론(testosterone) 분비가 정지되었는데, Leathem(1959)에 의하면 이는 뇌하수체 성선자극 호르몬의 혈액 내 수준이 감소되었기 때문이었다고 한다.

사람에게서 단백질 결핍은 임신불능, 임신중독, 태아 성장 불능 등의 결과를 초래한다. 임신 초기에 유지에 필요한 단백질이 충분히 공급된다면 태아의 발육이 시작될 수 있다. 그러나 태아의 주성분은 단백질이므로 태아의 발육이 진행됨에 따라 단백질의 추가 공급은 불가피하게 된다. 표 12.2에서 나타난 것과 같이 임신기간 중 하루에 증가되는 단백질 양은 평균 14g이나, 임신 말기(특히 최종 2주간)에는 2배 이상으로 단백질 요구량이 급증하게 된다. 임신 말기에는 에너지 요구량의 증가율보다 단백질 요구량의 증가율이 더 높으므로 이 점에 특히 유의해야 한다.

임신돈의 단백질 요구량은 표 12.4와 같은데, 에너지 요구량의 경우와 마찬가지로 단백질도 유지와 태아 발육에 요구되는 양보다 더 많이 공급해 주어야 한다. 더욱이 어미가 성장 도중에 있다면 모체의 성장에 필요한 단백질도 추가로 공급해 주어야 한다.

임신기간 중 모체는 단백질을 체내에 비축할 수 있는 특수한 능력을 갖고 있으므로 이를 활용하는 것이 유익하다. 왜냐하면 비유 초기에는 아무리 충분한 단백질을 공급해 주어도 흔히 동물은 질소의 음균형 상태에 들어가게 되는데, 이렇게 되면 결국 모체의 체단백질을 분해하여 이용하게 된다. 그러므로 임신기간 중 체내의 단백질 비축이 이루어지도록 충분한 단백질을 공급해 주어야 한다. 여기에서 NRC 사양표준에 나타난 각 동물의 번식에 필요한 단백질 및 에너지 요구량을 알아보면 표 12.4와 같다. 이 표에서 보는 바와 같이 번식을 위한 에너지 요구량은 유지 시와 비교해 볼 때 별 차이가 없다. 그러나 일반적으로 임신 말기에는 영양소를 강화해 주거나 사료 급여량을 증가시켜 주는 것이 바람직하다.

3) 번식을 위한 비타민 요구량

모든 동물의 정상적인 번식활동을 위해서는 비타민의 적절한 공급이 대단히 중요하

표 12.5 동물의 번식을 위한 비타민 요구량(단위/kg 사료)[1)]

비타민	돼지	닭	비타민	돼지	닭
Vitamin A(IU)	4,000	3,000	Niacin(mg)	10	10
Vitamin D(IU)	200	300	Pyridoxine(mg)	–	2.5
Vitamin E(IU)	44	2.0	Biotin(mg)	0.20	0.1
Vitamin K(mg)	0.50	0.5	Choline(g)	1.25	1.0
Thiamin(mg)	1.00	0.7	Folacin(mg)	1.30	0.25
Riboflavin(mg)	3.75	2.5	Vitamin B_{12}(μg)	15	4.0
Pantothenate(mg)	12	2.0			

[1)]NRC 사양표준: 돼지(1998), 닭(1994)에서 발췌한 것임.

표 12.6 초식동물의 번식을 위한 비타민 요구량(IU/일)[1)]

비타민	젖소		면양[2)]		말[3)]	
	임신	비유	임신	비유	임신	비유
Vitamin A	90,000	125,000	1,820	2,140	30,000	30,000
Vitamin D	30,000	40,000	-	-	3,300	3,300
Vitamin E	2,000	800	224	224	800	1,000

[1)]NRC 사양표준: 육우(2000), 젖소(2001), 말(2006), 양(2006)에서 발췌한 것임.
[2)]체중 40kg 2마리 임신, 임신 후기 및 비유 중기의 요구량임. 면양의 비타민 A의 단위는 RE/d로 계산됨.
[3)]성시체중 500kg 임신 후기 및 비유 중기의 요구량임.

다. NRC 사양표준에 나타난 번식에 필요한 비타민 요구량은 표 12.5와 같은데, 일반적으로 성장 시와 비교하여 요구량에 별 차이가 없다. 반추동물의 경우에는 비타민 B군이 장 내에서 합성되므로 녹사료의 충분한 급여와 적당한 자외선의 조사로도 번식에 별 지장이 없는 편이나, 임신 및 비유에 필요한 비타민 A, D, E에 대한 요구량을 살펴보면 표 12.6과 같다.

(1) 비타민 A와 β-carotene

모든 동물은 암수 모두 정상적인 번식활동을 위해서 비타민 A가 필요하다는 것은 오래전부터 알려진 일이다. 비타민 A가 결핍되면 수컷에 있어서는 고환 상피세포의 퇴화, 정충 생산의 감소, 더 심한 경우는 정충 생산의 중지까지 일어나게 된다. 암컷에 있어서는 자궁 상피세포의 각질화가 야기되고, 불규칙한 성주기와 발정의 중지 등이 일어난다. 특히 임신 말기에 가서 유산, 새끼의 시력장애 또는 사산이 일어나며, 이러한 비타민 A의 결핍에 의한 번식장해는 영양장애, 상피세포의 결함, 질병에 대한 저항력 감퇴 및 성호르몬 분비의 장해 등 여러 요인이 복합적으로 작용하여 나타나는 것이다.

이와 같이 비타민 A는 정상적인 번식활동을 위해서 매우 중요한 영양소이다. 비타민 A는 동물의 체내에 상당량 저장될 수 있으므로 한때 충분히 공급해 주면 그 후 한동안 공급이 부족하더라도 지탱해 나갈 수 있는 이점이 있다. 태아의 비타민 A 축적은 태반을 통한 이전이 제한되어 있기 때문에 잘 이루어지지 않는다. 그러나 모체에 비타민 A를 충분히 공급해 주면 상당량이 간에 축적되어 분만 후 비타민 A가 풍부한 초유(colostrum)를 생산하게 되므로 이를 통해 신생동물에게 비타민을 충분히 공급할 수 있다. 비타민 A와는 별도로 비타민 A의 전구물질인 β-carotene이 번식에 중요한 역할을 한다는 사실이 제시되었다. Lotthammer(1979)에 의하면 β-carotene을 적게 급여한 초임말이나 젖소에서 번식기능이 나빠졌다. 다른 대부분의 조직에 비해 소의 황체는 많은 양의 β-carotene을 함유하고 있음에도 불구하고 β-carotene이 프로게스테론의 생산을 촉진한다는 데는 다소의 이견이 있다. Chew 등(1982)은 β-carotene이 유방염의 예방에도 효과가 있다고 하였다. 소의 번식을 위해 β-carotene이 필요하다는 데는 어느 정도 공감하고 있으나 그 생리적 역할을 분명히 밝혀내는 것이 앞으로의 과제로 남아 있다.

(2) 비타민 D

임신기간 중 태아의 정상적인 골격발육을 위하여 Ca과 P의 적정량과 함께 비타민 D가 꼭 필요하다. Ca과 P의 효율적인 이용을 위해서 필요하며, 또한 이 비타민을 충분히 공급 받았던 어미의 새끼들은 분만 후에 구루병에 걸리는 비율이 낮아진다. 왜냐하면 임신기간 중 비타민 D도 태아에 축적되기 때문이다. 소의 경우에는 이 비타민의 태반 이전은 신생동물의 요구량에 충분한 양이 못 된다고 보고되었다. 반추동물이나 비반추 초식동물에 있어 태양 광선을 흡족히 쬐거나 질이 좋은 양건 목초를 급여하는 경우에는 비타민 D의 공급에 대해서 염려할 필요는 없다. 그러나 단위동물의 경우에는 추가 공급이 이루어져야 정상적인 번식활동에 장애가 없다.

(3) 비타민 E

비타민 E가 부족하면 쥐는 태내 사망 등 번식장애가 일어나며, 가금의 경우 부화율이 감소한다. 그러나 아직도 비타민 E가 번식에 필요하다는 확증은 얻지 못하고 있다. 일반적으로 임신 중 비타민 E가 부족할 때 모든 동물의 새끼에서 가끔 근육위축증이 발생하는 것을 목격할 수 있는데, 비타민 E를 급여하면 예방될 수 있다. 또한 비타민 E는 태반 이전이 가능하므로 임신 중 이 비타민을 공급해 주는 것이 바람직하다. 일반적으로 비타민 E가 풍부한 사료의 선택으로 충분히 해결될 수 있으나, 비유 시에는 추가로 공급해 주는 것이 바람직하다.

(4) 비타민 B군

임신 중에는 태아의 발육이 일어나므로 성장에 필요한 모든 비타민 B군도 정상적인 번식을 위하여 필요하다. 특히 어미 동물의 대사가 왕성해지는 임신 말기에는 더 많이 필요하게 된다. 또한 이들도 태아에 축적이 가능하기 때문에 임신 말기에는 더욱 많이 공급해 줄 필요가 있다. 정상적인 번식활동을 위한 비타민 B군의 요구량은 성장 요구량과 비교하여 일정한 경향을 보이지 않는데, 이로 보아 비타민 B군에 대한 앞으로의 연구과제가 많음을 암시해 준다.

4) 번식을 위한 광물질 요구량

이제까지 여러 영양학자들에 의해서 밝혀진 바와 같이 동물의 정상적인 번식활동을 유지하기 위해서는 여러 가지 광물질의 적절한 공급이 필요하다. 그중에서도 새끼의 조골작용에 필요한 Ca과 P, 조혈작용에 관계하는 Fe, 정상적인 발육에 필요한 I 등이 특히 중요한 비중을 차지한다. 광물질의 요구량은 특히 지역의 특수성에 따라 공급량을 증감할 필요가 있어 특정한 광물질이 결핍된 지역이나 부족한 지역에서는 공급량을 증가시켜 주어야 한다. NRC가 발표한 각 동물의 번식활동에 필요한 광물질의 요구량은 표 12.7에 나타난 바와 같다. 아직 광물질의 체외 대사작용에 관한 정확한 기전이 밝혀지지 않은 면이 많아 요구량이 결정되지 않은 광물질도 있다.

(1) 칼슘(Ca)과 인(P)

주로 태아의 골격 형성에 쓰이며 임신 말기에 그 요구량이 급증하는 광물질이다. 임신기간 중 Ca이 결핍되면 건강한 새끼의 분만율이 감소되며, 심한 경우 사산이 일어나는데 이는 자궁근육의 긴장력이 부족해지기 때문이라고 생각된다.

일반적으로 Ca은 특별히 지역적인 차이가 나타나지 않는 광물질의 하나이다. P은 성주기와 발정에 관여하며 이것이 부족하면 성주기가 불규칙해지고 발정이 중지되는 현상이 발생한다. P의 공급은 지역에 따라 결핍지대가 있어 특히 주의를 기울여야 하는데, 남아프리카 일부 지역에서는 암소의 번식률이 저조하여 P를 추가공급하였더니 번식률이 51%에서 80%로 증가했다고 한다. 그러나 수정, 임신 및 분만이 정상적이었다고 하

표 12.7 동물의 번식에 필요한 광물질 요구량(% 또는 단위/kg 사료)[1)]

광물질	닭	돼지	젖소	육우	말[2)]	면양[3)]
Ca	3.25%	0.75%	0.39%	12%	20g	5.5g
P	0.25%	0.60%	0.24%	5%	14g	3.2g
Na	0.15%	0.15%	0.10%	0.06~0.08%	10g	0.7g
K	0.15%	0.20%	0.65%	0.60%	25g	5.3g
Cl(mg)	1,300	0.12	2,000	–	40	0.5
Mg(mg)	500	0.04	1,000	0.12	7.5	1.1
Fe(mg)	45	80	50	50.00	400	48
Zn(mg)	35	50	40	30.00	400	42
Mn(mg)	20	20	40	40.00	400	30
Cu(mg)	–	5.00	10	10.00	100	8.5
I(mg)	0.04	0.14	0.25	0.50	3.5	0.6
Se(mg)	0.06	0.15	0.30	0.10	1	0.08
S(mg)	–	–	1,600	0.15	15	2.1
Cr(mg)	–	–	–	–	–	–
F(mg)	–	–	0.10	–	–	–
Co(mg)	–	–	–	0.10	0.5	0.11

[1)]NRC 사양표준: 고기소(2000), 젖소(1988), 돼지(1998), 말(2006), 양(2006), 닭(1994)에서 발췌한 것임.
[2)]체중 500kg 임신 5개월령. 단위는 g/일.
[3)]체중 40kg 2마리 임신, 임신 후기의 요구량임. 단위는 g/일.

여 Ca과 P이 번식활동에 얼마나 관여하는지는 알 수 없다. 왜냐하면 정상적인 분만이 었어도 새끼의 골조직에 병리학적 이상이 있을 수 있기 때문이다. 또한 새끼의 골격 형성 영양소가 모체의 뼈로부터 공급되기 때문에 모체의 골격이 허약해진다. 특히 어미의 입장에서 볼 때에는 분만 후 곧 비유기간을 맞이하게 되는데, 이때는 아무리 높은 수준의 Ca과 P을 공급해 준다고 하더라도 유생산에 소요되는 양이 워낙 많기 때문에 어미의 골조직으로부터 일어나는 Ca과 P의 분해를 완전히 방지할 수는 없다. 이러한 점을 고려할 때 임신기간(특히 말기)에 충분한 골격 형성 영양소를 비축할 수 있도록 하지 않으면 어미 동물에 큰 해를 끼칠 수 있다.

Ca과 P이 결핍된 사료를 모돈에 주었을 때 새끼에는 즉시 영향을 주지 않는데 이는 모체에 이미 비축된 양이 있었기 때문이었다. 그러나 이러한 상태에서 번식활동을 지속하면 약한 새끼의 분만과 사산이 점차 늘어나고 이유 시 생존수가 상당히 격감된다. 그리고 유생산도 상당히 감소되고, 결국에는 유생산이 정지되기도 한다.

Ca과 P이 부족하면 태아에서 구루병과 치아의 결함도 나타난다. 그러므로 임신한 동물의 Ca과 P의 요구량은 태아가 자라는데 필요한 이외에도 모체의 유지에 요구되는 양과 가능한 한 충분한 비축이 이루어질 수 있는 양의 총합이어야 한다. 그러나 확실한 자료를 얻을 수 있는 것은 분만 시 태아에 축적된 Ca과 P의 양인데, 이것만으로는 다음과 같은 이유 때문에 실제 요구량을 산출하기 어렵다.

① 대부분의 동물의 유지 요구량에 대한 지식이 부족하다.
② 태아와 모체의 비축에 가장 좋다고 생각되는 비축률에 대한 믿을 만한 측정치가 없다.
③ 태아 체내에 축적되는 양은 주로 임신 말기에 이루어진 것이므로 태아 성장에 필요한 1일 요구량은 태아의 평균 비축량으로부터 산출할 수 없기 때문이다.

그러나 표 12.2에서 보는 바와 같이 Ca과 P의 체내 비축이 급증하는 임신 말기에 Ca과 P의 공급량 증가는 필요한 것이라고 하겠다.

(2) 철분(Fe)

Fe은 모체 및 태아의 조혈작용에 관계하는 광물질로 임신기간 중 모체가 충분한 Fe을 공급받지 못하면 모체의 헤모글로빈 함량이 낮아져 새끼의 조혈작용이 약해져 새끼가 빈혈에 걸리게 된다. 일반적으로 Fe은 유지 시에는 재이용이 가능하여 요구량이 낮은 반면에 임신 시에는 성장할 때와 마찬가지로 새 조직 형성에 Fe이 계속 소요되므로 임신 시 Fe의 요구량은 유지 요구량의 2~3배에 달한다. 임신기간 중 Fe의 비축은 임신 말기에 급격히 증가하는데, 이는 출산 후 포유기간 중 우유에는 Fe이 부족하므로 자체 공급을 충당하기 위한 생리적인 작용이라 하겠다. 그러나 임신기간 중에는 포유기간 중에 필요로 하는 Fe을 태아에 비축하지는 못하므로 포유기간 중 Fe의 충분한 공급이 필요하다.

(3) 요오드(I)

임신기간 중 I의 공급이 결핍되면 새끼에 갑상선종(goiter)이 일어난다. 임신기간 중에는 I의 혈액 농도가 정상에 비해 거의 2배에 달하는데, 이는 임신기간 중 I의 급여량 증가의 중요성을 시사한다. 특히 I 결핍지역에서는 더욱 주의가 필요하다. NRC(1998)에서는 요오드 첨가 식염(iodized salt, 0.007% I 함유)을 사료에 2% 섞어 급여하면 육성돈이 성장하는 데 필요한 0.14ppm의 I를 공급해 줄 수 있으며, 모돈의 경우 0.35ppm의 I를 공급하였을 때 I 결핍을 막을 수 있다고 한다.

(4) 기타 광물질

Se도 동물의 번식 및 초기 성장에 매우 중요한 광물질로서, 특히 양에게서 초기 사망의 주요 원인인 백근증(white muscle disease)의 예방에 중요한 광물질이다. Se는 비타민 E와 같이 급여하면 더욱 효과가 있다. 임신기간 중 또는 포유 초기 Mg이 결핍되면 반추동물에서 목초테타니(grass tetany)가 유발되었으며, Zn이 결핍되면 어미 동물의 생식기 발달에 이상이 와서 난산과 어미 동물의 사망을 유발한다. 이 밖에도 여러 종류의 광물질이 정상적인 번식활동을 위하여 요구된다.

12.2 유생산 영양

12.2.1 유선과 비유에 관계되는 호르몬

1) 유선 발육

유선은 원래 피지선이나 한선과 같이 피부선에서 유래한 세관소포상형의 한 복합체이다. 그리고 유선은 동물의 종류에 따라 그 수가 다르지만, 보통 쌍으로 존재하며, 일찍이 태반기에 나타나지만 임신 후라야 본격적인 발육을 하게 된다. 알려진 바로는 젖을 분비하는 기능 외에 다른 기능은 없으므로 이 선을 제거해도 생명에는 아무런 영향이 없다.

출생 시부터 성성숙 바로 직전까지의 유선 발육은 미미한 정도이고, 성성숙기에 가까워지면 유선관계(duct system)의 성장이 자극된다. 소는 첫 임신을 하면 유선이 급속히 발육하고, 임신 초기까지 유선관 성장은 계속되며, 5개월째는 작기는 하지만 유선소엽(mammary lobule)이 형성되고, 6개월째 말기까지는 유선포소엽(lobule alveolar)의 발육이 광범위하게 일어난다.

그리고 마지막 수개월 동안 젖의 분비활동이 서서히 일어나는데, 이때에 축적된 분비물이 곧 초유(colostrum)이다. 분만 후 이 초유를 착유하게 되면 젖 생산량은 한동안(젖소는 약 2~6주) 증가하다가 비유가 중지될 때까지 서서히 감소한다. 비유가 중지하게 되면 유선포(alveoli)와 유선관의 축소로 인하여 유선은 위축하게 되고, 다시 임신을 하게 되면 유선의 성장이 재개되나 분비를 개시하기까지 활동을 하지 않고 남게 된다.

난소, 태반, 뇌하수체 및 유선의 활동은 서로 밀접한 관계가 있다. 유선의 성장과 기능에는 신경적인 자극이 중요하지만, 신경지배보다는 오히려 호르몬의 작용에 의해서 이루어진다. 현재 10여 개의 호르몬이 직접 · 간접으로 비유에 관여하는 것으로 알려져 있는데, 여기에서는 중요한 몇 가지에 대해서만 설명하기로 한다.

에스트로겐(estrogen)은 주로 유선관의 성장에 작용하고, 프로게스테론(progesteron)은 유선포의 성장에 작용한다. 그러나 이들 호르몬의 어느 것도 뇌하수체선으로부터 분비되는 성장호르몬(somatotropin, STH)과 프로락틴(prolactin, lactogenic hormone)의 분비가 없으면 최대의 작용은 할 수 없다. 결과적으로 유선의 완전 발육을 위해서는 뇌하수체 호르몬과 함께 에스트로겐과 프로게스테론이 필요하며, 이 두 호르몬의 비율이 중요하다. 이 비율은 동물에 따라 다르지만 보통 에스테로겐보다 프로게스테론이 훨씬 많이 요구된다. 이 외에도 부신피질자극호르몬(ACTH), 갑상선자극호르몬(TSH), 황체자극호르몬(LTH) 등도 간접적으로 유선 발육에 영향을 미치며, 태반으로부터의 분비물(태반성 유선 발육 인자)도 유선 발육에 중요한 역할을 한다.

2) 비유 개시

비유 개시는 분만시기가 가까워지면서 유선 내 상피세포의 분비활동이 갑작스럽게 증가함으로써 일어난다. 비유의 기작에 대해서는 아직 명확하게 규명되어 있지는 않지만 자궁, 난소, 유선의 작용이 관계하고 있는 것으로 알려지고 있다.

임신기간 중에는 비유가 일어나지 않는데, 임신 중에는 ① 자궁 팽창, ② 태반에서 생성된 물질, ③ 프로게스테론 또는 에스트로겐, ④ 유선의 발육 등의 이유로 비유가 일어나지 않는다는 여러 가지 학설이 있다. 그러나 이 모든 요인은 각기 독자적으로 작용하는 것이 아니고 서로 연관을 갖고 작용하는 것으로 생각되며, 가장 합리적인 학설은 유선의 발육 때문에 비유가 억제된다고 하는 것이다. 실제로 에스트로겐과 프로게스테론의 비율이 적절할 때 유선의 발육은 촉진되나, 비유는 억제된다. 분만을 하게 되면 프로게스테론의 분비가 적어져서 프로게스테론의 비율이 감소하고, 에스트로겐은 프로락틴(뇌하수체 전엽 호르몬)의 분비를 자극하여 분비된 프로락틴이 비유를 개시시킨다고 본다. 이 호르몬은 비유 개시에 직접적으로 작용할 뿐만 아니라 비유 능력을 지속하는 데에도 중요한 작용을 한다. 비유와 중요한 관계를 갖고 있는 또 하나의 호르몬은 옥시토신(oxytocin, 뇌하수체 후엽 호르몬)으로서, 이 호르몬은 젖 배출(milk-expulsion) 기작과 관계가 있다. 유선포를 둘러싸고 있고, 유선관(small duct)에 있는 근상피세포(myoepithelial cell)를 수축시켜서 이로부터 젖을 배출하게 하는 작용을 한다.

이 외 부신피질자극호르몬도 비유 개시와 비유 지속에 필요한 호르몬으로서 분만 시에는 ACTH가 증가하고 부신피질 기능이 항진된다고 한다. STH와 thyroxine은 젖 생산량에 영향을 미칠 수 있으나 비유를 위한 필수적인 호르몬은 아니다. 또한 갑상선 활성물질(thyro-active substance)은 일반적으로 젖 생산을 증가시키는 효과(galactopoietic effect)를 가졌다고 할 수 있다. 그러나 젖 생산 증가에는 기초대사율의 증가가 수반되므로 체중 감소를 막기 위해서는 사료 섭취량 증가에 유의해야 한다. 근래 가장 호평을 받고 있는 물질로서는 요오드화 카제인(iodinated casein, thyroprotein)이 있다.

젖꼭지를 빠는 자극과 유방 내 압력(자주 제거해야 함) 또한 비유를 유지하는 데 중요한 요소가 된다.

12.2.2 유생산 과정과 각종 유성분

1) 유생산 과정

젖을 분비하는 양은 새끼 분만 후 약 10주까지는 증가하다가 그 후 시간이 경과함에 따라 점차 감소한다. 이러한 변화를 나타내는 곡선을 비유곡선(lactation curve)이라고 한다. 비유 최성기에 도달하는 시기는 그 동물의 유전적 요소와 그 동물의 분만 전 영양상태 및 분만 후 사양 관리에 따라 다르나, 소의 경우에는 평균 4~8주째이다. 분만 직후 유생산량의 증가 현상은 사료 섭취량보다 더 빨리 증가하며, 따라서 비유 초기에는 젖을 분비하기 위하여 일시적으로 자기 체내에 축적된 영양소를 분해하여 이용하게 된다. 그러나 젖 생산량에 상당하는 영양소를 계속 공급해 주지 않으면 체내에 축적된 영양소만으로는 최고 생산량을 1~2주 이상 지속할 수 없다. 이러한 점에서 분만 시 모체의 영양상태는 대단히 중요하다. 또한 비유 초기에 흔히 볼 수 있는 모축의 체중 감소는 그 감소량이 너무 심하지 않거나 감소된 체중이 비유 말기와 건유기에 보충될 수 있다면 모체에 심각한 영향을 미치지는 않는다.

최고 유량에 도달한 후 젖소의 산유량은 일정한 비율로 점차 감소하는데, 이 감소율도 개체와 비유기에 따라 다르지만 재임신 후인 22주경에 더욱 급속히 떨어진다. 그러므로 재임신은 이와 같은 급속한 유량 감소와 다음 비유 전에 휴식기간을 주어야 할 필요성 때문에 비유기간의 장단을 결정하는 하나의 요인이 된다. 소의 경우는 재임신시키지 않고 착유를 계속하면 비록 유량은 감소하지만 2~3년 또는 그 이상까지도 젖을 분비할 수 있고, 6년 이상 비유를 계속한 기록도 있다.

한편 불규칙적인 착유나 불완전 착유도 유선의 활동을 약화시키고 계속되면 결국 젖 생산이 정지하게 된다. 이것은 동물을 건유하는 방법으로서도 실제 응용되고 있다. 또한 비유 초기에 충분한 영양소를 공급하지 못하였을 때에는 비록 비유 중기 이후에 충분한 영양소를 공급한다고 할지라도 산유량의 회복이 일어나기는 어렵다. 따라서 영양소 공급 수준은 비유 초기뿐만 아니라 비유 중 · 후기의 유생산량에도 큰 영향을 미친다.

산양의 비유곡선은 소와 비슷하나 사람의 경우와는 다른 점이 있다. 즉 분만 후 최고 유량에 도달하는 데 더 많은 시간이 걸리고, 한번 최고량에 달하면 그 상태가 28주 또는 40주간 계속된다.

각 산차에 따르는 유생산량을 보면, 소의 경우 5산차 중 4산차까지 대체로 비유량이 계속 증가한다. 또한 제1산차와 제2산차 사이의 건유기간이 길면 비유량이 증가하고 비유기간이 오래 지속되지만 이 사이의 건유기간이 짧으면 비유량이 감소한다. 이것은 제2산차 전에는 그 이후의 산차들에 비하여 체성장과 유선 발달이 훨씬 더 크기 때문이다. 일반적으로 다음 산차에 들어가기 전에 적당한 건유기간을 두어 영양소의 체내축적이 일어나도록 하는 것이 대단히 중요하다.

효과적인 사양관리를 통해 유생산량을 증가시키기 위해 충분한 조사료는 물론이거니와 적당량의 농후사료가 공급되어야 하는데, 농후사료 급여기준은 젖소의 유생산 능력과 급여되는 조사료의 사료가치에 따라 크게 좌우된다. 만약 모든 젖소가 같은 양의 농후사료를 공급받는다면 유생산 능력이 적은 젖소는 영양소의 과다 섭취에 의한 비만증에 걸리고, 유생산 능력이 우수한 젖소는 부족한 영양소를 보충하기 위해 체조직을 분해시킴으로써 체중이 떨어지며, 결국에 가서는 유생산량이 줄어들게 되므로, 유생산 능력에 따라 농후사료 급여량을 달리해야 한다. 최근에는 착유우에게 반추동물용 섬유질 배합사료(total mixed ration, TMR)를 급여하는 것이 일반적인데, TMR이란 소에게 필요한 영양소와 원료 사료를 모두 배합하여 한꺼번에 급여하는 것을 말한다. 이는 조사료와 농후사료를 비빔밥의 형태로 급여하기 때문에, 동물의 선택적 채식을 방지할 수 있어 반추위 발효 환경을 올바르게 유지하고, 사료섭취량을 최대로 올릴 수 있다. 이때 주의해야 할 점은 앞서 언급한 바와 같이 공급받는 영양소의 과부족을 막기 위해, 유생산능력에 따라 우군을 분리하고 각 우군별로 배합을 달리한 TMR을 급여해야 한다.

2) 유성분에 영향을 미치는 요인

유성분은 항상 일정한 것이 아니고, 여러 가지 요인에 의해 달라지기 때문에 여기에

표 12.8 각 품종에 따른 우유의 평균 성분 함량(%)

품종	지방	단백질	유당	회분
Jersey	5.18	3.86	4.94	0.70
Guernsey	5.19	4.02	4.91	0.74
Ayrshire	4.14	3.58	4.69	0.68
Brown Swiss	4.01	3.61	5.04	0.73
Holstein	3.55	3.42	4.86	0.68

서는 젖의 성분에 영향을 미치는 요인을 간단히 설명하기로 하겠다.

(1) 품종

유성분은 품종에 따라 큰 차이가 있다. 표 12.8에서 보는 바와 같이 소의 품종에 따라서 유당과 회분의 함량은 거의 같지만 유지방의 함량 변이는 매우 크다. 즉 지방 함량은 건지종(Guernsey)이 5.19%로 가장 높고, 홀스타인종(Holstein)이 3.55%로 가장 낮으나, 유당이나 회분의 함량은 가장 높은 것과 낮은 것의 차이가 각각 0.35%, 0.06%밖에 나지 않는다.

(2) 비유기간

비유기간이 진행됨에 따라 유생산량은 물론이고 지방, 무지고형물(solid not fat, SNF), 단백질, 유당의 함량이 달라진다. 이것은 유생산량이 감소할 때에는 항상 일어나는 현상으로 유생산량이 감소하면 유당의 함량이 감소하고 지방, 단백질, SNF의 함량은 증가한다.

(3) 영양소 급여 수준과 사료의 영향

영양소를 제대로 공급하지 못하면 유생산량과 유당의 함량은 감소하는 반면에 지방, 단백질, 광물질의 함량은 증가한다. 그러나 영양소의 부족 및 과잉공급에 의한 유성분의 변화는 지방을 제외하고는 그리 크지 않은 것이 보통이다. 유지방은 사료의 변화에 의해 수치가 3% 정도 변할 수 있고, 유단백질의 경우 사양관리의 개선에 따라 0.5% 정도 변화된다. 그 밖의 성분은 영양 및 사양관리에 따라 거의 변화되지 않는다.

특히 조사료를 제한하고 농후사료 급여량을 증가시키면 유지율이 감소한다. 이는 유지방의 합성을 위한 기질(초산)의 감소와 함께, 고도불포화지방산(polyunsaturated fatty acid, PUFA)에 의한 유지율감소현상(milk fat depression, MFD)에 의한 것이다. 따라서 젖소 사료에는 NDF의 함량이 최소 25% 이상이어야 하며, 조사료로부터 유래된 NDF의 함량도 최소 19% 이상이어야 한다.

사료 지방의 지방산 조성에 따라 유지방 내 지방산의 조성도 어느 정도 영향을 받으며, 단백질의 과잉 공급은 우유의 비단백태질소화합물 함량을 약간 증가시키지만, 유생산량이나 유성분에는 큰 영향을 끼치지 않는다. 그러나 비타민 A와 D는 소의 체내에서 합성되지 못하기 때문에 젖의 비타민 A, D 함량은 사료의 비타민 A, D 함량에 크게 영향을 받는다.

(4) 나이

나이가 많아지고 산차수가 증가하게 되면 유지율이나 SNF 함량이 감소한다. 5산차를 지나면 처음에 비하여 유지율이 약 0.2%, SNF가 0.4% 정도 감소하게 되는데, 이때 SNF 함량의 감소는 특히 카제인의 감소 때문이라고 한다.

(5) 계절과 온도

겨울 우유보다는 여름 우유가 지방, 단백질, 회분 함량이 낮고 유당의 함량이 높다. 이것은 계절에 따른 영향도 크지만 온도에 의한 영향도 상당히 크다. 캘리포니아 주의 여러 지역으로부터 생산되는 우유의 18가지 성분을 조사한 결과, 이들 성분의 대부분은 5~7월에 가장 낮고, 11~1월에 가장 높은 것으로 나타났으며, 이러한 원인은 계절에 따른 조사료의 상태, 비유시기에 의한 영향도 있겠으나 온도에 의한 영향이 크기 때문이라고 하였다.

(6) 유방염

유방염의 감염은 유성분을 크게 변화시킨다. 즉 유방염은 지방, SNF, 유당, 카제인, β-lactoglobulin, α-lactalbumin과 K의 성분 함량을 감소시키나, 혈청 알부민, 면역글로불린(immunoglobulin), Na, Cl의 성분 함량은 증가시킨다.

(7) 착유시간

처음 착유가 시작될 때 우유의 지방 함량(1~2%의 유지율)보다는 착유가 끝날 무렵의 우유의 지방 함량(7~9%의 유지율)이 훨씬 높다.

(8) 기타 요인

그 외에도 유성분은 유구에 따라 다르며 주위의 환경 변화, 사료의 변경, 착유자의 변경, 착유시간의 변경 등 여러 가지 요인에 따라 달라질 수 있는데, 이에 대한 설명은 유성분의 분비 편에서 다루기로 한다.

12.2.3 유성분의 분비

1) 혈액과 젖의 성분 비율

유성분의 대부분은 유선에서 합성된다. 많은 양의 혈액이 유선으로 흘러 들어가므로, 합성재료는 역시 혈액 영양소로부터 공급되는 것이다. 이 두 가지 성분을 비교해 보면 표 12.9와 같다.

대부분의 유성분은 혈액 중의 성분으로부터 유래되지만 양적인 차이뿐만 아니라 질적인 차이도 상당히 있다는 것을 알 수 있다. 유성분 중 유당, 카제인 또는 일부 지방산 등은 유선에서 합성된 것이고, 기타 광물질과 비타민은 직접 혈액에서 유입되어 온 것이라 볼 수 있다.

그리고 기타 여러 유기성분에 대해서는 유선에서 합성되는지 아니면 혈액으로부터 직접 유입된 것인지 아직 분명히 밝히지 못하고 있다.

동일 개체의 동물인 경우에는 대부분의 유성분은 거의 일정하나, 지방과 같은 것은 비유기간 중 주기적으로 그 함량이 변화되기도 한다. 즉, 유생산량이 점점 감소함에 따라 유지율은 높아지고 단백질도 비슷한 경향의 증가를 보이게 된다. 반대로 락토오스(lactose)의 함량은 약간 줄고 삼투압을 유지하기 위해 Cl의 양은 증가하게 된다. 물론 이러한 변화는 질병, 사료 섭취 중단 및 기타 여러 가지 요인들에 의해서 젖생산량이 비정상적인 감소를 할 때에도 일어나는 현상이다.

표 12.9 혈액과 젖의 성분 비교

혈액(%)		젖(%)	
수분	91.0	수분	87.0
포도당	0.05	유당	4.90
혈액 albumin	3.20	Lactalbumin	0.52
혈청 globulin	4.40	Lactoglobulin	0.20
지방	0.06	지방	3.70
인지방	0.24	인지방	0.10
Ca	0.009	Ca	0.12
P	0.011	P	0.10
Na	0.34	Na	0.05
K	0.03	K	0.15
Cl	0.35	Cl	0.11
Citric acid	미량	Citric acid	0.20

일반적으로 사료는 유성분 변화에 큰 영향을 미치지 못한다. 특수한 경우에는 유지율이 영향을 받는데, 이것은 뒤에서 설명하기로 한다. 오랫동안 영양소 부족상태가 지속되면 SNF의 함량이 저하되는데, 이는 단백질 또는 어떤 특수한 영양소의 부족보다는 오히려 에너지 섭취량 부족이 원인이 된다. 그리고 젖 속의 어떤 비타민 함량은 사료의 종류에 따라 큰 영향을 받게 되나, 주요한 광물질의 함량은 영향을 받지 않는다.

젖 분비 기전에 대해서는 아직도 완전히 알려져 있지 않다. 젖의 분비는 계속적인 현상이므로 어느 시간이 지나면 유방 내에 젖이 꽉 차게 됨에 따라서 내압이 증가하게 된다. 유방 내 압력이 증가하게 되면 분비율이 저하되고 더 오래가면 분비가 중지된다. 되도록 우유를 자주 짜야 더 많은 우유를 얻을 수 있다는 이론적인 근거는 여기에 있다. 젖내림(milk-let-down)이 어떻게 시작되느냐에 대해서도 여러 가지로 설명되고 있으나 모두 만족스러운 것이 못 된다. 가장 널리 인정되어 온 것은 사람이 유방 피부나 유두를 물수건으로 닦으면 유방과 유두의 말초신경을 자극하게 되는데, 이 자극이 뇌하수체후엽을 자극하여 옥시토신을 분비하게 하고, 이 호르몬이 젖을 유선포와 유선관으로부터 흘러나오게 자극한다는 것이다.

젖에 들어 있는 여러 가지 성분의 분비에 대하여 지금까지 알려진 바를 요약하여 설명하면 다음과 같다.

2) Lactose의 분비

혈액 속에 있는 글루코오스가 락토오스의 전구물질이라는 것은 오래 전부터 알려진 사실이다. 착유우의 유선정맥혈은 체정맥혈보다 글루코오스의 함량이 18%나 적다. 한편 건유기에 들어간 젖소로부터는 별 차이를 발견하지 못하였다는 점에서 글루코오스가 주된 락토오스의 전구물질임을 알아냈다. 즉 락토오스는 한 분자의 글루코오스와 또 한 분자의 갈락토오스(galactose)와의 결합체인데, 혈액 내 글루코오스가 락토오스의 글루코오스 분자뿐만 아니라 갈락토오스의 전구물질이다. 이러한 결과는 동위원소를 이용한 실험으로 확인되었으며 glycogenic 지방산인 프로피온산(propionic acid)과 뷰티르산(butyric acid)도 글루코오스를 경유하여 락토오스 구성분자로 쓰일 수 있다는 것이다.

글루코오스로부터 락토오스가 합성되는 과정은 그림 12.1에서 보는 바와 같다. 글루코오스로부터 갈락토오스로 전환되는 과정에는 uridine diphosphate-glucose-4 epimerase와 uridine diphospho-glucose(UDPG)가 관여한다.

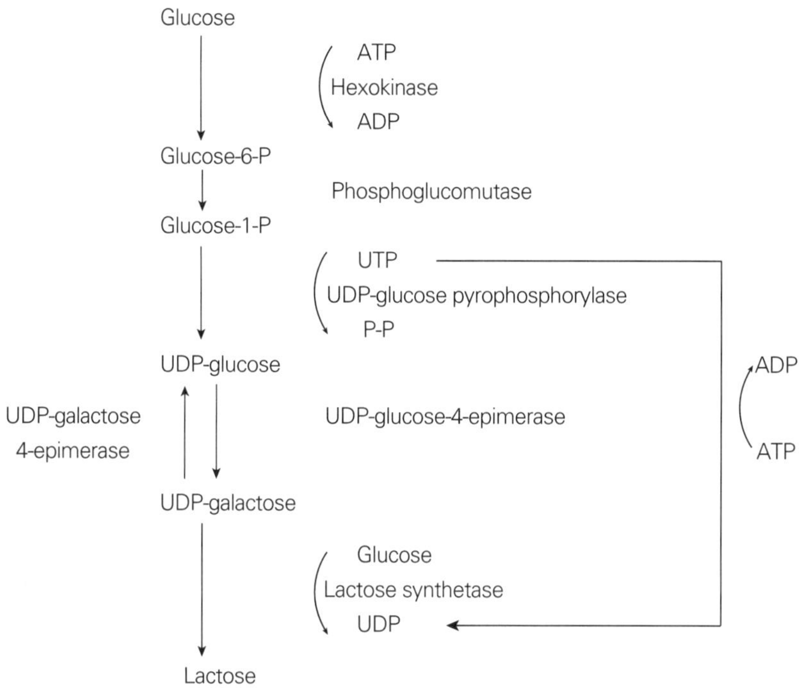

그림 12.1 락토오스의 합성

3) 지방의 분비

유지방은 사료의 주성분인 탄수화물, 지방 및 단백질로부터 합성된다. 혈청에는 적어도 세 가지 형태의 지방이 존재한다. 그것은 중성지방(neutral fat), 인지방(phospholipid), 그리고 콜레스테롤이다. 한때 인지방이 흡수 · 분리되어 유지방과 우유에 인을 제공하는 것으로 믿어 왔으나, 후에 밝혀진 바에 따르면 상당량의 중성지방이 그대로 흡수되어 유지방의 구성 성분이 된다는 것이다.

또한 초식동물 젖의 특색은 C_4~C_{14}에 이르는 저급지방산이 많이 함유되어 있다는 점이다. Isotope technique과 mammary tissue slice를 이용해서 연구한 결과에 따르면 반추동물인 경우, 초산(acetate)이 주된 저급지방산의 전구물질임을 밝혀냈다. 즉 뷰티르산(butyric acid)으로부터 팔미트산(palmitic acid)에 이르기까지는 초산(acetate)으로부터 생성되고, 그 이상의 지방산인 스테아르산(stearic acid)과 올레산(oleic acid)은 주로 혈액으로부터 직접 흡수되는 것으로 보인다. 비반추동물의 실험에서는 지방합성에 약 40%의 acetate와 60%의 포도당이 사용되었다고 한다.

지방은 유성분 중 변이가 심한 성분으로서 품종에 따라 다를 뿐 아니라 개체에 따라서도 유지율은 다르다. 그러므로 유지율은 선천적 특성을 지닌 것이라고 할 수 있다. 그 외 유지율은 착유 때마다, 그리고 유구에 따라서 다를 수 있고, 착유가 진행됨에 따라 유지율이 증가하게 된다. Guernsey의 경우, 전착유량 중에도 처음 짜낸 우유의 유지율은 1%에 지나지 않으나, 마지막에 짠 30%의 우유에 들어 있는 유지율은 10%나 되었다. 앞에서도 설명하였듯이 유지율의 주기적 변화는 유생산량과 반비례의 관계가 있다. 그러므로 기후, 주위 환경, 착유자의 변경 또는 사료 급여 정지 등 여러 요소로 유생산량이 감소하면 유지율은 증가하게 된다. 이러한 반비례적 관계는 전 비유주기에서도 나타나는데, 유생산량이 최고에 도달한 후 점차 생산량이 감소함에 따라 유지율은 증가하는 경향이 있다. 유지율은 또한 계절에 따라서도 변화하는데, 겨울에는 여름보다 유지율이 높다. 여기에서는 대기온도가 변화를 초래하는 중요한 요소인데, 일반적으로 온도가 낮을수록 유지율은 높아진다. 이러한 유지율의 심한 변이 때문에 많은 학자들은 사료와의 관계에 대해 깊은 관심을 갖게 되었다. 그러나 유지율을 변화시키려면 극심한 사료의 변화가 있어야 한다. 그러므로 이런 방법은 일반적으로 실용화될 수 없다. 만약 사료에 지방이 적당히 함유되어 있으면 유생산량은 증가하게 된다. 그러므로 사료의 지방은 유지율보다는 오히려 유생산량과 더 관계가 있으며, 아직도 지방 섭취량이 유지율에 영향을 준다는 증거는 제시되고 있지 않다.

일반적으로 농후사료에 지방 함량이 4% 정도면 적당하다고 하며, 섭취량의 감소를 막기 위해 8% 이내로 한다. 사료의 지방 함량이 유지율에는 크게 영향을 미치지 않는다고 하더라도 유지방의 화학적 조성은 변화시킬 수 있으며, 고도불포화 지방산의 경우 유지율을 떨어뜨릴 수 있다. 예를 들면 간유를 1일 20g씩 먹이면 유지율이 30%나 떨어진다는 것이다. 이 밖에도 곡류나 펠릿팅한 사료는 유지율을 저하시킬 수 있다.

4) 단백질의 분비

우유에는 많은 종류의 우유 단백질이 존재하고 있으나, 그중 대표적인 우유 단백질 여덟 가지에 대하여 그 종류와 특성을 보면 표 12.10과 같다. 이 표에 나타나 있는 단백질이 전체 우유 단백질의 97%를 차지하고 있다.

^{14}C isotope를 이용한 실험에서 밝힌 바에 의하면 α-casein, β-casein, β-lactalbumin 그리고 α-lactoglobulin은 비슷한 ^{14}C activity를 갖고 있고, 혈액 내에서는 이런 단백질이 없는 것으로 보아 유선에서 공통된 amino acid pool로부터 이런 단백질이 합성되었

표 12.10 우유 단백질의 종류와 특성

단백질의 종류	우유 단백질 중 함유량(%)	PI[1]	기타 특성
α-Casein	45~63	4.1	1% phosphorus
β-Casein	19~28	4.5	0.6% phosphorus
γ-Casein	3~7	5.8~6.0	0.11% phosphorus
β-Lactoglobulin	7~12	5.18	1.1% cysteine
α-Lactalbumin	2~5	4.1~4.8	7% tryptophan
Serum albumin	0.7~1.3	4.7	우혈액 albumin과 동일
Pseudoglobulin	0.6~1.4	5.6	
Euglobulin	0.8~1.7	6.0	Antibody를 함유, 초유에 특히 많음 Hexose와 hexosamine을 함유

[1]Isoelectric point.

다는 것을 알 수 있다. 면역글로불린과 milk serum albumin은 혈액에 있는 단백질과 같으므로 직접 혈액에서 유입된 것으로 볼 수 있다. γ-casein은 글로불린과 그 특성이 비슷하여 초유에 많이 함유되어 있는 것으로 보아 이것도 이미 혈액에 존재되었던 단백질로 간주할 수 있다. 그리고 혈장 중에 들어 있는 아미노산은 우유에 들어 있는 아미노산의 중요한 전구물질이 되며, isotope를 이용한 연구를 근거로 계산된 바에 의하면 카제인에 있는 비필수아미노산의 약 50%가량은 유선에서 합성된 것이 아니고, 혈액으로부터 이전된 것이라고 한다. 또한 Kleiber 등이 isotope로 실험한 결과를 보면 글루코오스, 초산, 프로피온산 등도 카제인에 들어 있는 비필수아미노산을 합성하는 전구물질로 쓰인다고 한다.

5) 광물질의 분비

젖 속에는 30종 이상의 광물질이 존재하고 있는데 대부분은 극히 미량으로 존재하고 있다. 이들은 전부 혈액으로부터 유래된 것이고, 그중에는 약간 화학적으로 변형되어 존재하고 있는 것도 있다. 이 가운데 중요한 것은 표 12.11에 제시된 것인데, 이들의 함량은 혈액의 그것과 상당한 차이가 있다. 즉, 젖에 있는 Ca은 혈액보다 13배, P은 9배, K은 3배가 많고, 반면에 Na은 0.14배, Cl은 0.33배밖에 되지 않는다. 그러므로 유선은 이러한 고도의 선택적 분비작용을 한다는 것을 알 수 있다.

젖 속에 있는 중요 광물질의 양은 거의 일정하며, 전 비유 과정 동안 거의 변화하지 않는다. 젖 속의 Ca, K, Na, Cl, Fe, Ni, Mg, P 등은 사료 내 함량에 의해 영향을 받지 않으나 Zn, Co, Cu, Mn 등은 사료에 부족하게 되면 젖 속의 그 함량이 감소하고, 또한

표 12.11 유우의 초유와 상유의 성분 비교

성분	초유	상유
고형분(%)	20.64	11.4
지방(%)	6.85	3.2
무지 고형분(%)	13.61	8.2
단백질(%)	10.00	3.0
Casein(%)	3.51	2.6
Albumin + globulin(%)	6.30	0.4
유당(%)	2.71	5.0
광물질(%)	0.91	0.7
Vitamin A(IU/100mL)	1,000~2,500	200
Vitamin E(μg/g fat)	400	50
Thiamin(μg/100mL)	60~100	30~40
Riboflavin(μg/100mL)	350~750	110~150
Niacin(μg/100mL)	80~100	80~100
Pantothenic acid(μg/100mL)	200	350
Biotin(μg/100mL)	2~8	2~8

젖 속의 I 함량은 사료 내 함량에 따라 크게 변동한다. 그리고 젖은 Cd와 Hg이나 Se의 분비효율이 매우 낮다. 젖소가 0.99, 2.02, 3.02, 6.01mg의 Se을 섭취한 양과 젖 속의 함량 간에 정의 상관관계가 있지만, Se이 젖 속으로 이동되는 것은 대단히 비효율적이다. 돼지의 경우 사료에 Se을 0.1mg/kg 첨가할 때 젖 속의 함량은 2배로 되지만, 이유한 자돈(4주령)에 축적된 양은 매우 빨리 소모된다. 그래서 모돈에 Se과 비타민 E를 요구량에 맞추어 급여할 때에도 이유자돈에는 셀레늄 결핍증이 일어날 수 있다.

6) 비타민과 색소의 분비

비타민이나 이의 전구물질은 유선에서 합성되는 것이 아니고, 혈액에서 직접 유입된다. 반추동물의 반추위에서 생성된 비타민들은 거의 일정량이 젖에 함유되어 있으나, 비타민 A와 D는 사료 내 함량에 의해서 많이 좌우된다.

우유에는 또한 카로틴(carotene) 등의 지용성 색소가 함유되어 있는데 사람, 양, 돼지의 젖에는 들어 있지 않으나 소의 젖에는 상당히 많은 양이 들어 있다. 이는 또한 프로비타민 A로서 중요하다. 그 외 클로로필(chlorophyll)은 대부분 소화관에서 파괴되며, 크산토필(xanthopyll)도 마찬가지로 분해되어 젖 중에는 아주 미량만이 존재하게 된다. 수용성 색소로서 중요한 것은 리보플라빈(riboflavin)이 있는데 이것은 비타민 B군의 일종으로서 또한 중요하다.

7) 초유

분만 후 처음 며칠 동안 유선으로부터 분비되는 젖을 초유(colostrum)라고 한다. 이것은 상유에 비해서 황색미가 강하고, 고형물, 광물질, 단백질, 비타민 등의 함량이 훨씬 높으며, lactose의 함량은 낮다. 고형물 상태로 비교하면 단백질, 지방, 회분의 함량은 상유의 그것보다 2배나 많으며, 락토오스는 1/3에 불과하다. 초유의 단백질 함량은 약 17%인데, 주로 알부민과 글로불린으로 되어 있다(상유에는 이들의 함량이 매우 낮다). Lactoglobulin은 어린 짐승에게 면역체(immune body)를 공급해 주고, 따라서 질병에 대한 저항력을 길러 준다.

영양적으로 초유는 출생 직후의 어린 동물에게 필요한 비타민과 광물질을 상유보다 많이 공급할 수 있으므로 대단히 중요하다. 처음 짠 젖에는 상유보다 10배의 카로틴, 6배의 비타민 A, 3배의 리보플라빈 등이 들어 있으며 철분, 티아민(thiamin), 비타민 D

표 12.12 돼지의 초유와 상유의 성분 비교

성분	초유	상유
고형분(%)	25.76	19.89
지방(%)	4.43	8.25
무지 고형분(%)	21.33	11.64
단백질(%)	17.77	5.79
유당(%)	3.46	4.81
광물질(%)	0.63	0.94
Ca(%)	0.053	0.25
P(%)	0.082	0.166
Fe(μg/100g)	265.0	179.0
Cu(μg/100ml)	–	20~134
Vitamin A(IU/g fat)	17.1	11.0
Vitamin D(IU/g fat)	–	0.55
Vitamin C(mg/100ml)	30.06	13.0
Thiamin(μg/100ml)	96.8	67.7
Fiboflavin(μg/100ml)	135.0	137.0
Niacin(μg/100ml)	165.0	836.0
Pantothenic acid(μg/100ml)	130.0	427.0
Pyridoxine(μg/100ml)	2.5	20.0
Biotin(μg/100ml)	5.3	1.4
Vitamin B_{12}(μg/100ml)	0.15	0.17

등도 많이 들어 있다.

이와 같이 그 면역성과 특수한 영양가 때문에 출생 직후 어린 동물을 위해 초유의 급여는 매우 중요한 것이다. 출생 후 며칠이 지나면 차차 상유와 비슷해지는데 젖소의 경우에는 약 1주일, 돼지는 3일이 지나면 상유가 된다. 젖소와 돼지의 초유와 상유의 성분을 비교해 보면 표 12.11, 표 12.12와 같다.

12.2.4 유생산을 위한 영양소 요구량

젖을 생산하는 소를 기를 때에는 유지 요구량 외에, 우유를 생산하는 데 쓰이는 영양소와 대사 중에 일어나는 손실을 보충해 줄 만큼의 양을 추가로 공급해 주어야 한다. 비유에 요구되는 양은 그 동물의 유생산량과 성분을 알 때만 계산이 가능하며, 여기에서는 주로 젖소에 대해서만 설명하기로 하겠다.

1) 유생산을 위한 에너지 요구량

표 12.13은 유지방이 서로 다른 우유의 평균 성분을 나타낸 것인데, 여기에서 보면 지방의 함량이 증가함에 따라 단백질과 광물질의 함량이 증가되나, 유당의 함량은 감소하는 경향을 나타내고 있다. 그러나 지방 함량과 더불어 특히 증가되는 것은 우유 에너지가이다. 이 표가 제시하는 바는 우유 생산을 위한 단백질과 에너지 요구량은 반드시 우유의 성분에 기초를 두고 산출하지 않으면 안 된다는 것이다.

유지율이 증가함에 따라 단백질과 에너지 함량이 증가하므로 유지율을 알면 이 두 성분의 함량을 계산할 수 있는 공식을 작성할 수 있다. 유지율은 Babcock test에 의해 쉽

표 12.13 지방 함량에 따른 유성분

지방 (%)	단백질 (%)	유당 (%)	회분 (%)	에너지 (kcal/100g)	총고형분 (%)
3.0	2.7	4.90	0.67	62	11.27
3.5	2.9	4.89	0.68	68	11.97
4.0	3.1	4.87	0.70	73	12.67
4.5	3.3	4.85	0.72	79	13.37
5.0	3.5	4.83	0.74	85	14.07
5.5	3.7	4.82	0.75	91	14.77
6.0	3.9	4.81	0.76	96	15.47

게 얻을 수 있으나, 단백질과 에너지를 결정하는 데에는 시간과 비용이 많이 들기 때문이다.

유지율이 다른 우유의 성분으로부터 다음과 같은 공식을 만들어 지방 함량으로부터 에너지가를 계산할 수 있다. 이것은 유지율이 다른 모든 우유를 4%의 유지율로 환산하여 계산하는 것으로서 그 공식은 다음과 같다.

$$4\%\ 우유 = 0.4M + 15F$$

여기에서 M은 우유의 무게이고, F는 지방의 무게(우유의 무게 × 유지율)로서 이 식으로 환산한 우유의 수치를 유지율보정유(fat corrected milk: FCM)라고 한다. 이 식에 의하면 유지율이 5%인 우유 45kg은 유지율이 4%인 우유 51.75kg과 같은 에너지를 갖고 있으며, 3%의 우유 45kg은 4% 우유 38.25kg과 같다.

코넬대학교의 Reid(1965)는 이상과 같은 이론에 근거를 두고 우유의 성분으로부터 에너지가를 산출하기 위한 공식을 만들었는데, 지방과 SNF로부터 산출하는 것이 여러 가지 방법 중 가장 오차가 적다고 하였다. 이들이 발표한 에너지를 산출하기 위한 공식을 아래에 소개한다.

① $E = 41.63(\%F) + 24.13(\%P) + 21.60(\%L) - 11.72$
② $E = 40.72(\%F) + 22.65(\%P) + 102.77$
③ $E = 34.66(\%TS) - 110.13$
④ $E = 41.01(\%F) + 163.56$
⑤ $E = 19.62(\%F) + 22.24(\%TS) - 25.82$
⑥ $E = 41.14(\%F) - 22.29(\%SNF) - 27.58$

여기에서 E = 에너지가(kcal/1b milk), %F = 지방률, %P = 단백질%,
%L = 유당%, %TS = 전고형분%, %SNF = 무지고형물%

(1) 대사시험에 의한 결정

젖소의 에너지 균형시험을 했던 많은 사람들은 우유의 에너지 함량과 우유로 분비된 사료 에너지의 비율을 근거로 에너지 요구량을 산출하였다. Kellner가 행한 3개의 에너지 균형시험과 펜실베이니아 대학 영양학연구소에서 행한 11개의 에너지 균형시험의 결과에 의하면 우유 생산을 위한 ME의 평균이용률은 69.3%였다고 한다. Forbes와 Kriss는 이것을 근거로 에너지 함량이 다른 우유 0.45kg의 생산에 필요한 요구량을 계산하였는데, 이때 TDN 1kg의 에너지가를 3,555kcal(14.87MJ)로 보았다. 또한 우유에 들어 있

표 12.14 산유에 요구되는 TDN 추가량(kg)

산유량(1일 kg FCM)	TDN 추가량	산유량(1일 kg FCM)	TDN 추가량
10	0.317	60	0.346
20	0.322	70	0.353
30	0.327	80	0.361
40	0.333	90	0.370
50	0.339	100	0.380

는 에너지와 유지방의 관계로부터 에너지 요구량을 TDN으로 표시하였다. 예를 들면 유지율이 3%인 우유 1kg을 생산하는 데 요구되는 TDN량은 0.251kg, 유지율이 4%인 우유 1kg을 생산하는 데에는 0.30kg의 TDN이 추가로 요구된다는 것이다. 이들이 정한 요구량은 실제 능력이 높은 젖소에게는 약간 부족하다는 것이 Reid에 의해서 지적되었다. Reid는 TDN 요구량이 그 보다는 많아야 한다고 다음과 같이 주장하고 있다. 1kg의 4% FCM 생산을 위해 0.3kg의 TDN이 필요하다는 것은 다음과 같이 산출되었다.

1kg의 4% FCM의 에너지가는 755kcal(3,159kJ)이고, 70%의 유지 요구량 이상의 ME가 우유로 나가므로 실제 요구되는 ME량은

$$755\text{kcal} \div 0.70 = 1{,}079\text{kcal}$$

1kg의 TDN이 3,575kcal을 가졌다고 하면

$$1{,}079 \div 3{,}575 = 0.3\text{kg TDN/kg 4\% FCM}$$

그러나 이들의 주장에 의하면 1년에 4%의 FCM 5,000kg을 생산하는 젖소에 대하여서는 4% FCM 1kg당 0.5kg의 TDN을 추가로 공급해야 한다고 한다. 그 가장 큰 이유는 채식량이 증가될수록 소화율이 떨어지므로 급여 수준이 높을 때에는 TDN의 이용성이 떨어지기 때문이다. Moe 등에 의하면 젖소의 사료섭취량을 유지에 필요한 사료 섭취량의 2배, 3배, 4배, 5배로 증가시킬 때, 사료 섭취량이 한 배씩 증가함에 따라 4%의 TDN 저하가 있다고 하였다. 또한 이들은 636kg 되는 젖소의 경우에 유지 요구량에다 1kg의 FCM당 표 12.14와 같은 TDN의 추가 공급이 있어야 한다고 하였다. 여기에서 특이한 사항은 생산능력을 고려하여 TDN의 추가 공급이 이루어진다는 점이다.

(2) 사양시험

일반적으로 널리 쓰이고 있는 사양표준에 규정된 우유 생산에 필요한 에너지 요구량

은 주로 사양시험으로부터 결정된 것이다. 이러한 시험의 일반과정은 다음과 같다.

① 각 시험구의 사료 섭취량 기록
② 각 시험구의 우유 생산량 기록
③ 장기간에 걸쳐 자기 체중을 유지하면서 가장 생산 성적이 좋았던 시험구의 총요구량 결정
④ 건유기에 들어가서 같은 소 또는 다른 소를 이용하여 유지에 필요한 요구량 결정
⑤ 그러면 총요구량 – 유지 요구량 = 우유 생산을 위한 요구량이 된다.

미국에서는 이렇게 해서 얻은 결과를 소화시험을 겸해서 얻었거나 또는 소화계수를 사용하여 산출한 TDN을 흔히 사용하였다.

생산에 필요한 영양소 또는 에너지 요구량은 반드시 그 생산물의 양과 성분에 따라 달라야 한다. 이와 같은 이론을 잘 반영하여 신빙성이 있다고 믿어지는 것은 역시 NRC 사양표준(2001)이다. NRC 사양표준에는 유지율에 따른 에너지 요구량을 NE_l로 표시하고 있다. 우유 내 각 영양소의 함량과 각 성분의 연소열가를 기초로, 우유의 NE_l는 아래의 공식으로 산출한다(NRC, 2001).

$$NE_l(\text{Mcal/kg DM}) = 0.0929 \times \text{유지방\%} + 0.0547 \times \text{유조단백\%} + 0.0395 \times \text{유당\%}$$

한편 NRC(2001)가 설정한 비유 시 에너지 요구량을 78% TDN 사료로 급여했을 경우 에너지가로 나타내면 표 12.15와 같다. 이전 NRC(1988)에서는 젖소의 에너지 요구량을 1일 에너지 요구량 및 우유 1kg을 생산하는 데 필요한 에너지 요구량을 각각 수록했지만, 최근 개정된 NRC(2001)에서는 이 항목들을 계산하여 표 12.15와 같이 나타냈다. 표 12.16은 이전 NRC(1988)에 수록된 각 유지율에 따른 우유 1kg을 생산하는 데 필요한 에너지 요구량을 나타낸 표이다.

실제에 있어서 젖소가 우유를 최고로 생산할 때에는 젖소가 필요로 하는 양만큼 충분한 에너지를 공급해 준다는 것이 불가능하다. 그러나 이 때에는 에너지 공급이 불충분하다고 유생산이 억제되는 것이 아니고, 부족된 양은 체조직으로부터 조달하여 이용한다. 이러한 이유로 임신 말기에 모체의 영양을 좋게함으로써 비유기간 동안 모체의 손실을 적게 해 준다는 것은 대단히 중요한 것이다. 그렇다고 해서 임신 말기에 너무 비만해져서도 안 된다.

표 12.15 NRC(2001)에 설정된 비유 중기 젖소의 에너지 요구량(체중 680kg, 78%TDN 사료)

1일 우유 생산량(kg)	유지율(%)	NE_l(Mcal)
35	3.0	33.2
35	3.5	34.8
35	4.0	36.5
45	3.0	39.7
45	3.5	41.8
45	4.0	43.8
55	3.0	46.1
55	3.5	48.7
55	4.0	51.2

이 표에 쓰인 사료는 15% immature legume shelled corne silage, 33% normal corn silage, 34% ground high moisture shelled corn, 12% soybean meal, 2.5% tallow, 1.5% menhaden fish meal, and 2% mineral and vitamin mix.

표 12.16 유지율에 따른 우유 1kg을 생산하는데 필요한 에너지 요구량(NRC, 2001)

유지율(%)	DE(Mcal)	ME(Mcal)	NE_l(Mcal)	TDN(kg)
3.0	1.23	1.07	0.64	0.280
3.5	1.33	1.15	0.69	0.301
4.0	1.42	1.24	0.74	0.322
4.5	1.51	1.32	0.78	0.343
5.0	1.61	1.40	0.83	0.364
5.5	1.70	1.48	0.88	0.385

(3) 비유에 있어서 사료 지방의 중요성

알려진 바에 따르면 저지방 사료, 즉 지방을 제외하고 이에 해당하는 에너지 양을 전분으로 충당한 사료를 급여할 때 유생산량이 감소한다. 지방 함량이 높은 사료가 지용성 비타민을 많이 가졌기 때문이 아니고, 그러한 사료가 유생산을 위해 DE가 더 효과적으로 쓰일 수 있기 때문이다. 그 이유는 사료의 지방 함량을 증가하면 열량증가(heat increment)가 적어지기 때문이다.

2) 유생산을 위한 단백질 요구량

유생산을 위한 최소 단백질요구량은 우유에 분비된 양에다 이에 수반되는 분해작용 및 분비작용 중 손실된 양을 더한 양이다. 이 최소요구량을 실제 단백질 요구량으로 계산할 때에는 소화와 대사과정에서의 손실도 감안해야 한다.

표 12.17 비유 중인 젖소의 유지를 위한 1일 단백질 요구량(NRC, 2001)

체중(kg)	MP(g)	체중(kg)	MP(g)
450	401	700	548
500	432	750	575
550	462	800	602
600	491	850	628
650	520	900	654

일반적으로 젖소에서의 단백질 요구량은 대사단백질로 표시한다. 대사단백질이란 반추동물이 소장에서 흡수·이용할 수 있는, 즉 대사할 수 있는 단백질을 말하며 미생물 유래 및 반추위 미분해 단백질 유래로 나뉜다. 유생산을 위한 단백질 요구량 또한 대사단백질로 표시하는데, NRC(2001)에서는 유량에 유단백률을 곱한 수치로 유생산을 위한 정미 단백질을 계산하고 이에 대사단백질이 유생산에 이용될 때의 효율인 67%을 감안하여 유생산을 위한 대사단백질 요구량을 설정한다. 예를 들어 유량이 45kg이고 우유 내 순단백질의 함량이 3.0%인 경우 우유생산을 위한 정미단백질 요구량은 45kg× 0.03=1,350g이고, 이를 위한 대사단백질 요구량은 1.20kg÷0.67= 2,015g이 된다. 이 수치에 유지를 위한 대사단백질 요구량을 더하면 표 12.4에 나타난 비유기 젖소의 대사단백질 요구량이 된다.

유지를 위한 대사단백질 요구량은 세 부분으로 나뉘는데, 피부 조직(피부, 털 등)의 재생산을 위한 단백질, 뇨로 배출되는 단백질, 분으로 배출되는 단백질(내생질소, 미생물)이다. NRC(2001)에서는 각각의 부분을 예측하여 유지를 위한 대사단백질 요구량을 설정한다. 이렇게 설정된 비유 중인 젖소의 유지를 위한 1일 대사단백질 요구량이 표 12.17에 나타나 있다.

3) 유생산을 위한 비타민 요구량

비타민은 비유라는 생리적 과정에 필수영양소일 뿐만 아니라, 우유의 중요 구성 성분이라는 점에서 매우 중요한 영양소이다.

(1) 비타민 A

젖소는 조사료로부터 비타민 A를 전적으로 카로틴태로 공급받는다. 그런데 일부는 카로틴태 그대로, 일부는 비타민 A로 전환되어 우유로 분비된다. 우유의 황색소는 카로틴 때문이라고 말할 수 있으나, 이것이 곧 전체 비타민 A 역가를 나타내는 것은 아니

표 12.18 계절에 따른 우유 중 비타민 A 또는 카로틴의 함량 변화

월 또는 계절	함량	월 또는 계절	함량
3월, 4월	3.2μg carotene 7.4μg vitamin A (1,040IU/kg)	9월	10.1μg carotene 13.1μg vitamin A (2,053IU/kg)
겨울 버터	54,126IU/kg	여름 버터	87,083IU/kg
겨울 우유	1,167IU/kg	여름 우유	1,843IU/kg

다. 예를 들면 Jersey나 Guernsy 젖은 Holstein보다 더 황색을 띠는데, 이들 소는 카로틴의 비타민 A로의 전환이 매우 낮아서 카로틴 그대로 우유에 많이 분비되는 반면 Holstein은 거의 비타민 A의 형태로 우유로 분비한다. 따라서 우유 비타민은 사료의 비타민 함량에 따라 큰 영향을 받게 되는데, 초지에서 방목한 소의 젖에는 비타민 A가 많이 들어 있다. 그리고 잘 조제된 건초 또는 사일리지를 먹인 소의 젖에도 비타민 A가 많이 들어 있다. 또한 비타민 A의 함량은 계절에 따라서도 다른데, 일반적으로 여름 젖은 겨울 젖보다 더 많은 비타민 A를 가지고 있다. 표 12.18에는 계절에 따른 우유 중 비타민 A 함량의 변화가 나타나 있다.

새끼를 기르는 데 부족함이 없는 비타민 A를 젖이 함유하도록 하기 위해서는 어미에게 충분한 비타민 A를 공급해 주어야 한다. 어린 송아지가 다른 사료를 먹어서 비타민 A를 공급받을 수 있는 능력이 생길 때까지는 젖 속에 들어 있는 비타민 A만을 유일한 공급원으로 삼기 때문이다. 어린 동물이 체내에 비타민 A를 축적하는 능력은 약하나, 임신기간 중 모체가 비타민 A를 충분히 공급받았으면 출생 후에 젖을 통해 송아지에게 공급하게 된다. 그래서 송아지의 반추위를 조기에 발달시켜 되도록 일찍 푸르고 잎이 많은 조사료를 공급하는 일은 대단히 중요하다.

성장을 완료한 동물도 비타민 A를 필요로 하고, 또 비유 중인 동물도 비타민 A를 많이 요구하는데, 젖 중에 많이 분비되는 것 외에 무슨 특수한 작용이 있는지는 아직 모르고 있다. 비타민 A를 필요 이상 다량으로 급여하는 것은 유량 증가에는 영향이 없으나, 우유 중의 비타민 A 함량은 높일 수 있다. Ronning 등은 번식에 필요한 양은 생체 100kg당 19mg의 카로틴이면 충분하다고 하였다. NRC의 사양표준(양, 돼지, 육우)에서는 어린 동물의 영양상 필요한 양만을 표시해 놓았고, 젖소의 경우에는 최대의 우유를 얻을 수 있는 양, 즉 사료 1kg 중 3,200IU로 명시해 놓았다.

(2) 비타민 D

태양광선하에서 제조한 건초, 간유, 효모, Ca 공급제, P 공급제 등이 비유를 위하여 필요한 것은 사실이나, 비유 초기에 일어나는 Ca과 P의 음균형은 막기 어렵다. 비타민 D는 햇볕이 있는 야외에서 기르는 동물에 대해서는 따로 공급해 줄 필요가 없다.

분만 전 3~8일 동안 비타민 D를 다량 급여(200,000,000IU vitamin D/day)하면 milk fever를 방지하는 데 큰 효험이 있으나 이 수준으로 계속 급여할 경우에는 독성이 유발될 수도 있다. 연중 매일 농후사료 1kg당 70,500IU의 비타민 D의 투여도 milk fever의 발병을 방지하는 데 큰 도움이 된다.

젖만으로는 어린 동물의 성장에 필요한 비타민 D를 충분히 공급할 수 없다. 젖에 들어 있는 비타민 D 함량은 품종 또는 환경에 따라 다른데, 예를 들면 건지종(Guernsey)의 젖(4.9~44.8USP/kg)이 홀스타인종(Holstein)의 젖(3.2~28.7USP/kg)보다 많은 비타민 D를 함유하고 있다. 비타민 D 함량은 계절과도 관계가 있어서 여름에 가장 높고, 겨울에는 최저에 달한다. 결국 일조시간의 장단과 관계가 있는 듯하다. 한 시험 결과에 의하면 간유를 젖소에게 먹여도 어린 송아지의 구루병을 막지 못하고, 조사(irradiation) 역시 우유의 비타민 D 함량을 증가시키지 못하였다고 한다. 비타민 D의 공급을 높이는 방법은 다음과 같다.

① 우유를 직접 조사한다.
② 소에게 조사된 효모를 많이 먹인다.
③ 간유 또는 7-dehydrocholesterol 등을 직접 우유에 첨가한다(가장 널리 쓰이는 방법이다).

비유 중인 젖소에 대한 NRC(2001)의 비타민 D 요구량은 체중 1kg당 1일 30IU이다.

(3) 비타민 E

우유는 보통 1g의 지방당 20~35mg의 비타민 E를 함유하고 있다. 이러한 함량은 토코페롤(tocopherol)을 먹여서 증가시킬 수 있으나, 반대로 이것이 결핍된 사료를 주면 이 함량이 저하된다. 토코페롤의 함량이 높은 우유는 산화에 저항하는 힘이 강하여 우유의 품질보존을 위해 중요한 비타민이다.

(4) 티아민(thiamin)

산유량의 증가와 함께 이 비타민의 공급도 증가시켜야 한다. 그 이유는 우유 생산이 많아질수록 왕성해지는 체내 에너지대사에 이것이 많이 쓰이고, 또 우유로도 많이 나가기 때문이다. 그러나 티아민의 특별한 공급을 염려할 필요는 없다. 돼지를 위한 NRC(2001)의 요구량은 사료 1kg당 1.1~1.3mg으로 되어 있다. 비반추동물 사료에 티아민 함량이 부족하면 그 젖 속에 티아민 함량도 저하된다. 반추동물의 경우에는 젖 속의 티아민 함량이 사료에 의해 영향을 받지 않는다.

(5) 리보플라빈(riboflavin)

리보플라빈은 티아민과 같이 산유에 중요한 것이지만 반추동물에 이것을 따로 급여할 필요는 없다. 하지만 돼지의 경우에는 이것을 사료로 보급할 필요가 있어서 NRC 사양표준에서는 사료 1kg당 1.8~3.1mg이라고 정하였다. 젖소의 젖도 사료의 종류에 따라 다소 함량에 차이가 있다. 티아민과는 달리 우유는 좋은 리보플라빈 공급제이다.

(6) 기타의 비타민 B군

여러 가지의 비타민 B가 우유에 들어 있으나, 그 함량은 사료에 의해 별로 영향을 받지 않는다. 그러나 품종, 비유기, 계절에 따라 다소 변동되기도 한다. NRC(1998) 사양표준에는 돼지에 대한 판토텐산(pantothenic acid)의 요구량이 제시되어 있다. 그러나 젖소에 있어서는 비타민 A, D를 제외한 다른 비타민은 사료의 영향을 받지 않고, 체내에서 합성될 수 있기 때문에 NRC 사양표준(2001)에서도 비타민 A, D, E의 요구량만 설정하여 발표하였다.

4) 유생산을 위한 광물질 요구량

소금 이외에 우유 생산을 위해서 특히 공급해야 할 광물질은 Ca과 P 두 가지이다. 지역적으로 Ca과 Co가 문제되는 수도 있다. 기타 광물질에 있어서는 일반 낙농사료에 충분히 함유되어 있으므로 문제시되지 않는다.

Ca과 P은 우유 광물질의 50%를 차지하는 주 광물질이다. 연간 8,000kg의 우유를 생산하는 젖소는 약 9.7kg의 Ca과 7kg의 P을 해마다 젖으로 내보내게 되는데, 비유 최성기에는 하루에 50g 이상의 Ca을 젖으로 내보낸다. 그렇다고 이것이 Ca의 요구량의 전부는 아니다. 왜냐하면 Ca은 이 밖에 유지 및 태아 발육에도 소요되기 때문이다.

비유 전반기에는 아무리 풍부한 양의 Ca과 P을 공급하여도 비유 능력이 우수한 소의 요구량을 충족시킬 수가 없으나(negative balance), 후반기에 들어서게 되면 체손실이 중지됨은 물론 체내 축적이 다시 일어난다(positive balance). 이와 같은 주기적 현상은 사람의 경우에도 마찬가지임이 밝혀졌다.

Ca의 경우 유생산 개시 후 20주까지는 체내 손실이 일어나고, 그 후 서서히 축적이 일어나기 시작하여 44주부터 체내에 많은 비축을 하게 된다. P도 12주까지는 체내로부터 동원되나 그 후는 늘 양균형에 있게 된다. 여기에서 비유 초기에 일어나는 음균형은 Ca과 P의 공급이 충분하지 않았다는 것을 말하는 것은 아니다. 비유 초기에 체내 축적된 것을 이용하는 것은 하나의 정상적인 과정이며, 체내 손실량이 너무 크지 않거나, 후에 완전히 보충될 경우에는 젖소에게 해를 주지 않는다.

Ca과 P의 공급이 요구량보다 부족하면 모체는 물론 산유량에도 막대한 지장을 준다. 이것들의 부족이 계속되면 뼈로부터 공급해야 하므로 골격이 약해지고 젖소의 능력이 저하된다. Ca과 P의 결핍은 2~3년이 지나야 그 영향이 명백해지며, 가장 큰 장해로서는 비유 수명이 짧아지는 것이다.

Ca과 P의 요구량을 결정하려면 비유 중인 젖소에 대해서 균형시험을 행하든가, 오랫동안의 사양시험을 마친 후 도체분석 자료를 얻어서 골격의 상태에 의해서 측정한다. 연간 5,000kg을 생산하는 소에 대하여 1일 45g의 Ca과 60g의 P은 충분하다고 한다.

우유 1kg에 Ca 1.1g, P 0.9g이 함유되어 있으므로 체중 1,000kg 되는 젖소에게 유지를 위해 18g의 Ca과 우유 1kg당 2g의 Ca을 더 주어야 하고, P의 경우에는 유지를 위해 필요한 22g과 우유 1kg당 1.65g을 더 주어야 한다고 하였다. NRC(1997) 사양표준을 보면 우유 1kg당 유지율에 따라 Ca은 2.2~3.1g, P은 1.65~2.05g을 추가로 공급해야 한다고 하였다.

우유는 상당한 양의 Na과 Cl을 함유하고 있으므로 젖 속에 식염 부족이 일어나도록

표 12.19 젖소의 생리상태별 광물질 요구량(건물 중 %)

광물질	대용유	인공유	육성우 사료	건유우 (임신) 사료	비유우의 사료(체중 600kg) −유량(kg/일)−					종모우 사료
					10	20	30	40	50	
Ca	0.70	0.60	0.39	0.46	0.46	0.55	0.61	0.66	0.70	0.30
P	0.60	0.40	0.27	0.28	0.29	0.34	0.37	0.39	0.41	0.19
Mg	0.07	0.10	0.16	0.16	0.20	0.20	0.20	0.25	0.25	0.16
K	0.65	0.65	0.65	0.65	0.80	0.80	0.80	0.80	0.80	0.65
Na	0.10	0.10	0.10	0.10	0.18	0.18	0.18	0.18	0.18	0.10
NaCl	0.25	0.25	0.25	0.25	0.46	0.46	0.46	0.46	0.46	0.25
S	0.29	0.20	0.16	0.16	0.20	0.20	0.20	0.20	0.20	0.11

해서는 안 될 것이다. 1일 1두에 약 30g의 소금을 공급해 주어야 하는데, 만일 식염 1%를 농후사료에 섞어 주면 요구량을 충족시킴은 물론 사료의 맛도 좋게 해줄 것이다. NRC(2001) 사양표준에서는 비유 중인 젖소의 식염 요구량은 체중이나 유생산량에 관계없이 사료 중 0.46%로 설정하였다.

참고로 NRC(2001)에 의해 설정된 젖소의 생리상태별 주요 광물질 요구량을 보면 표 12.19에서 보는 바와 같다.

참고문헌

지규만 등. 2008. 동물사양학. 유한문화사.

한인규 등. 2000. 양돈영양과 사료. 서울대학교.

Asdell, S. A. and M. F. Crowell. 1935. The effect of retarded growth upon the sexual development of rats. J. Nutr. 10: 13-24.

Bath, L. B., F. N., Dicknson, H. A. Tucker, and R. D. Appleman. 1978. Dairy Cattle: Principles, Practices, Problems, Profits. 2nd ed. Lea & febiger.

Bindas, E. M., F. C. Gwazdaukas, R. J. Aiello, J. H. Herbein, M. L. McGilliard, and C. E. Polan. 1984. Reproductive and metabolic characteristics of dairy cattle supplemented with -carotene. J. Dairy. Sci. 67: 1249.

Casida, L. E. 1959. Effect of feed level on some reproductive phenomena of cattle, sheep and swine in reproductive physiology and protein nutrition. Rutgers University Press.

Falconer, I. R. 1970. Lactation. Butterworths.

Hadely, M. E. 1988. Endocrinology. 2nd ed. Prentice Hall.

Haecker, T. L. 1914. Investigations in milk production. Minnesota Agr. Expt. Sta. Bull. 140.

Harrison, E. S. and E. S. Savage. 1932. The effect of different planes of protein intake upon milk production. Cornell Univ. Agr. Expt. Sta. Bull. 504.

Harrison, E. S. and E. S. Savage, and S. H. Work. 1933. The effect of different planes of protein intake upon milk production II. Fruther comparisons of 16-, 20-, and 24-percent mixtures.Cornell Univ. Agr. Expt. Sta. Bull. 578.

Leathem, J. H. 1959. Male reproductive system and protein nutrition in reproductive physiology and protein nutrition. Rutgers University.

Legates, J. E. 1960. Genetic and environmental factors affecting the solids-not-fat composition of milk. J. Dairy Sci. 43: 1527-1532.

Moe, P. W., J. T. Reid, and H. F. Tyrell. 1965. Effect of level of intake on digestibility of dietary energy by high producing cows. J. Dairy Sci. 48: 1053-1061.

Nelson, M. M. and H. M. Evans. 1953. Relation of dietary protein levels to reproduction in the rat. J. Nutr. 51: 71.

Norman, A. W. and G. Litwack. 1987. Hormones. Academic Press.

NRC. 1994. Nutrient Requirement of Poultry. National Academy of Sciences.

NRC. 1988. Nutrient Requirement of Swine. National Academy of Sciences.

NRC. 1998. Nutrient Requirement of Swine. National Academy of Sciences.

NRC. 2000. Nutrient Requirement of Beef Cattle. National Academy of Sciences.

NRC. 2001. Nutrient Requirement of Dairy Cattle. National Academy of Sciences.

NRC. 2006a. Nutrient Requirement of Horses. National Academy of Sciences.

NRC. 2006b. Nutrient Requirement of Small Ruminants. National Academy of Sciences.

Perry, T. W., R. C. Peterson, and W. M. Beeson. 1977. Selenium in milk from feeding small supplements. J. Dairy Sci. 60: 1698-1700.

Reid, J. T. 1961. Problems of feed evaluation related to feeding dairy cows. J. Dairy Sci. 44: 2122-2133.

Reid, J. T. 1964. Cause and prevention or reproductive failures in dairy cattle. IV: Effect of plane of nutrition during early life on growth, reproduction, production, health and longevity of Holstein cows. 1. Birth to fifth calving. Cornell. Agr. Expt. Sta. Bull. 987.

Thomson, A. M. and W. Thomson. 1948. Lambing in relation to the diet of the pregnant ewe. Brit. J. Nutr. 2: 290-305.

Van Horn, H. H. and C. A. Zometa. 1978. Utilization of protein sources for lactation. Proc. Florida Nutrition Conf. University of Florida.

제13장

성장 · 고기생산 영양

13.1 성장 영양
성장
성장을 위한 영양소 요구량

13.2 고기생산 영양
성장과 비육
쇠고기의 생산
돼지고기의 생산
닭고기의 생산

13.1 성장 영양

13.1.1 성장

동물의 성장(growth)이란 근육, 골격, 기관을 구성하는 각 조직의 양이 증가하는 현상을 말한다. 따라서 성숙 후 체조직에 지방이 축적되는 현상과는 구별되어야 한다. 원래 동물의 성장은 임신에 의한 수정란 또는 태아의 성장으로부터 비롯되는 것이지만, 일반적으로 성장이란 임신 중 성장은 제외하고 출생 후 또는 부화 후 어린 동물로부터 시작되는 성장을 의미한다. 성장은 난생산, 유생산, 육생산의 기틀이며 동물자원을 이용한 고기생산의 기본이다. 동물이 성장함에 따라 단백질, 지방, 광물질, 수분 등 동물체 구성은 증가한다. 영양학적 관점에서 동물의 정상적인 성장을 위해서는 에너지, 단백질, 광물질, 비타민 등의 영양소가 적정 비율로 균형 있게 공급되어야 한다.

1) 성장의 내용

동물의 성장은 몸 전체가 일률적으로 성장하는 것이 아니고, 각 부위에 따라 성장량과 성장률이 다르다. 표 13.1은 생시부터 성장 완료 시까지 각 조직의 증가량을 생시의 배수로 표시한 것이다. 근육의 증가율은 생시에 비하여 거의 50배에 이르고 골격의 증가율은 26배에 이르지만 뇌와 눈은 다른 기관과 조직에 비하여 상대적으로 성장이 둔화됨을 알 수 있다(2~4배). 한편 이들 각 부위는 동물의 나이(월령)에 맞게 균형 있는 성장이 중요하다.

표 13.1 각 체부위의 성장률(생시의 배수)

부분	배수	부분	배수
근육	48	심장	12
골격	26	뇌	4
폐	20	눈	2
간	14		

2) 성장과 세포증식

성장의 기본단위는 세포이다. 따라서 세포 수의 증가(hyperplacia)와 세포 크기의 증가(hypertrophy) 현상을 성장으로 볼 수 있다. 태아 발육기에는 모든 조직의 세포에서 이 두 가지 작용이 고루 일어나지만 일단 성시 체중에 도달한 후에는 다음의 세 가지 세포가 존재한다.

① **영구세포**(permanent cells): 뇌세포와 같이 태아 발육 초기에 분열이 끝나고, 그 후에는 세포 수에 변화가 없는 세포
② **안정세포**(stable cells): 대부분의 조직과 기관에 있는 세포와 같이 성장하는 동안 계속 분열하고 성체가 되면 그 분열이 정지되는 세포
③ **불안정세포**(labile cells): 상피세포와 같이 일생을 통하여 계속 분열하는 세포, 즉 성체가 된 후에도 노쇠한 세포만을 대체하는 세포

이상의 세 가지 세포 모두는 체성장이 계속되는 동안에는 세포의 크기가 증가하는데, 어떤 세포는 그 후에도 생리적인 요구에 따라 더 커질 수 있다. 예를 들면 운동을 많이 할 때 근육세포의 크기가 증가하는 경우 등이다. 그러나 이와 같은 기능은 나이가 들수록 점차 퇴화한다.

한편 성장을 다음과 같이 세 가지로 나누어 설명할 수 있다. 첫째는 정상성장(normal growth)으로 어린 동물이 성숙하기까지 보여 주는 세포의 양적 · 수적 증가 현상으로서 성장이라 하면 보통 이것을 뜻한다. 둘째는 성체성장(adult growth)으로 성숙이 완료된 동물의 경우에도 모발, 우모, 뿔, 손톱, 발톱 및 상피세포 등이 계속 성장하는 것을 말한다. 셋째는 보상성장(compensatory growth)으로 원래의 의미는 상처가 생겼거나, 수술로 체내의 일부가 제거되었을 경우 상처 부분에 대한 치유를 위해 부분적인 보상성장이 일어나는 경우를 말한다. 보상성장은 세포분열이 왕성하고 효율이 높은 것이 특징이다. 그러나 최근에 동물자원 분야에서 보상성장의 의미는 닭, 돼지, 소 등의 동물 사양 시에 지속적인 무제한 사료급여보다 성장 초기나 중기에 일정 기간 동안 에너지 제한 급여를 실시한 후 다시 무제한 사료급여를 할 경우에 제한 사양 시에 있었던 성장의 둔화가 무제한 급여 시의 보상성장으로 출하 시 체중에 부(−)의 영향이 없는 것을 말한다. 이는 제한 사양 시에 사료를 절약할 수 있어서 사료효율을 높일 수 있을 뿐만 아니라 지방축적을 줄이는 효과도 있기 때문에 새로운 사양법으로 부각되고 있다.

3) 동물체의 성장과정

동물체 성장은 임신(conception)에서부터 시작된다. 그러나 태아의 발육에 대해서는 앞 장에서 이미 설명했으므로, 본 장에서는 출생 후의 성장(postnatal growth)에 대해서만

표 13.2 성장에 소요되는 기간(월)

동물	성시 체중의 %							성시 체중 (kg)
	10	20	30	40	50	60	100	
비유우	1.8	4.8	7.1	10.0	13.4	17.4	84	636
비육우	1.0	3.5	5.5	8.0	11.0	14.6	72	591
돼지	3.2	4.8	6.3	7.3	8.4	9.6	24	227
면양	0.5	1.2	2.5	3.5	4.5	6.5	24	68
닭	1.0	1.5	2.0	2.8	3.2	3.8	8	1.8

설명하기로 한다. 출생 후의 성장은 태아 발육(intrauterine growth)과 깊은 관계가 있다. 즉, 갓 출생한 동물의 활력과 출생 시의 체내 축적 영양소의 양은 태내의 영양상태에 의해 크게 영향을 받게 된다. 동물이 태내에서 보내는 기간은 동물의 종류에 따라 다르지만 그 기간이 길수록 출생 시까지 그만큼 성장을 더 하게 된다. 예를 들어 쥐의 경우 출생 시 눈도 뜨지 못하고, 털도 나지 않으며 며칠 동안은 걷지도 못한다. 돼지 새끼와 갓난 아기도 이와 비슷하다. 반면에 기니피그는 출생 시에 이미 눈이 뜨여져 있고 털도 나 있으며 생후 몇 시간이 지나지 않아 걷게 된다. 소, 말, 양의 경우에도 기니피그와 유사한 양상을 보인다.

동물은 종류에 따라 성장 완료기간이 다른데, 이는 주로 수명과 관계가 있는 것으로 보인다. 동물별로 임신에서 성시 체중까지 소요되는 기간은 표 13.2에 나타난 바와 같다.

성장률은 성장기간 동안 항상 일정한 것이 아니므로 생애 전 기간에 적용될 공식을 산출하기는 어렵다. 즉, 성장률이 왕성한 기간이 있는가 하면 완만한 기간이 있다. 사람의 경우를 보면 유년기에는 성장률이 낮고 사춘기(남 14~15세, 여 12~21세)에는 성장률이 높아졌다가 그 후 다시 감소된다.

4) 체부위별 성장

동물의 성장은 성장률이 다른 체부위의 동시 성장의 완결체라 할 수 있다. 골격은 생후 얼마 안 되는 기간 동안에 많이 성장하고, 그 후 성장률은 감소한다. 즉, 골격 발육은 근육 발육에 선행하는 것이 일반적이다. 근육(단백질)의 증가는 주로 성장기에 일어나는데, 이때는 지방 축적은 미미하며 성장이 완료되면서 점차 지방의 성장(축적)이 일어나게 된다.

어린 아이의 머리는 몸무게에 비해 보통 출생 시에는 체중의 25%나 되지만 성인이 되면 7~8%밖에 되지 않는다. 이렇게 각 체부위의 성장률이 다르기 때문에 성장에 따라 체조성이 달라진다. 즉, 뼈가 제일 먼저 자라고 그 다음으로 근육과 지방이 증가하여 성시 체중에 이른다. 이러한 성장과정은 영양 수준의 고저에 따라 크게 달라지는 것은 아니고, 영양 수준이 높으면 성장이 빨리 진행될 뿐이다. 뇌는 성장 초기에 성장을 완료하고, 흉선(thymus)은 성성숙기까지 계속 자라다가 그 후에는 감소한다.

단백질과 수분의 증가계수는 에너지나 지방보다 낮으므로 조기 축적 성분이라 할 수 있으며 반대로 지방은 만기 축적 성분이라 할 수 있다. 따라서 골격이 가장 빨리 성숙되는 조직이며, 근육과 지방은 골격이 성장한 후에 성장함을 나타낸다. 체부위별 발육 성상은 동물의 영양소 요구량과 밀접한 관련이 있기 때문에 영양학적으로 중요하다.

5) 성장곡선

동물의 성장률을 알아내는 가장 단순한 방법은 체중 측정이다. 때로 체장, 체고 등을 측정하기도 하는데 체중과 체척의 두 가지 측정법을 병용하면 보다 정확한 성장률을 추정할 수 있다. 동물체의 증가는 일당증체량(g/day)으로 표시할 수도 있고, 최초 체중에 대한 비율(%)로 표시할 수도 있다. 전자가 가장 널리 쓰이는 방법이지만 증가율을 표시하는 후자도 때로는 유용하게 쓰인다.

정상적으로 사육된 동물에 대한 평균 체중의 증가와 시간의 관계를 그래프로 나타낸 것을 성장곡선(growth curve)이라고 하며, 성장곡선의 범주 안에서 성장하는 현상을 정상성장(normal growth)이라고 한다. 한편 체중 증가만을 기초로 한 정상성장률은 그 동물의 영양상태나 건강상태, 또는 생산능력을 그대로 반영하는 것은 아니며, 다만 하나의 일반적인 성장의 기준이라고 할 수 있다. 따라서 보다 정확한 성장현상을 알기 위해서는 영양소균형시험이나 도체분석시험을 실시해야 한다. 한편 성장 초기에는 세포 분열이 왕성해 성장률이 높지만 일정한 시기에 이르면 성장이 정체되다가 결국 중지된다. 성장중지에 영향을 미치는 요인에 대해서는 자세히 알려져 있지 않으나 지금까지 알려진 바에 따르면 각 세포의 영양소에 대한 상호경쟁 또는 영양소 수송의 제한 때문에 성장이 중지되는 것으로 예측하고 있다.

동물이 성장하는 동안 체중에 대한 성장률이 반드시 일정한 것은 아니다. 쥐의 경우 체중에 대한 증체율은 표 13.3과 같다.

단백질, 지방, 수분, 광물질 등의 증가를 의미하는 화학적 성장(chemical growth)을 보면 몇 가지 흥미로운 사실을 발견할 수 있다. 표 13.4에서 보는 바와 같이 돼지의 경우

표 13.3 쥐의 체중 증가율

시기	체중 증가율(%)	시기	체중 증가율(%)
임신~출생	63	10~25일	4.7
출생~10일	11	25~65일	3.1

표 13.4 자돈의 체성분 변화

체중 (kg)	일당 증체량 (g)	단백질		지방		수분		광물질	
		일당 증가량(g)	증가율 (%)	일당 증가량(g)	증가율 (%)	일당 증가량(g)	증가율 (%)	일당 증가량(g)	증가율 (%)
23	708	91	12.7	307	46	273	39	19.4	2.9
34	689	87	12.7	302	46	263	38	18.7	2.9
45	672	83	12.4	297	47	254	38	17.8	2.8
68	626	76	12.1	287	48	230	37	16.0	2.7
123	531	58	11.0	261	52	181	34	11.8	2.4
159	417	38	9.1	230	60	121	29	6.8	1.8
205	254	7	2.7	187	85	32	26	0	0
230	96	0	0	146	100	0	0	0	0

에 성시 체중에 이르면서 점차 지방의 증가가 많아지다가 체중이 230kg에 이르면 지방만 증가한다. 한편 성장호르몬, 갑상선호르몬을 비롯한 각종 호르몬의 분비량에 따라 동물의 정상성장은 영향을 받는다.

6) 성장지연

성장이 심각하게 지연되는 현상은 주로 호르몬 분비의 부족이나 결핍으로 일어날 수 있으나, 다행히 이러한 현상은 극히 드물게 나타난다. 대부분 동물에서 볼 수 있는 성장지연은 저영양 또는 영양부족(under nutrition)이 원인이며, 대개 에너지, 단백질, 광물질, 비타민 등 주요 영양소의 부족이나 결핍 때문에 발생한다. 이러한 경우 성장 지연의 정도는 결핍 영양소의 종류와 함량에 비례한다. 예를 들면 에너지가 부족할 때는 직접 성장이 억제되는 데 반하여, 칼슘(Ca)이 부족할 때는 성장에 직접적으로 영향을 주기보다는 골격 발육에만 지장을 준다. 또한 인(P)이나 티아민(thiamin) 등의 부족은 식욕 또는 다른 생리적 기능을 저해함으로써 간접적으로 성장에 영향을 준다.

영양소의 부족 정도가 동물의 성장에 미치는 영향에 대해서는 과거에 많은 연구가 이루어졌다. 체중이 증가하지 않을 정도의 유지사료를 급여하면 체중 증가는 없고 체표와 체고는 증가하였다. 이때는 주로 축적된 지방이 손실되었다고 한다. 그러나 영양소 공급 부족에 의한 동물의 일시적인 성장 지연이나 저해는 이후 보완사양(refeeding)에 의해 시정될 수 있다. 성장이 억제되었던 흰쥐를 그 후 잘 먹이면 성장이 급격히 회복되어 정상에 이르게 되나, 성장시기에 사료 제한이 너무 심할 경우에는 성장이 영구히 저해되기도 한다. 흰쥐의 경우 출생 후 처음 3주 동안 저영양사료를 급여할 때는 성장이 영구적으로 저해되었으나, 3~7주간 또는 임신 중에 제한 사양을 할 때는 그 후 성장이 쉽게 회복되었다고 한다.

궁극적으로 성장 억제가 동물체 발육과 생산수명에 어떤 영향을 미치는가는 큰 관심사가 아닐 수 없다. 장기간에 걸쳐서 성장을 심하게 억제시킬 때 동물의 조직이나 기능이 영구히 저해되는지에 대해서는 확실치 않으나, 성장 억제가 현저한 것은 어떠한 경우에도 바람직하지 않다는 것이 일반적인 견해다. 실험 결과에 의하면 성장기간 중 저영양 수준이 성시 체중에 직접적으로 영향을 미치는 것은 아니지만 성장기간을 연장시키기 때문이다. 송아지의 경우, 필수영양소가 충분하게 함유된 사료를 제한 급여할 때는 성장에 소요되는 기간이 늘어났을 뿐 육질이나 최종 성시 체중에는 아무런 영향이 없었다. 에너지 섭취량을 억제하면 곧 성장이 억제되고, 그 후 이것을 충분히 공급해 주면 동물의 성장은 곧 회복되어 처음부터 사료급여조건이 양호한 동물과 비슷한 정도로 성장한다. 그러나 어린 동물에 대하여 장기간 영양소 공급을 심하게 제한하면 앞에서 언급한 바와 같이 영구히 성시 체중에 이르지 못한다.

어린 수탉은 6개월간, 자돈은 1~2년간 유지 사양을 실시할 때 성장저해는 물론이고 골격에 이상이 나타났으나, 다시 정상 사료를 충분히 공급해 주면 성장률이 회복되고 골격 이상도 점차 정상으로 돌아왔다고 한다. 최근에는 육계와 같이 성장기간이 짧은 경우는 1회, 돼지와 같이 성장기간이 비교적 긴 경우에는 1~2회에 걸쳐 일시적인 에너지 제한 사양을 실시할 경우 제한 사양 시의 성장 저해가 무제한 급여를 하는 정상 사양 시에 회복되어 사양기간은 다소 길어지더라도 사료효율은 향상된다고 하였다. 따라서 성숙한 동물에 대한 제한 사양 문제는 사육 목적, 즉 육생산용인가 번식용인가에 따라 그 성격을 달리하는 것이 바람직하다.

7) 성장률과 생산수명

지난 20세기 동안에 영양학이 현저하게 발전함에 따라 각종 동물의 성장률이 크게 개선되었다. 예를 들면,

① 영양학이 획기적으로 발전한 시기인 1910년부터 1950년 사이에 흰쥐의 성장률과 생시 체중이 증가하였다.
② 어린이들의 신장과 체중이 부모에 비해 현저히 향상되었는데 그동안의 식생활 개선이 그 원인으로 지적되고 있다.
③ 육계의 성장률은 지난 50년간 약 60% 향상되었다. 그 밖에 육우나 성돈의 성장도 빨라져 오늘날에는 보다 소량의 사료를 급여하여 시판 체중에 도달할 수 있게 되었다. 예를 들어 사료 100kg으로 생산하는 육량은 돈육의 경우 1936년 23kg이던 것이 1968년에는 32kg, 1988년에는 37kg으로 늘어났으며, 육우의 경우에는 각각 8kg에서 16kg으로, 그리고 19kg으로 증가하였다. 여기에는 그간 영양학을 비롯한 유전학의 발견과 첨단사양기술의 개발과 도입이 이바지한 바가 크다.

이렇게 획기적으로 개선된 동물의 성장률이 곧 동물의 절대수명이나 생산수명에도 좋은 영향을 미치는지는 확실하지 않지만, 어린 시절부터 에너지 급여량을 제한함으로써 성장이 지연된 흰쥐는 무제한 급여로 성장이 빨랐던 흰쥐에 비해 수명이 오히려 길어졌고 질병에도 잘 걸리지 않는다. 다른 동물에서도 장기간 사료급여량을 제한하여 체중을 적게 할 때 동물의 건강과 수태능력이 개선되었고 수명도 길어졌다.

최근 20년간 젖소를 대상으로 성장 중의 영양 수준이 생산수명, 특히 비유 및 번식능력에 미치는 영향에 대해 광범위한 연구가 이루어진 바 있다. 에너지 요구량을 사양표준보다 20~30% 적게 공급하면 젖소의 성장률은 떨어지나 비유 능력에는 아무런 영향이 없었으며, 또한 제1비유기의 산유량은 감소하는 일이 있으나 그 다음 비유기에는 에너지 공급량이 제한되지 않은 젖소와 별다른 차이가 없다. 한편 육성기 동안에 에너지 급여량을 사양표준보다 과다하게 공급하면 비유량이 떨어지며 수태능력과 생산 수명이 저하된다는 연구결과도 있다.

요컨대 성장은 일생의 준비기간으로 보아야 하며 동물의 사육 목적(번식, 비유, 산란 등)에 따라 육성방법을 적절히 조절함으로써 그 목적을 보다 효과적으로 달성할 수 있도록 해야 한다. 이러한 목적을 달성하는 데 필요한 성장 조건에 대해서는 아직 불분명한 점이 많다. 따라서 일생 동안 동물의 생산능력에 영향을 미치는 요인에 대해서는 앞으로도 지속적인 연구가 필요하다.

8) 성장률이 사료효율과 육질에 미치는 영향

동물자원 생산 면에서 볼 때 동물의 성장률이 사료효율이나 육질에 미치는 영향은 대단히 중요하다. 일반적으로 보상성장과 같은 특별한 계획하에서 사양하는 경우가 아니면 성장 중에는 고영양사료를 급여하여 성장을 촉진하는 편이 저영양사료로 성장을 지연시키는 경우보다 사료효율을 더 개선시키는 것으로 알려져 있다. 또한 각 성장 단계별로 사료의 영양 수준이 성장과 체성분에 미치는 영향에 대해서는 지금까지 여러 학자에 의해 많은 연구가 실시된 바 있다.

생후 12~61일령의 송아지를 이용하여 실시한 Donelly와 Hutton(1976)의 시험 결과에 의하면 에너지 수준(4.2 또는 5.2Mcal/kg)과 단백질 수준을 달리한 사료를 급여했을 때 에너지 수준별 평균 일당증체량은 각각 610g과 830g이었다. 사료 단백질 함량에 의한 체조성 변화를 연구한 결과에 의하면 사료의 단백질 수준이 증가함에 따라 지방의 축적률이 감소했는데, 이는 사료의 단백질 함량이 증가함에 따라 체단백질 축적에 의해 성장이 증가함을 보여 주는 것이다.

한편 면양과 육우의 경우 에너지 급여 수준을 증가시켜 주면 증체율이 높아지는데, 이것은 대부분 지방 축적량의 증가에 의한 것이며 단백질 축적량 증가에 의한 영향은 상당히 미미하다.

코넬대학교의 Reid 등은 영양 수준이 동물의 체성분에 미치는 영향에 대하여 광범위한 연구를 실시하였는데, 그 결과 동일한 축종, 품종 및 성별에 있어 동물의 체조성은 동물의 성숙도보다는 체중과 밀접한 상관관계를 가지며, 사료의 영양 수준은 별다른 영향을 미치지 않는다고 보고한 바 있다. 한편 사료 단백질의 품질이 떨어지거나, 급여 수준이 낮았거나, 제한 사양을 실시한 다음에 보완사료를 급여하는 것은 예외이다.

체조성은 동물의 종류 또는 품종에 따라 크게 차이가 있으며 성별에 따라서도 달라진다. 대개 어린 가축들은 성축에 비해 체조성이 급여사료의 영향을 많이 받는다. 또한 일반적으로 모든 축종에서 체지방과 수분함량은 서로 부(-)의 상관관계에 있다.

홀스타인종(Holstein) 젖소에 대하여 Morrison 사양표준에 표시된 TDN 요구량의 62%, 100%, 146% 등 세 수준의 에너지를 공급하여 체중에 미치는 영향을 조사한 결과, 5.5개월령 때는 146% 구의 체중이 62% 구보다 약 90%나 더 무거웠으나, 영양 수준 간의 차이는 그 후 12개월령부터 점차 줄어들어 6산차에 이르면 큰 차이를 보이지 않았다. 62% 구와 100% 구 사이에도 2산차부터 큰 차이가 없었다.

13.1.2 성장을 위한 영양소 요구량

1) 성장을 위한 에너지 요구량

앞서 언급한 바와 같이 동물의 성장 속도와 그 특성은 동물의 종류와 나이에 따라 다르기 때문에 성장을 위한 영양소 요구량은 동물의 종류와 나이, 체중에 따라 요구량을 다르게 설정한다. 여기에서는 성장에 필요한 요구량을 구하는 방법에 대하여 살펴보겠다. 성장하는 동물에게는 유지에 필요한 에너지와 새 조직을 합성하는 데, 즉 성장하는 데 필요한 에너지를 공급해 주어야 한다.

성장하는 동물의 에너지 요구량 중 유지 요구량이 차지하는 부분은 성장의 진행에 따라 증가하나, 성장 자체를 위해 요구되는 양은 성장률과 성장한 조직의 성분에 따라 다르다. 나이가 증가함에 따라 수분의 함량이 줄고 지방 함량이 많아지기 때문에 체내에 저장된 에너지의 양은 증가한다. 원래 성장이란 지방의 축적이 아닌 다른 영양소의 증가를 말하나, 실제의 경우에 상당한 양의 지방 증가는 고기 생산과 불가분의 관계가 있다. 그러므로 증체된 조직의 지방 함량이 증가할수록 에너지 요구량이 많아지는 것이다. 어느 경우든 간에 유지에 필요한 에너지가 새 조직의 형성에 필요한 양보다 훨씬 많다. 균형잡힌 완전배합사료는 열 손실이 적기 때문에 증체에 요구되는 사료량을 절감시키는 효과가 있다. 성장하는 동물의 에너지 요구량은 다음의 방법으로 측정한다.

(1) 요인법

성장을 위한 에너지 요구량은 ① 기초대사, ② 동물의 활동, ③ 성장에 필요한 에너지량 등의 총계이다. 홀스타인 미경산우가 필요로 하는 에너지의 양을 계산해 보면 표 13.5와 같다.

성장하는 동안 필요한 에너지의 요구량은 예측 성장률과 그때의 체중으로 결정한다. 체중으로부터 기초대사와 에너지를 계산하고, 증체량과 그 화학적 성분을 알면 성장에 필요한 에너지의 총합으로부터 정미에너지 요구량을 계산할 수 있고, 또한 각기 상응하는 환산계수를 이용하여 ME와 TDN 요구량을 계산해 낼 수가 있다. 성장에 필요한 에너지 요구량을 계산하는 데는 몇 가지 전제조건이 있기 때문에 이렇게 얻어진 결과는 반드시 사양시험을 통해 확인해야 한다.

(2) 사양시험법

현재 사용 중인 대부분의 사양표준에 나타난 에너지 요구량은 대개 사양시험 연구결

표 13.5 홀스타인 미경산우의 에너지 요구량

체중 (kg)	나이 (월)	일당 증체량 (g)	에너지 요구량				
			기초대사 kcal(MJ)	활동 kcal(MJ)	성장 kcal(MJ)	ME kcal(MJ)	TDN (kg)
49.5	0	471	–	–	–	–	–
68.5	1.30	482	2,150(8.99)	968(4.05)	444(1.85)	5,298(22.16)	1.46
90.0	2.85	495	2,686(11.23)	1,209(5.05)	584(2.44)	6,620(27.69)	1.85
135.0	5.99	746	3,563(14.90)	1,603(6.70)	1,434(6.00)	9,927(41.53)	2.76
180.0	8.14	665	4,241(17.74)	1,908(7.98)	1,390(5.81)	11,264(47.12)	3.04
225.0	10.57	586	4,783(20.01)	2,152(9.00)	1,140(4.77)	11,961(50.04)	3.33
270.0	13.55	517	5,235(21.90)	2,356(9.85)	996(4.16)	12,654(52.94)	3.52
360.0	20.56	345	5,976(25.00)	2,689(11.25)	706(2.95)	13,694(57.29)	3.81
450.0	32.36	183	6,639(27.77)	2,988(12.50)	395(1.65)	14,539(60.83)	4.05
540.0	70.35	25	7,303(30.55)	3,268(13.67)	64(0.26)	15,347(64.21)	4.28

표 13.6 육성 젖소의 에너지 요구량

체중 (kg)	TDN (kg)	DE Mcal(MJ)	ME Mcal(MJ)	체중 (kg)	TDN (kg)	DE Mcal(MJ)	ME Mcal(MJ)
45	1.05	4.63(19.37)	3.80(15.90)	204	3.08	13.58(56.82)	11.14(46.61)
68	1.53	6.75(28.24)	5.54(23.18)	227	3.21	14.16(59.25)	11.61(48.58)
91	1.92	8.47(35.44)	6.95(29.08)	250	3.34	14.73(61.63)	12.08(50.54)
114	2.25	9.92(41.51)	8.13(34.02)	273	3.48	15.35(64.22)	12.59(52.68)
136	2.52	11.11(46.48)	9.11(38.12)	295	3.61	15.92(66.61)	13.05(54.60)
159	2.74	12.08(50.54)	9.91(41.46)	318	3.75	16.54(69.20)	13.56(56.74)
162	2.93	12.92(54.06)	10.59(44.31)	341	3.89	17.15(71.76)	14.06(58.83)

과를 근거로 하고 있다. 동물을 몇 개의 군으로 나누어 성장하는 전 기간에 걸쳐 수준별 에너지량을 공급하여 그중 가장 정상적이고 경제적인 성장을 가져오는 수준을 택하여 에너지 요구량으로 정하는 방법이다. 이 요구량은 DE, ME, NE 등으로도 표시할 수 있으나, 과거에는 주로 TDN으로 표시하는 때도 있었다. 예를 들어 이 방법을 구체적으로 설명하면 다음과 같다. 20세기 초에 Eckles와 Gullickson은 50두의 홀스타인종(Holstein)과 저지종(Jersey)을 3군으로 나누어 세 수준의 에너지를 급여한 후 가장 정상적인 성장 수준을 보인 젖소의 TDN 요구량으로 결정하였는데, 그 결과를 요약하면 표 13.6에서 보는 바와 같다.

표 13.6에 나타난 에너지 요구량은 앞에서 설명한 요인법에서 얻어진 결과와 비슷하

표 13.7 소와 면양의 에너지 요구량 산출 공식

구분	면양	소
TDN(lb)	$0.036W^{0.75}(1+2.3G)$	$0.036W^{0.75}(1+0.57G)$
DE(kcal)	$76W^{0.75}(1+2.4G)$	$76W^{0.75}(1+0.58G)$
ME(kcal)	$62W^{0.75}(1+2.5G)$	$62W^{0.75}(1+0.60G)$
NE(kcal)	$35W^{0.75}(1+1.8G)$	$35W^{0.75}(1+0.45G)$

W: 체중(lb), G: 일당증체량(lb).

표 13.8 동물별 성장을 위한 에너지 요구량[1)]

구분	체중(kg) 또는 나이	일당증체량 (g)	NEg[2)] (Mcal)	ME Mcal(MJ)	DE (Mcal)
비유우	150	0.5	4.41	8.6	–
(성시 체중 650kg)	200	0.6	5.72	11.1	–
미경산우	250	0.7	7.03	13.6	–
	300	0.8	8.39	16.2	–
	350	0.9	9.78	18.8	–
	400	1.0	11.22	21.4	–
비육우	200	0.5	5.37	–	–
(성시 체중 533kg)	250	1.0	8.05	–	–
	300	1.5	11.29	–	–
	350	2.0	15.07	–	–
	400	2.5	19.37	–	–
면양	20	100	0.21[2)]	1.09	–
(나이 4개월)	30	200	0.42[2)]	2.02	–
	40	300	0.63[2)]	2.94	–
	50	400	0.84[2)]	2.89	–
닭, 백색란계	0~12주	–	–	2.85(11.97)	–
	12~첫 산란	–	–	2.90(12.18)	–
갈색란계	0~12주	–	–	2.80(11.76)	–
	12~첫 산란	–	–	2.85(11.97)	–
	(월)				
말	4	840	–	–	13.3
(성시 체중 500kg)	6	720	–	–	15.5
	12	450	–	–	18.8

[1)]사료 건물 중 에너지 함량 또는 에너지 1일 요구량.
[2)]면양의 경우 성장을 위한 정미에너지(유지 요구량 제외)이며, 나머지 가축은 유지와 성장 요구량의 합임.

다. NRC 사양표준과도 체중 270kg까지는 매우 비슷하다. 성장시험과 도체분석시험을 통해 면양과 소의 유지와 성장에 필요한 에너지 요구량을 산출하는 공식을 보면 표

13.7과 같다.

한편 최근에 개정된 NRC 사양표준은 젖소와 고기소에 대한 영양소 요구량을 표시함에 있어서 TDN이나 ME와 함께 NE에 대한 새로운 개념을 도입하고 있다. 즉 NE를 다시 유지를 위한 NE(NE_m)와 성장을 위한 NE(NE_g), 그리고 유생산을 위한 NE(NE_l)로 세분하여 표시하게 되었다. 현재 널리 사용되고 있는 NRC 사양표준이 제시한 각종 동물의 성장을 위한 에너지 요구량은 표 13.8에서 보는 바와 같다.

2) 성장을 위한 단백질 요구량

성장하는 동안 동물체는 상당한 양의 체단백질을 합성해야 한다. 이론적으로 단백질 요구량이란 체내에 저장되는 단백질의 양과 같다고 할 수 있으나, 소화와 대사 시에 낭비되는 양을 생각하면 이러한 이론치(체단백질 축적량)는 실제 요구량보다 낮다. 대사과정에서 일어나는 손실은 쉽게 측정하기가 어렵다. 이는 주로 소화된 단백질이 얼마나 효율적으로 체단백질 합성에 필요한 아미노산을 공급할 수 있느냐에 달려 있기 때문이다.

(1) 아미노산 요구량

필수아미노산의 공급이 부족하거나 결핍되면 동물의 성장률은 매우 낮아지거나 심하면 성장이 중지된다.

필수아미노산의 정량적인 요구량을 결정하기 위해 과거부터 많은 실험이 수행되어 오고 있다. 요구량을 결정하는 보편적인 방법은 비교사양시험법인데, 요구량 결정 대상 아미노산을 제외한 균형된 사료(reference diet)를 급여하고 이 특정한 아미노산의 첨가 수준을 달리하여 가장 좋은 결과를 얻게 되는 수준을 택해 요구량으로 정하는 것이다. 아미노산 요구량을 측정하기 위해 질소균형법을 쓰기도 하는데, 이때 유지 및 성장에 필요한 요구량을 일괄 측정하는 것이 보통이다. 병아리, 돼지, 개 등에 대한 NRC의 아미노산 요구량을 소개하면 표 13.9와 같다.

여기에 표시된 단위는 사료 중 비율(%)이고, 아미노산 요구량은 *l*-form의 아미노산으로 공급할 경우이다. 이들 필수아미노산 외에도 상당량의 비필수아미노산도 아울러 공급되어야 한다. 이렇게 결정된 아미노산 요구량은 성장이 왕성할 때 필요한 양이며, 또 단백질과 에너지의 공급이 충분할 때 적용될 수 있는 양이다. 그러나 성장률이 낮은 동물에서는 아미노산 요구량도 감소하는데, 아미노산 조성 간의 비율은 변하지 않는다. 따라서 체단백질 합성 속도와 상관없이 체단백질 중 아미노산 조성 비율이 일정한 만큼 아미노산 조성의 균형이 중요하다. 그러나 성장률이 유지에 가까울 정도로 낮을 때에는

표 13.9 성장을 위한 필수아미노산 요구량(사료 건물 중 %)

단백질, 아미노산	병아리(6~8주)	돼지(20~50kg)	개(4~14주)
단백질	18	18	18
Arginine	1.0	0.33	0.63
Histidine	0.27	0.26	0.31
Isoleucine	0.62	0.45	0.52
Leucine	0.93	0.83	1.03
Lysine	0.85	0.83	0.70
Methionine	0.32	0.22	0.28
Phenylalanine	0.56	0.49	0.52
Threonine	0.68	0.52	0.65
Tryptophan	0.16	0.15	0.18
Valine	0.70	0.56	0.54

아미노산 요구량은 성장보다는 유지 요구량에 의해 좌우되기 때문에 공급 비율이 달라질 가능성이 있다. 사료의 단백질 수준을 요구량 이상으로 늘릴 필요가 있을 때 아미노산 함량도 같은 비율로 증가시켜 주어야 한다. 그러나 이 경우 모든 아미노산의 요구량이 반드시 사료 단백질 수준에 비례적으로 증가해야 하는 것은 아니다. 특정한 아미노산 요구량은 일단 최소 요구량이 충족된 후에는 사료 중 절대함량(g)은 늘려야 하지만 단백질 중 비율은 점차 감소시켜야 한다.

아미노산 요구량을 결정하는 또 다른 방법은 그 동물의 아미노산 조성으로부터 결정하는 것이다. 과거 연구 결과에 의하면 돼지, 병아리, 쥐의 아미노산 요구량을 이 방법으로 결정하였는데 성장시험으로 결정한 것과 매우 유사하다.

아미노산의 요구량 비율을 표시하는 가장 편리한 방법은 일정한 아미노산을 기초단위로 삼아 비교하기 쉬운 하나의 기준을 만드는 것이다. 이러한 방법으로 표 13.9로부터 표 13.10과 같은 병아리의 아미노산 요구량표를 만들 수 있다. 여기에서는 트립토판(tryptophan)을 기초단위, 즉 1.0으로 하고 다른 아미노산들의 적정 비율을 계산하면 표 13.11과 같다.

같은 요령으로 급여하려는 사료의 아미노산 함량 비율을 만들어 아미노산 요구량과 비교해 보면 아미노산 공급량에 대한 보정을 할 수 있다. 아미노산의 요구량을 표시하는 방법에는 여러 가지가 있는데, ① 동물 한 마리에 대한 각각의 아미노산 일당 요구량(g), ② 사료 중 함량(%), ③ 사료 단백질 중의 함량(%), ④ 대사에너지 1,000kcal당 요구량(g)으로 나타낼 수 있다. 이론적으로는 ①이 가장 타당하나 실제로 이용하는 데 어려움

표 13.10 아미노산 간의 비율로 표시한 병아리의 아미노산 요구량(tryptophan 기준)

아미노산	비율	아미노산	비율	아미노산	비율
Arginine	6.25	Lysine	5.31	Threonine	4.25
Histidine	1.68	Methionine	2.00	Tryptophan	1.00
Isoleucine	3.87	Phenylalanine	3.50	Valine	4.37
Leucine	5.81				

표 13.11 아미노산 · 대사에너지 비율로 표시된 백색 산란계의 아미노산 요구량(g/1,000 kcal ME)

아미노산	0~6주	6~12주	12~18주	아미노산	0~6주	6~14주	14~20주
단백질	63.15	56.14	51.72	Methionine	1.05	0.87	0.68
Arginine	3.50	2.91	2.31	Phenylalanine+	3.50	2.91	2.31
Glysine+serine	2.45	2.03	1.62	tyrosine			
Histidine	0.91	0.77	0.58	Phenylalanine	1.89	1.57	1.24
Isoleucine	2.10	1.75	1.37	Threonine	2.38	2.00	1.27
Leucine	3.85	2.98	2.41	Tryptophan	0.59	0.49	0.37
Lysine	2.98	2.10	1.55	Valine	2.17	1.82	1.41

이 있어 ②와 ③이 더 널리 쓰이고 있다. 그러나 단백질(아미노산의 총합)과 에너지는 서로 밀접한 관계를 갖고 이용되기 때문에 에너지와 단백질의 효율적 이용을 위해서는 에너지와 단백질의 비율에 근거한 ④의 방법이 더욱 타당하다. 최근에 개정된 NRC(1994) 사양표준 가금 분야에서는 ④의 표시법이 도입되어 있어 여기에 소개하고자 한다(표 13.11).

아미노산의 요구량과 사료의 아미노산 함량을 아는 것은 보다 경제적이고 효율적인 단백질을 공급하는 데 도움이 된다. 일반적으로 공급하는 사료에는 오직 한두 개(또는 몇 개)의 아미노산이 부족할 뿐이며, 이 부족한 몇 개의 아미노산만 추가 공급해 주면 된다. 병아리의 경우에는 대개 아르기닌(arginine), 라이신(lysine), 트립토판(tryptophan), 메티오닌(methionine), 시스틴(cystine)이 부족하기 쉬우므로 이들의 공급에 주의한다면 대개는 별 문제는 없다. 사료의 아미노산 조성과 동물의 아미노산 요구량에 대해서는 지금도 여러 나라에서 활발한 연구가 진행되고 있다.

이미 단백질 편에서 언급했듯이 정상적인 성장을 위해서는 일정한 양의 단백질의 공급도 중요하지만 필수아미노산을 모두 공급할 수 있어야 하고, 아미노산 간의 비율도 중요하다. 즉, 단백질의 양적 공급과 더불어 질적인 공급도 중요함을 인식해야 한다.

(2) 단백질 요구량

일반적으로 사양표준에 수록되어 있는 성장에 필요한 단백질 요구량은 유지에 필요한 양까지 포함되어 있다. 유지에 요구되는 단백질의 양은 체중이 증가함에 따라 증가하지만 노쇠조직의 대체, 즉 새 조직의 형성에 요구되는 양은 연령과 체중의 증가에 따라 감소한다. 그 이유는 새 조직의 단백질 함량이 감소하기 때문이다. 성장하는 동안 일당 단백질 총요구량은 나이 및 몸의 크기와 함께 증가하지만 단위체중당 요구량은 감소한다. 예를 들어 10kg인 어린 돼지의 사료 단백질 요구량은 22%이지만, 60kg인 육성돈은 13%에 불과하다.

단백질 요구량(사료 중 함량, %)이 동물의 연령이 증가함에 따라 상대적으로 낮아진다는 사실은 곧 어린 시기부터 성숙 시기에 이르기까지 시기를 달리하여 이와 같은 종류의 시험을 계속 실시할 필요성이 있음을 말해 준다. 가령 전체 성장기간의 평균 요구량을 기준으로 정한다면 어린 동물의 요구량에는 모자라기 쉬운 반면, 조기 성장과정에서 결정된 요구량을 전 기간에 적용한다면 오히려 단백질의 낭비를 초래할 것이다.

(3) 단백질 요구량의 결정법

① 요인법

요인법은 대사성 분질소(metabolic fecal nitrogen), 내인성 요질소(endogenous urinary nitrogen), scurf nitrogen 손실량을 더하여 구하는데, 측정치가 비교적 높게 나타난다는 결점이 있지만, NRC와 일본 육우사양표준(JLIA)에서 사용하였다. 성장에 필요한 단백질 요구량은 아래와 같이 요약된다. 첫째, 유지에 요구되는 양은 내생분뇨질소량(EUN)과 동일한데, 직접 또는 기초대사로부터 측정할 수 있다. 둘째, 새 조직을 합성(성장)하는 데 요구되는 양은 도체분석 자료로부터 측정할 수 있다. 셋째, 대사 중 발생하는 손실량은 흡수된 양으로 표시한다.

단백질 요구량을 요인법으로 산출하면 성장에 따른 동물의 체중, 증체율, 증체된 조직의 조성에 따른 시기별 요구량을 결정할 수 있다. 이 방법은 각 성장시기별 요구량을 결정할 수 있다는 장점이 있다. 따라서 다른 직접적인 실험 결과와 더불어 단백질 요구량을 결정하는 데 중요한 자료가 된다.

② 질소균형법

특정한 사료에 대해 그 사료 단백질의 축적률을 최대한으로 유지할 수 있는 단백질의 최소 섭취량(요구량)을 결정할 수 있다는 점에서 실제 요구량을 측정하는 정확한 방법이

표 13.12 성장, 유지, 번식 및 비유를 위한 단백질 요구량

동물명	성장		유지	번식	비유
	전기	후기			
고기소(g)[1)]	356	485	326	353	–
젖소(%)[2)]	13.0	9.9	–	12.9	13.8
말(%)[3)]	15.9	8.3	–	5.4	10.6
돼지(%)[4)]	23.7	13.2	–	12.4	17.5
면양(%)[5)]	8.7	8.5	6.7	5.3	8.1
닭	18	16	–	17.0	–

[1)]성시 체중 533kg, 성장 전기는 체중 200kg, 성장 후기는 400kg, 유지 및 번식의 경우 체중 533kg 및 임신 5개월 때 요구량임.
[2)]성시 체중 650kg, 성장 전기는 체중 150kg, 성장 후기는 400kg, 번식의 경우 체중 450kg 및 임신 8개월 때 요구량. 비유의 경우 체중 680kg 및 착유 90일 때 요구량임.
[3)]성시 체중 500kg, 성장 전기는 4개월, 성장 후기는 18개월, 유지 및 번식의 경우 임신 5개월 및 비유 5개월 때 요구량임.
[4)]성장 전기는 체중 5~10kg, 성장 후기는 80~120kg일 때 요구량. 번식 및 비유의 경우 모돈체중 175kg, 자돈의 일당증체량이 200g일 때 요구량임.
[5)]성장 전기는 체중 40kg, 성장 후기 및 유지의 경우 체중 80kg, 번식 및 비유의 경우 체중 40kg일 때 MP 요구량임.

라고 할 수 있다. 질소균형법을 사용하여 단백질 요구량을 측정할 때는 정상적인 성장을 하는 건강한 실험동물을 선택하여 전체 성장기간 중 최소한 2~3회 측정하는 것이 바람직하다. 단백질 요구량은 평균치보다 약간 높게 결정하는 것이 필요한데, 이는 모든 개체에 응용할 수 있고, 또 단백질의 질이 다른 사료를 이용해도 지장이 없도록 하기 위한 것이다.

③ 사양시험법

최대 성장률을 위한 단백질 요구량은 단백질 공급 수준별 사양시험을 통해서도 얻을 수 있다. 만일 사양시험과 도체분석시험을 통해 동물체 부분별 성장 체조직 조성 연구 결과를 근거로 보다 정확한 단백질 요구량을 산출할 수 있다. 이 방법은 오래전부터 각종 동물의 단백질 요구량을 측정하는 데 널리 사용되어 왔으며, 최근에도 사료 자원이나 사료첨가제, 사양관리법 등이 다양해짐에 따라 단백질 요구량의 재평가에 효율적으로 사용되고 있다. 송아지의 단백질 요구량을 질소균형법으로 측정한 후 요인법으로 측정된 것과 비교한 결과 요인법에 의한 요구량이 성장시기에는 약간 낮다는 것이 알려졌다.

각 동물의 성장을 위한 NRC 단백질 요구량을 각기 유지, 번식 및 비유를 위한 요구량과 비교하면 표 13.12와 같다. 곧 단백질 요구량은 동물의 종류와 각각의 시기마다

차이를 보인다.

3) 성장을 위한 비타민 요구량

(1) 비타민 요구량의 측정법

비타민은 대사과정에서 손실되지 않기 때문에 비타민 요구량은 요인법보다는 사양시험법으로 결정한다. 이때 요구량의 적정선은 실험동물의 성장률, 결핍증상의 발생빈도를 기준으로 결정한다. 결핍증상은 외부 증상과 아울러 혈중 비타민 함량 등 생리적 시험을 병행하여 판단한다. 또한 조직이나 혈중 비타민 함량을 측정하는 방법도 쓰인다.

실제 비타민 요구량은 최소한 결핍증을 예방하는 동시에 성장하는 데 지장이 없는 수준이라야 한다. 비타민의 체내 축적량이나 혈중농도를 높이는 데 필요한 요구량은 장기 사양시험을 통해 동물의 건강과 생산성에 미치는 영향을 참작하여 결정되어야 한다. 또 비타민 축적량은 비타민 요구량과 공급량 자체에 의한 변화가 크므로 축적량이 일정하게 유지되는 선에서 결정되어야 한다.

지용성 비타민의 요구량은 대체로 동물의 체중에 비례하는데 반하여 비타민 B군은 사료섭취량, 때로는 특정 영양소 섭취량에 따라 달라지며, 체내 대사와 보다 밀접한 관계를 가진다. 예를 들면 탄수화물 대사와 관계가 깊은 티아민(thiamin)은 탄수화물 섭취량에 따라, 리보플라빈(riboflavin)은 단백질 섭취량에 따라 증감한다. 비타민 B군의 요구량은 소화관에서의 합성량에 따라서도 달라지는데, 일반적으로 반추동물은 반추위 내 미생물에 의해 합성되므로 별도로 보충하여 공급할 필요가 없다. 한편 돼지와 가금에는 대장에서 비타민 B군이 상당량 합성되지만 흡수될 가능성은 극히 적다. 따라서 이들의 보충 공급의 필요성 여부는 동물이 자기 분을 얼마나 섭취하느냐에 달려 있다. 마지막으로 비타민의 공급량(요구량)을 결정하는 데 크게 영향을 미치는 것은 비타민의 이용효율(vitamin availability)이다. 일반적으로 합성비타민은 천연비타민보다 이용효율이 높다.

(2) 비타민 A

비타민 A는 성장하는 동물에게 대단히 중요하다. 정상성장을 위한 비타민 A의 최소 요구량은 동물의 대사체중보다는 체중에 비례하는데, 하루 체중 1kg당 최소 56IU가 필요하다. 성장 중인 여러 동물에 대한 각종 비타민 요구량은 표 13.13과 같다.

일반적으로 초식동물은 양질의 목초를 충분히 섭취하는 경우, 생초 중에 함유되어 있는 카로틴(carotene)에 의해 비타민 A가 충분히 보충되기 때문에 문제가 되지 않는다. 또 최근에는 병아리나 그 밖의 동물에 대하여 간유로 만든 비타민 A제나 합성비타민 A

표 13.13 성장을 위한 비타민 요구량(사료 1kg 중 함량)

비타민	닭	돼지	개	면양
Vitamin A(IU)	1,500	1,750	5,000	2,000
Vitamin D(IU)	200	200	500	800
Vitamin E(IU)	10	11	48	80
Vitamin K(IU)	0.5	0.5	1.4	-
Thiamin(mg)	1.8	1.0	0.73	3
Riboflavin(mg)	3.6	3.0	2.2	2
Pantothenate(mg)	10	9.0	2.2	-
Niacin(mg)	35	12.5	10.6	-
Vitamin B_6(mg)	3.5	1.5	1.0	-
Biotin(mg)	0.15	0.05	0.1	-
Choline(mg)	1.3	0.4	1.20	-
Folacin(mg)	0.55	0.3	0.18	-
Vitamin B_{12}(μg)	10	15	20.0	-

제의 형태로 비타민 A를 공급하고 있다. 일반적으로 출생 직후의 어린 동물은 체내에 비타민 A가 소량만 축적되어 있기 때문에 처음에는 비타민 A가 풍부한 초유, 그 다음에는 우유나 모유에 의해 비타민 A가 공급된다. 따라서 출생 직후 모유만으로 육성할 때에는 비타민 A가 부족하지 않도록 특별히 유의해야 한다. 또한 병아리도 정상적인 성장을 위하여 비타민 A를 별도로 충분히 공급할 필요가 있다.

(3) 비타민 D

비타민 D는 골격의 정상적인 성장, 특히 칼슘(Ca)과 인(P)의 이용에 중요한 역할을 한다(Ca-P-비타민 D의 상호작용). 동물들은 햇빛을 쪼일 때 자외선에 의하여 비타민 D가 체내에서 합성될 수 있으므로 별도로 비타민 D를 공급할 필요는 없다. 그러나 겨울철이나 실내 사양을 하는 경우에는 동물 자체의 비타민 D 합성효율이 낮아지므로 추가로 공급해 주는 것이 안전하다. 일반적으로 우유나 모유 중에는 비타민 D의 함량이 낮기 때문에 어린 동물에서는 때로 문제가 되기도 한다.

(4) 비타민 B군

어린 동물은 모두 비타민 B군을 필요로 하지만 반추동물의 경우에는 반추위 내에서 비타민 B군의 대부분이 합성되기 때문에 특별히 보충하여 급여할 필요가 없다. 또 자돈에서 비타민 B군은 대단히 중요하지만 대개는 모유로 충분히 공급된다. 그러나 송아지나 자돈을 보조사료만으로 육성할 때에는 비타민 B군을 보충해 주는 것이 중요하다. 이

밖에 병아리에서도 비타민 B군이 필수적이지만 보통 사료에 충분히 함유되어 있으므로 추가로 공급할 필요는 없다. 성장하는 동물에게는 거의 모든 비타민을 공급해 주어야 하지만, 특히 리보플라빈, 니아신(niacin), 판토텐산(pantothenic acid), 비타민 B_6, 비타민 B_{12}는 중요하다.

4) 성장을 위한 광물질 요구량

(1) 광물질 요구량의 측정법

동물은 사료 내 특정한 광물질이 부족한 사료를 급여하는 경우라도 광물질을 지속적으로 체외로 배출한다. 일반적으로 유기화합물을 구성하는 광물질인 헤모글로빈 중의 Fe과 갑상선호르몬 중의 I 등은 이들 화합물이 분해될 때 분리되어 나온다. 분리된 광물질은 일부 재이용되기도 하지만 대부분 체외로 배설된다. 또한 각 광물질의 일부는 분뇨와 땀 등을 통해 체외로 배설되는데 Ca, Na, K 및 Mg 등 무기태로 배설되는 물질은 대부분 산-알칼리 평형에 의해 요로 손실되는 부분과 소화·흡수되지 않고 분으로 손실되는 부분이 있다. 광물질은 이와 같이 내인성 손실이 있기 때문에 동물은 유지 시라 하더라도 광물질의 추가 공급이 항상 필요하다. 그러나 내인성으로 손실되는 광물질은 체내 광물질 함량에 비해 극히 소량이다. 체중이 30kg이며 체내에 Ca을 230g 함유하는 돼지의 경우에 내인성 Ca 손실량은 하루 0.9g이므로 매일 체내 Ca 함량의 0.4%를 공급할 필요가 있다.

광물질 요구량을 결정하는 방법은 에너지나 단백질의 경우와 같이 요인법, 성장 및 균형시험 등이 있다.

① 요인법

유지 및 성장을 위한 정미요구량은 내인성 손실량과 축적량을 합계하여 계산한다. 사료 중 요구량은 정미요구량을 광물질 이용률로 나누면 된다. 예를 들어 체중이 300kg이며 하루에 500g씩 증체하는 암소의 경우, 내인성 Ca 손실이 1일 5g이고, 축적량이 6g일 때 이 소의 1일 Ca의 정미요구량은 11g이며, 사료 중 Ca의 이용률을 40%라 하면 사료 중 요구량은 1일 27g이 된다.

② 성장 및 균형시험

사양시험을 통해 광물질 요구량을 결정할 때 가장 큰 문제는 적정 기준 설정이다. 임상적으로는 결핍증을 예방하는 수준의 급여량은 최대 성장을 목적으로 할 때는 충분하지 않을 수 있다. 또한 골격 형성 영양소의 경우 최대한으로 성장할 수 있는 수준만으로 골격 강도를 판단한다면 불충분할지 모르며, 동물의 광물질 축적량까지 고려해야 하기 때문에 더욱 복잡하다. 따라서 직접방법이든 조직분석에 의한 방법이든 광물질 균형시험을 실시할 필요가 있다.

균형시험의 경우에도 시험 분석이 쉽지 않다. 즉 동물의 체내에 축적량이 많은 광물질인 경우, 최대 성장 수준보다 낮은 수준에서도 적정량으로 보이기 때문이다. 따라서 젖소와 같이 생산기능이 1년 이상 되는 동물인 경우에는 장기시험을 실시하는 것이 바람직하다. 한편 성장하는 동물에 대해서는 단기시험을 실시하는 것이 보통인데, 이때 체중 측정과 아울러 광물질 축적률을 조사할 필요가 있다.

(2) 골격의 정상 발육

성장에 필요한 광물질 요구량은 정량적으로 거의 정확하게 밝혀져 있으며, 현재 동물사료에는 약 20종의 광물질이 필수적인 것으로 알려져 있으나, 실제로 사료를 배합할 때는 일반적으로 그중 10종만 첨가한다. 특히 Ca, P, 비타민 D에 대해서는 많은 연구가 이루어져 있다. 동물 체내의 광물질 가운데 70% 이상은 Ca과 P으로 구성되어 있으며, 또한 Ca의 90%와 P의 80%는 골격 및 치아에 분포되어 있다. Ca, P 및 비타민 D의 세 영양소는 골격 형성에 필요한 영양소로서 매우 중요하며, 정상적인 골격 성장을 위해서는 Co, Mn, F 등의 광물질도 필요하다.

Ca과 P은 일차적으로 골격의 구성 성분이 되며, 충분히 섭취할 경우 체내에 축적된다. P은 비육동물에는 큰 의미가 없으나, 종축 및 젖소 또는 산란계에게는 중요하다.

Mendel 연구소의 보고에 의하면, 완전배합사료를 급여할 경우 성장률이 높은 동물은 성장률이 낮은 동물에 비해서 성장 속도는 빠르지만, 골격 내 광물질(특히 Ca, P) 함량에는 차이가 없었다고 한다. 이는 골격 발육이 체성장 속도와 균형을 이룬다면 비록 성장 속도가 늦다고 하더라도 최종적으로 다같이 만족스러운 결과를 얻을 수 있음을 뜻한다.

어떤 경우에는 이들 광물질의 체내 축적률을 최고로 유지하고 성숙 시 정상 축적이 이루어지게 하는 사료 내 수준을 적정수준으로 판정한다. 특히 번식용 동물의 경우 임신이나 비유를 하기 전에 충분한 Ca과 P을 체내에 축적할 필요가 있기 때문이며, 정상적인 성장에 이를 수 있는 수준이면 충분하다. 골격 형성소는 공급 수준에 상관없이 증가하나 저장을 위한 축적 능력의 한계에 이를수록 축적률은 점차 떨어지게 된다. 만일 이때 최고 조골률(rate of calcification)이 바람직하다면 축적량에 비해 섭취량을 증가시킬 필요가 있다. 현재로서는 비타민 D의 과잉 급여가 없는 한 성장 중 과도한 성골작용,

Ca과 P의 과다 배설 또는 다른 부작용이 있다는 증거는 거의 없다.

(3) 골격 형성 영양소의 요구량

뼈의 발육은 성장 초기에 가장 왕성하므로 단위체중당 또는 단위건물 섭취량당 Ca와 P의 요구량은 성장 초기에 가장 높고 성장이 진행됨에 따라 감소하는데(표 13.14), 감소율은 축종에 따라 다소 다르다. 또 성장 초기에는 Ca 요구량이 P보다 많지만 성숙함에 따라 그 차이도 점차 줄어들게 된다.

동물의 성장단계나 생산량에 대한 Ca 및 P 요구량은 사료 중의 함량(% 또는 g)으로 NRC 영양소 요구량표에 자세히 표시되어 있다. NRC 사양표준을 보면 성장속도가 빠른 어린 송아지는 성장속도가 완만한 소에 비하여 Ca과 P을 2~3배 더 필요로 하며, 소가 성숙함에 따라 양자 간의 차는 점차 줄어든다. 포유 중인 어린 동물은 Ca과 P이 결핍되는 일이 거의 없다. 초식동물은 섭취하는 조사료의 50% 이상이 두과 목초인 경우에 Ca을 충분히 공급받게 된다. 그러나 화본과 목초만을, 그것도 섭취하는 양이 충분치 못한 경우에는 Ca 공급제를 따로 주어야 한다. 농후사료에는 일반적으로 Ca 함량은 낮은데 반하여 P 함량은 높다. 방목 중인 초식동물이 골격 형성 영양소를 충분히 공급받느냐 하는 문제는 그 지역의 토양 성분, 조사료 등의 성분에 달려 있다. 일반 사육조건에서는 광물질 첨가제를 별도로 보충해 주는 편이 보다 안전하다. 돼지에게 주로 식물성 단백질 사료를 급여하는 경우에는 반드시 Ca을 추가로 공급할 필요가 있다.

표 13.14 육우의 증체량에 따른 Ca와 P의 요구량 변화(g/kg)

	Ca 요구량		P 요구량	
일당증체량(kg)	0.5	2.5	0.5	2.5
체중(kg)				
250	13	59	5	24
350	11	48	4	19
450	9	38	4	15

NRC(2000).

(4) 기타 광물질 요구량

성장에 필요한 그 밖의 광물질로는 Mg, Na, K, Cl, Mn, Zn, Fe, Cu, Co, I 및 Se이 있는데, 이들 중 사료 내에서 가장 결핍 위험성이 적은 것은 K과 Fe이다.

① 식염(NaCl)

육성동물은 모두 식염(NaCl)을 필요로 한다. Meyer 등에 의하면 자돈이나 병아리의 식염요구량을 성장 및 균형시험을 통해 결정하였는데, 체중 1kg에 대한 Na의 일당요구량은 53~64mg이라고 한다. 이는 사료 건물 중 함량으로는 0.3%에 해당한다. 송아지나 어린양은 일반적으로 식염을 자유섭취(free choice)하게 하는 것이 바람직하지만 돼지나 병아리는 과잉 섭취 시 중독의 위험이 있다.

② 철(Fe)

육성기 동물, 특히 포유 중인 어린 동물에게 결핍되기 쉬운 극히 중요한 광물질이다. 그동안의 연구 결과를 종합하면 육성기 젖소 송아지의 Fe 요구량은 1일 30mg 정도이다. 일반적으로 사용되고 있는 동물용 사료에는 Fe이 부족함 없이 함유되어 있으므로 심각한 문제가 되는 것은 아니다. 그러나 포유자돈은 Fe의 부족으로 빈혈증에 걸리는 수가 많다. 자돈의 빈혈증이 가장 빈번히 발생하는 것은 늦가을 또는 이른 봄인데, 피부에 주름이 잡히고, 피모가 거칠어지며, 피부가 창백해지는 것이 철분 결핍 증세이다. 이 빈혈증은 조기에 발견하면 치료할 수가 있는데 황산제1철(ferrous sulfate)의 포화용액이나 수용성 철분(soluble iron salt)을 공급하면 된다. 1주일 된 자돈에게 1/3 찻숫가락, 4주일 된 자돈에게는 1찻숫가락 정도를 공급해 주며, 주사할 때에는 생후 3일 된 때에 100mg, 21일 된 때에는 50mg을 주사한다. 최근에는 미량원소 첨가제가 시판되어 철분을 비롯한 모든 미량광물질의 공급은 어렵지 않다.

③ 요오드(I)

송아지나 어린 양에 관한 I 요구량은 명확하지 않으나, NRC 사양표준에는 자돈이나 병아리에 대한 I의 요구량이 밝혀져 있으며, 안전율을 고려하여 약간 높게 책정되었다. 그러나 I의 과잉 공급은 유해하므로 유의해야 한다.

이 밖에도 Co, Mg, Cu, Mn, K 등의 권장 요구량이 제시되어 있으며, 결핍증상도 확실하게 밝혀져 있다. 동물의 성장을 위한 광물질 요구량을 정리하면 표 13.15에 나타난 바와 같다. 한편 NRC 사양표준에서 비육우와 비유우의 경우를 제외하고는 아직까지 유지 요구량과 성장에 필요한 요구량이 세분화되어 있지 않은 실정이다.

표 13.15 성장을 위한 광물질 요구량(% 또는 사료건물 1kg 중)

광물질	비육우[1]	비유우 (육성기)	면양[2]	말[3] (6개월령)	백색 산란계	갈색 산란계	돼지 (20~50kg)
Ca(%)	15g	0.39	5.9g	38.6g	0.90	0.90	0.60
P(%)	12g	0.27	4.4g	21.5g	0.40	0.40	0.23
Mg(%)	0.1	0.16	1.4g	4.1g	0.06	0.057	0.04
Na(%)	0.06~0.08	0.10	0.8g	5.0g	0.15	0.15	0.10
Cl(%)	-	0.25	0.7g	20.1g	0.15	0.11	0.08
K(%)	-	0.65	6.7g	13.0g	0.25	0.25	-
Mn(mg/kg)	20	40	29	215.9	60.0	56.0	2.00
Zn(mg/kg)	30	40	51	215.9	40.0	38.0	60
Fe(mg/kg)	50	50	92	269.9	80.0	75.0	60
Cu(mg/kg)	10	10	8.0	54.0	5.0	5.0	4.00
Co(mg/kg)	0.10	0.10	0.31	0.3	-	-	-
I(mg/kg)	0.50	0.25	0.8	1.9	0.35	0.33	0.14
Se(mg/kg)	0.10	0.10	0.53	0.54	0.15	0.14	0.15

[1]성시 체중 890kg, 체중 500kg.
[2]4개월령, 체중 20kg, 일당증체량 300g.
[3]성시 체중 500kg.

13.2 고기생산 영양

13.2.1 성장과 비육

고기의 생산은 그 생리적 작용에 의해 주로 근육조직을 생산하는 성장기와 지방조직을 생산하는 비육기로 구분할 수 있다. 그러나 근육조직을 생산하는 성장기에도 단백질이나 광물질 이외에 지방도 근육조직에 축적된다. 동물의 월령이 증가하여 성숙함에 따라 비육기에 이르면 다른 영양소보다 상대적으로 지방의 축적 비율이 증가하여 마침내 성숙 초기부터는 지방 위주의 영양소 축적이 일어나게 된다. 따라서 사양기술적 관점에서 동물의 육성단계를 성장과 비육으로 구분하는 것이 편리하지만, 이러한 구분은 어디까지나 임의적인 것이고 실제로는 성장 중인 어린 동물이 정상적인 성장을 하고 있는가, 아니면 비육과정에 있는가를 구분할 확실한 근거는 없다. 그러나 성장기에는 영양소 축적에 의한 체부위의 성장이 주로 일어나는데 비해, 비육기에는 급여되는 사료의 종류에 따라 육질 등이 좌우된다고 볼 수 있다.

식용 고기의 품질을 향상시키고 생산량을 증가시키기 위해 동물이나 가금을 살찌게 하는 작업을 비육(fattening)이라고 한다. 비육은 무작정 지방조직을 두껍게 하는 데 목적이 있는 것이 아니라, 살코기 내부에 지방이 골고루 축적되게 하여 육질과 풍미를 개선하는 데 주목적이 있다. 동물의 비육기간 중에는 지방이 근육의 섬유 사이에 침착되어 마블링(marbling)을 만드는데, 이로 인해 고기의 맛과 풍미가 개선된다. 쇠고기는 비육 중 약간 연해지는 경향이 있으나, 돼지고기나 양고기는 특별히 연해지지는 않는다.

원칙적으로 비육은 어떤 연령의 동물에게도 실시할 수 있다. 최근에는 쇠고기, 돼지고기, 닭고기 외에도 송아지고기(veal), 새끼양고기(lamb), 칠면조고기(turkey meat), 오리고기(duck meat)가 생산되기도 한다. 송아지고기와 새끼양고기는 주로 근육조직의 증가로 단백질 함량이 높고 고기가 연하지만, 수분 함량이 많다는 결점이 있다. 또한 어린 동물을 비육하는 경우에는 대부분의 영양소가 성장에 쓰이고 비육에 이용되는 양은 상대적으로 적다. 결론적으로 고기생산은 주로 단백질의 생산을 의미하고, 지방생산은 상대적으로 부수적인 것으로서, 비육은 고기의 영양적 가치를 증진하는 한편 고기의 맛을 향상시키는 데 목적이 있다.

비육은 성장 중인 동물이나 성장을 완료한 동물에게 언제나 시작할 수 있다. 특히 이유 직후의 어린 동물을 비육하면 증체 속도나 사료효율이 높고 질이 좋은 고기를 생산할 수 있다는 이점이 있다. 한편 소의 경우는 이유 직후부터 육성기(12개월령 이내)까지는 소화기관 성장을 위한 조사료 위주로 사육이 유리하다. 고기소, 면양, 돼지 등은 주로 성장 중에 비육을 같이 하는데, 대개 고기소의 경우 2년~2년 6개월, 면양과 돼지의 경우는 6개월~1년 이전에 출하하게 된다. 이와 같이 성장 중인 동물을 비육시키는 것을 육성 · 비육(growing-fattening)이라고 한다. 최근 한우도 비교적 어린 시기에 육성 · 비육을 시작하여 1~2세 때 고기용으로 제공되는 것이 대부분이다. 한우의 경우를 보면 과거에는 소의 재산적인 개념과 경종농업에서 소의 노동력에 대한 부가적인 역용의식, 육질에 대한 인식부족 등으로 비육을 목적으로 사육하는 경향이 적었으나, 최근에는 대부분의 한우가 고기소로 사육되고 있다.

동물은 비육 완료시기에 따라 축적하는 영양소의 성상도 달라진다. 표 13.16에서 보는 바와 같이 동물의 연령과 체중이 증가함에 따라 수분 함량은 점차 감소한 반면에, 지방 함량은 현저히 증가하는 특징을 보인다. 거세우의 경우에는 수분이 대략 62.9%에서 43.5%로 감소한 반면, 지방은 13.7%에서 37.6%로 증가하였다. 그러나 단백질이나 광물질 함량은 수분이나 지방 함량처럼 큰 변화는 없으나 점차 감소하는 경향을 보인다. 소

표 13.16 동물의 연령과 체중에 따른 체조성

동물	생체중	연령	체조성				
			수분(%)	단백질(%)	지방(%)	회분(%)	에너지(kcal)
닭	226g	4.4주령	69.5	22.2	5.6	3.9	1.49(6.26)[1)]
	680g	11.5주령	61.9	23.3	8.6	3.7	2.39(10.04)
	1,360g	22.4주령	56.5	24.4	25.1	2.2	3.07(12.89)
면양	8.6kg	6.0개월	57.9	15.3	24.8	2.2	3.32(13.94)
	34.0kg	11.3개월	48.0	16.3	32.4	3.1	3.94(16.55)
	59.3kg	24.7개월	25.1	15.8	52.8	6.3	4.97(20.87)
돼지	22.5kg	-	39.0	12.7	46.0	2.9	5.03(21.13)
	45.3kg	-	38.0	12.4	47.0	2.8	5.11(21.46)
	113.3kg	-	34.0	11.0	52.0	2.4	5.58(23.44)
젖소	68.0kg	1.3개월	67.1	19.0	8.4	-	1.87(7.85)
	227.0kg	10.6개월	59.4	16.5	18.9	-	2.72(11.42)
	453.0kg	32.4개월	55.2	20.9	18.7	-	2.92(21.26)
거세우	227.0kg	-	62.9	19.2	13.7	4.22	–
	453.0kg	-	52.0	17.1	26.9	3.95	–
	680.0kg	-	43.5	15.7	37.6	3.20	–

[1)]괄호 안은 kJ임.

의 경우에는 체중 360kg 이후에 단백질 축적이 현저히 감소하며, 지방 축적은 체중 270kg부터 급속히 일어난다.

비육기간 중 동물의 증체량 가운데 지방 함량의 점진적인 증가는 실제 사양 시 여러모로 중요한 의미를 갖게 된다. 첫째, 비육 중 지방 함량이 많이 증가한다는 것은 영양소의 이용효율이 그만큼 감소한다는 것을 의미하며, 따라서 고기의 생산에 소요되는 비용이 증가하고, 나아가서 실제 수익성에도 크게 영향을 주게 된다. 둘째, 체중이 증가할수록 영양소의 유지 요구량이 증가하고, 사료섭취량이 동일할 때 고기생산에 이용되는 비율이 상대적으로 감소한다.

비만한 동물은 체중당 사료섭취량이 감소하여 비육이 완료됨에 따라 소비하는 사료섭취량에 비해 생산성이 떨어지는 결과를 초래한다. 따라서 반드시 사료효율을 고려하여 수익성이 있는 경제체중에서 비육을 완료하는 것이 중요하다. 또한 필요 이상으로 지방이 축적되었을 때 증체당 생산비가 비싸질 뿐만 아니라 오히려 육질을 저하시키는 결과가 온다. 일반적으로 고기의 풍미를 높이기 위해 필요 이상의 지방을 사용하는 경우가 있는데 이는 생산비 면에서 낭비를 초래할 뿐이다.

사료영양소 중 탄수화물, 지방, 단백질이 모두 지방을 합성할 수 있다는 것은 우리가 잘 아는 바와 같다. 비육할 때 축적되는 지방은 대부분 탄수화물에서 유래하나, 단백질도 본래의 기능을 다하고 남는 양이 있을 때에는 탈아미노작용을 거쳐서 그 탄소골격이 지방 합성에 이용된다. 사료 중의 지방도 체지방 합성에 쓰일 수 있다. 체지방 합성에 대한 각종 사료의 상대적 가치는 그 사료의 에너지가에 의해 결정된다.

동물은 각각 독특한 체지방을 생산하는데, 동물에 따라 체지방의 융점과 화학적 성질이 다르다. 그 이유는 체지방을 형성하는 지방(산)의 조성이 다르기 때문이다. 예를 들면, 우지나 양지는 돈지보다 융점이 높다. 반추동물과는 달리 닭이나 돼지의 체지방 조성은 사료 지방(산) 조성의 영향을 직접 받게 되는데, 그 까닭은 사료의 지방산이 큰 변화 없이 직접적으로 체내로 흡수되기 때문이다. 그러나 반추동물은 반추위에서 지방산의 조성이 미생물에 의해 변화되기 때문에(예: 불포화지방산의 수소첨가 현상) 사료 지방산이 체지방 조성에 직접적인 영향을 주지는 않는다.

13.2.2 쇠고기의 생산

쇠고기는 정상적으로 성장하는 소의 육성과 비육에 의해 주로 생산되며, 때로는 성장이 완료된 소나 노폐우의 비육에 의해서도 이루어진다. 육성 · 비육의 단계적 성장에 의한 쇠고기의 생산은 성장 편에서 성장 특성과 성장에 필요한 영양소 요구량 등으로 나누어 자세히 설명하였으므로 여기에서는 주로 성축의 비육에 의한 고기생산에 대해서 중점적으로 설명하고, 육성 · 비육에 대하여 간단히 언급하고자 한다.

어린 소의 육성 · 비육은 근육조직을 생산하는 성장과 지방조직을 생산하여 축적하는 비육을 동시에 진행하는데 비해, 2세 이상의 마른 소를 비육할 때는 근육이나 피하에 지방조직을 축적시키는 비육만을 하기 때문에 사료급여방법이나 비육기간이 다르다. 즉, 어린 소의 육성 · 비육은 장기비육의 형태로서 에너지, 단백질, 각종 비타민과 광물질 등의 공급에 만전을 기해야 하는데 비해, 2세 이상의 성우를 비육할 때에는 단기비육의 형태로 에너지 공급만 높여 주면 된다. 비육기간에서도 전자는 생후 6~10개월령 수송아지를 1년 정도 기르는데 비하여 단기비육 소는 60~150일간 비육한다.

비육용 소의 장기비육은 소의 생리적인 면을 고려해서 보통 비육기간을 3기로 구분하여 사료의 배합 비율, 급여량, 그리고 농후사료와 조사료의 급여 비율 등을 변경해야 한다. 먼저 제1기는 근육조직의 증가를 통해 제2기와 제3기에서 지방이 충분히 축적될 수 있도록 준비하는 기간이므로 단백질이 풍부한 사료를 급여해야 하고, 식욕이 왕성한 시기이므로 조사료를 충분하게 급여해 주어야 한다. 제2기는 근육조직의 증가도 있지만 지방 축적이 증가하는 시기로서 가격이 비싼 단백질 사료를 줄이고, 전분질 농후사료를 많이 급여해 주며, 식욕이 떨어지므로 조사료 급여량은 감소시켜야 한다. 한편 제3기는 이른바 비육 완성기로서, 전분질 농후사료를 많이 급여하고 단백질 사료의 급여량은 감소시켜야 한다. 단기비육에서는 사료를 무제한으로 급여함으로써 조기에 최대의 고기 생산을 할 수 있도록 사양관리를 해야 한다.

1) 소의 비육을 위한 에너지 요구량

비육 중인 고기소의 에너지 요구량은 상당히 높아서 유지 요구량보다 훨씬 높게 공급해 주지 않으면 비육은 부진하게 된다. 소의 품종과 개체에 따라 비육 능력이 다르므로 비육 효과를 높이기 위해서는 그 능력에 따른 적합한 에너지를 공급해 주어야 한다. 또한 단기간에 속성 비육을 할 때는 양질의 사료를 급여하는 것이 중요하며, 사료의 질과 양을 적절히 조절함으로써 비육 속도를 적절히 조절할 수 있다.

고기소에 대한 에너지 요구량을 보면 유지 요구량 이외에 1kg 증체마다 에너지 공급량을 비육 전기에는 NE 5,500kcal(23.01MJ), 후기에는 NE 7,000kcal(29.29MJ)로 증가시켜 주는 것이 좋다.

비육우가 필요로 하는 NE를 다시 유지를 위한 정미에너지(NE_m)와 증체를 위한 정미에너지(NE_g) 등으로 구분하고, 각각에 NE 요구량의 산출을 위해 다음의 공식을 사용할 수 있다.

① NE_m 및 NE_g는 1일 Mcal 요구량
② W는 체중(kg)
③ gain은 증체량(kg)

$$NE_m = 0.077W_{kg}^{0.75}$$
$$NE_g = (0.05272gain + 0.00684gain^2)(W_{kg}^{0.75})\text{: 수소}$$
$$NE_g = (0.05603gain + 0.01265gain^2)(W_{kg}^{0.75})\text{: 암소}$$

예를 들면 체중 300kg인 수소는 유지 요구량 이외에 증체 1kg당 4.29Mcal(17.95MJ), 같은 체중의 암소는 4.95Mcal(20.71MJ)의 NE_g를 필요로 한다.

유지 요구량 이상으로 에너지를 급여할 때 섭취한 ME의 체지방으로의 이용효율은

59%이며, DE의 약 85%가 ME라면 섭취한 DE의 약 50%가 체지방으로 축적된다. 따라서 축적된 에너지의 약 2배가 되는 DE가 필요하다는 결론이다. 또한 건초를 유지 요구량 이상으로 준 경우에는 ME의 약 41%가 체지방으로 축적된다고 한다. 소, 면양, 돼지에서 증체량 1kg당 축적되는 에너지는 최대 8,804Mcal(36,836MJ), 최소 5,407Mcal(22,623MJ), 평균 7,139Mcal(29,870MJ)이다.

일반적으로 비육 전기에는 특히 마른 동물의 경우에 지방의 축적과 아울러 수분과 단백질의 축적도 다소 일어나지만 그 후 비육이 진행됨에 따라 주로 지방의 축적이 증가하게 된다. 따라서 비육 전기에 비해 비육 후기에는 증가하는 단위체중당 에너지의 축적률이 훨씬 높아진다. 또한 비육이 진행되면서 더 많은 에너지 공급이 있어야 한다. 예를 들면 비육 초기 체중이 200kg인 수소에는 1일 1kg의 증체를 위해 유지 요구량 외에 1일 NE_g 2.72Mcal를 주면 되지만, 그 후 체중 400kg 되는 중소에는 1일 4.57Mcal를 주어야 한다(NRC, 2000).

동물의 종류에 따라 지방(에너지)을 축적하는 능력은 다르다. 비육동물이 필요로 하는 에너지 요구량은 DE, ME, NE, TDN 어느 방법으로 사료가치를 평가하여 급여해도 무방하다. 여기에서 고기소의 NRC 사양표준(2000)에 나타난 에너지 요구량을 NE_m, NE_g의 형태로 표시하여 보면 표 13.17과 같다. 이 표에는 각 체중과 일당증체량에 따른 육성 · 비육 중인 고기소의 에너지 요구량이 표시되어 있다.

일반적으로 소는 두과 조사료를 적정량 섭취하면 필요한 단백질을 충분히 공급받을 수 있다. 그러나 두과 사료를 급여하지 않거나 저질 조사료를 급여할 때는 단백질의 질에 주의해야 한다. 비육우에 대해서는 대두박, 면실박, 아마박 등이 옥수수 글루텐밀보

표 13.17 육성 · 비육우의 체중과 일당증체량에 따른 유지 및 성장 에너지 요구량

체중(kg)	200	250	300	350	400	450
			유지 요구량(NE_m)			
Mcal/일	4.1	4.84	5.55	6.23	6.89	7.52
일당증체량(kg/일)			성장 요구량(NE_g, Mcal/일)			
0.5	1.27	1.50	1.72	1.93	2.14	2.33
1.0	2.72	3.21	3.68	4.13	4.57	4.99
1.5	4.24	5.01	5.74	6.45	7.13	7.79
2.0	5.81	6.87	7.88	8.84	9.77	10.68
2.5	7.42	8.78	10.06	11.29	12.48	13.64

다 훨씬 효과적인 것으로 보고된 바 있다.

2) 소의 비육을 위한 단백질 요구량

체지방은 주로 사료 중의 비단백태질소화합물로부터도 합성되므로 단백질이 체지방의 합성에 직접적으로 필요한 것은 아니다. 성축의 경우에는 비단백태질소화합물에 비하여 단백질로부터 축적되는 지방은 얼마 되지 않기 때문에 지방 축적만을 생각한다면 유지 요구량 이상의 단백질이 필요하다고는 할 수 없다. 그러나 성장을 완료한 동물을 비육할 경우라도 상피조직의 성장, 지방 세포 수의 증가와 근육조직 내의 단백질 축적 등으로 단백질 요구량이 다소나마 증가한다. 따라서 비육의 경우에도 유지 요구량 이상의 단백질을 필요로 하게 된다. 알려진 바에 의하면 단백질의 체내 축적은 비교적 적은 양이어서 생체중 1kg의 증가에 대해서 단백질은 대개 20~80g밖에 함유되어 있지 않다고 한다. 비육중인 동물에 대한 단백질 요구량은 Kellner의 호흡시험에 의하면 단백질 함량이 적은 사료는 많은 사료에 비해서 비육에 더 효율적이라고 한다. 체중 500kg 되는 큰 소에 대해서 0.38~0.50kg의 가소화단백질(DCP)이면 충분하다는 것이다. 이론적으로 비육에 요구되는 단백질은 유지 요구량의 그것과 거의 같다고 하겠으나, 실제 단백질이 다소 낮은 사료를 주면 사료의 소화율이 저하되고, 사료의 채식량도 떨어져서 비육효과를 충분히 거두기 어렵다.

한편 어린 동물을 육성 · 비육할 때에는 유지 및 증체에 필요한 단백질을 모두 공급해 주어야 한다. NRC 사양표준을 기초로 하여 육우와 면양에 대한 DCP 요구량을 보면 다음과 같다.

소의 1일 DCP 요구량(g) = $2.79\ W_{kg}^{0.75}(1 + 1.905G)$
양의 1일 DCP 요구량(g) = $2.79\ W_{kg}^{0.75}(1 + 6.02G)$
DCP: 가소화단백질(g), W: 체중(kg), G: 일당증체량(kg)

즉, 소와 면양의 유지 시 DCP 요구량은 둘 다 $2.79W_{kg}^{0.75}$로 같으며, 이 값은 Armsby의 $2.78W_{kg}^{0.75}$과 비슷한 것이다. 또한 증체를 위한 단백질 요구량은 소나 면양의 증체량이 높아감에 따라 앞의 관계식과 같이 이들도 증가한다. 한편 고기소에 대한 NRC (2000)의 단백질 요구량은 대사단백질(metabolic protein), UIP, DIP, BCP(미생물단백질 합성량)를 기초로 하되, BCP는 탄수화물의 분해량과 사료의 장 내 통과 속도 등을 고려하여 산출한다.

표 13.18 육성 · 비육우의 일당증체량과 체중에 따른 대사단백질(MP) 요구량

체중(kg)	200	250	300	350	400	450
			유지 요구량			
MP(g/d)	202	239	274	307	340	371
일당증체량(kg/일)			성장을 위한 대사 단백질 요구량(g/일)			
0.5	154	155	158	157	145	133
1.0	299	300	303	298	272	246
1.5	441	440	442	432	391	352
2.0	580	577	577	561	505	451
2.5	718	712	710	687	616	547

소에 대한 단백질 요구량은 사료 중 에너지 함량과 밀접한 상관관계를 가지고 있다. 즉, DCP 요구량이 증가함에 따라 에너지 수준도 증가시켜 주어야 소의 증체량, 사료효율 및 도체율 등이 향상된다.

한편, 단백질 요구량은 사료의 가공방법과 공급방법, 각종 사료첨가제 등에 의해 실질적으로 영향을 받는 경우는 없다. 특히 소의 경우에는 농후사료만을 급여할 때 사료섭취량이 감소하는 경향이 있으며, 이와 같이 사료섭취량이 감소하면 그에 비례하여 사료 중 단백질 함량을 증가시켜 주는 것이 중요하다. 한편 요소(urea)와 같은 비단백태질소화합물을 육성 · 비육우에 급여할 경우에는 총질소요구량의 37%, 임신 · 비유 중인 고기소의 경우에는 25% 범위 내에서 대체하여 사용해도 무방하다(NRC, 2000). 그러나 이들을 첨가할 때에는 광물질(특히 S, Na, P, Co 등)과 양질의 탄수화물을 적정량으로 공급하는 것이 매우 중요하다. 반추동물인 소나 면양의 경우 돼지나 닭에 비해 단백질의 이용형태가 훨씬 단순하다. 즉, 모든 필수아미노산이 장 내 미생물에 의해 합성되며, 따라서 소나 면양은 요소와 같은 비교적 단순한 비단백태질소 공급원을 급여하는 경우라도 아미노산 불균형과 같은 문제는 발생하지 않는다. 다만 반추위가 발달하지 않은 송아지의 경우에는 장 내 미생물의 활동이 없거나 미약하기 때문에 다른 동물과 같이 단백질의 품질에 대해서도 주의해야 한다. 표 13.18에는 육성 · 비육우의 일당증체량과 체중에 따른 대사단백질 요구량이 표시되어 있다.

3) 소의 비육을 위한 비타민 및 광물질 요구량

큰 동물의 비육에는 유지 요구량 이상으로 비타민이나 광물질이 요구되지 않는다. 그

표 13.19 육성 · 비육우의 일당증체량과 체중에 따른 칼슘과 인 요구량

체중(kg)	200	250	300	350	400	450
일당증체량(kg/일)	일당증체량에 따른 칼슘(Ca) 요구량(g/일)					
0.5	14	13	12	11	10	9
1.0	27	25	23	21	19	17
1.5	39	36	33	30	27	25
2.0	52	47	43	39	35	32
2.5	64	59	53	48	43	38
일당증체량(kg/일)	일당증체량에 따른 인(P) 요구량(g/일)					
0.5	6	5	5	4	4	4
1.0	11	10	9	8	8	7
1.5	16	15	13	12	11	10
2.0	21	19	18	16	14	13
2.5	26	24	22	19	17	15

러나 성장 중인 동물을 육성 · 비육하는 경우에는 약간 많은 양의 비타민과 광물질이 피요하다. 왜냐하면 이미 설명한 바와 같이 이들의 공급이 부족하면 체중의 증가가 둔화되고 건강이 나빠지기 때문이다. 비육용 NRC 사양표준(2000)에서는 광물질의 경우 Ca, P에 대한 요구량을 각 체중별 · 일당증체량별로 설정했으며 이는 표 13.19와 같다.

13.2.3 돼지고기의 생산

돼지고기는 쇠고기와 더불어 중요한 동물성 단백질 식품으로서 인류의 식량공급에 오래전부터 크게 공헌해 왔으며, 현재는 돼지고기의 생산량이 다른 모든 고기의 생산량보다 많다. 돼지고기는 주로 새끼 돼지의 이유에서부터 100~120kg에 이를 때까지 사육하는 육성 · 비육에 의해 생산되고 있다. 적은 양의 사료로 살코기가 많은 질이 좋은 돼지고기를 생산하려면 육성 · 비육의 성장 특성과 영양소 요구량을 자세히 알아야 한다.

1) 돼지의 성장과 비육의 특성

돼지는 다른 동물에 비해 성장이 빠르고 소화기의 용적이 다른 동물에 비해 작기 때문에 영양소가 농축된 농후사료를 급여해야 한다.

돼지는 성장과정에 있어서 각 부위의 성장률이 다르다는 것은 이미 설명한 바 있다.

표 13.20 돼지의 체중별 도체 성분 함량(%)

생체중(kg)	수분	단백질	지방	회분
15~20	67.5	17.5	11.7	3.3
20~40	62.0	16.6	17.9	3.4
40~60	54.6	15.6	26.7	3.0
60~80	47.8	13.5	36.0	2.6
80~100	41.6	12.6	43.5	2.2
100~120	35.0	10.9	52.2	1.9

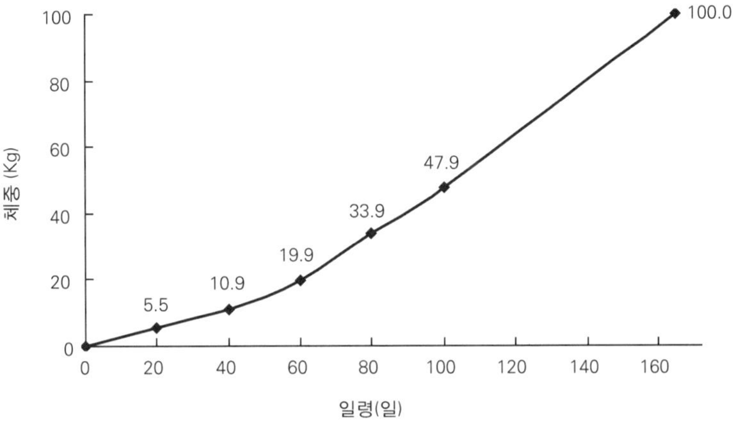

그림 13.1 돼지의 성장곡선(NRC, 1998)

생시에는 머리와 다리 부분이 다른 부위에 비해 상대적으로 크고 체부분이 작으나, 성장이 진행됨에 따라 허리, 가슴, 엉덩이 부분의 성장이 다리, 어깨, 머리 부위보다 빨라진다. 즉, 어린 돼지는 다른 부위에 비해 상대적으로 골격 부위가 크지만 성장함에 따라 근육 부위가 발달하고, 성장 후기와 비육기에는 체지방 함량이 증가한다. 이러한 부분 성장률은 돼지의 품종에 따라 서로 달라진다. 조숙종(early maturity type)은 햄(엉덩이) 부분의 성장이 빠른데 비해 만숙종(late maturity type)은 햄 부위의 발달이 늦는 대신 체형이 길어진다. 육성돈은 체중이 증가함에 따라 수분의 함량이 감소하는 대신 지방 함량은 크게 증가하고, 단백질 함량은 약간 증가하는 경향이 있으나 회분의 함량은 거의 일정하다. 한편 돼지의 체중별 도체의 성분 함량에서도 표 13.20에서 보는 바와 같이 체중이 증가함에 따라 수분, 단백질, 회분의 함량은 감소하는 대신 지방의 함량은 매우 빨리 증가한다는 것을 알 수 있다.

참고로 NRC 사양표준(1998)에서 제시된 자료를 이용하여 육성 · 비육돈의 성장곡선을 그려 보면 그림 13.1에서 보는 것과 같이 20일령에는 5.5kg, 40일령에는 10.9kg, 60일령에는 19.9kg, 80일령에는 33.9kg, 100일령에는 47.9kg 그리고 165일령에는 100kg의 성장을 보인다.

2) 돼지의 육성 · 비육을 위한 에너지 요구량

일반적으로 사료 내의 에너지 함량이 높으면 성장 속도가 빨라지고 사료효율이 개선된다. 어린 돼지를 대상으로 한 연구 결과에 따르면, 사료의 에너지 함량은 사료섭취량에 미치는 영향이 매우 크며, 이에 따라서 에너지 이외의 다른 영양소의 섭취량이 또한 좌우된다.

지방 축적에 의한 체중 증가는 돈육의 품질관리상 바람직하지 못하다. 그러므로 성장기의 에너지 급여 수준은 근육의 최대 축적률에 이르는 시점에서 결정되어야 한다. 이는 지방 축적에 의한 에너지 이용성의 저하를 막기 위해서도 필요한 일이다.

표 13.21을 보면 사료 내 에너지 수준이 증가함에 따라 일당증체량도 증가하는 경향을 보이며 사료효율 역시 개선되었으나, 사료 1kg당 DE가 3,750kcal(15.69MJ) 이상일 때에는 더 이상의 증체량 개선 효과는 없고, 사료효율 개선 정도도 상당히 둔화되었다.

성장 · 비육돈에서는 사료 내 에너지 함량이 도체의 품질에 미치는 영향이 상당히 크다. 즉, 사료 내 에너지 함량 수준이 증가할수록 등지방의 두께(back fat thickness)가 두꺼워지고 살코기의 비율과 배장근단면적(loin eye area)이 감소한다. 사료 1kg당 GE 함량

표 13.21 사료 내 에너지 함량이 성장률, 사료효율 및 증체에 미치는 영향(3~8주령, 5.4~20kg)

DE(kcal/kg, 풍건) 단백질[1](%)	3,245(13.57) 20.9	3,410(14.27) 21.7	3,640(15.23) 23.1	3,750(15.69) 24.1	3,940(16.48) 25.3
일당증체량(g)	332	388	414	416	412
지방(g)	47.5	56.7	63.2	64.5	64.4
근육(g)	151	175	191	193	194
뼈(g)	41.5	46.9	50.9	49.0	48.9
근육/지방	3.09	3.09	3.02	3.01	3.03
사료효율	2.38	2.02	1.84	1.77	1.70
1일 사료섭취량(g)	792	781	762	735	700

[1]단백질 수준은 에너지 · 단백질 비율을 고려하여 전환시킨 것임. 괄호 안은 MJ임.

표 13.22 자유채식 시 육성 · 비육돈의 체중별 사료 내 DE, ME 함량 및 추정 섭취량(NRC, 1998)

구분	체중(kg)					
	3~5	5~10	10~20	20~50	50~80	80~120
사료 내 DE 함량(kcal/kg)	3,400	3,400	3,400	3,400	3,400	3,400
사료 내 ME 함량(kcal/kg)	3,265	3,265	3,265	3,265	3,265	3,265
추정된 DE 섭취량(kcal/일)	855	1,690	3,400	6,305	8,760	10,450
추정된 ME 섭취량(kcal/일)	820	1,620	3,265	6,050	8,410	10,030
추정된 사료섭취량(g/일)	250	500	1,000	1,855	2,575	3,075
조단백질(%)	26.0	23.7	20.9	18.0	15.5	13.2

을 3,970~3,985kcal(16.61~6.67MJ) 수준에서 4,410~4,446kcal(18.45~18.60MJ) 수준으로 증가시키면 에너지 함량이 증가함에 따라 등지방층이 두꺼워지고, 배장근단면적과 살코기 무게, 그리고 도체장이 적어지는 대신 일당증체량, 사료효율과 도체율이 개선된다.

ARC(1967)에서는 조기 이유한 어린 돼지와 포유 중인 어린 돼지에 있어서 체중과 1주일 동안 섭취해야 할 대사에너지 요구량의 관계를 회귀식으로 설정하였는데 그 관계식은 다음과 같다.

조기 이유한 어린 돼지: $\log E = 0.76 \log W + 0.05$

포유 중인 어린 돼지: $\log E = 0.50 \log W + 0.64$

여기에서 E는 1주일 동안 섭취해야 할 대사에너지량(Mcal), W는 1주일 중 첫째날의 체중(kg)으로 이 식을 이용하면 체중으로부터 쉽게 대사에너지 요구량을 추정할 수 있다.

참고로 성장시기별 사양시험에 근거하여 설정한 돼지를 위한 NRC 사양표준(1998)의 체중별 사료 내 DE, ME 함량 및 섭취량과 조단백질 함량은 표 13.22와 같다. 5~10kg의 어린 자돈에서는 대사에너지 1일 섭취량을 1,620kcal로 설정했으나, 10kg 이후는 10~20kg일 때 3,265kcal로 증가되고 80~120kg에서는 10,030kcal로 설정하였다.

3) 돼지의 육성 · 비육을 위한 단백질 및 아미노산 요구량

돼지의 육성 · 비육을 위한 단백질 요구량은 필수아미노산의 요구량 충족과 정상적 대사에 요구되는 비필수아미노산의 합성에 필요한 질소를 공급해 줄 수 있는 수준에서 결정된다. 또한 비필수아미노산은 특정 아미노산으로서의 특정 대사과정에서 쓰이는데, 남은 것은 대사경로를 거쳐 다른 아미노산의 합성에 이용되기도 한다.

표 13.23 이유자돈에 대한 합성 라이신의 첨가효과

처리(%)	개시 시 체중(kg)	종료 시 체중(kg)	증체량 (kg)	일당 증체량(g)	1일 사료 섭취량(g)	사료효율
단백질 16	10.36	21.08	10.72	382.9	958	2.50
단백질 18	10.08	23.31	12.51	446.8	1,018	2.28
단백질 20	10.18	22.78	12.60	450.0	1,032	2.29
단백질 16 + lysine 0.2	10.28	22.49	12.21	436.1	962	2.21

표 13.24 돼지의 성장시기별 주요 필수아미노산 요구량(%)

아미노산	체중(kg)					
	3~5	5~10	10~20	20~50	50~80	80~120
Arginine	0.54	0.49	0.42	0.33	0.24	0.16
Histidine	0.43	0.38	0.32	0.26	0.21	0.16
Isoleucine	0.73	0.65	0.55	0.45	0.37	0.29
Leucine	1.35	1.20	1.02	0.83	0.67	0.51
Lysine	1.34	1.19	1.01	0.83	0.66	0.52
Methionine	0.36	0.32	0.27	0.22	0.18	0.14
Methionine + cystine	0.76	0.68	0.58	0.47	0.39	0.31
Phenylalanine	0.80	0.71	0.61	0.49	0.40	0.31
Phenylalanine + tyrosine	1.26	1.12	0.95	0.78	0.63	0.49
Threonine	0.84	0.74	0.63	0.52	0.43	0.34
Tryptophan	0.24	0.22	0.18	0.15	0.12	0.10
Valine	0.91	0.81	0.69	0.56	0.45	0.35

단백질과 아미노산의 이용성을 극대화하기 위해서는 에너지의 공급이 충분해야 한다. 즉, 에너지가 부족하면 체내에서 단백질이 분해되어 에너지원으로 사용되기 때문에 단백질 특유의 기능을 제대로 발휘하지 못하게 되어 비경제적인 육생산 활동을 하게 된다. 또한 사료 내 단백질 함량에 비해 에너지 함량이 과다하게 높으면 단백질 섭취량이 상대적으로 감소하여 증체 속도가 느려지고 등지방층이 두꺼워지는 등 육질의 저하를 가져오게 된다. 아울러 아미노산의 균형있는 공급이 매우 중요하다는 것을 알아야 한다. 특히 제1제한 아미노산이라고 알려진 라이신(lysine)의 공급 부족이 나타나지 않도록 해야 한다.

한인규 등(1978)은 옥수수 · 대두박 위주의 이유자돈 사료에 0.2%의 합성 라이신을 첨가하면 표 13.23에서 보는 바와 같이 일당증체량을 단백질 16%구와 18%구에서 비교할 때 단백질 16%에 0.2%의 라이신을 첨가한 구는 단백질 18%구와 같은 일당증체량을 보

였다. 이것은 돼지사료의 경우 제1제한 아미노산이라고 할 수 있는 라이신을 첨가함으로써 사료 단백질을 약 2% 정도 절약할 수 있음을 보여 주는 중요한 결과이다. 이른바 합성 아미노산의 사용으로 사료 단백질 절약 효과를 가져올 수 있다는 것이다.

참고로 돼지를 위한 NRC 사양표준(1998)이 제시한 돼지의 성장시기별 필수아미노산 요구량을 소개하면 표 13.24에서 보는 바와 같다.

4) 돼지의 육성 · 비육을 위한 비타민 및 광물질 요구량

돼지의 성장과 비육을 위한 비타민 요구량은 아직 정확히 규명되어 있지는 못하나, 최근 이에 관한 많은 연구가 이루어지고 있다. NRC 사양표준(1998)에서는 지용성 비타민(비타민 A, D, E, K)과 리보플라빈, 바이오틴(biotin), 엽산(folacin) 등 대부분의 수용성 비타민에 관한 요구량을 제시하였다(표 13.25). 기타의 비타민 공급 문제는 최근 돼지를 제한된 공간의 돈사에서 사육하는 경향이 증가함에 따라 더욱 주의를 요하게 되었으며, 아래와 같은 요인들에 의해 육성 · 비육돈의 비타민 요구량이 증가하게 되었다.

① 성장률이 빠른 돼지의 선발, 육종
② 구멍 뚫린 바닥시설이 되어 있는 돈사에서 돼지를 사육하는 경향이 증가함에 따라 비타민의 공급원이 되는 분에 접촉할 기회가 적어짐
③ 돈사에 제한된 공간에서 사육함으로써 돼지들 간의 접촉에 의한 스트레스나 준임상적인 병(subclinical disease)의 발생이 증가함
④ 사료의 가공처리로 인한 비타민의 파괴
⑤ 자돈의 조기 이유
⑥ 곰팡이와 항대사물질에 의한 비타민 요구량의 증가
⑦ 잡종교배를 통한 돼지의 정육률 증가
⑧ 개체별 차이를 감안한 안전 수준의 비타민 공급
⑨ 토양의 비옥도 감소에 의한 식물체 내 비타민 합성량의 감소
⑩ 목초, 알팔파밀 등 비타민 공급제 급여의 감소 추세

이에 따라 여러 선진국에서는 최근 거의 모든 돼지 사료에 비타민 A, D, B_{12}, 리보플라빈, 판토텐산, 콜린(choline) 등을 첨가함으로써 돼지의 일당증체량을 높이고, 사료 효율을 개선하고 있다.

참고로 돼지의 비타민과 광물질 요구량에 대한 NRC 사양표준(1998)은 표 13.25에서

표 13.25 돼지의 성장시기별 비타민 요구량(사료건물 90% 기준, % 또는 사료 1Kg당 함량)

비타민	체중(kg)					
	3~5	5~10	10~20	20~50	50~80	80~120
Vitamin A(IU)	2,200	2,200	1,750	1,300	1,300	1,300
Vitamin D_3(IU)	220	220	200	150	150	150
Vitamin E(IU)	16	16	11	11	11	11
Vitamin K(mg)	0.50	0.50	0.50	0.50	0.50	0.50
Biotin(mg)	0.08	0.05	0.05	0.05	0.05	0.05
Choline(g)	0.60	0.50	0.40	0.30	0.30	0.30
Folacin(mg)	0.30	0.30	0.30	0.30	0.30	0.30
Niacin, available(mg)	20.00	15.00	12.50	10.00	7.00	7.00
Pantothenic acid(mg)	12.00	10.00	9.00	8.00	7.00	7.00
Riboflavin(mg)	4.00	3.50	3.00	2.50	2.00	2.00
Thiamin(mg)	1.50	1.00	1.00	1.00	1.00	1.00
Vitamin B_6(mg)	2.00	1.50	1.50	1.00	1.00	1.00
Vitamin B_{12}(μg)	20.00	17.50	15.00	10.00	5.00	5.00
Linoleic acid(%)	0.10	0.10	0.10	0.10	0.10	0.10

표 13.26 돼지의 성장시기별 광물질 요구량

광물질	체중(kg)					
	3~5	5~10	10~20	20~50	50~80	80~120
	광물질 요구량(% 또는 사료 1kg당 함량)					
Ca(%)	0.90	0.80	0.70	0.60	0.50	0.45
P, total(%)	0.70	0.65	0.60	0.50	0.45	0.40
P, available(%)	0.55	0.40	0.32	0.23	0.19	0.15
Na(%)	0.25	0.20	0.15	0.10	0.10	0.10
Cl(%)	0.25	0.20	0.15	0.08	0.08	0.08
Mg(%)	0.04	0.04	0.04	0.04	0.04	0.04
K(%)	0.30	0.28	0.26	0.23	0.19	0.17
Cu(mg)	6.00	6.00	5.00	4.00	3.50	3.00
I(mg)	0.14	0.14	0.14	0.14	0.14	0.14
Fe(mg)	100	100	80	60	50	40
Mn(mg)	4.00	4.00	3.00	2.00	2.00	2.00
Se(mg)	0.30	0.30	0.25	0.15	0.15	0.15
Zn(mg)	100	100	80	60	50	50

보는 바와 같다. 육성 · 비육돈의 경우, 체중이 증가함에 따라 비타민 K와 엽산(folacin)을 제외한 모든 비타민을 사료 중 함량으로 표시할 때 그 요구량은 감소하나, 비타민 K와 엽산 요구량은 일정 수준이 그대로 유지된다.

한편 육성 · 비육돈에 대한 각종 미량광물질의 요구량도 비타민과 마찬가지로 아직까지 정확히 규명되지 않았으나, 여러 영양학자들에 의해 많은 연구가 이루어졌다. 이러한 연구 결과 NRC 사양표준(1984)에서는 개정되기 전 NRC 사양표준에서 제시되지 못하였던 K, Mg, Fe, Zn, Mn, Cu, I, Se의 요구량을 설정하였으며, 이미 제시되었던 Ca, P, Na, Cl의 요구량도 수정 · 보완하였다.

표 13.26은 육성 · 비육돈에 대한 NRC 사양표준(1998)의 광물질 요구량을 나타낸 표로서 돼지가 성장함에 따라 Ca, P, K, Fe, Zn, Mn, Cu, Na, Cl, Se의 요구량은 사료 중 함량으로 표시할 때, 그 요구량이 감소하였으나 Mg, I의 요구량 수준은 일정하였다.

13.2.4 닭고기의 생산

육용으로 사육되는 병아리를 포괄적으로 육계 또는 브로일러(broiler)라 부른다. 즉, 육계란 식육생산을 위해 보통 7~8주령에 체중 2~2.5kg 정도로 육성하는 병아리를 말한다. 육용 병아리는 증체율이 빠르고 사료효율이 높은 것이 특징이다. 육계 사육의 원리는 이와 같은 병아리의 특징을 최대한으로 이용하여 육성 · 비육하는 데 있다. 따라서 육계의 육성효과는 품종 자체의 선택과 이에 적합한 영양소 공급에 의해 크게 영향을 받는다. 품종에 따라 증체율 또는 사료효율의 차이가 크게 나타나므로 품종의 선택이 무엇보다 중요하다. 최근에는 특히 육계용으로 ① 성장률이 빠르고, ② 사료 이용성이 우수하며, ③ 건강하고, ④ 속우성을 지니는 등 능력이 우수한 육계 전용종이 육종되어 널리 보급되고 있다. 아직까지 계육시장이 확립되어 있지 않은 우리나라에서도 산란계나 난용종 수평아리를 비육하던 과거와는 달리 최근에는 육계 전용종을 주로 비육하고 있으며, 이들을 기르지 않는 한 정상적인 수익을 기대할 수 없게 되었다.

또 하나 수익성과 직접 관계가 있는 것은 육계 사료급여계획(feeding program)이다. 원래 육계 사업은 가금영양학의 발전과 더불어 급속히 발전해 왔다고 해도 과언이 아니다. 특히 오늘날의 육계 사료는 요구하는 모든 영양소가 확실히 포함되어 있어야 하며, 또한 옛날에 비하여 고에너지 · 고단백질 · 고비타민 사료인 것이 특징이다. 이른바 고열량사료(high energy ration) 또는 고효율사료(high efficiency ration)라 부르는 이 사료는 과거에 사용해 오던 관행사료에 비교해 다음과 같은 현저한 차이가 있다.

① 에너지가가 비교적 낮은 강피류를 완전히 제거 또는 극히 소량만 사용하는 대신 옥수수 등 곡류 배합 비율을 증가시킨다.
② 에너지가 높은 지방을 3~5% 첨가한다.
③ 단백질 사료의 배합 비율을 높이고 아미노산 균형도 크게 향상시킨다.
④ 비타민의 첨가 종류와 첨가량을 훨씬 늘린다.
⑤ 광물질에 있어서도 첨가 종류가 많아진 반면, 일부 광물질(예: Ca)의 첨가량을 오히려 줄인다.

곧 육계 사양계획은 육용 병아리의 육성 성적에 직접적인 영향을 미친다. 일반적으로 종래 육계 사료는 전기(0~6주령)와 후기(6~9 주령)로 구분하는 2단계 사육법을 관례로 하고 있으나, 최근에는 전기(0~3주령), 중기(3~6주령), 후기(6~9주령) 등 3단계로 구분하여 사육할 것을 권장하고 있다. 우리나라의 경우는 1.5kg 전후의 소형 닭 위주로 사육하고 있기 때문에 초기(0~2주령), 전기(2~4주령), 후기(4주령 이후)로 구분해 사육하기도 한다. 병아리의 주령 또는 체중에 따라 각각 그에 알맞은 영양소를 공급함으로써 육계는 ① 증체가 빠르고, ② 사료 이용성이 높아지며, ③ 폐사율이 낮으며, ④ 생산품의 질이 높고, ⑤ 1kg 생산당 사료비를 절약하는 경제적 효과를 얻을 수 있다.

물론 이와 같은 사료는 사료 원가가 다소 비싸서 우리나라와 같은 여건에서는 반드시 품질이 우수한 사료가 반드시 경제적으로 농가 수익과 결부되지는 않지만, 배합사료의 품질 향상은 그 이용효율적 측면에서 뚜렷한 사양성적 개선효과로 나타난다. 참고로 과거 60여 년 동안 미국의 육계 생산효율의 변화를 보면 표 13.27과 같다. 그동안 체중 증가율은 260%, 사료 요구율은 약 170% 향상시킬 수 있었다. 그리고 이와 같은 큰 성과를 얻을 수 있었던 것은 대부분 육계 품종의 능력 개량과 사료의 개선에 힘입은 것이다.

육계 전용종의 주령에 따른 체중, 사료 섭취량 및 사료효율을 보면 표 13.28과 같다. 즉, 증체량에서 암평아리보다 수평아리가 빠른 경향이 있다. 이는 암평아리의 성장률이

표 13.27 육계 생산효율의 변화

항 목	1930년대	1950년대	1970년대	1980년대	1990년대
체중(6.5주령, g)	726	1,135	1,680	1,750	1,895
사료 요구율	3.35	2.70	2.02	1.95	1.94

표 13.28 육계의 주령에 따른 성장, 사료 섭취량 및 사료효율

연령(주)	수컷			암컷		
	체중(g)	사료섭취량(g)	사료/체중(kg)	체중(g)	사료섭취량(g)	사료/체중(kg)
1	152	135	1.21	144	131	1.26
2	376	290	1.29	344	273	1.37
3	686	487	1.57	617	444	1.63
4	1,085	704	1.76	965	642	1.84
5	1,576	960	1.96	1,344	738	1.95
6	2,088	1,141	2.23	1,741	1,001	2.52
7	2,590	1,281	2.55	2,134	1,081	2.75
8	3,077	1,432	2.94	2,506	1,165	3.13

늦은 반면 체지방 함량이 높기 때문이다. 따라서 일반적으로 수평아리의 육성효율이 암평아리보다 약간 우수하다. 또한 병아리 체중과 주령이 증가할수록 사료효율이 저하된다. 따라서 육계 사육은 체중을 과잉으로 증가시킬수록 생산 효율이 저하되므로 특별한 이유가 없는 한 단기간 내에 육생산을 완료하는 것이 바람직하다.

1) 육계의 에너지 요구량

육계 생산에 있어서 고에너지사료의 유리한 점이 증명되면서부터 에너지 요구량에 대한 관심이 높아지게 되었다. 일반적으로 에너지 요구량은 아미노산, 비타민 또는 광물질 요구량과 같이 정밀하게 규정할 수는 없다. 즉, 병아리는 자체 에너지 요구량에 따라 스스로 사료섭취량을 조절할 수 있기 때문에 비교적 넓은 에너지를 급여해도 정상적인 성장을 할 수 있다. 여기에 쓰이는 에너지의 단위로서 처음에는 생산에너지(productive energy, PE)가 많이 쓰였으나, 현재는 ME로 쓰인다. 그 이유는 ME가 다음과 같은 장점이 있기 때문이다.

① 측정방법이 비교적 쉽고 오차가 적다(PE ± 20%, ME ± 2~3%).
② 환경조건에 의한 영향이 없다.
③ 사료 중 영양균형에 의한 영향이 적다.
④ 닭의 품종 등 유전적 요인에 따라 크게 달라지지 않는다.
⑤ ME 값은 성장, 산란 등 닭의 능력과 상관관계가 높다.

육계의 에너지 요구량은 대체로 자기 체중의 유지를 위한 에너지와 성장을 위한 에너지로 크게 나눌 수 있다.

첫째, 병아리의 유지를 위한 에너지로 체중 40g일 때 하루 8kcal가 필요하다. 이는 다시 기초대사를 위한 에너지와 활동에 필요한 에너지로 구분할 수 있는데, 초생추의 기초대사열량은 1시간 동안 체중 1g당 약 0.0055kcal(0.023kJ)이며, 성계의 경우는 단지 0.0030kcal(0.0126kJ) 정도로, 초생추가 성계보다 대사율이 높다. 한편 활동에 필요한 에너지는 닭이 활동하는 정도에 따라 다른데, 대개 정상적인 닭은 기초대사에 필요한 에너지의 약 50% 정도 추가로 필요로 한다. 유지에 필요한 에너지는 실제 사양의 측면에서 보면 다음과 같은 점을 지적할 수 있다.

① 평사에서 사육하는 닭은 비교적 활동을 제한받는 케이지의 닭보다도 에너지 소비량이 많다.
② 체중이 무거운 닭은 비록 단위체중당 유지에 필요한 에너지는 적더라도 전체 에너지 소비량은 높다.
③ 육계의 경우에는 출하 체중에 빨리 도달할 수 있도록 사료효율이 높다. 즉, 기간이 오래 걸릴수록 유지에 필요한 에너지 소비량이 많아진다.

둘째, 병아리의 경우, 성장을 위한 에너지도 증체 1g에 대하여 1.5~3.6kcal(6.23~15.06KJ)가 필요하다고 한다. 그러나 이 에너지량은 증체 시 축적되는 지방과 단백질의 비율에 따라 다르다.

Scott 등(1982)이 육계의 주령에 따른 ME 요구량을 계산한 것을 보면 표 13.29와 같다. 1마리당 필요한 ME량으로 표시하는 것이 원칙이지만 실제에 있어서는 사료 1kg 중 함유하는 ME량의 범위로 제시하는 것이 보다 편리하다. 즉, 주어진 사료 ME 범위 안에

표 13.29 육계의 대사에너지 및 단백질 요구량

	평균 체중 (g)		일당증체량 (g)		사료섭취량 (g/주)		ME 요구량 (kcal/주)		단백질 요구량 (g/일)		사료 중 단백질 (%)	
연령(주)	♂	♀	♂	♀	♂	♀	♂	♀	♂	♀	♂	♀
1	118	115	11.2	10.7	12.8	12.6	41	40	3.42	3.26	26.5	26.2
2	278	250	22.9	19.3	29.0	25.0	93	80	7.7	6.57	26.5	26.2
3	525	460	35.3	30.0	54.0	47.0	173	150	12.1	10.4	22.4	22.1
4	825	660	42.8	29.0	77.0	55.0	247	176	16.8	11.63	21.8	21.1
5	1,145	890	45.7	33.0	93.0	69.0	298	220	18.5	13.54	20.5	19.6
6	1,500	1,120	50.0	33.0	104.0	76.0	333	245	19.1	14.1	20.2	18.5
7	1,850	1,450	50.0	47.0	113.0	102.0	373	337	21.7	18.6	19.2	17.6
8	2,200	1,750	50.0	43.0	130.0	114.0	430	376	22.6	19.1	17.4	16.8

서 병아리 자신이 에너지 필요량에 따라 섭취하는 사료량을 조절하도록 하는 것이다. 일반적으로 산란초생추의 경우, 최대한의 성장을 하게 하려면 최소한 사료 1kg당 ME 2,700kcal(11.30MJ)를 주어야 한다.

육계는 병아리가 성장함에 따라 사료효율이 감소하기 때문에 가능한 한 빨리 출하 체중에 도달하게 하는 것이 중요하다. 따라서 육계의 경우에는 보통 번식용 초생추에 비해 에너지 요구량이 높아야 한다. 실제 육계 전용종의 경우 사료 1kg당 ME 3,000~3,400kcal(12.56~14.23MJ) 범위의 비교적 고에너지 사료를 공급하는 것이 바람직하다. 특히 육계의 육성 후기(7~8주령)에는 사료 중 에너지 수준을 높이거나 단백질 함량을 낮게 함으로써, 결과적으로 성장 시의 필요량보다 많은 에너지를 공급하도록 한다. 이때 남는 에너지는 대부분 체지방으로 축적되어 출하 시 육계의 상품성을 향상시킨다.

최근 육계의 증체율이나 사료효율을 높이는 일반적인 방법은 에너지가 높은 지방을 첨가하여 고에너지 사료를 만드는 것이다. 사료 내 첨가하는 지방의 종류나 수준에 따라 효과가 다양하게 나타나며, 일반적으로 육계 사료에 적정 지방을 첨가하면 병아리의 성장을 촉진하는 효과가 있다. 또한 우지, 폐유, 돈지, 콩기름 등의 소화율은 90% 이상으로 조사되었다. 양지나 어유는 소화율이 낮아서 우지보다 이용성이 떨어지지만, 이들도 사료 중 옥수수의 일부를 효과적으로 대체할 수 있다. 그러나 장기간 저장 시 산패한 우지는 사료가치가 훨씬 떨어지게 된다. 실제 육계 사료에는 3~6%의 유지를 첨가하는 것이 일반적이다.

2) 육계의 단백질 및 아미노산 요구량

육계용 병아리는 다른 병아리보다 성장이 빠르고, 성장기에 증가하는 체내 고형물의 대부분은 단백질이다. 따라서 병아리에 대한 단백질 및 아미노산 공급량은 병아리의 성장에 특히 큰 영향을 미친다. 성장률이 빠른 육계는 단백질이나 또는 특정 아미노산이 부족하게 되면 성장률이 현저하게 떨어진다.

(1) 단백질 요구량

육계의 경우, 최대 성장을 가져오기 위하여 사료 1kg당 ME 함량은 2,800~3,400kcal(11.72~14.23MJ) 범위여야 하는데, 이 에너지 수준에 따르는 단백질 요구량은 표 13.30과 같다.

Scott 등(1982)은 육계에 대한 단백질 요구량을 계산하는 근거로 다음과 같은 공식을 제시하였다. 즉, 육계의 1일 단백질 요구량은 병아리의 유지, 증체 및 우모 발육에 필요

표 13.30 육계에서 사료의 대사에너지 함량에 따른 단백질 요구량(%)

사료의 대사에너지 함량 (kcal/kg)	초생추(0~2주)	전기(2~6주)	후기(6주 이후)
2,800(11.72)[1]	23.2	19.5	-
2,900(12.13)	24.0	20.0	18.1
3,000(12.55)	24.8	20.6	18.7
3,100(12.97)	25.7	21.3	19.3
3,200(13.39)	26.5	22.0	20.0
3,300(13.81)	-	22.7	20.5
3,400(14.23)	-	-	21.2

[1]괄호 안은 MJ임.

한 단백질의 합계에 해당된다.

$$\text{단백질 1일 요구량} = \frac{[\text{일당증체량(g)} \times 0.18] + [0.0016 \times \text{생체중(g)}] + [0.07^{1)} \times \text{일당증체량} \times 0.82]}{0.67}$$

[1] 3주령까지는 0.04, 4주령 이후는 0.07을 사용.

유지 시 체중 1kg당 소비되는 내생질소는 약 250mg이며 이는 단백질 1,600mg에 해당된다. 따라서 유지를 위한 단백질 요구량은 체중 1g당 0.0016g이며, 증체하는 닭의 체내에는 약 18%의 단백질이 함유되어 있으므로 하루 단백질 요구량은 증체량(g)×0.18이 된다. 한편, 우모 발육에 필요한 단백질 공급량은 3주령까지는 증체량의 4%, 4주령 이후는 증체량의 7%가 우모량이고, 우모 중 단백질 함량은 약 82%라는 사실에 근거를 두고 계산한 것이며, 육계의 사료 단백질 이용효율이 67%이기 때문에 계산된 전체를 0.67로 나누어 주는 것이다. 일반적으로 병아리에 대한 단백질 요구량은 일령이 증가할수록 감소한다. 즉, 성장함에 따라 체중이 증가하는 반면 성장률은 둔화되기 때문에 유지 요구량은 점진적으로 증가하고 증체를 위한 단백질 요구량은 감소한다. 그러나 일반적으로 유지를 위한 단백질 요구량은 증체 시와 비교하여 상대적으로 소량이기 때문에 전체 단백질 요구량은 점점 감소하게 된다.

(2) 아미노산 요구량

필수아미노산의 어느 한 가지라도 전혀 공급되지 않으면, 즉 특정 필수아미노산의 섭취량이 0일 때 체내에서의 단백질 합성량도 0이 된다. 그러나 아미노산 공급량을 점차

표 13.31 육계의 단백질과 아미노산 요구량[1)](%)

영양소	0~3주	3~6주	6~9주
단백질, 아미노산	23.0	20.0	18.0
Arginine	1.25	1.10	1.00
Glycine + serine	1.25	1.14	0.97
Histidine	0.35	0.32	0.27
Isoleucine	0.80	0.73	0.62
Lysine	1.10	1.00	0.85
Leucine	1.20	1.09	0.93
Methionine + cystine	0.90	0.72	0.60
Methionine	0.50	0.38	0.32
Phenylalanine + thyrosine	1.34	1.22	1.04
Phenylalanine	0.72	0.65	0.56
Threonine	0.80	0.74	0.68
Tryptophan	0.20	0.18	0.70
Valine	0.90	0.82	0.70

1)사료의 에너지가 ME = 3,200kcal(13.39MJ)일 때(NRC, 1994).

늘려 주면 단백질 합성도 비례적으로 향상되어 마침내 최대증체량에 도달하게 된다. 따라서 단백질 합성 속도, 즉 병아리의 증체 속도란 필수아미노산의 섭취량을 변경하면 쉽게 조절할 수 있다. 한편 가금을 위한 NRC 사양표준(1994)에서 육계에 대한 단백질과 아미노산 요구량을 설정하였는데 그 내용은 표 13.31에서 보는 바와 같다.

육계의 아미노산 요구량을 표시하는 방법으로 사료 중 아미노산 함량(%)으로 표시하는 방법이 가장 널리 이용되고 있다. 그러나 최근에는 아미노산을 비롯한 닭의 미량영양소 요구량을 보다 합리적으로 표시하는 방법으로 사료 대사에너지당 아미노산 요구량으로 표시하는 방법이 고안되었는데, 이 방법은 Combs(1965)가 최초 칼로리 · 단백질 비율설을 주장한 이래 현재까지 가장 합리적인 표시방법으로 널리 이용되고 있다.

(3) 에너지 · 단백질 비율

일반적으로 에너지 수준이 높은 사료에서는 단백질 수준이 높고, 반면에 에너지 수준이 낮은 때에는 단백질 수준이 낮은 것이 효율적이다.

한인규 등(1970)이 저단백질, 중단백질, 고단백질 등 세 수준의 단백질과 3,100kcal (12.97MJ), 2,900kcal(12.13MJ), 2,600kcal(10.88MJ)의 세 에너지 수준이 육계의 성장률, 사료섭취량, 사료효율에 미치는 영향을 조사한 결과 증체량에서는 단백질이 17%일 때에는 저에너지구인 2,600kcal(10.88MJ)구가 가장 좋았고, 20%구에서는 중에너지구가, 23%

구에서는 중에너지구 또는 고에너지구가 가장 좋았다. 따라서 사료 에너지 수준과 사료 효율과 비례관계가 있음이 증명되었다.

3) 육계의 비타민 및 광물질 요구량

병아리에 대한 비타민 및 광물질 요구량은 NRC 사양표준에 자세히 표시되어 있다. 육계는 성장이 빠르기 때문에 모든 비타민이나 미량광물질을 충분히 공급하는 것이 중요하다. 병아리는 특히 비타민 결핍에 예민한 동물이며, 그 이유는 다음과 같다.

① 병아리의 장 내에서는 미생물에 의한 비타민 합성이 거의 없다.
② 성장이 빠르고 대사작용이 왕성하다.
③ 밀집사양에 의한 스트레스가 많다.

NRC 사양표준(1994)에는 병아리에 대한 비타민 요구량이 명시되어 있으나, 이것은

표 13.32 육계에 대한 비타민 및 광물질 요구량(NRC, 1994) 및 Scott 권장량(1982)

영양소	NRC 요구량			Scott 권장량	
	0~3주	3~6주	6~8주	조생추	중추
Vitamin A(IU/kg)	1,500	1,500	1,500	8,000	4,000
Vitamin D(ICU/kg)	200	200	200	1,000	1,000
Vitamin E(ICU/kg)	10	10	10	15	5
Vitamin K_1(mg/kg)	0.5	0.5	0.5	2	1
Thiamin(mg/kg)	1.8	1.8	1.8	2	1.5
Riboflavin(mg/kg)	3.6	3.6	3.6	4	3
Pantothenic acid(mg/kg)	10	10	10	12	10
Niacin(mg/kg)	35	30	25	35	15
Ca(%)	1.0	0.9	0.8	1.0	0.8
P, available(%)	0.45	0.35	0.30	0.5	0.4
Potassium(%)	0.30	0.30	0.30	0.4	0.4
Sodium(%)	0.20	0.15	0.12	0.15	0.15
Chlorine(%)	0.20	0.15	0.12	0.15	0.12
Co(%)	8	8	8	5	5
Iodine(%)	0.35	0.35	0.35	0.35	0.35
Iron(%)	80	80	80	80	45
Mg(%)	600	600	600	600	400
Mn(%)	60	60	60	60	30
Se(%)	0.15	0.15	0.15	0.15	0.15
Zn(%)	40	40	40	40	35

안전율을 고려하지 않은 이른바 최소 요구량이다.

비타민 요구량은 다른 영양소와 달리 사육환경에 의한 영향이 크기 때문에 실제로는 NRC 사양표준에 표시된 양보다 더 많이 공급해야 한다. Scott 등(1982)은 이러한 점을 고려해 실제 비타민 요구량을 권장함에 있어서 NRC 사양표준(1994)에 제시된 양보다 약 1~5배 정도 높게 책정했으며, 스트레스를 받는 사육환경에서는 2~3배를 권장하고 있다.

광물질 중에 Ca은 병아리에 대하여 필수불가결한 광물질 중의 하나로 1% 정도 공급해 주어야 하지만 너무 과량으로 공급할 때에는 지방, P, Mn, Zn 등의 소화흡수를 저해하게 한다. 따라서 Ca 및 P은 그 요구량에 맞게 공급하고, 과도한 양을 공급하는 것은 자제하는 것이 바람직하다.

한편 사료 중의 P은 모두 소화 · 이용되는 것이 아니고 유기태인은 불과 30%밖에 이용되지 않는다. 따라서 최근에는 P의 요구량을 보다 정확히 하기 위해 유효인(available phosphorus)으로 표시하는 경우가 있다. 병아리에 대한 유효인의 요구량은 사료 중 약 0.45%이다. NRC 사양표준(1994)과 Scott 등(1982)이 제안한 육계의 비타민 및 광물질 요구량은 표 13.32와 같다.

참고문헌

노선호. 2001. 양계영양학. 신광.

지규만 등. 2008. 동물사양학. 유한문화사.

한인규 등. 1970. 사료의 단백질 및 에너지 수준이 New Hampshire 웅추의 성장률 사료효율과 에너지대사율에 미치는 영향. 한국축산학회지. 12(1): 72-76.

한인규 등. 1996. 동물영양학. 신광.

한인규 등. 2000. 양돈영양과 사료. 서울대학교.

ARC. 1967. The Nutrient Requirements of Farm Livestock. No. 3 Pigs. ARC.

Cheeke, P. R. 2005. Applied Animal Nutrition. 3rd ed. Pearson Prentice Hall.

D'Mello, J. P. F. 2003. Amino Acid in Animal Nutrition. 2nd ed. CABI Publishing.

Jurgens, M. H. and K. Bregendahl. 2007. Animal Feeding and Nutrition. 10th ed. Kendall/Hunt Publishing Company.

Kellems, R. O. and D. C. Church. 2002. Livestock Feed and Feeding. 5th ed. Prentice Hall.

Lewis, A. J. and L. L. Southern. 2002. Swine Nutrition. 2nd ed. CRC.

NRC. 1973. Nutrient Requirements of Swine. National Academy of Sciences.

NRC. 1977. Nutrient Requirements of Rabbit. National Academy of Sciences.

NRC. 1994. Nutrient Requirement of Poultry. National Academy of Sciences.

NRC. 1998. Nutrient Requirements of Swine. National Academy of Sciences.

NRC. 2000. Nutrient Requirements of Beef Cattle. National Academy of Sciences.

NRC. 2001. Nutrient Requirements of Dairy Cattle. National Academy of Sciences.

NRC. 2007a. Nutrient Requirements of Horse. National Academy of Sciences.

NRC. 2007b. Nutrient Requirements of Small Ruminants. National Academy of Sciences.

Perry, T. W., R. E. Cullison, and R. S. Louwrey. 2003. Feeds and Feeding. 6th ed. Prentice Hall.

Pond, W. G., D. C. Church, K. R. Pond, and P. A. Schoknecht. 2005. Basic Animal Nutrition and Feeding. 5th ed. John Willey and Sons, Inc.

Reid, J. T. 1968. In body composition in animals and man. Natl. Acad. Sci. Publ. No. 1598.

제14장

난생산 영양

14.1 닭의 산란생리와 영양

14.2 닭의 산란기별 사양

산란 초기
산란 중기
산란 후기

14.3 난생산을 위한 에너지 요구량

14.4 난생산을 위한 단백질 및 아미노산 요구량

단백질 요구량
아미노산 요구량

14.5 난생산을 위한 비타민 요구량

14.6 난생산을 위한 광물질 요구량

칼슘과 인
망간
철과 구리
소금
요오드
셀레늄

14.1 닭의 산란생리와 영양

산란계가 섭취하는 에너지의 약 72%는 닭 자체의 유지에 이용되고, 약 1% 정도는 산란기간 중의 체중 증가에 이용되며, 나머지 27% 정도만이 실제로 계란을 생산하는 데 이용된다. 산란계의 사육 목적은 보다 많은 계란의 생산에 있으며, 닭 자체의 체중을 유지하는 데 이용되는 영양소는 경영주의 관점에서 볼 때 일종의 낭비라고 볼 수 있다. 따라서 사료영양소의 생산효율을 극대화하기 위해서는 유지에 이용되는 영양소의 비율을 줄이고, 산란에 이용되는 영양소의 비율을 높여야 한다. 일반적으로 닭의 유지에 필요한 영양소의 요구량은 닭의 체중이나 환경조건에 따라 달라지지만, 주어진 조건하에서는 항상 일정하다고 볼 때 닭의 사료섭취량을 증가시킴으로써 공급되는 여분의 영양소 대부분이 계란의 생산에 이용되도록 할 수 있다면 이론상으로는 사료의 효율을 극대화할 수 있는 방안이다. 그러나 실제로 닭은 자신의 영양소 요구량을 충족시키는 선에서 사료섭취량을 스스로 조절하기 때문에 인위적으로 섭취량을 증가시키기는 어렵고, 또 편법을 사용하여 사료섭취량을 증가시킨다고 할지라도 여분의 영양소 일부는 닭의 체중을 증가시키는 데 쓰이게 되므로 닭의 체내에 지방이 축적되어 오히려 산란에 지장을 초래하기 쉽다.

반대로 닭이 정상적으로 섭취해야 할 양보다 적은 양의 사료나 영양소의 함량이 불균형인 사료를 섭취할 경우에는 섭취한 사료가 닭의 유지에 우선적으로 이용되고, 보다 적은 양의 사료가 산란에 이용되므로 산란율과 난중은 저하되고, 사료의 효율은 떨어지게 된다. 따라서 산란계를 사육할 때는 균형된 영양소를 충분히 공급하는 것이 중요하다.

표 14.1 체중 및 산란율에 따른 사료섭취량(g)

체중 (kg)	산란율(%/hen/day)						체중 (kg)	산란율(%/hen/day)					
	0	50	60	70	80	90		0	50	60	70	80	90
1.00	42	72	77	83	89	95	2.75	83	112	118	123	130	135
1.25	49	78	87	90	96	104	3.00	88	117	122	129	134	140
1.50	56	85	91	96	103	110	3.25	93	121	127	133	139	145
1.75	62	91	96	103	108	114	3.50	97	126	131	138	143	149
2.00	67	96	102	108	113	120	3.75	101	131	136	142	148	154
2.25	73	102	109	113	119	125	4.00	106	135	140	147	152	158
2.50	78	107	112	119	124	130							

표 14.2 갈색 산란계의 1일 음수량[1)](L/1,000수)

주령	음수량	주령	음수량
1	28.6	8	128.6
2	57.0	10	142.9
4	100.0	12	157.1
6	114.3	20	214.2

[1)]환경온도 21°C에서 측정한 것이며, 음수량은 환경온도에 따라 변이가 심하다.

산란계에 대한 영양소는 닭의 산란능력과 체중을 고려하여 적합한 수준으로 공급해 주는 것이 바람직한데, 참고로 NRC(1994)가 설정한 체중 및 산란율에 따른 사료소요량은 표 14.1과 같다. 이 표를 보면 체중 2kg의 닭은 계란을 전혀 낳지 않아도 하루에 67g의 유지사료를 요구하는데, 41g의 사료만 더 섭취하면 70%의 산란율을 확보할 수 있음을 알 수 있다. 즉 70%의 난생산에 추가로 요구되는 사료량은 41g이다.

산란에 영향을 미치는 영양적 요인 중에서 물은 정상적인 산란활동을 위하여 매우 중요하다. 일반적으로 음수량이 부족하게 되면 난중의 감소와 연란의 발생이 높아진다. NRC(1994)가 제시하는 산란계의 음수량은 표 14.2와 같은데, 음수량은 환경온도와 밀접한 관계가 있어 온도가 올라갈수록 급수량을 늘리는 것이 바람직하다.

14.2 닭의 산란기별 사양

산란계가 필요로 하는 영양소 요구량은 항상 일정한 것이 아니라, 닭의 체중과 증체량, 산란율 및 난중에 따라 다르다. 이와 같은 닭의 능력은 산란이 진행됨에 따라 달라진다. 영양소의 섭취는 대부분 사료를 통해서 이루어지며, 닭의 사료섭취량은 환경온도와 사료의 에너지 함량을 비롯한 여러 가지 요인에 따라 달라질 수 있다. 그러므로 환경온도, 산란능력, 사료섭취량 등을 고려하여 최적의 생산에 필요한 만큼 영양을 공급해 주는 것이 보다 합리적이다.

한 마리의 산란계가 계란을 생산할 수 있는 경제적 연령을 대략 70주령으로 보고 있다. 보통 18주령 전후에 산란을 시작하며 산란율이 점차로 증가하여 24~34주령에 최고 산란율을 나타내게 된다. 그리고 최고 산란시기가 지나면 다시 산란율이 저하되어 78주령이 경과하면 약 75% 이하로 떨어진다. 결국 닭의 산란능력은 항상 일정한 것이 아니

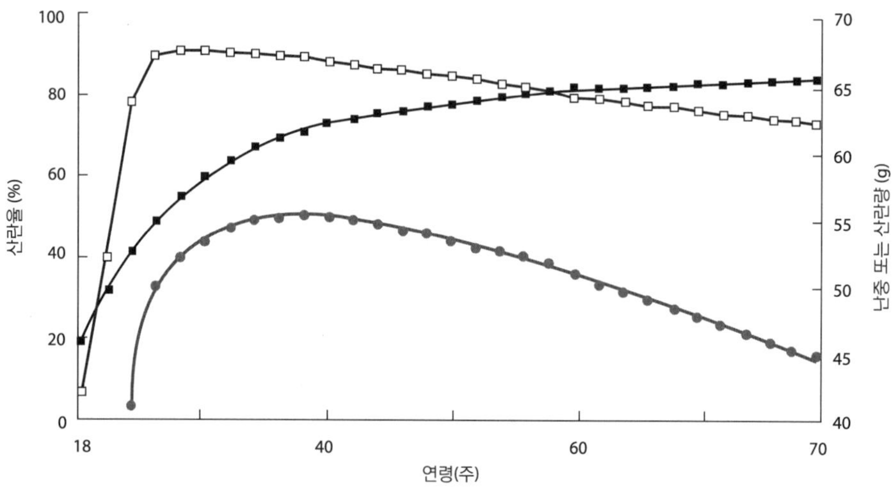

그림 14.1 산란계의 연령에 따른 산란율(□), 난중(■) 및 1일 산란량(●)

라, 연령과 함께 산란곡선을 나타낸다(그림 14.1). 따라서 영양소 요구량도 산란기별로 달라진다. 바꾸어 말하면 산란 연령이 높아짐에 따라 난중은 증가하나 산란율이 떨어지고 산란량도 줄게 되므로, 단백질 급여량을 감소시키는 것이 경제적인 사양방법이 된다. 이와 같이 산란기간의 진행과 더불어 영양소 공급량을 조절하면서 닭을 사양하는 방법을 산란기별 사양(phase feeding)이라고 한다. 대개 산란계에서 기별 사양은 초기, 중기, 후기의 3단계로 구분하며, 각 기간은 다음과 같은 영양적 특징이 있다.

14.2.1 산란 초기

백색산란계의 경우 산란 초부터 최고 산란기 직후의 체성숙이 끝날 때까지, 즉 18주령부터 42주령까지의 24주간에 해당하는 시기로, 닭의 영양소 요구량은 어느 때보다도 높은 것이 특징이다. 산란 초기는 다음과 같은 특징이 있다.

① 산란율이 0%에서 최고산란을 하는 85~90% 또는 그 이상까지 증가한다.
② 체중은 대략 1,450g에서 1,950g 전후로 증가한다.
③ 계란의 무게는 18주령 때 약 42g에서 42주령에 이르면 61g으로 증가한다.

그러므로 산란기 제1단계는 닭의 전 생산과정을 통해 가장 중요한 기간이다. 이 시기의 닭에게 정상적인 산란율을 유지하고 난중을 최대한으로 크게 하며, 또한 체중도 정상적으로 완숙하도록 하려면 단백질을 비롯하여 아미노산, 비타민, 광물질 등을 충분히 공급해 주어야 한다. 산란 초기의 영양소 공급은 이 기간 중의 경제적 수입뿐만 아니라, 이후의 산란활동의 지속을 위한 영양소 축적을 준비한다는 뜻에서도 매우 중요하다.

14.2.2 산란 중기

닭의 체성숙이 끝나는 42주령부터 산란율이 82% 이하로 떨어질 때까지의 약 4개월에 해당하는 기간이다. 이때에는 이미 증체가 완료되어 산란 초기에 비하여 단백질 요구량이 약간 감소된다. 만일 이 시기에도 증체를 계속하게 되면 과비하여 오히려 산란계로서의 능력이 떨어지기 쉽다. 따라서 산란 중기에 닭의 체중과 산란율을 비교적 일정하게 유지하기 위해 급여하는 사료의 질도 중간 정도라야 한다.

14.2.3 산란 후기

대략 60주령 이후부터 폐계 시까지의 기간이며, 이 기간에는 산란율이 80%에서 점차 떨어지지만, 사양관리의 방법에 따라 78주령까지도 높은 산란율을 유지할 수 있다. 이 시기에는 떨어지는 산란율에 비례하여 단백질 요구량을 감소시키는 것이 원칙이다. 그러나 실제로 닭의 연속 산란일수(clutch size)나 산란강도는 전 산란기간을 통하여 비교적 일정한 것이 보통이다.

14.3 난생산을 위한 에너지 요구량

산란계가 섭취하는 에너지를 체내에서 이용되는 용도별로 분류하면 ① 기초대사와 활동에 소요되는 에너지, ② 성장에 이용되는 에너지, ③ 계란에 축적되는 에너지 등 세 가지로 구분할 수 있다. 이들 용도별 에너지 요구량은 대략 다음과 같이 산출된다.

① 기초대사에 필요한 에너지: 대사체중(W)당 83kcal(347kJ)

② 활동 에너지: 기초대사 에너지의 약 50%(케이지 사육의 경우에는 37%)

③ 성장에 소요되는 에너지: 1g 증체에 약 1.5~3.0kcal(6.3~12.6kJ)

④ 계란에 축적되는 에너지: 계란 한 개의 에너지 함량은 약 86kcal(360kJ)

이것을 토대로 하여 케이지에서 사육되고 있는 체중 1.8kg, 산란율 80%인 산란계 1마리가 정상적인 조건하에서 하루 동안에 필요로 하는 에너지 요구량을 산출하면 다음과 같다(닭의 체중에 변화가 없다고 가정할 때).

> 정미에너지 요구량 = $83 \times (1.8)^{0.75} \times 1.37 + 86 \times 80/100 = 245.5$kcal(1,027kJ)
> 일반적으로 닭의 정미에너지는 대사에너지의 약 82% 정도이므로
> 대사에너지 요구량 = $245.5 \times 100/82 = 299.4$kcal(1,252kJ)

따라서 이 닭은 하루에 299.4kcal(1,253kJ)의 대사에너지를 사료로부터 섭취하면 된다. 이는 1kg당 대사에너지 2,800kcal(11,715kJ)를 함유하고 있는 사료를 급여할 경우에 1일 수당 약 107g을 급여하는 것에 해당된다. 이러한 방법으로 계산하였을 때 상온에서 산란율이 높은 백색 레그혼의 경우, 수당 1일 대사에너지 요구량은 약 300~320kcal (1,255~1,399kJ)이다. 여름철 고온에서는 이보다 다소 적은 에너지를 섭취하게 되며, 추운 겨울철에는 상온에서 섭취하는 양보다 20~30% 더 요구하게 된다.

체중이 무거운 육계 종계를 평사할 경우 평사의 1일 수당 400~500kcal(1,674~1,883kJ)의 대사에너지를 요구한다. 그러나 케이지 사양 시에는 이보다 에너지 요구량이 조금 낮다. 일반적으로 닭의 영양소 요구량은 사료 중의 함량으로 표시하는 수가 많으며, 여러 가지 의미에서 편리한 방법이다. 그러나 닭의 에너지 요구량을 사료 중의 함량으로 표시할 때 요구량 자체는 큰 의미가 없다. 왜냐하면 닭은 자신이 필요로 하는 에너지 요구량이 충족되도록 사료섭취량을 스스로 조절할 수 있기 때문이다. 닭은 사료의 에너지 함량이 낮으면 사료섭취량을 증가시키므로 사료의 에너지 함량에 관계없이 비교적 일정한 양의 에너지를 섭취한다. 그러므로 사료의 에너지 함량에 따른 예상 사료섭취량을 고려하여 다른 영양소가 모두 충족될 수 있도록 에너지와 다른 영양소 사이에 일정한 비율로 유지하는 것이 중요하다.

만일 사료의 에너지 함량이 어느 수준 이하로 지나치게 낮을 경우에 닭은 자신이 에너지 요구량을 충족시키기 위하여 사료를 무한정 섭취할 수 없으므로 결과적으로 에너지의 섭취량이 감소하게 될 것이다. 따라서 산란계 사료의 대사에너지 함량은 최소한 사

료 1kg당 2,600kcal(10,878kJ) 이상이어야 하며, NRC(1994)에서는 산란계의 대사에너지 요구량을 1kg당 2,900kcal(12,133kJ)로 제시하고 있다.

14.4 난생산을 위한 단백질 및 아미노산 요구량

14.4.1 단백질 요구량

산란계는 자기 몸을 유지하는 이외에 계란을 낳는 데 필요한 단백질을 필요로 한다. 백색 레그혼은 보통 계란 하나를 생산하는 데 단백질 6g, 유지를 위하여 매일 3g의 단백질을 필요로 한다. 따라서 이러한 가정을 바탕으로 추정된 1일 단백질 필요량은 약 10g이다. 그러나 실제로는 체중이 2.01kg 되는 산란계가 70~80%의 산란율을 유지하려면 하루에 단백질을 10~18g 필요로 하는 것이 보통이다. 더욱이 이보다 무거운 계통일 경우에는 체중 1kg 증가에 따라 하루 단백질량을 1.5g 더 주지 않으면 안 된다. 이와 같은 사실은 산란계는 사료의 단백질 중 약 55%만을 유지 또는 생산의 목적으로 이용할 수 있음을 뜻한다. 산란계가 하루에 단백질 18g을 섭취하였다면 이 단백질의 이용 경로는 다음과 같다.

조단백질 섭취량: 18.0g

불소화단백질량(15%×18g)	2.7g
계란 생산(2.0×6g)	12.0g
자체 유지(내생질소, 0.5g×6.25)	3.1g
합계	17.8g

산란계의 유지 시 필요한 최소 질소량은 체중 11kg당 176mg으로, 이는 단백질의 양으로는 1.1g에 해당된다. 난생산에 필요한 조단백질의 양은 계란 중 단백질 함량(평균 12%)×계란 1개의 중량(평균 60g)×산란율에 의해 구할 수 있으며, 대개 계란 1개를 생산하는 데 단백질 약 7g을 필요로 한다. 또한 이들 시험에 사용한 사료단백질의 소화율이 평균 80%, 그리고 이 단백질의 이용률은 평균 60%인 것을 확인한 바 있다. 따라서 이들에 따르면 산란율과 조단백질 요구량 사이에는 다음과 같은 관계식이 성립된다는 것이다.

$$\text{조단백질의 1일 요구량} = \frac{1.1 \times \text{생체중(kg)} + 12\% \times \text{난중} \times \text{산란율}}{\text{단백질 소화율(80\%)} \times \text{단백질 이용효율(60\%)}}$$

백색 레그혼(체중 2kg)에 대하여 위의 관계식을 이용하여 단백질 요구량을 구하면 표 14.3과 같다. 즉, 이 표에 의하면 산란율 70%인 닭은 유지에 4.5g, 산란에 10.5g, 합계 15g의 단백질을 필요로 한다. 매일 산란하는 닭은 단백질 19.6g을 섭취할 필요가 있게 된다. 실제 계란 1개를 생산하는 데 단백질 6~7g이 필요하며, 이는 하루 약 37g 증체를 하는 육계의 단백질 요구량에 해당된다.

비록 산란계는 매일 산란을 하지 않는다고 하더라도 유지를 위한 요구량까지 포함하여 생각한다면 능력이 좋은 산란계의 단백질 요구량은 한창 성장 중인 육계의 요구량과 비슷하게 된다. 에너지 요구량에서처럼 산란계의 단백질 요구량은 닭의 증체량, 산란율 및 난중에 따라 다르며, 또한 환경온도와 사료섭취량에 따라서도 달라진다. 여러 가지 여건에서의 산란계의 단백질 및 Ca 요구량은 표 14.4와 같다.

단백질 요구량이 가장 많을 때는 산란율이 가장 높고 환경온도가 18℃ 이상인 시기, 특히 사료 중의 ME 함량이 3,000~3,100kcal(12,552~12,970kJ)로 높을 때이며, 한편 단백

표 14.3 산란율과 단백질 요구량의 관계(1일 요구량)

산란율 (%)	단백질 요구량		합계 (g)	산란율 (%)	단백질 요구량		합계 (g)
	유지(g)	산란(g)			유지(g)	산란(g)	
0	4.58	-	4.58	60	4.58	9.00	13.58
10	4.58	1.50	6.08	70	4.58	10.50	15.08
20	4.58	3.00	7.58	80	4.58	12.00	16.58
30	4.58	4.50	9.08	90	4.58	13.50	18.08
40	4.58	6.00	10.58	100	4.58	15.00	19.58
50	4.58	7.50	12.08				

표 14.4 산란계에 대한 단백질 및 Ca 요구량(%)

ME kcal/kg(MJ/kg)	A		B		C	
	단백질	Ca	단백질	Ca	단백질	Ca
3,000~3,100(12.6~13.0)	17.0	3.25	16.0	3.10	15.0	3.00
2,900~3,000(12.1~12.6)	16.4	3.15	15.4	2.99	14.5	2.89
2,800~2,900(11.7~12.1)	15.7	3.01	14.8	2.87	13.9	2.78
2,600~2,800(10.9~11.7)	15.1	2.89	14.3	2.76	13.4	2.67
2,500~2,600(10.5~10.9)	14.5	2.78	13.7	2.65	12.8	2.56

질 요구량이 가장 낮은 때는 반대로 산란율이 낮고 환경온도가 4.4°C 이하이며, 사료 내 ME 함량을 낮추어 줄 때임을 알 수 있다.

즉, 전자의 경우에는 단백질 17%를 필요로 하는데 비하여, 후자의 경우에는 약 13%를 주면 된다. 이와 같이 실제로 사료를 배합할 때에는 계절, 닭의 체중, 그리고 산란율 등에 관한 사정을 참작하여 에너지나 단백질 함량을 조절해 주는 것이 중요하다. 예를 들어 비교적 영양소 요구량이 높은 산란 초기가 사료섭취량이 많은 계절에 해당될 때에는 실질적으로 고단백질 사료를 급여하지 않는다고 하더라도 대개 그 요구량은 충족된다. 그러나 산란 초기가 사료섭취량이 감소하는 여름철인 경우, 닭의 능력을 최대한으로 올리기 위해서는 무엇보다 먼저 사료 단백질 양을 늘려 주어야 적은 사료섭취량이라 하더라도 단백질 요구량을 충족할 수 있게 된다. 또한 산란 초기 사양이 끝날 시기가 사료섭취량이 떨어지는 첫 여름일 때에는 사료를 변경하지 말고 계속 고단백질 사료를 급여하는 것이 좋다. 이 시기의 닭은 사료섭취량의 약 10~15%를 덜 섭취하기 때문에 스스로 단백질 섭취량을 줄이게 된다.

14.4.2 아미노산 요구량

산란계에 필수적으로 요구되는 아미노산 10개와 3개의 준필수 아미노산, 그리고 9개의 비필수아미노산의 목록이 표 14.5에 수록되어 있다. 또한 표 14.6에는 산란활동에 필

표 14.5 산란계의 아미노산의 필수성에 의한 분류

필수아미노산	준필수아미노산[1)]	비필수아미노산
Arginine	Tyrosine	Alanine
Lysine	Cystine	Aspartic acid
Histidine	Hydroxylysine	Asparagine
Leucine		Glutamic acid
Isoleucine		Glutamine
Valine		Hydroxyproline
Methionine		Glycine
Threonine		Serine
Tryptophan		Proline
Phenylalanine		

[1)] Tyrosine은 phenylalanine으로부터, cystine은 methionine으로부터, 그리고 hydroxylysine은 lysine으로부터 합성 가능함.

표 14.6 레그혼 산란계에 대한 필수아미노산 요구량(%)

필수아미노산	요구량	필수아미노산	요구량
조단백질	15.0	Arginine	0.70
Histidine	0.17	Isoleucine	0.65
Leucine	0.82	Lysine	0.69
Methionine	0.30	Methionine + cystine	0.58
Phenylalanine	0.47	Phenylalanine + tyrosine	0.83
Threonine	0.47	Tryptophan	0.16
Valine	0.70		

요한 이들 필수아미노산의 요구량(NRC, 1994)이 수록되어 있다. 이러한 필수아미노산 요구량(%)은 사료섭취량이 증가하면 이에 비례하여 줄여 주고, 반대로 사료섭취량이 감소하면 늘려 줄 필요가 있다.

14.5 난생산을 위한 비타민 요구량

닭은 특히 비타민 결핍에 예민한 반응을 나타낸다. 그 이유는 다음과 같다.

① 닭은 장 내 미생물에 의한 비타민 합성의 혜택이 거의 없다. 오히려 장 내 미생물은 사료 중의 비타민에 대하여 숙주인 닭과 경합하는 경우가 많다.

② 닭은 특히 대사작용이 활발하여 이 과정 속에서 일종의 촉매작용을 하는 비타민 요구량이 높다.

③ 현대 양계의 전형이 되고 있는 밀집 사양에 의하여 많은 스트레스 요인이 발생하며, 이는 결국 비타민 요구량을 증가시킨다.

미국 NRC(1994)가 제시하고 있는 갈색 초생추, 중추, 대추 및 산란계에 대한 비타민의 최소요구량은 표 14.7과 같으며 이 요구량은 비타민의 안전율을 고려하지 않은 말 그대로 최소요구량이다. 일반적으로 비타민 요구량은 다른 영양소와 달리 환경에 의한 영향이 크다. 따라서 최소요구량으로 표시할 때 미국의 기준이 곧 우리나라에서도 동일하게 적용된다고 볼 수 없고, 우리나라의 국내 여건에 알맞은 비타민 요구량을 결정하는 것이 이상적이다.

닭은 비타민 요구량이 다른 동물보다 높고, 또 공급량이 부족할 때 전형적인 결핍증

표 14.7 갈색 산란계에 대한 비타민과 광물질의 최소 요구량(단위/kg사료)

영양소	단위	초생추 (0~6주령)	중추 (6~12주령)	대추 (12~18주령)	갈색 산란계 (19주령~초산)
Vitamin A	IU	1,420	1,420	1,420	1,420
Vitamin D_3	IU	190	190	190	280
Vitamin E	IU	9.5	4.7	4.7	4.7
Vitamin K	mg	047	0.47	0.47	0.47
Thiamin	mg	1.0	1.0	0.8	0.8
Riboflavin	mg	3.4	1.7	1.7	1.7
Pantothenic acid	mg	9.4	9.4	9.4	9.4
Niacin	mg	26	13	13	10.3
Pyridoxine	mg	2.8	2.8	2.8	2.8
Biotin	mg	0.14	0.09	0.09	0.09
Choline	mg	1225	850	470	470
Folacin	mg	0.52	0.23	0.23	0.23
Vitamin B_{12}	mg	0.009	0.003	0.003	0.003
Calcium	%	0.9	0.8	0.8	1.8
Chlorine	%	0.12	0.11	0.11	0.11
Magnesium	mg	570	470	370	370
Nonphytate P	%	0.40	0.35	0.30	0.35
Potassium	%	0.25	0.25	0.25	0.25
Codium	%	0.15	0.15	0.15	0.15
Copper	mg	5	4	4	4
Iodine	mg	0.33	0.33	0.33	0.33
Iron	mg	75	56	56	56
Manganese	mg	56	28	28	28
Selenium	mg	0.14	0.10	0.10	0.10
Zinc	mg	38	33	33	33

상이 나타나기 쉬운 동물이라서 과거에 비타민 연구에 실험동물로 닭을 많이 이용해 왔다. 결과적으로 오늘날 대부분의 비타민 요구량이 비교적 상세하게 밝혀지게 되었다. 이러한 자료를 바탕으로 하여 여러 가지 원료사료들에 대한 비타민 함량이 알려지면서 아주 효율적인 산란사료를 배합할 수 있게 되었다. 그중 티아민, 피리독신, 바이오틴 및 엽산은 옥수수와 대두박과 같은 주사료에 충분히 함유되어 있는 것이 보통이나, 그 이외의 비타민은 일반적인 양계용 원료사료에 충분히 함유되어 있지 않으므로, 이들이 첨가제의 형태로 적정량 급여되도록 특히 유의해야 한다.

비타민은 에너지나 단백질과는 달리 하루 최소요구량을 초과하는 충분한 양을 공급하는 것이 보통이다. 따라서 비타민 요구량은 하루 닭 한 마리에 대한 요구량으로 표시하는 것보다는 사료 1kg 중 mg, 또는 국제단위(IU)로 표시하는 것이 관례이다. 또한 닭의 환경, 온도, 사료의 에너지 함량, 그 밖의 사료섭취량에 영향을 미치는 인자들을 고려하여, 이들에 의한 최소요구량보다 높은 수준으로 급여하는 것이 이상적이다. 특히 비타민 공급능력이 비교적 높은 강피류나 녹사료의 사용이 크게 제한되는 양계사료의 경우 dpsms 화학적으로 제조된 비타민 공급제의 사용은 더욱 중요하게 되었다.

한편 정상적인 산란율이나 부화율은 모두 비타민의 공급량과 밀접한 관계가 있다. 그 중 특히 종란의 부화율에 관계하는 비타민으로는 비타민 A, D, E, 티아민, 리보플라빈, 피리독신, 판토텐산 및 비타민 B 등이 있다. 특히 리보플라빈이 결핍되면 입란 제2주에서 발육중지란이 되는 가장 큰 원인이 되며, 비타민 B 부족 시에는 사농란이 많이 생긴다.

14.6 난생산을 위한 광물질 요구량

정상적인 산란을 위해 난각 형성에 필수적으로 요구되는 Ca과 P의 중요성과 요구량이 규명된 것은 오래전의 일이다. 최근에는 다른 광물질, 특히 미량광물질의 요구량도 점차 상세히 밝혀지고 있다. NRC(1994) 사양표준에 나타난 산란계에 대한 광물질의 최소요구량은 표 14.7과 같다. 그러나 광물질 중에는 중독성이 있거나 또는 다른 광물질과 상호관계가 있는 것이 있으므로 반드시 많은 양을 공급하는 것이 최선의 방법은 아니며, 되도록 요구량에 알맞은 양을 공급해야 한다.

14.6.1 칼슘(Ca)과 인(P)

Ca과 P은 주로 골격 내에 분포되어 있지만 계란 중에도 상당량이 함유되어 있다. Ca은 대부분 난각을 구성하며, P은 주로 난황 단백질과 결합되어 있다. 산란계의 Ca 요구량은 다른 어떤 동물보다도 높은데, 이는 난각의 주성분이 탄산칼슘(CaCO)으로 되어 있기 때문이다. 계란 하나의 난각에는 대략 1.6~2.4g의 Ca을 함유하고 있는데, 이 Ca은 사료를 통하여 공급되어야 한다. 만일 Ca이 부족하게 되면 난각이 얇아지고, 무각란을 낳다가 결국은 산란을 중지하게 된다.

산란계의 뼈는 난각의 형성과 관련되어 매우 중요한 역할을 한다. 계란 하나의 난각

형성에는 약 20시간 가량이 소요되는데, 포유동물의 자궁에 해당하는 난관의 말단 부위에 있는 난각분비선(shell gland)에서 난각이 형성된다. 난각 형성이 활발하게 일어나고 있는 시간 중에는 1시간당 약 300mg의 Ca이 혈액으로부터 난각으로 이전된다. 이렇게 많은 양의 Ca은 궁극적으로 사료로부터 공급되지만 사료의 Ca 함량이 아무리 높아도 소장에서 흡수되는 Ca만으로는 부족하기 쉬우며, 난각이 형성되는 시간의 일부에는 사료를 먹지 않는 밤이므로 이 기간 동안에 필요한 Ca은 산란계의 뼈로부터 공급되어야 한다.

산란기에 있는 조류의 골격에는 medullary bone이라고 하는 특수한 조직이 발달하여 Ca을 일시 저장하는 창고의 역할을 하는 것으로 알려지고 있다. 여기에는 Ca과 함께 P도 같이 저장되므로 난각이 형성되는 시간에는 뼈로부터 용해된 Ca이 혈액을 통해 수송되어 난각 형성에 이용되고, 함께 유리된 P은 난각 형성에 이용되지 않으므로 주로 배설되지만, 일부는 혈액에 남아서 이 기간 동안 혈액 중 P의 농도는 증가하게 된다. 따라서 난각이 형성되는 시간 동안에는 Ca의 요구량이 높지만, P은 불필요하므로 사료중의 P의 함량이 너무 높으면 오히려 난각의 질이 저하된다.

난각이 형성되는 시간 이외의 시간에는 뼈에 Ca과 P의 재축적이 일어나는데, 이때에는 Ca과 P이 동시에 필요하다. 따라서 산란계의 경우, Ca은 하루 24시간 내내 계속적으로 필요하지만, P의 경우에는 난각이 형성되는 시간과 그 외의 시간에 있어서는 정반대의 상황에 놓이게 된다. 따라서 산란계 사료의 P의 요구량은 설정하기가 상당히 어렵다. 사료 중 P의 함량이 필요 이상으로 높으면 오히려 난각의 질이 떨어지고, 반대로 함량이 너무 낮으면 P의 결핍증에 걸리는 수가 있으므로 주의해야 한다. 여기에서 산란계에 대한 Ca과 P의 이용 및 공급상의 특성을 살펴보면 다음과 같다.

① Ca의 공급은 P와의 공급비율이 적절해야 한다. NRC(1994)에서는 산란계에 대하여 Ca 3.25%, P 0.25%를 권장하고 있다. 일반적으로 Ca의 공급수준은 3.0~3.4%가 좋은 것으로 평가되고 있으며, 4% 이상 급여하면 산란율과 난중이 오히려 감소한다.

② Ca의 흡수율은 공급수준에 따라 달라진다. 일반적으로 닭의 Ca 흡수율은 50~60% 정도로 불량한 편이다. 산란사료에 Ca이 3.5～4.0% 정도 들어 있으면 50% 정도 흡수하고 Ca 함량이 2.5～3.0%일 경우에는 60% 정도 흡수하게 된다.

③ 산란율이 높을수록 Ca의 공급량도 많아야 한다. 만일 산란율이 100%이고 Ca의 흡수율이 50%라면 이런 닭은 하루에 4g 이상의 Ca을 공급받아야 한다. 산란율에 따른 Ca 요구량은 표 14.8에서 보는 바와 같다. 이 표를 보면 같은 산란율의 경우라

도 닭의 나이가 많을수록 Ca의 양을 늘려 주어야 한다는 것을 알 수 있다.

④ Ca의 공급량은 사료의 섭취량에도 관계가 있다. 표 14.9에서 보는 바와 같이 사료의 섭취량이 적으면 적을수록 사료 내에 Ca의 양은 많아야 한다. 사료의 섭취량은 성계의 체형이 작을수록, 또 날씨가 더울수록 감소하므로 특히 유의해야 한다.

⑤ 여름철에는 더위로 인한 스트레스가 심하여 사료섭취량이 감소하기 때문에 사료 중의 에너지나 단백질 함량을 높여 주어야 하는데, 이때 Ca 함량도 반드시 늘려 주어야 한다. 보통 3.25~3.5%를 주어야 한다. 그러나 20% 이상의 추가 공급은 금한다.

표 14.8 산란율에 따른 Ca 요구량

산란율 (%)	Ca 요구량(%)	
	햇닭 (22~40주령)	성계 (40주 이후)
100	3.3	3.7
90	3.0	3.3
80	2.7	3.0
70	2.3	2.6
60	2.1	–

표 14.9 산란계의 사료섭취량에 따른 Ca 요구량

1마리당 사료섭취량 (g/day)	Ca 요구량(%)	
	햇닭 (22~40주령)	성계 (40주 이후)
80	4.1	4.6
90	3.7	4.1
100	3.3	3.7
110	3.0	3.4
120	2.8	3.1
130	2.6	2.9
140	2.4	2.7

⑥ 닭은 Ca에 대한 욕심이 많기 때문에 간혹 필요량 이상을 섭취하게 되므로 이미 제시한 정도의 Ca을 사료에 넣어 줄 경우 따로 급여해 줄 필요는 없다.

⑦ Ca은 항생물질의 흡수를 방해하기 때문에 항생물질을 투여할 때에는 Ca의 공급 수준을 적어도 2~3일 동안은 초생추 0.6%, 중추 0.4% 및 성계 1.5%선으로 낮추어야 한다.

⑧ 산란계를 케이지에 사양할 때 일종의 골다공증(osteoporosis)에 걸리는 수가 많다. 이는 주로 다리의 장골 부위의 인산칼슘이 해리되어 다리가 약해져서 자기 몸을 유지하지 못하는 현상을 말한다. Cage layer fatigue 또는 cage layer osteoporosis로 불리는 이 병의 원인은 아직 확실히 규명되지 않았으나, 사료 내 Ca 또는 P의 결핍 시, 특히 Ca이 적고 P의 함량이 높을 때 발생률이 높으며, Ca과 P를 적절히 급여하거나 케이지 사양을 중지하면 회복하는 경우가 많다.

⑨ Ca의 공급제로는 패분, 석회석, 방해석, 탄산칼슘 등이 있는데, 최근의 연구결과에 따르면 패분은 입자도가 굵을수록, 또 일정량의 석회석과 혼용할 때 난각과 난질

이 더욱 좋아지고 이용효율이 높아진다.

14.6.2 망간(Mn)

산란계에 대해서는 Mn도 대단히 중요한 것이어서 산란계 사료에 Mn이 부족하면 난각이 약해지고 부화율이 저하된다. 즉, Mn이 부족한 사료를 섭취한 닭의 알을 부화시키면, 부화 개시 후 18~21일째에 배아가 사멸하는 일이 생긴다. 또 부화 시 난각을 깨지 못하는 병아리는 나온 병아리에 비하여 Mn 함량이 적다는 것이 밝혀졌다.

14.6.3 철(Fe)과 구리(Cu)

한 개의 계란에는 약 1mg의 Fe이 들어 있어서 산란계도 비교적 많은 양의 Fe를 공급받아야 한다. 특히 케이지에서 사육되는 닭에게 적정량의 Fe를 공급하면 산란 및 부화율을 향상시킬 수 있다. Cu도 철과 비슷한 효과를 가지고 있음이 밝혀졌으며 이것들의 요구량도 명시되어 있다(NRC, 1994).

14.6.4 소금(NaCl)

닭에게 Na과 Cl 급여를 위해 적당량의 소금을 급여해야 하나, 과다급여하면 오히려 설사의 원인이 되거나 중독을 일으키는 경우가 있다. 병아리에 비해서 성계는 소금을 과다급여해도 견디는 힘이 강해서 2%를 사료에 섞어서 4주간을 주어도 중독에 걸리지 않는다. 그러나 소금은 요구량 이상으로 공급하면 연변의 원인이 되고, 사양관리상의 문제를 일으키게 된다. 한편 소금은 사료의 단백질 이용을 돕는 효과가 있어, 무첨가구에 비해서 0.5%의 소금을 첨가한 구는 단백질 대사를 좋게 하며, 질소의 축적을 증가시킨다는 것이 밝혀졌다.

14.6.5 요오드(I)

산란계의 I 요구량은 0.35mg/kg 정도이며, 요구량의 100배를 공급하면 산란율 저하, 성장부진, 소화율 감소 등의 중독증상이 나타난다.

14.6.6 셀레늄(Se)

Se은 췌장의 기능을 유지시켜 지방의 소화를 도울 뿐만 아니라, 체내에서 대사과정 중에 생기는 유해한 과산화수소를 무해한 알코올로 전변시키는 효소인 glutathione peroxidase의 구성 요소로서 세포의 기질막 보호에 필요하다. 또 Se은 혈액 내 비타민 E 함량을 정상수준으로 유지하는 데 필수적이다. Se이 부족하면 근위가 흰색으로 변하는 질병(white gizzard disease)이 관찰되고, 세포의 기질막이 파괴되어 삼출성 소질이 나타나며, 산란계의 경우 산란율의 감소, 부화율의 저하 등의 증상이 나타난다.

Se의 권장량은 0.15mg/kg 정도이며, 요구량의 최소 10배 이상 공급해야 산란율 저하, 성장 부진, 소화율 감소 등의 중독증상이 관찰될 수 있다.

참고문헌

노선호. 2001. 양계영양학. 신광.

(사)대한양계협회 닭경제능력검정위원회. 2009. 제42회 산란계 경제능력 검정성적. (사)대한양계협회.

지규만 등. 2008. 동물사양학. 유한문화사.

한인규 등. 1996. 동물영양학. 신광.

Bell, D. D. and W. D. Weaver, Jr. 2002. Commercial Chicken Meat and Egg Production. Springer.

Ensmimger, M. E., J. E. Oldfield, and W. W. Heinemann. 1990. Feeds and Nutrition. 2nd ed. The Ensminger Publishing Company.

Latshaw, J. D. 1981. The primary importance of amino acid levels and secondary importance of protein levels in practical layer feeds. Nutr. Rep. Int. 23: 71-79.

Lesson S. and J. D. Summers. 2005. Commercial Poultry Nutriton. 3rd ed. Nottingham University Press.

Mateos, G. G. and J. L. Sell. 1980. Influence of graded levels of fat on utilization of pure carbohydrate by the laying hen. J. Nutr. 110: 1894-1903.

Mateos, G. G. and J. L. Sell. 1981. Metabolizable energy of supplemental fat as related to dietary fat level and methods of estimation. Poulty Sci. 60: 1509-1515.

Moreng, R. E. and J. S. Avens. 1985. Poultry Science and Production. Reston Publishing Company, Inc.

NRC. 1994. Nutrient Requirement of Poultry. National Academy of Sciences.

제15장

주요 동물의 영양소 요구량

15.1 가금의 영양소 요구량
15.2 돼지의 영양소 요구량
15.3 고기소의 영양소 요구량
15.4 젖소의 영양소 요구량

15.1 가금의 영양소 요구량(미국 NRC, 1994)

표 15.1 산란용 육성계의 영양소 요구량(사료 건물 90% 기준, 사료 1kg당 함량)

영양소	단위	백색종계				갈색종계			
		0~6주 450g[1] 2,850[2]	6~12주 980g[1] 2,850[2]	12~18주 1,375g[1] 2,900[2]	18주~ 첫산란까지 1,475g[1] 2,900[2]	0~6주 500g[1] 2,800[2]	6~12주 1,100g[1] 2,800[2]	12~18주 1,500g[1] 2,850[2]	18주~ 첫 산란까지 1,600g[1] 2,850[2]
단백질 및 아미노산:									
Crude protein	%	18.00	16.00	15.00	17.00	17.00	15.00	14.00	16.00
Arginine	%	1.00	0.83	0.67	0.75	0.94	0.78	0.62	0.72
Glycine + Serine	%	0.70	0.58	0.47	0.53	0.66	0.54	0.44	0.50
Histidine	%	0.26	0.22	0.17	0.20	0.25	0.21	0.16	0.18
Isoleucine	%	0.60	0.50	0.40	0.45	0.57	0.47	0.37	0.42
Leucine	%	1.10	0.85	0.70	0.80	1.00	0.80	0.65	0.75
Lysine	%	0.85	0.60	0.45	0.52	0.80	0.56	0.42	0.49
Methionine	%	0.30	0.25	0.20	0.22	0.28	0.23	0.19	0.21
Methionine + cystine	%	0.62	0.52	0.42	0.47	0.59	0.49	0.39	0.44
Phenylalanine	%	0.54	0.45	0.36	0.40	0.51	0.42	0.34	0.38
Phenylalanine + tyrosine	%	1.00	0.83	0.67	0.75	0.94	0.78	0.63	0.70
Threonine	%	0.68	0.57	0.37	0.47	0.64	0.53	0.35	0.44
Tryptophan	%	0.17	0.14	0.11	0.12	0.16	0.13	0.10	0.11
Valine	%	0.62	0.52	0.41	0.46	0.59	0.49	0.38	0.43
지방:									
Linoleic acid	%	1.00	1.00	1.00	1.00	1.00	1.00	1.00	1.00
다량광물질:									
Calcium	%	0.90	0.80	0.80	2.00	0.90	0.80	0.80	1.80
Nonphytate phosphorus	%	0.40	0.35	0.30	0.32	0.40	0.35	0.30	0.35
Potassium	%	0.25	0.25	0.25	0.25	0.25	0.25	0.25	0.25
Sodium	%	0.15	0.15	0.15	0.15	0.15	0.15	0.15	0.15
Chlorine	%	0.15	0.12	0.12	0.15	0.12	0.11	0.11	0.11
Magnesium	mg	600	500	400	400	570	470	370	370
미량광물질:									
Manganase	mg	60.0	30.0	30.0	30.0	56.0	28.0	28.0	28.0
Zinc	mg	40.0	35.0	35.0	35.0	38.0	33.0	33.0	33.0
Iron	mg	80.0	60.0	60.0	60.0	75.0	56.0	56.0	56.0
Copper	mg	5.0	4.0	4.0	4.0	5.0	4.0	4.0	4.0
Iodine	mg	0.35	0.35	0.35	0.35	0.33	0.33	0.33	0.33
Selenium	mg	0.15	0.10	0.10	0.10	0.14	0.10	0.10	0.10
지용성 비타민:									
A	IU	1,500	1,500	1,500	1,500	1,420	1,420	1,420	1,420
D_3	ICU	200	200	200	300	190	190	190	280
E	IU	10.0	5.0	5.0	5.0	9.5	4.7	4.7	4.7
K	mg	0.5	0.5	0.5	0.5	0.47	0.47	0.47	0.47
수용성 비타민:									
Riboflavin	mg	3.6	1.8	1.8	2.2	3.4	1.7	1.7	1.7
Pantothenic acid	mg	10.0	10.0	10.0	10.0	9.4	9.4	9.4	9.4
Niacin	mg	27.0	11.0	11.0	11.0	26.0	10.3	10.3	10.3
B_{12}	mg	0.009	0.003	0.003	0.004	0.009	0.003	0.003	0.003
Choline	mg	1,300	900	500	500	1,225	850	470	470
Biotin	mg	0.15	0.10	0.10	0.10	0.14	0.09	0.09	0.09
Folic acid	mg	0.55	0.25	0.25	0.25	0.52	0.23	0.23	0.23
Thiamin	mg	1.0	1.0	0.8	0.8	1.0	1.0	0.8	0.8
Pyridoxine	mg	3.0	3.0	3.0	3.0	2.8	2.8	2.8	2.8

[1] 종료체중, [2]일반사료 중 에너지 함량(kcal ME/kg).

표 15.2 산란계의 영양소 요구량(사료 건물 90% 기준, 사료 1kg당 함량)

영양소	단위	사료섭취량에 따른 백색종계의 영양소 요구량			1일 수당 요구량 (mg 혹은 IU)		
		80[1), 2)]	100[1), 2)]	120[1), 2)]	하루 100g 섭취 시의 백색종계[2)]	하루 100g 섭취 시의 백색란계[2)]	하루 110g 섭취 시의 갈색종계[2)]
단백질 및 아미노산:							
Crude protein	%	18.8	15.0	12.5	15,000	15,000	16,500
Arginine	%	0.88	0.70	0.58	700	700	770
Histidine	%	0.21	0.17	0.14	170	170	190
Isoleucine	%	0.81	0.65	0.54	650	650	715
Leucine	%	1.03	0.82	0.68	820	820	900
Lysine	%	0.86	0.69	0.58	690	690	760
Methionine	%	0.38	0.30	0.25	300	300	330
Methionine + cystine	%	0.73	0.58	0.48	580	580	645
Phenylalanine	%	0.59	0.47	0.39	470	470	520
Phenylalanine +tyrosine	%	1.04	0.83	0.69	830	830	910
Threonine	%	0.59	0.47	0.39	470	470	520
Tryptophan	%	0.20	0.16	0.13	160	160	175
Valine	%	0.88	0.70	0.58	700	700	770
지방:							
Linoleic acid	%	1.25	1.0	0.83	1,000	1,000	1,100
다량광물질:							
Calcium	%	4.06	3.25	2.71	3,250	3,250	3,600
Chloride	%	0.16	0.13	0.11	130	130	145
Magnesium	mg	625	500	420	50	50	55
Nonphytate phosphorus	%	0.31	0.25	0.21	250	250	275
Potassium	%	0.19	0.15	0.13	150	150	165
Sodium	%	0.19	0.15	0.13	150	150	165
미량광물질:							
Copper	mg	?	?	?	?	?	?
Iodine	mg	0.044	0.035	0.029	0.010	0.004	0.004
Iron	mg	56	45	38	6.0	4.5	5.0
Manganese	mg	25	20	17	2.0	2.0	2.2
Selenium	mg	0.08	0.06	0.05	0.006	0.006	0.006
Zinc	mg	44	35	29	4.5	3.5	3.9
지용성 비타민:							
A	IU	3,750	3,000	2,500	300	300	330
D_3	ICU	375	300	250	30	30	33
E	IU	6	5	4	1.0	0.5	0.55
K	mg	0.6	0.5	0.4	0.1	0.05	0.055
수용성 비타민:							
B_{12}	mg	0.004	0.004	0.004	0.008	0.0004	0.0004
Biotin	mg	0.13	0.10	0.08	0.01	0.01	0.011
Choline	mg	1,310	1,050	875	105	105	115
Folacin	mg	0.31	0.25	0.21	0.035	0.025	0.028
Niacin	mg	12.5	10.0	8.3	1.0	1.0	1.1
Pantothenic acid	mg	2.5	2.0	1.7	0.7	0.20	0.22
Pyridoxine	mg	3.1	2.5	2.1	0.45	0.25	0.28
Riboflavin	mg	3.1	2.5	2.1	0.36	0.25	0.28
Thiamin	mg	0.88	0.70	0.60	0.07	0.07	0.08

[1)]1일 수당 평균 사료섭취량(g). [2)]2,900kcal ME/kg.

표 15.3 육계의 영양소 요구량(사료 건물 90% 기준, 사료 1kg당 함량)

영양소	단위	0~3주 3,200[1]	3~6주 3,200[1]	6~8주 3,200[1]
단백질 및 아미노산:				
Crude protein	%	23.00	20.00	18.00
Arginine	%	1.25	1.10	1.00
Glycine + Serine	%	1.25	1.14	0.97
Histidine	%	0.35	0.32	0.27
Isoleucine	%	0.80	0.73	0.62
Leucine	%	1.20	1.09	0.93
Lysine	%	1.10	1.00	0.85
Methionine	%	0.50	0.38	0.32
Methionine + cystine	%	0.90	0.72	0.60
Phenylalanine	%	0.72	0.65	0.56
Phenylalanine + tyrosine	%	1.34	1.22	1.04
Proline	%	0.60	0.55	0.46
Threonine	%	0.80	0.74	0.68
Tryptophan	%	0.20	0.18	0.16
Valine	%	0.90	0.82	0.70
지방:				
Linoleic acid	%	1.00	1.00	1.00
다량광물질:				
Calcium	%	1.00	0.90	0.80
Chlorine	%	0.20	0.15	0.12
Magnesium	mg	600	600	600
Nonphytate phosphorus	%	0.45	0.35	0.30
Potassium	%	0.30	0.30	0.30
Sodium	%	0.20	0.15	0.12
미량광물질:				
Copper	mg	8	8	8
Iodine	mg	0.35	0.35	0.35
Iron	mg	80	80	80
Manganese	mg	60	60	60
Selenium	mg	0.15	0.15	0.15
Zinc	mg	40	40	40
지용성 비타민:				
A	IU	1,500	1,500	1,500
D_3	ICU	200	200	200
E	IU	10	10	10
K	mg	0.50	0.50	0.50
수용성 비타민:				
B_{12}	mg	0.01	0.01	0.007
Biotin	mg	0.15	0.15	0.12
Choline	mg	1,300	1,000	750
Folacin	mg	0.55	0.55	0.50
Niacin	mg	35	30	25
Pantothenic acid	mg	10	10	10
Pyridoxine	mg	3.5	3.5	3.0
Riboflavin	mg	3.6	3.6	3.0
Thiamin	mg	1.80	1.80	1.80

[1]사료 중 에너지 함량(kcal ME/kg).

표 15.4 산란용 육성계의 체중과 사료섭취량

주령	백색종계		갈색종계	
	체중(g)	사료섭취량(g/주)	체중(g)	사료섭취량(g/주)
0	35	50	37	70
2	100	140	120	160
4	260	260	325	280
6	450	340	500	350
8	660	360	750	380
10	750	380	900	400
12	980	400	1,100	420
14	1,100	420	1,240	450
16	1,220	430	1,380	470
18	1,375	450	1,500	500
20	1,475	500	1,600	550

표 15.5 육계의 체중별 사료섭취량 및 에너지 섭취량[1)]

주령	체중 (g)		주당 사료섭취량 (g)		누적 사료섭취량 (g)		주당 에너지 섭취량 (kcal ME/수)		누적 에너지 섭취량 (kcal ME/수)	
	수컷	암컷	수컷	암컷	수컷	암컷	수컷	암컷	수컷	암컷
1	152	144	135	131	135	131	432	419	432	419
2	376	344	290	273	425	404	928	874	1,360	1,293
3	686	617	487	444	912	848	1,558	1,422	2,918	2,715
4	1,085	965	704	642	1,616	1,490	2,256	2,056	5,174	4,771
5	1,576	1,344	960	738	2,576	2,228	3,075	2,519	8,249	7,290
6	2,088	1,741	1,141	1,001	3,717	3,229	3,651	3,045	11,900	10,335
7	2,590	2,134	1,281	1,081	4,998	4,310	4,102	3,459	16,002	13,794
8	3,077	2,506	1,432	1,165	6,430	5,475	4,585	3,728	20,587	17,522
9	3,551	2,842	1,577	1,246	8,007	6,721	5,049	3,986	25,636	21,508

[1)] 3,200kcal ME/kg.

표 15.6 육용종계의 영양소 요구량[1)](사료 건물 90% 기준, 1일 섭취량)

영양소	단위	요구량
단백질 및 아미노산:		
Protein	g	19.5
Arginine	mg	1,110
Histidine	mg	205
Isoleucine	mg	850
Leucine	mg	1,250
Lysine	mg	765
Methionine	mg	450
Methionine + cystine	mg	700
Phenylalanine	mg	610
Phenylalanine + tyrosine	mg	1,112
Threonine	mg	720
Tryptophan	mg	190
Valine	mg	750
광물질:		
Calcium	g	4.0
Chloride	mg	185
Nonphytate phosphorus	mg	350
Sodium	mg	150
비타민:		
Biotin	μg	16

[1)]일당 에너지 섭취량은 나이, 산란단계, 환경온도 등에 따라 달라지나 보통 최대 산란기에 수당 400~450 ME kcal를 급여한다.

표 15.7 체중과 산란율에 따른 산란계의 1일 추정 대사에너지 요구량[1)](ME, kcal/일/수)

체중(kg)	산란율(%)					
	0	50	60	70	80	90
1.0	130	192	205	217	229	242
1.5	177	239	251	264	276	289
2.0	218	280	292	305	317	330
2.5	259	321	333	346	358	371
3.0	296	358	370	383	395	408

[1)]ME/수/일=$Wkg^{0.75}$(173~1.95T)+5.5 ⊿W+2.07EE(W=체중(kg), T=외기온도(℃), ⊿W=체중변화(g/일), EE=1일 난중, 온도 22℃, 난중 60g 기준).

표 15.8 오리의 영양소 요구량(사료 건물 90% 기준, 사료 1kg당 함량)

영양소	단위	0~2주 2,900[1]	2~7주 3,000[1]	종오리 2,900[1]
단백질 및 아미노산:				
Protein	%	22	16	15
Arginine	%	1.1	1.0	-
Isoleucine	%	0.63	0.46	0.38
Leucine	%	1.26	0.91	0.76
Lysine	%	0.90	0.65	0.60
Methionine	%	0.40	0.30	0.27
Methionine + cystine	%	0.70	0.55	0.50
Tryptophan	%	0.23	0.17	0.14
Valine	%	0.78	0.56	0.47
다량광물질:				
Calcium	%	0.65	0.60	2.75
Chlorine	%	0.12	0.12	0.12
Magnesium	mg	500	500	500
Nonphytate phosphorus	%	0.40	0.30	-
Sodium	%	0.15	0.15	0.15
미량광물질:				
Manganese	mg	50	-	-
Selenium	mg	0.20	-	-
Zinc	mg	60	-	-
지용성 비타민:				
A	IU	2,500	2,500	4,000
D_3	ICU	400	400	900
E	IU	10	10	10
K	mg	0.5	0.5	0.5
수용성 비타민:				
Niacin	mg	55	55	55
Pantothenic acid	mg	11.0	11.0	11.0
Pyridoxine	mg	2.5	2.5	3.0
Riboflavin	mg	4.0	4.0	4.0

[1] 사료 중 에너지 함량(kcal ME/kg).

표 15.9 메추리의 영양소 요구량(사료 건물 90% 기준, 사료 1kg당 함량)

영양소	단위	육성 2,900[1)]	종메추리 2,900[1)]
단백질 및 아미노산:			
Protein	%	24.0	20.0
Arginine	%	1.25	1.26
Glycine+Serine	%	1.15	1.17
Histidine	%	0.36	0.42
Isoleucine	%	0.98	0.90
Leucine	%	1.69	1.42
Lysine	%	1.30	1.00
Methionine	%	0.50	0.45
Methionine+cystine	%	0.75	0.70
Phenylalanine	%	0.96	0.78
Phenylalanine+tyrosine	%	1.80	1.40
Threonine	%	1.02	0.74
Tryptophan	%	0.22	0.19
Valine	%	0.95	0.92
지방:			
Linoleic acid	%	1.0	1.0
다량광물질:			
Calcium	%	0.8	2.5
Chlorine	%	0.14	0.14
Magnesium	mg	300	500
Nonphytate phosphorus	%	0.30	0.35
Potassium	%	0.4	0.4
Sodium	%	0.15	0.15
미량광물질:			
Copper	mg	5	5
Iodine	mg	0.3	0.3
Iron	mg	120	60
Manganese	mg	60	60
Selenium	mg	0.2	0.2
Zinc	mg	25	50
지용성 비타민:			
A	IU	1,650	3,300
D_3	ICU	750	900
E	IU	12	25
K	mg	1	1
수용성 비타민:			
B_{12}	mg	0.003	0.003
Biotin	mg	0.3	0.15
Choline	mg	2,000	1,500
Folacin	mg	1	1
Niacin	mg	40	20
Pantothenic acid	mg	10	15
Pyridoxine	mg	3	3
Riboflavin	mg	4	4
Thiamin	mg	2	2

[1)] 사료 중 에너지 함량(kcal ME/kg).

표 15.10 육용 칠면조의 영양소 요구량(사료 건물 90% 기준, 사료 1kg당 함량)

영양소	단위	성별	성장 중인 칠면조						종칠면조	
		수컷	0~4주	4~8주	8~12주	12~16주	16~20주	20~24주		
		암컷	0~4주	4~8주	8~11주	11~14주	14~17주	17~20주	산란 전	산란기
			2,800[1)]	2,900	3,000	3,100	3,200	3,300	2,900	2,900
단백질 및 아미노산:										
Protein	%		28	26	22	19	16.5	14	12	14
Arginine	%		1.6	1.4	1.1	0.9	0.75	0.6	0.5	0.6
Glycine + Serine	%		1.0	0.9	0.8	0.7	0.6	0.5	0.4	0.5
Histidine	%		0.58	0.5	0.4	0.3	0.25	0.2	0.2	0.3
Isoleucine	%		1.1	1.0	0.8	0.6	0.5	0.45	0.4	0.5
Leucine	%		1.9	1.75	1.5	1.25	1.0	0.8	0.5	0.5
Lysine	%		1.6	1.5	1.3	1.0	0.8	0.65	0.5	0.6
Methionine	%		0.55	0.45	0.4	0.35	0.25	0.25	0.2	0.2
Methionine + cystine	%		1.05	0.95	0.8	0.65	0.55	0.45	0.4	0.4
Phenylalanine	%		1.0	0.9	0.8	0.7	0.6	0.5	0.4	0.55
Phenylalanine + tyrosine	%		1.8	1.6	1.2	1.0	0.9	0.9	0.8	1.0
Threonine	%		1.0	0.95	0.8	0.75	0.6	0.5	0.4	0.45
Tryptophan	%		0.26	0.24	0.2	0.18	0.15	0.13	0.1	0.13
Valine	%		1.2	1.2	0.9	0.8	0.7	0.6	0.5	0.58
지방:										
Linoleic acid	%		1.0	1.0	0.8	0.8	0.8	0.8	0.8	1.1
다량광물질:										
Calcium	%		1.2	1.0	0.85	0.75	0.65	0.55	0.5	2.25
Nonphytate phosphorus	%		0.6	0.5	0.42	0.38	0.32	0.28	0.25	0.35
Potassium	%		0.7	0.6	0.5	0.5	0.4	0.4	0.4	0.6
Sodium	%		0.17	0.15	0.12	0.12	0.12	0.12	0.12	0.12
Chlorine	%		0.15	0.14	0.14	0.12	0.12	0.12	0.12	0.12
Magnesium	mg		500	500	500	500	500	500	500	500
미량광물질:										
Manganese	mg		60	60	60	60	60	60	60	60
Zinc	mg		70	65	50	40	40	40	40	65
Iron	mg		80	60	60	60	50	50	50	60
Copper	mg		8	8	6	6	6	6	6	8
Iodine	mg		0.4	0.4	0.4	0.4	0.4	0.4	0.4	0.4
Selenium	mg		0.2	0.2	0.2	0.2	0.2	0.2	0.2	0.2
지용성 비타민:										
A	IU		5,000	5,000	5,000	5,000	5,000	5,000	5,000	5,000
D_3	ICU		1,100	1,100	1,100	1,100	1,100	1,100	1,100	1,100
E	IU		12	12	10	10	10	10	10	25
K	mg		1.75	1.5	1.0	0.75	0.75	0.50	0.5	1.0
수용성 비타민:										
B_{12}	mg		0.003	0.003	0.003	0.003	0.003	0.003	0.003	0.003
Choline	mg		0.25	0.2	0.125	0.125	0.100	0.100	0.100	0.20
Biotin	mg		1,600	1,400	1,100	1,100	950	800	800	1,000
Folacin	mg		1.0	1.0	0.8	0.8	0.7	0.7	0.7	1.0
Niacin	mg		60.0	60.0	50.0	50.0	40.0	40.0	40.0	40.0
Pantothenic acid	mg		10.0	9.0	9.0	9.0	9.0	9.0	9.0	16.0
Pyridoxine	mg		4.5	4.5	3.5	3.5	3.0	3.0	3.0	4.0
Riboflavin	mg		4.0	3.6	3.0	3.0	2.5	2.5	2.5	4.0
Thiamin	mg		2.0	2.0	2.0	2.0	2.0	2.0	2.0	2.0

[1)] kcal ME/kg.

15.2 돼지의 영양소 요구량(미국 NRC, 1998)

표 15.11 자돈 및 육성 · 비육돈의 사료 내 아미노산 요구량(사료 건물 90% 기준)

영양소	체중(kg)					
	3~5	5~10	10~20	20~50	50~80	80~120
평균 체중(kg)	4	7.5	15	35	65	100
DE 함량(kcal/kg)	3,400	3,400	3,400	3,400	3,400	3,400
ME 함량(kcal/kg)	3,265	3,265	3,265	3,265	3,265	3,265
DE 섭취량(kcal/day)	855	1,690	3,400	6,305	8,760	10,450
ME 섭취량(kcal/day)	820	1,620	3,265	6,050	8,410	10,030
사료섭취량(g/day)	250	500	1,000	1,855	2,575	3,075
조단백질(%)	26.0	23.7	20.9	18.0	15.5	13.2
아미노산 요구량						
진정 회장소화율 기준(%)						
Arginine	0.54	0.49	0.42	0.33	0.24	0.16
Histidine	0.43	0.38	0.32	0.26	0.21	0.16
Isoleucine	0.73	0.65	0.55	0.45	0.37	0.29
Leucine	1.35	1.20	1.02	0.83	0.67	0.51
Lysine	1.34	1.19	1.01	0.83	0.66	0.52
Methionine	0.36	0.32	0.27	0.22	0.18	0.14
Methionine + cystine	0.76	0.68	0.58	0.47	0.39	0.31
Phenylalanine	0.80	0.71	0.61	0.49	0.40	0.31
Phenylalanine + tyrosine	1.26	1.12	0.95	0.78	0.63	0.49
Threonine	0.84	0.74	0.63	0.52	0.43	0.34
Tryptophan	0.24	0.22	0.18	0.15	0.12	0.10
Valine	0.91	0.81	0.69	0.56	0.45	0.35
외관상 회장소화율 기준(%)						
Arginine	0.51	0.46	0.39	0.31	0.22	0.14
Histidine	0.40	0.36	0.31	0.25	0.20	0.16
Isoleucine	0.69	0.61	0.52	0.42	0.34	0.26
Leucine	1.29	1.15	0.98	0.80	0.64	0.50
Lysine	1.26	1.11	0.94	0.77	0.61	0.47
Methionine	0.34	0.30	0.26	0.21	0.17	0.13
Methionine + cystine	0.71	0.63	0.53	0.44	0.36	0.29
Phenylalanine	0.75	0.66	0.56	0.46	0.37	0.28
Phenylalanine + tyrosine	1.18	1.05	0.89	0.72	0.58	0.45
Threonine	0.75	0.66	0.56	0.46	0.37	0.30
Tryptophan	0.22	0.19	0.16	0.13	0.10	0.08
Valine	0.84	0.74	0.63	0.51	0.41	0.32
총소화율 기준(%)						
Arginine	0.59	0.54	0.46	0.37	0.27	0.19
Histidine	0.48	0.43	0.36	0.30	0.24	0.19
Isoleucine	0.83	0.73	0.63	0.51	0.42	0.33
Leucine	1.50	1.32	1.12	0.90	0.71	0.54
Lysine	1.50	1.35	1.15	0.95	0.75	0.60
Methionine	0.40	0.35	0.30	0.25	0.20	0.16
Methionine + cystine	0.86	0.76	0.65	0.54	0.44	0.35
Phenylalanine	0.90	0.80	0.68	0.55	0.44	0.34
Phenylalanine + tyrosine	1.41	1.25	1.06	0.87	0.70	0.55
Threonine	0.98	0.86	0.74	0.61	0.51	0.41
Tryptophan	0.27	0.24	0.21	0.17	0.14	0.11
Valine	1.04	0.92	0.79	0.64	0.52	0.40

표 15.12 자돈 및 육성 · 비육돈의 1일 아미노산 요구량(사료 건물 90% 기준)

영양소	체중(kg)					
	3~5	5~10	10~20	20~50	50~80	80~120
평균 체중(kg)	4	7.5	15	35	65	100
DE 함량(kcal/kg)	3,400	3,400	3,400	3,400	3,400	3,400
ME 함량(kcal/kg)	3,265	3,265	3,265	3,265	3,265	3,265
DE 섭취량(kcal/day)	855	1,690	3,400	6,305	8,760	10,450
ME 섭취량(kcal/day)	820	1,620	3,265	6,050	8,410	10,030
사료섭취량(g/day)	250	500	1,000	1,855	2,575	3,075
조단백질(%)	26.0	23.7	20.9	18.0	15.5	13.2
아미노산 요구량						
진정 회장소화율 기준(1일, g)						
Arginine	1.4	2.4	4.2	6.1	6.2	4.8
Histidine	1.1	1.9	3.2	4.9	5.5	5.1
Isoleucine	1.8	3.2	5.5	8.4	9.4	8.8
Leucine	3.4	6.0	10.3	15.5	7.2	15.8
Lysine	3.4	5.9	10.1	15.3	17.1	15.8
Methionine	0.9	1.6	2.7	4.1	4.6	4.3
Methionine + cystine	1.9	3.4	5.8	8.8	10.0	9.5
Phenylalanine	2.0	3.5	6.1	9.1	10.2	9.4
Phenylalanine + tyrosine	3.2	5.5	9.5	14.4	16.1	15.1
Threonine	2.1	3.7	6.3	9.7	11.0	10.5
Tryptophan	0.6	1.1	1.9	2.8	3.1	2.9
Valine	2.3	4.0	6.9	10.4	11.6	10.8
외관상 회장소화율 기준(1일, g)						
Arginine	1.3	2.3	3.9	5.7	5.7	4.3
Histidine	1.0	1.8	3.1	4.6	5.2	4.8
Isoleucine	1.7	3.0	5.2	7.8	8.7	8.0
Leucine	3.2	5.7	9.8	14.8	16.5	15.3
Lysine	3.2	5.5	9.4	14.2	15.8	14.4
Methionine	0.9	1.5	2.6	3.9	4.4	4.1
Methionine + cystine	1.8	3.1	5.3	8.2	9.3	8.8
Phenylalanine	1.9	3.3	5.7	8.5	9.4	8.6
Phenylalanine + tyrosine	3.0	5.2	8.9	13.4	15.0	13.9
Threonine	1.9	3.3	5.6	8.5	9.6	9.1
Tryptophan	0.5	1.0	1.6	2.4	2.7	2.5
Valine	2.1	3.7	6.3	9.5	10.6	9.8
총소화율 기준(1일, g)						
Arginine	1.5	2.7	4.6	6.8	7.1	5.7
Histidine	1.2	2.1	3.7	5.6	6.3	5.9
Isoleucine	2.1	3.7	6.3	9.5	10.7	10.1
Leucine	3.8	6.6	11.2	16.8	18.4	16.6
Lysine	3.8	6.7	11.5	17.5	19.7	18.5
Methionine	1.0	1.8	3.0	4.6	5.1	4.8
Methionine + cystine	2.2	3.8	6.5	9.9	11.3	10.8
Phenylalanine	2.3	4.0	6.8	10.2	11.3	10.4
Phenylalanine + tyrosine	3.5	6.2	10.6	16.1	18.0	16.8
Threonine	2.5	4.3	7.4	11.3	13.0	12.6
Tryptophan	0.7	1.2	2.1	3.2	3.6	3.4
Valine	2.6	4.6	7.9	11.9	13.3	12.4

표 15.13 정육증체량에 따른 거세돈과 미경산돈의 아미노산 요구량(사료 건물 90% 기준)

체중	50~80kg						80~120kg					
정육 증체(g/day)	300	300	325	325	350	350	300	300	325	325	350	350
성별	거세돈	미경산돈	거세돈	미경산돈	거세돈	미경산돈	거세돈	미경산돈	거세돈	미경산돈	거세돈	미경산돈
평균 체중(kg)	65	65	65	65	65	65	100	100	100	100	100	100
DE 함량(kcal/kg)	3,400	3,400	3,400	3,400	3,400	3,400	3,400	3,400	3,400	3,400	3,400	3,400
ME 함량(kcal/kg)	3,265	3,265	3,265	3,265	3,265	3,265	3,265	3,265	3,265	3,265	3,265	3,265
DE 섭취량(kcal/day)	9,360	8,165	9,360	8,165	9,360	8,165	11,150	9,750	11,150	9,750	11,150	9,750
ME 섭취량(kcal/day)	8,985	7,840	8,985	7,840	8,985	7,840	10,705	9,360	10,705	9,360	10,705	9,360
사료섭취량(g/day)	2,755	2,400	2,755	2,400	2,755	2,400	3,280	2,865	3,280	2,865	3,280	2,865
조단백질(%)	14.2	15.5	14.9	16.3	15.6	17.1	12.2	13.2	12.7	13.8	13.2	14.4
아미노산 요구량												
진정 회장소화율 기준 (%)												
Arginine	0.20	0.23	0.22	0.26	0.25	0.28	0.13	0.15	0.15	0.17	0.16	0.19
Histidine	0.18	0.21	0.20	0.23	0.21	0.24	0.14	0.16	0.15	0.18	0.17	0.19
Isoleucine	0.32	0.36	0.34	0.39	0.37	0.42	0.25	0.29	0.27	0.31	0.29	0.33
Leucine	0.58	0.66	0.62	0.72	0.67	0.77	0.45	0.51	0.48	0.55	0.52	0.59
Lysine	0.58	0.66	0.62	0.71	0.67	0.76	0.45	0.51	0.48	0.55	0.52	0.59
Methionine	0.16	0.18	0.17	0.19	0.18	0.21	0.12	0.14	0.13	0.15	0.14	0.16
Methionine + cystine	0.34	0.39	0.36	0.42	0.39	0.44	0.27	0.31	0.29	0.33	0.31	0.35
Phenylalanine	0.34	0.39	0.37	0.42	0.40	0.46	0.27	0.30	0.29	0.33	0.31	0.35
Phenylalanine + tyrosine	0.54	0.62	0.59	0.67	0.63	0.72	0.43	0.49	0.46	0.52	0.49	0.56
Threonine	0.37	0.43	0.40	0.46	0.43	0.49	0.30	0.34	0.32	0.37	0.34	0.39
Tryptophan	0.11	0.12	0.11	0.13	0.12	0.14	0.08	0.10	0.09	0.10	0.10	0.11
Valine	0.39	0.45	0.42	0.48	0.45	0.52	0.30	0.35	0.33	0.38	0.35	0.40
외관상 회장소화율 기준(%)												
Arginine	0.19	0.21	0.21	0.24	0.23	0.26	0.12	0.13	0.13	0.15	0.15	0.17
Histidine	0.17	0.20	0.19	0.21	0.20	0.23	0.14	0.15	0.15	0.17	0.16	0.18
Isoleucine	0.29	0.34	0.31	0.36	0.34	0.39	0.23	0.26	0.24	0.28	0.26	0.30
Leucine	0.56	0.64	0.60	0.69	0.65	0.74	0.43	0.50	0.47	0.53	0.50	0.57
Lysine	0.53	0.61	0.57	0.66	0.61	0.71	0.41	0.47	0.44	0.51	0.47	0.54
Methionine	0.15	0.17	0.16	0.18	0.17	0.20	0.12	0.13	0.13	0.14	0.13	0.15
Methionine + cystine	0.31	0.36	0.34	0.39	0.36	0.41	0.25	0.29	0.27	0.31	0.29	0.33
Phenylalanine	0.32	0.36	0.34	0.39	0.37	0.42	0.24	0.28	0.26	0.30	0.28	0.32
Phenylalanine + tyrosine	0.50	0.58	0.54	0.62	0.58	0.67	0.39	0.45	0.42	0.49	0.45	0.52
Threonine	0.32	0.37	0.35	0.40	0.37	0.43	0.26	0.30	0.28	0.32	0.30	0.34
Tryptophan	0.09	0.10	0.10	0.11	0.10	0.12	0.07	0.08	0.07	0.09	0.08	0.09
Valine	0.36	0.41	0.38	0.44	0.41	0.47	0.28	0.32	0.30	0.34	0.32	0.37
총소화율 기준(%)												
Arginine	0.24	0.27	0.26	0.29	0.28	0.32	0.16	0.18	0.18	0.20	0.19	0.22
Histidine	0.21	0.24	0.23	0.26	0.24	0.28	0.17	0.19	0.18	0.20	0.19	0.22
Isoleucine	0.36	0.41	0.39	0.45	0.42	0.48	0.29	0.33	0.31	0.35	0.33	0.37
Leucine	0.61	0.71	0.67	0.77	0.72	0.83	0.46	0.54	0.50	0.58	0.54	0.63
Lysine	0.67	0.76	0.72	0.82	0.77	0.88	0.53	0.60	0.57	0.64	0.60	0.69
Methionine	0.17	0.20	0.19	0.21	0.20	0.23	0.14	0.15	0.15	0.17	0.16	0.18
Methionine + cystine	0.38	0.44	0.41	0.47	0.44	0.50	0.31	0.35	0.33	0.38	0.35	0.40
Phenylalanine	0.38	0.44	0.41	0.47	0.44	0.51	0.29	0.34	0.32	0.36	0.34	0.39
Phenylalanine + tyrosine	0.61	0.70	0.65	0.75	0.70	0.80	0.48	0.54	0.51	0.59	0.55	0.63
Threonine	0.44	0.50	0.47	0.54	0.51	0.58	0.36	0.41	0.38	0.44	0.41	0.46
Tryptophan	0.12	0.14	0.13	0.15	0.14	0.16	0.10	0.11	0.10	0.12	0.11	0.13
Valine	0.45	0.51	0.48	0.55	0.52	0.59	0.35	0.40	0.38	0.43	0.40	0.46

표 15.14 정육증체량에 따른 거세돈과 미경산돈의 1일 아미노산 요구량(사료 건물 90% 기준)

체중	50~80kg						80~120kg					
정육 증체(g/day)	300	300	325	325	350	350	300	300	325	325	350	350
성별	거세돈	미경 산돈	거세돈	미경 산돈	거세돈	미경 산돈	거세돈	미경 산돈	거세돈	미경 산돈	거세돈	미경 산돈
평균 체중(kg)	65	65	65	65	65	65	100	100	100	100	100	100
DE 함량(kcal/kg)	3,400	3,400	3,400	3,400	3,400	3,400	3,400	3,400	3,400	3,400	3,400	3,400
ME 함량(kcal/kg)	3,265	3,265	3,265	3,265	3,265	3,265	3,265	3,265	3,265	3,265	3,265	3,265
DE 섭취량(kcal/day)	9,360	8,165	9,360	8,165	9,360	8,165	11,150	9,750	11,150	9,750	11,150	9,750
ME 섭취량(kcal/day)	8,985	7,840	8,985	7,840	8,985	7,840	10,705	9,360	10,705	9,360	10,705	9,360
사료섭취량(g/day)	2,755	2,400	2,755	2,400	2,755	2,400	3,280	2,865	3,280	2,865	3,280	2,865
조단백질(%)	14.2	15.5	14.9	16.3	15.6	17.1	12.2	13.2	12.7	13.8	13.2	14.4
아미노산 요구량												
진정 회장소화율 기준(1일, g)												
Arginine	5.6		6.2		6.8		4.2		4.8		5.3	
Histidine	5.1		5.5		5.9		4.7		5.1		5.4	
Isoleucine	8.7		9.4		10.1		8.2		8.8		9.4	
Leucine	15.9		17.2		18.5		14.6		15.8		16.9	
Lysine	15.9		17.1		18.4		14.7		15.8		17.0	
Methionine	4.3		4.6		5.0		4.0		4.3		4.6	
Methionine + cystine	9.3		10.0		10.7		8.9		9.5		10.1	
Phenylalanine	9.4		10.2		10.9		8.7		9.4		10.1	
Phenylalanine + tyrosine	15.0		16.1		17.3		14.0		15.1		16.1	
Threonine	10.3		11.0		11.8		9.9		10.5		11.2	
Tryptophan	2.9		3.1		3.4		2.7		2.9		3.2	
Valine	10.8		11.6		12.5		10.0		10.8		11.5	
외관상 회장소화율 기준(1일, g)												
Arginine	5.1		5.7		6.3		3.8		4.3		4.8	
Histidine	4.8		5.2		5.5		4.4		4.8		5.1	
Isoleucine	8.0		8.7		9.3		7.5		8.0		8.6	
Leucine	15.3		16.5		17.7		14.2		15.3		16.4	
Lysine	14.6		15.7		16.9		13.4		14.4		15.5	
Methionine	4.1		4.4		4.7		3.8		4.1		4.4	
Methionine + cystine	8.6		9.3		9.9		8.3		8.8		9.4	
Phenylalanine	8.7		9.4		10.1		8.0		8.6		9.3	
Phenylalanine + tyrosine	13.9		15.0		16.1		12.9		13.9		14.9	
Threonine	8.9		9.6		10.3		8.5		9.1		9.7	
Tryptophan	2.5		2.7		2.9		2.3		2.5		2.6	
Valine	9.8		10.6		11.4		9.1		9.8		10.5	
총소화율 기준(1일, g)												
Arginine	6.4		7.1		7.7		5.1		5.7		6.3	
Histidine	5.8		6.3		6.7		5.5		5.9		6.3	
Isoleucine	10.0		10.7		11.5		9.4		10.1		10.7	
Leucine	16.9		18.4		19.8		15.3		16.6		17.9	
Lysine	18.3		19.7		21.1		17.3		18.5		19.7	
Methionine	4.8		5.1		5.5		4.4		4.8		5.1	
Methionine + cystine	10.5		11.3		12.1		10.1		10.8		11.5	
Phenylalanine	10.5		11.3		12.2		9.7		10.4		11.2	
Phenylalanine + tyrosine	16.7		18.0		19.3		15.6		16.8		18.0	
Threonine	12.2		13.0		13.9		11.8		12.6		13.3	
Tryptophan	3.3		3.6		3.8		3.2		3.4		3.6	
Valine	12.4		13.3		14.3		11.5		12.4		13.2	

표 15.15 자돈 및 육성·비육돈의 사료 내 광물질, 비타민 및 지방산 요구량(사료 건물 90% 기준, % 또는 사료 1kg당 함량)

영양소	단위	체중(kg)					
		3~5	5~10	10~20	20~50	50~80	80~120
평균 체중	kg	4	7.5	15	35	65	100
DE 함량	kcal	3,400	3,400	3,400	3,400	3,400	3,400
ME 함량	kcal	3,265	3,265	3,265	3,265	3,265	3,265
DE 섭취량	kcal	855	1,690	3,400	6,305	8,760	10,450
ME 섭취량	kcal	820	1,620	3,265	6,050	8,410	10,030
사료섭취량	g	250	500	1,000	1,855	2,575	3,075
광물질:							
Calcium	%	0.90	0.80	0.70	0.60	0.50	0.45
Phosphorus, total	%	0.70	0.65	0.60	0.50	0.45	0.40
Phosphorus, available	%	0.55	0.40	0.32	0.23	0.19	0.15
Sodium	%	0.25	0.20	0.15	0.10	0.10	0.10
Chlorine	%	0.25	0.20	0.15	0.08	0.08	0.08
Magnesium	%	0.04	0.04	0.04	0.04	0.04	0.04
Potassium	%	0.30	0.28	0.26	0.23	0.19	0.17
Copper	mg	6.00	6.00	5.00	4.00	3.50	3.00
Iodine	mg	0.14	0.14	0.14	0.14	0.14	0.14
Iron	mg	100	100	80	60	50	40
Manganese	mg	4.00	4.00	3.00	2.00	2.00	2.00
Selenium	mg	0.30	0.30	0.25	0.15	0.15	0.15
Zinc	mg	100	100	80	60	50	50
비타민:							
Vitamin A	IU	2,200	2,200	1,750	1,300	1,300	1,300
Vitamin D_3	IU	220	220	200	150	150	150
Vitamin E	IU	16	16	11	11	11	11
Vitamin K(menadione)	mg	0.50	0.50	0.50	0.50	0.50	0.50
Biotin	mg	0.08	0.05	0.05	0.05	0.05	0.05
Choline	g	0.60	0.50	0.40	0.30	0.30	0.30
Folacin	mg	0.30	0.30	0.30	0.30	0.30	0.30
Niacin, available	mg	20.00	15.00	12.50	10.00	7.00	7.00
Pantothenic acid	mg	12.00	10.00	9.00	8.00	7.00	7.00
Riboflavin	mg	4.00	3.50	3.00	2.50	2.00	2.00
Thiamin	mg	1.50	1.00	1.00	1.00	1.00	1.00
Vitamin B_6	mg	2.00	1.50	1.50	1.00	1.00	1.00
Vitamin B_{12}	μg	20.00	17.50	15.00	10.00	5.00	5.00
지방산:							
Linoleic acid	%	0.10	0.10	0.10	0.10	0.10	0.10

표 15.16 자돈 및 육성 · 비육돈의 1일 광물질, 비타민 및 지방산 요구량(사료 건물 90% 기준, 1일 요구량)

영양소	단위	체중(kg)					
		3~5	5~10	10~20	20~50	50~80	80~120
평균 체중	kg	4	7.5	15	35	65	100
DE 함량	kcal	3,400	3,400	3,400	3,400	3,400	3,400
ME 함량	kcal	3,265	3,265	3,265	3,265	3,265	3,265
DE 섭취량	kcal	855	1,690	3,400	6,305	8,760	10,450
ME 섭취량	kcal	820	1,620	3,265	6,050	8,410	10,030
사료섭취량	g	250	500	1,000	1,855	2,575	3,075
광물질:							
Calcium	g	2.25	4.00	7.00	11.13	12.88	13.84
Phosphorus, total	g	1.75	3.25	6.00	9.28	11.59	12.30
Phosphorus, available	g	1.38	2.00	3.20	4.27	4.89	4.61
Sodium	g	0.63	1.00	1.50	1.86	2.58	3.08
Chlorine	g	0.63	1.00	1.50	1.48	2.06	2.46
Magnesium	g	0.10	0.20	0.40	0.74	1.03	1.23
Potassium	g	0.75	1.40	2.60	4.27	4.89	5.23
Copper	mg	1.50	3.00	5.00	7.42	9.01	9.23
Iodine	mg	0.04	0.07	0.14	0.26	0.36	0.43
Iron	mg	25.00	50.00	80.00	111.30	129.75	123.00
Manganese	mg	1.00	2.00	3.00	3.71	5.15	6.15
Selenium	mg	0.08	0.15	0.25	0.28	0.39	0.46
Zinc	mg	25.00	50.00	80.00	111.30	129.75	153.75
비타민:							
Vitamin A	IU	550	1,100	1,750	2,412	3,348	3,998
Vitamin D_3	IU	55	110	200	278	386	461
Vitamin E	IU	4	8	11	20	28	34
Vitamin K(menadione)	mg	0.13	0.25	0.50	0.93	1.29	1.54
Biotin	mg	0.02	0.03	0.05	0.09	0.13	0.15
Choline	g	0.15	0.25	0.40	0.56	0.77	0.92
Folacin	mg	0.08	0.15	0.30	0.56	0.77	0.92
Niacin, available	mg	5.00	7.50	12.50	18.55	18.03	21.53
Pantothenic acid	mg	3.00	5.00	9.00	14.84	18.03	21.53
Riboflavin	mg	1.00	1.75	3.00	4.64	5.15	6.15
Thiamin	mg	0.38	0.50	1.00	1.86	2.58	3.08
Vitamin B_6	mg	0.50	0.75	1.50	1.86	2.58	3.08
Vitamin B_{12}	μg	5.00	8.75	15.00	18.55	12.88	15.38
지방산:							
Linoleic acid	g	0.25	0.50	1.00	1.86	2.58	3.08

표 15.17 임신돈의 사료 내 아미노산 요구량(사료 건물 90% 기준)

영양소	수정 시 체중(kg)					
	125	150	175	200	200	200
	임신 중 증체량(kg)					
	55	45	40	35	30	35
	예상 산자수					
	11	12	12	12	12	14
DE 함량(kcal/kg)	3,400	3,400	3,400	3,400	3,400	3,400
ME 함량(kcal/kg)	3,265	3,265	3,265	3,265	3,265	3,265
DE 섭취량(kcal/day)	6,660	6,265	6,405	6,535	6,115	6,275
ME 섭취량(kcal/day)	6,395	6,015	6,150	6,275	5,870	6,025
사료섭취량(g/day)	1.96	1.84	1.88	1.92	1.80	1.85
조단백질(%)	12.9	12.8	12.4	12.0	12.1	12.4
아미노산 요구량						
진정 회장소화율 기준(%)						
Arginine	0.04	0.00	0.00	0.00	0.00	0.00
Histidine	0.16	0.16	0.15	0.14	0.14	0.15
Isoleucine	0.29	0.28	0.27	0.26	0.26	0.27
Leucine	0.48	0.47	0.44	0.41	0.41	0.44
Lysine	0.50	0.49	0.46	0.44	0.44	0.46
Methionine	0.14	0.13	0.13	0.12	0.12	0.13
Methionine + cystine	0.33	0.33	0.32	0.31	0.32	0.33
Phenylalanine	0.29	0.28	0.27	0.25	0.25	0.27
Phenylalanine + tyrosine	0.48	0.48	0.46	0.44	0.44	0.46
Threonine	0.37	0.38	0.37	0.36	0.37	0.38
Tryptophan	0.10	0.10	0.09	0.09	0.09	0.09
Valine	0.34	0.33	0.31	0.30	0.30	0.31
외관상 회장소화율 기준(%)						
Arginine	0.03	0.00	0.00	0.00	0.00	0.00
Histidine	0.15	0.15	0.14	0.13	0.13	0.14
Isoleucine	0.26	0.26	0.25	0.24	0.24	0.25
Leucine	0.47	0.46	0.43	0.40	0.40	0.43
Lysine	0.45	0.45	0.42	0.40	0.40	0.42
Methionine	0.13	0.13	0.12	0.11	0.12	0.12
Methionine + cystine	0.30	0.31	0.30	0.29	0.30	0.31
Phenylalanine	0.27	0.26	0.24	0.23	0.23	0.24
Phenylalanine + tyrosine	0.45	0.44	0.42	0.40	0.41	0.43
Threonine	0.32	0.33	0.32	0.31	0.32	0.33
Tryptophan	0.08	0.08	0.08	0.07	0.07	0.08
Valine	0.31	0.30	0.28	0.27	0.27	0.28
총소화율 기준(%)						
Arginine	0.06	0.03	0.00	0.00	0.00	0.00
Histidine	0.19	0.18	0.17	0.16	0.17	0.17
Isoleucine	0.33	0.32	0.31	0.30	0.30	0.31
Leucine	0.50	0.49	0.46	0.42	0.43	0.45
Lysine	0.58	0.57	0.54	0.52	0.52	0.54
Methionine	0.15	0.15	0.14	0.13	0.13	0.14
Methionine + cystine	0.37	0.38	0.37	0.36	0.36	0.37
Phenylalanine	0.32	0.32	0.30	0.28	0.28	0.30
Phenylalanine + tyrosine	0.54	0.54	0.51	0.49	0.49	0.51
Threonine	0.44	0.45	0.44	0.43	0.44	0.45
Tryptophan	0.11	0.11	0.11	0.10	0.10	0.11
Valine	0.39	0.38	0.36	0.34	0.34	0.36

표 15.18 임신돈의 1일 아미노산 요구량(사료 건물 90% 기준)

영양소	수정 시 체중(kg)					
	125	150	175	200	200	200
	임신중 증체량(kg)					
	55	45	40	35	30	35
	예상 산자 수					
	11	12	12	12	12	14
DE 함량(kcal/kg)	3,400	3,400	3,400	3,400	3,400	3,400
ME 함량(kcal/kg)	3,265	3,265	3,265	3,265	3,265	3,265
DE 섭취량 (kcal/day)	6,660	6,265	6,405	6,535	6,115	6,275
ME 섭취량(kcal/day)	6,395	6,015	6,150	6,275	5,870	6,025
사료섭취량(g/day)	1.96	1.84	1.88	1.92	1.80	1.85
조단백질(%)	12.9	12.8	12.4	12.0	12.1	12.4
아미노산 요구량						
진정 회장소화율 기준(1일, g)						
Arginine	0.8	0.1	0.0	0.0	0.0	0.0
Histidine	3.1	2.9	2.8	2.7	2.5	2.7
Isoleucine	5.6	5.2	5.1	5.0	4.7	5.0
Leucine	9.4	8.7	8.3	7.9	7.4	8.1
Lysine	9.7	9.0	8.7	8.4	7.9	8.5
Methionine	2.7	2.5	2.4	2.3	2.2	2.3
Methionine + cystine	6.4	6.1	6.1	6.0	5.7	6.1
Phenylalanine	5.7	5.2	5.0	4.8	4.6	4.9
Phenylalanine + tyrosine	9.5	8.9	8.6	8.4	7.9	8.5
Threonine	7.3	7.0	6.9	6.9	6.6	7.0
Tryptophan	1.9	1.8	1.7	1.7	1.6	1.7
Valine	6.6	6.1	5.9	5.7	5.4	5.8
외관상 회장소화율 기준(1일, g)						
Arginine	0.6	0.0	0.0	0.0	0.0	0.0
Histidine	2.9	2.7	2.6	2.5	2.4	2.6
Isoleucine	5.1	4.8	4.7	4.5	4.3	4.6
Leucine	9.2	8.4	8.1	7.7	7.3	7.9
Lysine	8.9	8.2	7.9	7.6	7.2	7.7
Methionine	2.5	2.4	2.3	2.2	2.1	2.2
Methionine + cystine	6.0	5.7	5.7	5.6	5.3	5.7
Phenylalanine	5.2	4.8	4.6	4.4	4.2	4.5
Phenylalanine + tyrosine	8.8	8.2	8.0	7.7	7.3	7.9
Threonine	6.3	6.0	6.0	6.0	5.7	6.1
Tryptophan	1.6	1.5	1.4	1.4	1.3	1.4
Valine	6.0	5.6	5.4	5.2	4.9	5.3
총소화율 기준(1일, g)						
Arginine	1.3	0.5	0.0	0.0	0.0	0.0
Histidine	3.6	3.4	3.3	3.2	3.0	3.2
Isoleucine	6.4	6.0	5.9	5.7	5.4	5.8
Leucine	9.9	9.0	8.6	8.2	7.7	8.3
Lysine	11.4	10.6	10.3	9.9	9.4	10.0
Methionine	2.9	2.7	2.6	2.6	2.4	2.6
Methionine + cystine	7.3	7.0	6.9	6.8	6.5	6.9
Phenylalanine	6.3	5.8	5.6	5.4	5.0	5.4
Phenylalanine + tyrosine	10.6	9.9	9.6	9.4	8.9	9.5
Threonine	8.6	8.3	8.3	8.2	7.8	8.3
Tryptophan	2.2	2.0	2.0	1.9	1.8	2.0
Valine	7.6	7.0	6.8	6.6	6.2	6.7

표 15.19 포유돈의 사료 내 아미노산 요구량(사료 건물 90% 기준)

영양소	분만 후 체중(kg)					
	175	175	175	175	175	175
	모돈의 체중감량(kg)					
	0	0	0	-10	-10	-10
	자돈의 일당증체량(g)					
	150	200	250	150	200	250
DE 함량(kcal/kg)	3,400	3,400	3,400	3,400	3,400	3,400
ME 함량(kcal/kg)	3,265	3,265	3,265	3,265	3,265	3,265
DE 섭취량(kcal/day)	14,645	18,205	21,765	12,120	15,680	19,240
ME 섭취량(kcal/day)	14,060	17,475	20,895	11,635	15,055	18,470
사료섭취량(g/day)	4.31	5.35	6.40	3.56	4.61	5.66
조단백질(%)	16.3	17.5	18.4	17.2	18.5	19.2
아미노산 요구량						
진정 회장소화율 기준(%)						
Arginine	0.36	0.44	0.49	0.35	0.44	0.50
Histidine	0.28	0.32	0.34	0.30	0.34	0.36
Isoleucine	0.40	0.44	0.47	0.44	0.48	0.50
Leucine	0.80	0.90	0.96	0.87	0.97	1.03
Lysine	0.71	0.79	0.85	0.77	0.85	0.90
Methionine	0.19	0.21	0.22	0.20	0.22	0.23
Methionine + cystine	0.35	0.39	0.41	0.39	0.42	0.43
Phenylalanine	0.39	0.43	0.46	0.42	0.46	0.49
Phenylalanine + tyrosine	0.80	0.89	0.95	0.88	0.97	1.02
Threonine	0.45	0.49	0.52	0.50	0.53	0.56
Tryptophan	0.13	0.14	0.15	0.15	0.16	0.17
Valine	0.60	0.67	0.72	0.66	0.73	0.77
외관상 회장소화율 기준(%)						
Arginine	0.34	0.41	0.46	0.33	0.41	0.47
Histidine	0.27	0.30	0.32	0.29	0.32	0.34
Isoleucine	0.37	0.41	0.44	0.41	0.44	0.47
Leucine	0.77	0.86	0.92	0.83	0.92	0.98
Lysine	0.66	0.73	0.79	0.72	0.79	0.84
Methionine	0.18	0.20	0.21	0.19	0.21	0.22
Methionine + cystine	0.33	0.36	0.38	0.36	0.39	0.40
Phenylalanine	0.36	0.40	0.43	0.39	0.43	0.46
Phenylalanine + tyrosine	0.75	0.83	0.89	0.82	0.90	0.96
Threonine	0.40	0.43	0.46	0.44	0.47	0.49
Tryptophan	0.11	0.12	0.13	0.13	0.14	0.14
Valine	0.55	0.61	0.66	0.61	0.67	0.71
총소화율 기준(%)						
Arginine	0.40	0.48	0.54	0.39	0.49	0.55
Histidine	0.32	0.36	0.38	0.34	0.38	0.40
Isoleucine	0.45	0.50	0.53	0.50	0.54	0.57
Leucine	0.86	0.97	1.05	0.95	1.05	1.12
Lysine	0.82	0.91	0.97	0.89	0.97	1.03
Methionine	0.21	0.23	0.24	0.22	0.24	0.26
Methionine + cystine	0.40	0.44	0.46	0.44	0.47	0.49
Phenylalanine	0.43	0.48	0.52	0.47	0.52	0.55
Phenylalanine + tyrosine	0.90	1.00	1.07	0.98	1.08	1.14
Threonine	0.54	0.58	0.61	0.58	0.63	0.65
Tryptophan	0.15	0.16	0.17	0.17	0.18	0.19
Valine	0.68	0.76	0.82	0.76	0.83	0.88

표 15.20 포유돈의 1일 아미노산 요구량(사료 건물 90% 기준)

영양소	분만 후 체중(kg)					
	175	175	175	175	175	175
	모돈의 체중감량(kg)					
	0	0	0	-10	-10	-10
	자돈의 일당증체량(g)					
	150	200	250	150	200	250
DE 함량(kcal/kg)	3,400	3,400	3,400	3,400	3,400	3,400
ME 함량(kcal/kg)	3,265	3,265	3,265	3,265	3,265	3,265
DE 섭취량(kcal/day)	14,645	18,205	21,765	12,120	15,680	19,240
ME 섭취량(kcal/day)	14,060	17,475	20,895	11,635	15,055	18,470
사료섭취량(g/day)	4.31	5.35	6.40	3.56	4.61	5.66
조단백질(%)	16.3	17.5	18.4	17.2	18.5	19.2
아미노산 요구량						
진정 회장소화율 기준(1일, g)						
Arginine	15.6	23.4	31.1	12.5	20.3	28.0
Histidine	12.2	17.0	21.7	10.9	15.6	20.3
Isoleucine	17.2	23.6	30.1	15.6	22.1	28.5
Leucine	34.4	48.0	61.5	31.0	44.5	58.1
Lysine	30.7	42.5	54.3	27.6	39.4	51.2
Methionine	8.0	11.0	14.1	7.2	10.2	13.2
Methionine + cystine	15.3	20.6	26.0	13.9	19.2	24.5
Phenylalanine	16.8	23.3	29.7	14.9	21.4	27.9
Phenylalanine + tyrosine	34.6	47.9	61.1	31.4	44.6	57.8
Threonine	19.5	26.4	33.3	17.7	24.6	31.5
Tryptophan	5.5	7.6	9.7	5.2	7.3	9.4
Valine	25.8	35.8	45.8	23.6	33.6	43.6
외관상 회장소화율 기준(1일, g)						
Arginine	14.6	22.0	29.3	11.7	19.1	26.4
Histidine	11.5	16.0	20.5	10.2	14.7	19.2
Isoleucine	15.9	21.9	27.9	14.5	20.5	26.5
Leucine	33.0	45.9	58.7	29.7	42.6	55.4
Lysine	28.4	39.4	50.4	25.5	36.5	47.5
Methionine	7.6	10.5	13.4	6.8	9.7	12.6
Methionine + cystine	14.2	19.2	24.1	12.9	17.8	22.8
Phenylalanine	15.5	21.6	27.6	13.8	19.9	25.9
Phenylalanine + tyrosine	32.3	44.7	57.1	29.3	41.7	54.1
Threonine	17.1	23.1	29.2	15.5	21.6	27.7
Tryptophan	4.7	6.6	8.4	4.5	6.3	8.1
Valine	23.6	32.8	42.0	21.6	30.8	40.0
총소화율 기준(1일, g)						
Arginine	17.4	25.8	34.3	14.0	22.4	30.8
Histidine	13.8	19.1	24.4	12.2	17.5	22.8
Isoleucine	19.5	26.8	34.1	17.7	25.0	32.3
Leucine	37.2	52.1	67.0	33.7	48.6	63.5
Lysine	35.3	48.6	61.9	31.6	44.9	58.2
Methionine	8.8	12.2	15.6	7.9	11.3	14.6
Methionine + cystine	17.3	23.4	29.4	15.7	21.7	27.8
Phenylalanine	18.7	25.9	33.2	16.6	23.9	31.1
Phenylalanine + tyrosine	38.7	53.4	68.2	35.1	49.8	64.6
Threonine	23.0	31.1	39.1	20.8	28.8	36.9
Tryptophan	6.3	8.6	11.0	5.9	8.2	10.6
Valine	29.5	40.9	52.3	26.9	38.4	49.8

표 15.21 임신돈과 포유돈의 사료 내 광물질, 비타민 및 지방산 요구량(사료 건물 90% 기준, % 또는 사료 1kg당 함량)

영양소	단위	임신돈	포유돈
DE 함량	kcal	3,400	3,400
ME 함량	kcal	3,265	3,265
DE 섭취량	kcal	6,290	17,850
ME 섭취량	kcal	6,040	17,135
사료섭취량	g	1.85	5.25
광물질:			
Calcium	%	0.75	0.75
Phosphorus, total	%	0.60	0.60
Phosphorus, available	%	0.35	0.35
Sodium	%	0.15	0.20
Chlorine	%	0.12	0.16
Magnesium	%	0.04	0.04
Potassium	%	0.20	0.20
Copper	mg	5.00	5.00
Iodine	mg	0.14	0.14
Iron	mg	80	80
Manganese	mg	20	20
Selenium	mg	0.15	0.15
Zinc	mg	50	50
비타민:			
Vitamin A	IU	4,000	2,000
Vitamin D_3	IU	200	200
Vitamin E	IU	44	44
Vitamin K(menadione)	mg	0.50	0.50
Biotin	mg	0.20	0.20
Choline	g	1.25	1.00
Folacin	mg	1.30	1.30
Niacin, available	mg	10	10
Pantothenic acid	mg	12	12
Riboflavin	mg	3.75	3.75
Thiamin	mg	1.00	1.00
Vitamin B_6	mg	1.00	1.00
Vitamin B_{12}	μg	15	15
지방산:			
Linoleic acid	g	0.10	0.10

표 15.22 임신돈과 포유돈의 1일 광물질, 비타민 및 지방산 요구량(사료 건물 90% 기준, 1일 요구량)

영양소	단위	임신돈	포유돈
DE 함량	kcal	3,400	3,400
ME 함량	kcal	3,265	3,265
DE 섭취량	kcal	6,290	17,850
ME 섭취량	kcal	6,040	17,135
사료섭취량	g	1.85	5.25
광물질:			
Calcium	g	13.9	39.4
Phosphorus, total	g	11.1	31.5
Phosphorus, available	g	6.5	18.4
Sodium	g	2.8	10.5
Chlorine	g	2.2	8.4
Magnesium	g	0.7	2.1
Potassium	g	3.7	10.5
Copper	mg	9.3	26.3
Iodine	mg	0.3	0.7
Iron	mg	148	420
Manganese	mg	37	105
Selenium	mg	0.3	0.8
Zinc	mg	93	263
비타민:			
Vitamin A	IU	7,400	10,500
Vitamin D_3	IU	370	1,050
Vitamin E	IU	81	231
Vitamin K(menadione)	mg	0.9	2.6
Biotin	mg	0.4	1.1
Choline	g	2.3	5.3
Folacin	mg	2.4	6.8
Niacin, available	mg	19	53
Pantothenic acid	mg	22	63
Riboflavin	mg	6.9	19.7
Thiamin	mg	1.9	5.3
Vitamin B_6	mg	1.9	5.3
Vitamin B_{12}	μg	28	79
지방산:			
Linoleic acid	g	1.9	5.3

표 15.23 번식용 수퇘지의 1일 아미노산, 광물질, 비타민, 지방산 요구량(사료 건물 90% 기준)

영양소		
DE 함량(kcal/kg)	3,400	3,400
ME 함량(kcal/kg)	3,265	3,265
DE 섭취량(kcal/day)	6,800	6,800
ME 섭취량(kcal/day)	6,530	6,530
사료섭취량(kg/day)	2.00	2.00
조단백질(%)	13.0	13.0
	요구량	
	% 또는 사료 1kg당 중량	중량/일
아미노산 (total basis):		
Arginine	-	-
Histidine	0.19%	3.8g
Isoleucine	0.35%	7.0g
Leucine	0.51%	10.2g
Lysine	0.60%	12.0g
Methionine	0.16%	3.2g
Methionine + cystine	0.42%	8.4g
Phenylalanine	0.33%	6.6g
Phenylalanine + tyrosine	0.57%	11.4g
Threonine	0.50%	10.0g
Tryptophan	0.12%	2.4g
Valine	0.40%	8.0g
광물질:		
Calcium	0.75%	15.0g
Phosphorus, total	0.60%	12.0g
Phosphorus, available	0.35%	7.0g
Sodium	0.15%	3.0g
Chlorine	0.12%	2.4g
Magnesium	0.04%	0.8g
Potassium	0.20%	4.0g
Copper	5mg	10mg
Iodine	0.14mg	0.28mg
Iron	80mg	160mg
Manganese	20mg	40mg
Selenium	0.15mg	0.3mg
Zinc	50mg	100mg
비타민:		
Vitamin A	4,000IU	8,000IU
Vitamin D_3	200IU	400IU
Vitamin E	44IU	88IU
Vitamin K(menadione)	0.50mg	1.0mg
Biotin	0.20mg	0.4mg
Choline	1.25g	2.5g
Folacin	1.30mg	2.6mg
Niacin, available	10mg	20mg
Pantothenic acid	12mg	24mg
Riboflavin	3.75mg	7.5mg
Thiamin	1.0mg	2.0mg
Vitamin B_6	1.0mg	2.0mg
Vitamin B_{12}	15μg	30μg
지방산:		
Linoleic acid	0.1%	2.0g

15.3 고기소의 영양소 요구량(미국 NRC, 2000)

표 15.24 고기소의 음용수 섭취량[1)]

체중		온도 °F (℃)[2)]											
		40(4.4)		50(10.0)		60(14.4)		70(21.1)		80(26.6)		90(32.2)	
kg	lb	Liter	Gal	Liter	Gal	Liter	Gal	Liter	Gal	Liter	Gal	Liter	Gal
성장 중인 암소, 거세우, 비거세우													
182	400	15.1	4.0	16.3	4.3	18.9	5.0	22.0	5.8	25.4	6.7	36.0	9.5
273	600	20.1	5.3	22.0	5.8	25.0	6.6	29.5	7.8	33.7	8.9	48.1	12.7
364	800	23.0	6.3	25.7	6.8	29.9	7.9	34.8	9.2	40.1	10.6	56.8	15.0
비육 후기													
273	600	22.7	6.0	24.6	6.5	28.0	7.4	32.9	8.7	37.9	10.0	54.1	14.3
364	800	27.6	7.3	29.9	7.9	34.4	9.1	40.5	10.7	46.6	12.3	65.9	17.4
454	1,000	32.9	8.7	35.6	9.4	40.9	10.8	47.7	12.6	54.9	14.5	78.0	20.6
임신우(겨울)[3)]													
409	900	25.4	6.7	27.3	7.2	31.4	8.3	36.7	9.7	-	-	-	-
500	1,100	22.7	6.0	24.6	6.5	28.0	7.4	32.9	8.7	-	-	-	-
비유암소													
409	900	43.1	11.4	47.7	12.6	54.9	14.5	64.0	16.9	67.8	17.9	61.3	16.2
성숙우													
636	1,400	30.3	8.0	32.6	8.6	37.5	9.9	44.3	11.7	50.7	13.4	71.9	19.0
727	1,600	32.9	8.7	35.6	9.4	40.9	10.8	47.7	12.6	54.9	14.5	78.0	20.6

1) Winchester and Morris(1956).
2) 특정 사양조건하에서의 음용수 섭취량, 40F(4.4℃)까지는 섭취량 거의 일정함.
3) DM 섭취량이 음용수 섭취량에 가장 큰 영향을 주는 요인임.

표 15.25 육성 · 비육우의 영양소 요구량

성시체중	533kg					
체중	200~450kg					
일당증체량	0.50~2.50kg					
품종	Angus					
체중(kg)	200	250	300	350	400	450
유지요구량:						
NEm(Mcal/d)	4.1	4.84	5.55	6.23	6.89	7.52
MP(g/d)	202	239	274	307	340	371
Ca(g/d)	6	8	9	11	12	14
P(g/d)	5	6	7	8	10	11
성장요구량:						
일당증체량			NEg 요구량(Mcal/d)			
0.5(kg/d)	1.27	1.50	1.72	1.93	2.14	2.33
1.0(kg/d)	2.72	3.21	3.68	4.13	4.57	4.99
1.5(kg/d)	4.24	5.01	5.74	6.45	7.13	7.79
2.0(kg/d)	5.81	6.87	7.88	8.84	9.77	10.68
2.5(kg/d)	7.42	8.78	10.06	11.29	12.48	13.64
			MP 요구량(g/d)			
0.5(kg/d)	154	155	158	157	145	133
1.0(kg/d)	299	300	303	298	272	246
1.5(kg/d)	441	440	442	432	391	352
2.0(kg/d)	580	577	577	561	505	451
2.5(kg/d)	718	712	710	687	616	547
			Calcium 요구량(g/d)			
0.5(kg/d)	14	13	12	11	10	9
1.0(kg/d)	27	25	23	21	19	17
1.5(kg/d)	39	36	33	30	27	25
2.0(kg/d)	52	47	43	39	35	32
2.5(kg/d)	64	59	53	48	43	38
			Phosphorus 요구량(g/d)			
0.5(kg/d)	6	5	5	4	4	4
1.0(kg/d)	11	10	9	8	8	7
1.5(kg/d)	16	15	13	12	11	10
2.0(kg/d)	21	19	18	16	14	13
2.5(kg/d)	26	24	22	19	17	15

표 15.26 비거세우의 영양소 요구량

성시체중	890kg					
체중	300~800kg					
일당증체량	0.50~2.50kg					
품종	Angus					
체중(kg)	300	400	500	600	700	800
유지요구량:						
NEm(Mcal/d)	6.38	7.92	9.36	10.73	12.05	13.32
MP(g/d)	274	340	402	461	517	572
Ca(g/d)	9	12	15	19	22	25
P(g/d)	7	10	12	14	17	19
성장요구량:						
일당증체량			NEg 요구량(Mcal/d)			
0.5(kg/d)	1.72	2.13	2.52	2.89	3.25	3.59
1.0(kg/d)	3.68	4.56	5.39	6.18	6.94	7.67
1.5(kg/d)	5.74	7.12	8.42	9.65	10.83	11.97
2.0(kg/d)	7.87	9.76	11.54	13.23	14.85	16.41
2.5(kg/d)	10.05	12.47	14.74	16.90	18.97	20.97
			MP 요구량(g/d)			
0.5(kg/d)	158	145	122	100	78	58
1.0(kg/d)	303	272	222	175	130	86
1.5(kg/d)	442	392	314	241	170	102
2.0(kg/d)	577	506	400	299	202	109
2.5(kg/d)	710	617	481	352	228	109
			Calcium 요구량(g/d)			
0.5(kg/d)	12	10	9	7	6	4
1.0(kg/d)	23	19	16	12	9	6
1.5(kg/d)	33	27	22	17	12	7
2.0(kg/d)	43	35	28	21	14	8
2.5(kg/d)	53	43	34	25	16	8
			Phosphorus 요구량(g/d)			
0.5(kg/d)	5	4	3	3	2	2
1.0(kg/d)	9	8	6	5	4	2
1.5(kg/d)	13	11	9	7	5	3
2.0(kg/d)	18	14	11	8	6	3
2.5(kg/d)	22	17	14	10	6	3

표 15.27 미경산 임신우의 영양소 요구량

성시체중	533kg
송아지 생시체중	40kg
종부시기	15개월
품종	Angus

	임신 이후 월령								
	1	2	3	4	5	6	7	8	9
NEm 요구량(Mcal/d)									
유지	5.98	6.14	6.30	6.46	6.61	6.77	6.92	7.07	7.23
성장	2.29	2.36	2.42	2.48	2.54	2.59	2.65	2.71	2.77
임신	0.03	0.07	0.16	0.32	0.64	1.18	2.08	3.44	5.37
전체	8.31	8.57	8.87	9.26	9.79	10.55	11.65	13.23	15.37
MP 요구량(g/d)									
유지	295	303	311	319	326	334	342	349	357
성장	118	119	119	119	119	117	115	113	110
임신	2	4	7	18	27	50	88	151	251
전체	415	425	437	457	472	501	545	613	718
Calcium 요구량(g/d)									
유지	10	11	11	11	12	12	12	13	13
성장	9	9	9	8	8	8	8	8	8
임신	0	0	0	0	0	0	12	12	12
전체	19	19	20	20	20	20	33	33	33
Phosphorus 요구량(g/d)									
유지	8	8	8	9	9	9	10	10	10
성장	4	4	3	3	3	3	3	3	3
임신	0	0	0	0	0	0	7	7	7
전체	12	12	12	12	12	12	20	20	20
일당증체량(kg/d)									
성장	0.39	0.39	0.39	0.39	0.39	0.39	0.39	0.39	0.39
임신	0.03	0.05	0.08	0.12	0.19	0.28	0.40	0.57	0.77
전체	0.42	0.44	0.47	0.51	0.58	0.67	0.79	0.96	1.16
체중(kg)									
공체중	332	343	355	367	379	391	403	415	426
태반 무게	1	3	4	7	12	19	29	44	64
전체	333	346	360	375	391	410	432	459	491

표 15.28 육용 암소의 영양소 요구량

성시체중	533kg
송아지 생시 체중	40kg
분만 시 나이	60개월
이유 시 나이	30주
최고 산유량	8kg
품종	Angus
유지방	4.0 %
유단백	3.4 %
분만 간격	12개월
최고 비유기	8.5주
유지 고형분	8.3 %

	분만 후 월령											
	1	2	3	4	5	6	7	8	9	10	11	12
NEm 요구량 지수(%)	100	100	100	100	100	100	100	100	100	100	100	100
NEm 요구량(Mcal/d)												
유지	10.25	10.25	10.25	10.25	10.25	10.25	8.54	8.54	8.54	8.54	8.54	8.54
성장	0.00	0.00	0.00	0.00	0.00	0.00	0.00	0.00	0.00	0.00	0.00	0.00
비유	4.78	5.74	5.17	4.13	3.10	2.23	0.00	0.00	0.00	0.00	0.00	0.00
임신	0.00	0.00	0.01	0.03	0.07	0.16	0.32	0.64	1.18	2.08	3.44	5.37
전체	15.03	15.99	15.43	14.41	13.42	12.64	8.87	9.18	9.72	10.62	11.98	13.91
MP 요구량(g/d)												
유지	422	422	422	422	422	422	422	422	422	422	422	422
성장	0	0	0	0	0	0	0	0	0	0	0	0
비유	349	418	376	301	226	163	0	0	0	0	0	0
임신	0	0	1	2	4	7	14	27	50	88	151	251
전체	770	840	799	724	651	591	436	449	471	510	573	672
Calcium 요구량(g/d)												
유지	16	16	16	16	16	16	16	16	16	16	16	16
성장	0	0	0	0	0	0	0	0	0	0	0	0
비유	16	20	18	14	11	8	0	0	0	0	0	0
임신	0	0	0	0	0	0	0	0	0	12	12	12
전체	33	36	34	31	27	24	16	16	16	29	29	29
Phosphorus 요구량(g/d)												
유지	13	13	13	13	13	13	13	13	13	13	13	13
성장	0	0	0	0	0	0	0	0	0	0	0	0
비유	9	11	10	8	6	4	0	0	0	0	0	0
임신	0	0	0	0	0	0	0	0	0	5	5	5
전체	22	24	23	21	19	17	13	13	13	18	18	18
일당증체량(kg/d)												
성장	0.00	0.00	0.00	0.00	0.00	0.00	0.00	0.00	0.00	0.00	0.00	0.00
임신	0.00	0.00	0.02	0.03	0.05	0.08	0.12	0.19	0.28	0.40	0.57	0.77
전체	0.00	0.00	0.02	0.03	0.05	0.08	0.12	0.19	0.28	0.40	0.57	0.77
산유량(kg/d)	6.7	8.0	7.2	5.8	4.3	3.1	0.0	0.0	0.0	0.0	0.0	0.0
체중(kg)												
공체중	533	533	533	533	533	533	533	533	533	533	533	533
임신	0	0	1	1	3	4	7	12	19	29	44	64
전체	533	533	534	534	536	537	540	545	552	562	577	597

15.4 젖소의 영양소 요구량(미국 NRC, 2001)

표 15.29 소형 종 젖소(체중 450kg)의 비유 초기 1일 영양소 요구량(TDN 78% 이하인 사료)

유량 (kg)	유지방 (%)	유 단백질 (%)	건물 섭취량 (kg)	체중 변화 (kg)	NEl (Mcal)	RDP (g)	RUP (g)	RDP (%)	RUP (%)	CP (%)
15	4.0	3.0	9.4	-0.3	19.0	1,060	500	11.3	5.3	16.6
15	4.0	3.5	9.4	-0.3	19.4	1,060	630	11.3	6.7	18.0
15	4.0	4.0	9.4	-0.4	19.8	1,060	760	11.3	8.1	19.4
15	4.5	3.0	9.7	-0.3	19.7	1,090	490	11.2	5.1	16.3
15	4.5	3.5	9.7	-0.4	20.1	1,090	620	11.2	6.4	17.6
15	4.5	4.0	9.7	-0.5	20.5	1,090	750	11.2	7.7	18.9
15	5.0	3.0	9.9	-0.4	20.4	1,110	480	11.2	4.8	16.0
15	5.0	3.5	9.9	-0.5	20.8	1,110	610	11.2	6.2	17.4
15	5.0	4.0	9.9	-0.5	21.2	1,110	740	11.2	7.5	18.7
30	4.0	3.0	12.9	-1.4	30.1	1,410	1,170	10.9	9.1	20.0
30	4.0	3.5	12.9	-1.6	30.9	1,410	1,430	10.9	11.1	22.0
30	4.0	4.0	12.9	-1.7	31.8	1,410	1,690	10.9	13.1	24.0
30	4.5	3.0	13.5	-1.5	31.5	1,460	1,150	10.8	8.5	19.3
30	4.5	3.5	13.5	-1.7	32.3	1,460	1,410	10.8	10.4	21.2
30	4.5	4.0	13.5	-1.9	33.2	1,460	1,670	10.8	12.4	23.2
30	5.0	3.0	14.0	-1.6	32.8	1,510	1,140	10.8	8.1	18.9
30	5.0	3.5	14.0	-1.8	33.7	1,510	1,400	10.8	10.0	20.8
30	5.0	4.0	14.0	-2.0	34.6	1,510	1,660	10.8	11.9	22.7

표 15.30 소형 종 젖소(체중 450kg)의 비유 중기 1일 영양소 요구량(TDN 78% 이하인 사료)

유량 (kg)	유지방 (%)	유 단백질 (%)	건물 섭취량 (kg)	체중 변화 (kg)	NEl (Mcal)	RDP (g)	RUP (g)	RDP (%)	RU (%)	CP (%)
20	4.0	3.0	16.0	1.0	22.7	1,680	560	10.5	3.5	14.0
20	4.0	3.5	16.0	0.8	23.2	1,680	740	10.5	4.6	15.1
20	4.0	4.0	16.0	0.7	23.8	1,680	910	10.5	5.7	16.2
20	4.5	3.0	16.5	0.9	23.6	1,730	550	10.5	3.3	13.8
20	4.5	3.5	16.5	0.8	24.2	1,730	720	10.5	4.4	14.9
20	4.5	4.0	16.5	0.7	24.8	1,730	900	10.5	5.5	16.0
20	5.0	3.0	17.0	0.9	24.5	1,770	540	10.4	3.2	13.6
20	5.0	3.5	17.0	0.8	25.1	1,770	710	10.4	4.2	14.6
20	5.0	4.0	17.0	0.6	25.7	1,770	880	10.4	5.2	15.6
30	4.0	3.0	19.5	0.4	30.1	1,980	1,010	10.2	5.2	15.4
30	4.0	3.5	19.5	0.2	30.9	1,980	1,270	10.2	6.5	16.7
30	4.0	4.0	19.5	0	31.8	1,980	1,530	10.2	7.8	18.0
30	4.5	3.0	20.3	0.3	31.5	2,040	990	10.0	4.9	14.9
30	4.5	3.5	20.3	0.1	32.3	2,040	1,250	10.0	6.2	16.2
30	4.5	4.0	20.3	-0.1	33.2	2,040	1,510	10.0	7.4	17.4
30	5.0	3.0	21.1	0.2	32.8	2,100	980	10.0	4.6	14.6
30	5.0	3.5	21.1	0	33.7	2,100	1,240	10.0	5.9	15.9
30	5.0	4.0	21.1	-0.2	34.6	2,100	1,500	10.0	7.1	17.1
40	4.0	3.0	23.1	-0.3	37.5	2,240	1,470	9.7	6.4	16.1
40	4.0	3.5	23.1	-0.6	38.6	2,240	1,820	9.7	7.9	17.6
40	4.0	4.0	23.1	-0.8	39.8	2,240	2,160	9.7	9.4	19.1
40	4.5	3.0	24.2	-0.5	39.3	2,310	1,460	9.5	6.0	15.5
40	4.5	3.5	24.2	-0.7	40.5	2,310	1,800	9.5	7.4	16.9
40	4.5	4.0	24.2	-1.0	41.7	2,310	2,150	9.5	8.9	18.4
40	5.0	3.0	25.2	-0.7	41.2	2,390	1,450	9.5	5.8	15.3
40	5.0	3.5	25.2	-0.9	42.3	2,390	1,790	9.5	7.1	16.6
40	5.0	4.0	25.2	-1.1	43.5	2,390	2,140	9.5	8.5	18.0

표 15.31 소형 종 젖소(체중 450kg)의 비유 중기 1일 영양소 요구량(TDN 68% 이하인 사료)

유량 (kg)	유지방 (%)	유 단백질 (%)	건물 섭취량 (kg)	체중 변화 (kg)	NEl (Mcal)	RDP (g)	RUP (g)	RDP (%)	RUP (%)	CP (%)
10	4.0	3.0	12.4	0.9	15.3	1,240	230	10.0	1.9	11.9
10	4.0	3.5	12.4	0.8	15.6	1,240	320	10.0	2.6	12.6
10	4.0	4.0	12.4	0.8	15.9	1,240	420	10.0	3.4	13.4
10	4.5	3.0	12.7	0.9	15.7	1,270	230	10.0	1.8	11.8
10	4.5	3.5	12.7	0.8	16.0	1,270	320	10.0	2.5	12.5
10	4.5	4.0	12.7	0.8	16.3	1,270	410	10.0	3.2	13.2
10	5.0	3.0	12.9	0.9	16.2	1,290	220	10.0	1.7	11.7
10	5.0	3.5	12.9	0.8	16.5	1,290	310	10.0	2.4	12.4
10	5.0	4.0	12.9	0.8	16.8	1,290	400	10.0	3.1	13.1
20	4.0	3.0	16.0	0.4	22.7	1,560	680	9.8	4.3	14.1
20	4.0	3.5	16.0	0.3	23.2	1,560	860	9.8	5.4	15.2
20	4.0	4.0	16.0	0.2	23.8	1,560	1,040	9.8	6.5	16.3
20	4.5	3.0	16.5	0.4	23.6	1,610	660	9.8	4.0	13.8
20	4.5	3.5	16.5	0.3	24.2	1,610	840	9.8	5.1	14.9
20	4.5	4.0	16.5	0.2	24.8	1,610	1,030	9.8	6.2	16.0
20	5.0	3.0	17.0	0.4	24.5	1,660	650	9.8	3.8	13.6
20	5.0	3.5	17.0	0.2	25.1	1,660	830	9.8	4.9	14.7
20	5.0	4.0	17.0	0.1	25.7	1,660	1,010	9.8	5.9	15.7
30	4.0	3.0	19.5	-0.1	30.1	1,870	1,130	9.6	5.8	15.4
30	4.0	3.5	19.5	-0.3	30.9	1,870	1,400	9.6	7.2	16.8
30	4.0	4.0	19.5	-0.4	31.8	1,870	1,670	9.6	8.6	18.2
30	4.5	3.0	20.3	-0.2	31.5	1,940	1,110	9.6	5.5	15.1
30	4.5	3.5	20.3	-0.3	32.3	1,940	1,380	9.6	6.8	16.4
30	4.5	4.0	20.3	-0.5	33.2	1,940	1,650	9.6	8.1	17.7
30	5.0	3.0	21.1	-0.2	32.8	2,000	1,090	9.5	5.2	14.7
30	5.0	3.5	21.1	-0.4	33.7	2,000	1,360	9.5	6.4	15.9
30	5.0	4.0	21.1	-0.6	34.6	2,000	1,630	9.5	7.7	17.2

표 15.32 대형 종 젖소(체중 680kg)의 비유 초기 1일 영양소 요구량(TDN 78% 이하인 사료)

유량 (kg)	유지방 (%)	유 단백질 (%)	건물 섭취량 (kg)	체중 변화 (kg)	NEl (Mcal)	RDP (g)	RUP (g)	RDP (%)	RUP (%)	CP (%)
20	3.0	2.5	12.0	0	23.0	1,360	500	11.3	4.2	15.5
20	3.0	3.0	12.0	-0.2	23.6	1,360	670	11.3	5.6	16.9
20	3.0	3.5	12.0	-0.3	24.2	1,360	850	11.3	7.1	18.4
20	3.5	2.5	12.4	-0.1	23.9	1,400	480	11.3	3.9	15.2
20	3.5	3.0	12.4	-0.2	24.5	1,400	660	11.3	5.3	16.6
20	3.5	3.5	12.4	-0.4	25.1	1,400	840	11.3	6.8	18.1
20	4.0	2.5	12.7	-0.2	24.9	1,440	470	11.3	3.7	15.0
20	4.0	3.0	12.7	-0.3	25.4	1,440	650	11.3	5.1	16.5
20	4.0	3.5	12.7	-0.4	26.0	1,440	820	11.3	6.5	17.8
30	3.0	2.5	14.0	-0.6	29.2	1,570	860	11.2	6.1	17.4
30	3.0	3.0	14.0	-0.8	30.1	1,570	1,130	11.2	8.1	19.3
30	3.0	3.5	14.0	-1.0	30.9	1,570	1,390	11.2	9.9	21.1
30	3.5	2.5	14.5	-0.7	30.6	1,620	850	11.2	5.9	17.0
30	3.5	3.0	14.5	-0.9	31.4	1,620	1,110	11.2	7.7	18.8
30	3.5	3.5	14.5	-1.1	32.3	1,620	1,370	11.2	9.4	20.6
30	4.0	2.5	15.1	-0.9	32.0	1,670	830	11.1	5.5	16.6
30	4.0	3.0	15.1	-1.0	32.8	1,670	1,090	11.1	7.2	18.3
30	4.0	3.5	15.1	-1.2	33.7	1,670	1,350	11.1	8.9	20.0
40	3.0	2.5	16.0	-1.2	35.3	1,760	1,230	11.0	7.7	18.7
40	3.0	3.0	16.0	-1.5	36.5	1,760	1,580	11.0	9.9	20.9
40	3.0	3.5	16.0	-1.7	37.7	1,760	1,930	11.0	12.1	23.1
40	3.5	2.5	16.7	-1.4	37.2	1,830	1,210	11.0	7.2	18.2
40	3.5	3.0	16.7	-1.6	38.4	1,830	1,560	11.0	9.3	20.3
40	3.5	3.5	16.7	-1.9	39.6	1,830	1,910	11.0	11.4	22.4
40	4.0	2.5	17.4	-1.6	39.1	1,900	1,190	10.9	6.8	17.8
40	4.0	3.0	17.4	-1.8	40.2	1,900	1,540	10.9	8.9	19.8
40	4.0	3.5	17.4	-2.0	41.4	1,900	1,890	10.9	10.9	21.8

표 15.33 대형 종 젖소(체중 680kg)의 비유 중기 1일 영양소 요구량(TDN 78% 이하인 사료)

유량 (kg)	유지방 (%)	유 단백질 (%)	건물 섭취량 (kg)	체중 변화 (kg)	NEl (Mcal)	RDP (g)	RUP (g)	RDP (%)	RUP (%)	CP (%)
35	3.0	2.5	22.7	1.3	32.2	2,370	820	10.4	3.6	14.1
35	3.0	3.0	22.7	1.1	33.2	2,370	1,130	10.4	5.0	15.4
35	3.0	3.5	22.7	0.9	34.2	2,370	1,430	10.4	6.3	16.7
35	3.5	2.5	23.6	1.2	33.8	2,450	800	10.4	3.4	13.8
35	3.5	3.0	23.6	1.0	34.8	2,450	1,110	10.4	4.7	15.1
35	3.5	3.5	23.6	0.8	35.9	2,450	1,410	10.4	6.0	16.4
35	4.0	2.5	24.5	1.1	35.4	2,520	780	10.3	3.2	13.5
35	4.0	3.0	24.5	0.9	36.5	2,520	1,090	10.3	4.4	14.7
45	3.0	3.5	24.5	0.7	37.5	2,520	1,390	10.3	5.7	16.0
45	3.0	2.5	25.7	0.8	38.3	2,620	1,190	10.2	4.6	14.8
45	3.0	3.0	25.7	0.5	39.7	2,620	1,580	10.2	6.1	16.3
45	3.0	3.5	25.7	0.3	41.0	2,620	1,970	10.2	7.7	17.9
45	3.5	2.5	26.9	0.7	40.4	2,710	1,170	10.1	4.3	14.4
45	3.5	3.0	26.9	0.4	41.8	2,710	1,560	10.1	5.8	15.9
45	3.5	3.5	26.9	0.2	43.1	2,710	1,950	10.1	7.2	17.3
45	4.0	2.5	28.1	0.5	42.5	2,800	1,150	10.0	4.1	14.1
45	4.0	3.0	28.1	0.3	43.8	2,800	1,540	10.0	5.5	15.4
45	4.0	3.5	28.1	0	45.2	2,800	1,930	10.0	6.9	16.8
55	3.0	2.5	28.7	0.3	44.5	2,850	1,570	9.9	5.5	15.4
55	3.0	3.0	28.7	0	46.1	2,850	2,060	9.9	7.2	17.1
55	3.0	3.5	28.7	-0.4	47.7	2,850	2,540	9.9	8.9	18.8
55	3.5	2.5	30.2	0.1	47.1	2,960	1,560	9.8	5.2	15.0
55	3.5	3.0	30.2	-0.2	48.7	2,960	2,040	9.8	6.8	16.6
55	3.5	3.5	30.2	-0.6	50.7	2,960	2,510	9.8	8.3	18.1
55	4.0	2.5	31.7	-0.1	49.6	3,060	1,540	9.7	4.9	14.5
55	4.0	3.0	31.7	-0.5	51.2	3,060	2,020	9.7	6.4	16.0
55	4.0	3.5	31.7	-0.8	52.8	3,060	2,490	9.7	7.9	17.5

표 15.34 대형 종 젖소(체중 680kg)의 비유 중기 1일 영양소 요구량(TDN 68% 이하인 사료)

유량 (kg)	유지방 (%)	유 단백질 (%)	건물 섭취량 (kg)	체중 변화 (kg)	NEl (Mcal)	RDP (g)	RUP (g)	mRDP (%)	RUP (%)	CP (%)
25	3.0	2.5	19.6	1.0	26.0	1,940	620	9.9	3.2	13.1
25	3.0	3.0	19.6	0.8	26.8	1,940	840	9.9	4.3	14.2
25	3.0	3.5	19.6	0.7	27.5	1,940	1,070	9.9	5.5	15.4
25	3.5	2.5	20.3	0.9	27.2	2,000	600	9.9	3.0	12.9
25	3.5	3.0	20.3	0.8	27.9	2,000	820	9.9	4.0	13.9
25	3.5	3.5	20.3	0.6	28.7	2,000	1,050	9.9	5.2	15.1
25	4.0	2.5	21.0	0.9	28.4	2,060	580	9.8	2.8	12.6
25	4.0	3.0	21.0	0.7	29.1	2,060	810	9.8	3.9	13.7
25	4.0	3.5	21.0	0.6	29.8	2,060	1,030	9.8	4.9	14.7
35	3.0	2.5	22.7	0.6	32.2	2,210	990	9.7	4.4	14.1
35	3.0	3.0	22.7	0.4	33.2	2,210	1,300	9.7	5.7	15.4
35	3.0	3.5	22.7	0.2	34.2	2,210	1,620	9.7	7.1	16.8
35	3.5	2.5	23.6	0.5	33.8	2,290	960	9.7	4.1	13.8
35	3.5	3.0	23.6	0.3	34.8	2,290	1,280	9.7	5.4	15.1
35	3.5	3.5	23.6	0.1	35.9	2,290	1,600	9.7	6.7	16.4
35	4.0	2.5	24.5	0.4	35.4	2,370	940	9.7	3.8	13.5
35	4.0	3.0	24.5	0.2	36.5	2,370	1,260	9.7	5.1	14.8
35	4.0	3.5	24.5	0.0	37.5	2,370	1,570	9.7	6.4	16.1
45	3.0	2.5	25.7	0.1	28.3	2,470	1,370	9.6	5.3	14.9
45	3.0	3.0	25.7	-0.1	39.7	2,470	1,780	9.6	6.9	16.5
45	3.0	3.5	25.7	-0.4	41.0	2,470	2,180	9.6	8.5	18.1
45	3.5	2.5	26.9	0.0	40.4	2,570	1,340	9.6	5.0	14.6
45	3.5	3.0	26.9	-0.2	41.8	2,570	1,750	9.6	6.5	16.1
45	3.5	3.5	26.9	-0.5	43.1	2,570	2,160	9.6	8.0	17.6
45	4.0	2.5	28.1	-0.1	42.5	2,670	1,310	9.5	4.7	14.2
45	4.0	3.0	28.1	-0.3	43.8	2,670	1,720	9.5	6.1	15.6
45	4.0	3.5	28.1	-0.6	45.2	2,670	2,130	9.5	7.6	17.1

표 15.35 소형 종 처녀우(체중 450kg)의 1일 영양소 요구량(사료 건물 기준)

체중 (kg)	일당 증체량 (kg/d)	건물 섭취량 (kg/d)	TDN (%)	NEm (Mcal/d)	NEg (Mcal/d)	ME (Mcal/d)	RDP (g/d)	RUP (g/d)	RDP (%)	RUP (%)	CP (%)	Ca (g/d)	P (g/d)
100	0.3	3.0	56.5	2.64	0.47	6.0	255	110	8.6	3.7	12.4	14	7
	0.4	3.0	58.6	2.64	0.64	6.4	270	143	9.0	4.7	13.7	18	8
	0.5	3.1	60.7	2.64	0.82	6.7	284	175	9.3	5.7	15.0	21	10
	0.6	3.1	62.9	2.64	1.00	7.0	298	207	9.6	6.7	16.3	25	11
	0.7	3.1	65.2	2.64	1.19	7.3	310	239	10.0	7.7	17.7	28	12
	0.8	3.1	67.7	2.64	1.37	7.6	323	270	10.4	8.7	19.0	31	13
150	0.3	4.0	56.5	3.57	0.63	8.2	346	95	8.6	2.4	11.0	15	8
	0.4	4.1	58.6	3.57	0.87	8.7	366	124	9.0	3.0	12.0	19	10
	0.5	4.1	60.7	3.57	1.11	9.1	385	152	9.3	3.7	12.9	22	11
	0.6	4.2	62.9	3.57	1.36	9.5	403	180	9.6	4.3	13.9	25	12
	0.7	4.2	65.3	3.57	1.61	9.9	421	207	10.0	4.9	14.9	28	13
	0.8	4.2	67.7	3.57	1.86	10.3	437	234	10.4	5.5	15.9	31	14
200	0.3	5.0	56.5	4.44	0.79	10.2	429	81	8.6	1.6	10.3	17	10
	0.4	5.1	58.6	4.44	1.08	10.7	454	106	9.0	2.1	11.1	20	11
	0.5	5.1	60.7	4.44	1.38	11.3	478	131	9.3	2.6	11.8	23	12
	0.6	5.2	62.9	4.44	1.68	11.8	500	156	9.6	3.0	12.6	26	13
	0.7	5.2	65.3	4.44	1.99	12.3	522	179	10.0	3.4	13.4	29	14
	0.8	5.2	67.7	4.44	2.31	12.8	543	202	10.4	3.9	14.2	32	15
250	0.3	5.9	56.5	5.24	0.93	12.0	508	69	8.6	1.2	9.8	19	11
	0.4	6.0	58.6	5.24	1.28	12.7	537	91	9.0	1.5	10.5	21	12
	0.5	6.1	60.7	5.24	1.63	13.4	565	113	9.3	1.9	11.1	24	13
	0.6	6.1	62.9	5.24	1.99	14.0	592	135	9.6	2.2	11.8	27	14
	0.7	6.2	65.3	5.24	2.36	14.6	617	155	10.0	2.5	12.5	30	15
	0.8	6.2	67.7	5.24	2.73	15.2	642	175	10.4	2.8	13.2	32	16
300	0.3	6.7	56.5	6.01	1.07	13.8	582	58	8.6	0.9	9.5	20	12
	0.4	6.9	58.6	6.01	1.46	14.6	616	79	9.0	1.1	10.1	23	13
	0.5	7.0	60.7	6.01	1.87	15.3	648	98	9.3	1.4	10.7	26	14
	0.6	7.0	62.9	6.01	2.28	16.0	678	117	9.6	1.7	11.3	28	15
	0.7	7.1	65.3	6.01	2.70	16.7	707	135	10.0	1.9	11.9	31	16
	0.8	7.1	67.7	6.01	3.13	17.4	736	151	10.4	2.1	12.5	34	17

표 15.36 대형 종 처녀우(체중 650kg)의 1일 영양소 요구량(사료 건물 기준)

체중 (kg)	일당 증체량 (kg/d)	건물 섭취량 (kg/d)	TDN (%)	NEm (Mcal/d)	mNEg (Mcal/d)	ME (Mcal/d)	RDP (g/d)	RUP (g/d)	RDP (%)	RUP (%)	CP (%)	Ca (g/d)	P (g/d)
150	0.5	4.1	58.4	3.57	0.84	8.6	364	167	8.9	4.1	13.0	23	11
	0.6	4.1	60.0	3.57	1.03	9.0	379	199	9.2	4.8	14.0	26	12
	0.7	4.2	61.7	3.57	1.22	9.3	393	230	9.4	5.5	14.9	30	13
	0.8	4.2	63.4	3.57	1.41	9.6	407	261	9.7	6.2	15.9	33	15
	0.9	4.2	65.3	3.57	1.61	9.9	421	292	10.0	6.9	16.9	37	16
	1.0	4.2	67.2	3.57	1.80	10.3	434	322	10.3	7.6	17.9	40	17
	1.1	4.2	69.2	3.57	2.00	10.6	446	352	10.6	8.3	18.9	43	18
200	0.5	5.1	58.4	4.44	1.05	10.7	452	148	8.9	2.9	11.9	24	12
	0.6	5.1	60.0	4.44	1.28	11.1	470	177	9.2	3.4	12.6	27	13
	0.7	5.2	61.7	4.44	1.51	11.5	488	205	9.4	4.0	13.4	30	14
	0.8	5.2	63.4	4.44	1.75	11.9	505	233	9.7	4.5	14.2	34	15
	0.9	5.2	65.3	4.44	1.99	12.3	522	260	10.0	5.0	15.0	37	17
	1.0	5.2	67.2	4.44	2.24	12.7	538	287	10.3	5.5	15.8	40	18
	1.1	5.2	69.2	4.44	2.49	13.1	554	314	10.6	6.0	16.6	43	19
250	0.5	6.0	58.4	5.24	1.24	12.6	534	131	8.9	2.2	11.1	25	13
	0.6	6.1	60.0	5.24	1.51	13.1	556	156	9.2	2.6	11.8	28	14
	0.7	6.1	61.7	5.24	1.79	13.6	577	182	9.4	3.0	12.4	31	15
	0.8	6.2	63.4	5.24	2.07	14.1	597	207	9.7	3.4	13.1	34	16
	0.9	6.2	65.3	5.24	2.36	14.6	617	232	10.0	3.7	13.7	37	17
	1.0	6.2	67.2	5.24	2.65	15.0	636	256	10.3	4.1	14.4	40	18
	1.1	6.2	69.2	5.24	2.94	15.5	655	280	10.6	4.5	15.1	43	19
300	0.5	6.9	58.4	6.01	1.42	14.5	612	114	8.9	1.7	10.6	27	14
	0.6	6.9	60.0	6.01	1.73	15.1	637	138	9.2	2.0	11.2	30	15
	0.7	7.0	61.7	6.01	2.05	15.6	661	161	9.4	2.3	11.7	33	16
	0.8	7.1	63.4	6.01	2.38	16.2	685	183	9.7	2.6	12.3	35	17
	0.9	7.1	65.3	6.01	2.70	16.7	707	205	10.0	2.9	12.9	38	18
	1.0	7.1	67.2	6.01	3.03	17.2	729	227	10.3	3.2	13.5	41	19
	1.1	7.1	69.2	6.01	3.37	17.7	751	248	10.6	3.5	14.1	44	20
350	0.5	7.7	58.4	6.75	1.59	16.2	687	99	8.9	1.3	10.2	28	15
	0.6	7.8	60.0	6.75	1.94	16.9	715	121	9.2	1.5	10.7	31	16
	0.7	7.9	61.7	6.75	2.30	17.6	742	141	9.4	1.8	11.2	34	17
	0.8	7.9	63.4	6.75	2.67	18.2	769	162	9.7	2.0	11.7	37	18
	0.9	8.0	65.3	6.75	3.03	18.8	794	181	10.0	2.3	12.3	40	19
	1.0	8.0	67.2	6.75	3.41	19.4	819	200	10.3	2.5	12.8	42	20
	1.1	8.0	69.2	6.75	3.78	19.9	843	218	10.6	2.7	13.3	45	21
400	0.5	8.5	58.4	7.46	1.76	18.0	760	86	8.9	1.0	9.9	30	16
	0.6	8.6	60.0	7.46	2.15	18.7	791	105	9.2	1.2	10.4	33	17
	0.7	8.7	61.7	7.46	2.55	19.4	821	124	9.4	1.4	10.9	35	18
	0.8	8.8	63.4	7.46	2.95	20.1	850	142	9.7	1.6	11.3	38	19
	0.9	8.8	65.3	7.46	3.35	20.7	878	159	10.0	1.8	11.8	41	20
	1.0	8.8	67.2	7.46	3.76	21.4	905	176	10.3	2.0	12.3	44	21
	1.1	8.8	69.2	7.46	4.18	22.0	931	192	10.6	2.2	12.8	46	22

표 15.37 소형 종 처녀우(체중 450kg) 임신우의 1일 영양소 요구량[1)](사료 건물 기준)

체중 (kg)	일당 증체량 (kg/d)	건물 섭취량 (kg/d)	TDN (%)	NEm (Mcal/d)	NEg (Mcal/d)	ME (Mcal/d)	RDP (g/d)	RUP (g/d)	RDP (%)	RUP (%)	CP (%)	Ca (g/d)	P (g/d)
300	0.3	7.7	56.5	5.42	0.96	15.7	663	291	8.6	3.8	12.4	36	19
	0.4	7.7	58.6	5.42	1.32	16.4	693	310	9.0	4.0	13.0	39	20
	0.5	7.7	60.8	5.42	1.68	17.0	721	329	9.3	4.2	13.5	41	21
	0.6	7.7	63.1	5.42	2.06	17.7	748	346	9.7	4.5	14.1	44	22
	0.7	7.7	65.5	5.42	2.44	18.3	774	364	10.0	4.7	14.7	47	23
	0.8	7.7	68.1	5.42	2.82	18.9	798	380	10.4	5.0	15.4	49	24
	0.9	7.6	70.9	5.42	3.21	19.4	822	395	10.8	5.2	16.1	52	24
350	0.3	8.6	56.2	6.18	1.10	17.5	739	282	8.6	3.3	11.9	38	20
	0.4	8.7	58.3	6.18	1.50	18.3	773	299	8.9	3.4	12.4	40	21
	0.5	8.7	60.5	6.18	1.92	19.0	805	315	9.3	3.6	12.9	43	22
	0.6	8.7	62.8	6.18	2.35	19.8	836	330	9.6	3.8	13.4	46	23
	0.7	8.7	65.3	6.18	2.78	20.4	865	345	10.0	4.0	14.0	48	24
	0.8	8.6	67.8	6.18	3.22	21.1	893	358	10.4	4.2	14.5	51	25
	0.9	8.5	70.6	6.18	3.66	21.8	921	371	10.8	4.3	15.1	53	25
400	0.3	9.5	56.0	6.91	1.23	19.2	813	275	8.6	2.9	11.5	40	21
	0.4	9.6	58.1	6.91	1.68	20.1	851	291	8.9	3.0	11.9	42	22
	0.5	9.6	60.3	6.91	2.15	21.0	887	305	9.2	3.2	12.4	45	23
	0.6	9.6	62.6	6.91	2.62	21.8	921	319	9.6	3.3	12.9	47	24
	0.7	9.6	65.0	6.91	3.11	22.5	953	331	9.9	3.5	13.4	50	25
	0.8	9.5	67.6	6.91	3.60	23.3	985	342	10.3	3.6	13.9	52	26
	0.9	9.4	70.3	6.91	4.09	24.0	1,015	352	10.8	3.7	14.5	55	26
450	0.3	10.4	55.8	7.62	1.35	20.9	884	273	8.5	2.6	11.2	41	22
	0.4	10.5	57.9	7.62	1.85	21.9	926	288	8.9	2.8	11.6	44	23
	0.5	10.5	60.1	7.62	2.37	22.8	965	301	9.2	2.9	12.1	46	24
	0.6	10.5	62.4	7.62	2.89	23.7	1,003	313	9.5	3.0	12.5	49	25
	0.7	10.5	64.8	7.62	3.42	24.5	1,038	324	9.9	3.1	13.0	51	26
	0.8	10.4	67.4	7.62	3.96	25.4	1,073	333	10.3	3.2	13.5	54	27
	0.9	10.3	70.1	7.62	4.51	26.1	1,106	341	10.7	3.3	14.0	56	28

[1)]임신기간 240일(태아체중 39kg, 일당증체량 0.4kg).

표 15.38 대형 종 처녀우(체중 650kg) 임신우의 1일 영양소 요구량[1](사료 건물 기준)

체중 (kg)	일당 증체량 (kg/d)	건물 섭취량 (kg/d)	TDN (%)	NEm (Mcal/d)	NEg (Mcal/d)	ME (Mcal/d)	RDP (g/d)	RUP (g/d)	RDP (%)	RUP (%)	CP (%)	Ca (g/d)	P (g/d)
450	0.5	10.5	59.3	7.49	1.77	22.5	951	402	9.1	3.8	12.9	47	25
	0.6	10.5	61.1	7.49	2.16	23.2	981	418	9.3	4.0	13.3	50	25
	0.7	10.5	62.9	7.49	2.55	23.9	1,010	433	9.6	4.1	13.7	53	26
	0.8	10.5	64.8	7.49	2.96	24.5	1,038	448	9.9	4.3	14.2	55	27
	0.9	10.4	66.8	7.49	3.37	25.2	1,066	462	10.2	4.4	14.7	58	28
	1.0	10.4	68.9	7.49	3.78	25.8	1,092	475	10.5	4.6	15.1	61	29
	1.1	10.3	71.2	7.49	4.19	26.4	1,118	488	10.9	4.8	15.6	63	30
500	0.5	11.3	59.0	8.17	1.93	24.2	1,024	391	9.0	3.4	12.5	49	26
	0.6	11.4	60.8	8.17	2.36	25.0	1,057	405	9.3	3.6	12.9	52	27
	0.7	11.4	62.6	8.17	2.79	25.7	1,088	419	9.6	3.7	13.3	54	27
	0.8	11.3	64.5	8.17	3.23	26.4	1,119	432	9.9	3.8	13.7	57	28
	0.9	11.3	66.5	8.17	3.67	27.2	1,149	444	10.2	3.9	14.1	59	29
	1.0	11.2	68.6	8.17	4.13	27.8	1,177	455	10.5	4.1	14.5	62	30
	1.1	11.1	70.8	8.17	4.58	28.5	1,206	465	10.8	4.2	15.0	65	31
550	0.5	12.2	58.8	8.84	2.09	25.9	1,094	382	9.0	3.1	12.1	51	27
	0.6	12.2	60.5	8.84	2.55	26.7	1,130	395	9.3	3.2	12.5	53	28
	0.7	12.2	62.3	8.84	3.02	27.5	1,164	407	9.5	3.3	12.9	56	29
	0.8	12.2	34.2	8.84	3.49	28.3	1,197	418	9.8	3.4	13.3	58	29
	0.9	12.1	66.2	8.84	3.98	29.1	1,229	428	10.1	3.5	13.7	61	30
	1.0	12.1	68.3	8.84	4.46	29.8	1,260	437	10.4	3.6	14.1	64	31
	1.1	12.0	70.5	8.84	4.95	30.5	1,291	445	10.8	3.7	14.5	66	32
600	0.5	13.0	58.6	9.50	2.24	27.5	1,163	375	9.0	2.9	11.8	53	28
	0.6	13.0	60.3	9.50	2.74	28.4	1,202	387	9.2	3.0	12.2	55	29
	0.7	13.0	62.1	9.50	3.24	29.3	1,238	397	9.5	3.0	12.5	58	30
	0.8	13.0	64.0	9.50	3.75	30.1	1,274	407	9.8	3.1	12.9	60	30
	0.9	13.0	66.0	9.50	4.27	30.9	1,308	416	10.1	3.2	13.3	63	31
	1.0	12.9	68.0	9.50	4.79	31.7	1,342	423	10.4	3.3	13.7	65	32
	1.1	12.8	70.2	9.50	5.32	32.5	1,374	430	10.7	3.4	14.1	68	33
650	0.5	13.8	58.4	10.14	2.39	29.1	1,231	371	8.9	2.7	11.6	54	29
	0.6	13.8	60.1	10.14	2.92	30.1	1,272	382	9.2	2.8	12.0	57	30
	0.7	13.8	61.9	10.14	3.46	31.0	1,311	392	9.5	2.8	12.3	59	31
	0.8	13.8	63.8	10.14	4.00	31.0	1,349	400	9.8	2.9	12.7	62	31
	0.9	13.8	65.8	10.14	4.56	32.7	1,385	408	10.1	3.0	13.0	64	32
	1.0	13.7	67.8	10.14	5.11	33.6	1,421	414	10.4	3.0	13.4	67	33
	1.1	13.6	70.0	10.14	5.68	34.4	1,456	418	10.7	3.1	13.8	69	34

[1]임신기간 240일(태아체중 48kg, 일당증체량 0.6kg).

찾아보기

ㄱ

가금의 영양소 요구량 586
가소화 에너지 374
가소화 영양소 총량 391
가소화 조단백질 426
간괴사 289
간접 칼로리메트리 400
갑상선비대증 285
고기생산 영양 542
고기소의 영양소 요구량 607
고온한계점 395
골격형성소 259
골격형성 영양소 540
골다공증 209
골연증 261, 262
골연화증 262
공체중 11
과립구 316
광물질 252, 254
광물질 분석 424
광물질 요구량 490, 514, 538, 555, 578
광물질의 분류 255
광물질의 분석 257
광물질의 상호작용 257
광물질 킬레이트 306
구루병 261
구리 280
구리 킬레이트 309
구조탄수화물 97
규소 293
균형시험 538
근위근육병 289
근육백화증 214, 289
근육위축병 214
글루카곤 82
글루코시놀레이트 285
글루타민 333
글리코겐 73
글리코겐의 분해 86
글리코겐의 합성 85
기초대사 398

ㄴ

나트륨 268
납 295
내생질소 190, 377
뇌연화증 214
뇌하수체 전엽 호르몬 480
능동수송 79
니아신 226, 227
니아신 결핍증 227
니아신의 공급원 228

니켈 297
니코틴아마이드 227

ㄷ

다당류 72
다발성 신경염 220
단당류 68
단백질 144, 327
단백질가 427
단백질 당량 427
단백질 요구량 487, 510, 531, 534, 548, 561, 573
단백질의 분류 145
단백질의 분석 145
단백질의 상보작용 161
단백질의 품질 159
단백질 효율 427
단순단백질 146
단위동물의 소화기관 18
담즙 32
담즙산 32
담즙색소 33
당지방 121
대사단백질 430
대사분지방 104, 105
대사분질소 190
대사수 54, 55
대사에너지 376
대사열 385
대사체중 393
덱스트린 73
도체분석법 10, 407
동물성 단백질 160
동물성 지방 114
동물체의 화학적 조성 7
돼지의 양양소 요구량 594
등전점 151

ㄹ

락토오스 71
레닌 27
레시틴 118
레티놀 207
레프섬병 129
루비듐 295
리그닌 74
리보플라빈 223, 224
리보플라빈 결핍증 224
리보플라빈의 공급원 226
리파아제 28

ㅁ

마그네슘 274
만난올리고당 459
만노오스 70
말토오스 72
망간 277
메추리의 영양소 요구량 592
메틸기 전이반응 236
면역세포 316
몰리브덴 290
무기태인 265
물 요구량 57
물고기의 소화 46
물고기의 소화기관 20
뮤신 27
미생물성 단백질 154, 187
미지성장인자 106, 275

ㅂ

바륨 292
바이오틴 233, 234
바이오틴 결핍증 234
바이오틴의 공급원 235
반추 39
반추동물의 소화기관 19
반추미생물에 의한 지방대사 139
반추위 가스 40
반추위 내 미생물 41
반추위 단백질 대사 186
반추위의 발달 38
발효열 386
백신 324
번식 영양 480
번식을 위한 영양소 요구량 484
베타 글루칸 461
베타 아고니스트 451, 454
변성 152
보론 297
보체반응 321
보호단백질 175, 176
복합단백질 146
복합지방 118
분뇨 배설량 33
불소 287
불포화지방산 109, 112, 113
브롬 291
비교도체분석법 388
비구조탄수화물 96
비누화 115
비단백태질소화합물 153
비반추 초식동물의 소화기관 19
비소 296
비열 52
비육 542
비전분성 다당류 78
비타민 A 201, 205, 488, 536
비타민 A 결핍증 202
비타민 A 과다증 207
비타민 A 공급원 206
비타민 B군 537
비타민 B_6 229
비타민 B_6 결핍증 229
비타민 B_6 공급원 230
비타민 B_{12} 240, 241
비타민 B_{12} 결핍증 241
비타민 B_{12} 공급원 243
비타민 C 243, 244
비타민 C 결핍증 244
비타민 C 공급원 244
비타민 D 208, 489, 537
비타민 D 결핍증 209
비타민 D 공급원 211
비타민 D 중독증 212
비타민 E 212, 489
비타민 E 결핍증 213
비타민 E 공급원 216
비타민 K 216, 217
비타민 K 결핍증 218
비타민 K 공급원 219
비타민 K의 합성 218
비타민 분석 425
비타민 요구량 245, 487, 511, 536, 576
비타민에 의한 유전자 발현 조절 362
비타민의 분류 198
비타민 합성 247
비테인 465
비필수광물질 256
빈혈증 279, 281, 283

ㅅ

사료가치 측정법 408
사료단위 390
사료섭취량 416
사료의 소화율 408
사양시험 508
사양시험법 528, 535
산란 568
산란곡선 570
산란계의 영양소 요구량 587
산란기별 사양 569
산란용 육계의 영양소 요구량 586
산화적 인산화(전자전달계) 92
삼출성 소질 214, 289
생균제 444
생물가 428
선천성 면역 319
섬유소의 대사 99
섬유소의 영양적 가치 98
성선호르몬 481
성장 520
성장곡선 523
성장률 525
성장 영양 520
성장을 위한 영양소 요구량 528
성장지연 524
성장호르몬 450
세크레틴 26
세팔린 119
세포매개성 면역 322
세포벽 구성물질 76
세포증식 520
셀레늄 289
셀룰로오스 73
소화기관 18
소화기관의 용적 20
수동수송 79
수용성 비타민 220
수지상세포 317
수크로오스 71
스트렙토마이신 436
스트론튬 292
스핑고마이엘린 120
Slope-ratio 분석방법 420
식도강 42
식물체의 화학적 조성 13
식물추출물 472
식이섬유소 78

ㅇ

아미노산 147
아미노산과 유전자 발현 357
아미노산 균형 164
아미노산 분석 424
아미노산 소화율 168
아미노산에 의한 유전자 발현 조절 359
아미노산 요구량 163, 164, 531, 561, 575
아미노산 운송 158
아미노산의 미균형 165
아미노산의 분해 179
아미노산의 불균형 165
아미노산의 합성 177
아미노산의 화학적 등급 425
아밀라아제 28
아연 285
아연 킬레이트 310
아질산염 294
알란토인 154
알루미늄 293
알칼로시스 270

에너지 · 단백질 비율 431, 563
에너지 대사 62
에너지 요구량 484, 506, 528, 546, 552, 559, 571
에너지의 단위 63
에너지 측정법 370
에너지 표시방법 370
에르고스테롤 125
에르고칼시페롤 208
열량소 62, 104
열량증가 382, 385
열발생량 측정법 397
염산 25
염소 269
엽산 237~239
엽산 결핍증 238
엽산의 공급원 239
영양 2, 568
영양균형 395
영양률 415
영양면역 324
영양소 2
영양소와 유전자 발현 346
영양소의 분류 4
영양소의 흡수 34, 44
영양소 재분배 450
오리의 영양소 요구량 591
5탄당 69
올리고당류 72
외관소화율 408
요산 154, 181
요소 153, 181, 182, 188
요소 중독 189
요소회로 180, 182
요오드 284
요인법 528, 534, 538
원생동물 97
유기산 456
유기태크롬 470
유도단백질 146
유도지방 123
유방염 498
유생산 495
유생산 영양 493
유생산을 위한 영양소 요구량 506
유선 발육 493
유성분 499
유카 추출물 474
육계의 영양소 요구량 588
육용종계의 영양소 요구량 590
육질 527
6탄당 70
6탄당 1인산 회로 93
음수량 272
이눌린 70, 73
이당류 71
이상단백질 167
이중결합 첨가 113
인 259, 263
인공소화시험 412
인슐린 80, 81
인지방 118, 120
일반성분 분석 75
일반성분 평가법 422
임계온도 395

ㅈ

자기분식성 218
전분 72
전분가 389
전분채취법 409

전해질 270
전해질 균형 270, 273
정미단백질가 429
정미에너지 385
젖소의 영양소 요구량 612
제한아미노산 165
준필수광물질 256
준필수아미노산 162
줄(joule) 63
중독광물질 257
중성지방 114
중성지방의 합성 131
증발열 52
지단백질 121, 132
지방 104
지방간 135
지방산 107
지방산과 유전자 발현 351
지방산 명명 107
지방산 분석 425
지방산의 합성 130
지방의 분류 106, 107
지방의 분석 117
지방의 산화작용 126
지방조직 138
지시제법 410
지용성 비타민 201
직접 칼로리메트리 399
진정대사에너지 381
진정소화율 408
질산염 294
질소균형 377, 396
질소균형법 534
질소정정대사에너지 377
질소축적률 429

ㅊ

철 278
초유 36, 505
총에너지 373
췌장액 27
칠면조의 영양소 요구량 593
침의 기능 24

ㅋ

카니틴 467
카로틴 201, 205
칼로리 63
칼륨 269
칼슘 259, 263
칼슘과 인의 공급제 267
칼슘 · 인의 비율 264
케톤뇨증 136
케톤증 136
코발트 283
콜레스테롤 123, 125
콜레칼시페롤 208
콜린 235
콜린 결핍증 235
콜린의 공급원 237
쾌적온도 395
크레아티닌 155
크레아틴 155
크롬 470
키토산 463

ㅌ

탄소-질소균형법 405
탄수화물 66, 80, 83

탄수화물의 분류 67
테르페노이드 126
테타니 263
트랜스 지방산 114
트림 40
트립신 29
트립토판 227
티록신 284
T세포 319
TCA 회로 89, 90
티아민 220, 221
티아민 결핍증 221
티아민의 공급원 222

ㅍ

판토텐산 231, 233
판토텐산 결핍증 232
판토텐산의 공급원 233
펜토산 74
펩신 26
펩티다아제 31
펩티드 운송 157
포도당 70
포도당과 유전자 발현 346, 351
포도당신생 94
포화지방산 108
프락토 올리고당 459
프로스타글란딘 137
프리바이오틱스 458
피리티아민 222
피토스테롤 125
피틴태 264
필수광물질 255
필수아미노산 162~164
필수아미노산 계수 426
필수지방산 137

ㅎ

합성아미노산 172, 173
항괴혈병 인자 243
항구루성 인자 208
항대사물 222
항대사물질 204
항빈혈 인자 237
항상성 263
항생물질 436
항생물질 잔류물 443
항생물질에 대한 내성 443
항생물질의 급여효과 440
항생 · 항균물질 436
항악성빈혈인자 240
항원 인식 318
항원 제시 318
항지방간 인자 135, 235
해당작용 88
핵자기공명법 11
헤미셀룰로오스 74
혈당 86
호르몬 480
호흡교환법 406
호흡상 402
호흡시험장치 401
홍반증 227
황 275
황산동 283
회귀계수법 169
회장소화율 171
획득성 면역 319, 320
효소제 447
후구마비증 282

휘발성 지방산 38, 96, 129
히푸르산 154

Acid detergent fiber(ADF) 76
Acid detergent lignin(ADL) 77
Acute phase protein 327
Acyl carrier protein(ACP) 131
Adipose tissue 138
Aliphatic amino acids 148
Alkalosis 270
Allantoin 154
α-tocopherol 213
Aluminum(Al) 293
Antianemia factor 237
Antibiotics 436
Antilipotropic factor 235
Antimetabolite 204
Antirachitic factor 208
Apparent digestibillity 408
Aromatic amino acids 150
Arsenic(As) 296
Avidin 233
Balanced amino acid 164
Barium(Ba) 292
Basal metabolism 398
β-adrenergic agonist 451
Betaine 465
β-carotene 201, 488
β-glucan 461
β-oxidation 127
Bile 32
Biological value(BV) 428
Biotin 233, 234
Blood sugar 86
Bone forming nutrients 259
Boron(B) 297
Bromine(Br) 291
Calcium(Ca) 259, 263
Calorie(cal) 63
Carbonic anhydrase 286
Carnitine 467
Carotene 201, 205
Cellulose 73
Cephalin 119
Chelation 306
Chitosan 463
chlorine(Cl) 269
Cholecalciferol 208
Cholecystokinin(CCK) 24
Cholesterol 123, 125
Choline 235
Chromium 470
Chromium picolinate(CrPic) 471
Chylomicrons 121
CNCPS 423
Cobalt(Co) 283
Coenzyme A 231
Colostrum 36, 505
Comparative slaughter trial 388
Complement pathway 321
Conjugated linoleic acids(CLA) 355
Copper(Cu) 280
Coprophagy 218
Creatine 155
Creatinine 155
Cu chelates 309
Cyanocobalamine 241
Decalcification 261
Defluorination 268
Denaturation 152
Dextrin 73

Diamino-monocarboxylic acids 149
Dietary fiber 78
Digestible energy(DE) 375
Digestible undegraded protein(DUP) 175
Direct calorimetry 399
Direct-fed microbial(DFM) 444
Docosahexaenoic acid(DHA) 111, 335
Eicosapentaenoic acid(EPA) 111, 335
Electrolyte 270
Electron transport system 92
Empty body weight 11
Encephalomalacia 214
Energy protein ratio 431
Energy yielding nutrient 62
Ergocalciferol 208
Ergosterol 125
Eructation 40
Esophageal groove 42
Essential amino acid index(EAAI) 426
Essential fatty acids 137
Essential oil 473
Exudative diathesis 214
Feed unit(FU) 390
Ferritin 278
Fluorine(F) 287
Folacin(folic acid) 237, 239
Folinic acid 238
Fructooligosaccharide(FOS) 459, 461
Galic 473
Glucagon 82
Gluconeogenesis 94
Gluconeogenic acid 96
Glucosinolates 285
GLUT 79
Glutamine 333
Glutathione peroxidase 290
Glycogen 73
Glycolipids 121
Glycolysis 84, 88
Gross energy(GE) 373
Growth hormone 451
Growth promoting value(GPV) 427
HC 25
HDL(high density lipoprotein) 122
Heat increment(HiE) 382, 385
Heat of evaporation 52
hemicellulose 74
Heterocyclic amino acids 151
Hexose monophosphate shunt(HMPS) 93
Hippuric acid 154
Homeostasis 263
Hyperplacia 520
Hypertrophy 520
Hypervitaminosis A 207
Hypervitaminosis D 212
Ideal protein 167
In vitro digestibility test 412
Indirect calorimetry 400
Insulin 80, 81
International chick unit(ICU) 209
Inulin 70, 73
Iodine(I) 284
Iron(Fe) 278
Isoelectric point(IP) 151
Joule(J) 63
Ketogenic amino acid 181
Ketonuria 136
Ketosis 136
Kjeldahl apparatus 147
Krebs cycle 90
Lactose 71
Lead(Pb) 295

Lecithin 118
Lignin 74
Limiting amino acid 165
lipase 28
Lipids 104
Lipoprotein 121, 132
Liver necrosis 289
Low density lipoprotein(LDL) 122
LXRs 356
Magnesium(Mg) 274
Manganese(Mn) 277
Mannanase 450
Mannanoligosaccharide(MOS) 459, 460
Mannose 70
Metabolic fecal fat 104, 105
Metabolic fecal nitrogen 190
Metabolic water 54, 55
Metabolizable energy(ME) 376
Metabolizable protein(MP) 430
Microbial protein 154, 187
Mineral 252, 254
Mineral chelate 306
Molybdenum(Mo) 290
Monoamino-dicarboxylic acids 148
Monoamino-monocarboxylic acids 148
Mucin 27, 38
Net energy(NE) 385
Net protein value(NPV) 429
Neutral detergent fiber(NDF) 76
Neutral detergent soluble(NDS) 76
Niacin 226, 227
Nickel(Ni) 297
Nicotinamide 227
Nitrogen balance 377
Nitrogen-corrected metabolizable energy(MEn) 377
Nitrogen retention(NR) 429
Non-protein nitrogen compound(NPN) 153
Non starch polysaccharide(NSP) 78
Nonstructural carbohydrate(NSC) 78
Nuclear magnetic resonance(NMR) 11
Nutrients 2
Nutritional balance 395
Nutritional musclar dystrophy(NMD) 214
Nutritive ratio(NR) 415
ω-3, ω-6 PUFA 337
Osteomalacia 262
Pantoic acid 231
Pantothenic acid(pantothenate) 231, 233
Pentosan 74
Pepsin 26
Peptidase 31
Phospholipid 118, 120
Phosphorus(P) 259, 263
Phytase 448
Phytate 264
Phytosterol 125
Polyneutritis 220
Polyunsaturated(polyethenoid, polyenoic) acid 110
Potassium(K) 269
PPAR 353
Prebiotics 458
Probiotics 444
Prostaglandin 137
Protein 144, 327
Pyridoxal 229
Pyridoxamine 229
Pyridoxine 229
Pyrithiamin 222
Refsum's disease 129
Regression method 169

Rennin 27
Retinol 203, 207
Rhodopsin 203
Riboflavin 223, 224
Rickets 261
RQ 402
Rubidium(Rb) 295
Ruminally available protein(RAP) 175
Rumination 39
Saponification 115
Secretin 26
Selenium(Se) 289
Silicon(Si) 293
Slaughter-analysis method 10
Sodium(Na) 268
Specific heat 52
Sphingomyelin 120
Starch 72
Starch value(SV) 389
Streptomycin 436
Strontium(Sr) 292
Sucrose 71
Sulfur(S) 275
Sulfur-containing amino acids(SAA) 149
Sway-back disease 282
TAAA 418
Terpenoid 126
Tetany 263
Thiamin 220, 221
Thiamin pyrophosphate(TPP) 221
Thyroxine 284
Total collection method 168
Total digestible nutrients(TDN) 391
Total mixed ration(TMR) 100
Transamination 177
Transcription factor 348
Transmethylation 178
True digestibility 408
True metabolizable energy(TME) 381, 417
Trypsin 29
Tryptophan 227
Unknown growth factor(UGF) 106, 275
Urea 153, 181, 182, 188
Urea cycle 180, 182
Urea toxicity 189
Uric acid 154, 181
van Soest 76, 423
Very low density lipoprotein(VLDL) 122
VFA 129
Weende 4, 75, 422
White muscle disease 214, 289
Xanthine oxidase 291
Yucca extract 474
Zinc(Zn) 285
Zn chelates 310

집 필 진

한 인 규 교수

서울대학교 농업생명과학대학 교수 1965-2000
서울대학교 농업생명과학대학 명예교수 2000-2019
제11대 서울대학교 농업생명과학대학 학장
제3대 한국과학기술한림원 원장
목운문화재단 이사장

백 인 기 교수

중앙대학교 교수(1983-2011), 산업과학대학장(2001-2002), 명예교수(현)
한국영양사료학회장
아시아 · 태평양 축산학회(AAAP) 회장
한국동물자원과학회장
한국과학기술한림원 정회원 2005-현재

하 종 규 교수

서울대학교 농업생명과학대학 교수 1984-2013
서울대학교 농업생명과학대학 명예교수 2013-현재
아시아 · 태평양축산학회 사무총장
한국반추위기능연구회 회장
한국과학학술지편집인협의회 부회장
목운문화재단 이사장

채 병 조 교수

강원대학교 동물자원과학과 교수 1997-2021, 명예교수 2021-현재
강원대학교 동물생명과학대학 학장 2008-2009
강원대학교 동물자원공동연구소 소장 2006-2008
부경양돈 농협 사료공장장 1992-1996
(주)퓨리나 코리아 품질관리부장 1988-1990

김 법 균 교수

건국대학교 생명과학대학 교수 2010-현재
University of Illinois 박사후연구원 2008-2010
University of Kentucky 박사과정 2003-2007

김성우 교수

North Carolina State University 교수 2012-현재

North Carolina State University 부교수 2007-2012

Texas Tech University 조교수/부교수 2001-2007

University of Illinois at Urbana-Champaign 박사후연구원 1999-2000

Journal of Animal Science 부편집장 역임

김인호 교수

단국대학교 바이오융합대학 생명자원학부 교수 2000-현재

국립축산과학원 겸임연구관 2007-2010

한국축산식품학회 학술위원장 2008-2009

아시아·태평양 축산학회 편집위원

한국동물자원과학회 편집위원, 학술위원

문양수 교수

경상국립대학교 동물생명융합학부 교수 2003-현재

Purdue University 방문교수 2010-2011

University of California at Berkeley 박사후연구원 1997-2002

North Dakota State University 박사과정 1993-1997

서성원 교수

충남대학교 동물바이오시스템과학과 교수 2008-현재

International Dairy Federation(IDF) 동물사양전문위원

IDF-Korea 낙농경영분과위원

농촌진흥청 국립축산과학원 겸임연구관

양철주 교수

국립순천대학교 동물자원과학과 교수 1997-현재

한국동물자원과학회 회원, 편집위원, 평의원

한국가금학회 이사, 평의원

전라남도 도지사인증 통합상표심의위원회 위원

지식경제부 RIS사업 친환경축산사업단 단장

윤 철 희 교수

서울대학교 농생명공학부 교수 2006-현재
국제백신연구소 책임연구원 2002-2006
미국 NIH 박사후연구원 1999-2001
미국 농무성 박사후연구원 1997-1999
한국과학기술한림원 정회원 2023-현재
Animal Bioscience 편집위원장 2026-

최 낙 진 교수

전북대학교 동물자원과학과 조교수 2010-현재
천안연암대학 축산계열 전임강사 2009-2010
농촌진흥청 축산과학원 농업연구사 2006-2009
농촌진흥청 축산연구소 박사후연구원 2004-2006
서울대학교 농생명공학부 박사후연구원 2001-2004

최 양 호 교수

경상국립대학교 축산학과학부 조교수/부교수/교수 2005-현재
국립축산과학원 겸임연구관 2006-2009
한국가금학회 편집위원장 2007-2009
University of Toronto 박사후연구원 1996-2001
The University of Georgia 연구원/연구조교수 2001-2005